INSTALAÇÕES ELÉTRICAS INDUSTRIAIS

O GEN | Grupo Editorial Nacional – maior plataforma editorial brasileira no segmento científico, técnico e profissional – publica conteúdos nas áreas de ciências exatas, humanas, jurídicas, da saúde e sociais aplicadas, além de prover serviços direcionados à educação continuada e à preparação para concursos.

As editoras que integram o GEN, das mais respeitadas no mercado editorial, construíram catálogos inigualáveis, com obras decisivas para a formação acadêmica e o aperfeiçoamento de várias gerações de profissionais e estudantes, tendo se tornado sinônimo de qualidade e seriedade.

A missão do GEN e dos núcleos de conteúdo que o compõem é prover a melhor informação científica e distribuí-la de maneira flexível e conveniente, a preços justos, gerando benefícios e servindo a autores, docentes, livreiros, funcionários, colaboradores e acionistas.

Nosso comportamento ético incondicional e nossa responsabilidade social e ambiental são reforçados pela natureza educacional de nossa atividade e dão sustentabilidade ao crescimento contínuo e à rentabilidade do grupo.

INSTALAÇÕES ELÉTRICAS INDUSTRIAIS

10ª EDIÇÃO

João Mamede Filho

Engenheiro eletricista
Membro da Academia Cearense de Engenharia (ACE)
Diretor Técnico da CPE – Estudos e Projetos Elétricos
Professor de Eletrotécnica Industrial da Universidade de Fortaleza – UNIFOR (1979-2012)
Presidente da Nordeste Energia S.A. – NERGISA (1999-2000)
Diretor de Planejamento e Engenharia da Companhia Energética do Ceará (1995-1998)
Diretor de Operação da Companhia Energética do Ceará – Coelce (1991-1994)
Presidente do Comitê Coordenador de Operações do Norte-Nordeste – CCON (1993)
Diretor de Planejamento e Engenharia da Companhia Energética do Ceará (1988-1990)

- O autor deste livro e a editora empenharam seus melhores esforços para assegurar que as informações e os procedimentos apresentados no texto estejam em acordo com os padrões aceitos à época da publicação, *e todos os dados foram atualizados pelo autor até a data de fechamento do livro.* Entretanto, tendo em conta a evolução das ciências, as atualizações legislativas, as mudanças regulamentares governamentais e o constante fluxo de novas informações sobre os temas que constam do livro, recomendamos enfaticamente que os leitores consultem sempre outras fontes fidedignas, de modo a se certificarem de que as informações contidas no texto estão corretas e de que não houve alterações nas recomendações ou na legislação regulamentadora.

- Data do fechamento do livro: 15/01/2023

- O autor e a editora se empenharam para citar adequadamente e dar o devido crédito a todos os detentores de direitos autorais de qualquer material utilizado neste livro, dispondo-se a possíveis acertos posteriores caso, inadvertida e involuntariamente, a identificação de algum deles tenha sido omitida.

- **Atendimento ao cliente:** (11) 5080-0751 | faleconosco@grupogen.com.br

- Direitos exclusivos para a língua portuguesa
  Copyright © 2023 by
  LTC | Livros Técnicos e Científicos Editora Ltda.
  Uma editora integrante do GEN | Grupo Editorial Nacional
  Travessa do Ouvidor, 11
  Rio de Janeiro – RJ – 20040-040
  www.grupogen.com.br

- Reservados todos os direitos. É proibida a duplicação ou reprodução deste volume, no todo ou em parte, em quaisquer formas ou por quaisquer meios (eletrônico, mecânico, gravação, fotocópia, distribuição pela Internet ou outros), sem permissão, por escrito, da LTC | Livros Técnicos e Científicos Editora Ltda.

- Capa: Leonidas Leite

- Imagens capa: © iStockphoto | sergeyryzhov
  © iStockphoto | Rost-9D
  © iStockphoto | K-Paul
  © iStockphoto | Hramovnick

- Editoração eletrônica: Set-up Time Artes Gráficas
  Edel
  Arte & Ideia

- Ficha catalográfica

CIP-BRASIL. CATALOGAÇÃO NA PUBLICAÇÃO
SINDICATO NACIONAL DOS EDITORES DE LIVROS, RJ

M231i
10.ed.

    Mamede Filho, João
    Instalações elétricas industriais / João Mamede Filho. - 10. ed. - Rio de Janeiro: LTC, 2023.

    Apêndice
    Inclui bibliografia e índice
    ISBN 978-85-216-3829-2

    1. Instalações elétricas. I. Título.

22-81247   CDD: 621.31924
                       CDU: 621.316.1

Meri Gleice Rodrigues de Souza - Bibliotecária - CRB-7/6439

Este trabalho é dedicado
à memória de meu pai, João Mamede Souza;
à minha mãe, Maria Nair Cysne Mamede;
à minha esposa, Maria Elizabeth Ribeiro Mamede – Economista;
à minha filha, Aline Ribeiro Mamede – graduada em Administração de Empresas e Direito;
ao meu filho, Daniel Ribeiro Mamede – Engenheiro Eletricista e Presidente da CPE;
aos meus quatro lindos netos, Heitor Mamede Costa (10 anos), Lucas Mamede Costa (7 anos), Davi Holanda Mamede (4 anos) e José Holanda Mamede (nascido em fevereiro/2022).

Prefácio à 10ª edição

Foi no ano de 1986 que circulou a 1ª edição deste livro, que trazia no prefácio o seu principal objetivo: *prover o leitor de conhecimentos necessários para desenvolver um projeto de instalação elétrica industrial*. Ao fim desses 36 anos, ao se publicar a 10ª edição e mais várias reimpressões intermediárias, esperamos ter correspondido às expectativas de nossos leitores que, na verdade, são os maiores incentivadores da continuidade desta obra.

Tenho por diversas vezes repetido essa frase que, para mim, faz todo o sentido, pois toda vez que escrevo uma nova edição deste livro tenho como objetivo poder contribuir um pouco mais na formação dos jovens técnicos e engenheiros eletricistas que elegeram o campo das instalações elétricas para se tornarem profissionais, assumindo imensas responsabilidades no mercado de trabalho.

Ao longo desses anos, sempre busquei também levar algum conhecimento àqueles que já estão exercendo as suas atividades profissionais e desejam ampliar a sua formação na área de instalações elétricas industriais, campo que abracei nos primeiros anos da minha vida profissional e que lá se vão 52 anos, continuamente exercendo essa profissão que tanto me honra.

Desde a sua origem, tenho conservado esse formato de estrutura do livro por entender que ela abrange os principais temas que envolvem os projetos de instalações elétricas industriais, sempre procurando acompanhar a evolução do setor, acrescentando, quando necessário, assuntos de interesse atual. Por exemplo, o Capítulo 14, exclusivo sobre projeto de Geração Distribuída (GD), utilizada atualmente como fonte de energia fotovoltaica e em plena expansão em praticamente todas as atividades produtivas, notadamente na pequena e na média indústrias.

Realizei uma atualização geral da obra, especialmente no Capítulo 2, que trata de sistemas de iluminação, reescrito em conformidade com a NBR ISO/CIE 8995-1:2013 – Iluminação de Ambientes de Trabalho, a qual não substitui completamente a NBR 5413/1992, oficialmente considerada cancelada.

Ao todo foram reescritos parcialmente nove capítulos a partir do Capítulo 1, no qual foi inserido o novo sistema tarifário nacional voltado, de modo exclusivo, para projetos industriais. Reescrevi em grande parte os Capítulos 7, 9, 10, 11 (neste, levando em consideração o sistema de aterramento de aerogeradores), 15 e 16.

No fechamento do livro, continuamos com o Apêndice, compatibilizando-o com a atualização dos capítulos mencionados. Nele, desenvolvemos o projeto eletromecânico de uma indústria, uma espécie de passo a passo, que muito tem contribuído para o aprimoramento profissional dos formandos de Engenharia Elétrica e dos profissionais que desejam trilhar por esse ramo.

Como sempre ocorre, a cada nova edição, renovamos o conteúdo técnico acompanhando sempre as atualizações de documentos normativos e o que surge no mercado relacionado com o contexto da obra.

João Mamede Filho

Material Suplementar

Este livro conta com os seguintes materiais suplementares:

- Ilustrações da obra em formato de apresentação (em formato .ppt) = acesso restrito a docentes.

O acesso ao material suplementar é gratuito. Basta que o leitor se cadastre, faça seu *login* em nosso *site* (www.grupogen.com.br) e, após, clique em Ambiente de aprendizagem.

O acesso ao material suplementar online fica disponível até seis meses após a edição do livro ser retirada do mercado.

Caso haja alguma mudança no sistema ou dificuldade de acesso, entre em contato conosco (gendigital@grupogen.com.br).

Sumário

1 **Elementos de projeto** 1
   1.1 Introdução 1
   1.2 Normas recomendadas 2
   1.3 Dados para a elaboração de projeto 2
   1.4 Concepção do projeto 3
   1.5 Meios ambientes 10
   1.6 Graus de proteção 11
   1.7 Proteção contra riscos de incêndio e explosão 12
   1.8 Formulação de um projeto elétrico 13
   1.9 Roteiro para elaboração de um projeto elétrico industrial 34
   1.10 Simbologia 35

2 **Iluminação industrial** 37
   2.1 Introdução 37
   2.2 Conceitos básicos 37
   2.3 Lâmpadas elétricas 40
   2.4 Dispositivos de controle 46
   2.5 Luminárias 50
   2.6 Iluminação de interiores 57
   2.7 Iluminação de exteriores 82
   2.8 Iluminação de emergência 86

3 **Dimensionamento de condutores elétricos** 89
   3.1 Introdução 89
   3.2 Fios e cabos condutores 89
   3.3 Sistemas de distribuição 90
   3.4 Critérios básicos para a divisão de circuitos 100
   3.5 Circuitos de baixa-tensão 100

- 3.6 Circuitos de média tensão 129
- 3.7 Barramentos 134
- 3.8 Dimensionamentos de dutos 138

4 Fator de potência 161
- 4.1 Introdução 161
- 4.2 Fator de potência 161
- 4.3 Características gerais dos capacitores 169
- 4.4 Características construtivas dos capacitores 171
- 4.5 Características elétricas dos capacitores 173
- 4.6 Aplicações dos capacitores-derivação 174
- 4.7 Correção do fator de potência 193
- 4.8 Ligação dos capacitores em bancos 207

5 Curto-circuito nas instalações elétricas 208
- 5.1 Introdução 208
- 5.2 Análise das correntes de curto-circuito 208
- 5.3 Sistema de base e valores por unidade 213
- 5.4 Tipos de curto-circuito 216
- 5.5 Determinação das correntes de curto-circuito 217
- 5.6 Contribuição dos motores de indução nas correntes de falta 234
- 5.7 Aplicação das correntes de curto-circuito 237

6 Motores elétricos 242
- 6.1 Introdução 242
- 6.2 Características gerais dos motores elétricos 242
- 6.3 Motores assíncronos trifásicos com rotor em gaiola 248
- 6.4 Motofreio trifásico 267
- 6.5 Motores de alto rendimento 271

7 Partida de motores elétricos de indução 272
- 7.1 Introdução 272
- 7.2 Inércia das massas 273
- 7.3 Conjugado 275
- 7.4 Tempo de aceleração de um motor 281
- 7.5 Tempo de rotor bloqueado 291
- 7.6 Sistema de partida de motores 292
- 7.7 Queda de tensão na partida dos motores elétricos de indução 305
- 7.8 Escolha da tensão nominal de motores de potência elevada 323

- 7.9 Sobretensões de manobra 324
- 7.10 Controle de velocidade de motores de indução 324
- 7.11 Partida de motores elétricos de média tensão 336

8 Fornos elétricos 339
- 8.1 Introdução 339
- 8.2 Fornos a resistência 339
- 8.3 Fornos de indução 343
- 8.4 Fornos a arco 344

9 Materiais elétricos 371
- 9.1 Introdução 371
- 9.2 Elementos necessários para especificar 371
- 9.3 Materiais e equipamentos 371

10 Proteção e coordenação 423
- 10.1 Introdução 423
- 10.2 Proteção de sistemas de baixa-tensão 423
- 10.3 Proteção de sistemas primários 470

11 Sistemas de aterramento 518
- 11.1 Introdução 518
- 11.2 Proteção contra tensão de toque e passo 518
- 11.3 Aterramento dos equipamentos 520
- 11.4 Elementos de uma malha de terra 520
- 11.5 Resistividade do solo 522
- 11.6 Cálculo de malha de terra 529
- 11.7 Cálculo de sistemas de aterramento com eletrodos verticais 545
- 11.8 Medição da resistência de terra de um sistema de aterramento 549
- 11.9 Eventos de baixa e alta frequências 552

12 Subestação de consumidor 556
- 12.1 Introdução 556
- 12.2 Características básicas de uma subestação de consumidor 557
- 12.3 Tipos de subestação 558
- 12.4 Dimensionamento físico das subestações 575
- 12.5 Paralelismo de transformadores 581
- 12.6 Unidade de geração para emergência 583
- 12.7 Ligações à terra 584

13 Proteção contra descargas atmosféricas 585

    13.1 Introdução 585

    13.2 Considerações sobre a origem dos raios 585

    13.3 Orientações para proteção do indivíduo 586

    13.4 Análise de componentes de risco 587

    13.5 Sistemas de proteção contra descargas atmosféricas (SPDA) 616

    13.6 Métodos de proteção contra descargas atmosféricas 627

    13.7 Acessórios e detalhes construtivos de um SPDA 640

14 Geração distribuída 647

    14.1 Introdução 647

    14.2 Dimensionamento de geradores fotovoltaicos 649

    14.3 Análise econômica 677

15 Eficiência energética 680

    15.1 Introdução 680

    15.2 Levantamento e medições 681

    15.3 Cálculo econômico 682

    15.4 Ações de eficiência energética 684

16 Usinas de geração industrial 717

    16.1 Introdução 717

    16.2 Características das usinas de geração 717

    16.3 Dimensionamento de usinas termelétricas 728

    16.4 Geração localizada 768

    16.5 Sistema de cogeração 773

    16.6 Proteção de usinas termelétricas 779

    16.7 Emissão de poluentes 781

    16.8 Ruídos 783

    16.9 Instalação de grupos motor-gerador 784

Apêndice – Exemplo de aplicação 791

    A.1 Divisão da carga em blocos 791

    A.2 Localização dos quadros de distribuição 791

    A.3 Localização do quadro de distribuição geral 791

    A.4 Localização da subestação 792

    A.5 Definição do sistema de distribuição 792

    A.6 Determinação da demanda prevista 792

    A.7 Determinação da potência da subestação 806

    A.8 Fator de potência 806

A.9 Determinação da seção dos condutores e eletrodutos 808

A.10 Determinação da impedância dos circuitos 827

A.11 Cálculo das correntes de curto-circuito 845

A.12 Condição de partida dos motores 852

A.13 Proteção e coordenação do sistema 855

A.14 Cálculo da malha de terra 883

A.15 Dimensões da subestação 889

A.16 Dimensionamento dos aparelhos de medição 890

A.17 Relação de material 892

Referências bibliográficas 903

Índice alfabético 905

Elementos de projeto

1.1 Introdução

A elaboração do projeto elétrico de uma instalação industrial deve ser precedida do conhecimento dos dados relativos às condições de suprimento e das características funcionais da indústria em geral. Normalmente, o projetista recebe do interessado um conjunto de plantas da indústria, que contém, no mínimo, os seguintes detalhes:

a) Planta de situação
Tem a finalidade de situar a obra no contexto urbano.

b) Planta baixa de arquitetura do prédio
Contém toda a área de construção, indicando com detalhes divisionais os ambientes de produção industrial, escritórios, dependências em geral e outros que compõem o conjunto arquitetônico.

c) Planta baixa do arranjo das máquinas (layout)
Contém a projeção de todas as máquinas, devidamente posicionadas, com a indicação dos motores a ser alimentados ou dos painéis de comando que receberão a alimentação da rede.

d) Plantas de detalhes
Devem conter todas as particularidades do projeto de arquitetura que venham a contribuir na definição do projeto elétrico, tais como:

- vistas e cortes no galpão industrial;
- detalhes sobre a existência de pontes rolantes no recinto de produção;
- detalhes de colunas e vigas de concreto ou outras particularidades de construção;
- detalhes de montagem de certas máquinas de grandes dimensões.

O conhecimento desses e de outros detalhes possibilita ao projetista elaborar corretamente um excelente projeto executivo.

É importante, durante a fase de projeto, conhecer os planos expansionistas dos dirigentes da empresa e, se possível, obter detalhes do aumento efetivo da carga a ser adicionada, bem como do local de sua instalação.

Qualquer projeto elétrico de instalação industrial deve considerar os seguintes aspectos:

a) Flexibilidade
É a capacidade de admitir mudanças na localização das máquinas e equipamentos sem comprometer seriamente as instalações existentes.

b) Acessibilidade
Exprime a facilidade de acesso a todas as máquinas e equipamentos de manobra.

c) Confiabilidade
É a forma pela qual se projeta um sistema elétrico industrial que propicie o maior nível de disponibilidade dos equipamentos de produção. A confiabilidade pode ser tratada de forma qualitativa quando se estudam as falhas do sistema elétrico projetado e as suas consequências na produção. Também, a confiabilidade pode ser abordada de forma quantitativa quando se estuda o número de defeitos no sistema elétrico por falha de projeto; de equipamentos; de construção etc.; e o tempo de interrupção no fornecimento de energia devido a essas falhas; os custos de manutenção associados; além das perdas relativas à restrição da produção.

d) Continuidade
O projeto deve ser desenvolvido de forma que as máquinas da produção tenham o mínimo de interrupção. Para tanto, muitas vezes é necessária alguma redundância de alimentação dos setores e produção.

O projetista, sem ser especialista no ramo da atividade da indústria que projeta, deve conhecer o funcionamento de todo o complexo industrial, pois isto lhe possibilitará um melhor planejamento das instalações elétricas.

Uma indústria, de forma geral, abrange uma área industrial e uma área administrativa, conforme mostrado na Figura 1.1. A área industrial é normalmente composta de diversos setores de produção a depender do tipo de atividade da indústria, por exemplo, uma industrial têxtil, objeto do nosso Exemplo de Aplicação Geral: setor de batedouro, setor de cardas, setor de conicaleiras, setor de filatórios, setor de tecelagem (teares) etc. Já a área administrativa é composta de diferentes setores como escritórios de gerência, auditório, refeitórios, arquivos etc.

Neste capítulo serão abordados diversos assuntos, todos relacionados com o planejamento de um projeto de instalação elétrica industrial.

1.2 Normas recomendadas

Todo e qualquer projeto deve ser elaborado com base em documentos normativos que, no Brasil, são de responsabilidade da ABNT – Associação Brasileira de Normas e Técnicas. Cabe, também, seguir as normas particulares das concessionárias de serviço público ou particular que fazem o suprimento de energia elétrica da área onde se acha localizada a indústria. Essas normas não colidem com as da ABNT, porém indicam ao projetista as condições mínimas exigidas para que se efetue o fornecimento de energia à indústria, de acordo com as particularidades inerentes ao sistema elétrico de cada empresa concessionária.

A ENEL Distribuição Ceará, concessionária exclusiva do Estado do Ceará, possui um conjunto de normas técnicas que cobre todos os tipos de fornecimento de energia elétrica para os vários níveis de tensão de suprimento.

Há também normas estrangeiras de grande valia para consultas, por exemplo, o padrão norte-americano NEC – National Electrical Code.

A adoção de normas, além de ser uma exigência técnica profissional, conduz a resultados altamente positivos no desempenho operativo das instalações, garantindo-lhes segurança e durabilidade.

As principais normas que devem ser mais utilizadas nos projetos de instalações elétricas industriais são:

- NBR 5410 – Instalações elétricas de baixa-tensão;
- NBR 14039 – Instalações elétricas de média tensão de 1 a 36 kV;
- ABNT NBR ISO/CIE 8995-1:2013 – Iluminação de ambientes de trabalho;
- NBR 5419 – Proteção de estruturas contra descargas atmosféricas;
- NBR 15749 – Malhas de aterramento;
- NBR 5419 – Proteção contra descargas atmosféricas.

Além das normas citadas, o projetista deve conhecer as normas técnicas brasileiras ou as normas técnicas internacionais IEC (International Electrotechnical Commission) quando da falta das normas brasileiras, relativamente às especificações dos materiais e equipamentos que serão utilizados em seu projeto elétrico, tais como as normas de cabos, transformadores de potência, transformadores de medida, cubículos metálicos, painéis elétricos, conectores etc.

1.3 Dados para a elaboração de projeto

O projetista, além das plantas anteriormente mencionadas, deve conhecer os seguintes dados:

1.3.1 Condições de fornecimento de energia elétrica

Cabe à concessionária local prestar ao interessado as informações que lhe são peculiares:

Figura 1.1 Edificação industrial.

- garantia de suprimento da carga, dentro de condições satisfatórias;
- tensão nominal do sistema elétrico da região onde está localizado o empreendimento industrial;
- tipo de sistema de suprimento: radial, radial com recurso etc.;
- restrições do sistema elétrico (se houver) quanto à capacidade de fornecimento de potência necessária ao empreendimento;
- capacidade de curto-circuito atual e futuro do sistema;
- impedância equivalente no ponto de conexão.

1.3.2 Características das cargas

Essas informações podem ser obtidas diretamente do responsável pelo projeto técnico industrial, ou por meio do manual de especificações dos equipamentos. Os dados principais são:

a) Motores:

- potência nominal;
- tensão nominal;
- corrente nominal;
- frequência nominal;
- número de polos;
- número de fases;
- ligações possíveis;
- regime de funcionamento.

b) Fornos a arco:

- potência nominal do forno;
- potência de curto-circuito do forno;
- potência do transformador do forno;
- tensão nominal;
- frequência nominal;
- fator de severidade.

c) Outras cargas

Aqui ficam caracterizadas cargas singulares que compõem a instalação, como máquinas de soldas, fornos de indução, aparelhos de raios X industrial, máquinas que são acionadas por sistemas computadorizados, cuja variação de tensão permitida seja mínima e que, por isso, requerem circuitos alimentadores exclusivos ou até transformadores próprios e muitas outras cargas tidas como especiais que devem merecer um estudo particularizado por parte do projetista.

1.4 Concepção do projeto

Essa fase do projeto requer muita experiência profissional do projetista. Com base em suas decisões, o projeto tomará a forma e o corpo que conduzirão ao dimensionamento dos materiais e equipamentos; ao estabelecimento da filosofia de proteção; à coordenação etc.

De forma geral, a título de orientação, é possível seguir os passos apontados como metodologia racional para a concepção do projeto elétrico.

1.4.1 Divisão da carga em blocos

Com base na planta baixa com o *layout* das máquinas, deve-se dividir a carga em blocos. Cada bloco de carga, também denominado Setor de Carga, deve corresponder a um quadro de distribuição terminal com alimentação, comando e proteção individualizados.

A escolha dos blocos de carga, a princípio, é feita considerando-se os setores individuais de produção, também denominados Setores de Produção, bem como a grandeza de cada carga de que são constituídos, para avaliação da queda de tensão. Como Setor de Produção, cita-se o exemplo de uma indústria têxtil em que se pode dividir a carga em blocos correspondentes aos setores de batedores, de filatórios, de cardas etc. Já na indústria metal-mecânica os setores de produção são identificados como setores de estampagem, de compressores, de solda (ponteadeiras), laminação etc. Quando determinado setor de produção ocupa uma área de grandes dimensões, pode-se dar a divisão em dois ou mais blocos de carga, dependendo da queda de tensão a que esses ficariam submetidos, dado o seu afastamento do centro de comando.

Do mesmo modo, quando determinado setor de produção está instalado em recinto fisicamente isolado de outros setores, deve-se tomá-lo como bloco de carga individualizado.

Cabe aqui considerar que é possível agrupar vários setores de produção em um só bloco de cargas, desde que a queda de tensão nos terminais seja permissível. Isto se dá, muitas vezes, quando da existência de máquinas de pequena potência.

1.4.2 Localização dos quadros de distribuição

Os quadros de distribuição devem ser localizados em pontos que satisfaçam, em geral, às seguintes condições:

- no centro de carga. Isso quase sempre não é possível, pois o centro de carga muitas vezes se encontra em um ponto físico inconveniente do Setor Elétrico, isto é, o quadro de distribuição ficaria instalado entre as máquinas, dificultando ou interrompendo o fluxo normal de produção;
- próximo à linha geral dos dutos de alimentação (canaletas, eletrocalhas etc.);
- afastado da passagem sistemática de funcionários;
- em ambientes bem iluminados;
- em locais de fácil acesso;

- em locais não sujeitos a gases corrosivos, inundações, trepidações etc.;
- em locais de temperatura adequada.

Os quadros de distribuição para conexão de motores são designados neste livro como Centro de Controle de Motores (CCM), quando nestes forem instalados componentes de comandos desses mesmos motores. São denominados quadros de distribuição de luz (QDL) aqueles que contêm componentes de comando de iluminação.

1.4.3 Localização do quadro de distribuição geral

Deve ser localizado, de preferência, no interior da subestação ou em área contígua a esta. De maneira geral, deve ficar próximo das unidades de transformação às quais esteja ligado.

É também chamado, neste livro, de Quadro Geral de Força (QGF) o quadro de distribuição geral que contém os componentes projetados para seccionamento, proteção e medição dos circuitos de distribuição ou, em alguns casos, de circuitos terminais.

1.4.4 Caminhamento dos circuitos de distribuição e dos circuitos terminais

Os condutores devem ser instalados no interior de eletrodutos, eletrocalhas, canaletas etc. O caminhamento desses dutos deve satisfazer determinadas condições, de forma a manter a segurança da instalação e do recinto onde estão instalados.

- Os circuitos elétricos, quando instalados nas proximidades de instalações não elétricas, devem manter um afastamento entre esses e as referidas instalações não elétricas, a fim de garantir que a intervenção em uma delas não represente risco de danos para os circuitos elétricos.
- Os circuitos elétricos não devem ser instalados nas proximidades de canalizações que produzem calor, vapores e outras fontes de calor que possam produzir danos às instalações elétricas, a não ser que se interponham anteparos que garantam a integridade dessas instalações.
- Os circuitos elétricos que caminharem junto a canalizações que possam produzir condensação (sistema de climatização e vapor) devem ser instalados acima dessas canalizações.

1.4.5 Localização da subestação

É comum o projetista receber as plantas do empreendimento com a indicação do local da subestação. Nesses casos, a escolha é feita em função do arranjo arquitetônico da construção. Pode ser também uma decisão que vise à segurança da indústria, principalmente quando o seu produto é de alto risco. Porém, nem sempre o local escolhido é o mais adequado tecnicamente, ficando a subestação central, às vezes, muito afastada do centro de carga, o que acarreta alimentadores longos e de seção elevada. Estes casos são mais frequentes quando a indústria é constituída de um único prédio e é prevista uma subestação abrigada em alvenaria.

As indústrias formadas por duas ou mais unidades de produção, localizadas em galpões fisicamente separados, conforme a Figura 1.2, permitem maior flexibilidade na escolha do local tecnicamente apropriado para a subestação.

Em tais casos, é necessário localizar a cabine de medição próxima à via pública que contém os equipamentos e instrumentos de medida de energia de propriedade da concessionária. Essa distância varia de acordo com a norma da empresa concessionária de energia elétrica. Contíguo ao posto de medição deve estar localizado o Posto de Proteção Geral (PPG), de onde derivam os alimentadores primários para uma ou mais subestações localizadas acerca do centro de carga.

O processo para localização do centro de carga, que deve corresponder a uma subestação, é definido pelo cálculo do baricentro dos pontos considerados como de carga puntiforme e correspondentes à potência demandada de cada galpão industrial com suas respectivas distâncias da origem, no caso o posto de proteção geral, conforme as Equações (1.1) e (1.2). A demanda de cada

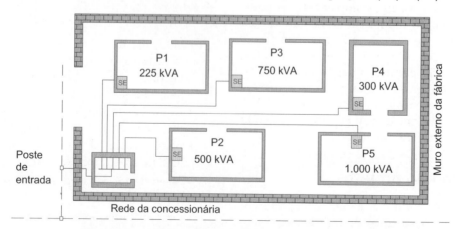

Figura 1.2 Indústria formada por diversos galpões.

galpão deve ser considerada como um ponto localizado na subestação correspondente. O esquema de coordenadas da Figura 1.3 é referente à indústria representada na Figura 1.2.

$$X = \frac{X_1 \times P_1 + X_2 \times P_2 + X_3 \times P_3 + X_4 \times P_4 + X_5 \times P_5}{P_1 + P_2 + P_3 + P_4 + P_5} \quad (1.1)$$

$$Y = \frac{Y_1 \times P_1 + Y_2 \times P_2 + Y_3 \times P_3 + Y_4 \times P_4 + Y_5 \times P_5}{P_1 + P_2 + P_3 + P_4 + P_5} \quad (1.2)$$

Para exemplificar, considerar as potências e as distâncias indicadas nas Figuras 1.2 e 1.3.

$$X = \frac{60 \times 225 + 150 \times 500 + 200 \times 750 + 320 \times 300 + 320 \times 1.000}{225 + 500 + 750 + 300 + 1.000}$$

$$\rightarrow X = 235,8 \text{ m}$$

$$Y = \frac{40 \times 1.000 + 60 \times 500 + 110 \times 300 + 150 \times 225 + 150 \times 750}{225 + 500 + 750 + 300 + 1.000}$$

$$\rightarrow Y = 89,8 \text{ m}$$

As coordenadas X e Y indicam o local adequado da subestação, do ponto de vista da carga. O local exato, porém, deve ser decidido tomando-se outros parâmetros como base, como proximidades de depósitos de materiais combustíveis, sistemas de resfriamento de água, arruamento interno etc.

A escolha do número de subestações unitárias deve ser baseada nas seguintes considerações:

- quanto menor a potência da subestação, maior é o custo do kVA instalado em transformação;
- quanto maior é o número de subestações unitárias, maior é a quantidade de condutores primários;
- quanto menor é o número de subestações unitárias, maior é a quantidade de condutores secundários dos circuitos de distribuição.

A partir deste ponto pode-se concluir que é necessário analisar os custos das diferentes opções, a fim de determinar a solução mais econômica. Estudos realizados indicam que as subestações unitárias com potências compreendidas entre 750 e 1.000 kVA são consideradas de menor custo por kVA instalado.

1.4.6 Definição dos sistemas

1.4.6.1 Sistema primário de suprimento

A alimentação de uma indústria é, em grande parte dos casos, de responsabilidade da concessionária de energia elétrica. Por isso, o sistema de alimentação quase sempre fica limitado às disponibilidades das linhas de suprimento existentes na área do projeto. Quando a indústria é de grande porte e a linha de produção exige uma elevada continuidade de serviço, é necessário realizar investimentos adicionais por meio de recursos alternativos de suprimento, como a construção de um novo alimentador ou a aquisição de geradores de emergência.

As indústrias, de maneira geral, são alimentadas por um dos seguintes tipos de sistema:

a) Sistema radial simples

É aquele em que o fluxo de potência tem um sentido único da fonte para a carga. É o tipo mais simples de alimentação industrial e é o mais utilizado. Apresenta, porém, baixa confiabilidade, em razão da falta de recursos para manobra quando da perda do circuito de distribuição geral ou alimentador. Em compensação, o seu custo é o mais reduzido, comparativamente a outros sistemas, por conter apenas equipamentos convencionais e de larga utilização. A Figura 1.4 exemplifica este tipo de sistema.

b) Radial com recurso

É aquele em que o sentido do fluxo de potência pode ser fornecido a partir de duas ou mais alimentações.

Dependendo da posição das chaves interpostas nos circuitos de distribuição e da flexibilidade de manobra, conforme a Figura 1.5, esse sistema pode ser operado como:

- sistema radial em anel aberto;
- sistema radial seletivo.

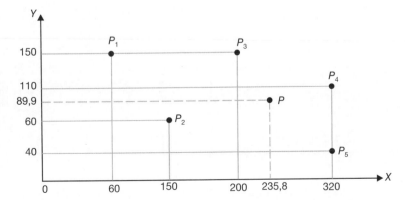

Figura 1.3 Coordenadas para determinação de centro de carga.

Esses sistemas apresentam maior confiabilidade, pois a perda eventual de um dos circuitos de distribuição ou alimentador não deve afetar significativamente a continuidade de fornecimento para grande parte das indústrias. No entanto, algumas indústrias, após uma interrupção, mesmo que por tempo muito curto, por exemplo, pela atuação de um religador ajustado para um só disparo, levam um tempo muito elevado para voltar a produzir com capacidade plena, às vezes até 3 horas, como no caso de indústrias de cimento, notadamente aquelas que possuem máquinas no seu sistema produtivo operando com alto grau de automação.

Os sistemas com recursos apresentam custos elevados, em função do emprego de equipamentos mais caros, e sobretudo, pelo dimensionamento dos circuitos de distribuição que devem ter capacidade individual suficiente para suprir as cargas de maneira individual, quando da saída de um deles. Esses sistemas podem ser alimentados de uma ou mais fontes de suprimento da concessionária, o que, no segundo caso, melhorará a continuidade do fornecimento. Diz-se que o sistema de distribuição trabalha em primeira contingência quando a perda de um alimentador de distribuição não afeta o suprimento de energia. Semelhantemente, em um sistema que trabalhe em segunda contingência, a perda de dois alimentadores de distribuição não afetará o suprimento da carga. Consequentemente, quanto mais elevada for a contingência de um sistema, maior será o seu custo.

1.4.6.2 Sistema primário de distribuição interna

Quando a indústria possui duas ou mais subestações alimentadas de um único ponto de suprimento da concessionária, conforme visto na Figura 1.2, pode-se proceder à energização dessas subestações utilizando-se um dos seguintes esquemas:

a) Sistema radial simples

Já definido anteriormente, pode ser traçado conforme a Figura 1.6.

b) Sistema radial com recurso

Como já definido, este sistema pode ser projetado de acordo com a ilustração apresentada na Figura 1.7, em que os pontos de consumo setoriais possuem alternativas de suprimento por meio de dois circuitos de alimentação.

Cabe observar que cada barramento das SEs é provido de disjuntores ou chaves de transferência automáticas ou manuais, podendo encontrarem-se nas posições NA (normalmente aberta) ou NF (normalmente fechada), conforme a melhor distribuição da carga nos dois alimentadores. Exemplificando uma condição usual, podemos operar esse sistema com a seguinte configuração: chaves ligadas: A-B; C-D; E-F; H; I-J; chave desligada: G. Nesse caso o sistema opera em anel aberto. Fechando-se a chave G, o sistema operaria na configuração em anel fechado. Para operar dessa forma é necessário que sejam

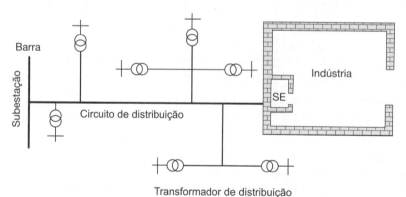

Figura 1.4 Esquema de sistema radial simples.

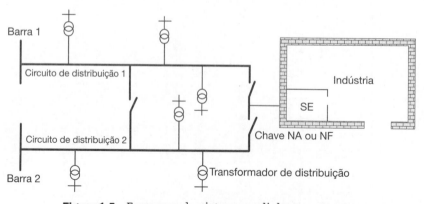

Figura 1.5 Esquema de sistema radial com recurso.

Elementos de projeto

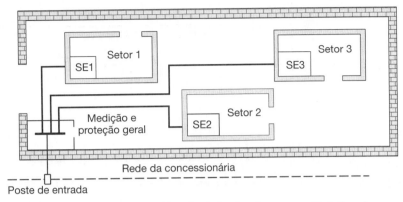

Figura 1.6 Exemplo de distribuição de sistema radial simples.

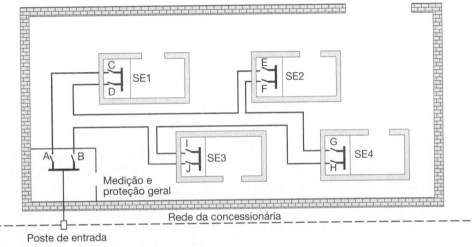

Figura 1.7 Exemplo de distribuição de sistema primário radial com recurso.

aplicadas em todas as chaves (disjuntores) relés de proteção direcionais, com exceção das chaves A-B.

1.4.6.3 Sistema secundário de distribuição

A distribuição secundária em baixa-tensão em uma instalação industrial pode ser dividida em:

1.4.6.3.1 Circuitos terminais

Circuitos terminais, em geral, são aqueles que têm origem nos quadros de distribuição (QDG – quadro de distribuição Geral), nos CCMs e QDLs e que alimentam especificamente uma carga, sejam de motores, cargas resistivas etc. A característica fundamental dos circuitos terminais é que estes terminam nas conexões das cargas. Pode ocorrer que a carga seja atendida diretamente do QGF. Até mesmo nesse caso, a característica da conexão é de circuito terminal. A Figura 1.8 mostra o traçado de um circuito terminal destinado a alimentar especificamente um motor (circuito terminal de motor). Dos QDs derivam os circuitos terminais para diferentes tipos de carga.

Os circuitos terminais de motores devem obedecer a algumas regras básicas, quais sejam:

- conter um dispositivo de seccionamento em sua origem para fins de manutenção. O seccionamento deve desligar tanto o motor como o seu dispositivo de comando. Podem ser utilizados:
  - seccionadores;
  - interruptores;
  - disjuntores;
  - contatores;
  - fusíveis com terminais apropriados para retirada sob tensão;
  - tomada de corrente (pequenos motores);
- para conter um dispositivo de proteção contra curto-circuito na sua origem;
- para conter um dispositivo de comando capaz de impedir uma partida automática do motor proveniente de queda ou falta de tensão caso a partida possa provocar perigo. Nesse caso, recomenda-se a utilização de contatores;
- para conter um dispositivo de acionamento do motor capaz de reduzir a queda de tensão na partida a um valor igual ou inferior a 10 %, ou de conformidade com as exigências da carga;
- de preferência, cada motor deve ser alimentado por um circuito terminal individual;
- quando um circuito terminal alimentar mais de um motor ou outras cargas, os motores devem receber proteção individual de sobrecarga. Nesse

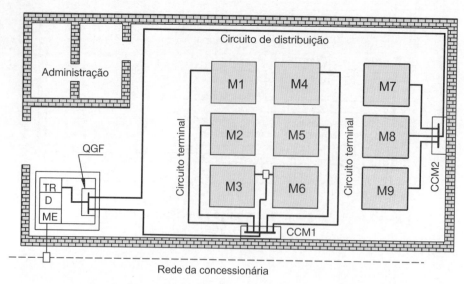

Figura 1.8 Exemplo de distribuição de sistema secundário.

caso, a proteção contra curtos-circuitos deve ser feita por um dispositivo único localizado no início do circuito terminal e capaz de proteger os condutores de alimentação do motor de menor corrente nominal, sem atuar indevidamente sob qualquer condição de carga normal do circuito;

- quanto maior a potência de um motor alimentado por um circuito terminal individual, mais é recomendável que cargas de outra natureza sejam alimentadas por outros circuitos.

São consideradas aplicações normais, para as finalidades das prescrições que se seguem, as aplicações definidas a seguir, em atendimento à NBR 5410, ou seja:

- Cargas de natureza industrial ou similar
  - Motores de indução de gaiola trifásico, de potência superior a 150 kW (200 cv), com características normalizadas conforme as NBR 17094-1 e NBR 17094-2.
  - Cargas acionadas em regime S1 e com características de partida conforme as NBRs 17094.
- Cargas residenciais e comerciais
  - Motores de potência inicial não superior a 1,5 kW (2 cv) que constituam parte integrante de aparelhos eletrodomésticos.

1.4.6.3.2 Circuitos de distribuição

Compreendem-se por circuitos de distribuição, também chamados neste livro de alimentadores, os condutores que derivam do Quadro Geral de Força (QGF) e que alimentam um centro de comando (CCM, QD e QDL).

Os circuitos de distribuição devem ser protegidos no ponto de origem por disjuntores ou fusíveis de capacidade adequada à carga e às correntes de curto-circuito.

Os circuitos de distribuição devem dispor, no ponto de origem, de um dispositivo de seccionamento, dimensionado para suprir a maior demanda do quadro de distribuição e proporcionar condições satisfatórias de manobra.

Os circuitos que alimentam os aparelhos de iluminação são denominados circuitos de distribuição de iluminação.

1.4.6.3.3 Recomendações gerais sobre projeto de circuitos terminais e de distribuição

No Capítulo 3, discute-se a metodologia de cálculo da seção dos condutores dos circuitos terminais e de distribuição. Mas aqui já são fornecidas algumas considerações práticas a respeito da aplicação desses circuitos no projeto:

- a menor seção transversal de um condutor para circuitos terminais de motor e de tomadas é de 2,5 mm²;
- a menor seção transversal de um condutor para circuitos de distribuição de iluminação é de 1,5 mm²;
- não devem ser utilizados condutores com seção superior a 2,5 mm² em circuitos de distribuição de iluminação e tomadas de uso geral em instalações residenciais e comerciais. Já nos circuitos de iluminação e tomadas de galpões industriais podem ser utilizados condutores com seção de acordo com a carga;
- devem-se dimensionar circuitos distintos para luz e força;
- deve-se dimensionar um circuito terminal para cada carga com capacidade igual ou superior a 10 A.

Nesse caso, é necessário admitir um circuito terminal para cada uma das seguintes cargas: chuveiro elétrico, aparelho de ar-condicionado, torneira elétrica, máquina de lavar roupa e máquina de lavar louça.

- As cargas monofásicas de bifásicas devem ser distribuídas o mais uniformemente possível entre as fases.
- A iluminação, de preferência, deve ser dividida em vários circuitos.
- O comprimento dos circuitos de distribuição de iluminação deve ser limitado em 30 m. Podem ser admi-

tidos comprimentos superiores, desde que a queda de tensão seja compatível com os valores estabelecidos pela NBR 5410 e apresentados no Capítulo 3.

1.4.6.3.4 Constituição dos circuitos terminais e de distribuição

São constituídos de:

a) condutores isolados, cabos unipolares e multipolares;
b) condutos: eletrodutos, bandejas, prateleiras, escada para cabos etc.

A aplicação de quaisquer dos dutos utilizados pelo projetista deve ser acompanhada de uma análise dos meios ambientes nos quais serão instalados, conforme será discutido na Seção 1.5.

O dimensionamento dos dutos deve ser feito segundo o que prescreve o Capítulo 3.

1.4.6.4 Quadros de distribuição (QDs)

Os quadros de distribuição devem ser construídos de modo a atender às condições do ambiente em que serão instalados, bem como apresentar um bom acabamento, rigidez mecânica e disposição apropriada nos equipamentos e instrumentos. Os quadros de distribuição para alimentação de cargas em geral, como de motores, iluminação, resistores e outras são denominados QDG.

Os quadros de distribuição – QGF, CCM, QDL e QDG – instalados em ambiente de atmosfera normal e abrigados, devem apresentar geralmente grau de proteção IP-40, característico de execução normal. Em ambientes de atmosfera poluída, devem apresentar grau de proteção IP-54 ou acima, de conformidade com a severidade dos poluentes. Estes são vedados e não devem possuir instrumentos e botões de acionamento fixados exteriormente.

As principais características dos quadros de distribuição são:

- tensão nominal;
- corrente nominal (capacidade do barramento principal);
- resistência mecânica aos esforços de curto-circuito para o valor de crista;
- grau de proteção;
- acabamento (revestido de proteção e pintura final).

Deve-se prever circuito de reserva nos quadros de distribuição, a fim de satisfazer os seguintes critérios determinados pela NBR 5410:

- quadros de distribuição com até 6 circuitos: espaço para no mínimo 2 circuitos de reserva;
- quadros de distribuição contendo de 7 a 12 circuitos: espaço para no mínimo 3 circuitos;
- geradores de distribuição contendo de 13 a 30 circuitos: espaço para no mínimo 4 circuitos;
- quadros de distribuição contendo mais de 30 circuitos: espaço reserva para uso no mínimo 15 % dos circuitos existentes.

As chapas dos quadros de distribuição devem sofrer tratamento adequado, prevenindo assim os efeitos nefastos da corrosão. As técnicas de tratamento de chapas e aplicação de revestimentos protetores podem ser estudadas no Capítulo 10 do livro deste autor, *Manual de Equipamentos Elétricos – 5ª Edição*. A Figura 1.9 mostra em detalhes o interior de um quadro de distribuição e os diversos componentes elétricos instalados.

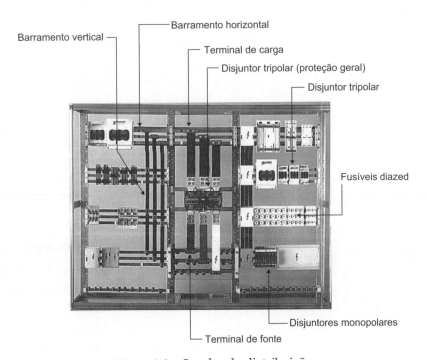

Figura 1.9 Quadro de distribuição.

1.5 Meios ambientes

Todo projeto de uma instalação elétrica deve levar em consideração as particularidades das influências externas, como temperatura, altitude, raios solares etc. Para classificar estes ambientes, a NBR 5410 estabelece uma codificação específica por intermédio de uma combinação de letras e números. As tabelas organizadas, classificando as influências externas, podem ser consultadas diretamente na norma brasileira anteriormente mencionada. De modo resumido, essas influências externas podem ser assim classificadas.

1.5.1 Temperatura ambiente

Todo material elétrico, notadamente os condutores, sofrem grandes influências no seu dimensionamento em função da temperatura a que são submetidos. A temperatura ambiente a ser considerada para determinado componente é a temperatura do local em que o componente será instalado, que é resultante da influência de todos os demais componentes situados no mesmo local e em funcionamento, sem levar em consideração a contribuição térmica do componente em questão.

A seguir, serão indicados os códigos, a classificação e as características dos meios ambientes:

- AA1: frigorífico: –60 °C a +5 °C;
- AA2: muito frio: –40 °C a +5 °C;
- AA3: frio: –25 °C a +5 °C;
- AA4: temperado: –5 °C a +40 °C;
- AA5: quente: +5 °C a +40 °C;
- AA6: muito quente: +5 °C a +60 °C.

1.5.2 Altitude

Por conta da rarefação do ar, em altitudes superiores a 1.000 m, alguns componentes elétricos, tais como motores e transformadores, merecem considerações especiais no seu dimensionamento. A classificação da NBR 5410 é:

- AC1: baixa: ≤ 2.000 m;
- AC2: alta > 2.000 m.

1.5.3 Presença de água

A presença de umidade e água é fator preocupante na seleção de equipamentos elétricos. A classificação é:

- AD1: a probabilidade de presença de água é desprezível;
- AD2: possibilidade de queda vertical de água;
- AD3: possibilidade de chuva caindo em uma direção em ângulo de 60° com a vertical;
- AD4: possibilidade de projeção de água em qualquer direção;
- AD5: possibilidade de jatos de água sob pressão em qualquer direção;
- AD6: possibilidade de ondas de água;
- AD7: possibilidade de recobrimento intermitente, parcial ou total de água;
- AD8: possibilidade total recobrimento por água de modo permanente.

1.5.4 Presença de corpos sólidos

A poeira ambiente prejudica a isolação dos equipamentos, principalmente quando associada à umidade. Também, a segurança das pessoas quanto à possibilidade de contato acidental implica o estabelecimento da seguinte classificação:

- AE1: não existe nenhuma quantidade apreciável de poeira ou de corpos estranhos;
- AE2: presença de corpos sólidos cuja menor dimensão é igual ou superior a 2,5 m;
- AE3: presença de corpos sólidos cuja menor dimensão é igual ou inferior a 1 mm;
- AE4: presença de poeira em quantidade apreciável.

1.5.5 Presença de substâncias corrosivas ou poluentes

Essas substâncias são altamente prejudiciais aos materiais elétricos em geral, notadamente às isolações. A classificação desses ambientes é:

- AF1: a quantidade ou natureza dos aspectos corrosivos ou poluentes não é significativa;
- AF2: presença significativa de agentes corrosivos ou de poluentes de origem atmosférica;
- AF3: ações intermitentes ou acidentais de produtos químicos corrosivos ou poluentes;
- AF4: ação permanente de produtos químicos corrosivos ou poluentes em quantidade significativa.

1.5.6 Vibrações

As vibrações são prejudiciais ao funcionamento dos equipamentos, notadamente às conexões elétricas correspondentes, classificadas como:

- AH1: fracas: vibrações desprezíveis;
- AH2: médias: vibrações com frequência entre 10 e 50 Hz e amplitude igual ou inferior a 0,15 mm;
- AH3: significativas: vibrações com frequência entre 10 e 150 Hz e amplitude igual ou superior a 0,35 mm.

1.5.7 Radiações solares

A radiação, principalmente a ultravioleta, altera a estrutura de alguns materiais, sendo as isolações, à base de compostos plásticos, as mais prejudicadas. A classificação é:

- AN1: desprezível;
- AN2: radiação solar de intensidade e/ou duração prejudicial.

1.5.8 Raios

Os raios podem causar sérios danos aos equipamentos elétricos, tanto pela sobretensão quanto pela incidência direta sobre os referidos equipamentos. Quanto à classificação, temos:

- AQ1: desprezível;
- AQ2: indiretos: riscos provenientes da rede de alimentação;
- AQ3: diretos: riscos provenientes de exposição dos equipamentos.

1.5.9 Resistência elétrica do corpo humano

As pessoas estão sujeitas ao contato acidental na parte viva das instalações, cuja seriedade de lesão está diretamente ligada às condições de umidade ou presença de água no corpo. As classificações nestes casos são:

- BB1: elevada: condição de pele seca;
- BB2: normal: condição de pele úmida (suor);
- BB3: fraca: condição de pés molhados;
- BB4: muito fraca: condição do corpo imerso, como em piscinas e banheiros.

1.5.10 Contato das pessoas com potencial de terra

As pessoas quando permanecem em um local onde há presença de partes elétricas energizadas, estão sujeitas a riscos de contato com as partes vivas dessa instalação, cujos ambientes são assim classificados:

- BC1: nulos: pessoas em locais não condutores;
- BC2: fracos: pessoas que não corram risco de entrar em contato sob condições habituais com elementos condutores que não estejam sobre superfícies condutoras;
- BC3: frequentes: pessoas em contato com elementos condutores ou se portando sobre superfícies condutoras;
- BC4: contínuos: pessoas em contato permanente com paredes metálicas e cujas possibilidades de interromper os contatos são limitadas.

A norma estabelece a classificação de outros tipos de ambientes que a seguir serão apenas citados:

- presença de flora e mofo;
- choques mecânicos;
- presença de fauna;
- influências eletromagnéticas, eletrostáticas ou ionizantes;
- competência das pessoas;
- condições de fuga das pessoas em emergência;
- natureza das matérias processadas ou armazenadas;
- materiais de construção;
- estrutura de prédios.

1.5.11 Influências eletromagnéticas, eletrostáticas ou ionizantes

- Fenômenos eletromagnéticos de baixa frequência: conduzidas ou radiadas;
- fenômenos eletromagnéticos de alta frequência: conduzidas ou radiadas conduzidos, induzidos e radiados: contínuos ou transitórios;
- descargas eletrostáticas;
- radiações ionizantes.

1.5.12 Descargas atmosféricas

- Desprezíveis: ≤ 25 dias por ano;
- indiretas: > 25 dias por ano – riscos provenientes da rede de alimentação;
- diretas: riscos provenientes das exposições dos componentes da instalação.

Os projetistas devem considerar, no desenvolvimento de seu projeto, todas as características referentes aos meios ambientes, tomando as providências necessárias a fim de tornar o projeto perfeitamente correto quanto à segurança do patrimônio e das pessoas qualificadas ou não para o serviço de eletricidade.

O leitor deve consultar a NBR 5410 para conhecer em detalhes a classificação das influências externas do meio ambiente a ser consideradas no planejamento, na concepção e na execução dos projetos das instalações elétricas.

1.6 Graus de proteção

Refletem a proteção de invólucros metálicos ou não quanto à entrada de corpos estranhos e penetração de água pelos orifícios destinados à ventilação ou instalação de instrumentos, pelas junções de chapas, portas etc.

As normas especificam os graus de proteção por meio de um código composto pelas letras IP, seguidas de dois números que significam:

a) Primeiro algarismo

Indica o grau de proteção quanto à penetração de corpos sólidos e contatos acidentais, ou seja:

- 0 – sem proteção;
- 1 – corpos estranhos com dimensões acima de 50 mm;
- 2 – corpos estranhos com dimensões acima de 12 mm;
- 3 – corpos estranhos com dimensões acima de 2,5 mm;
- 4 – corpos estranhos com dimensões acima de 1 mm;
- 5 – proteção contra acúmulo de poeira prejudicial ao equipamento;
- 6 – proteção contra penetração de poeira.

b) Segundo algarismo

Indica o grau de proteção quanto à penetração de água internamente ao invólucro, ou seja:

- 0 – sem proteção;
- 1 – pingos de água na vertical;
- 2 – pingos de água até a inclinação de 15° com a vertical;
- 3 – água de chuva até a inclinação de 60° com a vertical;
- 4 – respingos em todas as direções;
- 5 – jatos de água em todas as direções;
- 6 – imersão temporária;
- 7 – imersão;
- 8 – submersão.

Por intermédio de várias combinações entre os algarismos citados, pode-se determinar o grau de proteção desejado para determinado tipo de invólucro metálico, em função de sua aplicação em uma atividade específica. Porém, por economia de escala, os fabricantes de invólucros metálicos padronizam seus modelos para alguns tipos de graus de proteção, sendo os mais comuns os de grau de proteção IP54, destinados a ambientes externos, e os de grau de proteção IP23, utilizados em interiores.

Os graus de proteção são aplicados a quaisquer tipos de invólucro metálicos: painéis elétricos, cubículos metálicos, motores elétricos, geradores etc.

1.7 Proteção contra riscos de incêndio e explosão

As indústrias, em geral, estão permanentemente sujeitas a riscos de incêndio e, dependendo do produto que fabricam, são bastante vulneráveis a explosões, às quais normalmente se segue um incêndio. Para prevenir contra essas ocorrências existem normas nacionais e internacionais que disciplinam os procedimentos de segurança que procuram eliminar esses acidentes. Julga-se oportuno citar os diversos itens discriminados a seguir e que constam da norma regulamentadora NR-10 do Ministério do Trabalho e Emprego.

- Todas as empresas estão obrigadas a manter diagramas unifilares das instalações elétricas com as especificações do sistema de aterramento.
- O Prontuário de Instalações Elétricas deve ser organizado e mantido pelo empregador ou por pessoa formalmente designada pela empresa e deve permanecer à disposição dos trabalhadores envolvidos nas instalações e serviços em eletricidade.
- É obrigatório que os projetos de quadros, instalações e redes elétricas especifiquem dispositivos de desligamento de circuitos que possuam recursos para travamento na posição desligado, de forma a poderem ser travados e sinalizados.
- O memorial descritivo do projeto deve conter, no mínimo, os seguintes itens de segurança:
  - especificação das características relativas à proteção contra choques elétricos, queimaduras e outros efeitos indesejáveis;
  - exigência de indicação de posição dos dispositivos de manobra dos circuitos elétricos (Verde – "D" – Desligado e Vermelho – "L" – Ligado;
  - descrição do sistema de identificação dos circuitos elétricos e equipamentos, inclusive dispositivos de manobra, controle, proteção, condutores e os próprios equipamentos e estruturas, esclarecendo que tais identificações deverão ser aplicadas fisicamente aos componentes das instalações;
  - recomendações de restrições e advertências quanto ao acesso de pessoas aos componentes das instalações;
  - precauções aplicáveis face às influências ambientais;
  - princípio funcional dos elementos de proteção constantes do projeto, destinados à segurança das pessoas;
  - descrição da compatibilidade dos dispositivos de proteção.
- Somente serão consideradas desenergizadas as instalações elétricas liberadas para serviço mediante os procedimentos apropriados, obedecida a sequência a seguir:
  - seccionamento;
  - impedimento de energização;
  - constatação de ausência de tensão;
  - instalação de aterramento temporário com equipotencialização dos condutores dos circuitos;
  - instalação da sinalização de impedimento de energização.
- O estado de instalação desenergizada deve ser mantido até a autorização para reenergização, devendo a instalação ser energizada em obediência à sequência dos procedimentos a seguir:
  - retirada de todas as ferramentas, equipamentos e utensílios;
  - retirada da zona controlada de todos os trabalhadores não envolvidos no processo de energização;
  - remoção da sinalização de impedimento de energização;
  - remoção do aterramento temporário da equipotencialização e das proteções adicionais;

– destravamento se houver, e religação dos dispositivos de seccionamento.
- Os processos ou equipamentos suscetíveis de gerar ou acumular eletricidade estática devem dispor de proteção específica e dispositivos de descarga elétrica.
- Nas instalações elétricas das áreas classificadas ou sujeitas a risco acentuado de incêndio ou explosões devem ser adotados dispositivos de proteção complementar, como alarme e seccionamento automático para prevenir sobretensões, sobrecorrentes, fugas, aquecimentos ou outras condições anormais de operação.

1.8 Formulação de um projeto elétrico

Antes de iniciar um projeto de instalação industrial, o projetista deve planejar o desenvolvimento de suas ações de modo a evitar o retrabalho e o desperdício de tempo e dinheiro. A seguir, serão formuladas orientações técnicas, de forma didática, para o desenvolvimento racional de um projeto de instalação industrial.

1.8.1 Fatores de projeto

Na elaboração de projetos elétricos é necessária a aplicação de alguns fatores, denominados fatores de projeto, que visam à economicidade do empreendimento. Se tais fatores forem omitidos, a potência de certos equipamentos pode alcançar, desnecessariamente, valores muito elevados.

1.8.1.1 Fator de demanda

É a relação entre a demanda máxima do sistema e a carga total conectada ao sistema durante um espaço de tempo considerado.

A carga conectada é a soma das potências nominais contínuas dos aparelhos consumidores de energia elétrica.

O fator de demanda é, usualmente, menor que a unidade. Seu valor é unitário apenas se a carga conectada total for ligada simultaneamente por um período suficientemente grande, tanto quanto o intervalo de demanda.

A Equação (1.3) mede, matematicamente, o valor do fator de demanda, que é adimensional:

$$F_d = \frac{D_{máx}}{P_{inst}} \quad (1.3)$$

$D_{máx}$ = demanda máxima da instalação, em kW ou kVA;
P_{inst} = potência da carga conectada, em kW ou kVA.

Para um projeto industrial com carga instalada de 1.500 kW, cuja curva de demanda está indicada na Figura 1.10, pode-se determinar o fator de demanda no valor de:

$$F_d = \frac{680}{1.500}$$

A Tabela 1.1 fornece os fatores de demanda para cada grupamento de motores e operação independente.

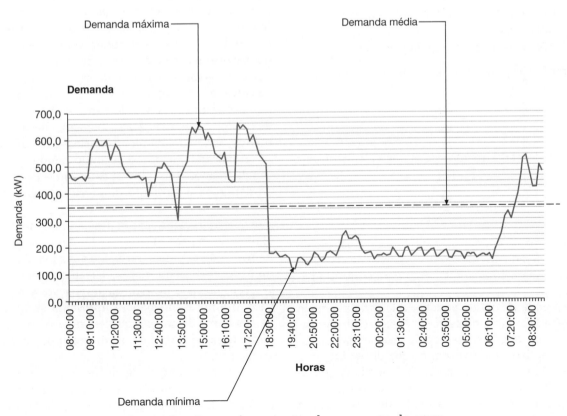

Figura 1.10 Pontos importantes de uma curva de carga.

Tabela 1.1 Fatores de demanda

Número de motores em operação	Fator de demanda em %
1 – 10	70 – 80
11 – 20	60 – 70
21 – 50	55 – 60
51 – 100	50 – 60
Acima de 100	45 – 55

1.8.1.2 Fator de carga

É a razão entre a demanda média, por determinado espaço de tempo, e a demanda máxima registrada no mesmo período.

O fator de carga refere-se normalmente ao período de carga diária, semanal, mensal e anual. Quanto maior for o espaço de tempo ao qual se relaciona o fator de carga, menor será o seu valor, ou seja, o fator de carga anual é menor que o mensal, que, por sua vez, é menor que o semanal, e assim sucessivamente.

O fator de carga é sempre maior que zero e menor ou igual à unidade. O fator de carga mede o grau no qual a demanda máxima foi mantida durante o intervalo de tempo considerado; ou ainda, demonstra se a energia está sendo utilizada de forma racional por parte de determinada instalação. Manter um elevado fator de carga no sistema significa obter os seguintes benefícios:

- otimização dos investimentos da instalação elétrica;
- aproveitamento racional da energia consumida pela instalação;
- redução do valor da demanda pico.

O fator de carga diário pode ser calculado pela Equação (1.4):

$$F_{cd} = \frac{D_{méd}}{D_{máx}} \quad (1.4)$$

O fator de carga mensal pode ser calculado pela Equação (1.5):

$$F_{cm} = \frac{C_{kWh}}{D_{máx}} \quad (1.5)$$

C_{kWh} = consumo de energia elétrica durante o espaço de tempo considerado, kWh;
$D_{máx}$ = demanda máxima do sistema para o mesmo período, em kW;
$D_{méd}$ = demanda média do período, calculada por meio de integração da curva de carga da Figura 1.10, equivalente ao valor do lado do retângulo de energia correspondente ao eixo da ordenada. A área do retângulo é numericamente igual ao consumo de energia do período. Ou, ainda, a soma das áreas da curva de carga acima da reta que define a demanda média deve ser igual à soma das áreas abaixo da referida reta. Relativamente à curva de carga da Figura 1.10, o fator de carga diário da instalação é:

$$F_{cd} = \frac{D_{méd}}{D_{máx}} = \frac{350}{680} = 0,51$$

Com relação ao fator de carga mensal, considerando que o consumo de energia elétrica registrado na conta de energia do mês emitida pela concessionária foi de 232.800 kWh, admitindo-se que a curva de carga diária do período se manteve constante, pode-se calcular o seu valor diretamente da Equação (1.5), ou seja:

$$F_{cd} = \frac{C_{kWh}}{730 \times D_{máx}} = \frac{232.800}{730 \times 680} = 0,47$$

Dentre as práticas que merecem maior atenção em um estudo global de economia de energia elétrica está a melhoria do fator de carga, que pode, simplificadamente, ser resumido em dois itens:

- conservação do consumo e redução da demanda;
- conservação da demanda e aumento do consumo.

Essas duas condições podem ser reconhecidas pela análise da Equação (1.5). Cada uma das condições tem uma aplicação típica. A primeira, que se caracteriza como a mais comum, é peculiar àquelas indústrias que iniciam um programa de conservação de energia mantendo a mesma quantidade de produto fabricado. É bom lembrar, neste ponto, que em todo produto fabricado está contida uma parcela de consumo de energia elétrica, isto é, de kWh, e não de demanda, kW. Logo, mantida a produção, deve-se atuar sobre a redução de demanda, que pode ser obtida com sucesso por meio do deslocamento da operação de certas máquinas para outros intervalos de tempo de baixo consumo na curva de carga da instalação.

Isso requer, por via de regra, alteração nos turnos de serviço e, algumas vezes, dispêndio de adicionais em mão de obra para atender à legislação trabalhista.

Analisando, agora, o segundo método para obtenção da melhoria do fator de carga, ou seja, conservação da demanda e aumento do consumo, observa-se que esse método é destinado aos casos, por exemplo, em que determinada indústria deseja implementar os seus planos de expansão e esteja limitada pelo dimensionamento de algumas partes de suas instalações, como unidades de transformação, barramento etc.

Sem precisar investir na ampliação do sistema elétrico, o empresário poderá aproveitar-se da formação de sua curva de carga e implementar o novo empreendimento no intervalo de baixo consumo de suas atuais atividades.

Além da vantagem de não necessitar de fazer investimentos, isso contribuirá significativamente para a melhoria de seu fator de carga, reduzindo substancialmente o preço médio da conta de energia cobrada pela concessionária. Além dessas práticas citadas, para a melhoria do fator de carga são usuais duas outras providências que dão excelentes resultados:

a) Controle automático da demanda

Essa metodologia consiste em segregar certas cargas ou setores definidos pela indústria e alimentá-los por meio de circuitos expressos comandados por disjuntores controlados a partir de um dispositivo sensor de demanda, regulado para operar no desligamento dessas referidas cargas toda vez que a demanda atingir o valor máximo predeterminado. Nem todas as cargas se prestam ao alcance desse objetivo, pois não se recomenda que o processo produtivo seja afetado.

Pelas características próprias, as cargas mais comumente selecionadas são:

- sistema de ar-condicionado;
- estufas;
- fornos de alta temperatura;
- câmaras frigoríficas.

Mesmo assim, é necessário frisar que a seleção dessas cargas deve ser precedida de uma análise de consequências práticas resultantes deste método. Por exemplo, o desligamento do sistema de climatização de uma indústria têxtil por um tempo excessivo poderá trazer sérias consequências quanto à qualidade da produção.

Os tipos de carga anteriormente selecionados são indicados para tal finalidade por dois motivos básicos. Primeiro, porque a sua inércia térmica, em geral, permite que as cargas sejam desligadas por um tempo bastante longo sem afetar a produção. Segundo, por serem normalmente constituídas de grandes blocos de potência unitária, tornando-se facilmente controláveis.

b) Reprogramação da operação das cargas

Consiste em estabelecer horários de operação de certas máquinas de grande porte ou mesmo certos setores de produção, ou, ainda, redistribuir o funcionamento dessas cargas em períodos de menor consumo de energia elétrica. Essas providências podem ser impossíveis para determinadas indústrias, como aquelas que operam com fatores de carga elevados, tal como a indústria de cimento, porém perfeitamente factíveis para outros tipos de plantas industriais.

O controle automático da demanda e a reprogramação da operação de cargas são práticas já bastante conhecidas das indústrias, desde o início da implantação das tarifas especiais como a horo-sazonal, a tarifa verde etc.

1.8.1.3 Fator de perda

Consiste na relação entre a perda de potência na demanda média e a perda de potência na demanda máxima, considerando um intervalo de tempo especificado.

O fator de perda nas aplicações práticas é tomado como uma função do fator de carga, conforme a Equação (1.6):

$$F_p = 0{,}30 \times F_C \times 0{,}70 \times F_C^2 \qquad (1.6)$$

Quando o fator de carga se aproxima de zero, o fator de perda também o faz. Por outro lado, quando o fator de carga se aproxima de 1,0 o fator de perda segue a mesma trajetória. Assim, quando o sistema elétrico opera com o seu fator de carga mínimo, as perdas elétricas são mínimas. Por outro lado, quando o fator de carga atingir o seu valor máximo naquele sistema, as perdas elétricas nessa condição serão máximas. Para a curva de carga da Figura 1.10, o fator de perda diário vale:

$$F_p = 0{,}30 \times 0{,}47 + 0{,}70 \times 0{,}47^2 = 0{,}29$$

1.8.1.4 Fator de simultaneidade

É a relação entre a demanda máxima do grupo de aparelhos pela soma das demandas individuais dos aparelhos do mesmo grupo em um intervalo de tempo considerado. O fator de simultaneidade resulta da coincidência das demandas máximas de alguns aparelhos do grupo de carga, em razão da natureza de sua operação. O seu inverso é chamado de fator de diversidade.

A aplicação do fator de simultaneidade em instalações industriais deve ser precedida de um estudo minucioso, a fim de evitar o subdimensionamento de circuitos e equipamentos.

A taxa de variação do decréscimo do fator de simultaneidade, em geral, depende da heterogeneidade da carga.

O fator de simultaneidade é sempre inferior à unidade, enquanto o fator de diversidade, considerado o inverso deste, é sempre superior a 1.

A Tabela 1.2 fornece os fatores de simultaneidade para diferentes potências de motores agrupados e outros aparelhos.

1.8.1.5 Fator de utilização

É o fator pelo qual deve ser multiplicada a potência nominal do aparelho para se obter a sua potência média absorvida nas condições de utilização. A Tabela 1.3 fornece os fatores de utilização típicos dos principais equipamentos utilizados nas instalações elétricas industriais.

Na falta de dados mais precisos pode ser adotado um fator de utilização igual a 0,75 para motores, enquanto, para aparelhos de iluminação, de ar-condicionado e aquecimento, o fator de utilização deve ser unitário.

Tabela 1.2 Fatores de simultaneidade

Aparelhos (cv)	Número de aparelhos							
	2	4	5	8	10	15	20	50
Motores: 3/4 a 2,5	0,85	0,80	0,75	0,70	0,60	0,55	0,50	0,40
Motores: 3 a 15	0,85	0,80	0,75	0,75	0,70	0,65	0,55	0,45
Motores: 20 a 40	0,80	0,80	0,80	0,75	0,65	0,60	0,60	0,50
Acima de 40	0,90	0,80	0,70	0,70	0,65	0,65	0,65	0,60
Retificadores	0,90	0,90	0,85	0,80	0,75	0,70	0,70	0,70
Soldadores	0,45	0,45	0,45	0,40	0,40	0,30	0,30	0,30
Fornos resistivos	1,00	1,00	–	–	–	–	–	–
Fornos de indução	1,00	1,00	–	–	–	–	–	–

Tabela 1.3 Fatores de utilização

Aparelhos	Fator de utilização
Fornos à resistência	1,00
Secadores, caldeiras etc.	1,00
Fornos de indução	1,00
Motores de 3/4 a 2,5 cv	0,70
Motores de 3 a 15 cv	0,83
Motores de 20 a 40 cv	0,85
Acima de 40 cv	0,87
Soldadores	1,00
Retificadores	1,00

1.8.2 Determinação de demanda de potência

Cabe ao projetista a decisão sobre a previsão da demanda da instalação, a qual deve ser tomada com base nas características da carga e do tipo de operação da indústria.

Há instalações industriais em que praticamente toda carga instalada está simultaneamente em operação em regime normal, como é o caso de indústrias de fios e tecidos. No entanto, há outras indústrias em que há diversidade de operação entre diferentes setores de produção. É de fundamental importância considerar essas situações no dimensionamento dos equipamentos. Em um projeto de instalação elétrica industrial, além das áreas de manufaturados, há as dependências administrativas, cujo projeto deve obedecer às características normativas, quanto ao número de tomadas por dependência, à climatização, ao número de pontos de luz por circuito etc. Nessas condições, a carga prevista em determinado projeto deve resultar da composição das cargas dos setores industriais e das instalações administrativas. Quando o projetista não obtiver informações razoáveis sobre a operação simultânea nem sobre os setores de carga, sugerem-se as seguintes precauções:

- considerar como carga de qualquer equipamento de utilização a potência declarada pelo fabricante ou calculada de acordo com a tensão nominal e a corrente nominal, expressa em VA, ou multiplicar o resultado anterior pelo fator de potência, quando este for conhecido, sendo neste caso a potência dada em W;
- se a potência declarada pelo fabricante for a universal fornecida pelo equipamento de utilização, como ocorre no caso dos motores, deve-se considerar o rendimento do aparelho para se obter a potência absorvida, que é o valor que se deve utilizar na determinação do valor da carga individual demandada.

1.8.2.1 Considerações gerais

a) Iluminação

- A carga de iluminação deve ser determinada por meio de critérios normativos, em especial os da ABNT NBR ISO/CIE 8995-1:2013 – Iluminação de ambientes de trabalho.
- Considerar a potência das lâmpadas, as perdas e o fator de potência dos equipamentos auxiliares (reator) quando se tratar de lâmpadas de descarga.

b) Pontos de tomadas

- Em salas de manutenção e salas de equipamentos, como casas de máquinas, salas de bombas, barriletes e locais similares, deve ser previsto, no mínimo, um ponto de tomada de uso geral ao qual deve ser atribuída uma potência igual ou superior a 1.000 VA.
- Quando for previsto um ponto de tomada de uso específico deve-se atribuir uma potência igual à potência nominal do equipamento ou à soma das potências dos equipamentos que devem utilizar o respectivo ponto de tomada. Quando não for possível conhecer as potências exatas dos equipamentos a serem ligados nesse ponto de tomada, devem ser adotados os seguintes critérios:
  – atribuir ao ponto de tomada a potência nominal do equipamento ou a soma dos equipamentos que podem ser alimentados pela tomada;

- alternativamente, pode ser atribuída ao ponto de tomada a capacidade do circuito projetado a partir da tensão do circuito, da corrente de projeto e do elemento de proteção contra sobrecarga;
- os pontos de tomada de uso específico devem ser localizados, no máximo, a 1,5 m do ponto no qual está prevista a localização dos respectivos equipamentos;
- os pontos de tomada destinados à alimentação de mais de 1 (um) equipamento devem ser providos de uma quantidade de tomadas adequada ao número de equipamentos a serem utilizados.

1.8.2.2 Cargas em locais usados como habitação

Devem ser utilizados os seguintes critérios para compor a carga instalada:

a) Iluminação

- Em cada cômodo ou dependência de unidades habitacionais deve ser previsto pelo menos um ponto de luz fixo no teto, com potência mínima de 100 VA, comandado por interruptor de parede;
- em alternativa à previsão de carga podem ser aplicados os seguintes requisitos:
  - em cômodos ou dependências com área igual ou inferior a 6 m² deve-se prever uma carga mínima de 100 VA;
  - em dependências com área superior a 6 m² deve-se prever uma carga mínima de 100 VA para os primeiros 6 m² de área, acrescendo-se 60 VA para cada 4 m² ou fração.

b) Pontos de tomadas

- Em cômodos ou dependências com área igual ou inferior a 6 m² deve ser prevista uma carga mínima de 100 VA;
- em banheiros, pelo menos uma tomada junto ao lavatório;
- em cozinhas, copas e copas-cozinhas, no mínimo uma tomada para cada 3,50 m, ou fração de perímetro, sendo que, acima de cada bancada devem ser previstas pelo menos duas tomadas de corrente no mesmo ponto em pontos distintos;
- em varandas deve ser previsto no mínimo um ponto de tomada;
- em cada um dos demais cômodos ou dependências da habitação devem ser adotados os seguintes procedimentos:
  - previsão de um ponto de tomada quando a área do cômodo ou dependência for igual ou inferior a 2,25 m², permitindo que o ponto de tomada seja externamente posicionado até 80 cm da porta de acesso à área do cômodo ou dependência;
  - previsão de um ponto de tomada se a área for superior a 2,25 m² e igual ou inferior a 6 m²;
  - se a área for superior a 6 m², previsão de uma tomada para cada 5 m ou fração de perímetro, espaçadas tão uniformemente quanto possível.
- Às tomadas de corrente devem ser atribuídas as seguintes potências:
  - para tomadas de uso geral, em banheiros, cozinhas, copas, copas-cozinhas e áreas de serviço, no mínimo 600 VA por tomada, até 3 (três) tomadas e 100 VA por tomada para as tomadas excedentes, considerando os referidos ambientes separadamente. Quando o número de tomadas no conjunto desses ambientes for superior a 6 (seis) pontos, adotar pelo menos 600 VA por tomada até dois pontos e 100 VA por cada ponto excedente, considerando cada um dos ambientes separadamente;
  - para as tomadas de uso geral, nos demais cômodos ou dependências, no mínimo 100 VA por tomada.

1.8.2.3 Cargas em locais usados como escritório e comércio

As prescrições anteriores podem ser complementadas com as que se seguem:

- em dependências cuja área seja igual ou inferior a 37 m² a determinação do número de tomadas deve ser feita segundo as duas condições seguintes, adotando-se a que conduzir ao maior valor:
  - uma tomada para cada 3 m, ou fração de perímetro da dependência;
  - uma tomada para cada 4 m² ou fração de área da dependência.
- Em dependências com área superior a 37 m², o número de tomadas deve ser determinado de acordo com as seguintes condições:
  - oito tomadas para os primeiros 37 m² de área;
  - três tomadas para cada 37 m² ou fração adicional.
- Utilizar um número arbitrário de tomadas destinado ao uso em vitrines, demonstrações de aparelhos e ligações de lâmpadas específicas;
- deve-se atribuir a potência de 200 VA para cada tomada.

Em ambientes industriais, o número de tomadas a ser adotado é função de cada tipo de setor.

Para facilitar o projetista na composição do Quadro de Carga, as Tabelas 1.4 e 1.5 fornecem a potência de diversos aparelhos de uso comum. Conhecida a carga a ser instalada, pode-se determinar, a partir da Tabela 1.6, a demanda resultante, aplicando-se sobre a carga inicial os fatores de demanda indicados. Com esse resultado devem-se aplicar as equações correspondentes.

Como regra geral, a determinação da demanda pode ser assim obtida:

Tabela 1.4 Cargas nominais típicas de aparelhos em geral

Aparelhos	Potências nominais típicas
Aquecedor central de água	
De 50 a 200 litros	1.200 W
De 300 a 350 litros	2.000 W
400 litros	2.500 W
Aquecedor portátil de ambiente	700 a 1.300 W
Aspirador de pó	250 a 800 W
Cafeteira	1.000 W
Chuveiro	2.000 a 5.300 W
Congelador (*Freezer*)	350 a 500 VA
Copiadora	300 a 500 VA
Exaustor de ar (doméstico)	400 a 1.650 W
Ferro de passar roupa	4.000 a 6.200 W
Fogão residencial	4.500 W
Forno de micro-ondas (residencial)	1.220 W
Geladeira (residencial)	150 a 400 VA
Lavadora de roupas (residencial)	650 a 1.200 VA
Lavadora de pratos (residencial)	1.200 a 2.800 VA
Liquidificador	100 a 250 VA
Secador de roupa	4.000 a 5.000 W
Televisor	150 a 350 W
Torradeira	500 a 1.200 W
Torneira	2.500 a 3.200 W
Ventilador	2.500 VA

a) **Demanda dos aparelhos**

Os condutores dos circuitos terminais dos aparelhos devem ser dimensionados para a potência nominal dos aparelhos.

Tabela 1.5 Cargas nominais aproximadas de aparelhos de ar-condicionado

Tipo de janela			Minicentrais		
BTU	kcal	kW	TR	kcal	kW
7.100	1.775	1,10	3,00	9.000	5,20
8.500	2.125	1,50	4,00	12.000	7,00
10.000	2.500	1,65	5,00	15.000	8,70
12.000	3.000	1,90	6,00	18.000	10,40
14.000	3.500	2,10	7,50	22.500	13,00
18.000	4.500	2,86	8,00	24.000	13,90
21.000	5.250	3,08	10,00	30.000	18,90
27.000	6.875	3,70	12,50	37.500	21,70
30.000	7.500	4,00	15,00	45.000	26,00
			17,00	51.000	29,50
			20,00	60.000	34,70

b) **Demanda dos Quadros de Distribuição (QDLs e CCMs)**

Inicialmente, determina-se a demanda dos aparelhos individuais multiplicando-se a sua potência nominal pelo fator de utilização ou rendimento. No caso de motores, devem-se considerar os seus respectivos fatores de serviço, de utilização e rendimento.

A demanda é então obtida somando-se as demandas individuais dos aparelhos e multiplicando-se o resultado pelo respectivo fator de simultaneidade entre os aparelhos considerados.

- Tratando-se de projeto de iluminação que utilize lâmpadas a descarga é conveniente admitir um fator de multiplicação sobre a potência nominal das lâmpadas, a fim de compensar as perdas próprias do reator e as correntes harmônicas resultantes. Esse fator pode ser considerado igual a 1,8 (para reatores eletrônicos de baixo fator de potência, acrescido da corrente de alto conteúdo harmônico e da corrente obtida com base no rendimento da lâmpada), ou outro valor inferior, de conformidade com a especificação do fabricante dos aparelhos. Outra possibilidade é determinar a potência absorvida pelo conjunto lâmpada-reator

Tabela 1.6 Fatores de demanda para iluminação e tomadas

Descrição	Fator de demanda (%)
Auditório, salões para exposição e semelhantes	100
Bancos, lojas e semelhantes	100
Barbearias, salões de beleza e semelhantes	100
Clubes e semelhantes	100
Escolas e semelhantes	100 para os primeiros 12 kW e 50 para o que exceder
Escritórios	100 para os primeiros 20 kW e 70 para o que exceder
Garagens e comerciais e semelhantes	100
Hospitais e semelhantes	40 para os primeiros 50 kW e 20 para o que exceder
Hotéis e semelhantes	50 para os primeiros 20 kW; 40 para os seguintes 80 kW e 30 para o que exceder 100 kW
Igrejas e semelhantes	100
Residências (apartamentos residenciais)	100 para os primeiros 10 kW, 35 para os seguintes 110 kW e 25 para o que exceder 120 kW
Restaurantes e semelhantes	100

considerando-se a potência nominal da lâmpada (W); a perda ôhmica nominal do reator (W); o fator de potência do reator; e o rendimento médio do conjunto lâmpada-reator no valor médio de 0,85. Nas lâmpadas de Led, o fator de potência F_p pode normalmente variar de $0,5 < F_p < 0,90$ para lâmpadas com valor de potência acima de 5 W e, para lâmpadas tubulares superiores a 25 W, é em geral superior a 0,96. Algumas lâmpadas de Led têm apresentado fator de potência capacitivo.

A potência final absorvida pelo conjunto lâmpada-reator é determinada pela Equação (1.7):

$$P_{ablr} = \sqrt{\left(\frac{P_{nl} + P_{nr}}{0,85}\right)^2 + (P_{nr} \times tg\alpha)^2} \text{ (VA)} \quad (1.7)$$

P_{nl} = potência nominal da lâmpada, em W;
P_{nr} = perda ôhmica nominal do reator, em W;
α = ângulo do fator de potência do reator. Em valores médios, temos:

- $\alpha = 66°$ – para reatores eletromagnéticos não compensados: fator de potência igual a $F_p = 0,40$;
- $\alpha = 23°$ – para reatores eletromagnéticos compensados: fator de potência igual a $F_p = 0,92$;
- $\alpha = 60°$ – para reatores eletrônicos com fator de potência natural: fator de potência igual a $F_p = 0,50$;
- $\alpha = 14°$ – para reatores eletrônicos com alto fator de potência: fator de potência igual a $F_p = 0,97$.

Assim, uma lâmpada fluorescente tubular de 110 W que utilize reator eletrônico com fator de potência natural e perdas ôhmicas nominais de 15 W, absorve da rede de energia elétrica uma potência de:

$$P_{ablr} = \sqrt{\left(\frac{P_{nl} + P_{nr}}{0,85}\right)^2 + (P_{nr} \times tg\alpha)^2} =$$

$$= \sqrt{\left(\frac{110 + 15}{0,85}\right)^2 + (15 \times tg(60°))^2} = 149,3 \text{ VA}$$

c) Demanda do Quadro Geral de Força

É obtida somando-se as demandas concentradas nos Quadros de Distribuição (QD), Quadros de Luz (QDL) e Centros de Controle de Motores (CCM), e aplicando-se o fator de simultaneidade adequado.

Quando esse valor não for conhecido com certa precisão, deve-se adotar o valor unitário.

É conveniente informar-se junto aos responsáveis pela indústria, dos planos de expansão, a fim de prever a carga futura, deixando, por exemplo, reserva de espaço na subestação ou reserva de carga do transformador.

De posse do conhecimento das cargas localizadas na planta de *layout*, pode-se determinar a demanda de cada carga, aplicando-se os fatores de projeto adequados, ou seja:

d) Motores elétricos

- Cálculo da potência no eixo do motor

$$P_{eim} = P_n \times F_{um} \text{ (cv)} \quad (1.8)$$

P_n = potência nominal do motor, em cv;
F_{um} = fator de utilização do motor;
P_{eim} = potência no eixo do motor, em cv.

- Demanda solicitada da rede de energia

É composta pelas potências calculadas dos QDLs e CCMs.

As potências da iluminação podem ser adquiridas pela Equação (1.9a):

$$D_m = \frac{P_{eim} \times 0{,}736}{\eta \times F_p} \text{ kVA} \qquad (1.9a)$$

F_p = fator de potência do motor;
η = rendimento do motor.

e) Iluminação administrativa

A demanda é determinada pela Equação (1.9b):

$$D_{il} = \frac{\sum N_l \times \left(P_l + \dfrac{P_r}{F_p}\right) + \sum P_{abto}}{1.000} \qquad (1.9b)$$

$P_l = P_{ablr}$ = potência absorvida por cada tipo de lâmpada, de acordo com a Equação (1.7) e com o projeto de iluminação;
P_{abto} = potência absorvida pelas tomadas, de acordo com o projeto de iluminação;
P_r = potência dos reatores.

f) Outras cargas

A demanda deve ser calculada com base nas particularidades das referidas cargas, tais como fornos a arco, máquinas de solda, câmaras frigoríficas etc.

Para que o leitor tenha melhor entendimento dessa prática deve acompanhar o Exemplo de aplicação (1.1) a seguir.

Exemplo de aplicação (1.1)

Considerar uma indústria representada na Figura 1.11, sendo os motores (1) de 75 cv, os motores (2) de 30 cv e os motores (3) de 50 cv. Determinar as demandas dos CCM1, CCM2, QDL, QGF e a potência necessária do transformador da subestação. Considerar as cargas de iluminação administrativa, industrial e da subestação indicadas na Figura 1.11. Todos os motores são de indução, rotor em gaiola e de IV polos. Foram utilizados reatores eletrônicos com fator de potência natural e perda ôhmica de 8 W para as lâmpadas fluorescentes de 32 W. Para as lâmpadas de 400 W, vapor metálico, foram utilizados reatores eletromagnéticos compensados com perda de 26 W.

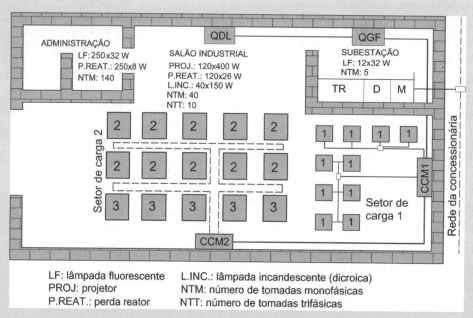

Figura 1.11 Planta industrial.

a) Demanda dos motores

- Motores elétricos tipo (1):

$$P_{eim} \times P_n \times F_{um}$$

Para a potência solicitada no eixo do motor para o fator de utilização de $F_{um} = 0{,}87$ (Tabela 1.3), temos:

$$P_{eim} = 75 \times 0{,}87 = 65{,}25 \text{ cv (potência no eixo de 1 motor).}$$

A demanda solicitada da rede para o rendimento do motor no valor de $\eta = 0{,}92$ (Tabela 6.4) vale:

$$D_m = \frac{65{,}25 \times 0{,}736}{0{,}92} = 52{,}2 \text{ kW (demanda solicitada da rede para 1 motor, em kW).}$$

Tabela 1.7 Circuitos de iluminação e tomadas da indústria

Áreas de atividades	Número do circuito	Descrição	Fases	Potência Lâmpadas (W) 32	150	400	Potência Tomadas (W) 200	600	Perda no reator (W) 8	26	Potência Por fase kW	Do circuito kW	Dos QDLs kW
				Número de luminárias			Número de tomadas		Nº de reatores				
Salão Industrial	1	Iluminação	A	–	13	40	17	–	–	40	22,4	64,0	70,0
	1	Iluminação	B	–	12	42	21	–	–	40	22,9		
	1	Iluminação	C	–	15	38	16	–	–	40	18,8		
	2	Tomadas	ABC	–	–	–	–	10	–	–	6,0	6,0	
Administração	1	Tomadas	A	–	–	–	45	–	–	–	9,0	28,0	38,0
	1	Tomadas	B	–	–	–	46	–	–	–	9,2		
	1	Tomadas	C	–	–	–	49	–	–	–	9,8		
	2	Iluminação	A	82	–	–	–	–	82	–	3,3	10,0	
	2	Iluminação	B	85	–	–	–	–	85	–	3,4		
	2	Iluminação	C	83	–	–	–	–	83	–	3,3		
Subestação	1	iluminação	B	12	–	–	–	–	12	–	0,5	0,5	1,9
	2	Tomadas	C	–	–	–	–	1	–	–	0,6	1,4	
	2	Tomadas	A	–	–	–	4	–	–	–	0,8		

Para a demanda solicitada da rede para o fator de potência do motor no valor de $F_p = 0{,}86$ (Tabela 6.4), temos:

$$D_m = \frac{52{,}2}{0{,}86} = 60{,}7 \text{ kVA} \quad \text{(demanda solicitada da rede para 1 motor, em kVA).}$$

- Motores elétricos tipo (2):

$$P_{eim} = P_n \times F_{um}$$

Para a potência solicitada no eixo do motor para o fator de utilização de $F_{um} = 0{,}85$ (Tabela 1.4), temos:

$$P_{eim} = 30 \times 0{,}85 = 25{,}5 \text{ cv (potência no eixo de 1 motor).}$$

A demanda solicitada da rede para o rendimento do motor no valor de $\eta = 0{,}90$ (Tabela 6.4), vale:

$$D_m = \frac{25{,}5 \times 0{,}736}{0{,}90} = 20{,}85 \text{ kVA} \quad \text{(demanda solicitada da rede para 1 motor, em kW).}$$

Para a demanda solicitada da rede para o fator de potência do motor no valor de $F_p = 0{,}83$ (Tabela 6.4), temos:

$$D_m = \frac{20{,}85}{0{,}83} = 25{,}1 \text{ kVA} \quad \text{(demanda solicitada da rede para 1 motor, em kVA).}$$

- Motores elétricos tipo (3):

$$P_{eim} = P_n \times F_{um}$$

Para a potência solicitada no eixo do motor para o fator de utilização de $F_{um} = 0{,}87$ (Tabela 1.3), temos:

$$P_{eim} = 50 \times 0{,}87 = 43{,}5 \text{ cv (potência no eixo de 1 motor).}$$

A demanda solicitada da rede para o rendimento do motor no valor de $\eta = 0{,}87$ (Tabela 6.4) vale:

$$D_m = \frac{43{,}5 \times 0{,}736}{0{,}92} = 34{,}8 \text{ kVA} \quad \text{(demanda solicitada da rede para 1 motor, em kW).}$$

Para a demanda solicitada da rede para o fator de potência do motor no valor de $F_p = 0{,}86$ (Tabela 6.4), temos:

$$D_m = \frac{34{,}8}{0{,}86} = 40{,}4 \text{ kVA} \quad \text{(demanda solicitada da rede para 1 motor, em kVA).}$$

b) Demanda dos Quadros de Distribuição

• Centro de Controle de Motores – CCM1:

$$D_{ccm1} = N_{m1} \times D_m \times F_{sm1}$$

$$N_{m1} = 10$$

$$F_{sm1} = 0{,}65 \text{ (Tabela 1.2)}$$

$$D_{ccm1} = 10 \times 60{,}7 \times 0{,}65 = 394{,}5 \text{ kVA}$$

• Centro de Controle de Motores – CCM2

$$D_{ccm2} = N_{m2} \times D_2 \times F_{sm2} + N_{m3} \times D_3 \times F_{sm3}$$

$$N_{m2} = 10$$

$$N_{m3} = 5$$

$$F_{sm2} = 0{,}65 \text{ (Tabela 1.2)}$$

$$F_{sm3} = 0{,}70 \text{ (Tabela 1.2)}$$

$$D_{ccm2} = 10 \times 25{,}1 \times 0{,}65 + 5 \times 40{,}4 \times 0{,}70 = 304{,}5 \text{ kVA}$$

c) Demanda de potência da iluminação

De acordo com a Tabela 1.7

$$D_{qdl} = D_{qdl1} + D_{qdl2} + D_{qdl3} = 70{,}0 + 38{,}0 + 1{,}9 \cong 110 \text{ kW}$$

$$Q_{qdl} = \frac{110}{0{,}88} = 125 \text{ kVA} \quad \text{(o valor do fator de potência de 0,88 foi arbitrado)}$$

Pode-se observar que desconsideramos os fatores de potência dos reatores que, se aplicados, revelariam a parte reativa da potência de iluminação. Também não consideramos as harmônicas, que são valores de difícil contabilização por falta de mais informações. Outro fator de difícil aplicação é o fator de simultaneidade das tomadas.

d) Demanda do Quadro Geral de Força (demanda máxima)

$$D_{qdl} = D_{máx} = D_{ccm1} + D_{ccm2} + D_{il3\varphi}$$

$$D_{máx} = D_{qdl} + D_{ccm1} + D_{ccm2} + D_{ccm3} \rightarrow D_{máx} =$$

$$= (125 + 394{,}5 + 304{,}5) \times F_p = 824{,}0 \times 0{,}85 = 700{,}4 \text{ kW}$$

e) Potência nominal do transformador

Podem-se obter as seguintes soluções:

• 1 transformador de 1.000 kVA;
• 2 transformadores de 500 kVA, em operação em paralelo.

A primeira solução é economicamente a melhor, considerando-se tanto o custo do transformador e dos equipamentos necessários à sua operação como o das obras civis. A principal restrição é quanto ao nível de contingência, em razão da queima do transformador, já que essa potência não é facilmente encontrada em qualquer estabelecimento comercial especializado, principalmente em locais distantes dos grandes centros urbanos, ficando, nesse caso, a instalação sem condições de operação.

A segunda solução é mais cara, porém a queima de uma unidade de transformação permite a continuidade de funcionamento da indústria, mesmo que de modo parcial. Além do mais, são transformadores comercializados com mais frequência.

f) Cálculo do fator de demanda

$$P_{máx} = 110 + (10 \times 75 + 5 \times 30 + 10 \times 50) \times 0{,}736 = 1.140{,}4 \text{ kW}$$

$$F_d = \frac{D_{máx}}{P_{inst}} = \frac{700{,}4}{1.140{,}4} = 0{,}61$$

1.8.3 Formação das curvas de carga

Apesar de a determinação correta dos pontos da curva de carga de uma planta industrial ser possível apenas durante o seu funcionamento em regime, deve-se, por meio da informação do ciclo de operação dos diferentes setores de produção, idealizar, aproximadamente, a conformação da curva de demanda da carga em relação ao tempo, a fim de determinar uma série de fatores que poderão influenciar o dimensionamento dos vários componentes elétricos da instalação. As curvas de carga das plantas industriais variam em função da coordenação das atividades dos diferentes setores de produção e do período de funcionamento diário da instalação. Assim, é de interesse da gerência administrativa manter sob controle o valor da demanda de pico, a fim de reduzir o custo operacional da empresa. Isto é conseguido com um estudo global das atividades de produção, deslocando-se a operação de certas máquinas para horários diferentes, diversificando-se, assim, as demandas.

Para determinar a curva de carga de uma instalação em operação é necessário utilizar-se dos diversos equipamentos disponibilizados para essa finalidade no mercado. Em geral, esses equipamentos armazenam durante o período de medição diversos parâmetros elétricos (tensão, corrente, fator de potência, potência ativa, reativa e aparente etc.), que são transportados para um microcomputador por meio de um *software* dedicado. Os dados assim armazenados no microcomputador podem ser utilizados pelo Excel, com o qual se obtêm os gráficos de curva de carga, de conformidade com a Figura 1.12 que representa, genericamente, uma curva de carga de instalação industrial em regime de funcionamento de 24 horas.

Na elaboração de um projeto elétrico industrial, é de fundamental importância que o projetista formule a curva de carga provável da instalação por meio do conhecimento das atividades dos diferentes setores de produção, o que pode ser obtido com os técnicos que desenvolveram o projeto de produção da indústria.

De posse do conhecimento das cargas localizadas na planta de *layout* e dos períodos que cada setor de produção está em operação parcial ou total, pode-se determinar a curva de demanda da carga, elaborando uma tabela apropriada que contenha toda a carga e as devidas considerações já abordadas. Como exemplo, podemos observar a Tabela 1.7, preenchida com base nos cálculos de demanda assim definidos:

a) Demanda dos motores

- Cálculo da demanda ativa (kW)

$$D_{at} = \frac{N_m \times P_{eim} \times F_u \times 0{,}736}{\eta} \times F_s (kW) \quad (1.10)$$

N_m = quantidade de motores;
P_{eim} = potência nominal do motor, em cv;
F_u = fator de utilização;
F_s = fator de simultaneidade;
η = rendimento.

- Cálculo da demanda aparente (kVA)

$$D_{at} = \frac{N_m \times P_{eim} \times F_u \times 0{,}736}{\eta} \times F_s (kVA) \quad (1.11)$$

b) Demanda da iluminação

Conforme determinado pela Equação (1.10).

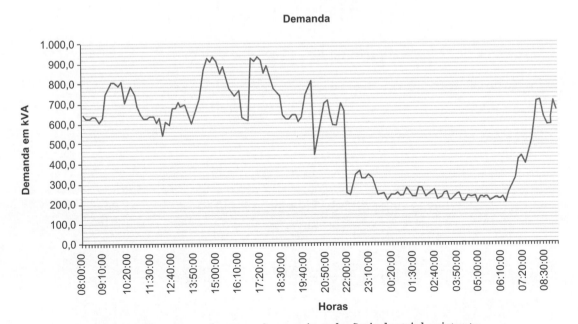

Figura 1.12 Curva de carga de uma instalação industrial existente.

Exemplo de aplicação (1.2)

Um projeto industrial é composto de cargas motrizes e de iluminação, cujas cargas instaladas e prováveis intervalos de utilização, fornecidos pelo especialista em produção da referida indústria, são mostrados na Tabela 1.8. Elaborar a curva de carga horária da instalação.

a) **Demanda dos motores elétricos**

- Demanda dos motores elétricos do Setor A

$$D_m = \frac{N_m \times P_{eim} \times F_u \times 0{,}736}{\eta} \times F_s (kW)$$

$$D_m = \frac{15 \times 25 \times 0{,}85 \times 0{,}736}{0{,}88} \times 0{,}60 = 160{,}0 \text{ kW}$$

$$D_m = \frac{N_m \times P_{eim} \times F_u \times 0{,}736}{\eta \times F_p} \times F_s$$

$$D_m = \frac{15 \times 25 \times 0{,}85 \times 0{,}736}{0{,}88 \times 0{,}84} \times 0{,}60 = 194{,}4 \text{ kVA} \quad \text{(demanda solicitada da rede)}$$

- Demanda dos motores elétricos do Setor B

$$D_m = \frac{20 \times 15 \times 0{,}83 \times 0{,}736}{0{,}86} \times 0{,}55 = 117{,}2 \text{ kW} \quad \text{(demanda solicitada da rede)}$$

$$D_m = \frac{20 \times 15 \times 0{,}83 \times 0{,}736}{0{,}86 \times 0{,}75} \times 0{,}55 = 156{,}3 \text{ kVA} \quad \text{(demanda solicitada da rede)}$$

O cálculo para os demais motores segue o mesmo procedimento.

b) **Demanda da iluminação**

De acordo com os valores da Tabela 1.7, calcularemos as demandas dos conjuntos luminárias fluorescentes + reator para o setor administrativo e área industrial, respectivamente:

- Iluminação da administração

$$P_{at} = \frac{750 \times (32 + 9)}{1.000} = 30{,}75 \text{ kW}$$

$$P_{reat} = \frac{750 \times 9 \times tg(60°)}{1.000} = 11{,}69 \text{ kVAr}$$

$$P_{tot} = \sqrt{30{,}75^2 + 11{,}69^2} = 32{,}9 \text{ kVA}$$

- Iluminação do galpão industrial:

$$P_{at1} = \frac{450 \times (110 + 17{,}5)}{1.000} = 57{,}4 \text{ kW}$$

$$P_{reat1} = \frac{450 \times 17{,}5 \times tg(18{,}19°)}{1.000} = 2{,}58 \text{ kVAr}$$

$$P_{tot1} = \sqrt{57{,}4^2 + 2{,}58^2} = 57{,}4 \text{ kVA}$$

$$P_{at2} = \frac{143 \times (400 + 29)}{1.000} = 61{,}34 \text{ kW}$$

$$P_{reat2} = \frac{143 \times 29 \times tg(18{,}19°)}{1.000} = 1{,}36 \text{ kVAr}$$

Elementos de projeto

Tabela 1.8 Levantamento de carga

Setor	Motores										Resistores	Lâmpadas													Tomadas				Potência trifásica			Período de funcionamento
	Quant.	Potência	Fator Pot.	Rendimento	Fator utilização	Fator simultan.	Total				Potência	Fluorescente							Vapor de Mercúrio							Quant.	Potência	Adm.	Ind.	Total			Horas
		cv					kW	kVAR	kVA		kW	Quant.	Pot.	P reat	F pot	Total			Quant.	Pot.	P reat	F pot	Total				W	(*) kW	(**) kW	kW	kVAR	kVA	
													W	W		kW	kVAR	kVA		W	W		kW	kVAR	kVA								
Setor A	15	25	0,84	0,88	0,85	0,60	160,0	103,3	190,4																	–	–			160,0	103,3	190,4	7-22
Setor B	20	15	0,75	0,86	0,83	0,55	117,2	103,4	156,3																	–	–			117,2	103,4	156,3	7-22
Setor C	50	7,5	0,81	0,84	0,83	0,45	122,7	88,8	151,5																	–	–			122,7	88,8	151,5	7-14 / 16-22
Setor D	15	5	0,83	0,83	0,83	0,65	35,9	24,1	43,2		200																–	–			235,9	24,1	237,1	0-11 / 14-24
Setor E	20	3	0,73	0,82	0,83	0,55	24,6	23,0	33,7																	–	–			24,6	23,0	33,7	7-24
Setor F	6	10	0,85	0,86	0,83	0,75	32,0	19,8	37,6																	–	–			32,0	19,8	37,6	7-20
	15	20	0,86	0,88	0,85	0,60	128,0	75,9	148,8																					128,0	75,9	148,8	
Setor G	20	10	0,85	0,86	0,83	0,55	78,1	48,4	91,9		100															–	–			178,1	48,4	184,5	0-16 / 20-24
Setor H	15	30	0,85	0,91	0,85	0,60	185,6	115,0	218,4																	–	–			185,6	115,0	218,4	7-22
Setor I	2	75	0,87	0,92	0,87	0,90	94,0	53,2	108,0																	–	–			94,0	53,2	108,0	6-24
Ilum. Adm.												750	32	9	0,5	30,8	5,84	31,0												30,8	5,8	31,0	7-19
Tom. Adm.																										150	100	15,0		15,0	0,0	15,0	7-19
Ilum. Ind.												450	110	17,5	0,95	57,4	2,58	57,4	143	400	29	0,95	61,3	1,29	61,3					118,7	3,9	118,7	0-24
Tom. Ind.																											18	20.000		108,0	108,0	0,0	108,0	0-24
Ilum. Ext.																			38	400	45	0,95	16,9	0,56	19,9					16,9	0,6	19,9	18-6
															88,2	8,42	88,4		800	74		78,3	1,9	81,2									–
Total da carga (kW)							978,0	655,1	1.179,8		300																			1.567,4	665,4	1.758,9	

(*) fator de demanda admitido: 100%.

(**) fator de demanda admitido: 30%.

25

Tabela 1.9 Planilha para determinação da curva de carga

Setores	Horas	0-1	1-2	2-3	3-4	4-5	5-6	6-7	7-8	8-9	9-10	10-11	11-12	12-13	13-14	14-15	15-16	16-17	17-18	18-19	19-20	20-21	21-22	22-23	23-24
													Demandas horárias												
A	kW								160,0	160,0	160,0	160,0	160,0	160,0	160,0	160,0	160,0	160,0	160,0	160,0	160,0	160,0	160,0		
	kVA								190,4	190,4	190,4	190,4	190,4	190,4	190,4	190,4	190,4	190,4	190,4	190,4	190,4	190,4	190,4		
B	kW								117,2	117,2	117,2	117,2	117,2	117,2	117,2	117,2	117,2	117,2	117,2	117,2	117,2	117,2	117,2		
	kVA								156,3	156,3	156,3	156,3	156,3	156,3	156,3	156,3	156,3	156,3	156,3	156,3	156,3	156,3	156,3		
C	kW								122,7	122,7	122,7	122,7	122,7	122,7	122,7				122,7	122,7	122,7	122,7	122,7	122,7	
	kVA								151,5	151,5	151,5	151,5	151,5	151,5	151,5				151,5	151,5	151,5	151,5	151,5	151,5	
D	kW	235,9	235,9	235,9	235,9	235,9	235,9	235,9	235,9	235,9	235,9	235,9				235,9	235,9	235,9	235,9	235,9	235,9	235,9	235,9	235,9	235,9
	kVA	237,1	237,1	237,1	237,1	237,1	237,1	237,1	237,1	237,1	237,1	237,1				237,1	237,1	237,1	237,1	237,1	237,1	237,1	237,1	237,1	237,1
E	kW								24,6	24,6	24,6	24,6	24,6	24,6	24,6	24,6	24,6	24,6	24,6	24,6	24,6	24,6	24,6	24,6	24,6
	kVA								33,7	33,7	33,7	33,7	33,7	33,7	33,7	33,7	33,7	33,7	33,7	33,7	33,7	33,7	33,7	33,7	33,7
F	kW								32,0	32,0	32,0	32,0	32,0	32,0	32,0	32,0	32,0	32,0	32,0	32,0	32,0				
	kVA								37,6	37,6	37,6	37,6	37,6	37,6	37,6	37,6	37,6	37,6	37,6	37,6	37,6				
	kW								128,0	128,0	128,0	128,0	128,0	128,0	128,0	128,0	128,0	128,0	128,0	128,0	128,0				
	kVA								148,8	148,8	148,8	148,8	148,8	148,8	148,8	148,8	148,8	148,8	148,8	148,8	148,8				
G	kW	178,1	178,1	178,1	178,1	178,1	178,1	178,1	178,1	178,1	178,1	178,1	178,1	178,1	178,1	178,1	178,1					178,1	178,1	178,1	178,1
	kVA	184,5	184,5	184,5	184,5	184,5	184,5	184,5	184,5	184,5	184,5	184,5	184,5	184,5	184,5	184,5	184,5					184,5	184,5	184,5	184,5
H	kW								185,6	185,6	185,6	185,6	185,6	185,6	185,6	185,6	185,6	185,6	185,6	185,6	185,6	185,6	185,6		
	kVA								218,4	218,4	218,4	218,4	218,4	218,4	218,4	218,4	218,4	218,4	218,4	218,4	218,4	218,4	218,4		
I	kW					94,0	94,0	94,0	94,0	94,0	94,0	94,0	94,0	94,0	94,0	94,0	94,0	94,0	94,0	94,0	94,0	94,0	94,0	94,0	94,0
	kVA					108,0	108,0	108,0	108,0	108,0	108,0	108,0	108,0	108,0	108,0	108,0	108,0	108,0	108,0	108,0	108,0	108,0	108,0	108,0	108,0
I Adm (*)	kW								30,8	30,8	30,8	30,8	30,8	30,8	30,8	30,8	30,8	30,8	30,8	30,8					
	kVA								32,9	32,9	32,9	32,9	32,9	32,9	32,9	32,9	32,9	32,9	32,9	32,9					
I Adm(**)	kW								15,0	15,0	15,0	15,0	15,0	15,0	15,0	15,0	15,0	15,0	15,0	15,0					
	kVA								15,0	15,0	15,0	15,0	15,0	15,0	15,0	15,0	15,0	15,0	15,0	15,0					
I Ind (*)	kW	118,7	118,7	118,7	118,7	118,7	118,7	118,7	118,7	118,7	118,7	118,7	118,7	118,7	118,7	118,7	118,7	118,7	118,7	118,7	118,7	118,7	118,7	118,7	118,7
	kVA	118,7	118,7	118,7	118,7	118,7	118,7	118,7	118,7	118,7	118,7	118,7	118,7	118,7	118,7	118,7	118,7	118,7	118,7	118,7	118,7	118,7	118,7	118,7	118,7
T Ind (**)	kW	108,0	108,0	108,0	108,0	108,0	108,0	108,0	108,0	108,0	108,0	108,0	108,0	108,0	108,0	108,0	108,0	108,0	108,0	108,0	108,0	108,0	108,0	108,0	108,0
	kVA	108,0	108,0	108,0	108,0	108,0	108,0	108,0	108,0	108,0	108,0	108,0	108,0	108,0	108,0	108,0	108,0	108,0	108,0	108,0	108,0	108,0	108,0	108,0	108,0
I Ext	kW	16,9	16,9	16,9	16,9	16,9	16,9														16,9	16,9	16,9	16,9	16,9
	kVA	19,9	19,9	19,9	19,9	19,9	19,9													19,9	19,9	19,9	19,9	19,9	19,9
Tot	kW	658	658	658	658	658	752	735	1.551	1.551	1.551	1.551	1.315	1.315	1.207	1.428	1.428	1.373	1.373	1.389	1.344	1.362	1.362	899	776
	kVA	668	560	560	560	560	668	648	1.618	1.618	1.618	1.618	1.381	1.381	1.381	1.466	1.466	1.433	1.433	1.453	1.420	1.419	1.419	853	702

(*) carga de iluminação e (**) tomadas

$$P_{tot2} = \sqrt{61,34^2 + 1,36^2} = 61,35 \text{ kVA}$$

$$P_{at12} = 57,4 + 61,34 = 118,74 \text{ kW}$$

$$P_{tot12} = 2,58 + 1,36 = 3,94 \text{ kVAr}$$

- Iluminação externa

$$P_{at3} = \frac{38 \times (400 + 45)}{1.000} = 16,91 \text{ kW}$$

$$P_{reat3} = \frac{38 \times 45 \times tg(18,19°)}{1.000} = 0,56 \text{ kVAr}$$

$$P_{tot} = \sqrt{16,91^2 + 0,53^2} = 16,91 \text{ kVA}$$

Esses valores são levados para a Tabela 1.9 que mostra todos os resultados das demandas parciais e total, resultando na curva de carga da Figura 1.13. Observar que os valores em kVA do sistema de iluminação foram tomados dos resultados da Tabela 1.8.

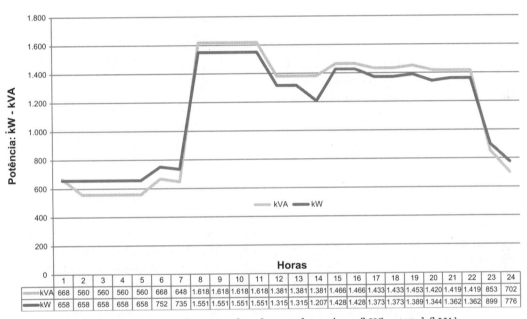

Figura 1.13 Curva de carga das demandas ativas (kW) e total (kVA).

1.8.4 Tensão de fornecimento de energia

É de competência da distribuidora de energia local informar ao interessado a tensão de fornecimento de energia para a unidade consumidora, observando-se os seguintes requisitos:

- fornecimento em tensão secundária em rede aérea: quando a carga instalada na unidade consumidora for igual ou inferior a 75 kW;
- fornecimento em tensão primária de distribuição inferior a 69 kV: quando a carga instalada na unidade consumidora for superior a 75 kW e a demanda a ser contratada pelo interessado para o fornecimento for igual ou inferior a 2.500 kW;
- fornecimento em tensão primária de distribuição igual ou superior a 69 kV: quando a demanda a ser contratada pelo interessado para o fornecimento for superior a 2.500 kW;
- a distribuidora poderá estabelecer tensão de fornecimento diferente daquela estabelecida anteriormente quando ocorrer uma das condições a seguir;
  - a unidade consumidora operar equipamento que, pelas características de funcionamento ou potência, possa prejudicar a qualidade do fornecimento a outros consumidores;
  - quando houver conveniência técnica e econômica para o subsistema elétrico da distribuidora, desde que haja anuência do consumidor.

1.8.5 Sistema tarifário brasileiro

O sistema tarifário brasileiro foi definido pela Resolução 414/2010 – ANEEL – Agência Nacional de Energia Elétrica e alterada pela Resolução Normativa nº 889, de 30.06.2020.

Já no fechamento do texto desta 10ª Edição ocorreu a aprovação por parte da Diretoria da ANEEL da Resolução 1000/2021 que substituirá "a Resolução 414/2010, que é a referência quanto ao atendimento dos consumidores, e agrega ainda o conteúdo da Resolução 470/2011 (ouvidorias das distribuidoras); da Resolução 547/2013 (bandeiras tarifárias); da Resolução 733/2016 (Tarifa Branca); e da Resolução 819/2018 (recarga de veículos elétricos), entre outras". Ainda segundo a ANEEL, "o texto que hoje estamos deliberando é infinitamente mais claro, objetivo, direto e simples que aqueles que o precederam. Essas características tornam o regulamento mais acessível à população em geral, que conseguirá facilmente interpretar os critérios da ANEEL. Facilitará também a fiscalização e contribuirá para que o setor se desenvolva de maneira mais organizada".

No ano de 2015, os custos variáveis da energia comercializada no mercado regulado passaram a ser cobertos pelos adicionais cobrados na conta do consumidor por meio das Bandeiras Tarifárias, cuja finalidade é sinalizar a esses consumidores os custos reais da geração de energia elétrica no país. "O Decreto nº 8401 de 05/02/2015 criou a conta Centralizadora dos Recursos de Bandeiras Tarifárias gerenciada pela CCEE – Câmara de Comercialização de Energia Elétrica que tem a responsabilidade de administrar os recursos arrecadados das Bandeiras Tarifárias."

Operacionalmente os agentes de distribuição (concessionárias regionais de energia elétrica) fazem o recolhimento dos recursos arrecadados dos consumidores do mercado cativo diretamente na Conta Bandeiras em nome da CDE – Conta de Desenvolvimento Energético. Esses recursos se destinam à cobertura das variações dos custos de geração por fonte termelétrica e à exposição aos preços de liquidação no mercado de curto prazo que afetem os agentes de distribuição.

A seguir será feito um breve resumo do atual sistema tarifário para que possamos elaborar algumas simulações que indiquem ao consumidor o melhor enquadramento de tarifa a ser contratado com a concessionária da área do empreendimento. Serão estudadas somente as tarifas dos consumidores do Grupo A (alta-tensão).

1.8.5.1 Tarifas horárias

a) Horário de ponta de carga

Corresponde ao intervalo de três horas diárias consecutivas, definidas pela distribuidora, considerando a curva de carga do seu sistema elétrico aprovado pela ANEEL para toda área de concessão, exceto aos sábados, domingos, terça-feira de Carnaval, sexta-feira da Paixão, Corpus Christi e feriados nacionais definidos pela legislação.

b) Horário fora de ponta de carga

É o período composto pelo conjunto das horas diárias consecutivas e complementares àquelas definidas no horário de ponta.

Os horários de ponta e fora de ponta devem ser propostos pela distribuidora para aprovação da ANEEL.

c) Tarifa horo-sazonal azul

É a modalidade tarifária caracterizada pela aplicação de tarifas diferenciadas de consumo de energia elétrica, de acordo com as horas de utilização do dia e períodos do ano, assim como de tarifas diferenciadas de demanda de potência, de acordo com as horas de utilização do dia.

- Demanda
  - Um preço para o horário de ponta de carga do sistema elétrico da concessionária;
  - um preço para o horário fora de ponta do sistema elétrico da concessionária.
    O valor da demanda faturada nos horários de ponta e fora de ponta é o maior entre os valores:
  - demanda contratada;
  - demanda registrada.
- Consumo
  - Um preço para o horário de ponta de carga;
  - um preço para o horário fora de ponta de carga.

d) Tarifa horo-sazonal verde

É a modalidade tarifária caracterizada pela aplicação de tarifas diferenciadas de consumo de energia elétrica de acordo com as horas de utilização do dia e períodos do ano, assim como de uma única tarifa de demanda de potência.

- Demanda
  - Um preço para o horário de ponta e fora de ponta de carga do sistema elétrico da concessionária.
    O valor da demanda faturada é o maior entre os valores:
  - demanda contratada;
  - demanda registrada.
- Consumo
  - um preço para o horário de ponta de carga;
  - um preço para o horário fora de ponta de carga.

e) Tarifa de ultrapassagem

É tarifa diferenciada a ser aplicada à parcela de demanda que superar as respectivas demandas contratadas em cada segmento horo-sazonal para a tarifa azul, ou demanda única contratada para a tarifa verde.

A fim de escolher a tarifa adequada para o empreendimento, é necessário realizar um estudo do fator de carga da instalação e identificar os horários, durante o dia, de uso da energia elétrica. Pode-se, de forma geral, orientar o empreendedor na escolha da tarifa adequada com base nos seguintes pontos:

- Tarifa azul como melhor opção
  - Quando a unidade consumidora reduz a demanda no horário da ponta a um valor inferior à demanda fora de ponta, desde que o seu fator de carga na ponta seja maior que 0,60;
  - em instalações com fator de carga muito elevado, como ocorre nas indústrias do setor têxtil pesado que não conseguem modular a carga no horário de ponta.
- Tarifa verde como melhor opção
  - Em instalações com fator de carga igual ou inferior a 0,60, tal como ocorre em indústrias de fabricação de peças mecânicas estampadas e similares, e que conseguem reduzir a sua demanda na ponta;
  - em instalações que modulam a carga na ponta e reduzem significativamente o consumo nesse mesmo período;
  - para aquelas instalações que não fazem uso intensivo na ponta, mas que, eventualmente, estão sujeitas a uma demanda elevada na ponta.
- Tarifas azul ou verde indiferentemente
  - Em instalações que não operam ou operam minimamente no horário de ponta de carga.
  - As Tabelas 1.10 e 1.11 fornecem as tarifas de energia elétrica de referência dos grupos tarifários Azul e Verde para utilização nos exemplos de aplicação deste livro, cujos valores foram baseados na média de diversas tarifas vigentes em julho/2021.
  - As colunas 2, 3, 4 e 5 fornecem, respectivamente, as tarifas médias de referência do Grupo A – Horosazonal Azul relacionadas com o Uso do Sistema de Distribuição (TUSD), demanda e energia, ponta e fora de ponta. Deve-se observar que na tarifa do TUSD está incluída a Tarifa com Uso do Sistema de Transmissão (TUST). As colunas 6 e 7 fornecem respectivamente as tarifas de consumo de energia (TE), ponta e fora de ponta. Já as colunas 8 e 9 contêm as médias das tarifas da Bandeira Tarifária Verde atual que somente é praticada quando o consumo de energia do país não requer geradores termelétricos em razão do elevado preço da tarifa. Nesse momento está sendo praticada em todo o território nacional ligado ao Sistema Interligado Nacional a tarifa de escassez hídrica.
  - A Tabela 1.11 fornece as tarifas médias de referência do Grupo A – Horo-sazonal Verde relacionadas com o Uso do Sistema de Distribuição (TUSD), um só valor para a demanda e valores

Tabela 1.10 Tarifas de referências de energia elétrica – Grupo A (Azul)

SUBGRUPOS	Tarifa Horo-sazonal Azul							Bandeira Tarifária Verde	
	Demanda		TUSD		Tarifa de Energia (TE)				
	Ponta	Fora de Ponta	Ponta	Fora de Ponta	Ponta	Fora de Ponta	Ponta	Fora de Ponta
	R$/kW	R$/kW	R$/kWh	R$/kWh	R$/kWh	R$/kWh	R$/kWh	R$/kWh
1	2	3	4	5	6	7	8	9
A1 – 230,0 kV (Ind. e Com.)	4,58	4,46	0,02693	0,02693	0,48566	0,29080	0,51259	0,31773
A2 – 88 a 138 kV	11,41	6,01	0,03193	0,03193	0,48566	0,29080	0,05187	0,32132
A3 – 69,0 kV (Ind. Com. P. Público)	14,36	7,20	0,03793	0,03793	0,48566	0,29080	0,52359	0,32874
A3a – 30 a 44 kV	27,79	12,72	0,05912	0,05912	0,48566	0,29080	0,53258	0,33145
A4 – 2,3 a 25 kV	45,22	18,24	0,05912	0,05912	0,48566	0,29080	0,54478	0,34993

Tabela 1.11 Tarifas de referências de energia elétrica – Grupo A (Verde)

SUBGRUPO	Tarifa: Horo-sazonal Verde						
	Demanda	TUSD		Tarifa de Energia (TE)		Bandeira Tarifária Verde	
		Energia Ponta	Energia Fora de Ponta	Ponta	Fora de Ponta	Ponta	Fora de Ponta
	R$/kW	R$/kWh	R$/kWh	R$/kWh	R$/kWh	R$/kWh	R$/kWh
A3a – 30 a 44 kV	18,24	1,15800	0,05912	0,48566	0,29080	1,64376	0,34993
A4 – 2,3 a 25 kV	18,24	1,15800	0,05912	0,48566	0,29080	1,64376	0,34993

de energia para ponta e fora de ponta, bem como as tarifas de energia e demanda referentes ao consumo de energia (TE), além da Bandeira Tarifária Verde.

Somente serão tratados aqui os consumidores que se enquadrem nos grupos tarifários Azul e Verde, normalmente aplicados aos médios e grandes consumidores, notadamente aos consumidores industriais. No entanto, o leitor deve buscar no site da ANEEL as informações atualizadas das tarifas ou obtê-las da própria concessionária da região na qual se insere o projeto, pois os valores das tarifas são alteradas regularmente pela ANEEL para cada empresa.

1.8.5.2 Bandeiras tarifárias

Anualmente, ao final do período úmido (abril), a ANEEL define o valor das bandeiras tarifárias para o ciclo seguinte, considerando a previsão de variação dos custos da energia relativos ao risco hidrológico das usinas hidrelétricas; à geração por fonte termelétrica; à exposição aos preços de liquidação no mercado de curto prazo; e aos encargos setoriais (Encargo de Serviços do Sistema (ESS) e Encargo de Energia de Reserva) que venham a afetar os agentes de distribuição de energia elétrica conectados ao Sistema Interligado Nacional (SIN).

As bandeiras tarifárias são identificadas por cores.

a) Bandeira verde

Significa que os custos de geração de energia para o mês foram baixos e cobertos pela tarifa verde, ou seja, pratica-se a tarifa normal.

b) Bandeira amarela

Significa que os custos de geração aumentaram em função de vários fatores, notadamente aqueles relativos ao risco hidrológico. Nesse caso, as termelétricas são chamadas a operar pela ordem do mérito de menor custo de geração.

c) Bandeira vermelha

Significa que os custos de geração continuaram aumentando em função de vários fatores, em especial aqueles relativos ao risco hidrológico. Nesse caso, as termelétricas continuam sendo chamadas a operar pela ordem do mérito de menor custo de geração.

- Patamar 1: corresponde à majoração tarifária leve que normalmente perdura até que as previsões meteorológicas comecem a se confirmar, bem como outros fatores de mercado, podendo levar a tarifa para o patamar 2, mantê-la no patamar 1 ou reduzi-la para a bandeira amarela.

- Patamar 2: corresponde a um aumento de custo de geração acima do que foi previsto para o estabelecimento da tarifa do patamar 1.

Com a crise hídrica deste ano (2021) a ANEEL criou outra bandeira tarifária denominada Escassez Hídrica. Foi concebida pela Câmara de Regras Excepcionais para a Gestão Hidroenergética (CREG), apoiada pela Medida Provisória nº 1.055/2021 e tem como objetivo a implementação de medidas emergenciais para a otimização dos recursos hidroenergéticos durante o período da crise hídrica. A decisão ficou em vigência até 30 de abril de 2022.

As bandeiras tarifárias foram criadas para remunerar os custos variáveis da geração de energia elétrica produzida por fontes de maior custo de geração, tais como as termoelétricas, notadamente as que utilizam o óleo e em segundo lugar o gás natural.

"Com as bandeiras tarifárias, o consumidor ganha um papel mais ativo na definição de sua conta de energia. Ao saber, por exemplo, que a bandeira está vermelha, o consumidor pode adaptar seu consumo e reduzir o valor da conta (ou, pelo menos, impedir que aumente)" (ANEEL).

Todos os consumidores cativos das distribuidoras serão faturados pelo Sistema de Bandeiras Tarifárias, com exceção daqueles localizados em sistemas isolados.

1.8.6 Conceito de tarifa média

O preço médio da tarifa é um precioso insumo no controle das despesas operacionais de um estabelecimento industrial, notadamente aqueles considerados de consumo intensivo de eletricidade, como indústrias siderúrgicas, indústrias de frios etc.

Para que se possa determinar o preço médio da tarifa de energia elétrica é necessário que se disponham das tarifas cobradas pela companhia fornecedora de energia da área de concessão em que se encontra o estabelecimento industrial.

A partir do fator de carga mensal pode-se determinar o preço médio aproximado pago pela energia consumida em função do Grupo Tarifário a que pertence a unidade consumidora, ou seja:

$$P_{me} = \frac{TD}{F_{cm} \times 730} + TC \qquad (1.12)$$

TC = tarifa de consumo de energia elétrica, em R$/kWh;
TD = tarifa de demanda de energia elétrica, em R$/kW.

O valor 730 significa o número médio de horas de 1 (um) mês: $365 \times 24/12 = 730$ horas.

Em razão da complexidade do sistema tarifário nacional, a Equação (1.12) fica limitada a casos mais específicos, como veremos adiante.

Exemplo de aplicação (1.3)

As Figuras 1.14 e 1.15 representam a situação operativa média diária de uma planta industrial ligada ao sistema de média tensão, respectivamente, antes e depois da aplicação de um estudo de melhoria do fator de carga somente no período fora de ponta, conservando o mesmo nível de produção. Determinar a economia de energia elétrica resultante considerando que o consumidor esteja pagando a Tarifa Verde A4 – industrial. A energia consumida no período de 1 mês vale, em média anual, 138.600 kWh no horário fora de ponta e 16.500 kWh no horário de ponta. A indústria não funciona aos sábados, domingos e feriados. Não haverá alteração na curva de carga no período de ponta após a implementação das ações de eficiência energética. Considerar somente o período fora de ponta de carga.

Considerando-se os valores da tarifa horo-sazonal verde industrial mostrados na Tabela 1.11, poderemos obter a tarifa média por meio da Planilha de Cálculo da Tabela 1.12.

- Situação anterior à adoção das medidas para melhoria do fator de carga.
De acordo com a Planilha de Cálculo de Cálculo da Tabela 1.12.

- Situação posterior à adoção das medidas para melhoria do fator de carga.
De acordo com a Planilha de Cálculo de Cálculo da Tabela 1.13.

Quando for aplicada a Equação (1.12), o valor da variável TC deve ser igual à soma das tarifas de TUSD mais TE acrescida da tarifa correspondente à Bandeira Tarifária aplicada de conformidade com determinadas condições climáticas.

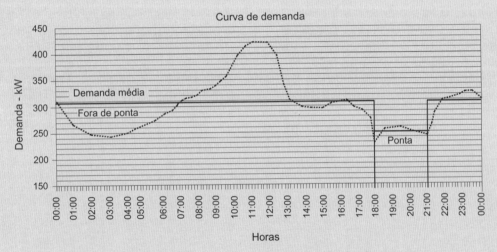

Figura 1.14 Curva de carga não otimizada.

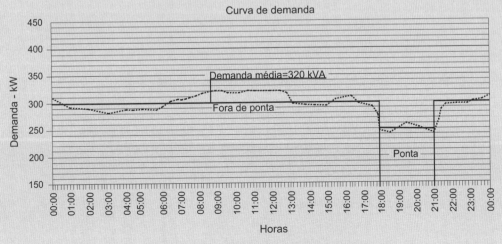

Figura 1.15 Curva de carga otimizada.

Tabela 1.12 Tarifa média antes da redução do fator de carga – Grupo A (Verde)

Tarifa sem ICMS Descrição	Tarifas Demanda R$/kW	Tarifas TUSD R$/kWh	Tarifas TE R$/kWh	Bandeira vermelha, patamar 1	Demanda Faturada kW	Energia Faturada kWh	Total da Fatura R$/mês
Demanda	18,24	–	–	–	420	–	7.660,80
Consumo Ponta	–	1,58108	–	–	–	16.500	975,48
Consumo F Ponta	–	0,05912	–	–	–	138.600	8.194,03
Consumo Ponta	–	–	0,48566	–	–	16.500	8.013,39
Consumo F Ponta	–	–	0,29080	–	–	138.600	40.304,88
Consumo Ponta				1,64376	–	16.500	27.122,04
Consumo F Ponta				0,34993	–	138.600	48.500,30
Totais mensais – R$						155.100	140.770,92
Tarifa média mensal – R$/MWh							907,61

Tabela 1.13 Tarifa média posterior à redução do fator de carga – Grupo A (Verde)

Tarifa sem ICMS Descrição	Tarifas Demanda R$/kW	Tarifas TUSD R$/kWh	Tarifas TE R$/kWh	Bandeira vermelha, patamar 1	Demanda Faturada kW	Energia Faturada kWh	Total da Fatura R$/mês
Demanda	18,24	–	–	–	320	–	5.836,80
Consumo Ponta	–	1,58108	–	–	–	16.500	975,48
Consumo F Ponta	–	0,05912	–	–	–	138.600	8.194,03
Consumo Ponta	–	–	0,48566	–	–	16.500	8.013,39
Consumo F Ponta	–	–	0,29080	–	–	138.600	40.304,88
Consumo Ponta				1,64376	–	16.500	27.122,04
Consumo F Ponta				0,34993	–	138.600	48.500,30
Totais mensais – R$						155.100	138.946,92
Tarifa média mensal – R$/MWh							895,85

- Fator de carga anterior às medidas de eficiência energética fora de ponta

$$F_{ca} = \frac{138.600}{730 \times 420} = 0,452$$

- Fator de carga posterior às medidas de eficiência energética fora de ponta

$$F_{ca} = \frac{138.600}{730 \times 320} = 0,593$$

- Preço médio, anterior à adoção das medidas para melhoria do fator de carga

$$P_{me} = \frac{TD}{F_{cm} \times 730} + TC$$

$$P_{me} = \frac{18,24}{0,452 \times 730} + 1,58108 + 0,48566 + 1,64376 = R\$3,76577/kWh$$

- Preço médio atual, anterior à adoção das medidas para melhoria do fator de carga:

$$P_{me} = \frac{18,24}{0,593 \times 730} + 1,58108 + 0,48566 + 1,64376 = R\$ 3,31554/kWh$$

Houve um acréscimo no segmento demanda, no seguinte valor:

$$\Delta F_e = \frac{3,76577 - 3,31554}{3,31554} \times 100 = 13,57 \%$$

O mesmo processo pode ser feito para o caso da alteração do fator de carga obtido após a adoção das medidas para reduzir a conta de energia. O novo fator carga vale:

$$F_{cb} = \frac{138.600}{730 \times 320} = 0,593$$

Exemplo de aplicação (1.4)

Uma indústria atendida por uma subestação de 69 kV/10 MVA apresenta uma significativa regularidade no consumo e demanda de energia elétrica ao longo do ano. O consumo médio anual foi de 4.063.000 kWh no período fora de ponta de carga e de 905.600 kWh no período de ponta de carga, sendo a demanda média faturada de 8.900 kW fora de ponta e de 3.600 kW no período de ponta. Determinar o valor do preço médio da energia desse estabelecimento industrial.

O consumidor pertence ao Grupo Tarifário A3 – industrial – Horo-sazonal Azul.

Por meio da Planilha Eletrônica de cálculo da Tabela 1.14, pode-se determinar o preço médio da energia, cujo valor é de R$ 751,80/MWh, valor este obtido a partir da relação entre o montante anual pago pela indústria nas faturas de energia elétrica, em R$/ano, pelo consumo anual de energia em kWh/ano, ou seja: (R$ 3.735.402,82) ÷ (R$ 4.968.600) × 1.000.

Tabela 1.14 Determinação do custo anual médio da tarifa de energia elétrica – Grupo Tarifário Azul

Tarifa Média Mensal do Consumidor – 15 kV							
Tarifas sem ICMS	**Tarifas**				**Demanda Faturada**	**Energia Faturada**	**Total da Fatura**
	Demanda	TUSD	TE	Bandeira Tarifária amarela			
Descrição	R$/kW	R$/kWh	R$/kWh	R$/kWh	kW	kWh	R$/mês
Demanda Ponta	14,36	–	–	–	3.600	–	51.696,00
Demanda F Ponta	7,20	–	–	–	8.900	–	64.080,00
Consumo Ponta	–	0,03793	–	–	–	905.600	34.349,41
Consumo F Ponta	–	0,03793	–	–	–	4.063.000	154.109,59
Consumo Ponta	–	–	0,48566	–	–	905.600	439.813,70
Consumo F Ponta	–	–	0,29080	–	–	4.063.000	1.181.520,40
Consumo Ponta	–	–	–	0,52359	–	905.600	474.163,10
Consumo F Ponta	–	–	–	0,32874	–	4.063.000	1.335.670,62
Totais/ano – R$						4.968.600	3.735.402,82
Tarifa média anual – R$/MWh							751,80

1.9 Roteiro para elaboração de um projeto elétrico industrial

Um projeto de instalação elétrica industrial é desenvolvido em diferentes etapas, como se segue.

1.9.1 Planejamento

Consiste inicialmente em conhecer a concepção do projeto industrial e todos os dados técnicos disponíveis das máquinas no que se refere à carga e às condições operacionais. Nessa etapa, o projetista já deve estar de posse de todas as plantas de que necessita para o desenvolvimento do projeto. Também já deve buscar entendimentos com a concessionária local para analisar a questão da conexão e os requisitos normativos que a concessionária estabelece.

1.9.2 Projeto luminotécnico

O projeto luminotécnico dos ambientes administrativos e industriais deve ser a primeira ação a ser desenvolvida, o que pode ser realizado seguindo os procedimentos do Capítulo 2.

1.9.3 Determinação dos condutores

A partir do projeto luminotécnico, o projetista já pode determinar a seção dos condutores dos circuitos terminais e de distribuição.

Como o projetista, nessa etapa, já definiu a localização dos Centros de Controle de Motores (CCM) e da(s) subestação(ões) com o respectivo Quadro Geral de Força (QGF), deve determinar a seção dos condutores dos circuitos terminais e de distribuição. A metodologia de cálculo está apresentada no Capítulo 3.

1.9.4 Determinação e correção do fator de potência

Conhecendo as cargas ativas e reativas, o projetista já dispõe de condições para determinar o fator de potência e horário da instalação, e determinar a necessidade de potência capacitiva para manter o fator de potência nos limites da legislação, o que pode ser feito com base no Capítulo 4.

1.9.5 Determinação das correntes de curto-circuito

Conhecidas todas as seções dos condutores e já tendo definida a concepção da distribuição do sistema, bem como as características da rede de alimentação, devem ser determinadas as correntes de curto-circuito em cada ponto da instalação, em especial onde serão instalados os equipamentos e dispositivos de proteção. A metodologia de cálculo é explicada no Capítulo 5.

1.9.6 Determinação dos valores de partida dos motores

Trata-se de conhecer as condições da rede durante a partida dos motores, a fim de se determinarem os dispositivos de acionamento dos mesmos e os elementos de proteção, entre outros. O Capítulo 7 detalha o procedimento de cálculo e analisa as diferentes situações para as condições de partida.

1.9.7 Determinação dos dispositivos de proteção e comando

A partir dos valores das correntes de curto-circuito e da partida dos motores, deve-se elaborar o esquema de proteção, iniciando-se com a determinação desses dispositivos e dos comandos até a definição da proteção geral. O Capítulo 10 analisa e determina os dispositivos de proteção para os sistemas primários e secundários.

1.9.8 Cálculo da malha de terra

O cálculo da malha de terra requer o conhecimento prévio da resistividade do solo, das correntes de falta fase-terra e dos tempos de atuação correspondentes dos dispositivos e proteção.

O Capítulo 11 expõe a metodologia da determinação da resistividade do solo, traz a sequência de cálculo que define os principais componentes da malha de terra e mostra a obtenção da resistência de malha.

1.9.9 Diagrama unifilar

Para o entendimento da operação de uma instalação industrial é fundamental a elaboração do diagrama unifilar, no qual devem estar representados, no mínimo, os seguintes elementos:

- chaves fusíveis, seccionadores e disjuntores com as suas respectivas capacidades nominais e de interrupção, bem como os transformadores de corrente e cabos;
- indicação da seção dos condutores dos circuitos terminais e de distribuição e dos respectivos tipos (monofásico, bifásico e trifásico);
- dimensão da seção dos barramentos dos Quadros de Distribuição;
- indicação da corrente nominal dos fusíveis;
- indicação das correntes de ajuste dos relés, a faixa de ajuste e o ponto de atuação;
- potência, tensões primária e secundária, tapes e impedância dos transformadores da subestação;
- para-raios, muflas, buchas de passagem etc.;
- transformadores de corrente e potencial com as respectivas indicações de relação de transformação.
- posição da medição de tensão e correntes indicativas com as respectivas chaves comutadoras, caso haja;
- lâmpadas de sinalização.

A Figura 1.16 mostra um diagrama unifilar como exemplo.

1.9.10 Memorial descritivo

É importante a elaboração do memorial descritivo que contenha as informações necessárias ao entendimento do projeto. Entre outras informações devem constar:

- finalidade do projeto;
- endereço comercial da indústria e o endereço do ponto de entrega de energia;
- carga prevista e demanda justificadamente adotada;
- tipo de subestação (abrigado em alvenaria, blindado, ao tempo);
- proteção e comando de todos os aparelhos utilizados, desde o ponto de entrega de energia até o ponto de consumo;
- características completas de todos os equipamentos de proteção e comando, quadros de comando e controle etc.;
- memorial de cálculo;
- relação completa do material;
- planilha orçamentária;
- especificações técnicas dos equipamentos.

Deve-se ressaltar a importância a ser dada à especificação dos equipamentos com relação às suas características técnicas elétricas, eletromecânicas e mecânicas.

As empresas comerciais escolhidas pelo interessado do projeto para apresentarem propostas de fornecimento desses equipamentos deverão seguir as especificações apresentadas. Do contrário, durante a abertura das propostas poderão surgir conflitos entre os concorrentes, os quais dificilmente serão sanados em razão da falta de uma base de informações única para a análise das propostas segundo as especificações exigidas.

1.10 Simbologia

Todo projeto de instalação elétrica requer a adoção de uma simbologia que represente os diversos materiais adotados.

Há várias normas nacionais e estrangeiras que apresentam os símbolos representativos dos materiais elétricos utilizados em instalações correspondentes.

Os símbolos normalmente mais empregados em instalações elétricas estão apresentados na Figura 1.17, de forma resumida. No entanto, existe a EC 60417 – Graphical Symbols for Use on Equipment – 12 que utiliza a simbologia para identificação de equipamentos, totalizando 6.444 símbolos, alguns deles coincidentes com o que se apresenta na Figura 1.17.

No âmbito de um mesmo projeto deve-se sempre adotar uma única simbologia a fim de se evitarem dúvidas e interpretações errôneas a respeito da simbolo-

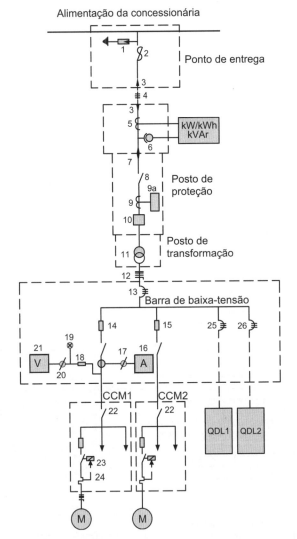

1 – para-raios tipo válvula de 12 kV; 2 – chave fusível indicadora de distribuição de 100 A/15 kV; 3 – mufla terminal de 100 A/15 kV; 4 cabo isolado em PVC para 15 kV, seção de 25 mm²; 5 – transformador de corrente para medição, classe 15 kV; 6 – transformador de potencial para medição, classe 15 kV – 13.800/115V; 7 – bucha de passagem externa × interna, 100 A/15 kV; 8 chave seccionadora tripolar, 100 A/15 kV; 9 – transformador de corrente para proteção; 9a – relé digital de sobrecorrente de fase e de neutro; 10 – disjuntor tripolar a SF6, corrente nominal 400 A/15 kV, comando manual, capacidade de ruptura simétrica de 250 MVA; 11 – transformador de potência de 300 kVA/13.800 – 13.200-12.600/380-220V, ligação triângulo-estrela; 12 – cabo isolado para 750 V. seção de 400 mm² – PVC; 13 – disjuntor termomagnético, 600 V/500 A, capacidade de ruptura de 20 kA, com relé térmico e faixa de ajuste de 420 a 500 A, regulado no ponto de 460 A; 14 – fusível tipo NH-160 A; 15 – fusível tipo NH-100 A; 16 – amperímetro de ferro móvel, tipo painel, escala de 0 – 200 A; 17 – comutador para amperímetro; 18 – conjunto de fusível diazed; 19 – lâmpada de sinalização vermelha; 20 – comutador para voltímetro; 21 – voltímetro de ferro móvel, tipo painel, 500 V, escala 0 – 500 V; 22 – chave seccionadora tripolar, abertura em carga, 500 V/100 A; 23 – contator tripolar, 500 V/80 A; 24 – relé térmico, com faixa de ajuste de 70 a 100 A, regulado no ponto 80 A; 24 – disjuntor termomagnético, 600 V/125 A, capacidade de interrupção 20 kA, com relé térmico e faixa de ajuste 80 a 125 A, regulado no ponto de 115 A; 25 – disjuntor termomagnético, 600 V/100 A, capacidade de interrupção 20 kA, com relé térmico e faixa de ajuste 60 a 100 A, regulado no ponto de 75 A.

Figura 1.16 Esquema unifilar básico.

gia empregada. Não importa a norma que tenha dado origem à simbologia utilizada, mas é de fundamental importância identificá-la em cada planta do projeto.

As normas das ABNTs às quais todos os projetos devem obedecer, a fim de que seja assegurado um elevado padrão técnico no projeto e na operação das instalações elétricas, podem ser encontradas à venda nas representações estaduais da ABNT ou em sua sede situada na rua Conselheiro Nébias, 1131 – Campos Elíseos, São Paulo – SP, CEP 01203-002.

Simbologia gráfica para projetos de instalações elétricas

Descrição do Símbolo	Símbolo		Descrição do Símbolo	Símbolo	
	Usual	Alternativa		Usual	Alternativa
Duto embutido no teto		ø 25	Luz fluorescente no teto		C 2 x 100W
Duto embutido no piso ou canaleta		ø 25	Fusível		
Duto de telefone			Disjuntor		
Duto de campainha, som e anunciador			Chave seccionadora tripolar		
Condutor fase no duto					
Condutor neutro no duto			Chave reversora		
Condutor de retorno no duto			Contator magnético		
Condutor de proteção no duto			Relé térmico		
Condutor combinando as funções de neutro e condutor de proteção			Chave compensadora automática		
Eletroduto que sobe			Chave estrela-triângulo		
Eletroduto que desce			Chave série paralelo		
Interruptor de 1 seção	S_1	a	Transformador de corrente		
Interruptor de 2 seções	S_2	a b	Transformador de força		
Interruptor de 3 seções	S_3	a b c	Transformador de potencial		
Interruptor three-way	S_{3w}	a	Motor	M	M
Interruptor four-way	S_{4w}	a	Gerador	G	G
Tomada de luz baixa (30 cm do piso)		300 VA -3-	Para-raios atmosférico		
Tomada de luz média (1,3 m do piso)		300 VA -3-			
Tomada de luz no piso			Resistor		
Tomada trifásica baixa (30 cm do piso)			Símbolo de terra		
Tomada de telefone na parede (externa)					
Tomada de telefone na parede (interna)			Capacitor		
Tomada de rádio e TV			Caixa de medidor		
Cigarra					
Campainha			Lâmpada de sinalização		
Tomada de telefone no piso			Chave seccionadora unipolar		
Luz incandescente no teto		C (*) 2 x 100W			
Luz incandescente na parede		C 2 x 100W	Chave fusível unipolar		

Figura 1.17 Simbologia gráfica para projetos.

Iluminação industrial

2.1 Introdução

Os recintos industriais devem ser suficientemente iluminados para que se possa obter o melhor rendimento possível nas tarefas a executar. O nível de detalhamento das tarefas exige um iluminamento adequado para que se tenha uma percepção visual apurada.

Um bom projeto de iluminação, em geral, requer a adoção dos seguintes pontos fundamentais:

- conforto visual, permitindo ao trabalhador uma sensação de bem-estar;
- nível de iluminamento suficiente para cada atividade específica;
- distribuição espacial da luz sobre o ambiente;
- escolha da cor da luz e seu respectivo rendimento;
- escolha apropriada dos aparelhos de iluminação;
- tipo de execução das paredes e pisos.

O projetista deve dispor das plantas de arquitetura da construção (ver Capítulo 1) com detalhes suficientes para decidir sobre o local de fixação dos aparelhos de iluminação. O tipo de teto é de fundamental importância, bem como a disposição das vigas de concreto ou dos tirantes de aço de sustentação que, afinal, podem definir o alinhamento das luminárias. Além disso, a existência de pontes rolantes e máquinas de grande porte deve ser analisada antecipadamente.

Muitas vezes, é necessário complementar a iluminação do recinto para atender a certas atividades específicas do processo industrial. Assim, devem ser localizados aparelhos de iluminação em pontos específicos e, muitas vezes, na estrutura das próprias máquinas.

Em uma planta industrial, além do projeto de iluminação do recinto de produção propriamente dito, há o desenvolvimento do projeto de iluminação dos escritórios, almoxarifados, laboratórios e da área externa, tais como pátio de estacionamento, jardins, locais de carga e descarga de produtos primários e manufaturados, entre outros.

A norma ABNT ISSO/CIE 8995-1 – Iluminação em ambientes de trabalho Parte 1: Interior que substitui a NBR 5413 alterou significativamente vários conceitos previstos nessa norma, enfatizando o ofuscamento, o conforto visual e sensação de bem-estar das pessoas que usam os ambientes internos iluminados.

2.2 Conceitos básicos

Para melhor entendimento do assunto, serão abordados, a seguir, alguns conceitos clássicos, de modo resumido.

2.2.1 Luz

É uma fonte de radiação que emite ondas eletromagnéticas em diferentes comprimentos. Apenas algumas ondas de comprimento definido são visíveis ao olho humano.

As radiações de menor comprimento de onda, como o violeta e o azul, intensificam a sensação luminosa do olho humano quando o ambiente é iluminado com pouca luz, como ocorre no fim de tarde e à noite. Já as radiações de maior comprimento de onda, como o laranja e o vermelho, minimizam a sensação luminosa do olho humano quando o ambiente é iluminado com muita luz.

O ser humano, em geral, julga que os objetos possuem cores definidas, já que os conhece normalmente em ambientes iluminados com luz contendo todos os espectros de cores. No entanto, as cores dos objetos é função da radiação luminosa incidente. A cor de uma banana, tradicionalmente amarela, é o resultado da radiação luminosa que reflete quantitativamente maior no segmento amarelo. Quanto à radiação monocromática incidente, por exemplo, o branco obtido através de um filtro que obstaculize a radiação amarela, a banana se apesenta ao observador na cor negra, já que refletiria pouquíssima luz.

2.2.2 Iluminância

O termo iluminância é utilizado para descrever a medição da quantidade de luz que ilumina determinada superfície seja ela horizontal ou vertical. Também pode ser entendida como a forma por meio da qual as pessoas têm a percepção do brilho de uma área iluminada.

Também denominada nível de iluminamento ou ainda de intensidade de iluminação é a relação entre o fluxo luminoso em lumens, gerado por uma fonte luminosa, incidindo perpendicularmente sobre a área de uma superfície e a sua área.

Matematicamente, a luminância, expressa em lux, corresponde ao fluxo luminoso incidente em determinada superfície por unidade de área. Assim, se uma superfície plana de 1 m² é iluminada perpendicularmente por uma fonte de luz, cujo fluxo luminoso é de 1 lúmen, apresenta uma iluminância de 1 lux, ou seja:

$$E = \frac{F}{S} \text{ (lux)} \quad (2.1)$$

F = fluxo luminoso, em lumens;
S = área da superfície iluminada, em m².

São clássicos alguns exemplos de iluminância, ou seja:

- dia de sol de verão a céu aberto: 100.000 lux. O valor real dependente da altitude do sol;
- dia com sol encoberto no verão: 20.000 lux;
- noite de lua cheia sem nuvens: 0,25 lux;
- noite à luz de estrelas: 0,001 lux.

Normalmente, o fluxo luminoso não é distribuído uniformemente, resultando em iluminâncias diferentes em diversos pontos do ambiente iluminado. Na prática, considera-se o fluxo luminoso médio.

2.2.3 Luminância

Pode ser definida como a relação entre a intensidade do fluxo luminoso emitido por uma superfície em determinada direção e a área dessa superfície projetada perpendicularmente sobre um plano posicionado ortogonalmente à direção do fluxo luminoso. Sua unidade é expressa em candela por metro quadrado (cd/m²).

A luminância é entendida como a medida da sensação de claridade, provocada por uma fonte de luz, ou superfície iluminada, e avaliada pelo cérebro. Pode ser determinada pela Equação (2.2). É expressa pela Equação (2.1)

$$L = \frac{I}{S \times \cos \alpha} \text{ (cd/m}^2\text{)} \quad (2.2)$$

S = superfície iluminada;
α = ângulo formado entre a reta perpendicular à superfície e a direção do fluxo luminoso considerado;
I = intensidade do fluxo luminoso, em lumens.

O fluxo luminoso, a intensidade luminosa e a iluminância somente são visíveis se forem refletidos em uma superfície, transmitindo a sensação de luz aos olhos do observador, cujo fenômeno é denominado luminância. Assim, uma fonte luminosa com uma superfície emissora de luz de pequena área possui uma maior luminância do que uma fonte luminosa com uma superfície emissora de luz de grande área de acordo com o que exprime a unidade de luminância: cd/m².

Existe uma diferença entre a iluminância e a luminância. Enquanto a iluminância está associada a uma forma específica de medição da luz sobre uma superfície, a luminância indica a percepção visual sentida pelas pessoas, em um ambiente iluminado, traduzidas em sensações fisiológicas.

2.2.4 Fluxo luminoso

É a potência de radiação emitida por uma fonte luminosa em todas as direções do espaço. Sua unidade é o lúmen, que representa a quantidade de luz irradiada, através de uma abertura de 1 m² feita na superfície de uma esfera de 1 m de raio, por uma fonte luminosa de intensidade igual a 1 candela, em todas as direções, colocada no seu interior e posicionada no centro.

Como referência, uma fonte luminosa de intensidade igual a uma candela emite uniformemente 12,56 lumens, ou seja, $4 \pi R^2$ lumens para R = 1 m.

O fluxo luminoso também pode ser definido como a potência de radiação emitida por determinada fonte de luz e avaliada pelo olho humano.

O fluxo luminoso não poderia ser expresso em watts, já que é função da sensibilidade do olho humano, cuja faixa de percepção varia para o espectro de cores entre os comprimentos de onda, medido em nanômetro (nm) de 450 nm (cor violeta) a 700 nm (cor vermelha). A Figura 2.1 mostra a forma de irradiação do fluxo luminoso emitido por uma lâmpada de formato incandescente tradicional.

Fluxo luminoso

Figura 2.1 Forma de irradiação da luz.

2.2.5 Eficiência luminosa

É a relação existente entre o fluxo luminoso emitido por determinada superfície em direção definida e a área dessa superfície projetada ortogonalmente sobre um plano perpendicular àquela direção, conforme quantificado na Tabela 2.1. Deve-se ressaltar que a eficiência luminosa de uma fonte pode ser influenciada pelo tipo de vidro difusor da luminária caso este absorva alguma quantidade de energia luminosa irradiada. É dada pela expressão:

$$\eta = \frac{\psi}{P_C} \text{ (lumens/W)} \quad (2.3)$$

ψ = fluxo luminoso emitido, em lumens;
P_c = potência consumida, em W.

A partir da eficiência luminosa das fontes de radiação podem ser elaborados projetos mais eficientes, selecionando-se lâmpadas de maior eficiência luminosa. A Tabela 2.1 fornece o rendimento luminoso para cada tipo de lâmpada.

Tabela 2.1 Rendimento luminoso das lâmpadas

Tipos de lâmpadas	Rendimento luminoso (lumens/W)
Halogênea	15 a 25
Mista	20 a 35
Vapor de mercúrio	45 a 55
Led	70 a 110
Fluorescente comum	55 a 75
Fluorescente compacta	50 a 80
Multivapores metálicos	65 a 90
Fluorescentes econômicas	75 a 90
Vapor de sódio	80 a 140

2.2.6 Intensidade luminosa

É definida como "o limite da relação entre o fluxo luminoso em um ângulo sólido em torno de uma direção dada e o valor desse ângulo sólido, quando esse ângulo sólido tenda a zero", ou seja:

$$I = \frac{d\psi}{d\beta} \quad (2.4)$$

Pode ser definida também como a potência de radiação visível que determinada fonte de luz emite na direção especificada. Sua unidade é denominada *candela* (cd). A Figura 2.2 mostra a relação que existe entre a intensidade luminosa e o ângulo sólido, ocupando a fonte luminosa o vértice do referido ângulo. Isto quer dizer que, se determinada fonte luminosa localizada no centro de uma esfera de raio igual a 1 m emitir em todas as direções uma intensidade luminosa de 1 cd, cada metro quadrado da superfície da referida esfera está sendo iluminado pelo fluxo luminoso de 1 lúmen. A Figura 2.3 demonstra conceitualmente a definição de intensidade luminosa.

A intensidade luminosa é avaliada utilizando-se como fonte de luz um corpo negro aquecido à temperatura de solidificação da platina, que é de 1773 °C, à pressão constante de 101.325 N/m² e cuja intensidade luminosa resultante incide perpendicularmente sobre uma área plana igual a 1/600.000 m².

Na prática, pode-se observar que as fontes de luz não emitem o fluxo luminoso uniformemente em todas as direções. Basta que se observe uma lâmpada mostrada na Figura 2.4, em que a intensidade luminosa é maior em determinadas direções do que em outras.

A partir dessa definição são construídas as curvas de distribuição luminosa que caracterizam as luminárias dos diversos fabricantes e estão presentes basicamente em todos os catálogos técnicos sobre o assunto.

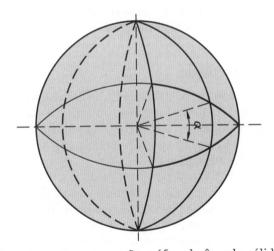

Figura 2.3 Demonstração gráfica do ângulo sólido.

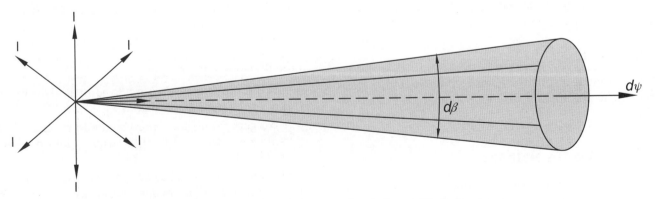

Figura 2.2 Representação do conceito de intensidade luminosa.

Neste caso, a fonte de luz e a luminária são reduzidas a um ponto, no diagrama polar, a partir do qual são medidas as intensidades luminosas em todas as direções. Para exemplificar, a Figura 2.4(a) mostra uma fonte de luz constituída de uma lâmpada fixada em fio pendente e o correspondente diagrama da curva de distribuição luminosa, tomando-se como base o plano horizontal. Já a Figura 2.4(b) mostra a mesma lâmpada, na qual se construiu o referido diagrama, tomando-se, agora, como base o plano vertical.

É comum expressar os valores da intensidade luminosa na curva de distribuição luminosa para um fluxo de 1.000 lumens.

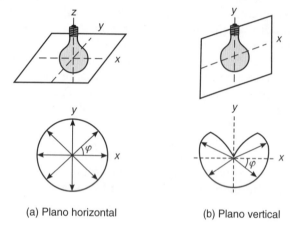

(a) Plano horizontal (b) Plano vertical

Figura 2.4 Distribuição luminosa nos planos horizontal e vertical.

2.2.7 Refletância

É a relação entre o fluxo luminoso refletido por uma superfície e o fluxo luminoso que incide sobre essa mesma superfície. Também é denominado fator de reflexão. Frequentemente a refletância é expressa na forma de percentagem.

A refletância pode ocorrer em duas situações: quando a luz incidente em uma superfície refletir-se em diferentes sentidos, a refletância é denominada refletância difusa. Porém quando a superfície reflete a luz incidente em única direção é denominada refletância especular.

É sabido que os objetos refletem luz diferentemente uns dos outros. Assim, dois objetos colocados em ambiente de luminosidade conhecida, luminâncias diferentes são originadas.

2.2.8 Emitância

É a quantidade de fluxo luminoso emitido por uma fonte superficial por unidade de área. Sua unidade é expressa em lúmen/m².

2.3 Lâmpadas elétricas

Para o estudo de utilização das lâmpadas elétricas, estas podem ser classificadas da seguinte maneira:

a) Quanto ao processo de emissão de luz
  - lâmpadas de descarga;
  - lâmpadas de Led.

b) Quanto ao desempenho
  - vida útil;
  - rendimento luminoso;
  - índice de reprodução de cores.

A seguir, serão abordados os vários tipos de lâmpada de maior aplicação em projetos industriais.

2.3.1 Lâmpadas de Led

São lâmpadas que utilizam um componente eletrônico capaz de gerar energia luminosa com altíssimo rendimento. O nome Led vem da abreviação da expressão em inglês de *Light Emitting Diode* (Diodo Emissor de Luz). O Led é um diodo semicondutor que emite luz visível na sua junção P-N quando atravessado por uma corrente elétrica gerada por uma fonte de tensão. Em resumo, pode-se afirmar que os diodos são dispositivos baseados na junção P-N em que os elétrons do material (silício e germânio) são transferidos do lado N, que tem maior concentração de elétrons, para o lado P que tem maior concentração de lacunas. Como esses materiais são opacos a quantidade de luz visível é muito pequena gerando, no entanto, muito calor. Já nos materiais arsenieto de gálio (GaAs) e fosfeto de gálio (GaP) a quantidade de fótons de luz emitidos é suficiente para produzir uma fonte de luz economicamente aproveitável.

As lâmpadas de Led, que no início de sua comercialização no Brasil, assumiram preços muito elevados, atualmente estão popularizadas e de aplicação generalizada nos mais diferentes tipos de atividade e diversidades de ambientes: residencial, comercial, industrial, iluminação pública e outros.

As lâmpadas de Led podem emitir luz de diferentes comprimentos de onda e, portanto, de diferentes cores (verde, amarela, azul, ultravioleta etc.), dependendo do material utilizado. Produzem fundamentalmente luz monocromática. A cor dependente do cristal e da impureza de dopagem do componente de que é fabricado o diodo. Apresentam as seguintes vantagens:

- consumo de energia muito baixo para produzir um elevado fluxo luminoso, podendo alcançar uma economia de 80 % quando se compara com o consumo de uma lâmpada incandescente convencional (não mais comercializada no Brasil);
- vida útil muito elevada quando comparada com vários outros tipos de lâmpadas;
- baixa geração de calor possibilitando reduzir como vantagem adicional a carga térmica dos condicionadores de ar;
- facilidade de substituição por lâmpadas que tenham base E-27 (lâmpadas incandescentes comuns, dicroicas etc.);

- conforto visual da luz produzida no ambiente;
- contribui com o meio ambiente por não produzir metais pesados como o mercúrio, o chumbo ou outra substância perigosa que possa contaminar o solo no momento do descarte;
- não há emissão de raios ultravioletas e infravermelhos prejudiciais à saúde.

As lâmpadas de Led são fabricadas a partir da reunião de vários diodos, possuindo diferentes formatos: circulares, retangulares, quadrados, tubulares etc. A Figura 2.5 mostra uma foto de uma lâmpada de Led que substituiu em muitos lares as populares lâmpadas incandescentes, já que possuíam o mesmo tipo de base E27.

2.3.2 Lâmpadas halógenas de tungstênio

A lâmpada halógena de tungstênio é um tipo especial de lâmpada incandescente em que um filamento é contido em um tubo de quartzo, no qual é colocada certa quantidade de iodo. Durante o seu funcionamento, o tungstênio evapora-se do filamento, combinando-se com o gás presente no interior do tubo, formando o iodeto de tungstênio. Devido às altas temperaturas, parte do tungstênio se deposita no filamento, regenerando-o, criando-se assim um processo contínuo e repetitivo denominado ciclo do iodo. A Figura 2.6 mostra o aspecto externo de uma lâmpada halógena.

Nas lâmpadas incandescentes convencionais, o tungstênio evaporado do filamento se deposita nas paredes internas do bulbo, reduzindo a sua eficiência. No entanto, nas lâmpadas halógenas de tungstênio, o halogênio bloqueia as moléculas de tungstênio impedindo que essas moléculas se depositem nas paredes internas do bulbo, resultando uma combinação química após a qual retornam ao filamento. As paredes da lâmpada são de vidro de quartzo resistente a elevadas temperaturas.

2.3.3 Lâmpadas de luz mista

As lâmpadas de luz mista são constituídas de um tubo de descarga a vapor de mercúrio, conectado em série com um filamento de tungstênio, ambos encapsulados por um bulbo ovoide, cujas paredes internas são recobertas por uma camada de fosfato de ítrio vanadato. Esse tipo de lâmpada tem as características básicas das lâmpadas incandescentes. O seu filamento atua como fonte de luz de cor quente, que, ao mesmo tempo, funciona como limitador do fluxo de corrente.

As lâmpadas de luz mista são comercializadas nas potências de 160 a 500 W. Essas lâmpadas combinam a elevada eficiência das lâmpadas de descarga com as vantagens da excelente reprodução de cor característica das lâmpadas de filamento de tungstênio. A Figura 2.7 mostra o aspecto físico de uma lâmpada de luz mista com os seus diversos componentes.

2.3.4 Lâmpadas de descarga

Podem ser classificadas em vários tipos que serão resumidamente estudados.

A vida útil das lâmpadas de descarga varia muito de acordo com o tipo, desde 7.500 horas para lâmpadas fluorescentes até 98.000 horas para lâmpadas a vapor metálico. Seu custo inicial é normalmente elevado, porém apresentam um custo de manutenção relativamente reduzido. As lâmpadas de descargas mais empregadas serão estudadas a seguir.

Figura 2.5 Lâmpada de Led.

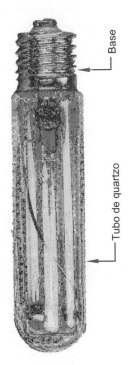

Figura 2.6 Lâmpada halógena.

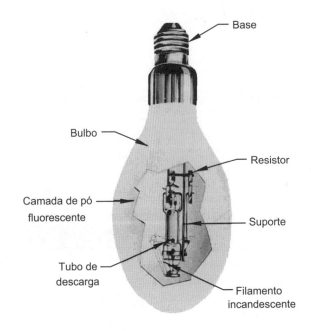

Figura 2.7 Lâmpada de luz mista.

2.3.4.1 Lâmpadas fluorescentes

São aquelas constituídas de um longo cilindro de vidro, cujo interior é revestido por uma camada de fósforo de diferentes tipos. O fósforo é um produto químico que detém as características de emitir luz quando ativado por energia ultravioleta, isto é, não visível. Cada extremidade da lâmpada possui um eletrodo de filamento de tungstênio revestido de óxido que, quando aquecido por uma corrente elétrica, libera uma nuvem de elétrons. Ao ser energizada a lâmpada, os eletrodos ficam submetidos a uma tensão elevada, o que resulta na formação de um arco entre os eletrodos, de modo alternado. Os elétrons que constituem o arco se chocam com os átomos do gás argônio e de mercúrio, liberando certa quantidade de luz ultravioleta que ativa a camada de fósforo anteriormente referida, transformando-se em luz visível. O fluxo luminoso varia em função da temperatura ambiente, sendo 25 °C, em geral, a temperatura de máximo rendimento. Para valores superiores ou inferiores, o rendimento torna-se declinante. A Figura 2.8 mostra uma lâmpada fluorescente tubular tradicional.

As lâmpadas fluorescentes apresentam uma elevada eficiência luminosa, compreendida entre 40 e 80 lumens/watt, e vida útil entre 7.500 e 12.000 horas de operação. Têm como características:

- tungstênio de cálcio – luz emitida: azul-escura;
- silicato de zinco – luz emitida: amarelo-verde;
- borato de cálcio – luz emitida: róseo-clara.

Essas substâncias são ativadas pela energia ultravioleta resultante da descarga no interior do tubo que contém o gás inerte (argônio) e mercúrio, que se vaporiza no instante da partida.

As lâmpadas fluorescentes são reconhecidas pelo diâmetro do seu tubo. Inicialmente foram comercializadas as lâmpadas T12 (12/8 de polegada de diâmetro), sendo substituídas pelas lâmpadas T8, bem mais eficientes, sendo posteriormente substituídas pelas lâmpadas T5, de maior eficiência e menor diâmetro, permitindo um maior aproveitamento das superfícies reflexivas das luminárias.

As lâmpadas fluorescentes, ao contrário das incandescentes, não podem controlar intrinsecamente o fluxo de corrente. É necessário que se ligue um reator (reatância série) entre as suas extremidades externas para limitar o valor da corrente. As lâmpadas pequenas usam o reator apenas para limitar a corrente, conforme Figura 2.9, enquanto as lâmpadas fluorescentes grandes, além do reator, fazem uso de um transformador para elevar a tensão, como mostrado na Figura 2.10.

Como anteriormente mencionado, nas extremidades do tubo de vidro das lâmpadas fluorescentes são fixados os eletrodos (filamentos recobertos com substâncias emissoras de luz) com características próprias de emissão de elétrons, dando às lâmpadas a seguinte classificação:

a) **Lâmpadas fluorescentes de catodo quente preaquecido**

A utilização destas lâmpadas implica o uso do *starter*, que consiste no elemento de partida, cuja descrição e modo de operação estão apresentados na Seção 2.4.2.

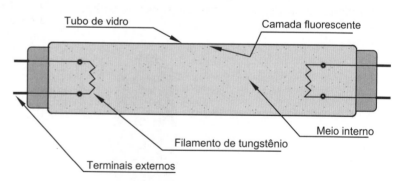

Figura 2.8 Lâmpada fluorescente bipino.

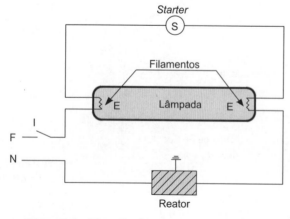

Figura 2.9 Ligação do reator e *starter*.

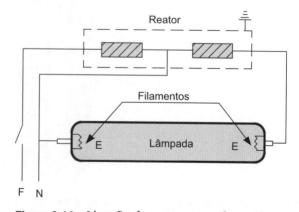

Figura 2.10 Ligação do reator-transformador.

b) Lâmpadas fluorescentes de catodo sem preaquecimento

A utilização dessas lâmpadas dispensa a aplicação do *starter* S e emprega reatores especiais que provocam uma tensão elevada de partida, iniciando o processo de emissão de elétrons sem necessidade de um preaquecimento dos eletrodos E. A Figura 2.10 mostra a ligação deste tipo de lâmpada.

c) Lâmpadas fluorescentes de catodo frio

Como vantagem sobre as demais, possuem uma vida longa de aproximadamente 25.000 horas. Semelhante às lâmpadas de catodo sem preaquecimento, têm partida instantânea. Sua tensão de partida é da ordem de seis vezes a tensão de funcionamento. Em razão da tendência de compactação dos aparelhos de iluminação, as lâmpadas de catodo frio caíram em desuso.

2.3.4.2 Lâmpadas a vapor de mercúrio

São constituídas de um pequeno tubo de quartzo no qual são instalados, nas extremidades, em geral, dois eletrodos principais e um eletrodo auxiliar, ligados em série com uma resistência de valor elevado. Dentro do tubo são colocadas algumas gotas de mercúrio, juntamente com o gás inerte, como o argônio, cuja finalidade é facilitar a formação da descarga inicial. Por outro lado, o mercúrio é vaporizado no período de preaquecimento da lâmpada. O tubo de quartzo é colocado no interior de um invólucro de vidro que contém certa quantidade de azoto cuja função é a distribuição uniforme da temperatura.

Ao se aplicar a tensão nos terminais da lâmpada, cria-se um campo elétrico entre os eletrodos auxiliar e principal mais próximo, provocando a formação de um arco elétrico entre os eletrodos e aquecendo as substâncias emissoras de luz, que resulta na ionização do gás e na consequente formação do vapor de mercúrio. O choque dos elétrons com os átomos do vapor de mercúrio no interior do tubo transforma sua estrutura atômica. A luz é finalmente produzida pela energia liberada pelos átomos atingidos quando retornam à sua estrutura normal.

As lâmpadas de vapor de mercúrio comuns não emitem, no seu espectro, a luz vermelha, limitando o uso dessas lâmpadas a ambientes em que não haja necessidade de boa reprodução de cores. Para corrigir essa deficiência utiliza-se o fósforo em alguns tipos de lâmpadas.

As lâmpadas a vapor de mercúrio têm uma elevada eficiência luminosa. Nesse particular, apresentam uma séria desvantagem ao longo de sua vida útil média, durante a qual sua eficiência cai para um nível de aproximadamente 35 lumens/watt. Quando se desliga uma lâmpada a vapor de mercúrio é necessário um tempo de 5 a 10 minutos para que se possa reacendê-la, tempo suficiente para possibilitar as condições mínimas de reionização do mercúrio.

Uma característica particular do bulbo externo é absorver as radiações potencialmente perigosas emitidas do interior do tubo de arco (quartzo). As paredes internas do bulbo externo são revestidas de substâncias fluorescentes, tais como o vanadato de ítrio, que permitem uma maior ou menor reprodução de cores. A Figura 2.11 mostra os detalhes principais de uma lâmpada a vapor de mercúrio.

2.3.4.3 Lâmpadas a vapor de sódio

São fabricadas em dois tipos, relativamente à pressão no tubo de descarga, ou seja:

a) Lâmpadas a vapor de sódio a baixa pressão

Construtivamente, são formadas por um tubo especial de vidro na forma de U no interior do qual se produz a descarga. O tubo é colocado no interior de uma ampola tubular de vidro que atua como proteção mecânica e isolamento térmico, e cujas paredes internas são cobertas por uma fina camada de óxido de estanho para refletir as radiações infravermelhas que são produzidas no processo de descarga.

Os eletrodos de filamento são fixados nos extremos do tubo de descarga. Sobre os eletrodos é depositado um material especial emissor de elétrons. No interior do tubo de descarga injeta-se certa quantidade de gás neon que favorece o acendimento, acrescida também de outra quantidade de sódio que se condensa e se deposita em pequenas cavidades do tubo quando a lâmpada se resfria. Os gases são submetidos a uma pressão da ordem de 600 N/m².

As lâmpadas a vapor de sódio a baixa pressão são caracterizadas por emitir uma radiação quase monocromática (luz amarela), por ter alta eficiência luminosa e por apresentar uma elevada vida útil de operação. Em razão de sua característica monocromática, é desaconselhável o seu uso interno em instalações industriais. No entanto, podem ser utilizadas na iluminação de pátios de descarga. A Figura 2.12 fornece os principais componentes de diferentes modelos de lâmpadas a vapor de sódio.

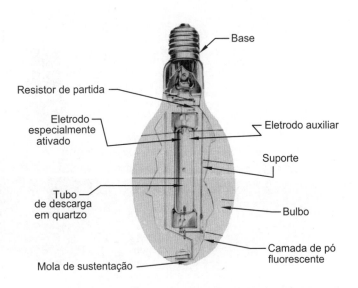

Figura 2.11 Lâmpada a vapor de mercúrio.

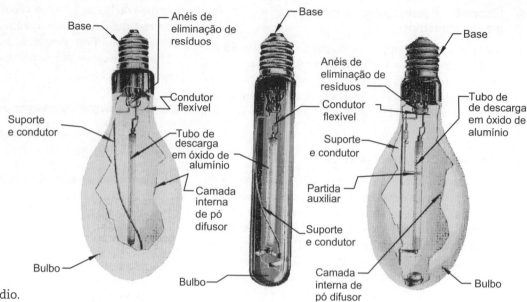

Figura 2.12 Lâmpada a vapor de sódio.

b) **Lâmpadas a vapor de sódio a alta pressão**

São constituídas de um tubo de descarga que contém um excesso de sódio que se vaporiza durante o acendimento, em condições de saturação. É utilizado um gás inerte, o xenônio, em alta pressão, para que se possa obter uma baixa-tensão de ignição. Ao contrário das lâmpadas a vapor de sódio a baixa pressão, as lâmpadas a vapor de sódio a alta pressão apresentam um espectro visível contínuo, que propicia uma razoável reprodução de cor. Em razão de sua característica de reprodução de cores, podem ser utilizadas no interior de instalações industriais cujas tarefas não necessitem de uma fidelidade de cor.

As lâmpadas de vapor de sódio, após o seu lançamento no mercado, tiveram enorme aceitação pelas concessionárias de serviço público de eletricidade. Atualmente, em muitas cidades brasileiras as lâmpadas vapor de sódio estão sendo substituídas por lâmpadas de Led devido ao menor consumo de energia e à melhor reprodução de cores.

2.3.4.4 Lâmpadas a vapor metálico

É um tipo particular da lâmpada a vapor de mercúrio à qual são adicionados iodeto de índio, tálio e sódio. A mistura adequada dos compostos anteriormente citados no tubo de descarga proporciona um fluxo luminoso de excelente reprodução de cores. Sua temperatura de cor é de 4.000 K. Apresentam uma elevada eficiência luminosa, vida longa e baixa depreciação. São industrializadas nas formas ovoidal e tubular. As lâmpadas ovoidais possuem uma cobertura que aumenta a superfície de emissão de luz, reduzindo a sua luminância.

São fornecidas lâmpadas a vapor metálico nas potências de 400 a 2.000 W.

Essas lâmpadas são particularmente indicadas para aplicação em áreas de pátios de estacionamento, quadras esportivas, campos de futebol e galpões destinados a produtos de exposição. A Figura 2.13 mostra os principais componentes de diferentes tipos de lâmpadas a vapor metálico.

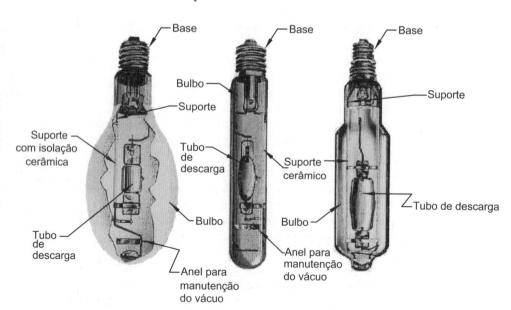

Figura 2.13 Lâmpada a vapor metálico.

A Tabela 2.2 sugere os diversos tipos de aplicação das lâmpadas elétricas estudadas anteriormente, mostrando as vantagens e desvantagens de seu emprego, o fluxo luminoso, a eficiência luminosa e a vida útil média esperada quando em operação, e que serve de orientação aos projetistas.

Tabela 2.2 Características das lâmpadas – fluxo luminoso inicial

Tipos de lâmpada	Potência (W)	Fluxo luminoso da lâmpada (lumens)	Eficiência luminosa lumens/watt	Vida média (horas)	Vantagens	Desvantagens	Observação
Led	Variadas potências dependendo do tipo: tubular, dicroica, spot etc.	Variando conforme a potência nominal da lâmpada	Variando conforme a potência nominal da lâmpada	60.000	Podem ser utilizadas em qualquer tipo de ambiente com a grande vantagem de proporcionar uma elevada economia de energia elétrica	–	Ligação imediata sem necessidade de dispositivos auxiliares
Mista	160	3.000	19	6.000	Substituem lâmpadas incandescentes normais de elevada potência. Pequeno volume. Boa vida útil média	Demora 5 min para atingir 80 % do fluxo luminoso	Não necessita de dispositivos auxiliares, e é ligada somente em 220 volts
	250	5.500	22				
	500	13.500	27				
	–	–	–				
	–	–	–				
	–	–	–				
Vapor de mercúrio*	80	3.500	44	15.000	Boa eficiência luminosa, pequeno volume, longa vida útil média	Demora de 4 a 5 minutos para conseguir a emissão luminosa máxima	Necessita de dispositivos auxiliares (reator)
	125	6.000	48				
	250	12.600	50				
	400	22.000	55				
	700	35.000	58				
Fluorescente comum*	15	850	57	7.500	Ótima eficiência luminosa e baixo custo de funcionamento. Boa reprodução de cores. Boa vida útil média	Pequeno tempo de vida útil	Necessita de dispositivos auxiliares (reator + starter ou somente reator de partida rápida)
	20	1.200	53				
	30	2.000	69				
	40	3.000	69	10.000			
	–	–	–	–			
Fluorescente HO	60	3.850	64	10.000			
	85	5.900	69				
	110	8.300	76				
Fluorescente econômica*	16	1.020	64	7.500			
	32	2.500	78				
Fluorescente compacta*	5	250	50	5.000			
	7	400	57	–			
	9	600	67	–			
	11	900	62	–			
	13	900	69	–			
	15	1.100	70	–			
	20	1.200	72	–			
	23	1.400	74	–			

(continua)

Tabela 2.2 Características das lâmpadas – fluxo luminoso inicial (*Continuação*)

Tipos de lâmpada	Potência (W)	Fluxo luminoso da lâmpada (lumens)	Eficiência luminosa lumens/watt	Vida média (horas)	Vantagens	Desvantagens	Observação
Vapor de sódio de alta pressão*	50	3.000	60	18.000	Ótima eficiência luminosa, longa vida útil, baixo custo de funcionamento, dimensões reduzidas,** razoável rendimento cromático (luz de cor branco-dourada)	Demora em torno de 5 minutos para a lâmpada atingir 90 % do fluxo luminoso total	Necessita de dispositivos auxiliares específicos (reator + ignitor) e é ligada em 220 volts.
	70	5.500	79				
	150	12.500	83				
	250	26.000	104				
	400	47.500	119				
	–	–	–				
	–	–	–				
	-	–	–				
	-	–	–				
	-	–	–				
Vapor metálico	400	28.500	98	24.000	Ótima eficiência luminosa, longa vida útil	Custo elevado que é amortizado com o uso	Necessita de dispositivos auxiliares
	1.000	90.000	–				
	2.000	182.000	–				

* Na eficiência dessas lâmpadas não foram consideradas as perdas dos reatores.
* Fonte: ABILUX/88.
**Nenhuma limitação para a posição de funcionamento.

Já a Tabela 2.3 mostra a equivalência de fluxo luminoso entre lâmpadas.

2.4 Dispositivos de controle

São dispositivos utilizados para proporcionar a partida das lâmpadas de descarga e controlar o fluxo de corrente no seu circuito.

As lâmpadas de descarga necessitam dos seguintes dispositivos para estabilização da corrente e para a ignição.

2.4.1 Reatores

São elementos do circuito da lâmpada responsáveis pela estabilização da corrente em um nível adequado de projeto da lâmpada. Os reatores se apresentam como uma reatância em série com o circuito da lâmpada.

Tabela 2.3 Equivalência de fluxo luminoso entre lâmpadas

Lâmpada	Tipo	Lâmpada	Tipo
W	–	W	–
125	Vapor de mercúrio	70	Vapor de sódio de alta pressão
250	Mista		
20	Fluorescente T10	11	Leds
40	Fluorescente T10	22	
32	Fluorescente T8	40	Fluorescente T10
16	Fluorescente T8	20	Fluorescente T10

Quando a tensão na rede é suficiente para permitir a partida da lâmpada de descarga, basta que se utilizem reatores em série, que são formados por uma simples bobina enrolada sobre um núcleo de ferro, cuja função é regular o fluxo de corrente da lâmpada. O reator é de construção simples e de menor custo, porém opera com fator de potência entre 0,40 e 0,60 indutivo. Se for agregado a esse reator um capacitor ligado em paralelo, formando um único dispositivo, melhora-se a condição operacional da rede, em razão do novo fator de potência que é da ordem de 0,95 a 0,98. A conexão dos dois tipos de reatores com as respectivas lâmpadas é dada na Figura 2.14(a) e (b).

Em geral, as lâmpadas de descarga funcionam conectadas com reatores. O fluxo luminoso emitido pelas lâmpadas de descarga depende do desempenho do reator, denominado fator de fluxo luminoso, ou conhecido ainda como *ballast factor*, que corresponde à relação entre o fluxo luminoso obtido pelo fluxo luminoso nominal da lâmpada.

Normalmente, os reatores para qualquer tipo de lâmpada trazem impresso o diagrama de ligação na parte superior da carcaça, como se pode observar na Figura 2.15. Por exemplo, a Figura 2.16 mostra alguns diagramas de ligação referentes a vários tipos de reatores.

Há no mercado dois diferentes tipos de reatores.

2.4.1.1 Reatores eletromagnéticos

São de fabricação convencional e dotados de um núcleo de ferro e de um enrolamento de cobre. São comercializados dois tipos diferentes:

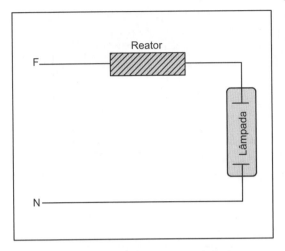
(a) Reator de baixo fator de potência

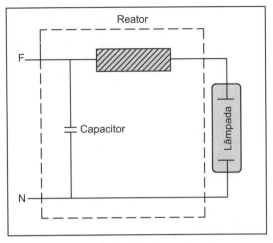
(b) Reator de alto fator de potência

Figura 2.14 Reator para lâmpadas de descarga.

a) Reator eletromagnético a baixo fator de potência

O reator eletromagnético consiste basicamente em um núcleo de lâminas de aço especial, coladas e soldadas, associado a uma bobina de fio de cobre esmaltado. O conjunto é montado no interior de caixa metálica, denominada carcaça, construída em chapa de aço. Os espaços vazios no interior da carcaça são preenchidos com uma massa de poliéster.

Os reatores para lâmpadas fluorescentes são fornecidos para ligação de uma única lâmpada, reatores simples, ou para ligação de duas lâmpadas, reatores duplos.

b) Reatores eletromagnéticos com alto fator de potência

São dotados um núcleo de ferro e um enrolamento de cobre além de um capacitor ligado em paralelo que permite elevar o fator de potência conforme informação anterior.

2.4.1.2 Reatores eletrônicos

Esses reatores são constituídos de três diferentes blocos funcionais, ou seja:

a) Fonte

Responsável pela redução da tensão da rede de alimentação e conversão dessa tensão na frequência de 50/60 Hz em tensão contínua. A Figura 2.15 mostra um reator eletrônico para lâmpadas fluorescentes de 220 V. Adicionalmente, a fonte desempenha as seguintes funções:

- suprimir os sinais de radiofrequência para compatibilizar com a classe de imunidade do reator;
- proteger os diversos componentes eletrônicos do conversor contra surtos de tensão;
- proteger a rede de alimentação contra falhas do conversor;
- limitar a injeção de componentes harmônicos no sistema de alimentação.

b) Inversor

É responsável pela conversão da tensão contínua em tensão ou corrente alternada de alta frequência, dependendo do tipo de lâmpada utilizado.

c) Circuito de partida e estabilização

Esse circuito está associado normalmente ao inversor. Em geral, são utilizadas indutâncias e capacitâncias combinadas de forma a fornecer adequadamente os parâmetros elétricos que a lâmpada requer.

Os reatores eletrônicos possuem grandes vantagens sobre os reatores eletromagnéticos, apesar de seu preço ser ligeiramente superior ao do reator eletromagnético, ou seja:

- reduzem as oscilações das lâmpadas devido à alta frequência com que operam;
- atenuam ou praticamente eliminam o efeito estroboscópico;
- operam em alto fator de potência, alcançando cerca de 0,99;
- operam com baixas perdas ôhmicas;
- apresentam, em geral, baixa distorção harmônica;

Figura 2.15 Reator eletrônico.

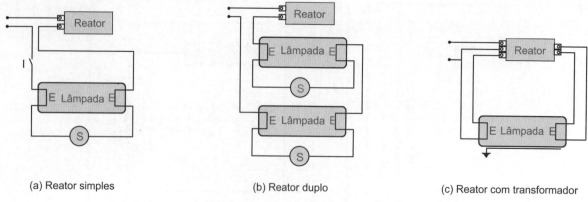

(a) Reator simples (b) Reator duplo (c) Reator com transformador

Figura 2.16 Ligações típicas dos reatores às respectivas lâmpadas.

- permitem o uso de *dimmer* e, consequentemente, possibilitam obter-se redução do custo de energia;
- permitem elevar a vida útil da lâmpada;
- permitem ser associados a sistemas automáticos de controle e conservação de energia.

A Tabela 2.4 fornece as principais características técnicas dos reatores Philips.

2.4.1.3 Fator de fluxo luminoso do reator

É aquele que, multiplicado pelo fluxo luminoso da lâmpada, determina o seu fluxo luminoso efetivo. Se determinada lâmpada tem fluxo luminoso nominal de 3.000 lumens e for ligada a um reator eletrônico cujo fator de fluxo luminoso é de 0,95, a lâmpada somente fornecerá 2.850 lumens.

2.4.1.4 Reatores eletrônicos dimerizáveis

São reatores de alto fator de potência equipados com um circuito integrado que, ligados a controles eletrônicos automáticos ou manuais, permitem variar o fluxo luminoso da lâmpada, podendo alcançar cerca de 70 % da energia consumida sem afetar a vida útil da lâmpada. Podem ser aplicados em qualquer ambiente cujo nível de iluminamento possa ser alterado temporariamente.

Os reatores são fornecidos para diferentes tipos de lâmpadas: fluorescentes tubulares, vapor de sódio, vapor de mercúrio e vapor metálico.

A Tabela 2.5 mostra as características dos reatores eletrônicos dimerizáveis para lâmpadas fluorescentes tubulares e compactas de 4 pinos de fabricação Philips.

2.4.2 Controles para alterar o nível de iluminação

São dispositivos que permitem reduzir o consumo de energia elétrica do sistema de iluminação pelo uso de dois métodos distintos de controle sobre o ambiente iluminado. O primeiro método, o mais simples, consiste em um controle que detecta o movimento de pessoas no ambiente. Se por determinado tempo o sensor de presença não for sensibilizado por qualquer movimento na sua área de atuação, um comando é enviado à chave para desligamento dos circuitos de iluminação do ambiente. Ao primeiro movimento detectado no ambiente, o sensor envia um sinal à chave de comando e restabelece a iluminação. O sensor de presença pode utilizar meios acústicos e raios infravermelhos.

Outro tipo de controle luminotécnico utiliza sensores que identificam a presença de luz natural no ambiente, reduzindo o fluxo luminoso das lâmpadas pelo uso de *dimmers* controlados automaticamente. Quanto maior a quantidade de luz natural que penetre no ambiente, menor será a potência requerida das lâmpadas.

Muitas vezes, o controle da iluminação está associado à automação de todas as funcionalidades da edificação, como segurança, áudio, vídeo e climatização, entre outras. Há duas soluções adotadas: rede cabeada e *wireless*. A solução de rede cabeada é utilizada para projetos luminotécnicos de maior porte, em média, para ambientes acima de 200 m². A solução de automação *wireless* oferece os mesmos recursos da solução anterior. Para mais informações o leitor deve buscar literatura específica para empreender seus projetos e consultar no mercado as diferentes soluções oferecidas por muitas empresas especializadas, proprietárias de aplicativos dedicados.

2.4.2.1 Dimerização de um projeto de iluminação

É o método de controle do fluxo luminoso da lâmpada e consequentemente do seu consumo. Para a dimerização da iluminação de determinado ambiente é fundamental que as lâmpadas utilizadas sejam "dimerizáveis". Isso pode ser conhecido na embalagem da lâmpada, pela observação dos seguintes termos: "dimerizável", "DIM", "atenuadores" ou outros termos similares.

A lâmpada incandescente é por natureza dimerizável, em função do controle de tensão aplicada aos seus terminais. As demais lâmpadas, inclusive as lâmpadas de Led e as lâmpadas fluorescentes eletrônicas, não são naturalmente dimerizáveis. No caso de lâmpadas halógenas que requerem um transformador, este é que deve ser dimerizável.

A dimerização de ambientes residenciais, comerciais e industriais está muito associada à iluminação natural que é uma forma inteligente de economia de energia elétrica e satisfação dos usuários desses

Tabela 2.4 Características dos reatores Philips

Lâmpadas	Tensão	Corrente	Fator de potência	Potência total (W)	Modelo
Reatores simples					
1 × 16	127	0,71	0,4	29,0	SPR16B16T
1 × 16	220	0,40	0,33	27,5	SPR16B26T
1 × 20	127	0,75	0,35	32,5	SPR20B16T
1 × 20	220	0,40	0,40	29,5	SPR20B26T
1 × 32	127	0,65	0,46	43,5	SPR32B16T
1 × 32	220	0,37	0,50	42,5	SPR32B26T
1 × 40	127	0,92	0,45	52,5	SPR40B16T
1 × 40	220	0,50	0,49	52,5	SPR40B26T
1 × 110	220	0,60	0,95	125,0	SPR110A26T
Reatores duplos					
2 × 16	127	0,37	0,95	45,0	DPR16A16P
2 × 16	220	0,22	0,95	43,0	DPR16A26P
2 × 20	127	0,45	0,95	55,0	DPR20A16P
2 × 20	220	0,27	0,95	59,0	DPR20A26P
2 × 32	127	0,62	0,95	73,0	DPR32A16P
2 × 32	220	0,35	0,95	73,0	DPR32A26P
2 × 40	127	0,70	0,95	92,0	DPR40A16P
2 × 40	220	0,47	0,95	92,0	DPR40A26P
2 × 110	127	1,90	0,95	240,0	DPR110A26P
2 × 110	220	1,10	0,95	240,0	DPR110A26P

Tabela 2.5 Características dos reatores eletrônicos dimerizáveis Philips

Lâmpadas	Tensão	Corrente	Fator de potência	Potência total (W)	Modelo	Distorção harmônica (%)
Reatores simples						
1 × 18	220	0,90	0,92	20,0	HF-R118PL-TC	15
1 × 26	220	0,14	0,95	30,0	HF-R126-42PL-TC	10
1 × 32	220	0,18	0,95	39,0	HF-R126-42PL-TC	10
1 × 42	220	0,22	0,95	48,0	HF-R126-42PL-TC	10
2 × 18	220	0,18	0,95	39,0	HF-R218PL-TC	10
2 × 26	220	0,25	0,95	56,0	HF-R226-42PL-TC	10
2 × 32	220	0,33	0,95	72,0	HF-R226-42PL-TC	10
2 × 42	220	0,42	0,95	93,0	HF-R226-42PL-TC	10
Reatores duplos						
1 × 14	220	0,09	0,95	18,00	HF-R114-35TL5-EII	15
1 × 28	220	0,15	0,98	33,00	HF-R114-35TL5-EII	12
1 × 54	220	0,28	0,98	62,00	HF-R154TL5-EII	10
2 × 80	220	0,39	0,95	87,00	HF-R180TL5-EII	10
2 × 14	220	0,16	0,95	33,00	HF-R214-35TL5-EII	12
2 × 28	220	0,28	0,98	63,00	HF-R214-35TL5-EII	10
2 × 54	220	0,54	0,99	119,00	HF-R254TL5-EII	10
2 × 80	220	0,80	0,95	175,00	HF-R280TL5-EII	10
3 × 14	220	0,22	0,95	49,00	HF-R314TL5-EII	10
4 × 14	220	0,30	0,95	65,00	HF-R414TL5-EII	10

ambientes que se beneficiam do estímulo da mente e melhor performance do corpo.

2.4.2.2 Starters

São dispositivos constituídos de um pequeno tubo de vidro dentro do qual são colocados dois eletrodos, imersos em gás inerte responsável pela formação inicial do arco que permite estabelecer um contato direto entre os referidos eletrodos. Somente um eletrodo é constituído de uma lâmina bimetálica que volta ao estado inicial decorridos alguns instantes. Sua operação é feita da seguinte forma: ao acionarmos o interruptor I da Figura 2.16(a) produz-se um arco no dispositivo de partida S (*starter*) entre as lâminas A e B (Figura 2.17), cujo calor resultante provoca o estabelecimento do contato elétrico entre as lâminas, fazendo a corrente elétrica percorrer o circuito no qual estão inseridos os eletrodos E da lâmpada os quais se aquecem e emitem elétrons. Decorrido um pequeno espaço de tempo, o contato entre as lâminas A e B é desfeito, pois a corrente que as atravessa não é suficiente para mantê-las conectadas. Neste instante, produz-se uma variação de corrente responsável pelo aparecimento de força eletromotriz de elevado valor na indutância do reator, provocando um arco entre os eletrodos E da lâmpada e, em consequência, o acendimento da mesma. Pelo efeito da reatância em série, a tensão entre os eletrodos diminui, não mais estabelecendo um arco entre as lâminas A e B do *starter*. A partir de então, o reator passa a funcionar como estabilizador de corrente, por meio de sua impedância própria, limitando a tensão ao valor requerido. O capacitor C, acoplado ao circuito do *starter*, tem a finalidade de reduzir a interferência sobre os aparelhos de rádio e comunicação no processo de acendimento da lâmpada.

A Figura 2.18 mostra a foto de um *starter* e o seu aspecto externo.

2.4.2.3 Ignitores

São elementos utilizados em lâmpadas a vapor metálico e vapor de sódio que atuam gerando uma série de pulsações de tensão elevada da ordem de 1 a 5 kV, a fim de iniciar a descarga destas. Uma vez que a lâmpada inicie a sua operação, o ignitor deixa automaticamente de emitir pulsos.

As lâmpadas a vapor de sódio de baixa e alta pressões e as lâmpadas a vapor metálico, em virtude da composição e construção de seus tubos de descarga, necessitam na partida de uma tensão superior à tensão da rede normalmente utilizada. Os reatores (reator + transformador), em geral, são os responsáveis pela geração dessa tensão. No entanto, essas lâmpadas requerem uma tensão tão elevada que é necessário um equipamento auxiliar, denominado ignitor, para proporcionar o nível de tensão exigido.

Quando as lâmpadas são desligadas por determinado espaço de tempo, a pressão do gás diminui. Se a lâmpada for novamente energizada, o ignitor iniciará o disparo até que a pressão do gás atinja o valor mínimo de reacendimento. Quando a lâmpada inicia sua operação normal, o ignitor para de emitir pulso.

As lâmpadas de vapor de sódio de alta pressão apresentam um tempo de reignição de cerca de 1 minuto, enquanto as lâmpadas a vapor metálico requerem um tempo de aproximadamente 15 minutos. Como alguns estádios de futebol, destinados a jogos oficiais, utilizam em larga escala lâmpadas a vapor metálico, o excessivo tempo de reignição ocasiona grandes transtornos quando há uma falha momentânea no suprimento de energia. O jogo é paralisado durante o tempo de reignição da lâmpada. Nesse tipo de atividade é conveniente a utilização de algumas lâmpadas de acendimento instantâneo para possibilitar uma luminosidade aceitável à movimentação das pessoas.

2.5 Luminárias

São aparelhos destinados à fixação das lâmpadas, devendo apresentar as seguintes características básicas:

- serem agradáveis ao observador;
- modificarem o fluxo luminoso da fonte de luz;
- possibilitarem fácil instalação e posterior manutenção.

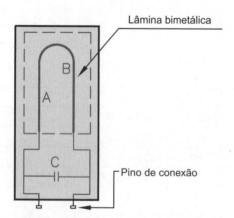

Figura 2.17 *Starter*: parte interna.

Figura 2.18 *Starter*: parte externa.

A seleção de luminárias em recintos industriais deve ser precedida de algumas precauções, relativamente à atividade produtiva do projeto. Assim, para ambientes em que haja presença de gases combustíveis em suspensão, é necessário escolher luminárias fabricadas com corpo resistente à pressão ou de segurança reforçada, prevenindo, desta forma, acidentes sérios provocados, por exemplo, por explosão de lâmpada. Também, em indústrias têxteis, nas quais há uma excessiva poluição de pó de algodão em estado de suspensão no ar, é tendência adotar o projeto de luminárias do tipo fechado. Já para ambientes nos quais há vapor de substâncias oleaginosas ou de fácil impregnação, é aconselhável não se utilizarem luminárias abertas com refletor de alumínio, pois sua superfície é porosa e absorve facilmente essas substâncias, reduzindo a sua refletância e consequentemente a sua eficiência. O uso de um vidro plano, resistente ao calor, que feche hermeticamente a luminária, protege um pouco mais o refletor; porém, quando a lâmpada é desligada, ocorre uma pressão negativa na parte interna da luminária que força a entrada do ar externo contaminado, cujos poluentes se depositam na superfície do refletor tornando-a escura e pouco refletiva.

No entanto, com o uso de refletor de vidro de borossilicato, mesmo com a luminária aberta, o ar ascendente contaminado circulando pelo seu interior, devido ao calor desenvolvido pela lâmpada, não se deposita na superfície do borossilicato e faz com que a luminária mantenha suas características originais.

Assim, no caso de ambientes industriais com temperatura elevada e presença de poeira em suspensão, fumaça e vapor de óleo, são utilizadas luminárias com refletor em vidro borossilicato prismático com as seguintes vantagens:

- o vidro borossilicato não está sujeito a alterações devido aos raios ultravioletas ou ao calor gerado pela lâmpada;
- o vidro de borossilicato é inerte eletrostaticamente, o que evita que as partículas de poeira em suspensão sejam aderentes ao refletor;
- os refletores de borossilicato, após limpeza, adquirem praticamente a sua condição original;
- apresentam maior eficiência em função da reflexão e refração ocorrerem através de prismas.

2.5.1 Características quanto à direção do fluxo luminoso

Quanto à direção do fluxo luminoso, podem ser assim classificadas:

2.5.1.1 Direta

Quando o fluxo luminoso é dirigido diretamente ao plano de trabalho. Nesta classe enquadram-se as luminárias refletoras espelhadas, comumente chamadas de *spots*.

2.5.1.2 Indireta

Quando o fluxo luminoso é dirigido diretamente em oposição ao plano de trabalho. As luminárias que atendem a esta classe, em geral, assumem uma função decorativa no ambiente iluminado.

2.5.1.3 Semidireta

Quando parte do fluxo luminoso chega ao plano de trabalho diretamente dirigido, e outra parte atinge o mesmo plano por reflexão. Neste caso, deve haver predominância da via direta.

2.5.1.4 Semi-indireta

Quando parte do fluxo luminoso chega ao plano de trabalho por via indireta e outra parte é diretamente dirigida ao plano de trabalho. Neste caso, o efeito predominante deve ser o indireto.

2.5.1.5 Geral-difusa

Quando o fluxo luminoso apresenta praticamente a mesma intensidade em todas as direções. Para mais informações sobre o assunto, consultar literatura específica.

2.5.2 Características quanto à modificação do fluxo luminoso

As luminárias têm a propriedade de poder modificar o fluxo luminoso produzido por sua fonte luminosa (a lâmpada). Assim, se uma luminária é dotada de um vidro protetor transparente, parte do fluxo luminoso é refletido para o interior da luminária, parte é transformado em calor e finalmente a maior parte é dirigida ao ambiente a iluminar. Dessa forma, as luminárias podem ser assim classificadas de acordo com as suas propriedades de modificar o fluxo luminoso.

2.5.2.1 Absorção

É característica da luminária absorver parte do fluxo luminoso incidente em sua superfície. Quanto mais escura for a superfície interna da luminária, maior será o índice de absorção.

2.5.2.2 Refração

É característica das luminárias poder direcionar o fluxo luminoso da fonte que é composta pela lâmpada e refletor, através de um vidro transparente de construção específica, podendo ser plano (não há modificação da direção do fluxo) ou prismático. Os faróis de automóveis são exemplos de luminárias refratoras prismáticas.

2.5.2.3 Reflexão

É característica das luminárias modificar a distribuição do fluxo luminoso, por toda a sua superfície interna e segundo a sua forma geométrica de construção (parabólica, elíptica, esférica etc.).

2.5.2.4 Difusão

É característica das luminárias reduzir sua luminância e consequente redução dos efeitos inconvenientes do ofuscamento, por meio de uma placa de acrílico ou de vidro.

2.5.2.5 Louver

O painel dessas luminárias é constituído por aletas de material plástico ou metálico, em geral esmaltado na cor branca, não permitindo que a lâmpada seja vista pelo observador sob determinado ângulo e reduzindo ao mínimo o efeito do ofuscamento.

2.5.3 Aplicação

As luminárias devem ser aplicadas de acordo com o ambiente a iluminar e com o tipo de atividade desenvolvida no local. Em geral, são conhecidos os seguintes tipos:

- luminárias comerciais;
- luminárias industriais;
- luminárias para logradouros públicos;
- luminárias para jardins.

Nas instalações comerciais, as luminárias mais empregadas são as fluorescentes comuns de Leds. Há vários tipos disponíveis no mercado, e a escolha de um deles deve ser estudada tanto do ponto de vista econômico quanto técnico. Em geral, a aplicação das lâmpadas fluorescentes é feita em ambientes cuja altura não ultrapasse 6 m.

Nas instalações industriais, é muito frequente o emprego de luminárias para lâmpadas de descarga e Leds tanto para as áreas de escritório como para os ambientes de produção, projetor de Led e de vapor metálico para os ambientes industriais. Os projetores são aplicados mais comumente em galpões industriais com altura superior a 6 m. As Figuras 2.19(a), (b) e (c) mostram modelos de luminárias de Led e de projetor industrial de Led muito utilizados em instalações industriais. Já as Figuras 2.20(a) e (b) mostram os projetores industriais para lâmpadas a vapor de sódio e vapor metálico.

(a) Luminária de Led   (b) Luminária de Led   (c) Projetor de Led

Figura 2.19 Luminárias e projetor de Led.

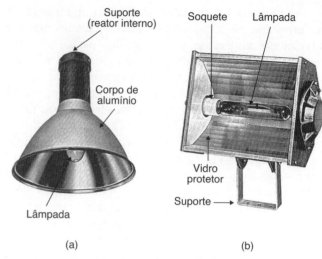

(a)   (b)

Figura 2.20 Projetores industriais.

As luminárias para áreas externas são construídas para fixação em postes. A Figura 2.21 mostra uma luminária de uso muito comum em sistemas de iluminação pública e em áreas externas de complexos industriais. Alternativamente são também utilizadas luminárias específicas montadas em postes tubulares metálicos do tipo apresentado na Figura 2.22.

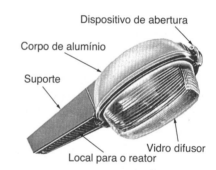

Figura 2.21 Luminária externa.

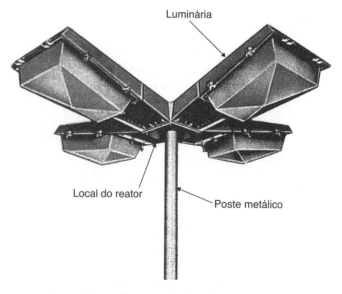

Figura 2.22 Sistema de iluminação externa.

No ajardinamento dessas áreas são, frequentemente, aplicadas luminárias específicas com aparência agradável, com fins decorativos. A sensibilidade estética do projetista, aliada aos conhecimentos necessários de luminotécnica, podem levar à elaboração de bons projetos de iluminação.

2.5.4 Características fotométricas

Cada tipo de luminária, juntamente com a sua fonte luminosa, produz um fluxo luminoso de efeito não uniforme. Se a fonte luminosa distribui o fluxo de maneira espacialmente uniforme, em todas as direções, a intensidade luminosa é igual para cada distância tomada da referida fonte. Caso contrário, para cada plano em dada direção a intensidade luminosa toma diferentes valores. A distribuição desse fluxo em forma de intensidade luminosa é representada por meio de um diagrama de coordenadas polares, cuja fonte luminosa se localiza no seu centro.

Tomando-se como base esse ponto, a intensidade luminosa é determinada em função das várias direções consideradas. Para citar um exemplo, observar o diagrama da Figura 2.23, no qual a intensidade luminosa para ângulo de 0°, diretamente abaixo da luminária, é de 260 candelas para 1.000 lumens da lâmpada e, a um ângulo de 60°, a intensidade luminosa reduz-se a 40 candelas para 1.000 lumens. Como a intensidade luminosa é proporcional ao fluxo luminoso emitido pela lâmpada, os fabricantes de luminárias, convencionalmente, elaboram essas curvas tomando por base um fluxo luminoso de 1.000 lumens. Já a Figura 2.24 mostra a luminária que produz a distribuição luminosa da Figura 2.23.

As curvas de distribuição luminosa são utilizadas, com frequência, nos projetos de iluminação, empregando o método ponto por ponto, a ser estudado posteriormente.

2.5.5 Ofuscamento

É o fenômeno produzido por excesso de luminância de uma fonte de luz. O ofuscamento oferece ao espectador uma sensação de desconforto visual quando este permanece no recinto iluminado durante certo espaço de tempo. O ofuscamento direto provocado pela luminância excessiva de determinada fonte de luz pode ser reduzido ou eliminado com o emprego de vidros difusores ou opacos, colmeias etc.

O ofuscamento pode ser considerado de três diferentes formas:

- Ofuscamento desconfortável

É aquele provocado diretamente pelas luminárias quando a fonte luminosa se dirige ao olho do observador. As janelas do ambiente de trabalho quando não protegidas por cortinas ou outras formas de proteção são causas de ofuscamento desconfortável.

- Ofuscamento inabilitador

É aquele provocado por fontes de luz pontuais de grande intensidade. Por exemplo, projetores fixados no piso para iluminação de pequenos monumentos em que o ângulo de inclinação com o solo não é adequado.

- Ofuscamento refletido ou reflexão veladora

É aquele provocado por superfícies especulares que são as que refletem a luz incidente (entrada) em uma única direção e refletem essa luz também em uma única direção (saída).

A proteção contra o ofuscamento causado por luminância excessiva ou contrastes no campo de visão pode ser definida em função da luminância da lâmpada dada em kcd/m² associada ao ângulo de corte mínimo dado na Tabela 2.5, de acordo com a NBR ISO/CIE 8995-1. O ângulo de corte está representado na Figura 2.25.

O ofuscamento desconfortável é representado pelo Índice de Ofuscamento Unificado (UGR) e pode ser calculado pela Equação (2.5). Com o objetivo de propiciar uma iluminação adequada nos diferentes ambientes de trabalho a NBR ISO/CIE 8995-1, além de estabelecer a iluminância a ser utilizada no projeto, como o fazia anteriormente, agora fornece o valor do índice de ofuscamento unificado e o índice de reprodução de cores, associando esses três parâmetros ao conforto e à segurança dos usuários no desempenho de suas tarefas.

$$UGR = 8 \times \left(\frac{0,25}{L_b} \times \sum \frac{L^2 \times W}{I_p^2} \right) \quad (2.5)$$

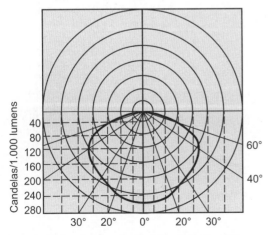

Figura 2.23 Curva de distribuição luminosa.

Figura 2.24 Luminária.

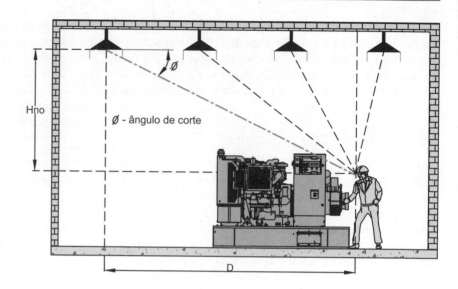

Figura 2.25 Ofuscamento no campo de trabalho de um operador de máquina.

UGR = índice de ofuscamento desconfortável unificado;
L_b = iluminância de fundo, em kcd/m²;
L = iluminância da parte luminosa de cada luminária junto ao olho do observador;
W = ângulo sólido da parte luminosa de cada luminária junto ao olho do observador (esferorradiano);
I_p = índice de posição Guth de cada luminária, individualmente relacionado com o seu deslocamento a partir da linha de visão. Os valores-limites de UGR para cada ambiente iluminado estão contidos na Tabela 2.6.

Tabela 2.6 Proteção de ofuscamento (NBR ISO/CIE 8995-1)

Luminância da lâmpada (kcd/m²)	Ângulo de corte mínimo
1 a 20	10°
20 a 50	15°
50 a 500	20°
≥ 500	30°

O termo $\sum \dfrac{L^2 \times W}{I_p^2}$ expressa o somatório do produto da luminância ao quadrado de cada luminária do ambiente iluminado, vezes o ângulo sólido em esferorradiano de cada posição em relação à posição de luminária (ver Figura 2.26), dividido pelo índice de posição de Guth elevado ao quadrado.

O método Guth (UGR), cujos detalhes estão descritos na CIE 117.1995, fornece uma escala (13 – 16 – 19 – 22 – 25 – 28) que representa uma mudança significativa no efeito do ofuscamento, sendo que o número 13 expressa o ofuscamento desconfortável menos perceptível, enquanto o número 28 representa o ofuscamento que provoca sensação indesejável.

Para conhecer o valor de UGR, o projetista deverá consultar o catálogo do fabricante das luminárias que pretende utilizar, analisar os dados fotométricos das referidas luminárias e solicitar, se for o caso, o *software* normalmente disponível para os clientes. Infelizmente, nem todos os fabricantes possuem dados fotométricos compatíveis com a norma.

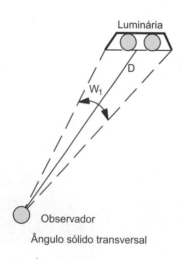
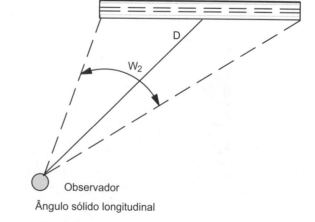

Figura 2.26 Medida do ângulo sólido.

W – Ângulo sólido
D – Distância do centro da luminária ao olho do observador

- O índice de ofuscamento direto causado por um sistema de iluminação pode ser determinado pelo método tabular UGR que está exemplificado na Tabela 2.7, extraída da ABNT NBR ISO/CIE 8995-1:2013 – Iluminação de ambientes de trabalho.

2.5.5.1 Avaliação do projeto pelo método tabular

O índice de ofuscamento direto pode ser determinado durante a elaboração de um projeto pela utilização do método tabular – UGR.

O sistema considerado no projeto é comparado a uma tabela-padrão que lista os índices UGR para 19 salas-padrão e diferentes combinações de refletância para a luminária selecionada. Os cálculos efetuados para as 19 salas-padrão tomam como base a condição de que os observadores estão posicionados no ponto médio de cada parede, mirando as luminárias tanto transversalmente à dimensão da luminária quanto longitudinalmente, por intermédio de suas linhas de visão, de acordo com a Figura 2.25, ao longo dos eixos da sala.

Estabelece-se, pois, uma grade sobre o plano das luminárias em que seus pontos médios são definidos a uma distância de 0,25 vez a distância H entre o plano da luminária e a altura do olho do observador e os pontos médios das luminárias mais próximas das paredes, definidos como a metade mais distante da parede tanto quanto os pontos médios da luminária uns com os outros. A Tabela 2.7, extraída da NBR ISO/CIE 8995-1, apresenta um exemplo de tabela dos índices padronizados de ofuscamento corrigidos.

O método UGR está limitado às luminárias de fluxo luminoso direto ou direto/indireto, com o componente indireto menor ou igual a 0,65 ou para fontes de luz com ângulo sólido inferior a 0,0003 sr ou superior a 1 sr.

O limite recomendado do ofuscamento para um UGR de 19 é de 350 cd/m² quando grandes ambientes são considerados e de 750 cd/m² para pequenos ambien-

Tabela 2.7 Proteção de ofuscamento (NBR ISO/CIE 8995)

Refletâncias										
Teto	0,70	0,70	0,50	0,50	0,30	0,70	0,70	0,50	0,50	0,30
Parede	0,50	0,30	0,50	0,30	0,30	0,50	0,30	0,50	0,30	0,30
Piso	0,20	0,20	0,20	0,20	0,20	0,20	0,20	0,20	0,20	0,20

Dimensões		Classificação de ofuscamento corrigida – fluxo luminoso 5.200									
X	Y	Através de linha de visão					Ao longo da linha de visão				
2H	2H	16,40	18,00	16,80	18,30	18,60	17,40	19,00	17,70	19,20	19,50
	3H	16,30	17,70	16,60	18,00	18,30	17,20	18,60	17,60	19,00	19,30
	4H	16,20	17,50	16,60	17,90	18,20	17,20	18,53	17,50	18,80	19,20
	6H	16,20	17,40	16,60	17,70	18,10	17,10	18,30	17,50	18,70	19,00
	8H	16,20	17,30	16,60	17,60	18,00	17,10	18,20	17,50	18,60	18,90
	12H	16,10	17,20	16,50	17,50	17,90	17,10	18,10	17,50	18,50	18,90
4H	2H	16,40	17,70	16,80	18,10	18,40	17,30	18,60	17,60	18,90	19,20
	3H	16,30	17,40	16,70	17,70	18,10	17,10	18,20	17,50	18,60	19,00
	4H	16,20	17,20	16,70	17,60	18,00	17,10	18,00	17,50	18,40	18,80
	6H	16,10	17,00	16,60	17,40	17,80	17,00	17,80	17,40	18,20	18,60
	8H	16,10	16,80	16,50	17,30	17,70	16,90	17,70	17,40	18,10	18,60
	12H	16,10	17,70	16,50	17,20	17,60	16,90	17,50	17,40	18,00	18,50
8H	4H	16,10	16,80	16,50	17,30	17,70	16,90	17,70	17,40	18,10	18,60
	6H	16,00	16,80	16,50	17,10	17,60	16,90	17,40	17,30	17,90	18,40
	8H	16,00	16,50	16,50	17,00	17,50	16,80	17,30	17,30	17,80	18,30
	12H	15,90	16,30	16,40	16,80	17,40	16,70	17,20	17,20	17,70	18,20
12H	4H	16,10	16,70	16,50	17,20	17,60	16,90	17,50	17,50	18,00	18,50
	6H	16,00	16,50	16,50	17,00	17,50	16,80	17,30	17,30	17,80	18,30
	8H	15,90	16,30	16,30	16,80	17,40	16,70	17,20	17,20	17,70	18,20

tes. A Tabela 2.8, extraída da NBR ISO/CIE 8995-1, indica exemplos dos limites máximos do ofuscamento (UGR_l). Já a Tabela 2.9 fornece as luminâncias da lâmpada e o ângulo mínimo de corte.

Tabela 2.8 Exemplos dos limites máximos de UGR_l

Tipo de lâmpada	UGR_l
Desenho técnico	≤ 16
Leitura, escrita, salas de aula, computação, inspeções	≤ 19
Trabalho em indústria, exposições, recepção	≤ 22
Trabalho bruto, escadas	≤ 25
Corredores	≤ 28

Tabela 2.9 Ângulos mínimos de corte

Luminâncias da lâmpada em cd/m²	Ângulo mínimo de corte
20.000 ≤ 50.000 Por exemplo: lâmpadas fluorescentes (alta potência) e lâmpadas fluorescentes compactas	15°
50.000 ≤ 500.000 Por exemplo: lâmpadas de descarga de alta pressão e lâmpadas incandescentes com bulbo revestido por dentro	20°
≥ 500.000 Por exemplo: lâmpadas de descarga de alta pressão e lâmpadas incandescentes com bulbos transparentes	30°

• Conceito da sala de referência

Quando não são conhecidas as tabelas das luminárias dos fabricantes com os dados referenciados por UGR semelhantemente ao que está mostrado na Tabela 2.7, pode-se classificar o ofuscamento utilizando-se o índice da sala de referência que é uma sala padronizada nas dimensões 4H/8H com teto, parede e piso com refletâncias respectivamente iguais a (07 – 05 – 02). Nesse caso, o projetista elabora o seu projeto utilizando um método técnico adequado e faz a comparação dos índices alcançados no seu projeto com os índices UGR computados para o mesmo espaçamento do ponto médio da luminária e para um mesmo fluxo luminoso da lâmpada.

• Proteção visual

As lâmpadas devem ser devidamente protegidas para evitar o ofuscamento, conforme mostra a Figura 2.25. O ângulo de corte α é definido como o ângulo entre a horizontal e a linha de visão abaixo da qual as partes luminosas da lâmpada na luminária são visíveis. A Tabela 2.9 indica os ângulos mínimos de corte de uma luminária específica.

O ofuscamento refletido em uma instalação de iluminação pode ser mitigado adotando-se algumas medidas preventivas segundo a norma:

• distribuição das luminárias no ambiente de trabalho;
• uso de superfícies com materiais pouco reflexivos;
• adoção de luminárias com índice de posição de Guth adequado;
• impedimento de pontos brilhantes nas superfícies do teto, parede e piso.

Os fabricantes costumam informar em seus catálogos o índice de ofuscamento desconfortável para cada tipo de luminária de sua fabricação. Adicionalmente a mesma tabela agrega o índice de reprodução de cor (IRC) em consonância com norma NBR ISO/CIE 8995. A Tabela 2.7 reproduz parcialmente a tabela de dados técnicos do fabricante Limicenter, constante do seu catálogo de produtos de luminárias. A luminária tem aletas parabólicas e refletor de alumínio de alto brilho, com difusor translúcido e utiliza lâmpadas de Led.

2.5.6 Superfícies internas das luminárias

O tipo e a qualidade das superfícies reflexivas das luminárias são responsáveis pelo nível de eficiência da iluminação de determinada área. As luminárias podem, então, ser classificadas a partir do material de cobertura da sua superfície em três diferentes tipos:

• luminárias de superfície esmaltada;
• luminárias de superfície anodizada;
• luminárias de superfície pelicular.

Independentemente do tipo, em geral as luminárias são fabricadas em chapas de alumínio. Alguns fabricantes têm lançado luminárias confeccionadas com fibras especiais, utilizadas notadamente em iluminação pública e que servem para reduzir o efeito do vandalismo.

2.5.6.1 Luminárias de superfície esmaltada

Também conhecidas como luminárias convencionais, estas luminárias recebem uma camada de tinta branca esmaltada e polida que permite um nível de reflexão médio de 50 %. No entanto, há luminárias com cobertura de esmalte branco especial que alcança um nível de reflexão de até 87 %.

2.5.6.2 Luminárias de superfície anodizada

São luminárias confeccionadas em chapas de alumínio revestidas internamente por uma camada de óxido de alumínio, cuja finalidade é proteger a superfície e preservar o brilho pelo maior tempo possível, evitando que a superfície refletora adquira precocemente uma textura amarelada.

Enquanto a luminária convencional apresenta uma reflexão difusa, em que os raios luminosos são refletidos em diversos ângulos, inclusive direcionando parte do fluxo para as paredes, a luminária anodizada é concebida para direcionar o fluxo luminoso para o plano de trabalho.

Tabela 2.10 Dados técnicos de luminárias da Lumicenter para exemplificação

Código	Potência	Fluxo luminoso	Eficácia	Temperatura da cor	Índice de reprodução de cor (IRC)	Índice de ofuscamento longitudinal (UGR)	Índice de ofuscamento transversal (UGR)	Vida útil
–	W	Lumens	%	K	> 80	–	–	Horas
LAA02-E3500830	37	3.400	92	300	> 80	< 14	< 16	50.000
EAA02-E3500830	37	3.400	92	300	> 80	< 14	< 16	50.000
EAA02-E3500840	37	3.400	92	400	> 80	< 14	< 16	50.000
EAA02-E3500840	37	3.400	92	400	> 80	< 14	< 16	50.000
EAA02-E3500850	37	3.400	92	500	> 80	< 14	< 16	50.000

2.5.6.3 Luminárias de superfície pelicular

São luminárias confeccionadas em chapa de alumínio revestida internamente por uma fina película de filme reflexivo com a deposição de uma fina camada de prata autoadesiva criando uma superfície de elevada reflexão e alto brilho, alcançando um índice de reflexão de 92 %. O filme tem uma vantagem sobre os demais processos utilizados para aumentar a reflexão das luminárias, devido a sua baixa depreciação, elevando, em consequência, o tempo de limpeza das luminárias. Em quatro anos a sua depreciação atinge um valor de apenas 3 %, resultando em economia para a instalação.

Em geral, as luminárias aumentam o seu rendimento quando são utilizadas lâmpadas com diâmetro reduzido, por exemplo, como no caso das lâmpadas fluorescentes tipo T5. Isso ocorre devido aos raios luminosos refletidos pela superfície interna da luminária encontrarem menor área de obstáculo para atingir o plano de trabalho.

2.6 Iluminação de interiores

2.6.1 Critérios de projeto

Um projeto de iluminação deverá ter como resultado fornecer uma boa visualização para a execução da tarefa. Em geral, a iluminação deve assegurar as seguintes condições, segundo a NBR ISSO/CIE-1:8995-1:

- conforto visual;
- desempenho visual;
- segurança visual.

Para que essas condições sejam satisfeitas, o projeto de iluminação deve alcançar os seguintes parâmetros técnicos:

- distribuição da iluminância;
- iluminância;
- ofuscamento;
- direcionalidade da luz;
- aspectos da cor da luz e superfícies;
- cintilação;
- luz natural;
- manutenção.

Um projeto de iluminação industrial requer um estudo apurado para indicar a solução mais conveniente, em função das atividades desenvolvidas, da arquitetura do prédio, dos riscos de explosão e de outros detalhes peculiares a cada ambiente.

Em geral, as construções industriais têm um pé-direito muito variável, que pode oscilar em grande parte entre 3,5 e 15 m. É comum a utilização de projetores de facho de abertura média com lâmpadas a vapor de mercúrio, vapor metálico e Leds ou de luminárias com pintura difusora com lâmpadas tubulares fluorescentes ou Leds, sendo essas últimas a de maior utilização.

As luminárias tubulares, fluorescentes ou Leds podem ser dispostas em linha de maneira contínua ou espaçadas. Os projetores são fixados em pontos mais elevados, a fim de se obter a uniformidade desejada no plano de trabalho. As luminárias tubulares, em geral, são fixadas em pontos de altura inferior. As Figuras 2.27 e 2.28 mostram, respectivamente, as maneiras de instalar os projetores para lâmpadas VM, VS, Leds e luminárias para lâmpadas tubulares fluorescentes ou Leds.

Algumas considerações básicas são interessantes para orientar o profissional em um projeto de iluminação industrial, ou seja:

- economia de energia elétrica;
- sempre que desejável e possível, utilizar sensores de presença associados a sensores de nível de iluminação para controlar os circuitos de iluminação;
- estabelecer uma altura adequada para o nível das luminárias. A quantidade de luz que chega ao plano de trabalho é inversamente proporcional ao quadrado da altura entre o plano das luminárias e o plano de trabalho;
- em prédios com pé-direito igual ou inferior a 6 m é conveniente utilizar lâmpadas tubulares, fluorescentes ou Leds em linhas contínuas ou ininterruptas;

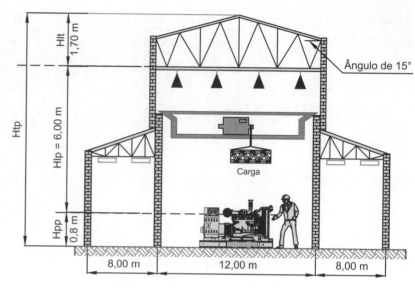

Figura 2.27 Maneira de instalar luminárias fluorescentes.

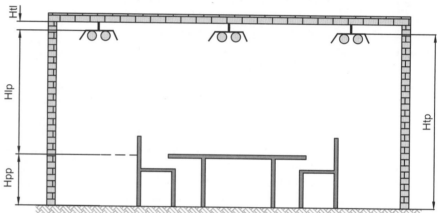

Figura 2.28 Maneira de instalar os projetores.

- em prédios com pé-direito superior a 6 m é conveniente utilizar lâmpadas de alto fluxo luminoso;
- quando empregar projetores, utilizar lâmpadas de Led, vapor de mercúrio, vapor de sódio e vapor metálico;
- em ambientes em que é exigida uma boa reprodução de cores, não utilizar lâmpadas a vapor de sódio;
- nos ambientes em que se operam pontes-rolantes, tomar cuidado com o posicionamento das luminárias;
- o cálculo do nível de iluminamento deve expressar os iluminamentos médio, máximo e mínimo;
- sempre que possível deve-se projetar utilizando *softwares* de cálculo independentes. Muitos fabricantes fornecem gratuitamente *softwares* que calculam os níveis de iluminamento com base nos valores fotométricos de suas luminárias. Já os *softwares* independentes podem ser utilizados com luminárias de qualquer fabricante, desde que sejam conhecidos os dados fotométricos das luminárias a serem usadas.

A Figura 2.29 mostra uma instalação de iluminação industrial na qual se pode observar a fixação das luminárias (projetores) diretamente na eletrocalha de alimentação, por meio de um ponto de tomada fixada na própria eletrocalha.

Em muitos galpões industriais não forrados, são instaladas telhas translúcidas como um recurso de eficiência energética. No entanto, no cálculo do sistema de iluminação não deve ser considerada a contribuição

Figura 2.29 Iluminação de um galpão industrial com projetores.

da luz natural através das telhas translúcidas, mesmo que a indústria funcione apenas no período diurno, pois nos dias muito nublados ou quando houver motivo para uma reprogramação de turnos, será necessário um nível de iluminação adequado no ambiente industrial que utiliza apenas a luz artificial. As telhas translúcidas são úteis para reduzir o consumo da luz artificial nos dias de sol, quando parte da iluminação é desligada à medida que a luz natural complemente as necessidades luminotécnicas das atividades industriais.

Para elaborar um bom projeto de instalação é necessário observar os seguintes aspectos:

2.6.1.1 Distribuição da iluminância

A distribuição de luminâncias variadas no campo de visão também afeta o conforto visual do observador, por isso convém evitá-las, ou seja:

- iluminâncias muito elevadas podem levar ao ofuscamento;
- contrastes de luminâncias muito elevadas causam fadiga visual devido à contínua readequação dos olhos;
- luminâncias muito baixas e contrastes de luminância muito baixos resultam em um ambiente de trabalho sem estímulos e tedioso;
- convém que seja dada atenção à adaptação na movimentação de zona para outra zona do interior do edifício.

Para que os ambientes sejam iluminados adequadamente é necessário que o projetista adote os valores de iluminância estabelecidos na NBR/ISO/CIE 8995-1, aqui reproduzidos parcialmente na Tabela 2.8 para cada grupo de tarefas visuais.

2.6.1.2 Iluminâncias recomendadas na área de tarefas

As iluminâncias médias para cada tarefa não pode ser inferior aos valores dados parcialmente na Tabela 2.11. A escala de iluminância recomendada pela norma acima mencionada é: 20 – 30 – 50 – 75 – 100 – 150 – 200 – 300 – 500 – 750 – 1000 – 1500 – 2.000 – 3.000 e 5.000 lux.

2.6.1.3 Iluminâncias no entorno imediato

Para definição da iluminância, a norma estabelece duas áreas a serem consideradas em um ambiente de trabalho: área da tarefa e área do entorno imediato.

A área da tarefa é definida como a área parcial no local de trabalho na qual se desenvolve a tarefa visual. Já a área no entorno imediato é definido como aquela localizada ao redor da área de tarefa dentro do campo de visão, sendo recomendado que tenha 0,50 m de largura e circule no entorno de toda a área de tarefa. Quando não são precisos os locais da tarefa ou se a atividade envolver tarefas visuais diferentes, a norma recomenda que essas áreas sejam combinadas para formar uma área de trabalho. Se os locais de trabalho forem desconhecidos, toda a área de trabalho pode ser considerada área do ambiente. A Figura 2.30 mostra as áreas de tarefas visuais, a área de trabalho e a área do entorno imediato, conforme abordado anteriormente.

A iluminância na área no entorno imediato pode ser inferior à iluminância da área de tarefa, mas nunca inferior aos valores definidos na Tabela 2.12.

2.6.1.4 Malha de cálculo para projeto de iluminação

A malha de cálculo é utilizada para elaboração de projetos de iluminação a partir de programas de cálculo dedicados e verificação do nível de iluminação em instalações existentes, utilizando-se um aparelho denominado luxímetro.

A determinação das iluminâncias e uniformidades médias de um ambiente depende de sua dimensão, geometria, distribuição de luminárias, intensidade luminosa desejada, e da forma das superfícies de referência dadas pelas áreas de tarefa, local de trabalho e arredores.

A NBR ISO /CIE 8995-1 fornece a dimensão da malha recomendada que é dada pela Equação (2.6).

$$D_m = 0,2 \times 5^{\log L_m} \qquad (2.6)$$

D_m = tamanho da malha, em m;
L_m = maior dimensão da superfície de referência, em m.

O gráfico da Figura 2.31 permite determinar o valor de D_m a partir da definição dos valores de L_m e N, que é o número de ponto de cálculo.

Assim, para determinar o tamanho da malha, D_m, deve-se tomar a maior dimensão da sala, por exemplo, 50 metros; e o número de pontos de cálculo ou de medição, por exemplo, 16 pontos, obtendo-se no gráfico da Figura 2.31 uma grade de 3 m de dimensão. O tamanho da grade pode ser avaliado pela Tabela 2.13.

2.6.1.5 Distribuição uniforme do iluminamento

Em muitos galpões industriais são utilizadas telhas translúcidas que têm a função de substituir total ou parcialmente a iluminação artificial durante certas horas do dia, de modo a atender aos requisitos mínimos de iluminância. Para tanto, deve-se dotar o sistema de iluminação de circuitos que possam ser desligados. Esses circuitos permitirão uma redução uniforme do nível de iluminamento artificial que é compensado pela iluminação natural através das telhas translúcidas. Esse controle às vezes se torna complicado, em especial em dias inconstantemente nublados.

É necessário que haja uma uniformidade razoável de iluminamento no ambiente iluminado. O fator de uniformidade, que representa o quociente entre os iluminamentos de maior e de menor intensidade no mesmo recinto, não deve ser inferior a 0,50 m para a

Tabela 2.11 Iluminâncias mínimas, índice de ofuscamento e reprodução de cor por tipo de atividade (reprodução parcial da NBR NBR/ISO/CIE 8995-1)

Tipo de ambiente	Lux	IOF	IRC	Tipo de ambiente	Lux	IOF	IRC
Trabalho em ferro e aço				**Indústria de processamento de metais**			
Instalações de produção	50	28	20	Forjamento de molde aberto	200	25	80
Fornos	200	25	20	Usinagem grosseira	300	22	60
Usinagem, bobinadeiras	300	25	40	Usinagem de precisão	500	19	60
Indústria de móveis				**Indústria de couro**			
Fabricação de compensados	50	28	20	Trabalho em cubas, barris	200	25	40
Sistemas de serras	300	25	60	Tingimento de couros	500	22	80
Hospitais				**Indústrias de papéis**			
Enfermarias – exames simples	300	19	80	Moagem, madeira ou fibra	200	25	80
Sala de espera	200	22	80	Máquinas de papel	200	25	80
Corredores e escadas	200	22	80	**Indústrias químicas, plástico**			
Sala dos funcionários	300	19	80	Laboratórios	500	19	80
Sala de cirurgia	1000	19	90	Inspeção de cores	1000	16	90
Quartos para pacientes	200	22	80	**Indústrias têxteis**			
Hotéis e restaurantes				Fiação, cardação	300	25	60
Bufês	300	22	80	Secagem	100	28	60
Corredores e escadas	100	25	80	Inspeção de cor, controle	1000	16	90
Cozinha	500	22	80	Extrair, selecionar, aparar	1000	19	80
Sala de jantar	200	22	80	Tingimento, acabamento	500	22	80
Sala de eventos	200	22	80	Estampagem automática	500	25	80
Sala de conferência	500	19	80	Costurar, trabalho fino em malha	750	22	90
Restaurantes	200	22	80	**Indústria elétrica**			
Portaria-recepção	300	22	80	Fabricação de cabos e fios	300	25	90
Indústria de cerâmica e vidro				Bobinagem: bobinas médias	500	22	80
Secagem	50	28	20	Montagem: transformadores	300	25	80
Preparação trab. em máquinas	300	25	80	**Indústrias metalúrgicas**			
Esmaltagem, laminação	300	25	80	Fundição	300	25	80
Polimento de vidro	750	19	80	Construção de modelos	300	25	80
Indústria de alimentos				Baia da fundição	200	25	80
Iluminação geral	200	25	80	**Escritórios**			
Triagem, lavagem	300	25	80	Arquivo, cópia, circulação	300	19	80
Bibliotecas				Escrever, teclar, ler	500	19	80
Estantes	200	19	80	Sala de desenho técnico	750	19	80
Área de leitura	500	19	80	Sala de reunião, conferência	500	19	80

IRC: índice de reprodução de cores;
IOF: índice de ofuscamento unificado.

área do entorno, porém deve-se conservar na prática um número de aproximadamente 0,70 m.

2.6.1.6 Temperatura da cor

Para que se entenda a temperatura da cor, é preciso definir o conceito de corpo negro. Trata-se de um objeto imaginário que emitiria uma radiação de forma contínua. A sua cor é função de temperatura de trabalho, medida em graus Kelvin (K).

Assim, um corpo negro que tem uma temperatura de cor de 2.800 K (lâmpada incandescente) terá sempre a mesma aparência de cor para um observador-padrão.

Na prática não existe o corpo negro, porém alguns materiais comportam-se como corpo negro, como é o caso do filamento de tungstênio das lâmpadas incandes-

Iluminação industrial

Tabela 2.12 Iluminância do entorno imediato

Iluminância da tarefa (lux)	Iluminância do entorno imediato (lux)
≥ 750	500
500	300
300	200
≤ 200	Mesma iluminância da área de tarefa

Tabela 2.13 Tamanho da malha

Ambiente	Maior dimensão da zona ou sala – Lm	Tamanho da malha – Lm
Área da tarefa	Aproximadamente 1 m	0,2 m
Sala/zonas de salas pequenas	Aproximadamente 5 m	0,6 m
Salas médias	Aproximadamente 10 m	1 m
Salas grandes	Aproximadamente 50 m	3 m

centes. Também o sol é considerado um corpo negro, e por isso a sua luz é tomada para comparação de cores. A temperatura da cor da luz do sol, por exemplo, ao meio-dia, é de cerca de 5.300 K. Quanto maior for a temperatura do corpo negro, maior será a percentagem de energia visível.

A classificação das lâmpadas por temperatura da cor tem por objetivo avaliar comparativamente a sensação da tonalidade de cor das diversas lâmpadas. Quando aquecermos gradativamente um corpo metá-

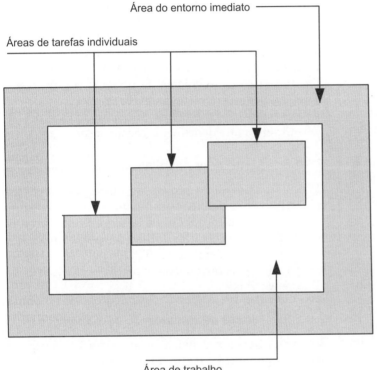

Figura 2.30 Áreas de tarefa, trabalho e de entorno imediato.

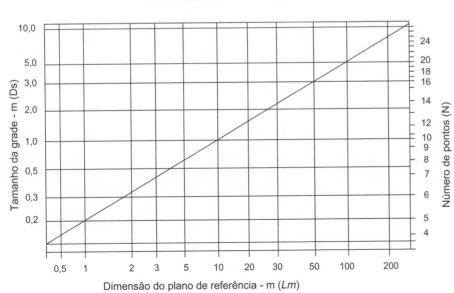

Figura 2.31 Tamanho da malha em função das dimensões do plano de referência.

lico, podemos observar que sua superfície passa pela cor vermelha até atingir a cor branca. Assim, uma lâmpada incandescente emite uma luz na cor amarelada que corresponde à temperatura de cor de 2.800 K. Já algumas lâmpadas, quando ligadas, emitem uma luz na cor branca, aparentando a luz do sol ao meio-dia, que corresponde à temperatura de cor de 5.500 K. Logo, é comum classificar a luz emitida pelas lâmpadas em "luz quente" e "luz fria".

De forma geral, pode-se estabelecer uma graduação entre a temperatura de cor e a cor percebida pelo observador:

- luz vermelha: temperatura da cor: 2.800 K (luz quente: suave);
- luz neutra (branca): temperatura de cor: 4.000 K (neutra);
- luz branca: temperatura de cor: 5.000 K (neutra);
- luz azulada: temperatura de cor: 6.500 K (luz fria: clara).

2.6.1.7 Índice de reprodução de cor

O índice de reprodução de cor (IRC) é definido como a capacidade de uma fonte de luz que ilumina um objeto de fazê-lo reproduzir suas cores naturais.

As lâmpadas devem permitir ao observador que os objetos sejam vistos com todo o espectro de cor que os caracteriza. Para isso, é conceituado o chamado índice de reprodução de cor, que caracteriza a aparência das cores dos objetos iluminados quando percebidas pelo observador. Esse índice varia em uma escala de 0 a 100. A Tabela 2.14 fornece esse índice para vários tipos de fontes luminosas. Quanto mais elevado, melhor é o equilíbrio de cores.

Portanto, as variações de cor dos objetos iluminados por fontes de luz de cores diferentes podem ser identificadas pelo índice de reprodução de cor. O metal sólido, como filamento de tungstênio das lâmpadas incandescentes, quando aquecido até emitir luz, foi utilizado como referência para estabelecer os níveis de reprodução de cor igual a 100. As lâmpadas avermelhadas têm baixo índice de reprodução de cor, inferior a 50 para uma temperatura de cor em torno de 2.000 K. As lâmpadas de tonalidade amarelada, como as lâmpadas incandescentes, apresentam índice de reprodução de cor de 90 a 100 para temperaturas de cor entre 2.000 e 3.500 K. As lâmpadas de tonalidade branca ou neutra apresentam índice de reprodução de cor que variam entre 85 e 95 para temperaturas de cor entre 3.500 e 5.600 K (luz do dia especial). Finalmente, para lâmpadas de tonalidade azulada, o índice de reprodução da cor é de aproximadamente 75 para uma temperatura de cor entre 5.600 (luz do dia) e 6.500 K.

O IRC é função do tipo da fonte luminosa, e é tomado como valor médio, sofrendo, portanto, variações que precisam ser consideradas quando se faz uma análise mais acurada. Não é aconselhável utilizar lâmpadas com IRC inferior a 80 % em ambientes em que haja usuários com longa permanência.

Nos ambientes de trabalho as lâmpadas de Led e fluorescentes ou as de vapor metálico são mais indicadas que as lâmpadas a vapor de sódio de alta pressão. Essas lâmpadas aplicadas em um ambiente industrial aumentam a possibilidade de cometimento de erros na execução das tarefas, fadiga visual e, consequentemente, risco de acidentes de trabalho. Muitas vezes essas lâmpadas, em razão da baixa temperatura de cor, tendem a provocar sonolência nos operários que desenvolvem certas atividades, como as de observação.

2.6.1.8 Escolha dos aparelhos de iluminação

Como já observado, o projeto de iluminação deve ser coerente com o ambiente a iluminar, tanto do ponto de vista econômico quanto de recinto. Existem centenas de tipos de luminárias, fornecidas pelos fabricantes nacionais, que podem ser escolhidas pelo projetista de acordo com as características do ambiente e atividade ali desenvolvida.

2.6.1.9 Fatores de manutenção de iluminação (F_{msl})

À medida que um sistema de iluminação envelhece, seus componentes passam a influenciar o nível de iluminamento do ambiente e a prejudicar o desempenho das tarefas desenvolvidas no local. Por conseguinte, o projetista deve adotar as premissas indicadas em norma e os fatores de correção fornecidos nos catálogos dos fabricantes de componentes de iluminação. A Tabela 2.16 fornece os fatores de manutenção para vários tipos de lâmpadas.

2.6.1.10 Fator de manutenção do fluxo luminoso da lâmpada (F_{mfl})

O fluxo luminoso emitido pelas lâmpadas reduz-se gradativa e acentuadamente, ou não, dependendo das condições de instalação e do tipo e potência das lâmpadas. Os valores de F_{mfl} podem ser obtidos dos catálogos dos fabricantes de lâmpadas e das publicações sobre iluminação, destacando-se a CIE-97. No caso de desconhecimento do fator de depreciação da lâmpada a ser utilizada no projeto, pode-se consultar o gráfico

Tabela 2.14 Índice de reprodução de cores

Tipo de lâmpada	Temperatura da cor em °C	IRC
Halógenas	3.200	100
Fluorescente – luz do dia	6.500	76-90
Lâmpadas de Led	3.000 a 3.500	70-90
Fluorescente – luz branca	4.000	76-79
Vapor de mercúrio	5.000	47
Vapor de sódio	3.000	35

da Figura 2.32, desde que se conheça a média de tempo de vida útil da referida lâmpada. A Tabela 2.2 fornece o tempo de vida média para vários tipos de lâmpadas. A Tabela 2.16 fornece os fatores de manutenção do fluxo luminoso para vários tipos de lâmpadas.

2.6.1.11 Fator de sobrevivência da lâmpada (F_{sla})

É também conhecido como fator de redução do fluxo luminoso por queima da lâmpada. A vida útil média de uma lâmpada representa um valor dentro de determinada faixa de tempo de operação. Sua queima sempre ocorre em tempos e posições diferentes na instalação, o que acarreta sua constante reposição.

A vida útil da lâmpada depende de vários fatores, como temperatura ambiente, nível de variação da tensão da rede, presença de gases corrosivos na atmosfera industrial etc. A Tabela 2.16 fornece os fatores de sobrevivência para vários tipos de lâmpadas.

O projetista deve ser alertado de que a aplicação do fator de sobrevivência da lâmpada, quando não for determinado racionalmente, acarreta um custo de investimento inicial muito elevado, um custo operacional significativo e um custo adicional mensal na conta de energia elétrica que pode ser ainda mais elevado se a instalação operar por 24 horas. O mais recomendável é tomar como prática a substituição imediata de cada lâmpada queimada, evitando, assim, o ônus econômico e financeiro da aplicação do fator F_{sla}.

Há indústrias que apresentam dificuldades de substituição das lâmpadas queimadas durante o dia de trabalho, devido à presença de máquinas operatrizes no salão industrial, as quais inibem o trabalho das equipes de manutenção. Essas indústrias operam normalmente por 24 horas em todos os dias do ano. Nesses casos, é prática comum que a indústria pare as suas atividades por um espaço de tempo no ano, em torno de 1 semana a 15 dias, a fim de realizar a manutenção geral. Nesse período, há uma intensa atividade das equipes de manutenção preventiva, momento em que são limpas as luminárias e trocadas as lâmpadas. Há procedimentos a serem aplicados nesse tipo de indústria, como o uso de lâmpadas com vida útil média de 24.000 horas. No período de um ano, por questões práticas, aproximadamente 30 % das lâmpadas estão queimadas. A partir desse ponto, temos um processo acelerado de queima de lâmpadas. Por isso se procede à limpeza e à troca de todas as lâmpadas da instalação. Entretanto, trata-se de um processo caro que deve ser evitado ao máximo. Cabe projetar uma quantidade de lâmpadas em cerca de 30 % a mais para compensar a queima no decorrer do ano.

Podemos classificar uma lâmpada relativamente à duração de seu tempo de queima em:

• Vida útil

É o tempo decorrido para ocorrer uma redução de 30 % do fluxo luminoso inicial, como resultado da queima de determinado número de lâmpadas associado à depreciação do fluxo luminoso de cada lâmpada.

• Vida média

É a média aritmética do tempo de duração de cada lâmpada, parte de um conjunto de lâmpadas ensaiadas.

• Vida mediana

É o número de horas decorrentes de um ensaio de um conjunto de lâmpadas em que 50 % das lâmpadas ainda permanecem acesas.

2.6.1.12 Fator de manutenção da luminária (F_{mlu})

O fator de manutenção do serviço da luminária é determinado a partir do conhecimento prévio do intervalo de tempo esperado para que se proceda à manutenção efetiva dos aparelhos de iluminação. Com o decorrer do tempo, a poeira acumulada sobre as superfícies das lâmpadas e do refletor das luminárias provoca uma perda excessiva da luz e, em consequência, uma drástica diminuição da iluminação do ambiente.

A Tabela 2.15 fornece o fator de depreciação do serviço da luminária em função do tempo decorrido sem limpeza do ambiente. A primeira parte da tabela considera os espaços de tempo sem limpeza do ambiente em número de meses, enquanto a segunda parte considera três faixas de espaço de tempo sem limpeza em horas. Como esses valores são função do nível de acúmulo de sujeira nas luminárias, na parte do refletor para luminárias abertas e na parte do refrator para luminárias fechadas, em ambientes industriais o projetista deve fazer uma avaliação mais acurada do nível de sujeira específica, devido à variação de ambientes encontrados nas aplicações práticas, podendo adotar outros valores. Para ambientes de atividades comerciais, escritórios, salas de aula e ambientes similares esses fatores são bastante realistas.

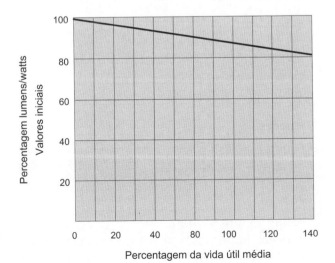

Figura 2.32 Decréscimo do fluxo luminoso das lâmpadas.

Tabela 2.15 Fator de depreciação do serviço da luminária – F_{mlu}

Período sem limpeza do ambiente	Nível de sujeira do ambiente		
Meses	Limpo	Médio	Sujo
0	1,00	1,00	1,00
2	0,97	0,92	0,85
4	0,95	0,87	0,76
6	0,93	0,85	0,70
8	0,92	0,82	0,66
10	0,91	0,80	0,63
12	0,90	0,78	0,61
14	0,89	0,77	0,59
16	0,88	0,76	0,57
18	0,87	0,75	0,56
20	0,86	0,74	0,54

Fator de depreciação em função dos períodos sem limpeza			
Nível de sujeira	2.500 h	5.000 h	7.500 h
Limpo	0,95	0,91	0,88
Normal	0,91	0,85	0,8
Sujo	0,8	0,66	0,57

2.6.1.13 Fator de manutenção de superfícies de sala (F_{mss})

O fator de manutenção de superfícies de sala (F_{mss}) pode ser definido como a relação entre o fator de utilização em dado momento com o fator de utilização quando a última limpeza das superfícies da sala foi realizada.

Ao longo do tempo de uso, depósitos de poeira decorrentes ou não da atividade desenvolvida no ambiente depositam-se nas superfícies do teto, paredes e piso. Isso provoca uma redução do fluxo luminoso que chega ao plano de trabalho e que prejudica o usuário desse recinto.

O F_{mss} depende de algumas características da sala: (i) dimensões da sala; (ii) refletância das superfícies da sala: (iii) distribuição do fluxo luminoso do sistema de iluminação. Os valores-padrão podem ser encontrados na CIE 97. A Tabela 2.16, extraída da NBR ISO/CIE 8995-1 em formato diferente, fornece os fatores de manutenção (coluna MF) em função do nível de limpeza do ambiente, do ciclo de manutenção etc. para cada tipo de lâmpada.

2.6.1.14 Determinação do fator de manutenção de um sistema de iluminação (F_{msi})

A NBR ISO/CIE 8995 disponibiliza as tabelas D.2 a D4, na forma de exemplos dos valores dos fatores de manutenção, aqui reproduzidas na Tabela 2.16 para sistema de iluminação de interiores, abrangendo as lâmpadas fluorescentes, fluorescentes compactas e lâmpadas vapor metálico.

O fator de manutenção das superfícies da sala pode ser definido como a relação entre o fator de utilização em um dado momento com o fator de utilização quando a última limpeza das superfícies da sala foi realizada.

O fator de manutenção de uma instalação de iluminação consiste no produto dos quatro fatores anteriormente estudados e é expresso na Equação (2.7). O valor do F_{msi} deve ser igual ou superior a 0,70:

$$F_{msi} = F_{mfl} \times F_{sla} \times F_{mlu} \times F_{mss} \qquad (2.7)$$

2.6.1.14.1 Determinação do fator de utilização da luminária (F_{mlu})

O fator de utilização é a relação entre o fluxo luminoso que chega ao plano de trabalho e o fluxo luminoso total emitido pelas lâmpadas.

O fator de utilização depende das dimensões do ambiente, do tipo de luminária e da pintura das paredes, teto e piso. Dessa forma, podemos definir o fator de utilização como eficiência luminosa do conjunto lâmpada, luminária e recinto.

A norma NBR ISO/CIE 8995-1 fornece as faixas de refletâncias úteis para as superfícies de maior significação prática.

- Teto: 0,60 a 0,90;
- paredes: 0,30 a 0,80;
- plano de trabalho: 0,20 a 0,60;
- piso: 0,10 a 0,50.

A Tabela 2.17 indica os fatores de utilização para algumas luminárias típicas, de fabricação Philips, de aplicação em recintos comercial e industrial. O manuseio da Tabela 2.17 implica a determinação do índice de recinto K e o conhecimento das refletâncias médias ρ_{te} do teto, ρ_{pa} das paredes e ρ_{pi} do piso, que são função da tonalidade das superfícies iluminadas, ou seja:

a) Teto

- Branco: ρ_{te} = 70 % = 0,70;
- claro: ρ_{te} = 50 % = 0,50;
- escuro: ρ_{te} = 30 % = 0,30.

b) Paredes

- Claras: ρ_{pa} = 50 % = 0,50;
- escuras: ρ_{pa} = 30 % = 0,30.

c) Piso

- Escuro: ρ_{pi} = 10 % = 0,10.

A seguir informamos algumas cores com os seus respectivos coeficientes de refletância percentual, ρ_{pe}, ou seja:

- 80 a 70 %: branco – branco-claro;

Tabela 2.16 Fator de manutenção de referência

Item	Características do ambiente	FMSI	FMFL	FSLA	FMLU	FMSS
	**Lâmpadas fluorescentes**					
A	Ambiente muito limpo, ciclo da manutenção de 1 ano, 2.000 h/ano de vida até a queima com substituição da lâmpada a cada 8.000 h, substituição individual, luminárias direta e direta/indireta com uma pequena tendência de coleta de poeira.	0,80	0,93	1,00	0,90	0,96
B	Carga de poluição normal no ambiente, ciclo de manutenção de 3 anos, 2.000 h/ano de vida até a queima com substituição da lâmpada a cada 12.000 h, substituição individual, luminárias direta e direta/indireta com uma pequena tendência de coleta de poeira.	0,67	0,91	1,00	0,80	0,90
C	Carga de poluição normal no ambiente, ciclo de manutenção de 3 anos, 2.000 h/ano de vida até a queima com substituição da lâmpada a cada 12.000 h, substituição individual, luminárias com tendência normal de coleta de poeira.	0,55	0,91	1,00	0,74	0,83
D	Ambiente sujo, ciclo de manutenção de 3 anos, 8.000 h/ano de vida até a queima com substituição da lâmpada a cada 8.000 h, substituição em grupo, luminárias com uma tendência normal de coleta de poeira.	0,52	0,93	0,93	0,65	0,94
	**Lâmpadas fluorescentes compactas**					
E	Ambiente muito limpo, ciclo da manutenção de 1 ano, 2.000 h/ano de vida até a queima com substituição da lâmpada a cada 4.000 h, substituição individual, luminárias direta e direta/indireta com uma pequena tendência de coleta de poeira, reator eletrônico.	0,80	0,92	1,00	0,90	0,96
F	Carga de poluição normal no ambiente, ciclo de manutenção de 3 anos, 2.000 h/ano de vida até a queima com substituição da lâmpada a cada 6.000 h, substituição individual, luminárias direta e direta/indireta com uma pequena tendência de coleta de poeira.	0,69	0,91	1,00	0,80	0,90
G	Carga de poluição normal no ambiente, ciclo de manutenção de 3 anos, 2.000 h/ano de vida até a queima com substituição da lâmpada a cada 6.000 h, substituição individual, luminárias direta e direta/indireta com tendência normal de coleta de poeira, reator eletrônico.	0,55	0,91	1,00	0,74	0,83
H	Ambiente sujo, ciclo de manutenção de 3 anos, 6.000 h/ano de vida até a queima com substituição da lâmpada a cada 8.000 h, substituição em grupo, luminárias com uma tendência normal de coleta de poeira.	0,50	0,88	0,95	0,65	0,94
	**Lâmpadas vapor metálico**					
I	Ambiente muito limpo, ciclo da manutenção de 2 anos, 2.000 h/ano de vida até a queima com substituição da lâmpada a cada 2.000 h, substituição individual, luminárias direta e direta/indireta com uma pequena tendência de coleta de poeira, reator eletrônico.	0,80	0,87	1,00	0,94	0,97
J	Ambiente muito limpo, ciclo de manutenção de 2 anos, 2.000 h/ano de vida até a queima com substituição da lâmpada a cada 4.000 h, substituição individual, luminárias direta e direta/indireta com uma pequena tendência de coleta de poeira, reator eletrônico.	0,69	0,81	1,00	0,90	0,96
K	Carga de poluição normal no ambiente, ciclo de manutenção de 3 anos, 2.000 h/ano de vida até a queima com substituição da lâmpada a cada 6.000 h, substituição individual, luminárias com tendência normal de coleta de poeira, reator eletrônico.	0,55	0,81	1,00	0,82	0,83
L	Carga de poluição normal no ambiente, ciclo de manutenção de 3 anos, 6.000 h/ano de vida até a queima com substituição da lâmpada a cada 6.000 h, reator eletromagnético, substituição individual, luminárias com uma tendência normal de coleta de poeira.	0,50	0,81	1,00	0,74	0,83

FMSI: fator de manutenção geral; **FMFL**: fator de manutenção do fluxo luminoso da lâmpada; **FSLA**: fator de sobrevivência da lâmpada; **FMLU**: fator de manutenção da luminária; **FMSS**: fator de manutenção das superfícies de sala.

Tabela 2.17 Fator de utilização de luminárias Philips

Luminárias típicas	Teto	70 %		50 %		70 %	50 %	30 %	
	Parede	50 %	30 %	50 %	30 %	10 %	10 %	30 %	10 %
	K	\multicolumn{8}{c}{10 % (valor de refletância percentual do piso)}
TMS 500 c/RM 500 1 lâmpada TLD de 16 W	0,60	0,34	0,27	0,32	0,26	0,22	0,22	0,26	0,22
	0,80	0,41	0,35	0,40	0,34	0,29	0,29	0,33	0,29
	1,00	0,48	0,41	0,46	0,40	0,35	0,35	0,39	0,35
	1,25	0,54	0,47	0,52	0,46	0,42	0,41	0,45	0,41
	1,50	0,58	0,52	0,56	0,51	0,47	0,46	0,50	0,46
	2,00	0,65	0,60	0,63	0,58	0,55	0,54	0,57	0,53
	2,50	0,70	0,65	0,67	0,63	0,61	0,60	0,62	0,59
	3,00	0,73	0,39	0,70	0,67	0,65	0,64	0,66	0,63
	4,00	0,77	0,74	0,75	0,72	0,70	0,69	0,70	0,68
	5,00	0,80	0,77	0,77	0,75	0,74	0,72	0,73	0,71
TMS 500 2 lâmpadas TLD de 65 W	0,60	0,31	0,25	0,27	0,22	0,20	0,18	0,19	0,16
	0,80	0,38	0,32	0,33	0,28	0,27	0,24	0,24	0,21
	1,00	0,43	0,37	0,38	0,33	0,32	0,29	0,28	0,25
	1,25	0,49	0,43	0,42	0,37	0,38	0,33	0,32	0,29
	1,50	0,53	0,47	0,46	0,41	0,42	0,37	0,35	0,32
	2,00	0,59	0,54	0,51	0,47	0,49	0,43	0,40	0,38
	2,50	0,63	0,58	0,54	0,51	0,54	0,48	0,44	0,41
	3,00	0,65	0,61	0,57	0,54	0,58	0,51	0,46	0,44
	4,00	0,69	0,66	0,60	0,57	0,62	0,55	0,49	0,47
	5,00	0,71	0,68	0,62	0,60	0,66	0,58	0,51	0,50
TMS 500 2 lâmpadas TLD de 16 W	0,60	0,31	0,25	0,27	0,22	0,21	0,18	0,19	0,16
	0,80	0,39	0,32	0,33	0,28	0,27	0,24	0,24	0,21
	1,00	0,44	0,38	0,80	0,33	0,33	0,29	0,29	0,25
	1,25	0,50	0,44	0,43	0,38	0,39	0,34	0,33	0,30
	1,50	0,54	0,48	0,47	0,42	0,43	0,38	0,36	0,33
	2,00	0,60	0,55	0,52	0,48	0,50	0,44	0,41	0,38
	2,50	0,64	0,60	0,56	0,52	0,55	0,49	0,45	0,42
	3,00	0,67	0,63	0,58	0,55	0,59	0,52	0,47	0,45
	4,00	0,71	0,67	0,62	0,59	0,64	0,56	0,51	0,49
	5,00	0,73	0,70	0,64	0,61	0,67	0,59	0,53	0,51
TMS 751 4 lâmpadas TL de 40 W	0,60	0,24	0,19	0,23	0,19	0,27	0,16	0,18	0,16
	0,80	0,29	0,24	0,30	0,24	0,34	0,21	0,23	0,29
	1,00	0,33	0,29	0,36	0,28	0,40	0,25	0,27	0,24
	1,25	0,37	0,33	0,42	0,32	0,46	0,29	0,31	0,28
	1,50	0,40	0,36	0,47	0,35	0,50	0,32	0,34	0,32
	2,00	0,45	0,41	0,54	0,40	0,57	0,70	0,39	0,37
	2,50	0,48	0,45	0,59	0,43	0,62	0,41	0,42	0,40
	3,00	0,50	0,47	0,63	0,46	0,65	0,43	0,44	0,42
	4,00	0,52	0,50	0,68	0,48	0,69	0,47	0,47	0,45
	5,00	0,54	0,52	0,71	0,50	0,72	0,49	0,49	0,47

(continua)

Tabela 2.17 Fator de utilização de luminárias Philips (*Continuação*)

Luminárias típicas	Teto	70 %		50 %		70 %	50 %	30 %	
	Parede	50 %	30 %	50 %	30 %	10 %	10 %	30 %	10 %
	K	\multicolumn{8}{c}{10 % (valor de refletância percentual do piso)}
HDK 475 c/ZDK 475 SON 400 W	0,60	0,40	0,28	0,33	0,28	0,42	0,24	0,28	0,24
	0,80	0,42	0,36	0,41	0,36	0,49	0,32	0,50	0,31
	1,00	0,48	0,42	0,47	0,42	0,38	0,41	0,37	0,38
	1,25	0,54	0,48	0,52	0,48	0,61	0,44	0,47	0,43
	1,50	0,58	0,53	0,56	0,52	0,65	0,48	0,51	0,48
	2,00	0,64	0,60	0,62	0,59	0,71	0,56	0,58	0,55
	2,50	0,68	0,64	0,66	0,63	0,75	0,60	0,62	0,59
	3,00	0,70	0,67	0,69	0,66	0,78	0,63	0,65	0,63
	4,00	0,73	0,71	0,72	0,69	0,81	0,67	0,68	0,66
	5,00	0,75	0,73	0,74	0,72	0,83	0,70	0,70	0,69

- 65 a 55 %: amarelo-claro;
- 50 a 45 %: verde-claro – rosa – azul-celeste – cinza-claro;
- 40 a 35 %: bege – amarelo-escuro – marrom-escuro;
- 30 a 25 %: vermelho – laranja – cinza-médio;
- 20 a 15 %: verde-escuro – azul escuro – vermelho-escuro;
- 10 a 5 %: azul-marinho – preto.

A refletância média exprime as reflexões médias das superfícies do ambiente da instalação. O índice de recinto K é dado pela Equação (2.8):

$$K = \frac{A \times B}{H_{lp} \times (A + B)} \quad (2.8)$$

K = índice do recinto;
A = comprimento do recinto, em m;
B = largura do recinto, em m;
H_{lp} = altura da fonte de luz, sobre o plano de trabalho, em m.

2.6.2 Métodos de cálculo de sistemas de iluminação

Podem ser utilizados três métodos de cálculo para a determinação do iluminamento dos diversos ambientes de trabalho, ou seja:

- métodos dos lumens;
- métodos das cavidades zonais;
- método do ponto por ponto.

O primeiro método é de resolução simplificada, porém de menor precisão nos resultados. O segundo é mais complexo, podendo levar a resultados mais confiáveis. O terceiro e último método, também conhecido como método das intensidades luminosas, permite calcular o iluminamento em qualquer ponto da superfície de trabalho a partir do iluminamento individual dos aparelhos. A sua aplicação é um processo muito complexo. Sua utilização só é viável por meio de processos digitais.

2.6.2.1 Métodos dos lumens

É baseado na determinação do fluxo luminoso necessário para se obter o iluminamento médio desejado no plano do trabalho. Consiste, resumidamente, na determinação do fluxo luminoso a partir da Equação (2.9):

$$\psi_t = \frac{E \times S}{F_{ut} \times F_{msi}} \quad (2.9)$$

Ψ_t = fluxo total a ser emitido pelas lâmpadas, em lumens;
E = iluminamento médio requerido pelo ambiente a iluminar, em lux;
S = área do recinto, em m²;
F_{msi} = fator de manutenção dado na Equação (2.7);
F_{ut} = fator de utilização da luminária e lâmpada (Tabela 2.17 para alguns tipos de luminárias Philips).

2.6.2.1.1 Cálculo do número de luminárias

É dado pela Equação (2.10), ou seja:

$$N_{lu} = \frac{\psi_t}{N_{la} \times \psi_l} \quad (2.10)$$

ψ_l = fluxo luminoso emitido por uma lâmpada, em lumens, de acordo com a Tabela 2.2;
N_{lu} = número de lâmpadas por luminárias.

2.6.2.1.2 Distribuição das luminárias

O espaçamento que deve existir entre as luminárias depende de sua altura útil, o que, por sua vez, pode conduzir a uma distribuição adequada de luz. A distância máxima entre os centros das luminárias deve ser de 1 a 1,5 vez a altura útil. O espaçamento da luminária até a parede deve corresponder à metade desse valor.

A Figura 2.33 indica a disposição correta das luminárias, conforme calculada no Exemplo de aplicação (2.1).

A dificuldade, em geral, é caracterizar e definir, em um salão industrial, as áreas do entorno e as áreas de tarefas; portanto, será considerado que as iluminâncias utilizadas nos exemplos de aplicação serão comuns às áreas do entorno e às áreas de tarefas (ver Figura 2.30).

Exemplo de aplicação (2.1)

Considerar o galpão industrial central da Figura 2.33 com medida de 16 × 32 m, altura útil do plano da luminária de 5,6 m e altura total de 7,0 m. O galpão é destinado à fundição de peças metálicas. Sabe-se que o teto é branco, as paredes claras e o piso escuro. Determinar o número necessário de luminárias para o ambiente considerado, com a utilização de lâmpadas a vapor de mercúrio de 400 W. A altura do plano de tarefas é de 1,6 m.

a) Cálculo do fluxo luminoso:

Pela Equação (2.9), temos:

$$\psi_l = \frac{E \times S}{F_{ut} \times F_{msi}}$$

E = 300 lux (Tabela 2.11 – indústrias metalúrgicas – fundição)

$$S = A \times B = 16 \times 32 = 512 \text{ m}^2$$

Para o cálculo do fator de utilização deve-se aplicar a Equação (2.8) do índice do recinto.

$$K = \frac{A \times B}{H_{lp} \times (A+B)} = \frac{16 \times 32}{5,6 \times (16+32)} = 1,90$$

$$H_{lp} = 5,6 \text{ m}$$

Foram tomados os seguintes valores de refletância média das paredes, teto e piso, de acordo com as características do ambiente do projeto, em consonância com os valores estabelecidos por norma e discriminados no item 2.6.1.14.1.

$$\rho_{te} = 70 \% \text{ (teto branco)}$$

$$\rho_{pa} = 50 \% \text{ (parede clara)}$$

$$\rho_{pi} = 10 \% \text{ (piso escuro)}$$

Na Tabela 2.17, com os valores K, ρ_{te} (refletância percentual do teto), ρ_{pa} (refletância percentual da parede), ρ_{pi} (refletância percentual do piso) e luminária HDK 475-400W, da Philips, de vapor de mercúrio, determina-se o valor F_{ul} por interpolação entre os valores de K = 1,50 e K = 2,00, ou seja:

$$\frac{1,50-2,00}{0,58-0,64} = \frac{1,50-1,90}{0,58-F_{ut}} \rightarrow \frac{-0,50}{-0,06} = \frac{-0,40}{0,58-F_{ut}} \rightarrow F_{ut} = 0,63$$

O valor do fator de manutenção é dado pela Equação (2.7). Todos os fatores de manutenção do sistema de iluminação foram obtidos da Tabela 2.16 para lâmpadas de vapor metálico nas condições da 1ª coluna, linha J.

$$F_{msi} = F_{mfl} \times F_{sla} \times F_{mlu} \times F_{mss} = 0,81 \times 1,0 \times 0,90 \times 0,96 = 0,69 \text{ (pode ser obtido da coluna FMSI)}$$

Logo, o valor de ψ_t é:

$$\psi_t = \frac{300 \times 512}{0,69 \times 0,63} = 553.347 \text{ lumens}$$

b) Cálculo do número de luminárias

Pela Equação (2.14), temos:

$$N_{lu} = \frac{\psi_t}{N_{la} \times \psi_l} = \frac{353.347}{1 \times 28.500} = 12,6 \rightarrow N_{lu} = 15 \text{ luminárias (conveniência da distribuição uniforme das luminárias na área da Figura 2.33)}$$

$\psi_l = 28.500$ lumens (vapor metálico 400 W – Tabela 2.2)

c) Tamanho da malha

De acordo com a Equação (2.6), temos:

L_m – largura da malha calculada com base na Tabela 2.13. Para a maior dimensão do ambiente de 32 m faremos a interpolação:

$$\frac{50-10}{3-1} = \frac{50-32}{3-L_m} \rightarrow L_m = 2,1 \text{ m}$$

$$\log_{10}(L_m) = \log_{10}(2,1) = 0,3222$$

$$D_s = 0,2 \times 5^{\log L_m} = 0,2 \times 5 \times 2,1 = 2,1 \text{ m}$$

O mesmo valor poderia ser conhecido por meio do gráfico da Figura 2.31.

- Cálculo do número de pontos da malha:

$$\text{Para } N_p = \frac{L_a}{L_m} = \frac{32}{2,1} = 15,2 = 15 \text{ pontos}$$

Neste caso, as 15 luminárias foram distribuídas na área em questão. Logo, a distância entre as luminárias e a distância entre estas e a parede valem:

$$16 = 2 \times Y + 2 \times Y_l = 2 \times Y + 2 \times Y/2 = 3 \times Y$$

$$Y = 5,33 \text{ m} \rightarrow Y \leq 1 \text{ a } 1,5 \times H_{lp} \text{ (valor atendido)}$$

$$32 = 4 \times X + 2 \times X_l = 4 \times X + 2 \times X/2 = 5 \times X$$

$$X = 6,4 \text{ m} \rightarrow X \leq 1 \text{ a } 1,5 \times H_{lp} \text{ (valor atendido)}$$

$$Y_l = Y/2 = 5,33/2 = 2,66$$

$$X_l = X/2 = 6,4/2 = 3,2 \text{ m}$$

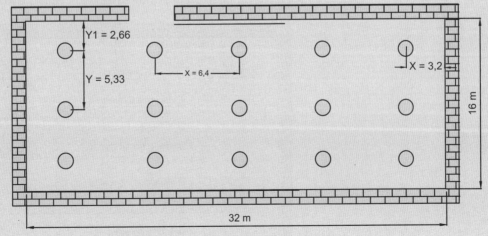

Figura 2.33 Distribuição dos projetores.

d) Critério do ofuscamento

Considerar que o galpão industrial contenha máquinas em que o operador deva trabalhar a maior parte do tempo em posição vertical, em pé, de conformidade com a Figura 2.25. Os olhos do operador devem estar a uma altura de 1,6 m do piso. O plano da luminária está a 6 m do plano dos olhos do operador. O valor de H vale:

$$H = 5,6 - 1,6 = 4 \text{ m}$$

As demais dimensões estão relacionadas com o valor de H.

$$\text{Comprimento: } X = \frac{32}{4} = 8$$

$$\text{Largura: } Y = \frac{16}{4} = 4$$

De acordo com a Tabela 2.7, considerando os valores de refletância (0,70 – 0,50 – 0,20) mais próximos dos valores encontrados para determinação do índice do recinto K (0,70 – 0,50 – 0,10) e os valores de X e Y, temos:

- UGR transversal: 16,1 (X = 8H – coluna 1; Y = 4H → 16,1 (coluna: Através da linha de visão);
- UGR transversal: 16,9 (X = 8H – coluna 1; Y = 4H → 16,9 (coluna: Ao longo da linha de visão).

Como a NBR ISO/CIE 8995-1 recomenda que a UGR seja ≤ 19 para que o ambiente esteja adequado quanto ao ofuscamento.

2.6.2.2 Métodos das cavidades zonais

O método das cavidades zonais é uma particularidade do método dos lumens, e é fundamentado na teoria da transferência de fluxo luminoso, no qual são admitidas superfícies uniformes para refletir de modo preciso esse fluxo, dadas as considerações que são feitas na determinação dos fatores de utilização e de depreciação.

Os valores das cavidades podem alterar substancialmente o nível do fluxo luminoso que chega ao plano de trabalho. São consideradas as seguintes cavidades:

a) Cavidade do teto

Representa o espaço existente entre o plano das luminárias e o teto. Para luminárias no forro, por exemplo, a cavidade do teto é o próprio forro, isto é, nula.

b) Cavidade do recinto ou do ambiente

É o espaço entre o plano das luminárias e o plano de trabalho, geralmente considerado a 0,80 m do piso. Na verdade, a cavidade do recinto é igual à altura útil da luminária.

c) Cavidade do piso

Representa o espaço existente entre o plano de trabalho e o piso. Quando se quer determinar o iluminamento médio na superfície do piso, a cavidade do piso é o próprio piso, isto é, nula. A Figura 2.34 indica as três cavidades anteriormente estudadas.

Pode-se observar que entre o plano das luminárias e o plano de trabalho há as paredes que influenciam significativamente sobre a quantidade de luz que chega ao plano de trabalho. Por conseguinte, para um mesmo ambiente com o mesmo número de luminárias e lâmpadas, todas do mesmo modelo e iluminância, o ambiente cujas paredes são pintadas com cores mais claras apresenta um nível de iluminamento superior ao do ambiente pintado com cores escuras. Também ambientes estreitos e altos absorvem mais fluxo luminoso que os ambientes mais baixos e mais largos.

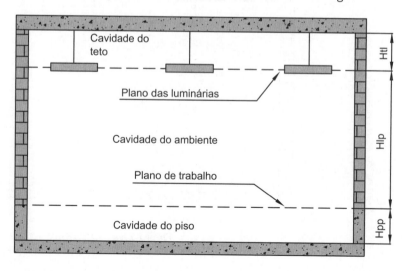

Figura 2.34 Cavidades zonais.

A determinação do fluxo luminoso pelo método das cavidades é feita a partir da Equação (2.11).

$$\psi_t = \frac{E \times S}{F_{ut} \times F_{msi}} \quad (2.11)$$

Os significados das variáveis da Equação (2.11) são os mesmos da Equação (2.9). O fator de manutenção F_{msi} é o mesmo determinado na Equação (2.7).

2.6.2.2.1 Fator de utilização

Como definido anteriormente, o fator de utilização é determinado a partir do conhecimento das refletâncias efetivas das cavidades do teto e das paredes, além da relação da cavidade do recinto e da curva de distribuição da luminária. Pode ser determinado de acordo com a seguinte metodologia:

a) Escolha da luminária e da lâmpada
- Fabricante;
- tipo da luminária;
- lâmpada adotada.

b) Fator de relação das cavidades
- Ambientes retangulares
Deve ser determinado por meio da Equação (2.14).

$$K = \frac{5 \times (A+B)}{A \times B} \quad (2.12)$$

A = comprimento do recinto, em m;
B = largura do recinto, em m.

- Ambientes quadrados

$$K = \frac{5 \times H}{A} \quad (2.13)$$

H = altura do plano de trabalho ao plano das luminárias, em m.

- Ambientes irregulares

$$K = \frac{25 \times H \times P}{A} \quad (2.14)$$

H = altura do plano de trabalho ao plano das luminárias, em m;
P = perímetro do ambiente, em m;
A = área do ambiente, em m².

c) Relações das cavidades zonais:
Por meio da Figura 2.34 podem ser conhecidas as relações das cavidades.

- Relação da cavidade do recinto

$$R_{cr} = K \times H_{lp} \quad (2.15)$$

H_{lp} = altura da luminária ao plano de trabalho, em m.

- Relação da cavidade do teto

$$R_{ct} = K \times H_{tl} \quad (2.16)$$

H_{tl} = altura do teto ao plano das luminárias, em m.

- Relação da cavidade do piso

$$R_{cp} = K \times H_{pp} \quad (2.17)$$

H_{pp} = altura do plano de trabalho ao piso, em m.

d) Refletância efetiva da cavidade do piso (ρ_{cp})

É obtida pela combinação das refletâncias percentuais do piso e das paredes, associadas ao valor de R_{cp}, indicadas na Tabela 2.18.

e) Refletância efetiva da cavidade do teto (ρ_{ct})

À semelhança do item anterior, pode ser obtida da mesma Tabela 2.19, porém, com base no valor de R_{ct}. Quando as luminárias são fixadas na superfície do teto, o valor da refletância da cavidade do teto é igual à refletância do teto.

Quando o teto possui superfícies não planas, como é o caso de diversos galpões industriais, para se determinar a refletância da cavidade do teto, pode-se aplicar a Equação (2.18):

$$\rho_{ct} = \frac{\rho_{te} \times S_{pt}}{S_{rt} - \rho_{te} \times S_{rt} + \rho_{te} \times S_{pt}} \quad (2.18)$$

S_{pt} = área da projeção horizontal da superfície do teto, em m²;
S_{rt} = área real da superfície do teto, em m²;
ρ_{te} = refletância percentual do teto.

f) Determinação do fator de utilização

Finalmente, o fator de utilização é determinado por meio da Tabela 2.20, em função de ρ_{ct}, ρ_{pa} e da relação da cavidade do recinto R_{cr}.

g) Coeficiente de correção do fator de utilização

Quando as refletâncias da cavidade do piso apresentarem valores muito diferentes do valor de 20 % estabelecido na Tabela 2.19, o fator de utilização deverá ser corrigido de conformidade com a Tabela 2.20 e com a Equação (2.19).

$$F_{uc} = F_u \times F_c \quad (2.19)$$

F_{ut} = fator de utilização inicial;
F_c = fator de correção;
F_{utc} = fator de utilização corrigido.

Se a refletância efetiva da cavidade do piso for superior a 20 %, deve-se multiplicar o fator de utilização pelo fator de correção encontrado na Tabela 2.20. Entretanto, se a refletância efetiva da cavidade do piso for inferior a

Tabela 2.18 Refletâncias efetivas das cavidades do teto e do piso para várias combinações de refletâncias

Razão das cavidades do teto *Rct* ou do piso *Rcp*	\multicolumn{18}{c}{Refletâncias ρ_{te} ou ρ_{pi}}
	\multicolumn{4}{c	}{90}	\multicolumn{4}{c	}{80}	\multicolumn{3}{c	}{70}	\multicolumn{3}{c	}{50}	\multicolumn{4}{c	}{30}	\multicolumn{3}{c	}{10}
	\multicolumn{18}{c}{ρ_{pa}}
	90	70	50	30	80	70	50	30	70	50	30	70	50	30	65	50	30	10	50	30	10
0,0	90	90	90	90	80	80	80	80	70	70	70	50	50	50	30	30	30	30	10	10	9
0,1	90	89	88	87	79	78	77	76	68	67	66	49	49	47	30	29	29	28	10	10	9
0,2	89	88	86	85	79	78	77	76	68	67	66	49	48	47	30	29	29	28	10	10	9
0,3	89	87	85	83	78	77	75	74	68	66	64	49	47	46	30	29	28	27	10	10	9
0,4	88	86	83	81	78	76	74	72	67	65	63	48	46	45	30	29	27	26	10	10	9
0,5	88	85	81	78	77	75	73	70	66	64	61	48	46	44	29	28	27	25	11	10	9
0,6	88	84	80	76	77	75	71	68	65	62	59	47	45	43	29	28	26	25	11	10	9
0,7	88	83	78	74	76	74	70	66	65	61	58	47	44	42	29	28	26	24	11	10	8
0,8	87	82	77	73	75	73	69	65	64	60	56	47	43	41	29	27	25	23	11	10	8
0,9	87	81	76	71	75	72	68	63	63	59	55	46	43	40	29	27	25	22	11	9	8
1,0	86	80	74	69	74	71	66	61	63	58	53	46	42	39	29	27	24	22	11	9	8
1,1	86	79	73	67	74	71	65	60	62	57	52	46	41	38	29	26	24	21	11	9	8
1,2	86	78	72	65	73	70	64	58	61	56	50	45	41	37	29	26	23	20	12	9	7
1,3	85	78	70	64	73	69	63	57	61	55	49	45	40	36	29	26	23	20	12	9	7
1,4	85	77	69	62	72	68	62	55	60	54	48	45	40	35	28	26	22	19	12	9	7
1,5	85	76	68	61	72	68	61	54	59	53	47	44	39	34	28	25	22	18	12	9	7
1,6	85	75	66	59	71	67	60	53	59	52	45	44	39	33	28	25	21	18	12	9	7
1,7	84	74	65	58	71	66	59	52	58	51	44	44	38	32	28	25	21	17	12	9	7
1,8	84	73	64	56	70	65	58	50	57	50	43	43	37	32	28	25	21	17	12	9	6
1,9	84	73	63	55	70	65	57	49	57	49	42	43	37	31	28	25	20	16	12	9	6
2,0	83	72	62	53	69	64	56	48	56	48	41	43	37	30	28	24	20	16	12	9	6
2,1	83	71	61	52	69	63	55	47	56	47	40	43	36	29	28	24	20	16	13	9	6
2,2	83	70	60	51	68	63	54	45	55	46	39	42	36	29	28	24	19	15	13	9	6
2,3	83	69	59	50	68	62	53	44	54	46	38	42	35	28	28	24	19	15	13	9	6
2,4	82	68	58	48	67	61	52	43	54	45	37	42	35	27	28	24	19	14	13	9	6
2,5	82	68	57	47	67	61	51	42	53	44	36	41	34	27	27	23	18	14	13	9	6
2,6	82	67	56	46	66	60	50	41	53	43	35	41	34	26	27	23	18	13	13	9	5
2,7	82	66	55	45	66	60	49	40	52	43	34	41	33	26	27	23	18	13	13	9	5
2,8	81	66	54	44	66	59	48	39	52	42	33	41	33	25	27	23	18	13	13	9	5
2,9	81	65	53	43	65	58	48	38	51	41	33	40	33	25	27	23	17	12	13	9	5
3,0	81	64	52	42	65	58	47	38	51	40	32	40	32	24	27	22	17	12	13	8	5
3,1	80	64	51	41	64	57	46	37	50	40	31	40	32	24	27	22	17	12	13	8	5
3,2	80	63	50	40	64	57	45	36	50	39	30	40	31	23	27	22	16	11	13	8	5
3,3	80	62	49	39	64	56	44	35	49	39	30	39	31	23	27	22	16	11	13	8	5
3,4	80	62	48	38	63	56	44	34	49	38	29	39	31	22	27	22	16	11	13	8	5
3,5	79	61	48	37	63	55	43	33	48	38	29	39	30	22	26	22	16	11	13	8	5
3,6	79	60	47	36	62	54	42	33	48	37	28	39	30	21	26	21	15	10	13	8	5
3,7	79	60	46	35	62	54	42	32	48	37	27	38	30	21	26	21	15	10	13	8	4
3,8	79	59	45	35	62	53	41	31	47	36	27	38	29	21	26	21	15	10	13	8	4
3,9	78	59	45	34	61	53	40	30	47	36	26	38	29	20	26	21	15	10	13	8	4

(continua)

Tabela 2.18 Refletâncias efetivas das cavidades do teto e do piso para várias combinações de refletâncias (*Continuação*)

Razão das cavidades do teto *Rct* ou do piso *Rcp*	Refletâncias ρ_{te} ou ρ_{pi}																		
	90				80				70				50				30				10		
	ρ_{pa}																			
4,0	78	58	44	33	61	52	40	30	46	35	26	38	29	20	26	21	15	9	13	8	4
4,1	78	57	43	32	60	52	39	29	46	35	25	37	28	20	26	21	14	9	13	8	4
4,2	78	57	43	32	60	51	39	29	46	34	25	37	28	19	26	20	14	9	13	8	4
4,3	78	56	42	31	60	51	38	28	45	34	25	37	28	19	26	20	14	9	13	8	4
4,4	77	56	41	30	59	51	38	28	45	34	24	37	27	19	26	20	14	8	13	8	4
4,5	77	55	41	30	59	50	37	27	45	33	24	37	27	19	25	20	14	8	14	8	4
4,6	77	55	40	29	59	50	37	26	44	33	24	36	27	18	25	20	14	8	14	8	4
4,7	77	54	40	29	58	49	36	26	44	33	23	36	26	18	25	20	13	8	14	8	4
4,8	76	54	39	28	58	49	36	25	44	32	23	36	26	18	25	19	13	8	14	8	4
4,9	76	53	38	28	58	49	35	25	44	32	23	36	26	18	25	19	13	7	14	8	4
5,0	76	53	38	27	57	48	35	25	44	32	22	36	26	17	25	19	13	7	14	8	4

Tabela 2.19 Fatores de utilização para luminárias típicas

Luminárias típicas	Silhueta das curvas fotométricas	ρ_{ct}	80 %			50 %			10 %		
		ρ_{pa}	50 %	30 %	10 %	50 %	30 %	10 %	50 %	30 %	10 %
		R_{cr}	\multicolumn{9}{c}{ρ_{cp} — Fatores de utilização para 20 % da refletância efetiva da cavidade do piso}
1 – Lâmpadas de 40 W	75 % / 41 %	0	–	–	–	–	–	–	–	–	–
		1	0,72	0,68	0,65	0,56	0,54	0,52	0,39	0,37	0,36
		2	0,62	0,57	0,53	0,49	0,45	0,42	0,33	0,31	0,30
		3	0,55	0,48	0,44	0,43	0,39	0,35	0,30	0,27	0,25
		4	0,48	0,42	0,37	0,38	0,33	0,30	0,26	0,24	0,22
		5	0,42	0,36	0,31	0,34	0,29	0,25	0,23	0,20	0,18
		6	0,38	0,31	0,26	0,30	0,25	0,22	0,21	0,18	0,16
		7	0,34	0,27	0,23	0,27	0,22	0,19	0,19	0,16	0,14
		8	0,30	0,24	0,20	0,24	0,19	0,16	0,17	0,14	0,12
		9	0,27	0,21	0,17	0,22	0,17	0,14	0,15	0,12	0,10
		10	0,25	0,19	0,15	0,20	0,15	0,12	0,14	0,11	0,09
2 – Lâmpadas de 40 W	0 % / 50 %	0	–	–	–	–	–	–	–	–	–
		1	0,59	0,57	0,55	0,56	0,54	0,53	0,52	0,50	0,49
		2	0,52	0,49	0,46	0,49	0,47	0,44	0,46	0,44	0,42
		3	0,46	0,42	0,39	0,44	0,41	0,38	0,41	0,39	0,37
		4	0,41	0,37	0,33	0,39	0,35	0,32	0,37	0,34	0,32
		5	0,36	0,31	0,28	0,35	0,31	0,27	0,32	0,29	0,27
		6	0,32	0,28	0,24	0,31	0,27	0,24	0,29	0,26	0,23
		7	0,29	0,24	0,21	0,28	0,24	0,21	0,26	0,23	0,20
		8	0,26	0,21	0,18	0,25	0,21	0,18	0,23	0,20	0,17
		9	0,23	0,19	0,15	0,22	0,18	0,15	0,21	0,18	0,15
		10	0,21	0,17	0,14	0,20	0,16	0,13	0,19	0,16	0,13

(*continua*)

Tabela 2.19 Fatores de utilização para luminárias típicas (*Continuação*)

Luminárias típicas	Silhueta das curvas fotométricas	ρ_{ct}	80 %			50 %			10 %		
		ρ_{pa}	50 %	30 %	10 %	50 %	30 %	10 %	50 %	30 %	10 %
		R_{cr}	\multicolumn{9}{c}{ρ_{cp} Fatores de utilização para 20 % da refletância efetiva da cavidade do piso}
3 – Lâmpada VM	0 % / 73 %	0	–	–	–	–	–	–	–	–	–
		1	0,77	0,74	0,72	0,72	0,70	0,68	0,67	0,66	0,64
		2	0,69	0,65	0,61	0,65	0,62	0,59	0,61	0,58	0,56
		3	0,62	0,57	0,53	0,59	0,55	0,51	0,55	0,52	0,50
		4	0,57	0,51	0,47	0,54	0,50	0,46	0,51	0,48	0,45
		5	0,52	0,46	0,42	0,50	0,45	0,42	0,47	0,44	0,41
		6	0,48	0,43	0,39	0,46	0,42	0,38	0,44	0,40	0,37
		7	0,45	0,39	0,35	0,43	0,38	0,35	0,41	0,37	0,34
		8	0,42	0,36	0,33	0,40	0,36	0,32	0,39	0,35	0,32
		9	0,39	0,34	0,30	0,38	0,33	0,30	0,36	0,33	0,30
		10	0,37	0,32	0,29	0,36	0,31	0,28	0,35	0,31	0,28
4 – Lâmpada VM	0 % / 69 %	0	–	–	–	–	–	–	–	–	–
		1	0,76	0,74	0,72	0,72	0,70	0,69	0,67	0,66	0,65
		2	0,70	0,67	0,65	0,67	0,65	0,63	0,63	0,61	0,60
		3	0,65	0,62	0,59	0,62	0,60	0,57	0,59	0,57	0,55
		4	0,60	0,56	0,53	0,58	0,55	0,52	0,55	0,53	0,51
		5	0,56	0,51	0,48	0,54	0,50	0,48	0,52	0,49	0,47
		6	0,52	0,47	0,44	0,50	0,46	0,44	0,48	0,45	0,43
		7	0,48	0,43	0,40	0,46	0,43	0,40	0,45	0,42	0,39
		8	0,44	0,40	0,37	0,43	0,39	0,36	0,41	0,38	0,35
		9	0,41	0,37	0,33	0,40	0,36	0,33	0,39	0,35	0,33
		10	0,36	0,32	0,29	0,35	0,31	0,28	0,34	0,31	0,28

Tabela 2.20 Fatores de correção para as refletâncias efetivas do piso (diferente de 20 %)

ρ_{ct}	80 %			70 %			50 %			10%		
ρ_{pa}	50 %	30 %	10 %	50 %	30 %	10 %	50 %	30 %	10 %	50 %	30 %	10 %
R_{cr}	\multicolumn{12}{c}{Fatores de correção}
1	1,08	1,08	1,07	1,07	1,06	1,06	1,05	1,04	1,04	1,01	1,01	1,01
2	1,07	1,06	1,05	1,06	1,05	1,04	1,04	1,03	1,03	1,01	1,01	1,01
3	1,05	1,04	1,03	1,05	1,04	1,03	1,03	1,03	1,02	1,01	1,01	1,01
4	1,05	1,03	1,02	1,04	1,03	1,02	1,03	1,02	1,02	1,01	1,01	1,00
5	1,04	1,03	1,02	1,03	1,02	1,02	1,02	1,02	1,02	1,01	1,01	1,00
6	1,03	1,02	1,01	1,03	1,02	1,01	1,02	1,02	1,02	1,01	1,01	1,00
7	1,03	1,02	1,01	1,03	1,02	1,01	1,02	1,01	1,01	1,01	1,01	1,00
8	1,03	1,02	1,01	1,02	1,02	1,01	1,02	1,01	1,01	1,01	1,01	1,00
9	1,02	1,01	1,01	1,02	1,01	1,01	1,02	1,01	1,01	1,01	1,01	1,00
10	1,02	1,01	1,01	1,02	1,01	1,01	1,02	1,01	1,01	1,01	1,01	1,00

20 %, o fator de utilização inicial deve ser dividido pelo fator de correção correspondente. Por exemplo, considerar os seguintes dados:

ρ_{ct} = 80 % (refletância efetiva da cavidade do teto);
ρ_{pa} = 50 % (refletância percentual das paredes);
ρ_{cp} = 30 % (refletância efetiva da cavidade do piso);

$R_{cr} = 5$ (considerar a luminária da Tabela 2.20);
$F_{ut} = 0,42$ (refletância efetiva da cavidade do piso: 20 % da Tabela 2.19).

Logo, o valor do fator de correção encontrado na Tabela 2.20 é de:

$$F_c = 1,04$$

Como a refletância efetiva da cavidade do piso é superior a 20 %, o fator de utilização deve ser multiplicado pelo fator de correção, ou seja:

$$F_{utc} = 0,42 \times 1,04 = 0,4368$$

Exemplo de aplicação (2.2)

Considerar uma indústria cujo galpão central de produção mede 16 × 32 m com a altura de 7,0 m dado na Figura 2.35. A altura do plano das luminárias é de 5,6 m. A altura do plano de trabalho é de 1,6 m. O teto tem caimento de duas águas com inclinação para cada lado de 15°. Determinar o número de luminárias por meio do método das cavidades zonais. Utilizar o projetor 4 – lâmpada VM, Tabela 2.19.

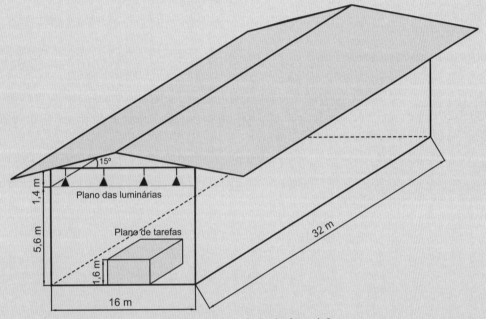

Figura 2.35 Galpão industrial.

Aplicando-se a Equação (2.11), temos:

$$\psi_t = \frac{E \times S}{F_{ut} \times F_{msi}}$$

a) **Escolha das luminárias e lâmpadas**
- Tipo de luminária: luminária 4 da Tabela 2.19;
- lâmpada adotada: vapor metálico de 400 W (valor inicial).

b) **Cálculo do fator de relação**

Por meio da Equação (2.12), temos:

$$K = \frac{5 \times (A+B)}{A \times B} = \frac{5 \times (32+16)}{32 \times 16} = 0,47$$

c) Cálculo das relações das cavidades zonais

- Cavidade do recinto
  Por meio da Equação (2.15), temos:

$$R_{cr} = K \times H_{lp} = 0,47 \times (5,60 - 1,60) = 1,88$$

- Cavidade do teto
  Por meio Equação (2.16), temos:

$$R_{ct} = K \times H_{tl} = 0,47 \times 1,4 = 0,65$$

- Cavidade do piso
  Por meio Equação (2.17), temos:

$$R_{cp} = K \times H_{pp} = 0,47 \times 1,60 = 0,75$$

d) Cálculo de refletância efetiva da capacidade do piso (ρ_{cp})

Por meio da Tabela 2.18 e com valores das refletâncias percentuais do piso e da parede e do valor da relação da cavidade do piso, determina-se ρ_{cp}, ou seja:

ρ_{pi} = 10 % (piso muito escuro) → ρ_{pa} = 50 % (paredes claras) → R_{cp} = 0,75 → ρ_{cp} = 11 %

e) Cálculo da refletância efetiva da cavidade do teto (ρ_{ct})

Por meio da Tabela 2.18 e com os valores das refletâncias percentuais do teto e da parede e do valor da relação da cavidade do teto, determina-se ρ_{ct}, ou seja:

ρ_{te} = 70 % (teto branco) → ρ_{pa} = 50 % (paredes claras) → R_{ct} = 0,65 → ρ_{ct} = 61,5 %

Nesse caso, a superfície do teto é considerada plana. Se for considerada a concavidade do teto, como mostra a Figura 2.35, deve-se aplicar a Equação (2.19):

$$\rho_{ct2} = \frac{\rho_{te} \times S_{pt}}{S_{rt} - \rho_{te} \times S_{rt} + \rho_{te} \times S_{pt}}$$

ρ_{te} = 70 % = 0,70 (teto branco)

$$S_{pt} = 16 \times 32 = 512 \text{ m}^2$$

$$S_{rt} = \frac{A/2 \times B \times 2}{\cos \alpha} = \frac{16/2 \times 32 \times 2}{\cos 15°} = 530 \text{ m}^2$$

$$\rho_{ct2} = \frac{0,70 \times 512}{530 - 0,70 \times 530 + 0,70 \times 512} = 0,69 = 69 \text{ \%}$$

f) Cálculo do fator de utilização

Por meio da Tabela 2.19 e com os valores de ρ_{ct2}, ρ_{pa} e R_{cr}, interpolando os fatores de utilização encontrados, temos:

$$\frac{80-50}{0,76-0,70} = \frac{80-69}{0,70-F_{ut1}} \rightarrow F_{ut1} = 0,67$$

$$\frac{80-50}{0,70-0,67} = \frac{80-69}{0,70-F_{ut2}} \rightarrow F_{ut2} = 0,69$$

$$\frac{1-2}{0,67-0,69} = \frac{1-1,88}{0,67-F_{ut3}} \rightarrow F_{ut3} = F_{ut} = 0,68$$

g) Cálculo do coeficiente de correção do fator de utilização

Como o valor de F_c foi calculado para a refletância efetiva da cavidade do piso de 20 %, conforme a Tabela 2.19, então é necessário proceder à sua correção, já que no exemplo em questão $\rho_{cp} = 11\%$. Pela Tabela 2.20 e com valores e ρ_{ct}, ρ_{pa} e R_{cr}, temos:

$$\rho_{ct} = 70\% \rightarrow \rho_{pa} = 50\% \rightarrow R_{cr} = 1,88 \rightarrow F_C \cong 1,062$$

Logo, o fator de utilização corrigido é de:

$$F_{utc} = F_{ut} \times \frac{1}{F_c} = 0,68 \times \frac{1}{1,062} = 0,64$$

h) Cálculo do fator de depreciação do serviço da iluminação (F_{msi})

É o mesmo valor calculado no Exemplo de aplicação (2.1), pois as condições de manutenção são iguais.

i) Cálculo do fluxo luminoso

Conforme a Equação (2.11), temos:

$$\psi_l = \frac{E \times S}{F_{ut} \times F_{smi}} = \frac{300 \times 512}{0,64 \times 0,69} = 347.826 \text{ lumens}$$

j) Cálculo do número de projetores

De acordo com a Equação (2.10), temos:

$$N_{lu} = \frac{347.826}{1 \times 28.000} = 12,4 \text{ luminárias} \rightarrow N_{lu} = 13 \rightarrow N_{lu} = 15 \text{ luminárias (para se obter a melhor distribuição dessas luminárias acrescentamos 2 unidades ao ambiente)}$$

k) Distribuição dos projetores

A distribuição das luminárias é a mesma empregada na Figura 2.33 do Exemplo de aplicação (2.1).

l) Critério do ofuscamento

É o mesmo do Exemplo de aplicação (2.1).

2.6.2.2.2 Distribuição das luminárias

Conforme definido no item 2.6.2.1.2.

2.6.2.3 Método ponto por ponto

Este método permite que se determine, em cada ponto da área, o iluminamento correspondente à contribuição de todas as fontes luminosas cujo fluxo atinja o ponto mencionado. A soma algébrica de todas as contribuições determina o iluminamento naquele ponto.

Este método tanto pode ser utilizado para aplicações em ambientes interiores como em ambientes exteriores. O fluxo luminoso de uma luminária qualquer pode atingir tanto o plano horizontal como o plano vertical, estabelecendo assim dois tipos de iluminamento:

a) Iluminamento vertical

É aquele cujo foco do projetor se projeta diretamente no plano horizontal, de conformidade com o que mostra a Figura 2.36. O valor da intensidade luminosa no piso é dado pela Equação (2.20):

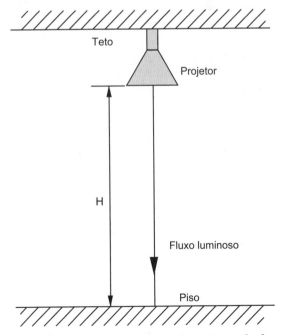

Figura 2.36 Exemplo de iluminação vertical.

$$E_v = \frac{I}{H^2} \qquad (2.20)$$

E_v = iluminamento vertical, em lux;
I = intensidade do fluxo luminoso vertical, em cd.

b) **Iluminamento no plano horizontal**

É a soma das contribuições do fluxo luminoso de todas as luminárias em um ponto do plano horizontal. Pode ser determinado a partir da Equação (2.21).

$$E_h = \frac{I \times (\cos \alpha)^3}{H^2} \qquad (2.21)$$

E_h = iluminamento horizontal, em lux;
I = intensidade do fluxo luminoso, em cd;
α = ângulo entre uma dada direção do fluxo luminoso e a vertical que passa pelo centro da lâmpada;
H = altura vertical da luminária, em m.

A Figura 2.37 mostra a determinação dos parâmetros geométricos da Equação (2.21). Já a Figura 2.38 mostra a contribuição de várias luminárias para o estabelecimento da iluminação horizontal em determinado ponto (O) do plano. Logo, o iluminamento horizontal, neste caso, vale:

$$E_h = E_{h1} + E_{h2} + E_{h3}$$

Para obter o valor final da iluminância é necessário aplicar o fator de depreciação dos projetores utilizados. Como valores médios podem ser admitidos:

- projetores abertos: 0,65;
- projetores fechados: 0,75.

c) **Iluminamento no plano vertical**

É a soma das contribuições do fluxo luminoso de todas as luminárias em um ponto do plano vertical. Pode ser determinado a partir da Equação (2.21).
E_v = iluminamento vertical, em lux;
D = distância entre a luminária e o ponto localizado no plano vertical, em m.

A Figura 2.39 mostra a determinação dos parâmetros geométricos da Equação (2.22). Já a Figura 2.40 mostra a contribuição de duas luminárias para o estabelecimento da iluminação vertical em determinado ponto (O) do plano. Logo, o iluminamento vertical, neste caso, vale:

$$E_v = E_{v1} + E_{v2}$$

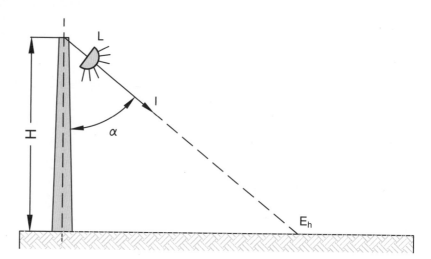

Figura 2.37 Iluminamento no plano horizontal.

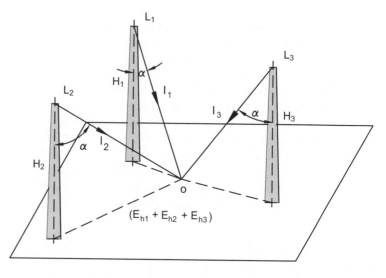

Figura 2.38 Contribuição das fontes de luz.

Iluminação industrial

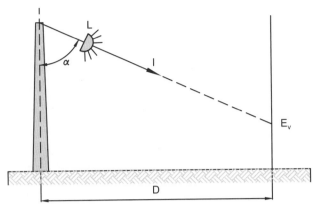

Figura 2.39 Iluminamento no plano vertical.

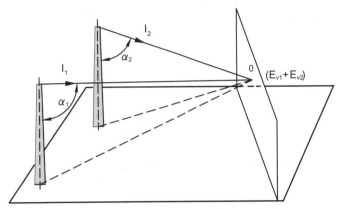

Figura 2.40 Contribuição das fontes de luz.

$$E_v = \frac{I \times (\operatorname{sen}\alpha)^3}{D^2} \quad (2.22)$$

A partir da conceituação anterior, podem ser feitas as seguintes considerações:

- os iluminamentos E_h e E_v variam na proporção inversa do quadrado da altura e da distância da fonte de luz ao ponto iluminado;
- os iluminamentos E_h ou E_v variam na proporção direta da intensidade luminosa na direção do ponto iluminado;
- o iluminamento E_h varia na proporção direta do $(\cos\alpha)^3$ do ângulo formado entre a direção da intensidade do fluxo luminoso que atinge o ponto considerado e a reta que passa pela fonte luminosa, sendo perpendicular ao plano horizontal;
- o iluminamento E_v varia na proporção direta do $(sen\alpha)^3$ do ângulo formado entre a direção da intensidade do fluxo luminoso que atinge o ponto considerado e a reta que passa pela fonte luminosa que é perpendicular ao plano horizontal.

A intensidade do fluxo luminoso é obtida a partir das curvas de distribuição luminosa também conhecidas como curvas isocandelas, mostradas como exemplo na Figura 2.41, para determinado tipo de luminária.

O método ponto por ponto é muito aplicado na determinação do iluminamento em áreas abertas (pátios de manobra, quadras esportivas etc.), ou na iluminação de fachadas.

Nos projetos de quadras de esporte, como basquete, voleibol e campos de futebol, é necessário aplicar alguns procedimentos básicos para se obterem os melhores resultados na distribuição do fluxo luminoso mostrado na Figura 2.41, observando-se as linhas de focalização dos projetores e as distâncias regulamentares entre as torres e entre as torres e as laterais do campo. O conjunto dos projetores de cada torre é considerado um único ponto de luz para a determinação de distâncias e ângulos.

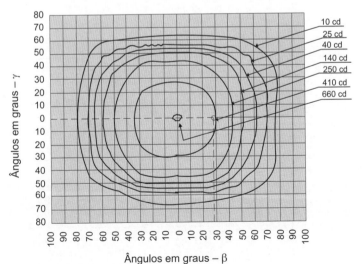

Figura 2.41 Curvas isocandelas/1.000 lumens.

Exemplo de aplicação (2.3)

Determinar o iluminamento da quadra de esporte por meio de projetores cujas curvas isocandelas são mostradas na Figura 2.41. A quadra de esportes é destinada ao lazer de funcionários de determinada indústria. Serão utilizadas seis torres com altura útil igual a 20 m (para mitigar o ofuscamento), afastadas de 2 m da periferia da quadra. A distância entre as torres e as laterais é a metade da distância entre duas torres consecutivas. Serão utilizados seis conjuntos de 11 projetores de facho aberto. A lâmpada empregada é de 1.000 W, de vapor metálico, cujo fluxo luminoso inicial é de 90.000 lumens. Serão utilizadas três torres de cada lado da quadra de esportes, de conformidade com a Figura 2.42. A Figura 2.43 define o arranjo de uma torre de iluminação. A área útil será dividida em pequenos retângulos cujos centros serão considerados um ponto de foco. Foi considerado que o ponto de foco de cada projetor está no centro de instalação dos projetores em cada torre, e cada projetor tem seu foco diretamente dirigido para o centro de um retângulo específico.

Em razão da complexidade dos cálculos trigonométricos, será mostrada somente a iluminação de apenas um ponto de foco, conforme Figura 2.42.

- Divisão da quadra esportiva em retângulos
  C = 66 m (comprimento do campo de esporte);
  L = 40 m (largura do campo de esporte).

Foram adotados, arbitrariamente, os retângulos de foco com as seguintes dimensões:

$C = 5{,}5$ m (comprimento) $\rightarrow$ $N_c = 11 + 2 \times \frac{1}{2} = 12$ linhas de pontos de foco no sentido do comprimento do campo de esportes (ver Figura 2.42);

$L = 8$ m (largura) $\rightarrow$ $N_l = 5$ linhas de pontos de foco no sentido da largura do campo de esportes (ver Figura 2.42).

Dessa forma, são 65 áreas retangulares de 5,5 × 8 m que correspondem a 65 pontos de foco localizados cada um no centro de cada retângulo. Nesse caso, para cada ponto de foco corresponde inicialmente um projetor ajustado com o seu ponto de foco central virado diretamente para o centro de uma área retangular de 5,5 × 8 m. Cada área retangular (5,5 × 8 m) deve receber um fluxo luminoso horizontal de cerca de 3.000 lux com nível de uniformidade de 80 %. Inicialmente adotaremos 66 projetores nas 6 torres instaladas lateralmente ao campo de esporte. Em cada torre serão instalados 11 projetores, perfazendo 66 unidades. A Figura 2.43 mostra o arranjo dos projetores na torre. Por facilidade de cálculo admitiremos que cada projetor que está sendo analisado seja considerado instalado a 20 m de altura e esteja situado na linha vertical da torre.

Somente por meio de um *software* dedicado é possível determinar com racionalidade a quantidade de projetores necessários para manter um fluxo luminoso e uma uniformidade tão elevados.

- Distância entre as torres de iluminação

$$66 = 2 \times D_t + 2 \times \frac{D_t}{2} \quad \rightarrow \quad 33 = D_t + 0{,}5 \times D_t$$

D_t = distância entre duas torres consecutivas.

$D_t = 22$ m $\rightarrow$ $\frac{D_t}{2} = 11$ m (ver desenho da Figura 2.42)

- Coordenadas dos pontos de foco com origem na torre A

Será calculada a coordenada do ponto de foco somente da área de número 14. Os demais seguem o mesmo procedimento.

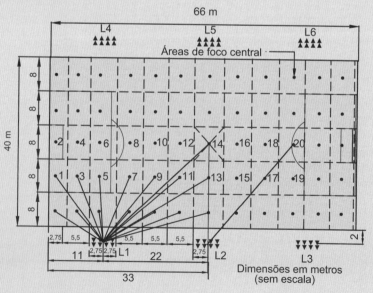

Figura 2.42 Linhas de focalização de uma quadra de esportes.

Iluminação industrial

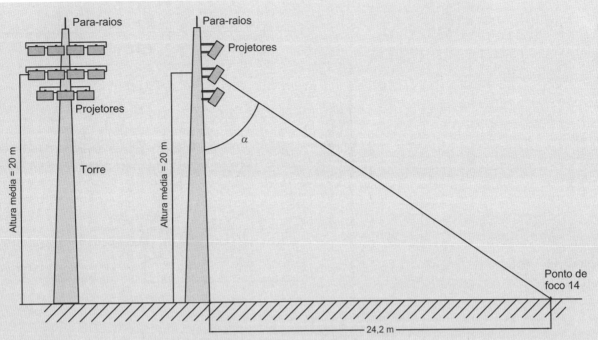

Figura 2.43 Torres de iluminação.

$$P14(1) = 2{,}75 + 2 \times 5{,}5 = 13{,}75 \text{ m}$$

$$P14(2) = 2 + 2 \times 8 + {}^8\!/_2 = 22 \text{ m}$$

- Intensidade luminosa de um projetor qualquer Y da torre L1

Por meio das curvas isocandelas mostradas na Figura 2.41, é possível obter o valor da intensidade luminosa de um projetor no ponto central de sua curva isocandela para $\beta - 0°$ e $\gamma - 0°$ conforme mostrado na Figura 2.44. Como o fluxo luminoso nominal da lâmpada a vapor metálico utilizada é de 90.000 lumens, temos:

$$I = 660 \text{ cd}/1.000 \text{ lumens}$$

$$I_l = \frac{660 \times 90.000}{1.000} = 59.400 \text{ cd}$$

- Intensidade luminosa de um projetor Y qualquer da torre L1 no ponto de foco 14

Cálculo da distância A-B ângulo e ângulo α

$$AB = \sqrt{BD^2 + DA^2} = \sqrt{22^2 + 13{,}75^2} = 25{,}9 \text{ m}$$

$$\alpha = arctg\, \frac{22}{13{,}75} = 58{,}0°$$

Obs.: todos os ângulos indicados na Figura 2.44 foram calculados com base nas medidas da quadra de esporte. O mesmo processo deve ter continuidade para determinação dos demais valores.

$$E_{1y} = \frac{I \times (\cos \alpha)^3}{H^2} = \frac{59.400 \times [\cos(58{,}0°)]^3}{20^2} = 22{,}0 \text{ lux [iluminância de um projetor qualquer Y da torre L1 no ponto (14)]}$$

- Contribuição da intensidade luminosa de um projetor Z qualquer da torre L2 no ponto de foco 14

Por meio das curvas isocandelas mostradas na Figura 2.4, pode-se obter o valor da intensidade luminosa de um projetor qualquer Z da torre L2, no ponto de foco (14), considerando que o projetor está inclinado de forma tal que o ponto central do seu foco esteja dirigido para o ponto de foco (20), conforme mostrado na Figura 2.44. Desejamos agora calcular a sua contribuição do projetor Z no ponto de foco (14):

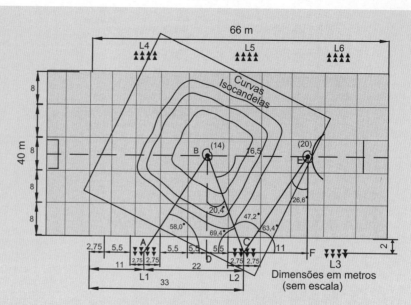

Figura 2.44 Distâncias e ângulos utilizados nos cálculos.

$$BC = \sqrt{BD^2 + DC^2} = \sqrt{22^2 + 8{,}25^2} = 23{,}49 \text{ m}$$

$$\varepsilon = arctg\,\frac{22}{8{,}25} = 69{,}4° \text{ (ver Figura 2.44)}$$

$$CE = \sqrt{EF^2 + CF^2} = \sqrt{22^2 + 11^2} = 24{,}6 \text{ m}$$

$$\sigma = arctg\,\frac{22}{11} = 63{,}4° \text{ (ver Figura 2.44)}$$

$$E_{2/z} = \frac{I_1 \times (\cos\alpha)^3}{H^2} = \frac{140 \times {}^{90.000}\!/\!_{1.000} \times [\cos(47{,}2°)]^3}{20^2} = 9{,}8 \text{ lux [iluminância de um projetor qualquer Z da torre L2 no ponto (14); veja o ângulo 47,2° na Figura 2.44]}$$

Esse processo deve ser repetido para cada ponto de foco, ou seja, cada ponto de foco deve receber diretamente o fluxo luminoso de 1 (um) projetor, além da contribuição dos fluxos luminosos de todos os projetores das seis torres.

Logo, no ponto de foco (14) a iluminância, considerando apenas dois projetores, tem o seguinte valor:

$$E_{L/L2} = E_{1/y} + E_{2/z} = 28{,}0 + 9{,}8 = 37{,}8 \text{ lux}$$

2.7 Iluminação de exteriores

As áreas externas das instalações industriais em geral são iluminadas por meio de projetores fixados em postes ou nas laterais do conjunto arquitetônico da fábrica.

A Tabela 2.21 fornece os níveis de iluminamento adequados para áreas externas.

O método mais adequado para aplicação de projetores em áreas externas é o método do ponto por ponto. Entretanto, na iluminação dos acessos internos de complexos fabris, por exemplo, podem ser utilizados dois métodos bastante simples.

2.7.1 Iluminamento por ponto

Esse método é derivado do método ponto por ponto, no qual o fabricante da luminária fornece, em termos percentuais do fluxo máximo, o diagrama de curvas isolux. Logo, para se determinar o iluminamento em determinado ponto, soma-se a contribuição de todas as luminárias, cujo fluxo luminoso atinja o referido ponto. Esta contribuição é determinada a partir das curvas isolux, cujos valores são dados em função dos múltiplos da altura da luminária. O diagrama das curvas isolux, dado como exemplo na Figura 2.45, na realidade é um conjunto de curvas que tem como centro um ponto abaixo da luminária, representando cada uma das curvas os pontos que recebem o mesmo fluxo luminoso da luminária.

Tabela 2.21 Nível de iluminamento de áreas externas

Áreas	Iluminâncias – lux
Depósitos ao ar livre	10
Parques de estacionamento	50
Vias de tráfego	70

Para determinar o iluminamento em um ponto qualquer do acesso interno, utilizar a Equação (2.23). Considerar que a relação entre os valores de menor e maior iluminamento dos acessos internos não deve ser inferior a 0,33, valor este denominado fator de uniformidade de iluminamento.

$$E_p = \frac{E \times K \times \psi_l \times N}{H^2} \qquad (2.23)$$

E = iluminamento percentual no ponto considerado;
K = fator da luminária fornecido no diagrama isolux da luminária empregada;
ψ_l = fluxo luminoso da lâmpada, em lumens;
N = número de lâmpadas/luminária;
H = altura de montagem da luminária.

Exemplo de aplicação (2.4)

Determinar o iluminamento na linha média de um acesso interno de um empreendimento industrial (pontos P1 – iluminamento mínimo e P2 – iluminamento máximo da linha média), com dimensões mostradas na Figura 2.46, utilizando uma luminária cujo diagrama das curvas isolux é mostrado na Figura 2.45. A lâmpada empregada é a de vapor de mercúrio de 250 W. A altura das luminárias é de 10 m.

- Iluminamento máximo
  Por meio da Equação (2.23), temos:

$$E_p = \frac{E \times K \times \psi_l \times N}{H^2} = \frac{1 \times 0,23 \times 12.600 \times 1}{10^2} = 28,98 \text{ lux}$$

E = 1 (100 % – valor para o iluminamento máximo);
K = 0,23 (valor dado no diagrama isolux – fator de utilização);
ψ_l = 12.600 lumens (Tabela 2.2);
N = 1 (lâmpada da luminária);
H = 10 m (altura da luminária).

- Iluminamento no ponto P1
  A posição do ponto P1 (P1x, P1y) no diagrama das curvas isolux da Figura 2.45, em múltiplos da altura da luminária, tomando-se como base a luminária L2, estabelece a curva de 15 %, ou seja:

$$P_{1x} = \frac{15}{2} = 7,5 \text{ m}$$

$$P_{1x} = \frac{7,5}{H} = \frac{7,5}{10} = 0,75H$$

$$P_{1y} = \frac{30/2}{10} = 1,5H$$

– Contribuição de L1 no ponto P1

$P_{1x} = 0,75 \times H \rightarrow P_{1y} = 1,5 \times H \rightarrow \psi_p \cong 15\% = 0,15$
(curva determinada entre as curvas 9 e 20 e não apresentada na Figura 2.45);

$$E_{pll1} = 0,15 \times E_p = 0,15 \times 28,98 = 4,34 \text{ lux}$$

– Contribuição de L2 no ponto P1

$$E_{pll2} = E_{pll1} \text{ (o ponto P1 está no ponto médio de L1 e L2)}$$

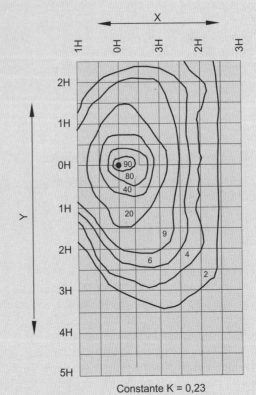

Figura 2.45 Diagrama de curvas isolux com inclinação de 30°.

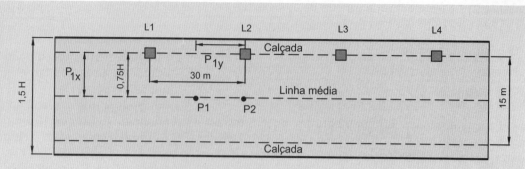

Figura 2.46
Representação de uma via interna.

Logo, o iluminamento final no ponto P1 vale:

$$E_{pl} = E_{pll1} + E_{pll2} = 4,34 + 4,34 = 8,69 \text{ lux}$$

- Iluminamento no ponto P2
  - Contribuição de L2 no ponto P2

$$P_{lx} = 0,75 \times H \quad \rightarrow \quad P_{ly} = 0 \times H \quad \rightarrow \quad \psi_p = 40\% = 0,4$$

$$E_{p212} = 0,40 \times 28,98 = 11,6 \text{ lux}$$

  - Contribuição de L1 no ponto P2

A curva de L1 que corta o ponto P2 é:

$$P_{lx} = 0,75 \times H \text{ e } P_{ly} = 3 \times H \quad \rightarrow \quad \psi_p = 4\% = 0,04$$

$$E_{p211} = 0,04 \times 28,98 = 1,15 \text{ lux}$$

Logo, o iluminamento final no ponto P2 vale:

$$E_{p2} = E_{p212} + E_{p211} = 11,6 + 1,15 = 12,75 \text{ lux}$$

2.7.2 Iluminamento pelo valor médio

O iluminamento pelo valor médio sobre a pista pode ser calculado com a da Equação (2.24).

$$E_m = \frac{F_u \times \psi_l \times N}{L_p \times D_l} \quad (2.24)$$

F_u = fator de utilização;
ψ_l = fluxo luminoso da lâmpada, em lumens;
N = número de lâmpadas/luminária;
L_p = largura do acesso interno, em m;
D_l = distância entre as luminárias, em m.

A determinação do fator de utilização é feita por meio da curva do fator de utilização da luminária que se está utilizando no projeto, encontrada no catálogo do fabricante e exemplificada na Figura 2.47. A Figura 2.48 mostra a posição da luminária no poste, em um exemplo típico de iluminação de vias de tráfego.

a) Fator de utilização para o iluminamento do acesso interno

- Fator de utilização correspondente ao lado do acesso interno

$$R_1 = \frac{L_p - X}{H} \quad (2.25)$$

- Fator de utilização correspondente ao lado da calçada

$$R_2 = \frac{X}{H} \quad (2.26)$$

Quando as distâncias L_p e X já são tomadas com base na altura H, esta variável deixa de existir no denominador e as variáveis de R_1 e R_2 passam a ter respectivamente os seguintes valores:

$$R_1 = L_p - X \quad (2.27)$$

$$R_2 = X \quad (2.28)$$

Com os valores de R_1 e R_2 obtêm-se os fatores de utilização parciais F_{u1} e F_{u2} por meio da curva do fator de utilização correspondente à luminária que se está utilizando. O fator de utilização final vale:

$$F_u = F_{u1} + F_{u2} \quad (2.29)$$

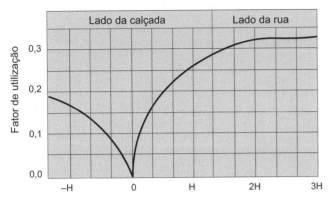

Figura 2.47 Fator de utilização.

b) Fator de utilização para o iluminamento das calçadas

Na determinação do iluminamento das calçadas pode-se utilizar a Equação (2.30). Neste caso, o fator de utilização é determinado por meio da curva da luminária correspondente, utilizando as seguintes razões:

- Fator de utilização correspondente à calçada do lado da linha das luminárias

$$R_1 = \frac{C+X}{H-F} \quad (2.30)$$

$$R_2 = \frac{X}{H-F} \quad (2.31)$$

- Fator de utilização correspondente à calçada do outro lado da linha das luminárias

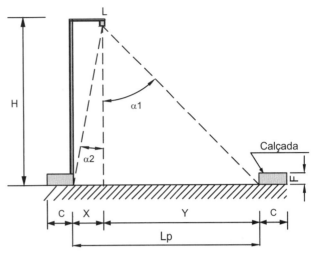

Figura 2.48 Definição dos ângulos de focalização.

$$R_1 = \frac{(L_p - X) + C}{H - F} \quad (2.32)$$

$$R_2 = \frac{X}{H-F} \quad (2.33)$$

Como já foi explanado anteriormente com os valores de R_1 e R_2, obtêm-se F_{u1} e F_{u2}. Dessa forma, o fator de utilização final vale:

$$F_u = F_{u1} - F_{u2} \quad (2.34)$$

Exemplo de aplicação (2.5)

Calcular a iluminação de um acesso interno de uma indústria mostrada na Figura 2.49, cujos detalhes dimensionais estão contidos na Figura 2.50. A luminária utilizada é do tipo mostrado na Figura 2.48. A lâmpada utilizada é de 250 W, a vapor de mercúrio. A altura da luminária é de 10 m. O diagrama do fator de utilização da luminária é dado na Figura 2.47.

- Fator de utilização
  - Para o lado da pista

$$R_1 = L_p - X = 1H - 0{,}25H = 0{,}75H \rightarrow F_{u1} = 0{,}23 \text{ (Figura 2.47)}$$

  - Para o lado da calçada

$$R_2 = X = 0{,}25H \rightarrow F_{u2} = 0{,}13 \text{ (Figura 2.47)}$$

Logo, o fator de utilização vale:

$$F_u = F_{u1} + F_{u2} = 0{,}23 + 0{,}13 = 0{,}36$$

- Iluminamento médio
  Aplicando-se a Equação (2.23), temos:

$$E_m = \frac{F_u \times \psi_l \times N}{L_p \times D_l}$$

$$\psi_l = 12.600 \text{ lumens (Tabela 2.2)}$$

$$D_l = 30 \text{ m}$$

Com base na Figura 2.50, pode-se escrever:

$$L_p = 1,0H = 10 \text{ m}$$

Logo, o valor médio do iluminamento na linha central da pista vale:

$$E_m = \frac{0,36 \times 12.600 \times 1}{10 \times 30} = 15,12 \text{ lux}$$

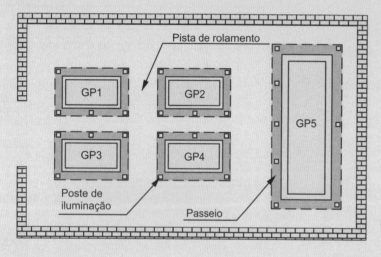

Figura 2.49 Área externa de uma indústria.

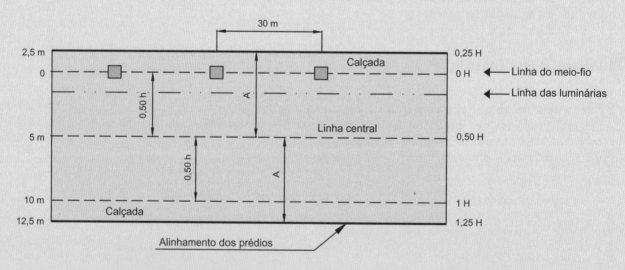

Figura 2.50 Trecho de uma pista de rolamento interna à área industrial.

2.8 Iluminação de emergência

Não deve ser confundida com iluminação alternativa. A iluminação de emergência em instalações industriais deve ser projetada adequadamente, a fim de que se revelem todas as áreas em que a falta de iluminação possa ocasionar riscos de acidentes ou perturbação na saída de pessoal. De modo geral, as áreas mais importantes a serem dotadas de iluminação de emergência são:

- corredores;
- salas de reunião;
- auditórios;
- salas de emergência;

- sala de máquinas, em geral;
- setores de produção de materiais combustíveis ou gasosos.

O nível de iluminamento desses locais deve variar de 5 lux para áreas de permanência e trânsito de pessoas a 50 lux para os setores de produção.

A Tabela 2.22 indica os valores mínimos das iluminâncias adotadas para diferentes ambientes. A iluminação de emergência poderá ser feita com o uso de baterias ou de um gerador auxiliar.

2.8.1 Sistema autônomo de emergência

É constituído por uma bateria instalada no interior de uma caixa em geral feita de fibra, juntamente com o sistema retificador-carregador. Na parte superior da caixa estão instalados dois projetores que são ligados automaticamente quando a tensão se anula na tomada de alimentação do sistema autônomo. A Figura 2.51 mostra um sistema autônomo muito popular em instalações industriais e comerciais. A tensão desses sistemas, em geral, é de 12 V.

2.8.2 Banco de baterias

Quando se deseja iluminar grandes ambientes, a escolha, em geral, recai sobre a utilização de baterias que podem ser agrupadas em um banco (ou mais), concentrado em um local mais conveniente da indústria, sob o ponto de vista de queda de tensão. Se as distâncias entre o banco de baterias e os pontos de luz forem grandes, a ponto de obrigar a utilização de condutores de seção elevada, deve-se adotar uma tensão de distribuição de 110 ou 220 V para reduzir as quedas de tensão nos circuitos. Podem ser empregados os seguintes tipos de baterias:

a) Baterias chumbo-ácidas

São de utilização comum em veículos automotivos. Podem ser adquiridas com facilidade, e a um custo relativamente reduzido. Têm como solução o ácido sulfúrico H_2SO_4.

b) Baterias chumbo-cálcio

Têm um custo médio bem superior às de chumbo-ácidas. São empregadas com certa frequência em serviços auxiliares de subestação de força de concessionárias de eletricidade ou particulares. Utilizam também como solução o ácido sulfúrico H_2SO_4. Entretanto, diferenciam-se das anteriores pela tecnologia de fabricação.

c) Baterias alcalinas

Também conhecidas como níquel-cádmio, apresentam um elevado grau de confiabilidade. Seu custo é elevado se comparado com o valor de uma unidade chumbo-ácida.

São comumente empregadas em sistemas de serviços auxiliares de subestação de potência ou acopladas a sistemas ininterruptos de energia (*nobreak*) do tipo estático para suprimento de cargas que requeiram um elevado nível de continuidade.

A Figura 2.52 mostra, esquematicamente, um sistema de iluminação de emergência comandado por um relé de tensão que atua sobre um contator magnético, permitindo a energização dos diferentes circuitos parciais pelo conjunto de baterias.

Deve-se ressaltar que não é conveniente e nem seguro projetar sistema de iluminação em corrente alternada tendo como origem o sistema da concessionária, ou seja, a subestação da indústria. Isso se deve ao fato de que, logo que se iniciam os trabalhos de combate a incêndio, desliga-se a subestação da indústria, desligando-se por conseguinte todos os circuitos em corrente alternada. Às vezes, os integrantes da equipe do Corpo de Bombeiros solicitam à concessionária de energia elétrica que desligue o alimentador que passa nas imediações do empreendimento em chamas.

Tabela 2.22 Iluminamentos mínimos para iluminação de emergência

Ambientes	Iluminância – Lux
Auditórios, salas de recepção	5
Corredores, refeitórios, salões, iluminação externa	10
Almoxarifados, escritórios, escadas, entradas em locais com desníveis, elevadores	20
Corredores de saída de pessoal, centro de processamento de dados, subestação, salas de máquina	50

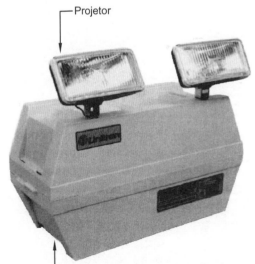

Figura 2.51 Sistema autônomo de iluminação de emergência.

2.8.3 Gerador auxiliar

O gerador auxiliar é utilizado normalmente em instalações que necessitam não somente de iluminação de emergência, como também de iluminação alternativa, ou ainda de fonte de suprimento auxiliar.

A utilização de geradores auxiliares é significativamente mais onerosa para a instalação, tanto no que se refere ao custo inicial como ao custo de operação e manutenção.

Em algumas indústrias, em virtude da necessidade de continuidade do processo industrial, é imperiosa a instalação de um gerador como fonte alternativa que possa ser utilizado também para suprimento dos circuitos destinados à iluminação de emergência.

A potência do gerador deve ser selecionada em função das cargas prioritárias que devem permanecer ligadas durante os eventos que venham a provocar o corte do suprimento da rede da concessionária.

Os geradores, em geral, devem ser acionados automaticamente logo que falte tensão nos terminais de entrada da subestação da indústria. Isto permite que se reduza o tempo sem o serviço de energia elétrica na unidade fabril.

Certos setores da indústria podem necessitar de energia ininterruptamente. São cargas de elevada prioridade. Neste caso, deve-se utilizar, além do gerador auxiliar, um sistema ininterrupto de energia para alimentação desse tipo de carga, que pode também fornecer energia ao sistema de iluminação durante as emergências do sistema da concessionária. O sistema ininterrupto (*nobreak*) seria dimensionado com um banco de baterias adequado ao tempo e carga necessários para a operação do gerador.

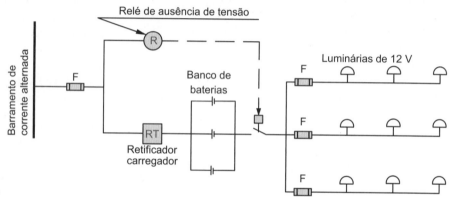

Figura 2.52 Esquema básico de comando de iluminação.

3 Dimensionamento de condutores elétricos

3.1 Introdução

O dimensionamento de um condutor deve ser precedido de uma análise detalhada das condições de sua instalação e da carga a ser suprida.

Um condutor mal dimensionado, além de acarretar a operação inadequada da carga, representa um elevado risco de incêndio para o patrimônio, principalmente quando existe associado um deficiente projeto de proteção. Os fatores básicos que envolvem o dimensionamento de um condutor são:

- tensão nominal;
- frequência nominal;
- potência ou corrente da carga a ser suprida;
- fator de potência da carga;
- tipo de sistema: monofásico, bifásico ou trifásico;
- método de instalação dos condutores;
- natureza de carga: iluminação, motores, capacitores, retificadores etc.;
- distância da carga ao ponto de suprimento;
- corrente de curto-circuito.

Para que um condutor esteja adequadamente dimensionado é necessário que se projetem os elementos de proteção que lhe são associados, de maneira que as sobrecargas e sobrecorrentes presumidas do sistema não afetem a sua isolação.

3.2 Fios e cabos condutores

A maioria absoluta das instalações industriais emprega o cobre como elemento condutor dos fios e cabos elétricos. O uso do condutor de alumínio neste tipo de instalação é muito reduzido, apesar de o preço de mercado ser significativamente inferior aos dos correspondentes condutores de cobre. A própria norma brasileira NBR 5410 restringe a aplicação dos condutores de alumínio, quando somente permite o seu uso em seções iguais ou superiores a 16 mm².

De fato, os condutores de alumínio necessitam de cuidados maiores na manipulação e instalação, devido às suas características químicas e mecânicas. No entanto, o que torna decisiva a restrição ao seu maior uso é a dificuldade de se assegurar uma boa conexão com os terminais dos aparelhos consumidores, já que a maioria destes é própria para conexão com condutores de cobre.

De maneira geral, as conexões com condutores de alumínio são consideradas o ponto vulnerável de uma instalação, necessitando de mão de obra de boa qualidade e técnicas apropriadas. Neste livro, somente se tratará de instalações com condutores de cobre.

Fios e cabos são isolados com diferentes tipos de compostos isolantes, sendo os mais empregados o PVC (cloreto de polivinila), o EPR (etileno-propileno) e o XLPE (polietileno reticulado), cada um com suas próprias características químicas, elétricas e mecânicas, acarretando assim o seu emprego em condições específicas para cada instalação, posteriormente detalhadas.

Ademais, os condutores são chamados de *isolados* quando dotados de uma camada isolante, sem capa de proteção. Por outro lado, são denominados de *unipolares* os condutores que possuem uma camada isolante protegida por uma capa, normalmente constituída de material PVC. As Figuras 3.1 e 3.2 mostram respectivamente um cabo de cobre isolado em PVC e um cabo de cobre unipolar, também com isolação em PVC.

Figura 3.1 Cabo isolado.

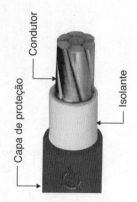

Figura 3.2 Cabo unipolar.

Para efeito da norma NBR 5410, os condutores com isolação de XLPE que atendam à NBR 7285, compreendendo condutores isolados e cabos multiplexados, são considerados cabos unipolares e cabos multipolares, respectivamente. No momento da edição deste livro está em vigência a NBR 5410:2004 corrigida em 2008.

Os cabos unipolares e multipolares devem atender às seguintes normas:

- cabos com isolação em PVC: NBR 7288;
- cabos com isolação em EPR: NBR 7286;
- cabos com isolação de XLPE: NBR 7287.

Os cabos não propagadores de chama, livres de halogênio e com baixa emissão de fumaça e gases tóxicos podem ser condutores isolados, cabos unipolares e cabos multipolares.

Quando um cabo é constituído de vários condutores isolados, e o conjunto é protegido por uma capa externa, é denominado multipolar, como mostrado na Figura 3.3 (cabo tripolar), no caso um cabo de média tensão. Os fios e cabos são conhecidos e comercializados normalmente por intermédio da marca de seus respectivos fabricantes. Certos condutores, devido à sua qualidade e ao forte esquema de *marketing*, já tornaram suas marcas extremamente populares, como é o caso dos fios e cabos *pirastic* (condutor isolado em PVC) e, também, do *sintenax* (condutor unipolar com isolação em PVC), ambos de fabricação Prysmian.

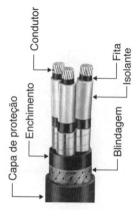

Figura 3.3 Cabo tripolar.

Os cabos de alta-tensão têm uma constituição bem mais complexa que os de baixa-tensão, em razão principalmente dos elevados gradientes de tensão de campo elétrico a que são submetidos. No Capítulo 9 será tratado adequadamente este assunto.

A isolação dos condutores *isolados* é designada pelo valor nominal da tensão entre fases que suportam e que é padronizada pela NBR 6148 em 750 V. Já a isolação dos condutores *unipolares* é designada pelos valores nominais das tensões que suportam respectivamente entre fase e terra, entre fases, e que são padronizados pela NBR 6251 em 0,6/1 kV para fios e cabos de baixa-tensão e em 3,6/6 kV – 6/10 – 8,7/15, 12/20 e 20/35 kV para cabos de média tensão.

3.3 Sistemas de distribuição

Dependendo da grandeza da carga da instalação e do seu tipo, podem ser utilizados vários sistemas de distribuição, ou seja:

3.3.1 Sistema de condutores vivos

Considerando-se somente os sistemas de corrente alternada, temos:

3.3.1.1 Sistema monofásico a dois condutores (F – N)

É o sistema comumente utilizado em instalações residenciais isoladas e em prédios comerciais e residenciais com um número reduzido de unidades de consumo e de pequena carga. Sua configuração é apresentada na Figura 3.4.

3.3.1.2 Sistema monofásico a três condutores

É empregado em pequenas instalações residenciais e comerciais, em que há carga de iluminação e motores. Seu uso é limitado e tem configurações apresentadas na Figura 3.5.

3.3.1.3 Sistema trifásico a três condutores (3F)

Trata-se de um sistema secundário que pode estar conectado em triângulo ou estrela com o ponto neutro isolado. Seu uso é abrangente em especial em instalações industriais em que os motores trifásicos representam a carga preponderante do sistema. As Figuras 3.6 e 3.7 mostram as duas configurações utilizadas: triângulo e estrela.

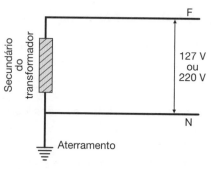

Figura 3.4 Sistema monofásico.

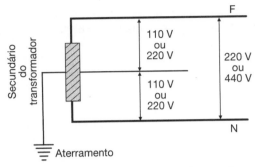

Figura 3.5 Sistema monofásico a três condutores.

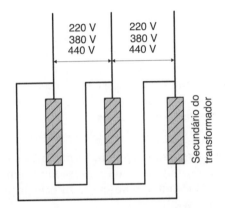

Figura 3.6 Sistema trifásico a três condutores em Δ.

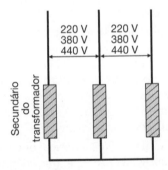

Figura 3.7 Sistema trifásico a três condutores em Y.

3.3.1.4 Sistema trifásico a quatro condutores (3F – N)

É o sistema secundário de distribuição mais comumente empregado nas instalações elétricas comerciais e industriais de pequeno porte. Normalmente, é utilizada a configuração estrela com o ponto neutro aterrado, conforme a Figura 3.8, podendo-se obter as seguintes variedades de circuitos, na prática:

- a quatro condutores: 220Y/127V; 380Y/220V; 440Y/254V; 208Y/120V;
- a três condutores: 440 V; 380 V; 220 V;
- a dois condutores: 127 V; 220 V.

3.3.1.5 Sistema trifásico a cinco condutores (3F – N – T)

Trata-se do sistema secundário de distribuição mais comumente empregado nas instalações elétricas industriais de médio e grande portes. Normalmente, é utili-

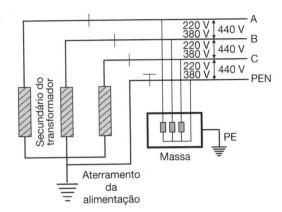

Figura 3.8 Sistema trifásico a quatro condutores em Y.

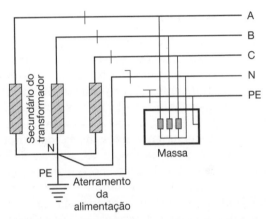

Figura 3.9 Sistema trifásico a cinco condutores.

zada a configuração estrela com o ponto neutro aterrado, conforme a Figura 3.9, podendo-se obter as mesmas variedades de circuitos apresentadas no item anterior.

3.3.2 Sistemas de aterramento

A NBR 5410, para classificar os sistemas de aterramento das instalações, utiliza a seguinte simbologia:

a) Primeira letra: situação da alimentação em relação à terra:

- T – um ponto diretamente aterrado;
- I – isolação de todas as partes vivas em relação à terra ou aterramento de um ponto por uma impedância elevada.

b) Segunda letra: situação das massas em relação à terra:

- T – massas diretamente aterradas, independentemente do aterramento eventual de um ponto de alimentação;
- N – massas ligadas diretamente ao ponto de alimentação aterrado, sendo que, em corrente alternada, o ponto de aterramento normalmente é o ponto neutro.

c) Outras letras (eventuais): disposição do condutor neutro e do condutor de proteção:

- S – funções de neutro e de proteção asseguradas por condutores distintos;
- C – funções de neutro e de proteção combinadas em um único condutor (condutor PEN).

As instalações, segundo a mesma norma, devem ser executadas de acordo com um dos sistemas das seções a seguir.

Os sistemas TN têm um ponto diretamente aterrado, sendo as massas ligadas a este ponto por meio de condutores de proteção. De acordo com a disposição do condutor neutro e do condutor de proteção, consideram-se três tipos de sistemas TN, a saber: TN-S, TN-C e TN-C-S.

3.3.2.1 Sistema TN-S

É aquele no qual o condutor neutro e o condutor de proteção são distintos. São comumente conhecidos como sistema a cinco condutores. Neste caso, o condutor de proteção conectado à malha de terra na origem do sistema, que é o secundário do transformador da subestação, interliga todas as massas da instalação que são compostas principalmente da carcaça dos motores, transformadores, quadros metálicos, suporte de isoladores etc. O condutor de proteção é responsável pela condução das correntes de defeito entre fase e massa, e é representado esquematicamente pela Figura 3.9. As massas solidárias ao condutor de proteção PE (*protection earth*) podem sofrer sobretensões por conta da elevação de potencial do ponto neutro do sistema quando esse condutor é percorrido por uma corrente de defeito, conforme se observa na Figura 3.10.

Todas as massas de uma instalação devem ser ligadas ao condutor de proteção.

Todas as massas de um sistema TN-S devem ser equalizadas pelo condutor de proteção que deve ser interligado ao ponto da alimentação aterrado.

O condutor de proteção pode ser aterrado em tantos pontos quanto possível.

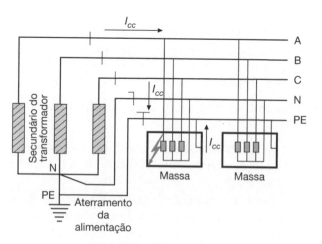

Figura 3.10 Sistema TN-S.

A proteção para garantir a segurança contra choques elétricos é estabelecida pela NBR 5410 por meio de dois tipos de proteção:

a) **Proteção básica**

É aquela empregada para impedir o contato direto com as partes vivas perigosas em condições normais de operação. Esse tipo de proteção corresponde na prática à instalação de barreiras ou invólucros protetivos ou mesmo à limitação da tensão.

b) **Proteção supletiva**

É aquela empregada para suprir a proteção contra choques elétricos quando massas ou partes condutivas acessíveis tornam-se acidentalmente vivas. Esse tipo de proteção corresponde na prática à equipotencialização das massas e ao seccionamento automático do circuito de alimentação da carga quando submetido a uma avaria. Também a separação elétrica é peculiar ao conceito de proteção supletiva. Algumas condições a seguir caracterizam o seccionamento da instalação:

- todas as massas instaladas em uma mesma edificação devem ser interconectadas à equalização principal da edificação que tem origem na malha de aterramento;
- quando há massas simultaneamente acessíveis devem ser aterradas na malha de aterramento da edificação;
- todo circuito deve dispor do condutor de proteção em toda sua extensão. O condutor de proteção pode ser comum a mais de um circuito desde que esteja instalado no mesmo conduto dos condutores das fases e a sua seção deve atender à seção mínima de 2,5 mm² para condutores de cobre, cujo assunto será detalhado posteriormente;
- o seccionamento automático deve compreender um dispositivo de proteção que seccione automaticamente o circuito ou equipamento por ele protegido na ocorrência de um defeito na instalação que envolva os condutores de duas ou das três fases ou qualquer condutor fase com a terra.

Os dispositivos de proteção e as seções dos condutores, segundo a NBR 5410, devem ser escolhidos de modo que, ocorrendo em qualquer ponto do sistema uma falta de impedância desprezível entre um condutor de fase e o condutor de proteção ou uma massa, o seccionamento ocorra automaticamente em um tempo máximo igual ao estabelecido na Tabela 3.1. Porém, para qualquer esquema de proteção, o tempo não pode ser superior a 5 s. Isto pode ser atendido se for cumprida a seguinte condição em sistemas projetados com o esquema TN-S e TN-C e TN-C-S:

$$Z_s \times I_{at} \leq V_{fn} \qquad (3.1)$$

Z_s = impedância do percurso da corrente de defeito, isto é, as impedâncias da fonte, do condutor de fase, até o ponto no qual ocorreu a falta, e do condutor de proteção em toda a sua extensão;

V_{fn} = tensão nominal entre fase e terra ou fase e neutro;
I_{at} = corrente de defeito entre fase e terra que assegure o disparo da proteção em um tempo máximo igual aos valores estabelecidos na Tabela 3.1 e de acordo com a situação a seguir definida, ou a 5 s em condições previstas pela NBR 5410.

Para o entendimento da Tabela 3.1 é necessário conhecer o conceito das *situações* 1 a 3:

- *Situação 1*: pode-se considerar que uma pessoa está submetida à situação 1 quando sujeita à passagem de uma corrente elétrica conduzida de uma mão para outra ou de uma mão para um pé, com pele úmida, podendo estar nesse instante em locais não condutores, ou estar em locais não condutores, mas contendo pequenos elementos condutores, cuja probabilidade de contato seja desprezada, ou ainda estar em superfícies condutoras ou em contato com elementos condutores. Para tensões entre fase e neutro, os tempos máximos de contato estão relacionados na Tabela 3.1.

- *Situação 2*: pode-se considerar que uma pessoa está submetida à situação 2 quando sujeita à passagem de uma corrente elétrica conduzida entre duas mãos e os dois pés, estando com os pés molhados, de forma a se poder desprezar a resistência de contato, e ao mesmo tempo em contato com elementos condutores ou sobre superfícies condutoras ou ainda em contato permanente com paredes metálicas com possibilidades limitadas de interromper os contatos. Para tensões entre fase e neutro os tempos máximos de contato estão relacionados na Tabela 3.1.

- *Situação 3*: pode-se considerar que uma pessoa está submetida à situação 3 quando sujeita à passagem de uma corrente elétrica, estando a pessoa imersa em água, como em piscinas e banheiras.

A Tabela 3.2 fornece as tensões de contato limite para as três diferentes situações anteriormente definidas.

A impedância Z_s vista na Equação (3.1) pode ser determinada a partir da Equação (3.2), identificada na Figura 3.11.

$$Z_s = R_t + R_c + R_p + j(X_t + X_c + X_p) \quad (3.2)$$

R_t = resistência vista do secundário do transformador da subestação, em Ω;
X_t = reatância vista do secundário do transformador da subestação, em Ω;
R_c = reatância dos condutores de fase que se estendem desde o secundário do transformador até o ponto de falta, em Ω;
X_c = reatância dos condutores de fase que se estendem desde o secundário do transformador até o ponto de falta, em Ω;

Tabela 3.1 Tempos de seccionamento máximo do esquema TN – NBR 5410

Tensão nominal	Tempo de seccionamento (s)	
V	Situação 1	Situação 2
115, 120, 127	0,80	0,35
220	0,40	0,20
254	0,40	0,20
277	0,40	0,20
400	0,20	0,05

Tabela 3.2 Tensão de contato limite (V) – NBR 5410

Natureza da corrente	Situação 1	Situação 2	Situação 3
Alternada: 15 a 100 Hz	50	25	12
Contínua sem ondulação	120	60	30

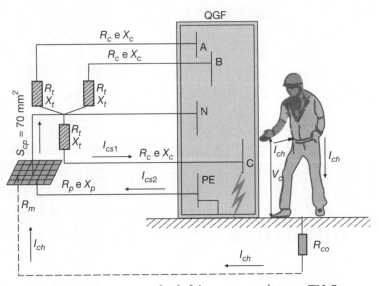

Figura 3.11 Corrente de defeito em um sistema TN-S.

R_p = resistência do condutor de proteção, em Ω;
X_p = reatância do condutor de proteção, em Ω.

A tensão de contato V_c a que poderia ficar submetida uma pessoa que tocasse acidentalmente uma carcaça energizada pode ser dada pela Equação (3.3).

$$V_c = \frac{V_{fn} \times Z_p}{Z_s} \text{ (V)} \quad (3.3)$$

Sendo que: $Z_p = R_p + jX_p$.

A corrente de choque a que poderá ficar submetida a pessoa nas condições anteriores pode ser dada pela Equação (3.4).

$$I_{ch} = \frac{V_c}{R_{ch} + R_{co} + R_m} \text{ (A)} \quad (3.4)$$

R_{ch} = resistência do corpo humano, normalmente igual a 1.000 Ω;

R_{co} = resistência de contato da pessoa com o solo, em Ω;
R_m = resistência da malha de terra.

Nos sistemas TN podem ser utilizados para proteção contra choques elétricos os dispositivos de proteção a sobrecorrente, no caso os disjuntores termomagnéticos, e os dispositivos diferencial-residual, também conhecidos como dispositivos DR. A norma NBR 5410 não admite o uso do DR para proteção contra choques elétricos nos sistemas TN-C, que é uma variante do sistema TN a ser estudado na próxima seção. Para fazer uso do DR nos sistemas TN-C deve-se convertê-lo no sistema TN-C-S, outro esquema derivado do sistema TN. Nesse caso, o condutor neutro deve ser desmembrado imediatamente a montante do ponto de instalação do DR em dois condutores separados, cada um assumindo as funções de neutro (N) e de proteção (PE). Depois da separação do condutor, o condutor PE não pode ser conectado ao condutor PEN no lado da fonte.

Exemplo de aplicação (3.1)

Determinar a tensão de contato e a corrente de choque a que pode ficar submetido o operador que acidentalmente toque o CCM (Centro de Controle de Motores), conforme mostrado na Figura 3.12. Sabe-se que naquele momento ocorreu um defeito monopolar em um circuito do CCM. A potência nominal do transformador da subestação é de 750 kVA – 13.800/380 V, e a perda no cobre é de 8.500 W. Os valores das resistências e reatâncias dos condutores podem ser obtidos na Tabela 3.22. O operador está na condição da *situação* 1. A proteção geral do CCM é confiada a um disjuntor termomagnético de 125 A, associado a um módulo DR (diferencial-residual). Para sobrecargas e curtos-circuitos atuam respectivamente a unidade térmica e a magnética do disjuntor. Para as correntes de fuga de 30 mA, no presente caso, deve atuar o dispositivo DR agregado ao disjuntor termomagnético. Esse assunto será estudado com detalhes no Capítulo 10.

O diagrama elétrico da Figura 3.13 corresponde à representação dos componentes de resistência e reatância definidos na Figura 3.12.

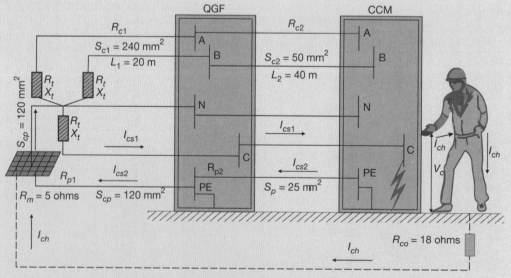

Figura 3.12 Percurso da corrente de defeito no sistema TN-S.

- Perda no cobre por fase do transformador

$$P_{cu} = \frac{8.500}{3} = 2.833,3 \text{ W}$$

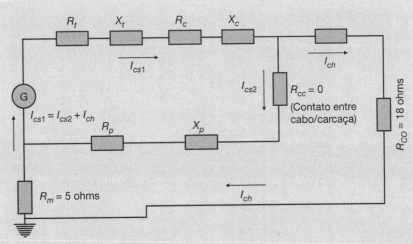

Figura 3.13 Diagrama elétrico correspondente à Figura 3.12.

- Corrente nominal primária do transformador

$$I_l = \frac{750}{\sqrt{3} \times 13,80} = 31,3 \text{ A}$$

- Resistência equivalente do transformador referida ao seu primário, em Ω

$$R_{eq} = \frac{P_{cu}}{I_l^2} = \frac{2.833,3}{31,3^2} = 2,89 \, \Omega$$

- Tensão de curto-circuito

$Z_p = 5,5\% = 0,055 \, pu$ (impedância nominal do transformador – valor de placa)

$$V_{cc} = 0,055 \times \frac{13.800}{\sqrt{3}} = 438,2 \text{ V}$$

- Impedância equivalente do transformador referida ao seu primário, em Ω

$$Z_{eq} = \frac{V_{cc}}{I_l} = \frac{438,2}{31,3} = 14,0 \, \Omega$$

- Reatância equivalente do transformador referida ao seu primário, em Ω

$$X_{eq} = \sqrt{14,0^2 - 2,89^2} = 13,69 \, \Omega$$

- Resistência e reatância vistas do secundário do transformador

$$R_t = \left(\frac{380}{13.800}\right)^2 \times 2,89 = 0,00219 \, \Omega$$

$$X_t = \left(\frac{380}{13.800}\right)^2 \times 13,69 = 0,01038 \, \Omega$$

- Impedância vista do enrolamento secundário do transformador

$$\vec{Z}_t = R_t + jX_t = (0,00219 + j0,01038) \, \Omega$$

- Impedância dos condutores de fase (ver Figura 3.12)

$$R_c = R_{c1} + R_{c2} = \frac{0,0958 \times 20}{1.000} + \frac{0,4450 \times 40}{1.000} = 0,01971 \, \Omega$$

$$X_c = X_{c1} + X_{c2} = \frac{0,1070 \times 20}{1.000} + \frac{0,1127 \times 40}{1.000} = 0,00664 \, \Omega$$

$$\vec{Z}_c = (0,01971 + j0,00664) \, \Omega$$

- Resistência e reatância dos condutores de proteção

$$R_p = R_{p1} + R_{p2} = \frac{0{,}1868 \times 20}{1.000} + \frac{0{,}8891 \times 40}{1.000} = 0{,}03930\,\Omega$$

$$X_p = X_{c1} + X_{c2} = \frac{0{,}1076 \times 20}{1.000} + \frac{0{,}1164 \times 40}{1.000} = 0{,}00680\,\Omega$$

$$\vec{Z}_p = (0{,}03930 + j0{,}00680)\,\Omega \rightarrow |Z_p| = 0{,}03988\,\Omega$$

- Impedância do percurso da corrente de defeito

$$\vec{Z}_s = \vec{Z}_t + \vec{Z}_c + \vec{Z}_p \rightarrow \vec{Z}_s = (0{,}00219 + j0{,}01038) + (0{,}01971 + j0{,}00664) + (0{,}03930 + j0{,}00680)$$

$$\vec{Z}_s = (0{,}06120 + j0{,}02382)\,\Omega \rightarrow |Z_s| = 0{,}06567\,\Omega$$

- Tensão de contato

Da Equação (3.3), temos:

$$V_c = \frac{V_{fn} \times Z_p}{Z_s} = \frac{(380/\sqrt{3}) \times 0{,}03988}{0{,}06567} = 133{,}2\,\text{V}$$

- Corrente presumida de choque:

$I_{co} = 18\,\Omega$ = resistência de contato entre o operador e a porta do CCM cujo valor é dado na Figura 3.13;
$I_m = 5\,\Omega$ = resistência da malha de terra mostrada na Figura 3.13;
$I_m = 1.000\,\Omega$ = resistência do corpo humano seco conforme mostrado na Figura 3.13.

$$I_{ch} = \frac{V_c}{R_{ch} + R_{co} + R_m} = \frac{133{,}2}{1.000 + 18 + 5} = 0{,}130\,\text{A} = 130\,\text{mA} > 30\,\text{mA} \quad (\text{condição satisfeita})$$

O valor de 30 mA corresponde à corrente de disparo do dispositivo DR agregado ao disjuntor termomagnético de proteção do CCM.

De acordo com a Tabela 3.1, o tempo máximo de seccionamento para a *situação 1* é de 0,20 s. Logo, o operador que toca na porta do cubículo está protegido contra a corrente de choque.

Aplicando agora a condição da Equação (3.1), temos:

$$I_{at} = I_{ch} = 0{,}130\,\text{A} \text{ que faz atuar o disjuntor.}$$

$$Z_s \times I_{at} \leq V_{fn} \rightarrow 0{,}06567 \times 0{,}130 = 0{,}00854\,\text{V} \leq 133{,}2\,\text{V} \text{ (condição satisfeita)}$$

3.3.2.2 Sistema TN-C

É aquele no qual as funções de neutro e de proteção são combinadas em um único condutor ao longo de todo o sistema. É comumente conhecido como sistema a quatro condutores. Neste caso, o condutor neutro conectado à malha de terra na origem do sistema, que é a subestação, interliga todas as massas da instalação. Portanto, o neutro, além de conduzir a corrente de desequilíbrio do sistema, é responsável também pela condução da corrente de defeito. O sistema TN-C foi um dos mais utilizados em instalações de pequeno e médio portes, devido, principalmente, à redução de custo com a supressão do quinto condutor. A Figura 3.14 mostra esquematicamente o sistema TN-C. Em razão das restrições a esse sistema, é corrente o uso do sistema TN-S.

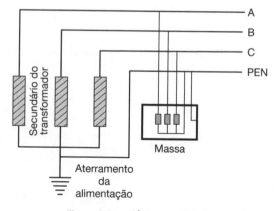

Figura 3.14 Sistema TN-C.

É importante observar que o rompimento do condutor neutro (PEN) no sistema TN-C coloca as massas dos equipamentos no potencial de fase, conforme se pode observar na Figura 3.15.

Nos sistemas TN, se existirem outras possibilidades de aterramento, além do aterramento nas proximidades do transformador, deve-se ligar o condutor de proteção ao maior número de pontos possível. De qualquer forma, deve-se garantir que, no caso de falta de fase para a massa ou para a terra, o potencial resultante do condutor de proteção e das massas correspondentes permaneça o mais aproximado possível do potencial da terra.

3.3.2.3 Sistema TN-C-S

É aquele no qual as funções de neutro e de proteção são combinadas em um único condutor em uma parte do sistema, conforme se pode ilustrar na Figura 3.16.

3.3.2.4 Sistema TT

É aquele que tem o ponto de alimentação da instalação diretamente aterrado, sendo as massas ligadas a eletrodos de aterramento independentes do eletrodo da alimentação. A Figura 3.17(a) mostra o esquema TT. Alternativamente, o esquema TT da Figura 3.17(a) pode ser configurado conforme a Figura 3.17(b), na qual o aterramento das massas está conectado a sistemas de aterramento distintos.

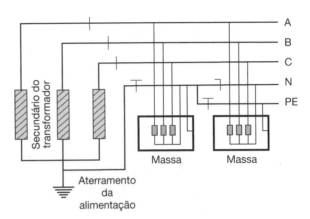

Figura 3.16 Sistema TN-C-S.

Para assegurar que, na ocorrência de uma falta entre fase e massa, o dispositivo de proteção seccione o circuito de alimentação, a tensão de contato presumida deve atender a seguinte condição:

$$R_{am} \times I_{dr} \leq V_l \qquad (3.5)$$

R_{am} = resistência de aterramento das massas, isto é, a soma das resistências do eletrodo de aterramento e dos condutores de proteção;
I_{dr} = corrente diferencial-residual nominal;
V_l = tensão de contato limite.

No caso de ser utilizada uma proteção diferencial-residual de 30 mA, a resistência de aterramento R_{am} terá valor máximo de:

$$R_{am} = \frac{50}{0,03} = 1.666 \ \Omega$$

A tensão de contato a que poderia ficar submetida uma pessoa que tocasse em uma carcaça energizada acidentalmente em um sistema TT pode ser dada na Equação (3.6), ou seja:

$$V_c = \frac{V_{fn}}{1 + \frac{R_{te}}{R_{am}}} \qquad (3.6)$$

V_c = tensão de contato;
R_{te} = resistência de terra da subestação ou do início da instalação, podendo compreender a resistência da malha de terra R_m e do resistor de aterramento R_{at}.

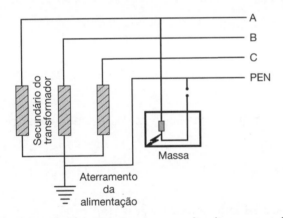

Figura 3.15 Sistema TN-C em curto-circuito monopolar.

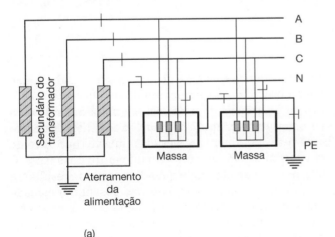

(a)

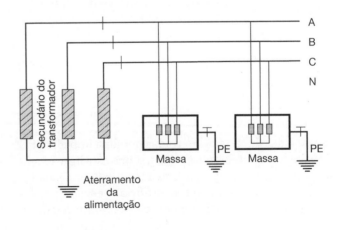

(b)

Figura 3.17 (a) Sistema TT: terra único das massas. (b) Sistema TT: terras distintos das massas.

Exemplo de aplicação (3.2)

Calcular a tensão de contato a que ficará submetido um indivíduo, sabendo-se que a tensão entre fases é de 380 V, a resistência de aterramento da malha de terra é de $R_{at} = 0\ \Omega$ e a resistência de contato tem valor de $R_{co} = 200\ \Omega$. Não há resistor de aterramento inserido entre o neutro do transformador e a malha de terra. A resistência de aterramento das massas é de $R_{am} = 3\ \Omega$. Observar o diagrama da Figura 3.18 correspondente ao enunciado da questão.

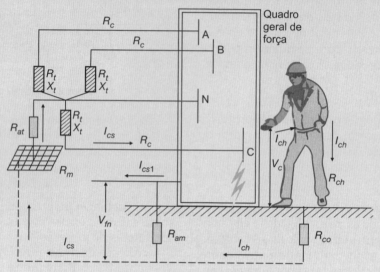

Figura 3.18 Corrente de defeito em um sistema TT.

$$R_{eq} = \frac{1}{\frac{1}{R_m} + \frac{1}{R_{am}} + \frac{1}{R_{co}+R_{ch}}} = \frac{1}{\frac{1}{10} + \frac{1}{3} + \frac{1}{200+1.000}} = \frac{1}{0,434} = 2,30\ \Omega \text{ (resistência equivalente)}$$

$$V_{fn} = \frac{380}{\sqrt{3}} \cong 220\ \text{V}$$

$$I_m = \frac{V}{R_{at}} = \frac{220}{10} = 22\ \text{A (corrente que vai circular na malha de terra)}$$

$$I_{ch} = \frac{220}{R_{co}+R_{ch}} = \frac{220}{200+1.000} = 0,183\ \text{A} = 183\ \text{mA} > 30\ \text{mA}$$ (corrente que circula no corpo do operador – condição atendida para interrupção do circuito pelo DR)

$$R_{te} = R_m + R_{at} = 10 + 0 = 10\ \Omega$$

$$V_c = \frac{220}{1+\frac{10}{3}} = 50,7\ \text{V} \cong 50\ \text{V} \text{ (tensão de contato está no limite da segurança)}$$

3.3.2.5 Sistema IT

É aquele em que o ponto de alimentação não está diretamente aterrado. No esquema IT, Figura 3.19, as instalações são isoladas da terra ou aterradas por uma impedância Z de valor suficientemente elevado, sendo esta ligação feita no ponto neutro do transformador, se estiver ligada em estrela, ou a um ponto neutro artificial. Para se obter um ponto neutro artificial, quando o sistema for ligado na configuração triângulo, é necessário utilizar um transformador de aterramento. A corrente de defeito à terra, na configuração-estrela, com ponto neutro aterrado com uma impedância elevada é de pequena intensidade, não sendo obrigatório o seccionamento da alimentação. No caso da ocorrência de uma segunda falta à massa ou à terra, simultaneamente à primeira, as correntes de defeito tornam-se extremamente elevadas, uma vez que o evento transforma-se em um curto-circuito entre duas fases. O sistema IT é caracterizado quando a corrente resultante de uma única falta fase-massa não possui intensidade suficiente para provocar o surgimento de tensões perigosas. As massas devem ser aterradas individualmente, conforme a Figura 3.20, ou em grupos, conectadas a um sistema de aterramento distinto, conforme Figura 3.21.

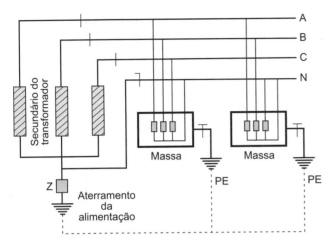

Figura 3.19 Sistema IT: massas aterradas em sistemas de aterramento distintos.

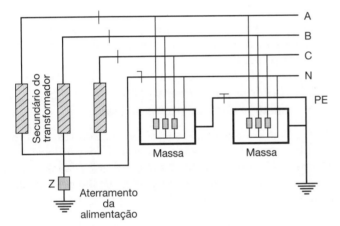

Figura 3.20 Sistema IT: massas aterradas em um único sistema de aterramento distinto.

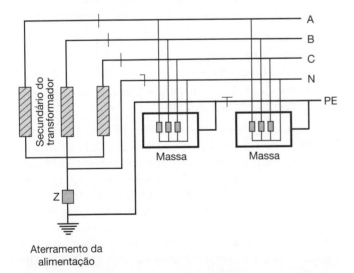

Figura 3.21 Sistema IT: massas aterradas no sistema de aterramento da alimentação.

O aterramento das massas no sistema IT deve satisfazer à seguinte condição para que não seja imperativo o seccionamento automático por ocasião da primeira falta:

$$R_{am} \times I_{pf} \leq V_l \qquad (3.7)$$

R_{am} = resistência do eletrodo de aterramento das massas, em Ω;
I_{pf} = corrente de defeito entre fase e massa do sistema na condição de primeira falta direta.

A corrente I_{pf} considera tanto as correntes de fuga naturais como a impedância global de aterramento da instalação.

Deve-se prever no sistema IT um dispositivo de supervisão de isolamento (DSI) que tem como finalidade indicar a ocorrência do primeiro defeito entre fase e massa ou entre fase e terra, devendo o DSI atuar sobre um dispositivo sonoro ou visual, de modo a alertar o responsável pela operação do sistema.

Para que um sistema em estrela com o ponto neutro aterrado por meio de uma impedância Z seja reconhecido como sistema IT, é necessário que o valor da referida impedância seja extremamente elevado. No entanto, quando é necessário inserir uma impedância Z no ponto neutro do sistema, a fim de reduzir as correntes de curto-circuito fase-terra, deve-se permitir uma corrente de defeito capaz de sensibilizar as proteções de sobrecorrentes de neutro, caracterizando essa condição alheia ao sistema IT. A utilização do sistema IT deve ser restrita a casos específicos, como a seguir relacionados, de acordo com a NBR 5410.

a) Instalações industriais de processo contínuo, com tensão de alimentação igual ou superior a 380 V, desde que verificadas as seguintes condições:

- continuidade de operação seja essencial;
- manutenção e supervisão da instalação a cargo de pessoa habilitada de acordo com as características BA4 e BA5 (NBR 5410);
- existência de um sistema de detecção permanente de falta à terra;
- o condutor neutro não é distribuído.

b) Instalações alimentadas por transformador de separação com tensão primária inferior a 1.000 V, desde que verificadas as seguintes condições:

- a instalação é utilizada apenas para circuito de comando;
- a continuidade de alimentação de comando precisa ser essencial;
- a manutenção e a supervisão estão a cargo de pessoa habilitada, de acordo com as características BA4 e BA5 (NBR 5410);
- exista um sistema de detecção permanente de falta à terra.

c) Circuito com alimentação separada, de reduzida extensão, em instalações hospitalares, em que a continuidade de alimentação e a segurança dos pacientes sejam essenciais.

d) Instalações exclusivamente para alimentação de fornos a arco.

3.4 Critérios básicos para a divisão de circuitos

Para que uma instalação elétrica tenha um desempenho satisfatório, deve ser projetada levando-se em consideração as boas técnicas de divisão e seccionamento de circuitos previstas na NBR 5410. De forma geral, pode-se adotar as seguintes premissas:

a) Toda instalação deve ser dividida, de acordo com as necessidades, em vários circuitos, de modo a satisfazer as seguintes condições:

- Segurança
  - Evitar qualquer perigo e limitar as consequências de uma falta a uma área restrita;
  - evitar o risco de realimentação inadvertida por meio de outro circuito.
- Conservação de energia
  - Evitar os inconvenientes que possam resultar em um circuito único, tal como um só circuito de iluminação;
  - permitir que determinadas cargas, como as cargas de climatização, sejam acionadas à medida das necessidades do ambiente;
  - facilitar o controle do nível de iluminamento, principalmente em instalações comerciais e industriais;
  - outras funções: ver Capítulo 2.
- Funcionais
  - Criar circuitos individuais para tomadas e iluminação;
  - criar circuitos individuais para os diferentes ambientes de uma instalação, como refeitório, sala de reunião, escritórios etc.;
  - criar circuitos individuais para motores e outros equipamentos, conforme estudado no Capítulo 1.
- Produção
  - Criar circuitos individuais para diferentes setores de produção, conforme estudado no Capítulo 1, minimizando as paralisações setoriais resultantes de faltas no sistema.
- Manutenção
  - Facilitar as verificações e os ensaios.

b) Devem-se criar circuitos específicos para certas partes da instalação.

c) Devem-se criar condições nos quadros de comando e nos condutos que permitam futuras ampliações.

d) Devem-se distribuir de forma equilibrada as cargas monofásicas e bifásicas entre as fases.

e) Devem ser previstos circuitos individualizados para tomadas e iluminação.

f) Em instalações nas quais existam diferentes fontes de alimentação, por exemplo, alimentação do sistema da concessionária e geração própria, cada uma dessas deve ser disposta separadamente, de maneira claramente diferenciada, não devendo compartilhar dutos, caixas de passagem, quadro de distribuição, admitindo-se como exceção as seguintes condições:

- circuitos de sinalização e comando no interior dos quadros de comando e de distribuição;
- conjuntos de manobra que faça intertravamento entre duas diferentes fontes de alimentação.

3.5 Circuitos de baixa-tensão

Compreendem-se por condutores secundários aqueles enquadrados nas seguintes condições:

- dotados de isolação de PVC para 750 V, sem cobertura;
- dotados de isolação de PVC ou EPR para 0,6/1,0 kV, com capa de proteção em PVC;
- dotados de isolação de XLPE para 0,6/1,0 kV, com capa de proteção em PVC.

A determinação da seção mínima dos condutores elétricos deve satisfazer, simultaneamente, aos três seguintes critérios.

3.5.1 Critérios para dimensionamento da seção mínima dos condutores de fase

Para a determinação da seção de condutores de um circuito em cabos isolados é necessário conhecer os Métodos de Referência de instalação desses cabos, estabelecidos na NBR 5410 e mostrados na Tabela 3.3. No entanto, o conhecimento da capacidade do condutor depende dos Tipos de Linhas Elétricas que poderão ser adotados em sua instalação, estabelecidos na NBR 5410 e identificados na Tabela 3.4.

A seção mínima dos condutores elétricos deve satisfazer, simultaneamente, aos três critérios seguintes:

- capacidade de condução de corrente, ou simplesmente ampacidade;
- limites de queda de tensão;
- capacidade de condução de corrente de curto-circuito por tempo limitado.

Durante a elaboração de um projeto, os condutores são inicialmente dimensionados pelos dois primeiros critérios. Assim, quando do dimensionamento das proteções com base, entre outros parâmetros, nas intensidades das correntes de falta, é necessário confrontar os valores dessas e os respectivos tempos de duração com os valores máximos admitidos pelo isolamento dos condutores utilizados, cujos gráficos estão mostrados nas Figuras 3.28 e 3.29, respectivamente para as isolações de PVC 70 °C e XLPE 90 °C.

As isolações dos condutores apresentam um limite máximo de temperatura em regime de serviço contínuo. Consequentemente, o carregamento dos condutores é limitado a valores de corrente que são função do método de referência e que proporcionará, nessas condições, temperaturas em serviço contínuo não superiores àquelas estabelecidas na Tabela 3.5 para cada tipo de isolamento.

Tabela 3.3 Métodos de referência

Referência	Descrição
A1	Condutores isolados em eletroduto de seção circular embutido em parede termicamente isolante
A2	Cabo multipolar em eletroduto de seção circular embutido em parede termicamente isolante
B1	Condutores isolados em eletroduto de seção circular sobre parede de madeira
B2	Cabo multipolar em eletroduto de seção circular sobre parede de madeira
C	Cabos unipolares ou cabo multipolar sobre parede de madeira
D	Cabo multipolar em eletroduto enterrado no solo
E	Cabo multipolar ao ar livre
F	Cabos unipolares (na horizontal, vertical ou em trifólio) ao ar livre
G	Cabos unipolares espaçados ao ar livre

Notas:

1 – Nos métodos A1 e A2, a parede é formada por uma face externa estanque, isolação térmica e uma face interna em madeira ou material análogo com condutância térmica de no mínimo 10 W/m².K. O eletroduto metálico ou de plástico é fixado junto à face interna (não necessariamente em contato físico com ela).

2 – Nos métodos B1 e B2, o eletroduto, metálico ou plástico, é montado sobre uma parede de madeira, sendo a distância entre o eletroduto e a superfície da parede inferior a 0,30 vez o diâmetro do eletroduto.

3 – No método C, a distância entre o cabo multipolar, ou qualquer cabo unipolar, e a parede de madeira é inferior a 0,30 vez o diâmetro do cabo.

4 – No método D, o cabo é instalado em eletroduto, seja metálico, de plástico ou de barro, enterrado em solo com resistividade térmica de 2,5 K.m/W, a uma profundidade de 0,70 m.

5 – Nos métodos E, F e G, a distância entre o cabo multipolar ou qualquer cabo unipolar e qualquer superfície adjacente é de no mínimo 0,30 vez o diâmetro externo do cabo, para o cabo multipolar, ou no mínimo uma vez o diâmetro do cabo, para os cabos unipolares.

6 – No método G, o espaçamento entre os cabos unipolares é de no mínimo uma vez o diâmetro externo do cabo.

Tabela 3.4 Tipos de linhas elétricas – NBR 5410

Método de instalação número	Esquema ilustrativo	Descrição	Método de referência[1]	Método de instalação número	Esquema ilustrativo	Descrição	Método de referência[1]
1	Face interna	Condutores isolados ou cabos unipolares em eletroduto de seção circular embutido em parede termicamente isolante[2]	A1	17		Cabos unipolares ou cabo multipolar suspenso(s) por cabo de suporte, incorporado ou não	E (multipolar) F (unipolares)
2	Face interna	Cabo multipolar em eletroduto de seção circular embutido em parede termicamente isolante[2]	A2	18		Condutores nus ou isolados sobre isoladores	G
3		Condutores isolados ou cabos unipolares em eletroduto aparente de seção circular sobre parede ou espaçado desta menos de 0,3 vez o diâmetro do eletroduto	B1	21		Cabos unipolares ou cabos multipolares em espaço de construção[5], sejam eles lançados diretamente sobre a superfície do espaço de construção, sejam instalados em suportes ou condutos abertos (bandeja, prateleira, tela ou leito) dispostos no espaço de construção[5,6]	$1{,}5\,D_e \leq V < 5\,D_e$ B2 $5\,D_e \leq V < 50\,D_e$ B1
4		Cabo multipolar em eletroduto aparente de seção circular sobre parede ou espaçado desta menos de 0,3 vez o diâmetro do eletroduto	B2	22		Condutores isolados em eletroduto de seção circular em espaço de construção[5,7]	$1{,}5\,D_e \leq V < 5\,D_e$ B2 $5\,D_e \geq 20\,D_e$ B1

(continua)

Tabela 3.4 Tipos de linhas elétricas – NBR 5410 (*Continuação*)

Método de instalação número	Esquema ilustrativo	Descrição	Método de referência[1]	Método de instalação número	Esquema ilustrativo	Descrição	Método de referência[1]
5		Condutores isolados ou cabos unipolares em eletroduto aparente de seção não circular sobre parede	B1	23		Cabos unipolares ou cabo multipolar em eletroduto de seção circular em espaço de construção[5,7]	B2
6		Cabo multipolar em eletroduto aparente de seção não circular sobre parede	B2	24		Condutores isolados em eletroduto de seção não circular ou eletrocalha em espaço de construção[5]	$1,5\,D_e \leq V < 20\,D_e$ B2 $5\,D_e \geq 20\,D_e$ B1
7		Condutores isolados ou cabos unipolares em eletroduto de seção circular embutido em alvenaria	B1	25		Cabos unipolares ou cabo multipolar em eletroduto de seção não circular ou eletrocalha em espaço de construção[5]	B2
8		Cabo multipolar em eletroduto de seção circular embutido em alvenaria	B2	26		Condutores isolados em eletroduto de seção não circular embutido em alvenaria[6]	$1,5\,D_e \leq V < 5\,D_e$ B2 $5\,D_e \leq V < 50\,D_e$ B1
11		Cabos unipolares ou cabo multipolar sobre parede ou espaçado desta menos de 0,3 vez o diâmetro do cabo	C	27		Cabos unipolares ou cabo multipolar em eletroduto de seção não circular embutido em alvenaria	B2
11A		Cabos unipolares ou cabo multipolar fixado diretamente no teto	C	31 32		Condutores isolados ou cabos unipolares em eletrocalha sobre parede em percurso horizontal ou vertical	B1
11B		Cabos unipolares ou cabo multipolar afastado do teto mais de 0,3 vez o diâmetro do cabo	C				
12		Cabos unipolares ou cabo multipolar em bandeja não perfurada, perfilado ou prateleira[3]	C	31A 32A		Cabo multipolar em eletrocalha sobre parede em percurso horizontal ou vertical	B2
13		Cabos unipolares ou cabo multipolar em bandeja perfurada, horizontal ou vertical[4]	E (multipolar) F (unipolares)				
14		Cabos unipolares ou cabo multipolar sobre suportes horizontais, eletrocalha aramada ou tela	E (multipolar) F (unipolares)				
15		Cabos unipolares ou cabo multipolar afastado(s) da parede mais de 0,3 vez o diâmetro do cabo	E (multipolar) F (unipolares)	33		Condutores isolados ou cabos unipolares em canaleta fechada embutida no piso	B1
16		Cabos unipolares ou cabo multipolar em leito	E (multipolar) F (unipolares)	34		Cabo multipolar em canaleta fechada embutida no piso	B2
35		Condutores isolados ou cabos unipolares em eletrocalha ou perfilado suspensa(o)	B1	61A		Cabos unipolares em eletroduto (de seção circular ou não) ou em canaleta não ventilada enterrado(a)[8]	D
36		Cabo multipolar em eletrocalha ou perfilado suspensa(o)	B2	63		Cabos unipolares ou cabo multipolar diretamente enterrado(s), com proteção mecânica adicional[9]	D

(*continua*)

Tabela 3.4 Tipos de linhas elétricas – NBR 5410 (Continuação)

Método de instalação número	Esquema ilustrativo	Descrição	Método de referência[1]	Método de instalação número	Esquema ilustrativo	Descrição	Método de referência[1]
41		Condutores isolados ou cabos unipolares em eletroduto de seção circular contido em canaleta fechada com percurso horizontal ou vertical[7]	$1{,}5\,D_e \leq V < 20\,D_e$ B2 $V \geq 20\,D_e$ B1	71		Condutores isolados ou cabos unipolares em moldura	A1
42		Condutores isolados em eletroduto de seção circular contido em canaleta ventilada embutida no piso	B1	72 72A		72 – Condutores isolados ou cabos unipolares em canaleta provida de separações sobre parede 72A – Cabo multipolar em canaleta provida de separações sobre parede	B1 B2
43		Cabos unipolares ou cabo multipolar em canaleta ventilada embutida no piso	B1				
51		Cabo multipolar embutido diretamente em parede termicamente isolante[2]	A1	73		Condutores isolados em eletroduto, cabos unipolares ou cabo multipolar embutido(s) em caixilho de porta	A1
52		Cabos unipolares ou cabo multipolar embutido(s) diretamente em alvenaria sem proteção mecânica adicional	C	74		Condutores isolados em eletroduto, cabos unipolares ou cabo multipolar embutido(s) em caixilho de janela	A1
53		Cabos unipolares ou cabo multipolar embutido(s) diretamente em alvenaria com proteção mecânica adicional	C	75 75A		75 – Condutores isolados ou cabos unipolares em canaleta embutida em parede 75A – Cabo multipolar em canaleta embutida em parede	B1 B2
61		Cabo multipolar em eletroduto (de seção circular ou não) ou em canaleta não ventilada enterrado(a)	D				

Notas:

[1] Método de referência a ser utilizado na determinação da capacidade de condução de corrente.

[2] Assume-se que a face interna da parede apresenta uma condutância térmica não inferior a 10 W/m².K.

[3] Admitem-se também condutores isolados em perfilado sem tampa ou com tampa desmontável sem auxílio de ferramenta, ou em perfilado com paredes perfuradas, com ou sem tampa, desde que estes condutos sejam instalados em locais só acessíveis a pessoas advertidas ou qualificadas, ou instalados à altura mínima de 2,50 m.

[4] A capacidade de corrente para bandeja perfurada foi determinada considerando-se que os furos ocupassem no mínimo 30 % da área da bandeja. Para valores inferiores a bandeja deve ser considerada não perfurada.

[5] De acordo com a ABNT NBR IEC 60050 (826) são considerados espaços de construção: poços, galerias, pisos térmicos, condutos formados por blocos alveolados, forros falsos, pisos elevados e espaços internos existentes em certos tipos de divisórias.

[6] "D_e" é o diâmetro externo do cabo, no caso o diâmetro externo do cabo multipolar. Para cabos unipolares ou condutores isolados temos: (a) três cabos unipolares ou condutores isolados dispostos em trifólio, o valor de "D_e" deve ser considerado igual a 2,2 vezes o diâmetro do cabo; (b) três cabos unipolares agrupados em um mesmo plano, o valor de "D_e" deve ser considerado igual a 3 vezes o diâmetro do cabo unipolar ou condutor isolado.

[7] "D_e" é o diâmetro externo do eletroduto, quando de seção circular, ou altura/profundidade do eletroduto de seção não circular ou da eletrocalha.

[8] Admite-se também o uso de condutores isolados, desde que estejam contidos no interior de eletroduto enterrado se, no trecho enterrado, não houver nenhuma caixa de passagem e/ou derivação enterrada, e se for garantida a estanqueidade do eletroduto.

[9] Admitem-se cabos diretamente enterrados sem proteção mecânica adicional, desde que esses cabos sejam providos de armação.

Nota: Em linhas ou trechos verticais, quando a ventilação for restrita, deve-se considerar o risco de aumento da carga térmica no ambiente correspondente ao do trecho vertical.

Tabela 3.5 Temperaturas características dos condutores – NBR 5410

Tipo de isolação	Temperatura máxima para serviço contínuo do condutor (°C)	Temperatura limite de sobrecarga do condutor (°C)	Temperatura limite de curto-circuito do condutor (°C)
Cloreto de polivinila (PVC)	70	100	160
Borracha etileno-propileno (EPR)	90	130	250
Polietileno reticulado (XLPE)	90	130	250

3.5.1.1 Critério da capacidade de condução de corrente

Este critério consiste em determinar o valor da corrente máxima que percorrerá o condutor e, de acordo com o método de instalação, procurar nas correspondentes Tabelas 3.6 a 3.9 a sua seção nominal. No entanto, para determinar as colunas adequadas das tabelas mencionadas, é necessário pesquisar a Tabela 3.4 que descreve os métodos de referência ou, simplesmente, as maneiras correspondentes de instalar os condutores para os quais foi determinada a capacidade de condução de corrente por ensaio ou por cálculo.

Os valores exibidos nas tabelas de capacidade de condução de corrente são, portanto, determinados de acordo com a limitação da temperatura das isolações correspondentes, estando os condutores secundários operando em regime contínuo.

A Tabela 3.10, reproduzida da NBR 5410, fornece a seção mínima dos condutores para diferentes tipos de aplicação e serve de orientação básica para os projetistas. No entanto, o dimensionamento da seção dos condutores deve ser feito de modo a atender aos seguintes critérios:

- a capacidade de corrente nominal dos condutores, obedecidas as maneiras de instalar anteriormente previstas, deve ser igual ou superior à corrente de projeto do circuito afetadas pelos fatores de correção de corrente contidos nas Tabelas 3.12 a 3.19, observando-se, quando for o caso, as correntes harmônicas;
- respeitar as seções mínimas consideradas na Tabela 3.10;
- os condutores sejam protegidos contra sobrecargas;
- os condutores sejam protegidos contra curtos-circuitos;
- considerar a proteção contra as solicitações térmicas que podem afetar a isolação dos condutores;
- considerar a proteção contra choques elétricos permitindo o seccionamento automático da alimentação dos circuitos;
- respeitar os limites de queda de tensão definidos na Tabela 3.21.

Para facilitar o dimensionamento de condutores em algumas aplicações simples pode-se utilizar a Tabela 3.11 que estabelece a seção mínima dos condutores em condições normais de operação em função da carga de vários aparelhos, considerando uma queda de tensão no circuito de 2 % para um fator de potência igual a 0,90, instalados em eletroduto de PVC com o número de 2 e 3 condutores e de acordo com a tensão do sistema.

3.5.1.1.1 Circuitos para iluminação e tomadas

Neste caso estão compreendidos tanto os circuitos terminais para iluminação e tomadas como os circuitos de distribuição que alimentam os Quadros de Distribuição de Luz (QDL).

Conhecida a carga a ser instalada, pode-se determinar a partir das Tabelas 1.4 e 1.5 a demanda resultante, aplicando-se sobre a carga inicial os fatores de demanda indicados na Tabela 1.6. Com este resultado, aplicar as equações correspondentes.

Os condutores secundários devem ser identificados no momento de sua instalação. Em geral, essa identificação é feita por meio de cores e/ou anilhas. Para tanto, os cabos devem ser adquiridos nas cores que representam a fase, o neutro e o condutor de proteção. As cores padronizadas pela NBR 5410 são:

- condutores de fase: quaisquer cores menos as cores definidas para os condutores neutros e de proteção;
- condutores neutros: cor azul-claro;
- condutores de proteção (PE): cor verde-amarela ou cor verde; estas cores são exclusivas da função de proteção;
- condutores neutros + proteção (PEN): azul-claro com anilhas verde-amarelo nos pontos visíveis.

Deve-se ressaltar que os circuitos de tomada devem ser considerados como circuitos de força.

a) **Circuitos monofásicos (F – N)**

Com o valor da demanda calculada, a corrente de carga é dada pela Equação (3.8):

$$I_c = \frac{D_c}{V_{fn} \times \cos\varphi} \quad (3.8)$$

D_c = demanda da carga, em W;
V_{fn} = tensão fase e neutro, em V;
$\cos\varphi$ = fator de potência de carga.

Tabela 3.6 Capacidade de condução de corrente, em ampères, para os métodos de referência A1, A2, B1, B2, C e D da Tabela 3.3 – NBR 5410

- Condutores isolados de cobre, cabos unipolares e multipolares, isolação PVC;
- 2 e 3 condutores carregados;
- temperatura no condutor: 70 °C;
- temperatura ambiente: 30 °C e 20 °C para instalações subterrâneas.

Seções nominais mm²	A1 2 cond.	A1 3 cond.	A2 2 cond.	A2 3 cond.	B1 2 cond.	B1 3 cond.	B2 2 cond.	B2 3 cond.	C 2 cond.	C 3 cond.	D 2 cond.	D 3 cond.
(1)	(2)	(3)	(4)	(5)	(6)	(7)	(8)	(9)	(10)	(11)	(12)	(13)
0,5	7	7	7	7	9	8	9	8	10	9	12	10
0,75	9	9	9	9	11	10	11	10	13	11	15	12
1	11	10	11	10	14	12	13	12	15	14	18	15
1,5	14,5	13,5	14	13	17,5	15,5	16,5	15	19,5	17,5	22	18
2,5	19,5	18	18,5	17,5	24	21	23	20	27	24	29	24
4	26	24	25	23	32	28	30	27	36	32	38	31
6	34	31	32	29	41	36	38	34	46	41	47	39
10	46	42	43	39	57	50	52	46	63	57	63	52
16	61	56	57	52	76	68	69	62	85	76	81	67
25	80	73	75	68	101	89	90	80	112	96	104	86
35	99	89	92	83	125	110	111	99	138	119	125	103
50	119	108	110	99	151	134	133	118	168	144	148	122
70	151	136	139	125	192	171	168	149	213	184	183	151
95	182	164	167	150	232	207	201	179	258	223	216	179
120	210	188	192	172	269	239	232	206	299	259	246	203
150	240	216	219	196	309	275	265	236	344	299	278	230
185	273	245	248	223	353	314	300	268	392	341	312	258
240	321	286	291	261	415	370	351	313	461	403	361	297
300	367	328	334	298	477	426	401	358	530	464	408	336
400	438	390	398	355	571	510	477	425	634	557	478	394
500	502	447	456	406	656	587	545	486	729	642	540	445
630	578	514	526	467	758	678	626	559	843	743	614	506
800	669	593	609	540	881	788	723	645	978	865	700	577
1000	767	679	698	618	1012	906	827	738	1125	996	792	652

b) Circuitos bifásicos simétricos (F – F – N)

Deve-se considerar como o resultado de dois circuitos monofásicos, quando as cargas estão ligadas entre fase e neutro. Se há cargas ligadas entre fases, a corrente correspondente deve ser calculada conforme a Equação (3.8), alterando-se o valor de V_{fn} para a tensão V_{ff}. Nesse tipo de circuito podem ser ligados pequenos motores monofásicos entre fase e neutro ou entre fases.

Tabela 3.7 Capacidades de condução de corrente, em ampères, para os métodos de referência A1, A2, B1, B2, C e D da Tabela 3.3 – NBR 5410

- Condutores isolados de cobre, cabos unipolares e multipolares, isolação EPR ou XLPE;
- 2 e 3 condutores carregados;
- temperatura no condutor: 90 °C;
- temperatura ambiente: 30 °C e 20 °C para instalações subterrâneas.

Seções mm²	A1 2 Cond.	A1 3 Cond.	A2 2 Cond.	A2 3 Cond.	B1 2 Cond.	B1 3 Cond.	B2 2 Cond.	B2 3 Cond.	C 2 Cond.	C 3 Cond.	D 2 Cond.	D 3 Cond.
(1)	(2)	(3)	(4)	(5)	(6)	(7)	(8)	(9)	(10)	(11)	(12)	(13)
Cobre												
0,5	10	9	10	9	12	10	11	10	12	11	14	12
0,75	12	11	12	11	15	13	15	13	16	14	18	15
1	15	13	14	13	18	16	17	15	18	17	21	17
1,5	19	17	18,5	16,5	23	20	22	19,5	24	22	26	22
2,5	26	23	25	22	31	28	30	26	33	30	34	29
4	35	31	33	30	42	37	40	35	45	40	44	37
6	45	40	42	38	54	48	51	44	58	52	56	46
10	61	54	57	51	75	66	69	60	80	71	73	61
16	81	73	76	68	100	88	91	80	107	96	95	79
25	106	95	99	89	133	117	119	105	138	119	121	101
35	131	117	121	109	164	144	146	128	171	147	146	122
50	158	141	145	130	198	175	175	154	209	179	173	144
70	200	179	183	161	253	222	221	194	269	229	213	178
95	241	216	220	197	306	269	265	233	328	278	252	211
120	278	249	253	227	354	312	305	268	382	322	287	240
150	318	285	290	259	407	358	349	307	441	371	324	271
185	362	324	329	295	464	408	395	348	506	424	363	304
240	424	380	386	346	546	481	462	407	599	500	419	351
300	486	435	442	396	626	553	529	465	693	576	474	396
400	579	519	527	472	751	661	628	552	835	692	555	464
500	664	595	604	541	864	760	718	631	966	797	627	525
630	765	685	696	623	998	879	825	725	1122	923	711	596
800	885	792	805	721	1158	1020	952	837	1311	1074	811	679
1000	1014	808	923	826	1332	1173	1088	957	1515	1237	916	767

Dimensionamento de condutores elétricos

Tabela 3.8 Capacidade de condução de corrente, em ampères, para os métodos de referência E, F e G da Tabela 3.3 – NBR 5410

- Condutores isolados de cobre, cabos unipolares e multipolares, isolação PVC;
- temperatura no condutor: 70 °C;
- temperatura ambiente: 30 °C.

	Métodos de referência definidos na Tabela 3.3							
	Cabos multipolares		Cabos unipolares				
						3 condutores carregados: mesmo plano	
	2 condutores carregados	3 condutores carregados	2 condutores carregados	3 condutores carregados	Justapostos	Espaçados	
						Horizontal	Vertical
Seções mm²	E	E	F	F	F	G	G
(1)	(2)	(3)	(4)	(5)	(6)	(7)	(8)
0,5	11	9	11	8	9	12	10
0,75	14	12	14	11	11	16	13
1	17	14	17	13	14	19	16
1,5	22	18,5	22	17	18	24	21
2,5	30	25	31	24	25	34	29
4	40	34	41	33	34	45	39
6	51	43	53	43	45	59	51
10	70	60	78	60	63	81	71
16	94	80	99	82	85	110	97
25	119	101	131	110	114	146	130
35	148	126	162	137	143	181	162
50	180	153	196	167	174	219	197
70	232	196	251	216	225	281	254
95	282	238	304	264	275	341	311
120	328	276	352	308	321	396	362
150	379	319	406	356	372	456	419
185	434	364	463	409	427	521	480
240	514	430	546	485	507	615	569
300	593	497	629	561	587	709	659
400	715	597	754	656	689	852	795
500	826	689	868	749	789	982	920
630	958	798	1005	855	905	1138	1070
800	1118	930	1169	971	1119	1325	1251
1000	1292	1073	1346	1079	1296	1528	1448

Exemplo de aplicação (3.3)

Determinar a seção dos condutores fase do circuito bifásico mostrado na Figura 3.22, sabendo-se que serão utilizados cabos unipolares, isolação de XLPE, dispostos em eletroduto embutido em alvenaria.

$$I_{ab} = \frac{2.500}{380 \times 0,80} = 8,2 \text{ A}$$

$$I_{an} = \frac{3.000}{220 \times 0,90} = 15,1 \text{ A}$$

$$I_{bn} = \frac{800}{220 \times 0,70} + \frac{600}{220 \times 0,60} = 9,7 \text{ A}$$

$$I_a = I_{ab} + I_{an} = 8,2 + 15,1 = 23,3 \text{ A}$$

I_{ab} = corrente correspondente à carga ligada entre as fases A e B, em A;

I_{an}, I_{bn} = correntes correspondentes às cargas monofásicas, respectivamente ligadas entre fases A, B e o neutro, em A;

I_a = corrente que circula na fase mais carregada (fase A), em A.

Logo, o valor da seção dos condutores de fase e de neutro vale:

$S_a = S_b = S_n = 3 \# 2,5$ mm² (Tabela 3.6 – coluna B1 para três condutores carregados – justificada pela Tabela 3.4, método de instalação 7: condutores isolados ou cabos unipolares em eletroduto de seção circular embutidos em alvenaria)

É importante frisar que a operação que determinou o valor de $I_a = 23,3$ A é eletricamente incorreta, pois, como os fatores de potência são diferentes, era necessário, a rigor, adotar a soma vetorial. Na prática, porém, desde que não sejam muito divergentes os fatores de potência, pode-se proceder como feito anteriormente.

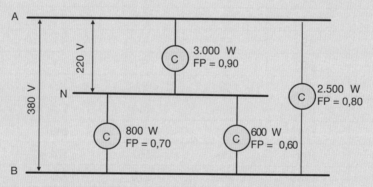

Figura 3.22 Sistema bifásico simétrico a três fios.

c) Circuitos trifásicos

Os circuitos trifásicos podem ser caracterizados por um circuito de três condutores (3F) ou por um circuito de quatro condutores (3F +N).

Considerando-se que os aparelhos estejam ligados equilibradamente entre fases ou entre fases e neutro, pode-se determinar a corrente de carga pela Equação (3.9):

$$I_c = \frac{P_{car}}{\sqrt{3} \times V_{ff} \times \cos \varphi} \qquad (3.9)$$

V_{ff} = tensão entre fases, em V;

P_{car} = potência ativa demandada da carga, considerada equilibrada em W.

Normalmente, esse tipo de circuito destina-se à alimentação de cargas trifásicas individuais, de Quadros de Distribuição de Luz (QDL) e Centros de Controle de Motores (CCM). Com o valor da corrente calculada anteriormente, e considerando-se as condições de instalação dos condutores, a sua seção é determinada por meio das Tabelas 3.6 a 3.9.

Dimensionamento de condutores elétricos

Tabela 3.9 Capacidade de condução de corrente, em ampères, para os métodos de referência E, F e G da Tabela 3.3 – NBR 5410

- Condutores isolados de cobre, cabos unipolares e multipolares, isolação XLPE e EPR;
- temperatura no condutor: 90 °C;
- temperatura ambiente: 30 °C.

	Métodos de referência definidos na Tabela 3.3							
	Cabos multipolares		Cabos unipolares				
						3 condutores carregados: mesmo plano	
	2 condutores carregados	3 condutores carregados	2 condutores carregados	3 condutores carregados	Justapostos	Espaçados	
						Horizontal	Vertical
Seções mm²	E	E	F	F	F	G	G
(1)	(2)	(3)	(4)	(5)	(6)	(7)	(8)
0,5	13	12	13	10	10	15	12
0,75	17	15	17	13	14	19	16
1	21	18	21	16	17	23	19
1,5	26	23	27	21	22	30	25
2,5	36	32	37	29	30	41	35
4	49	42	50	40	42	56	48
6	63	54	65	53	55	73	63
10	86	75	90	74	77	101	88
16	115	100	121	101	105	137	120
25	149	127	161	135	141	182	161
35	185	158	200	169	176	226	201
50	225	192	242	207	216	275	246
70	289	246	310	268	279	353	318
95	352	298	377	328	342	430	389
120	410	346	437	383	400	500	454
150	473	399	504	444	464	577	527
185	542	456	575	510	533	661	605
240	641	538	679	607	634	781	719
300	741	621	783	703	736	902	833
400	892	745	940	823	868	1085	1008
500	1030	859	1083	946	998	1253	1169
630	1196	995	1254	1088	1151	1454	1362
800	1396	1159	1460	1252	1328	1696	1595
1000	1613	1336	1683	1420	1511	1958	1849

Tabela 3.10 Seção mínima dos condutores[1] – NBR 5410

Tipo de instalação		Utilização do circuito	Seção mínima do condutor – material – mm²
Instalações fixas em geral	Cabos isolados	Circuitos de iluminação	1,5 – Cu
			16 – Al
		Circuitos de força[2]	2,5 – Cu
			16 – Al
		Circuitos de sinalização e circuitos de comando	0,5 – Cu[3]
	Condutores nus	Circuitos de força	10 – CU
			16 – Al
		Circuitos de sinalização e controle	4 – Cu
Ligações flexíveis feitas com cabos isolados		Para um equipamento específico	Como especificado na norma do equipamento
		Para qualquer outra aplicação	0,75 – Cu[4]
		Circuitos a extrabaixa tensão para aplicações	0,75 – Cu

Notas:
[1] Seções mínimas determinadas por questões mecânicas.
[2] Os circuitos de tomadas de corrente são considerados circuitos de força.
[3] Em circuitos de sinalização e controle destinados a equipamentos eletrônicos é admitida uma seção mínima de 0,10 mm².
[4] Em cabos multipolares flexíveis contendo sete ou mais veias é admitida uma seção mínima de 0,10 mm².

Exemplo de aplicação (3.4)

Determinar a seção dos condutores fase do circuito trifásico mostrado na Figura 3.23, sabendo-se que serão utilizados cabos isolados em PVC, dispostos em eletroduto aparente.

$$I_{an} = \frac{600}{220 \times 0,80} + \frac{1.000}{220 \times 0,70} = 9,9\,A$$

$$I_{bn} = \frac{1.500}{220 \times 0,60} = 11,3\,A$$

$$I_{cn} = \frac{1.200}{220 \times 0,80} = 6,8\,A$$

$$I_{abc} = \frac{5.000}{\sqrt{3} \times 380 \times 0,90} = 8,4\,A$$

I_{an}, I_{bn}, I_{cn} = correntes correspondentes às cargas monofásicas, respectivamente ligadas entre as fases A, B e C e o neutro N, em A.

Considerando-se a corrente da fase de maior carga, temos:

$$I_b = I_{bn} + I_{abc} = 11,3 + 8,4 = 19,7\,A$$

I_b = corrente de carga da fase B e que deve corresponder à capacidade mínima de corrente do condutor.

Logo, $S_a = S_b = S_c = 3 \# 2,5$ mm² (Tabela 3.4 – coluna B1 para três condutores carregados – justificada pela Tabela 3.6, método de instalação 3: condutores isolados ou cabos unipolares em eletroduto aparente e de seção circular sobre parede ou distanciado da parede)

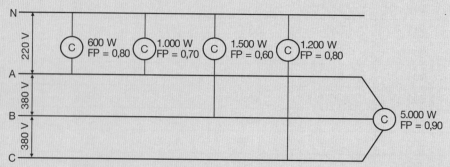

Figura 3.23 Circuito trifásico a quatro fios desequilibrado.

Dimensionamento de condutores elétricos

Tabela 3.11 Seção dos condutores em função da corrente e da queda de tensão

Sistema monofásico

Potência (W)	Corrente (A) 127 V	Corrente (A) 220 V	127 V - 15	127 V - 30	127 V - 45	127 V - 60	127 V - 80	127 V - 100	220 V - 15	220 V - 30	220 V - 45	220 V - 60	220 V - 80	220 V - 100
1000	8,7	5,0	2,5	4	6	10	10	16	1,5	1,5	2,5	2,5	4	4
1500	13,1	7,5	2,5	6	10	16	16	25	1,5	2,5	4	4	6	6
2000	17,5	10,1	4	10	10	16	25	25	1,5	2,5	4	6	10	10
2500	21,8	12,6	6	10	16	25	25	35	1,5	4	6	6	10	10
3000	26,2	15,1	6	10	16	25	35	50	1,5	4	6	10	10	16
3500	30,6	17,6	6	16	25	35	35	50	2,5	4	10	10	16	16
4000	34,9	20,2	10	16	25	35	50	50	2,5	6	10	10	16	16
4500	39,3	22,7	10	16	25	35	50	70	4	6	10	16	16	25
5000	43,7	25,2	10	25	25	50	50	70	4	6	10	16	16	25
6000	52,5	30,3	10	25	50	50	70	95	6	10	16	16	25	25
7000	61,2	35,3	16	25	35	70	70	95	6	10	16	25	25	35
8000	69,9	40,4	25	35	50	70	95	120	10	10	16	25	35	35
9000	78,7	45,5	25	35	50	70	95	120	10	16	25	25	35	50
10000	87,4	50,5	25	35	70	95	120	150	10	16	25	25	35	50

Sistema trifásico

W	Corrente 220 V	Corrente 380 V	220 V - 15	220 V - 30	220 V - 45	220 V - 60	220 V - 80	220 V - 100	380 V - 15	380 V - 30	380 V - 45	380 V - 60	380 V - 80	380 V - 100
2000	5,8	3,3	1,5	1,5	2,5	2,5	4	4	1,5	1,5	1,5	1,5	1,5	1,5
3000	8,7	5,0	1,5	2,5	4	4	6	6	1,5	1,5	1,5	1,5	2,5	2,5
4000	11,6	6,7	1,5	2,5	4	6	10	10	1,5	1,5	1,5	2,5	2,5	4
5000	14,5	8,4	1,5	4	6	6	10	10	1,5	1,5	1,5	2,5	4	4
6000	17,5	10,1	2,5	4	6	10	10	16	1,5	1,5	2,5	2,5	4	4
7000	20,4	11,8	2,5	4	10	10	16	16	1,5	1,5	2,5	4	4	6
8000	23,3	13,5	4	6	10	10	16	25	1,5	2,5	2,5	4	6	6
9000	26,2	15,2	4	6	10	16	16	25	2,5	2,5	4	4	6	6
10000	29,1	16,8	6	6	10	16	25	25	2,5	2,5	4	4	6	10
12000	34,9	20,2	6	10	16	16	25	25	2,5	2,5	4	6	10	10
14000	40,8	23,6	10	10	16	25	25	35	4	4	6	6	10	10
16000	46,6	27,0	10	10	16	25	35	35	4	4	6	10	10	16
18000	52,4	30,3	16	16	25	25	35	50	6	6	6	10	10	16
20000	58,3	33,7	16	16	25	25	35	50	6	6	10	10	16	16

Condições: 1 - fator de potência de carga: 0,90; 2 - queda de tensão: 2 %; 3 - Condutor de cobre embutido em eletroduto de PVC.

Conhecidas as correntes de carga dos motores e conhecido o método de referência de instalação dos cabos segundo a forma mais conveniente para o local de trabalho, devem-se aplicar as instruções seguintes para determinar a seção transversal dos condutores:

3.5.1.1.2 Circuitos terminais para ligação de motores

Em geral, são caracterizados por circuitos trifásicos a três condutores (3F), originados de um circuito trifásico a quatro ou a cinco condutores. Este é o tipo mais comum de circuito para ligação de motores trifásicos.

Exemplo de aplicação (3.5)

Determinar a seção dos condutores isolados em PVC que alimentam um CCM que controla três motores de 40 cv e quatro motores de 15 cv, todos de IV polo ligados na tensão de 380 V e com fatores de serviços unitários.

Com base nos valores das correntes dos motores dadas na Tabela 6.3, o valor mínimo da capacidade do cabo é:

$$I_c = 3 \times 56,6 + 4 \times 26 = 273,8 \text{ A}$$

Considerando-se que os condutores isolados estão dispostos em eletroduto no interior de canaleta embutida no piso, obtém-se na coluna B1 da Tabela 3.6, justificada pela Tabela 3.4 (método de instalação 42), a seção dos condutores fase:

$$S_c = 3 \text{ \# } 150 \text{ mm}^2 \text{ (PVC/70 °C – 750 V)}$$

O projeto de circuitos terminais e distribuição merecem algumas considerações adicionais:

- quando um motor apresentar mais de uma potência e/ou velocidade, a seção do condutor deve ser dimensionada de forma a satisfazer a maior corrente resultante;
- o dimensionamento dos condutores deve permitir uma queda de tensão na partida dos motores igual ou inferior a 10 % da sua tensão nominal;
- no caso de partida prolongada, com tempo de aceleração superior a 5 s, deve-se levar em consideração o aquecimento do condutor durante a partida;
- os condutores que alimentam motores que operam em regime de funcionamento que requeiram partidas constantes, como elevadores, devem ter seção transversal adequada ao aquecimento provocado pela elevada corrente de partida.

a) Instalação de 1 (um) motor

A capacidade mínima de corrente do condutor deve ser igual ao valor da corrente nominal multiplicado pelo fator de serviço correspondente, se houver:

$$I_c = F_s \times I_{nm} \text{ (A)} \qquad (3.10)$$

I_c = corrente mínima que o condutor deve suportar, em A;
I_{nm} = corrente nominal do motor, segundo a Tabela 6.3 do Capítulo 6, em A;
F_s = fator de serviço do motor: quando não se especificar o fator de serviço do motor, pode-se considerá-lo igual a 1.

O fator de serviço representa a carga que se pode utilizar continuamente acima da capacidade nominal do motor indicada na placa.

b) Instalação de um agrupamento de motores

A capacidade mínima de corrente do condutor deve ser igual à soma das correntes de carga de todos os motores, considerando-se os respectivos fatores de serviço:

$$I_c = F_{s(1)} \times I_{nm(1)} + F_{s(2)} \times I_{nm(2)} + ... + F_{s(n)} \times I_{nm(n)} \text{ (A)} \qquad (3.11)$$

$I_{nm(1)}, I_{nm(2)}, I_{nm(3)} .... I_{nm(n)}$ = correntes nominais dos motores, em A;
$F_{s(1)}, F_{s(2)}, F_{s(3)} .... F_{nm(n)}$ = fatores de serviço correspondentes.

Quando os motores possuírem fatores de potência muito diferentes, o valor de I_c deverá ser calculado levando-se em consideração a soma vetorial dos componentes ativo e reativo desses motores. Com base no valor da corrente calculada, pode-se obter nas tabelas anteriormente apresentadas o valor da seção dos condutores.

3.5.1.1.3 Circuitos terminais para ligação de capacitores

A capacidade mínima de corrente do condutor deve ser igual a 135 % do valor da corrente nominal do capacitor ou banco de capacitores, conforme a Equação (3.12):

$$I_c = 1,35 \times I_{nc} \qquad (3.12)$$

I_{nc} = corrente nominal do capacitor ou banco.

Para cálculo da seção de condutores instalados em eletroduto aparente a fim de alimentar um banco de capacitores de 40 kvar, 380 V, 60 Hz, temos:

$$I_{nc} = \frac{P_{nc}}{\sqrt{3} \times V_{ff}} = \frac{40 \times 1.000}{\sqrt{3} \times 380} = 60,7 \text{ A}$$
$$I_c = 1,35 \times 60,7 = 81,9 \text{ A}$$

Considerando que os condutores com isolação em PVC/750 V estejam dispostos em eletroduto de instalação aparente, de acordo com a Tabela 3.6 – método de referência B1, justificada pela Tabela 3.4, método de instalação 3 (condutores isolados ou cabos unipolares em eletroduto aparente e de seção circular sobre parede ou espaçado da mesma), a sua seção vale:

$$S_c = 3 \text{ \# } 25 \text{ mm}^2$$

3.5.1.1.4 Fatores de correção de corrente

Quando os condutores estão dispostos em condições diferentes daquelas previstas nos métodos de referência estabelecidos nas tabelas de capacidade de condução de corrente, é necessário aplicar sobre os mencionados valores de corrente um fator de redução que mantenha o condutor em regime contínuo, com a temperatura igual ou inferior aos limites estabelecidos.

Os fatores de correção de corrente são determinados para cada condição particular de instalação do cabo, ou seja: temperatura ambiente, solos com resistividade térmica diferente daquela prevista, agrupamento de circuitos etc.

3.5.1.1.4.1 Temperatura ambiente

Segundo a NBR 5410, a capacidade de condução de corrente dos condutores prevista nas tabelas correspondentes é de 20 °C para linhas subterrâneas e de 30 °C para linhas não subterrâneas.

Se a temperatura do meio ambiente, no qual estão instalados os condutores, for diferente daquela anteriormente especificada, devem-se aplicar os fatores de correção de corrente previstos nas Tabelas 3.12 e 3.13. As referidas tabelas estabelecem as condições de temperatura ambiente para cabos não enterrados (p. ex., cabos no interior de eletrodutos em instalação aparente) e para cabos diretamente enterrados no solo ou em eletrodutos enterrados.

Quando os fios e cabos são instalados em um percurso ao longo do qual as condições de resfriamento (dissipação de calor) variam, as capacidades de condução de corrente devem ser determinadas para a parte do percurso que apresenta as condições mais desfavoráveis.

É bom lembrar que os fatores de correção mencionados não levam em consideração o aumento da temperatura devido à radiação solar ou outras radiações infravermelhas.

Como se pode observar nas Tabelas 3.12 e 3.13, quando a temperatura do meio ambiente é superior a 30 °C,

Tabela 3.12 Fatores de correção para temperaturas ambientes diferentes de 30 °C para linhas não subterrâneas – NBR 5410

Temperatura em °C Ambiente	Isolação	
	PVC	EPR ou XLPE
10	1,22	1,15
15	1,17	1,12
25	1,12	1,08
30	1,06	1,04
35	0,94	0,96
40	0,87	0,91
45	0,79	0,87
50	0,71	0,82
55	0,61	0,76
60	0,50	0,71
65	–	0,65
70	–	0,58
75	–	0,50
80	–	0,41

Tabela 3.13 Fatores de correção para temperaturas ambientes diferentes de 20 °C (temperatura do solo) para linhas subterrâneas – NBR 5410

Temperatura em °C Solo	Isolação	
	PVC	EPR ou XLPE
10	1,10	1,07
15	1,05	1,04
25	0,95	0,96
30	0,89	0,93
35	0,84	0,89
40	0,77	0,85
45	0,71	0,80
50	0,63	0,76
55	0,55	0,71
60	0,45	0,65
65	–	0,60
70	–	0,53
75	–	0,46
80	–	0,38

os fatores de correção são menores que 1 e, aplicados às Tabelas 3.6 a 3.9, fazem reduzir a capacidade de corrente dos respectivos condutores. Isso se deve ao fato de que, reduzindo-se a corrente do condutor, reduzem-se, por conseguinte, as perdas por efeito Joule, mantendo-se as condições inalteradas de serviço do cabo.

3.5.1.1.4.2 Resistividade térmica do solo

As capacidades de condução de corrente indicadas nas tabelas para cabos contidos em eletrodutos enterrados correspondem à resistividade térmica do solo de 2,5 K.m/W. Para solos com resistividade térmica diferente, devem-se utilizar os valores constantes da Tabela 3.14.

Quando a resistividade térmica do solo for superior a 2,5 K.m/W, caso de solos muito secos, os valores indicados nas tabelas de capacidade de corrente dos cabos devem ser adequadamente reduzidos, a menos que o solo na vizinhança imediata dos condutores seja substituído por terra ou material equivalente com dissipação térmica mais favorável.

3.5.1.1.4.3 Agrupamento de circuitos

É caracterizado pelo agrupamento de 4 ou mais condutores, todos transportando a corrente de carga ao valor correspondente à sua corrente nominal para o método de referência adotado. De acordo com a NBR 5410, devem ser seguidas as seguintes prescrições:

- os fatores de correção são aplicáveis a grupos de condutores isolados, cabos unipolares ou cabos multipolares com a mesma temperatura máxima para serviço contínuo;

Tabela 3.14 Fatores de correção para cabos em eletrodutos enterrados no solo, com resistividade térmica diferente de 2,5 K.m/W, a serem aplicados às capacidades de condução de corrente do método de referência – NBR 5410

Resistividade térmica (K.m/W)	1	1,5	2	3
Fator de correção	1,18	1,1	1,05	0,96

Notas:
1 – Os fatores de correção dados são valores médios para as seções nominais abrangidas nas Tabelas 3.6 e 3.7, com uma dispersão geralmente inferior a 5 %.
2 – Os fatores de correção são aplicáveis a cabos em eletroduto enterrados a uma profundidade de até 0,80 m.
3 – Os fatores de correção para cabos diretamente enterrados são mais elevados para resistividades térmicas inferiores a 2,5 K.m/W, podendo ser calculados pelos métodos indicados na ABNT NBR 11301.

- para grupos contendo condutores isolados ou cabos com diferentes temperaturas máximas para serviço contínuo, a capacidade de condução de corrente de todos os cabos ou condutores isolados do grupo deve ser baseada na menor das temperaturas máximas para serviço contínuo de qualquer cabo ou condutor isolado do grupo afetado do valor de correção adotado;
- se, devido às condições de funcionamento conhecidas, um circuito, ou cabo multipolar for previsto para conduzir não mais que 30 % da capacidade de condução de corrente de seus condutores, já afetada pelo fator de correção aplicável, o circuito ou cabo multipolar pode ser omitido para efeito de obtenção do fator de correção do resto do grupo.

A aplicação dos fatores de agrupamento de circuitos depende do método de referência adotado no projeto.

As capacidades de condução de corrente indicadas nas Tabelas 3.6 e 3.7 são válidas para circuitos simples constituídos pelo seguinte número de condutores:

- dois condutores isolados, dois cabos unipolares ou um cabo bipolar;
- três condutores isolados, três cabos unipolares ou um cabo tripolar.

Quando for instalado, em um mesmo grupo, um número maior de condutores ou de cabos, devem ser aplicados os fatores de correção especificados nas Tabelas 3.15 a 3.19.

Os fatores de correção constantes da Tabela 3.15 devem ser aplicados a condutores agrupados em feixe, seja em linhas abertas ou fechadas, e a condutores agrupados em um mesmo plano e em uma única camada. Já os condutores constantes da Tabela 3.16 devem ser aplicados a agrupamentos de cabos consistindo em duas ou mais camadas de condutores.

As Tabelas 3.6 a 3.9, que fornecem a capacidade de condução de corrente dos condutores para diferentes condições de instalação, trazem colunas para dois e três condutores carregados e não fazem referência à condição de quatro condutores carregados. Assim, a determinação da capacidade de corrente de um circuito com quatro condutores carregados deve ser feita aplicando-se o fator de correção de corrente no valor de 0,86 sobre a capacidade de corrente referida a três condutores carregados. Se a instalação dos circuitos requisitarem outras condições que necessitem de compensação, devem ser aplicados os outros fatores de correção, como a influência da temperatura ambiente, agrupamento de circuitos e resistividade térmica do solo. A aplicação mais comum de quatro condutores carregados é a de um circuito trifásico desequilibrado, no qual, pelo condutor neutro, flui a corrente de desequilíbrio. Neste caso, pode-se considerar como alternativa ao que foi definido anteriormente, a aplicação do fator de correção para dois circuitos de dois condutores carregados. Assim, o fator de correção de corrente, por causa do carregamento do condutor neutro, deve ser aplicado à coluna de dois condutores carregados das Tabelas 3.6 a 3.9, sendo válidos também para as Tabelas 3.15 a 3.19.

Devem ser observadas as seguintes prescrições para aplicação das tabelas dos fatores de agrupamento.

a) **Prescrições da Tabela 3.15**

Em complementação às notas da Tabela 3.15, temos:

- somente os condutores efetivamente percorridos por corrente devem ser contados;
- nos circuitos trifásicos equilibrados, o condutor neutro, suposto sem corrente, não deve ser contado;
- o condutor neutro deve ser contado quando efetivamente é percorrido por corrente, como no caso de circuitos trifásicos que servem à iluminação (circuitos supostamente desequilibrados); o fator de agrupamento para essa condição é considerado igual a 0,86;
- os condutores destinados à proteção, condutores PE, não são contados;
- os condutores PEN são considerados condutores de neutro;
- os fatores de correção foram calculados admitindo-se todos os condutores vivos permanentemente carregados com 100 % de sua carga. No caso de valor inferior a 100 %, os fatores de correção podem ser aumentados conforme as condições de funcionamento da instalação;
- os fatores de correção são aplicados a grupos de cabos uniformemente carregados;
- quando a distância horizontal entre cabos adjacentes for superior ao dobro do seu diâmetro externo, não é necessário aplicar nenhum fator de redução;
- é bom esclarecer que a aplicação do fator de agrupamento sobre a capacidade nominal da corrente dos condutores, estabelecida nas tabelas apresentadas, compensa o efeito Joule que resulta na elevação de temperatura provocada no interior do duto pela contribuição simultânea de calor de

Tabela 3.15 Fatores de correção aplicáveis a condutores agrupados em feixe (em linhas abertas ou fechadas) e a condutores agrupados em um mesmo plano, em camada única nas Tabelas 3.6 a 3.8 e 3 – NBR 5410

Item	Forma de agrupamento dos condutores	\multicolumn{12}{c	}{Número de circuitos ou de cabos multipolares}	Tabelas dos métodos de referência
		1	2	3	4	5	6	7	8	9 a 11	12 a 15	16 a 19	> 20	
1	Em feixe ao ar livre ou sobre superfície; embutidos em condutos fechados	1,00	0,80	0,70	0,65	0,60	0,57	0,54	0,52	0,50	0,45	0,41	0,38	3.6 a 3.7 (métodos A a F)
2	Camada única sobre parede, piso, ou em bandeja não perfurada ou prateleira	1,00	0,85	0,79	0,75	0,73	0,72	0,72	0,71	\multicolumn{4}{c	}{0,70}	3.6 e 3.5 (método C)
3	Camada única no teto	0,95	0,81	0,72	0,68	0,66	0,64	0,63	0,62	\multicolumn{4}{c	}{0,61}	
4	Camada única em bandeja perfurada	1,00	0,88	0,82	0,77	0,75	0,73	0,73	0,72	\multicolumn{4}{c	}{0,72}	3.8 e 3.7 (métodos E e F)
5	Camada única em leito, suporte etc.	1,00	0,87	0,82	0,80	0,80	0,79	0,79	0,78	\multicolumn{4}{c	}{0,78}	

Notas:
1 – Esses fatores são aplicáveis a grupos homogêneos de cabos, uniformemente carregados.
2 – Quando a distância horizontal entre cabos adjacentes for superior ao dobro de seu diâmetro externo, não é necessário aplicar fator de redução.
3 – O número de circuitos ou de cabos com o qual se consulta a Tabela 3.15 refere-se:
  • à quantidade de grupos de dois ou três condutores isolados ou cabos unipolares, cada grupo constituindo um circuito (supondo-se um só condutor por fase, isto é, sem condutores em paralelo) e/ou;
  • à quantidade de cabos multipolares que compõe o agrupamento, qualquer que seja essa composição (só condutores isolados, só cabos unipolares, só cabos multipolares ou qualquer combinação).
4 – Se o agrupamento for constituído, ao mesmo tempo, de cabos bipolares e tripolares, deve-se considerar o número total de cabos como o número de circuitos e, de posse do fator de agrupamento resultante, a determinação das capacidades de condução de corrente, nas Tabelas 3.6 a 3.9, deve ser então efetuada;
  • na coluna de dois condutores carregados, para os cabos bipolares; e
  • na coluna de três condutores carregados, para os cabos tripolares.
5 – Um agrupamento com N condutores isolados, ou N cabos unipolares pode ser considerado composto tanto de N/2 circuitos com dois condutores carregados quanto de N/3 circuitos com três condutores carregados.
6 – Os valores indicados são médios para a faixa usual de seções nominais, com dispersão geralmente inferior a 5 %.

Tabela 3.16 Fatores de correção aplicáveis a agrupamentos consistindo em mais de uma camada de condutores – Método de referência C (Tabelas 3.6 e 3.7), E F (Tabelas 3.8 e 3.9) – NBR 5410

Quantidade de camadas	\multicolumn{5}{c	}{Quantidade de circuitos trifásicos ou de cabos multipolares por camada}
	2	3	4 ou 5	6 a 8	9 e mais
2	0,68	0,62	0,60	0,58	0,56
3	0,62	0,57	0,55	0,53	0,51
4 ou 5	0,60	0,55	0,52	0,51	0,49
6 a 8	0,58	0,53	0,51	0,49	0,48
9 e mais	0,56	0,51	0,49	0,48	0,46

Notas:
• Os fatores de correção são válidos para camadas com disposições horizontais e verticais;
• No caso de condutores agrupados em uma única camada, utilizar a Tabela 3.15, linhas 2 a 5.

Tabela 3.17 Fatores de agrupamento para linhas com cabos diretamente enterrados – NBR 5410

Número de circuitos	Distância entre cabos (a)				
	Nula	1 diâmetro do cabo	0,125 m	0,25 m	0,50 m
2	0,75	0,80	0,85	0,90	0,90
3	0,65	0,70	0,75	0,80	0,85
4	0,60	0,60	0,70	0,75	0,80
5	0,55	0,55	0,65	0,70	0,80
6	0,50	0,55	0,60	0,70	0,80

Tabela 3.18 Fatores de agrupamento para linha em eletrodutos enterrados: cabos multipolares – NBR 5410

Cabos multipolares em eletrodutos – Um cabo por eletroduto				
Número de circuitos	Espaçamento entre dutos[a]			
	Nula	0,25 m	0,50 m	1,0 m
2	0,85	0,90	0,95	0,95
3	0,75	0,85	0,90	0,95
4	0,70	0,80	0,85	0,90
5	0,65	0,80	0,85	0,90
6	0,60	0,80	0,80	0,80

Notas:

1 – Os valores indicados são aplicáveis para uma profundidade de 0,70 m e uma resistividade térmica do solo de 2,5 K.m/W. São valores médios para dimensões dos cabos abrangidos nas Tabelas 3.6 e 3.7. Os valores médios arredondados podem apresentar erros médios de até ±10 % em certos casos. Se forem necessários valores mais precisos, deve-se recorrer à ABN NBR 11301.

[a]Distância entre os condutores é tomada entre as superfícies externas dos próprios condutores.

Tabela 3.19 Fatores de agrupamento para linha em eletrodutos enterrados: cabos isolados e unipolares – NBR 5410

Condutores isolados ou cabos unipolares em eletrodutos – Um condutor por eletroduto				
Número de circuitos	Espaçamento entre dutos[a]			
	Nula	0,25 m	0,50 m	1,0 m
2	0,80	0,90	0,90	0,95
3	0,70	0,80	0,85	0,90
4	0,65	0,75	0,80	0,90
5	0,60	0,70	0,80	0,90
6	0,60	0,70	0,80	0,90

Notas:

1 – Os valores indicados são aplicáveis para uma profundidade de 0,70 m e uma resistividade térmica do solo de 2,5 K.m/W. São valores médios para dimensões de cabos das Tabelas 3.6 e 3.7. Os valores médios arredondados podem apresentar erros médios de até ±10 % em certos casos. Se forem necessários valores mais precisos, deve-se recorrer à ABN NBR 11301.

2 – Deve-se alertar para restrições e problemas no uso de condutores isolados ou cabos unipolares em eletrodutos metálicos quando se tem um único condutor por eletroduto.

[a]Distância entre os condutores é tomada entre as superfícies externas dos próprios condutores.

todos os cabos. Consequentemente, a capacidade de condução de corrente dos condutores fica reduzida, devendo-se projetar um cabo de seção superior, considerando-se inalterado o valor da carga.

Quando um grupo contiver cabos de seções diferentes devem ser aplicadas as seguintes prescrições:

- os fatores de correção estabelecidos nas Tabelas 3.15 a 3.19 são aplicáveis a grupos de cabos semelhantes e igualmente carregados;
- os cálculos dos fatores de correção para cada grupo contendo condutores isolados, ou cabos unipolares ou cabos multipolares de diferentes seções nominais depende da quantidade de condutores ou cabos e da faixa de seções. Tais fatores não podem ser tabelados e devem ser calculados caso a caso, utilizando-se, por exemplo, a NBR 11301;
- são considerados semelhantes os cabos cujas capacidades de condução de corrente baseiam-se na mesma temperatura máxima para serviço contínuo e cujas seções nominais estão contidas no intervalo de 3 seções normalizadas sucessivas;
- tratando-se de condutores isolados, cabos unipolares ou cabos multipolares de seções diferentes em condutos fechados ou em bandejas, leitos, prateleiras ou suportes, caso não seja viável um cálculo específico, deve-se utilizar a Equação (3.13):

$$F = \frac{1}{\sqrt{N}} \qquad (3.13)$$

F = fator de correção;
N = número de circuitos ou cabos multipolares.

Deve-se considerar a Tabela 3.20 para definir o número de condutores carregados citados nas tabelas de condução de corrente dos condutores. No caso particular do condutor neutro de circuitos trifásicos, assunto tratado mais adiante, quando não houver redução de sua seção em relação ao condutor de fase, o neutro deve ser computado como condutor carregado. Assim, em um circuito trifásico com neutro, que alimenta cargas de conteúdo harmônico com distorção superior a 15 % ou cargas desequilibradas, por exemplo, a alimentação de QDLs, o circuito neutro deve ser considerado condutor carregado e, portanto, sujeito ao fator de correção de agrupamento que a norma NBR 5410 considera igual a 0,86, independentemente do método de instalação que o projetista venha a adotar. Esse fator deve ser aplicado à capacidade de corrente dos condutores para a condição de 3 (três) condutores carregados das Tabelas 3.6 a 3.9.

Tabela 3.20 Número de condutores a ser considerado em função do tipo de circuito – NBR 5410

Esquema de condutores vivos do circuito	Número de condutores carregados a ser adotado
Monofásico a dois condutores	2
Monofásico a três condutores	2
Duas fases sem neutro	2
Duas fases com neutro	3
Trifásico sem neutro	3
Trifásico com neutro	3 ou 4

3.5.1.1.5 Condutores em paralelo

Dois ou mais condutores podem ser ligados em paralelo na mesma fase, atendidas as seguintes prescrições:

- os condutores devem ter aproximadamente o mesmo comprimento;
- os condutores devem ter o mesmo tipo de isolação;
- os condutores devem ser do mesmo material condutor;
- os condutores devem ter a mesma seção nominal;
- a corrente conduzida por qualquer condutor não deve levar o mesmo a uma temperatura superior à sua temperatura máxima para serviço contínuo;
- devem ser tomadas todas as medidas para garantir que a corrente seja igualmente dividida entre os condutores;
- os condutores não devem conter derivações.

As exigências anteriores podem ser consideradas atendidas desde que atendam ainda às seguintes premissas:

- que os condutores isolados ou cabos unipolares em trifólio, em formação plana ou conduto fechado, com seção igual ou inferior a 50 mm², em cobre, cada grupo ou conduto fechado contenham todas as fases e o respectivo neutro, se houver;
- que os cabos unipolares com seção superior a 50 mm², em cobre, agrupados segundo configurações especiais adaptadas a cada caso, cada grupo deve conter todas as fases e o respectivo neutro, se houver, sendo que as configurações definidas propiciem o maior equilíbrio possível entre as impedâncias dos condutores constituintes do circuito.

Os circuitos com condutores em paralelo nas posições plana e em trifólio devem estar dispostos respectivamente como mostram as Figuras 3.24 e 3.25, a fim de evitar os desequilíbrios de corrente entre os condutores de uma mesma fase e o consequente desequilíbrio de tensões no ponto de conexão com a carga. Os desequilíbrios de corrente são provenientes da diferença entre as indutâncias mútuas dos cabos, que podem chegar a valores expressivos, da ordem de 20 %, entre o condutor mais carregado e menos carregado da mesma fase. Os valores D_{ex} indicados nas Figuras 3.24 e 3.25 correspondem ao diâmetro externo do cabo.

3.5.1.1.6 Determinação da seção dos condutores de circuitos trifásicos na presença de correntes harmônicas

A incorporação de cargas não lineares aos sistemas elétricos de transmissão e distribuição tem aumentado, a cada dia, a circulação de correntes harmônicas, degradando a qualidade de energia elétrica e comprometendo o desempenho dos equipamentos.

São clássicas as cargas geradoras de harmônicos que poluem os sistemas elétricos. Os retificadores, os

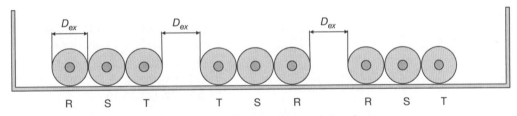

Figura 3.24 Condutores em posição plana.

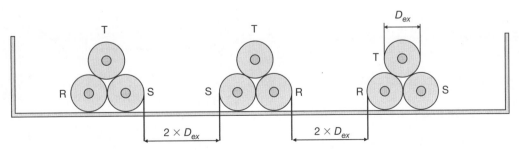

Figura 3.25 Condutores em trifólio.

Exemplo de aplicação (3.6)

Determinar a seção dos condutores fase de um circuito que alimenta um CCM ao qual estão conectadas várias máquinas de controle numérico que demandam uma potência de 84 kVA em 380 V. Nas medidas efetuadas no circuito foram identificados componentes harmônicos de 3ª, 5ª e 9ª ordens, com valores respectivamente iguais a 40, 28 e 15 A. Os condutores são do tipo isolado em PVC e estão instalados em eletroduto de seção de PVC contido em canaleta ventilada construída no piso.

- Corrente de carga na onda fundamental:

$$I_f = \frac{P_c}{\sqrt{3} \times V_m} = \frac{84}{\sqrt{3} \times 0{,}38} = 127{,}6 \text{ A}$$

- Seção do condutor para a corrente de carga na onda fundamental:

$I_f = 127{,}6 \text{ A} \rightarrow S_c = 50 \text{ mm}^2$ (método de referência B1 da Tabela 3.6 e método de instalação 42 da Tabela 3.4)

- Corrente de carga total:

$$I_c = \sqrt{I_f^2 + \Sigma I_h^2} = \sqrt{127{,}6^2 + 40^2 + 28^2 + 15^2} = 137{,}4 \text{ A}$$

$I_f = 137{,}4 \text{ A} \rightarrow S_c = 70 \text{ mm}^2$ (método de referência B1 da Tabela 3.6 e método de instalação 42 da Tabela 3.4)

---

freios de redução e os laminadores injetam harmônicas de diversas ordens no sistema. Também os transformadores em sobretensão são fontes de harmônicas de 3ª ordem.

Quando em um circuito trifásico com neutro que serve a cargas não lineares, cujas componentes harmônicas de ordem três e seus múltiplos circulam nos condutores carregados, deve-se aplicar sobre a capacidade de corrente de 2 condutores de fase dadas nas Tabelas 3.6 e 3.7, o fator de correção, devido ao carregamento do neutro no valor 0,86, independentemente do método de instalação utilizado.

Para determinar a corrente de carga em valor eficaz em um circuito contendo componentes harmônicas, utilizar a Equação (3.14):

$$I_c = \sqrt{I_f^2 + \Sigma I_h^2} \quad (3.14)$$

I_f = corrente de carga ou de projeto na frequência fundamental;

$$\Sigma I_h = I_{2h}^2 + I_{3h}^2 + I_{4h}^2 + \ldots + I_{nh}^2 \quad (3.15)$$

$I_{2h} + I_{3h} + I_{4h} + \ldots + I_{nh}$ = correntes harmônicas de 2ª, 3ª, 4ª ... e de ordem n.

3.5.1.1.7 Determinação da seção econômica de um condutor

Este assunto está devidamente tratado no Capítulo 15.

3.5.1.2 *Critério do limite da queda de tensão*

Após o dimensionamento da seção do condutor pela capacidade de corrente de carga, é necessário saber se esta seção é apropriada para provocar uma queda de tensão no ponto terminal do circuito, de acordo com os valores mínimos estabelecidos pela norma NBR 5410, ou obedecendo aos limites definidos pelo projetista para aquela planta em particular e que sejam inferiores aos limites ditados pela norma citada.

Além da Tabela 3.21, algumas prescrições devem ser seguidas:

- os valores das quedas de tensão envolvem todos os circuitos, desde os terminais secundários do transformador ou ponto de entrega, dependendo do caso, até os terminais de carga (lâmpadas, tomadas, motores etc.). Para maior compreensão, veja a Figura 3.26;
- em nenhum caso a queda de tensão nos circuitos terminais pode ser superior a 4 %;
- para o cálculo da queda de tensão em um circuito deve ser utilizada a corrente de carga ou corrente de projeto, inclusive as correntes harmônicas;

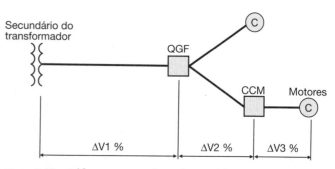

Figura 3.26 Diferentes trechos de um sistema industrial.

- nos circuitos em que circulam componentes harmônicas devem ser considerados os valores das correntes de diferentes ordens;
- nos circuitos de motor deve ser considerada a corrente nominal do motor vezes o fator de serviço, quando houver;
- nos circuitos de capacitores devem ser considerados 135 % da corrente nominal do capacitor ou banco;
- nos casos (a), (b) e (d) da Tabela 3.21, quando as linhas principais da instalação tiverem um comprimento superior a 100 m, as quedas de tensão podem ser aumentadas em 0,005 % por metro de linha superior a 100 m sem que, no entanto, esta suplementação seja superior a 0,5 %;
- quedas de tensão superiores aos valores indicados na Tabela 3.21 podem ser aplicadas para equipamentos com correntes de partida elevadas no período da partida, desde que permitidos dentro de suas respectivas normas; este assunto será detalhado no Capítulo 7;
- a queda de tensão nos terminais do dispositivo de partida dos motores elétricos durante o acionamento não deve ser superior a 10 % da tensão nominal;
- podem ser toleradas quedas de tensão superiores a 10 %, desde que não afetem as demais cargas em operação;
- para o cálculo da queda de tensão durante o acionamento de um motor, considerar o fator de potência igual a 0,30.

3.5.1.2.1 Queda de tensão em sistema monofásico (F-N)

A seção mínima do condutor de um circuito monofásico pode ser determinada pela queda de tensão, de modo simplificado, a partir da Equação (3.16):

$$S_c = \frac{200 \times \rho \times \sum(L_c \times I_c)}{\Delta V_c \times V_{fn}} \ (mm^2) \qquad (3.16)$$

ρ = resistividade do material condutor (cobre): 1/56 $\Omega.mm^2/m$;
L_c = comprimento do circuito, em m;
I_c = corrente total do circuito, em A;
ΔV_c = queda de tensão máxima admitida em projeto, em %;
V_{fn} = tensão entre fase e neutro, em V.

3.5.1.2.2 Queda de tensão em sistema trifásico (3F ou 3F-N)

Os valores máximos de queda de tensão atribuídos pela NBR 5410 para unidades consumidoras atendidas por uma subestação referem-se somente aos circuitos secundários, cuja origem é a própria bucha de baixa tensão do transformador, apesar de a origem da instalação ser, para efeitos legais, o ponto de entrega de energia.

O Capítulo 12 aborda claramente o assunto, indicando o último ponto de responsabilidade da concessionária de energia elétrica e o início do sistema da unidade consumidora. A Figura 3.26 mostra o ponto inicial do circuito a partir do qual devem ser consideradas as quedas de tensão regidas por norma.

Convém lembrar que a queda de tensão ΔV % é tomada em relação à tensão nominal fase-fase V_{ff} da instalação. Outrossim, existe uma grande diferença entre a queda de tensão em determinado ponto da instalação e a variação de tensão neste mesmo ponto. Ora, a queda de tensão em um ponto considerado significa uma redução da tensão em relação a um valor base, normalmente a tensão nominal. Já a variação da tensão em relação a determinado valor fixo em um ponto qualquer da instalação pode significar a obtenção de tensões abaixo ou acima do valor de referência. Pode-se exemplificar argumentando que a queda da tensão até o barramento de um CCM, cuja tensão nominal é de 380 V, vale 4 % (0,04 × 380 = 15,2 V). No entanto, se o fornecimento de energia elétrica da concessionária não tem boa regulação, a tensão pode variar ao longo de certo período entre –5 % e +3 %, em um total de 8 % (valor oficialmente admitido pela legislação). Se a tensão pretendida no mesmo CCM é de 380 V, logo se observará neste ponto uma variação de tensão de 361 a 391 V.

Tabela 3.21 Limites de queda de tensão – NBR 5410

Item	Tipo de instalação	Início da instalação	Queda de tensão em % da tensão nominal
a	Instalações alimentadas por meio de subestação própria	Terminais secundários do transformador de MT/BT	7 %
b	Instalações alimentadas por meio de transformador da companhia distribuidora de energia elétrica	Terminais secundários do transformador de MT/BT, quando o ponto de entrega for aí localizado	7 %
c	Instalações alimentadas por meio da rede secundária de distribuição da companhia distribuidora de energia elétrica	Ponto de entrega	5 %
d	Instalações alimentadas por meio de geração própria (grupo gerador)	Terminais do grupo gerador	7 %

A seção mínima do condutor de um circuito trifásico pode ser determinada pela queda de tensão, de modo simplificado, a partir da Equação (3.17).

$$S_c = \frac{100 \times \sqrt{3} \times \rho \times \sum(L_c \times I_c)}{\Delta V_c \times V_{ff}} \text{ (mm}^2\text{)} \quad (3.17)$$

V_{ff} = tensão entre fases, em V.

A queda de tensão fornecida pelas Equações (3.16) e (3.17) difere muito pouco dos processos mais exatos, quando a seção dos condutores situa-se entre 1,5 e 25 mm², pois a queda de tensão dada pelas equações anteriormente referidas não contempla a reatância dos condutores. Pode-se observar pela Tabela 3.22 que as reatâncias dos condutores dessas seções são muito pequenas quando comparadas com as suas respectivas resistências. Logo, a predominância do valor da queda de tensão é dada somente pela resistência do condutor. À medida que utilizamos seções maiores, o valor da queda de tensão torna-se muito divergente do valor correto.

A queda de tensão no circuito trifásico pode ser obtida de forma completa pela Equação (3.18):

$$\Delta V_c = \frac{\sqrt{3} \times I_c \times L_c \times (R \times \cos\varphi + X \operatorname{sen}\varphi)}{10 \times N_{cp} \times V_{ff}} (\%) \quad (3.18)$$

N_{cp} = número de condutores em paralelo por fase;
I_c = corrente do circuito, em A;
L_c = comprimento do circuito, em m;
R = resistência do condutor, em mΩ/m;
X = reatância do condutor, em mΩ/m;
φ = ângulo do fator de potência da carga.

Exemplo de aplicação (3.7)

Calcular a seção do condutor que liga um QGF ao CCM, sabendo-se que a carga é composta de 10 motores de 10 cv, IV polo, 380 V, fator de serviço unitário, e que o comprimento do circuito é de 150 m. Adotar o condutor isolado em PVC instalado no interior de eletrodo de PVC embutido no piso, admitindo uma queda de tensão máxima de 5 %. Ver Tabela 6.4 para obter os dados do motor. A máxima queda de tensão admitida é de 5 %.

- Dados do motor:
  - Corrente nominal do motor: 15,5 A;
  - Fator de potência do motor: 0,85 → $ar\cos(0,85) = 31,78°$

$$I_c = 10 \times 15,4 = 154,0 \text{ A}$$

- Seção mínima do condutor com base na corrente de carga:

$S_c = 3 \# 95$ mm² (Tabela 3.6 – coluna D – justificada pela Tabela 3.4 – método de instalação 61A)

- Seção mínima do condutor com base na queda de tensão:

$$\Delta V_c = \frac{\sqrt{3} \times I_c \times L_c \times (R \times \cos\varphi + X \times \operatorname{sen}\varphi)}{10 \times N_{cp} \times V_{ff}} = \frac{\sqrt{3} \times 154 \times 150 \times (0,2352 \times \cos 31,78 + 0,1090 \times \operatorname{sen} 31,78)}{10 \times 1 \times 380}$$

$$\Delta V_c = 2,7 \% < 5 \% \text{ (condição satisfeita)}$$

Logo, a seção do condutor vale $S_c = 3 \# 95$ mm².

Utilizando a fórmula simplificada da Equação (3.17), e aplicando a queda de tensão no valor de 2,7 % temos:

$$S_{cml} = \frac{100 \times \sqrt{3} \times \rho \times I_c \times L_c}{V_{ff} \times \Delta V_c} = \frac{100 \times \sqrt{3} \times 1/56 \times 154 \times 150}{380 \times 2,7} = 69,6 \text{ mm}^2 \rightarrow S_{cml} = 70 \text{ mm}^2$$

Observamos uma diferença de seção de condutor de 1 escala.

Logo, a seção do condutor a ser utilizado é de 95 mm² que satisfaz ao mesmo tempo às condições de capacidade de corrente e queda de tensão.

Os valores de resistência e reatância dos condutores estão determinados na Tabela 3.22, considerando-se as seguintes condições:

- os condutores estão instalados contíguos, em formação triangular (trifólio);
- a temperatura adotada para o condutor é a de valor máximo permitido para a isolação;
- os condutores são de encordoamento compacto;
- os condutores não possuem blindagem metálica (condutores de baixa-tensão).

Quando um circuito é constituído de várias cargas ligadas ao longo de seu percurso e se deseja determinar a seção do condutor, pode-se aplicar com plenitude a Equação (3.17), como se mostra no Exemplo de aplicação (3.8).

Dimensionamento de condutores elétricos

Tabela 3.22 Resistência e reatância dos condutores de PVC/70 °C (valores médios)

Seção	Impedância de sequência positiva (mOhm/m) Resistência	Impedância de sequência positiva (mOhm/m) Reatância	Impedância de sequência zero (mOhm/m) Resistência	Impedância de sequência zero (mOhm/m) Reatância
1,5	14,8137	0,1378	16,6137	2,9262
2,5	8,8882	0,1345	10,6882	2,8755
4	5,5518	0,1279	7,3552	2,8349
6	3,7035	0,1225	5,5035	2,8000
10	2,2221	0,1207	4,0222	2,7639
16	1,3899	0,1173	3,1890	2,7173
25	0,8891	0,1164	2,6891	2,6692
35	0,6353	0,1128	2,4355	2,6382
50	0,4450	0,1127	2,2450	2,5991
70	0,3184	0,1096	2,1184	2,5681
95	0,2352	0,1090	2,0352	2,5325
120	0,1868	0,1076	1,9868	2,5104
150	0,1502	0,1074	1,9502	2,4843
185	0,1226	0,1073	1,9226	2,4594
240	0,0958	0,1070	1,8958	2,4312
300	0,0781	0,1068	1,8781	2,4067
400	0,0608	0,1058	1,8608	2.3757
500	0,0507	0,1051	1,8550	2,3491
630	0,0292	0,1042	1,8376	2,3001

Exemplo de aplicação (3.8)

Determinar a seção do condutor do circuito mostrado na Figura 3.27, sabendo-se que serão utilizados condutores unipolares isolados em XLPE dispostos no interior de canaleta ventilada construída no piso. A queda de tensão admitida será de 4 %. O fator de potência da carga vale 0,80.

Pelo critério da capacidade de corrente temos:

$$I_5 = 28 \text{ A}$$
$$I_4 = 28,8 + 11,9 = 40,7 \text{ A}$$
$$I_3 = 28,8 + 28,8 + 11,9 = 69,5 \text{ A}$$
$$I_2 = 28,8 + 28,8 + 11,9 + 26 = 95,5 \text{ A}$$
$$I_1 = 28,8 + 28,8 + 11,9 + 26 + 7,9 = 103,4 \text{ A}$$

$S_c = 25$ mm² (Tabela 3.7 – coluna B1 – justificada pela Tabela 3.4 – método de instalação 43)

Pelo critério da queda de tensão e aplicando-se a Equação (3.17), temos:

$$S_c = \frac{100 \times \sqrt{3} \times (1/56) \times [(7,9 \times 8)+(26 \times 18)+(28,8 \times 24)+(11,9 \times 38)+(28,8 \times 49)]}{4 \times 380} = \frac{100 \times \sqrt{3} \times 3.085,8}{56 \times 4 \times 380}$$

$S_c = 6,2$ mm² → $S_c = 3 \# 10$ mm²

Logo, o condutor adotado será de:

$$S_c = 3 \# 25 \text{ mm}^2 \text{ (XLPE/90 °C } -0,6/1 \text{ kV)}$$

O leitor deve aplicar a Equação (3.18) para comparar os resultados.

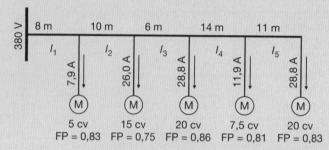

Figura 3.27 Circuito de distribuição com várias cargas.

3.5.1.3 Critério da capacidade de corrente de curto-circuito

Com base na corrente de curto-circuito podem-se admitir dois critérios básicos para o dimensionamento da seção do condutor de fase, ou seja:

a) **Limitação da seção do condutor para determinada corrente de curto-circuito**

No dimensionamento dos condutores é de grande importância o conhecimento do nível das correntes de curto-circuito nos diferentes pontos da instalação, isto porque os efeitos térmicos podem afetar o seu isolamento. É compreensível que os condutores que foram dimensionados para transportar as correntes de carga em regime normal tenham grandes limitações para transportar as correntes de curto-circuito, que podem chegar a 100 vezes as correntes de carga. Essa limitação está fundamentada no tempo máximo em que o condutor pode funcionar enquanto transporta a corrente de defeito.

Os gráficos das Figuras 3.28 e 3.29, respectivamente, para os cabos PVC/70 °C, XLPE e EPR, permitem determinar:

- a máxima corrente de curto-circuito admissível em um cabo;
- a seção do condutor necessária para suportar uma particular condição de curto-circuito;
- o tempo máximo que o condutor pode funcionar com determinada corrente de curto-circuito sem danificar a isolação.

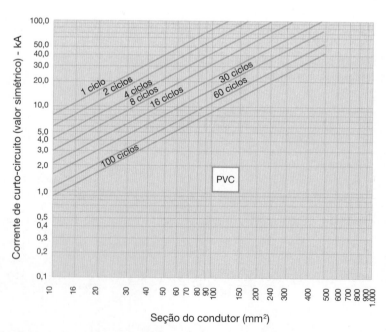

Figura 3.28 Capacidade máxima da corrente de curto-circuito.

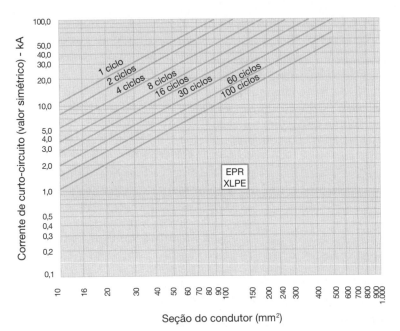

Figura 3.29 Capacidade máxima da corrente de curto-circuito.

A seção mínima do condutor para suportar a corrente de curto-circuito pode ser determinada por meio da Equação (3.19), na qual se baseiam os gráficos anteriormente mencionados.

$$S_c = \frac{\sqrt{T_e} \times I_{cs}}{0,34 \times \sqrt{\log\left(\frac{234+T_f}{234+T_i}\right)}} \quad (3.19)$$

I_{cs} = corrente simétrica de curto-circuito trifásica ou fase e terra, a que for maior, em kA;
T_e = tempo de eliminação de defeito, em s;
T_f = temperatura máxima de curto-circuito suportada pela isolação do condutor, em °C;

T_i = temperatura máxima admissível pelo condutor em regime normal de operação, em °C.

Os valores de T_f e T_i são estabelecidos por norma, ou seja:

- Condutor de cobre com isolação PVC/70 °C;

$$T_f = 160 \text{ °C e } T_i = 70 \text{ °C}$$

- Condutor de cobre com isolação XLPE;

$$T_f = 250 \text{ °C e } T_i = 90 \text{ °C}$$

O estudo das correntes de curto-circuito será realizado no Capítulo 5.

Exemplo de aplicação (3.9)

Considerando-se um circuito com as seguintes características: [i] seção do cabo 25 mm²/XLPE – 90 °C determinada pela queda de tensão e pela corrente de carga; [ii] tempo de 0,5 s para a eliminação do defeito realizado pelo fusível; e [iii] corrente simétrica de curto-circuito de 4,0 kA, determinar a seção mínima do condutor.

$$S_c = \frac{\sqrt{0,5} \times 4,0}{0,34 \times \sqrt{\log\left(\frac{234+250}{234+90}\right)}} \cong 20 \text{ mm}^2 \quad \rightarrow \quad S_c = 25 \text{ mm}^2$$

Logo, o condutor de 25 mm² satisfaz às três condições, ou seja, capacidade da corrente de carga, queda de tensão e capacidade da corrente de curto-circuito.

Com o gráfico da Figura 3.29, obtém-se o mesmo resultado, ou seja, tomando-se a corrente de curto-circuito de 4,0 kA e cruzando-se a reta de 30 ciclos (0,50 s) obtém-se a seção de 20 mm².

b) **Limitação do comprimento do circuito em função da corrente de curto-circuito fase e terra**

O comprimento de determinado circuito deve ser limitado em função da atuação do dispositivo de proteção para determinada corrente de curto-circuito fase e terra no ponto de sua instalação. A Equação (3.20) permite definir o comprimento máximo do circuito trifásico em função das impedâncias dos vários componentes do sistema.

$$L_c = \dfrac{\dfrac{0{,}95 \times V_{ff}}{\sqrt{3} \times I_{ft}} - Z_{mp}}{\dfrac{2 \times Z_{jp}}{1.000}} \text{ (m)} \qquad (3.20)$$

V_{ff} = tensão entre fases do sistema, em V;
I_{ft} = corrente de curto-circuito que assegura a atuação da proteção da barra da qual deriva o circuito de comprimento L_c;
Z_{mp} = impedância de sequência positiva desde a fonte até a barra da qual deriva o circuito já referido, em Ω;
Z_{jp} = impedância de sequência positiva do circuito a jusante da barra, ou seja, aquele que deve ter o seu valor limitado ao comprimento L_c, em mΩ/m;

É claro que, se não for possível reduzir o comprimento do circuito (o que ocorre normalmente na prática), deve-se elevar o valor da seção do condutor, pois desta forma reduz-se Z_{jp} elevando-se consequentemente o limite do comprimento máximo.

 Exemplo de aplicação (3.10)

Determinar o comprimento máximo de um circuito que alimenta um motor de 40 cv/380 V – IV polos, fator de potência nominal de 0,85, sabendo-se que a corrente de curto-circuito fase e terra no CCM que assegura o disparo da proteção fusível é de 2.000 A para o tempo de disparo da proteção de 0,50 s. A impedância do sistema desde a fonte até o referido CCM é de (0,014 + j0,026) Ω. Os condutores são isolados em PVC e instalados em canaleta ventilada. O comprimento do circuito terminal do motor é de 50 m. A queda de tensão máxima permitida é de 5 %.

A seção do condutor que alimenta o motor vale:

- Pelo critério da corrente de carga

$$I_c = 56{,}6 \text{ A conforme Tabela 6.4;}$$

S_c = 3 # 16 mm² (Tabela 3.6 – coluna B1 – justificada pela Tabela 3.4 – método de instalação 43)

- Pelo critério da queda de tensão

$R_c = 1{,}3899$ Ω (resistência do condutor de 16 mm² – Tabela 3.22)
$X_c = 0{,}1173$ Ω (Tabela 3.22) (reatância do condutor de 16 mm² – Tabela 3.22)

$$\Delta V_c = \dfrac{\sqrt{3} \times I_c \times L_c \times (R \times \cos\varphi + X \times \operatorname{sen}\varphi)}{10 \times N_{cp} \times V_{ff}} = \dfrac{\sqrt{3} \times 56{,}6 \times 50 \times (1{,}3899 \times \cos 31{,}78 + 0{,}1173 \times \operatorname{sen} 31{,}78)}{10 \times 1 \times 380}$$

$$\Delta V_c = 1{,}52 \text{ \% (condição não satisfeita)}$$

- Pelo critério da capacidade de corrente de curto-circuito

$$S_c = \dfrac{\sqrt{0{,}2} \times 2}{0{,}34 \times \sqrt{\log\left(\dfrac{234+160}{234+70}\right)}} = 7{,}8 \text{ mm}^2 \quad \rightarrow \quad S_c = 10 \text{ mm}^2$$

- Pelo critério que limita o comprimento máximo do circuito

$$\vec{Z}_{mp} = 0{,}014 + j0{,}026 \quad \rightarrow \quad Z_c = 0{,}02952 \text{ Ω}$$

$$\vec{Z}_c = 1{,}3899 + j0{,}1173 \text{ mΩ/m (Tabela 3.22)} \quad \rightarrow \quad Z_{mp} = 1{,}3948 \text{ mΩ/m}$$

$$L_c = \dfrac{\dfrac{0{,}95 \times 380}{\sqrt{3} \times 500} - 0{,}02952}{\dfrac{2 \times 1{,}3948}{1.000}} = 138{,}8 \text{ m}$$

Logo, a seção do condutor que deve ser adotado será superior a 16 mm².

3.5.2 Critérios para dimensionamento da seção mínima do condutor neutro

A NBR 5410 estabelece os critérios básicos para o dimensionamento da seção mínima do condutor neutro, ou seja:

a) o condutor neutro não pode ser comum a mais de 1 (um) circuito;

b) em circuitos monofásicos a seção do condutor neutro deve ser igual à do condutor de fase;

c) a seção do condutor neutro em circuito com duas fases e neutro não deve ser inferior à dos condutores de fase, podendo ser igual à dos condutores de fase se a taxa de terceira harmônica e seus múltiplos for superior a 33 %. Esses níveis de correntes harmônicas são obtidos em circuitos que alimentam equipamentos de tecnologia da informação;

d) a seção do condutor neutro de um circuito trifásico não deve ser inferior à dos condutores de fase quando a taxa de terceira harmônica e seus múltiplos for superior a 15 %, podendo, no entanto, ser igual à seção dos condutores de fase quando a referida taxa de harmônica não for superior a 33 %. Esses níveis de corrente harmônica podem ser obtidos nos circuitos de iluminação com o uso de lâmpadas de Led e de descarga, como, vapor de mercúrio, vapor de sódio, vapor metálico e fluorescente;

e) quando a seção dos condutores de fase de um circuito trifásico com neutro for superior a 25 mm², a seção do condutor neutro pode ser inferior à seção dos condutores de fase, limitada à seção da Tabela 3.23, quando as três condições forem simultaneamente satisfeitas:
  • o circuito for presumivelmente equilibrado, em serviço normal;
  • a corrente das fases não contiver uma taxa de terceira harmônica e seus múltiplos superiores a 15 %;
  • o condutor neutro for protegido contra sobrecorrente;

f) em um circuito trifásico com neutro ou em um circuito com duas fases e um neutro com taxa de componentes harmônicas superiores a 33 %, a seção do condutor neutro pode ser maior que a seção dos condutores de fase, devido ao valor da corrente que circula no condutor neutro ser maior que as correntes que circulam nos condutores de fase.

A determinação do condutor neutro não é tarefa fácil para o projetista em razão da necessidade de estimar com segurança as harmônicas de corrente de 3ª ordem nos condutores fase e da circulação de corrente resultante no condutor neutro, devido ao desequilíbrio de corrente nas fases.

Nas condições anteriormente estudadas, a seção do condutor neutro deve ser determinada a partir da Equação (3.21).

$$I_n = F_{cn} \times I_c \tag{3.21}$$

F_{cn} = fator de correção de corrente de neutro, dado na Tabela 3.24;
I_c = corrente de projeto, em valor eficaz, calculado segundo a Equação (3.14).

Deve-se observar que se a taxa de terceira harmônica for superior a 15 % e inferior a 33 %, como ocorre nos circuitos de iluminação com o uso de reatores eletrônicos, a seção do condutor neutro não necessariamente precisa ser superior à dos condutores de fase.

Pode-se, também, determinar a corrente do condutor neutro de um circuito polifásico desequilibrado a partir das correntes de fase, de acordo com a Equação (3.22):

$$I_n = \sqrt{I_a^2 + I_b^2 + I_c^2 - I_a \times I_b - I_c \times (I_a + I_b)} \tag{3.22}$$

I_a, I_b, I_c = correntes que circulam nas fases A, B e C, respectivamente, em A;
I_n = corrente que circula no condutor neutro, em A.

Para um circuito totalmente equilibrado no qual as correntes de fase são iguais, o valor de I_n é nulo, conforme demonstrado pela Equação (3.22).

Tabela 3.23 Seção do condutor neutro – NBR 5410

Seção dos condutores de fase (mm²)	Seção mínima do condutor (mm²)
S ≤ 25	S
35	25
50	25
70	35
95	50
120	70
150	70
185	95
240	120
300	150
500	185

Tabela 3.24 Fator de correção para a determinação da corrente de neutro – NBR 5410

Taxa de terceiro harmônico	Fator de correção	
	Circuito trifásico com neutro	Circuito com duas fases e neutro
35 a 35 %	1,15	1,15
36 a 40 %	1,19	1,19
41 a 45 %	1,24	1,23
46 a 50 %	1,35	1,27
51 a 55 %	1,45	1,3
56 a 60 %	1,55	1,34
61 a 65 %	1,64	1,38
Superior a 66 %	1,63	1,41

Exemplo de aplicação (3.11)

Calcular a corrente que circula no condutor neutro de um sistema trifásico a quatro fios que alimenta cargas exclusivamente monofásicas e cujas correntes são $I_a = 50$ A, $I_b = 70$ A e $I_c = 80$ A.

Da Equação (3.22), temos:

$$I_n = \sqrt{50^2 + 70^2 + 80^2 - 50 \times 70 - 80 \times (50 + 70)} = 26 \text{ A}$$

Cabe observar, no entanto, que a seção do condutor neutro deve ser dimensionada em função da corrente da fase mais carregada, que é a de 80 A, que dita a seção do condutor de fase.

No caso de circuitos polifásicos e de circuitos monofásicos a três condutores, o neutro deve ser dimensionado considerando-se a carga da fase mais carregada, a partir da seção de fase de 25 mm². A corrente que determina o valor da seção do neutro pode ser expressa pela Equação (3.23):

$$I_n = \frac{D_{cm}}{V_{fn} \times \cos\psi} \text{ (A)} \qquad (3.23)$$

D_{cm} = demanda de carga monofásica correspondente à fase mais carregada, em W;
V_{fn} = tensão entre fase e neutro, em V.

Exemplo de aplicação (3.12)

Calcular a seção do condutor neutro de um circuito trifásico (TN-C) que alimenta um CCM, ao qual estão ligados quatro motores trifásicos de 20 cv. Os cabos isolados em PVC estão dispostos em eletroduto aparente.

- Corrente de carga

$$I_c = 4 \times 28{,}8 = 115{,}2 \text{ A}$$

- Seção do condutor fase

$S_f = 3 \# 50$ mm² /PVC 70 °C/750 V (Tabela 3.6 – coluna B1 – justificada pela Tabela 3.4 – método de referência 3)

- Seção do condutor neutro

$$S_n = 1 \# 25 \text{ mm}^2 \text{ /PVC} - 70 \text{ °C/750 V (Tabela 3.23)}$$

3.5.3 Critérios para dimensionamento da seção mínima do condutor de proteção

Todas as partes metálicas não condutoras de uma instalação devem ser obrigatoriamente aterradas com finalidade de proteção ou funcional.

O sistema de aterramento deve ser o elemento responsável pelo escoamento à terra de todas as correntes resultantes de defeito na instalação, de forma a dar total segurança às pessoas que a operam ou dela se utilizam.

O Capítulo 11 trata especificamente dos sistemas de aterramento e, em particular, da malha de terra à qual está ligado o condutor de proteção que será objeto do presente estudo.

A seção transversal do condutor de proteção poderá ser determinada também pela Equação (3.24), quando o tempo de atuação do elemento de proteção for inferior a 5 s:

$$S_p = \frac{\sqrt{I_{ft}^2 \times T_c}}{K} \text{ (mm}^2\text{)} \qquad (3.24)$$

I_{ft} = valor eficaz da corrente de falta fase e terra que pode atravessar o dispositivo de proteção para uma falta de impedância desprezível, em A;
T_c = tempo de eliminação do defeito pelo dispositivo de proteção, em s;
K = fator que depende da natureza do metal do condutor de proteção, das isolações e outras coberturas e da temperatura inicial e final. O valor de K para o condutor de cobre vale:

- Para condutores de proteção providos de isolação não incorporados em cabos multipolares e não enfeixados com outros cabos:

  Nesse caso, a temperatura inicial é considerada de 30 °C e a final, de 160 e 250 °C, respectivamente, para as isolações de PVC, EPR ou XLPE:

  – isolação de PVC: $K = 143$ (para condutores até 300 mm²) e $K = 133$ (para condutores superiores a 300 mm²);
  – isolação de EPR ou XLPE: $K = 176$.

- Para condutores de proteção constituídos por veia de cabo multipolar ou enfeixado com outros cabos ou condutores isolados:
  - isolação de PVC: K = 115 (para condutores até 300 mm²) e 103 (para condutores superiores a 300 mm²);
  - isolação de EPR ou XLPE: K = 143.
- Para condutores de proteção nus nos quais não haja risco de que as temperaturas indicadas possam danificar qualquer material adjacente:
  - visível e em áreas restritas (temperatura máxima de 500 °C): K = 228;
  - condições normais (temperatura máxima de 200 °C): K = 159;
  - risco de incêndio (temperatura máxima de 150 °C): K = 138.
- A seção mínima do condutor de proteção pode ser dada em função da seção dos condutores de fase do circuito, de acordo com a Tabela 3.25.

A temperatura inicial considerada é de 30 °C.

É bom lembrar que os condutores de proteção nunca devem ser seccionados, inclusive o condutor PEN do sistema TN-C, e que somente fios ou cabos condutores devem ser utilizados para as funções combinadas de condutor de proteção e neutro (PEN).

Para melhor definir a utilização do condutor de proteção, do condutor de aterramento e da malha de terra, observar a Figura 3.30.

Tabela 3.25 Seção mínima dos condutores de proteção – NBR 5410

Seção mínima dos condutores de fase (mm²)	Seção mínima dos condutores de proteção (mm²)
S ≤ 16	S
16 < S ≤ 35	16
S > 35	0,5 × S

Para determinar a seção e as condições de uso de um condutor de proteção, adotar os seguintes princípios definidos na NBR 5410:

- um condutor de proteção pode ser comum a vários circuitos de distribuição ou terminais, quando estes estiverem contidos em um mesmo conduto dos condutores de fase e sua seção seja dimensionada para a mais severa corrente de curto-circuito presumida e o mais longo tempo de atuação do dispositivo de seccionamento automático, ou ainda determinada de acordo com a Tabela 3.25;
- se o condutor de proteção não fizer parte do mesmo cabo ou do mesmo invólucro dos condutores fase, a sua seção não deverá ser inferior a:
  - 2,5 mm² se for protegido mecanicamente;
  - 4 mm² se não for protegido mecanicamente;
- pode-se usar como condutor de proteção os seguintes elementos:
  - veias de cabos multipolares;
  - condutores isolados ou cabos unipolares em um invólucro comum ao dos condutores vivos;
  - armações, coberturas metálicas ou blindagens de cabos;
  - eletrodutos metálicos e outros condutos metálicos desde que a sua continuidade elétrica seja assegurada conforme as condições normativas, e que a sua condutância seja pelo menos igual àquela prevista na referida norma;
- os elementos estranhos à instalação, como as armações de ferro do concreto armado, somente obedecendo a certas condições podem ser utilizados como condutores de proteção, porém nunca devem ser aplicados na função combinada de neutro e de condutor de proteção;
- nos esquemas TN, as funções de condutor de proteção e de condutor neutro poderão ser combinadas quando o condutor de proteção tiver uma seção maior ou igual a 10 mm² em cobre nas instalações fixas, observando-se que o condutor PEN deve ser separado a partir do ponto de entrada da linha da edificação;

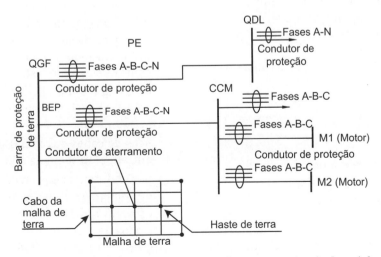

Figura 3.30 Ilustração de um sistema de aterramento industrial.

Exemplo de aplicação (3.13)

Determinar o condutor de proteção de um circuito de distribuição que liga o QGF ao CCM, sabendo-se que os condutores fase são de 70 mm², isolados em PVC-70 °C.

Da Tabela 3.25, temos:

$$S_p = 0,5 \times S_f = 0,5 \times 70 = 35 \text{ mm}^2$$

Utilizando a Equação (3.24) e considerando que a corrente de curto-circuito franco monopolar no CCM seja de 9.500 A, o tempo de atuação da proteção seja de 80 ms, e que o condutor de proteção esteja no mesmo eletroduto dos condutores fase, temos:

$$K = 143$$

$$T_c = 80 \text{ ms} = 0,08 \text{ s}$$

$$S_p = \frac{\sqrt{I_{ft}^2 \times T_c}}{K} = \frac{\sqrt{9.500^2 \times 0,08}}{143} = 18,8 \text{ mm}^2 \quad \rightarrow \quad S_p = 25 \text{ mm}^2$$

Logo, poderá ser adotada a seção de $S_p = 25$ mm².

- o condutor PEN deve ser isolado para tensões elevadas a que possa ser submetido, a fim de evitar fugas de corrente; entretanto, no interior de quadros e conjuntos de controle, o condutor PEN não precisa ser isolado;
- se, a partir de um ponto qualquer da instalação, o condutor neutro e o condutor de proteção forem separados, não será permitido religá-los após esse ponto;
- os seguintes elementos não podem ser utilizados como condutor de proteção:
  - as canalizações metálicas de água e gás;
  - tubulações de água;
  - tubulações de gases ou líquidos combustíveis ou inflamáveis;
  - elementos de construção sujeitos a esforços mecânicos em serviço normal;
  - eletrodutos flexíveis, exceto quando concebidos para esse fim;
  - armadura de concreto;
  - estrutura e elementos metálicos da edificação;
- os condutores de equipotencialidade da ligação equipotencial principal devem conter seções que não sejam inferiores à metade da seção do condutor de proteção de maior seção da instalação, com um mínimo de 6 mm². No entanto, a seção do condutor neutro pode ser limitada a 25 mm² para condutores de cobre, ou seção equivalente se a seção for de outro material.

3.5.4 Critérios para dimensionamento da seção mínima dos condutores de equipotencialização

É dito que um sistema está equipotencializado quando as massas (carcaças de motores e de transformadores, invólucros metálicos de painéis e cubículos metálicos etc.), que são elementos metálicos não energizados, estão interligadas por um ou mais condutores metálicos permitindo uma diferença mínima de potencial entre essas massas. A equipotencialização não diz respeito a aterramento, mas apenas à máxima linearidade dos potenciais entre massas, evitando que um indivíduo possa ser submetido a uma diferença de potencial perigosa ao tocar simultaneamente duas diferentes massas.

Já o aterramento é caracterizado por um condutor de ligação entre uma massa e um ponto de aterramento, seja esse condutor uma haste fincada no solo ou uma malha de terra.

A equipotencialização pode ser definida das seguintes formas segundo a NBR 5410.

3.5.4.1 Equipotencialização principal

É aquela que reúne os seguintes elementos:

- as armaduras de concreto armado e outras estruturas metálicas da edificação;
- tubulações metálicas de água, de gás combustível, de esgoto, de sistemas de ar-condicionado, de gases industriais, de ar comprimido, de vapor etc., bem como os elementos estruturais metálicos associados;
- os condutos metálicos das linhas de energia e de sinal que entram e/ou saem da edificação;
- as blindagens, armações, cobertas e capas metálicas de cabos das linhas de energia e de sinal que entram e/ou saem da edificação;
- os condutores de proteção das linhas de energia e de sinal que entram e/ou saem da edificação;
- os condutores de interligação provenientes de eletrodos de aterramento de edificações vizinhas, nos casos em que essa interligação for necessária ou recomendável;

- o condutor neutro da alimentação elétrica, salvo se não existente ou se a edificação tiver que ser alimentada, por qualquer motivo, em esquema TT e IT;
- o(s) condutor(es) de proteção principal(is) da instalação elétrica (interna) da edificação.

A seção dos condutores de equipotencialização nesse caso não deve ser inferior à metade da seção do condutor de proteção da maior seção da instalação, com um mínimo de 6 mm² em cobre.

Em uma área industrial, por exemplo, em que há várias edificações, deve haver tantas equalizações principais quantas forem as edificações que a compõe. Admite-se que as construções adjacentes localizadas a não mais de 10 m da edificação principal sejam consideradas como eletricamente integradas a esta, se as linhas elétricas de energia e sinal e as linhas de utilidades a elas destinadas tiverem origem na edificação principal e se a infraestrutura de aterramento do local não se limitar à edificação principal, mas se estender também às áreas das construções anexas; ou, então, se o eletrodo de aterramento da edificação principal e das construções anexas forem interligados. Caso contrário, todas as dependências separadas da edificação principal devem ser providas, individualmente, de uma equipotencialização principal.

3.5.4.2 Equipotencialização suplementar

A realização de equipotencializações suplementares (equipotencializações locais) pode ser necessária por questões de proteção contra choques. A seção dos condutores deve ser determinada com base nas seguintes condições:

- o condutor destinado a equipotencializar duas massas da instalação elétrica deve possuir uma condutância igual ou superior à do condutor de proteção de menor seção ligado a essas massas;
- o condutor destinado a equipotencializar uma massa da instalação elétrica e um elemento condutivo não pertencente à instalação elétrica deve possuir condutância igual ou superior à metade da condutância do condutor de proteção ligado a essa massa, devendo ter seção mínima de 2,5 mm² em cobre para o cabo de proteção contra danos mecânicos e de 4 mm² para proteção de danos não mecânicos.

3.5.4.3 Equipotencialização funcional

É a equipotencialização destinada a garantir o bom funcionamento de sinal e compatibilidade eletromagnética. O barramento de equipotencialização principal (BEP), por exemplo, a barra de aterramento do QGF da indústria, pode ser utilizada para fins de aterramento funcional. Para tanto, pode ser prolongado por meio de um condutor de baixa impedância. No caso de indústrias que contenham ambientes com uso extensivo de equipamentos de tecnologia da informação, esse barramento de equipotencialização funcional deve ser constituído preferencialmente por um anel fechado internamente ao perímetro do ambiente.

No barramento de equipotencialização funcional devem ser ligados os seguintes elementos do sistema:

- quaisquer elementos que devam ser ligados ao barramento principal (BEP);
- condutores de aterramento de dispositivos de proteção contra sobretensão;
- condutores de aterramento de antenas de radiocomunicação;
- condutor de aterramento do polo aterrado de fontes de corrente contínua dos equipamentos de tecnologia da informação;
- condutores de aterramento funcional;
- condutores de equipotencialização suplementares;
- armaduras de concreto da edificação podem ser incluídas na equipotencialização funcional, mediante solda elétrica ou conectores de pressão adequados.

3.6 Circuitos de média tensão

Nas instalações industriais de pequeno e médio portes, a utilização de circuitos primários (tensão superior a 1 kV) se dá basicamente no ramal subterrâneo que interliga a rede de distribuição aérea da concessionária com a subestação consumidora da instalação, conforme se pode observar em várias figuras do Capítulo 12. Em indústrias de maior porte, porém, é grande a aplicação de circuitos primários, em cabo unipolar, alimentando as várias subestações de potência existentes em diferentes pontos da planta industrial.

O dimensionamento dos condutores de média tensão implica conhecimento dos Tipos de Linhas Elétricas que são conhecidos por meio da Tabela 3.26, de acordo com a NBR 14039, a partir dos quais podem ser conhecidos os Métodos de Referência da instalação dos condutores para os quais a capacidade de condução de corrente foi determinada por cálculo. A Tabela 3.27 fornece os métodos de referência, estabelecidos pela NBR 14039.

Para o entendimento dos métodos de referência, devem ser observadas as seguintes condições previstas pela NBR 14039:

- nos métodos A e B, o cabo é instalado com convecção livre, sendo a distância a qualquer superfície adjacente no mínimo 0,5 vez o diâmetro externo do cabo para cabo unipolar, ou no mínimo, 0,3 vez o diâmetro externo do cabo, para cabo tripolar;
- nos métodos C e D, o cabo é instalado em canaleta fechada com 50 cm de largura e 50 cm de profundidade, sendo a distância a qualquer superfície adjacente no mínimo 0,5 vez o diâmetro externo do cabo para cabo unipolar, ou no mínimo, 0,3 vez o diâmetro externo do cabo, para cabo tripolar;
- no método E, o cabo é instalado em um eletroduto não condutor e a distância a qualquer superfície adjacente deve ser de no mínimo 0,3 vez o diâmetro externo do eletroduto, sem levar em consideração o efeito da radiação solar direta;
- no método F, os cabos unipolares são instalados em um eletroduto não condutor e os cabos tripo-

Tabela 3.26 Tipos de linhas elétricas – NBR 14039

Método de instalação número	Descrição	Método de referência a utilizar para a capacidade de condução de corrente
1	Três cabos unipolares justapostos (na horizontal ou em trifólio) e um cabo tripolar ao ar livre	A
2	Três cabos unipolares espaçados ao ar livre	B
3	Três cabos unipolares justapostos (na horizontal ou em trifólio) e um cabo tripolar em canaleta fechada no solo	C
4	Três cabos unipolares espaçados em canaleta fechada no solo	D
5	Três cabos unipolares justapostos (na horizontal ou em trifólio) e um cabo tripolar em eletroduto ao ar livre	E
6	Três cabos unipolares justapostos (na horizontal ou em trifólio) e um cabo tripolar em banco de dutos ou eletroduto enterrado no solo	F
7	Três cabos unipolares em banco de dutos ou eletrodutos enterrados e espaçados – um cabo por duto ou eletroduto não condutor	G
8	Três cabos unipolares justapostos (na horizontal ou em trifólio) e um cabo tripolar, diretamente enterrados	H
9	Três cabos unipolares espaçados diretamente enterrados	I

Tabela 3.27 Métodos de referência – NBR 14039

Descrição	Método de referência a utilizar para a capacidade de condução de corrente
Cabos unipolares justapostos (na horizontal ou em trifólio) e cabos tripolares ao ar livre	A
Cabos unipolares espaçados ao ar livre	B
Cabos unipolares justapostos (na horizontal ou em trifólio) e cabos tripolares em canaletas fechadas no solo	C
Cabos unipolares espaçados em canaleta fechada no solo	D
Cabos unipolares justapostos (na horizontal ou em trifólio) e cabos tripolares em eletroduto ao ar livre	E
Cabos unipolares justapostos (na horizontal ou em trifólio) e cabos tripolares em banco de dutos ou eletrodutos enterrados no solo	F
Cabos unipolares em bancos de dutos ou eletrodutos enterrados e espaçados – um cabo por duto ou eletroduto não condutor	G
Cabos unipolares justapostos (na horizontal ou em trifólio) e cabos tripolares diretamente enterrados	H
Cabos unipolares espaçados diretamente enterrados	I

lares em eletrodutos não condutores metálicos no solo de resistividade térmica de 2,5 K.m/W, a uma profundidade de 0,9 m. Foi considerado, no caso de banco de duto, largura de 0,3 m e altura de 0,3 m, e com resistividade térmica de 1,2 K.m/W;

- no método G, os cabos unipolares são instalados em eletrodutos não condutores espaçados do duto adjacente em uma vez o diâmetro externo do duto, no solo de resistividade térmica de 2,5 K.m/W, a uma profundidade de 0,90 m. Foram consideradas, no caso de banco de duto, largura de 0,5 m e altura de 0,5 m, com quatro dutos, e com resistividade térmica de 1,2 K.m/W;

- no método H, o cabo é instalado diretamente no solo de resistividade térmica de 2,5 K.m/W, a uma profundidade de 0,90;
- no método I, o cabo é instalado diretamente no solo de resistividade térmica de 2,5 K.m/W, a uma profundidade de 0,90 m e o espaçamento entre os cabos unipolares deve ser no mínimo igual ao diâmetro externo do cabo.

Para determinar a capacidade de corrente de um condutor de média tensão é preciso recorrer às Tabelas 3.28 e 3.29 para cabos de cobre unipolares e multipolares e diferentes métodos de referência.

Dimensionamento de condutores elétricos

Tabela 3.28 Capacidade de condução de corrente, em ampères, para os métodos de referências A, B, C, D, E, F, G, H e I

- Cabos unipolares e multipolares – condutor de cobre, isolação XLPE e EPR;
- 2 e 3 condutores carregados;
- temperatura no condutor: 90 °C;
- temperatura ambiente: 30 °C e 20 °C para instalações subterrâneas.

Tensão	Seção mm²	\multicolumn{9}{c}{Métodos de instalação para linhas elétricas}

Tensão	Seção mm²	A	B	C	D	E	F	G	H	I
Tensão nominal menor ou igual a 8,7/15 kV	10	87	105	80	92	67	55	63	65	78
	16	114	137	104	120	87	70	81	84	99
	25	150	181	135	156	112	90	104	107	126
	35	183	221	164	189	136	108	124	128	150
	50	221	267	196	226	162	127	147	150	176
	70	275	333	243	279	200	154	178	183	212
	95	337	407	294	336	243	184	213	218	250
	120	390	470	338	384	278	209	241	247	281
	150	445	536	382	433	315	234	270	276	311
	185	510	613	435	491	357	263	304	311	347
	240	602	721	509	569	419	303	351	358	395
	300	687	824	575	643	474	340	394	402	437
	400	796	959	658	734	543	382	447	453	489
	500	907	1100	741	829	613	426	502	506	542
	630	1027	1258	829	932	686	472	561	562	598
	800	1148	1411	916	1031	761	517	623	617	655
	1000	1265	1571	996	1126	828	555	678	666	706
Tensão nominal maior que 8,7/15 kV	16	118	137	107	120	91	72	83	84	98
	25	154	179	138	155	117	92	106	108	125
	35	186	217	166	187	139	109	126	128	149
	50	225	259	199	221	166	128	148	151	175
	70	279	323	245	273	205	156	181	184	211
	95	341	394	297	329	247	186	215	219	250
	120	393	454	340	375	283	211	244	248	281
	150	448	516	385	423	320	236	273	278	311
	185	513	595	437	482	363	265	307	312	347
	240	604	702	510	560	425	306	355	360	395
	300	690	802	578	633	481	342	398	404	439
	400	800	933	661	723	550	386	452	457	491
	500	912	1070	746	817	622	431	507	511	544
	630	1032	1225	836	920	698	477	568	568	602
	800	1158	1361	927	1013	780	525	632	628	660
	1000	1275	1516	1009	1108	849	565	688	680	712

Tabela 3.29 Capacidade de condução de corrente, em ampères, para os métodos de referências A, B, C, D, E, F, G, H e I – NBR 14039

- Cabos unipolares e multipolares – condutor de cobre, isolação EPR;
- 2 e 3 condutores carregados;
- temperatura no condutor: 105 °C no condutor;
- temperatura ambiente: 30 °C e 20 °C para instalações subterrâneas.

Tensão	Seção mm²	A	B	C	D	E	F	G	H	I
Tensão nominal menor ou igual a 8,7/15 kV	10	97	116	88	102	75	60	68	70	84
	16	127	152	115	133	97	76	88	90	107
	25	167	201	150	173	126	98	112	115	136
	35	204	245	182	209	153	117	134	137	162
	50	246	297	218	250	183	138	158	162	190
	70	307	370	269	308	225	168	192	197	229
	95	376	453	327	372	273	200	229	235	270
	120	435	523	375	425	313	227	260	266	303
	150	496	596	424	479	354	254	291	298	336
	185	568	683	482	543	403	286	328	335	375
	240	672	802	564	630	472	330	379	387	427
	300	767	918	639	712	535	369	426	434	473
	400	890	1070	731	814	613	416	483	490	529
	500	1015	1229	825	920	693	465	543	548	588
	630	1151	1408	924	1035	777	515	609	609	650
	800	1289	1580	1022	1146	863	565	676	671	712
	1000	1421	1762	1112	1253	940	608	738	725	769
Tensão nominal maior que 8,7/15 kV	16	131	151	118	132	102	78	90	91	106
	25	171	199	153	171	131	100	114	116	135
	35	207	240	184	206	156	118	136	138	161
	50	250	286	20	244	187	139	160	163	189
	70	287	357	272	301	230	169	195	198	228
	95	379	436	329	362	278	202	232	236	269
	120	438	503	377	414	319	229	263	267	303
	150	498	572	426	467	360	256	294	299	336
	185	571	660	484	532	409	288	331	337	375
	240	672	779	565	619	479	332	383	389	427
	300	768	891	641	699	542	372	430	436	475
	400	891	1037	734	800	621	420	488	493	531
	500	1018	1192	829	905	703	469	549	553	590
	630	1155	1367	930	1020	790	521	616	616	653
	800	1297	1518	1033	1124	882	574	686	682	718
	1000	1430	1694	1125	1231	961	619	748	739	775

3.6.1 Fatores de correção de corrente

Da mesma forma que os condutores secundários, os condutores primários, quando submetidos a condições ambientais diferentes daquelas para as quais foram calculadas as suas capacidades de corrente nominal, devem sofrer alterações nos valores de condução de corrente, de maneira que a temperatura máxima permitida não ultrapasse os limites estabelecidos por norma.

3.6.1.1 Temperatura ambiente

Para o cálculo das tabelas apresentadas foram consideradas as temperaturas médias de 20 °C para o solo e de 30 °C para canaletas, eletrodutos e ao ar livre. Se a temperatura no local de instalação dos cabos for diferente daquelas tomadas como referência, os valores de corrente devem ser multiplicados pelos fatores de correção estabelecidos na Tabela 3.30.

3.6.1.2 Agrupamento de cabos

Quando os cabos estão agrupados de modos diferentes daqueles apresentados nas tabelas de capacidade de condução de corrente das Tabelas 3.28 e 3.29, é necessário que se apliquem fatores de correção de corrente para agrupamento de cabos de forma a se determinar a ampacidade dos condutores que satisfaça às novas condições de instalação. Os fatores de agrupamento para os diferentes métodos de referência estão dados nas Tabelas 3.32 a 3.36, extraídos da NBR 14039.

3.6.1.3 Resistividade térmica do solo

Nas Tabelas 3.35 e 3.36, as capacidades de condução de corrente indicadas para linhas subterrâneas são válidas para uma resistividade térmica do solo de 2,5 K.m/W.

Tabela 3.30 Fatores de correção para temperaturas ambientes diferentes de 30 °C para linhas não subterrâneas – NBR 14039

Temperatura ambiente em °C	Isolação	
	EPR ou XLPE	EPR 105
10	1,15	1,13
15	1,12	1,10
20	1,08	1,06
25	1,04	1,03
35	0,96	0,97
40	0,96	0,93
45	0,87	0,89
50	0,82	0,86
55	0,76	0,82
60	0,71	0,77
65	0,65	0,73
70	0,58	0,68
75	0,50	0,63
80	0,41	0,58

Para os cabos instalados em dutos subterrâneos ou diretamente enterrados, o valor da resistividade média do solo adotado é de 2,5 K.m/W.

Quando a resistividade térmica do solo for diferente do valor anteriormente mencionado, considerando solos de característica seca, a capacidade de corrente dos condutores pode ser determinada, de acordo com a Tabela 3.37.

Exemplo de aplicação (3.14)

Determinar a seção de um condutor primário de um circuito trifásico com isolação XLPE, tensão nominal de 8,7/15 kV, sabendo-se que a sua instalação é em bandeja, alimentando uma carga de 6,5 MVA, e que está agrupado com mais um circuito trifásico na mesma bandeja, cujos cabos unipolares estão dispostos em camada única, separados por uma distância igual ao seu diâmetro.

$$I_c = \frac{6.500}{\sqrt{3} \times 13,80} = 271,9 \text{ A}$$

Aplicando-se o fator de correção de agrupamento de valor igual a 0,97, dado na Tabela 3.32, considerando-se duas ternas de cabos e uma bandeja, temos:

$$I_c = \frac{271,9}{0,97} = 280,3 \text{ A}$$

Por meio da Tabela 3.28 e consultando-se a coluna correspondente ao método de referência B, obtém-se a seção do condutor:

$$S_c = 70 \text{ mm}^2 \text{ (isolação XLPE – 8,7/15 kV)}$$

Tabela 3.31 Fatores de correção para temperaturas do solo diferentes de 20 °C para linhas subterrâneas – NBR 14039

Temperatura do solo em °C	Isolação PVC	Isolação EPR ou XLPE
10	1,07	1,06
15	1,04	1,03
25	0,96	0,97
30	0,93	0,94
35	0,89	0,91
40	0,85	0,87
45	0,80	0,84
50	0,76	0,80
55	0,71	0,76
60	0,65	0,72
65	0,60	0,68
70	0,53	0,64
75	0,46	0,59
80	0,38	0,54

3.7 Barramentos

Os barramentos são elementos de seção transversal, em geral de formato retangular ou circular, instalados no interior de quadros de comando ou em subestações abrigadas, blindadas e ao tempo com a finalidade de coletar as correntes que chegam da fonte e distribuí-las aos diversos alimentadores aí conectados. Podem ser construídos em cobre ou alumínio.

Os barramentos podem ser caracterizados por dois diferentes tipos:

a) **Barramentos de fabricação específica**

São aqueles construídos com a utilização de barras chatas, circulares ou tubos de segmento contínuo, de cobre ou alumínio, não isolado, cortado nas dimensões justas para uma finalidade específica, ou seja, aplicação em painéis elétricos, subestações blindadas, abrigadas e ao tempo.

b) **Barramentos pré-fabricados ou dutos de barra**

São aqueles construídos de vários segmentos pré-fabricados e conectáveis, formando vários tipos de derivação, junções etc., em geral protegidos por um invólucro metálico, empregados em circuitos de elevadas correntes de

Tabela 3.32 Fatores de correção para cabos unipolares espaçados ao ar livre a ser aplicados às capacidades de condução de corrente do método de referência B – NBR 14039

Agrupamento de cabos em sistema trifásico, instalados em ambientes abertos e ventilados. Estes valores são válidos, desde que os cabos mantenham as disposições de instalação propostas		Número de par de cabos (ternas)		
		1	2	3
Instalação de bandejas	Número de bandejas	Fator de correção (fa)		
	1	1,00	0,97	0,96
	2	0,97	0,94	0,93
	3	0,96	0,93	0,92
	6	0,94	0,91	0,90
Instalação vertical		0,94	0,91	0,89
Casos nos quais não há necessidade de correção	No caso de instalações em plano, com aumento de distância entre os cabos, reduz-se o aquecimento mútuo. Entretanto, simultaneamente, aumentam-se as perdas nas blindagens metálicas. Por isso, torna-se impossível dar indicação sobre disposições para as quais não há necessidade de fator de correção.			

Notas:
1. Esses fatores são aplicáveis a grupo de cabos uniformemente carregados.
2. Os valores indicados são medidos para a faixa usual de seções nominais, com dispersão geralmente inferior a 5 %.

Tabela 3.33 Fatores de correção para cabos unipolares em trifólio ao ar livre a serem aplicados às capacidades de condução de corrente do método de referência A – NBR 14039

Agrupamento de cabos em sistema trifásico, instalados em ambientes abertos e ventilados. Esses valores são válidos, desde que os cabos mantenham as disposições de instalação propostas		Número de circuitos		
		1	2	3
Instalação em bandejas	Número de bandejas	Fator de correção (fa)		
	1	1,00	0,98	0,96
	2	1,00	0,95	0,93
	3	1,00	0,94	0,92
	6	1,00	0,93	0,90
Instalação vertical		1,0	0,93	0,90
Casos em que não há necessidade de correção		Número qualquer de ternas		

Notas:
1. Esses fatores são aplicáveis a grupo de cabos uniformemente carregados.
2. Os valores indicados são medidos para a faixa usual de seções nominais, com dispersão geralmente inferior a 5 %.

carga, conectando, geralmente, o Quadro Geral de Força da Subestação aos Centros de Controle de Motores, conforme mostrado na Figura 3.31.

As tabelas com as características das barras de cobre retangulares, redondas ou tubulares, constam da norma DIN 43.671. Já as características das barras de alumínio retangulares e tubulares constam da norma DIN 43.670.

3.7.1 Barramentos retangulares de cobre

São aqueles empregados normalmente em cubículos metálicos de baixa e média tensões, dimensionados de acordo com a corrente de carga, conforme Tabela 3.38, e os esforços eletrodinâmicos das correntes de curto-circuito.

Se o barramento é pintado, as correntes nominais podem ser acrescidas de um fator de multiplicação K = 1,2. Neste caso, há maior dissipação de calor pela superfície das barras em função da cor, em geral mais clara, da tinta de cobertura. A Tabela 3.38 fornece as capacidades de corrente para diferentes barras retangulares de cobre nu.

3.7.2 Barramentos redondos maciços de cobre

São aqueles constituídos de barras circulares maciças, de cobre, de diferentes seções transversais, destinados normalmente a subestações de média tensão, abrigadas ou ao tempo, cujas capacidades de corrente nominal são dadas na Tabela 3.39.

3.7.3 Barramentos tubulares de cobre

São constituídos de tubos de cobre de diferentes seções circulares, empregados normalmente em subestações de alta-tensão, localizadas em ambientes agressivos, marítimos ou industriais.

3.7.4 Barramentos pré-fabricados ou dutos de barra

São fabricados em cobre ou alumínio, sendo as barras suportadas por isoladores apropriados e contidos em um invólucro, geralmente fabricado de material isolante rígido. Podem ser fornecidos para aplicação em sistemas de baixa-tensão (< 1.000 V) e de média tensão até 36 kV. Quanto à capacidade de corrente, podem ser fornecidos para correntes de até 25 kA, em média, e diferentes graus de proteção (IP). Possuem vários acessórios complementares, como curvas, ângulos, emendas e cofres, todos também modulados.

Os barramentos pré-fabricados destinados a grandes correntes elétricas são constituídos de tubos metálicos vazados, normalmente de alumínio. Isso se deve ao efeito *skin*, também conhecido como efeito pelicular, em que a corrente elétrica procura circular densamente pela periferia do condutor. Desse modo, evitam-se utilizar tubos maciços cuja parte central conduz corrente em baixa densidade.

São muitas as variedades de construção dos barramentos pré-fabricados podendo ser constituídos de barras retangulares, cilíndricas, ocas ou maciças. Também, os condutores podem ser recobertos de uma fina camada de prata em toda a sua extensão ou somente nos pontos de conexão. Podem ser ventilados ou não, dependendo do local de sua utilização. Somente devem ser empregados em instalações aparentes.

Tabela 3.34 Fatores de correção para cabos tripolares ao ar livre a serem aplicados às capacidades de condução de corrente do método de referência A – NBR 14039

Agrupamento de cabos em sistema trifásico, instalados em ambientes abertos e ventilados. Esses valores são válidos, desde que os cabos mantenham as disposições de instalação propostas		Número de bandejas	Número de ternas				
			1	2	3	6	9
Instalação em bandejas			Fator de correção (fa)				
		1	1,00	0,98	0,96	0,93	0,92
		2	1,00	0,95	0,93	0,90	0,89
		3	1,00	0,94	0,92	0,89	0,88
		6	1,00	0,93	0,90	0,87	0,86
Instalação vertical			1,0	1,0	0,90	0,87	0,87
Casos em que não há necessidade de correção			Número qualquer de ternas				

Notas:
1. Esses fatores são aplicáveis a grupo de cabos uniformemente carregados.
2. Os valores indicados são medidos para a faixa usual de seções nominais, com dispersão geralmente inferior a 5 %.

Tabela 3.35 Fatores de correção para cabos unipolares e cabos tripolares em banco de dutos a serem aplicados às capacidades de condução de corrente dos métodos de referência F e G – NBR 14039

Fatores de correção para cabos unipolares e cabos tripolares em banco de dutos a serem aplicados às capacidades de condução de corrente dos métodos de referência F e G			
Multiplicar pelos valores do método de referência G (um cabo unipolar por duto)			
Até seções de 95 mm² inclusive	1,00	0,90	0,82
Acima de 95 mm²	1,00	0,87	0,77
Multiplicar pelos valores do método de referência F (três cabos unipolares em trifólio por duto)			
Até seções de 95 mm² inclusive	0,91	0,85	0,79
Acima de 95 mm²	0,88	0,81	0,73
Multiplicar pelos valores do método de referência F (três cabos unipolares em trifólio por duto)			
Até seções de 95 mm² inclusive	0,91	0,85	0,79
Acima de 95 mm²	0,88	0,81	0,73
Nota: os valores indicados são aplicáveis para uma resistividade térmica do solo de 0,9 K.m/W. São valores médios para as mesmas dimensões dos cabos utilizados nas colunas F e G das Tabelas 3.28 e 3.29. Os valores médios arredondados podem apresentar erros de 10 % em certos casos.			

Os barramentos pré-fabricados têm emprego, em geral, na ligação entre o Quadro de Distribuição Geral e os Quadros de Distribuição de Circuitos Terminais. Os dutos de barra têm a vantagem de apresentar uma baixa impedância e, consequentemente, uma baixa queda de tensão.

A seguir, relacionamos as vantagens e desvantagens da utilização dos *busway*:

- Vantagens
  - Por serem constituídas por peças modulares para determinado empreendimento, não há desperdício de material, como ocorre com os cabos elétricos.
  - são de fácil manutenção e alta confiabilidade;
  - na utilização de barramentos com grande capacidade corrente, os invólucros possuem componentes não ferrosos que inibem o fechamento dos circuitos magnéticos, desse modo eliminando as correntes parasitas;
  - reduz o tempo de instalação dos circuitos elétricos em função da facilidade de montagem;
  - economia, quando se trata de transportar grandes fluxos de corrente;
  - os cofres de derivação extraíveis podem ser fornecidos com seccionadores-fusíveis NH ou simplesmente com disjuntores.
- Desvantagens
  - Não há intercambialidade entre as seções dos barramentos de determinado fabricante para com os demais. Nesse caso, o comprador fica sempre dependente do mesmo fabricante;
  - escassa mão de obra de montagem das seções dos barramentos. A tendência de popularizar os barramentos pré-fabricados anulará essa desvantagem no decorrer do tempo;
  - antieconômico quando se trata de transportar pequenos fluxos de corrente, inferiores, em média, a 1.000 A.

Fundamentalmente os barramentos são constituídos de três componentes básicos.

- Invólucro

Em aço galvanizado por imersão à quente na espessura de 1,2 mm, podendo ter conexões por parafusos e conexão por bloco para altos valores de corrente nominal.

Tabela 3.36 Fatores de correção para cabos unipolares e cabos tripolares em banco de dutos a serem aplicados às capacidades de condução de corrente dos métodos de referência H e I – NBR 14039

Fatores de correção para cabos unipolares e cabos tripolares em banco de dutos a serem aplicados às capacidades de condução de corrente dos métodos de referência H e I			
Multiplicar pelos valores do método de referência I (cabos unipolares espaçados diretamente enterrados)			
Até seções de 95 mm² inclusive	1,00	0,87	0,08
Acima de 95 mm²	1,00	0,85	0,78
Multiplicar pelos valores do método de referência H (cabos unipolares em trifólio diretamente enterrados)			
Até seções de 95 mm² inclusive	0,86	0,79	0,71
Acima de 95 mm²	0,83	0,76	0,67
Multiplicar pelos valores do método de referência H (cabo tripolar diretamente enterrado)			
Até seções de 95 mm² inclusive	0,80	0,79	0,71
Acima de 95 mm²	0,83	0,76	0,67

Nota: 1. Os valores indicados são aplicáveis para uma resistividade térmica do solo de 2,5 K.m/W. São valores médios para as mesmas dimensões dos cabos utilizados nas colunas H e I das Tabelas 3.28 e 3.29. Os valores médios arredondados podem apresentar erros de 10 % em certos casos. Se forem necessários valores precisos ou para outras configurações, deve-se recorrer à NBR 11311.

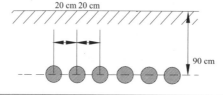

- Isoladores

As barras metálicas são apoiadas em isoladores de porcelana vitrificada. Há barramentos isolados com resina de fibra de vidro, o que reduz o volume do invólucro. Também é empregada a tecnologia denominada de "barra colada" em que as barras são cobertas por filmes plásticos com isolação adequada ao nível de isolamento da instalação. As barras são montadas juntas e as superfícies externas em contato, o que reduz substancialmente o volume do invólucro.

- Barramentos

Os barramentos ficam apoiados nos isoladores de porcelana vitrificada, isolados entre si e do invólucro.

A Figura 3.31 mostra a aplicação prática de um duto de barra. Já a Tabela 3.40 fornece os valores de capacidade de correntes nominais para barramentos pré-fabricados ou *busway*.

3.8 Dimensionamentos de dutos

Condutos é o nome genérico que se dá aos elementos utilizados para a instalação dos condutores elétricos.

A aplicação e o dimensionamento dos condutos merecem uma grande atenção por parte do instalador. De maneira geral, alguns princípios básicos devem ser seguidos:

a) nos condutos fechados, todos os condutores vivos (fase e neutro) pertencentes a um mesmo circuito, devem ser agrupados em um mesmo conduto (eletroduto, calha, bandeja etc.);

b) não se deve instalar cada uma das fases de um mesmo circuito em diferentes eletrodutos de ferro galvanizado (dutos magnéticos). Caso contrário, devido à intensa magnetização resultante, cujo valor é diretamente proporcional à corrente de carga do cabo, os eletrodutos sofrerão um elevado aquecimento devido ao efeito magnético que poderá danificar a isolação dos condutores;

Dimensionamento de condutores elétricos

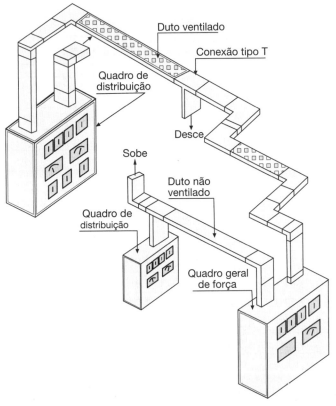

Figura 3.31 Exemplo de aplicação de dutos de barras.

Tabela 3.37 Fatores de correção para cabos contidos em eletrodutos enterrados no solo ou diretamente enterrados com resistividades térmicas diferentes de 2,5 K.m/W, a serem aplicados às capacidades de condução de corrente dos métodos de referência F, G, H e I – NBR 14039

Resistividade térmica (K.m/W)	1	1,5	2	3
Fator de correção métodos F e G	1,25	1,15	1,07	0,94
Fator de correção métodos H e I	1,46	1,24	1,1	0,92

c) os condutos fechados somente devem conter mais de um circuito nas seguintes condições, simultaneamente atendidas:

- todos os circuitos devem se originar de um mesmo dispositivo geral de manobra e proteção;
- as seções dos condutores devem estar em um intervalo de três valores normalizados sucessivos. Por exemplo, pode-se citar o caso de cabos cujos circuitos podem ser agrupados em um mesmo eletroduto: 16, 25 e 35 mm^2;

Tabela 3.38 Capacidade de corrente para barras retangulares de cobre

Barras de cobre retangular para uso interior											
Largura	Espessura	Seção	Peso	Resistência	Reatância	Capacidade de corrente permanente (A)					
							Barra pintada			Barra nua		
							Número de barras por fase					
mm	mm	mm^2	kg/m	mOhm/m	mOhm/m	1	2	3	1	2	3
12	2	23,5	0,209	0,9297	0,2859	123	202	228	108	182	216
15	2	29,5	0,262	0,7406	0,2774	148	240	261	128	212	247
	3	44,5	0,396	0,4909	0,2619	187	316	381	162	282	361
20	2	39,5	0,351	0,5531	0,2664	189	302	313	162	264	298
	3	59,5	0,529	0,3672	0,2509	273	394	454	204	348	431
	5	99,1	0,882	0,2205	0,2317	319	560	728	274	500	690
	10	199,0	1,770	0,1098	0,2054	497	924	1.320	427	825	1.180
25	3	74,5	0,663	0,2932	0,2424	287	470	525	245	412	498
	5	125,0	1,110	0,1748	0,2229	384	662	839	327	586	795
30	3	89,5	0,796	0,2441	0,2355	337	544	593	285	476	564
	5	140,0	1,330	0,1561	0,2187	447	760	944	379	627	896
	10	299,0	2,660	0,0731	0,1900	676	1.200	1.670	573	1.060	1.480
40	3	119,0	1,050	0,1836	0,2248	435	692	725	366	600	690
	5	199,0	1,770	0,1098	0,2054	573	952	1.140	482	836	1.090
	10	399,0	3,550	0,0548	0,1792	850	1.470	2.000	715	1.290	1.770

(continua)

Tabela 3.38 Capacidade de corrente para barras retangulares de cobre (*Continuação*)

						Barras de cobre retangular para uso interior					
Largura	Espessura	Seção	Peso	Resistência	Reatância	Capacidade de corrente permanente (A)					
						Barra pintada			Barra nua		
mm	mm	mm²	kg/m	mOhm/m	mOhm/m	Número de barras por fase					
						1	2	3	1	2	3
50	5	249,0	2,220	0,0877	0,1969	697	1.140	1.330	583	994	1.260
	10	499,0	4,440	0,0438	0,1707	1.020	1.720	2.320	852	1.510	2.040
60	5	299,0	2,660	0,0731	0,1900	826	1.330	1.510	688	1.150	1.440
	10	599,0	5,330	0,0365	0,1639	1.180	1.960	2.610	989	1.720	2.300
80	5	399,0	3,550	0,0548	0,1792	1.070	1.680	1.830	885	1.450	1.750
	10	799,0	7,110	0,0273	0,1539	1.500	2.410	3.170	1.240	2.110	2.790
100	5	499,0	4,440	0,0438	0,1707	1.300	2.010	2.150	1.080	1.730	2.050
	10	988,0	8,890	0,0221	0,1450	1.810	2.850	3.720	1.490	2.480	3.260
120	10	1.200,0	10,700	0,0182	0,1377	2.110	3.280	4.270	1.740	2.860	3.740
160	10	1.600,0	14,200	0,0137	0,1268	2.700	4.130	5.360	2.220	3.590	4.680
200	10	2.000,0	17,800	0,0109	0,1184	3.290	4.970	6.430	2.690	4.310	5.610

Condições de instalação:
Temperatura da barra: 65 °C
Temperatura ambiente: 35 °C
Afastamento entre as barras paralelas: igual à espessura
Distâncias entre as barras: 7,5 cm
Posição das barras: vertical
Distâncias entre os centros de fases: > 0,80 vez o afastamento entre fases.

Tabela 3.39 Capacidade de corrente para barras redondas de cobre

					Barras de cobre redondas	
Diâmetro externo	Seção	Peso	Resistência	Reatância	Capacidade de corrente permanente	
					Barra pintada	Barra nua
mm	mm²	kg/m	mOhm/m	mOhm/m	A	A
5	19,6	0,175	0,1146	0,2928	95	85
8	50,3	0,447	0,4343	0,2572	179	159
10	78,5	0,699	0,2893	0,2405	243	213
16	201,0	1,79	0,1086	0,2050	464	401
20	314,0	2,80	0,0695	0,1882	629	539
32	804,0	7,16	0,0271	0,1528	1.160	976
50	1.960,0	17,5	0,0111	0,1192	1.930	1.610

Condições de instalação:
Temperatura da barra: 65 °C
Temperatura ambiente: 35 °C
Distância entre os centros das barras: 7,5 cm
Distâncias entre os centros de fases: igual ou superior a 2,5 vezes o diâmetro externo.

- os condutores isolados ou cabos isolados devem ter a mesma temperatura máxima para serviço contínuo;
- todos os condutores devem ser isolados para a mais alta-tensão nominal presente no conduto.

3.8.1 Eletrodutos

São utilizados eletrodutos de PVC ou de ferro galvanizado. Os primeiros são, em geral, aplicados embutidos em paredes, pisos ou tetos. Os segundos são geralmente

Tabela 3.40 Capacidade de corrente para barramentos blindados de cobre

Número de barras por fase	Seção da barra (mm²) Fase	Seção da barra (mm²) Neutro	Capacidade de corrente (A)	Resistência mOhm/m	Reatância mOhm/m
1	10 × 40	10 × 40	750	0,0446	0,1930
1	10 × 60	10 × 40	1.000	0,0297	0,1700
1	10 × 80	10 × 40	1.250	0,0223	0,1680
1	10 × 100	10 × 60	1.550	0,0178	0,1530
1	10 × 120	10 × 60	1.800	0,0148	0,1410
2	10 × 60	10 × 60	1.650	0,0148	0,1580
2	10 × 80	10 × 80	2.000	0,0111	0,1460
2	10 × 100	10 × 100	2.400	0,0089	0,1350
2	10 × 120	10 × 120	2.800	0,0074	0,1230

1. Para espaçamento entre barras maiores do que 2D na horizontal não é necessário aplicar os fatores de redução, visto que o aquecimento mútuo é desprezível; 2. Os valores de resistência e reatância são aproximados; 3. O grau de proteção do barramento deve ser adequado ao ambiente onde será instalado.

utilizados em instalações aparentes, ou embutidos, quando se necessita de uma proteção mecânica adequada para o circuito.

Os eletrodutos de ferro galvanizado não devem possuir costura longitudinal e suas paredes internas devem ser perfeitamente lisas, livres de quaisquer pontos resultantes de uma galvanização imperfeita. Também, cuidados devem ser tomados quanto às luvas e curvas. Quaisquer saliências podem danificar a isolação dos condutores.

A utilização de eletrodutos deve seguir os seguintes critérios:

a) no interior de eletrodutos só devem ser instalados condutores isolados, cabos unipolares ou cabos multipolares, admitindo-se a utilização de condutor nu em eletroduto isolante exclusivo, quando tal condutor se destinar a aterramento;
b) o diâmetro externo do eletroduto deve ser igual ou superior a 16 mm;
c) em instalações internas nas quais não haja trânsito de veículos pesados, os eletrodutos de PVC devem ser enterrados a uma profundidade não inferior a 0,25 m;
d) em instalações externas, sujeitas a tráfego de veículos leves, os eletrodutos de PVC devem ser enterrados a uma profundidade não inferior a 0,45 m. Para profundidades inferiores, é necessário envelopar o eletroduto em concreto;
e) em instalações externas sujeitas a trânsito de veículos pesados, os eletrodutos de PVC devem ser enterrados a uma profundidade não inferior a 0,45 m, protegidos por placa de concreto ou envelopado. Costuma-se, nestes casos, utilizar eletrodutos de ferro galvanizado;
f) os eletrodutos aparentes devem ser firmemente fixados a uma distância máxima de acordo com as Tabelas 3.41 e 3.42;
g) é vedado o uso, como eletroduto, de produtos que não sejam expressamente apresentados comercialmente como tal;

Tabela 3.41 Distância máxima entre elementos de fixação de eletrodutos rígidos metálicos

Tamanho do eletroduto em polegadas	Distância máxima entre elementos de fixação (m)
1/2 – 3/4	3,00
1	3,70
1 1/4 – 1 1/2	4,30
2 – 2 1/2	4,80
Maior ou igual a 3	6,00

Tabela 3.42 Distância máxima entre elementos de fixação de eletrodutos rígidos isolantes

Diâmetro nominal do eletrodutos mm	Distância máxima entre elementos de fixação
16 – 32	0,90
40 – 60	1,50
75 – 85	1,80

h) somente devem ser utilizados eletrodutos não propagadores de chama;
i) nos eletrodutos só devem ser instalados condutores isolados, cabos unipolares ou cabos multipolares, admitindo-se a utilização de condutor nu em eletroduto isolante exclusivo, quando tal condutor se destina a aterramento;
j) a taxa máxima de ocupação em relação à área da seção transversal dos eletrodutos não deve ser superior a:

- 53 % no caso de um único condutor ou cabo;
- 31 % no caso de dois cabos;
- 40 % no caso de três ou mais cabos;

k) o diâmetro externo dos eletrodutos deve ser igual ou superior a 16 mm;
l) não deve haver trechos contínuos (sem interposição de caixas de derivação ou aparelhos) retilíneos de tubulação maiores do que 15 m para linhas internas e de 30 m para áreas externas às edificações;
m) nos trechos com curvas, os espaçamentos anteriores devem ser reduzidos de 3 m para cada curva de 90°;
n) quando o ramal de eletrodutos passar obrigatoriamente por áreas inacessíveis, impedindo assim o emprego de caixas de derivação, essa distância pode ser aumentada desde que se proceda da seguinte forma:
- para cada 6 m, ou fração de aumento dessa distância, utiliza-se um eletroduto de diâmetro ou tamanho nominal imediatamente superior ao do eletroduto que normalmente seria empregado para o número e tipo de cabos;
- em cada trecho de tubulação, entre duas caixas, entre extremidades ou entre extremidade e caixa podem ser previstas, no máximo, três curvas de 90° ou seu equivalente até no máximo 270°. Em nenhum caso devem ser previstas curvas com deflexão maior do que 90°;
o) em cada trecho de tubulação delimitado, de um lado e de outro, por caixa ou extremidade de linha, qualquer que seja essa combinação (caixa-extremidade ou extremidade-extremidade) podem ser instaladas no máximo três curvas de 90° ou seu equivalente, até no máximo 270°. Em hipótese alguma devem ser instaladas curvas com deflexão superior a 90°;
p) devem ser empregadas caixas de derivação nos seguintes casos:
- em todos os pontos de entrada e saída dos cabos da tubulação, exceto nos pontos de transição ou passagem de linhas abertas para linhas em eletrodutos, os quais, nestes casos, devem ser rematados com buchas;
- em todos os pontos de emenda ou derivação dos cabos;
- os cabos devem formar trechos contínuos entre as caixas de derivação, ou seja, não deve haver emendas dos condutores no interior do eletroduto;
- as emendas e derivações devem ficar no interior das caixas;
q) para facilitar o puxamento dos cabos no interior dos eletrodutos, podem ser utilizados as guias de puxamento e/ou talco e lubrificantes apropriados que não danifiquem a capa de proteção e/ou a isolação dos condutores;
r) a área da seção transversal interna dos eletrodutos ocupada pelos cabos deve estar de acordo com a Tabela 3.43;
s) a área útil a ser ocupada pelos cabos pode ser determinada a partir da Equação (3.25):

$$S_t = \frac{\pi}{4} \times [(D_e - \Delta D_e) - 2 \times E_p]^2 \qquad (3.25)$$

D_e = diâmetro externo do eletroduto, em mm;
ΔD_e = variação do diâmetro externo, em mm;
E_p = espessura da parede do eletroduto, em mm.

Todas as dimensões dos cabos anteriormente mencionadas estão contidas na Tabela 3.44.

Tabela 3.43 Área dos eletrodutos rígidos ocupáveis pelos cabos

Eletrodutos rígidos de PVC, do tipo rosqueado (DAISA) – NBR 6150											
Dimensões do eletroduto								Área ocupável pelos cabos			
Tamanho	Rosca	Diâmetro externo	Espessura da parede		Área útil		2 cabos: 31 %		> 3 cabos: 40 %	
			Classe A	Classe B	Classe A	Classe B	Classe A	Classe B	Classe A	Classe B
	pol.	mm	mm	mm	mm²	mm²	mm²	mm²	mm²	mm²
16	1/2	21,1 ± 0,3	2,50	1,80	196	232	60	71	79	93
20	3/4	26,2 ± 0,3	2,60	2,30	336	356	104	110	135	143
25	1	33,2 ± 0,3	3,20	2,70	551	593	170	183	221	238
32	1 1/4	42,2 ± 0,3	3,60	2,90	945	1.023	282	317	378	410
40	1 1/2	47,8 ± 0,4	4,00	3,00	1.219	1.346	377	417	488	539
50	2	59,4 ± 0,4	4,60	3,10	1.947	2.189	603	678	779	876
65	2 1/2	75,1 ± 0,4	5,50	3,80	3.186	3.536	987	1.096	1.275	1.415
80	3	88,0 ± 0,4	6,20	4,00	4.441	4.976	1.396	1.542	1.777	1.990
100	4	114,3 ± 0,4	–	5,00	–	8.478	–	2.628	–	3.391

(continua)

Tabela 3.43 Área dos eletrodutos rígidos ocupáveis pelos cabos (Continuação)

	Eletrodutos rígidos de aço carbono – NBR 5597
colspan="6"	Dimensões do eletroduto	colspan="6"	Área ocupável pelos cabos
Tamanho	Rosca	Diâmetro externo		Espessura da parede		Área útil		2 cabos: 31 %		> 3 cabos: 40 %
			Extra	Pesada	Extra	Pesada	Extra	Pesada	Extra	Pesada
	pol.	mm	mm	mm	mm²	mm²	mm²	mm²	mm²	mm²
10	3/8	17,1 ± 0,38	2,25	2,00	118	127	36	40	47	51
15	1/2	21,3 ± 0,38	2,65	2,25	192	212	60	65	77	85
20	3/4	26,7 ± 0,38	2,65	2,25	347	374	107	115	139	150
25	1	33,4 ± 0,38	3,00	2,65	573	604	177	187	230	242
32	1 1/4	42,2 ± 0,38	3,35	3,00	969	1.008	300	312	388	403
40	1 1/2	48,3 ± 0,38	3,35	3,00	1.334	1.380	413	427	534	552
50	2	60,3 ± 0,38	3,75	3,35	2.158	2.225	668	689	983	890
65	2 1/2	73,0 ± 0,64	4,50	3,75	3.153	3.304	977	1.024	1.261	1.321
80	3	88,9 ± 0,64	4,75	3,75	4.871	5.122	1.510	1.584	1.948	2.044
90	3 1/2	101,6 ± 0,64	5,00	4,25	6.498	6.714	2.014	2.081	2.600	2.686
100	4	114,3 ± 0,64	5,30	4,25	8.341	8.685	2.585	2.692	3.336	3.474
125	5	141,3 ± 1	6,00	5,00	12.608	13.334	3.908	4.133	5.043	5.333
150	6	168,3 ± 1	6,30	5,30	18.797	19.286	5.827	5.978	7.519	7.714

Tabela 3.44 Características dimensionais dos cabos

Seção nominal (mm²)	Condutor		Cabos isolados		Cabos unipolares	
	Nº de fios	Diâmetro nominal (mm)	Espessura da isolação (mm)	Diâmetro externo (mm)	Espessura da isolação (mm)	Diâmetro externo (mm)
1,50	7	1,56	0,7	3,0	1,0	5,50
2,50	7	2,01	0,8	3,7	1,0	6,00
4	7	2,55	0,8	4,3	1,0	6,80
6	7	3,00	0,8	4,9	1,0	7,30
10	7	3,12	1,0	5,9	1,0	8,00
16	7	4,71	1,0	6,9	1,0	9,00
25	7	5,87	1,2	8,5	1,2	10,80
35	7	6,95	1,2	9,6	1,2	12,00
50	19	8,27	1,4	11,3	1,4	13,90
70	19	9,75	1,4	12,9	1,4	15,50
95	19	11,42	1,6	15,1	1,6	17,70
120	37	12,23	1,6	16,5	1,6	19,20
150	37	14,33	1,8	18,5	1,8	21,40
185	37	16,05	2,0	20,7	2,0	23,80
240	61	18,27	2,2	23,4	2,2	26,70
300	61	20,46	2,4	26,0	2,4	29,50
400	61	23,65	2,6	29,7	2,6	33,50
500	61	26,71	2,8	33,3	2,8	37,30
630	61	29,26	3,0	36,2	3,0	40,25

Exemplo de aplicação (3.15)

Determinar a área útil compatível de um eletroduto de PVC rígido, tamanho 50, classe B.

$$S_t = \frac{\pi}{4} \times [(D_e - \Delta D_e) - 2 \times E_p]^2 = \frac{\pi}{4}[(59,4 - 0,4) - 2 \times 3,1]^2 = 2.189 \, mm^2$$

D_e = 59,4 mm (Tabela 3.43)
ΔD_e = 0,4 mm (Tabela 3.43)
E_p = 3,1 mm (Tabela 3.43)

Portanto, para determinar a área ocupada pelos cabos de um circuito típico e o consequente tamanho nominal do eletroduto, basta aplicar a Equação (3.26):

$$S_{cond} = \frac{N_{cf} \times \pi \times D_{cf}^2}{4} + \frac{N_{cn} \times \pi \times D_{cn}^2}{4} + \frac{N_{cp} \times \pi \times D_{cp}^2}{4} \quad (3.26)$$

S_{cond} = seção ocupada pelos cabos, em mm²;
N_{cf} = número de condutores fase;
N_{cn} = número de condutores neutros;
N_{cp} = número de condutores de proteção;
D_{cf} = diâmetro externo dos condutores fase, em mm;
D_{cn} = diâmetro externo dos condutores neutros, em mm;
D_{cp} = diâmetro externo dos condutores de proteção, em mm.

Para maior facilidade de consulta, a Tabela 3.45 fornece diretamente a área ocupada pelos cabos PVC, XLPE e EPR.

É prática comum a construção de pequenas, médias e grandes instalações industriais que utilizam materiais de concreto pré-moldados. Após a construção do prédio inicia-se o processo de execução das instalações de serviço (água, esgoto, luz etc.). Este procedimento visa a reduzir os custos de construção. Portanto, é necessário que sejam utilizados nos projetos das instalações de serviços, os materiais apropriados. No caso das instalações elétricas, são utilizados os eletrodutos de ferro galvanizado associados a diferentes tipos de conduletes, conforme podem ser verificados na Figura 3.32 (a), (b), (c) e (d) e caixas de ligação e de passagem de acordo com a Figura 3.32 (e) e (f). As instalações tornam-se relativamente simples e de fácil manutenção, já que praticamente todas as tubulações e demais acessórios são fixados e montados nas paredes e no teto de forma aparente. Essa forma de instalação é por demais utilizada em unidades fabris dotadas de motores instalados em estruturas metálicas, como usinas de álcool, refinarias e congêneres.

A ligação dos motores em instalações industriais com a utilização de eletrodutos enterrados no piso é, em geral, executada de acordo com a Figura 3.33. Esse tipo de ligação é muito utilizado em ambientes nos quais não é apropriado o uso de canaletas por conta da presença de líquidos no piso.

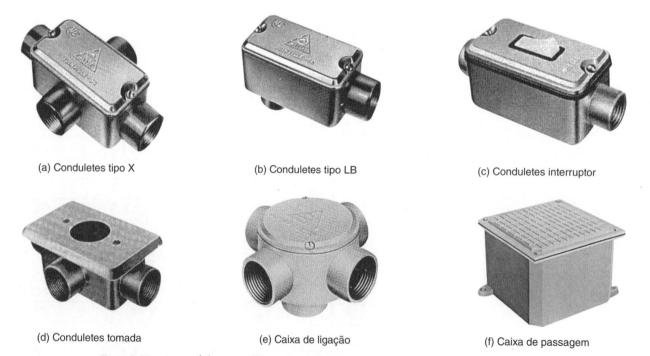

(a) Conduletes tipo X   (b) Conduletes tipo LB   (c) Conduletes interruptor

(d) Conduletes tomada   (e) Caixa de ligação   (f) Caixa de passagem

Figura 3.32 Acessórios metálicos para instalações exteriores com eletroduto.

Dimensionamento de condutores elétricos

Tabela 3.45 Área ocupada pelos cabos

Seção (mm²)	Área total – mm² PVC Isolado	Área total – mm² PVC Unipolar	XLPE ou EPR	Seção (mm²)	Área total – mm² PVC Isolado	Área total – mm² PVC Unipolar	XLPE ou EPR
1,5	7,0	23,7	23,7	70	130,7	188,7	188,7
2,5	10,7	28,2	28,2	95	179,7	246,0	246,0
4	14,5	36,3	36,3	120	213,8	289,5	289,5
6	18,8	41,8	41,8	150	268,8	359,6	359,6
10	27,3	50,2	50,2	185	336,5	444,8	444,8
16	37,4	63,6	63,6	240	430,0	559,9	559,9
25	56,7	91,6	91,6	300	530,9	683,5	683,5
35	72,3	113,1	113,1	400	692,8	881,4	881,4
50	103,8	151,7	151,7	500	870,9	1.092,7	1.092,7

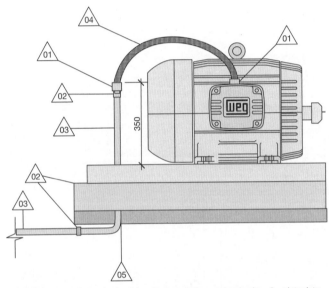

Simbologia: 1 – conector de alumínio; 2 – luva de ferro galvanizado; 3 – eletroduto de ferro galvanizado; 4 – eletroduto metálico flexível; 5 – curva de PVC

Figura 3.33 Instalação de eletroduto para alimentação de um motor.

 Exemplo de aplicação (3.16)

Determinar a área da seção transversal de um eletroduto de aço-carbono, parede pesada, que contém um circuito trifásico a cinco condutores (3F +N +PE) em cabo isolado em PVC, de seções transversais, respectivamente, iguais a 120, 70 e 70 mm².

$$S_{cond} = \frac{N_{cf} \times \pi \times D_{cf}^2}{4} + \frac{N_{cn} \times \pi \times D_{cn}^2}{4} + \frac{N_{cp} \times \pi \times D_{cp}^2}{4}$$

$$S_{cond} = \frac{3 \times \pi \times 16,5^2}{4} + \frac{1 \times \pi \times 12,9^2}{4} + \frac{1 \times \pi \times 12,9^2}{4} = 902,8 \, mm^2$$

$S_{elet} = 2 \, \frac{1}{2}"$ (Tabela 3.43)
$N_{cf} = 3$
$N_{cn} = 1$
$N_{cp} = 1$
$D_{cf} = 16,5$ mm (Tabela 3.44 – cabos com isolação em PVC)
$D_{cn} = 12,9$ mm (Tabela 3.44 – cabos com isolação em PVC)
$D_{cp} = 12,9$ mm (Tabela 3.44 – cabos com isolação em PVC)

Também, na Tabela 3.45 é possível obter o mesmo resultado, com a maior facilidade.

$$S_{elet} = S_{120} + S_{70} + S_{70}$$
$$S_{cond} = 3 \times 213,8 + 130,7 + 130,7 = 902,8 \text{ mm}^2$$

Se considerar que o eletroduto tem o percurso dado na Figura 3.34, então o seu novo diâmetro será:

- Comprimento total do trecho

$$C_t = 3 \times 6 + 3 = 21 \text{ m}$$

- Distância máxima permitida considerando-se as duas curvas da Figura 3.34

$$D_{ma} = 15 - (3 \times 2) = 9 \text{ m}$$

- Diferença entre o comprimento total do trecho e a distância máxima permitida

$$D_{tma} = C_t - D_{ma} = 21 - 9 = 12 \text{ m}$$

- Fração de aumentos para cada 6 m

$$F = \frac{D_{tma}}{6} = \frac{12}{6} = 2$$

- Diâmetro dos eletrodutos

$$\begin{aligned}
A-B &= 6\text{ m} &\rightarrow& \quad 65\ (2\ 1/2'') \\
B-C &= 6\text{ m} &\rightarrow& \quad 65\ (2\ 1/2'') \\
C-D &= 6\text{ m} &\rightarrow& \quad 80\ (3'') \\
D-E &= 3\text{ m} &\rightarrow& \quad 90\ (3\ 1/2'')
\end{aligned}$$

Logo, o eletroduto do trecho A – E nas aplicações práticas será de tamanho 90 mm (3 1/2").

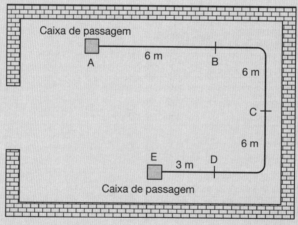

Figura 3.34 Percurso de um eletroduto e curvas correspondentes.

3.8.2 Canaletas no solo

Sua construção é feita normalmente ao nível do solo, têm paredes de tijolos revestidos de massa de alvenaria ou podem ser construídas de concreto.

Nas instalações em canaletas deve-se evitar a penetração de líquidos. Quando isso não for possível, os cabos devem ser instalados no interior de eletrodutos estanques. As canaletas, na maioria dos casos, são construídas em alvenaria. Neste caso, as dimensões padronizadas do tijolo devem ser aproveitadas para construí-las, mesmo que isto resulte em uma canaleta com seção superior ao mínimo calculado.

Os cabos instalados em canaletas, de preferência, devem ser dispostos em uma só camada. Os cabos também podem ser instalados em prateleiras dispostas em diferentes níveis da canaleta ou diretamente em suas paredes. Os cabos devem ocupar, no máximo, 30 % da área útil da canaleta, ou seja, a seção transversal de uma canaleta na qual estão instalados, por exemplo, 21 cabos unipolares de seção de 120 mm², diâmetro externo igual a 19,20 mm, Tabela 3.44, deve ser:

$$S_{ca} = \frac{21 \times \pi \times 19,20^2}{4} \times \frac{1}{0,30} = 20.267 \text{ mm}^2$$

A canaleta no solo deve ter no mínimo as dimensões de 200 × 105 mm, ou seja: 21.000 mm².

É de larga utilização em indústria com grande número de máquinas dispostas regularmente e com ponto de alimentação relativamente próximo ao piso. Sua utilização deve atender aos seguintes princípios:

a) nas canaletas no solo só devem ser utilizados cabos unipolares ou cabos multipolares. Os condutores isolados podem ser utilizados desde que contidos em eletrodutos;
b) não é conveniente a utilização de canaletas no solo em locais em que haja a possibilidade da presença de água ou de outros líquidos no piso, como no caso de curtumes, setor de lavagem e engarrafamento de indústria de cerveja e congêneres. São classificadas sob o ponto de vista de influências externas (presença de água), conforme código AD4, característico de possibilidade de projeção de água em qualquer direção;
c) somente os cabos unipolares e multipolares podem ser instalados diretamente em canaletas no solo;
d) é preciso tomar medidas preventivas a fim de impedir a penetração de corpos estranhos e líquidos que possam, respectivamente, dificultar a dissipação de calor dos cabos e danificar a sua isolação.

A Figura 3.35 mostra a seção transversal de uma canaleta no solo.

3.8.3 Canaletas e perfilados

São assim consideradas as canaletas constituídas de materiais sintéticos ou metálicos. A sua utilização requer o conhecimento de alguns princípios básicos. A NBR 5410 estabelece que:

a) nas canaletas instaladas sobre paredes, em tetos ou suspensas e nos perfilados, podem ser instalados condutores isolados, cabos unipolares e cabos multipolares;
b) os condutores isolados só podem ser utilizados em canaletas ou perfilados de paredes não perfuradas e com tampas que só possam ser removidas com auxílio de ferramenta;
c) admite-se o uso de condutores isolados em canaletas, perfilados sem tampa ou com tampas desmontáveis sem auxílio de ferramentas, canaletas ou perfilados com paredes perfuradas, com ou sem tampa, desde que esses condutos sejam instalados em locais acessíveis a pessoas advertidas ou qualificadas ou ainda instalados a uma altura mínima de 2,50 m.

A Figura 3.36 mostra uma canaleta de material sintético, enquanto a Figura 3.37 mostra um perfilado metálico muito utilizado em projetos de iluminação interna de galpões industriais.

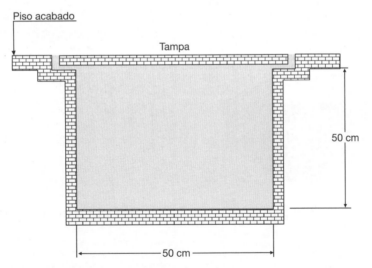

Figura 3.35 Corte transversal de canaleta no solo.

Figura 3.36 Canaleta de material sintético.

Figura 3.37 Perfilado metálico.

3.8.4 Bandejas, leitos, prateleiras e suportes horizontais

Há no mercado uma grande variedade construtiva de bandejas, leitos e prateleiras.

As bandejas são conhecidas também como eletrocalhas e são muito utilizadas em instalações industriais e comerciais, em que há necessidade de reunir uma grande quantidade de cabos em determinado trajeto. São de fácil aplicação e muito flexíveis quanto à expansão do sistema elétrico. As Figuras 3.38 a 3.40 mostram diferentes tipos de eletrocalhas. A Figura 3.41 mostra um leito para cabos, também conhecido como escada para cabos. Já as Figuras 3.42 a 3.44 mostram várias aplicações de eletrocalhas.

Normalmente, são modulares, constituídas de várias peças que podem ser encaixadas, formando uma grande rede de condutos.

A aplicação de bandejas, leitos e prateleiras deve seguir os seguintes princípios:

a) os cabos unipolares e multipolares podem ser instalados em qualquer tipo de eletrocalha;

b) os condutores isolados só podem ser instalados em eletrocalhas de paredes maciças cujas tampas só possam ser removidas com auxílio de ferramentas;

c) nas bandejas, leitos e prateleiras, os cabos devem ser dispostos, preferencialmente, em uma única camada. Admite-se, no entanto, a disposição em várias camadas, desde que o volume de material combustível representado pelos cabos (isolações, capas e coberturas) não ultrapasse os limites de 3,5 dm^3/m para cabos BF da ABNT 6812 e 7 dm^3/m linear para cabos de categoria AF ou AF/R da ABNT 6812;

d) admite-se a instalação de condutores isolados em eletrocalhas com paredes perfuradas e/ou tampas desmontáveis sem auxílio de ferramentas em locais só acessíveis a pessoas advertidas ou qualificadas;

e) é conveniente ocupar a calha com no máximo 35 % de sua área útil. As dimensões típicas de eletrocalhas são dadas na Tabela 3.46;

f) no caso de aplicação de cabos na vertical devem-se fixar os condutores nas bandejas, leitos e prateleiras de forma a evitar o esforço sobre o cabo devido ao seu próprio peso. Isso se torna mais importante

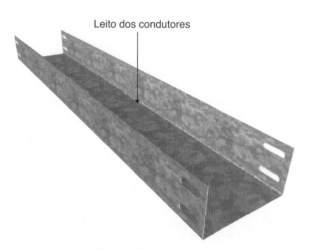

Figura 3.38   Eletrocalha aberta não perfurada.

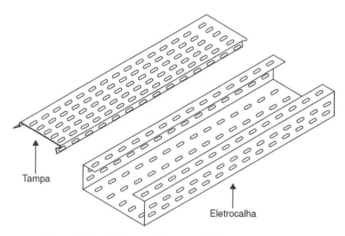

Figura 3.40   Eletrocalha ventilada com tampa.

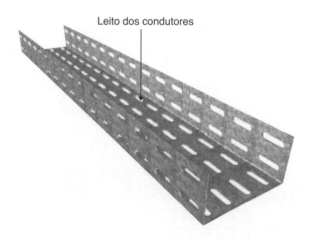

Figura 3.39   Eletrocalha aberta perfurada sem tampa.

Figura 3.41   Leito (ou escada) para cabos.

Dimensionamento de condutores elétricos

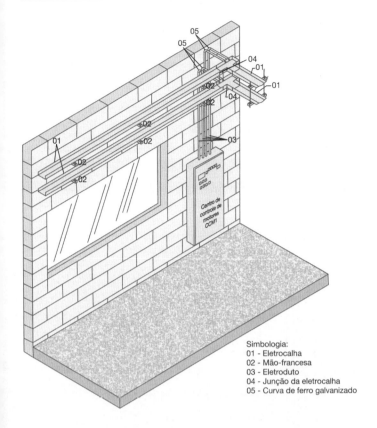

Figura 3.42 Instalação de eletrocalha com CCM.

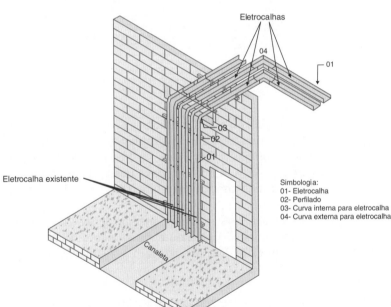

Figura 3.43 Instalação de eletrocalhas e canaletas no solo.

quando os cabos são conectados no alinhamento do seu percurso vertical diretamente nos terminais dos equipamentos ou dos Quadros de Comando.

No caso de se instalarem 15 cabos de 95 mm², isolação em XLPE (diâmetro externo igual a 17,7 mm – Tabela 3.44), a eletrocalha deve ter dimensões de:

$$S_{cl} = \frac{15 \times \pi \times 17{,}70^2}{4} \times \frac{1}{0{,}35} = 10.545 \text{ mm}^2$$

$$S_{cl} = 200 \times 60 \text{ mm (Tabela 3.45)}$$

3.8.5 Espaços em construção

Os espaços em construção podem ser utilizados para conduzir condutores elétricos, desde que os condutores sejam isolados ou se utilizem cabos unipolares ou multipolares, de forma tal que qualquer um dos condutores possa ser utilizado sem intervenção nos elementos de construção da edificação.

Os métodos de instalação para os espaços em construção são dados na Tabela 3.4.

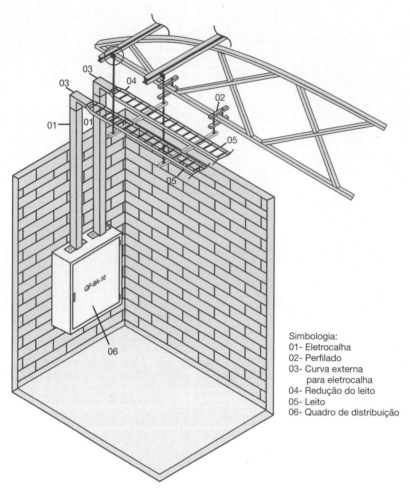

Figura 3.44 Fixação de leito na estrutura.

Tabela 3.46 Dimensionamento de eletrocalhas em mm

Largura	Altura	Comprimento
50	40	1.000
100	40	1.000
150	60	1.000
150	60	2.000
200	60	2.000
300	75	2.000
300	75	3.000
400	75	3.000
500	100	3.000
600	100	3.000

3.8.6 Túneis de serviços de utilidades

Em muitas indústrias são construídos túneis destinados à instalação de dutos de passagem de diversas utilidades, como eletricidade, telefone, ar comprimido, ar-condicionado etc., não se admitindo, no entanto, tubulação com líquidos ou gases inflamáveis ou corrosivos. Neste caso, os cabos podem ser instalados em suportes verticais, bandejas, eletrodutos, calhas etc., dispostos de maneira a dar a maior facilidade possível à manutenção e a oferecer segurança completa à presença das pessoas autorizadas.

A Figura 3.45 mostra a instalação de cabos isolados (pré-fabricados) em túnel de serviço. Já a Figura 3.46 mostra um túnel de serviço com a instalação de diversas utilidades.

3.8.7 Linhas elétricas enterradas

São assim denominados os circuitos elétricos constituídos de condutores unipolares ou multipolares instalados diretamente no solo ou no interior de eletrodutos, de acordo com os método de instalação de número 63 da Tabela 3.4. Devem ser protegidas contra avarias mecânicas, umidade e produtos químicos.

A proteção mecânica pode ser fornecida pelo próprio condutor quando for especificado o do tipo armado, isto é, dotado de uma armação metálica. Já a proteção contra umidade e produtos químicos é realizada especificando-se um cabo com capa de cobertura e isolação adequadas ao meio.

Dimensionamento de condutores elétricos

Figura 3.45 Túneis de serviço para cabos, instalação em suportes verticais.

- somente utilizar condutores isolados em eletroduto enterrado se, no trecho enterrado, não houver nenhuma caixa de passagem e/ou derivação enterrada e for garantida a estanqueidade do eletroduto;
- os condutores devem ser enterrados a uma profundidade mínima de 0,70 m da superfície do solo, conforme Figuras 3.47 e 3.48;
- em travessias de veículos a profundidade dos cabos deve ser de 1,0 m;
- no cruzamento de duas linhas elétricas deve-se prever um afastamento de 0,20 m;
- no cruzamento de uma linha elétrica com um conduto não elétrico deve-se prever um afastamento de 0,20 m;
- qualquer linha elétrica enterrada, inclusive no interior de eletroduto, deve ser sinalizada continuamente por um elemento de advertência não sujeito a deterioração, conforme Figuras 3.47 e 3.48.

A instalação de cabos isolados diretamente no solo, conforme apresentado anteriormente, é muito utilizada nos circuitos de média tensão de parques eólicos e fotovoltaicos.

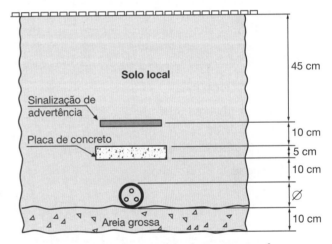

Figura 3.47 Cabos multipolares enterrados.

Figura 3.46 Túneis de serviço de utilidades.

Não é comum o uso de condutores diretamente enterrados em instalações industriais, em virtude da possibilidade de danos durante a movimentação de terra para ampliação e pelas dificuldades adicionais de substituição dos condutores quando ocorrer um dano físico. Quando utilizados, devem obedecer aos seguintes princípios:

- utilizar somente cabos unipolares ou cabos multipolares providos de armação ou proteção mecânica adicional;
- utilizar somente cabos armados quando não for empregada proteção mecânica adicional;

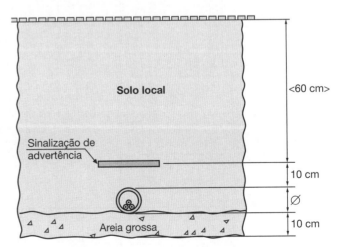

Figura 3.48 Cabos em duto enterrado.

Exemplo de aplicação (3.17)

Determinar a seção dos condutores da instalação industrial mostrada na Figura 3.49, sabendo-se que:

- tensão secundária: 380 Y/220 V;
- frequência: 60 Hz;
- temperatura ambiente para motor de 100 cv: 40 °C;
- tipo de isolação dos cabos unipolares dos circuitos terminais dos motores: PVC/70 °C – 0,6/1 kV;
- tipo de isolação dos cabos unipolares dos circuitos de distribuição dos QGF, CCM e QDL's: XLPE/90 °C – 0,6/1 kV;
- tempo de partida do motor de 100 cv: 8 s.

Sabe-se ainda que o alimentador do CCM deriva do QGF e que, no trecho entre este e o QDL1, os condutores ocupam a mesma canaleta de construção fechada. A Tabela 3.47 fornece os valores de carga da instalação, referentes às dependências administrativas. A carga de iluminação do galpão industrial tem fator de potência igual a 0,95, é constituída por lâmpadas de Led e vapor de mercúrio e opera durante 24 horas. Seu valor é:

- carga entre A – N: 15 kVA;
- carga entre B – N: 16 kVA;
- carga entre C – N: 17 kVA;
- total: 48 kVA.

Será adotado o sistema de distribuição TN-S. O condutor de proteção será de cobre nu ou isolado. Todos os cabos dispostos em canaleta estão de conformidade com a Figura 3.51. A canaleta é do tipo não ventilada no solo. O fator de potência médio da carga é considerado 0,80. Será admitida, no exemplo, uma queda de tensão máxima de 6 % entre os terminais secundários do transformador da subestação e o ponto de alimentação da carga, sendo 2 % para os circuitos terminais e ramais parciais, 3 % para os alimentadores do CCM e QDL e 1 % para o alimentador do QGF. O fator de potência dos motores é dado na Tabela 6.4. Não serão aplicados os fatores de utilização e de simultaneidade. As correntes de curto-circuito nos diferentes pontos do sistema estão definidas no diagrama unifilar da Figura 3.50. O tempo de atuação de todas as proteções será considerado igual a 30 ciclos, ou seja, 0,50 s.

a) Circuitos terminais

a1) Circuitos dos motores
- Motor de 30 cv – IV polos/380 V:
  - Critérios da capacidade de corrente:

Da Equação (3.10), temos:

$$I_{cm1} = F_s \times I_{nm1}$$
$$I_{nm1} = 43,3 \text{ A (Tabela 6.4)}$$
$$I_{cm1} = 10 \times 43,3 = 43,3 \text{ A}$$

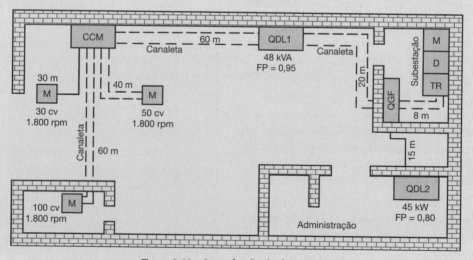

Figura 3.49 Instalação industrial.

Tabela 3.47 Quadro de carga da área administrativa – 380/220V – QDL2

Circuito nº	Designação da carga	Nº polos	A W	B W	C W
1	Iluminação	1	2.100		
2	Tomada	1		1.200	
3	Chuveiro	1		2.800	
4	Chuveiro	1			2.800
5	Ar-condicionado	1			2.400
6	Ar-condicionado	1	2.400		
7	Ar-condicionado	1	2.400		
8	Iluminação	1		1.900	
9	Iluminação	1	2.000		
10	Aquecedor	1		2.500	
11	Aquecedor	1			2.500
12	Tomadas	1			1.200
13	Tomadas	1		2.000	
14	Ar-condicionado	1		2.400	
15	Ar-condicionado	1	2.400		
16	Fogão elétrico	1	6.000		
17	Forno elétrico	1			6.000
	Total		17.300	12.800	14.900

S_{cml} = 3 # 10 mm² (Tabela 3.6 – coluna D justificada pela Tabela 3.4 – método de instalação 61A: cabos unipolares ou cabo multipolar em eletroduto enterrado ou em canaleta não ventilada enterrada)

– Critério do limite da queda de tensão:

Da Equação (3.17), temos:

$$S_{cm1} = \frac{100 \times \sqrt{3} \times \rho \times L_{cm1} \times I_{cm1}}{V_{ff} \times \Delta V\%} = \frac{100 \times \sqrt{3} \times (1/56) \times 30 \times 43,3}{2 \times 380}$$

$$S_{cm1} = 5,28 \text{ mm}^2 \rightarrow S_{cm1} = 6 \text{ mm}^2$$

Adotando-se a seção do condutor que satisfaça simultaneamente as condições de capacidade de corrente e queda de tensão, temos:

S_{cm1} = 3 # 10 mm² (cabo unipolar, isolação em PVC/70 °C – 0,6/1 kV),

S_{c1m1} = 1 # 10 mm² (seção do condutor de proteção – Tabela 3.25).

Adotando-se a Equação (3.18) para o cabo de 6 mm² obtido anteriormente temos:

R_c = 3,7035 Ω (Tabela 2.22)

X_c = 0,1225 Ω (Tabela 3.22)

φ = 33,90° (ângulo do fator de potência que vale 0,80)

$$\Delta V_c = \frac{\sqrt{3} \times I_c \times L_c \times (R_c \times \cos\varphi + X_c \sen\varphi)}{10 \times N_{cp} \times V_{ff}} = \frac{\sqrt{3} \times 43,3 \times 30 \times (3,7035 \times \cos 33,90 + 0,1225 \times \sen 33,90)}{10 \times 1 \times 380}$$

ΔV_c = 1,86 % (valor próximo ao valor de 2 % adotado e que resultou no condutor de 6 mm²)

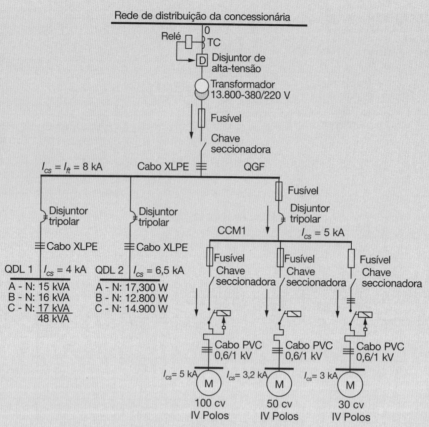
Figura 3.50 Diagrama unifilar.

- Motor de 50 cv – IV polo/380 V:
  - Critério da capacidade de corrente:

$$I_{cm2} = 1{,}0 \times 68{,}8 = 68{,}8 \text{ A}$$

$S_{cm2} = 25$ mm² (Tabela 3.6 – coluna B1 – justificada pela Tabela 3.4 – método de instalação 33: condutores isolados ou cabos unipolares em canaleta fechada embutida no piso)

  - Critério do limite de queda de tensão:

$$R_c = 0{,}8891\ \Omega \text{ (cabo de 25 mm}^2 \text{ – Tabela 3.22)}$$
$$X_c = 0{,}1164\ \Omega \text{ (cabo de 25 mm}^2 \text{ – Tabela 3.22)}$$

$$\Delta V_c = \frac{\sqrt{3} \times I_c \times L_c \times (R \times \cos\varphi + X \sin\varphi)}{10 \times N_{cp} \times V_{ff}} = \frac{\sqrt{3} \times 68{,}8 \times 40 \times (0{,}8891 \times \cos 36{,}86 + 0{,}1164 \times \sin 36{,}86)}{10 \times 1 \times 380}$$

$$\Delta V_c = 0{,}97\ \% \text{ (condição satisfeita)}$$

Finalmente, temos:

$$S_{cm2} = 3\ \#\ 25 \text{ mm}^2 \text{ (cabo unipolar, isolação em PVC/70 °C – 0,6/1 kV)}$$

$$S_{cp2} = 1\ \#\ 16 \text{ mm}^2 \text{ (seção do condutor de proteção – Tabela 3.25)}$$

- Motor de 100 cv – IV polos/380 V:
  - Critério da capacidade de corrente:

$$I_{cm3} = 1{,}0 \times 135{,}4 = 135{,}4 \text{ A}$$

Como o motor de 100 cv está em um setor de produção cuja temperatura é de 40 °C, deve-se corrigir o valor da corrente conforme o valor da Tabela 3.12, ou seja:

$$I_{cm3c} = \frac{I_{cm3}}{F_{ct}} = \frac{135,4}{0,87} = 155,6 \text{ A}$$

S_{cm3} = 70 mm² (Tabela 3.6 – coluna B1 – justificada pela Tabela 3.4 – método de instalação 33)

- Critério do limite de queda de tensão:

$R_c = 0,3184 \, \Omega$ (cabo de 70 mm² – Tabela 3.22)
$X_c = 0,1096 \, \Omega$ (cabo de 70 mm² – Tabela 3.22)

$$\Delta V_c = \frac{\sqrt{3} \times I_c \times L_c \times (R \times \cos\varphi + X \operatorname{sen}\varphi)}{10 \times N_{cp} \times V_{ff}} = \frac{\sqrt{3} \times 135,4 \times 60 \times (0,3184 \times \cos 36,86 + 0,1096 \times \operatorname{sen} 36,86)}{10 \times 1 \times 380}$$

$\Delta V_c = 1,18 \%$ (condição satisfeita)

Adotando-se, então, o maior valor das seções obtidas, temos:

S_{cm3} = 3 # 70 mm² (cabo unipolar, isolação em PVC/70 °C – 0,6/1 kV)

S_{cp3} = 1 # 35 mm² (cabo unipolar, isolação em PVC/70 °C – 0,6/1 kV)

a2) Circuitos terminais de iluminação

O exemplo não contempla os circuitos terminais de iluminação. A carga concentrada no QDL1 é de 48 kVA, com $\cos \psi = 0,95$.

b) Circuitos de distribuição dos CCM e QDL1

b1) Centro de Controle de Motores (CCM)

- Critério da capacidade de corrente:

De acordo com a Equação (3.11), temos:

$$I_{ccm} = I_{mm1} \times F_{s(1)} + I_{mm2} \times F_{s(2)} + I_{mm3} \times F_{s(3)}$$
$$F_{s(1)} = F_{s(2)} = F_{s(3)} = 1$$
$$I_{ccm} = 43,3 + 68,8 + 135,4 = 247,50 \text{ A}$$

S_{ccm} = 150 mm² (Tabela 3.7, cabo XLPE, coluna D – justificada pela Tabela 3.4 – método de instalação 61A)

Os condutores do CCM estão agrupados juntamente com os condutores que alimentam o QDL1, na mesma canaleta, totalizando sete cabos carregados (o condutor neutro do QDL1 é contado, pois é integrante de um circuito com lâmpadas de descarga).

Como os condutores estão dispostos na canaleta não ventilada, de modo a manterem um afastamento entre si igual ao dobro do seu diâmetro externo, não será necessário aplicar nenhum fator de agrupamento. Desta forma, a canaleta deveria ter as dimensões em mm dadas na Figura 3.51. Assim temos:

S_{ccm} = 150 mm² – isolação XLPE/90 °C – 0,6/1 kV (Tabela 3.7 – Coluna D)

A seção do condutor neutro correspondente, segundo a Tabela 3.23, é:

$$S_{ccm} = 150 \text{ mm}^2 \rightarrow S_{nccm} = 70 \text{ mm}^2$$

A seção do condutor de proteção correspondente, segundo a Tabela 3.24, é:

$$S_{pccm} = 0,50 \times S = 0,50 \times 150 = 75 \text{ mm}^2$$

Logo adotaremos S_{pccm} = 70 mm²

b2) Quadro de Distribuição de Luz (QDL1)

- Critério da capacidade de corrente:

$$I_{qdl1} = \frac{48.000}{\sqrt{3} \times 380} = 72,9 \text{ A} \quad \text{(fase A-B-C-N)}$$

S_{qdl1} = 16 mm² (Tabela 3.7 – coluna D – justificada pela Tabela 3.4 – referência de instalação 61A)

Conforme já foi justificado anteriormente, não há necessidade de aplicar o fator de agrupamento.

– Critério do limite da queda de tensão:

$R_c = 1{,}3899\ \Omega$ (cabo de 16 mm² – Tabela 3.22)
$X_c = 0{,}1173\ \Omega$ (cabo de 16 mm² – Tabela 2.22)

$$\Delta V_c = \frac{\sqrt{3}\times I_c \times L_c \times (R\times\cos\varphi + X\operatorname{sen}\varphi)}{10\times N_{cp}\times V_{ff}} = \frac{\sqrt{3}\times 402{,}9\times 8\times(1{,}3899\times\cos 31{,}78 + 0{,}1173\times\operatorname{sen}31{,}78)}{10\times 1\times 380}$$

$\Delta V_c = 1{,}82\ \%$ (condição satisfeita)

Logo, a seção escolhida será:

$$S_{qdl1} = 3\ \#\ 16\ \text{mm}^2\ (\text{XLPE/90°C} - 0{,}6/1\ \text{kV})$$

A seção do condutor neutro correspondente, segundo a Tabela 3.23, é:

$$S_{qdl1} = 16\ \text{mm}^2 \to S_{nqdl1} = 16\ \text{mm}^2$$

A seção do condutor de proteção correspondente, segundo a Tabela 3.25, vale:

$$S_{pqdl1} = 16\ \text{m}^2\ (\text{XLPE/90°C} - 0{,}6/1\ \text{kV})$$

b3) Quadro de Distribuição de Luz (QDL2)

Aplicando-se os fatores de demanda sobre a parte da carga instalada de iluminação e tomada, constantes da Tabela 1.6, temos:

– Primeiros 20.000 W: 100 % .... 10.400 W (corresponde só a iluminação e tomadas)
– Ar-condicionado .... 12.000 W
– Aquecedor .... 5.000 W
– Fogão elétrico .... 6.000 W
– Chuveiro .... 5.600 W
– Forno elétrico .... 6.000 W
– Demanda máxima resultante .... 45.000 W

Do Quadro de Carga da Tabela 3.47, temos:

– Cargas ....A – N: 17.300 W
– Cargas ....B – N: 12.800 W
– Cargas ....C – N: 14.900 W
– Maior carga possível no neutro: ..... 17.300 W

• Critério da capacidade de corrente

De acordo com a Equação (3.8), temos, para a fase mais carregada:

$$I_{qdl2} = \frac{45}{\sqrt{3}\times 0{,}38\times 0{,}80} = 85{,}46\ \text{A}$$

Como os condutores estão dispostos em eletrodutos de PVC, enterrados no solo, temos:

$S_{qdl2} = 25\ \text{mm}^2$ (Tabela 3.7 – coluna D – método de instalação 61A da Tabela 3.4)

• Critério do limite de queda de tensão:

$R_c = 0{,}8891\ \Omega$ (cabo de 25 mm² – Tabela 3.22)
$X_c = 0{,}1164\ \Omega$ (cabo de 25 mm² – Tabela 3.22)

$\varphi = 36{,}8°$ (ângulo do fator de potência)

$$\Delta V_c = \frac{\sqrt{3}\times I_c \times L_c \times (R\times\cos\varphi + X\operatorname{sen}\varphi)}{10\times N_{cp}\times V_{ff}} = \frac{\sqrt{3}\times 85{,}46\times 15\times(0{,}8891\times\cos 36{,}86 + 0{,}1164\times\operatorname{sen}36{,}86)}{10\times 1\times 380}$$

$\Delta V_c = 0{,}45\ \%$ (condição satisfeita)

Adotando-se o valor que conduz à maior seção transversal, temos:

$$S_{qdl2} = 3 \# 25 \text{ mm}^2 \text{ (XLPE/90 °C – 0,6/1 kV)}$$

A seção do condutor neutro vale:

$$S_{qdl2} = 25 \text{ mm}^2 \rightarrow S_{nqdl2} = 1 \# 25 \text{ mm}^2 \text{ (Tabela 3.23 – coluna D)}$$

A seção do condutor de proteção vale:

$$S_{pqdl2} = 1 \# 16 \text{ mm}^2 \text{ (Tabela 3.25)}$$

c) Circuito de alimentação do QGF

Para o cálculo do alimentador do QGF, foi considerada equilibrada a carga dos QDLs e CCM1, ou seja:

$$I_{qdl1} = \frac{48}{\sqrt{3} \times 0,38} = 72,9 \text{ A}$$

$$I_{qdl2} = \frac{45.000}{\sqrt{3} \times 380 \times 0,80} = 85,4 \text{ A}$$

Considerando-se os fatores de potência das cargas (motores e iluminação), temos:

- Critério da capacidade de corrente:

$$I_{qga} = 43,3 \times 0,83 + 68,8 \times 0,86 + 135,4 \times 0,87 + 72,9 \times 0,95 + 85,4 \times 0,80 = 350,4 \text{ A}$$
$$I_{qgfr} = 43,3 \times 0,55 + 68,8 \times 0,51 + 135,4 \times 0,49 + 72,9 \times 0,31 + 85,4 \times 0,60 = 199,0 \text{ A}$$
$$I_{qgfap} = \sqrt{350,4^2 + 199,0^2} = 402,9 \text{ A}$$

$$S_{qqf} = 400 \text{ mm}^2 \text{ (Tabela 3.7 – coluna D – método de instalação 61A da Tabela 3.4)}$$

- Critério do limite da queda de tensão:

$$R_c = 1,3899 \text{ } \Omega \text{ (Tabela 3.22)}$$
$$X_c = 0,1173 \text{ } \Omega \text{ (Tabela 2.22)}$$

$$\varphi = 36,8° \text{ (ângulo do fator de potência da carga)}$$

$$\Delta V_c = \frac{\sqrt{3} \times I_c \times L_c \times (R \times \cos\varphi + X \operatorname{sen}\varphi)}{10 \times N_{cp} \times V_{ff}} = \frac{\sqrt{3} \times 402,9 \times 8 \times (0,0608 \times \cos 36,86 + 0,1058 \times \operatorname{sen} 36,86)}{10 \times 1 \times 380}$$

$$\Delta V_c = 0,16 \text{ \% (condição satisfeita)}$$

$$S_{qqf} = 3 \# 400 \text{ mm}^2 \text{ (XLPE/90 °C – 0,6/1 kV)}$$

Como a soma das potências absorvidas pelos equipamentos de utilização alimentados entre cada fase e o neutro, ou seja: $P_{qdl1} + P_{qdl2} = 48 + 45/0,8 = 104,2$ kVA, é superior a 10 % da potência total transportada pelo circuito $P_t = \sqrt{3} \times 0,38 \times 402,9 = 265,1$ kVA), logo a seção do condutor neutro não pode ser reduzida, isto é:

$$S_{nqgf} = 1 \# 400 \text{ mm}^2 \text{ (XLPE/90 °C – 0,6/1 kVA)}$$

É aconselhável que o condutor que liga o transformador ao QGF seja dimensionado pela potência nominal do transformador, e não pela potência demandada da carga. Isto se deve ao fato de se poder utilizar toda a potência do transformador, que normalmente é superior ao valor da potência da carga, devido à escolha do transformador recair nas potências padronizadas. Neste caso, a potência nominal do transformador será de 300 kVA e cuja corrente nominal vale:

$$I_{nt} = \frac{300}{\sqrt{3} \times 0,38} = 455,8 \text{ A} \rightarrow S_c = 400 \text{ mm}^2$$

De acordo com a Tabela 3.25, a seção do condutor de proteção, função da seção dos condutores fase de 400 mm², vale:

$$S_{pqgf} = 0,50 \times S_{qgf} = 0,50 \times 400 = 200 \text{ mm}^2$$
$$S_{pqgf} = 240 \text{ mm}^2 \text{ (XLPE/90 °C – 0,6/1 kV)}$$

Pode-se adotar, segundo a Equação (3.24), o condutor de S_{pqgf} = 1 # 50 mm² para o tempo de atuação da proteção inferior a 0,50 s.

$$S_{pqgf} = \frac{\sqrt{I_{cct}^2 \times T_c}}{K} = \frac{\sqrt{8.000^2 \times 0,5}}{176} = 32,1 \text{ mm}^2$$

I_{ft} = 8.000 A (corrente de curto-circuito fase e terra no barramento do QGF)
K = 176 (circuito cujos condutores têm isolação em XLPE)

d) Fator de potência médio da instalação

$$\cos \psi = \cos \text{ arctg} \left(\frac{199,0}{350,4} \right) = 0,86$$

e) Capacidade da corrente de curto-circuito

Após definida a seção de todos os condutores e barras, e calculada a potência nominal dos transformadores, deve-se proceder à determinação das correntes de curto-circuito para os diferentes pontos da rede, notadamente os barramentos dos CCM, QDLs, QGF e terminais de ligação dos motores.

Os cabos, já dimensionados, devem suportar as intensidades dessas correntes, o que pode ser verificado nos gráficos das Figuras 3.28 e 3.29.

O processo de cálculo das correntes de curto-circuito será mostrado no Capítulo 5.

A verificação das seções dos condutores referente à suportabilidade das correntes de curto-circuito pode ser feita da forma como se segue:

e1) Motor de 30 cv – IV polo/380 V

Da Equação (3.19), temos:

$$S_{cm1} = \frac{\sqrt{0,5} \times 3}{0,34 \times \sqrt{\log \left(\frac{234+160}{234+70} \right)}} = 18,5 \text{ mm}^2$$

Como a seção mínima do condutor exigida é de 18,5 mm² pelo método da capacidade da corrente de curto-circuito para um tempo da proteção de 0,5 s, e a seção já calculada é de 10 mm², logo é necessário rever este último valor, elevando-se a referida seção dos condutores fase para 25 mm², ou seja:

$$S_{cml} = 3 \text{ \# } 25 \text{ mm}^2 \text{ (PVC/70 °C – 0,6/1 kV)}$$
$$S_{cpl} = 1 \text{ \# } 16 \text{ mm}^2 \text{ (PVC/70 °C – 0,6/1 kV)}$$

Esta seção poderia também ser obtida na Figura 3.28, entrando-se com o valor da corrente de curto-circuito de 3 kA no eixo vertical do gráfico, até encontrar a reta inclinada, que representa o tempo de eliminação de defeito igual a 30 ciclos (0,5 s), obtendo-se, em consequência, no eixo horizontal, a seção mínima admitida de S_{cml} = 18,5 mm².

e2) Motor de 50 cv – IV polo/380 V

$$S_{cm2} = \frac{\sqrt{0,5} \times 3,2}{0,34 \times \sqrt{\log \left(\frac{234+160}{234+70} \right)}} = 19,8 \text{ mm}^2$$

Sendo a seção do condutor, já determinada, igual a 25 mm², pelo método da capacidade de corrente, então deve permanecer com o mesmo valor, ou seja:

$$S_{cm2} = 3 \# 25 \text{ mm}^2 \text{ (PVC/70° - 0,6/1 kV)}$$
$$S_{cp2} = 1 \# 16 \text{ mm}^2 \text{ (PVC/70° - 0,6/1 kV)}$$

e3) motor de 100 cv – IV polo/380 V

$$S_{cm2} = \frac{\sqrt{0,5 \times 5}}{0,34 \times \sqrt{\log\left(\frac{234+160}{234+70}\right)}} = 30,9 \text{ mm}^2$$

Logo, a seção do condutor, que é de 70 mm², está compatível com o método da capacidade de corrente de curto-circuito, ou seja:

$$S_{cm3} = 3 \# 70 \text{ mm}^2$$
$$S_{cp2} = 1 \# 35 \text{ mm}^2$$

Aqui é deixada ao leitor a verificação da capacidade de corrente de curto-circuito para o restante dos condutores, a qual deve obedecer à mesma sistemática seguida:

f) Dutos

- Circuitos do motor de 30 cv: eletroduto de PVC rígido rosqueado, classe A:
  - Condutores: 3 # 25 mm² +1 PE – 16 mm²

Por meio da Tabela 3.43 e considerando os condutores unipolares de fase e de proteção isolados em PVC temos:

$$S_{cond} = \frac{3 \times \pi \times 10,80^2}{4} + \frac{1 \times \pi \times 9,0^2}{4} = 338,4 \text{ mm}^2 \text{ (coluna para > 3 cabos: 40 \% – classe B)}$$

$$S_e = 1\ 1/4" \text{ (Tabela 3.46)}$$

- Circuitos do motor de 100 cv:
  - Condutores: 3 # 70 mm² +1 PE – 35 mm²

Na Tabela 3.44, considerando-se os condutores unipolares de fase e de proteção, isolados em PVC, temos:

$$S_{cond} = \frac{3 \times \pi \times 15,50^2}{4} + \frac{1 \times \pi \times 12,0^2}{4} = 679,1 \text{ mm}^2$$

Logo, a seção mínima da canaleta vale:

$$S_{can} = \frac{679,1}{0,30} = 2.263 \text{ mm}^2$$
$$S_{can} = 150 \times 150 \text{ mm}^2 = 22.500 \text{ mm}^2 \text{ (valor mínimo adotado)}$$

- Circuito do motor de 50 cv:
  - Condutores: 3 # 25 mm² +1 PE – 16 mm²

$$S_{cond} = 3 \times 91,6 + 63,6 = 338,4 \text{ mm}^2 \text{ (Tabela 3.45)}$$
$$S_{scan} = 150 \times 150 \text{ (valor mínimo adotado)}$$

- Circuitos de distribuição entre o QGF e QDL1:

Nesse trecho, os cabos com isolação em XLPE estão dispostos em canaletas não ventiladas, ou seja:

(3 # 150 mm² + 1 N – 70 mm² + 1 PE – 70 mm²) +(3 # 16 mm² + 1 N 16 mm² + 1 PE – 16 mm²)

$$S_{cond} = \frac{3 \times \pi \times 21,4^2}{4} + \frac{2 \times \pi \times 15,5^2}{4} + \frac{3 \times \pi \times 9^2}{4} + \frac{1 \times \pi \times 9^2}{4} + \frac{1 \times \pi \times 9,0^2}{4}$$
$$S_{cond} = 1.774,5 \text{ mm}^2$$

A área transversal da canaleta vale:

$$S_{can} = \frac{1.774,5}{0,30} = 5.915 \text{ mm}^2$$

A área transversal mínima seria de:

$$S_{can} = 80 \times 80 \text{ mm} = 6.400 \text{ mm}^2$$

Como é impraticável a construção de uma canaleta no piso com dimensões tão pequenas, será adotado um tamanho viável para a construção em alvenaria, ou seja:

$$S_{can} = 150 \times 150 \text{ mm} = 22.500 \text{ mm}^2$$

Se fosse adotada a solução de construir uma canaleta com as dimensões adequadas para dispor os condutores em uma só camada, mantendo-se uma distância entre si igual ao dobro do seu diâmetro externo, ter-se-ia uma canaleta com as dimensões dadas na Figura 3.51, ou seja:

$$S_{can} = 433 \times 130 \text{ mm} = 56.290 \text{ mm}^2$$

Fica também a cargo do leitor determinar as dimensões do restante dos condutos.

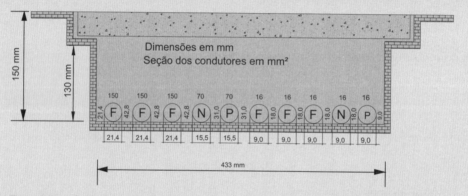

Figura 3.51 Corte transversal de uma canaleta com os respectivos condutores.

Fator de potência

4.1 Introdução

Determinados equipamentos, tais como motores elétricos, fornos a arco, transformadores etc., necessitam, para a sua operação, de certa quantidade de energia reativa que pode ser suprida por diversas fontes ligadas ao sistema elétrico, funcionando individual ou simultaneamente. Estas fontes são:

- geradores;
- motores síncronos;
- capacitores.

Pode-se considerar que, a rigor, as próprias linhas de transmissão e de distribuição de energia elétrica são fontes de energia reativa, devido a sua reatância.

Esta energia reativa compreende duas diferentes parcelas:

- energia reativa indutiva;
- energia reativa capacitiva.

É fácil concluir que, para evitar o transporte de energia reativa de terminais distantes da carga consumidora, faz-se necessário que se instalem nas proximidades das cargas as referidas fontes de energia reativa. Desta forma, reduzem-se as perdas na transmissão referente a esse bloco de energia, resultando em um melhor rendimento do sistema elétrico.

A energia reativa indutiva é consumida por aparelhos normalmente dotados de bobinas, tais como motores de indução, reatores, transformadores etc., ou que operam com formação de arco elétrico, como os fornos a arco. Este tipo de carga apresenta fator de potência dito reativo indutivo. Já a energia reativa capacitiva pode ser gerada por motores síncronos superexcitados (compensadores síncronos) ou por capacitores. Neste caso, estas cargas apresentam fator de potência dito reativo capacitivo.

Os aparelhos utilizados em uma instalação industrial, por exemplo, são, em sua maioria, consumidores parciais de energia reativa indutiva e não produzem nenhum trabalho útil. A energia reativa indutiva apenas é responsável pela formação do campo magnético dos referidos aparelhos. É normalmente suprida por fonte geradora localizada distante da planta industrial, acarretando perdas Joule elevadas no sistema de transmissão e de distribuição.

Dessa forma, como já se mencionou, melhor seria que no próprio prédio industrial fosse instalada a fonte geradora desta energia, aliviando os sistemas de transmissão e de distribuição, que poderiam, desta maneira, transportar mais energia que efetivamente resultasse em trabalho – no caso, a energia ativa. Esta fonte pode ser obtida pela operação de um motor síncrono superexcitado ou, mais economicamente, por meio da instalação de capacitores de potência.

4.2 Fator de potência

4.2.1 Conceitos básicos

Matematicamente, o fator de potência pode ser definido como a relação entre o componente ativo da potência e o valor total desta mesma potência:

$$F_p = \frac{P_{at}}{P_{ap}} \quad (4.1)$$

F_p = fator de potência da carga;
P_{at} = componente da potência ativa, em kW ou seus múltiplos e submúltiplos;
P_{ap} = potência aparente ou potência total da carga, em kVA ou seus múltiplos e submúltiplos.

O fator de potência, sendo a relação entre as duas quantidades representadas pela mesma unidade de potência, é um número adimensional. O fator de potência pode ser também definido como o cosseno do ângulo formado entre o componente da potência ativa e o seu componente total quando a potência que flui no sistema é resultante de cargas lineares:

$$F_p = \cos\psi \quad (4.2)$$

A Figura 4.1 permite reconhecer o ângulo do fator de potência e as potências envolvidas no seu conceito.

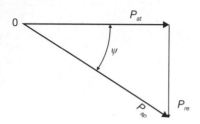

Figura 4.1 Diagrama do fator de potência.

Se ao sistema estão conectadas cargas não lineares, tais como retificadores, inversores etc., o valor que representa o fator de potência diverge do valor obtido através do cos ψ:

$$\cos \varphi = \frac{P_{at}(hn)}{P_{ap}(hn)} \tag{4.3}$$

$P_{at}(hn)$ = potência ativa para cargas de conteúdo harmônico de ordem "n";

$P_{ap}(hn)$ = potência aparente para cargas de conteúdo harmônico de ordem "n".

Com uma simples análise, pode-se identificar se há presença de harmônicas em uma instalação elétrica, isto é:

- se o fator de potência calculado pela Equação (4.1) diferir do cos φ medido;
- se a corrente medida no circuito com um amperímetro convencional diferir do valor da corrente medida com um amperímetro verdadeiro (*true*), instalados no mesmo condutor, e as medidas realizadas no mesmo instante.

Nessas circunstâncias pode-se apenas afirmar se há ou não conteúdo harmônico presente no circuito. Para definir a ordem da harmônica, é necessário utilizar um analisador de rede.

Para ondas perfeitamente senoidais, o fator de potência representa o cosseno do ângulo de defasagem entre a onda senoidal da tensão e a onda senoidal da corrente. Quando a onda de corrente está atrasada em relação à onda de tensão, o fator de potência é dito indutivo. Caso contrário, diz-se que o fator de potência é capacitivo. Quando as ondas da tensão e corrente passam pelo mesmo ponto (ψ = 0), o fator de potência é unitário.

Quando a carga é constituída somente de potência ativa (aquecedores elétricos, resistores etc.), toda potência gerada é transportada pelos sistemas de transmissão e de distribuição da concessionária de energia elétrica e absorvida pela carga mencionada, exceto as perdas de transporte, conforme se mostra na Figura 4.2. Neste caso, toda a energia consumida E_a é registrada no medidor M e faturada pela concessionária.

No entanto, quando a carga é constituída de aparelhos (motores) que absorvem uma determinada quantidade de energia ativa E_a para produzir trabalho e necessita também de energia reativa de magnetização E_r para ativar o seu campo indutor, o sistema de suprimento passa a transportar um bloco de energia reativa indutiva E_r que não produz trabalho, além de sobrecarregá-lo. Segundo a legislação, esta carga deve ser taxada a partir de um determinado valor, que é dado pelo limite do fator de potência de 0,92 indutivo ou capacitivo. A Figura 4.3 ilustra esta situação.

Para que essa energia reativa indutiva excedente não ocupe "espaço" nos condutores, transformadores etc., do sistema de suprimento, basta que em um ponto próximo ao da carga C se conecte um banco de capacitor que passará a fornecer a energia capacitiva à carga C, liberando o sistema de suprimento para transportar mais energia ativa E_a, que produz trabalho e riqueza, conforme se mostra na Figura 4.4.

Quando a carga C não é solicitada a realizar nenhum trabalho, deixa de consumir energia ativa E_a. Se, no entanto, o banco de capacitores CAP não for desligado, este passará a fornecer energia reativa capacitiva ao sistema de suprimento, conforme demonstrado na Figura 4.5.

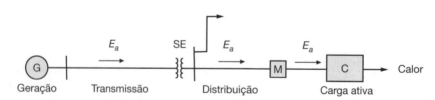

Figura 4.2 Carga consumindo potência ativa.

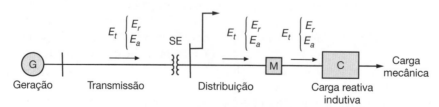

Figura 4.3 Carga consumindo potência ativa e reativa indutiva.

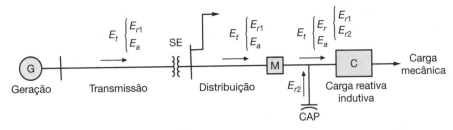

Figura 4.4 Carga consumindo potência ativa e reativa indutiva com capacitor conectado.

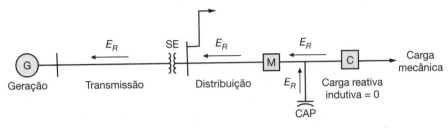

Figura 4.5 Carga operando a vazio com capacitor conectado.

4.2.2 Causas do baixo fator de potência

Para uma instalação industrial podem ser apresentadas as seguintes causas que resultam em um baixo fator de potência:

- motores de indução trabalhando a vazio durante um longo período de operação;
- motores superdimensionados em relação às máquinas a eles acopladas;
- transformadores em operação a vazio ou em carga leve;
- grande número de reatores de baixo fator de potência suprindo lâmpadas de descarga (lâmpadas fluorescentes, vapor de mercúrio, vapor de sódio etc.);
- fornos a arco;
- fornos de indução eletromagnética;
- máquinas de solda a transformador;
- equipamentos eletrônicos;
- grande número de motores de pequena potência em operação durante um longo período.

4.2.3 Considerações básicas sobre a legislação do fator de potência

A legislação atual estabelece as condições para medição e faturamento de energia reativa excedente.

Esses princípios são fundamentais nos seguintes pontos:

- necessidade de liberação da capacidade do sistema elétrico nacional;
- promoção do uso racional de energia;
- redução do consumo de energia reativa indutiva que provoca sobrecarga no sistema das empresas fornecedoras e concessionárias de energia elétrica, principalmente nos períodos em que ele é mais solicitado;
- redução do consumo de energia reativa capacitiva nos períodos de carga leve, que provoca elevação de tensão no sistema de suprimento, havendo necessidade de investimento na aplicação de equipamentos corretivos e realização de procedimentos operacionais nem sempre de fácil execução;
- criação de condições para que os custos de expansão do sistema elétrico nacional sejam distribuídos para a sociedade de forma mais justa.

De acordo com a legislação vigente, estabelecida pela Resolução 414 de 9/10/2010 e alterada pela Resolução 569 de 23/07/2013, que disciplina os limites do fator de potência, bem como a aplicação da cobrança pelo excedente de energia reativa excedente e de potência reativa excedente, os intervalos a serem considerados são:

- o período de 6 (seis) horas consecutivas, compreendido, a critério da distribuidora, entre as 23h30min e as 6h30min, apenas para os fatores de potência inferiores a 0,92 capacitivo, verificados em cada intervalo de uma hora;
- o período diário complementar ao definido anteriormente, ou seja, entre as 6h30min e as 23h30min, apenas para os fatores de potência inferiores a 0,92 indutivo, verificados em cada intervalo de uma hora.

Tanto a energia reativa indutiva como a energia reativa capacitiva excedentes serão medidas. O ajuste por baixo fator de potência será realizado através do faturamento do excedente de energia reativa indutiva consumida pela instalação e do excedente de energia reativa capacitiva fornecida à rede da concessionária pela unidade consumidora.

O fator de potência deve ser controlado de forma que permaneça dentro do limite de 0,92 indutivo e 0,92 capacitivo; a sua avaliação é horária durante as

24 horas e em um intervalo de tempo de 18 horas consecutivas para o período de carga pesada, e no intervalo de tempo complementar (6 horas) para o período de carga leve. Esses intervalos devem ser definidos pela concessionária a partir dos períodos de tempo estabelecidos para apuração da energia e da demanda reativas excedentes.

A Figura 4.6 ilustra uma curva de carga de potência reativa de uma instalação cuja concessionária local escolheu o intervalo de avaliação de energia reativa indutiva entre as 6 e as 24 horas e o de energia reativa capacitiva entre 0 e 6 horas.

Observa-se na Figura 4.6 que, no intervalo das 4 às 6 horas, será contabilizado o excedente de energia reativa indutiva; já nos intervalos das 11 às 13 horas e das 20 às 24 horas, há excedente de energia reativa capacitiva e, para qualquer valor do fator de potência capacitivo, não será cobrado nenhum valor adicional na fatura de energia elétrica, considerando os intervalos de avaliação definidos pela concessionária.

De acordo com a legislação, para cada kWh de energia ativa consumida, a concessionária permite a utilização de 0,425 kVArh de energia reativa indutiva ou capacitiva, sem acréscimo no faturamento.

Na avaliação do fator de potência não são considerados os dias de sábado, domingos e feriados.

A avaliação do fator de potência poderá ser feita de duas formas distintas:

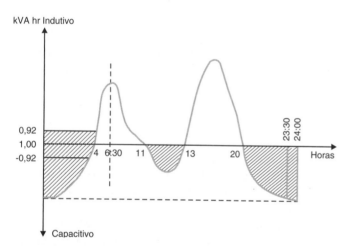

• Período de 0 às 4 horas: excedente de energia reativa capacitiva – valores pagos para F_p < 0,92 capacitivo.
• Período das 4 às 6 horas: excedente de energia reativa indutiva – valores não pagos.
• Período das 6 às 11 horas: excedente de energia reativa indutiva – valores pagos para F_p < 0,92 indutivo.
• Período das 11 às 13 horas: excedente de energia reativa capacitiva – valores não pagos, independentemente do valor F_p capacitivo.
• Período das 13 às 20 horas: excedente de energia reativa indutiva – valores pagos para F_p < 0,92 indutivo.
• Período das 20 às 24 horas: excedente de energia reativa capacitiva – valores não pagos, independentemente do valor F_p capacitivo.

Figura 4.6 Avaliação da curva de carga reativa.

a) Avaliação horária

O fator de potência será calculado pelos valores de energia ativa e reativa medidos a cada intervalo de uma hora, durante o ciclo de faturamento.

b) Avaliação mensal

Neste caso, o fator de potência será calculado pelos valores de energia ativa e reativa medidos durante o ciclo de faturamento. Neste caso, será medida apenas a energia reativa indutiva, durante o período de 30 dias.

Para os consumidores pertencentes ao sistema tarifário convencional, a avaliação do fator de potência, em geral, é feita pelo sistema de avaliação mensal.

4.2.4 Faturamento da energia reativa excedente

De conformidade com o que se explanou anteriormente, o faturamento da unidade consumidora deve ser feito de acordo com os procedimentos a seguir.

4.2.4.1 Avaliação horária do fator de potência

O faturamento da demanda e do consumo de energia reativa excedente será determinado, respectivamente, pelas Equações (4.4) e (4.5).

$$F_{drp} = \left\lfloor \max_{t=1}^{n} \left(D_{at} \times \frac{F_{ref}}{F_{pp}} - D_{fp} \right) \right\rfloor \times T_{dap} \quad (4.4)$$

$$F_{erp} = \sum_{t=1}^{n} \left[C_{at} \times \left(\frac{F_{ref}}{F_{pp}} - 1 \right) \right] \times T_{eap} \quad (4.5)$$

F_{drp} = valor, por posto tarifário p, correspondente à demanda de potência reativa excedente à quantidade permitida pelo fator de potência de referência F_{ref} no período de faturamento, em R$;
F_{erp} = valor correspondente à energia elétrica reativa, excedente à quantidade permitida pelo fator de potência de referência F_{ref}, no período de faturamento, em R$;
C_{at} = montante de energia elétrica ativa medida em cada intervalo T de 1 (uma) hora, no período de faturamento, em MWh;
F_{ref} = fator de potência de referência igual a 0,92;
F_{pp} = fator de potência da unidade consumidora, calculado em cada intervalo T de 1 (uma) hora, no período de faturamento;
T_{eap} = valor de referência equivalente à tarifa de energia "TE" da bandeira verde aplicável ao subgrupo B1, em R$/MWh;
T_{dap} = valor de referência, em R$/kW, equivalente às tarifas de demanda de potência – para o posto tarifário fora de ponta = das tarifas de fornecimento aplicáveis aos subgrupos do grupo A para a modalidade tarifária horária azul e das TUSD = Consumidores-Livres, conforme esteja em vigor o Contrato de Fornecimento ou o CUSD, respectivamente;
D_{fp} = demanda de potência ativa faturável, em cada posto tarifário p no período de faturamento, em kW;
D_{at} = demanda de potência ativa medida no intervalo de integralização de 1 (uma) hora T, no período de faturamento, kW;

máx = função que identifica o valor máximo da equação, dentro dos parênteses correspondentes, em cada posto tarifário p;
n = número de intervalos de integralização T, por posto tarifário p, no período de faturamento;
T = indica intervalo de 1 (uma) hora, no período de faturamento;
p = indica posto tarifário ponta ou fora de ponta para as modalidades tarifárias horárias ou período de faturamento para a modalidade tarifária convencional binômia;
t = cada intervalo de 1 hora.

O fator de potência horário será calculado com base na Equação (4.6).

$$F_{pp} = \cos arctg\left(\frac{E_{rh}}{E_{ah}}\right) \qquad (4.6)$$

E_{rh} = energia reativa indutiva ou capacitiva, medida a cada intervalo de 1 hora;
E_{ah} = energia ativa medida a cada intervalo de 1 hora.

Os valores negativos do faturamento de energia reativa excedente F_{erp} e de demanda de potência reativa excedente, F_{drp} não devem ser considerados.

Exemplo de aplicação (4.1)

Considerar uma indústria metalúrgica com potência instalada de 3.000 kVA atendida em 69 kV, cuja avaliação de carga em um período de 24 horas está expressa na Tabela 4.1:

- tarifa de demanda fora de ponta, modalidade tarifária horária azul: R$ 7,20/kW;
- tarifa de consumo de energia TE, subgrupo B1: R$ 0,524949/kWh;
- demanda contratada fora de ponta: 2.300 kW;
- demanda contratada na ponta: 210 kW;
- demanda registrada fora de ponta: 2.300 kW (intervalo de integração de 15 min);
- demanda registrada na ponta: 200 kW (intervalo de integração de 15 min).

Considerar que as leituras verificadas na Tabela 4.1 sejam constantes para os 22 dias do mês durante os quais essa indústria trabalha. O período de ponta de carga é de 17 às 20 horas.

Observar que houve erro no controle da manutenção operacional da indústria na conexão e desconexão do banco de capacitores automático, o que permitiu ter excesso de energia reativa indutiva no período de ponta e fora de ponta por algumas horas, durante 1 (um) mês, bem como ter excesso de energia reativa capacitiva em períodos de 0 a 6 horas. Determinar o faturamento de energia reativa excedente no mês em que ocorreu esse evento.

Tabela 4.1 Medidas de carga diária

Período	Demanda Valores ativos kW	Consumo kWh	Energia reativa Indutiva kVArh	Energia reativa Capacitiva kVArh	Fator de potência (F_{pp})	Tipo (F_p)	Demanda $D_{at} \times \left[\dfrac{0,92}{F_{pp}}\right]$ kW	Consumo R$
0-1	150	150	–	430	0,33	C	418	140,78
1-2	130	130	–	430	0,29	C	412	148,25
2-3	130	130	–	430	0,29	C	412	148,25
3-4	140	140	–	40	0,96	C	134	0,00
4-5	130	130	–	42	0,95	C	126	0,00
5-6	150	150	–	43	0,96	C	144	0,00
6-7	1.000	1.000	1.100	–	0,67	I	1.373	195,88
7-8	1.700	1.700	890	–	0,88	I	1.777	40,56
8-9	2.000	2.000	915	–	0,90	I	2.044	23,33
9-10	2.300	2.300	830	–	0,94	I	2.251	0,00
10-11	1.800	1.800	850	–	0,90	I	1.840	21,00

(continua)

Tabela 4.1 Medidas de carga diária   (Continuação)

Período	Demanda Valores ativos kW	Consumo kWh	Energia reativa Indutiva kVArh	Energia reativa Capacitiva kVArh	Fator de potência (F_{pp})	Tipo (F_p)	Faturamento excedente Demanda $D_{at} \times \left[\dfrac{0,92}{F_{pp}}\right]$ kW	Consumo R$
11-12	1.900	1.900	980	–	0,88	I	1.986	45,34
12-13	800	800	–	1.500	0,47	C	1.566	0,00
13-14	700	700	–	1.500	0,42	C	1.533	0,00
14-15	2.100	2.100	1.000	–	0,90	I	2.147	24,50
15-16	2.200	2.200	1.100	–	0,91	I	2.224	12,69
16-17	2.100	2.100	1.150	–	0,93	I	2.077	0,00
17-18	200	200	120	–	0,85	I	216	8,65
18-19	180	180	70	–	0,93	I	178	0,00
19-20	200	200	90	–	0,91	I	202	1,15
20-21	2.000	2.000	970	–	0,89	I	2.067	35,39
21-22	2.000	2.000	1.050	–	0,88	I	2.091	45,72
22-23	1.200	1.200	870	–	0,90	I	1.380	94,49
23-24	150	150	–	430	0,33	I	418	140,78
Acréscimo na fatura de consumo (US$)								1.128,77

Serão demonstrados os cálculos de faturamento horário apenas em alguns pontos do ciclo de carga indicado na Tabela 4.1, ou seja:

a) Período: de 3 às 4 horas

$$F_p = 0,96 > 0,92 \text{ (isento de multa – ver Tabela 4.1)}$$

b) Período: de 11 às 12 horas

$$D_{drph} = \left(1.900 \times \frac{0,92}{0,88}\right) = 1.986 \text{ Kw}$$

$$F_{erph} = \left[1.900 \times \left(\frac{0,92}{0,88} - 1\right)\right] \times 0,524949 = R\$ 45,34$$

c) Período: de 13 às 14 horas

Excedente de energia capacitiva: isento de multa

d) Período: de 14 às 15 horas

$$D_{drph} = \left(2.100 \times \frac{0,92}{0,90}\right) = 2.147 \text{ kW}$$

$$F_{erph} = \left[2.100 \times \left(\frac{0,92}{0,90} - 1\right)\right] \times 0,524949 = R\$ 24,50$$

e) Período: de 15 às 16 horas

$$D_{drph} = \left(2.200 \times \frac{0,92}{0,91}\right) = 2.224 \text{ kW}$$

$$F_{erph} = \left[2.200 \times \left(\frac{0,92}{0,91} - 1\right)\right] \times 0,524949 = R\$ 12,69$$

f) Período: de 16 às 17 horas

$$F_p = 0{,}93 > 0{,}92 \text{ (isento de multa)}$$

g) Período: de 17 às 18 horas

$$D_{drph} = \left(200 \times \frac{0{,}92}{0{,}85}\right) = 216 \text{ kW}$$

$$F_{erph} = \left[200 \times \left(\frac{0{,}92}{0{,}85} - 1\right)\right] \times 0{,}524949 = \text{R\$ } 8{,}65$$

h) Período: de 18 às 19 horas

$$F_p = 0{,}93 > 0{,}92 \text{ (isento de multa)}$$

i) Acréscimo na fatura mensal

Os valores máximos da expressão $D_{at} \times \left(\dfrac{0{,}92}{F_{pp}}\right)$ obtidos na Tabela 4.1, no período fora de ponta e na ponta correspondem, respectivamente, aos intervalos de 9 às 10 horas e de 17 às 18 horas.

• Demanda de potência reativa excedente fora de ponta (9h às 10h)

$$F_{drfp} = \left[2.300 \times \frac{0{,}92}{0{,}94} - 2.300\right] \times 7{,}20 = -\text{R\$ } 352{,}34 \text{ (isento de multa)}$$

• Demanda de potência reativa excedente na ponta (17h às 18h)

$$F_{drp} = \left[200 \times \frac{0{,}92}{0{,}85} - 210\right] \times 4{,}36 = \text{R\$ } 92{,}91$$

• Energia reativa excedente fora da ponta (9h às 10h)

$$F_{efp} = 1.128{,}77 - (8{,}65 + 1{,}15) = \text{R\$ } 1.118{,}97/\text{dia} = 22 \times 1.118{,}97 = \text{R\$ } 24.617{,}34/\text{mês}$$

• Energia reativa excedente na ponta (17h às 18h)

$$F_{drfp} = (8{,}65 + 1{,}15) \times 0{,}524949 = \text{R\$ } 5{,}14/\text{dia} = 22 \times 5{,}14 = \text{R\$ } 113{,}17$$

• Acréscimo na fatura

$$F_{tot} = F_{drfp} + F_{efp} = 113{,}17 + 24.617{,}34 = \text{R\$ } 24.731{,}04$$

4.2.4.2 Avaliação horária do fator de potência

Para unidade consumidora que não possua equipamento de medição que permita a aplicação das Equações (4.4) e (4.5), os valores correspondentes à energia elétrica e demanda de potência reativas excedentes são apurados conforme equações das Equações (4.7) e (4.8).

$$F_{dr} = \left(D_{am} \times \frac{F_{ref}}{F_p} - D_f\right) \times T_{da} \quad (4.7)$$

$$F_{er} = C_{am} \times \left(\frac{F_{ref}}{F_p} - 1\right) \times T_{ea} \quad (4.8)$$

F_{dr} = faturamento da demanda de energia reativa excedente, em R\$;
F_{er} = faturamento do consumo de energia reativa excedente, em R\$;

D_{am} = demanda de potência ativa máxima registrada no mês, em kW;
C_{am} = consumo de energia ativa registrada no mês, em kWh;
D_f = demanda de potência ativa faturável no mês, em kW;
F_{ref} = fator de potência de referência igual a 0,92;
T_{da} = valor de referência, em R\$/kW, equivalente às tarifas de demanda de potência para o posto tarifário fora de ponta das tarifas de fornecimento aplicáveis aos subgrupos do grupo A para a modalidade tarifária horária azul;
T_{ea} = valor de referência equivalente à tarifa de energia "TE" de bandeira verde aplicável ao subgrupo B1, em R\$/MWh;
F_p = fator de potência médio mensal, calculado de acordo com a Equação (4.9).

$$F_p = \frac{C_{am}}{\sqrt{C_{am}^2 + C_{rm}^2}} \quad (4.9)$$

C_{rm} = consumo de energia reativa registrado no mês, em kVArh.

Exemplo de aplicação (4.2)

Considerar uma instalação industrial de pequeno porte, cuja conta de energia está mostrada na Tabela 4.2. Calcular o valor final da fatura sabendo-se que a indústria é do grupo tarifário horo-sazonal verde.

C_{am} = (leitura atual − leitura anterior) × FMM
FMM = fator de multiplicação do medidor
C_{am} = (230 − 120) × 720 = 79.200 kWh

- Consumo de energia reativa:

C_{rm} = (leitura atual − leitura anterior) × FMM
C_{rm} = (190 − 65) × 720 = 90.000 kVArh
T_{da} = R$ 18,24/kW (tarifa de demanda horo-sazonal verde)
T_{ea} = R$ 0,52949/kWh

De acordo com a Equação (4.9), tem-se:

$$F_p = \frac{79.200}{\sqrt{79.200^2 + 90.000^2}} = 0,66$$

D_c = 170 kW (demanda contratada declarada na conta de energia da Tabela 4.2);
D_{am} = 200 kW (demanda registrada na Tabela 4.2).

De acordo com as Equações (4.7) e (4.8), determina-se o faturamento de energia reativa excedente.
Tarifa de demanda: R$ 18,24/kW.
Tarifa de consumo de energia TE, subgrupo B1: R$ 0,52949/kWh.

$$F_{dr} = \left(200 \times \frac{0,92}{0,66} - 200\right) \times 18,24 = R\$\ 1.437,09$$

$$F_{er} = 79.200 \times \left(\frac{0,92}{0,66} - 1\right) \times 0,52494 = R\$\ 16.378,12$$

Tabela 4.2 Conta de energia

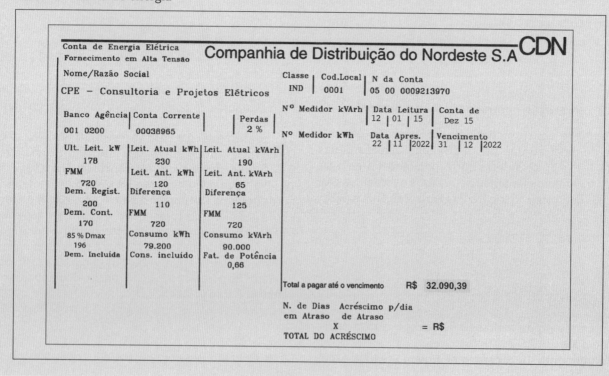

Fator de potência

- Consumo de energia ativa
- Multa por excesso do consumo de energia reativa

$F_{multa} = F_{dr} + F_{er}$
F_{dam} = faturamento de demanda de potência ativa mensal, em R$;
F_{eam} = faturamento de consumo de energia ativa mensal, em R$.
$F_{multa} = 1.437,09 + 16.378,12 = R\$ 17.815,21$

4.3 Características gerais dos capacitores

4.3.1 Princípios básicos

Os capacitores são equipamentos capazes de acumular eletricidade. São constituídos basicamente de duas placas condutoras postas frontalmente em paralelo e separadas por um meio qualquer isolante, que pode ser ar, papel, plástico etc. Nas faces externas dessas placas, liga-se uma fonte de tensão que gera um campo eletrostático no espaço compreendido entre as duas placas, conforme se pode observar na Figura 4.7.

O gerador G poderá ser uma bateria ou um gerador qualquer de corrente contínua ou alternada. As placas paralelas são denominadas eletrodos. As linhas de fluxo entre as placas paralelas são imaginárias. O material isolante colocado entre as placas paralelas é denominado dielétrico. A energia eletrostática fica acumulada entre as placas e em menor intensidade na sua vizinhança.

Cada linha de fluxo tem origem em uma carga de 1 coulomb. Considerando-se todas as linhas de fluxo do campo eletrostático, pode-se afirmar que elas se originam de uma carga de Q coulombs.

O Coulomb é a quantidade de carga elétrica que pode ser armazenada ou descarregada em forma de corrente elétrica durante certo período de tempo tomado como unidade.

Um (1) coulomb é, portanto, o fluxo de carga ou descarga de uma corrente de 1 A em um tempo de 1 s. Isto quer dizer que, durante o tempo de 1 s, $6,25 \times 10^{18}$ elétrons são transportados de uma placa a outra, quando a carga ou descarga do capacitor é de 1 coulomb (C). É bom saber que a carga elétrica correspondente a 1 elétron é de $1,6 \times 10^{-19}$ C.

Se uma determinada quantidade de carga elétrica Q (A × s), representada por Q linhas de fluxo, é transportada de uma placa à outra e cuja área é de S m², logo a densidade de carga elétrica do dielétrico é de:

$$D = \frac{Q}{S} \ (C/m^2) \qquad (4.10)$$

Se uma determinada tensão V (volts) é aplicada entre as placas paralelas separadas por uma distância de D (m), a intensidade de campo elétrico pode ser determinada pela Equação (4.11).

$$E = \frac{V}{D}(V/m) \qquad (4.11)$$

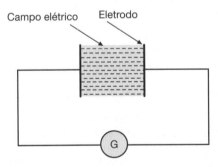

Figura 4.7 Campo elétrico de um capacitor.

Exemplo de aplicação (4.3)

Calcular a densidade de carga e a intensidade de campo elétrico (gradiente de tensão) no capacitor inserido no circuito da Figura 4.8.

$Q = 8 \ \mu C = 8 \times 10^{-6} C$

$D = \dfrac{Q}{S} = \dfrac{8 \times 10^{-6}}{0,02} = \dfrac{8 \times 10^{-6}}{2 \times 10^{-2}} = 4 \times 10^{-4} C/m^2$

$E = \dfrac{125}{1,5 \times 10^{-3}} = 83,3 \times 10^3 V/m = 83,3 \ V/mm$

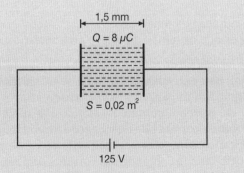

Figura 4.8 Campo elétrico de um capacitor.

4.3.2 Capacidade

Todo capacitor é avaliado pela quantidade de carga elétrica que é capaz de armazenar no seu campo e esta é dada pela Equação (4.12).

$$Q = C \times V \text{ (coulombs)} \quad (4.12)$$

C = capacidade do capacitor, em F;
V = tensão aplicada, em V.

A unidade que mede a capacidade de carga (C) de um capacitor é o farad. Logo, 1 farad é capacidade de carga elétrica de um capacitor, quando uma carga elétrica de 1 coulomb ($6{,}25 \times 10^{18}$ elétrons) é armazenada no meio dielétrico, sob a aplicação da tensão de 1 V, entre os terminais das placas paralelas. Na prática, o farad é uma unidade demasiadamente grande, sendo necessário utilizar os seus submúltiplos, que são:

- 1 milifarad (1 mF): 10^{-3} F;
- 1 microfarad (1 µF): 10^{-6} F;
- 1 nanofarad (1 nF): 10^{-9} F;
- 1 picofarad (1 pF): 10^{-12} F.

4.3.3 Energia armazenada

Quando os eletrodos de um capacitor são submetidos a uma tensão nos seus terminais, passa a circular no seu interior uma corrente de carga, o que faz com que uma determinada quantidade de energia se acumule no seu campo elétrico. A energia média armazenada no período de 1/4 de ciclo pode ser dada pela Equação (4.13).

$$E = \frac{1}{2} \times C \times V_m^2 \text{ (J)} \quad (4.13)$$

C = capacidade do capacitor, em F;
V_m = tensão aplicada, em volts, valor de pico.

4.3.4 Corrente de carga

A corrente de carga de um capacitor depende da tensão aplicada entre os seus terminais. Elevando-se a tensão, eleva-se a carga acumulada e, consequentemente, a corrente, em conformidade com a Equação (4.14).

$$I = C \times \frac{\Delta V}{\Delta T} \text{ (A)} \quad (4.14)$$

ΔV = variação da tensão, em V;
ΔT = período de tempo durante o qual se variou a tensão.

O fenômeno de carga e descarga de um capacitor pode ser mais bem entendido observando-se as Figuras 4.9 e 4.10.

Quando um capacitor é energizado através de uma fonte de corrente contínua, estando inicialmente descarregado, a corrente de energização é muito elevada e o capacitor se comporta praticamente como se estivesse em curto-circuito, estando sua corrente limitada apenas pela impedância do circuito de alimentação. Após um tempo, expresso pela constante de tempo do capacitor,

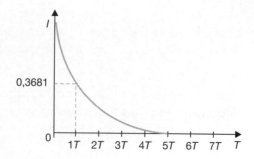

Figura 4.9 Curva corrente × tempo de capacitor.

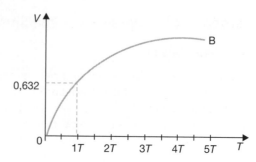

Figura 4.10 Curva tensão × tempo de um capacitor.

a sua corrente cai para zero, conforme se pode mostrar através da curva da Figura 4.9.

A curva A é expressa pela Equação (4.15)

$$I_c = I \times e^{-t/C_t} \text{ (A)} \quad (4.15)$$

I = corrente inicial de carga no instante da energização do capacitor, em A;
C_t = constante de tempo, em s;
t = tempo em qualquer instante, em s;
I_c = corrente do capacitor no instante t.

Ao se analisar a Equação (4.15), pode-se verificar que:

- No instante da energização do capacitor, a corrente é a máxima, isto é, para $t = 0$, tem-se:

$I_c = I \times e^{-0/C_t} = I \times 1 = I$ (como se observa na curva).

- Quando t é muito grande em relação a C_t, tem-se:

$I_c = I \times e^{-\infty} = 0$ (o capacitor está em plena carga e não flui mais corrente de carga).

A tensão no capacitor cresce conforme a curva B mostrada na Figura 4.10. A curva B se expressa pela Equação (4.16).

$$V_c = V \times \left(1 - e^{-t/C_t}\right) \text{ (V)} \quad (4.16)$$

V = tensão correspondente ao capacitor em carga plena, em V;
V_c = tensão no capacitor para qualquer instante t, em s.

4.3.5 Ligação dos capacitores

Como qualquer elemento de um circuito, os capacitores podem ser ligados em série ou em paralelo. A ligação em série de um determinado número de capacitores resulta uma capacidade do conjunto dado pela Equação (4.17).

$$\frac{1}{C_e} = \frac{1}{C_1} + \frac{1}{C_2} + \frac{1}{C_3} +, \ldots, + \frac{1}{C_n} \qquad (4.17)$$

C_e = capacidade equivalente do conjunto, em F;
$C_1, C_2, C_3, \ldots, C_n$ = capacidade individual de cada unidade capacitiva, em F.

Com base nessa equação, pode-se dizer que a capacidade equivalente de um circuito com vários capacitores ligados em série é menor do que a capacidade do capacitor de menor capacidade do conjunto. Assim, dois capacitores colocados em série, cujas capacidades sejam, respectivamente, 20 μF e 30 μF, resultam em uma capacidade equivalente de:

$$\frac{1}{C_e} = \frac{1}{C_1} + \frac{1}{C_2} = \frac{C_1 \times C_2}{C_1 + C_2} = \frac{20 \times 30}{20 + 30}$$

$$C_e = \frac{1}{12} = 0{,}083\ \mu\text{F} = 83\ \text{nF}$$

A ligação em paralelo de um determinado número de capacitores resulta em uma capacidade do conjunto dado pela Equação (4.18).

$$C_e = C_1 + C_2 + C_3 + \ldots + C_n \qquad (4.18)$$

Com base nessa equação, pode-se dizer que a capacidade equivalente de um circuito com vários capacitores ligados em paralelo é igual à soma das capacidades individuais das unidades capacitivas. Considerando-se que os capacitores anteriores de 20 μF e 30 μF sejam ligados em paralelo, a capacidade do circuito equivalente vale:

$$C_e = C_1 + C_2 = 20 + 30 = 50\ \mu\text{F}$$

DRM S.A.		
CAPACITOR DE POTÊNCIA - ALL FILM		
Nº de série 0765	Tipo 466815	Data de Fabricação 25/07/94
Potência 25 kVAr	Tensão Nominal 13,80 kV	Capacitância 551,09 μF
Frequência 60 Hz	Nível de Isolamento 34/110 kV	Massa 15 kg
Categoria de Temperatura 10° a 50°C	Conforme ABNT NBR 5289 e 5282	Ordem de compra BMP-CE-051
Contém Dispositivo Interno de Descarga		
FLUIDO WEMCOL BIODEGRADÁVEL COMBUSTÍVEL CLASSE OSHA III - B		
CGC 025.984.263/04 - 07 Indústria Brasileira		

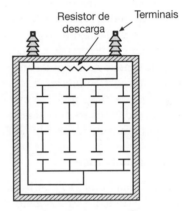

Figura 4.11 Placa de um capacitor.

Figura 4.12 Ligação interna dos capacitores.

4.4 Características construtivas dos capacitores

As partes componentes de um capacitor de potência são:

4.4.1 Caixa

Conhecida também como carcaça, a caixa é o invólucro da parte ativa do capacitor. É confeccionada em chapa de aço com espessura adequada ao volume da unidade. A caixa compreende as seguintes partes:

a) **Placa de identificação**

Nela estão contidos todos os dados característicos necessários à identificação do capacitor, conforme a Figura 4.11.

b) **Isoladores**

Corresponde aos terminais externos das unidades capacitivas, conforme mostrado na Figura 4.12; além disso, a mesma figura apresenta a forma de ligação interna dos capacitores.

c) **Olhais para levantamento, utilizados para alçar a unidade capacitiva**

Veja a Figura 4.13.

d) **Alças para fixação**

Utilizadas para fixar a unidade capacitiva na sua estrutura de montagem.

A Figura 4.13 mostra uma célula capacitiva, detalhando os seus principais componentes internos e externos.

4.4.2 Armadura

É constituída de folhas de alumínio enroladas com dielétrico, conforme a Figura 4.14, com espessuras compreendidas entre 3 e 6 mm e padrão de pureza de alta qualidade, a fim de manter em baixos níveis as perdas dielétricas e as capacitâncias nominais de projeto.

4.4.3 Dielétrico

É formado por uma fina camada de filme de polipropileno especial, associada, muitas vezes, a uma camada de papel dielétrico (papel *kraft*) com espessura de cerca de 18 μm. É necessário que os componentes dielétricos sejam constituídos de materiais selecionados e de alta qualidade, para não influenciarem negativamente nas perdas dielétricas.

4.4.4 Líquido de impregnação

Atualmente, os fabricantes utilizam como líquido impregnante uma substância biodegradável de estrutura constituída de carbono e hidrogênio.

No entanto, muitos fabricantes fornecem capacitores a seco com muitas vantagens sobre os capacitores a líquido impregnante:

- são isentos de explosão, pois não desenvolvem gases internos;
- podem ser montados em qualquer posição;
- não agridem o meio ambiente quando descartados.

4.4.5 Resistor de descarga

Quando a tensão é retirada dos terminais de um capacitor, a carga elétrica armazenada necessita ser drenada para que a tensão resultante seja eliminada, evitando-se situações perigosas de contato com os referidos terminais. Para que isso seja possível, insere-se entre os terminais um resistor com a finalidade de transformar em perdas Joule a energia armazenada no dielétrico, reduzindo para 5 V o nível de tensão em um tempo máximo de 1 min para capacitores de tensão nominal de até 600 V e 5 min para capacitores de tensão nominal superior ao valor anterior. Este dispositivo de descarga pode ser instalado interna ou externamente à unidade capacitiva, sendo mais comum a primeira solução, conforme mostrado na Figura 4.13.

4.4.6 Processo de construção

A parte ativa dos capacitores é constituída de eletrodos de alumínio separados entre si pelo dielétrico de polipropileno metalizado a zinco, formando o que se denomina armadura, bobina ou elemento, conforme se mostra na Figura 4.14.

Esses elementos são montados no interior da caixa metálica e ligados adequadamente em série, paralelo ou série-paralelo, de forma a resultar na potência reativa desejada ou na capacitância requerida em projeto.

O conjunto é colocado no interior de uma estufa com temperatura controlada por um período aproximado de sete dias, tempo suficiente para que se processe a secagem das bobinas, com a retirada total da umidade. Nesse processo, aplica-se uma pressão negativa da ordem de 10^{-3} mmHg no interior da caixa, acelerando a retirada da umidade.

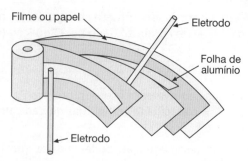

Figura 4.14 Parte ativa de um capacitor.

Se a secagem não for perfeita, pode permanecer no interior da unidade capacitiva uma certa quantidade de umidade, o que seguramente provocará, quando em operação, descargas parciais no interior do referido capacitor, reduzindo a sua vida útil com a consequente queima da unidade.

Concluído o processo de secagem, mantendo-se ainda sob vácuo toda a unidade, inicia-se o processo de impregnação para capacitores impregnados, utilizando-se o líquido correspondente, e, em seguida, a caixa metálica é totalmente vedada.

O processo continua com a pintura da caixa, recebendo, posteriormente, os isoladores, terminais e placas de identificação. Finalmente, a unidade capacitiva se destina ao laboratório do fabricante, onde serão realizados todos os ensaios previstos por normas, estando, no final, pronta para o embarque.

As Figuras 4.15 e 4.16 mostram capacitores, respectivamente, de média e baixas-tensões, sendo os primeiros monofásicos empregados normalmente em bancos de capacitores em estrela aterrada ou não.

Os bancos de capacitores de baixa-tensão muitas vezes são instalados no interior de painéis metálicos, formando módulos com potências nominais definidas,

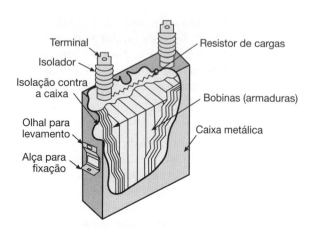

Figura 4.13 Elementos de um capacitor.

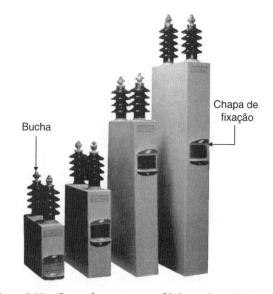

Figura 4.15 Capacitores monofásicos de média tensão.

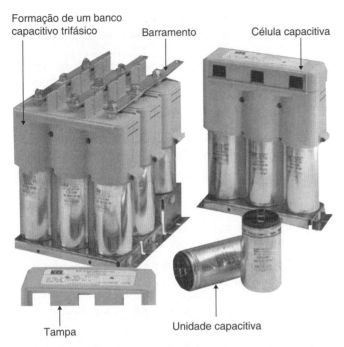

Figura 4.16 Capacitores monofásicos componentes de uma unidade trifásica de baixa-tensão.

manobrados através de controladores de fator de potência que podem ser ajustados para manter o fator de potência da instalação com valores, por exemplo, superiores a 0,95. São denominados bancos de capacitores automáticos e podem ser vistos na Figura 4.17.

Os controladores de fator de potência são fabricados com componentes eletrônicos e apresentam as seguintes características operacionais:

- podem ser programados para ajuste rápido e fino do fator de potência;
- efetuam rodízio de operação dos capacitores inseridos;
- efetuam a medição do fator de potência verdadeiro (*true* RMS);
- efetuam a medição da distorção harmônica total;
- são fornecidos comercialmente em unidades que podem controlar de 6 a 12 estágios. Cada estágio corresponde a uma ou mais unidades capacitivas.

A Figura 4.18 fornece a vista frontal de um tipo de controlador de fator de potência.

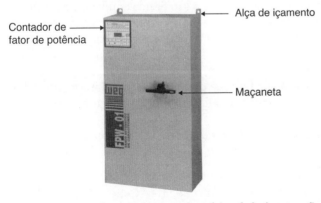

Figura 4.17 Banco de capacitores automático de baixa-tensão.

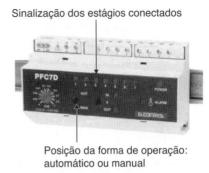

Figura 4.18 Controlador de fator de potência.

4.5 Características elétricas dos capacitores

4.5.1 Conceitos básicos

4.5.1.1 Potência nominal

Os capacitores são normalmente designados pela sua potência nominal reativa, contrariamente aos demais equipamentos, cuja característica principal é a potência nominal aparente.

A potência nominal de um capacitor em kVAr é aquela absorvida do sistema quando este está submetido a uma tensão e frequências nominais a uma temperatura ambiente não superior a 20 °C. A potência nominal do capacitor pode ser facilmente calculada em função da sua capacitância, através da Equação (4.19).

$$P_c = \frac{2 \times \pi \times F \times V_n^2 \times C}{1.000} \qquad (4.19)$$

P_c = potência nominal do capacitor, em kVAr;
F = frequência nominal, em Hz;
V_n = tensão nominal, em kV;
C = capacitância, em µF.

Para capacitores de até 660 V, a potência nominal geralmente não ultrapassa os 50 kVAr, em unidades trifásicas, e os 30 kVAr, em unidades monofásicas. Já os capacitores de tensão de isolamento de 2,3 a 15 kV são geralmente monofásicos com potências dadas na Tabela 4.3.

4.5.1.2 Frequência nominal

Os capacitores devem operar normalmente na frequência de 60 Hz. Para outras frequências é necessário especificar o valor corretamente, já que a sua potência nominal é diretamente proporcional a este parâmetro.

4.5.1.3 Tensão nominal

Os capacitores são normalmente fabricados para a tensão nominal do sistema entre fases ou entre fase e neutro, respectivamente, para unidades trifásicas e monofásicas.

No caso de capacitores de baixa-tensão, cuja maior utilização é feita em sistemas industriais de pequeno e médio portes, são fabricados para 220, 380, 440 e 480 V, independentemente de que sejam unidades monofásicas ou trifásicas. Já os capacitores de tensão primária são normalmente fabricados de acordo com as tensões nominais dadas na Tabela 4.3.

As Tabelas 4.4 e 4.5 fornecem as características elétricas básicas dos capacitores de fabricação Inducon, respectivamente, para as unidades de baixa-tensão trifásicas e monofásicas.

4.6 Aplicações dos capacitores-derivação

Costumeiramente, os capacitores têm sido aplicados nas instalações industriais e comerciais para corrigir o fator de potência, geralmente acima do limite estabelecido pela legislação em vigor. Além disso, são utilizados com muita intensidade nos sistemas de distribuição das concessionárias e nas subestações de potência, com a finalidade de reduzir as perdas e elevar a tensão do sistema.

Quando se aplica um capacitor em uma planta industrial, está-se instalando uma fonte de potência reativa localizada, suprindo as necessidades das cargas daquele projeto, em vez de utilizar a potência reativa do sistema supridor, acarretando perdas na geração e transmissão de energia. Por este motivo, as concessionárias cobram dos seus consumidores que não respeitam as limitações legais do fator de potência a energia e a potência reativas excedentes, pois, caso contrário, elas teriam de suprir esta energia e potência a um custo extremamente mais elevado do que se teria com a instalação de capacitores nas proximidades das cargas consumidoras.

Os capacitores-derivação, ou simplesmente capacitores, podem ser utilizados em uma instalação industrial para atender a outros objetivos, que serão posteriormente estudados com detalhes:

- redução das perdas nos circuitos terminais;
- liberação da potência instalada em transformação;
- liberação da capacidade de cargas dos circuitos terminais e de distribuição;
- melhoria do nível de tensão;
- melhoria na operação dos equipamentos de manobra e proteção.

Deve-se atentar para o fato de que os capacitores somente corrigem o fator de potência no trecho compreendido entre a fonte geradora e seu ponto de instalação.

Além disso, os efeitos sentidos pelo sistema com a presença de um banco de capacitores se limitam à elevação de tensão, como consequência da redução da queda de tensão no trecho a montante do seu ponto de instalação.

Para melhor entendimento, basta observar com atenção a Figura 4.19, na qual se pode perceber o funcionamento de um banco de capacitores em um sistema em que a corrente totalmente reativa capacitiva é fornecida à carga, liberando o alimentador de parte desta tarefa. Para efeitos práticos, considerar toda a sua potência como normalmente capacitiva.

Tabela 4.3 Potência nominal das células capacitivas de média tensão

Potência nominal – kVAr	Tensão nominal – kV
25	2.400 a 7.200
25	7.620 a 14.400
50	2.400 a 7.200
50	7.620 a 14.400
50	2.400 a 3.810
100	4.160 a 7.200
100	7.620 a 14.400
100	17.200 a 24.940
150	2.400 a 7.200
150	7.620 a 14.400
150	17.200 a 24.940
200	2.400 a 3.810
200	4.160 a 7.200
200	7.620 a 14.400
200	17.200 a 24.940
300	7.620 a 14.400
300	17.200 a 24.940
400	7.620 a 14.400
400	17.200 a 24.940

4.6.1 Localização dos bancos de capacitores

Sob o ponto de vista puramente técnico, os bancos de capacitores devem ser instalados junto às cargas consumidoras de energia reativa. No entanto, outros aspectos permitem localizar os bancos de capacitores em outros pontos da instalação, com vantagens econômicas e práticas.

Os pontos indicados para a localização dos capacitores em uma instalação industrial são:

4.6.1.1 No sistema primário

Neste caso, os capacitores devem ser localizados após a medição no sentido da fonte para a carga. Em geral, o custo final de sua instalação, principalmente em subestações abrigadas, é superior a um banco equivalente localizado no sistema secundário. A grande desvantagem desta localização é a de não permitir a liberação de carga do transformador ou dos circuitos secundários da instalação consumidora. Assim, a sua função se restringe somente à correção do fator de potência e, secundariamente, à liberação de carga do alimentador da concessionária.

4.6.1.2 No secundário do transformador de potência

Neste caso, a localização dos capacitores geralmente ocorre no barramento do QGF (Quadro Geral de Força). Tem sido a de maior utilização na prática por resultar,

Tabela 4.4 Capacitores trifásicos de baixa-tensão – Inducon

Tensão de linha (V)	Potência (kVAr) 50 Hz	Potência (kVAr) 60 Hz	Capacitância nominal (µF)	Corrente nominal (A) 50 Hz	Corrente nominal (A) 60 Hz	Fusível NH ou DZ (A)	Condutor de ligação mm²
220	2,1	2,5	137,01	5,5	6,6	10	2,5
	4,2	5,0	274,03	10,9	13,1	25	2,5
	6,3	7,5	411,04	16,4	19,7	32	6
	8,3	10,0	548,05	21,8	26,2	50	10
	10,4	12,5	685,07	27,3	32,8	63	16
	12,5	15,0	822,08	32,8	39,4	63	16
	14,6	17,5	959,09	38,2	45,9	80	25
	16,6	20,0	1096,12	43,7	52,5	100	25
	18,7	22,5	1233,12	49,1	59,0	100	35
	20,8	25,0	1370,14	54,6	65,6	125	35
380	2,1	2,5	45,92	3,2	3,8	10	2,5
	4,2	5,0	91,85	6,3	7,6	16	2,5
	6,3	7,5	137,77	9,5	11,4	20	2,5
	8,3	10,0	183,70	12,7	15,2	25	4
	10,4	12,5	229,62	15,8	19,0	32	6
	12,5	15,0	275,55	19,6	22,8	32	6
	14,6	17,5	321,47	22,2	26,6	50	10
	16,6	20,0	367,39	25,3	30,4	50	10
	18,7	22,5	413,32	28,5	34,2	63	16
	20,8	25,0	459,24	31,7	38,0	63	16
	25,0	30,0	551,09	38,0	45,6	80	25
	29,2	35,0	642,94	44,3	53,2	100	25
	33,3	40,0	734,79	50,6	60,8	100	35
	37,5	45,0	826,64	57,0	68,4	125	50
	41,6	50,0	918,48	63,3	76,0	125	50
440	2,1	2,5	34,25	2,7	3,3	6	2,5
	4,2	5,0	68,51	5,5	6,6	10	2,5
	6,3	7,5	102,76	8,2	9,8	16	2,5
	8,3	10,0	137,01	10,9	13,1	25	2,5
	10,4	12,5	171,26	13,7	16,4	32	4
	12,5	15,0	205,52	16,4	19,7	32	6
	14,6	17,5	239,77	19,2	23,0	50	6
	16,6	20,0	274,03	21,8	26,2	50	10
	18,7	22,5	308,28	24,6	29,5	50	10
	20,8	25,0	342,53	27,3	32,8	63	16
	25,0	30,0	411,04	32,8	39,4	63	16
	29,2	35,0	479,54	38,2	45,9	80	25
	33,3	40,0	548,05	43,7	52,5	100	25
	37,5	45,0	616,56	49,1	59,0	100	35
	41,6	50,0	685,07	54,6	65,6	125	35
480	4,2	5,0	57,56	5,1	6,0	10	2,5
	8,3	10,0	115,13	10,0	12,0	20	2,5
	12,5	15,0	172,69	15,0	18,0	32	4
	16,6	20,0	230,26	20,1	24,1	50	6
	20,8	25,0	287,82	25,1	30,1	50	10
	25,0	30,0	345,39	30,1	36,1	63	16
	29,2	35,0	402,95	35,1	42,1	80	16
	33,3	40,0	460,52	40,1	48,1	80	25
	37,5	45,0	518,08	45,1	54,1	100	25
	41,6	50,0	575,65	50,1	60,1	100	35

Tabela 4.5 Capacitores monofásicos de baixa-tensão – Inducon

Tensão de linha (V)	Potência (kVAr) 50 Hz	Potência (kVAr) 60 Hz	Capacitância nom. (micro F)	Corrente nominal (A) 50 Hz	Corrente nominal (A) 60 Hz	Fusível NH ou DZ (A)	Condutor de ligação mm²
220	2,1	2,5	137	9,5	11,4	20	2,5
220	2,5	3,0	165	11,4	13,6	25	2,5
220	4,2	5,0	274	19,1	22,7	32	6
220	5,0	6,0	329	22,7	27,3	50	10
220	6,3	7,5	411	28,6	34,1	63	10
220	8,3	10,0	548	37,7	45,5	80	16
220	10,0	12,0	657	45,5	54,5	100	25
220	12,5	15,0	822	56,8	68,2	125	35
220	16,6	20,0	1096	75,5	90,1	160	70
380	2,1	2,5	46	5,5	6,6	10	2,5
380	2,5	3,0	55	6,6	7,9	16	2,5
380	4,2	5,0	92	11,1	13,2	25	2,5
380	5,0	6,0	110	13,2	15,8	32	4
380	8,3	10,0	184	21,8	26,3	50	10
380	10,0	12,0	220	26,3	31,6	50	10
380	12,5	15,0	276	32,9	39,5	63	16
380	15,0	18,0	330	39,5	47,4	80	25
380	16,6	20,0	367	43,7	52,6	100	25
380	20,0	24,0	440	52,6	63,2	100	35
380	20,8	25,0	460	54,7	65,8	125	35
380	25,0	30,0	551	65,8	78,9	160	50
440	4,2	5,0	68	9,5	11,4	20	2,5
440	5,0	6,0	82	11,4	13,6	25	2,5
440	8,3	10,0	137	18,9	22,7	32	6
440	10,0	12,0	164	22,7	27,3	50	10
440	12,5	15,0	206	28,4	34,1	63	10
440	16,6	20,0	274	37,7	45,5	80	16
440	20,8	25,0	343	47,3	56,8	100	25
440	25,0	30,0	411	56,8	68,2	125	35
480	4,2	5,0	58	8,7	10,4	20	2,5
480	5,0	6,0	69	10,4	12,5	20	2,5
480	8,3	10,0	115	17,3	20,8	32	6
480	10,0	12,0	138	20,8	25,0	50	6
480	12,5	15,0	173	26,0	31,3	50	10
480	16,6	20,0	230	34,6	41,7	80	16
480	20,8	25,0	288	43,3	52,1	100	25
480	25,0	30,0	345	52,1	62,5	100	36

em geral, em menores custos finais. Tem a vantagem de liberar potência do(s) transformador(es) de força e poder instalar-se no interior da subestação, local normalmente utilizando o próprio QGF.

Em muitas instalações industriais o transformador de potência opera a vazio por longos períodos de tempo, notadamente após o término do expediente de trabalho, nos fins de semana e feriados. Essa forma de operação pode resultar em um fator de potência horário inferior a 0,92. Nessa condição, há necessidade de desligar o transformador de força durante esse período, o que só pode ser realizado

Exemplo de aplicação (4.4)

Considerar uma instalação industrial na qual o expediente se encerra às 18 horas. Existe apenas um transformador de 1.000 kVA-380/220 V servindo às cargas de força e luz. A iluminação de vigia requer uma potência de apenas 5 % da potência nominal do transformador. Determinar a potência nominal dos capacitores necessária para corrigir o fator de potência do transformador para o valor unitário, sabendo-se que a corrente de magnetização do mesmo é de 1,5 % da sua corrente nominal.

Aplicando a Equação (4.20), tem-se:

$$P_{nt} = 1.000 \text{ kVA}$$

$$P_{p0} = 3 \text{ kW (Tabela 9.11)}$$

$$I_{nt} = \frac{1.000}{\sqrt{3} \times 0,38} = 1.519,3 \text{ A}$$

$$I_0 = 1,5 \% \times I_{nt} = \frac{1,5 \times 1.519,3}{100} = 22,7 \text{ A}$$

$$P_{re} = \sqrt{\left(\frac{\frac{100 \times I_0}{I_{nt}} \times P_{nt}}{100}\right)^2 - P_{p0}^2} = \sqrt{\left(\frac{\frac{100 \times 22,7}{1.519,3} \times 1.000}{100}\right)^2 - 3^2} = \sqrt{(14,94^2 - 3^2)} = 14,6 \text{ kVAr}$$

Logo, será necessário instalar um banco de capacitores de 15 kVAr de potência nominal no barramento do QGF.

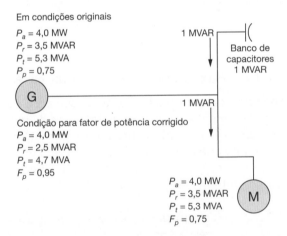

Figura 4.19 Fornecimento de potência reativa pelo capacitor.

quando se dispõe de uma unidade de transformação dedicada à iluminação. Caso contrário, é necessário instalar um banco de capacitores exclusivo para corrigir o fator de potência do transformador que opera praticamente a vazio, já que a carga de iluminação de vigia normalmente é muito pequena para a potência nominal do transformador de força.

A potência necessária para corrigir o fator de potência de um transformador operando a vazio pode ser dada pela Equação (4.20).

$$P_{re} = \sqrt{\left(\frac{\frac{100 \times I_0}{I_{nt}} \times P_{nt}}{100}\right)^2 - P_{p0}^2} \quad (4.20)$$

P_{re} = potência reativa indutiva para elevar o fator de potência a 1;
P_{nt} = potência nominal do transformador, em kVA;
P_{p0} = perdas a vazio do transformador, em kW;
I_0 = corrente de magnetização do transformador, em A;
I_{nt} = corrente nominal do transformador.

4.6.1.3 Nos terminais de conexão de cargas específicas

4.6.1.3.1 Motores elétricos

Quando uma carga específica, como no caso de um motor, apresenta baixo fator de potência, deve-se fazer a sua correção, alocando-se um banco de capacitores nos terminais de alimentação desta carga.

No caso específico de motores de indução, de uso generalizado em instalações industriais, o banco de capacitores deve ter a sua potência limitada, aproximadamente, a 90 % da potência absorvida pelo motor em operação sem carga, que pode ser determinada a partir da corrente em vazio e que corresponde a cerca de 20 a 30 % da corrente nominal para motores de IV polos e velocidade síncrona de 1.800 rpm. A Tabela 4.6 determina a potência máxima do

Tabela 4.6 Potência máxima dos capacitores ligados a motores de indução

Potência do motor de indução (cv)	Velocidade síncrona do motor em rpm					
	3.600	1.800	1.200	900	720	600
	kVAr					
5	2,0	2,0	2,0	3,0	4,0	4,5
7,5	2,5	2,5	3,0	4,0	5,5	6,0
10	3,0	3,0	3,5	5,0	6,5	7,5
15	4,0	4,0	5,0	6,5	8,0	9,5
20	5,0	5,0	6,5	7,5	9,0	12,0
25	6,0	6,0	7,5	9,0	11,0	14,0
30	7,0	7,0	9,0	10,0	12,0	16,0
40	9,0	9,0	11,0	12,0	15,0	20,0
50	12,0	11,0	13,0	15,0	19,0	24,0
60	14,0	14,0	15,0	18,0	22,0	27,0
75	17,0	16,0	18,0	21,0	26,0	32,5
100	22,0	21,0	25,0	27,0	32,5	40,0
125	27,0	26,0	30,0	32,5	40,0	47,5
150	32,5	30,0	35,0	37,5	47,5	52,5
200	40,0	37,5	42,5	47,5	60,0	65,0
250	50,0	45,0	52,5	57,5	70,0	77,5
300	57,5	52,5	60,0	65,0	80,0	87,5
400	70,0	65,0	75,0	85,0	95,0	105,0
500	77,5	72,5	82,5	97,5	107,5	115,0

capacitor ou banco que deve ser ligado aos terminais de um motor de indução trifásico para a condição de o motor ser manobrado pela mesma chave do banco de capacitores. Quando a chave de manobra do banco de capacitores é diferente da chave de manobra do motor, deve-se desligar o banco de capacitores antes de desligar o motor da rede. Assim, em um motor de 100 cv, 380 V, IV polos, cuja corrente nominal é de 135,4 A, a potência máxima do capacitor conectado aos seus terminais será de:

$$I_0 = 0,27 \times 135,4 = 36,5 \text{ A}$$

$$P_{cap} = \sqrt{3} \times V \times I_0 = \left(\sqrt{3} \times 0,38 \times 36,5\right) \times 0,90 = 21 \text{ kVAr}$$

Pela Tabela 4.6, tem-se:

$$P_m = 100 \text{ cv} \rightarrow W_m = 1.800 \text{ rpm} \rightarrow P_{cap} = 21 \text{ kVAr}$$

Esta limitação tem como fundamento a operação do motor a vazio, evitando que nesse instante a impedância indutiva do motor seja igual à reatância capacitiva do capacitor, estabelecendo-se, assim, um fenômeno de ferro-ressonância, em que a impedância à corrente seria a resistência do próprio bobinado do motor e do circuito de ligação entre o motor e o capacitor.

A seguir daremos algumas recomendações para a ligação de capacitores junto aos terminais dos motores.

4.6.1.3.1.1 Motores acionados diretamente da rede

O capacitor deve ser conectado, de preferência, ao circuito do motor entre o contator de manobra do motor e o relé térmico de proteção, conforme a Figura 4.20.

O circuito que liga o capacitor não deverá ter seção inferior a um terço da seção do condutor que liga os terminais do motor.

4.6.1.3.1.2 Motores acionados por meio de chaves estrela-triângulo

Os capacitores devem ser instalados logo após o contator de manobra do motor e antes do relé térmico de proteção, conforme está mostrado na Figura 4.21.

4.6.1.3.1.3 Motores acionados por meio de chave compensadora

O capacitor deve ser acionado por meio de contator dedicado à sua manobra, isto é, independente dos contatores de acionamento, partes componentes da chave compensadora. No entanto, o contator de manobra do capacitor deve ser acionado ao mesmo tempo em que é acionado o contator principal da chave e sua conexão deve ocorrer entre o contator principal e o relé térmico.

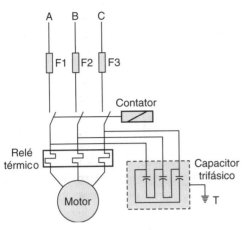

Figura 4.20 Chave de comando.

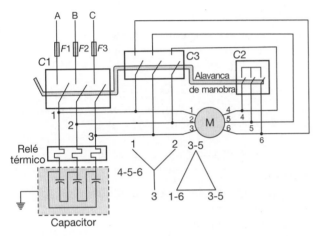

Figura 4.21 Chave estrela-triângulo de comando.

Se não for dimensionado um contator independente para a manobra do capacitor, poderão ocorrer danos tanto no motor quanto na chave compensadora. Assim, quando da transferência de conexão entre o reator da chave compensadora para a rede de alimentação, ocorre um corte no fluxo de corrente para o motor durante um curto espaço de tempo. Nesse intervalo de tempo, o capacitor entra no período de descarga, ocorrendo uma corrente muito elevada quando a tensão da rede é aplicada sobre o trecho do circuito no qual estão ligados o motor e o capacitor, pois haverá uma diferença de tensão entre a tensão da rede e a tensão ainda presente nos terminais do capacitor.

4.6.1.3.1.4 Motores acionados por meio de chave softstarter

Para que se possa compensar o motor por meio de capacitores localizados junto aos motores, é necessário que eles sejam providos de um contator de manobra independente e que a chave *softstarter* possua um contator de *by-pass*. Isto se deve à forma de funcionamento da chave *softstarter*, que injeta no sistema um elevado conteúdo harmônico, notadamente os de terceira e quinta ordens. Como os capacitores são sensíveis às correntes de frequência superior a sua frequência nominal, poderão ocorrer danos às unidades capacitivas.

4.6.1.3.1.5 Motores acionados por meio de inversores de frequência

Os inversores de frequência são equipamentos que injetam na rede um grande número de espectro de harmônicos, podendo surgir entre o inversor de frequência e o capacitor uma ressonância paralela capaz de danificar o capacitor. A correção localizada do fator de potência de motores manobrados por inversores de frequência deve ocorrer somente acompanhada de cálculo das sobretensões resultantes dessa ligação.

Tratando-se de instalações industriais, há predominância de motores elétricos de indução no valor total da carga, fazendo-se necessário tecer algumas considerações sobre a sua influência no comportamento do fator de potência. Segundo as curvas da Figura 4.22, pode-se observar que a potência reativa absorvida por um motor de indução aumenta muito levemente, desde a sua operação a vazio até a sua operação a plena carga. Entretanto, a potência ativa absorvida da rede cresce proporcionalmente com o aumento das frações de carga acoplada ao eixo do motor. Como resultado das variações das potências ativa e reativa na operação dos motores de indução, desde o trabalho a vazio até a plena carga, o fator de potência varia também proporcionalmente a esta variação, tornando-se importante o controle operativo dos motores por parte do responsável pela operação. Para exemplificar, reduzindo-se a carga solidária ao eixo de um motor de indução de 300 kW a 50 % de sua carga nominal, o fator de potência cai de 0,87, obtido durante o regime de operação nominal, para 0,80, enquanto a corrente, originalmente igual a 660 A, reduz-se para 470 A. Se a redução da carga fosse para 75 % da nominal, o fator de potência cairia para 0,87 e a corrente atingiria o valor de 540 A.

4.6.1.3.2 Máquinas de solda a transformador

Já as máquinas de solda a transformador, que trabalham normalmente com baixo fator de potência quando compensadas individualmente, devem obedecer à seguinte recomendação:

A potência máxima do capacitor é:

$$P_c = 0,50 \times P_{tm} \quad (4.21)$$

P_{tm} = potência nominal do transformador da máquina de solda, em kVA.

4.6.1.3.3 Máquinas de solda com transformador retificador

O valor da potência capacitiva deve ser:

$$P_c = 0,10 \times P_{tm} \quad (4.22)$$

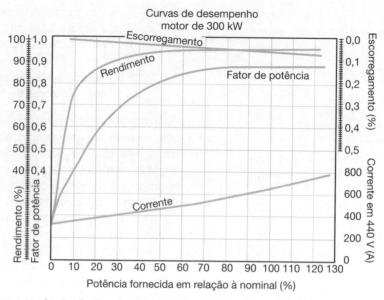

Figura 4.22 Variação do fator de potência em função do carregamento do motor.

De acordo com essas considerações, o estudo pormenorizado das condições da instalação e da carga direcionará o melhor procedimento para a localização do banco de capacitores necessário à correção do fator de potência ou liberação da carga de uma parte qualquer da planta.

Um dos benefícios da instalação de capacitores é a elevação do nível de tensão. Entretanto, em instalações industriais ou comerciais não se usa este artifício para melhorar o nível de tensão, já que a mudança de tape do transformador é tradicionalmente mais vantajosa, desde que a regulação do sistema de suprimento não venha a provocar sobretensões em certos períodos de operação da instalação.

O estudo para a aplicação de banco de capacitores pode ser dividido em dois grupos distintos: o primeiro é o estudo para aplicação de capacitores em instalações industriais em fase de projeto; o segundo estudo é destinado às instalações industriais em pleno processo de operação.

A aplicação de capacitores em ambas as situações será estudada detalhadamente a seguir:

4.6.2 Instalações em projeto

Na prática, tem-se notado que, durante a elaboração de projetos elétricos de pequenas indústrias, há uma grande dificuldade em se saber, com razoável confiança, os detalhes técnicos e o comportamento operativo da planta, tais como:

- ciclo de operação diário, semanal, mensal ou anual;
- taxa de carregamento dos motores;
- taxa de carregamento dos transformadores;
- cronograma de expansão das atividades produtivas.

Esses dados são úteis para que se possa determinar o fator de potência médio presumido da instalação e prever os meios necessários para sua correção, caso se justifique.

Em planta de maior porte, porém, o planejamento prevê com razoáveis detalhes todos os itens anteriormente citados e a seguir discriminados.

a) **Levantamento de carga do projeto**

- Motores
  - Tipo (indução, rotor bobinado, síncrono);
  - potência, em cv;
  - fator de potência;
  - número de fases;
  - número de polos;
  - frequência.

- Transformadores
  - Potência nominal;
  - tensões primárias e secundárias;
  - impedância percentual;
  - corrente de magnetização.

- Cargas resistivas
  - Potência nominal, em kW;
  - potência de operação, em kW;
  - número de fases.

- Fornos
  - Tipo (indução eletromagnética, arco etc.);
  - número de fases;
  - fator de potência.

- Máquinas de solda
  - Tipo (máquinas de solda transformadora, motogeradora e transformadora retificadora);
  - número de fases;
  - fator de potência determinado em teste de bancada.

- Iluminação
  - Tipo (incandescente, fluorescente, vapor de mercúrio, vapor de sódio);
  - reator (alto ou baixo fator de potência).

O próprio projetista pode decidir sobre o tipo de reator que utilizará. Como sugestão, podem-se organizar os dados de carga do projeto conforme a Tabela 4.7.

Durante a análise da carga a ser instalada, o projetista deve identificar a quantidade de cargas não lineares presentes na instalação. Se a capacidade dessas cargas for igual ou inferior a 20 % da capacidade instalada, a determinação do fator de potência poderá ocorrer considerando que o conjunto de cargas seja de características lineares. No entanto, se a capacidade das cargas não lineares for superior a 20 % da carga total, deve-se especificar indutores anti-harmônicos junto aos capacitores ou utilizar filtros harmônicos para as componentes de maior intensidade. Deve-se salientar que, para as indústrias em operação, os dados referentes às cargas não lineares devem ser fornecidos pelos fabricantes das máquinas, o que normalmente não é fácil de se obter.

b) Ciclo de operação diário, semanal, mensal e anual

Como, em geral, nas indústrias as máquinas operam em grupos definidos, pode-se determinar o ciclo de operação para cada conjunto homogêneo de carga e depois compor os vários conjuntos, formando a curva de carga que corresponde ao funcionamento da instalação durante o período considerado. Na prática, determina-se o ciclo de operação diário considerando-se um dia típico provável de produção normal. Para as indústrias comprovadamente sazonais, é importante determinar o seu comportamento durante um ciclo completo de atividade.

c) Determinação das demandas ativas e reativas para o ciclo de carga considerado

Como sugestão, podem-se organizar os valores de demanda ativa e reativa, segundo a Tabela 4.8.

d) Traçado das curvas de demanda ativa e reativa

Com base nos valores finais obtidos nas tabelas mencionadas, traçam-se os gráficos das Figuras 4.18 e 4.19, pelos quais se pode visualizar o ciclo de operação diário da instalação.

4.6.2.1 Determinação do fator de potência estimado

O fator de potência pode ser determinado por um dos métodos adiante indicados, de acordo com os dados disponíveis ou com a precisão dos resultados.

4.6.2.1.1 Método do ciclo de carga operacional

Este método baseia-se na determinação dos consumos previstos no ciclo de operação diário da instalação, projetado mensalmente.

Considerando uma indústria de atividade produtiva bem definida, podem-se determinar os consumos de energia ativa e reativa com base no ciclo de operação diário e projetar estes consumos de acordo com os dias trabalhados ao longo de um período de um mês comercial, ou seja, 30 dias. Em seguida, aplicar a Equação (4.6).

Exemplo de aplicação (4.5)

Considerar um projeto em desenvolvimento de uma indústria, cujas cargas são conhecidas segundo um ciclo de operação diário típico, sabendo-se, ainda, que o funcionamento é de segunda a sexta-feira, no período compreendido entre as 6 e as 24 horas. Fora do período de sua atividade produtiva, a indústria mantém ligada apenas 10 % da sua iluminação normal. Determinar o fator de potência estimado, sabendo-se que a tensão do sistema é de 440 V.

a) Levantamento de carga

O levantamento de carga conduziu aos resultados constantes na Tabela 4.7.

b) Determinação das demandas previstas

Com base nos valores nominais das cargas, determinam-se as demandas ativa e reativa de cada setor produtivo, considerando-se um conjunto homogêneo. As demandas previstas devem ser contabilizadas a cada intervalo de 1 hora, de acordo com a legislação.

- Setor A

$$P_{ata} = 20 \times 10 \times 0{,}736 = 147 \text{ kW}$$

$$P_{rea} = P_{ata} \times \text{tg}\left[\arccos\,(0{,}85)\right] = 91 \text{ kVAr}$$

- Setor B

$$P_{atb} = 100 \times 7{,}5 \times 0{,}736 = 552 \text{ kW}$$

$$P_{reb} = P_{atb} \times \text{tg}\left[\arccos(0{,}81)\right] = 399 \text{ kVAr}$$

Tabela 4.7 Levantamento da carga

Setor	Motores Quantidade	Motores Potência	Motores Total	Resistores Potência total	FP (plena carga)	Lâmpadas Quantidade	F	I	Período de funcionamento
	–	cv	cv	kW	–	–	W	W	
A	20	10	200	–	0,85	–	–	–	Das 6 às 20h
B	100	7,5	750	–	0,81	–	–	–	Das 6 às 22h
C	25	15	375	–	0,75	–	–	–	Das 6 às 14h e Das 16 às 24h
D	30	5	150	–	0,83	–	–	–	Das 8 às 18h
	30	25	750	–	0,85	–	–	–	
E	15	15	225	–	0,73	–	–	–	Das 8 às 20h
F	2	125	250	–	0,74	–	–	–	Das 6 às 20h. A operação dos motores é a 1/2 carga. As resistências são partes das máquinas.
	2	40	80	–	0,83	–	–	–	
	2	–	–	61	–	–	–	–	
I	–	–	–	–	–	800	65	–	Das 6 às 24h. De 0h às 6h. Somente 10 % da potência total estão ligadas.
	–	–	–	–	–	150	40	–	
	–	–	–	–	–	130	–	100	

- Setor C

$$P_{atc} = 25 \times 15 \times 0,736 = 276 \text{ kW}$$

$$P_{rec} = P_{atc} \times \text{tg}[\arccos(0,75)] = 243 \text{ kVAr}$$

- Setor D

$$P_{atd} = (30 \times 5 + 30 \times 25) \times 0,736 = 662 \text{ kW}$$

$$P_{red} = \{30 \times 5 \times \text{tg}[\arccos(0,83)] + 30 \times 25 \times \text{tg}[\arccos(0,85)]\} \times 0,736 = 416 \text{ kVAr}$$

- Setor E

$$P_{ate} = 15 \times 15 \times 0,736 = 165 \text{ kW}$$

$$P_{ree} = P_{ate} \times \text{tg}[\arccos(0,73)] = 155 \text{ kVAr}$$

- Setor F

$$P_{atf} = \left(\frac{2 \times 125 + 2 \times 40}{2}\right) \times 0,736 + 61 = 182 \text{ kW}$$

$$P_{ref} = \left[\frac{2 \times 125 \times \text{tg}(\arccos 0,62)}{2} + \frac{2 \times 40 \times \text{tg}(\arccos 0,61)}{2}\right] \times 0,736 = 155 \text{ kVAr}$$

Admite-se que os fatores de potência 0,62 e 0,61 correspondem à condição de operação dos motores a ½ carga. Os valores dos fatores de potência na condição de ½ carga podem ser encontrados nas curvas de desempenho dos motores fornecidas pelo fabricante, à semelhança do gráfico visto na Figura 4.22.

- Iluminação

$$P_{ati} = \frac{(800 \times 65) + (150 \times 40) + (800 \times 11,9) + (150/2 \times 24,1) + (130 \times 100)}{1.000} = 82 \text{ kW}$$

$$P_{rei} = \frac{(800 \times 11,9 \times \text{tg}(\arccos 0,5) + 150/2 \times 24,1 \times \text{tg}(\arccos 0,9))}{1.000} = 17 \text{ kVAr}$$

Os fatores de potência 0,5 e 0,9 correspondem, respectivamente, aos reatores de baixo e alto fatores de potência utilizados.

As perdas em watts dos reatores, bem como o seu fator de potência, podem ser encontradas em catálogos de fabricantes. Os reatores simples para lâmpadas fluorescentes de 65 W apresentam uma perda de 11,9 W com um fator de potência de 0,5, enquanto os reatores duplos utilizados neste exemplo têm perdas de 24,1 W, com um fator de potência de 0,9 (reatores compensados).

Com base nos resultados anteriores, foi organizada a Tabela 4.8.

c) Traçado das curvas de cargas

A partir dos valores totais obtidos da formação da Tabela 4.8 traçam-se as curvas de carga das demandas previstas, ativa e reativa, que compõem um ciclo de carga diário, de acordo com os gráficos das Figuras 4.23 e 4.24.

d) Cálculo do fator de potência horário

Tratando-se de um consumidor do Grupo Tarifário Azul, o fator de potência é calculado a cada intervalo de 1 hora, conforme a Tabela 4.8.

e) Cálculo das energias mensais ativa e reativa

Os consumos de energia ativa e reativa para o período de um mês de operação da indústria são obtidos multiplicando-se as demandas ativa e reativa pelo tempo considerado de operação diária e pelo número de dias de funcionamento previsto.

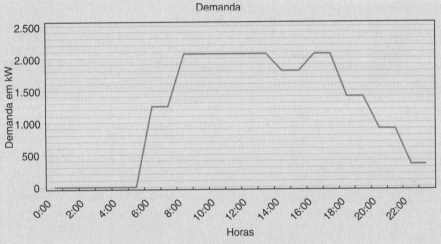

Figura 4.23 Curva de demanda ativa.

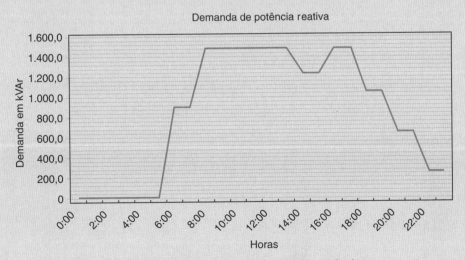

Figura 4.24 Curva de demanda reativa indutiva.

Tabela 4.8 Demandas acumuladas por período – kW e kVAr

Período	Setor A kW	Setor A kVAr	Setor B kW	Setor B kVAr	Setor C kW	Setor C kVAr	Setor D kW	Setor D kVAr	Setor E kW	Setor E kVAr	Setor F kW	Setor F kVAr	Setor I kW	Setor I kVAr	Totais kW	Totais kVAr	Fator pot.	Pot. capac. kVAr
0-1													8,2	1,7	8,2	1,7	0,97	0
1-2													8,2	1,7	8,2	1,7	0,97	0
2-3													8,2	1,7	8,2	1,7	0,97	0
3-4													8,2	1,7	8,2	1,7	0,97	0
4-5													8,2	1,7	8,2	1,7	0,97	0
5-6													8,2	1,7	8,2	1,7	0,97	0
6-7	147	91	552	399	276	243					182	155	82	17	1.239	905	0,80	401
7-8	147	91	552	399	276	243					182	155	82	17	1.239	905	0,80	401
8-9	147	91	552	399	276	243	662	416	165	155	182	155	82	17	2.066	1.476	0,81	615
9-10	147	91	552	399	276	243	662	416	165	155	182	155	82	17	2.066	1.476	0,81	615
10-11	147	91	552	399	276	243	662	416	165	155	182	155	82	17	2.066	1.476	0,81	615
11-12	147	91	552	399	276	243	662	416	165	155	182	155	82	17	2.066	1.476	0,81	615
12-13	147	91	552	399	276	243	662	416	165	155	182	155	82	17	2.066	1.476	0,81	615
13-14	147	91	552	399	276	243	662	416	165	155	182	155	82	17	2.066	1.476	0,81	615
14-15	147	91	552	399			662	416	165	155	182	155	82	17	1.790	1.233	0,82	486
15-16	147	91	552	399			662	416	165	155	182	155	82	17	1.790	1.233	0,82	486
16-17	147	91	552	399	276	243	662	416	165	155	182	155	82	17	2.066	1.476	0,81	615
17-18	147	91	552	399	276	243	662	416	165	155	182	155	82	17	2.066	1.476	0,81	615
18-19	147	91	552	399	276	243			165	155	182	155	82	17	1.404	1.060	0,79	491
19-20	147	91	552	399	276	243			165	155	182	155	82	17	1.404	1.060	0,79	491
20-21			552	399	276	243							82	17	910	659	0,81	247
21-22			552	399	276	243							82	17	910	659	0,81	247
22-23					276	243							82	17	358	260	0,81	97
23-24					276	243							82	17	358	260	0,81	97

- O valor do consumo diário de energia ativa vale:

$$C_{kwhd} = (8,2 \times 6) + (1.239 \times 2) + (2.066 \times 8) + (1.790 \times 2) + (1.404 \times 2) + (910 \times 2) + (358 \times 2)$$

$$C_{kwhd} = 27.979 \text{ kWh/dia}$$

- O valor de consumo diário de energia ativa mensal vale:

$$C_{kwhd} = 27.979 \times 22 = 615.538 \text{ kWh/mês}$$

- O valor do consumo diário de energia reativa vale:

$$C_{kVArhd} = (1,7 \times 6) + (905 \times 2) + (1.476 \times 8) + (1.233 \times 2) + (1.060 \times 2) + (659 \times 2) + (260 \times 2)$$

$$C_{kVArhd} = 20.052 \text{ kVArh/dia}$$

- O valor do consumo mensal de energia reativa vale:

$$C_{kVArhd} = 20.052 \times 22 = 441.144 \text{ kVArh/mês}$$

f) Cálculo do fator de potência médio mensal

A título de ilustração, pode-se determinar o fator de potência médio mensal aplicando-se a Equação (4.9). Deve-se acrescentar que, para a indústria em apreço, isto é, modalidade tarifária azul, este resultado não gera efeito prático.

$$F_p = \frac{C_{kWhm}}{\sqrt{C_{kWhm}^2 + C_{kVArhm}^2}} = \frac{615.538}{\sqrt{615.538^2 + 441.144^2}} = 0,81$$

4.6.2.1.2 Método analítico

Este método se baseia na resolução do triângulo das potências. Cada carga é considerada individualmente, calculando-se a sua demanda ativa e reativa, com base no fator de potência nominal. Ao se obterem finalmente os valores de demanda ativa e reativa, calcula-se o valor de ψ conforme a Figura 4.25. Este método, em geral, é empregado quando se deseja obter o fator de potência em um ponto determinado do ciclo de carga.

Exemplo de aplicação (4.6)

Determinar o fator potência, na demanda máxima prevista, de uma instalação industrial, cuja carga é composta de:

- 25 motores trifásicos de 3 cv/380 V/IV polos, com fator de potência 0,73;
- 15 motores trifásicos de 30 cv/380 V/IV polos, com fator de potência 0,83;
- 500 lâmpadas fluorescentes de 40 W, com reator a baixo fator de potência, ou seja, 0,4 em atraso, com perda de 15,3 W.

A iluminação é ligada em 220 V.

- Motores de 3 cv

$$P_{a3} = 3 \times 0,736 \times 25 = 55,2 \text{ kW}$$

$$P_{r3} = 55,2 \times \text{tg}(\text{arcos}\, 0,73) = 51,6 \text{ kVAr}$$

- Motores de 30 cv

$$P_{a30} = 30 \times 0,736 \times 15 = 331,2 \text{ kW}$$

$$P_{r30} = 331,2 \times \text{tg}(\text{arcos}\, 0,83) = 222,5 \text{ kVAr}$$

- Carga de iluminação

$$P_{ai} = \frac{500 \times 40}{1.000} + \frac{500 \times 15,3}{1.000} = 27,6 \text{ kW}$$

$$P_{ri} = \frac{500 \times 15,3 \times \text{tg}(\text{arcos}\, 0,4)}{1.000} = 17,5 \text{ kVAr}$$

Os triângulos das potências correspondentes a cada conjunto de carga estão mostrados nas Figuras 4.25(a), (b) e (c). Compondo-se os diversos triângulos das potências, tem-se o triângulo resultante, conforme a Figura 4.25(d).

- Fator de potência do conjunto

$$P_{at} = 55,2 + 331,2 + 27,6 = 414 \text{ kW}$$

$$P_{rt} = 51,6 + 222,5 + 17,5 = 291,6 \text{ kVAr}$$

$$P_T = \sqrt{414^2 + 291,6^2} = 506,3 \text{ kVA}$$

$$\psi = \text{arctg}\left(\frac{P_{rt}}{P_{at}}\right) = \text{arctg}\left(\frac{291,6}{414}\right) = 35,15°$$

$$F_p = \cos 35,15° = 0,81$$

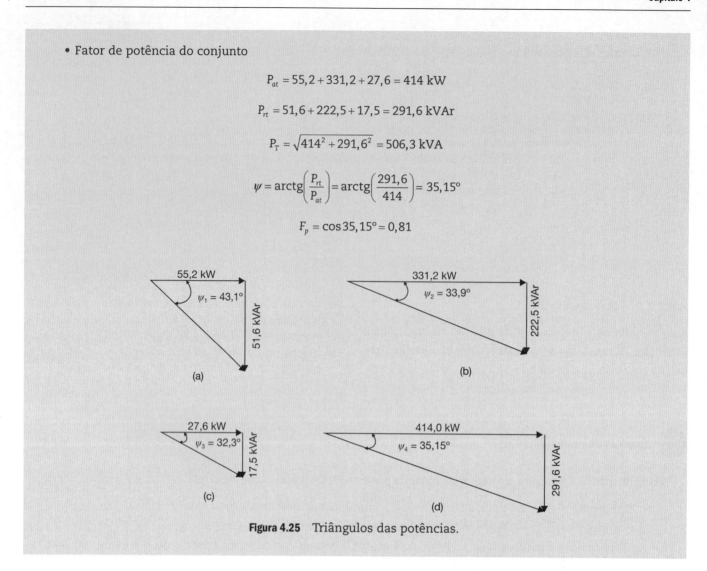

Figura 4.25 Triângulos das potências.

4.6.3 Instalações em operação

A determinação precisa do fator de potência somente é possível quando a instalação está operando em plena carga. Em geral, não se deve proceder à medição do fator de potência em indústrias recém-inauguradas, em virtude de que nem sempre todas as máquinas estão em operação de regime normal.

O fator de potência de uma instalação industrial poderá ser alterado desde que algumas providências de ordem administrativa sejam tomadas, quais sejam:

- desligar e remover de operação os motores que estiverem funcionando em vazio;
- manter energizados somente os transformadores necessários à carga, quando a indústria estiver operando em carga leve, ou somente com a iluminação de vigia;
- substituir os motores superdimensionados por unidades de menor potência.

Para a determinação do fator de potência, pode ser adotado um dos seguintes métodos:

4.6.3.1 Método dos consumos e demandas médios mensais

Este é um dos métodos mais simples conhecidos. Consiste em tabular os consumos de energia e demanda ativa e reativa fornecidos na conta de energia elétrica emitida pela concessionária. É conveniente que sejam computados os valores de energia e demanda correspondentes a um período igual ou superior a seis meses. Este método é somente válido para consumidores com avaliação mensal do fator de potência.

Caso a indústria apresente sazonalidade de produção, é necessário considerar este fato, aumentando-se o período do estudo, por exemplo, para 12 meses. Com os resultados obtidos pela média aritmética dos valores tabulados, empregam-se as Equações (4.7), (4.8) e (4.9).

Exemplo de aplicação (4.7)

Considerar uma indústria cujos consumos mensais foram organizados segundo a Tabela 4.9. Determinar o fator de potência médio da instalação e o faturamento médio previsto pelo excedente de energia e demanda reativa. O consumidor pertence ao grupo tarifário verde. A demanda faturável é de 80 kW.

Aplicando-se a Equação (4.9), tem-se:

$$F_p = \frac{29.170}{\sqrt{29.170^2 + 19.331^2}} = 0,83$$

$$F_{dr} = \left(D_{am} \times \frac{0,92}{F_p} - D_f\right) \times T_{da} = \left(82 \times \frac{0,92}{0,83} - 80\right) \times 18,24 = R\$\ 198,66$$

$$F_{er} = C_{am} \times \left(\frac{0,92}{F_p} - 1\right) \times T_{ea} = 29.170 \times \left(\frac{0,92}{0,83} - 1\right) \times 0,52949 = R\$\ 1.674,78$$

Tabela 4.9 Consumos médios

Mês	Consumo kWh	Consumo kVArh	Demanda kW
Jul	30.109	18.720	85
Ago	31.425	22.115	88
Set	27.302	14.016	76
Out	25.920	19.980	74
Nov	29.520	21.372	82
Dez	30.742	19.782	85
Soma	175.018	115.985	490
Média	29.170	19.331	82

4.6.3.2 Método analítico

Este método é o mesmo explanado na Seção 4.6.2.1.2, ou seja, o método dos triângulos de potência.

As potências ativas e reativas podem ser coletadas através de medições simples instantâneas em vários instantes de um ciclo de carga, obtendo-se no final um fator de potência médio da instalação. Este procedimento somente é válido para indústrias do grupo tarifário com avaliação mensal do fator de potência.

4.6.3.3 Método das potências medidas

Atualmente existem vários aparelhos de tecnologia digital disponíveis no mercado, fabricados ou distribuídos por diferentes fornecedores que desempenham várias funções no campo da medição de parâmetros elétricos, sendo um deles a medição do fator de potência. Em geral, esses aparelhos são constituídos de uma caixa no interior da qual estão os componentes eletrônicos necessários às funções dedicadas a que se propõem. Em sistemas primários, deve-se utilizar o transformador de potencial adequado ao nível de tensão da rede. Podem ser fornecidos em unidades monofásicas ou trifásicas, sendo conveniente utilizar unidades trifásicas. Alguns aparelhos apresentam as seguintes características técnicas:

- medição de tensão, corrente, potência ativa, potência reativa, potência aparente, frequência, fator de potência, energia ativa e energia reativa;
- memória de massa para 6 ou 12 canais;
- classe de exatidão variando de 0,2 a 1 %;
- possibilidade de telemedição;
- medição de distorção harmônica.

Os resultados obtidos da medição dos parâmetros do sistema elétrico, anteriormente mencionados, são exibidos em planilha eletrônica Excel. Através dessa planilha podem ser elaborados os gráficos dos parâmetros medidos para efeito de análise, conforme exemplos mostrados nas Figuras 4.26 a 4.30, correspondentes a medições contínuas de 3 dias.

Utilizando a mesma planilha Excel, com base nos dados coletados pelo aparelho de medição, pode-se determinar, por exemplo, o quanto de potência reativa capacitiva é necessário para corrigir o fator de potência horário até um valor definido, conforme exemplificado na Figura 4.31.

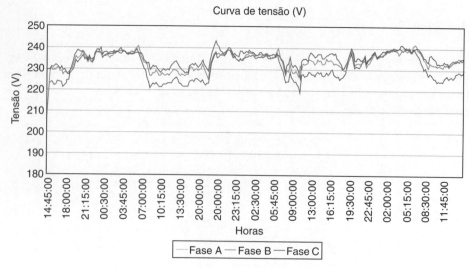

Figura 4.26 Curva de tensão entre fases e neutro.

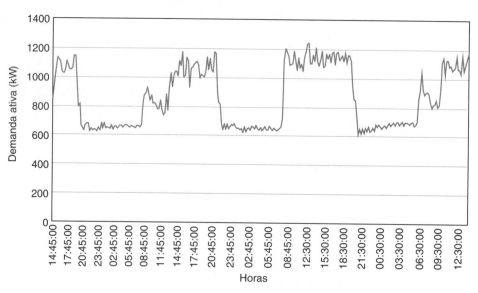

Figura 4.27 Curva de carga ativa.

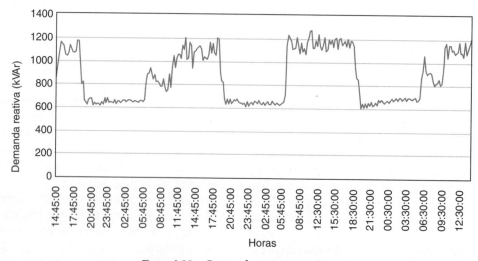

Figura 4.28 Curva de carga reativa.

Fator de potência

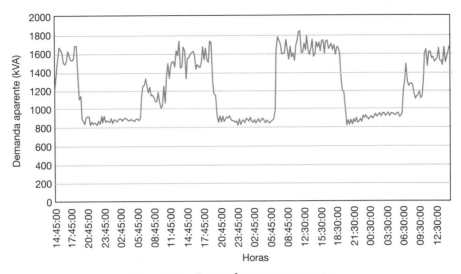

Figura 4.29 Curva de carga aparente.

Figura 4.30 Curva do fator de potência.

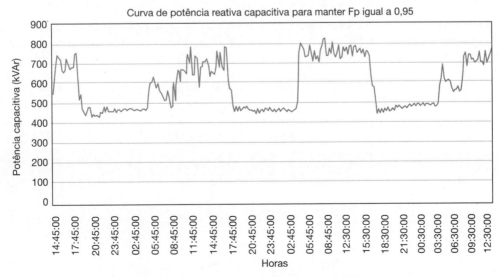

Figura 4.31 Curva da potência capacitiva.

4.6.4 Estudos para a aplicação específica de capacitores

4.6.4.1 Liberação de potência instalada em transformação

A instalação de capacitores na rede de tensão inferior de uma instalação libera potência em kVA das unidades de transformação em serviço. A capacidade de potência liberada pode ser calculada segundo a Equação (4.23).

$$P_l = \left[\sqrt{1 - \frac{P_c^2 \times \cos^2 \psi_1}{P_t^2}} + \frac{P_c \times \operatorname{sen} \psi_1}{P_t} - 1\right] \times P_t \quad (4.23)$$

P_l = potência, em kVA, liberada em transformação;
P_c = potência dos capacitores utilizados, em kVAr;
ψ_1 = ângulo do fator de potência original;
P_t = potência instalada em transformação, em kVA.

Muitas vezes é necessária a implantação de uma determinada máquina em uma indústria em funcionamento, em que a subestação está operando com a sua capacidade plena para um dado fator de potência. Em vez de ampliar a potência da subestação com gastos elevados, pode-se instalar um banco de capacitores, de sorte a reduzir a potência reativa fornecida através da subestação, aliviando a carga dos respectivos transformadores.

Exemplo de aplicação (4.8)

Um projeto industrial tem uma potência instalada de 1.500 kVA, com dois transformadores de 750 kVA, em paralelo. O fator de potência medido é de 0,87, para uma demanda máxima de 1.480 kVA. Desejando-se fazer um aumento de carga com a instalação de um motor de 150 cv, a um fator de potência de 0,87, calcular a potência necessária dos capacitores, a fim de evitar alteração nas unidades de transformação.

$$P_m = P_l = \frac{150 \times 0{,}736}{0{,}87 \times 0{,}95} = 133{,}5 \text{ kVA}$$

$\eta = 0{,}95$ (rendimento do motor)
$P_t = 1.500$ kVA
$\psi_1 = \operatorname{arcos}(0{,}87) = 29{,}54°$

Da Equação (4.23), pode-se explicitar o valor de P_c na equação do 2º grau.

$$P_c^2 - (2 \times P_l \times \operatorname{sen}\psi_1 + 2 \times P_t \times \operatorname{sen}\psi_1) \times P_c + (2 \times P_t \times P_l + P_l^2) = 0$$

$$P_c^2 - (2 \times 133{,}5 \times \operatorname{sen} 29{,}54° + 2 \times 1.500 \times \operatorname{sen} 29{,}54°) \times P_c + 2 \times 1.500 \times 133{,}5 + 133{,}5^2 = 0$$

$$P_c^2 - 1.610 \times P_c + 418.332 = 0$$

$$P_c = \frac{1.610 \pm \sqrt{1.610^2 - 4 \times 1 \times 418.332}}{2 \times 1}$$

$P_{c1} = 1.284$ kVAr
$P_{c2} = 325$ kVAr

Analisando-se os dois resultados liberados pela equação do 2º grau, pode-se determinar o valor do banco de capacitores que mais satisfaz técnica e economicamente ao caso em questão. Aplicando-se a Equação (4.23), com os valores P_{c1} e P_{c2}, tem-se:

$$P_{l1} = \left[\sqrt{1 - \frac{1.284^2 \times \cos^2 29{,}54°}{1.500^2}} + \frac{1.284 \times \operatorname{sen} 29{,}54°}{1.500} - 1\right] \times 1.500$$

$$P_{l1} = (0{,}667 + 0{,}422 - 1) \times 1.500 = 133{,}5 \text{ kVA}$$

$$P_{l2} = \left[\sqrt{1 - \left(\frac{325^2 \times \cos^2 29{,}54°}{1.500^2}\right)} + \frac{325 \times \operatorname{sen} 29{,}54°}{1.500} - 1\right] \times 1.500$$

$$P_{l2} = [0{,}982 + 0{,}1068 - 1] \times 1.500 = 133{,}2 \text{ kVA}$$

Logo, pode-se perceber facilmente que a solução mais econômica é adotar um banco de capacitores de 325 kVAr:

$$P_c = 6 \times 50 + 1 \times 25 = 325 \text{ kVAr}$$

Pode-se comprovar este resultado a partir do triângulo das potências, de acordo com as Figuras 4.32(a) e (b):

$$P_{kw} = 1.480 \times 0{,}87 = 1.287 \text{ kW}$$

$$P_{kw1} = 1.287 + 150 \times 0{,}736 = 1.397 \text{ kW}$$

$$P_{kVA} = \frac{1.397}{0{,}87} = 1.605 \text{ kVA}$$

$$P_{kVAr1} = 1.605 \times \text{sen}(\arccos 0{,}87) = 791 \text{ kVAr}$$

$$P_{kVAr1} = 791 - 325 = 466 \text{ kVAr}$$

$$P_{kVA} = \sqrt{1.397^2 + 466^2} = 1.472 \text{ kVA}$$

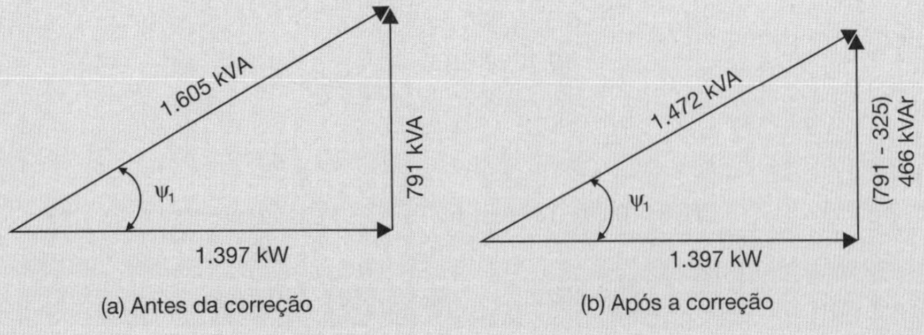

(a) Antes da correção (b) Após a correção

Figura 4.32 Triângulo das potências.

Logo, percebe-se que é possível adicionar à instalação um motor de 150 cv e o carregamento dos transformadores ainda se reduz para 1.472 kVA após a instalação de um banco de capacitores de 325 kVAr.

4.6.4.2 Liberação da capacidade de carga de circuitos terminais e de distribuição

À semelhança do processo pelo qual se pode obter potência adicional da subestação, muitas vezes é necessário acrescer uma determinada carga, por exemplo, em um CCM (Centro de Controle de Motores), tendo-se com fator limitante a seção do condutor do circuito de distribuição que liga o QGF ao referido CCM. A instalação de capacitores no barramento do CCM poderá liberar a potência que se deseja. A Equação (4.24) permite conhecer o valor desta potência.

$$P_l = \frac{P_c \times X_{cir}}{X_{cir} \times \text{sen}\,\psi_1 + R_{cir} \times \cos\psi_1} \text{ (kVA)} \quad (4.24)$$

X_{cir} = reatância do circuito para o qual se quer liberar a carga, em Ω;
R_{cir} = resistência do circuito para o qual se quer liberar a carga, em Ω;
ψ_1 = ângulo do fator e potência original.

4.6.4.3 Redução das perdas

As perdas nos condutores são registradas nos medidores de energia da concessionária e o consumidor paga pelo consumo desperdiçado. A Equação (4.25) permite que se determine a energia economizada em um período anual.

$$E_e = \frac{R_{cir} \times P_c \times (2 \times P_d \times \text{sen}\,\psi_1 - P_c) \times 8.760}{1.000 \times V_{cir}^2} \quad (4.25)$$

E_e = energia anual economizada, em kWh;
P_c = potência nominal do capacitor, em kVAr;
P_d = demanda do circuito;
R_{cir} = resistência do circuito para o qual estão sendo calculadas as perdas, em Ω;
V_{cir} = tensão composta do circuito, em kV.

Exemplo de aplicação (4.9)

Desejando-se instalar em um determinado CCM um motor de 100 cv, com fator de potência 0,87 e rendimento 0,92, sabendo-se que a demanda medida no seu circuito terminal é de 400 A e que o condutor tem seção de 300 mm² (limite de corrente de 435 A, considerando-se o condutor do tipo XLPE, instalado no interior do eletroduto de seção circular embutido em parede termicamente isolante – A1), determinar a quantidade de capacitores e a potência nominal necessária para evitar a troca dos condutores. O fator de potência medido no barramento do CCM é de 0,71. O circuito terminal mede 150 m.

Da Equação (4.24) pode-se explicitar o valor de P_c:

$$P_c = \frac{P_l \times (X_{cir} \times \text{sen}\,\psi_1 + R_{cir} \times \cos\psi_1)}{X_{cir}}$$

$I_m = 135,4$ A (corrente nominal do motor)

$I_{cf} = 400 + 135,4 = 535,4 > 435$ A (supera a capacidade de corrente do condutor)

$$P_l = \frac{100 \times 0,736}{0,87 \times 0,92} = 91,9 \text{ kVA}$$

$R = 0,0781$ mΩ/m (Tabela 3.22)
$X = 0,1068$ mΩ/m (Tabela 3.22)

$$R_{cir} = \frac{0,0781 \times 150}{1.000} = 0,01171\ \Omega$$

$$X_{cir} = \frac{0,1068 \times 150}{1.000} = 0,01602\ \Omega$$

arcos 0,71 = 44,76°
arcos 0,87 = 29,54°

$$P_c = \frac{91,9 \times (0,01602 \times \text{sen}\,44,76 + 0,01171 \times \cos 44,76)}{0,01602}$$

$P_c = 112,4$ kVAr $\rightarrow$ $P_c = 3 \times 40 = 120$ kVAr

Para a aplicação deste resultado, convém que se estude a viabilidade econômica entre a substituição do condutor e a instalação do banco de capacitores. Neste caso, poderia ser constituído um banco de capacitores com três unidades capacitivas de 40 kVAr.

$$I_c = \frac{120}{\sqrt{3} \times 0,38} = 182,3 \text{ A}$$

Desta forma, tem-se:

$$I_a = 400 \times \cos 44,76 + 135,4 \times 0,87 = 401,8 \text{ A}$$

$$I_r = 400 \times \text{sen}\,44,76 + 135,4 \times \text{sen}\,29,54 - 182,3 = 166,1 \text{ A}$$

$$I_t = \sqrt{401,8^2 + 166,1^2} = 434,7 \text{ A} < 435 \text{ A (inferior à corrente nominal do condutor)}$$

O fator de potência medido no barramento do CCM vale:

$$F_p = \cos\text{arct}\left(\frac{I_r}{I_a}\right) = \cos\text{arctg}\left(\frac{166,1}{401,8}\right) = 0,92$$

Se for aumentada a potência capacitiva, poderá ser liberada mais corrente do condutor.

 Exemplo de aplicação (4.10)

Considerando as condições iniciais do exemplo anterior, sem a instalação do motor de 100 cv, determinar a economia anual, em R$, com a instalação de um banco de capacitores de 100 kVAr no circuito de distribuição. A tensão entre fases vale 380 V.

$$P_d = \sqrt{3} \times 0,38 \times 400 = 263,2 \text{ kVA}$$

$$E_e = \frac{0,01171 \times 100 \times (2 \times 263,2 \times \text{sen}\,44,76 - 100) \times 8.760}{1.000 \times 0,38^2} = 19.227 \text{ kWh/ano}$$

$R_{cir} = 0,01171\ \Omega$
$P_c = 100$ kVAr

A economia em R$ vale:

$$E_{cr} = 19.227 \times T_{ea} = 19.227 \times 0,3678 = \text{R\$ } 7.071,69/\text{ano}$$

$T_{ea} = 0,3678$ R$/kWh (tarifa média anual adotada)

Exemplo de aplicação (4.11)

Considerando o exemplo da Seção 4.6.4.3, Exemplo de aplicação (4.9), determinar o aumento do nível de tensão no circuito de distribuição.

$$\Delta V_p = \frac{10 \times 0{,}01602}{10 \times 0{,}38^2} = 1{,}10\ \%$$

4.6.4.4 Melhoria do nível de tensão

A instalação de capacitores em um sistema conduz ao aumento do nível de tensão como consequência da redução da corrente de carga e da redução efetiva da queda de tensão nos circuitos terminais e de distribuição. A Equação (4.26) indica o valor percentual do aumento da tensão no circuito.

$$\Delta V = \frac{P_c \times X_{cir}}{10 \times V_{cir}^2}\ (\%) \qquad (4.26)$$

É importante frisar que a melhoria do nível de tensão deve ser encarada como uma consequência natural da instalação dos capacitores para corrigir o fator de potência ou outra solução que se deseje para um caso particular da instalação.

Como já se comentou anteriormente, não é uma prática economicamente viável utilizar-se de banco de capacitores para se proceder à elevação da tensão em instalações industriais, quando é mais eficaz trocar as posições dos tapes do(s) transformador(es) da subestação, desde que a regulação do sistema o permita. No entanto, nas redes de distribuição das concessionárias é comum a instalação de banco de capacitores como um meio de elevar o perfil de tensão do sistema, podendo, neste caso, ser utilizados bancos de capacitores tanto fixos como automáticos.

4.7 Correção do fator de potência

Como ficou evidenciado anteriormente, é de suma importância para o industrial manter o fator de potência de sua instalação dentro dos limites estabelecidos pela legislação. Agora serão estudados os métodos utilizados para corrigir o fator de potência, quando já é conhecido o valor atual medido ou determinado.

Para se obter uma melhoria do fator de potência, podem-se indicar algumas soluções que devem ser adotadas dependendo das condições particulares de cada instalação.

Deve-se entender que a correção do fator de potência aqui evidenciada não somente visa à questão do faturamento de energia reativa excedente, mas também aos aspectos operacionais internos à instalação da unidade consumidora, tais como liberação da capacidade de transformadores, cabos, redução das perdas etc.

A correção do fator de potência deve ser realizada considerando as características de carga da instalação. Se a carga da instalação for constituída de 80 % ou mais de cargas lineares, pode-se corrigir o fator de potência considerando apenas os valores dessas cargas. No entanto, se na carga da instalação estiverem presentes cargas não lineares com valor superior a 20 % do total da carga conectada, deve-se considerar os efeitos dos componentes harmônicos na correção do fator de potência.

O fator de potência deve ser mantido igual ou superior a 0,92 e igual ou inferior a 1 após a instalação dos equipamentos de correção, evitando-se, dessa forma, elevação de tensão nos terminais do capacitor, o que ocorre geralmente quando a instalação opera com fator de potência capacitivo.

4.7.1 Correção do fator de potência para cargas lineares

4.7.1.1 Modificação da rotina operacional

Esta orientação deve ser dirigida, por exemplo, no sentido de manter os motores em operação a plena carga, evitando o seu funcionamento a vazio. Outras providências devem ser tomadas no sentido de otimizar o uso racional da energia elétrica, atuando sobre o uso da iluminação, dos transformadores e de outras cargas que operam com ineficiência, conforme será estudado no Capítulo 15.

4.7.1.2 Instalação de motores síncronos superexcitados

Os motores síncronos podem ser instalados exclusivamente para a correção do fator de potência ou podem ser acoplados a alguma carga da própria produção, em substituição, por exemplo, a um motor de indução. Praticamente, nenhuma destas soluções é adotada devido a seu alto custo e dificuldades operacionais.

Os motores síncronos, quando utilizados para corrigir o fator de potência, em geral, funcionam com carga constante. A seguir será feita uma análise de sua operação nesta condição.

a) Motor subexcitado

Corresponde à condição de baixa corrente de excitação, na qual o valor da força eletromotriz induzida nos polos do estator (circuito estatórico) é pequena, o que acarreta a absorção de potência reativa da rede de energia elétrica necessária à formação de seu campo magnético. Assim, a corrente estatórica mantém-se atrasada em relação à tensão.

b) Motor excitado para a condição de fator de potência unitário

Partindo da condição anterior e aumentando a corrente de excitação, obtém-se uma elevação da força eletromotriz no campo estatórico, cuja corrente ficará em fase com a tensão de alimentação. Desta forma, o fator de potência assume o valor unitário e o motor não necessita de absorver potência reativa da rede de energia elétrica para a formação do seu campo magnético.

c) Motor sobre-excitado

Qualquer elevação de corrente de excitação a partir de então proporciona o adiantamento da corrente estatórica em relação à tensão aplicada, fazendo com que o motor funcione com o fator de potência capacitivo, fornecendo potência reativa à rede de energia elétrica.

4.7.1.3 Instalação de capacitores-derivação

Esta é a solução mais empregada na correção do fator de potência de instalações industriais, comerciais e dos sistemas de distribuição e de potência. A determinação da potência do capacitor por quaisquer dos métodos adiante apresentados não deve implicar um fator de potência inferior a 0,92, indutivo ou capacitivo, em qualquer ponto do ciclo de carga da instalação, de acordo com a legislação vigente.

Muitas vezes é necessária a operação dos bancos de capacitores em frações, cuja potência manobrada não deva permitir um fator de potência capacitivo inferior a 0,92 no período da 0 às 6 horas (à critério da concessionária), a fim de se evitar o faturamento de energia capacitiva excedente. O banco deve também ser manobrado no período das 6 às 24 horas para evitar o faturamento de energia reativa indutiva excedente. A correção do fator de potência de motores, aplicando-se banco de capacitores em seus terminais, deve ser feita com bastante critério, para evitar a queima do equipamento, como já se mencionou.

Nessas condições, o sistema de suprimento ficará sujeito a sobretensões indesejáveis, necessitando, pois, de empregar equipamentos de regulação de tensão e consequentes custos adicionais. Entretanto, como toda a carga que é composta de bobinas necessita de energia reativa indutiva para manter ativo o seu campo magnético, a companhia responsável pela geração, transmissão e distribuição de energia elétrica se compromete, de acordo com a legislação vigente, a fornecer a seus consumidores parte da energia reativa indutiva de que a carga necessita, até o limite dado pelo fator de potência igual a 0,92.

Os bancos de capacitores podem ser dimensionados para operação fixa e controlada.

4.7.1.3.1 Banco de capacitores fixos

Os capacitores fixos são utilizados quando a carga da indústria praticamente não varia ao longo de uma curva de carga diária. Também são empregados como uma potência capacitiva de base correspondente à demanda mínima da instalação.

A potência capacitiva necessária para corrigir o fator de potência pode ser determinada a partir dos seguintes métodos:

a) Método analítico

Como anteriormente já foi mencionado, o método analítico baseia-se na resolução do triângulo das potências. A determinação da potência dos capacitores para elevar o fator de potência de F_{p1} para F_{p2} pode ser feita com base na Equação (4.27).

$$P_c = P_{at} \times (tg\psi_1 - tg\psi_2) \qquad (4.27)$$

P_{at} = potência ativa, em kW;
ψ_1 = ângulo do fator de potência original;
ψ_2 = ângulo do fator de potência desejado.

Na Figura 4.33, P_{re1} significa a potência reativa fluindo na rede antes da instalação dos capacitores e P_{re2}, a potência reativa fluindo na rede após a instalação dos capacitores, P_c.

b) Método tabular

O fator de potência desejado é obtido através da Tabela 4.10, a partir do fator de potência original. O valor encontrado na Tabela 4.10 é aplicado de conformidade com a Equação (4.28).

$$P_c = P_{at} \times \Delta tg \qquad (4.28)$$

Δtg = valor encontrado na Tabela 4.10.

c) Método gráfico

Este método se baseia no gráfico da Figura 4.34. As escalas das potências ou consumos de energia ativa e reativa podem ser multiplicados por qualquer número arbitrário, de preferência múltiplo de 10. Conhecendo-se o fator de potência original F_{p1} e desejando corrigi-lo para um valor F_{p2}, basta conhecer a demanda ativa e obter no gráfico a demanda reativa P_{re1}. Com o mesmo valor da demanda ativa, encontrar para F_{p2} o valor da demanda reativa P_{re2}. A diferença dos valores na escala das potências reativas corresponde à potência necessária dos capacitores.

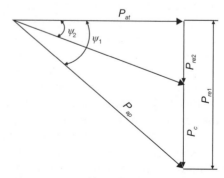

Figura 4.33 Triângulo das potências.

Tabela 4.10 Fatores para correção do fator de potência

Fator de potência original (Fp₁)	\multicolumn{16}{c}{Fator de potência corrigido – Fp₂}
	0,85	0,86	0,87	0,88	0,89	0,90	0,91	0,92	0,93	0,94	0,95	0,96	0,97	0,98	0,99	1,00
0,50	1,11	1,14	1,16	1,19	1,22	1,25	1,27	1,30	1,33	1,37	1,40	1,44	1,48	1,53	1,59	1,73
0,51	1,07	1,09	1,12	1,14	1,17	1,20	1,23	1,26	1,29	1,32	1,36	1,39	1,43	1,48	1,54	1,69
0,52	1,02	1,05	1,07	1,10	1,13	1,16	1,19	1,22	1,25	1,28	1,31	1,35	1,39	1,44	1,50	1,64
0,53	0,98	1,03	1,03	1,06	1,08	1,11	1,14	1,17	1,20	1,23	1,27	1,31	1,35	1,39	1,45	1,60
0,54	0,94	0,96	0,99	1,02	1,04	1,07	1,10	1,13	1,16	1,19	1,23	1,26	1,31	1,35	1,42	1,56
0,55	0,89	0,92	0,95	0,98	1,00	1,03	1,06	1,09	1,12	1,15	1,19	1,22	1,26	1,31	1,37	1,52
0,56	0,86	0,89	0,91	0,94	0,96	0,99	1,02	1,05	1,08	1,12	1,15	1,19	1,23	1,28	1,34	1,50
0,57	0,82	0,85	0,87	0,90	0,92	0,96	0,98	1,01	1,05	1,08	1,11	1,15	1,19	1,24	1,30	1,44
0,58	0,78	0,81	0,84	0,86	0,89	0,92	0,95	0,98	1,01	1,04	1,07	1,11	1,15	1,20	1,26	1,40
0,59	0,75	0,77	0,80	0,83	0,85	0,88	0,91	0,94	0,97	1,00	1,04	1,08	1,12	1,16	1,22	1,37
0,60	0,71	0,74	0,76	0,79	0,82	0,85	0,88	0,91	0,94	0,97	1,00	1,04	1,08	1,13	1,19	1,33
0,61	0,68	0,70	0,73	0,74	0,78	0,81	0,84	0,87	0,90	0,93	0,97	1,00	1,05	1,09	1,15	1,30
0,62	0,64	0,67	0,70	0,72	0,75	0,78	0,81	0,84	0,87	0,90	0,93	0,97	1,01	1,06	1,12	1,26
0,63	0,61	0,64	0,66	0,69	0,72	0,75	0,77	0,81	0,84	0,87	0,90	0,94	0,98	1,03	1,09	1,23
0,64	0,58	0,61	0,63	0,66	0,68	0,72	0,74	0,77	0,80	0,84	0,87	0,91	0,95	0,99	1,06	1,20
0,65	0,55	0,57	0,60	0,63	0,65	0,68	0,71	0,74	0,77	0,80	0,84	0,88	0,92	0,96	1,02	1,17
0,66	0,52	0,54	0,57	0,60	0,62	0,65	0,68	0,71	0,74	0,77	0,81	0,84	0,88	0,93	0,99	1,14
0,67	0,49	0,51	0,54	0,57	0,60	0,62	0,65	0,68	0,71	0,74	0,78	0,81	0,86	0,90	0,96	1,11
0,68	0,46	0,48	0,51	0,54	0,56	0,59	0,62	0,65	0,68	0,71	0,75	0,78	0,83	0,87	0,93	1,08
0,69	0,43	0,45	0,48	0,51	0,53	0,56	0,59	0,62	0,65	0,68	0,72	0,76	0,80	0,84	0,90	1,05
0,70	0,40	0,43	0,45	0,48	0,51	0,53	0,56	0,59	0,62	0,66	0,69	0,73	0,77	0,82	0,88	1,02
0,71	0,37	0,40	0,42	0,45	0,48	0,51	0,53	0,56	0,60	0,63	0,66	0,70	0,74	0,79	0,85	1,00
0,72	0,34	0,37	0,40	0,42	0,45	0,48	0,54	0,54	0,57	0,60	0,63	0,67	0,71	0,76	0,82	0,96
0,73	0,31	0,34	0,37	0,39	0,42	0,45	0,48	0,51	0,54	0,57	0,60	0,64	0,68	0,73	0,79	0,93
0,74	0,30	0,31	0,34	0,37	0,40	0,42	0,45	0,48	0,51	0,54	0,58	0,61	0,66	0,70	0,76	0,91
0,75	0,26	0,29	0,31	0,34	0,37	0,40	0,42	0,45	0,48	0,52	0,55	0,59	0,63	0,68	0,74	0,88
0,76	0,23	0,26	0,29	0,31	0,34	0,37	0,40	0,43	0,46	0,50	0,52	0,56	0,60	0,65	0,71	0,85
0,77	0,21	0,23	0,26	0,29	0,31	0,34	0,37	0,40	0,43	0,46	0,50	0,53	0,58	0,62	0,68	0,83
0,78	0,18	0,21	0,23	0,26	0,29	0,32	0,34	0,37	0,40	0,44	0,47	0,51	0,55	0,60	0,66	0,80
0,79	0,15	0,18	0,21	0,23	0,26	0,29	0,32	0,35	0,38	0,41	0,44	0,48	0,52	0,57	0,63	0,77
0,80	0,13	0,15	0,18	0,21	0,23	0,26	0,29	0,32	0,35	0,39	0,42	0,46	0,50	0,54	0,61	0,75
0,81	0,10	0,13	0,16	0,18	0,21	0,24	0,27	0,30	0,33	0,36	0,39	0,43	0,47	0,52	0,58	0,72
0,82	0,08	0,10	0,13	0,16	0,18	0,21	0,24	0,27	0,30	0,33	0,37	0,40	0,44	0,49	0,55	0,70
0,83	0,05	0,08	0,10	0,13	0,16	0,19	0,21	0,24	0,28	0,31	0,34	0,38	0,42	0,47	0,53	0,67
0,84	0,02	0,05	0,08	0,10	0,13	0,16	0,19	0,22	0,25	0,28	0,32	0,35	0,39	0,44	0,50	0,64
0,85	0,00	0,03	0,05	0,08	0,11	0,13	0,16	0,19	0,22	0,26	0,29	0,33	0,37	0,41	0,47	0,62
0,86	–	0,00	0,02	0,05	0,08	0,11	0,13	0,16	0,20	0,23	0,26	0,30	0,34	0,39	0,45	0,59

(continua)

Tabela 4.10 Fatores para correção do fator de potência (*Continuação*)

Fator de potência original (Fp₁)	\multicolumn{16}{c}{Fator de potência corrigido – Fp₂}
	0,85	0,86	0,87	0,88	0,89	0,90	0,91	0,92	0,93	0,94	0,95	0,96	0,97	0,98	0,99	1,00
0,87	–	–	0,00	0,02	0,05	0,08	0,11	0,14	0,18	0,20	0,24	0,27	0,31	0,36	0,42	0,56
0,88	–	–	–	0,00	0,03	0,05	0,08	0,11	0,15	0,18	0,21	0,25	0,29	0,34	0,39	0,54
0,89	–	–	–	–	0,00	0,03	0,05	0,08	0,12	0,15	0,18	0,22	0,26	0,31	0,37	0,51
0,90	–	–	–	–	–	0,00	0,03	0,06	0,09	0,12	0,15	0,19	0,23	0,28	0,34	0,48
0,91	–	–	–	–	–	–	0,00	0,03	0,06	0,09	0,13	0,16	0,20	0,25	0,31	0,45
0,92	–	–	–	–	–	–	–	0,00	0,03	0,06	0,09	0,13	0,17	0,22	0,28	0,42
0,93	–	–	–	–	–	–	–	–	0,00	0,03	0,06	0,10	0,14	0,19	0,25	0,39
0,94	–	–	–	–	–	–	–	–	–	0,00	0,03	0,07	0,11	0,16	0,22	0,36
0,95	–	–	–	–	–	–	–	–	–	–	0,00	0,04	0,08	0,12	0,18	0,33
0,96	–	–	–	–	–	–	–	–	–	–	–	0,00	0,04	0,09	0,15	0,29
0,97	–	–	–	–	–	–	–	–	–	–	–	–	0,00	0,05	0,11	0,25
0,98	–	–	–	–	–	–	–	–	–	–	–	–	–	0,00	0,06	0,20
0,99	–	–	–	–	–	–	–	–	–	–	–	–	–	–	0,00	0,14

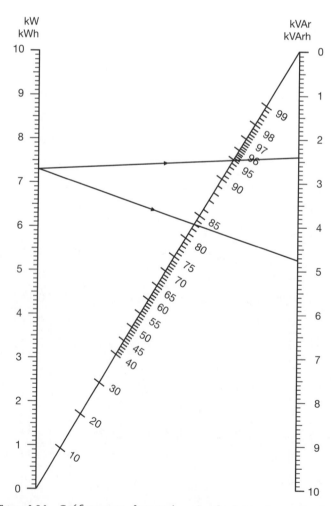

Figura 4.34 Gráfico para determinação do fator de potência.

Exemplo de aplicação (4.12)

Determinar a potência capacitiva necessária para corrigir o fator de potência de uma instalação industrial para 0,95 cuja demanda é praticamente constante ao longo do dia e vale 340 kW. O fator de potência médio medido em vários horários foi de 0,78.

$$P_c = P_{at} \times (tg\psi_1 - tg\psi_2) = 340 \times (tg\,38,73 - tg\,18,19) = 160 \text{ kVAr}$$

Exemplo de aplicação (4.13)

Calcular o fator de potência de uma instalação cuja demanda média calculada foi de 879,6 kVA para um fator de potência de 0,83. Desejando-se corrigi-lo para 0,95, calcular a potência nominal necessária dos capacitores.

$$P_{at} = 879,6 \times 0,83 = 730 \text{ kW}$$

$$\text{Para } P_{at} = 730 \text{ kW e } F_{p1} = 0,83 \rightarrow P_{re1} = 490 \text{ kVAr}$$

$$\text{Para } P_{at} = 730 \text{ kW e } F_{p2} = 0,95 \rightarrow P_{re2} = 240 \text{ kVAr}$$

$$P_c = 490 - 240 = 250 \text{ kVAr}$$

Poderão ser utilizadas 6 células de 40 kVAr:

$$N = \frac{250}{40} = 6,25 \rightarrow N = 6 \text{ células}$$

4.7.1.3.2 Banco de capacitores automáticos

Os métodos de cálculo utilizados para correção do fator de potência empregando banco de capacitores automáticos são os mesmos já utilizados anteriormente para banco de capacitores fixos. No entanto, há uma grande diferença na avaliação da capacidade do banco em função das frações inseridas durante o ciclo de carga da instalação.

Os bancos de capacitores automáticos são utilizados em instalações em que existe uma razoável variação da curva de carga reativa diária ou em que se necessita da manutenção do fator de potência em uma faixa muito estreita de variação.

Algumas recomendações devem ser seguidas para a utilização de bancos de capacitores automáticos:

a) A potência máxima capacitiva recomendada a ser chaveada, por estágio do controlador, deve ser de 15 kVAr para bancos trifásicos de 220 V e de 25 kVAr para bancos de 380/440 V.

b) Dimensionar um capacitor com a potência igual à metade da potência máxima a ser manobrada para permitir o ajuste fino do fator de potência.

c) Utilizar controladores de fator de potência que realizem a varredura das unidades chaveadas permitindo a melhor combinação de inserção.

A limitação da potência capacitiva chaveada tem como objetivo reduzir as correntes de surto que ocorrem durante a energização de cada célula capacitiva ou grupos de células capacitivas, cujos valores podem superar 100 vezes a corrente nominal do capacitor, acarretando alguns eventos indesejáveis, tais como a queima de fusíveis, danos nos contatos dos contatores etc. Para a utilização das potências anteriormente mencionadas por estágio de potência de manobra, recomenda-se subdividir esses estágios de forma a atender às potências limite antes mencionadas. Os contatores para manobra de capacitores devem ter categoria AC6b e são fabricados com dispositivos antissurto já incorporados, tais como resistor pré-carga ou bobina de surto.

A Figura 4.35 mostra em detalhes um exemplo de diagrama trifilar de um banco de capacitores automático de 175 kVAr/380 V, constituído de unidades capacitivas de 25 kVAr por estágio de manobra. Observa-se a presença de uma bobina antissurto, incorporada ao contator, em série em cada fase do banco de capacitores para reduzir a corrente de surto. Para a utilização de contatores convencionais em banco de capacitores, deve-se inserir um dispositivo restritor de corrente de surto que assim protege tanto os contatores como o próprio banco de capacitores.

Se forem utilizados resistores de pré-carga, pode-se utilizar o esquema básico mostrado na Figura 4.36, adotando os valores dos resistores de pré-carga de acordo com a Tabela 4.11.

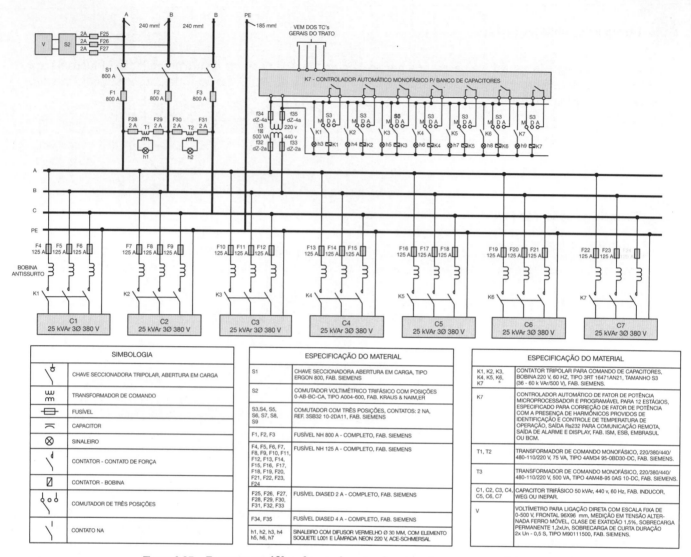

Figura 4.35 Esquema trifilar de um banco de capacitores automáticos.

Tabela 4.11 Dimensionamento dos resistores de pré-carga

Tensão	Potência reativa máxima	Contator (corrente nominal em regime AC3)		Resistor	
V	kVAr	Principal	Conexão	Ohm	W
220	17,5	50	9	3 × 1	25
	25	65	12	3 × 1	25
	27,5	80	18	3 × 1	60
	37,5	105	18	3 × 1	60
	50	177	32	3 × 1	160
	80	247	32	3 × 1	160
	115	330	32	3 × 1	200
380	40	50	9	3 × 1	20
	50	80	18	3 × 1	30
	60	95	25	3 × 1	75
	62,5	105	25	3 × 1	75
	90	177	32	3 × 1	100
440	40	50	18	3 × 1	30
	45	65	25	3 × 1	75
	50	80	25	3 × 1	75
	75	105	32	3 × 1	100
	100	177	32	3 × 1	100

Fator de potência

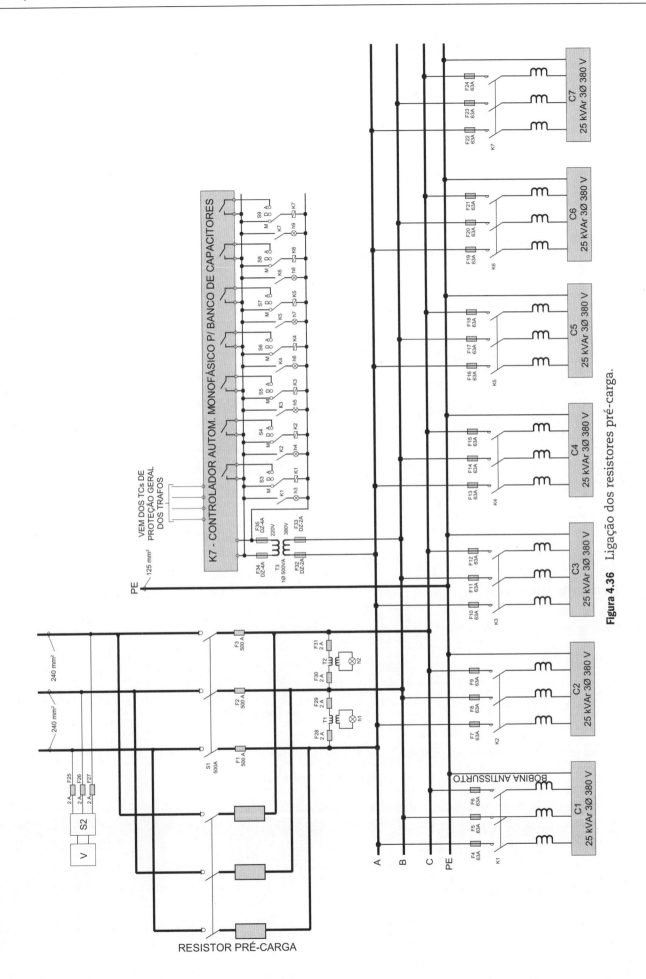

Figura 4.36 Ligação dos resistores pré-carga.

No caso de ser utilizada a bobina antissurto para se determinar a sua indutância, basta adotar a sequência de cálculo a seguir:

- Cálculo da corrente nominal do condutor que liga o contator ao capacitor

$$I_{nc} = \frac{P_{nc}}{\sqrt{3} \times V_{ff}} \text{ (A)} \qquad (4.29)$$

P_{nc} = potência nominal do capacitor, em kVAr;
V_{ff} = tensão de linha, em V.

- Cálculo da seção do condutor

O valor da seção do condutor S_{co} pode ser determinado pela Tabela 4.4. Consequentemente, pode-se conhecer o diâmetro do condutor.

- Cálculo da capacitância do capacitor

De acordo com a Equação (4.19), tem-se:

$$C = \frac{P_{ca}}{2 \times 10^{-3} \times \pi \times F \times V_{nc}^2} \; (\mu F) \qquad (4.30)$$

F = frequência nominal do capacitor, em Hz.

- Cálculo da reatância capacitiva do capacitor

$$X_c = \frac{1}{2 \times \pi \times F \times C} \; (\Omega) \qquad (4.31)$$

- Cálculo da indutância e reatância antissurto

$$L_c = 0,20 \times L_{co} \times \left[2,303 \times \log\left(4 \times \frac{L_{co}}{D_{co}}\right) - 0,75 \right] \qquad (4.32)$$

L_{co} = comprimento do condutor, em m;
D_{co} = diâmetro do condutor, em m.

- Cálculo do surto de corrente nominal durante a energização do capacitor manobrado

$$I_{surn} = 100 \times I_{nc} \text{ (A)} \qquad (4.33)$$

I_{nc} = corrente nominal do banco de capacitores, em A.

- Cálculo do surto de corrente real durante a energização do capacitor manobrado

$$I_{sur} = \frac{\sqrt{2} \times V_{ff}}{\sqrt{3} \times \sqrt{X_l \times X_c}} \text{ (A)} \qquad (4.34)$$

Se a corrente de surto real for superior à corrente de surto nominal, é necessário inserir uma reatância antissurto entre o contator e o capacitor manobrado.

- Cálculo da reatância para restringir a corrente de energização para o valor inferior à reatância de surto nominal

$$L_{ind} = \left(\frac{\sqrt{2} \times V_{ff}}{\sqrt{3} \times I_{sur}} \right)^2 \times C \; (\mu H) \qquad (4.35)$$

$$X_l = 2 \times \pi \times f \times L_{ind} \; (\Omega) \qquad (4.36)$$

- Determinação da corrente de surto real com a indutância restritora

$$I_{surr} = \frac{\sqrt{2} \times V_{ff}}{\sqrt{3} \times \sqrt{X_l \times X_c}} \text{ (A)} \qquad (4.37)$$

 Exemplo de aplicação (4.14)

Determinar a impedância de restrição que liga o contator ao capacitor de 50 kVAr, que é a parte manobrada de um banco de capacitores automático de 200 kVAr/380 V. O comprimento do condutor entre o contator e o capacitor vale 1 m.

- Corrente nominal do condutor que liga o contator ao capacitor de 50 kVAr

$$I_{nc} = \frac{P_{cap}}{\sqrt{3} \times V_{nc}} = \frac{50}{\sqrt{3} \times 0,38} = 75,9 \text{ A}$$

- Determinação da seção do condutor

$$S_{co} = 50 \text{ mm}^2 \text{ (Tabela 4.4)}$$

- Determinação da capacitância do capacitor de 50 kVAr

De acordo com a Equação (4.19), tem-se:

$$C = \frac{P_{ca}}{2 \times 10^{-3} \times \pi \times F \times V_{nc}^2} = \frac{50}{2 \times 10^{-3} \times \pi \times 60 \times 0,380^2} = 918,4 \mu F = 918,4 \times 10^{-6} \text{ F}$$

- Determinação da reatância capacitiva do capacitor

$$X_c = \frac{1}{2 \times \pi \times F \times C} = \frac{1}{2 \times \pi \times 60 \times 918,4} = \frac{1}{346.228,64} = 2,8885 \times 10^{-6} \; \Omega$$

- Determinação da indutância e reatância antissurto
  - Seção do condutor: 50 mm²
  - Comprimento do condutor: $L_{co} = 1$ m
  - Diâmetro do condutor: $D_{co} = 8{,}27$ mm $= 0{,}00827$ m

$$L_c = 0{,}20 \times L_{co} \times \left[2{.}303 \times \log\left(\frac{4 \times L_{co}}{D_{co}} - 0{,}75\right)\right]$$

$$L_c = 0{,}20 \times 1 \times \left[2{,}303 \times \log\left(\frac{4 \times 1}{0{,}00827}\right) - 0{,}75\right] = 1{,}0865\ \mu H$$

$$X_l = 2 \times \pi \times F \times L_c = 2 \times \pi \times 60 \times 1{,}0865 = 409{,}6\ \Omega$$

- Determinação do surto de corrente nominal durante a energização do capacitor manobrado

$$I_{surn} = 100 \times I_{nc} = 100 \times 75{,}9 = 7{.}590\ A$$

- Determinação do surto de corrente real durante a energização do capacitor manobrado

$$I_{surr} = \frac{\sqrt{2} \times V_{ff}}{\sqrt{3} \times \sqrt{X_l \times X_c}} = \frac{\sqrt{2} \times 380}{\sqrt{3} \times \sqrt{(409{,}6 \times 2{,}888 \times 10^{-6})}} = 9{.}021{,}1\ A$$

Como a corrente de surto real é superior à corrente de surto nominal, é necessário inserir uma reatância antissurto entre o contator e o capacitor manobrado.

- Determinação da reatância para restringir a corrente de energização para o valor inferior à corrente de surto nominal

$$L_{ind} = \left(\frac{\sqrt{2} \times V_{ff}}{\sqrt{3} \times I_{sur}}\right)^2 \times C = \left(\frac{\sqrt{2} \times 380}{\sqrt{3} \times 7{.}590}\right)^2 \times 918{,}4 = 1{,}5347\ \mu H$$

$$X_l = 2 \times \pi \times f \times L_c = 2 \times \pi \times 60 \times 1{,}5347 = 578{,}56\ \Omega$$

- Determinação da corrente de surto real com a indutância restritora

$$I_{surr} = \frac{\sqrt{2} \times V_{ff}}{\sqrt{3} \times \sqrt{X_l \times X_c}} = \frac{\sqrt{2} \times 380}{\sqrt{3} \times \sqrt{(578{,}56 \times 2{,}8885 \times 10^{-6})}} = 7{.}589{,}7\ A < 7{.}590\ A$$

Exemplo de aplicação (4.15)

Corrigir no período de demanda máxima o fator de potência da instalação citada no Exemplo de aplicação (4.5), do valor original de 0,81, obtido no período das 16 às 17 horas, para 0,92, determinando o banco de capacitores necessário.

$$\psi_1 = \arccos 0{,}81 = 35{,}90°$$

$$\psi_2 = \arccos 0{,}92 = 23{,}07°$$

$$P_c = 2{.}066 \times (\operatorname{tg} 35{,}90° - \operatorname{tg} 23{,}07°) \quad \rightarrow \quad P_c = 615{,}5\ kVAr$$

Logo, empregando-se capacitores de 25 kVAr/440 V, o número de células capacitivas do banco vale:

$$N_c = \frac{615{,}5}{25} = 24{,}6 \quad \rightarrow \quad N = 25$$

$$P_c = 25 \times 25 = 625\ kVAr$$

A partir do método analítico é possível realizar facilmente a correção do fator de potência horário para indústrias tanto em fase de projeto como em fase de operação. Se considerar o Exemplo de aplicação 4.5 para indústrias em projeto, pode-se determinar o fator de potência pelo método analítico e, em seguida, a necessidade de energia reativa horária para manter o fator de potência entre 0,92 indutivo e 1. Isto pode ser mostrado pela Tabela 4.8.

A seguir serão demonstrados os cálculos relativos à Tabela 4.8 para manter o fator de potência na faixa anteriormente mencionada.

a) Período de 0 a 6 horas

- Fator de potência

$$F_p = \cos\arctan\left(\frac{kVAr}{kW}\right) = \cos\arctan\left(\frac{1,7}{8,2}\right) = 0,97$$

$$\psi_2 = \arccos 0,92 = 23,07°$$

- Potência capacitiva necessária

$$P_{cap} = 0$$

b) Período das 6 às 8 horas

- Fator de potência

$$F_p = \cos\arctan\left(\frac{905}{1.239}\right) = 0,80 \rightarrow \psi_1 = 36,86°$$

- Potência capacitiva necessária

$$P_c = P_{at} \times (\tan\psi_2 - \tan\psi_1)$$

$$P_c = 1.239 \times (\tan 36,86° - \tan 23,07°) = 401 \text{ kVAr}$$

c) Período das 8 às 14 horas e das 16 às 18 horas

- Fator de potência

$$F_p = \cos\arctan\left(\frac{1.476}{2.066}\right) = 0,81 \rightarrow \psi_1 = 35,90°$$

- Potência capacitiva necessária

$$P_c = 2.066 \times (\tan 35,90° - \tan 23,07°) = 615 \text{ kVAr}$$

Deixa-se para o leitor o demonstrativo do restante do cálculo.

Com base na Tabela 4.8, pode-se conceber o diagrama unifilar do banco de capacidade visto na Figura 4.37, obedecendo à lógica de manobras, para que o fator de potência varie entre 0,92 indutivo e 1. A análise da Tabela 4.8 e do diagrama da Figura 4.37 leva aos seguintes resultados:

- a potência nominal do banco de capacidade é de $P_c = 625$ kVAr;
- o menor bloco de potência capacitiva a ser manobrado é de 100 kVAr (das 22 às 24 horas);
- a lógica de manobra dos blocos de potência capacitiva é:
  - de 0 a 6 horas: todos os estágios devem estar desligados $\rightarrow P_c = 0$ kVAr;
  - das 6 às 20 horas: inserir os estágios 1-2-3-4-5-6-7-8-9-10-11-12-13 $\rightarrow P_c = 625$ kVAr (em operação).

Neste caso, o fator de potência variará de 0,97 a 0,92:

- No período das 6 às 8 horas

$$F_p = \cos\arctan\left(\frac{905 - 625}{1.239}\right) = 0,97$$

- No período das 11 às 14 horas e das 16 às 18 horas

$$F_p = \cos\arctan\left(\frac{1.476 - 625}{2.066}\right) = 0,92$$

Como se observa, neste intervalo de tempo não há necessidade de realizar manobra no banco de capacitores.
 – Das 20 às 22 horas: retirar de operação os estágios 1-2-3-4-5 → P_c = 375 kVAr (em operação).

Neste caso, o fator de potência assumirá o valor de 0,94:

$$F_p = \cos \mathrm{artg}\left(\frac{659 - 375}{910}\right) = 0{,}95$$

– Das 22 às 24 horas: retirar de operação os estágios 6-7-8-9-10 → P_c = 125 kVAr (em operação).

Neste caso, o fator de potência assumirá o valor de 0,93:

$$F_p = \cos \mathrm{artg}\left(\frac{260 - 125}{358}\right) = 0{,}93$$

Para reduzir o número de estágio de capacitores manobrados e manter o fator de potência dentro dos limites estabelecidos, poder-se-ia adotar a solução mostrada na Figura 4.38.

• De 0 a 6 horas: todos os estágios desligados.
• Das 6 às 22 horas: inserir os estágios 1-2-3-4 → P_c = 625 kVAr (em operação).

Neste caso, o fator de potência variará de 0,92 a 0,95.

 – No período das 8 às 14 horas e de 16 às 18 horas

$$F_p = \cos \mathrm{artg}\left(\frac{1.476 - 625}{2.066}\right) = 0{,}92$$

 – No período das 22 às 24 horas e das 16 às 18 horas

$$F_p = \cos \mathrm{artg}\left(\frac{260 - 150}{358}\right) = 0{,}95$$

• Das 22 às 24 horas: retirar de operação os estágios 3 e 4 → P_c = 525 kVAr (em operação).

O diagrama da Figura 4.38 atenderia a condição anterior. Pode-se observar que haverá apenas a permanência dos estágios 1 e 2 totalizando 100 kVAr, no horário das 22 às 24 horas.

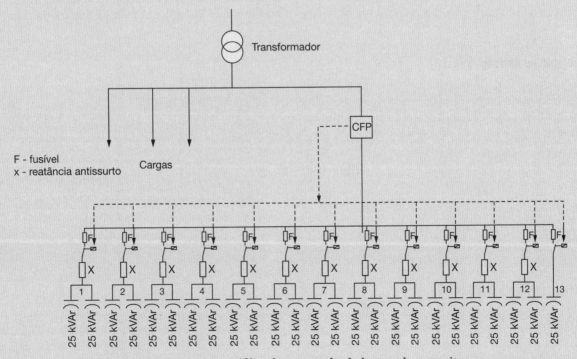

Figura 4.37 Diagrama unifilar de comando de banco de capacitores.

Para realizar esta manobra, faz-se necessária a utilização de um indutor antissurto instalado no estágio 4, conforme a Figura 4.38.

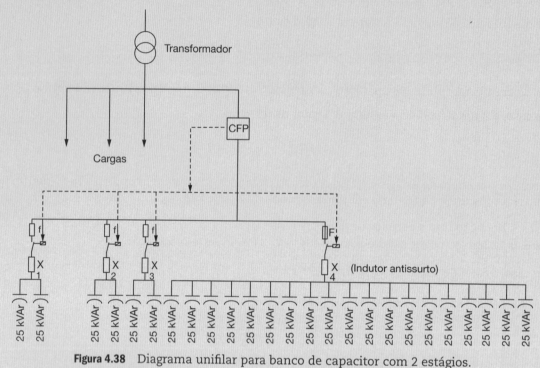

Figura 4.38 Diagrama unifilar para banco de capacitor com 2 estágios.

É bom destacar as funções do Controlador de Fator de Potência (CFP). Há diversos modelos de diferentes fabricantes. Alguns modelos usam a tecnologia de fonte chaveada a tiristores, normalmente empregados em grandes bancos capacitivos. Outros modelos para bancos de menor potência usam tecnologia digital que permite inserir alguns tipos de programação, tais como a manobra dos estágios para diferentes níveis de fator de potência, alternância de entrada dos estágios, de tal forma que os bancos de capacitores tenham o mesmo tempo de operação ao longo de um determinado ciclo de funcionamento etc.

Existem também soluções mais complexas que normalmente são partes integrantes do Sistema de Gerenciamento de Energia em instalações industriais.

 Exemplo de aplicação (4.16)

Corrigir o fator de potência no período de carga máxima, relativamente ao Exemplo de aplicação (4.5) do valor original de 0,81 para 0,92, aplicando o método tabular.

Para $F_{p1} = 0,81$ (valor do fator de potência original) e $F_{p2} = 0,92$ (valor do fator de potência a ser corrigido), tem-se:

$$\Delta tg = 0,30 \text{ (Tabela 4.10)}$$

$$P_c = 2.066 \times 0,30 = 619 \text{ kVAr}$$

Logo: $P_c = 19 \times 25 + 2 \times 25 \times 3 = 625$ kVAr

 Exemplo de aplicação (4.17)

Corrigir o fator de potência do Exemplo de aplicação (4.1), cujos valores horários estão definidos na Tabela 4.1. Determinar o banco de capacitores necessários a essa correção, de forma que o fator de potência não seja inferior a 0,95 indutivo e 0,92 capacitivo. Empregar células capacitivas unitárias de 50 kVAr/380 V, trifásicas.

Para determinar o fator de potência foi organizada a Tabela 4.12 a partir dos dados da Tabela 4.1:

$$\mathrm{tg}\Psi_2 = \frac{P_{at} \times \mathrm{tg}\Psi_1 - P_c}{P_{at}}$$

$$P_c = P_{at} \times \Delta \mathrm{tg}$$

Calculando o valor do banco capacitivo para alguns horários, tem-se:

- Período: das 10 às 11 horas

$$\Delta \mathrm{tg} = 0{,}15 \text{ (Tabela 4.10)}$$

$$P_c = 1.800 \times 0{,}15 = 270 \text{ kVAr} \rightarrow P_c = 6 \times 50 = 300 \text{ kVAr}$$

$$\mathrm{tg}\Psi_2 = \frac{1.800 \times \mathrm{tg}25{,}84° - 300}{1.800} = 0{,}317 \rightarrow \Psi_2 = 17{,}5° \rightarrow \cos\Psi_2 = 0{,}95$$

- Período: das 17 às 18 horas

$$\Delta \mathrm{tg} = 0{,}29 \text{ (Tabela 4.10)}$$

$$P_c = 200 \times 0{,}29 = 58 \text{ kVAr} \rightarrow P_c = 2 \times 50 = 100 \text{ kVAr}$$

$$\mathrm{tg}\Psi_2 = \frac{200 \times \mathrm{tg}31{,}78° - 100}{200} = 0{,}119 \rightarrow \Psi_2 = 6{,}78° \rightarrow \cos\Psi_2 = 0{,}99$$

Tabela 4.12 Potências capacitivas manobradas

Período	Pot. ativa	FP atual	Tipo de FP	kVAr neces.	kVAr manob.	Nº cap. 50 kVAr	FP final
0-1	150	0,33	C	–	–	–	–
1-2	130	0,29	C	–	–	–	–
2-3	130	0,29	C	–	–	–	–
3-4	140	0,96	C	–	–	–	–
4-5	130	0,95	C	–	–	–	–
5-6	150	0,96	C	–	–	–	–
6-7	1.000	0,67	I	780	800	16	0,95
7-8	1.700	0,88	I	357	400	8	0,95
8-9	2.000	0,90	I	300	300	6	0,95
9-10	2.300	0,94	I	69	100	2	0,95
10-11	1.800	0,90	I	270	300	6	0,95
11-12	1.900	0,88	I	399	400	8	0,95
12-13	800	0,47	C	–	–	–	–
13-14	700	0,44	C	–	–	–	–
14-15	2.100	0,90	I	315	350	7	0,95
15-16	2.200	0,91	I	286	300	6	0,95
16-17	2.100	0,87	I	504	500	10	0,99
17-18	200	0,85	I	58	100	2	0,99
18-19	180	0,93	I	10,8	50	1	0,97
19-20	200	0,91	I	26	50	1	0,97
20-21	2.000	0,89	I	360	400	8	0,95
21-22	2.000	0,88	I	420	450	9	0,95
22-23	1.200	0,80	I	504	500	10	0,95
23-24	850	0,72	I	535	550	11	0,95

4.7.2 Correção do fator de potência para cargas não lineares

Quando existem componentes harmônicos presentes em uma instalação, podem ocorrer alguns fenômenos indesejáveis que perturbam a continuidade e a qualidade do serviço.

Os componentes harmônicos surgem na instalação levados por três diferentes tipos de cargas não lineares:

a) Cargas operadas por arcos voltaicos

São compostas por lâmpadas de descargas (lâmpadas vapor de mercúrio, vapor de sódio etc.), fornos a arco, máquinas de solda etc.

b) Cargas operadas com núcleo magnético saturado

São compostas por transformadores operando em sobretensão e reatores de núcleo saturado.

c) Cargas operadas por fontes chaveadas

São constituídas por equipamentos eletrônicos dotados de controle linear ou vetorial (retificadores, inversores, computadores etc.).

Os componentes harmônicos podem causar os seguintes fenômenos transitórios:

- erros adicionais em medidores de energia elétrica;
- perdas adicionais em condutores e barramentos;
- sobrecarga em motores elétricos;
- atuação intempestiva de equipamentos de proteção (relés, fusíveis, disjuntores etc.);
- surgimento de fenômenos de ressonância séria e paralela.

A determinação do fator de potência na presença de componentes harmônicos pode ser feita pela Equação (4.38), com base na medição da corrente fundamental (em 60 Hz) e das correntes harmônicas de diferentes ordens:

$$F_{pr} = \frac{I_f \times \cos\varphi}{\sqrt{I_f^2 + \sum I_h^2}} \quad (4.38)$$

I_f = corrente fundamental, valor eficaz em A;
I_h = correntes harmônicas, em valor eficaz, de diferentes ordens.

O fator de potência pode também ser determinado quando se conhece a distorção harmônica da instalação, através de medições realizadas:

$$F_{pr} = \frac{\cos\varphi}{\sqrt{1 + \left(\frac{THD}{100}\right)^2}} \quad (4.39)$$

THD = distorção harmônica total, em % do componente fundamental.

O valor de THD pode ser obtido tanto para a tensão como para a corrente.

$$THD = \frac{\sqrt{\sum I_h^2}}{I_f} \times 100 \quad (4.40)$$

Exemplo de aplicação (4.18)

Em uma instalação industrial foram realizadas medições elétricas e obtidos os seguintes resultados:

- demanda aparente: 530 kVA, não *true*;
- demanda ativa: 424 kW, não *true*;
- corrente harmônica de 3ª ordem: 95 A;
- corrente harmônica de 5ª ordem: 62 A;
- corrente harmônica de 7ª ordem: 16 A.

Determinar o fator de potência verdadeiro da instalação.

- Fator de potência para frequência fundamental

$$F_p = \frac{424}{530} = 0,80$$

- Fator de potência verdadeiro

$$I_f = \frac{530}{\sqrt{3} \times 0,38} = 805\,A$$

$$THD = \frac{\sqrt{\sum I_h^2}}{I_f} \times 100 = \frac{\sqrt{(95^2 + 62^2 + 16^2)}}{805} \times 100 = 14,2\,\%$$

Logo, o fator de potência verdadeiro vale:

$$F_{pr} = \frac{\cos\varphi}{\sqrt{1 + \left(\frac{THD}{100}\right)^2}} = \frac{0,80}{\sqrt{1 + \frac{14,2}{100}}} = 0,74$$

4.8 Ligação dos capacitores em bancos

Os capacitores podem ser ligados em várias configurações, formando bancos, sendo o número de unidades limitado em função de determinados critérios que podem ser estudados no livro *Manual de Equipamentos Elétricos*, 5ª ed., LTC, 2013, do autor.

4.8.1 Ligação em série

Neste tipo de arranjo, as unidades capacitivas podem ser ligadas tanto em triângulo como em estrela, conforme as Figuras 4.39 e 4.41.

4.8.2 Ligação paralela

Neste caso, os capacitores podem ser ligados nas configurações triângulo ou estrela, respectivamente, representadas nas Figuras 4.40 e 4.42.

O tipo de arranjo em estrela somente deve ser empregado em sistemas cujo neutro seja efetivamente aterrado, o que normalmente ocorre nas instalações industriais. Desta forma, este sistema oferece uma baixa impedância para a terra às correntes harmônicas, reduzindo substancialmente os níveis de sobretensão devido aos harmônicos referidos.

Em instalações industriais de baixa-tensão, normalmente os bancos de capacitores são ligados na configuração triângulo, utilizando-se, para isto, unidades trifásicas.

A seguir, algumas recomendações gerais:

- não é recomendável a utilização de banco em estrela aterrada contendo apenas um único grupo série, por fase, de unidades capacitivas. Isso se deve ao fato de o banco apresentar, em cada fase, uma baixa reatância, resultando em elevadas correntes de curto-circuito e, em consequência, proteções fusíveis individuais de elevada capacidade de ruptura;
- não se devem empregar capacitores no arranjo estrela aterrada em sistema cujo ponto neutro é isolado, pois isso estaria criando um caminho de circulação das correntes de sequência zero, o que poderia ocasionar elevados níveis de sobretensão nas fases não atingidas quando uma delas fosse levada à terra;
- a configuração em estrela aterrada oferece uma vantagem adicional sobre os demais arranjos quando permite que um maior número de unidades capacitivas possa falhar sem que atinja o limite máximo de sobretensão de 10 %;
- já a configuração do banco de capacitores em estrela isolada pode ser empregada tanto em sistemas com neutro aterrado como em sistemas com neutro isolado;
- por não possuírem ligação à terra, os bancos de capacitores em estrela isolada não permitem a circulação de corrente de sequência zero nos defeitos de fase e terra.

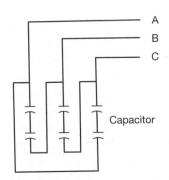

Figura 4.39 Ligação em triângulo série.

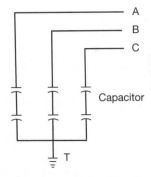

Figura 4.41 Ligação em estrela série.

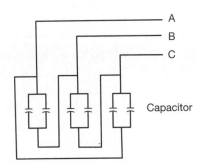

Figura 4.40 Ligação em triângulo paralela.

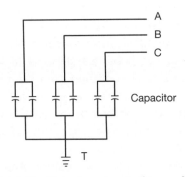

Figura 4.42 Ligação em estrela paralela.

5
Curto-circuito nas instalações elétricas

5.1 Introdução

A determinação das correntes de curto-circuito nas instalações elétricas de sistemas industriais de baixas e altas-tensões é fundamental para a elaboração do projeto de ajuste das proteções e para a coordenação dos seus diversos elementos.

Os valores dessas correntes são baseados no conhecimento das impedâncias, desde o ponto de defeito até a fonte geradora.

As correntes de curto-circuito adquirem valores de grande intensidade, porém com duração geralmente limitada a frações de segundo. São provocadas mais comumente pela perda de isolamento de algum elemento energizado do sistema elétrico. Os danos provocados na instalação ficam condicionados à intervenção correta dos elementos de proteção. Os valores de pico estão, em geral, compreendidos entre 10 e 100 vezes a corrente nominal no ponto de defeito da instalação, sendo dependentes da localização desse mesmo ponto de defeito.

Além das avarias provocadas com a queima de alguns componentes da instalação, as correntes de curto-circuito geram solicitações de natureza mecânica, atuando, principalmente, sobre os barramentos, chaves e condutores, e ocasionando o rompimento dos apoios e deformações na estrutura dos quadros de distribuição, caso o dimensionamento destes não seja adequado aos esforços eletromecânicos resultantes.

São considerados fontes de corrente de curto-circuito todos os componentes elétricos ligados ao sistema, que passam a contribuir com a intensidade da corrente de defeito, como é o caso de geradores, condensadores síncronos e motores de indução. Erroneamente, muitas vezes é atribuída ao transformador a propriedade de *fonte de corrente de curto-circuito*. Na realidade, este equipamento é apenas um componente de elevada impedância inserido no sistema elétrico.

5.2 Análise das correntes de curto-circuito

Será feita inicialmente a análise sintética das formas de onda que caracterizam as correntes de curto-circuito, partindo-se de um estudo que demonstra a influência dos valores das correntes de defeito em função da localização das fontes supridoras, para finalmente se proceder a uma análise de composição das ondas referidas e de sua consequente formulação matemática simplificada.

Os curtos-circuitos podem ser do tipo franco, quando os condutores de fase fazem contato entre si ou quando o condutor de fase faz contato direto com uma massa metálica aterrada, ou ainda do tipo a arco, quando a corrente de fase circula por de um arco elétrico (condutor gasoso) para qualquer uma das fases ou para a terra. Dos curtos-circuitos do tipo franco resultam as maiores correntes que circulam no sistema.

Há curtos-circuitos nos quais a corrente é igual ou inferior à corrente de carga. São denominados curtos-circuitos de alta impedância para a terra.

Quando a corrente de curto-circuito é muito elevada, deve-se reduzir o seu valor para níveis compatíveis com os disjuntores e demais equipamentos instalados no sistema. No caso de curtos-circuitos trifásicos, a melhor forma de reduzir a corrente é introduzir nos condutores de fase um reator-série com o valor da impedância que limite essa corrente no valor desejado. Para reduzir as correntes de curto-circuito fase-terra em sistema com tensão até 34,50 kV é usual o emprego de resistor de aterramento que nada mais é que uma resistência conectada em série com o ponto neutro do transformador. Podem-se utilizar também reatores em vez de resistores de aterramento. Esses reatores, em geral, são fabricados com núcleo a ar e reforçados com poliéster ou fibra de vidro para que suportem os esforços eletromecânicos das correntes de defeito.

5.2.1 Análise das formas de onda das correntes de curto-circuito

As correntes de curto-circuito ao longo de toda a permanência da falta assumem formas diversas quanto à sua posição em relação ao eixo dos tempos, ou seja:

a) Corrente simétrica de curto-circuito

É aquela em que o componente senoidal da corrente se forma simetricamente em relação ao eixo dos tempos. Conforme a Figura 5.1, esta forma de onda é característica das correntes de curto-circuito permanentes. Devido ao longo período em que essa corrente se estabelece no sistema, é utilizada nos cálculos para determinação da capacidade necessária aos equipamentos para que suportem os efeitos térmicos correspondentes, cujo estudo será posteriormente efetuado.

b) Corrente assimétrica de curto-circuito

É aquela na qual o componente senoidal da corrente se forma de maneira assimétrica em relação ao eixo dos tempos e que pode assumir as seguintes características:

- Corrente parcialmente assimétrica

Neste caso, a assimetria é parcial, conforme a Figura 5.2.

- Corrente totalmente assimétrica

Neste caso, toda a onda senoidal situa-se acima do eixo dos tempos, conforme a Figura 5.3.

- Corrente inicialmente assimétrica e posteriormente simétrica

Neste caso, nos primeiros instantes de ocorrência do defeito a corrente de curto-circuito assume a forma assimétrica para, em seguida, devido aos efeitos atenuantes, adquirir a forma simétrica, conforme a Figura 5.4.

5.2.2 Localização das fontes das correntes de curto-circuito

Serão analisados dois casos importantes nos processos de curto-circuito. O primeiro refere-se aos defeitos ocorridos nos terminais do gerador ou muito próximos a este, em que a corrente apresenta particularidades próprias em diferentes estágios do processo. O segundo refere-se aos defeitos ocorridos em um ponto distante dos terminais do gerador, sendo este o caso mais comum em plantas industriais, normalmente afastadas dos parques geradores que, no Brasil, ainda são majoritariamente hidráulicos.

5.2.2.1 Curto-circuito nos terminais dos geradores

A principal fonte das correntes de curto-circuito são os geradores síncronos utilizados em usinas hidrelétricas, termelétricas e eólicas. No caso de geradores eólicos há uma particularidade importante. Existem dois tipos de aerogeradores quanto ao controle de velocidade. Os aerogeradores que utilizam máquina de indução com rotor bobinado, em que os conversores de frequência são conectados ao rotor, conhecida como DFIG – *Doubly-fed Induction Generators*, injetam no sistema correntes de curto-circuito elevadas, diferentemente dos aerogeradores que utilizam máquinas de indução denominadas *full converter* em que os conversores de frequência são conectados ao estator. Nesse caso, a corrente de curto-circuito gerada pela máquina praticamente não contribui com a corrente de defeito devido à intervenção do conversor de frequência.

No gerador síncrono, a corrente de curto-circuito, cujo valor inicial é muito elevado, vai decrescendo até alcançar o regime permanente. Assim, pode-se afirmar que o gerador é dotado de uma reatância interna

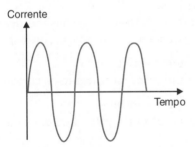

Figura 5.1 Corrente simétrica de curto-circuito.

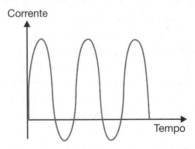

Figura 5.2 Corrente parcialmente assimétrica.

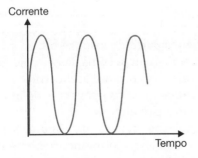

Figura 5.3 Corrente totalmente assimétrica.

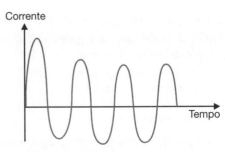

Figura 5.4 Corrente assimétrica e simétrica.

variável, compreendendo inicialmente uma reatância pequena até atingir o valor constante, quando o gerador alcança o seu regime permanente. Para que se possam analisar os diferentes momentos das correntes de falta nos terminais do gerador, é necessário que se conheça o comportamento dessas máquinas quanto às reatâncias limitadoras, conceituadas como reatâncias positivas. Essas reatâncias são referidas à posição do rotor do gerador em relação ao estator. Nos casos estudados neste livro, as reatâncias mencionadas referem-se às *reatâncias do eixo direto*, cujo índice de variável é "*d*", situação em que o eixo do enrolamento do rotor e do estator coincidem, ou seja:

a) Reatância subtransitória (X_d'')

Também conhecida como reatância inicial, compreende a reatância de dispersão dos enrolamentos do estator e do rotor do gerador, nas quais se incluem as influências das partes maciças rotóricas e do enrolamento de amortecimento, limitando a corrente de curto-circuito no seu instante inicial, ou seja, para t = 0. Seu efeito tem duração média de 50 ms, o que corresponde à constante de tempo transitória (T_d). Seu valor é praticamente o mesmo para curtos-circuitos trifásicos, monofásicos e fase e terra.

A reatância subtransitória apresenta as seguintes variações:

- para geradores hidráulicos: de 18 a 24 % na base da potência nominal dos geradores dotados de enrolamento de amortecimento;
- para turbogeradores de 12 a 15 % na base da potência nominal dos geradores.

b) Reatância transitória (X_d')

Também conhecida como reatância total de dispersão, compreende a reatância de dispersão dos enrolamentos do estator e da excitação do gerador, limitando a corrente de curto-circuito depois de cessados os efeitos da reatância subtransitória. O seu efeito tem duração variável entre 50 e 3.000 ms, que corresponde à constante de tempo transitória (T_d'). Os valores inferiores correspondem à constante de tempo de máquinas hidráulicas e os valores superiores aos de turbogeradores. O seu valor varia para curtos-circuitos trifásicos, monofásicos e fase e terra.

A reatância transitória apresenta as seguintes variações:

- para geradores hidráulicos: de 27 a 36 % na base da potência nominal dos geradores dotados de enrolamento de amortecimento;
- para turbogeradores: de 18 a 23 % na base da potência nominal dos geradores.

c) Reatância síncrona (X_d)

É aquela que está associada ao fluxo magnético máximo do gerador, limitando a corrente de curto-circuito, após a cessação dos efeitos da reatância transitória, iniciando-se aí a parte permanente de um ciclo completo da corrente de falta. A constante de tempo transitória (T_d) depende das características amortecedoras dos enrolamentos do estator dadas pela relação entre a sua reatância e resistência e as reatâncias e resistências da rede conectada ao gerador.

A reatância transitória apresenta as seguintes variações:

- para geradores hidráulicos, de 100 a 150 % na base da potência nominal dos geradores;
- para turbogeradores, de 120 a 160 % na base da potência nominal dos geradores.

A Figura 5.5 mostra graficamente a reação do gerador nos três estágios mencionados.

5.2.2.2 Curto-circuito distante dos terminais do gerador

Com o afastamento do ponto de curto-circuito dos terminais do gerador, a impedância acumulada das linhas de transmissão e de distribuição é tão grande em relação às impedâncias do gerador, que a corrente de curto-circuito simétrica já é a de regime permanente acrescida apenas do componente de corrente contínua. Neste caso, a impedância da linha de transmissão predomina sobre as impedâncias do sistema de geração, eliminando sua influência sobre as correntes de curto-circuito decorrentes. Assim, nas instalações elétricas, alimentadas por fontes distantes, a corrente alternada de curto-circuito permanece constante ao longo do período, conforme se mostra na Figura 5.6. Neste caso, a corrente inicial de curto-circuito é igual à corrente permanente. Ao longo deste livro será sempre considerada esta hipótese.

A corrente de curto-circuito assimétrica apresenta dois componentes em sua formação, ou seja:

- Componente simétrico
É a parte simétrica da corrente de curto-circuito.

- Componente contínuo
É a parte da corrente curto-circuito de natureza contínua.

O componente contínuo tem valor decrescente e é formado em virtude da propriedade característica do fluxo magnético que não pode variar bruscamente, fazendo com que as correntes de curto-circuito nas três fases se iniciem a partir do valor zero.

A qualquer instante, a soma desses dois componentes mede o valor da corrente assimétrica. A Figura 5.6 mostra graficamente os componentes de uma onda de corrente de curto-circuito.

Com base nas curvas da Figura 5.6 pode-se expressar os conceitos fundamentais que envolvem a questão:

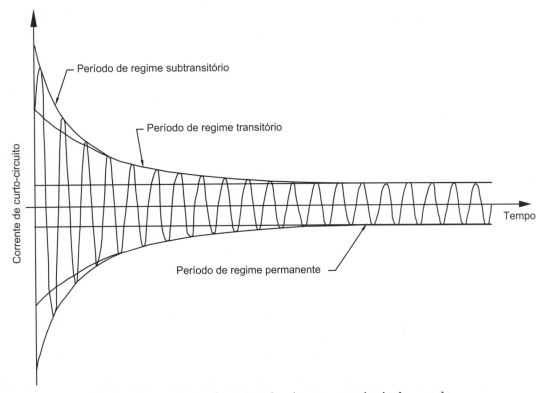

Figura 5.5 Corrente de curto-circuito nos terminais do gerador.

a) **Corrente alternada de curto-circuito simétrica**

É o componente alternado da corrente de curto-circuito que mantém em todo o período uma posição simétrica em relação ao eixo do tempo.

b) **Corrente eficaz de curto-circuito simétrica permanente (I_{cs})**

É a corrente de curto-circuito simétrica, dada em seu valor eficaz, que persiste no sistema, depois de decorridos os fenômenos transitórios.

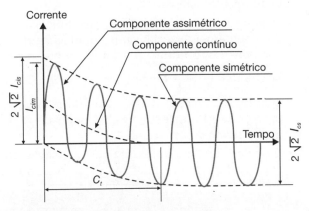

I_{cis} = componente alternado inicial de curto-circuito;

I_{cim} = impulso da corrente de curto-circuito, ou valor do pico;

I_{cs} = corrente de curto-circuito permanente ou simplesmente corrente de curto-circuito simétrica;

C_t = constante de tempo.

Figura 5.6 Componentes de uma corrente de curto-circuito.

c) **Corrente eficaz inicial de curto-circuito simétrica (I_{cis})**

É a corrente, em seu valor eficaz, no instante do defeito. O gráfico da Figura 5.6 esclarece a obtenção do valor de I_{cis} em seus vários aspectos. Quando o curto-circuito ocorre longe da fonte de suprimento, o valor da corrente eficaz inicial de curto-circuito simétrica (I_{cis}) é igual ao valor da corrente eficaz de curto-circuito simétrica (I_{cs}), conforme se mostra na mesma figura.

d) **Impulso da corrente de curto-circuito (I_{cim})**

É o valor máximo da corrente de defeito, dado em seu valor instantâneo, e que varia conforme o momento da ocorrência do fenômeno.

e) **Potência de curto-circuito simétrica (P_{cs})**

É a potência correspondente ao produto de tensão de fase pela corrente simétrica de curto-circuito. Se o defeito for trifásico, aplicar a este fator $\sqrt{3}$. Observar, no entanto, que a tensão no momento do defeito é nula, porém a potência resultante é numericamente igual ao que se definiu anteriormente.

5.2.3 Formulação matemática das correntes de curto-circuito

Como se observa, as correntes de curto-circuito apresentam uma forma senoidal, cujo valor em qualquer instante pode ser dado pela Equação (5.1).

$$I_{cc(t)} = \sqrt{2} \times I_{cs} \times \left[\operatorname{sen}(\omega t + \beta - \theta) - e^{-t/C_t} \times \operatorname{sen}(\beta - \theta) \right] \quad (5.1)$$

$I_{cc(t)}$ = valor instantâneo da corrente de curto-circuito, em determinado instante t;
I_{cs} = valor eficaz simétrico da corrente de curto-circuito;
t = tempo durante o qual ocorreu o defeito no ponto considerado, em s;
C_t = constante de tempo, dada pela Equação (5.2);

$$C_t = \frac{X}{2 \times \pi \times F \times R} \text{ (s)} \quad (5.2)$$

β = deslocamento angular, em graus elétricos ou radianos medidos no sentido positivo da variação dv/dt a partir de V = 0, até o ponto t = 0 (ocorrência do defeito).

A Figura 5.7(a) mostra a contagem do ângulo β defasado de 0° quando a ocorrência do defeito se dá no ponto nulo da tensão do sistema, $t_v = 0$. Quando o defeito ocorre no ponto em que a tensão está em seu valor máximo, como na Figura 5.7(b), o valor de $\beta = 90°$.

θ = ângulo que mede a relação entre a reatância e a resistência do sistema e tem valor igual a:

$$\theta = \text{arctg}\left(\frac{X}{R}\right) \quad (5.3)$$

R = resistência do circuito desde a fonte geradora até o ponto de defeito, em Ω ou pu;
X = reatância do circuito desde a fonte geradora até o ponto de defeito, em Ω ou pu;
ωt = ângulo de tempo;
F = frequência do sistema, em Hz.

O primeiro termo da Equação (5.1), ou seja, $\sqrt{2} \times I_{cs} \times \text{sen}(\omega t + \beta - \theta)$, representa o valor simétrico da corrente alternada e da corrente de curto-circuito de efeito permanente. Por outro lado, o segundo termo da Equação (5.1), isto é, $\sqrt{2} \times I_{cs} \times e^{-t/C_t} \times \text{sen}(\beta - \theta)$, representa o valor do componente contínuo.

Com base na Equação (5.1) e nas Figuras 5.7(a) e (b) podem ser feitas algumas observações, considerando o fato de que o sistema é altamente reativo indutivo e que a forma de onda da corrente de defeito é função de como evolui a onda de tensão na sua primeira passagem por zero:

• Analisando a condição dada na Figura 5.7(a), observamos que a tensão está negativa, porém crescendo positivamente e, no ponto em que a tensão passa no ponto zero da abscissa, ocorre um defeito no sistema, considerando-se, nesse caso, que a corrente de pré-falta está defasada da tensão de um ângulo de 90°.

Para $X \gg R \rightarrow \theta = \text{arctg}\left(\frac{X}{R}\right) \rightarrow \theta \approx 90° \rightarrow C_t = \infty$

Para o instante em que a tensão está passando por zero, ou seja:

$$t_v = 0 \rightarrow \beta = 0°$$

$$I_{cc(t)} = \sqrt{2} \times I_{cs} \times \left[\text{sen}(\omega t + 0° - 90°) - e^{-t/C_t} \times \text{sen}(0° - 90°)\right]$$

$$I_{cc(t)} = \sqrt{2} \times I_{cs} \times \left[\text{sen}(\omega t - 90°) + e^{-t/C_t}\right] \text{ (componente alternado simétrico + componente exponencial)}$$

• Analisando agora a condição dada na Figura 5.7(b), observamos que a tensão está crescendo positivamente e, no ponto em que a tensão passa pelo seu valor nulo no eixo da abscissa, ocorre um defeito no sistema, considerando-se, nesse caso, que a corrente de pré-falta está passando por zero e defasada da tensão de um ângulo de 90°.

Para

$R \gg X \rightarrow \theta = \text{arctg}\left(\frac{X}{R}\right) \rightarrow \theta \approx 0° \rightarrow C_t = 0$

Para o instante em que a tensão está passando por zero, ou seja:

$$t_v = 0 \rightarrow \beta = 90°$$

$$I_{cc(t)} = \sqrt{2} \times I_{cs} \times \left[\text{sen}(\omega t + 90° - 0°) - e^{-t/C_t} \times \text{sen}(90° - 0°)\right]$$

$$I_{cc(t)} = \sqrt{2} \times I_{cs} \times \left[\text{sen}(\omega t + 90°) - e^{-t/C_t} \times \text{sen}(90°)\right]$$

$$I_{cc(t)} = \sqrt{2} \times I_{cs} \times \text{sen}(\omega t + 90°) \text{ (componente alternado simétrico)}$$

• O componente contínuo apresenta um amortecimento ao longo do desenvolvimento dos diversos ciclos em que pode perdurar a corrente de curto-circuito de valor assimétrico. Esse amortecimento está ligado ao fator de potência de curto-circuito, ou seja, à relação X/R que caracteriza a constante de tempo do sistema.

• Quando o circuito apresenta característica predominantemente resistiva, o amortecimento do componente contínuo é extremamente rápido, já que $C_t = \frac{X}{377 \times R}$ tende a zero, para $R \gg X$, enquanto a expressão (e^{-t/C_t}) tende a zero, resultando, nos valores extremos, na nulidade do segundo termo da Equação (5.1).

• Quando o circuito apresenta características predominantemente reativas indutivas, o amortecimento do componente contínuo é lento, já que $C_t = \frac{X}{377 \times R}$ tende a ∞ para $X \gg R$, enquanto a expressão (e^{-t/C_t}) tende à unidade, resultando, nos valores extremos a permanência do componente contínuo associado ao componente simétrico.

É importante observar que em um circuito trifásico as tensões estão defasadas de 120° elétricos. Quando se ana-

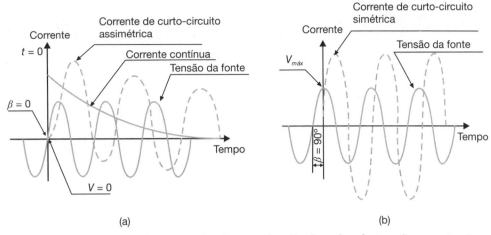

Figura 5.7 Corrente de curto-circuito em função do valor da tensão para t = 0.

lisam as correntes de curto-circuito é importante fazê-lo para a fase que permite o maior valor desta corrente.

Assim, quando a tensão está passando por zero em determinada fase, nas duas outras fases a tensão está a 86,6 % de seu valor máximo. Além disso, para se obter o maior valor da corrente de curto-circuito na ocorrência de um defeito é necessário analisar em que ponto da tensão ocorreu a falta.

Quando o defeito ocorre no instante em que a onda de tensão em qualquer uma das fases está passando por zero, a corrente nessa fase sofre uma defasagem angular que pode chegar a praticamente 90°, considerando-se que o defeito aconteça nos terminais do gerador, cuja impedância do sistema fica restrita à reatância de dispersão do gerador. Se o defeito ocorrer distante dos terminais do gerador, a defasagem da corrente fica condicionada ao efeito da impedância do sistema.

Quando se analisa um circuito sob defeito tripolar, considera-se somente uma fase, extrapolando-se este resultado para as demais que, logicamente, em outra situação de falta estão sujeitas às mesmas condições desfavoráveis.

Os processos de cálculo da corrente de curto-circuito fornecem facilmente a intensidade das correntes simétricas em seu valor eficaz. Para se determinar a intensidade da corrente assimétrica, basta que se conheça a relação X/R do circuito, sendo X e R medidos desde a fonte de alimentação até o ponto de defeito e, por meio do fator de assimetria, dado na Equação (5.4), e que se estabeleça o produto desse pela corrente simétrica calculada, ou seja:

$$I_{ca} = I_{cs} \times \sqrt{1 + 2 \times e^{-(2 \times t/C_t)}} \quad (5.4)$$

I_{ca} = corrente eficaz assimétrica de curto-circuito;
I_{cs} = corrente eficaz simétrica de curto-circuito.

O termo $\sqrt{1 + 2 \times e^{-(2 \times t/C_t)}}$ é denominado fator de assimetria. Seu valor pode ser obtido facilmente na Tabela 5.1 para diferentes valores de $C_t = \dfrac{X}{377 \times R}$, considerando, neste caso, t = 0,00416 s, que corresponde a 1/4 do ciclo, ou seja, o valor de pico do primeiro semiciclo. Para exemplificar o cálculo de um valor tabelado, adotar a relação X/R = 3,00.

$$C_t = \dfrac{X}{377 \times R} = \dfrac{3,00}{377} = 0,00795 \text{ s}$$

$$F_a = \sqrt{1 + 2 \times e^{-(2 \times 0,00416/0,00795)}} = 1,30$$

5.3 Sistema de base e valores por unidade

Para facilitar o cálculo das correntes de curto-circuito é necessário aplicar alguns artifícios matemáticos que muito simplificam a resolução dessas questões.

5.3.1 Sistema de base

Quando em determinado sistema há diversos valores tomados em bases diversas, é necessário que se estabeleça uma base única e se transformem todos os valores considerados nessa base, a fim de que se possa trabalhar adequadamente com os dados do sistema.

Para facilitar o entendimento, basta compreender que o conhecido *sistema percentual* ou *por cento* é um sistema em que os valores considerados são tomados da base 100. Da mesma forma, poder-se-ia estabelecer um sistema de base 1.000 ou sistema *milesimal*, no qual os valores fossem tomados nessa base. Assim, se um engenheiro que ganhasse US$ 2.500,00/mês recebesse um aumento de 10 % (base 100), passaria a perceber um salário de US$ 2.500,00 + 10/100 × 2.500 = US$ 2.750,00. Se, no entanto, o aumento fosse de 10 *por milésimo* (base 1.000), passaria a perceber somente US$ 2.500 + 10/1.000 × 2.500 = US$ 2.525,00.

Caso semelhante ocorre com os diversos elementos de um sistema elétrico. Costuma-se expressar a impedância do transformador em Z % (base 100) de sua potência nominal em kVA. Também as impedâncias dos motores elétricos são definidas em Z % na base da potência nominal do motor, em cv. Já os con-

Tabela 5.1 Fator de assimetria – F para t = 1/4 ciclo

Relação X/R	Fator de assimetria F	Relação X/R	Fator de assimetria F	Relação X/R	Fator de assimetria F
0,40	1,00	3,80	1,37	11,00	1,58
0,60	1,00	4,00	1,38	12,00	1,59
0,80	1,02	4,20	1,39	13,00	1,60
1,00	1,04	4,40	1,40	14,00	1,61
1,20	1,07	4,60	1,41	15,00	1,62
1,40	1,10	4,80	1,42	20,00	1,64
1,60	1,13	5,00	1,43	30,00	1,67
1,80	1,16	5,50	1,46	40,00	1,68
2,00	1,19	6,00	1,47	50,00	1,69
2,20	1,21	6,50	1,49	60,00	1,70
2,40	1,24	7,00	1,51	70,00	1,71
2,60	1,26	7,50	1,52	80,00	1,71
2,80	1,28	8,00	1,53	100,00	1,71
3,00	1,30	8,50	1,54	200,00	1,72
3,20	1,32	9,00	1,55	400,00	1,72
3,40	1,34	9,50	1,56	600,00	1,73
3,60	1,35	10,00	1,57	1.000,00	1,73

Exemplo de aplicação (5.1)

Calcular a corrente de curto-circuito em seu valor de crista depois de decorridos 1/4 de ciclo do início do defeito que se deu quando a tensão passava por zero no sentido crescente, em uma rede de distribuição de 13,8 kV, resultando em corrente simétrica de 12.000 A. A resistência e reatância até o ponto da falta valem, respectivamente, 0,9490 Ω e 1,8320 Ω.

$$C_t = \frac{X}{2\pi \times F \times R} = \frac{1,8320}{2 \times \pi \times 60 \times 0,9490} = 0,00512 \text{ s}$$

$$wt = 2 \times \pi \times \frac{1}{4} = \frac{\pi}{2} = 1,57079 \text{ rd}$$

$$t = \frac{1}{4} \times \frac{1}{60} = 0,00416 \text{ s}$$

$$1 \text{ rd} = 57,3°$$

$$\omega t = 1,57059 \times 57,3 = 90°$$

$$\theta = \arctg\left(\frac{X}{R}\right) = \arctg\left(\frac{1,8320}{0,9490}\right) = 62,61°$$

$\beta = 0°$ (tensão no ponto nulo no sentido crescente da tensão)

Aplicando-se a Equação (5.1), temos:

$$I_{cc(t)} = \sqrt{2} \times 12.000 \times \left[\text{sen}(90° + 0° - 62,61°) - e^{-\left(\frac{0,00416}{0,00512}\right)} \times \text{sen}(0° - 62,61°) \right]$$

$$I_{cc(t)} = 16.970,5 \times (0,460 + 0,394) \rightarrow I_{cc(t)} = 14.492 \text{A} = 14,4 \text{ kA}$$

dutores elétricos apresentam impedâncias em valores ôhmicos.

Ora, como se viu, é necessário admitir uma base única para expressar todos os elementos de determinado circuito, a fim de facilitar as operações de cálculo.

5.3.2 Valores por unidade

Trata-se de um dos vários métodos de cálculo conhecidos na prática que procuram simplificar a resolução das questões da determinação das correntes de curto-circuito.

O valor de determinada grandeza em *por unidade* (*pu*) é definido como a relação entre esta grandeza e o valor adotado arbitrariamente como sua base, sendo expresso em um valor adimensional. O valor em *pu* pode ser também expresso em percentagem que corresponde a 100 vezes o valor encontrado.

Os valores de tensão, corrente, potência e impedância de um circuito são, normalmente, convertidos em percentagem ou *por unidade* (*pu*). As impedâncias dos transformadores, em geral, dadas na forma de percentagem, são da mesma maneira convertidas em *pu*. As impedâncias dos condutores, conhecidas normalmente em mΩ/m ou Ω/km, são transformadas também em *pu*, todas referindo-se, porém, a uma mesma base. O sistema *pu* introduz métodos convenientes para a expressão das grandezas elétricas mencionadas em uma mesma base.

Uma das vantagens mais significativas de se adotar a prática do sistema *por unidade* está relacionada com a presença de transformadores no circuito. Neste caso, as impedâncias no primário e secundário que em valores ôhmicos estão relacionados pelo número de espiras, expressam-se pelo mesmo número no sistema *por unidade*. Para demonstrar esta afirmação, considerar uma impedância de 0,6Ω tomada no secundário de um transformador de 1.000 kVA–13.800/380 V. Seu valor em *pu* nos lados primário e secundário do transformador é o mesmo, ou seja:

- Valor da impedância no secundário do transformador

$$Z_b = \frac{1.000 \times V_{b2}^2}{P_b} = \frac{1.000 \times 0,380^2}{1.000} = 0,1444 \ \Omega$$

$$Z_{pu2} = \frac{Z_{\Omega2}}{Z_b} = \frac{0,6}{0,1444} = 4,15 \ pu$$

- Valor da impedância no primário do transformador

$$Z_{\Omega1} = Z_{\Omega2} \times \left(\frac{V_{b1}}{V_{b2}}\right)^2 = 0,6 \times \left(\frac{13.800}{380}\right)^2 = 791,3 \ \Omega$$

$$Z_b = \frac{1.000 \times V_{b1}^2}{P_b} = \frac{1.000 \times 13,80^2}{1.000} = 190,4 \ \Omega$$

$$Z_{pu1} = \frac{Z_{\Omega1}}{Z_b} = \frac{791,3}{190,4} = 4,15 \ pu$$

Algumas vantagens podem ser apresentadas quando se usa o sistema *por unidade*, ou seja:

- todos os transformadores do circuito são considerados face à relação de transformação 1:1, sendo, portanto, dispensada a representação no diagrama de impedância;
- basta que se conheça apenas o valor da impedância do transformador expressa em *pu* ou em %, sem identificar a que lado se refere;
- todos os valores expressos em *pu* estão referidos ao mesmo valor percentual;
- para cada nível de tensão o valor da impedância ôhmica varia, ao mesmo tempo em que varia a impedância base, resultando sempre na mesma relação;
- a potência-base é selecionada para todo o sistema;
- a tensão-base deve ser selecionada para determinado nível de tensão do sistema;
- adotando-se a tensão-base para um lado da tensão do transformador, deve-se calcular a tensão-base para o outro lado da tensão do transformador, dividindo-se apenas a tensão-base inicialmente adotada pela relação de transformação, conforme já demonstrado;
- em geral, é tomada como base a potência nominal do transformador.

Deve-se entender que a base adotada deverá ser utilizada para todo o cálculo. Em geral, como os sistemas elétricos possuem diferentes níveis de tensão, para cada um desses níveis deve-se tomar a tensão correspondente para o cálculo da corrente de curto-circuito. Assim, um sistema com os níveis de tensão de 69 – 13,8 – 0,380 kV, deve-se tomar uma potência básica qualquer (p. ex., a potência nominal do transformador de 69 kV) e a tensão de base deve ser a do sistema no qual estamos efetuando o cálculo. Se estamos calculando as correntes de curto-circuito na baixa-tensão, a potência de base é a potência nominal do transformador de 69 kV (se esta for a potência de base adotada) e a tensão de base é de 0,380 kV. Tomando-se como base a potência *Pb* em kVA e a tensão *Vb* em kV, temos:

a) Corrente base

$$I_b = \frac{P_b}{\sqrt{3} \times V_b} \ (A) \tag{5.5}$$

b) Impedância base

$$Z_b = \frac{1.000 \times V_b^2}{P_b} \ (\Omega) \tag{5.6}$$

Exemplo de aplicação (5.2)

A impedância percentual de um transformador de força de 1.000 kVA – 13.800/13.200/12.600 – 380/220 V é de 4,5 % referida no tape de 13.200 V. Calcular esta impedância no tape de tensão mais elevada, ou seja, 13.800 V. Adotando-se as bases de 1.000 kVA e 13.800 V e aplicando-se a Equação (5.12), temos:

$$Z_{u2} = 4,5 \times \frac{1.000}{1.000} \times \left(\frac{13.200}{13.800}\right)^2 = 4,11 \%$$

P_1 = 1.000 kVA (valor de base da potência a que refere a impedância de 4,5 %);
P_2 = 1.000 kVA (nova base à qual se deseja referir a impedância de 4,5 %);
V_1 = 13.200 V (valor de base de tensão a que refere a impedância de 4,5 %);
V_2 = 13.800 V (nova base à qual se deseja referir a impedância de 4,5 %; foi selecionada a base igual à tensão nominal primária do transformador).

---

c) Impedância por unidade ou *pu*

$$Z_{pu} = \frac{Z_{c\Omega}}{Z_b} \; (pu) \qquad (5.7)$$

Pode ser expressa também por:

$$Z_{pu} = Z_{c\Omega} \times \frac{P_b}{1.000 \times V_b^2} \; (pu) \qquad (5.8)$$

$Z_{c\Omega}$ = impedância do circuito, em Ω.

Quando o valor de uma grandeza é dado em determinada base (1), e se deseja conhecer o seu valor em outra base (2), podem-se aplicar as seguintes expressões:

a) Tensão

$$V_{u2} = V_{u1} \times \frac{V_1}{V_2} \; (pu) \qquad (5.9)$$

Vu_2 = tensão em *pu* na base V_2;
Vu_1 = tensão em *pu* na base V_1.

b) Corrente

$$I_{u2} = I_{u1} \times \frac{V_2}{V_1} \times \frac{P_1}{P_2} \; (pu) \qquad (5.10)$$

Iu_2 = corrente em *pu* nas bases V_2 e P_2;
Iu_1 = corrente em *pu* nas bases V_1 e P_1.

c) Potência

$$P_{u2} = P_{u1} \times \frac{P_1}{P_2} \; (pu) \qquad (5.11)$$

Pu_2 = potência em *pu* na base P_2;
Pu_1 = potência em *pu* na base P_1.

d) Impedâncias

$$Z_{u2} = Z_{u1} \times \frac{P_2}{P_1} \times \left(\frac{V_1}{V_2}\right)^2 \; (pu) \qquad (5.12)$$

Zu_2 = impedância em *pu* nas bases V_2 e P_2;
Zu_1 = impedância em *pu* nas bases V_1 e P_1.

5.4 Tipos de curto-circuito

Defeitos nas instalações elétricas podem ocorrer em uma das seguintes formas:

5.4.1 Curto-circuito trifásico

Um curto-circuito trifásico caracteriza-se quando as tensões nas três fases se anulam no ponto de defeito, conforme mostrado na Figura 5.8.

Por serem geralmente de maior valor, as correntes de curto-circuito trifásicas são de fundamental importância devido à larga faixa de aplicação. O seu emprego se faz sentir nos seguintes casos:

- ajustes dos dispositivos de proteção contra sobrecorrente;
- capacidade de interrupção dos disjuntores;
- capacidade térmica dos cabos e equipamentos;
- capacidade dinâmica dos equipamentos;
- capacidade dinâmica dos barramentos coletores.

5.4.2 Curto-circuito bifásico

O defeito pode ocorrer em duas situações distintas, ou seja: na primeira, há contato somente entre dois condu-

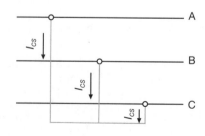

Figura 5.8 Curto-circuito trifásico.

tores de fases diferentes, conforme se observa na Figura 5.9; na segunda, além do contato direto entre os citados condutores, há a participação do elemento terra, de acordo com a Figura 5.10.

5.4.3 Curto-circuito fase-terra

À semelhança do curto-circuito bifásico, o defeito monopolar pode ocorrer em duas situações diversas: na primeira, há somente o contato entre o condutor fase e terra, conforme a Figura 5.11; na segunda, há o contato simultâneo entre dois condutores fase e terra, de acordo com a Figura 5.12.

As correntes de curto-circuito monopolares são empregadas nos seguintes casos:

- ajuste dos valores mínimos dos dispositivos de proteção contra sobrecorrentes;
- seção mínima do condutor de uma malha de terra;
- limite das tensões de passo e de toque;
- dimensionamento de resistor ou reator de aterramento.

As correntes de curto-circuito monopolares costumam ser maiores que as correntes de curto-circuito trifásicas nos terminais do transformador da subestação, na condição de falta máxima.

Quando as impedâncias do sistema são muito pequenas, as correntes de curto-circuito, de forma geral, assumem valores muito elevados, capazes de danificar térmica e mecanicamente os equipamentos da instalação, caso o seu dimensionamento não seja compatível. Muitas vezes até, não se obtêm no mercado equipamentos com capacidade suficiente para suportar determinadas correntes de curto-circuito. Nesse caso, o projetista deve buscar meios para reduzir o valor dessas correntes, podendo admitir uma das seguintes opções:

- dimensionar os transformadores de força com impedância percentual elevada (transformador normalmente fora dos padrões normalizados e fabricado sob encomenda);
- dividir a carga da instalação em circuitos parciais alimentados por vários transformadores em operação não paralela (subestações primárias);
- inserir uma reatância em série no circuito principal ou no neutro do transformador quando se tratar de correntes monopolares elevadas.

A aplicação da reatância em série no circuito principal acarreta uma redução do fator de potência da instalação, necessitando-se, pois, da aplicação de banco de capacitores para compensação.

A base de qualquer sistema de proteção está calcada no conhecimento dos valores das correntes de curto-circuito da instalação. Deste modo, são dimensionados os fusíveis e disjuntores e determinados os valores nominais dos dispositivos e equipamentos a serem utilizados, em função dos limites da corrente de curto-circuito indicados pelos fabricantes.

5.5 Determinação das correntes de curto-circuito

As correntes de curto-circuito devem ser designadas para todos os pontos nos quais se requer a instalação de equipamentos ou dispositivos de proteção. Em uma instalação industrial convencional, como aquela apresentada na Figura 5.13, podem-se estabelecer previamente alguns pontos de importância fundamental, ou seja:

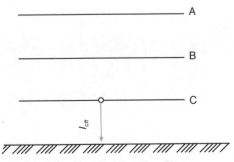

Figura 5.9 Curto-circuito bifásico.

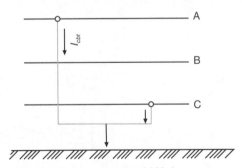

Figura 5.10 Curto-circuito bifásico com terra.

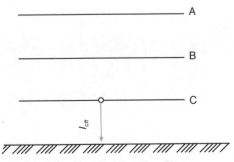

Figura 5.11 Curto-circuito fase-terra.

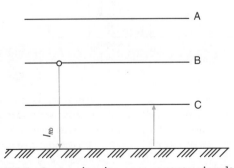

Figura 5.12 Curto-circuito com contato simultâneo.

- ponto de entrega de energia, cujo valor é normalmente fornecido pela companhia fornecedora;
- barramento do Quadro Geral de Força (QGF), devido à aplicação dos equipamentos e dispositivos de manobra e proteção do circuito geral e dos circuitos de distribuição;
- barramento dos Centros de Controle de Motores (CCMs), devido à aplicação de equipamentos e dispositivos de proteção em circuitos terminais dos motores;
- terminais dos motores, quando há dispositivos de proteção instalados;
- barramento dos Quadros de Distribuição de Luz (QDLs) devido ao dimensionamento dos disjuntores.

5.5.1 Impedâncias do sistema

No cálculo das correntes de defeito devem ser representados os principais elementos do circuito por intermédio de suas impedâncias. No entanto, as impedâncias de alguns desses elementos podem ser desprezadas, dependendo de algumas considerações.

a) **Impedância reduzida do sistema**

É aquela que representa todas as impedâncias desde a fonte de geração até o ponto de entrega de energia da unidade consumidora, isto é, compreendendo as impedâncias da geração, do sistema de transmissão, do sistema de subtransmissão e do sistema de distribuição. A Figura 5.13 mostra um diagrama simplificado representativo de um sistema anteriormente mencionado.

O valor da impedância reduzida, também chamada de equivalente do sistema, deve ser fornecido ao projetista da instalação industrial pela área técnica da companhia concessionária de energia elétrica local. Dependendo da concessionária, pode ser fornecido em *pu* (normalmente na base de 100 MVA) ou em Ohms. Algumas vezes, é fornecido o valor da potência ou da corrente de curto-circuito no ponto de entrega de energia. Quando ainda os valores anteriores são desconhecidos, toma-se a capacidade de ruptura mínima do disjuntor geral de proteção de entrada, em geral estabelecida por norma de fornecimento da concessionária e de conhecimento geral. Este último é o valor mais conservativo que se pode tomar como base para se determinar a impedância equivalente do sistema. Na grande parte das aplicações, a impedância do sistema de suprimento é muito pequena, relativamente ao valor da impedância do sistema elétrico da indústria.

b) **Impedância do sistema primário (tensões acima de 2.400 V)**

É aquela que, a partir do ponto de entrega de energia, representa as impedâncias dos componentes conectados na tensão superior a 2.400 V, isto é:

- transformadores de força;
- circuito de condutores nus ou isolados de grande comprimento;
- reatores limitadores, se for o caso.

c) **Impedância do sistema secundário**

É aquela que, a partir do transformador abaixador, representa as impedâncias de todos os componentes dos circuitos de tensão.

- Circuitos de condutores nus ou isolados de grande comprimento;

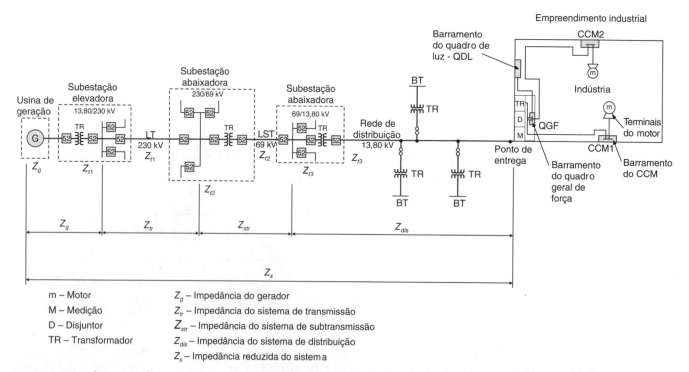

m – Motor
M – Medição
D – Disjuntor
TR – Transformador

Z_g – Impedância do gerador
Z_{tr} – Impedância do sistema de transmissão
Z_{str} – Impedância do sistema de subtransmissão
Z_{dis} – Impedância do sistema de distribuição
Z_s – Impedância reduzida do sistema

Figura 5.13 Diagrama de um sistema de geração/transmissão/subtransmissão/distribuição/consumidor.

- reatores limitadores, se for o caso;
- barramentos de painéis de comando de comprimento superior a 4 m;
- impedância dos motores quando se levar em consideração a sua contribuição.

Podem ser dispensadas as impedâncias dos autotransformadores.

Os limites dos valores anteriormente considerados são orientativos. Cabe ao projetista o bom senso de decidir a influência que esses valores terão sobre o resultado das correntes de curto-circuito.

5.5.2 Metodologia de cálculo

Os processos de cálculo utilizados neste trabalho são de fácil aplicação no desenvolvimento de um projeto industrial. Os resultados são valores aproximados dos métodos mais sofisticados, porém a precisão obtida atendem plenamente aos propósitos a que se destinam. Assim, deve-se considerar uma indústria com *layout* bastante convencional, como o representado na Figura 5.14.

Com base nessa figura, pode-se elaborar o diagrama unifilar simplificado e posteriormente o diagrama de bloco de impedâncias, conforme as Figuras 5.15 e 5.16, respectivamente.

O diagrama de bloco sintetiza a representação das impedâncias de valor significativo que compõem o sistema elétrico, desde a geração até os terminais do motor.

Para simplicidade de cálculo, será empregada a metodologia de valores *por unidade (pu)*. Em função dessa condição, serão adotados como base o valor P_b, expresso em kVA, e a tensão secundária do transformador da subestação V_b, dada kV.

As impedâncias de barramentos e cabos devem ser calculadas em seus valores de sequência positiva, negativa e zero. O valor da impedância de sequência negativa, neste caso, é igual ao valor da impedância de sequência positiva.

A seguir, será mostrado o roteiro de cálculo que permite determinar os valores das correntes de curto-circuito em diferentes pontos da rede industrial.

5.5.3 Sequência de cálculo

5.5.3.1 Impedância reduzida ou equivalente do sistema (Z_{us})

a) Resistência (R_{us})

Em alguns casos, como quando a resistência do sistema de suprimento é muito pequena relativamente ao valor da reatância, na prática pode-se desprezar o seu efeito.

$$R_{us} \cong 0$$

b) Reatância (X_{us})

Considerando-se inicialmente que a concessionária só tenha disponível a corrente de curto-circuito (I_{cp}) no ponto de entrega, normalmente, em valor aproximado, temos:

$$P_{cc} = \sqrt{3} \times V_{np} \times I_{cp} \text{ (kVA)} \tag{5.13}$$

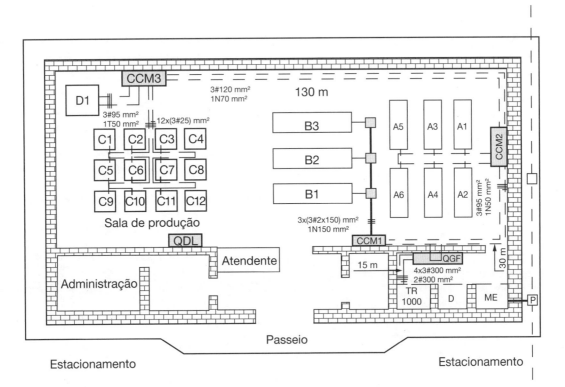

Figura 5.14 Planta de *layout* de uma indústria.

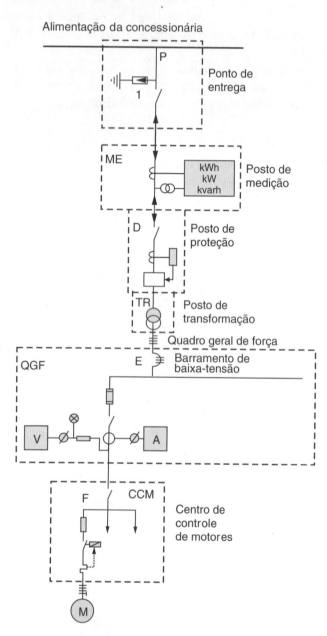

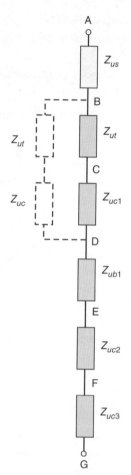

Figura 5.16 Diagrama de blocos.

P_{cc} = potência de curto-circuito no ponto de entrega, em kVA;

V_{np} = tensão nominal primária no ponto de entrega, em kV;

I_{cp} = corrente de curto-circuito simétrica, em A.

O valor da reatância, em pu, é dado pela Equação (5.14).

$$X_{us} = \frac{P_b}{P_{cc}} \ (pu) \tag{5.14}$$

$$\vec{Z}_{us} = R_{us} + jX_{us}(pu) \tag{5.15}$$

No entanto, quando a concessionária local dispuser de informações do seu sistema nos diversos pontos da rede distribuição, deve-se buscar junto à concessionária as impedâncias de sequência positiva e zero. Em geral, esses valores vêm referidos na base de 100 MVA. Por facilidade de cálculo é conveniente que as impedâncias fornecidas devam migrar da base de 100 MVA para a base da potência nominal do transformador.

5.5.3.2 Impedância do(s) transformador(es) da subestação (Z_t)

É necessário conhecer:

- potência nominal P_{nt}, dada em kVA;
- impedância percentual Z_{pt} (Tabela 9.11);
- perdas ôhmicas no cobre P_{cu}, em W (Tabela 9.11);
- tensão nominal V_{nt}, em kV.

P = ponto de entrega de energia à indústria;

ME = posto de medição da concessionária;

D = posto de proteção e comando em que são instalados o disjuntor geral de proteção e a chave seccionadora, o transformador de corrente de proteção e em alguns casos um transformador de potencial de proteção;

TR = posto de transformação;

QGF = Quadro Geral de Força, no qual são instalados os principais equipamentos de proteção, manobra e medição indicativa em baixa-tensão;

CCM = Centro de Controle de Motores, em que estão instalados, geralmente, os elementos de proteção e manobra dos motores;

M = máquinas industriais, caracterizadas, principalmente, pelos valores de placa dos motores que as acionam, ou outros componentes elétricos de trabalho, como resistência, reatores etc.

Figura 5.15 Diagrama unifilar simplificado.

a) Resistência (R_{ut})

Inicialmente determina-se a resistência percentual, ou seja:

$$R_{pt} = \frac{P_{cu}}{10 \times P_{nt}} \; (\%) \quad (5.16)$$

Então, R_{ut} será determinada pela Equação (5.17).

$$R_{ut} = R_{pt} \times \frac{P_b}{P_{nt}} \times \left(\frac{V_{nt}}{V_b}\right)^2 \; (pu) \quad (5.17)$$

b) Reatância (X_{ut})

A impedância unitária tem valor de:

$$Z_{ut} = Z_{pt} \times \frac{P_b}{P_{nt}} \times \left(\frac{V_{nt}}{V_b}\right)^2 \; (pu) \quad (5.18)$$

A reatância unitária será:

$$X_{ut} = \sqrt{Z_{ut}^2 - R_{ut}^2} \quad (5.19)$$

Logo, a impedância do transformador vale:

$$\vec{Z}_{ut} = R_{ut} + jX_{ut} \; (pu) \quad (5.20)$$

5.5.3.3 Impedância do circuito que conecta o transformador ao QGF

a) Resistência (R_{uc1})

$$R_{c1\Omega} = \frac{R_{u\Omega} \times L_{c1}}{1.000 \times N_{c1}} \; (\Omega) \quad (5.21)$$

$$R_{uc1} = R_{c1\Omega} \times \frac{P_b}{1.000 \times V_b^2} \; (pu) \quad (5.22)$$

$R_{u\Omega}$ = resistência do condutor de sequência positiva, em mΩ/m (Tabela 3.22);
L_{c1} = comprimento do circuito medido entre os terminais do transformador e o ponto de conexão com o barramento, dado em m;
N_{c1} = número de condutores por fase do circuito mencionado.

b) Reatância (X_{uc1})

A reatância do cabo é:

$$X_{c1\Omega} = \frac{X_{u\Omega} \times L_{c1}}{1.000 \times N_{c1}} \; (\Omega) \quad (5.23)$$

$$X_{uc1} = X_{c1\Omega} \times \frac{P_b}{1.000 \times V_b^2} \; (pu) \quad (5.24)$$

$X_{u\Omega}$ = reatância de sequência positiva do condutor fase, em mΩ/m (Tabela 3.22).

$$\vec{Z}_{uc1} = R_{uc1} + jX_{uc1} \; (pu) \quad (5.25)$$

Quando há dois ou mais transformadores ligados em paralelo, deve-se calcular a impedância em série de cada transformador com o circuito que o liga ao QGF, determinando-se, em seguida, a impedância resultante, por meio de seu paralelismo.

Para transformadores de impedâncias iguais e circuitos com condutores de mesma seção e comprimento, a impedância é dada por:

$$\vec{Z}_{c1\Omega} = \frac{\vec{Z}_{1cir}}{N_{trp}}$$

$\vec{Z}_{1cir}$ = impedância do circuito, compreendendo o transformador e condutores, em Ω ou pu;
N_{trp} = número de transformadores em paralelo.

5.5.3.4 Impedância do barramento do QGF (Z_{ub1})

a) Resistência (R_{ub1})

$$R_{b1\Omega} = \frac{R_{u\Omega} \times L_b}{1.000 \times N_{b1}} \; (\Omega) \quad (5.26)$$

$R_{u\Omega}$ = resistência ôhmica da barra, em mΩ/m (Tabelas 3.38 e 3.39);
N_{b1} = número de barras em paralelo;
L_b = comprimento da barra, em m.

A resistência, em pu, é dada por:

$$R_{ub1} = R_{b1\Omega} \times \frac{P_b}{1.000 \times V_b^2} \; (pu) \quad (5.27)$$

b) Reatância (X_{ub1})

$$X_{b1\Omega} = \frac{X_{u\Omega} \times L_b}{1.000 \times N_{b1}} \; (\Omega) \quad (5.28)$$

A reatância, em pu, é dada por:

$$X_{ub1} = X_{b1\Omega} \times \frac{P_b}{1.000 \times V_b^2} \; (pu) \quad (5.29)$$

Logo, a impedância do barramento vale:

$$\vec{Z}_{ub1} = R_{ub1} + jX_{ub1} \; (pu) \quad (5.30)$$

5.5.3.5 Impedância do circuito que conecta o QGF ao CCM

Os valores da resistência e reatância, em pu, respectivamente iguais a R_{uc2} e X_{uc2}, são calculados à semelhança de R_{uc1} e X_{uc1}, na Seção 5.5.3.3.

5.5.3.6 Impedância do circuito que conecta o CCM aos terminais do motor

Aqui também é válida a observação feita na seção anterior.

Foi omitida no próprio diagrama de bloco a impedância do barramento do CCM1. Sendo normalmente de pequena dimensão, sua influência sobre a impedância total é de pouca importância e, por isso, desprezada. No caso da existência de barramentos de grandes dimensões (acima de 4 m), aconselha-se considerar o efeito de sua impedância. Com relação ao barramento do QGF, também é válido este comentário.

5.5.3.7 Corrente simétrica de curto-circuito trifásico

Para a determinação das correntes de curto-circuito em qualquer ponto do sistema, procede-se à soma vetorial de todas as impedâncias calculadas até o ponto desejado e aplica-se a Equação (5.31), ou seja:

$$\vec{Z}_{utot} = \sum_{i=1}^{i=n}(R_{ui} + jX_{ui})\,(pu) \quad (5.31)$$

R_{ui} e X_{ui} são, genericamente, a resistência e a reatância unitárias de cada impedância do sistema até o ponto em que se pretendam determinar os valores das correntes de curto-circuito.

A corrente-base vale:

$$I_b = \frac{P_b}{\sqrt{3}\times V_b}\,(A) \quad (5.32)$$

A corrente de curto-circuito simétrica, valor eficaz, então, é dada por:

$$\vec{I}_{cs} = \frac{I_b}{1.000\times \vec{Z}_{utot}}\,(kA) \quad (5.33)$$

Para obter simplificadamente a corrente de curto-circuito simétrica nos terminais do transformador, basta aplicar a Equação (5.34):

$$I_{cst} = \frac{I_n}{Z_{pt\%}}\times 100\,(A) \quad (5.34)$$

I_n = corrente nominal do transformador, em A;
$Z_{pt\%}$ = impedância percentual do transformador.

Este valor é aproximado, pois nele não está computada a impedância reduzida do sistema de suprimento.

5.5.3.8 Corrente assimétrica de curto-circuito trifásico

$$I_{ca} = F_a \times I_{cs}\,(kA) \quad (5.35)$$

F_a = fator de assimetria, determinado segundo a relação dada na Tabela 5.1.

5.5.3.9 Impulso da corrente de curto-circuito

$$I_{cim} = \sqrt{2}\times I_{ca}\,(kA) \quad (5.36)$$

5.5.3.10 Corrente bifásica de curto-circuito

$$I_{cb} = \frac{\sqrt{3}}{2}\times I_{cs}\,(kA) \quad (5.37)$$

5.5.3.11 Corrente fase-terra de curto-circuito

A determinação da corrente de curto-circuito fase-terra requer o conhecimento das impedâncias de sequência zero do sistema, além das impedâncias de sequência positiva, já abordadas.

No cálculo das correntes de curto-circuito fase-terra, deve-se considerar a existência de três impedâncias que são de fundamental importância para a grandeza dos valores calculados. Essas três impedâncias são:

5.5.3.11.1 Impedância de contato (R_{ct})

É caracterizada normalmente pela resistência (R_{ct}) que a superfície de contato do cabo e a resistência do solo no ponto de contato oferecem à passagem da corrente para a terra. Temos atribuído, em geral, o valor conservador de 40 Ω, ou seja: $3\times\frac{R_{ct0}}{3} = 40\,\Omega$. Temos também utilizado com frequência o valor de 120 Ω, ou seja, $3\times\frac{R_{ct0}}{3} = 120\,\Omega$.

5.5.3.11.2 Impedância da malha de terra (R_{mt})

Pode ser obtida pela medição ou calculada conforme metodologia exposta no Capítulo 11. O valor máximo admitido por norma de diversas concessionárias de energia elétrica é de 10 Ω, nos sistemas de 15 a 25 kV, e é caracterizado pelo seu componente resistivo.

5.5.3.11.3 Impedâncias de aterramento (R_{at})

Quando a corrente de curto-circuito fase-terra é muito elevada, costuma-se introduzir entre o neutro do transformador e a malha de terra determinada impedância que pode ser um reator ou um resistor, sendo mais frequente este último. O valor dessa impedância varia em função de cada projeto. Para melhor esclarecer o assunto, veja o livro *Manual de Equipamentos Elétricos*, do autor, 5ª edição (LTC, 2019).

A Figura 5.17 mostra esquematicamente as impedâncias antes mencionadas.

5.5.3.11.4 Corrente de curto-circuito fase-terra máxima

É determinada quando são levadas em consideração somente as impedâncias dos condutores e as do transformador. Calcula-se a Equação (5.38).

$$\vec{I}_{cfmct} = \frac{3\times I_b}{2\times \vec{Z}_{utot} + \vec{Z}_{u0t} + \vec{Z}_{u0c}}\,(A) \quad (5.38)$$

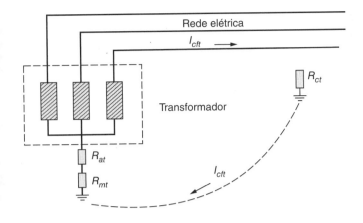

R_{ct} - resistência de contato ou de arco;
R_{mt} - resistência de malha de terra;
R_{at} - resistor de aterramento.

Figura 5.17 Percurso da corrente de curto-circuito fase-terra.

$\vec{Z}_{u0t}$ = as impedâncias de sequência positiva, negativa e zero dos transformadores são praticamente iguais, e assim são utilizadas na prática.

O valor $\vec{Z}_{u0c}$ é determinado considerando-se a resistência e a reatância de sequência zero dos condutores. Na prática, pode-se desprezar a impedância de sequência zero dos barramentos, pois seu efeito não se faz sentir nos valores calculados. De modo geral, $\vec{Z}_{u0c}$ é dado pela Equação (5.39).

$$\vec{Z}_{u0c} = R_{u0c} + jX_{u0c}(pu) \qquad (5.39)$$

$$R_{u0c} = R_{c\Omega 0} \times \frac{P_b}{1.000 \times V_b^2} \ (pu) \qquad (5.40)$$

$$X_{u0c} = X_{c\Omega 0} \times \frac{P_b}{1.000 \times V_b^2} \ (pu) \qquad (5.41)$$

$R_{c\Omega 0}$ e $X_{c\Omega 0}$ = resistência e reatâncias de sequência zero, valores obtidos na Tabela 3.22.

5.5.3.11.5 Corrente de curto-circuito fase-terra mínima

É determinada quando se leva em consideração, além das impedâncias dos condutores e transformadores, as impedâncias de contato, a do resistor de aterramento, caso haja, e da malha de terra. É calculada segundo a Equação (5.42).

$$\vec{I}_{cftma} = \frac{3 \times I_b}{2 \times \vec{Z}_{utot} + \vec{Z}_{u0c} + \vec{Z}_{u0t} + 3 \times (R_{uct} + R_{umt} + R_{uat})} \text{ (A)} \quad (5.42)$$

$$R_{uct} = R_{ct} \times \frac{P_b}{1.000 \times V_b^2} \ (pu)$$

$$R_{umt} = R_{mt} \times \frac{P_b}{1.000 \times V_b^2} \ (pu)$$

$$R_{uat} = R_{at} \times \frac{P_b}{1.000 \times V_b^2} \ (pu)$$

R_{uct} = resistência de contato, em pu;
R_{umt} = resistência da malha de terra, em pu;
R_{uat} = resistência do resistor de aterramento, em pu.

O resistor de aterramento é um equipamento inserido no neutro do transformador com a finalidade de reduzir a corrente de curto-circuito fase e terra, valor máximo eficaz, sem a participação da malha de terra que é um equipamento pouco utilizado nas instalações industriais. A determinação das correntes de curto-circuito em sistemas de alta-tensão pode ser feita com base nos mesmos procedimentos adotados anteriormente. No caso, por exemplo, de um sistema de 13,80 kV, alimentado por uma subestação de 69,0 kV, os dados necessários à determinação das correntes de curto-circuito podem ser obtidos no livro *Manual de Equipamentos Elétricos*, do autor, ou no livro *Proteção de Sistemas Elétricos de Potência* do autor e do Eng. Daniel Ribeiro Mamede, em que são apresentados vários exemplos de aplicação, inclusive sistemas de 230 kV.

A determinação das correntes de curto-circuito em sistema de alta-tensão pode ser feita com base nos mesmos procedimentos adotados anteriormente. No caso, por exemplo, de um sistema de 13,80 kV, alimentado por uma subestação de 69 kV, os dados necessários à determinação das correntes de curto-circuito podem ser obtidos no livro *Manual de Equipamentos Elétricos*, do autor, ou no livro de *Proteção de Sistemas Elétricos de Potência* (LTC, 2019).

Exemplo de aplicação (5.3)

Considere a indústria representada na Figura 5.14 com as seguintes características elétricas:

- tensão nominal primária: $V_{np} = 13{,}80$ kV;
- tensão nominal secundária: $V_{ns} = 380$ V;
- impedância de sequência positiva do sistema de suprimento: $Z_{ps} = (0{,}0155 + j0{,}4452)$ pu (na base de 100 MVA);
- impedância de sequência zero do sistema de suprimento: $Z_{zs} = (0{,}0423 + j0{,}8184)$ pu (na base de 100 MVA);
- impedância percentual do transformador: $Z_{pt} = 5{,}5$ %;
- comprimento do circuito TR-QGF = 15 m;
- barramento do QGF: duas barras de cobre justapostas de 50 × 10 mm;
- comprimento da barra do QGF: 5 m;
- comprimento do circuito QGF-CCM3: 130 m;
- resistência de contato do cabo com o solo (falha de isolação): 40 Ω;
- resistência da malha de terra: 10 Ω.

Calcular os valores de corrente de curto-circuito nos terminais de alimentação do CCM3.

a) Escolha dos valores de base
   - Potência base: $P_b = 100.000$ kVA.
   - Tensão base: $V_b = 13{,}80$ kV (na tensão primária).
   - Impedância básica.

$$Z_b = \frac{P_b^2}{P_b} = \frac{13{,}8^2}{100} = 1{,}9044 \ \Omega$$

b) Corrente de base

$$I_b = \frac{P_b}{\sqrt{3} \times V_b} = \frac{100.000}{\sqrt{3} \times 13{,}8} = 4.183 \ A$$

c) Corrente de curto-circuito no ponto de entrega de energia – lado de média tensão
   - Corrente de curto-circuito trifásica:

$$|I_{cs}| = \frac{1}{Z_{ups}} \times I_b = \frac{1}{0{,}0155 + j0{,}4452} \times 4.183 = (9.390 \angle -88{,}0°) \ A = 9.390 \ A$$

   - Corrente de curto-circuito fase-terra:

$$|I_{cft}| = \frac{3 \times 4.183}{2 \times (0{,}0155 + j0{,}4452) + (0{,}0423 + j0{,}8184)}$$

$$|I_{cft}| = \frac{12.549}{0{,}0733 + j1{,}7088} = 7.337 \angle -87{,}54° \ A = 7.337 \ A$$

d) Potência de curto-circuito no ponto de entrega de energia

$$P_{cc} = \sqrt{3} \times V_{np} \times I_{cs} = \sqrt{3} \times 13{,}8 \times 9.390 = 224.442 \ kVA$$

e) Impedância do transformador

$$P_{nt} = 1.000 \ kVA$$

- Resistência:

$$P_{cu} = 11.000 \text{ (valor obtido na Tabela 9.11)}$$

$$R_{pt} = \frac{P_{cu}}{10 \times P_{nt}} = \frac{11.000}{10 \times 1.000} = 1,1\% = 0,011\, pu \quad \text{(na base } P_{nt}\text{)}$$

$$R_{ut} = R_{pt} \times \frac{P_b}{P_{nt}} = 0,011 \times \frac{100.000}{1.000} = 1,10\, pu \quad \text{(na base } P_b\text{)}$$

- Reatância

$$Z_{ut} = Z_{pt} \times \frac{P_b}{P_{nt}} = 0,055 \times \frac{100.000}{1.000} = 5,50\, pu \quad \text{(na base } P_b\text{)}$$

$$Z_{pt} = 5,5\% = Z_{ut} = 0,055\, pu \text{ (na base} < P_{nt}\text{)}$$

$$X_{ut} = \sqrt{Z_{ut}^2 - R_{ut}^2} = \sqrt{5,50^2 - 1,10^2} = 5,38\, pu \quad \text{(na base } P_b\text{)}$$

$$\vec{Z}_{ut} = R_{ut} + jX_{ut} = (1,100 + j5,38)\, pu$$

f) Corrente de curto-circuito simétrica trifásica, valor eficaz, nos terminais secundários do transformador;

- Corrente de base na tensão secundária

$$I_b = \frac{P_b}{\sqrt{3} \times V_b} = \frac{100.000}{\sqrt{3} \times 0,38} = 151.934 \text{ A}$$

- Corrente de curto-circuito trifásico

$$|I_{cs}| = \frac{I_b}{\vec{Z}_{utot}} = \frac{151.934}{(0,0155 + j0,4452) + (1,1 + j5,38)} = \frac{151.934}{(1,1155 + j5,8252)} = (25.616\angle -79,15°) \text{ A} = 25.616 \text{ A}$$

- Corrente de curto-circuito fase e terra

$$|I_{cft}| = \frac{3 \times 151.934}{2 \times [(0,0155 + j0,4452) + (1,10 + j5,38)] + (0,0423 + j0,8184) + (1,10 + j5,38)}$$

$$|I_{cft}| = \frac{455.802}{(2,231 + j11,650) + (1,1423 + 6,1984)} = \frac{455.802}{(3,3733 + j17,8484)} = (25.093\angle -79,29°) = 25.093 \text{ A}$$

g) Impedância do circuito que liga o transformador ao QGF

$L_{c1} = 15$ m
$N_{c1} = 4$ condutores/fase
$S_c = 300$ mm²

Sequência positiva

- Resistência

$$R_{u\Omega} = 0,0781 \text{ m}\Omega/\text{m (valor da Tabela 3.22)}$$

$$R_{c1\Omega} = \frac{R_{u\Omega} \times L_{c1}}{1.000 \times N_{c1}} \rightarrow R_{c1\Omega} = \frac{0,0781 \times 15}{4 \times 1.000} = 0,0002928\, \Omega$$

$$R_{uc1} = R_{c1\Omega} \times \frac{P_b}{V_b^2} = 0,0002928 \times \frac{100.000}{1.000 \times 0,38^2} = 0,20277\, pu$$

- Reatância

$$X_{u\Omega} = 0,1068 \text{ m}\Omega/\text{m (valor da Tabela 3.22)}$$

$$X_{c1\Omega} = \frac{X_{u\Omega} \times L_{c1}}{1.000 \times N_{c1}} \rightarrow X_{c1\Omega} = \frac{0,1068 \times 15}{4 \times 1.000} = 0,0004005 \ \Omega$$

$$X_{uc1} = X_{c1\Omega} \times \frac{P_b}{1.000 \times V_b^2} = 0,0004005 \times \frac{100.000}{1.000 \times 0,38^2} = 0,27735 \ pu$$

$$\vec{Z}_{uc1} = R_{uc1} + jX_{uc1} = (0,20277 + j0,27735) \ pu$$

Sequência zero

- Resistência

$$R_{u\Omega} = 1,8781 \ m\Omega/m \ (\text{valor da Tabela 3.22})$$

$$R_{c1\Omega} = \frac{R_{u\Omega} \times L_{c1}}{1.000 \times N_{c1}} \rightarrow R_{c1\Omega} = \frac{1,87811 \times 15}{4 \times 1.000} = 0,00704 \ \Omega$$

$$R_{uc1} = R_{c1\Omega} \times \frac{P_b}{V_b^2} = 0,00704 \times \frac{100.000}{1.000 \times 0,38^2} = 4,8753 \ pu$$

- Reatância

$$X_{u\Omega} = 2,4067 \ m\Omega/m \ (\text{valor da Tabela 3.22})$$

$$X_{c1\Omega} = \frac{X_{u\Omega} \times L_{c1}}{1.000 \times N_{c1}} \rightarrow X_{c1\Omega} = \frac{2,4067 \times 15}{4 \times 1.000} = 0,00902 \ \Omega$$

$$X_{uc1} = X_{c1\Omega} \times \frac{P_b}{1.000 \times V_b^2} = 0,00902 \times \frac{100.000}{1.000 \times 0,38^2} = 6,2465 \ pu$$

$$\vec{Z}_{uc1} = R_{uc1} + jX_{uc1} = (4,8753 + j6,2465) \ pu$$

h) **Impedância do barramento do QGF**

$L_b = 5 \ m$

$N_{b1} = 2$ barras/fase de 50×10 mm (Tabela 3.38)

- Resistência

$$R_{b\Omega} = 0,0438 \ m\Omega/m \ (\text{valor da Tabela 3.38})$$

$$R_{b1\Omega} = \frac{0,0438 \times 5}{2 \times 1.000} = 0,00011 \ \Omega$$

$$R_{ub1} = R_{b1\Omega} \times \frac{P_b}{1.000 \times V_b^2} = 0,00011 \times \frac{100.000}{1.000 \times 0,38^2} = 0,07618 \ pu$$

- Reatância

$$X_{b\Omega} = 0,1707 \ m\Omega/m \ (\text{valor da Tabela 3.38})$$

$$X_{b1\Omega} = \frac{0,1707 \times 5}{2 \times 1.000} = 0,00042 \ \Omega$$

$$X_{ub1} = X_{b1\Omega} \times \frac{P_b}{1.000 \times V_b^2} = 0,00042 \times \frac{100.000}{1.000 \times 0,38^2} = 0,29085 \ pu$$

$$\vec{Z}_{ub1} = R_{ub1} + jX_{ub1} = (0,07618 + j0,29085) \ pu$$

i) **Impedância de sequência positiva do barramento do QGF**

$$R_{utot} = 0,0155 + 1,10 + 0,20277 + 0,07618 = 1,3944 \ pu$$

$$X_{utot} = j0,4452 + j5,38 + j0,27735 + j0,29085 = 6,3934 \; pu$$

$$\vec{Z}_{utot} = R_{utot} + jX_{utot} = (1,3944 + j6,39340) \; pu$$

j) Corrente de curto-circuito simétrica trifásica, valor eficaz, no barramento do QGF

- Corrente de curto-circuito trifásico:

$$|I_{cs}| = \frac{I_b}{\vec{Z}_{utot}} = \frac{151.934}{(1,3944 + j6,39340)} = (23.218\angle -86,32°) \; A = 23.218 \; A$$

- Corrente de curto-circuito fase e terra no QGF:

$$|I_{cft}| = \frac{3 \times 151.934}{2 \times (1,3944 + j6,39340) + (0,0423 + j0,8184) + (1,10 + j5,38)}$$

$$|I_{cft}| = \frac{455.802}{(3,9311 + j18,9864)} = (23.508\angle -78,30°) = 23.508 \; A$$

k) Impedância do circuito que liga o QGF ao CCM3

$L_{c2} = 130$ m
$N_{c2} = 1$ condutor/fase
$S_c = 120$ mm²

- Resistência

$$R_{u\Omega} = 0,1868 \; m\Omega/m \text{ (valor da Tabela 3.22)}$$

$$R_{c2\Omega} = \frac{0,1868 \times 130}{1.000} = 0,02428 \; \Omega$$

$$R_{uc2} = R_{c2\Omega} \times \frac{P_b}{1.000 \times V_b^2} = 0,02428 \times \frac{100.000}{1.000 \times 0,38^2} = 16,8144 \; pu$$

- Reatância

$$X_{u\Omega} = 0,1076 \; m\Omega/m \text{ (valor da Tabela 3.22)}$$

$$X_{c2\Omega} = \frac{0,1076 \times 130}{1.000} = 0,01398 \; \Omega$$

$$X_{uc2} = X_{c2\Omega} \times \frac{P_b}{1.000 \times V_b^2} = 0,01398 \times \frac{100.000}{1.000 \times 0,38^2} = 9,6814 \; pu$$

$$\vec{Z}_{uc2} = R_{uc2} + jX_{uc2} = (16,8144 + j9,6814) \; pu$$

l) Impedância total sequência positiva do circuito desde a fonte até o CCM3

$$Z_{spt} = (0,0155 + j0,4452) + (1,10 + j5,38) + (0,2027 + j0,27735) + (0,0716 + j0,29085) + (16,8144 + j9,6814)$$

$$Z_{spt} = (18,2042 + j16,0748) = 24,5541\angle 42,05° \; pu$$

(impedância total de sequência positiva entre o ponto de entrada e o CCM3)

m) Corrente de curto-circuito simétrica trifásica, valor eficaz

$$|I_{cs}| = \frac{I_b}{\vec{Z}_{utot}} = \frac{151.934}{24,5541\angle 42,05°} = 6.187\angle -42,04° \; A = 6.187 \; A$$

n) Corrente de curto-circuito assimétrica trifásica, valor eficaz

$$C_t = \frac{X}{377 \times R} = \frac{16,0748}{377 \times 18,2042} = 0,0023$$

$$F_a = \sqrt{1 + 2 \times e^{-(2 \times 0,00416/0,0023)}} = 1,02$$

$$I_{ca} = F_a \times I_{cs} = 1,02 \times 6.187 = 6.310 \text{ A}$$

o) Impulso da corrente de curto-circuito

$$I_{cb} = \sqrt{2} \times I_{cs} = \sqrt{2} \times 6.310 = 8.923 \text{ A}$$

p) Corrente de curto-circuito bifásico, valor eficaz

$$I_{cb} = \frac{\sqrt{3}}{2} \times I_{cs} = \frac{\sqrt{3}}{2} \times 6.310 = 5.464 \text{ A}$$

q) Corrente de curto-circuito fase-terra máxima, valor eficaz
- Cálculo da impedância de sequência zero do circuito que liga o QGF ao CCM3:

$$R_{\Omega 0} = 1,9868 \text{ m}\Omega/\text{m (valor da Tabela 3.22)}$$

$$R_{c\Omega 0} = \frac{1,9868 \times 130}{1.000} = 0,25828 \ \Omega$$

$$R_{u0c2} = R_{c\Omega 0} \times \frac{P_b}{1.000 \times V_b^2} = 0,25828 \times \frac{100.000}{1.000 \times 0,38^2} = 178,8642 \ pu$$

$$X_{\Omega 0} = 2,5104 \text{ m}\Omega/\text{m (valor da Tabela 3.22)}$$

$$X_{c\Omega 0} = \frac{2,5104 \times 130}{1.000} = 0,32635 \ \Omega$$

$$X_{u0c2} = X_{c\Omega 0} \times \frac{P_b}{1.000 \times V_b^2} = 0,32635 \times \frac{100.000}{1.000 \times 0,38^2} = 226,0041 \ pu$$

$$\vec{Z}_{u0c2} = R_{u0c2} + jX_{u0c2} = 178,8642 + j226,0041 \ pu$$

r) Corrente de curto-circuito fase e terra, valor máximo eficaz, do circuito que liga o QGF ao CCM

$$\vec{I}_{cftma} = \frac{3 \times I_b}{2 \times \vec{Z}_{utot} + \vec{Z}_{a0t} + \sum_{i=1}^{i=n} \vec{Z}_{u0c}} = \frac{3 \times I_b}{\vec{Z}_t}$$

$$\sum_{i=1}^{i=n} \vec{Z}_{u0c} = (4,8753 + j6,2465) + (178,8642 + j226,0041) = 183,7395 + j232,2506$$

$$Z_{szt} = (0,0155 + j0,4452) + (1,10 + j5,38) + (4,8753 + j6,2465) + (178,8642 + j226,0041)$$
$$Z_{szt} = (184,8642 + j238,4490) = 301,7162\angle 52,21° \ pu \quad \text{(impedância total de sequência zero entre o ponto de entrada e o CCM3)}$$

$$\left|I_{cftma}\right| = \frac{3 \times 151.934}{(2 \times 24,5541\angle 42,05°) + (301,7162\angle 52,51°)} = 1.301\angle -51,05° \text{A} = 1.301 \text{ A}$$

s) **Corrente de curto-circuito fase-terra, valor mínimo eficaz, do circuito que liga o QGF ao CCM**

Neste caso, devemos adicionar ao cálculo das impedâncias dos cabos e transformador a resistência da malha de terra que é de 10 Ω.

$$R_{\Omega mt} = 10\ \Omega$$

$$R_{umt} = 10 \times \frac{100.000}{1.000 \times 0,38^2} = 6.925\ pu$$

$$\vec{I}_{cftmi} = \frac{3 \times I_b}{2 \times \vec{Z}_{utot} + \vec{Z}_{a0t} + \sum_{i=1}^{i=n} \vec{Z}_{u0c} + 3 \times R_{umt}}$$

$$|I_{cftmi}| = \frac{3 \times 151.934}{2 \times (24,2541 \angle 42,05°) + (301,7162 \angle 52,51°) + 3 \times (6.925 + j0)} = \frac{455.802}{20.996 \angle 0,742°} = 21,7089 \angle -0,742°\ A = 21,7\ A$$

t) **Corrente de curto-circuito fase-terra, valor mínimo eficaz *minimorun*, do circuito que liga o QGF ao CCM.**

Neste caso, devemos adicionar ao cálculo das impedâncias dos cabos e à impedância do transformador a impedância de contato do cabo com o solo, que é de 40 Ω.

$$R_{\Omega ct} = 40\ \Omega$$

$$R_{umt} = 40 \times \frac{100.000}{1.000 \times 0,38^2} = 27.700\ pu$$

$$\vec{I}_{cftmi} = \frac{3 \times I_b}{2 \times \vec{Z}_{utot} + \vec{Z}_{a0t} + \sum_{i=1}^{i=n} \vec{Z}_{u0c} + 3 \times (R_{uct} + R_{umt})}$$

$$|I_{cftmi}| = \frac{3 \times 151.934}{2 \times (24,5441 \angle 42,05) + (301,7270 \angle 52,51°) + 3 \times [(6.925 + j0) + (0 + j27.700)]} = \frac{455.802}{104.095,4507 \angle 0,149°}$$

$$|I_{cftmi}| = (4,3 \angle -0,149°)\ A = 4,3\ A$$

Nota: é muito difícil precisar o valor da corrente de curto-circuito fase-terra mínima em virtude da longa faixa de variação que a resistência de contato pode assumir nos casos práticos. Logo, em geral, pode-se considerar somente a parcela da resistência da malha de terra, cujo valor pode ser obtido, com a necessária precisão, dos processos de cálculo admitidos no Capítulo 11. Para defeitos monopolares de fase e terra em sistemas de média e alta-tensão em geral adota-se como a resistência de contato do cabo com o solo o valor de 100 Ohms.

Exemplo de aplicação (5.4)

Determinar as correntes de curto-circuito nos pontos A e B de uma instalação industrial mostrada no diagrama unifilar da Figura 5.18 suprida por uma unidade de geração de 2.500 kVA, que alimenta um transformador elevador de 2.500 kVA – 2.400/13.800 V. As perdas do transformador elevador no ensaio de curto-circuito valem 28.000 W. O cabo que liga o transformador elevador ao cubículo de média tensão é de 35 mm², com capacidade de corrente nominal de 151 A na condição de instalação em canaleta fechada, com impedância ôhmica valendo 0,6777+j0,1128 Ω/km. A unidade de geração dista 80 m do quadro de média tensão. Os dados do sistema estão apresentados na Figura 5.18.

a) **Impedância do gerador**

- Valores em *pu* tomados na base do gerador
  - Tensão nominal do gerador: $V_{ng} = 2,4\ kV$

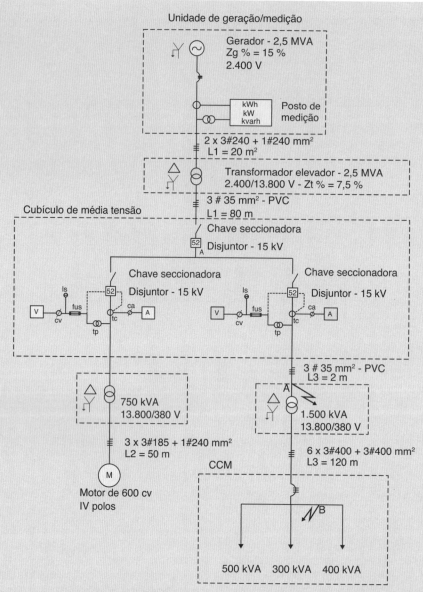

Figura 5.18 Diagrama unifilar de planta industrial com geração independente.

- Potência de base: $P_{ng} = 2.500\,kVA$
- Resistência

$$R_{ug} \cong 0$$

- Reatância

$$\bar{Z}_{ug} = R''_{ug} + jX''_{ug} = 0 + j0,15\,pu$$

b) **Impedância do circuito que liga o gerador ao transformador elevador**
   - Valores em *pu* tomados na base do gerador
     - Tensão nominal do gerador: $V_{ng} = 2,4\,kV$
     - Potência nominal do gerador: $P_{ng} = 2.500\,kVA$
     $L_{c1} = 20\,m$
     $N_{c1} = 2$ condutores/fase
     $S_c = 240\,mm^2$

- Resistência

$$R_{u\Omega} = 0{,}0958 \text{ m}\Omega/\text{m (Tabela 3.22)}$$

$$R_{c1\Omega} = \frac{R_{u\Omega} \times L_{c1}}{1.000 \times N_{c1}} \rightarrow R_{c1\Omega} = \frac{0{,}0958 \times 20}{1.000 \times 2} = 0{,}000958 \ \Omega$$

$$R_{uc1} = R_{c1\Omega} \times \frac{P_{ng}}{1.000 \times V_{ng}^2} = 0{,}000958 \times \frac{2.500}{1.000 \times 2{,}4^2} = 0{,}00041 \ pu$$

- Reatância

$$X_{u\Omega} = 0{,}1070 \text{ m}\Omega/\text{m (Tabela 3.22)}$$

$$X_{c1\Omega} = \frac{X_{u\Omega} \times L_{c1}}{1.000 \times N_{c1}} \rightarrow X_{c1\Omega} = \frac{0{,}1070 \times 20}{2 \times 1.000} = 0{,}00107 \ \Omega$$

$$X_{uc1} = X_{c1\Omega} \times \frac{P_{ng}}{1.000 \times V_{ng}^2} = 0{,}00107 \times \frac{2.500}{1.000 \times 2{,}4^2} = 0{,}00046 \ pu \text{ (na base } P_{ng})$$

$$\vec{Z}_{uc1} = R_{uc1} + jX_{uc1} = (0{,}00041 + j0{,}00046) \ pu$$

c) **Impedância do transformador elevador**

- Valores em pu tomados na base do transformador elevador
  - Potência nominal do transformador: $P_{nte} = 2.500$ kVA.
- Resistência

$$P_{cu} = 28.000 \text{ W (dado de placa do transformador)}$$

$$R_{ute} = \frac{P_{cu}}{10 \times P_{nte}} = \frac{28.000}{10 \times 2.500} = 1{,}12\ \% = 0{,}0112 \ pu$$

- Reatância

$$X_{ute} = \sqrt{Z_{ute}^2 - R_{ute}^2} = \sqrt{0{,}075^2 - 0{,}0112^2} = 0{,}074 \ pu \text{ (na base } P_{nt})$$

$$\vec{Z}_{ute} = R_{ute} + jX_{ute} = (0{,}0112 + j0{,}074) \ pu$$

d) **Impedância do circuito que liga o transformador elevador ao Cubículo de Média Tensão**

- Valores em pu tomados na base do transformador elevador
  - Tensão nominal do transformador: $V_{nte} = 13{,}80$ kV
  - Potência nominal do transformador: $P_{nte} = 2.500$ kVA

  $L_{c2} = 80$ m

  $N_{c2} = 1$ condutor/fase

  $S_c = 35$ mm²
- Resistência

  $R_{u\Omega} = 0{,}6777$ mΩ/m (valor da Tabela 4.29 do livro *Manual de Equipamentos Elétricos*, do autor)

$$R_{c2\Omega} = \frac{R_{u\Omega} \times L_{c2}}{1.000 \times N_{c2}} \rightarrow R_{c2\Omega} = \frac{0{,}6777 \times 80}{1.000 \times 1} = 0{,}0542 \ \Omega$$

$$R_{uc2} = R_{c2\Omega} \times \frac{P_{nte}}{1.000 \times V_{nte}^2} = 0{,}0542 \times \frac{2.500}{1.000 \times 13{,}8^2} = 0{,}00071 \ pu$$

- Reatância

  $X_{u\Omega} = 0{,}1838$ mΩ/m (valor da Tabela 4.25 do livro *Manual de Equipamentos Elétricos*, do autor)

$$X_{c2\Omega} = \frac{X_{u\Omega} \times L_{c2}}{1.000 \times N_{c2}} \rightarrow X_{c2\Omega} = \frac{0,1838 \times 80}{1.000 \times 1} = 0,0147\,\Omega$$

$$X_{uc2} = X_{c2\Omega} \times \frac{P_{nte}}{1.000 \times V_{nte}^2} = 0,0147 \times \frac{2.500}{1.000 \times 13,8^2} = 0,00019\ pu$$

$$\vec{Z}_{uc2} = R_{uc2} + jX_{uc2} = (0,00071 + j0,00019)\,pu$$

e) **Impedância do circuito que liga o Cubículo de Média Tensão ao transformador abaixador**

Por se tratar de um circuito muito pequeno, sua impedância será desprezada.

f) **Impedância do transformador abaixador**
- Valores em *pu* tomados na base do transformador abaixador
  – Potência nominal do transformador: $P_{nta} = 1.500$ kVA.
- Resistência

$$R_{uta} = \frac{P_{cu}}{10 \times P_{nta}} = \frac{16.000}{10 \times 1.500} = 1,06\,\% = 0,0106\ pu$$

- Reatância

$P_{cu} = 16.000$ W (dado de placa do transformador);

$X_{t\%} = 7,5\,\%$ (dado de placa do transformador);

$$X_{uta} = \sqrt{Z_{uta}^2 - R_{uta}^2} = \sqrt{0,075^2 - 0,0106^2} = 0,074\ pu$$

$$Z_{uta} = (0,0106 + j0,074)\ pu\,(\text{na base } P_{nt})$$

g) **Impedância do circuito que liga o transformador abaixador ao CCM**
- Valores em *pu* tomados na base do transformador abaixador
  – Tensão nominal do transformador: $V_{nta} = 0,38$ kV
  – Potência nominal: $P_{nta} = 1.500$ kVA
  $L_{c3} = 120$ m
  $N_{c3} = 6$ condutores/fase
  $S_c = 400$ mm²
- Resistência

$$R_{u\Omega} = 0,0608\ m\Omega/m\ (\text{Tabela 3.22})$$

$$R_{c3\Omega} = \frac{R_{u\Omega} \times L_{c3}}{1.000 \times N_{c3}} \rightarrow R_{c3\Omega} = \frac{0,0608 \times 120}{6 \times 1.000} = 0,0012\ \Omega$$

$$R_{uc3} = R_{c3\Omega} \times \frac{P_{nta}}{1.000 \times V_{nta}^2} = 0,0012 \times \frac{1.500}{1.000 \times 0,38^2} = 0,0124\,pu$$

- Reatância

$$X_{u\Omega} = 0,1058\ m\Omega/m\ (\text{Tabela 3.22})$$

$$X_{c3\Omega} = \frac{X_{u\Omega} \times L_{c3}}{1.000 \times N_{c3}} \rightarrow X_{c3\Omega} = \frac{0,1058 \times 120}{6 \times 1.000} = 0,0021\ \Omega$$

$$X_{uc3} = X_{c3\Omega} \times \frac{P_{nta}}{1.000 \times V_{nta}^2} = 0,0021 \times \frac{1.500}{1.000 \times 0,38^2} = 0,0218\,pu$$

$$\vec{Z}_{uc3} = R_{uc3} + jX_{uc3} = (0,0124 + j0,0218)\,pu$$

h) Mudança de base

Como cada componente do sistema foi determinado em base diversa, é necessário calcular todas as impedâncias em uma única base, escolhida aleatoriamente, neste caso, igual à base do transformador abaixador, ou seja:

- Valores em pu tomados na base em estudo
  - Tensão de base: $V_b = 13,80$ kV
  - Potência de base: $P_b = 1.500$ kVA
- Impedância do gerador

$$R_{ugb} = 0$$

$$X_{ugb} = X_{ug} \times \frac{P_b}{P_{ng}} \times \left(\frac{V_{ng}}{V_b}\right)^2 = 0,15 \times \frac{1.500}{2.500} \times \left(\frac{2,40}{13,80}\right)^2 = 0,0027 \, pu$$

$$\vec{Z}_{ugb} = R_{ugb} + jX_{ugb} = (0,0 + j0,0027) \, pu$$

- Impedância do circuito que liga o gerador ao transformador elevador

$$R_{uc1b} = R_{uc1} \times \frac{P_b}{P_{ng}} \times \left(\frac{V_{ng}}{P_b}\right)^2 = 0,00041 \times \frac{1.500}{2.500} \times \left(\frac{2,40}{13,80}\right)^2 = 0,000007 \, pu$$

$$X_{uc1b} = X_{uc1} \times \frac{P_b}{P_{ng}} \times \left(\frac{V_{ng}}{V_b}\right)^2 = 0,00046 \times \frac{1.500}{2.500} \times \left(\frac{2,4}{13,80}\right)^2 = 0,000008 \, pu$$

$$\vec{Z}_{uc1b} = R_{uc1b} + jX_{uc1b} = (0,000250 + j0,000280) \, pu$$

- Impedância do transformador elevador (2.500 kVA)

$$R_{uteb} = R_{ute} \times \frac{P_b}{P_{ng}} \times \left(\frac{V_{nte}}{P_b}\right)^2 = 0,0112 \times \frac{1.500}{2.500} \times \left(\frac{13,80}{13,80}\right)^2 = 0,0067 \, pu$$

$$X_{uteb} = X_{ute} \times \frac{P_b}{P_{nte}} \times \left(\frac{V_{nte}}{V_b}\right)^2 = 0,074 \times \frac{1.500}{2.500} \times \left(\frac{13,80}{13,80}\right)^2 = 0,0444 \, pu$$

$$\vec{Z}_{uteb} = R_{uteb} + jX_{uteb} = (0,0067 + j0,0444) \, pu$$

- Impedância do circuito que liga o transformador elevador ao Cubículo de Média Tensão:

$$R_{uc2b} = R_{uc2} \times \frac{P_b}{P_{nte}} \times \left(\frac{V_{nte}}{V_b}\right)^2 = 0,00071 \times \frac{1.500}{2.500} \times \left(\frac{13,80}{13,80}\right)^2 = 0,000426 \, pu$$

$$X_{uc2b} = X_{ute} \times \frac{P_b}{P_{bte}} \times \left(\frac{V_{nte}}{V_b}\right)^2 = 0,00019 \times \frac{1.500}{2.500} \times \left(\frac{13,80}{13,80}\right)^2 = 0,00014 \, pu$$

$$\vec{Z}_{uc2b} = R_{c2eb} + jX_{uc2b} = (0,00043 + j0,000019) \, pu$$

- Impedância do transformador abaixador (1.500 kVA):

$$R_{utab} = R_{uta} \times \frac{P_b}{P_{bta}} = 0,0106 \times \frac{1.500}{1.500} = 0,0106 \, pu$$

$$X_{utab} = X_{uta} \times \frac{P_b}{P_{bta}} = 0,074 \times \frac{1.500}{1.500} = 0,074 \, pu$$

$$\vec{Z}_{utab} = R_{utab} + jX_{utab} = (0,0106 + j0,074) \, pu$$

- Impedância do circuito que liga o transformador abaixador ao CCM:

$$R_{uc3b} = R_{uc3} \times \frac{P_{nt}}{P_b} \times \left(\frac{V_{nta}}{V_b}\right)^2 = 0{,}0124 \times \frac{1.500}{1.500} \times \left(\frac{0{,}38}{13{,}8}\right)^2 = 0{,}000009 \; pu$$

$$X_{uc3b} = X_{uta} \times \frac{P_b}{P_{bta}} \times \left(\frac{V_{bta}}{V_b}\right)^2 = 0{,}0218 \times \frac{1.500}{1.500} \times \left(\frac{0{,}38}{13{,}8}\right)^2 = 0{,}00002 \; pu$$

$$\vec{Z}_{uc3b} = R_{uc3b} + jX_{uc3b} = (0{,}000009 + j0{,}00002) \; pu$$

i) Corrente de base

$$I_b = \frac{P_b}{\sqrt{3} \times V_b} = \frac{1.500}{\sqrt{3} \times 13{,}80} = 62{,}7 \; A$$

j) Cálculo da corrente de curto-circuito no ponto A (terminais primários do transformador abaixador)

• Impedância total do circuito

$$Z_{totA} = Z_{ugb} + Z_{uc1b} + Z_{uteb} + Z_{uc2b} = (0{,}0 + j0{,}0027) + (0{,}000250 + j0{,}000280) + (0{,}0067 + j0{,}0444) +$$
$$+ (0{,}000426 + j0{,}00014)$$

$$Z_{tot} = 0{,}00721 + 0{,}0475 \; pu$$

• Corrente de curto-circuito simétrica valor eficaz

$$|I_{cs}| = \frac{1}{Z_{tot}} \times I_b = \frac{1}{0{,}00721 + j0{,}04750} \times 62{,}7 = 1.305 \angle -81{,}36° = 1.305 \; A$$

k) Cálculo da corrente de curto-circuito no ponto B (terminais de entrada do CCM)

• Impedância total do circuito

$$Z_{totB} = Z_{ugb} + Z_{uc1b} + Z_{uteb} + Z_{uc2b} + Z_{utab} + Z_{uc3b}$$

$$Z_{totB} = (0{,}0 + j0{,}0027) + (0{,}000250 + j0{,}000280) + (0{,}0067 + j0{,}0444) +$$
$$+ (0{,}000426 + j0{,}000014) + (0{,}0106 + j0{,}074) + (0{,}000009 + j0{,}00002)$$

$$Z_{tot} = 0{,}01775 + j0{,}12124 \; pu$$

• Corrente de curto-circuito simétrica valor eficaz

$$|I_{cs}| = \frac{1}{Z_{tot}} = \frac{1}{(0{,}01782 + j0{,}12141)} = 8{,}14 \angle -81{,}65° \; pu$$

A corrente de curto-circuito em B vale:

$$I_{bb} = \frac{1.500}{\sqrt{3} \times 0{,}38} = 2.279 \; A$$

$$I_{csaB} = I_{bb} \times I_{cs} = 2.279 \times 8{,}14 = 18.551 \; A$$

5.6 Contribuição dos motores de indução nas correntes de falta

Como nas instalações, em geral, há predominância de motores de indução no total da carga, em alguns casos pode ser relevante a contribuição da corrente dessas máquinas no cálculo das correntes de curto-circuito do projeto.

Durante uma falta os motores de indução ficam submetidos a uma tensão praticamente nula, provocando sua parada. Porém, a inércia do rotor e da carga faz com que esses motores continuem em operação por alguns segundos, funcionando agora como *gerador*. Como em operação normal, os motores são alimentados pela fonte de tensão da instalação, no momento da falta, pela rotação que ainda mantêm associada ao magnetismo remanescente do núcleo de ferro e de curta duração, passam a contribuir com a intensidade da corrente de curto-circuito no ponto de defeito.

Os motores de potência elevada, alimentados em tensão superior a 600 V, influem significativamente no valor da corrente de curto-circuito e, por isso, devem ser considerados individualmente, como reatância no diagrama de impedância, cujo valor corresponde à reatância subtransitória da máquina. As Figuras 5.19 e 5.20 mostram, esquematicamente, uma instalação de motores de grande potência e o respectivo bloco de impedância.

No caso de instalações industriais, em que há sensível predominância de pequenos motores alimentados, geralmente, em tensões de 220 V, 380 V e 440 V, em que não se pode determinar o funcionamento de todas as unidades no momento da falta, considera-se uma reatância equivalente do agrupamento de motores em média igual a 25 % na base da soma das potências individuais, em cv. A Figura 5.21 mostra, esquematicamente, essa configuração, enquanto a Figura 5.22 indica o respectivo bloco de impedância.

Quando a instalação possui motores de potência elevada, na tensão inferior a 600 V, é conveniente tomar a sua impedância em separado das demais, considerando o seu valor médio de 28 % nas bases da potência e tensão nominais. Se a tensão do motor for igual ou superior a 600 V, a impedância do motor pode ser tomada em média igual a 25 % nas mesmas bases anteriormente citadas.

A impedância de motores de indução, gaiola de esquilo ou rotor em curto-circuito, tem sido obtida por meio de ensaios em bancada de teste. Já foram desenvolvidos vários modelos para definir a impedância de motores com rotor em curto-circuito, em suas diferentes fases de acionamento, mas todos necessitam dos parâmetros da máquina, muitas vezes não disponíveis com facilidade. A impedância do motor é variável devido à sua variação de velocidade durante o acionamento, diferentemente de um transformador que tem sua impedância facilmente determinada em função das perdas no ferro e no cobre, potência nominal, tensão etc. Na placa de todos os transformadores vem normalmente expressa a sua impedância, o que não ocorre com os motores.

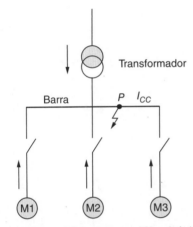

Figura 5.19 Diagrama unifilar básico.

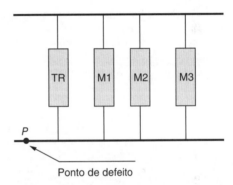

Figura 5.20 Impedâncias em paralelo.

Exemplo de aplicação (5.5)

Considerar a instalação industrial representada na Figura 5.14. Determinar as correntes de curto-circuito na barra do CCM3, considerando somente a contribuição dos motores ligados à barra do CCM3. As potências dos motores instalados nesse ponto são:

- Motores de C1 a C12: 5 cv/380 V – IV polos
- Motor D1: 100 cv/380 V – IV polos

Considerar os condutores de isolação XLPE.

A Figura 5.21 mostra o diagrama unifilar simplificado da Figura 5.14. Já a Figura 5.22 mostra o diagrama de bloco de impedâncias.

a) Impedâncias até o barramento do CCM3

De acordo com o exemplo anterior, e considerando as mesmas bases ali adotadas, temos:

$$\bar{Z}_{utot} = (18,2019 + j16,0817)\,pu$$

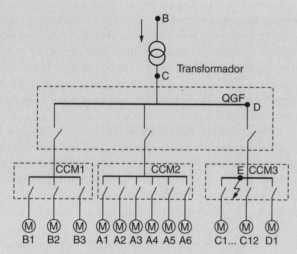

Figura 5.21 Diagrama unifilar.

b) Impedância dos motores de pequena potência (de C1 a C12)

- Resistência

$$R_{um1} \cong 0$$

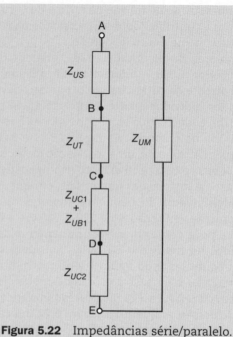

Figura 5.22 Impedâncias série/paralelo.

- Reatância

$X_{pm1} = 25\% = 0,25\ pu$ (nas bases de $\sum P_{cv}$ e V_{nm})
$\sum P_{cv} = 12 \times 5 = 60$ cv
$V_{nm} = 380$ V
$F_p = 0,83$ (Tabela 6.3)
$\eta = 0,83$ (Tabela 6.3)

$$\sum P_{nm} = \frac{\sum P_{cv} \times 0,736}{F_p \times \eta} = \frac{60 \times 0,736}{0,83 \times 0,83} = 64,1\ \text{kVA}$$

$$X_{um1} = X_{pm1} \times \frac{P_b}{\sum P_{nm}} \times \left(\frac{V_{nm}}{V_b}\right)^2$$

$$X_{um1} = 0,25 \times \frac{100.000}{64,1} \times \left(\frac{0,38}{0,38}\right)^2 = 390,01 pu \quad \text{(nas bases de } P_b \text{ e } V_b\text{)}$$

$$\vec{Z}_{um1} = R_{um1} + jX_{um1} = (0,0 + j390,01)pu$$

c) Impedância do motor D1 (100 cv)

- Resistência:

$$R_{um2} \cong 0$$

- Reatância:

$X_{pm2} = 25\%$ (nas bases de P_{nm} e V_{nm})

$$P_{nm} = \frac{P_{cv} \times 0,736}{F_p \times \eta} = \frac{100 \times 0,736}{0,87 \times 0,92} = 91,95\ \text{kVA}$$

$$X_{um2} = X_{pm2} \times \frac{P_b}{\sum P_{nm}} \times \left(\frac{V_{nm}}{V_b}\right)^2$$

$$X_{um2} = 0,25 \times \frac{100.000}{91,95} \times \left(\frac{0,38}{0,38}\right)^2 = 271,88 pu \quad \text{(nas bases de } P_b \text{ e } V_b\text{)}$$

$$\vec{Z}_{um2} = R_{um2} + jX_{um2} = (0,0 + j271,88)\,pu$$

d) Impedâncias em paralelo dos motores C1 a C12 e D1

$$|Z_{ump}| = \frac{(R_{um1} + jX_{um1}) \times (R_{um2} + jX_{um2})}{R_{um1} + jX_{um1} + R_{um2} + jX_{um2}} = \frac{(0 + j390,01) \times (0 + j271,88)}{(0 + j390,01) + (0 + j271,88)} = 160,2017\angle 90°$$

e) Impedância em paralelo dos motores e do sistema

$\vec{Z}_{utot} = (18,2019 + j16,0748) = (24,2839\angle 41,44°)\,pu$ [impedância do sistema, calculada no item "l" do Exemplo de aplicação (5.3)].

$$|Z_{ump1}| = \frac{Z_{utot} \times Z_{ump}}{Z_{utot} + Z_{ump}} = \frac{(24,2839\angle 41,44°) \times (160,2017\angle 90°)}{(24,2839\angle 41,44°) + (160,2017\angle 90°)} = 21,9\,pu$$

f) Corrente de curto-circuito na barra do CCM3, com a contribuição dos motores

$$|I_{cc}| = \frac{I_b}{Z_{ump1}} = \frac{151.934}{21,9} = 6.937\ A = 6,93\ kA$$

Observar que a contribuição dos motores fez elevar a corrente de curto-circuito de 6,25 para 6,93 kA, correspondendo, neste caso, a um incremento de 10,88 %. Outrossim, o curto-circuito no QGF recebe contribuição de todos os motores ligados aos diferentes CCMs. Para fins de simplificação, essa hipótese não foi considerada no presente Exemplo de aplicação.

5.7 Aplicação das correntes de curto-circuito

As correntes de curto-circuito são de extrema importância em qualquer projeto de instalação elétrica. Dentre as suas aplicações práticas importantes iremos particularizar a determinação das capacidades térmicas e dinâmicas dos barramentos de subestações e conjuntos de manobra.

5.7.1 Solicitação eletrodinâmica das correntes de curto-circuito

As correntes de curto-circuito que se manifestam em determinada instalação podem causar sérios danos de natureza mecânica nos barramentos, isoladores, suportes e na própria estrutura dos conjuntos de manobra.

Quando as correntes elétricas percorrem dois condutores (barras ou cabos), mantidos paralelos e próximos entre si, aparecem forças de deformação que, dependendo de sua intensidade, podem danificar mecanicamente esses condutores. Os sentidos de atuação destas forças dependem dos sentidos em que as correntes percorrem os condutores, podendo surgir forças de atração ou repulsão. Quando as correntes fluem no mesmo sentido, os barramentos se atraem; quando as correntes fluem em sentidos contrários, os barramentos se repelem. A força entre os condutores tem o dobro da frequência em comparação com a frequência natural do sistema. Para sistemas de 60 Hz, a força exercida sobre os barramentos tem frequência de 120 Hz, conforme pode ser observado na Figura 5.23.

Considerando-se duas barras paralelas e biapoiadas nas extremidades, percorridas por correntes de forma de onda complexa, a determinação das solicitações mecânicas pode ser obtida resolvendo-se a seguinte expressão:

$$F_b = 2,04 \times \frac{I_{cim}^2}{100 \times D} \times L_b \ (\text{kgf}) \qquad (5.43)$$

F_b = força de atração ou repulsão exercida sobre as barras condutoras, em kgf;

D = distância entre as barras, em cm;

L_b = comprimento da barra, isto é, distância entre dois apoios sucessivos, em cm;

I_{cim} = corrente de curto-circuito, tomada no seu valor de crista, em kA, e dada pela Equação (5.36).

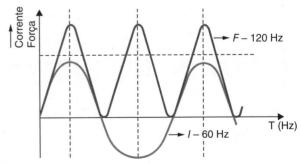

Figura 5.23 Frequência do sistema e da força para circuitos de 60 Hz.

Exemplo de aplicação (5.6)

Determinar o valor de impulso da corrente de curto-circuito no barramento mostrado na Figura 5.24 e pertencente ao Quadro Geral de Força de uma indústria cuja subestação é dotada de 2 transformadores de 500 kVA, impedância 5,5 %, 13.800/380 V, operando em paralelo. Determinar as dimensões das barras retangulares de cobre considerando que a distância entre dois apoios consecutivos é de 50 cm e a distância entre as barras é de 12 cm. Utilizar barras pintadas.

Neste exemplo apresentamos um método de cálculo da corrente de curto-circuito de forma aproximada para casos em que o ponto de defeito está próximo dos transformadores. Devemos alertar que o procedimento de cálculo da corrente de curto-circuito a seguir desenvolvido é uma forma de conhecer preliminarmente a corrente de defeito em situações específicas em que o profissional, por exemplo, está no chão de fábrica, na frente do QGF, e precisa apurar se determinado disjuntor está com a sua capacidade de interrupção adequada. Posteriormente, o profissional deve usar os métodos anteriormente estudados para conhecer com a precisão necessária a corrente de defeito.

- Cálculo do impulso da corrente de curto-circuito no barramento do QGF

Vamos determinar a corrente de curto-circuito considerando apenas a impedância do transformador, que é facilmente identificada em sua placa, ou seja, desconsiderando a impedância do sistema a montante da indústria. A corrente de curto-circuito calculada dessa forma é normalmente superior à corrente de curto-circuito, levando-se em conta a impedância do sistema supridor. Por falta das impedâncias do sistema de suprimento, considera-se o fator de assimetria igual à unidade. O erro está a favor da segurança. Logo a corrente de impulso da corrente de curto-circuito assimétrica vale:

$$I_{ca} = \sqrt{2} \times \frac{100 \times I_{tr}}{Z_{tr}} = \sqrt{2} \times \frac{100 \times \frac{P_{nt}}{\sqrt{3} \times V_{nt}}}{Z_{tr}} = \sqrt{2} \times \frac{100 \times \frac{500}{\sqrt{3} \times 0,38}}{5,5} = \frac{107.433}{5,5} = 19,533 \text{ A} \cong 19,5 \text{ kA}$$

P_{nt} = potência nominal do transformador, em kVA;
V_{nt} = tensão nominal do transformador, em kV.

Se for requerida somente a corrente simétrica de curto-circuito, desconsiderar o valor de $\sqrt{2}$.

Como os transformadores estão operando em paralelo, a impedância do conjunto vale aproximadamente a metade e a corrente de curto-circuito praticamente dobra de valor, ou seja:

$$I_{cim} = \sqrt{2} \times \frac{100 \times I_{tr}}{Z_{tr}/2} = \sqrt{2} \times \frac{100 \times 759,6}{5,5/2} = 39.063 \text{ A} \cong 39 \text{ kA}$$

- Determinação do barramento do QGF

Como a corrente nominal dos transformadores é de 1.519,3 A, podemos acessar a Tabela 3.38, obtendo-se a barra retangular pintada de dimensões 100 × 10 mm, que tem a capacidade nominal de 1.810 A.

- Determinação do esforço mecânico sobre as barras

$$F_b = 2,04 \times \frac{I_{cim}^2}{100 \times D} \times L_b = 2,04 \times \frac{39^2}{100 \times 12} \times 50 = 129 \text{ kgf}$$

- Determinação do momento resistente sobre as barras
  - Momento resistente da barra com as faces de maior dimensão paralelas.

Nesse caso, a base de atuação da força é na face da dimensão de 100 mm (largura da barra)

$$W_b = \frac{B \times H^2}{6.000} = \frac{100 \times 10^2}{6.000} = 1,66 \text{ (cm}^3\text{)}$$

- Momento resistente da barra com as faces de menor dimensão paralelas.

Nesse caso, a base de atuação da força é na face da dimensão de 10 mm de espessura

$$W_b = \frac{B \times H^2}{6.000} = \frac{10 \times 100^2}{6.000} = 16{,}66 \ (\text{cm}^3)$$

- Determinação do momento fletor sobre as barras com as faces de maior dimensão paralelas

$$M_f = \frac{F_b \times L_b^2}{12 \times W_b} = \frac{132 \times 50^2}{12 \times 1{,}66} = 16.566 \ (\text{kgf/cm}^3)$$

- Determinação do momento fletor sobre as barras com as barras de menor dimensão paralelas

$$M_f = \frac{F_b \times L_b^2}{12 \times W_b} = \frac{132 \times 50^2}{12 \times 16{,}66} = 1.650 \ \text{kgf/cm}^3 < 2.000 \ \text{kgf/cm}^3 \ (\text{condição atendida})$$

Conclusão: as barras só deverão ser instaladas com as faces de menor dimensão em paralelo. Podem ser utilizadas alternativas. Por exemplo, adotar duas ou mais barras em paralelo, por fase, com dimensões inferiores às da barra atual. Nesse caso, as barras devem ser separadas por pequenas seções da mesma barra em alguns pontos. Essa separação permite que as faces das barras sejam ventiladas por convecção natural, mantendo assim sua capacidade nominal. Além disso, aumenta sua rigidez, ou seja, o momento fletor.

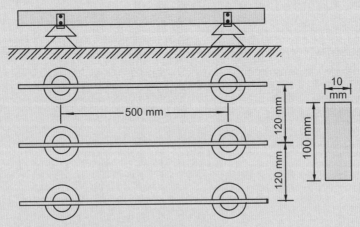

Figura 5.24 Instalação do barramento.

A seção transversal das barras deve ser suficientemente dimensionada para suportar a força F, sem deformar-se. Os esforços resistentes das barras podem ser calculados pelas Equações (5.44) e (5.45).

$$W_b = \frac{B \times H^2}{6.000} \ (\text{cm}^3) \quad (5.44)$$

$$M_f = \frac{F_b \times L_b}{12 \times W_b} \ (\text{kgf/cm}^2) \quad (5.45)$$

W_b = momento resistente da barra, em cm³;
M_f = tensão à flexão, em kgf/cm²;
H = altura da seção transversal, em mm;
B = base da seção transversal, em mm.

As barras podem ser dispostas com as faces de maior dimensão paralelas ou com as faces de menor dimensão paralelas. No primeiro caso, a tensão à flexão M assume um valor inferior ao valor encontrado para o segundo caso.

Sendo o cobre o material mais comumente utilizado nos conjuntos de manobra industriais, os esforços atuantes nas barras ou vergalhões não devem ultrapassar $M_{fcu} \leq 2.000$ kgf/cm² (= 20 kgf/mm²), que corresponde ao limite à flexão. Para o alumínio, o limite é $M_{fal} \leq 900$ kgf/cm² (= 9 kgf/mm²).

O dimensionamento dos barramentos requer especial atenção quanto às suas estruturas de apoio, em especial o limite dos esforços permissíveis nos isoladores de suporte.

5.7.2 Solicitação térmica das correntes de curto-circuito

As correntes de curto-circuito provocam efeitos térmicos nos barramentos, cabos, chaves e outros equipamentos, danificando-os, caso não estejam suficientemente dimensionados para suportá-las.

Exemplo de aplicação (5.7)

Em uma instalação industrial, a corrente inicial eficaz simétrica de curto-circuito no barramento do QGF é de 32 kA, sendo a relação X/R igual a 1,80. Calcular a corrente térmica mínima que deve ter as chaves seccionadoras ali instaladas.

Tabela 5.2 Fator de influência do componente contínuo de curto-circuito (M)

Duração T_d (s)	Fator de assimetria								
	1,1	1,2	1,3	1,4	1,5	1,6	1,7	1,8	1,9
0,01	0,50	0,64	0,73	0,92	1,07	1,26	1,45	1,67	1,80
0,02	0,28	0,35	0,50	0,60	0,72	0,88	1,14	1,40	1,62
0,03	0,17	0,23	0,33	0,41	0,52	0,62	0,88	1,18	1,47
0,04	0,11	0,17	0,25	0,30	0,41	0,50	0,72	1,00	1,33
0,05	0,08	0,12	0,19	0,28	0,34	0,43	0,60	0,87	1,25
0,07	0,03	0,08	0,15	0,17	0,24	0,29	0,40	0,63	0,93
0,10	0,00	0,00	0,00	0,01	0,15	0,23	0,35	0,55	0,83
0,20	0,00	0,00	0,00	0,00	0,15	0,10	0,15	0,30	0,52
0,50	0,00	0,00	0,00	0,00	0,00	0,00	0,12	0,19	0,20
1,00	0,00	0,00	0,00	0,00	0,00	0,00	0,00	0,00	0,01

Tabela 5.3 Fator de influência do componente alternado de curto-circuito (N)

Duração T_d (s)	Relação entre I_{cis} e I_{cs}								
	6,0	5,0	4,0	3,0	2,5	2,0	1,5	1,25	1,0
0,01	0,92	0,93	0,94	0,95	0,96	0,97	0,98	1,00	1,00
0,02	0,87	0,90	0,92	0,94	0,96	0,97	0,98	1,00	1,00
0,03	0,84	0,87	0,89	0,92	0,94	0,96	0,98	1,00	1,00
0,04	0,78	0,84	0,86	0,90	0,93	0,96	0,97	0,99	1,00
0,05	0,76	0,80	0,84	0,88	0,91	0,95	0,97	0,99	1,00
0,07	0,70	0,75	0,80	0,86	0,88	0,92	0,96	0,97	1,00
0,10	0,68	0,70	0,76	0,83	0,86	0,90	0,95	0,96	1,00
0,20	0,53	0,58	0,67	0,75	0,80	0,85	0,92	0,95	1,00
0,50	0,38	0,44	0,53	0,64	0,70	0,77	0,87	0,94	1,00
1,00	0,27	0,34	0,40	0,50	0,60	0,70	0,84	0,91	1,00
2,00	0,18	0,23	0,30	0,40	0,50	0,63	0,78	0,87	1,00
3,00	0,14	0,17	0,25	0,34	0,40	0,58	0,73	0,86	1,00

A corrente inicial de curto-circuito deve ser igual à corrente simétrica de curto-circuito, ou seja: $I_{cis} = I_{cs}$.

Como mencionado anteriormente, esta relação só é válida quando o ponto de geração está distante do ponto de defeito.

$$\frac{X}{R} = 1,80 \rightarrow F_a = 1,16 \text{ (Tabela 5.1)}$$

Para $F_a = 1,16$ e $T_d = I_{th} = 1\text{ s} \rightarrow M = 0$ (Tabela 5.2).

Para $I_{cis}/I_{cs} = 1$ e $T_d = T_{th} = 1\text{ s} \rightarrow N = 1$ (Tabela 5.3).

$I_{th} = I_{cis} \times \sqrt{N + M} = 32 \times \sqrt{1 + 0} = 32$ kA (valor da corrente térmica das chaves seccionadoras)

Os efeitos térmicos dependem da variação e da duração da corrente de curto-circuito, além do valor de sua intensidade. São calculados com a Equação (5.46):

$$I_{th} = I_{cis} \times \sqrt{M+N} \text{ (kA)} \qquad (5.46)$$

I_{cis} = corrente eficaz inicial de curto-circuito simétrica, em kA;
M = fator de influência do calor gerado pelo componente de corrente contínua, dado na Tabela 5.2;
N = fator de influência do calor gerado pelo componente de corrente alternada, dado na Tabela 5.3;
I_{th} = valor térmico médio efetivo da corrente instantânea.

Em geral, os fabricantes indicam os valores da corrente térmica nominal de curto-circuito que seus equipamentos, barramentos etc. podem suportar durante um espaço de tempo T_{th}, normalmente definido em 1 s.

6 Motores elétricos

6.1 Introdução

O motor elétrico é uma máquina que transforma energia elétrica em energia mecânica de utilização.

Os motores elétricos são divididos em dois grandes grupos, tomada a forma da tensão como base: corrente contínua e alternada. Para melhor visualizar os diferentes tipos de motores elétricos, analisar a Figura 6.1. A seguir serão descritos resumidamente os principais tipos apresentados na figura mencionada.

6.2 Características gerais dos motores elétricos

As principais características dos motores elétricos, em geral, são:

6.2.1 Motores de corrente contínua

São aqueles acionados a partir de uma fonte de corrente contínua. São muito utilizados nas indústrias quando se faz necessário manter o controle fino da velocidade em um processo qualquer de fabricação. Como exemplo, pode-se citar a indústria de papel. São fabricados em três diferentes características.

a) Motores série

São aqueles em que a corrente de carga é utilizada também como corrente de excitação, isto é, as bobinas de campo são ligadas em série com as bobinas do induzido. Estes motores não podem operar em vazio, pois sua velocidade tenderia a aumentar indefinidamente, danificando a máquina.

b) Motores em derivação

São aqueles em que o campo está diretamente ligado à fonte de alimentação e em paralelo com o induzido. Sob tensão constante, estes motores desenvolvem uma velocidade constante e um conjugado variável de acordo com a carga.

c) Motores compostos

São aqueles em que o campo é constituído de duas bobinas, sendo uma ligada em série e a outra em paralelo com o induzido. Estes motores acumulam as vantagens do motor série e do de derivação, isto é, possuem um elevado conjugado de partida e velocidade aproximadamente constante no acionamento de cargas variáveis.

6.2.2 Motores de corrente alternada

São aqueles acionados a partir de uma fonte de corrente alternada. São utilizados na maioria das aplicações industriais.

Há vários tipos de motores elétricos empregados em instalações industriais. No entanto, por sua maior aplicação nesta área, devido à simplicidade de construção, vida útil longa, custo reduzido de compra e manutenção, este livro irá tratar mais especificamente dos motores elétricos assíncronos de indução. A Figura 6.2 mostra uma ilustração da sequência de montagem dos diferentes elementos de um motor elétrico, detalhando suas partes principais.

6.2.2.1 Motores trifásicos

São aqueles alimentados por um sistema trifásico a três fios, em que as tensões estão defasadas de 120° elétricos. Representam a grande maioria dos motores empregados nas instalações industriais. A Figura 6.3 mostra seus principais componentes. Podem ser do tipo indução ou síncrono.

a) Motores de indução

São constituídos de duas partes básicas: estator e rotor.

- Estator

    Formado por três elementos:
    - carcaça: constituída de uma estrutura de construção robusta, fabricada em ferro fundido, aço ou alumínio injetado resistente à corrosão e com superfície aletada e que tem como principal

Motores elétricos 243

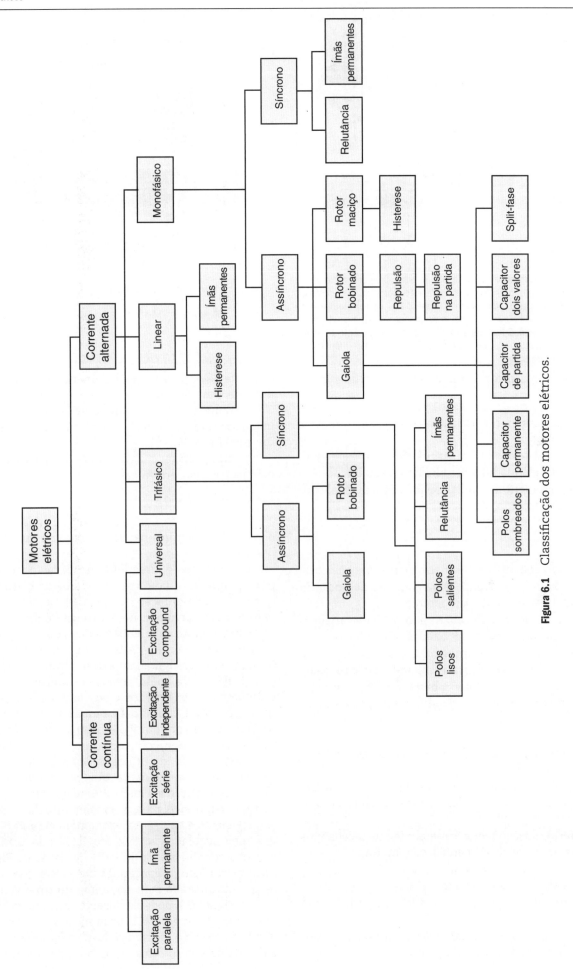

Figura 6.1 Classificação dos motores elétricos.

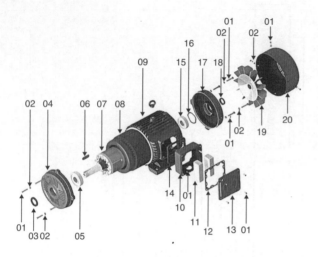

01 – parafuso; 02 – arruela de pressão; 03 – retentor; 04 – tampa dianteira; 05 – rolamento dianteiro; 06 – chaveta; 07 – rotor completo; 08 – estator bobinado; 09 – carcaça; 10 – caixa de ligação; 11 – espuma autoextinguível; 12 – vedação da tampa da caixa de ligação; 13 – tampa da caixa de ligação; 14 – vedação da caixa de ligação; 15 – rolamento traseiro; 16 – arruela ondulada; 17 – tampa traseira; 18 – anel; 19 – ventilador; 20 – tampa defletora.

Figura 6.2 Ilustração de um motor em montagem.

função suportar todas as partes fixas e móveis do motor;
– núcleo de chapas: constituído de chapas magnéticas adequadamente fixadas ao estator;
– enrolamentos: dimensionados em material condutor isolado, dispostos sobre o núcleo e ligados à rede de energia elétrica de alimentação.

• Rotor

Também constituído de quatro elementos básicos:
– eixo: responsável pela transmissão da potência mecânica gerada pelo motor;
– núcleo de chapas: constituído de chapas magnéticas adequadamente fixadas sobre o eixo;
– barras e anéis de curto-circuito (motor de gaiola): constituído de alumínio injetado sobre pressão;
– enrolamentos (motor com rotor bobinado): constituídos de material condutor e dispostos sobre o núcleo.

Os demais componentes são:
– ventilador: responsável pela remoção do calor acumulado na carcaça;
– tampa defletora: componente mecânico provido de aberturas instaladas na parte traseira do motor sobre o ventilador;
– terminais: conectores metálicos que recebem os condutores de alimentação do motor;
– rolamentos: componentes mecânicos sobre os quais está fixado o eixo;
– tampa: componente metálico de fechamento lateral;
– caixa de ligação: local onde estão fixados os terminais de ligação do motor.

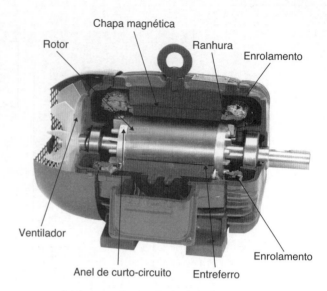

Figura 6.3 Motor de indução trifásico.

As correntes rotóricas são geradas eletromagneticamente pelo estator, único elemento do motor ligado à linha de alimentação.

O comportamento de um motor elétrico de indução, no que se refere ao rotor, é comparado ao secundário de um transformador.

O rotor pode ser constituído de duas maneiras: rotor bobinado e rotor em gaiola.

• Rotor bobinado

Constituído de bobinas, cujos terminais são ligados a anéis coletores fixados ao eixo do motor e isolados deste.

São de emprego frequente nos projetos industriais, principalmente quando se necessita de controle adequado à movimentação de carga, ou se deseja acionar determinada carga por meio do reostato de partida.

Estes motores são construídos com o rotor envolvido por um conjunto de bobinas, normalmente interligadas, em configuração estrela, com os terminais conectados a três anéis, presos mecanicamente ao eixo do motor, porém isolados eletricamente, e ligados por meio de escovas condutoras a uma resistência trifásica, provida de cursor rotativo. Assim, as resistências são colocadas em série com o circuito do enrolamento do rotor, e a quantidade utilizada depende do número de estágios de partida adotado, que, por sua vez, é dimensionado em função exclusivamente do valor da máxima corrente admissível para o acionamento da carga.

A Figura 6.4 apresenta, esquematicamente, a ligação dos anéis acoplados ao reostato de partida, com a barra de curto-circuito medianamente inserida. Já a Figura 6.5 mostra, também, a ligação de um motor com reostato de partida ajustado para acionamento em três tempos.

Na Figura 6.5, pode-se observar que, quando é acionado o contator geral C1, ligado aos terminais 1-2-3, o motor parte sob o efeito das duas resistências inseridas em cada bobina rotórica. Após certo período de tempo,

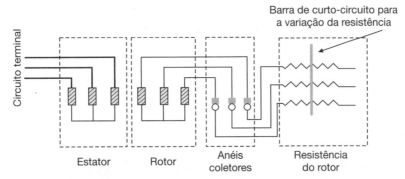

Figura 6.4 Motor de rotor bobinado.

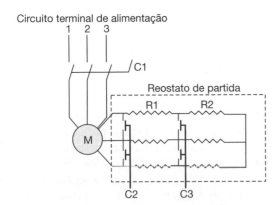

Figura 6.5 Reostato de partida.

previamente ajustado, o contator C3 curto-circuita o primeiro grupo de resistência do reostato, o que equivale ao segundo estágio. Decorrido outro determinado período de tempo, o contator C2 opera mantendo em curto-circuito o último grupo de resistências do reostato, o que equivale ao terceiro estágio. Nesta condição, o motor entra em regime normal de funcionamento.

Os motores de anéis são particularmente empregados na frenagem elétrica, controlando adequadamente a movimentação de cargas verticais, em baixas velocidades. Para isso, usa um sistema combinado de frenagem sobressíncrona ou subsíncrona com inversão das fases de alimentação. Na etapa de levantamento, o motor é acionado com a ligação normal, sendo que tanto a força necessária para vencer a carga resistente como a velocidade de levantamento são ajustadas pela inserção ou retiradas dos resistores do circuito do rotor. Para o abaixamento da carga, basta inverter duas fases de alimentação, e o motor comporta-se como gerador, em regime sobressíncrono, fornecendo energia à rede de alimentação, girando, portanto, no sentido contrário ao funcionamento anterior.

São empregados no acionamento de guindastes e correias transportadoras, compressores a pistão etc.

- Rotor em gaiola

Constituído de um conjunto de barras não isoladas e interligadas por anéis condutores curto-circuitados. Por sua maior aplicação industrial, será o objeto maior deste capítulo.

O motor de indução opera, normalmente, a uma velocidade constante, variando ligeiramente com a aplicação da carga mecânica no eixo.

O funcionamento de um motor de indução baseia-se no princípio da formação de campo magnético rotativo produzido no estator pela passagem da corrente alternada em suas bobinas, cujo fluxo, por efeito de sua variação, se desloca em volta do rotor, gerando correntes induzidas que tendem a se opor ao campo rotativo, sendo, no entanto, arrastado por este.

O rotor em nenhuma hipótese atinge a velocidade do campo rotativo, pois, do contrário, não haveria geração de correntes induzidas, eliminando-se o fenômeno magnético rotórico responsável pelo trabalho mecânico do rotor.

Quando o motor está girando sem a presença de carga mecânica no eixo, comumente chamado *motor a vazio*, o rotor desenvolve uma velocidade angular de valor praticamente igual à velocidade síncrona do campo girante do estator. Adicionando-se carga mecânica ao eixo, o rotor diminui sua velocidade. A diferença existente entre as velocidades síncrona e a do rotor é denominada *escorregamento*, que representa a fração de rotação que perde o rotor a cada rotação do campo rotórico. O escorregamento, em termos percentuais, é dado pela Equação (6.1).

$$S = \frac{W_s - W}{W_s} \times 100 \ (\%) \qquad (6.1)$$

W_s = velocidade síncrona;
W = velocidade angular do rotor.

6.2.2.2 Motores síncronos

Os motores síncronos, comparativamente aos motores de indução e de rotor bobinado, são de pequena utilização em instalações industriais.

Os motores síncronos funcionam a partir da aplicação de uma tensão alternada nos terminais do estator, excitando o campo rotórico por meio de uma fonte de corrente contínua que pode ser diretamente obtida de uma rede de CC, de um conjunto retificador, de uma excitatriz, diretamente acoplada no eixo do motor, comumente chamada dínamo, ou de um grupo motor-gerador. A excitação do campo é feita, geralmente, por anéis coletores acoplados ao eixo do motor.

A corrente absorvida pelo circuito estatório é função da corrente de excitação para determinada carga acionada pelo motor. Quando o motor está girando a vazio, a corrente do estator é praticamente igual à corrente de magnetização. Se for acoplada ao motor uma carga mecânica, a corrente absorvida pelo estator aumentará, estabelecendo um conjugado motor, suficiente para vencer o conjugado resistente.

Quando a corrente de excitação é de valor reduzido, isto é, o motor está subexcitado, a força eletromotriz induzida no circuito estatórico é pequena, fazendo com que o estator absorva da rede de alimentação determinada potência reativa necessária à formação de seu campo magnético e cuja corrente está atrasada em relação à tensão da rede. Se a corrente de excitação for aumentada gradativamente, mantendo-se a grandeza da carga, consequentemente elevando-se o valor da força eletromotriz no estator, deve-se chegar em determinado instante em que a corrente estatórica, até então atrasada, deve ficar em fase com a tensão da rede significando um fator de potência unitário. Se este procedimento continuar, isto é, se a corrente de excitação for aumentada ainda mais, a corrente estatórica se adiantará em relação à tensão, caracterizando a "sobre-excitação" do motor síncrono, fazendo com que este passe a fornecer potência reativa à rede, trabalhando com um fator de potência capacitivo.

Esse é o princípio básico da correção do fator de potência de uma instalação, utilizando o motor síncrono em alternativa a banco de capacitores.

A Figura 6.6 mostra a variação da corrente estatórica e do fator de potência, relativamente à corrente de excitação. A Figura 6.7 relaciona percentualmente a potência capacitiva fornecida por um motor síncrono em relação à sua potência nominal, em função da variação de carga, para um dado fator de potência capacitivo.

Por meio das curvas da Figura 6.7 conclui-se que um motor síncrono com fator de potência 0,80 pode fornecer, quando a vazio, 81 % de sua potência em cv em potência reativa capacitiva. Se for acoplada ao seu eixo uma carga mecânica de valor igual à nominal, ainda pode fornecer 62 % de sua capacidade em potência capacitiva. Cabe ressaltar que, neste caso, relativamente à Figura 6.7, o motor síncrono está operando "sobre-excitado".

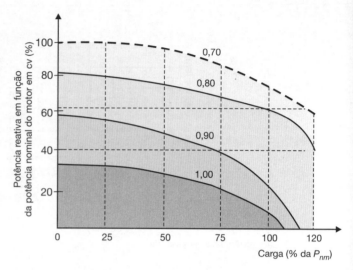

Figura 6.7 Capacidade do motor síncrono no fornecimento de potência reativa.

A utilização de motores síncronos acionando determinados tipos de carga mecânica, para correção do fator de potência de uma instalação industrial, requer cuidados adicionais com respeito às flutuações no torque, devido à natureza da própria carga. Além disso, motores síncronos de potência inferior a 50 cv não são adequados à correção do fator de potência, em virtude da sensibilidade de perda de sincronismo, quando da ocorrência de flutuações de tensão na rede de alimentação.

Os motores síncronos apresentam dificuldades operacionais práticas, pois necessitam de fonte de excitação, requerendo manutenção constante e muitas vezes dispendiosa.

Uma das desvantagens de sua utilização está na partida, pois é necessário que se leve o motor síncrono a uma velocidade suficientemente próxima à velocidade síncrona, a fim de que ele possa entrar em sincronismo com o campo girante.

São empregados vários recursos para tal finalidade, dos quais são citados dois:

- utilização de um motor de corrente contínua acoplado ao eixo do motor síncrono;
- utilização de enrolamento de compensação.

Pela aplicação deste último método, o comportamento do motor síncrono, durante a partida, é semelhante ao do motor de indução.

Durante a partida do motor síncrono, dotado de enrolamentos de compensação, também conhecidos como enrolamentos amortecedores, o enrolamento de campo de corrente contínua deve ser curto-circuitado, enquanto se aplica a tensão da rede nos terminais do estator, até levar o motor, a vazio, à condição de sincronismo, semelhantemente a um motor de indução. A seguir, desfaz-se a ligação de curto-circuito do enrolamento de campo e aplica-se nele uma corrente contínua, ajustando-se adequadamente à finalidade de utilização a que se propõe.

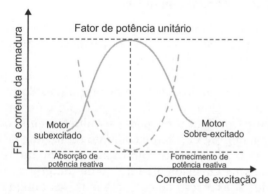

Figura 6.6 Fator de potência × corrente de excitação.

Construtivamente, os enrolamentos amortecedores podem ser do tipo gaiola de esquilo ou do tipo rotor bobinado. Neste último caso, o motor síncrono utiliza cinco anéis coletores, conforme esquema da Figura 6.8, sendo que, em três destes, se acoplam as resistências externas do reostato de partida, enquanto os outros dois são utilizados para a excitação do campo rotórico.

À semelhança do motor de indução, à medida que se reduz a resistência do circuito de amortecimento, o motor se aproxima da velocidade síncrona, até que se aplica, no enrolamento de campo, uma tensão em corrente contínua, fazendo o motor entrar em sincronismo com o campo girante.

6.2.2.3 Motores monofásicos de indução

Os motores monofásicos são, relativamente aos motores trifásicos, de pequeno uso em instalações industriais. São construídos, normalmente, para pequenas potências (até 15 cv, em geral).

Os motores monofásicos são providos de um segundo enrolamento colocado no estator e defasado de 90° elétricos do enrolamento principal, e que tem a finalidade de tornar rotativo o campo estatórico monofásico. Isto é o que permite a partida do motor monofásico.

O torque de partida é produzido pelo defasamento de 90° entre as correntes do circuito principal e as do circuito de partida. Para se obter esta defasagem, liga-se ao circuito de partida um condensador, de acordo com esquema da Figura 6.9(a).

O campo rotativo assim produzido orienta o sentido de rotação do motor. A fim de que o circuito de partida não fique ligado desnecessariamente após o acionamento do motor, um dispositivo automático desliga o enrolamento de partida, passando o motor a funcionar normalmente em regime monofásico. Este dispositivo pode ser acionado por um sistema de força centrífuga, conforme a Figura 6.9(b).

A bobina que liga o circuito de partida é desenergizada pelo decréscimo do valor da corrente no circuito principal, após o motor entrar em regime normal de funcionamento. A Figura 6.9(b) fornece o detalhe de ligação desse dispositivo automático.

O condensador de partida é do tipo eletrolítico que tem a característica de funcionar somente quando é solicitado por tensões com polaridade estabelecida. É montado, normalmente, sobre a carcaça do estator, por meio de um suporte que também tem a finalidade de protegê-lo mecanicamente.

A Tabela 6.1 fornece as características básicas dos motores monofásicos.

Os motores monofásicos podem ser do tipo indução ou síncrono, cujas características básicas são idênticas às que foram estabelecidas para os motores trifásicos correspondentes.

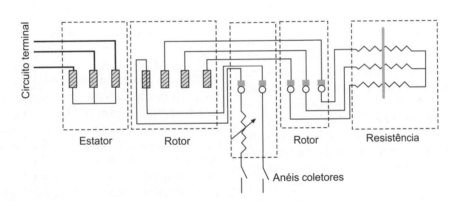

Figura 6.8 Motor síncrono.

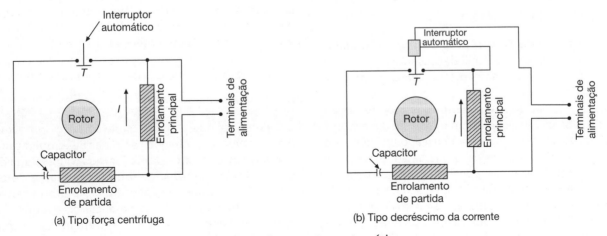

Figura 6.9 Interruptor automático.

Tabela 6.1 Características dos motores elétricos monofásicos

Potência nominal		Corrente (220 V)	Velocidade	Fator de potência	Relação	Relação	Conjugado		Rendimento	Momento de inércia
							Nominal	Cm/Cn		
cv	kW	A	rpm	%	Inp/In	Cp/Cn	m.kgf	%	%	kg.m²
II polos										
1,5	1,1	7,5	3.535	75	7,8	2,9	0,31	2,3	75	0,0020
2	1,5	9,5	3.530	76	7,2	2,9	0,61	2,3	76	0,0024
3	2,2	13,0	3.460	77	7,6	3,0	0,81	2,2	77	0,0064
4	3,0	18,0	3.515	79	8,7	2,8	0,61	2,6	79	0,0093
5	3,7	23,0	3.515	81	7,9	2,8	1,00	2,6	81	0,0104
7,5	5,5	34,0	3.495	78	6,2	2,1	1,50	2,1	78	0,0210
10	7,5	42,0	3.495	82	7	2,1	2,00	2,6	82	0,0295
IV polos										
1	0,75	5,8	1.760	71	8,2	3,0	0,41	2,5	71	0,0039
1,5	1,1	7,5	1.760	75	8,7	2,8	0,61	2,9	75	0,0052
2	1,5	9,5	1.750	77	8,7	3,0	0,81	2,8	77	0,0084
3	2,2	14,0	1.755	79	8,5	3,0	1,20	2,8	79	0,0163
4	3,0	19,0	1.745	80	7,1	2,9	1,60	2,6	80	0,0183
5	3,7	25,0	1.750	81	7,5	3,0	2,00	2,6	81	0,0336
7,5	5,5	34,0	1.745	84	7,4	3,0	3,10	2,6	84	0,0378
10	7,5	46,0	1.745	85	7,6	3,0	4,10	2,5	85	0,0434

6.2.2.4 Motores tipo universal

São aqueles capazes de operar tanto em corrente contínua como em corrente alternada. São amplamente utilizados em eletrodomésticos, como enceradeiras, liquidificadores, batedeiras etc. São constituídos de uma bobina de campo, em série com a bobina da armadura, e de uma bobina de compensação que pode estar ligada em série ou em paralelo com a bobina de campo, cuja compensação é denominada, respectivamente, condutiva ou indutiva.

6.3 Motores assíncronos trifásicos com rotor em gaiola

Os motores de indução trifásicos com rotor em gaiola são usados na maioria das instalações industriais, principalmente em máquinas não suscetíveis a pequenas variações de velocidade.

O princípio de funcionamento dos motores assíncronos trifásicos que constituem a maioria dos motores em operação nas indústrias está baseado em três enrolamentos instalados no estator, que estão diretamente ligados na fonte de tensão, deslocados fisicamente de 120°. Por sua vez, a fonte de alimentação do sistema elétrico é composta por três tensões, também defasadas no tempo de 120°, formando um campo magnético girante, na velocidade angular definida pela frequência do sistema de alimentação que atravessa o entreferro atingindo a massa rotórica e induzindo nas barras rotóricas forças eletromotrizes. Como essas barras estão em curto-circuito nas suas extremidades, por meio de dois anéis, há um fluxo de corrente circulando que, interagindo com o campo girante estatórico, produz um conjugado eletromecânico que arrasta o rotor no sentido desse campo. Para que haja conjugado, a velocidade angular do rotor deve ser ligeiramente inferior à velocidade angular do campo girante estatórico. Na suposição de que a velocidade angular rotórica seja igual à velocidade do campo girante estatórico, o conjugado ficaria nulo.

Para obtenção de velocidade constante, devem-se usar motores síncronos, normalmente, construídos para potências elevadas, devido a seu alto custo relativo, quando fabricados em potências menores.

A seguir, serão estudadas as principais características dos motores de indução trifásicos com rotor em gaiola.

6.3.1 Potência nominal

É a potência que o motor pode fornecer no eixo, em regime contínuo, sem que os limites de temperatura dos enrolamentos sejam excedidos aos valores máximos permitidos por norma, dentro de sua classe de isolamento. Sempre que são aplicadas aos motores cargas de valor muito superior ao da potência para a qual foram projetados, seus enrolamentos sofrem um aquecimento anormal, diminuindo a vida útil da máquina, podendo, inclusive, danificar o isolamento até se estabelecer um curto-circuito interno que caracteriza sua queima.

A potência desenvolvida por um motor representa a rapidez com que a energia é aplicada para mover a carga. Por definição, potência é a relação entre a energia gasta para realizar determinado trabalho e o tempo em que o mesmo foi executado. Isto pode ser facilmente entendido se se considera a potência necessária para levantar um objeto pesando 50 kgf, do fundo de um poço de 40 m de profundidade, durante um período de tempo de 27 s. A energia gasta foi de 50 kgf × 40 m = 2.000 kgf.m. Como o tempo para realizar este trabalho foi de 27 s, a potência exigida pelo motor foi de P_{m1} = 2.000/27 kgf.m/s = 74 kgf.m/s. Se o mesmo trabalho tivesse que ser realizado em 17 s, a potência do motor teria que ser incrementada para P_{m2} = 2.000/17 kgf.m/s = 117 kgf.m/s. Considerando que 1 cv é o equivalente a 75 kgf.m/s, então as potências dos motores seriam:

$$P_{m1} = \frac{74}{75} = 0{,}98 \approx 1 \text{ cv}$$

$$P_{m2} = \frac{117}{75} = 1{,}56 \approx 1\ 1/2\,\text{cv}$$

Em geral, a potência nominal é fornecida em cv, sendo 1 cv equivalente a 0,736 kW.

A potência nominal de um motor depende da elevação de temperatura dos enrolamentos durante o ciclo de carga. Assim, um motor pode acionar uma carga com potência superior à sua potência nominal até atingir um conjugado um pouco inferior a seu conjugado máximo. Essa sobrecarga, no entanto, não pode resultar em temperatura dos enrolamentos superior à sua classe de temperatura. Do contrário, a vida útil do motor será sensivelmente afetada.

Quando o motor opera com cargas de regimes intermitentes, a potência nominal do motor deve ser calculada levando em consideração o tipo de regime. Esse assunto será tratado no Capítulo 7.

Como informação adicional, a seguir são dadas as expressões que permitem determinar a potência de um motor para as atividades de maior uso industrial:

a) Bombas

$$P_b = \frac{9{,}8 \times Q \times \gamma \times H}{\eta} \quad (6.2)$$

P_b = potência requerida pela bomba, em kW;
Q = quantidade do líquido, em m³/s;
γ = peso específico do líquido, em kg/dm³:

$$\gamma = 1 \text{ kg/dm}^3, \text{ para a água}$$

H = altura de elevação mais altura de recalque, em m;
η = eficiência da bomba:

$0{,}87 \leq \eta \leq 0{,}90$, para bombas a pistão;

$0{,}40 \leq \eta \leq 0{,}70$, para bombas centrífugas.

b) Elevadores de carga

$$P_e = \frac{C \times V}{102 \times \eta} \text{ (kW)} \quad (6.3)$$

P_e = potência requerida pelo motor do guindaste, kW;
$\eta \approx 0{,}70$;
C = carga a ser levantada, em kg;
V = velocidade, em m/s:

$0{,}50 \leq V \leq 1{,}50$ m/s, para elevadores de pessoa;

$0{,}40 \leq V \leq 0{,}60$ m/s, para elevadores de carga.

Exemplo de aplicação (6.1)

Calcular a potência nominal de um motor que será acoplado a uma bomba centrífuga, cuja vazão é de 0,50 m³/s. A altura de recalque mais a de elevação é de 15 m e a bomba é destinada à captação de água potável, e sua eficiência é de 0,70.

$$P_g = \frac{9{,}8 \times 0{,}5 \times 1 \times 15}{0{,}70} = 105{,}0 \text{ kW} \quad \rightarrow \quad P_m = 150 \text{ cv (Tabela 6.4)}$$

Exemplo de aplicação (6.2)

Determinar a potência nominal de um motor de um elevador de carga destinado a levantar uma carga máxima de 400 kg.

$$P_e = \frac{400 \times 0{,}6}{102 \times 0{,}7} = 3{,}36 \text{ kW} \quad \rightarrow \quad P_m = 5 \text{ cv (Tabela 6.4)}$$

Exemplo de aplicação (6.3)

Determinar a potência de um compressor, sabendo-se que a redução do acoplamento é 0,66, a velocidade do compressor é de 1.150 rpm e o conjugado nominal de 40 mN.

- Velocidade nominal do motor

$$W_n = \frac{W_c}{R_{ac}} = \frac{1.150}{0,66} = 1.742 \text{ rpm}$$

- Velocidade nominal do compressor

$$W_c = \frac{1.150}{60} = 19,16 \text{ rps}$$

- Potência nominal do motor

$$P_c = \frac{2 \times \pi \times 19,16 \times 40}{1.000 \times 0,95} = 5 \text{ kW} \rightarrow P_m = 7,5 \text{ cv (Tabela 6.4).}$$

c) Ventiladores

$$P_v = \frac{Q \times P}{1.000 \times \eta} \quad (6.4)$$

P_v = potência requerida pelo ventilador, em kW;
Q = vazão, em m³/s;
P = pressão, em N/m²;
η = rendimento:

$0,50 \leq \eta \leq 0,80$, para ventiladores com P > 400 mmHg;

$0,35 \leq \eta \leq 0,50$, para ventiladores com $100 \leq P \leq 400$ mmHg;

$0,20 \leq \eta \leq 0,35$, para ventiladores com P < 100 mmHg.

Obs.: 1 mmHg = 9,81 N/m²;

1 N/m² = 1,02 × 10⁻³ kgf/m²

d) Compressores

$$P_c = \frac{2 \times \pi \times W_c \times C_{nc}}{1.000 \times \eta_{ac}} \quad (6.5)$$

P_c = potência requerida pelo compressor, em kW;
W_c = velocidade nominal do compressor, em rps;
C_{nc} = conjugado nominal do compressor, em mN;
η_{ac} = rendimento de acoplamento:

$$\eta_{ac} \approx 0,95$$

Existe uma condição operacional de motores muito utilizada em processos industriais, notadamente em esteiras rolantes, quando dois ou mais motores funcionam mecanicamente em paralelo.

Se dois ou mais motores idênticos são acoplados por um mecanismo qualquer e trabalham mecanicamente em paralelo, dividem a carga igualmente. Para isto, é necessário que os motores tenham o mesmo escorregamento, o mesmo número de polos e a mesma potência nominal no eixo.

Se dois ou mais motores têm o mesmo número de polos, mas diferentes potências nominais no eixo, normalmente dividem a carga na mesma proporção de suas potências de saída.

6.3.2 Tensão nominal

As tensões de maior utilização nas instalações elétricas industriais são de 220, 380 e 440 V. A ligação do motor em determinado circuito depende das tensões nominais múltiplas para as quais foi projetado, o que será objeto de estudo posterior.

Os motores devem trabalhar dentro de limites de desempenho satisfatório para uma variação de tensão de ±10 % de sua tensão nominal, desde que a frequência não varie. No Capítulo 7 serão mostrados os efeitos das variações de tensão e frequência sobre os motores, e no Capítulo 10 serão indicados os dispositivos de proteção adequados.

Quando o motor trifásico está conectado em um sistema elétrico com as tensões desequilibradas, além do conjugado positivo acionando o motor no sentido normal de rotação, aparecerá um conjugado negativo no sentido contrário de rotação. O conjugado positivo é resultado dos componentes de sequência positiva (tensão, corrente e impedância). Já o conjugado negativo, tentando arrastar o rotor no sentido contrário, é decorrente dos componentes de sequência negativa. Como resultado, há um crescimento da corrente de carga e consequente aumento da temperatura do motor de acordo com a Tabela 6.2.

6.3.3 Corrente nominal

É aquela solicitada da rede de alimentação pelo motor, trabalhando à potência nominal, com frequência e tensões nominais. O valor da corrente é dado pela Equação (6.6).

$$I_{nm} = \frac{736 \times P_{nm}}{\sqrt{3} \times V \times \eta \times \cos\psi} \text{ (A)} \quad (6.6)$$

P_{nm} = potência nominal do motor, em cv;
V = tensão nominal trifásica, em volts;
η = rendimento do motor;
$\cos\psi$ = fator de potência sob carga nominal.

Tabela 6.2 Efeitos do desequilíbrio de tensão para os motores elétricos

Desequilíbrio de tensão entre fases (%)	Elevação da corrente de carga (%)	Elevação da temperatura (%)
2,5	21,0	12,5
2,0	16,7	8,0
1,5	12,5	4,5
1,0	8,0	2,0
0,5	3,8	0,5

6.3.4 Frequência nominal

É aquela fornecida pelo circuito de alimentação e para a qual o motor foi dimensionado.

O motor deve trabalhar satisfatoriamente se a frequência variar dentro de limites de ±5 % da frequência nominal, desde que seja mantida a tensão nominal constante.

Os motores trifásicos com rotor bobinado quando ligados em uma rede de energia elétrica cuja frequência é diferente da frequência nominal apresentam as seguintes particularidades:

a) Motor de 50 Hz ligado em 60 Hz

- A potência mecânica não varia.
- A corrente de partida diminui em 17 %.
- A corrente nominal não varia.
- A velocidade nominal aumenta em 20 %, isto é, na mesma proporção do aumento da frequência.
- A relação entre o conjugado máximo e o conjugado nominal diminui em 17 %.
- A relação entre o conjugado de partida e o conjugado nominal diminui em 17 %.

b) Motor de 60 Hz ligado em 50 Hz

- A potência aumenta em 20 % para motores de IV, VI e VIII polos.
- A corrente de carga não varia.
- A velocidade nominal diminui na mesma proporção da redução da frequência.
- A relação entre o conjugado máximo e o conjugado nominal aumenta.
- A relação entre o conjugado de partida e o conjugado nominal aumenta.

Deve-se alertar que não é aconselhável utilizar motores com rotor bobinado, frequência nominal de 60 Hz, em redes de tensão nominal de 50 Hz, a não ser que a tensão aplicada aos seus terminais seja reduzida de aproximadamente 9 %. Nessas condições, há uma perda de 17 % na potência nominal, mantendo-se inalteradas a corrente nominal, o conjugado de partida e o conjugado máximo.

6.3.5 Fator de potência

Deve-se consultar o Capítulo 4.

6.3.6 Fator de serviço

É um número que pode ser multiplicado pela potência nominal do motor, a fim de se obter a carga permissível que o mesmo pode acionar, em regime contínuo, dentro de condições estabelecidas por norma.

O fator de serviço não está ligado à capacidade de sobrecarga própria dos motores, valor, em geral, situado entre 100 e 125 % da carga nominal durante períodos curtos. Na realidade, o fator de serviço representa uma potência adicional contínua, porém com o aumento das perdas elétricas.

6.3.7 Perdas ôhmicas

O motor absorve do circuito de alimentação determinada potência que deverá ser transmitida ao eixo para o acionamento da carga. Porém, devido a perdas internas, em forma de calor gerado pelo aquecimento das bobinas dos enrolamentos e outras, a potência mecânica de saída no eixo é sempre menor do que a potência de alimentação. Deste fenômeno nasce o conceito de rendimento, cujo valor é sempre menor que a unidade.

As perdas verificadas em um motor elétrico são:

- perdas Joule nas bobinas estatóricas: perdas no cobre (P_{cu});
- perdas Joule nas bobinas rotóricas: perdas no cobre (P_{cu});
- perdas magnéticas estatóricas: perdas no ferro (P_{fe});
- perdas magnéticas rotóricas: perdas no ferro (P_{fe});
- perdas por ventilação: (P_v);
- perdas por atrito dos mancais: perdas mecânicas (P_m).

A Figura 6.10 ilustra o balanço das potências e perdas elétricas envolvidas em um motor elétrico.

Todo o calor formado no interior do motor deve ser dissipado para o meio exterior por meio da superfície

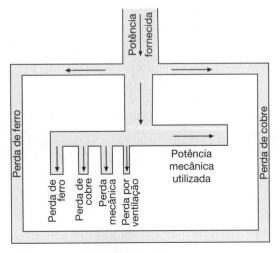

Figura 6.10 Perdas elétricas em um motor.

externa da carcaça, auxiliada, para determinados tipos de motores, por ventiladores acoplados ao eixo.

Não se deve julgar o aquecimento interno do motor simplesmente medindo-se a temperatura da carcaça, pois isto pode fornecer resultados falsos.

Os motores trifásicos ligados a fontes trifásicas desequilibradas sofrem o efeito do componente de sequência negativa em forma de aquecimento, provocando o aumento das perdas, principalmente as perdas no cobre, e reduzindo, assim, a potência de saída disponível deles.

Portanto, deve-se procurar manter o mais equilibrado possível a tensão entre fases de alimentação dos motores elétricos.

6.3.8 Expectativa de vida útil

A vida útil de um motor está intimamente ligada ao aquecimento das bobinas dos enrolamentos fora dos limites previstos na fabricação da máquina, o que acarreta temperaturas superiores aos limites da isolação. Assim, uma elevação de temperatura de 10 °C na temperatura de isolação de um motor reduz sua vida útil pela metade.

A vida útil é também afetada pelas condições desfavoráveis de instalação, como umidade, ambiente com vapores corrosivos, vibrações etc.

O aquecimento, fator principal da redução da vida útil de um motor, provoca o envelhecimento gradual e generalizado do isolamento, até o limite de tensão a que está submetido, quando então o motor ficará sujeito a um curto-circuito interno, de consequência desastrosa.

Existem algumas teorias que justificam a perda de vida útil das isolações. De acordo com uma delas, a chamada teoria disruptiva, as ligações moleculares dos materiais isolantes sólidos são rompidas, provocando a ruptura dos mesmos.

A vida útil de uma isolação pode ser avaliada pelo tempo decorrido após 10 % das amostras do material em análise apresentarem falha. A Figura 6.11 permite determinar a vida útil das isolações para as classes A e B.

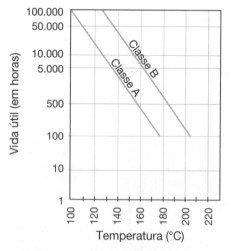

Figura 6.11 Vida útil das isolações.

6.3.9 Classes de isolamento

A norma agrupa os materiais isolantes e os sistemas de isolamento, no que se denomina classe de isolamento, e estes são limitados pela temperatura que cada material isolante pode suportar em regime contínuo sem que seja afetada sua vida útil.

São as seguintes as classes de isolamento empregadas em máquinas elétricas:

- Classe A – limite: 105 °C: seda, algodão, papel e similares impregnados em líquidos isolantes: por exemplo: esmalte de fios;
- Classe E – limite: 120 °C: fibras orgânicas sintéticas;
- Classe B – limite: 130 °C: asbesto, mica e materiais a base de poliéster;
- Classe F – limite: 155 °C: fibra de vidro, amianto associado a materiais sintéticos (silicones);
- Classe H – limite: 180 °C: fibra de vidro, mica, asbesto, associado a silicones de alta estabilidade térmica.

As classes de isolamento mais comumente empregadas são: A, E e B, sendo a H de moderada utilização, exceto nas instalações industriais. Como já foi visto na Seção 6.3.8, a temperatura do enrolamento é fundamental para a vida útil do motor.

6.3.10 Elevação de temperatura

A temperatura de serviço dos motores elétricos não é uniforme em todas as suas partes componentes. Para fazer sua medição, são usados detetores térmicos inseridos nos enrolamentos, o que permite a determinação da temperatura do chamado ponto mais quente.

No entanto, quando não se dispõe desses detetores, pode-se determinar a temperatura dos enrolamentos pela Equação (6.7).

$$T = \frac{R_q}{R_f} \times (235 + T_f) - 235 \quad (°C) \qquad (6.7)$$

T = temperatura média do enrolamento, em °C;
T_f = temperatura do enrolamento com o motor frio, à mesma temperatura ambiente, em °C;
R_f = resistência ôhmica da bobina com o motor frio, à mesma temperatura ambiente, em Ω;
R_q = resistência ôhmica do enrolamento do motor, medida quando este atingir o aquecimento de regime, em Ω.

Para se determinar a elevação de temperatura do enrolamento, deve-se aplicar a expressão:

$$\Delta T = \frac{R_q - R_f}{R_f} \times (235 + T_f) + (T_f - T_a) \quad (°C) \qquad (6.8)$$

T_a = temperatura do meio refrigerante no fim do ensaio, em °C.

O valor de T obtido da Equação (6.7) representa a temperatura média do enrolamento, dado que a resistência ôhmica média é referente a todo o enrolamento e não somente ao ponto mais quente, o que seria o correto. Porém, na prática, observa-se que esta diferença de temperatura não varia significativamente.

O processo de medida, como se pode notar, é baseado na variação da resistência ôhmica do condutor do enrolamento em função da variação de temperatura.

O tempo de resfriamento de um motor, desde sua temperatura de regime até a temperatura ambiente, é variável com as dimensões do motor. Em média, para motores pequenos, pode-se tomá-lo como de três horas, e para motores de potência elevada (acima de 60 cv), de cinco horas.

Por dificuldades de ventilação em determinadas altitudes, motivadas por rarefação do ar ambiente, os motores são dimensionados, normalmente, para trabalhar, no máximo, a 1.000 m acima do nível do mar. A Figura 6.12 mostra o decréscimo percentual da potência do motor em função da altitude de sua instalação, bem como a influência da temperatura do meio refrigerante.

Como o valor da temperatura é tomado pela média, a elevação de temperatura do motor é admitida inferior em 5 °C para motores das classes A e E, em 10 °C para a classe B e em 15 °C para as classes F e H. O gráfico da Figura 6.13 ilustra esse procedimento.

Neste ponto, é conveniente fazer uma análise das circunstâncias em que um motor de indução é conduzido a temperaturas elevadas em função das condições a que são submetidos. Para isso, pode-se representar um motor de indução como uma fonte de calor resultante dos efeitos térmicos das bobinas e do ferro do estator, bem como das barras de curto-circuito e do ferro do rotor. Por outro lado, o mesmo motor pode ser representado como um dissipador de calor, pela ação do meio refrigerante, de forma natural ou forçada. Se o fluxo de calor gerado está sendo retirado na forma do projeto da máquina pelo sistema de dissipação térmica, a temperatura nas dife-

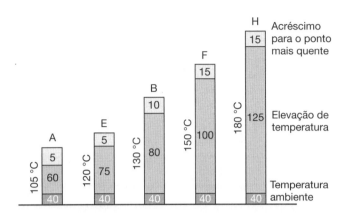

Figura 6.13 Temperaturas dos motores elétricos.

rentes partes do motor atinge um valor que permite classificar o seu funcionamento como de *regime permanente*.

Serão analisadas as seguintes condições operativas.

a) **Sobrecargas de curta e de longa duração**

Ao se analisar um motor sob o aspecto de sobrecarga, há duas considerações a serem feitas. A primeira diz respeito às sobrecargas de curta duração, caracterizadas pelas partidas diretas do motor, onde a corrente se eleva a valores entre seis e oito vezes a corrente nominal, em um curto espaço de tempo, da ordem de 0,5 a 5 s, de forma que impossibilite a troca do calor gerado pelo estator e rotor para o meio ambiente. Devido à corrente elevada e ao calor produzido, medido pela energia dissipada igual a $E = RI^2 \times t$, a temperatura nas barras do rotor do motor se eleva a valores de 300 a 350 °C, podendo serem danificadas por deformação permanente.

Como não há troca de calor com o exterior, os condutores dos enrolamentos se aquecem e, consequentemente, sua isolação, cujo processo é chamado de *aquecimento adiabático*.

A segunda análise diz respeito às sobrecargas de longa duração caracterizadas por sobressolicitação mecânica no eixo do motor, onde a corrente de sobrecarga atinge valores modestos comparados com a situação anterior, porém com um tempo excessivamente longo, de forma que os enrolamentos acumulam uma quantidade de calor exagerada e elevam sua temperatura acima da classe de isolação.

O funcionamento dos motores de indução pode ser classificado em três períodos distintos.

• Em repouso

Caracteriza-se pelo instante da partida, em que a velocidade rotórica é nula. Também pode ocorrer o travamento do rotor quando, por exemplo, o conjugado de carga supera o conjugado motor.

Nestas circunstâncias, como o campo girante corta o rotor na velocidade síncrona, elevando o valor da reatância rotórica ($X = 2\pi FL$) e, consequentemente, as perdas Joule correspondentes, o rotor é o responsável pela limitação da operação do motor, já que alcança seu limite térmico primeiro que o estator.

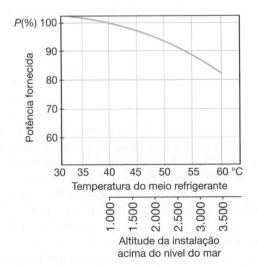

Figura 6.12 Potência de um motor × altitude.

• Durante o período de aceleração

Caracteriza-se pelo período durante o qual o rotor adquire sua velocidade inicial até atingir o regime de funcionamento normal, próximo à velocidade síncrona. O aquecimento do motor neste período depende da curva de conjugado resistente que define o tempo de aceleração.

Nesta circunstância, como a tensão induzida no motor é elevada, porém decrescente, o rotor alcança seu limite térmico antes do estator e, portanto, é a parte limitante da operação do motor.

Cabe observar que durante o período de aceleração o rotor pode travar se a curva de conjugado resistente se igualar ou superar a curva de conjugado motor, sendo, neste caso, o motor limitado termicamente pelo rotor.

• Durante o período de regime de funcionamento normal

Se durante este período o motor for submetido à sobrecarga, o estator desenvolve uma quantidade de calor tal que alcança o limite térmico em um tempo inferior ao do rotor e o motor é, portanto, limitado pelo estator.

b) **Ausência de fase**

Quando da ausência de uma fase, a potência desenvolvida pelo motor basicamente não se altera, apesar de seu funcionamento passar da condição de suprimento trifásico para bifásico, ou seja.

$$P_{tf} = P_{bi} \rightarrow \sqrt{3} \times V_{tf} \times I_n = V_{tf} \times I_l \rightarrow \sqrt{3} \times I_n = I_l$$

Nestas condições, a corrente que circula pelo relé na operação bifásica é 57,7 % superior à corrente nominal do motor que, em operação trifásica, circula pelo mesmo relé. Assim, um motor de 100 cv tem uma corrente nominal de 135,4 A, e quando em operação bifásica, a corrente que circulará pelo relé é de 234,5 A, isto é, a corrente que sensibilizará o relé é 57,7 % superior à corrente nominal do motor:

$$I_{re} = \frac{I_n}{\sqrt{3}} \times 100 = 57,76 \% \times I_n,$$

ou

$$\Delta I = \frac{I_n}{I_l} \times 100 = \frac{135,4}{\sqrt{3} \times 135,4} \times 100 = 57,7 \%$$

Se um relé térmico for ajustado para o valor da corrente nominal, como é aconselhável, a atuação do relé se dará aproximadamente em três minutos para o relé a frio, isto é, no seu início de funcionamento, ou em 45 s com o relé a quente, isto é, após decorrido tempo suficiente para se alcançar a estabilidade térmica. Se o motor estiver funcionando com uma carga equivalente a até 57,7 % do seu valor nominal, o relé térmico não seria sensibilizado. Aparentemente não haveria danos no motor já que a corrente absorvida pelo mesmo seria igual à corrente nominal. Porém, nestas circunstâncias há um grande desequilíbrio de corrente circulando no estator da máquina e, consequentemente, aparecerá um forte componente de sequência negativa, afetando termicamente o rotor.

c) **Desequilíbrio de corrente**

Quando as correntes absorvidas pelos motores de indução estão desequilibradas, surge um conjugado de frenagem que se opõe ao conjugado motor. Porém, o motor continua girando no sentido normal, sofrendo uma ligeira queda de velocidade angular. A potência no eixo do motor praticamente permanece inalterada.

O campo de sequência negativa que gira ao contrário do campo normal ou de sequência positiva induz nas barras do rotor uma corrente na frequência duas vezes superior à frequência industrial. Motivado pelo efeito *skin*, em que as correntes indesejadas de alta frequência tendem a circular pela superfície dos condutores dos enrolamentos, o rotor fica submetido de imediato aos efeitos térmicos resultantes do processo, enquanto o estator praticamente não é alterado termicamente nem absorve nenhuma corrente adicional, já que a potência no eixo permanece constante.

Se o motor estiver operando na sua potência nominal, o rotor sofrerá um aquecimento acima do seu limite térmico e as proteções instaladas nos condutores de alimentação não serão sensibilizadas.

Para que o motor seja protegido contra elevações de temperatura são utilizados protetores térmicos instalados no interior de seus enrolamentos estatóricos, dimensionados em função da isolação empregada e das características de projeto do motor. Assim, são utilizados, em geral, os seguintes elementos protetores:

a) **Termostatos**

São componentes bimetálicos construídos de duas lâminas com coeficientes de dilatação térmica diferentes, dotadas de contatos de prata em suas extremidades que se fecham quando ocorre uma elevação de temperatura definida para aquele tipo de projeto.

Para dar maior grau de segurança ao motor, podem ser utilizados dois termostatos por fase. O primeiro termostato ao ser sensibilizado para o valor da elevação de temperatura do motor faz atuar um alarme sonoro e/ou visual, enquanto o segundo termostato ao ser sensibilizado para o valor da temperatura máxima do material isolante faz operar o sistema de proteção, desligando o motor.

b) **Termorresistores**

São componentes cujo funcionamento é baseado na variação da resistência elétrica em função da temperatura a que estão submetidos. Apenas alguns materiais seguem essas características, como o cobre, a platina e o níquel. São fabricados de forma a se obter uma resistência definida para cada aplicação e que varia linearmente de acordo com a temperatura. Essa característica permite que se acompanhe a evolução do aquecimento do enrolamento do motor durante sua operação.

São aplicados em motores que operam máquinas com funções vitais para o processo e trabalham em regime intermitente de forma muito irregular. Podem ser utilizados para alarme e desligamento, conforme o uso dos termostatos.

A esses componentes podem ser conectados monitores de controle de um sistema industrial automatizado, permitindo o conhecimento do comportamento térmico do motor.

c) Termistores

São componentes térmicos constituídos de materiais semicondutores, que variam sua resistência elétrica de forma brusca, quando a temperatura do meio em que está inserido atinge o valor da temperatura de atuação do termistor. Esses componentes podem ser construídos de duas diferentes formas, quanto ao coeficiente de temperatura:

- Tipo PTC

São elementos cujo coeficiente de temperatura é positivo, isto é, sua resistência aumenta de forma brusca quando a temperatura do meio atinge o valor da temperatura de calibração do termistor. A elevação brusca da resistência elétrica do termistor faz interromper a circulação de corrente que mantém abertos os contatos de um contator auxiliar, responsável pelo acionamento do disjuntor ou de um contator de comando do motor.

Para dar maior grau de segurança ao motor, podem ser utilizados dois termistores por fase. O primeiro termistor ao ser sensibilizado para o valor da temperatura do motor faz atuar um alarme sonoro e/ou visual, enquanto o segundo termistor ao ser sensibilizado para o valor da temperatura máxima do material isolante faz operar o sistema de proteção, desligando o motor.

- Tipo NTC

São elementos cujo coeficiente de temperatura é negativo, isto é, sua resistência diminui de forma brusca quando a temperatura do meio atinge o valor da temperatura de calibração do termistor. A redução brusca da resistência elétrica do termistor faz circular a corrente na bobina de um contator auxiliar, responsável pelo acionamento do disjuntor ou de um contator de comando do motor.

Para dar maior grau de segurança ao motor, podem ser utilizados dois termistores por fase.

Para a proteção dos motores elétricos, são utilizados os termistores do tipo PTC, devido ao fato de os circuitos eletrônicos disponíveis operarem com característica PTC.

A Figura 6.14 mostra os enrolamentos rotóricos de um motor dotado de termistor instalado na cabeça da bobina.

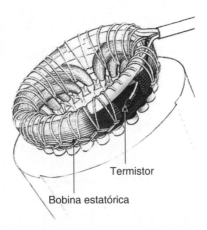

Figura 6.14 Bobina estatórica protegida por um termistor.

Exemplo de aplicação (6.4)

Determinar a temperatura média do enrolamento e a elevação de temperatura correspondente de um motor, cuja resistência do enrolamento medida a frio (temperatura ambiente: 40 °C) foi de 0,240 Ω. O motor foi ligado em carga nominal e após três horas mediu-se a resistência de seus enrolamentos, obtendo-se 0,301 Ω. A temperatura do meio refrigerante no momento da tomada das medidas era igual a 40 °C.

De acordo com a Equação (6.7), tem-se:

$$T = \frac{R_q}{R_f} \times (235 + T_f) - 235$$

$$T = \frac{0,301}{0,240} \times (235 + 40) - 235 = 109,8 \ °C$$

$$\Delta T = \frac{0,301 - 0,240}{0,240} \times (235 + 40) + (40 - 40) = 69,89 \ °C$$

6.3.11 Ventilação

O processo pelo qual é realizada a troca de calor entre o interior do motor e o meio ambiente define seu sistema de ventilação. Os sistemas de ventilação mais usados são:

6.3.11.1 Motor aberto

É aquele em que o ar ambiente circula livremente no interior da máquina, retirando calor das partes aquecidas. O grau de proteção característico desses motores é o IP23. A Figura 6.15 ilustra esse tipo de motor.

6.3.11.2 Motor totalmente fechado

É aquele em que não há troca entre o meio refrigerante interno ao motor e o exterior. O motor, no entanto, não pode ser considerado estanque, pois as folgas existentes nas gaxetas permitem a saída do meio refrigerante interno quando este entra em operação, aquecendo-se, consequentemente, e também permitem a penetração do meio refrigerante externo quando é desligado e inicia seu processo de resfriamento. A troca de calor desses motores é feita a partir da transferência de calor pela carcaça. Os motores totalmente fechados podem ser fabricados nos seguintes tipos:

a) **Motor totalmente fechado com ventilação externa**

São motores providos de um ventilador externo montado em seu eixo que acelera a dissipação do calor por meio da carcaça. A Figura 6.16 mostra este tipo de motor.

b) **Motor totalmente fechado com trocador de calor ar-ar**

São motores providos de um ventilador interno e um trocador de calor montado na sua parte superior, conforme se observa na Figura 6.17.

c) **Motor totalmente fechado com trocador ar-água**

São motores providos de um ventilador externo e um trocador de calor ar-água. O calor gerado no interior do motor é transferido para a água que circula no interior

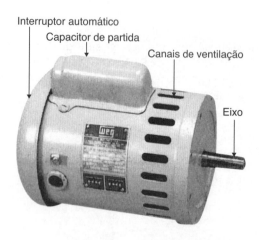

Figura 6.15 Motor aberto.

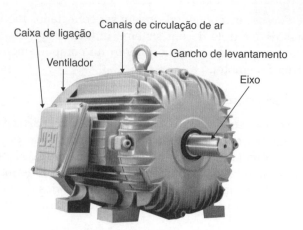

Figura 6.16 Motor totalmente fechado.

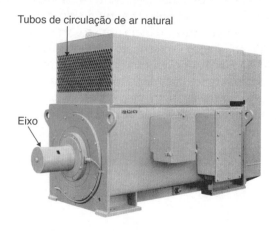

Figura 6.17 Trocador de calor ar-ar.

dos dutos que formam o trocador de calor, conforme é demonstrado na Figura 6.18.

6.3.11.3 Motor com ventilação forçada

É aquele cuja refrigeração é efetuada por um sistema adequado, em que um pequeno motor acionado independentemente força a entrada do meio refrigerante no interior do motor em questão. Os motores com ventilação forçada podem ser fabricados com diferentes tipos, destacando-se:

Figura 6.18 Trocador de calor ar-água.

a) Motores com ventilação forçada sem filtro

Neste caso, um motor acoplado na extremidade de um duto de ar força a entrada do meio refrigerante de um ambiente de ar não poluído para o interior do motor, que o devolve, em seguida, ao meio ambiente, conforme demonstra a Figura 6.19(a).

b) Motor com ventilação forçada com filtro

Neste caso, o motor é provido de um ventilador que aspira o ar refrigerante do meio ambiente e o força, após sua passagem pelo filtro, a penetrar no interior do motor, sendo, em seguida, jogado no meio ambiente, conforme demonstra a Figura 6.19(b).

6.3.11.4 Motor à prova de intempéries

É conhecido comumente como motor de uso naval. Possui um elevado grau de proteção IP(W)55, que lhe credencia para operar em ambientes com poeira, água em todas as direções e elevada salinidade.

6.3.11.5 Motor à prova de explosão

Em certas indústrias que trabalham com materiais inflamáveis de grande risco, como petroquímicas, indústrias têxteis e semelhantes, há necessidade de serem empregados motores que suportem os esforços mecânicos internos, quando, por danos da isolação dos enrolamentos, em contato com o meio refrigerante contendo material combustível podem provocar acidentes de proporções desastrosas. Esses motores são dimensionados com carcaça e estrutura robustas, além de parafusos, juntas, tampas etc. de dimensões compatíveis com a solicitação dos esforços. Podem ser vistos na Figura 16.20.

6.3.12 Graus de proteção

Refletem a proteção do motor quanto à entrada de corpos estranhos e penetração de água pelos orifícios destinados à entrada e saída do ar refrigerante. Os graus de proteção foram definidos no Capítulo 1. No caso dos motores elétricos, a indústria estabelece alguns graus de proteção que satisfaçam a uma faixa de condições previstas pela norma padronizando sua produção. Assim, tem-se:

a) Motores abertos

As classes de proteção mais comumente fabricadas são: IP21 – IP22 – IP23.

b) Motores fechados

As classes de proteção mais comumente fabricadas são: IP44 – IP54 – IP55 – IP(W)55 (motores de uso naval).

6.3.13 Regime de funcionamento

O regime de funcionamento de um motor elétrico indica o grau de regularidade na absorção de potência elétrica da rede de alimentação devido às variações do conjugado de carga. Os motores, em geral, são projetados para trabalharem regularmente com carga constante, por tempo indeterminado, desenvolvendo sua potência nominal, o que é denominado regime contínuo.

(a) Sem filtro

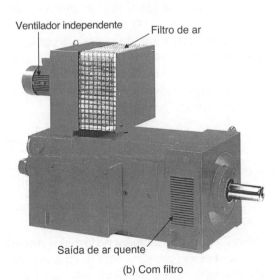

(b) Com filtro

Figura 6.19 Motor com ventilação independente.

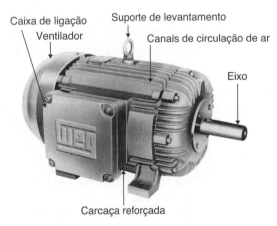

Figura 6.20 Motor à prova de explosão.

6.3.13.1 Tipos de regime de funcionamento

Seguindo a norma NBR 17094, os motores são fabricados de acordo com a forma como eles funcionam, o que se denomina regime de funcionamento.

a) **S1: Regime de funcionamento contínuo**

É aquele em que o motor trabalha continuamente por um tempo significativamente maior do que sua constante térmica de tempo. Neste tipo de regime, quando o motor é desligado, só retoma a operação quando todas suas partes componentes estão em equilíbrio com o meio exterior. A Figura 6.21 ilustra essa característica.

b) **S2: Regime de funcionamento de tempo limitado**

É aquele em que o motor é acionado à carga constante por um dado intervalo de tempo, inferior ao necessário para alcançar o equilíbrio térmico, seguindo-se um período de tempo em repouso o suficiente para permitir ao motor atingir a temperatura do meio refrigerante. A Figura 6.22 ilustra essa característica.

c) **S3: Regime de funcionamento intermitente periódico**

É aquele em que o motor funciona à carga constante por um período de tempo definido e repousa durante outro intervalo de tempo também definido, sendo tais intervalos de tempo muito curtos para permitir ao motor atingir o equilíbrio térmico durante o ciclo, não sendo afetado de modo significante pela corrente de partida. Cada um desses regimes de funcionamento é caracterizado pelo chamado fator de duração do ciclo, que é a relação entre o tempo de funcionamento da máquina

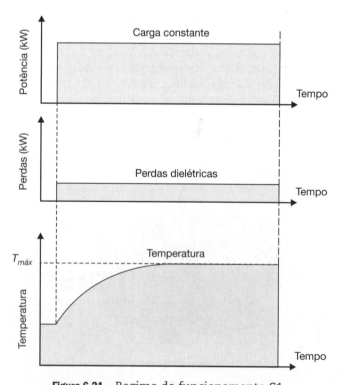

Figura 6.21 Regime de funcionamento S1.

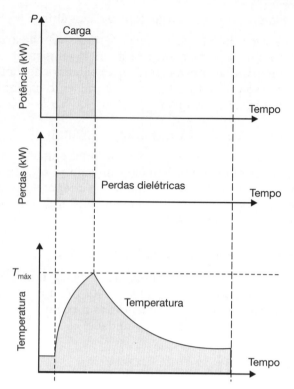

Figura 6.22 Regime de funcionamento S2.

e o tempo total do ciclo. A característica de funcionamento é apresentada na Figura 6.23. O fator de duração do ciclo é dado pela Equação (6.9).

$$F_{dc} = \frac{T_c}{T_c + T_r} \qquad (6.9)$$

T_c = tempo de operação da máquina em regime constante;
T_r = tempo de repouso.

d) **S4: Regime de funcionamento intermitente periódico com partidas**

É caracterizado por uma sequência de ciclos semelhantes, em que cada ciclo consiste em um intervalo de partida bastante longo, capaz de elevar significativamente a temperatura do motor, em um período de ciclo à carga constante e em um período de repouso o suficiente para que o motor atinja seu equilíbrio térmico. A Figura 6.24 representa esta característica de funcionamento, sendo o fator de ciclo dado pela Equação (6.10).

$$F_{dc} = \frac{T_p + T_c}{T_p + T_c + T_r} \qquad (6.10)$$

T_p = tempo de partida do motor.

e) **S5: Regime de funcionamento intermitente com frenagem elétrica**

É caracterizado por uma sequência de ciclos semelhantes, em que cada ciclo consiste em um intervalo de partida bastante longo, capaz de elevar significativamente a temperatura do motor, em um período de ciclo à carga

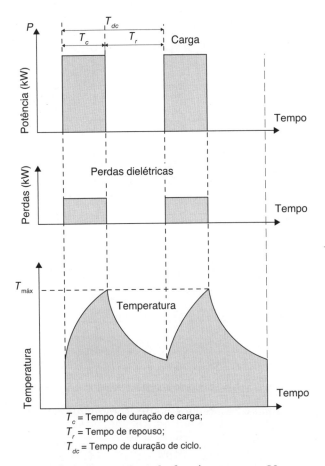

T_c = Tempo de duração de carga;
T_r = Tempo de repouso;
T_{dc} = Tempo de duração de ciclo.

Figura 6.23 Regime de funcionamento S3.

constante seguido de um período de frenagem elétrica e, finalmente, em um período de repouso o suficiente para que o motor atinja seu equilíbrio térmico. A Figura 6.25 representa esta característica de funcionamento, sendo que o fator de ciclo é dado pela Equação (6.11).

$$F_{dc} = \frac{T_p + T_c + T_f}{T_p + T_c + T_r + T_f} \quad (6.11)$$

T_f = tempo de frenagem ou contracorrente.

f) S6: Regime de funcionamento contínuo e periódico com carga intermitente

É caracterizado por uma sequência de ciclos semelhantes, em que cada ciclo consiste em duas partes, sendo uma à carga constante e outra em funcionamento a vazio. A Figura 6.26 representa esta característica de funcionamento, sendo que o fator de duração do ciclo é dado pela Equação (6.12).

$$F_{dc} = \frac{T_c}{T_c + T_v} \quad (6.12)$$

T_v = tempo de funcionamento a vazio.

Este é um dos tipos de regime mais frequentes na prática, também denominado regime intermitente com carga contínua.

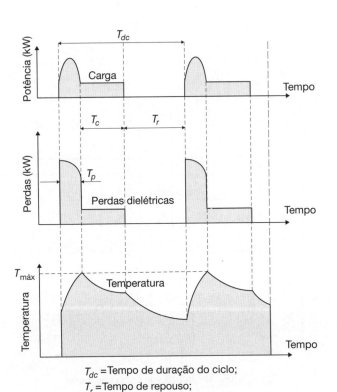

T_{dc} = Tempo de duração do ciclo;
T_r = Tempo de repouso;
T_p = Tempo de duração da partida;
T_c = Tempo de duração da carga.

Figura 6.24 Regime de funcionamento S4.

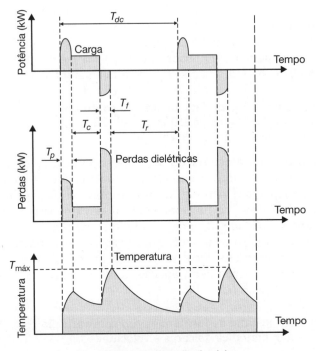

T_{dc} = Tempo de duração do ciclo;
T_r = Tempo de repouso;
T_f = Tempo de frenagem;
T_p = Tempo de partida;
T_c = Tempo de duração da carga.

Figura 6.25 Regime de funcionamento S5.

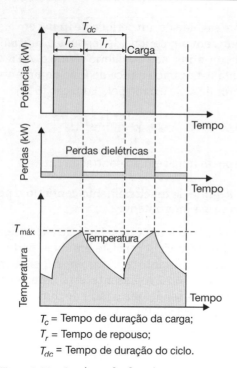

T_c = Tempo de duração da carga;
T_r = Tempo de repouso;
T_{dc} = Tempo de duração do ciclo.

Figura 6.26 Regime de funcionamento S6.

g) **S7: Regime de funcionamento contínuo com frenagem elétrica**

É caracterizado pelo regime de funcionamento em que a operação do motor é constituída de uma sequência de ciclos idênticos formados por um período de funcionamento de partida, um período de funcionamento a carga constante e um período de frenagem elétrica. Não há período de funcionamento a vazio nem repouso. A Figura 6.27 ilustra esse tipo de funcionamento.

h) **S8: Regime de funcionamento contínuo com mudança periódica na relação carga/velocidade de rotação**

É o regime caracterizado por uma sequência de ciclos de operação idênticos, sendo que cada um deles é composto por um período de funcionamento na partida e um período de funcionamento à carga constante, a uma velocidade definida, seguindo-se de um ou mais períodos de funcionamento a outras cargas constantes a diferentes velocidades. Não há período de funcionamento a vazio nem repouso, conforme ilustrado na Figura 6.28.

i) **S9: Regime de funcionamento com variação não periódica de carga e velocidade**

É caracterizado pelo regime de funcionamento em que a carga e a velocidade apresentam variações aperiódicas no intervalo de funcionamento admissível, onde se inclui normalmente períodos de sobrecargas que podem ser muito superiores à carga nominal, conforme ilustrado na Figura 6.29.

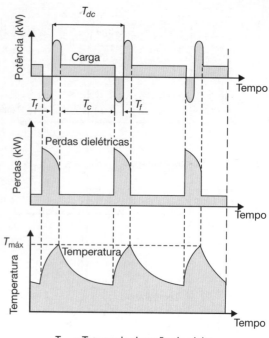

T_{dc} = Tempo de duração do ciclo;
T_c = Tempo de duração de carga;
T_f = Tempo de frenagem.

Figura 6.27 Regime de funcionamento S7.

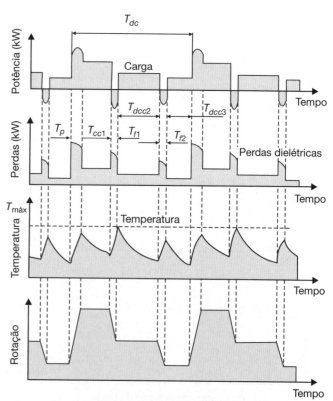

T_{dcc} = Tempo de duração da carga constante;
T_{dc} = Tempo de duração do ciclo;
T_f = Tempo de frenagem.

Figura 6.28 Regime de funcionamento S8.

Motores elétricos

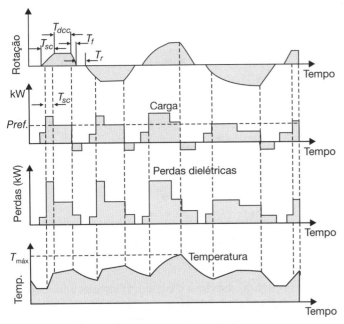

T_r = Tempo de repouso;

T_{dcc} = Tempo de duração em carga constante;

T_f = Tempo de frenagem;

T_{sc} = Tempo de duração da sobrecarga.

Figura 6.29 Regime de funcionamento S9.

j) S10: Regime de funcionamento com cargas constantes distintas

É caracterizado pelo funcionamento com cargas constantes distintas, admitindo-se, no máximo, quatro valores diferentes de cargas ou cargas equivalentes, sendo que cada valor deve ser mantido por um intervalo de tempo suficientemente grande para que o equilíbrio térmico seja alcançado. Admite-se como carga mínima o funcionamento a vazio (sem carga). O regime de funcionamento S10 está representado na Figura 6.30.

6.3.13.2 Caracterização do tipo de regime de funcionamento

Cabe ao comprador do motor a responsabilidade de indicar para o fabricante do motor o regime de funcionamento do mesmo. Isso normalmente é feito através de gráficos elaborados pelo comprador ou por meio da indicação do código dos regimes normalizados. Para evitar dúvidas na encomenda do motor é sempre conveniente complementar as informações para o fabricante como se segue.

- Regimes S1 e S9: é suficiente indicar os respectivos símbolos, isto é, S1 ou S9.
- Regime S2: indicar os tempos de funcionamento com carga constante; preferencialmente selecionar os tempos em 10, 30, 60 e 90 minutos; se for possível, enquadrar o funcionamento da carga nessas condições (por exemplo: S2-30 minutos).
- Regime de funcionamento S3/S6: indicar o fator de duração do ciclo (por exemplo: S5-30 %).

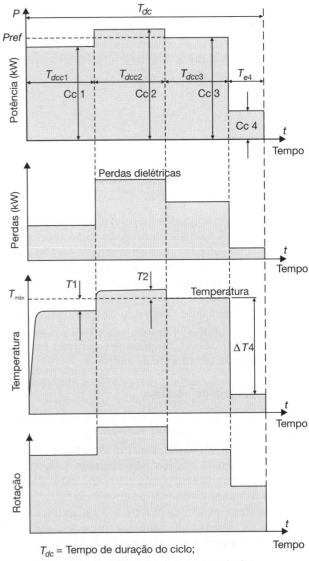

T_{dc} = Tempo de duração do ciclo;

T_{dcc} = Tempo de duração da carga constante;

C_c = Carga constante.

Figura 6.30 Regime de funcionamento S10.

- Regime de funcionamento S4/S5: deve-se indicar: (i) o fator de duração do ciclo de carga, (ii) o momento de inércia do motor e (iii) o momento de inércia da carga, todos referidos ao eixo do motor (por exemplo: S5-30 % / J_{motor} = 0,20 kg.m²/ J_{carga} = 0,10 kg.m²).
- Regime de funcionamento S7: deve-se indicar: (i) o momento de inércia do motor e (ii) o momento de inércia da carga, todos referidos ao eixo do motor (por exemplo: J_{motor} = 0,20 kg.m²/ J_{carga} = 0,10 kg.m²).
- Regime de funcionamento S8: deve-se indicar: (i) o fator de duração do ciclo de carga para cada velocidade angular, (ii) a velocidade angular, (iii) o momento de inércia do motor e (iv) o momento de inércia da carga, todos referidos ao eixo do motor.
- Regime de funcionamento S10: devem-se indicar os valores de: (i) ΔT em pu para cada carga associada ao seu tempo de duração e (ii) os períodos de repouso (se houver) representados pela letra "r".

Exemplo de aplicação (6.5)

Considerar um motor que trabalha durante três horas seguidas e depois para durante uma hora (regime S3). Calcular o fator de duração do ciclo.

$$F_{dc} = \frac{3}{3+1} = 0,75 \rightarrow F_{dc} = 75\%$$

6.3.14 Conjugado mecânico

Mede o esforço necessário que deve ter o motor para girar o seu eixo. É também conhecido como torque.

Existe uma estreita relação entre o conjugado mecânico e a potência desenvolvida pelo motor. Assim, se determinada quantidade de energia mecânica for utilizada para movimentar uma carga em torno do seu eixo, a potência desenvolvida depende do conjugado oferecido e da velocidade com que se movimenta essa carga.

O conjugado mecânico pode ser definido em diferentes fases do acionamento do motor:

6.3.14.1 Conjugado nominal

É aquele que o motor desenvolve, à potência nominal, quando submetido à tensão e frequência nominais.

Em tensões trifásicas desequilibradas, o componente de sequência negativa da corrente provoca um torque negativo, situado, geralmente, em torno de 0,5 % do torque nominal, quando o desequilíbrio de tensão no ponto de alimentação é da ordem de 10 %. Isto é, na prática, pode ser desprezado, porém a influência significativa de tal fenômeno se dá nas perdas ôhmicas do motor.

6.3.14.2 Conjugado de partida

Também conhecido como conjugado com rotor bloqueado ou conjugado de arranque, é aquele desenvolvido pelo motor sob condições de tensão e frequência nominais durante a partida e é normalmente expresso em m.kgf ou em porcentagem do conjugado nominal.

O conjugado de partida deve ser de valor elevado, a fim de o motor ter condições de acionar a carga, desde a posição de inércia até a velocidade de regime em tempo reduzido.

No Capítulo 7, este assunto será abordado com mais detalhes.

6.3.14.3 Conjugado base

É aquele determinado de acordo com a potência nominal e velocidade síncrona (W_s) do motor e é, normalmente, obtido pela Equação (6.13).

$$C_b = \frac{716 \times P_{nm}}{W_s} \text{ (mkgf)} \qquad (6.13)$$

P_{nm} = potência nominal do motor, em cv;
W_s = velocidade angular, em rpm.

6.3.14.4 Conjugado máximo

É o maior conjugado produzido pelo motor, quando submetido às condições de tensão e frequência nominais, sem, no entanto, ficar sujeito a variações bruscas de velocidade.

O conjugado máximo deve ter valor elevado, capaz de superar, satisfatoriamente, os picos de carga eventuais, além de poder manter razoavelmente a velocidade angular, quando da ocorrência de quedas de tensão momentâneas no circuito de suprimento.

6.3.14.5 Conjugado mínimo

É o menor conjugado na faixa de velocidade compreendida entre o valor zero e o conjugado nominal, perante tensão e frequência nominais.

6.3.14.6 Conjugado de aceleração

É o conjugado desenvolvido na partida do motor, desde o estado de repouso até a velocidade de regime. Observando as curvas da Figura 6.31, pode-se concluir que, durante a fase de aceleração, a curva do conjugado motor (C_m) é sempre superior à curva representativa do conjugado de carga (C_c). A diferença entre as curvas C_m e C_c fornece o conjugado de aceleração.

Os pontos que caracterizam os diferentes tipos de conjugado, anteriormente definidos, podem ser determinados na curva de conjugado × velocidade, normalmente fornecida pelos fabricantes de motores.

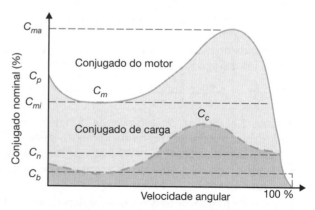

Figura 6.31 Conjugado × velocidade.

6.3.15 Categoria

Indica as limitações do conjugado máximo e de partida e é designada por letras devidamente normalizadas.

Este assunto será tratado com mais detalhes no Capítulo 7.

6.3.16 Tipos de ligação

Dependendo da maneira como são conectados os terminais das bobinas dos enrolamentos estatóricos, o motor pode ser ligado às redes de alimentação com diferentes valores de tensão. A maioria dos motores é fabricada para operar em circuitos trifásicos supridos por tensões de 220 e 380 V, ou ainda 220 e 440 V.

A identificação dos terminais de início e fim de uma bobina é feita somando-se 3 ao número que marca o início desta, obtendo-se o outro terminal correspondente. Isso pode ser observado nas Figuras 6.32 a 6.34, ou seja, ao terminal 1 soma-se 3 e obtém-se o terminal 4. Sempre os terminais 1-2-3 são utilizados para ligação à rede de suprimento.

Quando o motor é especificado para operar em tensões múltiplas, por exemplo, 220/380/440 V, a menor tensão, no caso 220 V, caracteriza a tensão nominal de fase do motor e que não pode ser ultrapassada em qualquer tipo de ligação, sob pena de danificar as bobinas.

As ligações normalmente efetuadas são:

6.3.16.1 Ligação em uma única tensão

a) Ligação em estrela

Cada enrolamento tem uma extremidade acessível (três terminais) e o motor é ligado na configuração estrela, conforme Figura 6.32, na qual os terminais 4-5-6 não são acessíveis.

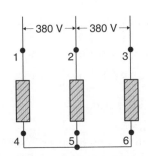

Figura 6.32 Ligação em estrela.

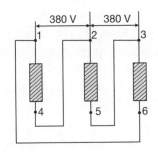

Figura 6.33 Ligação em triângulo.

b) Ligação em triângulo

Cada enrolamento tem uma extremidade acessível (três terminais) e o motor é ligado na configuração triângulo, conforme Figura 6.33, na qual os terminais 4-5-6 não são acessíveis.

6.3.16.2 Ligação em dupla tensão

a) Ligação em estrela

As extremidades de cada enrolamento são acessíveis (seis terminais), permitindo que se façam ligações em estrela a fim de adequar a tensão das bobinas à tensão da rede, conforme Figura 6.34.

b) Ligação em triângulo

As extremidades de cada enrolamento são acessíveis (seis terminais), permitindo que se façam ligações em triângulo a fim de adequar a tensão das bobinas à tensão da rede, conforme Figura 6.35.

Os motores que podem ser ligados em estrela ou triângulo (Figuras 6.34 e 6.35) dispõem de seis terminais acessíveis. Quando a ligação é feita em estrela, cada bobina fica submetida a uma tensão $\sqrt{3}$ vezes menor que a tensão da alimentação, tendo a corrente circulante valor igual à corrente de linha. Quando a ligação é feita em triângulo, cada bobina fica submetida à tensão da rede, tendo a corrente circulante valor de $\sqrt{3}$ vezes menor do que a corrente de linha:

- Ligação estrela:

$$V_f = V_1 / \sqrt{3}$$
$$I_f = I_1$$

- Ligação triângulo:

$$V_f = V_1$$
$$I_f = I_1 / \sqrt{3}$$

É importante observar que nem todo o motor de dupla ligação, estrela-triângulo, pode ser acionado pela chave estrela-triângulo; isto depende da tensão nominal do sistema. Para citar um exemplo, um motor em cuja placa está indicada a ligação 220/380 V só pode ser conectado à rede de suprimento, partindo por meio de uma chave estrela-triângulo, se a tensão nominal do

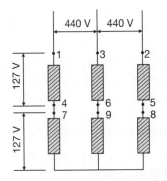

Figura 6.34 Ligação estrela-série.

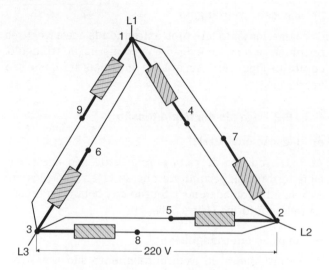

Figura 6.35 Duplo triângulo-paralelo.

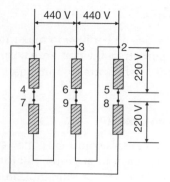

Figura 6.36 Triângulo-série.

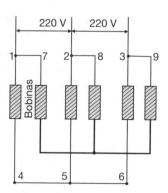

Figura 6.37 Dupla estrela-paralelo.

circuito for de 220 V. Para uma rede cuja tensão nominal seja 380 V, o mesmo motor só pode ser conectado na ligação estrela. Para melhor identificar, basta caracterizar a menor tensão (no caso, 220 V) como tensão de suprimento do motor, quando este está ligado em triângulo; a tensão superior (no caso, 380 V) deve ser a tensão da rede para o motor ligado em estrela.

c) Ligação estrela-série

O enrolamento de cada fase é dividido em duas partes (nove terminais). Ao se ligar duas dessas partes em série e depois conectá-las em estrela, cada bobina ficará submetida à tensão nominal de fase do motor, conforme Figura 6.34. Neste caso, nove terminais do motor são acessíveis.

d) Ligação dupla estrela-paralelo

Da mesma forma anterior, o enrolamento de cada fase é dividido em duas partes (nove terminais). Ao se conectar dois conjuntos de três bobinas em estrela e os dois conjuntos ligados em formação de dupla estrela, cada bobina ficará submetida à tensão nominal de fase do motor, conforme Figura 6.37. Neste caso, nove terminais do motor são acessíveis.

e) Ligação triângulo-série

Ligação conforme a Figura 6.36. Nove terminais são acessíveis. A tensão nominal das bobinas deve ser de 220 V.

f) Ligação triângulo-paralelo

Ligação conforme a Figura 6.35. Nove terminais são acessíveis. A tensão nominal das bobinas deve ser em 220 V.

6.3.16.3 Ligação em tripla tensão nominal

O enrolamento de cada fase é dividido em duas partes, podendo ser ligadas em série-paralelo. Todos os terminais das bobinas, em um total de doze, são acessíveis, permitindo ligar o motor em várias tensões de rede, como, por exemplo, 220/380/440/760 V.

a) Ligação em triângulo-paralelo

Conforme a Figura 6.38.

b) Ligação estrela-paralelo

Conforme a Figura 6.39.

c) Ligação triângulo-série

Conforme a Figura 6.40.

d) Ligação estrela-série

Conforme a Figura 6.41.

Relativamente à rede de suprimento, as tensões de placa do motor devem ser assim definidas:

- a primeira tensão corresponde à ligação em triângulo-paralelo: Figura 6.38 (220 V);
- a segunda tensão corresponde à ligação estrela-paralelo: Figura 6.39 (380 V);
- a terceira tensão corresponde à ligação em triângulo-série: Figura 6.40 (440 V);
- a quarta tensão corresponde à ligação em estrela-série: Figura 6.41 (760 V).

As tensões colocadas entre parênteses referem-se à tensão da rede a que será ligado um motor cujas tensões nominais de placa são: 220/380/440/760 V. Observe que a

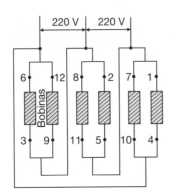

Figura 6.38 Triângulo-paralelo.

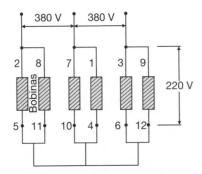

Figura 6.39 Estrela-paralelo.

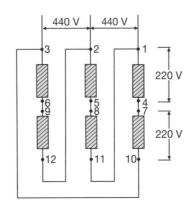

Figura 6.40 Triângulo-série.

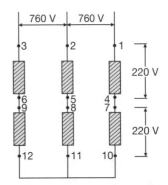

Figura 6.41 Estrela-série.

tensão de 760 V, por norma, está fora do limite da classe 600 V; portanto, apenas indica a possibilidade de ligação do motor em estrela-triângulo. Esses motores, normalmente, têm custos mais elevados.

A Tabela 6.3 orienta a ligação de motores trifásicos, relacionando as tensões nominais de placa com a correspondente tensão nominal da rede de alimentação, indicando a possibilidade de acionamento deles pela chave estrela-triângulo. Cabe observar que esses motores podem partir diretamente da rede ou por meio de chaves compensadoras.

A Tabela 6.4 fornece as principais características dos motores de indução de rotor em curto-circuito. Vale ressaltar que estes são valores médios e podem variar, em faixas estreitas, para cada fabricante, dependendo de sua tecnologia e projeto construtivo.

Tabela 6.3 Possibilidade de ligação de motores de indução por meio de chave estrela-triângulo

Tensão da rede (V)	Ligação dos enrolamentos (V)	Número de terminais de ligação	Tensão de alimentação (V)	Ligação das bobinas	Partida com chave estrela-triângulo
220	220/380	6	220	Δ	Sim
	220/440	9	220	YY	Não
	220/440	12	220	Δ	Sim
	220/380/440/760	12	380	ΔΔ	Sim
380	380/660	6	380	Y	Não
	220/380/440/760	6	380	Δ	Sim
	220/380/440/760	12	380	YY	Não
440	220/440	9	440	Y	Não
	220/440	12	440	Δ	Sim
	220/380/440/760	12	440	Δ	Sim

Tabela 6.4 Motores assíncronos trifásicos com rotor em curto-circuito

Potência nominal	Potência ativa	Corrente nominal		Velocidade rpm	Fator de potência	Relação Inp/In	Relação Cp/Cn	Conjugado nominal	Rotor bloqueado	Rendimento	Momento de inércia
cv	kW	220 V	380 V				%	mkgf	s	%	kgm²
\multicolumn{12}{c}{II polos}											
1	0,7	3,3	1,9	3.440	0,76	6,2	180,0	0,208	7,1	0,81	0,0016
3	2,2	9,2	5,3	3.490	0,76	8,3	180,0	0,619	6,0	0,82	0,0023
5	4	13,7	7,9	3.490	0,83	9,0	180,0	1,020	6,0	0,83	0,0064
7,5	5,5	19,2	11,5	3.480	0,83	7,4	180,0	1,540	6,0	0,83	0,0104
10	7,5	28,6	16,2	3.475	0,85	6,7	180,0	2,050	6,0	0,83	0,0179
15	11	40,7	23,5	3.500	0,82	7,0	180,0	3,070	6,0	0,83	0,0229
20	15	64,0	35,5	3.540	0,73	6,8	250,0	3,970	6,0	0,83	0,0530
25	18,5	69,0	38,3	3.540	0,82	6,8	300,0	4,960	6,0	0,86	0,0620
30	22	73,0	40,5	3.535	0,88	6,3	170,0	5,960	6,0	0,89	0,2090
40	30	98,0	54,4	3.525	0,89	6,8	220,0	7,970	9,0	0,90	0,3200
50	37	120,0	66,6	3.540	0,89	6,8	190,0	9,920	10,0	0,91	0,3330
60	45	146,0	81,0	3.545	0,89	6,5	160,0	11,880	18,0	0,91	0,4440
75	55	178,0	98,8	3.550	0,89	6,9	170,0	14,840	16,0	0,92	0,4800
100	75	240,0	133,2	3.560	0,90	6,8	140,0	19,720	11,0	0,93	0,6100
125	90	284,0	158,7	3.570	0,90	6,5	150,0	24,590	8,9	0,93	1,2200
150	110	344,0	190,9	3.575	0,90	6,8	160,0	29,460	27,0	0,93	1,2700
\multicolumn{12}{c}{IV polos}											
1	0,7	3,8	2,2	1.715	0,65	5,7	200,0	0,420	6,0	0,81	0,0016
3	2,2	9,5	5,5	1.720	0,73	6,6	200,0	1,230	6,0	0,82	0,0080
5	4	13,7	7,9	1.720	0,83	7,0	200,0	2,070	6,0	0,83	0,0091
7,5	5,5	20,6	11,9	1.735	0,81	7,0	200,0	3,100	6,0	0,84	0,0177
10	7,5	26,6	15,4	1.740	0,85	6,6	190,0	4,110	8,3	0,86	0,0328
15	11	45,0	26,0	1.760	0,75	7,8	195,0	6,120	8,1	0,86	0,0433
20	15	52,0	28,8	1.760	0,86	6,8	220,0	7,980	7,0	0,88	0,0900
25	18,5	64,0	35,5	1.760	0,84	6,7	230,0	9,970	6,0	0,90	0,1010
30	22	78,0	43,3	1.760	0,83	6,8	235,0	11,970	9,0	0,90	0,2630
40	30	102,0	56,6	1.760	0,85	6,7	215,0	15,960	10,0	0,91	0,4050
50	37	124,0	68,8	1.760	0,86	6,4	300,0	19,950	12,0	0,92	0,4440
60	45	150,0	83,3	1.765	0,86	6,7	195,0	23,870	12,0	0,92	0,7900
75	55	182,0	101,1	1.770	0,86	6,8	200,0	29,750	15,0	0,92	0,9000
100	75	244,0	135,4	1.770	0,87	6,7	200,0	39,670	8,3	0,92	1,0600
125	90	290,0	160,9	1.780	0,87	6,5	250,0	49,310	14,0	0,94	2,1000
150	110	350,0	194,2	1.780	0,87	6,8	270,0	59,170	13,0	0,95	2,5100
180	132	420,0	233,1	1.785	0,87	6,5	230,0	70,810	11,0	0,95	2,7300
200	150	470,0	271,2	1.785	0,87	6,9	230,0	80,000	17,0	0,95	2,9300
220	160	510,0	283,0	1.785	0,87	6,5	250,0	86,550	15,0	0,95	3,1200
250	185	590,0	327,4	1.785	0,87	6,8	240,0	95,350	15,0	0,95	3,6900
300	220	694,0	385,2	1.785	0,88	6,8	210,0	118,020	24,0	0,96	6,6600
380	280	864,0	479,5	1.785	0,89	6,9	210,0	149,090	25,0	0,96	7,4000
475	355	1100,0	610,5	1.788	0,89	7,6	220,0	186,550	26,0	0,96	9,1000
600	450	1384,0	768,1	1.790	0,89	7,8	220,0	265,370	29,0	0,96	12,1000

6.3.17 Formas construtivas

6.3.17.1 Aspectos dimensionais

As dimensões dos motores no Brasil seguem a norma NBR 5432, que está de acordo com a normalização da International Electrotechnical Commission (IEC-72).

Essas normas tomam como base as dimensões de montagem de máquinas elétricas e atribuem letras designando determinadas distâncias mostradas na Figura 6.42, conforme especificado.

- H – é a altura do plano da base ao centro da ponta do eixo.
- C – é a distância do centro do furo dos pés do lado da ponta do eixo ao plano do encosto da ponta do eixo. Esta dimensão está associada ao valor H.
- B – é a dimensão axial da distância entre os centros dos furos dos pés. A cada dimensão de H podem ser associadas várias dimensões B, o que permite se reconhecer motores mais *longos* e mais *curtos*.
- A – é a dimensão entre os centros dos furos dos pés, no sentido frontal.
- D – diâmetro do eixo do motor.
- E – dimensão externa do eixo do motor.

As normas padronizam as dimensões dos motores usando a simbologia dada pelas letras vistas anteriormente. Assim, utilizando-se uma tabela dimensional de motores (não mostrada neste livro), pode-se identificar que o motor designado por 160 M (ABNT) tem H = 160 mm; A = 254 mm; B = 210 mm; C = 108 mm; K = 15 mm; ϕD = 42 mm e E = 110 mm.

6.3.17.2 Formas construtivas normalizadas

A norma NBR 5031 padroniza as diversas formas construtivas dos motores, tomando como base o arranjo de suas partes, em relação à fixação, à ponta do eixo e à disposição dos mancais.

De acordo com a NBR 5432, a caixa de ligação de um motor deve ser instalada de forma que sua linha de centro passe por um setor compreendido entre a parte superior do motor e 10° abaixo da linha de centro horizontal do lado direito, quando o motor for visto pelo lado do acionamento. A Figura 6.43 mostra algumas das diversas formas construtivas normalizadas tanto para montagem horizontal como para montagem vertical.

6.3.18 Placa de identificação

A placa de identificação dos motores é o elemento mais rápido para se obter as informações principais necessárias à sua operação adequada. A Figura 6.44 mostra a placa de identificação de um motor.

Com exceção do MOD, os demais dados são características técnicas de fácil identificação. Para decifrar o conteúdo do campo MOD, deve-se conhecer seu significado. Tomando como exemplo a placa de identificação mostrada na Figura 6.44, tem-se:

- 1ª letra: linha de fabricação do motor, variando de K a F
- 2ª letra: tipo do motor
  - A: motor em anéis.
  - B: motor de gaiola.
- 3ª letra: sistema de refrigeração
  - A: aberto.
  - F: trocador de calor ar-ar.
  - W: trocador de calor ar-água.
  - I: ventilação forçada independente com trocador de calor ar-ar.
  - D: autoventilado por dutos.
  - T: ventilação forçada independente por dutos.
  - L: ventilação forçada independente com trocador de calor ar-água.
  - V: ventilação forçada independente aberto.
  - Número: representa a carcaça (355, 400 etc.).
- 4ª letra: furação dos pés (L, A, B, C, D, E).

6.4 Motofreio trifásico

É constituído por um motor trifásico de indução acoplado a um freio monodisco. O motor, em geral, é fabricado totalmente fechado, provido de ventilação externa, enquanto o freio, constituído por duas pastilhas e com o mínimo de partes móveis, desenvolve baixo aquecimento devido ao

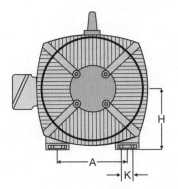
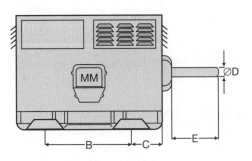

Figura 6.42 Aspectos dimensionais dos motores.

Figura	Símbolo correspondente a			
	ABTN NBR 5031	DIN 42950	Carcaça	Fixação ou montagem
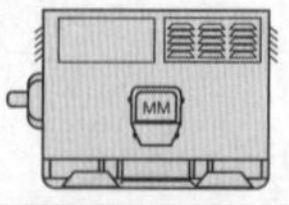	B3E	B3	Com pés	Montada sobre estruturas
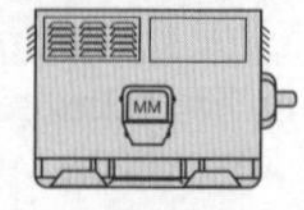	B3D			
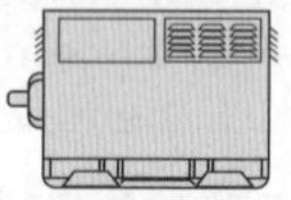	B5E	B5	Sem pés	Fixada no flange
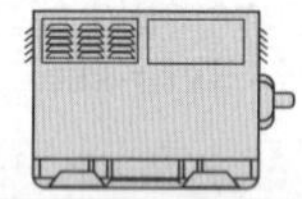	B5D			
	B35E	B3/B5	Com pés	Montada sobre subestrutura pelos pés, com fixação suplementar pelo flange
	B35D			
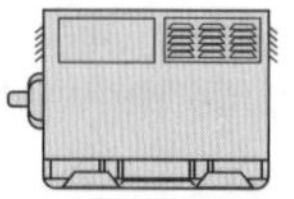	B14E	B14	Sem pés	Fixado pelo flange
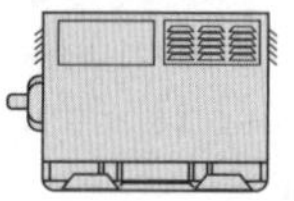	B14E			

Figura 6.43 Algumas formas construtivas normalizadas.

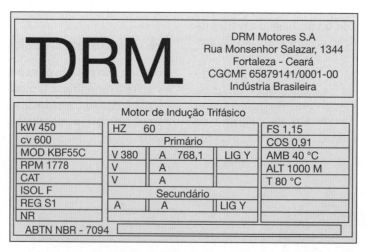

Figura 6.44 Placa de identificação de um motor.

atrito, sendo resfriado pelo sistema de ventilação do motor. O conjunto motor e freio forma uma unidade compacta.

O freio é acionado por um eletroímã, cuja bobina opera normalmente dentro de uma faixa de tensão de ±10 %, sendo alimentada por uma fonte externa de corrente contínua constituída por uma ponte retificadora, suprida pela rede elétrica local.

A alimentação do eletroímã é controlada pela chave de comando do motor. Toda vez que o motor é desligado, a alimentação do eletroímã é interrompida, provocando o deslocamento das molas de pressão contra a armadura do eletroímã, que pressiona as pastilhas de metal sinterizado alojadas no disco de frenagem, solidamente presas ao eixo do motor. Dessa forma, as pastilhas são comprimidas pelas duas superfícies de atrito, sendo uma formada pela tampa e a outra pela própria armadura do eletroímã, conforme pode ser observado pela Figura 6.45.

Para que a armadura se desloque pela ação da mola, é necessário que a força eletromagnética seja inferior à força exercida pela mola, o que ocorre quando o motor é desligado da rede. Quando o motor é acionado, o eletroímã é energizado atraindo sua armadura na direção oposta à força da mola, permitindo o disco de frenagem girar livre sem atrito.

O motofreio é comumente utilizado nas mais diferentes atividades industriais, onde haja necessidade de paradas rápidas para requisitos de segurança, além de precisão no posicionamento das máquinas. Podem-se citar alguns tipos de aplicação de motofreio em atividades de produção como guindastes, elevador, pontes-rolantes, transportadores, bobinadeiras, teares etc.

Deve-se evitar a aplicação de motofreio em atividades que possam provocar a penetração de partículas abrasivas, como água, óleo e outros derivados congêneres, de forma a reduzir a eficiência do sistema de frenagem ou mesmo danificá-lo. Podem ser utilizados em qualquer posição.

A fim de manter a unidade de frenagem dentro de suas características nominais, é necessário determinar a potência desenvolvida pela mesma durante determinado ciclo de operação e comparar com os valores de placa. Todo o calor gerado pelo o atrito durante a operação de frenagem deve ser retirado pelo sistema de ventilação do motor.

A potência dissipada resultante do atrito do sistema de frenagem pode ser dada pela Equação (6.14).

$$P_a = \frac{J_{mc} \times N_{rpm}^2 \times N_{oph}}{657 \times 10^3 \times T_f} \quad (W) \qquad (6.14)$$

J_{mc} = momento de inércia do motor com a carga referida ao eixo do motor, em kgm²;
N_{rpm} = rotação do motor, em rpm;
N_{oph} = número de operações por hora;
T_f = fração de tempo do motor, em funcionamento, em horas.

A Tabela 6.5 fornece as características dos freios de fabricação WEG.

Os motofreios podem ser ligados, em geral, de três diferentes modos.

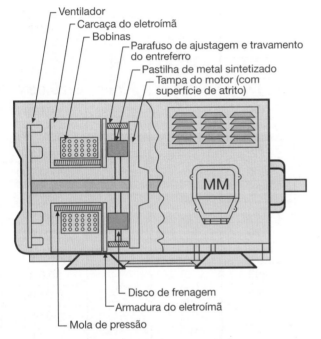

Figura 6.45 Motofreio trifásico.

 Exemplo de aplicação (6.6)

Determinar a potência dissipada por atrito desenvolvida por um motofreio constituído por um motor de 25 cv/IV polos/380 V, escorregamento de 1,1 % sabendo-se que o freio é acionado 30 vezes por hora, perfazendo, neste período, um total de uso de 10 minutos de duração.

$$T_f = \frac{10}{60} \text{ h} = 0,166 \text{ h}$$

J_{mc} = 0,1010 + 0,9802 = 1,0812 kgm² (valores conhecidos pelo usuário)

$$N_{rpm} = 1.800 - \frac{1,1 \times 1.800}{100} = 1.780 \text{ rpm}$$

$$P_a = \frac{1,0812 \times 1.780^2 \times 30}{657 \times 10^3 \times 0,166} = 942,3 \text{ W}$$

Conclui-se que é necessário usar uma carcaça 160 M/L – IV polos, em conformidade com a Tabela 6.5.

Tabela 6.5 Características técnicas dos freios WEG

Carcaça ABNT	Polos	Tempo de atuação (ms)[1] Frenagem lenta	Tempo de atuação (ms)[1] Frenagem média	Tempo de atuação (ms)[1] Frenagem rápida	Conjugado de frenagem (N.m)	Potência máxima de frenagem P(W)	Consumo de potência pelo freio (W)	Corrente absorvida pelo freio (A)	Nº de operações até a próxima reajustagem do entreferro
71	II	350	200	80	15	55	30	0,14	200.000
71	IV	250	200	80	15	40	30	0,14	500.000
71	VI	200	200	80	15	30	30	0,14	900.000
71	VIII	150	200	80	15	25	30	0,14	1.200.00
80	II	450	250	120	20	70	35	0,16	80.000
80	IV	350	250	120	20	45	35	0,16	350.000
80	VI	250	250	120	20	40	35	0,16	650.000
80	VIII	200	250	120	20	30	35	0,16	1.000.000
90 S/L	II	650	300	170	25	100	40	0,20	60.000
90 S/L	IV	500	300	170	25	75	40	0,20	250.000
90 S/L	VI	400	300	170	25	55	40	0,20	550.000
90 S/L	VIII	280	300	170	25	45	40	0,20	1.000.000
100 L	II	700	350	220	40	150	50	0,25	60.000
100 L	IV	550	350	220	40	100	50	0,25	250.000
100 L	VI	450	350	220	40	85	50	0,25	550.000
100 L	VIII	300	350	220	40	60	50	0,25	1.000.000
112 M	II	800	450	250	70	250	60	0,30	50.000
112 M	IV	600	450	250	70	150	60	0,30	150.000
112 M	VI	450	450	250	70	120	60	0,30	300.000
112 M	VIII	350	450	250	70	100	60	0,30	600.000
132 S/M	II	1.000	600	300	80	400	100	0,50	30.000
132 S/M	IV	800	600	300	80	250	100	0,50	110.000
132 S/M	VI	600	600	300	80	170	100	0,50	250.000
132 S/M	VIII	400	600	300	80	150	100	0,50	450.000
160 M/L	II	1.200	800	370	160	550	120	0,55	20.000
160 M/L	IV	1.000	800	370	160	300	120	0,55	80.000
160 M/L	VI	850	800	370	160	230	120	0,55	150.000
160 M/L	VIII	600	800	370	160	200	120	0,55	320.000

[1] Tempo decorrido entre o instante da interrupção da corrente e o início da frenagem.

a) Ligação para condição de frenagem lenta

A ponte retificadora é alimentada diretamente dos terminais do motor, em conformidade com a Figura 6.46, sendo esta a forma de ligação padronizada de fábrica.

b) Ligação para a condição de frenagem média

A ponte retificadora é alimentada a partir da rede local, de corrente alternada, sendo que este circuito é conectado a um contato auxiliar do contator de comando do motor, garantindo-se que o freio seja ligado ou desligado conjuntamente com o motor, de acordo com a Figura 6.47.

c) Ligação para a condição de frenagem rápida

A ponte retificadora é alimentada a partir da rede local de corrente alternada, porém, o circuito de alimentação de corrente contínua da referida ponte é conectado a um contato auxiliar NA do contator de comando do motor, de acordo com a Figura 6.48.

Para se obter uma parada do motofreio mais suave, pode-se diminuir o conjugado de frenagem, retirando-se parte da quantidade das molas do freio. Dessa forma, o conjugado de frenagem nominal pode ser induzido na proporção da quantidade de molas retiradas e do

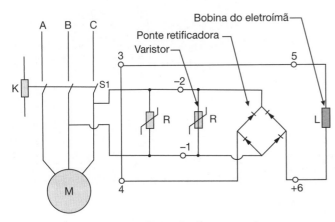

Figura 6.46 Condição de frenagem lenta.

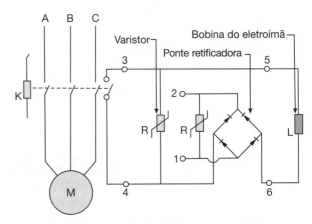

Figura 6.48 Condição de frenagem rápida.

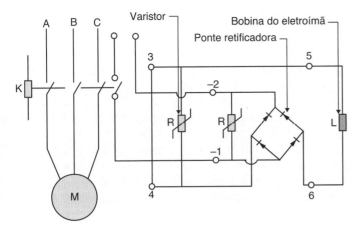

Figura 6.47 Condição de frenagem média.

mínimo de molas originais do freio, sendo que as referidas molas devem ser retiradas de forma simétrica a partir de suas posições em torno do eixo do freio.

6.5 Motores de alto rendimento

Os fabricantes de motores elétricos têm buscado nos últimos anos aumentar o rendimento dos motores elétricos. Esses motores utilizam materiais de melhor qualidade e, para a mesma potência no eixo, consomem menos energia durante um mesmo ciclo de operação.

Os motores de alto rendimento são dotados das seguintes características:

- uso de chapas magnéticas de aço silício de qualidade superior, que proporcionam a redução da corrente de magnetização e, consequentemente, aumentam o rendimento do motor;
- uso de maior quantidade de cobre nos enrolamentos que permite reduzir as perdas Joule;
- alto fator de enchimento das ranhuras, proporcionando uma melhor dissipação do calor gerado pelas perdas internas;
- tratamento térmico do rotor, reduzindo as perdas suplementares;
- dimensionamento adequado das ranhuras do rotor e anéis de curto-circuito, que permite reduzir as perdas Joule.

Com base nessas considerações, os motores de alto rendimento operam com temperaturas inferiores às dos motores convencionais, permitindo maior capacidade de sobrecarga, resultando um fator de serviço normalmente superior a 1,10.

Quando se processa uma auditoria energética em uma indústria, normalmente se estuda a conveniência econômica de substituição de alguns motores de construção convencional por motores de alto rendimento. Esses estudos recaem principalmente sobre os motores que operam continuamente.

Teoricamente, o rendimento dos motores pode crescer e atingir um número muito próximo à unidade, porém a um custo comercialmente insuportável para o comprador.

7
Partida de motores elétricos de indução

7.1 Introdução

Durante a partida, os motores elétricos solicitam da rede de alimentação uma corrente de valor elevado, da ordem de seis a 10 vezes a sua corrente nominal. Nessas condições, o circuito, que inicialmente fora projetado para transportar a potência requerida pelo motor, é solicitado agora pela corrente de acionamento, por um curto espaço de tempo. Em consequência, o sistema fica submetido a uma queda de tensão normalmente muito superior aos limites estabelecidos para o funcionamento em regime normal, podendo provocar sérios distúrbios operacionais em equipamentos de comando e proteção, além de afetar o desempenho da iluminação e de outros aparelhos e equipamentos.

Os dispositivos de comando, como contatores ou disjuntores, podem operar diante de uma queda de tensão superior aos valores-limites de disparo desses dispositivos, impossibilitando o acionamento do próprio motor ou causando perturbação de tensão nas demais cargas do empreendimento. Do mesmo modo, os motores síncronos e assíncronos, quando submetidos a tensões inferiores aos limites estabelecidos, podem parar por perda de sincronismo ou por insuficiência de conjugado de motor.

A Tabela 7.1 fornece os valores percentuais de tensão sob os quais os motores e diversos dispositivos de comando de motores podem operar indevidamente.

Em virtude dos motivos expostos, durante a elaboração de um projeto de instalação elétrica industrial, devem ser analisados, dentre os motores de potência elevada, aqueles que podem degradar a operação em regime normal do sistema, a fim de aplicar a solução adequada do método de partida ou dimensionar circuitos exclusivos para esses motores. Esses circuitos tanto podem ser alimentados do QGF como diretamente de um transformador, também exclusivo.

Ao contrário do que muitos pensam, a partida dos motores elétricos afeta praticamente muito pouco o valor da demanda e do consumo de energia elétrica, já que a demanda vista pelo medidor é integralizada no tempo de 15 minutos, muito superior ao tempo de partida dos motores, normalmente da ordem de 0,5 a 5 s, enquanto o consumo em kWh também é extremamente pequeno, tendo em vista o baixo fator de potência de partida em um tempo de pouca expressividade.

Durante a elaboração de um projeto de instalação elétrica industrial, é de suma importância verificar a possibilidade de partida simultânea de dois ou mais motores de potência muito elevada, o que é capaz de provocar sérias perturbações na instalação. Medidas preventivas devem ser tomadas de modo a evitar tal procedimento, cujo assunto será tratado adiante com detalhes.

Em algumas instalações industriais, certas máquinas, como os compressores de ar comprimido, são instaladas de tal modo que, quando há falta momentânea de energia, seus respectivos motores param e retornam automaticamente ao estado de operação após o distúrbio. Se esses motores estiverem ligados a dispositivos de partida que permitam um baixo conjugado, e a carga solicitar um alto conjugado de partida, há grandes possibilidades de estes motores serem danificados se não houver um apropriado sistema de proteção.

Como já mencionado, a iluminação é afetada durante a partida dos motores que solicitam, da rede, correntes demasiadamente elevadas. As lâmpadas fluorescentes sofrem pouca influência. No entanto, são suscetíveis de apagar se a tensão resultante da partida for inferior a 85 % da tensão nominal. Já as lâmpadas de Led reduzem por instantes a potência luminosa, isto é, menos luz no ambiente quando a tensão diminui, mas não apagam.

A NBR 5410 estabelece que a queda de tensão durante a partida de um motor não deve ultrapassar 10 % da sua tensão nominal no ponto de instalação do dispositivo de partida correspondente. Pode-se adotar uma queda de tensão superior a 10 % em casos específicos, quando são acionadas cargas de alto conjugado resistente, desde que a tensão mínima das bobinas da chave de partida seja inferior à tensão resultante durante a partida do motor.

Tabela 7.1 Limites da tensão percentual e seus efeitos no sistema

Tensão em % de V_{nm}	Consequências
85	Tensão abaixo da qual os contatores da classe 600 V não operam.
76	Tensão em que os motores de indução e síncronos deixam de operar, quando funcionando a 115 % da sua potência nominal.
71	Tensão em que os motores de indução deixam de operar, quando em funcionamento a plena carga.
67	Tensão em que motores síncronos deixam de operar.

7.2 Inércia das massas

Inicialmente, deve-se conhecer o conceito de carga. Em geral, é possível definir como carga de um motor um conjunto de massa formado pelos componentes da máquina que está em movimento e firmemente preso ao eixo do motor.

As cargas acionadas pelos motores elétricos podem ser classificadas de duas diferentes formas:

a) Carga com conjugado constante

É aquela que apresenta o mesmo valor de conjugado durante toda a faixa de variação de velocidade a que é submetido o motor. Nesse caso, a demanda de potência cresce linearmente com a variação da velocidade. Por exemplo, podem ser citados os laminadores, os elevadores de carga, esteira transportadora etc.

b) Carga com potência constante

É aquela em que o conjugado inicial é elevado, reduzindo-se de forma exponencial durante toda a faixa de variação da velocidade. Nesse caso, a demanda de potência permanece constante com a variação da velocidade. Como exemplo podem ser citadas as bobinadeiras de fios ou de chapas, cujo diâmetro de bobina varia ao longo do processo, necessitando de maior conjugado motor para maiores diâmetros e menor conjugado motor para menores diâmetros. Quando o diâmetro da bobinadeira aumenta, a velocidade do motor deve diminuir e vice-versa, mantendo-se, assim, constante a velocidade periférica da bobinadeira.

Agora, pode-se conhecer o conceito de momento de inércia das massas. Assim, o rotor dos motores elétricos apresenta certa massa *resistente* à mudança de seu estado de movimento. Logo, o rotor *reage* quando submetido a determinada rotação, sendo obrigado a acelerar. A partir destas considerações básicas, percebe-se que a inércia do rotor é um obstáculo à sua aceleração. Da mesma forma, pode-se considerar o movimento das massas que estão acopladas ao eixo do motor, no caso, a carga, e que, como o rotor, *resiste* à mudança de movimentos.

O momento de inércia é uma característica fundamental das massas girantes. Pode ser definido como a resistência que os corpos oferecem à mudança de seu movimento de rotação em torno de um eixo considerado que, no caso do rotor, é a sua própria massa cuja unidade de medida é o kg.m². A inércia a ser vencida pelo motor é dada pela Equação (7.1):

$$J_{mc} = J_m + J_c \text{ (kg.m}^2\text{)} \quad (7.1)$$

J_m = momento de inércia do rotor do motor (rotor);
J_c = momento de inércia da carga.

7.2.1 Momento de inércia do motor (J_m)

Depende do tipo, do fabricante e é função do projeto do motor. Seu valor típico pode ser encontrado na Tabela 6.4.

7.2.2 Momento de inércia da carga (J_c)

É um valor particularmente característico do tipo de carga do motor. A Equação (7.2) fornece a expressão que permite determinar o valor máximo do momento de inércia J_c, que deve ter certa carga a ser acoplada ao eixo de um motor de potência nominal P_{nm} com N_p de pares de polos, ou seja:

$$J_c = 0{,}04 \times P_{nm}^{0,9} \times N_p^{2,5} \text{ (kg.m}^2\text{)} \quad (7.2)$$

P_{nm} = potência nominal do motor, em kW;
N_p = número de pares de polos do motor.

Exemplo de aplicação (7.1)

Considerar um motor cuja potência nominal seja de 50 cv/380 V, IV polos. Determinar o momento de inércia máximo que deve ter a carga a ser acoplada ao seu eixo.

$$J_c = 0,04 \times (0,736 \times 50)^{0,9} \times 2^{2,5} = 5,80 \ (kg.m^2)$$

A inércia da carga determina o aquecimento do motor durante a partida devendo-se, portanto, limitar o acionamento ao que estabelece a NBR 17094/1 – Máquinas elétricas girantes – motores de indução trifásicos e NBR 17094/2 – Máquinas elétricas girantes – motores de indução monofásicos.

Quando a carga é acoplada ao eixo do motor por meio de polia, engrenagem ou por qualquer acoplamento que permita que a sua rotação seja diferente da rotação do motor, pode-se determinar o seu momento de inércia em relação ao eixo do motor a partir da Equação (7.3).

$$J_{cm} = J_c \times \left(\frac{W_c}{W_{nm}}\right)^2 \tag{7.3}$$

J_{cm} = momento de inércia da carga em relação ao eixo do motor;
W_{nm} = velocidade angular nominal do eixo do motor, em rpm;
W_c = velocidade angular do eixo da carga, em rpm.

A Figura 7.1 mostra um exemplo de acoplamento indireto entre carga e motor.

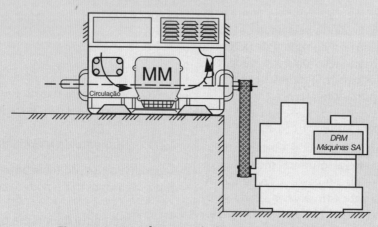

Figura 7.1 Acoplamento indireto motor-carga.

 Exemplo de aplicação (7.2)

Supondo que uma carga esteja acoplada ao eixo do motor de 50 cv, mencionado anteriormente, determinar o momento de inércia do conjunto, sabendo-se que a carga é ligada ao motor por uma polia que lhe permite uma rotação de 445 rpm.

$$J_{cm} = 5,80 \times \left(\frac{445}{1.780}\right)^2 = 0,362 \ kg.m^2$$

$$W_{nm} = 1.800 - 1.800 \times 0,011 = 1.780 \ rpm$$

$$S = 1,1 \ \% \ (\text{escorregamento do motor})$$

7.3 Conjugado

Os motores elétricos, quando ligados, apresentam um esforço que lhes permite girar o seu eixo. A este esforço dá-se o nome de *conjugado do motor*. Já a carga acoplada ao eixo *reage* a este esforço negativamente, ao que se dá o nome de *conjugado de carga* ou conjugado resistente.

7.3.1 Conjugado do motor

Todo motor dimensionado para acionar adequadamente uma carga acoplada ao seu eixo demanda, durante a partida, ter a cada instante um conjugado superior ao conjugado resistente de carga.

A curva do conjugado motor deve guardar uma distância da curva do conjugado resistente, durante o tempo de aceleração do conjunto (motor-carga), até que o motor adquira a velocidade de regime. Este intervalo de tempo é especificado pelo fabricante, acima do qual o motor deve sofrer sobreaquecimento, podendo danificar a isolação dos enrolamentos.

Por esse motivo, cuidados especiais devem ser tomados na utilização de dispositivos de partida com redução de tensão. Nessas circunstâncias, o conjugado motor é reduzido, enquanto o conjugado da carga não é alterado. Consequentemente, o tempo de aceleração é aumentado e, sendo superior ao tempo de rotor bloqueado, pode danificar o motor.

A Especificação Brasileira de Motores de Indução, que possui, no Sistema Nacional de Metrologia, Normalização e Qualidade Industrial, o número NBR 17094-1:2018 – versão corrigida, define as características de partida dos motores que, em seguida, são analisadas resumidamente.

a) Categoria N

Abrange os motores de aplicação geral que acionam a grande parte das cargas de utilização industrial. Os motores enquadrados nesta categoria apresentam conjugado de partida normal, corrente de partida normal e baixo escorregamento. Essa categoria de motores é de aplicação no acionamento de ventiladores industriais, bombas e máquinas operatrizes em geral.

No dimensionamento de motores da categoria N é aconselhável estabelecer o conjugado mínimo superior em pelo menos 30 % ao conjugado resistente da carga. Em situações críticas pode-se admitir um conjugado mínimo de 15 %.

b) Categoria H

Abrange os motores que acionam cargas cujo conjugado resistente é elevado durante a partida. Os motores enquadrados nesta categoria apresentam conjugado de partida elevado, corrente de partida normal e baixo escorregamento. Essa categoria de motores é de aplicação no acionamento de cargas de inércia elevada, como britadores, peneiras e transportadores-carregadores.

c) Categoria D

Abrange os motores que acionam cargas cujo conjugado resistente durante a partida é de valor elevado, têm corrente de partida elevada e alto escorregamento. Os motores enquadrados nesta categoria são utilizados no acionamento de elevadores de carga e aplicações semelhantes.

A Figura 7.2 apresenta, esquematicamente, as curvas características de *conjugado* × *velocidade* dos motores de indução, segundo as categorias mencionadas.

d) Categoria NY

São motores semelhantes aos da categoria N. São particularmente empregados para acionamentos com chave estrela-triângulo. Os valores mínimos do conjugado com rotor bloqueado e do conjugado mínimo de partida, quando acionados por chave estrela-triângulo, são iguais a 25 % dos valores indicados para os motores de categoria N.

e) Categoria HY

São motores semelhantes aos de categoria H. São particularmente empregados para acionamentos com chave estrela-triângulo. Os valores mínimos do conjugado

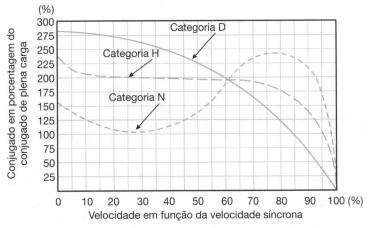

Figura 7.2 Curvas típicas conjugado × velocidade.

com rotor bloqueado e do conjugado mínimo de partida, quando acionados por chave estrela-triângulo, são iguais a 25 % dos valores indicados para os motores de categoria H.

7.3.1.1 Conjugado médio do motor

Muitas vezes, para facilidade de cálculo, é desejável substituir a curva de conjugado do motor, C_m, pelo seu valor médio, C_{mm}, conforme representado na Figura 7.3. Neste caso, a soma das áreas A1 e A2 deve ser igual à área A3. Cada categoria de motor apresenta obviamente uma expressão que determina o valor médio de seu conjugado, ou seja:

a) Motores de categoria N e H

$$C_{mm} = 0{,}45 \times (C_p + C_{ma}) \qquad (7.4)$$

C_p = conjugado partida, em kgf.m, ou N.m ou ainda em % de C_{nm} (ver Figura 7.3);
C_m = conjugado máximo do motor, em kgf.m, ou N.m ou ainda em % de C_{nm} (ver Figura 7.3).

b) Motores de categoria D

$$C_{mm} = 0{,}60 \times C_p \qquad (7.5)$$

7.3.2 Conjugado da carga

O conjugado da carga pode reagir de diferentes formas, de acordo com a Equação (7.6):

$$C_c = C_i + \alpha \times W_{nm}^{\beta} \qquad (7.6)$$

C_c = conjugado da carga, em kgf.m, ou N.m ou ainda em % de C_{nm};
C_i = conjugado da carga em repouso, ou seja, no instante da partida, ou conjugado inercial, em kgf.m, ou N.m, ou ainda em % de C_{nm}. É obtido diretamente dos gráficos dos conjugados de carga apresentados nos catálogos dos respectivos fabricantes das máquinas: bombas, por exemplo;

W_{nm} = velocidade angular em qualquer instante a que está submetido o motor, em rps, considerando-se que a carga está diretamente solidária ao eixo do motor;
α = constante que depende das características da carga;
β = constante que depende da natureza da carga (bombas, ventiladores, britadores etc.).

A partir do valor de β define-se a forma da curva do conjugado de carga, ou seja:

a) Conjugado de carga constante

É definido para $\beta = 0$. Podem ser tomadas como exemplo as cargas acionadas por guindastes, britadores etc. Sua representação gráfica é dada na Figura 7.4, ou seja:

$$C_c = C_i + \alpha \times W_{nm}^0$$

$$C_c = C_i + \alpha \text{ (constante)}$$

Nesse caso, a potência requerida pela carga aumenta na mesma proporção da velocidade angular, isto é:

$$P_c = K \times W_{nm} \qquad (7.7)$$

K = constante que depende da carga.

b) Conjugado de carga linear

É aquele definido para $\beta = 1$. Pode ser tomada como exemplo a serra para madeira, calandras etc. Sua representação gráfica é dada na Figura 7.5, como:

$$C_c = C_i + \alpha \times W_{nm} \text{ (linear)}$$

Nesse caso, a potência varia com o quadrado da velocidade, isto é:

$$P_c = C_i \times W_{nm} + K \times W_{nm}^2 \qquad (7.8)$$

c) Conjugado de carga parabólico

É aquele definido para $\beta = 2$. Podem ser tomadas como exemplo as bombas centrífugas, ventiladores, compres-

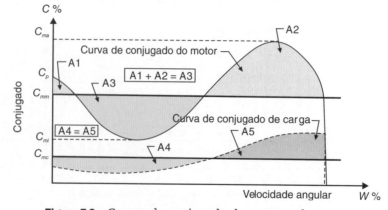

Figura 7.3 Curvas de conjugado do motor e de carga.

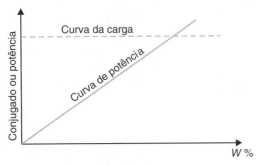

Figura 7.4 Conjugado de carga constante.

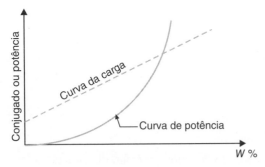

Figura 7.5 Conjugado de carga linear.

sores, exaustores, misturadores centrífugos etc. Sua representação gráfica é dada na Figura 7.6, ou seja:

$$C_c = C_i + \alpha \times W_{nm}^2 \text{ (parabólico)}$$

Nesse caso, a potência varia com o cubo da velocidade:

$$P_c = C_i \times W_{nm} + K \times W_{nm}^3 \quad (7.9)$$

d) **Conjugado de carga hiperbólico**

É aquele definido para $\beta = -1$. Podem ser tomados como exemplo os tornos elétricos, as bobinadeiras de fio, fresas etc. Sua representação gráfica é dada na Figura 7.7, isto é:

$$C_i = 0$$

$$C_c = \frac{\alpha}{W_{nm}} \text{ (hiperbólico)}$$

Nesse caso, a potência permanece constante, ou seja:

$$P_c = K \text{ (constante)}$$

Como todos os valores da Equação (7.6) já foram facilmente identificados fica, por conseguinte, determinado o valor de α.

7.3.2.1 Conjugado médio de carga

O conjugado de carga médio pode reagir de diferentes formas, de acordo com a Equação (7.10).

$$C_{mc} = C_i + \alpha \times \frac{W_{nm}^\beta}{\beta + 1} \quad (7.10)$$

W_{nm} = velocidade angular a que está submetida a carga que, neste estudo, é considerada solidária ao eixo do motor e, portanto, ambos submetidos à mesma velocidade.

De forma semelhante ao conjugado médio do motor, pode-se determinar o conjugado médio de carga, C_{mc}, representado na Figura 7.3. Nesse caso, as áreas A4 e A5 devem ser iguais. Com base na Equação (7.10), pode-se obter as seguintes expressões:

a) Cargas de conjugado constante (Figura 7.4)

$$\beta = 0$$
$$C_{mc} = C_i + \alpha \quad (7.11)$$

b) Cargas de conjugado linear (Figura 7.5)

$$\beta = 1$$
$$C_{mc} = C_i + 0,5 \times \alpha \times W_{nm} \quad (7.12)$$

c) Cargas de conjugado parabólico (Figura 7.6)

$$\beta = 2$$
$$C_{mc} = C_i + 0,33 \times \alpha \times W_{nm}^2 \quad (7.13)$$

d) Cargas de conjugado hiperbólico (Figura 7.7)

$$\beta = -1$$

Particularmente, neste caso, o conjugado é dado com base na Equação (7.6) para $C_i = 0$, ou seja:

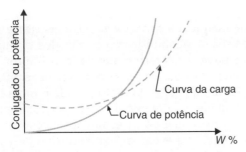

Figura 7.6 Conjugado de carga parabólico.

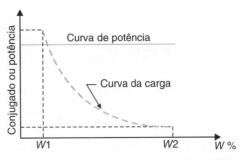

Figura 7.7 Conjugado de carga hiperbólico.

Exemplo de aplicação (7.3)

Um motor de 50 cv/IV polos/1.780 rpm, categoria N, aciona uma bomba centrífuga. Determinar os conjugados médios do motor e da carga, sabendo-se que o conjugado da carga em repouso é de 25 % do conjugado nominal de motor. A bomba, cujo conjugado nominal é de 16 kgf.m, está acoplada diretamente ao eixo do motor, cujo conjugado máximo é de 240 % do seu nominal.

De acordo com a Equação (7.13), o conjugado médio da carga vale:

$$C_{mc} = C_i + 0{,}33 \times \alpha \times W_{nm}^2 \quad \text{(o conjugado resistente das bombas é do tipo parabólico)}$$

O valor de α é dado pela Equação (7.6) para a condição de $\beta = 2$.

$$\alpha = \frac{C_c - C_i}{W_{nm}^2}$$

$$C_i = 25\% \times C_{nm}$$
$$C_i = 0{,}25 \times 19{,}95 = 4{,}98 \text{ kgf.m}$$

$$C_{nm} = 19{,}95 \text{ kgf.m (Tabela 6.4)}$$
$$C_c = 16 \text{ kgf.m (conjugado da bomba)}$$
$$W_{nm} = 1.780 \text{ rpm (a velocidade angular da carga é a mesma velocidade do eixo do motor)}$$

$$W_{nm} = 1.780 \text{ rpm} = \frac{1.780}{60} = 29{,}66 \text{ rps}$$

$$\alpha = \frac{16 - 4{,}98}{29{,}66^2} = 0{,}0125$$

$$C_{mc} = 4{,}98 + 0{,}33 \times 0{,}0125 \times 29{,}66^2$$

$$C_{mc} = 8{,}6 \text{ kgf.m}$$

De acordo com a Equação (7.4), o conjugado médio do motor vale:

$$C_{mm} = 0{,}45 \times (C_p + C_{ma})$$

$$C_{ma} = 240\% \ C_{nm} \text{ (conjugado máximo do motor)}$$
$$C_{ma} = 2{,}4 \times 19{,}95 = 47{,}8 \text{ kgf.m}$$

$$C_p = 3 \times C_{nm} \text{ (Tabela 6.4)}$$
$$C_p = 3 \times 19{,}95 = 59{,}85 \text{ kgf.m}$$

$$C_{mm} = 0{,}45 \times (47{,}8 + 59{,}85)$$

$C_{mm} = 48{,}4$ kgf.m (o conjugado médio do motor está 5,6 vezes superior ao conjugado médio da carga)

$$C_{mc} = \frac{\alpha}{W_{nm}} \qquad (7.14)$$

7.3.2.2 Estimação do conjugado de carga

Como será visto adiante, a escolha das chaves de partida dos motores necessita do conhecimento do comportamento do conjugado de carga ao longo do processo de partida. É muito difícil encontrar no catálogo do fornecedor da máquina a curva *conjugado × velocidade*. Exceto em seu uso por laboratórios especializados, o conjugado da carga pode ser determinado de forma aproximada, registrando-se os valores de corrente para as diferentes condições de operação do motor, desde o momento da sua partida até o momento de operação nominal. Além disso, devem-se fazer os mesmos registros nas condições de sobrecarga eventual. Para tanto, pode-se aplicar a Equação (7.15):

$$C_c = \frac{P_{nm} \times 0{,}736 \times 10^3}{\frac{2 \times \pi}{60} \times W_{nm}} \text{ (Nm)} \qquad (7.15)$$

P_{nm} = potência nominal do motor, cv;
W_{nm} = velocidade angular do motor, em rpm.

Exemplo de aplicação (7.4)

Um motor de 100 cv/IV polos/380 V aciona determinada carga. Foram registrados com um medidor digital de precisão as tensões, as correntes e o fator de potência durante o acionamento do motor, cujos valores estão expressos na Tabela 7.2. O rendimento nominal do motor a plena carga vale 92 %.

A Tabela 7.2, além de conter os dados coletados durante a partida do motor, exibe também os valores calculados durante esse procedimento. Para permitir ao leitor conhecer o processo serão desenvolvidos os cálculos para o tempo 0:00 s, isto é, no momento da partida e no instante final da partida. O cálculo dos demais valores segue o mesmo processo.

a) Valores nominais calculados do motor
- Cálculo do conjugado nominal do motor:

$$C_n = \frac{P_{nm} \times 0{,}736 \times 10^3}{\frac{2 \times \pi}{60} \times W_{nm}} = \frac{100 \times 0{,}736 \times 10^3}{\frac{2 \times \pi}{60} \times 1.770} = 397 \text{ N.m} \;\rightarrow\; C_n = 39{,}7 \text{ kgf.m (este valor pode ser obtido na Tabela 6.4).}$$

- Cálculo da corrente que produzirá o conjugado nominal do motor:

$$I_c = 0{,}92 \times 135 = 124{,}2 \text{ A (corrente ativa)}$$

- Cálculo da relação do conjugado que produz torque por ampère:

$$R_{rel} = \frac{C_n}{I_{per}} = \frac{397}{124{,}2} = 3{,}2 \text{ N.m/A}$$

- Cálculo da potência nominal no eixo do motor:

$$P_{eim} = P_{nm} \times 0{,}736 = 100 \times 0{,}736 = 73{,}6 \text{ kW (conjugado no eixo do motor, desprezadas as perdas ôhmicas)}$$

b) Valores calculados no instante da partida
- Potência ativa desenvolvida pelo motor no instante da partida:

$$P_{atp} = \sqrt{3} \times V_{pm} \times I_{pm} \times \cos\phi = \frac{\sqrt{3} \times 343 \times 783}{1.000} \times 0{,}42 = 195{,}4 \text{ kW (sendo } V_m \text{ e } I_m \text{, respectivamente, a tensão e a corrente durante a partida do motor – veja na Tabela 7.2)}$$

- Cálculo da relação entre a potência nominal no eixo do motor e sua potência no instante da partida:

$$\lambda = \frac{P_{eim}}{P_{atp}} = \frac{73{,}6}{195{,}4} = 0{,}376$$

- Cálculo da potência de perda do motor no instante da partida:

$$P_{per} = (1-\lambda) \times P_{atp} = (1-0{,}377) \times 195{,}4 = 121{,}7 \text{ kW}$$

- Cálculo da corrente de perda do motor no instante da partida:

$$I_{per} = \frac{P_{per}}{\sqrt{3} \times V} = \frac{121{,}7}{\sqrt{3} \times \frac{343}{1.000}} \cong 205 \text{ A}$$

Tabela 7.2 Valores registrados e calculados durante a aceleração do motor

	Valores medidos				Valores calculados				
Tempo (s)	Tensão (V)	Corrente (A)	Fator de potência	Potência ativa (kW)	Rel. pot. no eixo/ pot. na partida	Potência de perda (kW)	Corrente de perda (A)	Conjugado nominal (N.m)	kgf.m
0:00	343	783	0,42	195,4	0,377	121,8	205,0	1.849,7	185,0
0:10	349	758	0,43	197,0	0,374	123,4	204,2	1.772,2	177,2
0:20	353	727	0,45	200,0	0,368	126,4	206,8	1.664,7	166,5
0:30	357	680	0,48	201,8	0,365	128,2	207,4	1.512,4	151,2
0:40	361	620	0,51	197,7	0,372	124,1	198,5	1.348,8	134,9
0:50	364	530	0,55	183,8	0,400	110,2	174,8	1.136,8	113,7
1:00	386	450	0,59	177,5	0,415	103,9	155,4	942,7	94,3
1:10	372	370	0,65	155,0	0,475	81,4	126,3	779,9	78,0
1:20	376	215	0,75	105,0	0,701	31,4	48,2	533,7	53,4
1:30	380	135	0,92	81,7	0,900	8,1	12,4	392,4	39,2

- Cálculo do conjugado do motor no instante da partida:

$$C_{(0:00)} = \left(I_p - I_{per}\right) \times R_{rel} = (783 - 205) \times 3,2 = 1.849 \text{ N.m} \quad \rightarrow \quad C_{(0:00)} = \frac{1.849}{10} = 185 \text{ kgf.m}$$

c) **Valores calculados para o instante final da partida (operação plena)**

- Potência desenvolvida pelo motor no instante final da partida:

$$P_m = \sqrt{3} \times V_m \times I_m \times \cos\phi = \frac{\sqrt{3} \times 380 \times 135}{1.000} \times 0,92 = 81,7 \text{ kW}$$

- Cálculo da relação entre a potência nominal no eixo do motor e sua potência no instante final da partida:

$$\lambda = \frac{P_{eim}}{P_m} = \frac{73,6}{81,7} = 0,90$$

- Cálculo da potência de perda do motor no instante final da partida:

$$P_{per} = (1 - \lambda) \times P_{atp} = (1 - 0,90) \times 81,7 = 8,1 \text{ kW}$$

- Cálculo da corrente de perda do motor no instante final da partida:

$$I_{per} = \frac{P_{per}}{\sqrt{3} \times V} = \frac{8,2}{\sqrt{3} \times \frac{380}{1.000}} = 12,4 \text{ A}$$

- Cálculo do conjugado do motor no instante final da partida:

$$C_{(1:30)} = \left(I_{nm} - I_{per}\right) \times R_{conj} = (135 - 12,4) \times 3,2 = 392 \text{ N.m} \quad \rightarrow \quad C_{(1:30)} = \frac{392}{10} = 39,2 \text{ kgf.m} \;[C_{(1:30)} \text{ significa o valor}$$

do conjugado motor no instante final da partida, isto é, o conjugado nominal do motor]

Observar na Tabela 6.4 que o conjugado nominal do motor vale 39,6 kgf.m.

A Figura 7.8 mostra as curvas de conjugado e corrente durante o tempo de aceleração do motor.

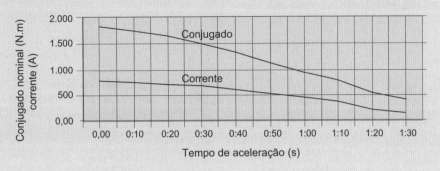

Figura 7.8 Conjugado e corrente × tempo.

7.4 Tempo de aceleração de um motor

A determinação do tempo de aceleração de um motor acoplado a uma carga é baseada no conhecimento das curvas dos conjugados do motor e de carga, traçadas em um mesmo gráfico.

Divide-se a velocidade angular em intervalos de pequenos incrementos, calculando para cada incremento o tempo correspondente à aceleração nesses intervalos, com base no conjugado médio desenvolvido a cada incremento.

A seguir será mostrada a metodologia de cálculo:

a) conhecer os momentos de inércia do motor (J_m) e da carga (J_c) na unidade kg.m²;

b) conhecer as curvas dos conjugados do motor e de carga representadas no gráfico da Figura 7.9;

c) escolher os incrementos percentuais e aplicá-los sobre a velocidade angular síncrona W_s. Normalmente, atribuem-se incrementos regulares de 10 %, exceto, para os intervalos da curva, no qual os conjugados assumem valores de acentuada declividade:

$$W_1 = 0 \times W_s \text{ rpm}$$
$$W_2 = 10\ \% \times W_s \text{ rpm}$$

d) determinar a diferença entre as velocidades:

$$\Delta W = W_2 - W_1 \text{ rpm}$$

e) determinar, pelo gráfico da Figura 7.9, os conjugados percentuais do motor (C_{m1}, C_{m2}), à velocidade angular W_1 e W_2, respectivamente;

f) determinar, ainda, pelo gráfico da Figura 7.9, os conjugados, em percentagem, da carga (C_{c1}, C_{c2}), à velocidade angular W_1 e W_2, respectivamente;

g) calcular as médias percentuais dos conjugados do motor (C_{mm}) e de carga (C_{mc}), no intervalo considerado:

$$C_{mm} = \frac{C_{m1} + C_{m2}}{2} \text{ (\%)} \quad (7.16)$$

$$C_{mc} = \frac{C_{c1} + C_{c2}}{2} \text{ (\%)} \quad (7.17)$$

h) calcular o conjugado de aceleração percentual desenvolvido no intervalo considerado:

$$C_{acp} = C_{mm} - C_{mc} \text{ (\%)} \quad (7.18)$$

i) calcular o conjugado nominal do motor:

$$C_{nm} = \frac{716 \times P_{nm}}{W_{nm}} \text{ (kgf.m)} \quad (7.19)$$

P_{nm} = potência nominal do motor, em cv;
W_{nm} = velocidade angular nominal do motor, em rpm.

Os motores assíncronos, funcionando com carga nominal, possuem escorregamento variável entre 1 e 5 %.

j) calcular o conjugado de aceleração no intervalo considerado:

$$C_{ac} = C_{nm} \times C_{acp} \text{ (kgf.m)} \quad (7.20)$$

k) calcular o tempo de aceleração do motor entre os instantes de velocidade angular W_1 e W_2:

$$T = \frac{J_{mc} + \Delta W}{94 \times C_{ac}} \text{ (s)} \quad (7.21)$$

Esse processo se repete até que o motor atinja a velocidade de regime. O método é normalmente trabalhoso, e é conveniente elaborar um programa de computador utilizando o Excel ou outro programa. Quando não se desejar mais precisão no resultado, o tempo de aceleração poderá ser obtido por intermédio dos conjugados médios do motor e da carga por todo o intervalo de acionamento, isto é, do estado de repouso até a velocidade de regime.

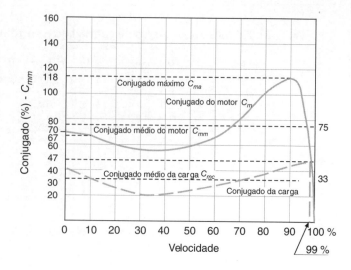

Figura 7.9 Curvas conjugado × velocidade do motor e da carga.

Exemplo de aplicação (7.5)

Determinar o tempo de aceleração de um motor de categoria N, ao qual está acoplada uma bomba hidráulica, cujas curvas conjugado × velocidade estão mostradas na Figura 7.9. Os dados disponíveis do motor, da carga e do sistema são:

- potência do motor: 100 cv;
- tensão do motor: 380/660 V;
- momento de inércia do motor (rotor): 1,0600 kg·m² (Tabela 6.4);
- momento de inércia da carga: 1,5 kg.m² (valor fornecido pelo fabricante da máquina);
- conjugado da carga: 47 % do conjugado nominal do motor (ver gráfico da Figura 7.9);
- velocidade angular síncrona do motor: 1.800 rpm;
- escorregamento: 1,1 %;
- tensão da rede de alimentação: 380 V;
- tipo de acionamento: direto da rede.

a) Incrementos percentuais

$$W_1 = 0\% \times W_s = 0 \times 1.800 = 0 \text{ rpm}$$
$$W_2 = 10\% \times W_s = 0,10 \times 1.800 = 180 \text{ rpm}$$

b) Variação da velocidade no intervalo de 0 a 10 %

$$\Delta W = W_2 - W_1 = 180 - 0 = 180 \text{ rpm}$$

c) Conjugados percentuais do motor

Pelo gráfico da Figura 7.9, temos:

$$C_{m1} = 70\%$$
$$C_{m2} = 67\%$$

d) Conjugados percentuais da carga

$$C_{c1} = 40\%$$
$$C_{c2} = 30\%$$

Partida de motores elétricos de indução

e) Médias percentuais dos conjugados do motor e de carga

$$C_{mm} = \frac{70+67}{2} = 68,5\ \%$$

$$C_{mc} = \frac{40+30}{2} = 35,0\ \%$$

f) Conjugado de aceleração percentual

$$C_{acp} = C_{mm} - C_{mc} = 68,5 - 35 = 33,5\ \% = 0,335$$

g) Conjugado nominal do motor

$$C_{nm} = \frac{716 \times P_{nm}}{W_{nm}} = \frac{716 \times 100}{1.780} = 40,2\ \text{kgf.m}$$

$$W_{nm} = 1.800 - \frac{1,1 \times 1.800}{100} = 1.780\ \text{rpm}$$

O conjugado nominal do motor pode também ser obtido na Tabela 6.4, em função da velocidade nominal do motor em rpm.

h) Conjugado de aceleração no intervalo considerado

$$C_{ac} = C_{nm} \times C_{acp} = 40,2 \times 0,335 = 13,47\ \text{kgf.m}$$

i) Tempo de aceleração do motor no intervalo considerado

$$T_{0-10} = \frac{J_{mc} \times \Delta W}{94 \times C_{ac}} = \frac{2,56 \times 180}{94 \times 13,47} = 0,36\ \text{s}$$

$$J_{mc} = 1,0600 + 1,5 = 2,56\ \text{kg.m}^2\ \text{(momento de inércia do motor e da carga)}$$

A aplicação dessa metodologia a cada intervalo de tempo considerado, até que o motor atinja a velocidade de regime, permite calcular o tempo total gasto na partida. A formação da Tabela 7.3 auxilia a sequência de cálculo.
O tempo total de aceleração do motor é T = 2,95 s.
Esse mesmo valor, de modo aproximado, poderia ser obtido também com base nos valores médios de conjugado do motor e da carga, ou seja:

Tabela 7.3 Determinação do tempo de aceleração

Intervalo					Itens correspondentes ao cálculo									
P_1	P_2	W_1	W_2	ΔW	C_{m1}	C_{m2}	C_{c1}	C_{c2}	C_{mm}	C_{mc}	C_{acp}	C_{nm}	C_{ac}	T
0	10	0	180	180	70	67	40	30	68,5	35,0	33,5	40,22	13,47	0,36
10	20	180	360	180	67	62	30	23	64,5	26,5	38,0	40,22	15,28	0,32
20	30	360	540	180	62	54	23	20	58,0	21,5	36,5	40,22	14,68	0,33
30	40	540	720	180	54	50	20	21	52,0	20,5	31,5	40,22	12,67	0,39
40	50	720	900	180	50	57	21	22	53,5	21,5	32,0	40,22	12,87	0,38
50	60	900	1080	180	57	69	22	25	63,0	23,5	39,5	40,22	15,89	0,31
60	70	1080	1260	180	69	82	25	33	75,5	29,0	46,5	40,22	18,70	0,26
70	80	1260	1440	180	82	103	33	38	92,5	35,5	57,0	40,22	22,93	0,21
80	90	1440	1620	180	103	118	38	45	110,5	41,5	69,0	40,22	27,75	0,18
90	99	1620	1782	180	118	98	45	52	108,0	48,5	59,5	40,22	23,93	0,20
Tempo total da partida (s)														2,95

a) **Conjugado médio motor**

Por se tratar de motor de categoria N, adotar a Equação (7.4).

$$C_{mm} = 0{,}45 \times (C_p + C_{ma})$$

$$C_p = K_1 \times C_{nm} = 0{,}70 \times 40{,}2 = 28{,}14 \text{ kgf.m}$$

$K_1 = 70\% = 0{,}70$ (percentagem do conjugado de partida do motor – gráfico da Figura 7.9)

$$C_{nm} = 40{,}2 \text{ kgf.m (Tabela 6.4)}$$

$$C_{ma} = K_2 \times C_{nm} = 1{,}18 \times 40{,}2 = 47{,}43 \text{ kgf.m (conjugado máximo de partida)}$$

$$K_2 = 118\% = 1{,}18 \text{ (gráfico da Figura 7.9)}$$

$$C_{mm} = 0{,}45 \times (28{,}14 + 47{,}43) = 34{,}0 \text{ kgf.m}$$

b) **Conjugado médio da carga ou resistente**

Por se tratar de uma carga de conjugado parabólico, adotar a Equação (7.13).

$$C_{mc} = C_i + 0{,}33 \times \alpha \times W_c^2$$

$C_i = K_3 \times C_{nm} = 0{,}40 \times 40{,}2 = 16{,}08$ kgf.m (conjugado inicial resistente de partida da carga)

$$K_3 = 40\% = 0{,}40 \text{ (gráfico da Figura 7.9)}$$

Da Equação (7.6) toma-se o valor de α para $\beta = 2$

$$\alpha = \frac{C_c - C_i}{W_{nm}^\beta} = \frac{18{,}9 - 16{,}08}{29{,}67^2} = 0{,}0032$$

$$C_c = 47{,}0\% \times C_{nm} = 0{,}47 \times 40{,}2 = 18{,}9 \text{ kgf.m}$$

$$W_{nm} = \frac{1.800 - 0{,}011 \times 1.800}{60} = 29{,}67 \text{ rps (acoplamento direto: carga e motor)}$$

$$C_{mc} = 16{,}08 + 0{,}33 \times 0{,}0032 \times 29{,}67^2$$

$$C_{mc} = 17{,}0 \text{ kgf.m}$$

c) **Tempo de aceleração**

De acordo com a Equação (7.20), o valor do tempo de aceleração do motor vale:

$$T_{ac} = \frac{J_{mc} \times \Delta W}{94 \times C_{ac}} = \frac{2{,}56 \times 1.780}{94 \times 17{,}0} = 2{,}85 \text{ s}$$

$C_{ac} = C_{mm} - C_{mc} = 34{,}00 - 17{,}0 = 17{,}0$ kgf.m (conjugado médio de aceleração do motor)

De modo aproximado, esse valor ainda poderia ser obtido traçando-se aproximadamente os valores médios dos conjugados motor e da carga, conforme se mostra no gráfico da Figura 7.9, ou seja:

$C_{acp} = 75 - 33 = 42\%$ (valores marcados com aproximação no gráfico da Figura 7.9).

$$C_{ac} = 0{,}42 \times 40{,}2 = 16{,}88 \text{ kgf.m}$$

$$T_{ac} = \frac{J_{mc} \times \Delta W}{94 \times C_{ac}} = \frac{2{,}56 \times 1.780}{94 \times 16{,}88} = 2{,}87 \text{ s}$$

Observar que os três resultados são muito próximos. É importante também saber que os motores de indução trifásicos, acionados sob carga plena, apresentam um tempo total de aceleração variável entre 2 e 15 s, na maioria dos casos. Quando o acionamento é feito pela redução de tensão, o tempo de aceleração é função dos ajustes aplicados aos dispositivos de partida.

7.4.1 Influência da partida de um motor elétrico sobre o consumo e a demanda de energia

Ainda é corrente entre alguns operadores de máquinas a ideia de que a partida de um motor elétrico de indução influencia severamente a fatura da energia elétrica paga pela indústria, em especial o componente de demanda. Como se sabe, quando o motor de indução é acionado diretamente da rede, e é possível observar nos instrumentos de medição uma elevada corrente que em poucos segundos cessa, tão logo a corrente de carga passe a fluir permanentemente. Essa falsa ideia de aumento na conta de energia leva alguns operadores de máquinas a mantê-las em operação a vazio, até mesmo por espaços prolongados de tempo entre dois ou mais intervalos de funcionamento da carga.

Observa-se que o motor em operação a vazio consome uma parcela de energia reativa indutiva, que influencia o fator de potência da indústria e o consumo de energia ativa decorrente, em particular em função de perdas nos enrolamentos e no ferro.

Queremos então demonstrar que a partida de um motor elétrico de indução tem pouca ou quase nenhuma influência nos valores de consumo e de demanda registrados no medidor de energia elétrica de uma instalação industrial. No entanto, se o motor permanecer ligado a vazio, haverá um consumo muito superior ao registrado durante o acionamento.

7.4.1.1 Influência sobre o consumo

O medidor de energia elétrica em qualquer condição de funcionamento mede a corrente que passa pelo transformador de corrente ao qual está conectado e registra a tensão aplicada em seus terminais, fornecida pelos transformadores de potencial. Com esses valores e o tempo de circulação da corrente, o medidor registra em sua memória a energia consumida em kWh. Como o fator de potência de partida dos motores elétricos de indução é muito pequeno, da ordem de 0,30 a 0,40, e o tempo de partida destes motores é também de valor reduzido, o consumo de energia em kWh no intervalo de tempo de partida é, consequentemente, muito pequeno, apesar de o valor da demanda em kVA ser muito elevado. Isso é percebido quando se instala um alicate amperimétrico analógico ou digital no circuito de alimentação do motor, pelo qual se observa, durante sua partida, uma corrente de valor entre 5 e 8 vezes a corrente nominal do motor.

7.4.1.2 Influência sobre a demanda

Ao se observar um excessivo valor da corrente na partida do motor, muitas vezes se confunde essa corrente elevada, característica do acionamento dos motores elétricos de indução, com um consequente e proporcional aumento de demanda. Na realidade, mesmo com o motor partindo no período de demanda máxima, o acréscimo de demanda na fatura é pequeno. Isto se deve ao fato de que o medidor da concessionária de energia elétrica registra a demanda máxima, integrando todas as demandas variáveis verificadas a cada período de 15 min. O valor máximo desses períodos ao longo de 1 mês define a demanda máxima da unidade consumidora. Logo, a partida do motor, apesar de solicitar da rede uma corrente elevada, tem uma duração muito curta quando comparada com o tempo de integração do medidor. Ademais, a corrente de partida é acompanhada de um fator de potência muito baixo. E como o medidor registra potência ativa, kW, e não a potência aparente, kVA, a potência ativa envolvida nesse período é muito pequena quando comparada com a potência total solicitada pela rede de alimentação.

Devemos observar que o módulo da corrente de partida do motor assíncrono de indução tem o mesmo valor, tanto no acionamento a vazio, sem carga no eixo, como no acionamento à plena carga. O que altera é o tempo de duração da partida. Nos acionamentos do motor sem carga no eixo, como uma bomba de elevação de uma coluna de água com o registro fechado, o tempo de partida varia de aproximadamente entre 0,2 e 0,5 s. Se essa bomba partir com registro aberto (carga no eixo do motor) o tempo vai bem acima dos 0,5 s, valor esse que depende fundamentalmente da altura da coluna de água.

A partida por meio de chaves de redução de tensão, como as chaves estrela × triângulo, compensadoras e *soft-starter*, é mais lenta que a partida direta da rede. Ainda assim continuam válidas as afirmações anteriores, pois, mesmo que o intervalo de tempo na partida tenha sido ampliado, a potência ativa correspondente é severamente reduzida.

No Exemplo de aplicação (7.6), demonstraremos que é muito mais econômico desligar o motor quando cessar a atividade por um período prolongado, e religá-lo quando for reativada a tarefa, que mantê-lo operando em vazio sob o argumento da influência na fatura de energia. É preciso estar alerta para o fato de que o número de partida dos motores é limitado em cerca de 6 partidas por hora. Assim, é aconselhável desligar todos os motores ligados desnecessariamente a fim de economizar energia elétrica.

Como já se comentou anteriormente, a demanda registrada no medidor e tarifada no final do mês corresponde à máxima demanda ocorrida em um único intervalo de 15 minutos ao longo da operação mensal da indústria. Já a energia é contabilizada no final do mês pela energia acumulada no período.

Como o consumo de energia de qualquer instalação varia continuamente com a entrada e saída das cargas conectadas, e a demanda máxima do mês é contabilizada a cada intervalo de 15 minutos, incluindo-se aí as partidas dos motores elétricos, podemos calcular essa demanda aplicando o conceito de demanda equivalente por meio da Equação (7.22).

$$I_{eq} = \sqrt{\frac{I_p^2 \times T_p + I_{nm}^2 \times T_c}{T_{tc}}} \qquad (7.22)$$

I_{eq} = demanda equivalente de ciclo de carga, em kW;
I_{nm} = corrente nominal do motor, em A;
I_p = corrente de partida do motor, em A;
T_p = tempo de partida do motor, em s;
T_c = tempo do ciclo de operação posterior ao tempo de partida do motor, em s;
T_{tc} = tempo total do ciclo de funcionamento considerado, em s.

Exemplo de aplicação (7.6)

Considerar uma indústria dotada de várias cargas, dentre essas a de um motor de 300 cv/380 V – IV polos, acionado diretamente dos terminais secundários de um transformador da subestação conectada à rede de energia elétrica de média tensão da concessionária (13,80 kV). O consumidor foi contratado na tarifa verde, na qual a demanda de ponta e fora de ponta tem o mesmo valor monetário. O consumo médio mensal da instalação no período fora da ponta é de 160.200 kWh e a demanda máxima registrada é igual à contratada, cujo valor é de 1.200 kW nesse mesmo período. Determinar os acréscimos de consumo e demanda durante a partida do motor de 300 cv. O valor da tarifa de consumo de energia elétrica nesse período é de R$ 1,3698/kWh, e o valor da demanda é de R$ 17,35/kW. O tempo de partida do motor é de 2 s; o fator de potência na partida do motor de 0,35. Considerar a tensão na partida igual à tensão nominal do motor que tem o ciclo de operação diária, de conformidade com a Figura 7.10, ou seja, onze partidas durante o funcionamento diário. A indústria opera 22 dias por mês. O consumidor está com a sua demanda máxima praticamente igual à demanda contratada.

No desenvolvimento deste estudo não será contada a energia e a demanda ocorridas no período de carga normal, visto que essas não influirão em nossa análise.

a) Demanda devido somente à partida do motor

I_{nm} = 385,2 A (corrente nominal do motor);
I_v = 35 % × I_{nm} (corrente do motor a vazio);
F_p = 0,88 (fator de potência nominal do motor);
F_{pp} = 0,35 (fator de potência do motor durante a partida);
F_{pv} = 0,28 (fator de potência do motor a vazio);
R_m = 0,96 (rendimento nominal do motor);
K = 6,8 A (múltiplo da relação da corrente de partida pela corrente nominal).

A potência nominal do motor vale:

$$P_{kw} = \frac{P_{cv} \times 0,736}{F_p \times R_m} = \frac{300 \times 0,736}{0,88 \times 0,96} = 261,3 \text{ kVA}$$

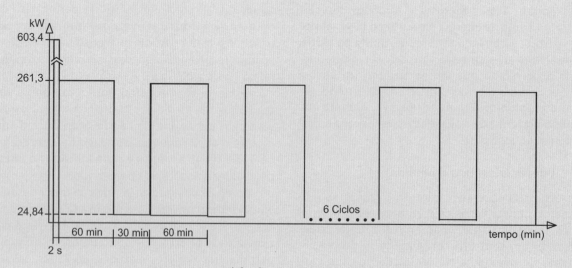

Figura 7.10 Ciclo de carga do motor de 300 cv.

A parte ativa da corrente do motor vale:

$$I_{nm} = \frac{261,3}{\sqrt{3} \times 0,38} \times 0,88 = 349,3 \text{ A}$$

A potência ativa demandada no momento da partida do motor vale:

$$P_p = \sqrt{3} \times V_{nm} \times I_{pm} \times F_{pp} = \sqrt{3} \times 0,38 \times (6,8 \times 349,3) \times 0,35 = 547,1 \text{ kW}$$

A parte ativa da corrente de partida vale:

$$I_p = \frac{547,1}{\sqrt{3} \times 0,38} = 831,2 \text{ A}$$

b) **Energia consumida durante uma única partida do motor**

$$N_p = 1 \text{ (número de partidas);}$$

$$T_p = 2 \text{ s (tempo de duração de cada partida).}$$

A energia consumida no período de 1 (uma) partida vale:

$$E_{1p} = P_p \times \frac{T_p}{3.600} \times N_p = 621,8 \times \left(\frac{2}{3.600}\right) \times 1 = 0,3454 \text{ kWh}$$

c) **Energia consumida devido somente às partidas do motor ocorridas em um único dia**

$$N_p = 11 \text{ (número de partidas por dia: veja na Figura 7.10)}$$

A energia consumida por dia devido às 11 partidas do motor vale:

$$E_{tdp} = D_{mp} \times \frac{T_p}{3.600} \times N_p = 621,8 \times \left(\frac{2}{3.600}\right) \times 11 = 3,7998 \text{ kWh}$$

d) **Energia consumida devido somente às operações a vazio do motor ocorridas em um único dia**

A potência do motor a vazio vale:

$$P_{pv} = \sqrt{3} \times V_n \times (0,35 \times I_v) \times F_{pv} = \sqrt{3} \times 0,38 \times (0,35 \times 385,2) \times 0,28 = 24,84 \text{ kW};$$

N_p = 11 (número de intervalos em operação a vazio por dia: veja na Figura 7.10);
T_p = 30 minutos (tempo de duração do intervalo de operação a vazio: veja na Figura 7.10).

A energia consumida por dia no período de operação sem carga no eixo vale:

$$E_{pvd} = \frac{P_p \times 30}{60} \times N_p = \left(\frac{24,84 \times 30}{60}\right) \times 11 = 136,6 \text{ kWh}$$

e) **Perdas de energia durante o ciclo de carga diário com a operação do motor em vazio**

$E_{mp} = E_{1p} + E_{pvd} = 0,3454 + 136,6 = 136,94$ kWh (perdas totais referentes à curva de carga diária da Figura 7.10, ou seja, o motor será submetido a uma única partida e ficará ligado por todo o período diário de operação a vazio)

f) **Demanda integrada pelo medidor durante 15 minutos**

O tempo de integração da demanda pelo medidor no intervalo de 15 minutos vale:

$$T_t = T_p + T_{op} = 2 + (60 \times 15 - 2) = 900 \text{ s}$$

A corrente equivalente no período de 15 minutos: corrente de partida + corrente de carga, conforme curva de carga da Figura 7.10.

$$I_{eq} = \sqrt{\frac{I_p^2 \times T_p + I_n^2 \times T_n}{T_t}} = \sqrt{\frac{831{,}2^2 \times 2 + 349{,}3^2 \times (15 \times 60 - 2)}{900}} = 351{,}1 \text{ A}$$

A potência equivalente no intervalo de 15 minutos vale:

$$P_{eq} = \sqrt{3} \times 0{,}38 \times 351{,}1 = 231{,}0 \text{ kW}$$

A potência equivalente de contribuição da partida do motor no intervalo de 15 minutos vale:

$$P_{eqp} = \sqrt{3} \times 0{,}38 \times (351{,}0 - 349{,}3) = 1{,}11 \text{ kW}$$

Se o operador decidisse desligar o motor a cada interrupção do trabalho, teríamos as perdas de 3,3433 × 22 = 73,55 kWh no final do mês, devido aos 11 acionamentos realizados por dia. Se o operador decidisse manter o motor em operação a vazio nos intervalos sem carga no eixo, como mostra a curva de carga diária do motor na Figura 7.10, as perdas diárias seriam 136,94 kWh/dia, totalizando 3.012,6 kWh por mês. Observa-se, então, uma diferença de 2.929,0 kWh mensais de energia perdida desnecessariamente.

Quanto à parcela de demanda, haveria um acréscimo no valor de 1,11 kW correspondente à contribuição da potência no momento da partida do motor, caso essa partida ocorresse exatamente no momento que a indústria estivesse operando na sua demanda máxima do mês, e que essa demanda fosse igual ou superior à demanda contratada. Se a indústria operasse, por exemplo, a 1 % abaixo da demanda contratada, a partida do motor não teria nenhuma influência na fatura de demanda.

Aplicando as tarifas praticadas pela concessionária e indicadas anteriormente, observamos que a fatura de energia no final do mês teria um incremento ΔT_{ec} na hipótese de o operador da máquina não desligar o motor de 300 cv quando a carga fosse eliminada, ou seja:

$$\Delta T_{ec} = \left(1{,}3698 \, \text{R\$}/\text{kWh} \times 136{,}94 \text{ kWh}\right) \times 22 + \left(17{,}35 \, \text{R\$}/\text{kW}\right) \times 1{,}11 = \text{R\$ } 4.416{,}02 \, / \text{ mês}$$

7.4.2 Influência de partidas frequentes sobre a temperatura de operação do motor

Durante a partida do motor, a elevada corrente resultante provoca perdas excessivas nos enrolamentos estatóricos e rotóricos. Se o motor já está em operação e, portanto, aquecido à sua temperatura de regime, e se for desligado e logo em seguida religado sem que haja tempo suficiente para a temperatura de suas partes ativas declinarem de certo valor, esse procedimento poderá elevar a temperatura dos enrolamentos a níveis superiores àqueles indicados para a classe de isolação do motor.

Há muitas aplicações em que o motor funciona em ciclos de operação que leva a frequentes acionamentos. Neste caso, é necessário especificar o motor para aquela atividade em particular. A verificação da capacidade do motor em funcionar para um ciclo de operação determinado pode ser obtida da seguinte forma:

a) **Determinação do tempo de aceleração**

Este procedimento já foi discutido na Seção 7.4.

b) **Potência de perda nos enrolamentos durante a partida, transformada em calor**

• Enrolamentos estatóricos:

$$P_e = \frac{3 \times R_e \times I_p^2}{1.000} \text{ (kW)} \quad (7.23)$$

R_e = resistência estatórica, em Ω;
I_p = corrente de partida, em A.

• Enrolamentos rotóricos:

$$P_r = \frac{0{,}01974 \times J_{mc} \times W_s^2}{F^2 \times T_{ac}} \text{ (kW)} \quad (7.24)$$

W_s = velocidade angular síncrona do motor, em rpm;
F = frequência da rede, em Hz;
J_{mc} = momento de inércia do motor e da carga em kg.m²;
T_{ac} = tempo de aceleração do motor, em s.

Logo, a potência de perda total na partida vale:

$$P_p = P_e + P_r$$

c) **Potência de perda em regime normal na potência nominal**

$$P_{rn} = P_{nm} \times 0{,}736 \times \frac{1-\eta}{\eta} \quad (7.25)$$

P_{nm} = potência nominal do motor;
η = rendimento do motor.

d) **Potência de perda eficaz referente à operação normal durante o ciclo de carga**

$$P_{ef} = \sqrt{\frac{\sum(P_p^2 \times T_{ac} + P_{rn}^2 \times T_r)}{\Sigma T_c}} \text{ (kW)} \quad (7.26)$$

T_{ac} = tempo de aceleração do motor;
T_r = tempo de regime de operação normal, em s;
T_c = tempo total de um ciclo completo de operação, em s.

e) **Temperatura do motor devido ao ciclo de operação**

Neste caso, considera-se que a temperatura do ambiente esteja a 40 °C. Logo, a elevação de temperatura acima da temperatura ambiente é de:

$$\Delta T_{op} = \frac{\Delta T_n \times P_{ef}}{P_{rn}} \text{ (°C)} \quad (7.27)$$

ΔT_{op} = elevação da temperatura acima da temperatura ambiente, em °C;
ΔT_n = elevação de temperatura nominal do motor, em °C.

A sobrelevação da temperatura nominal dos motores depende de sua classe de isolamento, cujos valores são dados na Tabela 7.4.

Tabela 7.4 Sobrelevação de temperatura nominal

Classe de isolamento	Sobrelevação de temperatura (°C)	Acréscimo para o ponto mais quente (°C)	Limite da temperatura (°C)
A	60	5	105
E	75	5	120
B	80	10	130
F	100	15	155
H	125	15	180

Exemplo de aplicação (7.7)

Considerar um motor de 300 cv/380 V – IV polos, cuja resistência do enrolamento estatórico é de 0,016 Ω/ fase. O momento de inércia da carga está no limite da capacidade do motor. O escorregamento do motor é de 1,1 %, com classe de isolação F. O ciclo de acionamento do motor é dado na Figura 7.11. Determinar a temperatura do motor para o ciclo de carga considerado.

a) **Momento de inércia da carga**

De acordo com a Equação (7.2), temos:

$$J_c = 0,04 \times P_{nm}^{0,9} \times N_p^{2,5}$$

$$J_c = 0,04 \times (0,736 \times 300)^{0,9} \times 2^{2,5} = 29,12 \text{ kg.m}^2$$

b) **Momento de inércia do motor-carga**

$$J_{mc} = J_m + J_c = 6,66 + 29,12 = 35,78 \text{ kg.m}^2$$

$$J_m = 6,66 \text{ kg.m}^2 \text{ (Tabela 6.4)}$$

c) **Potência de perda nos enrolamentos durante a partida**

- Enrolamentos estatóricos:

$$I_p = 6,8 \times I_{nm} \text{ (Figura 7.11)}$$

$$I_p = 6,8 \times 385,2 = 2.619,3 \text{ A (Tabela 6.4)}$$

$$P_e = \frac{3 \times R_e \times I_p^2}{1.000} = \frac{3 \times 0,016 \times 2.619,3^2}{1.000} = 329,31 \text{ kW}$$

- Enrolamentos rotóricos

De acordo com a Equação (7.23), temos:

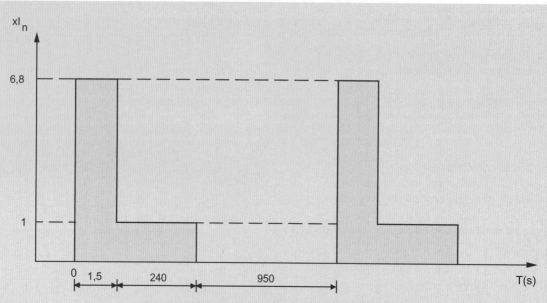

Figura 7.11 Ciclo de acionamento do motor.

$$P_r = \frac{0,01974 \times 35,78 \times 1.800^2}{60^2 \times 1,5} = 423,77 \text{ kW}$$

$$T_{ac} = 1,5 \text{ s (Figura. 7.11)}$$

d) **Potência total de perda na partida**

$$P_p = P_e + P_r = 329,31 + 423,77 = 753,08 \text{ kW}$$

e) **Potência de perda em regime normal na potência nominal**

$$P_{rn} = P_{nm} \times 0,736 \times \frac{1-\eta}{\eta} = 300 \times 0,736 \times \frac{1-0,96}{0,96} = 9,2 \text{ kW}$$

$$\eta = 0,96 \text{ (Tabela 6.4)}$$

f) **Potência de perda eficaz**

$$P_{ef} = \sqrt{\frac{\sum(P_p^2 \times T_{ac} + P_{rn}^2 \times T_r)}{\sum T_c}} = \sqrt{\frac{753,08^2 \times 1,5 + 9,2^2 \times 240}{1.191,5}}$$

$$P_{ef} = 27,03 \text{ kW}$$

$$T_r = 240 \text{ s (Figura 7.10)}$$

$$T_c = 1,5 + 240 + 950 = 1.191,5 \text{ s}$$

g) **Temperatura do motor devido ao ciclo de carga**

$$\Delta T_{op} = \frac{\Delta T_n \times P_{ef}}{P_{rn}} = \frac{100 \times 27,03}{9,2} = 293,8 \text{ °C}$$

$$\Delta T_n = 100 \text{ °C (Tabela 7.3)}$$

Conclui-se que o motor fica submetido a uma temperatura muito superior ao limite de sua classe de isolação, no caso, 155 °C. Por conseguinte, é necessário alterar o ciclo de operação, permitindo um maior tempo entre cada ciclo.

7.5 Tempo de rotor bloqueado

É aquele durante o qual o motor pode permanecer com o rotor travado, absorvendo, nesse período, sua corrente nominal de partida, sem afetar sua vida útil.

O fabricante normalmente informa na *folha de dados* do motor o tempo de rotor bloqueado a partir da temperatura de operação, bem como sua corrente de rotor bloqueado. Esses valores assumem importância fundamental na montagem do esquema de proteção dos motores.

O tempo de rotor bloqueado é calculado em função do gráfico *corrente × velocidade angular* fornecido pelo fabricante. Também é dado como exemplo o gráfico da Figura 7.12. Tomando-se os valores médios dessas correntes para os intervalos determinados de tempo de aceleração, obtém-se a curva média *corrente × tempo de aceleração*. No ponto de inflexão dessa curva marca-se o tempo de aceleração que corresponde ao tempo de rotor bloqueado.

A curva *corrente × velocidade angular* é uma característica própria do motor. Já a curva *corrente × tempo de aceleração* é função da carga e do sistema utilizado para o acionamento do motor.

O tempo de rotor bloqueado pode ser determinado a partir da tensão aplicada ao motor no momento do acionamento, de acordo com a Equação (7.28):

$$T_{rb} = T_n \times \left(\frac{V_{nm}}{V_{rb}}\right)^2 \qquad (7.28)$$

T_n = tempo nominal de rotor bloqueado, em s;
V_{nm} = tensão nominal do motor, em A;
V_{rb} = tensão aplicada no momento da partida, em V.

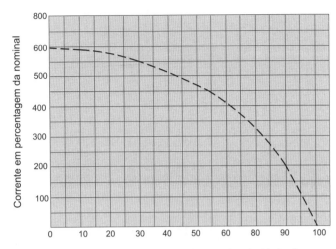

Figura 7.12 Curva corrente × velocidade angular de um motor.

Se for imposta ao motor uma corrente de partida definida, como pode ocorrer com a aplicação de chaves *soft-starter*, o tempo de rotor bloqueado pode ser determinado por meio da Equação (7.29).

$$T_{rb} = T_n \times \left(\frac{I_{pn}}{I_{cr}}\right)^2 \qquad (7.29)$$

I_p = corrente de partida nominal do motor, em A;
I_{cr} = corrente de partida no momento de acionamento do motor, em V.

 Exemplo de aplicação (7.8)

Considerar um motor de 100 cv/380 V cuja *curva conjugado × velocidade* está representada na tabela anexada à Figura 7.13. Determinar o tempo de rotor bloqueado.

Traça-se inicialmente a curva de *conjugado aceleração × velocidade* por meio da tabela anexada à Figura 7.13 e utiliza-se o procedimento da seção 7.4 em que se determina a escala do tempo de aceleração do motor (eixo dos tempos). Em seguida, traça-se a curva *corrente × tempo de aceleração* nos intervalos de 10 % da velocidade angular (curva de linha grossa quebrada) vista na Figura 7.13, a partir da curva *corrente × velocidade angular*, fornecida pelo fabricante e informada na Figura 7.12. No mesmo gráfico traça-se a curva média *corrente × velocidade angular* passando pelos pontos médios da curva de corrente. O ponto T_{rb} mede o tempo de rotor bloqueado, que aqui é de 11,48 s, no ponto em que a curva mostra o seu ponto de inflexão da Figura 7.13.

Para exemplificar, a determinação de um ponto no gráfico da Figura 7.13 com relação ao quarto ponto foi obtida considerando-se o tempo de 1,58 s correspondente à velocidade de 30 % da velocidade angular síncrona do motor, e obtendo-se no gráfico da Figura 7.12 o valor da corrente que circula nesse intervalo de tempo, ou seja, $5,5 \times I_{nm}$.

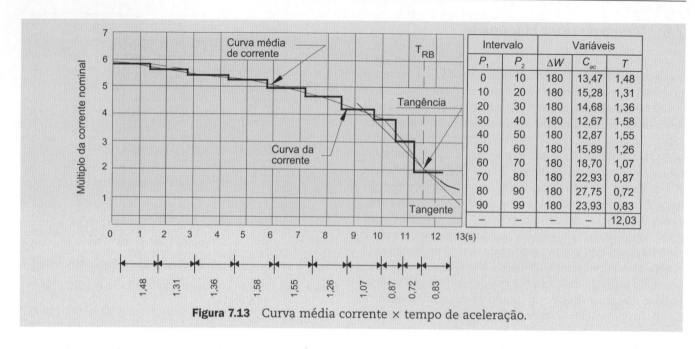

Figura 7.13 Curva média corrente × tempo de aceleração.

7.6 Sistema de partida de motores

A adoção de um sistema de partida eficiente pode ser considerada uma das regras básicas para se obter do motor uma vida útil prolongada, custos operacionais reduzidos, além de dar à equipe de manutenção da indústria tranquilidade no desempenho das tarefas diárias.

Os motores elétricos trifásicos funcionam normalmente nos dois sentidos, sem nenhum prejuízo térmico para a máquina, dado que seu ventilador é bidirecional. No entanto, é necessário definir o sentido de velocidade em que o eixo do motor deve girar, antes de acionar a carga. Para tanto, há duas formas de identificação do sentido do giro. Se o eixo do motor está desacoplado do eixo da carga, basta conectar o motor ao circuito que vai alimentá-lo e verificar o sentido do giro do eixo: horário ou anti-horário. Se o motor girar em sentido contrário ao que requisita a máquina, basta trocar a ligação de duas fases de acordo com as Figuras 7.14 e 7.15. Caso o motor esteja acoplado à máquina a ser acionada, será necessário utilizar um indicador de sequência de fase. A alternativa da Figura 7.16 é empregada no acionamento e funcionamento de cargas que devem girar nos dois sentidos.

Os critérios para a seleção do método de partida adequado envolvem considerações quanto à capacidade da instalação, requisitos da carga a ser considerada, além da capacidade do sistema gerador.

Há uma particularidade no acionamento dos motores trifásicos de indução. Em alguns casos, além do motor partir em determinado sentido de giro, é necessário, durante o processo industrial, desligar o motor e fazê-lo girar no sentido contrário, de modo automático. A Figura 7.16 mostra o esquema simplificado para realizar essa manobra, em caso de partida direta.

Os principais tipos de partida e suas características particulares serão objeto de estudo detalhado nas seções a seguir.

7.6.1 Partida direta

Só é possível que os motores partam diretamente da rede se forem atendidas as seguintes condições:

- a corrente nominal da rede é tão elevada que a corrente de partida do motor não é relevante;
- a corrente de partida do motor é de baixo valor porque a sua potência é pequena;
- a partida do motor é feita sem carga, o que reduz a duração da corrente de partida e, consequentemente, atenua os efeitos sobre o sistema de alimentação.

Exemplo de aplicação (7.9)

Determinar o tempo de rotor bloqueado de um motor de 180 cv/IV polos/380 V, sabendo que ele é acionado por uma chave compensadora ajustada no tape de 80 %.

Pela Equação (7.27), temos:

$$T_{rb} = T_n \times \left(\frac{V_n}{V_{rb}}\right)^2 = 11 \times \left(\frac{380}{0,8 \times 380}\right)^2 = 17,18 \text{ s}$$

$T_n = 11$ s (Tabela 6.4)

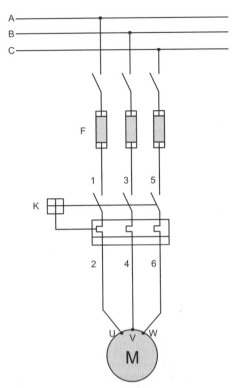

Figura 7.14 Diagrama elétrico: rotação horária.

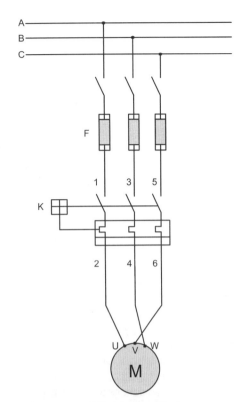

Figura 7.15 Diagrama elétrico: rotação anti-horária.

Os fatores que impedem a partida dos motores diretamente da rede secundária são:

- a potência do motor ser superior ao máximo permitido pela concessionária local, normalmente estabelecida entre 5 e 10 cv, quando a unidade de consumo é alimentada em baixa-tensão pela rede da concessionária;
- a carga a ser movimentada necessita de acionamento lento e progressivo.

7.6.2 Partida por meio da chave estrela-triângulo

Em instalações elétricas industriais, principalmente aquelas sobrecarregadas, podem ser usadas chaves estrela-triângulo como forma de suavizar os efeitos de partida dos motores elétricos.

Como já foi observado, só é possível o acionamento de um motor elétrico por meio de chaves estrela-triângulo se este possuir seis terminais acessíveis e dispuser de dupla tensão nominal, como 220/380 V ou 380/660 V.

O procedimento para o acionamento do motor é feito, inicialmente, ligando-o na configuração estrela até que este alcance uma velocidade próxima da velocidade de regime, quando então essa conexão é desfeita e a ligação em triângulo é executada. A troca de ligação durante a partida é acompanhada por uma elevação de corrente, fazendo com que as vantagens de sua redução desapareçam quando a comutação é antecipada em relação ao ponto ideal. A Figura 7.17 representa, esquematicamente, uma chave estrela-triângulo conectada aos terminais de um motor.

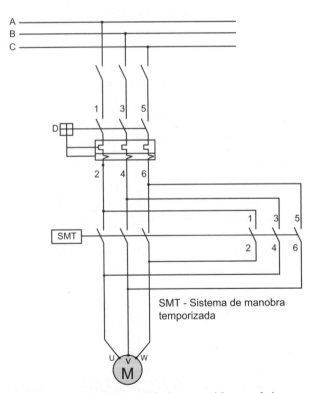

Figura 7.16 Diagrama elétrico: partida em dois sentidos de giro.

Durante a partida em estrela, o conjugado e a corrente de partida ficam reduzidos a 1/3 de seus valores

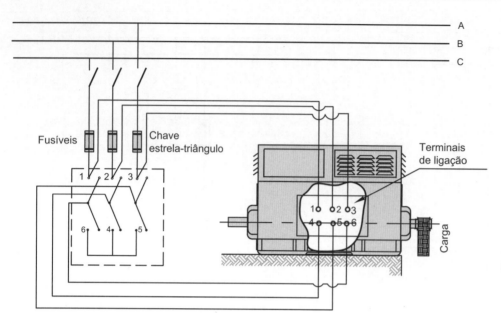

Figura 7.17 Esquema de ligação tripolar de chave estrela-triângulo.

nominais. Nesse caso, um motor só pode partir por meio de chave estrela-triângulo quando o seu conjugado, na ligação em estrela, for superior ao conjugado da carga do eixo. Devido ao baixo conjugado de partida e relativamente constante a que fica submetido o motor, as chaves estrela-triângulo são mais adequadamente empregadas em motores cuja partida é realizada com o motor a vazio.

A seguir, são apresentadas algumas vantagens e desvantagens das chaves estrela-triângulo:

a) **Vantagens**

- Custo reduzido;
- elevado número de manobras;
- corrente de partida reduzida a 1/3 da nominal;
- baixas quedas de tensão durante a partida;
- dimensões relativamente reduzidas.

b) **Desvantagens**

- Aplicação específica em motores com dupla tensão nominal e que disponham de pelo menos seis terminais acessíveis;
- conjugado de partida reduzido a 1/3 do nominal quando a carga está solidária ao eixo do motor;
- a tensão da rede deve coincidir com a tensão em triângulo do motor;
- o motor deve alcançar, pelo menos, 90 % de sua velocidade de regime para que, durante a comutação, a corrente de pico não atinja valores elevados, próximos, portanto, da corrente de partida com acionamento direto.

A Figura 7.18 caracteriza o diagrama que relaciona a corrente de partida com corrente nominal, quando o motor está submetido a um conjugado resistente M_r. Conectando-se o motor em estrela, este acelera a carga até a velocidade aproximada de 85 % de sua rotação nominal, quando, neste ponto, a chave é levada à posição triângulo. Assim, a corrente que era de praticamente 175 % da nominal, alcança o valor de 380 % da corrente nominal, não apresentando, portanto, redução significativa, já que na partida em estrela seu valor atingiu 270 % da corrente nominal. A Figura 7.19 mostra o comportamento do conjugado motor em percentagem do nominal, relativamente à sua velocidade de acionamento.

Observando-se a Figura 7.20, característica do mesmo motor, que parte da conexão em estrela e acelera agora até 95 % da velocidade nominal, obtém-se uma corrente de partida de 130 % da nominal. Quando, nesse ponto, a chave é comutada para a ligação em triângulo, a corrente atinge o valor de apenas 290 % da nominal, aprimorando as condições de acionamento. Se o acionamento fosse direto da rede, a corrente atingiria o valor de 600 % da nominal. A Figura 7.21 mostra o comportamento do conjugado motor nas mesmas circunstâncias.

A Tabela 6.3 orienta a ligação de motores trifásicos, relacionando as tensões nominais de placa com a correspondente tensão nominal da rede de alimentação, indicando a possibilidade de acionamento dos motores por meio de chave estrela-triângulo.

7.6.3 Partida com chave compensadora

A chave compensadora é composta basicamente de um autotransformador com diversas derivações destinadas a regular o processo da partida. Este autotransformador é ligado ao circuito do estator. O ponto-estrela do autotransformador torna-se acessível e, durante a partida, é curto-circuitado, e esta ligação se desfaz tão logo o motor é conectado diretamente à rede. Em geral, este tipo de partida é empregado em motores de potência elevada, acionando cargas com alto índice de atrito, como britadores, máquinas acionadas por correias transportadoras, calandras e semelhantes. A Figura 7.22 representa esquematicamente uma chave compensadora construída a partir de três autotransformadores.

As derivações, normalmente encontradas nos autotransformadores de chaves compensadoras são de 50, 65 e 80 %. Relativamente às chaves estrela-triângulo, é possível enumerar algumas vantagens e desvantagens da chave compensadora.

Partida de motores elétricos de indução

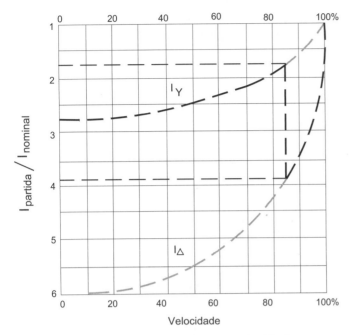

Figura 7.18 Curvas corrente × velocidade.

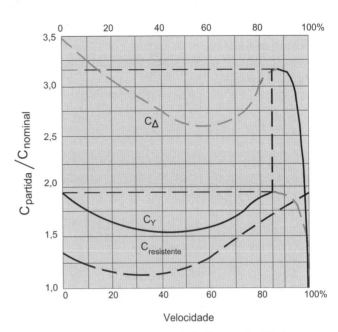

Figura 7.19 Curvas conjugado × velocidade.

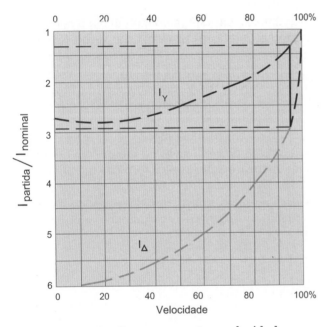

Figura 7.20 Curvas corrente × velocidade.

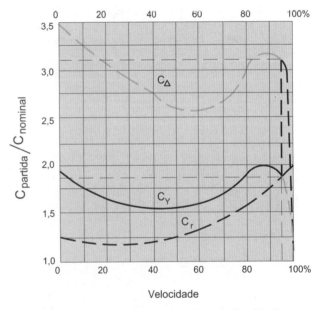

Figura 7.21 Curvas conjugado × velocidade.

a) **Vantagens**

- Na derivação de 65 %, a corrente de partida na linha se aproxima do valor da corrente de acionamento, utilizando chave estrela-triângulo;
- a comutação da derivação de tensão reduzida para a tensão de suprimento não acarreta elevação da corrente, visto que o autotransformador se comporta, nesse instante, semelhantemente a uma reatância que impede o crescimento da corrente;
- variações gradativas de tape para que se possa aplicar a chave adequadamente à capacidade do sistema de suprimento.

b) **Desvantagens**

- Custo superior ao da chave estrela-triângulo;
- dimensões normalmente superiores às dimensões das chaves estrela-triângulo, acarretando o aumento no volume dos Centros de Controle de Motores (CCM);
- o conjugado do motor durante a aceleração fica reduzido com o quadrado da tensão do tape ajustado, conforme se pode observar na Figura 7.23.

Deve-se alertar para o fato de que:

$$V_1 \times I_1 = V_s \times I_s$$

V_1 = tensão de linha ou de alimentação do autotransformador;
I_1 = corrente de linha;
V_s = tensão de saída do autotransformador, equivalente ao tape de ligação;
I_s = corrente de saída do autotransformador.

7.6.4 Partida com chaves estáticas (*soft-starters*)

Popularmente conhecidas como chaves *soft-starters*, ou chaves estáticas, são constituídas de um circuito eletrônico acoplado a um microprocessador que controla um conjunto de tiristores responsável pelo ajuste da tensão aplicada aos terminais do motor. Ademais, por meio de ajustes acessíveis, pode-se controlar o torque do motor e a corrente de partida a valores desejados, em função da exigência da carga.

Como as chaves *soft-starters* são elementos eletrônicos que não garantem uma separação galvânica adequada entre a fonte e a carga, deve ser instalada uma chave seccionadora que permita uma distância de abertura entre os contatos. De acordo com a norma, nunca deve ser utilizado um dispositivo a semicondutores como seccionamento de um circuito.

As principais aplicações das chaves *soft-starters* são:

- redução da corrente de partida durante o acionamento dos motores elétricos e consequente redução da queda de tensão no sistema de alimentação;
- aceleração em rampa do motor com o objetivo de proteger pessoas e produtos. São respectivamente empregadas nos casos de escadas rolantes e esteiras de engarrafamento;
- desaceleração suave das cargas com o objetivo de proteger pessoas e produtos. São respectivamente empregadas nos casos de escadas rolantes e esteiras de engarrafamento;
- limitação do conjugado do motor com o objetivo de reduzir a sobressolicitação das máquinas, aumentando a sua vida útil;
- desaceleração suave dos sistemas de bombeamento com o objetivo de eliminar o golpe de aríete;

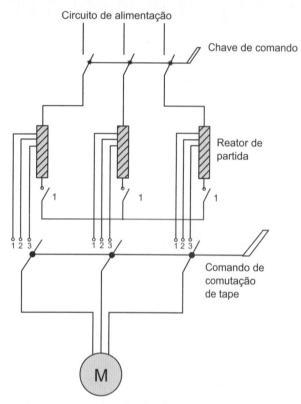

Figura 7.22 Ligação da chave compensadora.

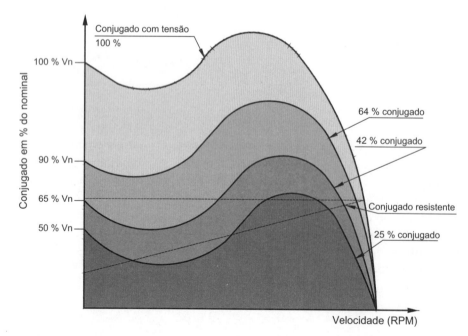

Figura 7.23 Curvas de conjugado em função da tensão do tape.

Exemplo de aplicação (7.10)

Determinar a tensão nos terminais de um motor de 50 cv (68,8 A/380 V) durante a sua partida quando a chave compensadora estiver ajustada ao tape de 80 %.

$$V_s = 0,80 \times 380 = 304 \text{ V}$$

Nessas condições, a corrente nos terminais do motor também se reduzirá ao valor de 80 % da corrente nominal, ou seja:

$$I_s = 0,80 \times 68,8 = 55,04 \text{ A}$$

A corrente de linha assume o valor de:

$$I_1 = 0,80 \times I_s = 0,80 \times 55,04 = 44,0 \text{ A}$$

O conjugado de partida fica reduzido, relativamente ao valor nominal, de:

$$C_p = 0,8 \times 0,80 \times C_{np} = 0,64 \times C_{np}$$

- possibilidade de acionamento de vários motores a partir de uma única chave.

As principais características das chaves de partida estáticas são:

7.6.4.1 Corrente nominal da chave

A determinação correta da corrente nominal da chave estática é muitas vezes prejudicada pela falta de informação das condições operacionais do motor. Assim, o dimensionamento da corrente nominal da chave estática pode ser realizado, de modo prático, pela aplicação de um fator de descarga à corrente nominal do motor, cujo resultado é a corrente que deve ser adotada para a chave estática de acordo com a Tabela 7.5.

Tabela 7.5 Fator de multiplicação de corrente do motor

Tipo de máquina	Fator de multiplicação
Compressores	1
Bomba centrífuga	1
Ventiladores inferiores a 25 cv	1,3
Ventiladores superiores a 25 cv	1,5
Moinhos	2
Transportadores	2
Máquinas centrífugas	2
Misturadores	2

7.6.4.2 Acionamento em rampa de tensão

É a principal função da chave de partida estática quando empregada para substituir as chaves de partida eletromecânicas. Essa função gera, na saída, uma tensão controlada de valor crescente e contínuo, a partir do valor ajustado, conforme pode ser observado na Figura 7.24.

a) **Ajuste do valor da tensão em rampa**

As chaves de partida estáticas podem ser ajustadas no módulo de tensão, a fim de que se obtenha uma tensão inicial de partida responsável pelo conjugado inicial que acione a carga. Ao se ajustar a tensão de partida em um valor V_p e um tempo de partida ou tempo de rampa T_p, a tensão cresce do valor V_p até atingir a tensão de linha do sistema, no intervalo de tempo T_p, conforme mostrado na Figura 7.24. Ajustado o tempo de rampa T_p, na chave estática, o seu valor poderá não ocorrer no final da partida, em função das condições operacionais do motor como, momento de inércia da carga, curva *conjugado × velocidade* do motor e da carga etc.

O valor do ajuste da tensão de rampa pode ser aproximadamente determinado pela Equação (7.30), ou seja:

$$V_p = V_{nm} \times \sqrt{\frac{C_i + 0,15 \times C_{nm}}{C_p}} \text{ (V)} \qquad (7.30)$$

V_{nm} = tensão nominal do motor;
C_{nm} = conjugado nominal do motor;
C_i = conjugado inicial da carga no momento da partida;
C_p = conjugado nominal do motor no momento da partida.

A tensão de ajuste da chave *soft-starter* também ser obtida por meio das Equações (7.31) e (7.32):

$$V_{pp} = 1,15 \times \sqrt{\frac{C_{ppc}}{C_{ppm}}} \text{ (%)} \qquad (7.31)$$

$$V_{pp} = 1,15 \times \sqrt{\frac{C_{pmmc}}{C_{pcm}}} \text{ (%)} \qquad (7.32)$$

V_{pp} = tensão percentual de partida em relação à tensão nominal;

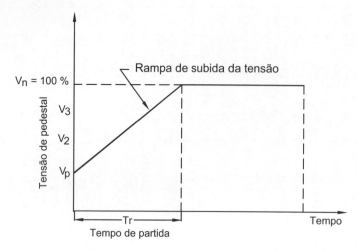

Figura 7.24 Elevação da tensão aplicada.

C_{ppc} = conjugado inicial percentual da carga em relação ao conjugado nominal do motor no momento da partida;
C_{ppm} = conjugado percentual de partida do motor em relação ao conjugado nominal;
C_{pmmc} = conjugado mínimo percentual do motor em relação ao conjugado nominal;
C_{pcm} = conjugado percentual da carga no ponto correspondente ao conjugado mínimo do motor.

Deve-se adotar para o ajuste da chave *soft-starter* o maior valor entre os resultados obtidos.

O valor do ajuste da tensão de partida V_{pp} é função do tipo de carga que se deseja acionar, conforme se pode explicar por intermédio dos seguintes exemplos:

• Bombas

Neste caso, a tensão de partida não deve receber um ajuste elevado, a fim de evitar o fenômeno conhecido como golpe de aríete, que se traduz pela onda de pressão da coluna de líquido durante os processos de partida e parada. Por outro lado, a tensão não pode receber um ajuste muito baixo sob pena de não se realizar o processo de partida.

• Ventiladores

Assim como as bombas, o valor de ajuste da tensão percentual de partida V_{pp} deve ser baixo, mas o suficiente para permitir um torque-motor adequado à carga. O ajuste do tempo de partida T_p não deve ser muito curto. Em geral, usa-se a limitação da corrente de partida para estender o tempo de partida T_p, enquanto a inércia do sistema é superada. O conjugado de partida do motor deve estar, no mínimo, 15 % acima do conjugado do ventilador.

b) Ajuste do tempo de partida em rampa

O tempo de partida T_p pode ser determinado a partir da Equação (7.33), ou seja:

$$T_p = T_{pd} \times \left(\frac{V_{nm}}{V_{pp}}\right)^2 \quad (7.33)$$

T_{pd} = tempo de partida do motor ligado diretamente à rede de alimentação.

O ajuste da tensão de partida deve ser de tal magnitude que permita que se alcance um conjugado de aceleração suficiente para vencer o conjugado resistente. Em geral, esse ajuste deve corresponder a 75 % do pulso de tensão de partida. De maneira prática, o tempo de partida pode ser admitido também como igual ao tempo de partida do motor com chave estrela-triângulo.

Durante o tempo de partida, T_p, o microprocessador convenientemente instruído eleva a tensão nos terminais do motor, iniciando-se com o valor da tensão de partida, ou tensão inicial de rampa, que pode ser ajustado, em geral, entre 15 e 100 % da tensão do sistema, e ao cabo do tempo T_p a tensão de partida assume o valor da tensão do sistema. Se o motor atingir a rotação nominal antes do tempo, T_p então a chave de partida estática transferirá a tensão plena do sistema para os terminais do motor.

A Figura 7.25 mostra a curva de *corrente × velocidade angular* resultante durante o processo de aceleração. A curva de característica de *corrente × tempo* está definida na Figura 7.26.

Considerando-se que o conjugado motor varia de forma quadrática com a tensão, e que a corrente cresce de forma linear, pode-se limitar o conjugado de partida do motor, bem como sua corrente de partida, mediante o controle de tensão eficaz que for aplicada aos terminais do motor.

7.6.4.3 Desaceleração em rampa de tensão

Muitas cargas necessitam de uma desaceleração suave. Assim, no caso de uma esteira transportadora de garrafas, é fundamental que se faça uma parada lenta a fim de evitar que as garrafas tombem, quebrando-se ou derramando o líquido. Outro caso típico são as bombas centrífugas que, quando desligadas, podem produzir o denominado golpe de aríete que consiste em uma brusca parada da coluna d'água, podendo provocar a ruptura da tubulação ou danos à própria bomba. Na indústria têxtil, pode-se citar o exemplo de paradas bruscas nos filatórios ou teares que acarretam a quebra dos fios, prejudicando a qualidade do tecido.

As chaves estáticas permitem que se desacelere o motor de duas diferentes formas. A primeira forma consiste em tornar repentinamente nula a tensão nos terminais de saída da chave, fazendo o motor parar por inércia das massas acopladas ao eixo. No segundo caso, a chave estática controla tempo de desaceleração do motor, decrescendo a tensão de seu valor nominal até um valor mínimo de tensão, conforme mostrado na Figura 7.27.

A função de desaceleração em rampa V_{di} é normalmente ajustada no valor em que se quer que o motor inicie a desaceleração. A partir do valor V_{di} a tensão vai reduzindo na forma de uma rampa declinante até o valor da tensão de desligamento final V_{df}, quando o motor é desligado da rede, ou seja, a tensão é retirada dos terminais do motor.

O tempo de desligamento T_d da Figura 7.27 pode ser ajustado entre 1 e 20 s, sendo que a tensão inicial de desligamento V_{di} é igual, em geral, a 90 % da tensão nominal do sistema, enquanto a tensão de desligamento final V_{df} pode variar entre 100 e 40 % da tensão de partida percentual V_{pp}. Quando a chave está conectada a um PC, é possível obter pelo *software* os tempos de desligamento de até 1.000 s. Tratando-se de sistemas de bombeamento, deve-se ajustar o tempo de desligamento entre 1 e 20 s, podendo-se chegar a um valor não superior a 80 s.

7.6.4.4 Pulso de tensão de partida

As chaves de partida estáticas são dotadas de uma função denominada pulso de tensão de partida V_{imp} (*kick start*) de valor ajustável. Sua finalidade é ajudar as cargas de inércia elevada a iniciar o processo de partida. O valor dessa tensão deverá ser suficientemente elevado para que se possa obter um conjugado motor adequado para vencer o conjugado inicial da carga. Na prática, o pulso de tensão de partida deve ser ajustado entre 75 e 90 % da tensão do sistema. Já o tempo de pulso de tensão de partida T_{imp} deve estar ajustado entre 100 e 300 ms. Há casos em que é necessário um ajuste maior.

Um exemplo prático para o uso do pulso de tensão de partida refere-se às estações de saneamento em que as bombas, que em muitos casos acumulam lama ou detritos no seu interior, necessitam vencer a sua inércia.

É importante observar que, ao se habilitar a função do pulso de tensão de partida, fica eliminada a atuação da limitação da corrente de partida e, portanto, o sistema elétrico pode sofrer elevadas quedas de tensão no decorrer do tempo ajustado para o pulso de tensão. Esse recurso só é aconselhável em condições muito desfavoráveis de partida, pois elimina as vantagens da chave estática quanto à queda de tensão reduzida na partida do motor. A Figura 7.28 mostra o perfil de tensão resultante da habilitação da função de pulso de tensão.

As chaves *soft-starter* devem ser protegidas por fusíveis ultrarrápidos tipo NH.

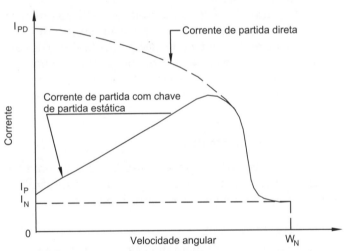

Figura 7.25 Redução da corrente de partida.

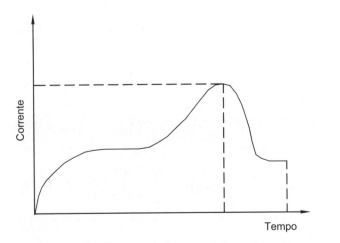

Figura 7.26 Característica corrente × tempo.

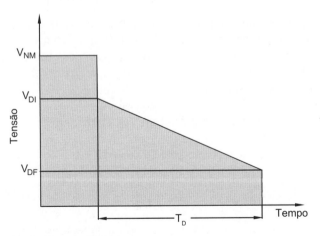

T_d = tempo de desligamento;
V_{nm} = tensão nominal;
V_{di} = tensão de desligamento inicial;
V_{df} = tensão de desligamento final.

Figura 7.27 Desaceleração do motor.

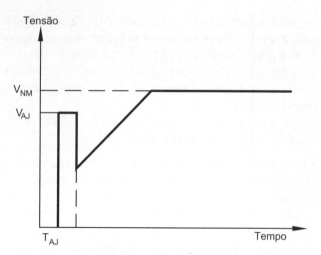

Figura 7.28 Pulso de tensão.

Em algumas situações não se deve utilizar chaves *soft-starters*:

- para melhoria do fator de potência;
- quando for utilizado bancos de capacitores nos terminais dos motores;
- na partida de motores em anel;
- no acionamento de máquinas que necessitam de torques muito elevados no momento da partida, em velocidade nula, tal como acontece com a operação de guindastes e elevadores.

7.6.4.5 Corrente limitada de partida

É a função que limita a corrente que circula na rede no instante da partida do motor a um valor conhecido. É dada pela Equação (7.34):

$$I_{\lim} = \frac{R_{cn} \times V_{pm} \times I_{nm}}{I_{nch}} \quad (7.34)$$

(*pu* da corrente nominal do motor)

V_{pm} = tensão de partida do motor, em % da tensão nominal. Esse valor sinaliza a tensão que a chave *soft-starter* assume na partida do motor para permitir a corrente que se deseja limitar com vistas à queda máxima de tensão desejada.
I_{nm} = corrente nominal do motor, em A;
I_{nch} = corrente nominal da chave *soft-starter*, em A;

O valor de R_{cn} dado pela Equação (7.35).

$$R_{cn} = \frac{I_{pm}}{I_{nm}} \quad (7.35)$$

I_{pm} = corrente de partida do motor conectado diretamente da rede.

Determinaremos agora o limite de corrente que se deve aplicar no ajuste de limitação de corrente da chave *soft-starter*, corrente nominal de 171 A, de acordo com o fabricante, para o acionamento de um motor de 100 cv/IV polos, 380 V/135,4 A e R_{cn} = 6,7. A tensão mínima na partida do motor deve ser de 70 % da tensão nominal, a fim de produzir um conjugado elevado o suficiente para acionar o motor-carga na partida. Aplicaremos a Equação (7.34), ou seja:

$$I_{\lim} = \frac{R_{cn} \times V_{pm} \times I_{nm}}{I_{nch}} = \frac{6,7 \times 0,70 \times 135,4}{150} = 4,2 \times I_{nm}$$

O uso da partida por limitação de corrente é muito empregado para acionar cargas com torque de partida constante. Ao atingir o final do tempo da rampa de aceleração, se não for alcançada a tensão de operação, o dispositivo de proteção da chave encerra a operação de partida do motor.

As chaves de partida estáticas permitem que a corrente seja mantida em um valor ajustável por determinado intervalo de tempo, ensejando que cargas de inércia elevada sejam aceleradas à custa de baixas correntes de partida. Pode-se usar esse recurso para a partida de motores em sistemas elétricos com baixo nível de curto-circuito.

O perfil de corrente resultante dessa função está mostrado na Figura 7.29.

A função da corrente limitada é desligada quando o motor entra em regime de operação. No entanto, se a partida do motor for bloqueada por insuficiência de conjugado, a proteção da chave estática entra em operação desligando o motor do sistema. O tempo de limitação da corrente deve ser suficiente para que o motor alcance a sua rotação nominal.

7.6.4.6 Proteção do motor

As chaves de partida estáticas são dotadas de um conjunto de proteções destinadas a garantir a integridade do motor e facilidades operacionais, ou seja:

a) Rotor bloqueado

Algumas chaves possuem um relé eletrônico de sobrecarga que é acionado sempre que o rotor for travado no seu processo de aceleração; ou ainda, quando o tempo de partida ajustado for alcançado, o relé interrompe a ligação do motor com o sistema elétrico. A unidade pode

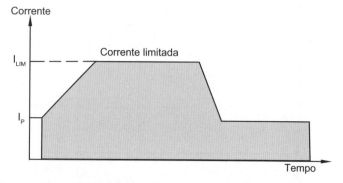

Figura 7.29 Limitação da corrente de partida.

ser configurada para dar proteção de sobrecorrente ou de subcorrente de acordo com os valores ajustáveis.

b) Sequência de fase

Essa proteção garante que o motor não opere com o sentido de rotação invertido ao se efetuar por engano uma mudança de fase no sistema de alimentação.

c) Final de rampa ascendente

Essa função ativa um relé com contatos acessíveis quando a tensão nos terminais de saída da chave atinge a tensão do sistema. Sua finalidade é acionar um contator posto em paralelo com a chave de partida estática, desligando-a do sistema para eliminar as perdas que essa chave provoca.

7.6.4.7 Economia de energia elétrica

Se o motor está operando em carga reduzida, consequentemente em baixo fator de potência, a chave de partida estática otimiza o ponto operacional do motor, minimizando as perdas de energia reativa, fornecendo apenas a energia ativa requerida pela carga, o que caracteriza um procedimento de economia de energia elétrica.

A função de limitação da corrente de partida é aplicada com vantagens em situações em que o motor permanece funcionando a vazio por um longo espaço de tempo, o que não é desejável. Isto é feito mediante a redução da tensão fornecida nos terminais do motor durante o tempo em que o motor desenvolve a sua operação em carga reduzida ou em vazio. Quando a tensão é reduzida, diminui-se a corrente a vazio e, consequentemente, as perdas no ferro, que são proporcionais ao quadrado da tensão.

Para fins do cálculo da quantidade de energia economizada é necessário que sejam conhecidos a potência do motor, o número de pares de polos, a carga, o tempo de operação e as características básicas do motor. Dependendo do caso, pode-se obter uma economia de energia entre 5 e 40 % da potência nominal, desde que o motor opere nas mesmas condições, porém sob tensão nominal, para uma carga no eixo de apenas 10 % da potência nominal. Essa função não oferece nenhuma vantagem quando aplicada em situações em que o motor opera em carga reduzida por curtos espaços de tempo. Na prática, só faz sentido ativar a função de otimização de energia quando a carga for menor que 50 % da carga nominal durante um espaço de operação superior a 50 % do tempo de funcionamento do motor. As aplicações mais indicadas para esta função dizem respeito aos motores de serraria, esmeril, esteiras transportadoras de aeroportos e cargas similares. Deve-se alertar para o fato de essa função gerar correntes harmônicas na rede.

7.6.4.8 Tipos de ligação

As chaves de partida estáticas podem ser ligadas ao sistema de diferentes formas, ou seja:

a) Ligação normal

Nas aplicações convencionais, a chave é ligada conforme o esquema da Figura 7.30.

b) Ligação com contator em paralelo

Visando à redução de perdas Joule em operação nominal recomenda-se utilizar um contator ligado em paralelo, conforme a Figura 7.31.

c) Ligação em partida sequencial de vários motores

Pode-se utilizar uma mesma chave de partida estática para acionar certo número de motores, conforme Figura 7.32. Se os motores forem de mesma potência e característica de carga, pode-se utilizar o mesmo ajuste. Para potências e características de carga diversas, devem-se ajustar os parâmetros para cada tipo de motor, o que pode ser feito por meio do *software* de comunicação entre a chave e um PC.

d) Ligação para partida simultânea de vários motores

Neste caso, a capacidade da chave deve ser no mínimo igual à soma das potências de todos os motores. Como ilustração, pode-se observar o esquema básico de ligação da Figura 7.33.

Para complementar a questão da ligação das chaves de partida estática, a Figura 7.34 mostra o esquema de

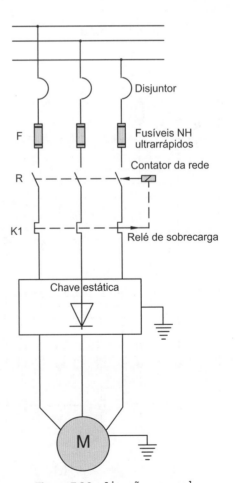

Figura 7.30 Ligação normal.

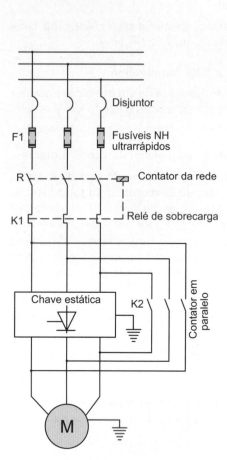

Figura 7.31 Ligação com contator.

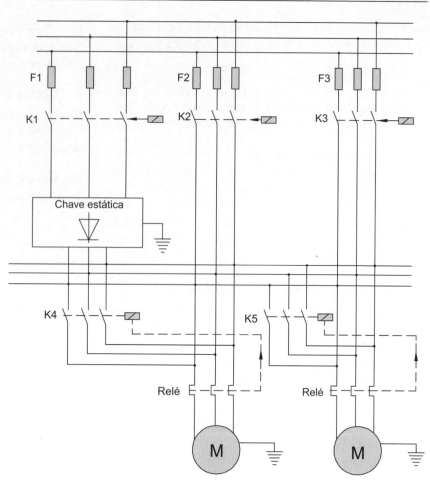

Figura 7.32 Ligação sequencial.

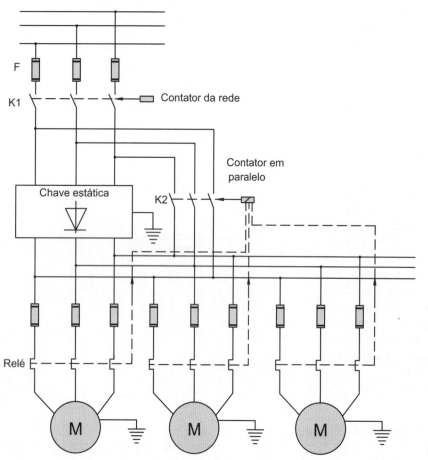

Figura 7.33 Ligação simultânea.

comando remoto e as facilidades que podem ser obtidas com o seu uso.

Para prover o seccionamento do circuito, no caso de manutenção da chave *soft-starter*, é aconselhável a utilização de um disjuntor que pode possuir somente a proteção contra curto-circuito (a chave *soft-starter* normalmente já tem incorporado a proteção de sobrecarga). Assim, pode-se ter a seguinte configuração: disjuntor somente magnético + contator + fusível ultrarrápido. Se a chave *soft-starter* selecionada não dispõe de proteção térmica, deve-se substituir o disjuntor somente magnético por um disjuntor termomagnético.

Observar que nunca deverá ser instalado um capacitor ou banco ligado entre a chave de partida *soft-starter* e o motor. Em geral, esses capacitores ou banco são instalados para corrigir o fator de potência no local da carga. Os capacitores deverão entrar em operação somente com o motor em regime de operação nominal.

7.6.4.9 Comunicação de dados

As chaves de partida estáticas mais modernas permitem ser conectadas a um PC por uma interface serial RS 232. Estas características ampliam a potencialidade da chave, já que é possível a sua parametrização à distância e o uso de *softwares* dedicados para os ajustes que se fizerem necessários.

7.6.4.10 Fator de potência

Se for conectado um banco de capacitores aos terminais do motor para corrigir o fator de potência, este deve ser desligado durante o processo de partida do

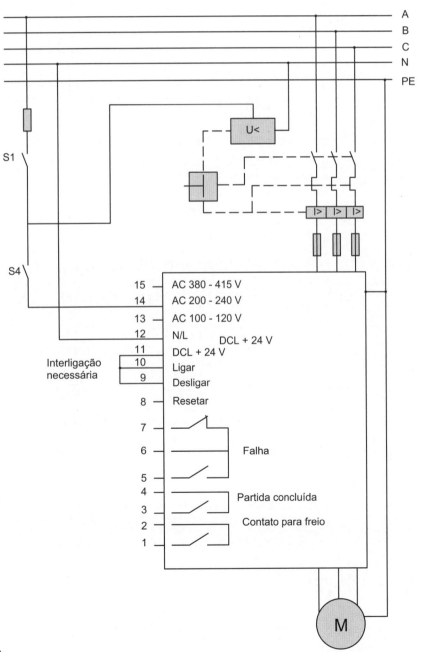

Figura 7.34 Diagrama de comando.

motor, a fim de evitar a queima dos componentes semicondutores da chave estática, devido os transitórios de corrente que podem ocorrer nesse período. O comando de operação do banco de capacitores pode ser realizado por meio dos contatos auxiliares da chave estática.

 Exemplo de aplicação (7.11)

Determinar a tensão de partida, o tempo de partida em rampa e a corrente de partida, referentes ao motor do Exemplo de aplicação (7.5).

a) Corrente nominal da chave estática
- corrente nominal do motor: $I_{nm} = 135,4$ A;
- relação entre a corrente de partida e a corrente nominal: 6,8;
- tipo de máquina acionada: bomba centrífuga → $F_m = 1,0$ (Tabela 7.5);
- corrente nominal da chave estática: $I_{nch} = 135,4 \times 1 = 135,4$ A → $I_{nch} = 145$ (tabela do fabricante da chave).

b) Tensão de partida

$$V_p = V_{nm} \times \sqrt{\frac{C_i + 0,15 \times C_{nm}}{C_p}}$$

→ $V_p = 380 \times \sqrt{\dfrac{16,08 + 0,15 \times 40,2}{28,14}} = 336$ V

Ou seja, a tensão percentual de ajuste da chave *soft-starter* em relação à tensão nominal vale:

$V_{ppa} = \dfrac{336}{380} \times 100 = 88,4$ % do valor da tensão nominal;

$C_{nm} = \dfrac{716 \times P_{nm}}{W_{nm}} = \dfrac{716 \times 100}{1.780} = 40,2$ kgf.m;

$C_p = 70\% \times C_{nm} = 0,70 \times 40,2 = 28,14$ kgf.m (veja gráfico da Figura 7.9);

$C_i = 40\% \times C_{nm} = 0,40 \times 40,2 = 16,08$ kgf.m (veja gráfico da Figura 7.9).

Utilizando-se as Equações (7.31) e (7.32), obtém-se praticamente o mesmo valor, ou seja:

$$V_{pp} = 1,15 \times \sqrt{\frac{C_{ppc}}{C_{ppm}}} = 1,15 \times \sqrt{\frac{0,40}{0,70}} = 0,86 = 86\% \text{ (\%)}$$

$$V_{pp} = 1,15 \times \sqrt{\frac{C_{pmmc}}{C_{pcm}}} = 1,15 \times \sqrt{\frac{0,21}{0,55}} = 0,71 = 71\% \text{ (\%)}$$

Deve-se adotar para o ajuste da chave *soft-starter* o maior valor, ou seja, 86 %.

c) Corrente inicial de partida

$$I_{pi} = I_{pm} \times \frac{V_m}{V_{nm}};$$

$I_{pm} = 135,4 \times 6,7 = 907,1$ A;

$I_{pi} = 907,1 \times \dfrac{336}{380} = 802$ A.

d) Tempo de partida

$$T_p = T_{pd} \times \left(\frac{V_{nm}}{V_p}\right)^2 = 2,95 \times \left(\frac{380}{336}\right)^2 = 3,77 \text{ s;}$$

$$T_{pd} = 2{,}95 \text{ s [ver Exemplo de aplicação (7.5)]}$$

e) Pulso de tensão de partida

$$V_{imp} = 90\% \times V_{nm} = 0{,}90 \times 380 = 342 \text{ V}$$

$$T_{imp} = 300 \text{ ms (ver item 7.6.4.4)}$$

f) Corrente limitada na partida

$$I_{lim} = \frac{R_{cn} \times V_{ppm} \times I_{nm}}{I_{nch}} = \frac{6{,}8 \times 0{,}86 \times 135{,}4}{145} \cong 5{,}5 \times I_{nm} \text{ (corrente nominal do motor)}.$$

7.6.5 Partida por meio de reator

A utilização de um reator em série com o circuito do motor, durante a partida, aumenta a impedância do sistema, provocando a redução da corrente de partida.

A ligação do reator pode ser feita conforme a Figura 7.35, inserindo-se o mesmo entre os terminais do sistema de alimentação e o motor. A Figura 7.36 fornece o esquema de impedância do sistema.

A Tabela 7.6 fornece as relações de tensão, corrente e conjugado de partida de motores de indução com rotor em curto-circuito, utilizando diferentes métodos de acionamento.

7.7 Queda de tensão na partida dos motores elétricos de indução

A partida de um motor elétrico pode solicitar o sistema de maneira severa, causando perturbações às vezes inadmissíveis. Em alguns casos, porém, é necessário realizar o acionamento simultâneo de dois ou mais motores, o que agrava mais ainda as condições do sistema de suprimento. Nesta seção, portanto, serão estudados separadamente os efeitos ocasionados pelas duas condições de acionamento: partida de um único motor e partida de dois motores simultaneamente.

Os motores elétricos, bem como algumas cargas específicas, por exemplo, os fornos a arco, provocam oscilações prejudiciais à operação de certos equipamentos, principalmente os eletrônicos/digitais, além de irritar o observador. Analisando o gráfico da Figura 7.37 e considerando, para exemplificação, uma tensão de 220 V, a queda máxima de tensão permitida na partida do motor elétrico acionado 5 vezes por hora deve ser de no máximo 15,4 V, a fim de não irritar o consumidor que está ligado no seu circuito, ou seja:

$$\Delta V_2 = \frac{220}{120} \times \Delta V_1 = \frac{220}{120} \times 8{,}4 = 15{,}4 \text{ V};$$

$$\Delta V_1 = 8{,}4 \text{ (gráfico da Figura 7.37)}.$$

Em percentagem vale:

$$\Delta V_2 = \frac{15{,}4}{220} \times 100 = 7\%$$

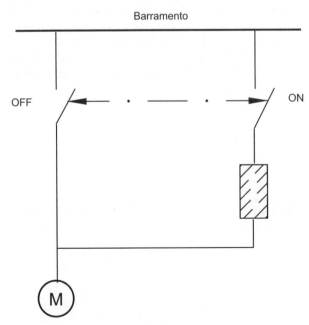

Figura 7.35 Partida por meio de reator.

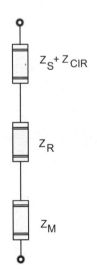

Figura 7.36 Diagrama de impedâncias.

Tabela 7.6 Possibilidade de ligação de chaves de partida

Tipo de partida	Tapes (%)	V_m/V_1	C_p/C_{np}	I_l/I_p	I_m/I_p
Direta	–	1,000	1,00	1,00	1,00
Chave compensadora ajustada nos tapes	80	0,800	0,64	0,64	0,80
	65	0,650	0,42	0,42	0,65
	50	0,500	0,25	0,25	0,50
Reator ajustado nos tapes	50	0,500	0,25	0,25	0,50
	45	0,450	0,20	0,20	0,45
	37,5	0,375	0,14	0,14	0,39
Chave estrela-triângulo	–	0,577	0,33	0,33	0,33

V_m/V_1 = tensão nos terminais do motor/tensão de linha; C_p/C_{np} = conjugado de partida do motor/conjugado nominal de partida em plena tensão; I_l/I_p = corrente de linha/corrente de partida em plena tensão; I_m/I_p = corrente nos terminais do motor/corrente de partida em plena tensão.

O nível de irritação das pessoas devido às oscilações de tensão é função do nível econômico e social de cada indivíduo.

Há dois pontos importantes em relação aos quais se deve calcular a queda de tensão durante a partida dos motores. O primeiro é de interesse da concessionária local, que normalmente limita a queda de tensão no ponto de entrega do seu sistema distribuidor. Em geral, este valor fica limitado a 5 % da tensão nominal primária. O segundo ponto é de interesse do projetista, que deve limitar a queda de tensão nos terminais de ligação dos motores ou em outros pontos do sistema considerados sensíveis. Além disso, deve ser calculado o conjugado de partida do motor e comparado com o valor do conjugado resistente, a fim de se poder assegurar ou não a capacidade de o motor acionar a carga acoplada ao seu eixo.

7.7.1 Queda de tensão na partida de um único motor

Este é o caso mais comum de ocorrer na prática. Normalmente, a operação dos grandes motores se faz por unidade, a fim de reduzir o impacto das perturbações sobre o sistema.

A seguir, será explanado o método de determinação dos principais fatores resultantes do acionamento de motores elétricos, os quais permitirão ao projetista elaborar uma análise técnica e econômica para decidir sobre a melhor opção de partida.

Vamos considerar um sistema elétrico industrial que se inicia no ponto de entrega de energia, seguido de um transformador de força, um circuito de alimentação do QGF dotado de um barramento de cobre ao qual se conecta um circuito em cabo isolado para acionamento de um motor de indução.

Devem ser conhecidos, no entanto, os seguintes dados sobre o sistema elétrico, o motor em questão e os valores de base adotados, ou seja:

• Impedância do sistema da concessionária

Da mesma forma como tratamos a questão no Capítulo 5, a concessionária fornece as impedâncias de sequência positiva e sequência zero no ponto de conexão da indústria, na base de 100 MVA para o cálculo das correntes de curto-circuito. Na falta dessa informação por parte da concessionária pode-se obter o valor da corrente de curto-circuito nesse mesmo ponto.

Para o cálculo de queda de tensão durante a partida dos motores, necessitaremos apenas das impedâncias de sequência positiva.

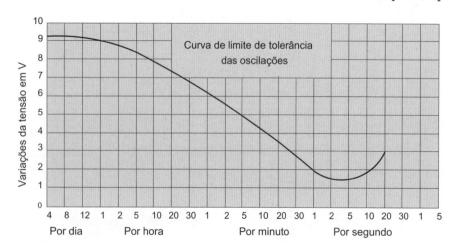

Figura 7.37 Oscilações de tensão permitidas na base de 120 V.

Devido ao pequeno comprimento, em geral, do ramal de entrada, pode-se atribuir o valor da corrente de curto-circuito aos terminais primários do transformador. Deve ser expresso em kVA:

- potência nominal do transformador, dada em kVA;
- impedância percentual do transformador, resistência e reatância em percentagem;
- impedância do circuito desde os terminais secundários do transformador até os terminais de ligação do motor;
- potência nominal do motor, em cv;
- fator de potência do motor;
- rendimento do motor;
- indicação do método de partida, e, se for o caso, o ajuste pretendido da chave utilizada;
- potência base, em kVA;
- tensão base, em kV (é a mesma tensão do sistema).

Com base nos elementos anteriores, segue a metodologia de cálculo em valor *por unidade* (*pu*).

a) **Cálculo da impedância reduzida no ponto de entrega de energia**

Se considerarmos que a concessionária fornecerá o valor da impedância de sequência positiva, deve-se utilizá-la preferencialmente, ou seja:

$\vec{Z}_{us} = R_{us} + jX_{us}\ (pu)$, sendo:

R_{us} = resistência equivalente de sequência positiva do sistema da concessionária até o ponto de entrega, em *pu* na base de 100 MVA;
X_{us} = reatância equivalente de sequência positiva do sistema da concessionária até o ponto de entrega, em *pu* na base de 100 MVA.

Nesse caso, a tensão base é a própria tensão do sistema da concessionária que se conecta com a indústria.

No caso de a concessionária não fornecer o valor da impedância de sequência positiva, pode ser obtido mais facilmente o valor da corrente de curto-circuito, ou potência de curto-circuito, no ponto de entrega de energia. Nessa condição temos:

- Resistência (R_{us}):

$R_{us} \cong 0\ pu$ (valor muito inferior à reatância)

- Reatância (X_{us}):

$$X_{us} = \frac{P_b}{P_{cc}} (pu) \quad (7.36)$$

P_b = potência base, em kVA;
P_{cc} = potência de curto-circuito no ponto de entrega, em kVA.

- Impedância ($\vec{Z}_{us}$):

$$\vec{Z}_{us} = 0 + jX_{us}\ (pu) \quad (7.37)$$

b) **Cálculo da impedância do transformador**

- Resistência

$$R_{ut} = R_{pt} \times \frac{P_b}{P_{nt}} \times \left(\frac{V_{nt}}{V_b}\right)^2 (pu) \quad (7.38)$$

R_{pt} = resistência percentual do transformador conforme a Equação (7.39), ou seja:

$$R_{pt} = \frac{P_{cu}}{10 \times P_{nt}} (\%) \quad (7.39)$$

R_{ut} = resistência do transformador, em *pu*, nas bases P_b e V_b;
P_{nt} = potência nominal do transformador, em kVA;
V_{nt} = tensão nominal do transformador, em kV;
V_b = tensão base, em kV.

- Reatância

$$X_{ut} = X_{pt} \times \frac{P_b}{P_{nt}} \times \left(\frac{V_{nt}}{V_b}\right)^2 (pu) \quad (7.40)$$

X_{ut} = reatância do transformador em *pu*, nas bases P_b e V_b;
X_{pt} = reatância do transformador, em *pu*, nas bases P_{nt} e V_{nt}.

- Impedância

$$\vec{Z}_{ut} = R_{ut} + jX_{ut}\ (pu) \quad (7.41)$$

c) **Impedância do sistema compreendido entre os terminais secundários do transformador e o QGF (Z_{uc1})**

- Resistência (R_{uc1})

$$R_{c1\Omega} = \frac{R_{u\Omega} \times L_{c1}}{1.000 \times N_{c1}} (\Omega) \quad (7.42)$$

$$R_{uc1} = R_{c1\Omega} \times \frac{P_b}{1.000 \times V_b^2} (pu) \quad (7.43)$$

$R_{u\Omega}$ = resistência de sequência positiva do condutor fase, em mΩ/m (Tabela 3.22);
L_{c1} = comprimento do circuito, medido entre os terminais do transformador e o ponto de conexão com o barramento, dado em m;
N_{c1} = número de condutores, por fase, do circuito mencionado.

- Reatância (X_{uc1}):
A reatância do cabo é:

$$X_{c1\Omega} = \frac{X_{u\Omega} \times L_{c1}}{1.000 \times N_{c1}} (\Omega) \quad (7.44)$$

$$X_{uc1} = X_{c1\Omega} \times \frac{P_b}{1.000 \times V_b^2} \ (pu) \qquad (7.45)$$

$X_{u\Omega}$ = reatância de sequência positiva do condutor de fase, em m$_\Omega$/m (Tabela 3.22).

$$\vec{Z}_{uc1} = R_{uc1} + jX_{uc1} \ (pu) \qquad (7.46)$$

d) **Impedância do barramento do QGF (Z_{ub1})**

- Resistência (R_{ub1}):

$$R_{b1\Omega} = \frac{R_{u\Omega} \times L_{b1}}{1.000 \times N_{bp}} \ (\Omega) \qquad (7.47)$$

$R_{u\Omega}$ = resistência ôhmica da barra, em m$_\Omega$/m (Tabela 3.38);
N_{bp} = número de barras em paralelo;
L_{b1} = comprimento da barra, em m.

$$R_{ub1} = R_{b1\Omega} \times \frac{P_b}{1.000 \times V_b^2} \ (pu) \qquad (7.48)$$

- Reatância (X_{ub1}):

$$X_{b1\Omega} = \frac{X_{u\Omega} \times L_{b1}}{1.000 \times N_{bp}} \ (\Omega) \qquad (7.49)$$

$X_{u\Omega}$ = reatância ôhmica da barra, em m$_\Omega$/m (Tabela 3.38).

A reatância, em pu, é dada por:

$$X_{ub1} = X_{b1\Omega} \times \frac{P_b}{1.000 \times V_b^2} \ (pu) \qquad (7.50)$$

$$\vec{Z}_{ub1} = R_{ub1} + jX_{ub1} \ (pu) \qquad (7.51)$$

e) **Impedância do circuito que conecta o QGF ao CCM1 (Z_{uc2})**

Os valores da resistência e reatância, em pu, respectivamente iguais a R_{uc2} e X_{uc2}, são calculados à semelhança de R_{uc1} e X_{uc1}, segundo a alínea c.

f) **Impedância do circuito que conecta o CCM1 aos terminais do motor (Z_{uc3})**

Aqui também é válida a observação feita na alínea anterior.

g) **Impedância do motor (Z_{umb})**

$R_{um} \cong 0$ (valor muito pequeno quando comparado com a sua impedância);

$X_{um} = \dfrac{I_{nm}}{I_p}$ (pu) (na base da potência nominal do motor)

$$P_{nm} = \frac{P_{mcv} \times 0{,}736}{\eta \times F_p} \ (kVA) \qquad (7.52)$$

I_{nm} = corrente nominal do motor, em A;
I_p = corrente de partida do motor, em A;
F_p = fator de potência do motor;
P_{mcv} = potência nominal do motor, em cv.

Logo, é necessário tomar o valor de Z_{umb} nas bases adotadas.

$$\vec{Z}_{umb} = 0 + jX_{umb} \ (pu) \text{ (nas bases } P_b \text{ e } V_b)$$

h) **Corrente de partida**

$$\vec{I}_p = \frac{1}{\vec{Z}_{us} + \vec{Z}_{ut} + \sum \vec{Z}_{uc} + \sum \vec{Z}_{ub} + \vec{Z}_{umb}} \ (pu) \qquad (7.53)$$

$\sum Z_{uc}$ = soma das impedâncias dos condutores, em pu.
$\sum Z_{ub}$ = soma das impedâncias dos barramentos, em pu.

i) **Queda de tensão nos terminais do motor**

$$\Delta \vec{V}_{um} = \vec{Z}_t \times \vec{I}_p \ (pu) \qquad (7.54)$$

$$\vec{Z}_t = \vec{Z}_{us} + \sum \vec{Z}_{uc} + \sum \vec{Z}_{ub} \ (pu) \qquad (7.55)$$

j) **Tensão nos terminais da chave de partida do motor**

$$\vec{V}_{um} = 1 - \Delta \vec{V}_{um} \ (pu) \qquad (7.56)$$

- Partida com chave compensadora:

$$\Delta \vec{V}_{um} = \vec{Z}_t \times \vec{I}_{pc} \ (pu) \qquad (7.57)$$

$$\vec{I}_{pc} = K^2 \times \vec{I}_p \ (pu) \qquad (7.58)$$

K = valor do tape de ligação da chave;
I_{pc} = corrente de partida compensada.

- Partida com estrela-triângulo:

$$\Delta \vec{V}_{um} = \vec{Z}_t \times \vec{I}_{pc} \ (pu) \qquad (7.59)$$

$$\vec{I}_{pc} = 0{,}33 \times \vec{I}_p \ (pu) \qquad (7.60)$$

Observar que, ao se conectar à chave na posição estrela, a corrente que circula no bobinado é $\sqrt{3}$ inferior à corrente nominal do motor (ligação triângulo), enquanto a tensão a que fica submetido cada enrolamento é $\sqrt{3}$ inferior à tensão nominal do referido enrolamento. Considerando-se Z a impedância de fase de um enrolamento, pode-se estabelecer a seguinte relação:

$$\frac{I_y}{I_\Delta} = \frac{\dfrac{V_1}{\sqrt{3} \times Z}}{\dfrac{V_1}{Z} \times \sqrt{3}} = \frac{1}{3} = 0{,}33$$

V_1 = tensão entre fases do sistema.

k) **Queda de tensão nos terminais primários do transformador**

$$\Delta \vec{V}_{ut} = \vec{Z}_{us} \times \vec{I}_{pc} \ (pu) \qquad (7.61)$$

l) Conjugado de partida

$$C_{up} = C_{unp} \times \left(\frac{1-\Delta V_{um}}{1}\right)^2 \quad (7.62)$$

C_{unp} = conjugado nominal de partida do motor, em pu.

Analisando-se as expressões anteriores, podem ser comentados alguns pontos importantes para o melhor entendimento do assunto:

- quanto mais elevados e frequentes forem os valores de $\Delta \bar{V}_{um}$, mais acentuados serão os efeitos de cintilação da iluminação incandescente e perturbações em aparelhos e equipamentos;

- quanto maior for a capacidade de curto-circuito do sistema de suprimento, tanto menor será Z_{us}; consequentemente, mais reduzida será a queda de tensão no ponto de entrega de energia. Portanto, é possível afirmar que a capacidade de partida de determinado motor de potência elevada é função, entre outros elementos, da capacidade do sistema da concessionária de energia elétrica local.

- quanto menor for a impedância resultante dos transformadores da subestação, menor será a queda de tensão no sistema secundário de distribuição de força e luz.

Exemplo de aplicação (7.12)

Considere a indústria representada na Figura 7.38. Sabe-se que:

- tensão primária de fornecimento: V_p = 13,80 kV;
- tensão secundária de distribuição: V_s = 380 V;
- tensão nominal primária: V_{np} = 13,80 kV;
- potência nominal do transformador: P_{nt} = 1.000 kVA;
- impedância do transformador: Z_{pt} = 5,5 % (Tabela 9.11);
- impedância de sequência positiva do sistema de alimentação: Z_{ps} = 0,000291 + j0,00378 (na base de 100 MVA).

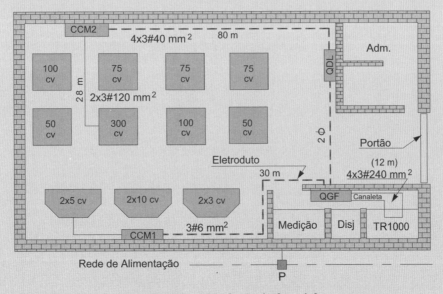

Figura 7.38 Instalação industrial.

Deseja-se calcular para o motor de P_{nm} = 300 cv:

- as quedas de tensão percentuais durante partida direta e compensada a 65 % da tensão nominal;
- as tensões nos terminais do motor durante partida direta e compensada a 65 % da tensão nominal;
- a queda de tensão percentual durante partida com chave estrela-triângulo;
- a tensão nos terminais do motor durante partida com chave estrela-triângulo;
- as tensões nos terminais de alimentação do transformador, nas condições de partida à tensão plena e compensada a 65 % da tensão nominal;

- os conjugados de partida durante o acionamento direto e compensado a 65 % da tensão nominal;
- o conjugado de partida durante o acionamento com chave estrela-triângulo.

Desenvolver uma análise semelhante com a aplicação da chave estrela-triângulo.

a) **Escolha dos valores de base**
   - potência base P_b = 1.000 kVA;
   - tensão base V_b = 0,38 kV.

b) **Impedância reduzida do sistema no ponto de entrega de energia na potência básica**
   - Resistência

   $R_{ps} = 0,000291\ pu$ (na base de 100 MVA = 100.000 kVA);

   $$R_{ut} = R_{pt} \times \left(\frac{P_2}{P_1}\right) = 0,000291 \times \frac{1.000}{100.000} \times (13,8/0,38)^2 = 0,000383\ pu$$

   - Reatância

   $X_{ps} = 0,00378\ pu$ (na base de 100.000 kVA);

   $$X_{ut} = X_{pt} \times \left(\frac{P_2}{P_1}\right) = 0,00378 \times \frac{1.000}{100.000} \times (13,8/0,38)^2 = 0,00498\ pu$$

   $\vec{Z}_{us} = R_{us} + jX_{us} = 0,000383 + j0,00498\ pu$ (na base de 1.000 kVA);

   $$|Z_{us}| = 0,00499\ pu$$

c) **Impedância do transformador**
   - Resistência

   $$R_{pt} = \frac{P_{cu}}{10 \times P_{nt}} = \frac{11.000}{10 \times 1.000} = 1,1\% = 0,0110\ pu \text{ (na base da potência nominal do transformador);}$$

   P_{cu} = 11.000 W (Tabela 9.11);

   $$R_{ut} = R_{pt} \times \left(\frac{P_b}{P_{nt}}\right) = 0,0110 \times \frac{1.000}{1.000} = 0,0110\ pu$$

   - Reatância

   $$X_{pt} = \sqrt{Z_{pt}^2 - R_{pt}^2} = \sqrt{5,5^2 - 1,1^2} = 5,38\% = 0,0538\ pu \text{ (na base da potência nominal do transformador);}$$

   $$X_{ut} = X_{pt} \times \left(\frac{P_b}{P_{nt}}\right) = 0,0538 \times \frac{1.000}{1.000} = 0,0538\ pu$$

   - Impedância

   $$\vec{Z}_{ut} = R_{ut} + jX_{ut} = 0,0110 + j0,0538\ pu$$

d) **Impedância do sistema entre os terminais secundários do transformador e o do QGF**
   - Resistência (R_{uc1})

   $$R_{u1\Omega} = 0,0958\ m\Omega/m\ \text{(Tabela 3.22)}$$

$$R_{c1\Omega} = \frac{R_{u\Omega} \times L_{c1}}{1.000 \times N_{c1}} = \frac{0,0958 \times 12}{1.000 \times 4} = 0,000287 \ \Omega \ ;$$

$$R_{uc1} = R_{c1\Omega} \times \frac{P_b}{1.000 \times V_b^2} = 0,000287 \times \frac{1.000}{1.000 \times 0,38^2} = 0,00198 \ pu$$

- Reatância (X_{uc1})

$$X_{u\Omega} = 0,1070 \ m\Omega/m \ \text{(Tabela 3.22)}$$

$$X_{c1\Omega} = \frac{X_{u\Omega} \times L_{c1}}{1.000 \times N_{c1}} = \frac{0,1070 \times 12}{1.000 \times 4} = 0,00032 \ \Omega$$

$$X_{uc1} = X_{c1\Omega} \times \frac{P_b}{1.000 \times V_b^2} = 0,00032 \times \frac{1.000}{1.000 \times 0,38^2} = 0,00221 \ pu$$

- Impedância

$$\bar{Z}_{uc1} = R_{uc1} + jX_{uc1} = 0,00198 + j0,00221 \ pu$$

e) Impedância do circuito compreendido entre os terminais de saída do QGF e os terminais de alimentação do CCM2
- Resistência (R_{uc2})

$$R_{c2\Omega} = \frac{R_{u\Omega} \times L_{c2}}{1.000 \times N_{c2}} = \frac{0,0958 \times 80}{1.000 \times 4} = 0,00191 \ \Omega$$

$$R_{uc2} = R_{c2\Omega} \times \frac{P_b}{1.000 \times V_b^2} = 0,00191 \times \frac{1.000}{1.000 \times 0,38^2} = 0,01322 \ pu$$

- Reatância (X_{uc2})

$$X_{c2\Omega} = \frac{X_{u\Omega} \times L_{c2}}{1.000 \times N_{c2}} = \frac{0,1070 \times 80}{1.000 \times 4} = 0,00214 \ \Omega$$

$$X_{uc2} = X_{c2\Omega} \times \frac{P_b}{1.000 \times V_b^2} = 0,00214 \times \frac{1.000}{1.000 \times 0,38^2} = 0,01482 \ pu$$

- Impedância

$$\bar{Z}_{uc2} = R_{uc2} + jX_{uc2} = 0,01322 + j0,01482 \ pu$$

f) Circuito de alimentação do motor
- Resistência (R_{uc3})

$$R_{c3\Omega} = \frac{R_{u\Omega} \times L_{c3}}{1.000 \times N_{c3}} = \frac{0,1868 \times 28}{1.000 \times 2} = 0,00261 \ \Omega$$

$$R_{uc3} = R_{c3\Omega} \times \frac{P_b}{1.000 \times V_b^2} = 0,00261 \times \frac{1.000}{1.000 \times 0,38^2} = 0,01807 \ pu$$

- Reatância (X_{uc3})

$$X_{c3\Omega} = \frac{X_{u\Omega} \times L_{c3}}{1.000 \times N_{c3}} = \frac{0,1076 \times 28}{1.000 \times 2} = 0,00150 \ \Omega$$

$$X_{uc3} = X_{c3\Omega} \times \frac{P_b}{1.000 \times V_b^2} = 0,00150 \times \frac{1.000}{1.000 \times 0,38^2} = 0,01038 \ pu$$

- Impedância

$$\vec{Z}_{uc3} = R_{uc3} + jX_{uc3} = 0,01807 + j0,01038\ pu$$

g) Impedância do sistema até os terminais do motor

$$\vec{Z}_t = \vec{Z}_{us} + \vec{Z}_{ut} + \vec{Z}_{uc1} + \vec{Z}_{uc2} + \vec{Z}_{uc3}$$

$$\vec{Z}_t = (0,000383 + j0,00498) + (0,0110 + j0,0538) + (0,00198 + j0,00221) + (0,01322 + j0,0148)2 +$$

$$+ (0,01807 + j0,01038) = 0,044653 + j0,08618\ pu$$

$$|Z_t| = 0,09706\ pu$$

h) Impedância do motor

$R_{um} \cong 0$ (valor muito pequeno quando comparado com a reatância)

$$X_{um} = \frac{I_{nm}}{I_p} = \frac{1}{6,8} = 0,147\ pu \quad \text{(na base de 300 cv)}$$

$$\frac{I_p}{I_{nm}} = 6,8 \quad \text{(Tabela 6.4)}$$

$$P_{nm} = \frac{P_{mcv} \times 0,736}{\eta \times F_t} = \frac{300 \times 0,736}{0,96 \times 0,88} = 261,3\ \text{kVA}$$

$$X_{um} = X_{pm} \times \frac{P_b}{P_{nm}} = 0,147 \times \frac{1.000}{261,3}$$

$$X_{um} = 0,562\ pu \quad \text{(na potência e tensão de base)}$$

$$\vec{Z}_{um} = 0 + j0,562\ pu$$

i) Corrente de partida

$$\vec{I}_p = \frac{1}{\vec{Z}_{us} + \vec{Z}_{ut} + \vec{Z}_{uc} + \vec{Z}_{ub} + \vec{Z}_{umb}} = \frac{1}{\vec{Z}_{tm}}$$

$$\vec{Z}_{tm} = (0,044653 + j0,08618) + (0,0 + j0,562) = 0,044653 + j0,64818$$

$$|Z_{tm}| = 0,64972\ pu$$

$$I_p = \frac{1}{|Z_{tm}|} = \frac{1}{0,64972} = 1,53912\ pu$$

j) Queda de tensão nos terminais do motor na partida direta

$$\Delta V_{um} = |Z_t| \times I_p = 0,09706 \times 1,53912 = 0,149\ pu = 14,9\ \%$$

k) Tensão nos terminais do motor na partida direta do motor

$$V_{um} = 1 - \Delta V_{um} = 1 - 0,149 = 0,851\ pu = 85,1\ \% = 0,851 \times 380 = 323\ V$$

l) Queda de tensão na partida com chave compensadora no tape 65 %

$$K = 65\ \% = 0,650 \quad \text{(tape de ligação da chave compensadora)}$$

$$I_{pc} = K^2 \times I_{pc} = 0,65^2 \times 1,53912 = 0,650 \, pu$$

$$\Delta V_{um} = |Z_t| \times I_{pc} = 0,09706 \times 0,650 = 0,0630 \, pu = 6,30 \,\%$$

m) Tensão nos terminais de alimentação da chave compensadora no tape 65 %

$$V_{tm} = (K - \Delta V_{um}) = (0,65 - 0,063) = 0,587 \, pu = 58,7 \,\% = 0,587 \times 380 = 223 \, V$$

n) Queda de tensão na partida com chave estrela-triângulo

$$I_{pc} = 0,33 \times I_p = 0,33 \times 1,53912 = 0,5079 \, pu$$

$$\Delta V_{um} = |Z_t| \times I_{pc} = 0,09706 \times 0,5079 = 0,04930 \, pu = 4,93 \,\%$$

o) Tensão nos terminais de alimentação da chave estrela-triângulo

$$V_{tm} = (1/\sqrt{3} - \Delta V_{um}) = (1/\sqrt{3} - 0,0493) = 0,528 \, pu = 52,8 \,\% = 0,528 \times 380 = 200 \, V$$

p) Queda de tensão no ponto de entrega de energia

$$\Delta V_{ut} = |Z_{us}| \times I_p = 0,00493 \times 1,53912 = 0,0076 \, pu = 0,76 \,\%$$

q) Tensão no ponto de entrega de energia quando o motor for acionado pela chave compensadora

$$V_{tm} = (K - \Delta V_{um}) = (1 - 0,0076) \times 13.800 = 13.695 \, V$$

r) Conjugado de partida
   - Partida direta da rede

$$C_{up} = C_{unp} \times \left(\frac{1 - \Delta V_{um}}{1}\right)^2 = C_{unp} \times \left(\frac{1 - 0,149}{1}\right)^2 = 0,724 \times C_{unp}$$

   - Partida com chave compensadora

$$C_{up} = C_{unp} \times \left(\frac{K - \Delta V_{um}}{1}\right)^2 = C_{unp} \times \left(\frac{0,65 - 0,0630}{1}\right)^2 = 0,344 \times C_{unp}$$

   - Partida com chave estrela-triângulo

$$C_{up} = C_{unp} \times \left(\frac{1 - \Delta V_{um}}{\sqrt{3}}\right)^2 = C_{unp} \times \left(\frac{1 - 0,04930}{\sqrt{3}}\right)^2 = 0,301 \times C_{unp}$$

Com os resultados obtidos podem ser feitas as seguintes considerações:
- a queda de tensão na partida direta está acima do limite máximo de 10 %. É oportuno abandonar essa solução e instalar uma chave compensadora ou estrela-triângulo;
- a chave compensadora no tape de 65 % permite uma queda de tensão abaixo do limite recomendado de 10 %, podendo ser a solução adotada. Deve-se analisar também, antes, a partida do motor no tape 80 %, que, se for o caso, é uma solução ainda mais adequada;
- a queda de tensão com a chave estrela-triângulo permite também uma queda de tensão abaixo do limite recomendado de 10 %. Tratando-se de um equipamento de menor preço, deve ser a solução preferida, devendo-se não esquecer o ajuste do tempo correto da chave para a passagem da posição estrela para a posição triângulo;

- o conjugado do motor com a chave estrela-triângulo é muito baixo, devendo-se adotar esta solução apenas na condição de o motor partir praticamente sem carga e se este dispuser de 6 terminais acessíveis.

Como alternativa, pode-se utilizar a chave *soft-starter* para motor de 300 cv, limitando a corrente de partida, cujo valor pode ser obtido pela Equação (7.35). No presente caso, admitimos que com 50 % da tensão aplicada poderíamos obter a corrente máxima de partida em percentagem da corrente nominal (385 A) que permitiria uma queda de tensão satisfatória no circuito de alimentação do motor, utilizando-se uma chave *soft-starter* de 450 A de corrente nominal.

$$I_{lim} = \frac{R_{cn} \times V_{pm} \times I_{nm}}{I_{nch}} = \frac{6,8 \times 0,50 \times 385}{475} = 2,7 \times I_{nm} \text{ (múltiplo da corrente nominal)}$$

Neste caso, a queda de tensão teria o seguinte valor:

$$\Delta V_{um} = Z_t \times I_{pc} = 0,09706 \times 2,7 \times 1,53912 = 0,040 \, pu = 4,0 \, \%$$

Pode-se optar por uma partida em rampa e ajustar a tensão de partida em 90 % da tensão nominal do motor utilizando-se uma chave *soft-starter*. O tempo de partida pode ser determinado de acordo com a Equação (7.33). Considerar que o tempo de partida direta do motor tenha sido calculado em 5 s.

$$T_p = T_{pd} \times \left(\frac{V_{nm}}{V_{pp}}\right)^2 = 5 \times \left(\frac{1}{0,90}\right)^2 = 6,17 \, s$$

- A queda de tensão no ponto de entrada da instalação é bem inferior ao máximo admitido, que é de 3 %.

Uma análise detalhada dos resultados permite ao leitor várias conclusões interessantes.

7.7.2 Queda de tensão na partida simultânea de dois ou mais motores

Os estudos efetuados até agora analisaram a partida individual dos motores de indução. Às vezes, porém, é necessário que dois ou mais motores de grande potência sejam acionados simultaneamente como parte de um processo qualquer de produção, sendo sempre conveniente evitar tal manobra, porque isso pode produzir severas quedas de tensão na instalação, acarretando distúrbios que, se não estudados adequadamente, podem interferir no funcionamento dos outros equipamentos.

A severidade das partidas simultâneas pode ser atenuada ou não, dependendo da localização dos motores acionados. Se estes estiverem ligados no mesmo circuito terminal, ou de distribuição, as condições tornam-se significativamente mais desfavoráveis do que se estiverem ligados em circuitos de distribuição diferentes.

Quando os motores estão ligados ao mesmo barramento do CCM, o procedimento adotado para o cálculo da queda de tensão é praticamente igual ao já explanado anteriormente, computando-se, nesse caso, as correntes de partida dos respectivos motores, somando-as vetorialmente em função dos fatores de potência correspondentes que atingem valores entre 0,30 e 0,40.

Exemplo de aplicação (7.13)

Determinar a queda de tensão na partida dos motores de 300 e 475 cv conectados respectivamente aos CCM1 e CCM2, mostrados na planta da Figura 7.39, cujos dados são:

- tensão nominal primária: 13,80 kV;
- tensão nominal secundária: 440 V;
- impedância de sequência positiva do sistema de distribuição da concessionária na base de 100 MVA: $Z_{ps} = 0,0000319 + j0,00028897 \, pu$;
- todos os condutores são de cobre com isolação em PVC e capa externa protetora; os dados relativos aos motores (440 V) foram extraídos da Tabela 6.4.

Partida de motores elétricos de indução

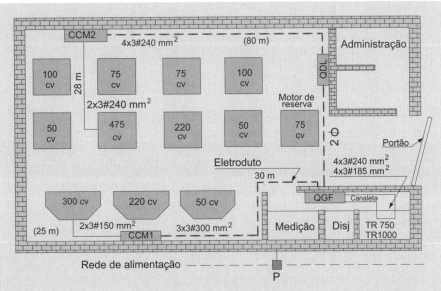

Figura 7.39 Layout da indústria.

a) **Dados de base**
- Potência base: $P_b = 1.000$ kVA.
- Tensão base: $V_b = 0,44$ kV.

b) **Impedância equivalente do sistema de alimentação**
- Resistência (R_{um})

$$R_{us} = 0,01234 \, pu$$

$$R_{us} = 0,0000319 \times \frac{P_2}{P_1} \times (13,8/0,44)^2 = \frac{1.000}{100.000} \times (13,8/0,44)^2 = 0,000314 \, pu$$

- Reatância (X_{um})

$$X_{us} = 0,28425 \, pu$$

$$X_{us} = 0,00028897 \times \frac{P_2}{P_1} \times (13,8/0,44)^2 = \frac{1.000}{100.000} \times (13,8/0,44)^2 = 0,0028425 \, pu$$

- Impedância (Z_{um})

$$\vec{Z}_{us} = 0,000314 + j0,0028425 \, pu \quad (\text{na base} < P_b)$$

c) **Impedância dos transformadores**
- Transformador de 1.000 kVA
  - Resistência

$$R_{ut1} = \frac{P_{cu}}{10 \times P_{nt}} = \frac{11.000}{10 \times 1.000} = 1,10\% = 0,0110 \, pu \quad (\text{na base de } 1.000 \, \text{kVA})$$

$$P_{cu} = 11.000 \, W \, (\text{Tabela 9.11})$$

  - Reatância

$$Z_{pt1} = 5,50\% = 0,0550 \, pu \quad (\text{na base de } 1.000 \, \text{kVA})$$

$$X_{ut1} = \sqrt{0,0550^2 - 0,0110^2} = 0,0538 \, pu$$

– Impedância

$$\vec{Z}_{ut1} = R_{ut1} + jX_{ut1} = 0,0110 + j0,0538\,pu \text{ (na base } P_b)$$

- Transformador de 750 kVA
  - Resistência

$$R_{pt2} = \frac{P_{cu}}{10 \times P_{nt}} = \frac{8.500}{10 \times 750} = 1,13\% = 0,0113\,pu \text{ (na base de 750 kVA)};$$

$$R_{ut2} = R_{pt} \times \frac{P_2}{P_1} = 0,0113 \times \frac{1.000}{750} = 0,01506$$

  - Reatância

$$Z_{pt2} = 5,50\% = 0,0550\,pu \text{ (na base de 750 kVA)}$$

$$Z_{ut2} = Z_{pt2} \times \frac{P_2}{P_1} = 0,0550 \times \frac{1.000}{750} = 0,0733$$

$$X_{ut2} = \sqrt{0,0733^2 - 0,01506^2} = 0,07173\,pu$$

  - Impedância

$$\vec{Z}_{ut2} = R_{ut2} + jX_{ut2} = 0,01506 + j0,07173\,pu \text{ (na base } P_b)$$

Logo, a impedância em paralela resultante dos dois transformadores vale:

$$\vec{Z}_{ut} = \frac{(R_{ut1} + jX_{ut1}) \times (R_{ut2} + jX_{ut2})}{(R_{ut1} + jX_{ut1}) + (R_{ut2} + jX_{ut2})}$$

$$\vec{Z}_{ut} = \frac{(0,0110 + j0,0538) \times (0,01506 + j0,07173)}{(0,0110 + j0,0538) + (0,01506 + j0,07173)} = \frac{0,00402 \angle 156,58°}{0,12821 \angle 78,27°} = 0,03135 \angle 78,31°$$

$$\vec{Z}_{ut} = 0,00635 + j0,03070\,pu$$

A impedância dos circuitos entre os transformadores e o QGF foi desconsiderada por ser de pequeno valor.

d) **Impedância do circuito de alimentação do CCM1**
  - Resistência (R_{uc1})

$$R_{u\Omega} = 0,0781 \text{ m}\Omega/\text{m (Tabela 3.22)}$$

$$R_{uc1} = \frac{R_{u\Omega} \times L_{c1}}{1.000 \times N_{c1}} \times \frac{P_b}{1.000 \times V_b^2}$$

$$R_{uc1} = \frac{30 \times 0,0781}{3 \times 1.000} \times \frac{1.000}{1.000 \times 0,44^2} = 0,00403\,pu$$

  - Reatância (X_{uc1})

$$X_{u\Omega} = 0,1068 \text{ m}\Omega/\text{m (Tabela 3.22)}$$

$$X_{uc1} = \frac{X_{u\Omega} \times L_{c1}}{1.000 \times N_{c1}} \times \frac{P_b}{1.000 \times V_b^2}$$

$$X_{uc1} = \frac{30 \times 0,1068}{3 \times 1.000} \times \frac{1.000}{1.000 \times 0,44^2} = 0,00551\,pu$$

$$\vec{Z}_{uc1} = R_{uc1} + jX_{uc1} = 0{,}00403 + j0{,}00551\ pu$$

e) **Impedância do circuito de alimentação do CCM2**

- Resistência (R_{uc2})

$$R_{u\Omega} = 0{,}0958\ \text{m}\Omega/\text{m}\ (\text{Tabela 3.22})$$

$$R_{uc2} = \frac{80 \times 0{,}0958}{4 \times 1.000} \times \frac{1.000}{1.000 \times 0{,}44^2} = 0{,}00989\ pu$$

- Reatância (X_{uc2})

$$X_{u\Omega} = 0{,}1070\ \text{m}\Omega/\text{m}\ (\text{Tabela 3.22})$$

$$X_{uc2} = \frac{80 \times 0{,}1070}{4 \times 1.000} \times \frac{1.000}{1.000 \times 0{,}44^2} = 0{,}01105\ pu$$

$$\vec{Z}_{uc2} = R_{uc2} + jX_{uc2} = 0{,}00989 + j0{,}01105\ pu$$

f) **Impedância do circuito de alimentação do motor de 475 cv (2×3#240 mm²)**

- Resistência (R_{uc3})

$$R_{u\Omega} = 0{,}0958\ \text{m}\Omega/\text{m}\ (\text{Tabela 3.22})$$

$$R_{uc3} = \frac{28 \times 0{,}0958}{2 \times 1.000} \times \frac{1.000}{1.000 \times 0{,}44^2} = 0{,}00692\ pu$$

- Reatância (X_{uc3})

$$X_{u\Omega} = 0{,}1070\ \text{m}\Omega/\text{m}\ (\text{Tabela 3.22})$$

$$X_{uc3} = \frac{28 \times 0{,}1070}{2 \times 1.000} \times \frac{1.000}{1.000 \times 0{,}44^2} = 0{,}00773\ pu$$

$$\vec{Z}_{uc3} = R_{uc3} + jX_{uc3} = 0{,}00692 + j0{,}00773\ pu$$

g) **Impedância do circuito de alimentação do motor de 300 cv (2×3#150 mm²)**

- Resistência (R_{uc4})

$$R_{u\Omega} = 0{,}1502\ \text{m}\Omega/\text{m}\ (\text{Tabela 3.22})$$

$$R_{uc4} = \frac{25 \times 0{,}1502}{2 \times 1.000} \times \frac{1.000}{1.000 \times 0{,}44^2} = 0{,}00969\ pu$$

- Reatância (X_{uc4})

$$X_{u\Omega} = 0{,}1074\ \text{m}\Omega/\text{m}\ (\text{Tabela 3.22})$$

$$X_{uc4} = \frac{25 \times 0{,}1074}{2 \times 1.000} \times \frac{1.000}{1.000 \times 0{,}44^2} = 0{,}00693\ pu$$

$$\vec{Z}_{uc4} = R_{uc4} + jX_{uc4} = 0{,}00969 + j0{,}00693\ pu$$

h) **Impedância dos motores**

- Motor de 475 cv

$$R_{um1} \cong 0\ (\text{valor muito pequeno quando comparado com a impedância})$$

$$I_p/I_{nm} = 7,6$$

$$X_{um} = \frac{I_{nm}}{I_p} = \frac{1}{7,6} = 0,131\, pu \quad \text{(na base de 475 cv)}$$

$$P_{nm} = \frac{P_{mcv} \times 0,736}{\eta \times F_p} = \frac{475 \times 0,736}{0,96 \times 0,89} = 409,1 \text{ kVA}$$

$$X_{um1} = X_{um} \times \frac{P_b}{P_{nm}} = 0,131 \times \frac{1.000}{409,1} = 0 + j0,320\, pu$$

$$\vec{Z}_{um1} = 0 + j0,320\, pu$$

- Motor de 300 cv

$R_{um2} = 0$ (valor muito pequeno quando comparado com a impedância)
$I_p/I_{nm} = 6,8$;

$$X_{um} = \frac{I_{nm}}{I_p} = \frac{1}{6,8} = 0,147\, pu \quad \text{(na base de 300 cv)}$$

$$P_{nm} = \frac{P_{mcv} \times 0,736}{\eta \times F_p} = \frac{300 \times 0,736}{0,96 \times 0,88} = 261,3 \text{ kVA}$$

$$\vec{X}_{um2} = X_{um} \times \frac{P_b}{P_{nm}} = 0,147 \times \frac{1.000}{261,3}$$

$$\vec{Z}_{um2} = 0 + j0,562\, pu$$

i) Corrente de partida

- Motor de 475 cv (ligado ao CCM2)

$$\vec{Z}_{uc} = \text{impedância dos condutores + motor}$$

$$\vec{Z}_{m1} = (0,000314 + j0,0028425) + (0,00635 + j0,03070) + (0,00989 + j0,01105) +$$
$$+ (0,00692 + j0,00773) + (0 + j0,320)$$

$$\vec{Z}_{m1} = 0,02347 + j0,37232\, pu$$

$$\vec{I}_{p1} = \frac{1}{\vec{Z}_{us} + \vec{Z}_{ut} + \vec{Z}_{uc} + \vec{Z}_{ub} + \vec{Z}_{umb}} = \frac{1}{\vec{Z}_{m1}} = \frac{1}{0,02347 + j0,37232} = 2,68054\angle -86,39\, pu$$

- Motor de 300 cv (ligado ao CCM1)

$$\vec{Z}_{m2} = (0,000314 + j0,0028425) + (0,00635 + j0,03070) + (0,00403 + j0,00551) +$$
$$+ (0,00969 + j0,00693) + (0 + j0,562)$$

$$\vec{Z}_{m2} = 0,02038 + j0,60798\, pu$$

$$\vec{I}_{p2} = \frac{1}{\vec{Z}_{us} + \vec{Z}_{ut} + \vec{Z}_{uc} + \vec{Z}_{ub} + \vec{Z}_{umb}} = \frac{1}{\vec{Z}_{m2}} = \frac{1}{0,02038 + j0,60798} = 1,64386\angle -88,08°\, pu$$

j) Queda de tensão nos terminais dos motores partindo isoladamente

– Motor de 475 cv (ligado ao CCM2)

$$\Delta \vec{V}_{um1} = (\vec{Z}_{us} + \vec{Z}_{ut} + \vec{Z}_{uc} + \vec{Z}_{ub}) \times \vec{I}_{p1} \quad \rightarrow \quad \Delta \vec{V}_{um1} = \vec{Z}_{ut1} \times \vec{I}_{p1}$$

$$\vec{Z}_{ut1} = (0,000314 + j0,0028425) + (0,00635 + j0,03070) + (0,00989 + j0,01105) +$$
$$+ (0,00692 + j0,00773) = 0,02347 + j0,052322 = 0,05734 \angle 65,84°$$

$$\Delta \vec{V}_{um1} = \vec{Z}_{ut1} \times \vec{I}_{p1} = (0,05734 \angle 65,84°) \times (2,68054 \angle -86,39°) = 0,1537 \angle -20,55° \ pu$$

Logo, a queda de tensão nos terminais do motor de 475 cv vale 15,3 %.

- Motor de 300 cv (ligado ao CCM1)

$$\Delta \vec{V}_{um2} = (\vec{Z}_{us} + \vec{Z}_{ut} + \vec{Z}_{uc} + \vec{Z}_{ub}) \times \vec{I}_{p2} \rightarrow \Delta \vec{V}_{um2} = \vec{Z}_{ut2} \times \vec{Z}_{p2}$$

$$\vec{Z}_{um2} = (0,000314 + j0,0028425) + (0,00635 + j0,03070) + (0,00403 + j0,00551) +$$
$$+ (0,00969 + j0,00693) = (0,02038 + j0,04598) = 0,05029 \angle 66,09 \ pu$$

$$\Delta \vec{V}_{um2} = Z_{um2} \times I_{p2} = (0,05029 \angle 66,09) \times (1,5395 \angle -71,46°) = 0,0774 \angle -5,37° \ pu$$

Logo, a queda de tensão nos terminais do motor de 300 cv vale 7,7 %.

k) **Queda de tensão nos terminais dos motores de 300 e 475 cv partindo simultaneamente.**

O processo de cálculo pode ser entendido facilmente, analisando-se o diagrama de blocos simplificado da Figura 7.40. Determina-se, inicialmente, a queda de tensão no ponto A (barra do QGF) com base na soma das correntes de partida dos dois motores e as quedas de tensão devido à corrente de partida de cada motor no seu ramal de alimentação correspondente. Em seguida soma-se a queda de tensão em cada ramal à queda de tensão no ponto A, obtendo-se a queda de tensão no ponto de conexão de cada motor.

l) Queda de tensão no ponto A devido à partida simultânea dos dois motores

$$\vec{I}_{pt} = \vec{I}_{p1} + \vec{I}_{p2} = \frac{1}{\vec{Z}_{p1}} + \frac{1}{\vec{Z}_{m2}} = \frac{1}{0,02347 + j0,37232} + \frac{1}{0,02038 + j0,60798} =$$
$$= 4,32397 \angle -87,03° \ pu$$

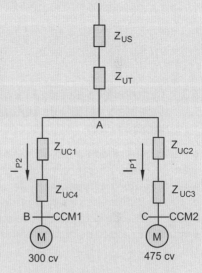

Figura 7.40 Diagrama unifilar básico.

A queda de tensão até o ponto A da Figura 7.40, vale:

$$\Delta \vec{V}_{um} = (Z_{us} + Z_{ut}) \times I_{pt} = \left[(0,000314 + j0,0028425) + (0,00635 + j0,03070)\right] \times 4,32397 \angle -87,03° \ pu$$

$$\Delta \vec{V}_{um} = 0,13896 \angle -14,23° \ pu \rightarrow |\Delta V_{um}| = 13,8 \ \%$$

m) Queda de tensão no ramal A-B (motor de 300 cv)

$$\Delta \vec{V}_{um} = \left(\vec{Z}_{uc1} + \vec{Z}_{uc4}\right) \times \vec{I}_{p2}.$$

$$\Delta \vec{V}_{um} = \left[(0,00403 + j0,00551) + (0,00969 + j0,00693)\right] \times (1,5595 \angle -71,46°)$$

$$\Delta \vec{V}_{um} = 0,02888 \angle -29,26° \ pu \rightarrow |\Delta V_{um}| = 2,8 \ \%$$

n) Queda de tensão no ramal A-C (motor de 475 cv)

$$\Delta \vec{V}_{um} = (\vec{Z}_{uc2} + \vec{Z}_{uc3}) \times \vec{I}_{p1}$$

$$\Delta \vec{V}_{um} = [(0,00989 + j0,01145) + (0,00692 + j0,00773)] \times (2,68054 \angle -86,39°)$$

$$\Delta \vec{V}_{um} = 0,06836 \angle -37,62° \rightarrow |\Delta V_{um}| = 6,8\%$$

o) Comparação entre as quedas de tensão nos terminais dos motores sem e com a partida simultânea dos motores

- Motor de 300 cv

$$\Delta \vec{V}_{sps} = |\Delta V_{um}| = 7,7\% \text{ sem partida simultânea [Exemplo de aplicação (7.13), item j]}$$

$$\Delta \vec{V}_{cps} = |\Delta V_{um}| = 14,7 + 2,8\% = 17,5\% \text{ com partida simultânea [Exemplo de aplicação (7.13), item m]}$$

- Motor de 475 cv

$$\Delta \vec{V}_{sps} = |\Delta V_{um}| = 15,3\% \text{ sem partida simultânea [Exemplo de aplicação (7.13), item j]}$$

$$\Delta \vec{V}_{cps} = |\Delta V_{um}| = 14,7 + 6,8\% = 21,5\% \text{ com partida simultânea [Exemplo de aplicação (7.13), item n]}$$

7.7.3 Contribuição da carga na queda de tensão durante a partida de motores elétricos de indução

Até então, não se deu a importância merecida à contribuição da carga no processo que resulta na queda de tensão durante o acionamento de um motor de indução, isto é, à diferença na queda de tensão entre ligar o motor com toda a carga do projeto ligada ou ligar o mesmo motor antes de ligar a referida carga.

Em uma instalação industrial em plena operação, quando se aciona um motor de grande potência, a carga existente pode contribuir, moderadamente, para a queda de tensão durante a sua partida. Se existe dificuldade na partida do motor com as outras cargas ligadas, é aconselhável acionar inicialmente o motor de grande porte para posteriormente processar a ligação das demais cargas.

Exemplo de aplicação (7.14)

Considerar o Exemplo de aplicação (7.13). Simular a partida do motor de 475 cv com os demais motores do CCM2 em operação. Depois, considerar também os motores do CCM1 em carga plena. Considerar que todos os motores tenham fator de potência 0,86 e rendimento 0,95.

a) Corrente de carga nominal dos motores

$$P_{50} = \frac{50 \times 0,736}{0,86 \times 0,95} = 45,0 \text{ kVA} \rightarrow I_{50} = \frac{45,0}{\sqrt{3} \times 0,44} = 59,0 \text{ A}$$

$$P_{75} = \frac{75 \times 0,736}{0,86 \times 0,95} = 67,5 \text{ kVA} \rightarrow I_{75} = \frac{67,5}{\sqrt{3} \times 0,44} = 88,5 \text{ A}$$

$$P_{100} = \frac{100 \times 0,736}{0,86 \times 0,95} = 90,0 \text{ kVA} \rightarrow I_{100} = \frac{90,0}{\sqrt{3} \times 0,44} = 118,0 \text{ A}$$

$$P_{220} = \frac{220 \times 0,736}{0,86 \times 0,95} = 198,1 \text{ kVA} \quad \rightarrow \quad I_{220} = \frac{198,1}{\sqrt{3} \times 0,44} = 259,9 \text{ A}$$

$$P_{300} = \frac{300 \times 0,736}{0,86 \times 0,95} = 270,2 \text{ kVA} \quad \rightarrow \quad I_{300} = \frac{270,2}{\sqrt{3} \times 0,44} = 354,5 \text{ A}$$

$$P_{475} = \frac{475 \times 0,736}{0,86 \times 0,95} = 427,9 \text{ kVA} \quad \rightarrow \quad I_{475} = \frac{427,9}{\sqrt{3} \times 0,44} = 561,4 \text{ A}$$

b) **Corrente de carga do CCM2, exceto a do motor de 475 cv e os motores ligados ao CCM1.**

Considerando-se os fatores de potência de cada motor, a corrente de carga correspondente vale:

$$I_{a1} = 2 \times 59,0 \times 0,86 + 3 \times 88,5 \times 0,86 + 2 \times 118,0 \times 0,86 + 1 \times 259,9 \times 0,86 = 756,28 \text{ A}$$

$$I_{r1} = 2 \times 59,0 \times 0,51 + 3 \times 88,5 \times 0,51 + 2 \times 118,0 \times 0,51 + 1 \times 259,9 \times 0,51 = 448,49 \text{ A}$$

$$I_{t1} = I_{a1} + jI_{r1} = 680,97 + j757,80 = 1.018,81 \angle 48,05° \text{ A}$$

Para as condições de base, as correntes ativas e reativas, em pu, valem:

$$I_b = \frac{P_b}{\sqrt{3} \times V_b} = \frac{1.000}{\sqrt{3} \times 0,44} = 1.312 \text{ A}$$

$$I_{acp} = \frac{756,28}{1.312} = 0,576 \ pu$$

$$I_{rcp} = \frac{448,49}{1.312} = 0,341 \ pu$$

$$\vec{I}_{ut} = I_{acp} + jI_{rcp} = 0,576 + j0,341 = 0,6693 \angle 30,62° \ pu$$

c) **Queda de tensão na partida do motor de 475 cv com toda a carga somente do CCM2 ligada**

Considerando-se um fator de potência de 0,40 durante a partida do motor de 475 cv, obtêm-se as respectivas correntes ativa e reativa, em pu.

- Corrente de partida do motor de 475 cv

$$I_{p1} = 2,68054 \ pu \text{ (sem contribuição da carga – veja a seção j do item 7.7.2)}$$

$$I_{a1p} = 2,68054 \times 0,40 = 1,0720 \ pu \text{ (corrente ativa da carga)}$$

$$I_{r1p} = 2,68054 \times 0,91 = 2,4392 \ pu \text{ (corrente reativa da carga)}$$

- Corrente que flui para o CCM2 durante a partida do motor de 475 cv

$$\vec{I}_{ta} = I_{acp} \times jI_{ap1} = 0,576 + j1,0720 = 1,21695 \angle 61,75° \ pu$$

$$\vec{I}_{tr} = I_{rcp} \times jI_{r1p} = 0,341 + j2,4392 = 2,4629 \angle 82,04° \ pu$$

$$\vec{I}_{tt} = 1,2169 \angle 61,75° + 2,4629 \angle 82,04° = 3,6289 \angle 75,36° \quad \rightarrow \quad |I| = 3,6289 \ pu \text{ (com contribuição da carga).}$$

- Queda de tensão nos terminais do motor de 475 cv com a contribuição da carga somente a do CCM2
Neste caso, todos os motores do CCM2 estão em operação, com exceção do motor de 475 cv.

$$\Delta \vec{V}_{u2} = \vec{Z}_{ccm2} \times \vec{I}_t = [(0,000314 + j0,0028425) + (0,00635 + j0,03070) + (0,00989 + j0,01105) +$$
$$+ (0,00692 + j0,00773)] \times (3,6289 \angle 75,36°)$$

$$\Delta \vec{V}_{u2} = (0,02347 + j0,05232) \times (3,6289 \angle 75,36°) = 0,20809 \angle 155,83° \ pu \quad \rightarrow \quad |\Delta V_{u2}| = 20,8\,\%$$

d) **Corrente de carga do CCM1, exceto a do motor de 300 cv**

Considerando-se os fatores de potência de cada motor a corrente de carga correspondente vale:

- Corrente de carga do CCM1

$$I_{a2} = 1 \times 59,0 \times 0,86 + 1 \times 259,9 \times 0,86 = 274,2 \ A$$

$$I_{r2} = 1 \times 59,0 \times 0,51 + 1 \times 259,9 \times 0,51 = 162,6 \ A$$

$$I_{t2} = I_{t2} + jI_{t2} = 274,2 + j162,6 = 318,7 \angle 20,66° \ A$$

$$I_{acp} = \frac{274,2}{1.312} = 0,208 \ pu$$

$$I_{rcp} = \frac{162,6}{1.312} = j0,123 \ pu$$

$$\vec{I}_{ut} = I_{acp} + jI_{rcp} = 0,208 + j0,123 = 0,2416 \angle 30,59° \ pu$$

e) **Queda de tensão na partida do motor de 300 cv com toda a carga somente do CCM1 ligada**

Considerando-se um fator de potência e 0,40 durante a partida do motor de 300 cv, obtêm-se as correntes ativas e reativas respectivas, em pu.

- Corrente de partida do motor de 300 cv

$$I_{p2} = 1,5395 \ pu \ (\text{ver seção i do item 7.7.2})$$

$$I_{a2p} = 1,5395 \times 0,40 = 0,61580 \ pu \ (\text{corrente ativa})$$

$$I_{r2p} = 1,5395 \times 0,91 = 1,40095 \ pu \ (\text{corrente reativa})$$

- Corrente que flui para o CCM1 durante a partida do motor de 300 cv

$$I_{ta2} = I_{acp} + jI_{ap2} = (0,208 + j0,123) + (0,61580 + j1,40095) = 1,7323 \angle 61,60° \ pu$$

- Queda de tensão durante a partida do motor de 300 cv com a contribuição da carga

$$\Delta \vec{V}_{u1} = \vec{Z}_{ccm1} \times \vec{I}_{p2} = (0,000314 + j0,0028425) + (0,00635 + j0,03070) + (0,00403 + 0,00551) +$$
$$+ (0,00969 + j0,00693) \times 1,7323 \angle 61,60° \ pu$$

$$\Delta \vec{V}_{u1} = (0,02038 + j0,04598) \times (1,7323 \angle 61,60°) = 0,08712 \angle 127,69° \ pu$$

$$|\Delta V_{u1}| = 0,08712 \ pu = 8,1\,\%$$

f) **Comparação entre as quedas de tensão nos terminais dos motores sem e com a contribuição das cargas**

- Motor de 300 cv

$$|\Delta V_{uma}| = 7,7\,\% \ \text{sem contribuição da carga [Exemplo de aplicação (7.13), item j]}$$

$$|\Delta V_{umb}| = 8,1\,\% \ \text{[Exemplo de aplicação (7.13), item m] com a contribuição da carga}$$

$$|\Delta V| = 8,1 - 7,7 = 0,40\,\%$$

- Motor de 475 cv

$$|\Delta V_{umc}| = 15,3\,\% \ \text{sem contribuição da carga [Exemplo de aplicação (7.13), item j]}$$

$|\Delta V_{umd}| = 16,6\%$ [Exemplo de aplicação (7.13), item n] com partida simultânea

$$|\Delta V| = 16,6 - 15,3 = 1,3\%.$$

Conclui-se que a contribuição da carga da instalação, de forma geral, não é significativa durante a partida dos motores elétricos.

g) Contribuição das cargas dos CCM1 e CCM2 com a partida do motor de 475 kV

Podemos agora fazer uma simulação de partida do maior motor, que é 475 cv, considerando a carga total da planta industrial conectada.

- Corrente que flui do barramento do QGF devido à corrente de carga do CCM1 mais a carga do CCM2 no momento da partida do motor de 475 cv

$$\vec{I}_{tot} = \vec{I}_{pm} + \vec{I}_{ccm2} = 3,6289\angle 75,36° + 0,2416\angle 30,59° = 3,80423\angle 72,79°\ pu$$

$\vec{I}_{pm}$ = corrente de partida do motor de 475 cv com toda a carga ligada do CCM2

$\vec{I}_{ccm2}$ = corrente da carga ligada ao CCM1

- Queda da tensão nos terminais do motor de 475 cv com a contribuição de todas as cargas

$$\Delta \vec{V}_{u2} = (0,02347 + j0,05223) \times (3,80423\angle 72,79°) = 0,21783\angle 138,59°\ pu \rightarrow \quad |\Delta V_{u2}| = 21,7\%$$

A queda de tensão nos terminais do motor de 475 cv foi elevada de 16,6% para 21,7% com a contribuição da carga do CCM1.

7.8 Escolha da tensão nominal de motores de potência elevada

Quando se trata de projetos industriais, nos quais há motores de potência elevada, superiores a 500 cv, é necessário selecionar criteriosamente a tensão nominal a ser escolhida, a fim de assegurar as condições de partida adequadas na rede secundária de alimentação.

Em geral, os motores de até 600 cv são fabricados em baixa-tensão, ou seja: 220, 380 e 440 V. Os motores solicitados acima dessa potência são fabricados sob encomenda e, normalmente, são de média tensão. Motores abaixo de 600 cv solicitados em média tensão muitas vezes têm projetos específicos. Esses limites de tensão e potência obedecem, a rigor, a requisitos econômicos.

Quando se projeta a instalação de um motor de potência elevada, como se sabe, é necessário determinar a queda de tensão durante a sua partida, tanto na rede de suprimento da concessionária, como na rede interna da planta. Se a queda de tensão, durante a partida, estiver acima dos limites permitidos pela concessionária, será necessário estudar um meio de acionamento adequado, sendo isto possível em função dos requisitos operacionais de carga. Caso contrário, faz-se necessário especificar um motor de baixa corrente de partida, por exemplo, de letra código A. Entretanto, se a queda de tensão na rede da concessionária permite o acionamento direto, e o mesmo não acontece com a instalação interna, o que é mais comum de ocorrer, pode-se especificar a tensão nominal do referido motor com um valor mais elevado, por exemplo, 2.200, 4.160 ou 6.600 V, dependendo da necessidade de manter a queda de tensão em nível inferior ao máximo exigido para aquela instalação em particular.

Nas instalações em que inexistam, em geral, equipamentos de grande sensibilidade às quedas de tensão de curta duração, podem-se permitir acionamentos de motores de grande potência que provoquem quedas de tensão acima dos limites de operação das bobinas dos contatores e relés. Nesses casos, projeta-se um sistema em corrente contínua a partir de uma fonte formada por um banco de baterias ligado a um retificador-carregador. A tensão do circuito de corrente contínua normalmente empregada é de 24, 48, 125 ou de 220 V, sabendo-se que a mais frequente é a de 125 V. Os amperes-horas do banco são função da potência consumida pela carga a ser ligada nesse sistema. Portanto, todas as bobinas dos contatores devem ser especificadas para ser ligadas no circuito de corrente contínua que está isento dos efeitos das quedas de tensão no sistema alimentador, devido ao acionamento dos motores. Para tensões de 6,6 kV e superiores, em vez de contatores são utilizados disjuntores dotados de relés secundários digitais, alimentados em corrente contínua.

Deve-se alertar para o fato de que, durante a queda de tensão na partida de um motor, o conjugado dos motores em operação reduz com o quadrado da tensão, podendo ocorrer o travamento dessas máquinas.

Em geral, em instalações que contêm grandes máquinas, há necessidade da aplicação de um sistema de proteção pela utilização de relés digitais, o que por si já justifica a aquisição do sistema de corrente contínua.

A Figura 7.41, que representa um esquema unifilar simplificado, resume as informações anteriores.

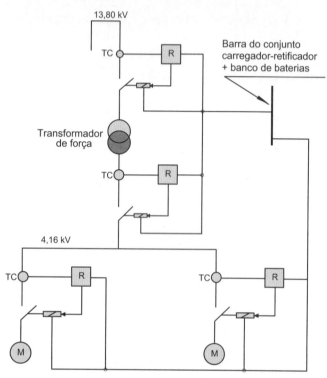

Figura 7.41 Esquema básico de partida de motores com elevada queda de tensão.

7.9 Sobretensões de manobra

Os motores de indução com rotor em curto-circuito podem provocar no sistema de alimentação severos níveis de sobretensão quando são desligados da rede durante o processo de partida direta. Também, quando os motores, acionados diretamente da rede e sem carga no eixo, são desligados, podem ocorrer fortes sobretensões de manobra que devem ser evitadas.

O desligamento súbito dos motores assíncronos deve-se principalmente ao rotor travado, à partida para verificação do sentido da rotação, à atuação intempestiva do relé de proteção e até ao acionamento por descuido.

O fator principal da ocorrência de sobretensões deve-se às interrupções de correntes altamente indutivas, como se verifica na partida dos motores elétricos de indução. As sobretensões dependem do valor instantâneo da tensão aplicada aos terminais do motor, quando ocorre a passagem da corrente por zero. Assim também, a configuração do sistema supridor, associada às condições construtivas do disjuntor, contribui fortemente para determinar a amplitude da sobretensão. Outro fator importante é a corrente de desligamento do motor que, quanto maior, mais severa é a amplitude das sobretensões.

7.10 Controle de velocidade de motores de indução

Ao se analisar a Equação (7.63), percebe-se que há dois métodos básicos de variação da velocidade dos motores de indução, que podem ser pela variação do número de polos ou pela frequência. No primeiro método, a variação da velocidade se dá de maneira discreta, como é óbvio, na proporção 1:2; no segundo, a velocidade pode variar de forma contínua com a variação da frequência.

7.10.1 Conexão Dahlander

Este método de partida implica a utilização de um motor de indução de construção específica, em que, na maioria dos casos, cada enrolamento de fase é constituído de duas bobinas ligadas em série, com o ponto médio acessível e os mesmos enrolamentos ligados em triângulo ou dupla estrela.

O princípio fundamental desse tipo de acionamento baseia-se na seguinte expressão:

$$W_S = \frac{2 \times F}{P} \times (1-S) \qquad (7.63)$$

W_s = velocidade angular síncrona do motor, em rps;
F = frequência da rede, em Hz;
P = número de polos;
S = escorregamento.

Há três formas de ligação de um motor Dahlander que resultam em três diferentes condições operacionais, ou seja:

a) **Conjugado constante**

Para obter a velocidade inferior nessa condição, o motor deve ser ligado em delta de acordo com a Figura 7.42. Para obter a velocidade superior, deve-se ligar o bobinado em dupla estrela, conforme Figura 7.43. A relação de potência é de aproximadamente 0,63:1, e o torque permanece constante nas duas velocidades. Portanto, se a potência do motor em questão for de 100 cv na velocidade superior, ou seja, em baixa velocidade, a sua potência será de apenas 63 cv. No entanto, em ambas as conexões o conjugado máximo é basicamente o mesmo.

b) **Potência constante**

Para obter a velocidade inferior nessa condição, o motor deve ser ligado em dupla estrela de acordo com a Figura 7.44. Para obter a velocidade superior, deve-se ligar o bobinado em delta, conforme Figura 7.45. A relação de conjugado é de 1:2, e a potência permanece constante nas duas velocidades.

c) Conjugado variável

Para obter a velocidade inferior nessa condição, o motor deve ser ligado em estrela, de acordo com a Figura 7.46.

Para obter a velocidade superior, deve-se ligar o bobinado em dupla estrela em série, conforme Figura 7.47. A relação de potência é de 1:4, e o conjugado varia nas duas

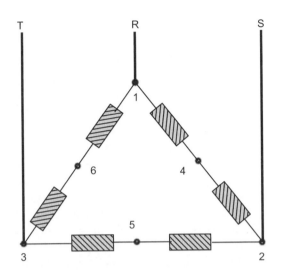

Figura 7.42 Conexão delta: conjugado constante.

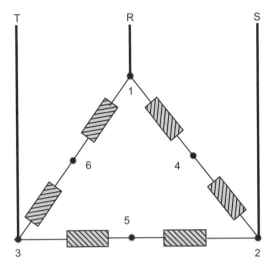

Figura 7.45 Conexão delta: potência constante.

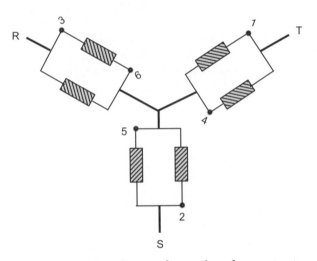

Figura 7.43 Conexão estrela: conjugado constante.

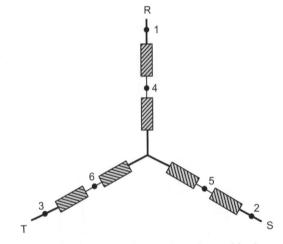

Figura 7.46 Estrela: conjugado variável.

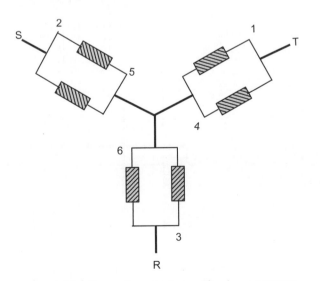

Figura 7.44 Conexão estrela: potência constante.

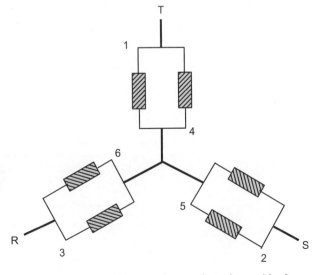

Figura 7.47 Dupla estrela: conjugado variável.

velocidades. Tem larga aplicação na operação de bombas que regulam a sua capacidade de acordo com a vazão necessária ao processo.

No caso de motores de 8 polos, a partida realizada na conexão síncrona em Δ é de 900 rpm. Alterando-se a conexão de Δ para YY, obtêm-se P = 4 polos, em que a velocidade síncrona é de 1.800 rpm.

Utilizando-se a Equação (7.63) para um escorregamento de 1,5 %, temos:

- Em baixa velocidade

$$W_S = \frac{2 \times F}{P} \times (1 - 0,015) = \frac{2 \times 60}{8} \times 0,985 = 14,77 \text{ rps}$$

$$W_s = 14,77 \times 60 = 886 \text{ rpm}$$

- Em alta velocidade

$$W_S = \frac{2 \times F}{P} \times (1 - 0,015) = \frac{2 \times 60}{4} \times 0,985 = 29,55 \text{ rps}$$

$$W_s = 29,5 \times 60 = 1.770 \text{ rpm}$$

7.10.2 Inversores de frequência

Os inversores de frequência são dispositivos eletrônicos empregados na operação de motores elétricos de rotor em curto-circuito que convertem a amplitude da frequência e da tensão, originalmente fixas, em largas faixas de amplitudes variáveis.

Os inversores são largamente empregados nas seguintes condições:

- controle da velocidade angular dos motores;
- controle do conjugado motor;
- partida dos motores quando não é possível partida por outros meios de compensação;
- operação de motores em partidas e paradas suaves;
- controle e regulação do golpe de aríete em sistemas de bombeamento de água.

Os inversores de frequência funcionam por intermédio da retificação da tensão alternada do alimentador do motor por meio de seis tiristores, modulando a largura do pulso resultante e gerando uma corrente trifásica de frequência e tensão variáveis. Todo esse processo é realizado por microprocessador, o que permite que o motor forneça a sua potência no eixo com o maior desempenho possível, dentro de uma faixa de velocidade que pode variar, por exemplo, entre 0 e 1.800 rpm para motores de 4 polos. Para realizar essas tarefas, o processador utiliza um algoritmo de controle vetorial de fluxo que, por meio dos parâmetros do motor e das variáveis operacionais, como tensão, corrente e frequência, realiza um controle fino do fluxo magnético rotórico e consequentemente estatórico, de forma a manter constante esse fluxo, independentemente da frequência de rede de alimentação. A ilustração da Figura 7.48 mostra de forma didática o funcionamento de um inversor

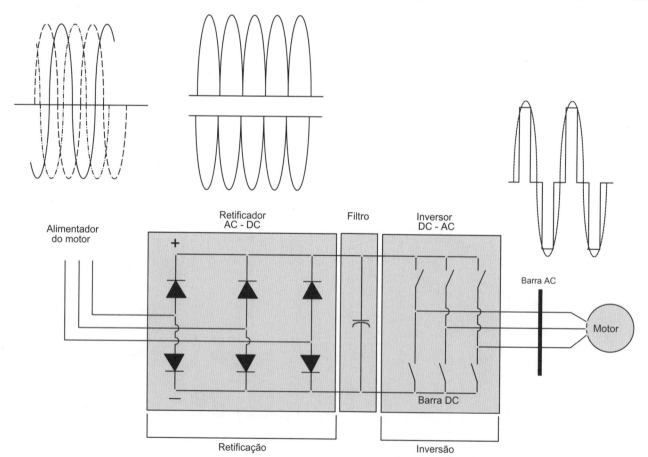

Figura 7.48 Esquema ilustrativo de um inversor de frequência.

de frequência, iniciando-se pelo alimentador do motor na tensão de frequência alternada que alimenta diretamente um retificador com 6 diodos, também denominado conversor de 6 pulsos, seguindo-se de um filtro constituído de capacitores que absorvem a ondulação de corrente alternada e que fornece uma tensão contínua com uma pequena ondulação no inversor que converte a tensão em corrente contínua para corrente alternada por meio de transistores de saída não mostrados na ilustração. De acordo com a ilustração da Figura 7.48, observa-se que a tensão nos terminais do inversor tem uma forma retangular que será aplicada aos terminais do motor, que é fabricado para ser alimentado por uma senoide aproximadamente perfeita. Essa deformação senoidal traz consequências para o motor, notadamente pelo aumento das perdas elétricas.

Na grande parte das aplicações, o inversor é utilizado para alterar a velocidade no eixo do motor. Partindo das condições de funcionamento à plena tensão e frequência industrial, pode-se reduzir a frequência nos terminais do inversor pela redução do número de comandos para chaveamento dos transistores de saída (não mostrados na ilustração da Figura 10.48). Ao reduzir a frequência, deve-se reduzir a tensão ao mesmo tempo, mantendo-se constante a relação V/F, conservando-se as características operacionais básicas do motor. Para reduzir a tensão, deve-se utilizar a técnica de modulação de largura por pulso que é o processo em que se gera uma sequência de pulso de comando, de forma ordenada, para as chaves bidirecionais, com o objetivo de gerar diferentes níveis de tensão nos terminais do inversor.

Há uma inter-relação empírica entre a frequência de pulsação do conversor e a degradação da isolação do motor acionado por inversores de frequência. Se a pulsação do conversor for muito elevada, poderá afetar a vida útil do motor, como consequência da depreciação de suas características isolantes.

Quanto maior a frequência de pulsação do conversor, mais rápida será a degradação do sistema isolante. A dependência do tempo de vida útil do isolamento em função da frequência de pulsação não é uma relação simples, como pode ser constatado por ensaios experimentais.

Os motores de indução, como se sabe, são robustos, de fácil manutenção e de custo reduzido quando comparados com os demais. Já os motores de corrente contínua são caros e de manutenção frequente e onerosa.

De forma simplificada, podemos representar o inversor de frequência de acordo com a Figura 7.49.

A maioria das aplicações dos inversores de frequência está relacionada com os motores de indução de rotor em curto-circuito. No entanto, os inversores poderão ser aplicados aos motores de indução com rotor bobinado.

Nas indústrias de química e petroquímica, cimento, siderurgia, têxtil, bebidas etc., é amplamente utilizado o controle de velocidade dos motores elétricos em função do processo de manufaturação. Anos atrás essas questões vinham sendo resolvidas com a aplicação de motores de corrente contínua quando se desejava um controle de velocidade contínuo. Porém, com o advento da eletrônica de potência, foram desenvolvidos os inversores de frequência associados à microeletrônica, de modo a permitir o uso de motores de indução com rotor em curto-circuito em substituição aos motores de corrente contínua.

A seleção de um inversor de frequência requer o conhecimento de alguns dados técnicos sem os quais ficaria prejudicada a correta escolha do inversor para aquele determinado motor. Os principais dados são:

- tipo do motor: assíncrono com rotor em curto-circuito, assíncrono com rotor bobinado, tensões disponíveis de alimentação, potência nominal, corrente nominal e fator de serviço, se existir;
- tipo de carga: potência constante, conjugado constante, conjugado nominal e cargas especiais;
- aplicação: para um único motor ou para dois ou mais motores. Para aplicação em um único motor, devem-se determinar os ajustes das proteções; para dois ou mais motores e selecionar o inversor de frequência a partir da soma algébrica das correntes nominais dos referidos motores;
- ambiente do recinto do motor: temperatura máxima, altitude, umidade, grau de proteção requerida do inversor;
- definições necessárias para o motor: sobrecarga, curto-circuito, controle automático de velocidade ou não, condições de partida automática após uma falta de tensão na rede;
- conjugado de partida: deve-se verificar se o conjugado de partida obedece aos limites do inversor de frequência.

7.10.2.1 Operação com velocidade inferior à nominal

A grande parte dos motores de indução utilizada é do tipo rotor em gaiola de esquilo com autoventilação.

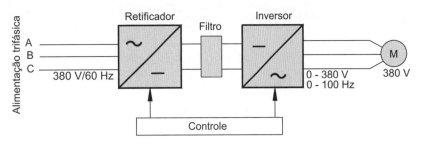

Figura 7.49 Esquema básico de um inversor de frequência.

Como se sabe, as perdas de um motor têm origem no ferro e no cobre. As perdas no cobre dependem do valor da carga acionada. Já as perdas no ferro são praticamente constantes com a variação da carga.

Quando o motor opera em condições nominais de carga e velocidade angular, as perdas no ferro e no cobre assumem os seus valores nominais. Porém, quando o motor controlado pelo inversor de frequência assume velocidades angulares inferiores à sua nominal, mantendo a carga girante, por redução do fluxo refrigerante aumentará o aquecimento no motor. Nesse caso é necessário superdimensionar a potência nominal do motor ou utilizar um motor com fator de serviço elevado, dependendo da solução da faixa de velocidade em que o motor irá operar. No entanto, se ao reduzir a velocidade angular, a carga também diminuir, como ocorre no bombeamento de líquidos feito por bombas centrífugas, a corrente decresce e, consequentemente, as perdas diminuem e compensam a deficiência de ventilação.

O conjugado é diretamente proporcional ao fluxo Φ que, por sua vez, é proporcional à relação V/F. Sendo o motor autoventilado, em velocidade reduzida e mantendo a carga, a temperatura se eleva no interior do motor, demandando a redução do torque para a manutenção da temperatura nos limites da classe de isolamento, de acordo com a Tabela 7.4.

7.10.2.2 Operação com velocidade superior à nominal

Nestas circunstâncias, a tensão é ajustada em seu valor máximo (tensão nominal), enquanto a frequência seria incrementada, devendo ser limitada pelo conjugado máximo do motor e pelos esforços mecânicos a que ficariam submetidas as partes móveis do referido motor, incluindo-se aí o próprio rolamento.

A máxima velocidade a que é possível submeter o motor, limitada pelo aumento da frequência, pode ser dada pela Equação (7.64):

$$W_{máx} = 0{,}67 \times W_{nm} \times \frac{C_{ma}}{C_{nm}} \quad (7.64)$$

C_{ma} = conjugado máximo do motor;
C_{nm} = conjugado nominal do motor;
W_{nm} = velocidade nominal do motor, em rpm.

Então, para se determinar a máxima velocidade que atingiria um motor de 600 cv/IV polos/380 V, cuja relação do conjugado máximo para o conjugado nominal C_{na}/C_{nm} é de 220 %, teremos:

$$W_{máx} = 0{,}67 \times 1.800 \times 2{,}20 = 2.653 \text{ rpm}$$

Logo, a variação da velocidade vale.

$$\Delta W = \frac{2.653 - 1.800}{1.800} \times 100 = 47{,}3 \%$$

7.10.2.3 Tipo de controle

Existem dois tipos de inversores de frequência, caracterizados pela forma de controle.

a) **Controle escalar**

É assim classificado o inversor de frequência que faz o motor operar com controle de tensão e frequência, mantendo a sua relação constante para qualquer valor da velocidade de operação. Nessa circunstância, a velocidade do motor pode variar em faixas estreitas, em função do seu escorregamento.

O inversor de frequência de controle escalar é utilizado em aplicações rotineiras que não necessitem de controle de conjugado motor, e cujo controle de velocidade esteja na faixa de 6 a 60 Hz. Acima de 60 Hz, a tensão não pode ser mais elevada, pois assim atinge a tensão da rede e se iguala à tensão nominal do motor, de conformidade com a Figura 7.50. Se elevarmos a frequência acima do valor de 60 Hz, conforme mostrado na Figura 7.51, o torque que era mantido constante inicia uma trajetória declinante devido ao enfraquecimento do campo magnético. Similarmente ao torque, a corrente também diminuirá. Se reduzirmos a frequência a um valor inferior a 30 Hz, mantendo constante a relação V/F, tanto a corrente como o torque irão diminuir e influenciar negativamente as características operacionais do motor. Essa alteração de comportamento do motor é devido à resis-

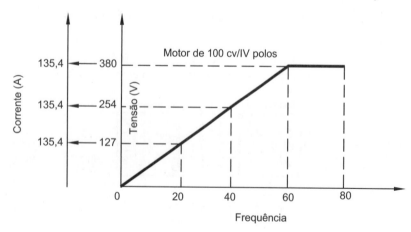

Figura 7.50 Relação constante entre tensão e frequência – motor de 100 cv/IV polos.

tência das bobinas que, nessa frequência, passa a ter um valor relevante quando comparado com a reatância. A fim de anular esse funcionamento indesejável do motor, a tensão do estator deve ser elevada como forma de compensação, de acordo com a Figura 7.52.

O inversor de controle escalar usa a velocidade do motor como sinal para fazer variar a tensão e a frequência e disparar os transistores.

Os inversores do tipo de controle escalar são aplicados em motores de indução com rotor em gaiola convencional, sem nenhum sistema de realimentação em malha fechada. São mais baratos quando comparados com os inversores de frequência com controle de melhor qualidade.

b) Controle vetorial

É assim classificado o inversor de frequência que faz o motor operar com uma elevada precisão de velocidade e uma elevada rapidez na mudança de velocidade e de conjugado e sendo, portanto, mais utilizado em máquinas operatrizes que necessitam de um rígido controle da velocidade.

Os inversores de controle vetorial são fabricados em duas versões:

- Inversores de frequência sem sensor (*Sensorless*)

Esses inversores são mais simples e não têm regulação de conjugado.

- Inversores de frequência com realimentação controlada pelo campo magnético (*encoder*)

Esses inversores podem controlar a velocidade e o conjugado motor, tomando como referência a corrente do próprio motor, sendo assim, mais empregado no controle fino de velocidade de motores. Desse modo, o inversor de controle vetorial determina a corrente do estator, a da magnetização e a corrente requerida para produzir o conjugado necessário para a operação do motor.

7.10.2.4 Tensão nominal

Deve-se utilizar o inversor de frequência com a mesma tensão nominal do motor.

Para que não se danifique o inversor de frequência, com a queima de seus diodos de entrada, deve-se preservar um desbalanceamento de tensão entre as fases inferior a 2 %.

Os motores de pequena potência, isto é, não superiores a 3 cv, podem ser alimentados por intermédio de inversores de frequência trifásicos, utilizando-se um sistema monofásico.

7.10.2.5 Corrente nominal

A corrente nominal do inversor de frequência deve ser igual ou superior à corrente nominal do motor.

A Tabela 9.19 fornece a corrente nominal de inversores de frequência de fabricação WEG. Deve-se considerar no dimensionamento de um inversor de frequência que este pode ter diferentes correntes nominais, a depender das características da carga ligada ao motor. No caso de carga do tipo conjugado variável, a capacidade de sobrecarga do inversor de frequência pode variar entre 10 e 15 %. Esse tipo de carga pode ser encontrado nos motores que acionam bombas de líquidos, como nos setores de tingimento das indústrias têxteis, estações de bombeamento etc., ou ainda nos moinhos de trigo que normalmente usam grandes ventiladores centrífugos.

7.10.2.6 Potência nominal

Os inversores de frequência fornecem um tipo de onda não inteiramente senoidal, o que implica perdas adicionais no motor de aproximadamente 15 %. No caso de motores em operação, é necessário verificar se existe capacidade de potência de reserva na percentagem anteriormente citada.

De acordo com o que já foi comentado, a potência controlada do motor por inversor de frequência pode ser calculada de acordo com a Equação (7.65):

$$P_{nm} = 1,15 \times P_{ei} \times \frac{W_{nm}}{W_{mi}} \qquad (7.65)$$

P_{nm} = potência nominal do motor, em cv;

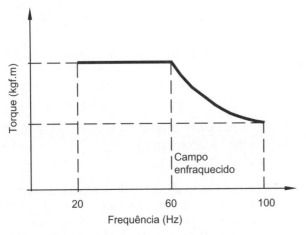

Figura 7.51 Enfraquecimento do campo magnético.

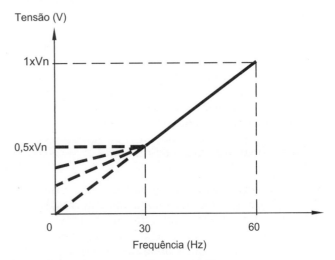

Figura 7.52 Compensação de tensão.

P_{ei} = potência mínima solicitada no eixo do motor, em cv;
W_{nm} = velocidade angular nominal do motor, em rpm;
W_{mi} = velocidade angular mínima do motor correspondente à potência mínima solicitada, em rpm.

Em geral, os inversores estáticos são dimensionados com um valor da corrente nominal superior à corrente nominal do motor, a fim de atender qualquer necessidade de sobrecarga. A Tabela 9.19 fornece os valores e características nominais dos inversores de frequência de fabricação WEG. Para mais informações sobre o equipamento deve-se acessar o seu catálogo por meio do site do fabricante.

A aplicação de chaves inversoras para controle de velocidade em motores de indução deve ser precedida de uma análise envolvendo as características técnicas do motor, condições operacionais, componentes harmônicas e outras considerações a seguir discutidas.

O uso das chaves inversoras se faz sentir notadamente nas seguintes atividades industriais:

- elevação e transporte de cargas;
- bobinamento e desbobinamento de papéis;
- laminação de aço;
- extrusão de materiais plásticos;
- indústrias têxteis.

Para que se possa utilizar um inversor de frequência é necessário que se conheçam as suas características técnicas.

O uso de inversores de frequência em motores com ventilação independente não resulta em sobreaquecimento, já que o ventilador é acionado por um motor auxiliar.

7.10.2.7 Componentes harmônicos

Os inversores de frequência são equipamentos geradores de correntes harmônicas capazes de prejudicar o desempenho das cargas conectadas ao sistema. Para evitar essa condição é necessário tomar uma das seguintes providências:

a) Determinar a potência total dos inversores de frequência. Se a potência total for inferior a 20 % da carga total instalada, deve-se conectar uma reatância em série com o inversor de frequência, normalmente ligada nos seus terminais, de modo a provocar uma queda de tensão igual a 3 % em relação à tensão composta, na condição de carregamento nominal do motor.

b) Se a potência total dos inversores for superior a 20 % do total da carga instalada é necessário realizar um estudo detalhado, envolvendo todas as cargas e a sua sensibilidade quanto ao desempenho operacional na presença de componentes harmônicas.

Não tem sido fácil para os projetistas obter informações sobre a geração de harmônicas dos fabricantes de máquinas que contêm controladores de processo. Por conseguinte, a análise anterior fica prejudicada, em grande parte dos casos, pelo desconhecimento dos valores individuais da distorção harmônica das máquinas, e que devem ser consideradas juntamente com a distorção harmônica provocada pelos inversores.

Muitos inversores de frequência já incorporam filtros harmônicos definidos pelo próprio fabricante. No entanto, no pedido de um inversor de frequência devem ser indicados os filtros necessários àquela instalação em particular. Isso nem sempre é fácil de fazer por absoluta falta de informações.

7.10.2.8 Limite de velocidade

Os motores elétricos operados por chaves inversoras de frequência podem desenvolver velocidade desde os valores mínimos necessários (imediatamente superior ao valor nulo) até o valor máximo admitido pelo fabricante do referido motor. Esse limite em geral respeita o tempo de vida útil dos rolamentos que são afetados severamente pelo regime de velocidade aplicada.

7.10.2.9 Desempenho operacional dos motores

O inversor de frequência libera para o motor uma onda senoidal distorcida em função dos componentes harmônicos, tanto de corrente como de tensão, que afetam significativamente as características dos motores de indução, em particular o seu rendimento. Para manter a elevação de temperatura do motor no âmbito de sua classe de isolamento, é necessário reduzir o conjugado por meio de um fator inferior à unidade, conforme a Tabela 7.7.

Os motores elétricos operados por inversores devem respeitar algumas condições em serviço que podem influenciar o seu desempenho, o qual está intimamente relacionado com o comportamento da carga e com as características técnicas dos inversores, ou seja:

a) Efeito das correntes harmônicas sobre os motores de indução

Quando o motor é operado por um inversor, é aplicado aos seus terminais uma tensão com conteúdo harmônico, fazendo gerar correntes harmônicas nas mesmas frequências das tensões aplicadas. Como resultado, temos:

- perdas nos enrolamentos;
- elevação da temperatura;
- redução do rendimento.

Para compensar a elevação de temperatura sofrida pelos enrolamentos, deve-se reduzir o valor do torque nominal do motor na proporção dada pela Tabela 7.7. Outra forma de compensar a elevação de temperatura é adotar um motor de maior potência.

Tabela 7.7 Fator de redução de torque por presença de harmônicos

Distorção harmônica %	Fator de redução de torque do motor
3	1,00
4	0,97
5	0,94
6	0,95
7	0,93
8	0,90
9	0,87
10	0,86
11	0,78
12	0,73

O fator de distorção harmônica de tensão pode ser determinado a partir da relação da Equação (7.66).

$$F_{dh} = 100 \times \frac{\sum_{N=2}^{n=\infty} V_h^2}{V_f} \quad (7.66)$$

V_f = tensão fundamental em seu valor eficaz;
V_h = tensão harmônica de ordem N;
N = ordem da harmônica.

Para se obter o rendimento de um motor de indução acionado por um inversor de frequência, pode-se empregar a Equação (7.67).

$$\eta_r = \frac{F_{rth}^2}{\frac{1}{\eta} + F_{rth}^2 - 1} \quad (7.67)$$

η_r = rendimento do motor funcionando com o inversor de frequência;

η = rendimento do motor suprido por onda senoidal perfeita;
F_{rth} = fator de redução de torque por distorção harmônica.

b) Efeito da variação de velocidade sobre os motores de indução

Se o motor utilizado com o inversor de frequência tiver ventilação independente, o aquecimento do motor será pouco afetado. No entanto, se o motor for do tipo autoventilado, a operação com variação de velocidade provocará a elevação da temperatura do motor, em virtude da deficiência de ventilação em baixas velocidades. A Tabela 7.8 fornece a redução de conjugado percentual dos motores em função da redução da ventilação como consequência da diminuição da rotação do motor e a redução de conjugado em função da simultaneidade da presença de harmônicos de tensão e da redução da rotação do motor. Para velocidades superiores à nominal, observa-se uma redução de conjugado motor motivada pelo enfraquecimento do campo magnético.

Exemplo de aplicação (7.15)

Um motor de 300 cv/IV polos/380 V, rendimento 0,96, deverá ser utilizado por um inversor de frequência que produz uma distorção harmônica no sistema de alimentação de 10 %. Determinar o rendimento desse motor quando acionado pelo inversor de frequência.

$$\eta_r = \frac{F_{rth}^2}{\frac{1}{\eta} + F_{rth}^2 - 1} = \frac{0,86^2}{\frac{1}{0,96} + 0,86^2 - 1} = 0,94$$

F_{rth} = 0,86 (obtida da Tabela 7.7)

Tabela 7.8 Fator de redução de torque por presença de harmônicos

Variação de velocidade %	Fator de redução de torque devido à rotação	Fator de redução de torque devido à rotação e à harmônica
10	0,64	0,60
20	0,72	0,70
30	0,83	0,77
40	0,85	0,81
50	0,88	0,85
60	0,92	0,87
70	0,96	0,90
80	1,00	0,94
90	–	0,95
100	–	0,95
110	–	0,85
120	–	0,80
130	–	0,74
140	–	0,68
150	–	0,64
160	–	0,64

Exemplo de aplicação (7.16)

Dimensionar a potência nominal de um motor de indução com rotor bobinado, 440 V/IV polos, cujo eixo está acoplado a uma bomba d'água centrífuga com capacidade de 235.000 litros por hora, recalcando água de uma profundidade de 20 m e elevando para uma caixa d'água a uma altura de 50 m. O motor é acionado por uma chave inversora de frequência que controla, em determinados momentos, a quantidade de água bombeada, variando a rotação entre 100 e 60 % do valor nominal. Foi realizada uma medida nos terminais do motor e registrada a presença de componentes harmônicos de 3ª, 5ª e 9ª ordens, com valores respectivamente iguais a 55, 44 e 39 V.

- Cálculo da potência nominal do motor sem inversor de frequência:
De acordo com a Equação (6.2), temos:

$$P_b = \frac{9,8 \times Q \times \gamma \times H}{\eta} = \frac{9,8 \times 235 \times 70}{0,82} = 196,6 \text{ kW} \rightarrow P_b = 300 \text{ cv}$$

$$H = 20 + 50 = 70 \text{ m}$$

$$Q = 235.000 \frac{l}{h} = 235 \text{ m}^3/\text{h}$$

$$\gamma = 1$$

$$\eta = 0,82$$

- Cálculo do fator de distorção harmônica devido às harmônicas de tensão:
De acordo com a Equação (7.66), temos:

$$F_{dh} = 100 \times \frac{\sqrt{\sum_{N=2}^{n=\infty} V_h^2}}{V_f} = 100 \times \frac{\sqrt{55^2 + 44^2 + 39^2}}{440} = 100 \times \frac{80,5}{440} = 100 \times 0,18 = 18 \text{ \%}$$

Partida de motores elétricos de indução

- Cálculo da potência nominal do motor acionado por inversor de frequência

Pela Tabela 7.8, determina-se o fator de redução de potência do motor, combinando os efeitos da rotação e dos harmônicos, cujo valor é de 0,87, relativo à velocidade de 60 % da nominal que é a menor rotação de operação. Logo, a potência nominal do motor deve ser de 250 cv, ou seja:

$$P_{nm} = \frac{300}{0,87} = 344,8 \text{ cv} \rightarrow P_{nm} = 350 \text{ cv (potência de motores comerciais)}$$

7.10.2.10 Partida do motor

Deve-se verificar se o motor, durante a partida, pode provocar quedas de tensão superiores a 10 %, conforme já estudado anteriormente. Além disso, deve-se verificar se o conjugado motor é suficiente para vencer o conjugado de carga. O emprego da técnica de controle de velocidade, materializada na chave inversora de frequência, possibilita satisfazer essas condições desde que se mantenha constante a relação entre a tensão e a frequência, o que resulta na manutenção do torque nominal do motor e possibilita correntes de partida muito baixas, acarretando, consequentemente, quedas de tensão modestas. Não é economicamente viável a aplicação de chaves conversoras de frequência com finalidade específica de reduzir a queda de tensão durante a partida de um motor, em situações normais. No entanto, quando são utilizadas para as finalidades de controle de velocidade, podem ser ajustadas para permitir um acionamento com quedas de tensão reduzidas.

Em geral, os motores acionados por inversores partem com frequências muito baixas, até mesmo inferiores a 10 Hz.

A manutenção constante do torque implica que:

$$\frac{V_m}{F_m} = \text{constante} \quad (7.68)$$

$$\Phi = \frac{V_m}{K \times F_m \times N} \quad (7.69)$$

V_m = tensão aplicada nos terminais do motor, em valor eficaz, em V;
K = constante que vale 4,44;
F_m = frequência absorvida pelo motor, em Hz;
N = número de espiras do enrolamento.

É necessário que o valor de Φ seja constante para que o torque resultante também se mantenha constante em toda a faixa de variação da velocidade, já que é dado pela Equação (7.70):

$$C = K \times \Phi \times I_r \times \cos\psi \quad (7.70)$$

K = constante de torque;
$I_r \times \cos\psi$ = componente ativa da corrente do rotor.

Como a potência do motor é dada pela Equação (7.71) e sendo W a velocidade angular dada na Equação (7.71), logo, reduzindo-se F_m, diminui-se W, o que, consequentemente, reduz P, já que C mantém-se constante.

$$P = C \times W \quad (7.71)$$

$$W = 2 \times \pi \times F_m \quad (7.72)$$

Exemplo de aplicação (7.17)

Considerar em uma instalação industrial uma bomba que trabalha com carga variável e que é acionada com frequência. Calcular a potência nominal do motor, sabendo-se que a bomba necessita de uma potência no eixo de 148 cv quando está operando na sua vazão mínima, o que pode ocorrer a uma velocidade de 700 rpm. O motor especificado deve ser de indução com rotor em curto-circuito, IV polos, 380 V/60 Hz, 1.800 rpm.

- Cálculo da potência nominal do motor
De acordo com a Equação (7.65), temos:

$$P_{nm} = 1,15 \times P_{ei} \times \frac{W_{nm}}{W_{mi}} = 1,15 \times 148 \times \frac{1.800}{700} = 437 \text{ cv}$$

Logo, o motor adotado será de 475 cv.

- Cálculo da frequência e tensão no motor em operação em baixa velocidade

$$\frac{V_m}{W_m} = \frac{380}{1.800} = \frac{V_m}{900}$$

– Frequência a que deverá ficar submetido o motor é de:

$$F_m = \frac{4 \times W}{120} = \frac{4 \times 900}{120} = 30 \text{ Hz}$$

– Tensão a que deverá ficar submetido o motor é de:

$$\frac{V_m}{F_m} = \frac{380}{60} = \frac{V_m}{30} \rightarrow V_m = 190 \text{ V}$$

• Cálculo da corrente de partida sem o inversor

$$K_r = \frac{190}{380} = 0,50$$

$I_{pm} = K \times I_{nm} \times K_r = 7,6 \times 610,5 \times 0,50 = 2.319$ A
$I_p/I_{nm} = K = 7,6$ (Tabela 6.4)
$I_{nm} = 610,5$ A (Tabela 6.4)

Nesse caso, o motor deve partir sem carga no eixo.

• Cálculo da tensão e da frequência para a corrente de partida igual a nominal

Como o inversor de frequência permite reduzir a velocidade angular a valores bem inferiores, pode-se regular o potenciômetro a um nível tal que reduza a corrente de partida ao mesmo valor da nominal, a fim de não acarretar perturbação no sistema, ou seja:

$$K_r = \frac{1}{7,6} = 0,1315$$

$$\frac{V_m}{380} = K_r \rightarrow V_m = 380 \times 0,1315 = 49,97 \doteq 50 \text{ V}$$

$$I_{pm} = 7,6 \times 0,1315 \times 610,5 = 610,13 \text{ A}$$

A frequência a que fica submetido o motor é de:

$$\frac{50}{380} = \frac{F}{1.800} \rightarrow F = 236,8 \text{ rpm}$$

$$F_m = \frac{4 \times W}{120} = \frac{4 \times 236,8}{120} = 7,89 \text{ Hz}$$

Nas operações de frenagem de motores acoplados a inversores de frequência, estes permitem que seja regenerada a energia resultante, que é devolvida à rede de suprimento.

7.10.2.11 Regime de funcionamento

Deve-se observar se o regime de funcionamento do motor permite manter a elevação de temperatura dentro dos limites normativos previstos para cada classe de isolamento.

7.10.2.12 Influência sobre os capacitores

Como os capacitores são afetados quando percorridos por correntes de frequência elevada, deve-se tomar cuidado para evitar que o motor seja submetido à sobre-excitação ou que surjam sobretensões no sistema.

7.10.2.13 Sobretensões no isolamento

A comutação efetuada em alta frequência provoca elevados picos de tensão que afetam a integridade do isolamento, em particular entre fases e entre fase e terra. Como a taxa de crescimento da tensão em relação ao tempo (d_v/d_t) é muito elevada, e por representar a subida rápida da tensão no processo de comutação, o isolamento entre espiras é também afetado, sendo que a primeira espira é a mais solicitada, sendo ponto de rompimento da isolação.

A garantia da integridade da isolação é dada pelo uso de um motor da classe de tensão de 600 V, com tensão suportável de pico de pelo menos 1.000 V, ou seja:

$$V_{pico} = 1,15 \times \sqrt{2} \times V_n = 1,15 \times \sqrt{2} \times 600 \cong 976 \text{ V} \cong 1.000 \text{ V}$$

O valor 1,15 representa o fator de sobretensão. É também necessário especificar um motor com tempo de subida de tensão (rise time) igual ou superior a

2 μs. Com isto, temos o valor máximo da derivada ($dv/dt = 1.000/2\ \mu s = 500\ V/\mu s$).

7.10.2.14 Limite do comprimento do circuito do motor

Uma onda de tensão que é injetada no terminal de fonte do circuito do motor e que tem determinada impedância característica, atinge o terminal de carga no qual estão ligadas as bobinas do motor, cuja impedância característica é significativamente superior à primeira, resultando no fenômeno de reflexão e refração da onda de tensão. Em função desse fenômeno, estudado no livro *Manual de Equipamentos Elétricos* do autor (LTC, 2019), o motor é submetido à elevação da tensão nos seus bornes.

A Equação (7.73) fornece o comprimento crítico do cabo, além do qual poderão surgir fenômenos perigosos para a isolação do motor.

$$L_{cr} = \frac{V_{po} \times T_{ct}}{2} \qquad (7.73)$$

V_{po} = velocidade de propagação da onda de tensão, em geral, igual a 150 m/μs;
T_{ct} = tempo de crescimento do pulso de tensão (*rise time*).

A Figura 7.53 fornece o comprimento crítico do circuito do motor em função do tempo de crescimento da tensão. Assim, o comprimento máximo que deve ter o circuito de um motor de 100 cv/IV polos para satisfazer à condição de tensão de impulso vale:

$$L_{cr} = \frac{V_{po} \times T_{ct}}{2} = \frac{150 \times 0,5}{2} = 37,5\ m \text{ (este valor pode ser encontrado diretamente na Figura 7.53)}$$

7.10.2.15 Dispositivos de proteção e comando dos circuitos com inversores

Os circuitos que alimentam cargas acionadas com inversores podem conter os seguintes dispositivos de proteção e comando:

- disjuntor: deverá ser dimensionado a partir da corrente absorvida pelo inversor, normalmente superior à corrente do motor quando operando em plena carga;
- contator: deve ser dimensionado a partir da corrente nominal do motor; a categoria de funcionamento do contator deve ser AC-1;
- disjuntor + contator: têm como objetivo prover, além das proteções associadas ao disjuntor, um seccionamento. Por seu lado, o contator tem como objetivo prover um comando, principalmente quando for grande o número de operações do motor;
- quando forem utilizados relés térmicos associados aos contatores, ajustar a sua corrente de atuação em valor igual ou superior a 10 % da corrente nominal do motor;
- quando o inversor estiver instalado no interior de um CCM no qual há presença de contatores, deve-se utilizar supressores de surto ligados nas bobinas desses dispositivos;
- os inversores podem tornar-se vítimas de emissão de transientes externos. No entanto, as indústrias estão a cada dia aumentando a imunização de seus inversores.

7.10.2.16 Requisitos para a instalação dos condutores

Normalmente, os condutores são dimensionados por três métodos estudados no Capítulo 3: corrente de carga ou de projeto, queda de tensão e corrente de curto-circuito. Contudo, quando se está dimensionando o circuito de um motor cujo inversor esteja instalado no

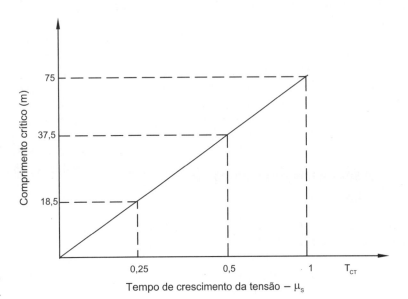

Figura 7.53 Comprimento crítico do circuito do motor.

CCM, portanto a determinada distância do inversor, devem-se tomar precauções quanto à emissão da radiação eletromagnética pelos condutores dos circuitos de alimentação desses motores. Portanto, a instalação desses condutores deve ser realizada atendendo aos seguintes requisitos:

- o inversor de frequência deve ser instalado o mais próximo possível do motor;
- o comprimento dos circuitos deve ser o menor possível;
- os condutores dos circuitos de força devem estar afastados o máximo possível de equipamento de rádio, TV, antenas de TV e de cabos das redes de comunicação e controle;
- deve-se evitar a instalação de cabos de força juntamente com cabos de controle e de sinal na mesma eletrocalha, canaleta ou eletroduto. Caso seja inevitável essa instalação, devem ser utilizados cabos de controle e de sinal com blindagem aterrada nas duas extremidades, de preferência com separadores metálicos quando a instalação for feita no interior de canaletas e eletrocalhas;
- quando são utilizadas escadas para cabos, leitos, eletrocalhas, bandejas etc., deve-se evitar o uso de abraçadeiras metálicas nos cabos. Utilizar somente abraçadeiras plásticas;
- todas as massas, carcaça dos motores, invólucro dos inversores de frequência, quadro de comando e controle etc., devem estar aterrados em um só ponto de aterramento para que se tenha a melhor equalização de potencial possível;
- no caso de empregar eletrodutos metálicos, suas duas extremidades devem ser aterradas.

7.10.2.17 Recuperação energética na frenagem reostática

Quando solicitado, o inversor de frequência pode ser fornecido com uma resistência denominada "resistência de frenagem". O objetivo dessa resistência é dissipar a energia na frenagem do motor, permitindo a sua operação nos quadrantes 2 e 4 do diagrama conjugado × velocidade. Essa resistência só deve ser aplicada quando o motor for solicitado por elevados conjugados de carga. Devido à dissipação térmica nesse tipo de operação, normalmente a resistência de frenagem é instalada na parte externa do inversor de frequência.

7.11 Partida de motores elétricos de média tensão

Em geral, os motores de média tensão são utilizados na indústria pesada na movimentação de máquinas de fluxo, como compressores, ventiladores, e nas grandes estações de bombeamento, entre outras aplicações que podemos mencionar. Trata-se de motores de potências elevadas, superiores a 5.000 cv, fornecidos mediante solicitação do comprador para acionamento de cargas específicas no que diz respeito notadamente à rotação de operação e conjugado máximo. Para tanto, é necessário elaborar uma especificação técnica do motor, em conformidade com o fornecedor da máquina (carga) e baseada em estudos elétricos que envolvem as seguintes questões:

a) **Carga a ser acionada:**
   - potência nominal;
   - torque necessário para o acionamento;
   - torque nominal na rotação nominal;
   - inércia da carga.

b) **Sistema elétrico de conexão:**
   - tensão nominal da rede;
   - características técnicas da rede: rede de distribuição aérea convencional, isolada em cabos reunidos antecipadamente etc.;
   - impedância da rede até o ponto de conexão do empreendimento;
   - limites de variação da tensão.

A forma de acionamento dos motores de média tensão guarda os mesmos princípios estudados para os motores de baixa-tensão. Podem ser acionados diretamente da rede, por meio de chaves *soft-starter* ou por inversores de frequência.

Considerando inicialmente uma máquina, cuja frequência nominal seja de 60 Hz, pode ser acionada diretamente da rede desde que obedeça aos limites de queda de tensão da concessionária, e que não provoque distúrbios na rede interna da indústria. Normalmente são empreendimentos alimentados em tensão igual ou superior a 69 kV. Nesse caso, o motor deve ser de 4 polos (2P). Caso se verifique, por meio de cálculo, que não seja possível atender aos limites de distúrbios anteriormente mencionados, pode-se optar pela utilização de chaves *soft-starter* que, devidamente ajustadas, permitam o acionamento do motor e a sua operação em condições normais de funcionamento.

No entanto, muitas vezes a rotação exigida pela carga não permite o uso de motores de 4 polos. Nesse caso, se for requisito da carga a partida direta da rede, deve-se determinar o número de polos do motor igual ou muito próximo à velocidade angular da máquina (carga). Se, por exemplo, determinada máquina deva girar a 870 rpm, é necessário que o número de polos do motor seja de 4 pares de polos, ou:

$$N_r = \frac{60}{N_{pp}} \times (1-S) \times 60 \Rightarrow N_{pp} = \frac{60}{850} \times$$

$$\times (1 - 0{,}03) \times 60 = 4{,}10 \text{ rpm/s}$$

N_r = número de rotações do eixo do motor em rpm/s;
N_{pp} = número de pares de polos do motor;
S = escorregamento: seu valor varia entre 0,2 e 0,5.

Porém, há casos em que a rotação nominal da máquina não permite encontrar a solução apenas no número de polos. Se a rotação desejada for de 980 rpm, não há conformidade com o número de pares de polos dos motores. Nesse caso surge o emprego dos inversores de frequência que permite o funcionamento dos motores em diferentes valores de velocidade angular e conjugado do motor.

Se analisarmos a curva conjugado × velocidade da Figura 7.9, observamos que o conjugado do motor de indução varia desde o conjugado de partida até o conjugado nominal. No caso da Figura 7.9, a curva do motor de categoria N, o conjugado máximo, ocorre mais próximo ao conjugado nominal. Nessa circunstância pode-se ajustar o conjugado motor e a velocidade angular a partir da variação da relação constante tensão × frequência, de maneira a operar o motor no ponto de melhor funcionamento da máquina.

Como já foi estudado anteriormente neste capítulo, é necessário observar o comportamento térmico do motor em função de sua velocidade angular de operação normal e de conjugado.

Exemplo de aplicação (7.18)

Um motor de 8.600 cv/13,8 kV opera em uma planta industrial alimentada por uma subestação 40/50 MVA – 69/13,8 kV. A impedância do sistema da concessionária no ponto de conexão com a subestação do empreendimento é de $Z_{69} = 0,05117 + j0,08545\ pu$ na base de 100 MVA. A impedância do transformador de 40/50 MVA é de 7,5 % na base de 50 MVA. As demais impedâncias estão indicadas no diagrama da Figura 7.54. A queda de tensão máxima aceitável no barramento dos cubículos de média tensão é de 5 %.

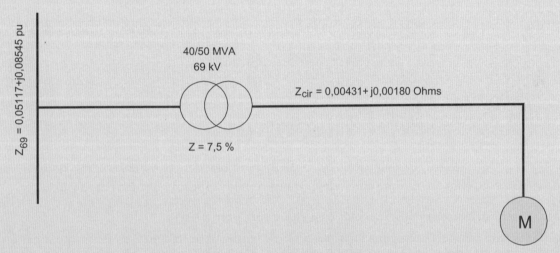

Figura 7.54 Diagrama unifilar.

a) Cálculo da impedância do transformador na tensão base $V_b = 13,80$ kV

$$X_{mb} = X_m \times \frac{P_b}{P_{nm}} \times \left(\frac{V_{nm}}{V_b}\right)^2 = 0,075 \times \frac{100}{50} \times \left(\frac{13,80}{13,80}\right)^2 \Rightarrow Z_{tr} = 0 + 0,150\ pu$$

b) Impedância do motor

$R_m \cong 0$ (valor muito pequeno quando comparado com a impedância)

$$\frac{I_p}{I_{nm}} = 5,4$$

$$X_{um} = \frac{I_{nm}}{I_p} = \frac{1}{5,4} = j0,1852\ pu\ \text{(na base de 8.600 cv)}$$

$$P_{nm} = \frac{P_{mcv} \times 0,736}{\eta \times F_p} = \frac{8.600 \times 0,736}{0,96 \times 0,92} = 7.166,6\ \text{kVA}$$

$$X_{mb} = X_m \times \frac{P_b}{P_{nm}} \times \left(\frac{V_{nm}}{V_b}\right)^2 = 0{,}1852 \times \frac{100.000}{7.166{,}6} \times \left(\frac{13{,}80}{13{,}80}\right)^2 = 2{,}58421\ pu$$

$$\vec{Z}_{um} = 0 + j2{,}58421\ pu$$

c) Cálculo da impedância do circuito de alimentação do motor

$$\vec{Z}_{ci} = Z_\Omega \times \frac{P_b}{1.000 \times V_b^2} = 0{,}004311 \times \frac{100.000}{1.000 \times 13{,}80^2} + j0{,}00180 \times \frac{100.000}{1.000 \times 13{,}80^2} = (0{,}00226 + j0{,}00095)\ pu\ \text{(ver Figura 7.52)}$$

d) Cálculo da impedância do sistema até os terminais do motor

$$Z_{tot} = Z_{us} + Z_{tr} + Z_{ci}$$

$$Z_{tot} = (0{,}05117 + 0{,}08545) + (0 + j0{,}15) + (0{,}00226 + j0{,}00095) = 0{,}05343 + j0{,}23640\ pu$$

e) Cálculo da corrente de partida direta do motor

$$\vec{I}_{pm} = \frac{1}{\vec{Z}_{tot} + \vec{Z}_{um}} = \frac{1}{(0{,}05343 + j0{,}23640) + (0 + j2{,}58421)} = \frac{1}{(0{,}05334 + j2{,}82061)} = \frac{1}{2{,}8211\angle 88{,}91°}$$

$$\vec{I}_{pm} = 0{,}35447\angle -88{,}91°\ pu$$

f) Queda de tensão nos terminais do motor

$$\Delta \vec{V}_{um} = \vec{Z}_{us} \times \vec{I}_{p1}$$

$$\Delta \vec{V}_{um} = Z_{tot} \times I_{pm} = (0{,}05343 + j0{,}23640) \times (0{,}35447\angle -88{,}91°) = (0{,}08591\angle -11{,}64°)\ pu = 8{,}5\ \%$$ (logo, o valor da queda de tensão é superior ao máximo admitido; pode-se simular aplicação de uma chave *soft-starter*)

g) Queda de tensão nos terminais do motor com chave *soft-starter*

As chaves *soft-starter*, em geral, têm uma faixa de ajuste de tensão entre 25 e 90 % da tensão nominal.

Como o motor irá partir com o registro fechado, isto é, sem carga no eixo, podemos ajustar, a princípio, a tensão de partida em 50 % da tensão nominal. Logo, a queda de tensão na partida será de 4,2 %, ou seja:

$$\Delta \vec{V}_{um} = 0{,}50 \times Z_{tot} \times I_{pm} = 0{,}50 \times (0{,}05334 + j0{,}23640) \times (0{,}35447\angle -88{,}91°)$$

$$\Delta \vec{V}_{um} = (0{,}04295\angle -11{,}62°)\ pu \quad \rightarrow \quad |\Delta V_{um}| = 4{,}2\ \%$$

Como o valor da queda de tensão é inferior a 5 %, será utilizada a chave *soft-starter* modelo SSW7000 – WEG.

8 Fornos elétricos

8.1 Introdução

Com o desenvolvimento econômico do nosso país surgiram projetos industriais em que os fornos elétricos são parte fundamental da carga. Em geral, apresentam uma potência elevada que preocupa sobremaneira as empresas concessionárias de energia elétrica, tanto pela capacidade do seu sistema supridor como pela possibilidade de perturbação no seu próprio sistema, dependendo, neste caso, do tipo de forno que o consumidor adquiriu.

Os fornos elétricos estão divididos em três grupos distintos, cada um com suas características de processamento e operação definidas. Assim, são encontrados nos complexos industriais os seguintes tipos de fornos elétricos:

- fornos a resistência elétrica;
- fornos de indução eletromagnética;
- fornos a arco.

Dentro dos objetivos deste livro e, em particular, do presente capítulo, serão estudados sucintamente os dois primeiros tipos de fornos, devendo-se proceder a uma análise mais detalhada do último, devido às implicações que trazem aos sistemas de alimentação das concessionárias de energia elétrica, que, por este motivo, exigem dos interessados a apresentação de estudos ou de dados que permitam fabricá-los, a fim de assegurar um grau de estabilidade de tensão dentro dos limites de suas normas particulares.

8.2 Fornos a resistência

São assim denominados aqueles que utilizam o calor gerado por perdas Joule em uma resistência elétrica atravessada por uma corrente de intensidade, em geral, elevada.

Os fornos a resistência, ao contrário dos fornos a arco, não provocam oscilação na tensão das redes de que são alimentados. Na verdade, contribuem significativamente para a melhoria do fator de potência do sistema de suprimento.

São constituídos de dois diferentes tipos, indicados para aplicações específicas nos processos industriais, ou seja, fornos a resistência de aquecimento direto e de aquecimento indireto.

8.2.1 Fornos a resistência de aquecimento direto

Neste tipo de forno, o material a ser trabalhado é posicionado entre os dois eletrodos e atravessado pela mesma corrente elétrica do circuito. Normalmente, a tensão dos eletrodos é de pequena intensidade.

São fornos de emprego muito específico, podendo-se citar como exemplo o aquecimento de água para produção de vapor, a manutenção da temperatura de fusão do vidro a partir de um bloco de material fundido, a fabricação de eletrodos de grafite utilizados em fornos a arco, a manutenção da temperatura do banho que permite a têmpera dos aços etc.

A Figura 8.1 ilustra o funcionamento desse tipo de forno.

8.2.2 Fornos a resistência de aquecimento indireto

Neste tipo de forno, o material a ser trabalhado está contido em uma câmara isolada termicamente, e o calor é transferido da resistência elétrica a partir dos fenômenos de condução, convecção e irradiação.

São os tipos mais comuns de fornos a resistência. Industrialmente, são empregados na fusão de materiais como o chumbo e o alumínio, na secagem de vários

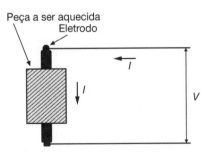

Figura 8.1 Forno de aquecimento direto.

produtos farmacêuticos, na vulcanização em geral, no cozimento de produtos alimentícios, no tratamento térmico de metais etc.

O dimensionamento da resistência, bem como o material de que é constituído, devem obedecer a algumas prescrições básicas, como:

- ter uma elevada temperatura de fusão, da ordem de 25 % superior à temperatura de fusão do material a ser trabalhado;
- ser resistente à corrosão na temperatura de operação;
- ter resistividade elevada;
- apresentar um elevado grau de dureza em altas temperaturas.

Alguns materiais respondem a estas e outras características, o que permite sua utilização como resistências dos fornos elétricos, como as resistências de Nicromo V (80 % Ni-20 % Cr), Cromax (30 % Ni-20 % Cr -50 % Fe), Kantal (Cr, Al, Co, Fe) etc., normalmente constituídas de fios ou fitas dispostos em forma de espiral.

As resistências elétricas podem ser ligadas de forma simples, em circuitos monofásicos (fase-neutro ou fase-fase) ou em circuitos trifásicos, arranjados nas configurações estrela ou triângulo, preferindo-se esta última, que resulta uma menor quantidade do material resistor.

Um dado importante na escolha da seção da resistência é a carga específica superficial, que representa a maior taxa de transferência de potência cedida por unidade de superfície. Sua unidade é dada, em geral, em W/cm². É necessário, no entanto, avaliar para cada projeto a carga específica superficial, já que as seções de pequenas dimensões das resistências elétricas custam menos, porém têm durabilidade reduzida quando comparadas com as resistências de maior seção, que apresentam custos significativamente maiores. Nas aplicações industriais, a carga específica superficial dos fios resistores é escolhida na faixa de 0,5 a 4,5 W/cm². A Tabela 8.1 fornece a carga específica superficial de algumas ligas de uso comum.

A Tabela 8.2 fornece a resistência ôhmica, característica das ligas Cromel e Copel.

O processo para o dimensionamento de um forno elétrico de aquecimento indireto pode obedecer às seguintes etapas:

a) Potência desejada do forno

A potência do forno é função do material a ser trabalhado e do tempo para o qual se deseja atingir a condição de operação. No caso de materiais metálicos, a Tabela 8.3 fornece a energia que deve ser utilizada para elevar suas temperaturas a um valor desejado, próximo à temperatura de fusão.

Tabela 8.1 Carga específica superficial (W/cm²)

Tipo de Liga	Temperatura do forno (°C)						
	600	700	800	900	1.000	1.100	1.200
80 % Ni – 20 % Cr	5,0	3,2	2,2	1,5	1,1	0,9	–
30 % Ni – 20 % Cr	4,6	3,0	2,0	1,4	1,0	0,8	–
20 % Cr – 5 % Al	8,0	5,8	4,3	3,1	2,2	1,3	0,8
Cr-Al-Co-Fe	3,9	3,5	3,0	2,4	1,5	–	–

Tabela 8.2 Características das ligas Cromel e Copel

Diâmetro do fio (mm)	Resistência (Ohm/m)		Diâmetro do fio (mm)	Resistência (Ohm/m)	
	80 % Ni-20 % Cr	55 % Cu-45 % Ni		80 % Ni-20 % Cr	55 % Cu-45 % Ni
10,414	0,01269	0,005742	0,64260	3,3368	1,5092
8,255	0,02017	0,009121	0,51050	5,2791	2,3886
6,553	0,03205	0,014502	0,40380	8,4322	3,8158
5,182	0,05124	0,022467	0,32000	13,4190	6,0764
4,115	0,08136	0,036747	0,25400	21,3300	9,6461
3,251	0,13025	0,058861	0,20320	33,3350	15,0600
2,591	0,20506	0,092850	0,16000	53,7100	24,3120
2,057	0,32515	0,146990	0,12700	85,3060	38,5840
1,626	0,52102	0,235570	0,11430	105,3200	47,6400
1,295	0,82020	0,370750	0,10160	133,2100	60,2720
1,016	1,33210	0,602720	0,08900	174,2200	78,7400
0,813	2,08340	0,941650	0,07870	221,7900	100,4000

Fornos elétricos

Na Tabela 8.3, os números em evidência representam aproximadamente a energia necessária, por tonelada, para os materiais indicados atingirem o estado de fusão.

A Equação (8.1) fornece a potência do forno de acordo com a quantidade de energia necessária para sua operação, que é uma função da natureza da carga de trabalho:

$$P_f = \frac{E \times P_m}{\eta \times T} \text{ (kW)} \quad (8.1)$$

P_f = potência do forno, em kW;
η = rendimento do forno, variando entre 0,6 e 0,8;
T = tempo desejado para o material atingir sua temperatura de trabalho, em horas;
P_m = peso do material a ser trabalhado, em t;
E = energia consumida no processo desejado, em kWh/t.

A Tabela 8.4 fornece as principais propriedades de alguns materiais utilizados, tanto em resistência de fornos como em carga de trabalho.

b) **Determinação do diâmetro do fio resistor**

$$D_f = 34,4 \times \sqrt[3]{\frac{\rho}{P_1} \times \left(\frac{P_{ff}}{N_p \times V}\right)^2} \text{ (mm)} \quad (8.2)$$

D_f = diâmetro do fio resistor, em mm;
ρ = resistividade do material do resistor, em $\Omega.mm^2/m$;
P_1 = carga específica superficial do resistor, em W/cm^2;
V = tensão de suprimento, em V;
P_{ff} = potência por fase do forno, em kW;
N_p = número de circuitos resistores em paralelo.

c) **Determinação do comprimento do fio do resistor**

$$L_f = \frac{R_r}{R_{\Omega/m}} \text{ (m)} \quad (8.3)$$

R_r = resistência do fio resistor, em Ω;
$R_{\Omega/m}$ = resistência, por unidade, do fio resistor, em Ω/m.

Tabela 8.3 Energia para elevar a temperatura dos metais (kWh/t)

Material	Temperatura desejada – °C													
	200	300	400	500	600	700	800	900	1.000	1.100	1.200	1.300	1.400	1.500
Aço	20	38	50	60	90	120	160	175	215	225	250	260	280	**295**
Gusa	–	–	–	–	–	–	–	–	–	–	310	330	**345**	375
Al	55	80	100	140	170	**300**	335	370	393	–	–	–	–	–
Cu	–	–	–	57	65	76	90	100	**120**	135	200	215	223	235
Ag	–	–	27	38	45	50	55	**60**	105	110	120	127	135	140
Ni	20	38	50	60	85	100	115	140	160	180	195	220	**237**	333

Tabela 8.4 Propriedades dos materiais

Material	Composição	Resistividade Ohm.mm²/m	Ponto de fusão (°C)	Resistência à tração (kgf/mm²)
Nicromo	Ni-Fe-Cr	1,1221	1.350	66,79
Nicromo V	Ni-Cr	1,0806	1.400	70,31
Cromax	Fe-Ni-Cr	0,9975	1.380	49,22
Nirex	Ni-Cr-Fe	0,9809	1.395	56,25
Nilvar	Fe-Ni	0,8046	1.425	49,22
Bronze comercial	Cu-Zn	0,0415	1.040	26,01
Ni puro	Ni	0,0997	1.450	42,18
Platina	Pt	0,1060	1.773	34,00
Aço	Fe	0,0999	1.535	35,15
Zinco	Zn	0,0592	419	15,47
Molibdênio	Mo	0,0569	2.625	70,31
Tungstênio	W	0,0552	3.410	344,52
Alumínio	Al	0,0267	660	24,61
Ouro	Au	0,0242	1.063	27,00
Cobre	Cu	0,0172	1.083	24,61
Prata	Ag	0,0163	960	–

Exemplo de aplicação (8.1)

Calcular a resistência de um forno elétrico de aquecimento indireto destinado à fusão de 650 kg de prata, por corrida, em um tempo de 30 minutos. Será utilizada como resistor do forno a liga Nicromo V (80 % Ni -20 % Cr). A tensão de alimentação é de 380 V, trifásica, e os resistores serão ligados em triângulo.

- Determinação da potência do forno

$$P_f = \frac{E \times P_m}{\eta \times T} = \frac{60 \times 0,65}{0,60 \times 0,50} = 130 \text{ kW}$$

$E = 60$ kWh/t (Tabela 8.3)

$\eta = 0,60$ (valor adotado)

$T = 0,50$ hora

$P_m = 650$ kg $= 0,65$ t (peso da prata a ser trabalhada)

Como as resistências do forno estão ligadas em triângulo, conforme a Figura 8.2, a potência dissipada por fase vale:

$$P_{ff} = \frac{P_f}{3} = \frac{130}{3} = 43,33 \text{ kW}$$

- Determinação do diâmetro do fio resistor

Aplicando-se a Equação (8.2), tem-se:

$$D_f = 34,4 \times \sqrt[3]{\frac{1,0806}{1,5} \times \left(\frac{43,33}{1 \times 380}\right)^2} = 7,25 \text{ mm}$$

$\rho = 1,0806 \ \Omega \cdot$ mm^2/m (Tabela 8.4)

$P_1 = 1,5$ W/cm^2 – Tabela 8.1 (liga Nicromo V, 80 % Ni-20 % Cr, considerando-se a temperatura de fusão da prata igual a 900 °C, aproximadamente);

$V = 380$ V (ligação triângulo)

$N_p = 1$

Logo, o diâmetro nominal do fio é de 8,255 mm (Tabela 8.2).

- Determinação da corrente de fase

$$I_1 = \frac{P_f}{\sqrt{3} \times V} = \frac{130}{\sqrt{3} \times 0,38} = 197,5 \text{ A}$$

$$I_f = \frac{I_1}{\sqrt{3}} = \frac{197,5}{\sqrt{3}} = 114,0 \text{ A}$$

- Determinação da resistência do resistor por fase

$$R_f = \frac{1.000 \times P_{ff}}{I_f^2} = \frac{1.000 \times 43,33}{114^2} = 3,33 \ \Omega$$

- Determinação do comprimento do resistor por fase

$$L_f = \frac{R_f}{R_{\Omega/m}} = \frac{3,33}{0,02017} = 165 \text{ m}$$

$R_{\Omega/m} = 0,02017$ Ω/m (Tabela 8.2)

Logo, o comprimento do conjunto dos resistores vale:

$L_t = 3 \times L_f = 3 \times 165 = 495$ m

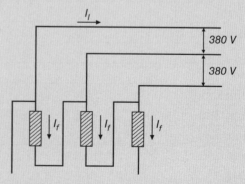

Figura 8.2 Ligação do forno em triângulo.

8.3 Fornos de indução

São assim denominados aqueles que utilizam as propriedades das correntes de Foucault para produzir ou manter a fusão de metais encerrados dentro de um recipiente isolado termicamente por material refratário e envolvido por uma bobina indutora.

Os fornos de indução operam basicamente como um transformador, no qual o primário representa a bobina de indução do forno e o secundário, em curto-circuito, equivale à carga metálica de trabalho.

As bobinas de indução geralmente são fabricadas de cabos tubulares de cobre eletrolítico, dentro dos quais circula o meio refrigerante, normalmente a água tratada.

Uma propriedade vantajosa dos fornos de indução reside no fato de se poder transferir para a carga de trabalho uma potência elevada, sem que isto provoque fenômenos químicos externos que, combinados, modifiquem as características do material processado.

O rendimento dos fornos de indução depende de vários fatores, como a geometria do circuito indutivo e do material processado, as características elétricas e térmicas da carga, a intensidade do campo magnético da bobina de indução, a frequência de operação do circuito indutivo, a resistividade do material da carga e suas perdas magnéticas. Além disso, o rendimento dos fornos está diretamente ligado à profundidade de penetração das correntes induzidas no material da carga. Quanto maior for a frequência do circuito indutivo, menor é a penetração das correntes de Foucault na carga processada. Além disso, o rendimento dos fornos é maior quando a carga é constituída de materiais ferromagnéticos e, consequentemente, menores quando a carga é constituída de materiais paramagnéticos e não magnéticos, como o alumínio e o cobre.

Em geral, quando a carga é de grandes dimensões, a frequência do circuito indutivo deve ser baixa, igual à frequência industrial, ou algumas vezes superior a esta. Em peças delgadas, podem ser aplicadas altas frequências. São consideradas frequências médias aquelas situadas em torno de 12.000 Hz.

As tensões de operação das bobinas de indução variam entre 60 e 600 V, dependendo da regulação de tensão que se deseja, a fim de se manter determinada potência requerida, de acordo com as necessidades do processo.

Em geral, os fornos de indução são monofásicos, sendo as bobinas de indução ligadas entre duas fases de um sistema trifásico, provocando inevitavelmente um desequilíbrio de corrente no sistema alimentador. Para se estabelecer um equilíbrio de corrente, quando não se dispõe de três fornos de indução iguais, é necessário utilizar um retificador-oscilador, conforme desenho esquemático da Figura 8.3. Este esquema poderá ser substituído por um grupo motor-gerador.

Há três tipos diferentes de fornos de indução, cada um com uma aplicação específica:

- fornos de indução a canal;
- fornos de indução de cadinho;
- fornos de indução para aquecimento de tarugos.

A seguir será feita uma análise sumária de cada um desses tipos, sem entrar no detalhe do seu dimensionamento, normalmente um exercício de difícil solução, dado o grande número de parâmetros indeterminados, como a reatância de dispersão, a densidade de corrente induzida na massa do metal processada etc.

8.3.1 Fornos de indução a canal

Este tipo de forno é constituído de um ou mais recipientes isolados termicamente, em torno dos quais se constrói uma carcaça metálica e dentro da qual se deposita a carga de trabalho. Em comunicação direta com o recipiente há um canal construído na parte inferior, em forma circular, cheio de material fundido da própria carga. No interior do canal, são colocadas as bobinas de indução, envolvendo um núcleo magnético, submetidas, em geral, a uma tensão à frequência industrial.

Os fornos de indução a canal têm grande aplicação na manutenção da temperatura de metais já fundidos por outro forno ou por outro meio. Também são muito empregados na fusão de cobre, alumínio, zinco, bronze etc.

A Figura 8.4 mostra esquematicamente um forno de indução a canal. Já a Tabela 8.5 relaciona as principais características de fusão dos metais em um forno a canal.

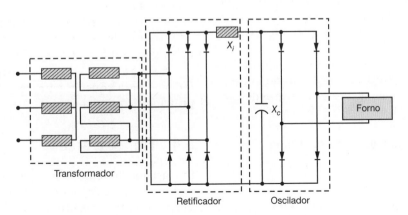

Figura 8.3 Ligação de um forno de indução.

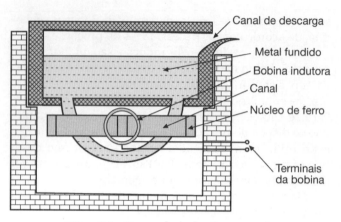

Figura 8.4 Forno de indução a canal.

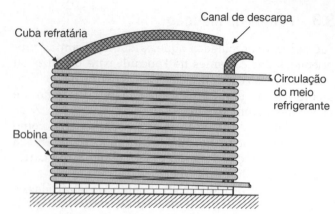

Figura 8.5 Forno de indução de cadinho.

Tabela 8.5 Características de fusão de metais em fornos a canal

Material	Capacidade de fusão (kg/h)	Potência do forno (kW)	Consumo médio (kWh/t)
Alumínio	70	35	50
	225	100	450
	1.000	500	500
Cobre	180	65	360
	750	235	315
	4.000	900	225

Tabela 8.6 Características de fusão de metais em fornos de cadinho

Material	Capacidade de fusão (kg/h)	Potência do forno (kW)	Consumo médio (kWh/t)
Alumínio	60	45	740 a 770
	450	250	550 a 650
	900	500	520 a 570
Cobre	100	45	350 a 400
	500	180	370 a 420
	1.000	400	340 a 380

8.3.2 Fornos de indução de cadinho

Este tipo de forno é constituído de um recipiente circular, isolado termicamente, envolvido por uma bobina de indução e dentro da qual se deposita o material de trabalho.

São empregados particularmente na fusão de cobre, bronze, aço inox etc. Também são muito utilizados na manutenção da temperatura de metais fundidos por outros fornos ou por outros processos.

A operação de fornos de indução de cadinho em baixas frequências provoca uma intensa movimentação na massa fundida do metal, devido às forças eletrodinâmicas da bobina de indução, resultando um efeito benéfico ao processo, pois homogeniza o banho.

A Figura 8.5 ilustra esquematicamente um forno de indução de cadinho, mostrando a bobina de indução construída em fio tubular dentro do qual circula água como meio refrigerante.

A Tabela 8.6 fornece as características de fornos de indução de cadinho empregados na fusão de cobre e alumínio, segundo recomendações do Instituto de Pesquisas Tecnológicas (IPT).

8.3.3 Fornos de indução para aquecimento de tarugos

Este tipo de forno é constituído de várias bobinas circulares, instaladas no interior de material refratário, por meio das quais é introduzida a carga.

São empregados particularmente em companhias siderúrgicas destinadas à fabricação de ferro para a construção civil, utilizando como matéria-prima a sucata.

As peças metálicas de trabalho são conduzidas de uma extremidade à outra do forno por roletes motorizados.

As bobinas que constituem o indutor podem ser dimensionadas diferentemente, a fim de manter a temperatura do material de trabalho dentro de condições adequadas do processo, ao longo do forno.

Os fornos de indução para aquecimento de tarugos são constituídos basicamente de um conversor de frequência, para permitir uma frequência compatível com o processo desejado, um banco de capacitores em derivação, com a finalidade de corrigir o fator de potência, um sistema de refrigeração das bobinas de indução e o próprio conjunto de bobinas indutoras.

A Figura 8.6 ilustra esquematicamente um forno de indução para aquecimento de tarugos, mostrando seus principais componentes.

8.4 Fornos a arco

São assim denominados aqueles que utilizam as propriedades do arco elétrico para produzir a fusão dos metais mantidos dentro de uma cuba isolada termicamente por material refratário.

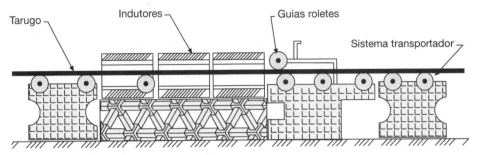

Figura 8.6 Forno de indução para aquecimento de tarugo.

Os fornos a arco são largamente empregados nas instalações industriais destinadas à fusão do ferro e aço, embora sejam usados na fusão do cobre, latão, bronze e outras ligas metálicas.

Os fornos a arco surgiram no começo do século XX, mais precisamente no ano de 1904, concebidos pelo francês Héroult.

Sua construção está baseada no que hoje se denomina forno a arco direto, o mais utilizado atualmente pelas indústrias siderúrgicas.

O fenômeno de formação do arco elétrico está fundamentado na passagem de uma corrente entre dois eletrodos, tendo como meio ionizado, geralmente, o ar.

Os fornos a arco podem ser constituídos de três diferentes tipos:

- arco submerso ou arco-resistência;
- arco indireto;
- arco direto.

Para cada um dos tipos de forno anteriormente citados, a transmissão do calor chega até a carga de forma específica. No caso dos fornos a arco submerso, o material é aquecido como consequência da passagem de uma corrente elétrica por meio de sua massa, resultando em elevadas perdas Joule. No segundo caso, o calor é transferido a partir dos fenômenos de irradiação e convecção.

Nos fornos a arco direto, o próprio arco é o responsável pela transferência da energia térmica diretamente para o material da carga.

Os fornos a arco são fontes permanentes de poluição ambiental, tal é a quantidade de gases e materiais sólidos expelidos para a atmosfera. A poeira lançada para o meio ambiente é constituída, em sua maioria, por óxidos (CaO, MnO, SiO e Fe_2O_3), e chega a atingir, em média, 11 kg/t de carga, correspondendo percentualmente ao fantástico valor de 1,1 %.

8.4.1 Fornos a arco submerso

Também conhecido como forno a arco-resistência, este tipo de forno é constituído de uma cuba revestida de material refratário, dentro da qual operam os eletrodos submersos na massa da carga de trabalho.

São destinados mais especificamente à produção de diversas ligas de ferro que, dependendo da sua composição, consomem uma quantidade de energia compreendida entre 3.000 e 6.000 kWh/t, podendo atingir, em certos casos, valores bem superiores.

Também são comumente empregados na manutenção do estado líquido da gusa ou aço oriundo de outros tipos de fornos.

Os fornos a arco submerso podem ser monofásicos a um eletrodo (Figura 8.7), monofásicos a dois eletrodos e trifásicos a três eletrodos (Figura 8.8). Este tipo de forno basicamente não apresenta distúrbios no sistema alimentador.

8.4.2 Fornos a arco indireto

Este tipo de forno é constituído basicamente de uma cuba revestida de material refratário dentro da qual operam os eletrodos fixados horizontalmente em um ponto acima da carga de trabalho. Neste caso, o arco é mantido entre os eletrodos, e a energia térmica atinge a carga a partir dos fenômenos de irradiação e convecção.

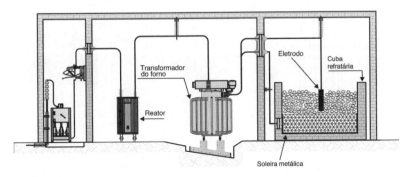

Figura 8.7 Subestação de alimentação de um forno a arco submerso.

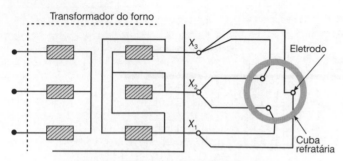

Figura 8.8 Fornos a arco submerso.

São destinados mais especificamente à fusão de vários metais não ferrosos. São de pouca utilização e constituídos normalmente de potências modestas, compreendidas, em geral, entre 100 e 1.000 kVA.

A Figura 8.9 mostra esquematicamente este tipo de forno e sua ligação no sistema.

Tanto pela sua potência como pela maneira de operar, mantendo constante o arco formado entre os eletrodos, este tipo de forno não provoca distúrbios sensíveis nos sistemas de suprimento das concessionárias.

8.4.3 Fornos a arco direto

Este tipo de forno é constituído basicamente de uma cuba revestida de material refratário dentro da qual operam os eletrodos posicionados verticalmente acima da carga de trabalho.

São destinados mais especificamente à fusão de sucata de ferro e aço dirigida à fabricação de lingotes que, após laminados, se convertem em vergalhões utilizados na construção civil e em barras de espessuras e tamanhos variados, utilizadas em aplicações diversas. Também são empregados no superaquecimento e manutenção da temperatura de banhos de metais líquidos provenientes de outros fornos.

A Figura 8.10 mostra a vista lateral de uma instalação de forno a arco direto, detalhando a proteção de sobrecorrente, o reator limitador, o transformador do forno, os barramentos tubulares de cobre refrigerados, os cabos flexíveis, também refrigerados, e finalmente o próprio forno. Já a Figura 8.11(a) e (b) mostra um forno a arco de fabricação ASEA, podendo-se observar seus diferentes componentes que a seguir serão descritos e analisados. Enquanto isso, a Figura 8.12 apresenta o esquema elétrico trifásico simplificado de uma instalação siderúrgica, detalhando principalmente a parte referente às figuras anteriores.

Os fornos a arco direto, em geral, são trifásicos. O seu princípio de funcionamento se baseia na formação de um arco entre os eletrodos e a carga. A operação do forno se inicia com a ignição do arco e termina aproximadamente 2 1/2 horas depois, quando a carga é vazada da cuba refratária. Este período pode ser dividido em dois ciclos básicos de operação. O primeiro ciclo, chamado de período de fusão, é caracterizado pelo constante movimento da massa sólida a ser fundida. Neste período, há grandes variações de corrente motivadas pela instabilidade do arco.

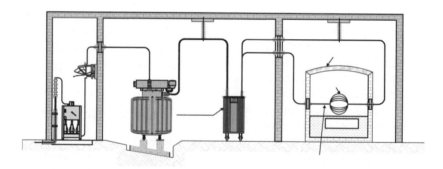

Figura 8.9 Subestação de alimentação de um forno a arco indireto.

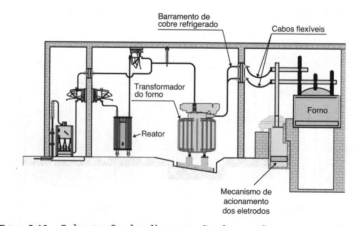

Figura 8.10 Subestação de alimentação de um forno a arco direto.

(a) Vista geral

(b) Detalhe da cuba refratária

Figura 8.11 Vistas de um forno a arco direto.

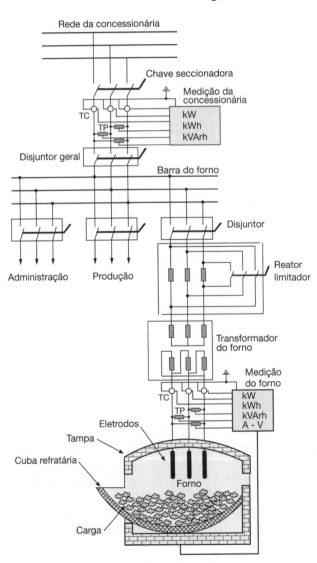

Figura 8.12 Esquema trifilar simplificado de uma instalação siderúrgica.

Ocorrem cerca de 600 a 1.000 curtos-circuitos e o período dura aproximadamente 50 minutos. É a parte mais crítica do regime de operação do forno. O segundo ciclo, comumente chamado de refino, é caracterizado por uma melhor estabilidade do arco devido ao estado líquido que a carga adquiriu. Neste ciclo, as flutuações de tensão são de menor intensidade, resultando um regime de operação mais favorável.

A operação do forno em curto-circuito é caracterizada quando a queda de tensão no arco é nula, isto é, os eletrodos estão diretamente em contato com a carga metálica. Nesta condição, a potência ativa absorvida pelo forno é praticamente nula. O forno absorve somente potência reativa, resultando, neste momento, em um fator de potência também nulo. Os curtos-circuitos podem ocorrer com os três eletrodos tocando simultaneamente a carga ou mais comumente com dois eletrodos.

Os gráficos da Figura 8.13 mostram as características de operação de um forno a arco trifásico, referentes a uma fase, em função da relação entre a corrente de carga I_f, para determinado instante de funcionamento, e a corrente de curto-circuito do forno I_{ccf}, quando os eletrodos estão em contato com o material de trabalho.

Com base nas curvas dessa figura podem ser feitas várias considerações sobre as características operativas dos fornos a arco:

- o fator de potência diminui quando a corrente de carga do forno, I_f, cresce, sendo nulo quando seu valor for igual à corrente de curto-circuito do forno, isto é, $I_f/I_{ccf} = 1$;
- a potência ativa absorvida pelo forno cresce com o aumento da corrente de carga, I_f, atingindo seu máximo quando a relação $I_f/I_{ccf} = 0{,}707$;
- a potência ativa absorvida pelo forno decresce a partir do aumento da corrente de carga que faz a relação $I_f/I_{ccf} = 0{,}707$, atingindo seu valor nulo quando esta relação for unitária;

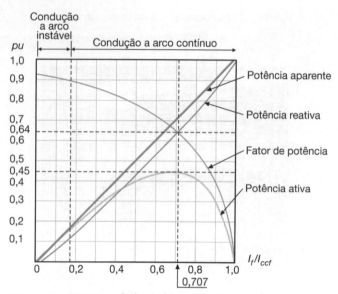

Figura 8.13 Características de operação de um forno a arco trifásico.

- a potência reativa absorvida pelo forno cresce exponencialmente com o aumento da corrente de carga do forno, I_f, atingindo seu valor máximo quando $I_f = I_{ccf}$, ou seja: $I_f/I_{ccf} = 1$;
- a potência aparente absorvida pelo forno cresce com o aumento da corrente de carga, I_f, atingindo seu valor máximo quando $I_f = I_{ccf}$;
- a potência ativa máxima absorvida pelo forno é 45 % da potência de curto-circuito, no caso uma potência puramente reativa;
- quando o forno está operando em sua potência ativa máxima, a potência aparente corresponde a 70 % da potência de curto-circuito;
- quando o forno está operando em sua potência ativa máxima, a potência reativa corresponde a 64 % da potência de curto-circuito.

No período de fusão, o forno funciona em média com uma potência ativa 20 % superior à sua potência normal absorvida e com um fator de potência compreendido entre 0,75 e 0,85. Já no período de refino, quando a carga se acha em estado líquido, a potência ativa média absorvida pelo forno é aproximadamente 30 % de sua potência normal e com um fator de potência entre os limites de 0,85 e 0,90. Como se pode observar, durante o período de fusão as condições de operação do forno são as mais severas possíveis, transferindo para o sistema de alimentação grandes perturbações no nível de tensão.

As principais partes físicas componentes de um forno a arco direto são:

a) Cuba refratária

É constituída de um recipiente de aço de grande espessura, isolada termicamente com materiais refratário, compostos à base de argila, dentro da qual é depositada a carga de trabalho.

A parte superior da cuba é provida de uma tampa na qual estão montados os eletrodos. A tampa é deslocada de sua posição de trabalho quando a cuba descarrega o material fundido. Um sistema de basculante permite a inclinação da cuba até determinado ângulo para se proceder à descarga do material trabalhado. Logo em seguida, se procede à recarga do forno, realizada por meio de um grande recipiente montado em uma ponte rolante e dentro do qual se encontra a sucata, o gusa ou outro material a que se destina o forno.

A tampa ou abóbada, geralmente de formato côncavo, é constituída de aço revestido internamente por uma camada de material refratário.

Tanto a cuba como a tampa são normalmente resfriadas por um sistema de refrigeração cujo meio circulante é a água.

Os fornos a arco podem ser de abóbada fixa com carregamento pela porta de escória, ou de abóbada giratória, permitindo carregamento pela parte superior. A carcaça dos fornos é fornecida com bica de vazamento, porta de escória, anel refrigerado da abóbada, colunas e braços dos eletrodos, sistema para levantamento e rotação da abóbada. O basculamento dos fornos poderá ser feito por meios mecânicos ou hidráulicos.

b) Eletrodos

Os eletrodos são constituídos de um bloco cilíndrico de grafite de comprimento e diâmetro variáveis em função da capacidade do forno.

O uso provoca desgaste dos eletrodos, diminuindo seu comprimento, o que pode ser compensado por emendas apropriadas.

Os eletrodos de grafite apresentam uma densidade máxima de corrente da ordem de 40 A/cm^2.

A fim de manter determinada distância entre os eletrodos e a carga, estes são movidos individualmente na vertical por um sistema automático de regulação. Esta distância é necessária para manter um comprimento de arco entre os eletrodos e a carga que resulte em uma potência a mais, aproximadamente constante durante o ciclo de operação.

Os fornos são fornecidos com regulagem automática dos eletrodos, porta-eletrodos refrigerados, economizadores e todos os acessórios necessários.

c) Transformador

Este equipamento é de fabricação especial, sendo imerso em óleo mineral e refrigerado a água. Deve suportar elevadas solicitações eletrodinâmicas, devido ao regime de trabalho dos eletrodos, que frequentemente operam em curto-circuito franco.

Os transformadores são trifásicos, com os enrolamentos primários ligados em estrela e o secundário em triângulo, conforme se mostra na Figura 8.12. O primário é constituído de 10 a 20 tapes, de modo a se ter no secundário tensões variáveis compreendidas, geralmente, entre 50 e 400 V.

Normalmente, o transformador acompanha o forno respectivo, o qual é fabricado sob condições específicas.

A impedância percentual dos transformadores de forno está compreendida, em geral, entre 8 e 12 %. As tensões primárias de alimentação dependem da capacidade do forno. Para pequenas unidades, os transformadores podem ser ligados à rede de distribuição primária da concessionária em 13,8 kV ou em outra tensão padronizada na área. É comum, porém, as siderúrgicas, pelo porte da carga, possuírem subestações próprias em tensão igual ou superior a 69 kV, e a partir da qual deriva o alimentador do transformador do forno.

A Tabela 8.7 fornece a potência aproximada dos transformadores em função da capacidade do forno destinado à fusão de aço e ferro fundido.

d) Cabos flexíveis

São condutores de cobre resfriados a água e fazem a conexão entre as barras fixas, ligadas ao secundário do transformador do forno, e os blocos móveis fixados no braço do porta-eletrodo.

e) Disjuntor do forno

É o equipamento de proteção do transformador do forno. Deve possuir elevada capacidade de ruptura. Devido às suas severas condições de operação, os disjuntores de proteção de fornos a arco são normalmente a ar comprimido ou do tipo a vácuo.

f) Painel de comando

O painel de comando inclui todas as funções necessárias para a operação do forno. Possui um comando manual e automático, independentes, o que assegura maior flexibilidade ao comando dos eletrodos. O controle automático dos eletrodos é feito por meio de acionamentos eletrônicos, de resposta reversível e de resposta instantânea, programáveis por um sinal de referência e um sinal gerado no arco, podendo ser de corrente ou impedância.

8.4.3.1 Determinação da flutuação de tensão (flicker)

Os fornos a arco são uma fonte permanente de distúrbios para o sistema de alimentação das concessionárias, que, por esse motivo, mantêm uma vigilância sobre as instalações siderúrgicas que operam com este tipo de equipamento.

Os distúrbios se fazem sentir principalmente na iluminação incandescente e se caracterizam por uma variação da luminosidade das lâmpadas, que, além de irritar o observador, pode provocar lesões ao olho humano. Esta variação da luminosidade é resultado da variação do valor eficaz, da tensão da rede provocada pela operação do forno, fenômeno este conhecido como *flicker*.

Como já foi mencionado anteriormente, quando da operação dos fornos a arco, principalmente no período de fusão, os eletrodos tocam momentaneamente a carga sólida, entrando em regime de curto-circuito, quando então a potência ativa absorvida do sistema se reduz às perdas ôhmicas do transformador, resultando em um valor máximo de potência reativa e, consequentemente, reduzindo o fator de potência a níveis muito baixos.

O grande número de curtos-circuitos, no período de fusão, e a instabilidade do arco criam oscilações na rede que podem atingir cerca de até 20 variações por minuto.

Nessas condições, observando-se o gráfico da Figura 7.33, pode-se concluir que o limite percentual de variação de tensão é de 3,6 V na base de 120 V, que corresponde a 3 %.

A Figura 8.14 mostra a variação do nível de tensão produzida por um forno a arco, destacando-se o comportamento da envoltória, o valor da tensão instantânea V_i e a correspondente tensão eficaz V_{ef}.

É interessante observar que as flutuações de tensão produzidas por dois fornos a arco de mesma potência

Tabela 8.7 Características básicas dos fornos a arco direto

Potência (kVA)	Capacidade (t)	Produção t/h	Consumo (kWh/t)
600	0,7	0,70	550
1.500	3,0	1,80	545
3.000	7,0	2,80	625
5.000	10,0	6,30	480
7.000	20,0	9,23	460
10.000	35,0	14,48	440
12.500	40,0	17,14	435
17.500	65,0	26,00	420
20.000	80,0	30,00	420
25.000	100,0	37,50	420
31.500	110,0	49,80	440
35.000	120,0	53,30	420
40.000	150,0	62,10	420

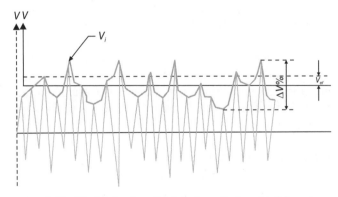

Figura 8.14 Variação do nível de tensão produzida por um forno a arco.

Exemplo de aplicação (8.2)

Calcular a potência equivalente de um forno que produzirá os mesmos distúrbios que três fornos de potência unitária igual a 2.000 kVA, considerando as mesmas características de operação.

$$P_{eq} = \sqrt[4]{3} \times 2.000 = 2.632 \text{ kVA}$$

nominal são 18 % mais severas do que aquelas verificadas quando somente um forno está em operação. Para manter um nível de flutuação de tensão em um sistema de suprimento a dois fornos a arco compatível com o nível de flutuação de tensão quando somente um forno está em operação, é suficiente que a reatância do sistema seja reduzida a 83 % do sistema anteriormente projetado, ou 73 % no caso de três fornos.

Também é certo que a potência equivalente para provocar os mesmos distúrbios que dois ou mais fornos de potência e características nominais iguais pode ser dada pela Equação (8.4).

$$P_{eq} = \sqrt[4]{N_f} \times P_{nf} \tag{8.4}$$

N_f = número de fornos em operação;
P_{nf} = potência nominal do forno, em kVA.

Quando dois ou mais fornos fazem parte de uma instalação, podem-se desprezar os efeitos provocados pelos fornos cuja potência unitária seja inferior a 75 % da potência do maior forno.

As redes de alimentação de complexos siderúrgicos devem possuir um elevado nível de curto-circuito que minimize os efeitos do *flicker*. A Figura 8.15 fornece a capacidade do transformador do forno em função do nível de curto-circuito trifásico na barra de conexão do referido transformador, para produzir uma queda de tensão especificada em uma rede de 120 V.

Dessa forma, a instalação de um transformador de 3.000 kVA conectado a uma barra cujo nível de curto-circuito seja de 300 MVA provocará uma flutuação de tensão de 2,5 V em um sistema de 120 V, correspondente a 2,08 %.

Quando da elaboração de um projeto de uma instalação siderúrgica, é necessário se proceder ao cálculo do nível de flutuação de tensão e se comparar o resultado com valores preestabelecidos que indicam a possibilidade de operação do forno sem causar distúrbios prejudiciais aos consumidores ligados ao sistema supridor da concessionária. Podem ser encontradas, na prática, situações distintas que serão analisadas detidamente.

8.4.3.1.1 Método da queda de tensão a baixas frequências (método inglês)

Existem vários métodos de cálculo que permitem determinar o nível máximo de flutuação de tensão, podendo-se destacar o método francês da EDF, o método alemão (FGH), o método americano da constante de queda de tensão mútua e, finalmente, o método inglês (ERA), que relaciona a queda de tensão à frequência industrial, queda esta devida a um curto-circuito trifásico franco nas pontas dos eletrodos, com as componentes de baixa frequência entre 1,5 e 30 Hz responsáveis pelo efeito visual do *flicker*. O curto-circuito é considerado, admitindo-se que o transformador do forno esteja conectado na derivação mais desfavorável. Mais recentemente, a União Internacional de Eletrotermia (UIE) desenvolveu um medidor de *flicker*, cujo método de avaliação desse fenômeno está consagrado no mercado e recebe a plena confiança dos especialistas.

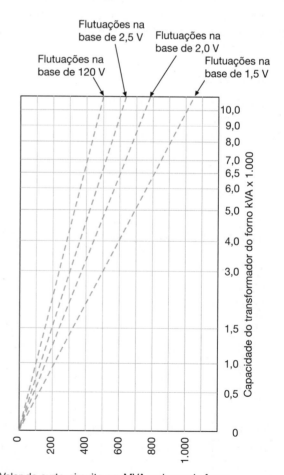

Figura 8.15 Determinação da capacidade do transformador de forno a arco.

A análise do *flicker* pode ser feita observando-se a Figura 8.14, em que a onda de tensão varia acentuadamente em relação ao tempo. Considerando-se a envoltória da onda de tensão, percebe-se que sua formação é aleatória e sua frequência é baixa. Essa onda de valor eficaz, V_{ef}, é a responsável pelo efeito do *flicker* em lâmpadas incandescentes.

A avaliação do efeito do *flicker* pode ser feita calculando-se o valor médio quadrático das variações de V_i vistas nas curvas da Figura 8.14. Tomando-se a tensão eficaz, V_{ef}, ao quadrado, aproximadamente igual ao valor médio quadrático das flutuações de tensão, pode-se relacionar percentualmente aquele valor com a tensão eficaz da rede de alimentação no ponto de entrega de energia.

A determinação percentual de um valor de V_{ef} que limitasse as condições de operação dos fornos a arco foi feita a partir da medição de flutuação de tensão em várias instalações siderúrgicas. Como resultado destas investigações foi elaborado um gráfico que expressa a proporção de tempo durante o qual o valor de $V_{ef}\%$ tinha sido excedido.

A curva da Figura 8.16 mostra, como exemplo, o resultado de um levantamento de dados que permitiu determinar, juntamente com um grupo de consumidores, o valor máximo da flutuação de tensão capaz de suscitar um número aceitável de reclamações por parte dos integrantes do referido grupo analisado.

Nessa curva, a abscissa representa os valores de flutuação de tensão percentual e a ordenada, as porcentagens de tempo durante o qual os valores de $V_{ef}\%$ foram excedidos.

Como resultado prático, foi adotado como limite o valor da flutuação de tensão igual a 0,25 %, que se passou a denominar *padrão de flutuação de tensão*, ΔV_p. Logo, o *padrão de flutuação de tensão* é definido como "a variação de tensão provocada pelo forno excedida em apenas 1 % do tempo total de seu funcionamento".

Sendo a aceitação do nível do *flicker* um caso subjetivo às medições efetuadas para certa quantidade de instalações existentes, o padrão de flutuação de tensão relativo a determinado forno indica a probabilidade de surgirem ou não reclamações durante a operação do mesmo.

O desenvolvimento do cálculo que permite determinar o valor da flutuação, ΔV_p, pode ser assim considerado:

a) **Queda de tensão primária percentual**

A queda de tensão no ponto de conexão do primário do transformador do forno com o sistema de alimentação pode ser determinada pela Equação (8.5).

$$\Delta V \% = \frac{P_{cf}}{P_{cs}} \times 100 \qquad (8.5)$$

P_{cf} = potência de curto-circuito do forno, em kVA;
P_{cs} = potência de curto-circuito do sistema de suprimento no ponto de conexão considerado, em kVA.

O valor de P_{cf} pode ser tomado considerando-se os três eletrodos em curto-circuito franco e o transformador do forno ligado no tape mais desfavorável, isto é, aquele que resulta na maior corrente de curto-circuito. A potência de curto-circuito do forno é fornecida pelo fabricante e, em geral, está compreendida entre 1,8 e 2,5 vezes a potência nominal do forno.

b) **Fator de severidade**

É um fator empírico que depende das características de operação do forno. Pode ser calculado pela Equação (8.6).

$$K_s = \frac{\Delta V_p}{\Delta V\%} \qquad (8.6)$$

O valor de K_s pode variar entre os limites de 0,09 e 0,15. Muitas vezes, é atribuído o valor de 0,15 quando não são conhecidas as características construtivas e de operação do forno.

c) **Cálculo do padrão de flutuação de tensão**

Este valor é obtido a partir da combinação das duas equações anteriores:

$$\Delta V_p = K_s \times \frac{P_{cf}}{P_{cs}} \times 100 \qquad (8.7)$$

O valor de ΔV_p assim obtido refere-se ao ponto considerado do curto-circuito, P_{cs}. O valor de ΔV_p em outros pontos do sistema pode ser determinado utilizando-se a relação de impedância:

$$\Delta V_{p1} = \frac{Z_1}{Z_2} \times \Delta V_{p2} \qquad (8.8)$$

Z_1 = impedância do sistema até o ponto no qual se deseja obter ΔV_{p1};
Z_2 = impedância do sistema vista do ponto de instalação do forno.

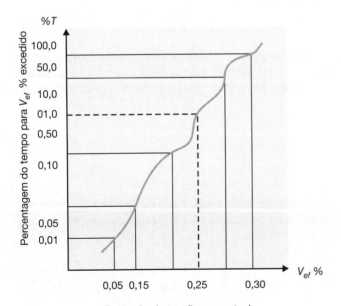

Figura 8.16 Curva de flutuação de tensão e a percentagem de tempo excedido.

O valor de ΔV_p assim obtido está relacionado com a operação de somente um forno a arco. O cálculo de ΔV_p quando estão em funcionamento dois ou mais fornos pode ser feito pela Equação (8.9).

$$\Delta V_{pr} = \frac{98 + N_f}{100} \times \sqrt[4]{\sum (\Delta V_p)^4} \qquad (8.9)$$

ΔV_{pr} = padrão de flutuação de tensão resultante;
ΔV_p = padrão de flutuação de tensão de cada forno considerado;
N_f = número de fornos em operação.

É importante frisar que os valores do padrão de flutuação de tensão calculados anteriormente (ΔV_p e ΔV_{pr}) para determinada instalação siderúrgica que utiliza fornos a arco não deverão ser superiores ao valor limite estabelecido de 0,25 % para sistemas alimentados até a tensão de 138 kV. Para tensões superiores, o valor de ΔV_p é de 0,20 %.

O gráfico da Figura 8.17 permite que se saiba se a operação de um forno a arco irá provocar flutuações de tensão em um nível tolerável ao observador, ou ser perceptível, mas sem afetar o conforto visual do observador ou, ainda, simplesmente ser intolerável. Esta averiguação pode ser feita conhecendo-se a reatância do sistema de suprimento, expressa na base da potência nominal do forno.

Também, como uma primeira indicação da probabilidade de haver flutuação de tensão em níveis toleráveis ou não no ponto de entrega de energia, podem-se verificar as seguintes desigualdades:

$\dfrac{P_{cs}}{P_{nf}} \geq 100$ (flutuações de tensão toleráveis)

$\dfrac{P_{cs}}{P_{nf}} < 60$ (flutuações de tensão intoleráveis)

P_{nf} = potência nominal do forno.

Nos cálculos práticos, como o transformador do forno está geralmente muito próximo do forno correspondente, podem-se desprezar as impedâncias dos cabos flexíveis e das barras fixas ligadas ao sistema secundário do referido transformador.

Muitas vezes, fornos antigos devem ser remanejados de uma unidade industrial para outra, em geral localizada distante, devendo o mesmo ser ligado a um sistema supridor cujo nível de curto-circuito seja menor. Neste caso, é comum o proprietário não conhecer mais os dados característicos do forno, criando uma incógnita para os técnicos que irão calcular as novas condições de operação desta unidade. Desta forma, deve-se calcular o valor do curto-circuito máximo em que deve operar o forno, ligado nas novas instalações, considerando que o mesmo apresenta condições severas de funcionamento, em razão de sua própria construção, o que pode ser dado pela Equação (8.10).

$$P_{cf} = 0{,}0167 \times P_{cs} \qquad (8.10)$$

Esta equação é obtida da Equação (8.7), considerando-se os valores máximos do padrão de flutuação de tensão, $\Delta V_p = 0{,}25$, e o fator de severidade $K_s = 0{,}15$.

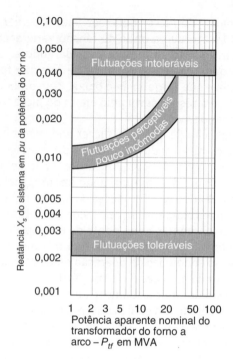

Figura 8.17 Níveis de flutuação de tensão.

Exemplo de aplicação (8.3)

Considerar a instalação industrial representada na Figura 8.18, na qual está prevista a instalação de um forno a arco direto. Determinar as condições de flutuação de tensão na barra de conexão do primário do transformador do forno, que corresponde praticamente ao ponto de entrega de energia.

- Potência nominal do forno: 1.500 kVA.
- Potência de curto-circuito do forno: 3.000 kVA.
- Fator de severidade: 0,10.
- Tensão secundária máxima de alimentação do forno: 400 V.
- Potência nominal do transformador do forno: 1.500 kVA.

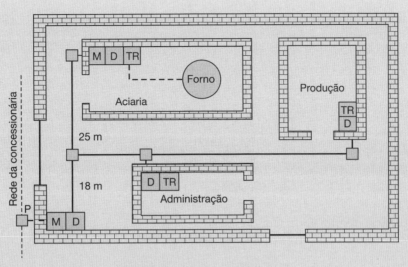

Figura 8.18 Indústria siderúrgica.

- Impedância do transformador do forno: 10 %.
- Perdas do cobre do transformador do forno: 18.000 W.
- Impedância própria do forno: 2 % (na base P_{nt}).

Os dados do sistema são:

- corrente de curto-circuito trifásico no ponto P de entrega de energia: 3,5 kA;
- tensão primária de fornecimento: 13,8 kV.

São desconsideradas as impedâncias dos condutores primários que ligam o cubículo de proteção geral à subestação destinada ao forno, por serem de efeito desprezível. A Figura 8.19 mostra o diagrama unifilar simplificado da instalação.

a) **Escolha dos valores bases**
- Potência base: P_b = 1.500 kVA;
- Tensão base: V_b = 13,8 kV.

O valor da corrente base vale:

$$I_b = \frac{P_b}{\sqrt{3} \times V_b} = \frac{1.500}{\sqrt{3} \times 13,8} = 62,75 \text{ A}$$

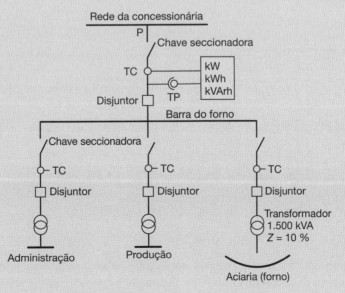

Figura 8.19 Forno sem compensação.

b) Cálculo da impedância reduzida do sistema de suprimento

- Reatância

$$V_{np} = 13{,}80 \text{ kV}$$

$$I_{cs} = 3.500 \text{ A}$$

$$P_{cs} = \sqrt{3} \times V_{np} \times I_{cs} = \sqrt{3} \times 13{,}8 \times 3.500 = 83.658 \text{ kVA}$$

$$X_{us} = \frac{P_b}{P_{cs}} = \frac{1.500}{83.658} = 0{,}0179 \text{ pu}$$

$$\vec{Z}_{us} = R_{us} + jX_{us} = 0 + j0{,}0179 \text{ pu}$$

c) Cálculo da impedância do transformador do forno

- Resistência

$$R_{pt} = \frac{P_{cu}}{10 \times P_{ut}} = \frac{18.000}{10 \times 1.500} = 1{,}2\% = 0{,}012 \text{ pu (na base } P_{nt})$$

$$R_{ut} = R_{pt} \times \frac{P_b}{P_{nt}} \times \left(\frac{V_{nt}}{V_b}\right)^2 = 0{,}012 \times \frac{1.500}{1.500} \times \left(\frac{13{,}80}{13{,}80}\right)^2$$

$$R_{ut} = 0{,}012 \text{ pu (na base } P_b)$$

- Reatância

$$X_{pt} = \sqrt{Z_{pt}^2 - R_{pt}^2} = \sqrt{0{,}10^2 - 0{,}012^2} = 0{,}0993 \text{ pu (na base } P_{nt})$$

$$X_{ut} = X_{pt} \times \frac{P_b}{P_{nt}} \times \left(\frac{V_{nt}}{V_b}\right)^2 = 0{,}0993 \times \frac{1.500}{1.500} \times \left(\frac{13{,}80}{13{,}80}\right)^2$$

$$X_{ut} = 0{,}0993 \text{ pu (na base } P_b)$$

$$Z_{pt} = 10\% = 0{,}10 \text{ pu (na base } P_{nt})$$

$$Z_{uf} \cong X_{uf} = 2\% = 0{,}02 \text{ pu (na base } P_{nt})$$

$$\vec{Z}_{ut} = R_{ut} + jX_{ut} = 0{,}012 + j0{,}0993 \text{ pu}$$

$$\vec{Z}_{utot} = \vec{Z}_{us} + \vec{Z}_{ut} + \vec{Z}_{uf} = (0 + j0{,}0179) + (0{,}012 + j0{,}0993) + j0{,}02$$

$$\vec{Z}_{utot} = 0{,}012 + j0{,}1372 \text{ pu} \rightarrow Z_{utot} = 0{,}13772 \text{ pu}$$

d) Determinação da corrente de curto-circuito no barramento secundário do transformador do forno

$$I_{cs} = \frac{I_b}{Z_{utot}} \times \frac{V_{np}}{V_s} = \frac{62{,}75}{0{,}13772} \times \frac{13.800}{400} = 15.719 \text{ A}$$

A determinação do padrão de flutuação de tensão no barramento secundário do transformador do forno se dá como a seguir:

$$\Delta V_p = K_s \frac{P_{cf}}{P_{cs}} \times 100 = 0{,}10 \times \frac{3.000}{10.890} \times 100 = 2{,}75\%$$

$$P_{cs} = \sqrt{3} \times 0{,}40 \times 15.719 = 10.890 \text{ kVA}$$

$$\Delta V_p > 0{,}25\%$$

Como se pode observar, nenhuma carga deverá ser ligada ao barramento secundário do transformador do forno, tanto em consequência do intolerável nível de flutuação de tensão como pela possibilidade de variação do tape do referido transformador.

Fornos elétricos

e) Determinação do padrão de flutuação de tensão no barramento de conexão do forno, ou seja, primário do transformador do forno

$$\Delta V_{pl} = K_s \frac{P_{cf}}{P_{cs}} \times 100 = 0{,}10 \times \frac{3.000}{83.658} \times 100 = 0{,}35\,\%$$

$$\Delta V_p = 0{,}25\,\% \text{ (máximo valor admitido)}$$

Neste caso, a concessionária não deve permitir a ligação do forno ao seu sistema de distribuição, sob pena de sofrer reclamações de seus consumidores. Desta forma, o projetista deve prever medidas de correção das flutuações de tensão. O mesmo valor poderia ser obtido por meio das relações das impedâncias:

$$\Delta V_{p1} = \frac{Z_1}{Z_2} \times \Delta V_{p2} = \frac{0{,}0179}{0{,}13772} \times 2{,}75 = 0{,}35\,\%$$

Outra averiguação pode ser feita pelo gráfico da Figura 8.17, tomando-se a impedância do sistema de suprimento $X_{us} = 0{,}0179\,pu$ na base da potência nominal do forno. Desse modo, a flutuação de tensão está na faixa das flutuações intoleráveis, conforme se constatou pelo cálculo. Também pode ser verificada a seguinte relação:

$$\frac{P_{cs}}{P_{nf}} = \frac{83.658}{1.500} = 55{,}7 < 60$$

Neste caso, as flutuações de tensão são de nível intolerável.

Exemplo de aplicação (8.4)

Considerar uma instalação siderúrgica composta, entre outras cargas, de três fornos a arco de mesma potência nominal e igual a 3.000 kVA e fatores de severidade iguais a 0,09, 0,10 e 0,11, respectivamente.

Considerar que as potências de curto-circuito dos fornos sejam iguais a 1,9 vez sua potência nominal. Um quarto forno é ligado ao sistema, sendo, porém, sua potência igual a 1.000 kVA.

Sabendo-se que a potência nominal dos transformadores dos fornos é igual à dos respectivos fornos e que a potência de curto-circuito no ponto de entrega de energia é de 260.000 kVA, calcular o nível de flutuação de tensão da instalação.

a) Determinação do padrão de flutuação de tensão do conjunto dos fornos

De acordo com a Equação (8.7), tem-se:

$$\Delta V_p = K_s \times \frac{P_{cf}}{P_{cs}} \times 100$$

$$\Delta V_{p1} = 0{,}09 \times 1{,}9 \times \frac{3.000}{260.000} \times 100 = 0{,}19\,\%$$

$$\Delta V_{p2} = 0{,}10 \times 1{,}9 \times \frac{3.000}{260.000} \times 100 = 0{,}22\,\%$$

$$\Delta V_{p3} = 0{,}11 \times 1{,}9 \times \frac{3.000}{260.000} \times 100 = 0{,}24\,\%$$

Como a potência do quarto forno é menor do que 75 % do maior forno, não será considerada no cálculo de avaliação do *flicker*.

$$\Delta V_{pr} = \frac{98 + N_f}{100} \times \sqrt[4]{\sum (\Delta V_p)^4} = \frac{98 + 3}{100} \times \sqrt[4]{0{,}19^4 + 0{,}22^4 + 0{,}24^4} \rightarrow \Delta V_{pr} = 0{,}29\,\% > 0{,}25\,\%$$

Logo, pela análise, a concessionária de energia elétrica não deverá fazer a ligação da instalação siderúrgica no seu sistema, pois há probabilidade de haver reclamações dos outros consumidores, devido às flutuações de tensão.

Exemplo de aplicação (8.5)

Deseja-se instalar um forno em uma indústria siderúrgica, mas seu proprietário o adquiriu de terceiros sem que lhe fossem fornecidas suas características técnicas. Saber qual o limite de potência de curto-circuito que deve possuir o forno, conhecendo-se, no ponto de entrega de energia, a corrente de curto-circuito, I_{cp} = 3.500 A, valor simétrico, na tensão de 13,80 kV.

A potência de curto-circuito no ponto de entrega de energia é:

$$P_{cs} = \sqrt{3} \times 13,8 \times 3.500 = 83.568 \text{ kVA}$$

Para que as flutuações de tensão sejam toleráveis, deve-se ter:

$$P_{cf} = 0,0167 \times P_{cs} = 0,0167 \times 83.658 = 1.397 \text{ kVA}$$

Considerando-se que a potência nominal do forno seja a metade de sua potência de curto-circuito, tem-se:

$$P_{nf} = 0,50 \times 1.397 = 698 \text{ kVA}$$

Por meio da seguinte relação, tem-se:

$$\frac{P_{cs}}{P_{nf}} = \frac{83.658}{698} = 119,8$$

Como $\frac{P_{cs}}{P_{nf}} > 100$, as flutuações de tensão são perfeitamente toleráveis.

8.4.3.1.2 Método da UIE

A União Internacional de Eletrotermia (UIE) propôs uma metodologia estatística para avaliação do *flicker* que vem sendo adotada nos mais diferentes países do mundo, com a exceção dos Estados Unidos, sendo reconhecida pelas diferentes concessionárias do setor elétrico brasileiro como a forma mais adequada para análise de viabilidade da conexão de fornos a arco nos seus sistemas elétricos.

Qualquer método de análise de *flicker* leva em consideração a reação das pessoas quanto ao incômodo visual. Assim, o analisador de cintilação demodula a tensão em determinado ponto do sistema e, por meio da ponderação da tensão modulante pela característica do conjunto lâmpada-olho-cérebro, indica um valor peculiar de desconforto visual.

O medidor de *flicker*, ou analisador de cintilação, desenvolvido pela UIE, que permite quantificar o incômodo visual do efeito de *flicker* provocado por flutuações de tensões, tem como referência uma lâmpada incandescente de 60 W-120 V. Porém, no início das pesquisas, a UIE desenvolveu um medidor de *flicker* com base em uma lâmpada de 60 W-230 V. O método encontrou restrições de uso nos Estados Unidos, Canadá e nos países do Leste da Ásia, nos quais se utilizam lâmpadas de 120 V. Para atender a essa demanda, a UIE desenvolveu novos estudos adaptando a concepção original do método para a lâmpada de 60 W-120 V.

A metodologia desenvolvida pela UIE consiste na classificação dos níveis instantâneos de sensação do *flicker*, obtidos a cada ciclo de 10 minutos pelo medidor de cintilação. Esses níveis são expressos em *pu* no limiar da percepção, obtendo-se uma curva de frequência cumulativa das sensações de *flicker* em *pu*, em conformidade com a Figura 8.20. São utilizados filtros dedicados, de acordo com a frequência, associados à sensibilidade do olho humano e reação do cérebro.

A curva de frequência cumulativa é obtida a partir das medições efetuadas pelo medidor de cintilação, cujos resultados estão expressos pelo gráfico da Figura 8.21 para ciclos de 10 minutos, e pelo gráfico da Figura 8.22 para ciclos de 2 horas.

A partir da curva da Figura 8.21, obtém-se um índice que representa o desconforto visual provocado pelo *flicker* em um período de 10 minutos, medido pelo parâmetro P_{st}. O algoritmo que permite converter a curva de frequência cumulativa no parâmetro P_{st} foi desenvolvido de modo que o valor de P_{st} fosse igual a 1 para todos os valores limites de variação de tensão recomendados pelo IEE 555-3.

O parâmetro P_{st} indica o nível de severidade do *flicker* para um período de 10 minutos, considerado de curta duração (*short time*) e o parâmetro P_{lt} para período de duas horas, considerado de longa duração, adotados pela UIE e tidos como os mais adequados parâmetros de severidade do *flicker*, o qual propõe valores para níveis de compatibilidade em conformidade com a Tabela 8.8.

Estes valores têm sido questionados em função de várias medições realizadas em diferentes países por serem muito conservadores. Há fornos em operação nos Estados Unidos e na Europa operando a um P_{st} de até 1,85 e a P_{lt}

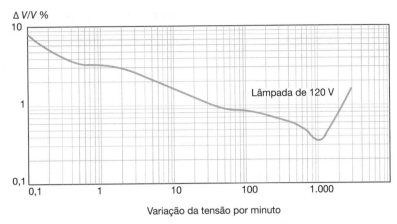

Figura 8.20 Curva de frequência cumulativa.

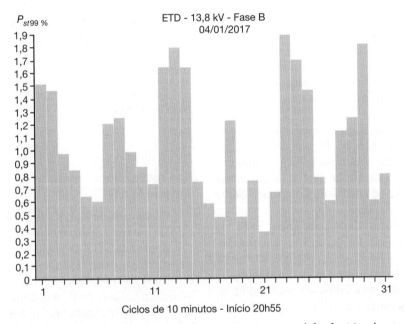

Figura 8.21 Curva analítica do parâmetro $P_{st\,99\,\%}$ para ciclo de 10 minutos.

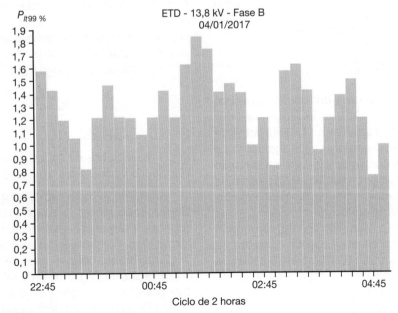

Figura 8.22 Curva analítica do parâmetro $P_{lt\,99\,\%}$ para ciclo de duas horas.

Tabela 8.8 Valores de P_{st} e P_{lt} propostos pela UIE

Parâmetro (pu)	Tensão nominal	
	< 69 kV	≥ 69 kV
P_{st}	1,00	0,79
P_{lt}	0,74	0,58

Tabela 8.9 Medição da severidade do *flicker*

Percepção de cintilação	P_{st} medido
Sim	1,12
Não	0,87
Não	0,92
Não	0,98
Sim	1,10
Sim	1,50
Não	1,00

igual a 1,35 sem que tenha havido comprometimento na qualidade de serviço capaz de levantar reclamação dos consumidores potencialmente afetados. Há especialistas que sugerem valores de P_{st} e P_{lt}, respectivamente, iguais a 2,50 e 2,2. Pelo que o autor conhece, no mundo há poucas siderúrgicas operando nos limites dos valores da UIE. É necessário que os estudos desses limites sejam aprofundados no Brasil para se evitar que empreendimentos siderúrgicos sejam penalizados desnecessariamente com elevados níveis de investimentos, para atender um requisito considerado extremamente conservador.

A severidade do *flicker* é função da taxa de repetição da perturbação da tensão, da amplitude do valor da tensão e da forma de onda.

Existem na literatura diferentes indicações para os parâmetros de P_{st} e P_{lt} em função da probabilidade de serem excedidos. Assim, por exemplo, o $P_{st99\%}$ significa o valor de P_{st} que tem a probabilidade de 1 % de ser excedido em determinado período de medição no caso de 10 minutos, ou 2 horas no caso do P_{lt}.

O cálculo do P_{st} é determinado pela Equação (8.11) correspondente a cada ciclo de 10 minutos, considerando os valores $P_{0,1}$, $P_{1,0}$, P_{3}, P_{10} e P_{50} obtidos da curva de frequência cumulativa da Figura 8.21 e que consistem nos níveis que foram excedidos, respectivamente, de 0,1, 1, 3, 10 e 50 % do tempo de medição.

$$P_{st} = \sqrt{0,0314 \times P_{0,1} + 0,0525 \times P_{1,0} + 0,0657 \times P_{3} + 0,28 \times P_{10} + 0,08 \times P_{50}}$$
(8.11)

Já o valor de P_{lt} é obtido da Equação (8.12):

$$P_{lt} = \sqrt[3]{\frac{1}{12} \times \sum_{i=1}^{i=12} P_{st(i)}}$$
(8.12)

A avaliação do *flicker* em uma instalação industrial é simples e bastante prática. Utilizando-se um medidor de cintilação, conectado geralmente no QGF da subestação, procede-se à medição dos valores de P_{st} indicados no aparelho ao mesmo tempo em que se percebe a variação do fluxo luminoso emitido por uma lâmpada padrão de 60 W – 240 V. Os valores mostrados na Tabela 8.9 exemplificam o resultado de uma medição.

Para se determinar o valor do P_{st} em um dado ponto do sistema elétrico, ou mais especificamente no Ponto de Acoplamento Comum (PAC), pode-se utilizar a Equação (8.13).

$$P_{st} = K_{st} \times \frac{P_{cf}}{P_{cs}}$$
(8.13)

P_{cs} = potência de curto-circuito do sistema;
P_{cf} = potência de curto-circuito do forno;
K_{st} = coeficiente de emissão característico, que varia de 48 a 85 e depende do tipo de forno. De acordo com a literatura, o valor mais adequado é 60 para fornos a arco de corrente alternada.

Para se determinar o valor do P_{lt} nas mesmas condições anteriores, deve-se aplicar a Equação (8.14).

$$P_{lt} = K_{lt} \times \frac{P_{cf}}{P_{cs}}$$
(8.14)

K_{lt} = coeficiente de emissão característico do forno, que varia de 35 a 50.

Os valores de K_{st} e K_{lt} dependem do tipo de forno, do tipo de carregamento e do método de operação.

Apesar de a UIE estabelecer os valores de P_{st} e P_{lt} dados na Tabela 8.8, e que não são excedidos para 99 % do tempo de observação, os especialistas costumam trabalhar também com valores de P_{st} e P_{lt} tomados a 95 % do tempo de observação e utilizam tais valores para complementar os critérios de avaliação do *flicker*.

Considerando que sejam adotadas medidas corretivas de atenuação do nível de *flicker*, por meio da aplicação de quaisquer um dos métodos indicados na Seção 8.4.3.2, ou por meio do coeficiente de transferência entre alta-tensão e média tensão, a Equação (8.13) pode ser complementada e transformada na Equação (8.15):

$$P_{st} = K_{st} \times \frac{P_{cf}}{P_{cs}} \times \frac{1}{K_{comp}} \times K_{at/bt}$$
(8.15)

K_{comp} = fator de redução por compensação;
$K_{at/bt}$ = coeficiente de transferência entre AT e BT. Este valor pode variar entre 0,6 e 0,80.

Ainda de acordo com os especialistas, a aplicação desses coeficientes permite que se admitam valores superiores àqueles estabelecidos na Tabela 8.8, conforme já foi comentado anteriormente.

Atualmente, existe uma tendência mundial para a utilização de fornos a arco de corrente contínua em substituição aos fornos a arco de corrente alternada. Os fornos CC estão sendo empregados mais recentemente e existem no mundo poucas unidades em operação, comparativamente aos fornos a arco CA. Sua grande vantagem é:

- redução do consumo dos eletrodos;
- aumento da vida útil do refratário;
- aumento da eficiência do processo;
- redução do consumo de energia elétrica por tonelada de produto;
- atenuação do nível de *flicker*.

Muitos projetos podem ser viabilizados em certas regiões, nas quais o nível de curto-circuito é baixo, simplesmente trocando o forno a arco de CA por CC. Estudos realizados mostram que os fornos a arco CC podem necessitar operar com a metade do nível de curto-circuito exigido pelos fornos CA. Porém, especialistas conservadores apontam para algo em torno de 75 %.

A Figura 8.23 mostra a correlação que existe entre os valores de K_{st} e o valor de P_{st} para diferentes relações de P_{st}/P_{cs}.

8.4.3.2 Correção da flutuação de tensão

A correção da flutuação de tensão provocada pela instalação de um forno a arco exige que sejam adotadas algumas medidas que normalmente envolvem uma soma apreciável de recursos:

- aumentar a potência de curto-circuito do sistema de suprimento do forno;
- dispor de alimentadores exclusivos para suprimento do forno;
- instalar reator série;
- instalar compensador série;
- instalar compensador síncrono;
- instalar reator série e compensador síncrono;
- instalar compensador estático.

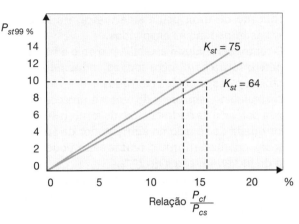

Figura 8.23 Correlação entre K_{st} e P_{st} para diferentes valores de P_{cf}/P_{cs}.

Nem sempre é possível executar economicamente a primeira medida, pois ela envolve, em geral, investimentos volumosos por parte da concessionária. A segunda medida pode ser adotada com menos recursos e estar limitada à melhoria das condições de fornecimento aos consumidores que poderiam estar ligados ao mesmo alimentador do forno. As demais medidas são aquelas, geralmente, adotadas nos estudos de suprimento de fornos a arco e que serão objeto de estudo sumário.

8.4.3.2.1 Instalação de reator série

A aplicação de reatores série tem sido o sistema mais utilizado pelos complexos siderúrgicos de pequeno e médio portes para atenuar as flutuações de tensão, provocadas pela operação dos fornos a arco. Este sistema consiste em utilizar um reator, representado por uma reatância X_r, ligada em série com o circuito de alimentação do forno. A Figura 8.24 ilustra o esquema elétrico

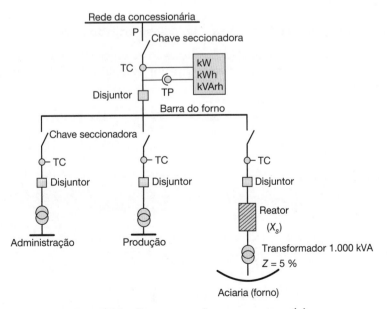

Figura 8.24 Compensação com reator série.

simplificado de uma usina siderúrgica e a Figura 8.25 mostra as impedâncias envolvidas.

O reator série ajuda estabilizar o arco e permite que se opere o forno com arcos longos, reduzindo, em consequência, o desgaste dos eletrodos.

Na realidade, a inserção do reator limita consideravelmente a potência de curto-circuito do forno, resultando em menor queda de tensão no alimentador de suprimento. Medições apontaram que o reator série pode reduzir o efeito do *flicker* em cerca de 20 %.

O reator pode ser constituído de vários tapes, cada um deles correspondente a uma reatância inserida, de acordo com as necessidades de limitação da corrente de curto-circuito do forno.

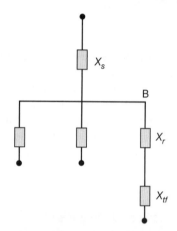

Figura 8.25 Diagrama de impedância.

O valor da reatância do reator pode ser dado pela Equação (8.16).

$$X_r = \frac{V_r \times (I_{cf} - I_{cfr})}{\sqrt{3} \times I_{cf} \times I_{cfr}} \text{ (}\Omega\text{/fase)} \qquad (8.16)$$

V_r = tensão de alimentação do reator, em V;
I_{cf} = corrente de curto-circuito do forno, considerando os eletrodos tocando diretamente a carga, em A;
I_{cfr} = corrente de curto-circuito do forno com o reator inserido, que corresponde ao valor desejado para permitir a queda de tensão prevista na barra em estudo, em A.

O valor da indutância da bobina do reator pode ser calculado pela Equação (8.17).

$$L_r = \frac{X_r}{2 \times \pi \times F} \text{ (H/fase)} \qquad (8.17)$$

O valor da queda de tensão percentual na bobina do reator pode ser calculado pela Equação (8.18).

$$\Delta V\% = \frac{173 \times X_r \times I_{nf} \times \text{sen}\,\psi}{V_r} \text{ (\%)} \qquad (8.18)$$

I_{nf} = corrente nominal do forno, em A.

A potência nominal do reator pode ser calculada pela Equação (8.19).

$$P_{nr} = \frac{3 \times X_r \times I_{nf}^2}{1.000} \text{ (kVA)} \qquad (8.19)$$

X_r = reatância do reator, em Ω.

 Exemplo de aplicação (8.6)

Considerando-se o Exemplo de Aplicação (8.3), determinar as características nominais do reator série necessárias para atenuar as quedas de tensão nos níveis do padrão de flutuação de tensão. As reatâncias resultantes estão mostradas na Figura 8.25.

a) Determinação da máxima potência de curto-circuito de operação do forno

Este caso corresponde ao valor máximo do padrão de flutuação de tensão ΔV_p = 0,25 %. Considera-se que o tape do transformador do forno está posicionado de modo a permitir as mais severas condições de operação do forno. De acordo com a Equação (8.7), tem-se:

$$P_{cfr} = \Delta V_p \times \frac{P_{cs}}{100 \times K_s} = 0,25 \times \frac{83.658}{100 \times 0,10} = 2.091,4 \text{ kVA}$$

b) Cálculo da reatância do reator

De acordo com a Equação (8.16), tem-se:

$$X_r = \frac{13.800 \times (125,5 - 87,5)}{\sqrt{3} \times 125,5 \times 87,5} = 27,5 \text{ }\Omega\text{/fase}$$

$$I_{cf} = \frac{P_{cf}}{\sqrt{3} \times V} = \frac{3.000}{\sqrt{3} \times 13,80} = 125,5 \text{ A}$$

$$I_{cfr} = \frac{P_{cfr}}{\sqrt{3} \times V} = \frac{2.091,4}{\sqrt{3} \times 13,80} = 87,5 \text{ A}$$

c) Cálculo da indutância da bobina

$$L_r = \frac{27,5}{2 \times \pi \times 60} = 0,073 \text{ H/fase}$$

d) Cálculo da queda de tensão no reator

De acordo com a Equação (8.19), tem-se:

$$\Delta V\% = \frac{173 \times 27,5 \times 62,75 \times \text{sen } 45,57°}{13.800} = 15,44 \%$$

$$I_{nf} = \frac{P_{nf}}{\sqrt{3} \times V} = \frac{1.500}{\sqrt{3} \times 13,80} = 62,75 \text{ A}$$

$$\cos \psi = 0,70 \text{ (valor considerado)} \rightarrow \psi = 45,57°$$

e) Cálculo da potência do reator

De acordo com a Equação (8.18), tem-se:

$$P_{nr} = \frac{3 \times X_r \times I_{nf}^2}{1.000} = \frac{3 \times 27,5 \times 62,7^2}{1.000} = 324 \text{ kVA}$$

f) Cálculo do valor do P_{st}

De acordo com a Equação (8.19), tem-se:

$$P_{st} = K_{st} \times \frac{P_{cf}}{P_{cs}} = 70 \times \frac{3.000}{83.658} = 2,51$$

$$X_{st} = 70 \text{ (valor médio adotado)}$$

Logo, utilizando-se um reator de 324 kVA de potência nominal, obter-se-á um padrão de flutuação de tensão de 0,25 %. Analisando os resultados pelo lado do P_{st}, percebe-se que seu valor é elevado, superior ao valor admitido pela UIE, mas aproximadamente igual a 2,5 vezes o valor aceitável, de acordo com os comentários anteriores. Observar que os valores encontrados pelos dois processos são perfeitamente compatíveis, isto é, estão fora dos limites de aceitação.

8.4.3.2.2 Instalação de compensadores série

Considerando-se que o sistema de alimentação do forno seja representado por uma reatância indutiva, ao se instalar um banco de capacitores, com determinada reatância capacitiva, em série com o referido sistema, a reatância resultante é sensivelmente reduzida, diminuindo os efeitos da queda de tensão provocada pelas elevadas correntes provenientes da operação do forno, principalmente no ciclo de fusão.

Observando-se o esquema elétrico da Figura 8.26, com base no esquema unifilar simplificado da Figura 8.25, pode-se concluir que:

$$X_t = X_s - X_c \qquad (8.20)$$

X_t = reatância resultante do sistema de alimentação, em pu/fase;
X_s = reatância própria do sistema de alimentação da concessionária, em pu/fase;
X_c = reatância do banco de capacitores, em pu/fase.

Deve-se alertar que a instalação de capacitores em derivação não é adequada para a correção de flutuação de tensão, devido à operação de fornos a arco. O seu efeito sobre o sistema pode até agravar as flutuações de tensão, pois a queda de tensão nos terminais do capacitor devido à operação do forno resulta em um menor fornecimento de reativos por parte deste, devendo a fonte suprir a parcela restante, ocasionando, deste modo, uma maior queda de tensão no sistema.

A determinação do valor do banco de capacitores série pode ser feita pela Equação (8.21).

$$P_{ca} = \frac{3 \times X_c \times I_{ca}^2}{1.000} \text{ (kVA)} \qquad (8.21)$$

X_c = reatância capacitiva em Ω/fase;
I_{ca} = corrente que circula no banco de capacitores, em A.

A instalação de capacitores série resulta em um aumento considerável da potência de curto-circuito do sistema. No entanto, sua utilização tem sido muito limitada pela ocorrência de sobretensões em transformadores e motores de indução devido ao fenômeno conhecido como ressonância série, quando o valor da reatância capacitiva se torna igual ao valor da reatância indutiva, ficando a corrente do circuito limitada somente pela sua resistência.

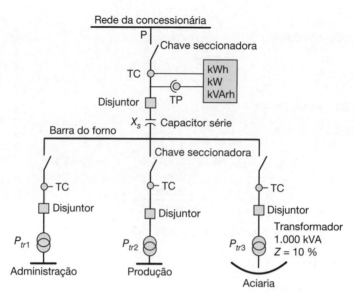

Figura 8.26 Compensação com banco de capacitores série.

Exemplo de aplicação (8.7)

Considerar a instalação da Figura 8.26, cujo diagrama de impedância está representado na Figura 8.27. Verificar se o nível de flutuação de tensão é tolerável e, caso contrário, determinar o valor do banco de capacitores série necessário para corrigir o distúrbio. Sabe-se que:

- potência nominal do forno: 1.000 kVA;
- potência de curto-circuito do forno: 2.000 kVA;
- fator de severidade: 0,15;
- potência dos transformadores:

$$P_{tr1} = 300 \text{ kVA}$$
$$P_{tr2} = 500 \text{ kVA}$$
$$P_{tr3} = 1.000 \text{ kVA}$$

- impedância do forno e do transformador do forno: 8 %;
- tensão de fornecimento: 13,80 kV;
- potência de curto-circuito do sistema: 45.000 kVA.

a) Escolha das bases

$$V_b = 13,80 \text{ kV}$$
$$P_b = 1.000 \text{ kVA}$$
$$I_b = \frac{1.000}{\sqrt{3} \times 13,80} = 41,80 \text{ A}$$

b) Cálculo da impedância reduzida do sistema

- Resistência

$$R_{us} = 0$$

- Reatância

$$X_{us} = \frac{P_b}{P_{cs}} = \frac{1.000}{45.000} = 0,0222 \text{ pu}$$

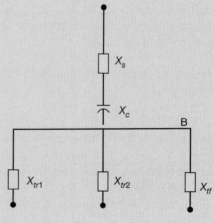

Figura 8.27 Diagrama de impedância.

c) Cálculo do padrão de flutuação de tensão sem o capacitor série

$$\Delta V_p = K_s \times \frac{P_{cf}}{P_{cs}} \times 100 = 0,15 \times \frac{2.000}{45.000} \times 100 = 0,666\ \%$$

$\Delta V_p > 0,25\ \%$ (neste caso, deverá haver fortes flutuações de tensão)

d) Cálculo do valor do P_{st}

De acordo com a Equação (8.13), tem-se:

$$P_{st} = K_{st} \times \frac{P_{cf}}{P_{cs}} = 85 \times \frac{2.000}{45.000} = 3,77$$

$K_{st} = 85$ (valor máximo adotado)

Observar que os resultados obtidos pelos dois processos são compatíveis, pois $P_{st} > 1,0$ (ver Tabela 8.8).

e) Cálculo da potência de curto-circuito na barra do forno necessário para que $\Delta V_p = 0,25\ \%$

$$0,25 = K_s \times \frac{P_{cf}}{P_{cs}} \times 100 = 0,15 \times \frac{2.000}{P_{cs}} \times 100 \rightarrow P_{cs} = 120.000\ \text{kVA}$$

Logo, a reatância resultante deve valer:

$$X_t = \frac{P_b}{P_{cs}} = \frac{1.000}{120.000} = 0,0083\ pu$$

Então, a reatância capacitiva vale:

$$X_c = X_{us} - X_t = 0,0222 - 0,0083 = 0,0139\ pu$$

A reatância capacitiva ôhmica vale:

$$X_{c\Omega} = X_c \times \frac{1.000 \times V_b^2}{P_b} = 0,0139 \times \frac{1.000 \times 13,80^2}{1.000} = 2,64\ \Omega$$

f) Cálculo da potência total do banco de capacitores:

$$P_{ca} = \frac{3 \times 2,64 \times 75,3^2}{1.000 \times 3} = 15\ \text{kVAr/fase}$$

$$I_{ca} = \frac{300 + 500 + 1.000}{\sqrt{3} \times 13,80} = 75,3\ \text{A}$$

g) Cálculo do valor do P_{st}

$$P_{st} = K_{st} \times \frac{P_{cf}}{P_{cs}} = 85 \times \frac{2.000}{120.000} = 1,41$$

Logo, será instalado um capacitor bifásico de 15 kVAr/fase em série com o sistema de alimentação do forno, conforme mostra a Figura 8.27.

8.4.3.2.3 Instalação de compensador síncrono

A instalação de um compensador síncrono rotativo, como solução para atenuar as flutuações de tensão, se prende ao fato de que as quedas de tensão produzidas na rede, pela operação do forno a arco, são consequência das oscilações de corrente reativa absorvida pelo referido forno e que, nessas condições, o compensador síncrono fornece uma parcela da potência reativa, enquanto a rede de suprimento fornece a parcela restante do total dos reativos absorvidos pelo forno.

A resposta do compensador síncrono às flutuações de tensão é considerada no regime de operação transitória da máquina rotativa. Desta forma, no diagrama de impedâncias o valor considerado para representar o compensador síncrono é o da reatância transitória, que pode ser tomado como um valor médio aceitável igual a 0,5 pu, na base da potência nominal da máquina.

Exemplo de aplicação (8.8)

Estudar a correção da flutuação de tensão, conectando à barra do forno um compensador síncrono rotativo de potência a ser determinada e tensão nominal de 2.600 V, ligado a um transformador elevador, conforme está mostrado esquematicamente na Figura 8.28. Neste caso, o valor de K_s é de 0,09. A impedância $X_{us} = 0,0024\ pu$ nas bases de $P_b = 1.000$ kVA e $V_b = 13,8$ kV. A potência de curto-circuito do forno é duas vezes sua potência nominal.

Como se pode observar, a reatância do circuito do compensador síncrono está em paralelo com a reatância do sistema de suprimento do forno.

a) Determinação da queda de tensão percentual compensada

Considerando-se o padrão de flutuação $\Delta V\% = 0,25\ \%$, a queda de tensão máxima permitida é dada de acordo com a Equação (8.6).

$$\Delta V\% = \frac{\Delta V_p}{K_s} = \frac{0,25}{0,09} = 2,77\ \%$$

b) Cálculo da reatância do conjunto transformador e compensador síncrono

Da Equação (8.23), tem-se:

$$2,77 = \frac{100 \times \dfrac{0,0024}{0,08}}{1 + \left(\dfrac{0,0024}{0,08}\right) \times \left(1 + \dfrac{0,08}{X_{tc}}\right)} \rightarrow X_{tc} = 0,045\ pu\ \text{(nas bases de 1.000 kVA e 13,80 kV)}$$

$X_{tf} = 0,08\ pu$ (valor dado nas bases de 1.000 kVA e 13,80 kV)

c) Cálculo da potência do compensador síncrono

Considerando-se que o forno opere na sua potência ativa máxima, pode-se determinar, a partir do gráfico da Figura 8.13, que, nestas condições, é solicitada da rede uma potência reativa de 64 % da sua potência de curto-circuito:

$$P_{rf} = 0,64 \times P_{cf} = 0,64 \times 2.000 = 1.280\ \text{kVAr}$$

A partir da Equação (8.22), tem-se:

$$P_{nc} = 1,10 \times P_{rf} = 1,10 \times 1.280 = 1.408\ \text{kVA}$$

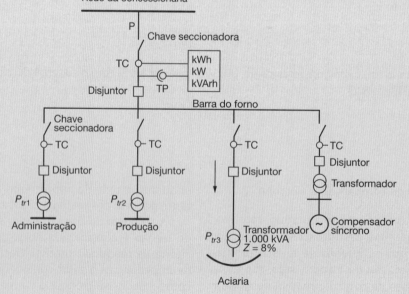

Figura 8.28 Compensação com compensador síncrono.

Logo, a potência nominal do compensador síncrono deve ser de 1.500 kVA. A queda da tensão antes da instalação do compensador síncrono era de:

$$\Delta V\% = \frac{X_{us}}{X_{us} + X_{tf}} = \frac{0,0024}{0,0024 + 0,08} \times 100 \rightarrow \Delta V\% = 2,91\%$$

Observar que, neste caso, é pequena a contribuição do compensador síncrono na atenuação da queda de tensão durante a operação do forno a arco. A redução percentual da queda de tensão é de apenas:

$$R\% = \left(\frac{2,91 - 2,77}{2,77}\right) \times 100 = 5\%$$

d) **Cálculo da reatância do compensador síncrono**

Pode ser calculada de acordo com o procedimento seguinte:

$$X_{tc1} = X_{tc} \times \frac{P_2}{P_1} \times \left(\frac{V_1}{V_2}\right)^2 \rightarrow X_{tc1} = 0,045 \times \frac{1.500}{1.000} \times \left(\frac{13,80}{13,80}\right)^2 = 0,067\ pu$$

Considerando-se a potência nominal do transformador do compensador síncrono também igual a 1.500 kVA, com uma impedância percentual de 5 % nas bases P_b e V_b, tem-se:

$$X_{tc1} = X_{csi} + X_{ts} \rightarrow 0,067 = X_{csi} + 0,050$$

$$X_{csi} = 0,017\ pu \text{ (nas bases de 1.500 kVA e 13,80 kV)}$$

Logo, a reatância transitória do compensador síncrono nas bases de sua potência e tensão nominais vale:

$$X_{csi} = 0,017 \times \frac{1.500}{1.500} \times \left(\frac{13,80}{2,6}\right)^2 = 0,47\ pu$$

Esta solução, como se pode observar, é de custo muito elevado, devido à grandeza dos equipamentos envolvidos, e de resultado operacional limitado.

A potência nominal do compensador síncrono é baseada na máxima potência reativa que o mesmo pode fornecer à barra do forno. Esta potência reativa é estimada de 5 a 10 % superior à potência reativa absorvida pelo forno, isto é:

$$P_{nc} = (1,05 \text{ a } 1,10) \times P_{rf}\ (kVA) \qquad (8.22)$$

P_{nc} = potência nominal do compensador síncrono rotativo, em kVA;

P_{rf} = potência reativa média absorvida pelo forno, em kVAr.

A Figura 8.29 mostra um esquema básico de reatâncias de um compensador síncrono representado pelas reatâncias do transformador, X_{tsi}, e do compensador síncrono, X_{csi}, além da impedância do transformador do forno X_{tf}.

A queda de tensão percentual na barra do forno, após a instalação do compensador síncrono, pode ser dada pela Equação (8.23).

$$\Delta V\% = \frac{100 \times \dfrac{X_{us}}{X_{tf}}}{1 + \left(\dfrac{X_{us}}{X_{tf}}\right) \times \left(1 + \dfrac{X_{tf}}{X_{tc}}\right)}\ (\%) \qquad (8.23)$$

X_{tf} = reatância do forno e do transformador do forno, em pu;
X_{tc} = reatância do circuito do compensador síncrono, que compreende a do transformador mais a da máquina, em pu;
X_{us} = reatância indutiva do circuito de alimentação, em pu.

A instalação de compensadores síncronos permite a elevação do nível de curto-circuito no sistema de alimentação. Medições efetuadas com fornos a arco utilizando compensadores síncronos demonstraram que o *flicker* foi reduzido em até 30 %.

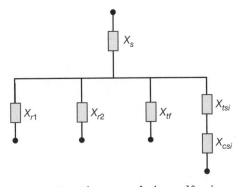

Figura 8.29 Diagrama de impedância.

Algumas desvantagens podem ser atribuídas à instalação de compensadores síncronos:

- contribui com as correntes de curto-circuito, quando da ocorrência de um defeito no sistema de suprimento;
- responde com lentidão às flutuações de tensão;
- preço de aquisição e custo de instalação geralmente elevados.

8.4.3.2.4 Instalação de reator série e compensador síncrono na barra

Este sistema funciona introduzindo-se uma reatância indutiva X_r em série com o circuito de alimentação do forno. Tem a propriedade de desviar os picos de corrente reativa para o compensador síncrono, que, por sua vez, fornece à barra, à qual está ligado, a corrente reativa necessária no momento em que a tensão tende a diminuir de valor. O compensador é superexcitado por um sistema automático de regulação. A Figura 8.30 ilustra a ligação deste sistema de correção de *flicker*, enquanto a Figura 8.31 mostra as reatâncias envolvidas no circuito correspondente.

A potência máxima reativa que deve ter o compensador síncrono pode ser calculada pela Equação (8.24).

$$P_{rs} = P_{rf} + 0,5 \times (P_{ra} + P_{rrs}) \text{ (kVAr)} \qquad (8.24)$$

P_{rf} = potência reativa média do forno, em kVAr;
P_{ra} = potência reativa do sistema de alimentação, em kVAr;
P_{rrs} = potência reativa do reator série, em kVAr.

Alternativamente ao esquema da Figura 8.30, pode-se empregar o esquema da Figura 8.32, em que o reator é aplicado no circuito secundário.

A Figura 8.33 representa o respectivo diagrama de impedâncias do sistema considerado. Neste esquema, o reator é alimentado por uma tensão variável, em função da mudança dos tapes do transformador do forno. Na realidade, dá-se preferência ao esquema da Figura 8.30.

Na Equação (8.24), desprezou-se o valor da potência reativa do transformador do compensador síncrono.

A queda de tensão no sistema provido das correções previstas na Figura 8.30 pode ser determinada a partir da Equação (8.25).

$$\Delta V\% = \frac{100 \times \dfrac{X_{us}}{X_{tf}}}{\left(1 + \dfrac{X_{tf}}{X_{tc}}\right) \times \left(\dfrac{X_{us} + X_r}{X_{tf}}\right) + 1} \qquad (8.25)$$

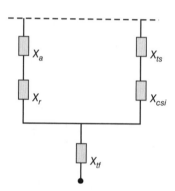

Figura 8.31 Diagrama de impedância.

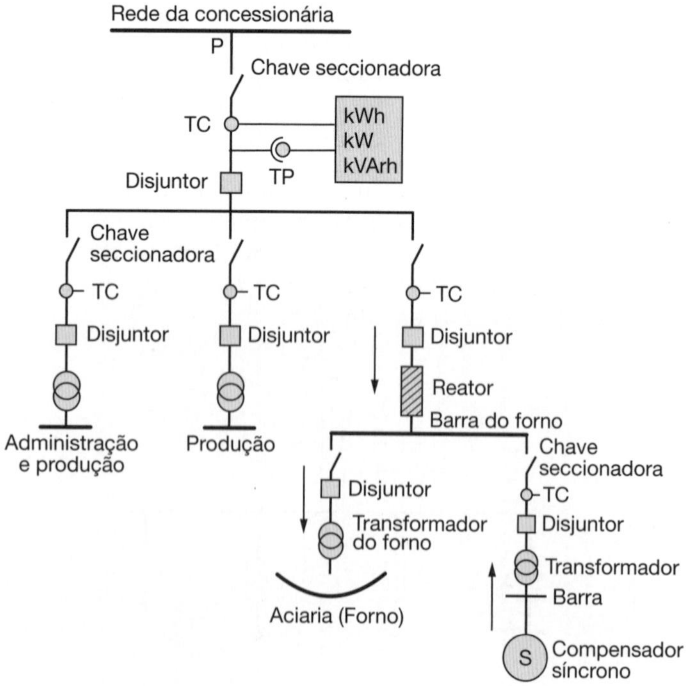

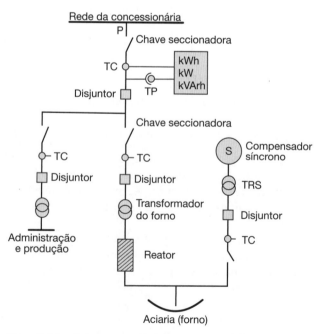

Figura 8.30 Compensação com reator série primário e compensador síncrono.

Figura 8.32 Compensação com reator série no secundário e compensador síncrono.

ΔV% = queda de tensão percentual do sistema compensado;
X_{us} = reatância do sistema de alimentação do forno, em pu;
X_{tf} = reatância do forno e do transformador do forno, em pu;
X_r = reatância do reator do forno, em pu;
X_{tc} = reatância do compensador síncrono mais a do seu transformador, em pu.

O reator série, juntamente com o compensador síncrono rotativo, é um sistema eletromecânico eficiente na correção da flutuação de tensão para a operação de pequenos e médios fornos a arco. O dimensionamento econômico deste sistema implica especificar adequadamente o reator com uma reatância elevada, reduzindo-se, consequentemente, as dimensões do compensador síncrono, pois este é um equipamento de preço de aquisição e custo de instalação elevado.

Adicionalmente a esses procedimentos, a possibilidade de elevação da potência de curto-circuito do sistema de suprimento acarretaria um dimensionamento mais modesto, tanto do reator como do compensador síncrono. Na maioria dos casos, porém, o aumento da potência de curto-circuito do sistema resultaria em investimentos elevados e quase sempre de difícil solução no curto e médio prazos.

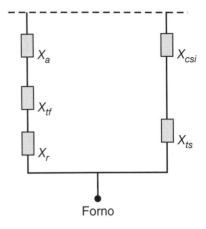

Figura 8.33 Diagrama de impedância.

Cabe observar que, em média, o compensador síncrono não fornece potência ativa ao sistema. Quando o forno solicita maior potência ativa por um rápido intervalo de tempo, o compensador reage, fornecendo esta potência à custa de sua inércia, resultando em um defasamento angular entre o rotor e o campo estatórico. Logo em seguida, a máquina adquire sua estabilidade.

Exemplo de aplicação (8.9)

Considerar a instalação do forno a arco em conformidade com a Figura 8.30, em que são conhecidos os seguintes dados:

- potência nominal do forno: 3.000 kVA;
- potência de curto-circuito do forno: 6.000 kVA;
- fator de severidade: 0,12;
- tensão secundária máxima: 360 V;
- potência nominal do transformador do forno: 3.000 kVA;
- impedância percentual do transformador do forno: 12 %;
- perdas no cobre do transformador: 27.000 W;
- corrente de curto-circuito no ponto de entrega de energia: 6 kA;
- tensão primária de fornecimento: 13,8 kV;
- tensão nominal do compensador síncrono: 2.200 V;
- impedância do transformador do compensador síncrono: 5 % (nas bases P_b e V_b);
- impedância do compensador síncrono: 1,5 % (nas bases P_b e V_b);
- impedância própria do forno: 2 % (nas bases P_b e V_b).

a) Escolha dos valores de base
- Potência base: P_b = 3.000 kVA
- Tensão base: V_b = 13,80 kV

Logo, a corrente e a impedância de base valem:

$$I_b = \frac{3.000}{\sqrt{3} \times 13,80} = 125,5 \text{ A}$$

$$Z_b = \frac{V_b}{I_b} = \frac{13,80 \times 10^3}{125,5} = 109,9 \text{ } \Omega$$

b) Cálculo da impedância reduzida do sistema

- Resistência

$$R_{us} \cong 0$$

- Reatância

$$X_{us} = \frac{P_b}{P_{cs}} = \frac{3.000}{143.413,8} = 0,0209 \; pu$$

$$P_{cs} = \sqrt{3} \times 6.000 \times 13,80 = 143.413,8 \; kVA$$

c) Cálculo da impedância do transformador do forno

- Resistência

$$R_{pt} = \frac{P_{cu}}{10 \times P_{nt}} = \frac{27.000}{10 \times 3.000} = 0,9 \;\%$$

$$R_{ut} = R_{pt} \times \frac{P_b}{P_{nt}} \times \left(\frac{V_{nt}}{V_b}\right)^2 \;\rightarrow\; R_{ut} = 0,009 \times \frac{3.000}{3.000} \times \left(\frac{13,80}{13,80}\right)^2 = 0,009 \; pu$$

- Reatância

$$Z_{ut} = Z_{pt} \times \frac{P_b}{P_{nt}} \times \left(\frac{V_{nt}}{V_b}\right)^2 \;\rightarrow\; Z_{ut} = 0,12 \times \frac{3.000}{3.000} \times \left(\frac{13,80}{13,80}\right)^2 = 0,12 \; pu$$

$$X_{ut} = \sqrt{0,12^2 - 0,009^2} = 0,1196 \; pu$$

Logo, a impedância total do transformador e do respectivo forno vale:

$$X_{utf} = X_{ut} + X_{uf} = j0,1196 + j0,02 = j0,1396 \; pu$$

d) Padrão de flutuação de tensão

$$\Delta V_p = K_s \times \frac{P_{cf}}{P_{cs}} \times 100 = 0,12 \times \frac{6.000}{143.413,8} \times 100 = 0,5 \;\%$$

e) Cálculo do valor do P_{st}

De acordo com a Equação (8.13), tem-se:

$$P_{st} = K_{st} \times \frac{P_{cf}}{P_{cs}} = 67 \times \frac{6.000}{143.423,8} = 2,80$$

$$P_{st} = 67 \; (\text{valor médio adotado})$$

Logo, pelos resultados de ΔV_p e P_{st}, o forno irá provocar intensa flutuação de tensão no sistema de suprimento.

f) Determinação da queda de tensão máxima permitida

Considerando-se o padrão de flutuação de tensão $\Delta V_p = 0,25 \;\%$, o valor máximo da queda de tensão vale:

$$\Delta V \;\% = \frac{\Delta V_p}{K_s} = \frac{0,25}{0,12} = 2,08 \;\%$$

g) Determinação da reatância do reator série

A reatância do reator série pode ser calculada de acordo com a Equação (8.25).

$$X_{tc} = j0,05 + j0,015 = j0,065 \; pu$$

$$2,08 = \frac{100 \times \frac{0,0209}{0,1396}}{\left(1 + \frac{0,1396}{0,0650}\right) \times \left(\frac{0,0209 + X_r}{0,1396}\right) + 1}$$

$$X_r = 0,3095 \; pu = 30,95 \;\% \; (\text{nas bases de 3.000 kVA e 13,80 kV})$$

O valor da reatância ôhmica vale:

$$X_{r\Omega} = X_r \times \frac{1.000 \times V_b^2}{P_b} = 0,254 \times \frac{1.000 \times 13,80^2}{3.000} = 16,12 \ \Omega$$

h) Cálculo da potência do reator

$$P_{rrs} = \frac{3 \times X_r \times I_{nf}^2}{1.000} = \frac{3 \times 16,12 \times 125,5^2}{1.000} = 761,6 \ kVA$$

$$I_{nf} = \frac{P_{nf}}{\sqrt{3} \times V_{np}} = \frac{3.000}{\sqrt{3} \times 13,80} = 125,5 \ A$$

i) dimensionamento da potência nominal do compensador síncrono

De acordo com a Equação (8.24), tem-se:

$$P_{rs} = P_{rf} + 0,5 \times (P_{ra} + P_{rrs})$$

- Cálculo da potência reativa média absorvida pelo forno (P_{cf})

Será considerado que, em média, o forno trabalha a uma corrente de carga 50 % da corrente de curto-circuito. Deste modo, pelo gráfico da Figura 8.13, tem-se:

$$P_{rf} = 0,43 \times P_{cf} = 0,43 \times 6.000 = 2.580 \ kVAr$$

- Cálculo da potência reativa do sistema de alimentação (P_{ra})

$$X_r = X_{us} \times \frac{1.000 \times V_b^2}{P_b} = 0,0209 \times \frac{1.000 \times 13,80^2}{3.000} = 1,326 \ \Omega$$

$$P_{ra} = \frac{3 \times X_r \times I_{nf}^2}{1.000} = \frac{3 \times 1,326 \times 125,5^2}{1.000} = 62,6 \ kVAr$$

Logo, a potência reativa máxima que deve fornecer o compensador síncrono vale:

$$P_{rs} = 2.580 + 0,5 \times (62,6 + 761,6) = 2.992 \ kVAr$$

Desta forma, a potência nominal do compensador síncrono vale:

$$P_{nc} = 1,05 \times P_{rs} = 1,05 \times 2.992 = 3.141 \ kVA$$

Na prática, adota-se um compensador síncrono de $P_{nc} = 3.000$ kVA.

A reatância transitória do compensador síncrono, calculada nos seus valores de tensão e corrente nominais, vale:

$$X_{usi} = 0,015 \times \frac{3.000}{3.000} \times \left(\frac{13,80}{2,2}\right)^2 = 0,59 \ pu$$

Deve-se alertar para o fato de que existem programas computadorizados que fornecem as reatâncias do compensador síncrono e do reator de compensação do forno de modo otimizado, em função de um compromisso técnico-econômico.

8.4.3.2.5 Instalação de compensador estático

Modernamente, com o avanço da tecnologia na área da eletrônica de potência, os compensadores estáticos têm sido preferidos na correção da flutuação de tensão devido à operação de fornos a arco, substituindo os compensadores síncronos rotativos interligados a reatores série.

São fabricados comercialmente cinco tipos básicos de compensadores estáticos:

- reator saturado;
- reator comandado por tiristores;
- reator chaveado por tiristores;
- reator transdutor;
- capacitores controlados por tiristores.

O primeiro tipo de compensador estático funciona mantendo constante a potência reativa necessária à operação do forno. Um aumento da potência reativa por parte do forno resultará em uma resposta rápida do reator saturado, fornecendo ao sistema a potência reativa demandada naquele exato momento, obedecendo, desta maneira, às propriedades naturais de ferro saturado.

O reator comandado por tiristores funciona colocando-se um conjunto de válvulas tiristores em série com o reator linear, isto é, reator não saturado. Por meio de uma série de sinais de controle, a tensão é variada de modo a permitir uma corrente de valor adequado ao circuito do forno.

O reator chaveado por tiristores é constituído de um conjunto de indutores ligados ao sistema de uma maneira ordenada por válvulas tiristores.

O reator a transdutor consiste em um banco de capacitores fixo e em um reator linear variável, chamado de transdutor, cuja reatância é controlada por um sistema de regulação que age diretamente sobre um retificador, o qual é responsável pelo suprimento de corrente contínua de controle e que resulta na manutenção de uma potência reativa constante no circuito de alimentação do forno. A Figura 8.34 mostra esquematicamente esse tipo de sistema de controle de *flicker*.

Quanto ao sistema de capacitores controlados por tiristores, consiste no comando de vários grupos de capacitores por meio de válvulas tiristores, dimensionadas adequadamente em função da variação da máxima potência reativa solicitada pelo sistema de suprimento do forno.

A tendência atual é a utilização de compensadores estáticos para correção de *flicker* em substituição às máquinas rotativas até então empregadas. O dimensionamento desse sistema foge ao escopo deste livro.

O compensador estático, de forma geral, atenua o nível de *flicker* de acordo com a Equação (8.26).

$$\Delta C_e = 1 + 0{,}75 \times \frac{P_{ce}}{P_{nf}} \qquad (8.26)$$

P_{ce} = potência do compensador estático, em kVAr;
P_{nf} = potência nominal do forno, em kVA.

Assim, um compensador estático de 3.000 kVAr instalado na barra de conexão de um forno a arco de 5.000 kVA atenua o nível de *flicker* em 45 %:

$$\Delta C_e = 1 + 0{,}75 \times \frac{3.000}{5.000} = 1{,}45 = 45\ \%$$

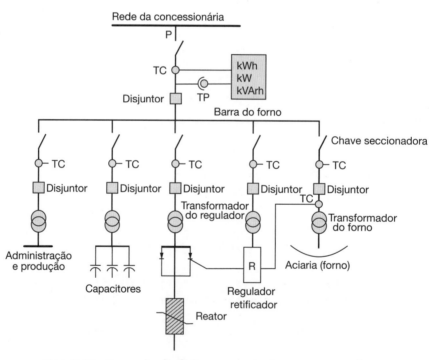

Figura 8.34 Correção de *flicker* por meio de reator transdutor.

9 Materiais elétricos

9.1 Introdução

O dimensionamento e a especificação corretos de materiais, equipamentos e dispositivos constituem fatores determinantes no desempenho de uma instalação elétrica industrial.

Materiais e equipamentos não especificados adequadamente podem acarretar sérios riscos à instalação, bem como comprometê-la do ponto de vista de confiabilidade e continuidade do serviço, além, é claro, dos prejuízos de ordem financeira com a paralisação temporária de alguns setores de produção.

O que se pretende, neste capítulo, é fornecer ao projetista os elementos mínimos necessários para a especificação de vários materiais e equipamentos normalmente empregados nas instalações elétricas industriais, assim como descrevê-los de modo sumário, de tal sorte que facilite a elaboração correta da relação de material para a obra. Não se pretende fornecer detalhes da especificação técnica do equipamento. É uma tarefa desenvolvida por empresas concessionárias de energia e por escritórios de projeto.

O estudo dos materiais e equipamentos abordados neste capítulo é sucinto. Se o leitor desejar conhecer com maior profundidade o assunto, pode consultar o livro do autor *Manual de Equipamentos Elétricos* – LTC – 5ª edição, que estuda com detalhes os equipamentos empregados nos sistemas de média e alta-tensão.

9.2 Elementos necessários para especificar

Para elaborar uma especificação de material e equipamento é necessário conhecer os dados elétricos em cada ponto da instalação, bem como as características do sistema. De modo geral, as grandezas mínimas, que caracterizam determinado equipamento ou material, podem ser assim resumidas:

- tensão nominal;
- corrente nominal;
- frequência nominal;
- potência nominal;
- tensão suportável de impulso;
- capacidade de corrente simétrica e assimétrica de curto-circuito.

Outras grandezas elétricas e/ou mecânicas fundamentais e particulares a cada tipo de equipamento serão mencionadas nos itens pertinentes.

9.3 Materiais e equipamentos

Para melhor entendimento da especificação técnica, foi elaborado um diagrama unifilar, mostrado na Figura 9.1, referente a uma instalação elétrica industrial, contendo os principais materiais, equipamentos e dispositivos que devem ser especificados sumariamente em função das características de cada ponto do sistema onde estão localizados.

As características do sistema são:

- tensão nominal primária: 13,80 kV;
- tensão nominal secundária: 380 V;
- tensão de fornecimento: 13,80 kV;
- tensão máxima de operação: 15 kV;
- potência simétrica de curto-circuito no ponto de entrega (ponto A): 250 MVA;
- tensão suportável de impulso: 95 kV;
- tensão máxima de operação entre fase e terra: 12 kV;
- capacidade de transformação: 2 × 750 kVA;
- corrente de curto-circuito simétrica no ponto B: 40 kA;
- corrente de curto-circuito simétrica no ponto C: 20 kA;
- motores:
  – M1: 50 cv – 380 V/IV polos, do tipo rotor em curto-circuito;

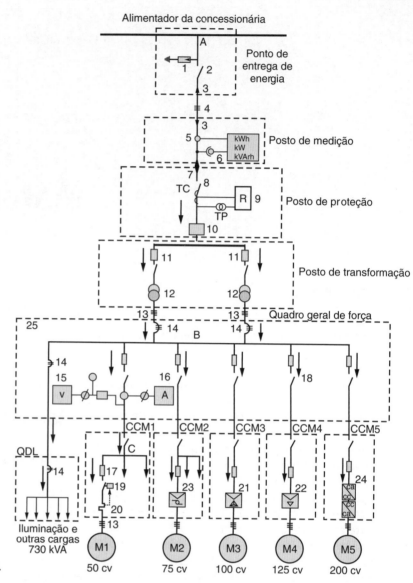

Figura 9.1 Diagrama unifilar.

- M2: 75 cv – 380 V/IV polos, do tipo rotor em curto-circuito;
- M3: 100 cv – 380 V/IV polos, do tipo rotor em curto-circuito;
- M4: 125 cv – 380 V/IV polos, do tipo rotor em curto-circuito;
- M5: 200 cv – 380 V/IV polos, do tipo rotor em curto-circuito;
- cargas:
  - iluminação: 100 kVA;
  - outras cargas: 630 kVA.

O diagrama unifilar da Figura 9.1 é característico de uma instalação elétrica industrial com entrada de serviço subterrânea. Estão mostrados, apenas, os principais elementos de uso mais comum em uma planta industrial, cujo conhecimento é relevante para a difícil tarefa de projetar e especificar.

É necessário observar que cada elemento especificado está identificado no diagrama unifilar por meio de um número inserido no texto, entre parênteses. Deve-se, também, alertar para o fato de que todos os materiais e equipamentos *especificados sumariamente* neste capítulo devem satisfazer, no todo, as normas da ABNT e, na falta destas, as da IEC.

9.3.1 Para-raios de distribuição a resistor não linear

É um equipamento destinado à proteção de sobretensão provocada por descargas atmosféricas ou por chaveamento na rede. São as seguintes as características fundamentais de um para-raios.

a) **Tensão nominal**

É a máxima tensão eficaz, à frequência nominal, aplicável entre os terminais do para-raios e na qual este deve operar corretamente.

b) **Frequência nominal**

É a frequência utilizada no projeto do para-raios a qual deve coincidir com a frequência da rede a que será ligado.

c) Corrente de descarga nominal

É o valor de crista da corrente de descarga com forma de onda de 8/20 μs, utilizado para classificar um para-raios.

d) Máxima tensão de operação contínua (MCOV, do inglês *maximum continuous operating voltage*)

É a máxima tensão que pode ser aplicada continuamente entre os terminais de fase e terra do para-raios na frequência fundamental. Esse valor está compreendido entre 80 e 90 % da tensão nominal do para-raios.

e) Sobretensão temporária (TOV, do inglês *temporary overvoltage*)

É a máxima tensão transitória suportável pelo para-raios, na frequência fundamental, que pode ser aplicada entre os terminais de fase e terra. Esse valor está representado na curva tensão × corrente, normalmente fornecido pelo fabricante, e pode ser interpretado como um múltiplo do MCOV.

f) Tensão residual

É o valor de crista da tensão, na forma de onda 8 × 20 μs, ou 30 × 60 μs, que surge entre os terminais do para-raios no momento em que a corrente de descarga flui pelas partilhas de óxido metálico que constituem o resistor não linear. Esse valor de tensão é o parâmetro utilizado para definir o nível de proteção oferecido pelo para-raios ao sistema que está sendo protegido.

As partes fundamentais dos para-raios estão reconhecidas na Figura 9.2, ou seja:

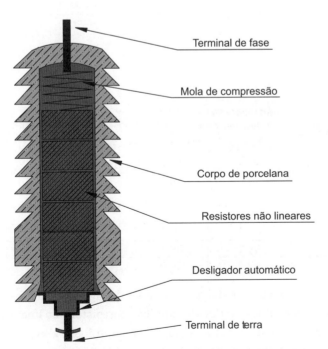

Figura 9.2 Parte interna de um para-raios a resistor não linear.

a) Corpo de porcelana

Constituído de porcelana de alta resistência mecânica e dielétrica, no qual estão alojados os principais elementos ativos do para-raios.

b) Resistores não lineares

São blocos cerâmicos feitos de material refratário, formados basicamente pela sinterização de óxidos metálicos, química e eletricamente estáveis. Esse material é capaz de conduzir altas correntes de descarga com baixas tensões residuais. Apresenta uma baixa resistência quando submetido a sobretensões e uma alta resistência quando em operação sob tensão na frequência industrial.

c) Mola da compressão

Tem a função de pressionar os componentes do bloco de pastilhas para elevar o nível de contato entre as faces de cada bloco cerâmico.

d) Desligador automático

É composto de um elemento resistivo colocado em série com uma cápsula explosiva protegida por um corpo de baquelite. Sua função é desconectar o cabo de aterramento do para-raios quando este é percorrido por uma corrente de alta intensidade capaz de provocar sua explosão. Isso ocorre, em geral, quando o para-raios está defeituoso, por exemplo, a perda de vedação.

O desligador automático é projetado para não operar com a corrente de descarga e a corrente subsequente. Também serve como indicador de defeito do para-raios.

Uma característica particularmente interessante de ser conhecida para se especificar, corretamente, um para-raios é o tipo de aterramento do neutro do transformador de força da subestação de distribuição da concessionária, o que caracterizará a tensão máxima de operação do sistema. Dependendo da configuração do sistema distribuidor, o transformador pode estar conectado em estrela não aterrada ou triângulo (sistema a três fios), ou em estrela aterrada, efetivamente ou com impedância inserida (sistema a três fios), ou ainda, em estrela aterrada e neutro multiaterrado (sistema a quatro fios). Para cada tipo de configuração é necessário que se especifique, adequadamente, o para-raios. A Tabela 9.1 fornece os elementos de orientação para a seleção dos para-raios em função da tensão máxima de operação do sistema, enquanto a Tabela 9.2 indica as suas principais características elétricas. A Figura 9.3 apresenta graficamente as variações de corrente e tensão durante a operação de para-raios a resistor não linear.

9.3.1.1 Especificação sumária

Na especificação de um para-raios é necessário que se indiquem, no mínimo, os seguintes elementos:

- tensão nominal eficaz, em kV;
- frequência nominal;

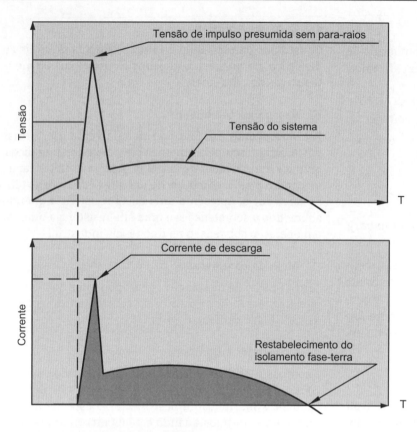

Figura 9.3 Atuação de um para-raios.

Tabela 9.1 Seleção de para-raios

Tensão nominal do para-raios (kV)	Sistema delta ou Y a três fios (kV)	Sistema Y – três fios com neutro efetivamente aterrado no transformador de alimentação (kV)	Sistema Y – quatro fios com neutro multiaterrado (kV)
3	3	3,60	4,50
6	6	7,20	9,00
9	9	11,00	12,80
12	12	15,00	18,00
15	15	18,00	18,00
27	27	32,00	36,50
39	39	47,00	–

Tabela 9.2 Características elétricas dos para-raios

Tensão nominal (kV eficaz)	Tensão de operação contínua à frequência industrial (MCOV) (kV eficaz)	Sobretensão transitória (TOV) (kV de crista)	Máxima tensão residual de descarga com onda de 8 × 20 μs (kV de crista) 5 kA	Máxima tensão residual de descarga com onda de 8 × 20 μs (kV de crista) 10 kA	Máxima tensão disruptiva por manobra (500 A) (kV valor de crista)
6	5,1	7,3	19,8	19,8	16,00
12	10,2	14,6	39,6	39,6	26,70
15	12,7	18,2	49,5	49,5	31,00
21	17,0	24,4	69,3	69,3	42,00
27	22,0	81,6	89,1	89,1	59,00
36	29,0	41,7	99,0	99,0	73,00

- tensão residual de descarga, com onda de 8 × 20 μs, em kV;
- corrente de descarga, em A;
- máxima tensão de operação contínua (MCOV);
- sobretensão transitória (TOV).

Com base no diagrama unifilar da Figura 9.1, temos: Para-raios do tipo distribuição, a resistor não linear, com desligador automático, tensão nominal 12 kV, frequência nominal de 60 Hz, corrente de descarga nominal 10 kA, tensão residual de 31 kV para a corrente de descarga nominal com forma de onda de 8 × 20 μs, tensão de operação contínua 10,2 kV (MCOV) e sobretensão transitória de 14,7 kV (TOV).

9.3.2 Chave fusível indicadora unipolar

É um equipamento destinado à proteção de sobrecorrente de rede, desde o ponto de entrega de energia até o disjuntor geral da subestação.

Seu elemento fusível, denominado "elo fusível", deve coordenar com os outros elementos de proteção do sistema da concessionária local. Caso contrário, a chave fusível deve ser substituída por uma chave seccionadora.

É constituída, na versão mais comum, de um corpo de porcelana, com dimensões adequadas à tensão de isolamento e à tensão suportável de impulso, e no qual está articulado um tubo, normalmente fabricado em fenolite ou fibra de vidro, que consiste no elemento fundamental que define a capacidade de interrupção da chave. Dentro desse tubo, denominado "cartucho", é instalado o elo fusível.

Além das características nominais do sistema, a chave fusível deve ser dimensionada em função da capacidade da corrente de curto-circuito no ponto de sua instalação. Quanto maior a corrente de defeito, maiores são os esforços térmicos e dinâmicos que o cartucho terá de suportar, e isto determina a sua capacidade de ruptura. A Figura 9.4 mostra uma chave fusível, indicando os seus principais elementos.

9.3.2.1 Especificação sumária

Para que uma chave fusível indicadora unipolar seja corretamente adquirida devem ser especificados, no mínimo, os seguintes dados:

- tensão nominal eficaz, em kV;
- tensão máxima de operação, em kV;
- corrente nominal, em A;
- frequência nominal;
- capacidade de ruptura, em kA;
- tensão suportável de impulso, em kV.

De acordo com o diagrama unifilar da Figura 9.1, pode-se designar a chave ali indicada como:

Chave fusível indicadora unipolar, corrente nominal 100 A, tensão nominal 13,8 kV, tensão máxima de operação 15 kV, tensão suportável de impulso 95 kV e capacidade de curto-circuito simétrico 10 kA.

9.3.3 Terminal primário ou terminação

É um dispositivo destinado a restabelecer as condições de isolação da extremidade de um condutor isolado quando este for conectado a um condutor nu.

Os terminais primários têm a finalidade de garantir a deflexão do campo elétrico, mantendo os gradientes de tensão radial e longitudinal dentro de determinados limites.

Há uma grande variedade de terminais primários. Atualmente, as muflas terminais primárias são utilizadas em condições específicas de projeto. São constituídas de corpo de porcelana com enchimento de composto elastomérico.

Hoje, as terminações termocontráteis primárias constituídas de material termocontrátil são as de maior utilização. Também são fabricadas as chamadas terminações contráteis a frio. As primeiras são aplicadas sobre o condutor usando uma fonte de calor (maçarico com controle de chama), enquanto o segundo tipo é aplicado diretamente sobre o cabo, bastando retirar o dispositivo de plástico que arma o tubo da terminação.

O sistema de contração a frio mantém a terminação "pré-tensionada" até o momento da instalação. Durante a aplicação, ela é contraída sob pressão no cabo, permanecendo fixa durante toda a sua vida útil. Disponíveis

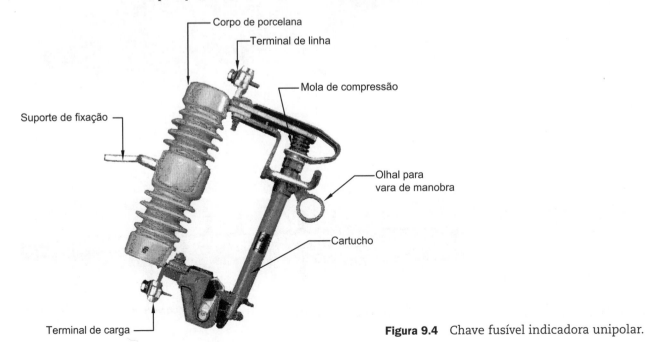

Figura 9.4 Chave fusível indicadora unipolar.

em vários tamanhos, podem servir a cabos desde seções de 6 a 1.000 mm². Tanto as terminações termocontráteis como as terminações a frio podem ser utilizadas em ambientes internos ou externos. A Figura 9.5 mostra os componentes de uma mufla terminal unipolar, comumente utilizada em ramal de entrada primário subterrâneo. A Figura 9.6 apresenta o aspecto externo da mufla vista na Figura 9.5. Já a Figura 9.7 mostra uma terminação termocontrátil.

9.3.3.1 Especificação sumária

Os terminais primários devem ser dimensionados em função da seção transversal e do tipo de cabo a ser utilizado, das características elétricas do sistema e do local de utilização. Logo, na aquisição de uma terminação, é necessário conhecer os seguintes elementos:

- tipo;
- condutor isolado a ser conectado, em mm²;
- tensão nominal eficaz, em kV;
- corrente nominal, em A;
- tensão suportável de impulso, em kV;
- uso (interno ou externo).

De acordo com o diagrama unifilar da Figura 9.1, pode-se assim designar o terminal primário ali indicado:

Mufla terminal primária unipolar, uso externo, do tipo composto elastomérico, para cabo isolado de 35 mm² com isolamento XLPE, tensão nominal de 15 kV, corrente nominal de 100 A, tensão suportável de impulso de 95 kV, fornecida com *kit* completo.

9.3.4 Cabo de energia isolado para 15 kV

Os cabos primários isolados mais comumente utilizados em instalações elétricas industriais são os de cobre, com isolação à base de PVC, de polietileno reticulado ou, ainda, os de borracha etileno-propileno.

Os cabos isolados da classe de tensão de 8,7/15 kV são constituídos de um condutor metálico revestido de

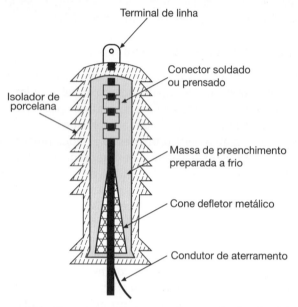

Figura 9.5 Elementos de um mufla terminal primária.

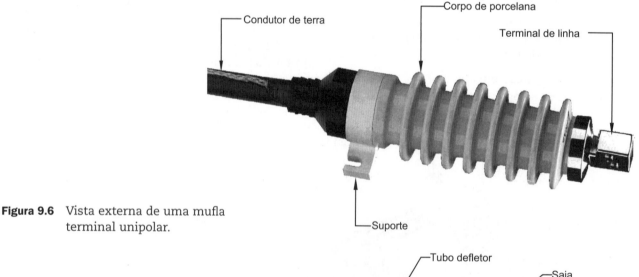

Figura 9.6 Vista externa de uma mufla terminal unipolar.

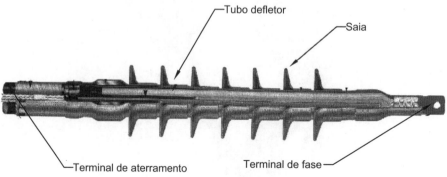

Figura 9.7 Terminal termocontrátil unipolar.

uma camada de fita semicondutora por cima na qual é aplicada a isolação. Uma segunda camada de fita semicondutora é aplicada sob a blindagem metálica que pode ser composta de uma fita ou de fios elementares. Finalmente, o cabo é provido de uma capa externa de borracha, normalmente o PVC.

A primeira fita semicondutora é responsável pela uniformização do campo elétrico radial e transversal, distorcido pela irregularidade da superfície externa do condutor. A segunda fita semicondutora tem a finalidade de corrigir o campo elétrico sobre a superfície da isolação devido às irregularidades da blindagem metálica sobreposta sobre esta isolação.

A blindagem metálica tem a função de garantir o escoamento das correntes de defeito para a terra.

Já a capa externa do cabo tem a função de agregar a blindagem metálica e dotar o cabo de uma proteção mecânica adequada, principalmente durante o puxamento no interior de dutos. A Figura 9.8 mostra a seção transversal de um cabo classe 15 kV isolado com XLPE.

O esforço provocado pelo campo elétrico se distribui na camada isolante de forma exponencial decrescente, atingindo o máximo na superfície interna da isolação e o mínimo na superfície externa da mesma. Para que haja uniformidade do campo elétrico, a camada isolante deve estar livre de impurezas ou bolhas, pois, caso contrário, estas estariam funcionando em série com a isolação.

Considerando que a rigidez dielétrica do vazio nunca é superior a 1 kV/mm e que o gradiente da borracha XLPE, por exemplo, está situado entre 3 e 4 kV/mm, pode-se concluir que qualquer vazio ou impureza interior ao isolamento fica sujeita a solicitações superiores à rigidez dielétrica. Como a tensão a que está submetido o cabo é alternada, a bolha fica submetida a duas descargas por ciclo, o que corresponde a um bombardeio de elétrons nas paredes do vazio, desenvolvendo-se certa quantidade de calor e, consequentemente, provocando efeitos danosos à isolação, cujo resultado é uma falha inevitável para a terra.

A Figura 9.9 mostra, graficamente, a solicitação que uma bolha provoca à isolação de um condutor.

9.3.4.1 Especificação sumária

A especificação de um condutor requer a indicação mínima dos seguintes parâmetros:

- seção quadrática, em mm²;
- tipo do condutor: cobre ou alumínio;
- blindagem metálica: fitas, fios e fitas-fios;
- tipo de isolação: polietileno reticulado (XLPE) ou etileno-propileno (EPR), ou, ainda, o cloreto de polivinila (PVC);
- tensão nominal da isolação;
- tensão suportável de impulso.

A norma brasileira ABNT NBR 6251:2018 identifica as tensões de isolamento mediante dois valores (V_0/V_1). O primeiro valor identifica a tensão eficaz entre condutor e terra ou blindagem, enquanto o segundo permite determinar a tensão eficaz entre fases dos condutores (p. ex.: 8,7/15 kV).

A mesma norma classifica os sistemas elétricos em duas categorias, definidas segundo a possibilidade de uma falta fase-terra. A categoria 1 compreende os sistemas previstos para operarem, durante um curto intervalo de tempo, em condições de falta para a terra, em geral, não superior a 1 hora. A categoria 2 abrange os sistemas não classificados na categoria 1, isto é, sistema com neutro isolado e que suporta condições de falta para a terra em um tempo de 8 horas. Logo, a isolação dos condutores deve ser escolhida em função dessas características dos sistemas. Para sistemas com neutro efetivamente aterrado, a isolação dos condutores deve ser escolhida para a categoria 1, a não ser que seja esperada uma elevada frequência de operação dessa rede com defeito à terra.

Outro fator importante no dimensionamento do cabo é a blindagem metálica responsável pela condução da corrente de curto-circuito fase e terra quando ocorre um defeito na isolação. Seu valor é calculado considerando o tempo de atuação da proteção para a corrente de defeito monopolar. Quando não é especificado o valor da corrente de defeito, o fabricante fornece o cabo

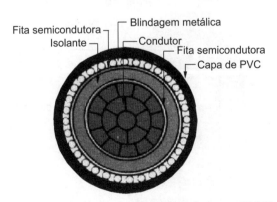

Figura 9.8 Cabo de energia isolado para 15 kV.

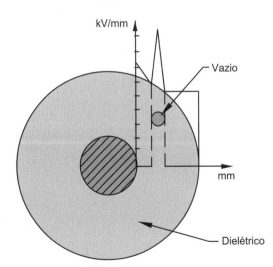

Figura 9.9 Bolha de ar em dielétrico sólido.

com a seção da blindagem metálica no valor de 6 mm², mínimo indicado pela norma brasileira.

Considerando a carga do diagrama da Figura 9.1, o cabo pode ser assim descrito:

Cabo isolado para 8,7/15 kV, isolação EPR (etileno-propileno), condutor de cobre, seção transversal de 25 mm², blindagem metálica de 6 mm², capa de PVC e tensão suportável de impulso 95 kV.

9.3.5 Transformador de corrente (TC)

Os transformadores de corrente estão divididos em dois tipos fundamentais: transformadores de corrente para serviço de medição e transformadores de corrente para serviço de proteção.

O transformador de corrente é um equipamento capaz de reduzir a corrente que circula no seu primário para um valor inferior, no secundário, compatível com o instrumento registrador de medição (medidores).

Os transformadores de corrente são constituídos de um enrolamento primário, feito, normalmente, de poucas espiras de cobre, um núcleo de ferro e um enrolamento secundário para a corrente nominal padronizada, normalmente de 5 A.

A Figura 9.10 mostra um transformador de corrente com isolação de resina epóxi, na qual estão identificados os seus principais componentes.

O valor da corrente secundária do TC varia segundo a corrente circulante no primário. Assim, um transformador de corrente de 100-5 A, inserido em um circuito com corrente de 80 A, fornece uma corrente secundária de:

$$\frac{100}{5} = \frac{80}{I_{stc}} \rightarrow I_{stc} = 4 \text{ A}$$

Cuidados devem ser tomados para não deixar em aberto os terminais secundários dos transformadores de corrente, quando da desconexão dos equipamentos de medida a eles ligados, pois, do contrário, surgirão tensões elevadas, em virtude de não haver o efeito desmagnetizante no secundário, tomando a corrente de excitação o valor da corrente primária e originando um fluxo muito intenso no núcleo, provocando elevadas perdas no ferro. Isto poderá danificar a isolação do TC e levar perigo à vida das pessoas. Pode-se acrescentar também que, ao se retirar a carga do secundário do TC, a impedância secundária passa a ter valor igual a ∞. Para manter a igualdade da Equação (9.2), isto é, $V_{ns} = Z_{nt} \times I_{ms}$ é necessário V_{ns} crescer indefinidamente, o que não ocorre porque o fluxo no ferro é limitado por sua relutância magnética. A Figura 9.11 mostra um TC ligado a um amperímetro, detalhando a chave C que permite curto-circuitar os terminais secundários do equipamento, quando da retirada do aparelho de medição.

Os TCs podem ser classificados nos seguintes tipos, de acordo com a disposição do enrolamento primário e a construção do núcleo.

a) TC do tipo barra

É aquele em que o primário é constituído por uma barra fixada através do núcleo, conforme mostrado na Figura 9.12.

b) TC do tipo enrolado

É aquele em que o enrolamento primário é constituído de uma ou mais espiras, envolvendo o núcleo, conforme se vê na Figura 9.13.

c) TC do tipo janela

É aquele constituído de uma abertura através do núcleo, por onde passa o condutor, fazendo a vez do enrolamento primário, conforme se observa na Figura 9.14.

d) TC do tipo bucha

É aquele cujas características são semelhantes ao TC do tipo barra, porém a sua instalação é feita na bucha dos equipamentos (transformadores, disjuntores etc.) que funciona como enrolamento primário. A Figura 9.15 caracteriza esse tipo de TC.

e) TC do tipo núcleo dividido

É aquele cujas características são semelhantes ao TC do tipo janela, em que o núcleo pode ser separado para permitir envolver um condutor que funciona como o enrolamento primário, conforme mostrado na Figura 9.16.

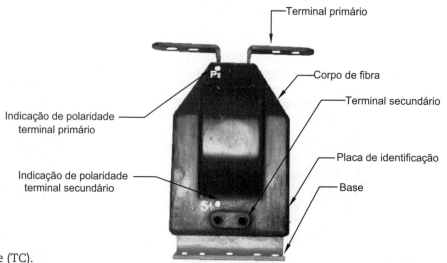

Figura 9.10 Transformador de corrente (TC).

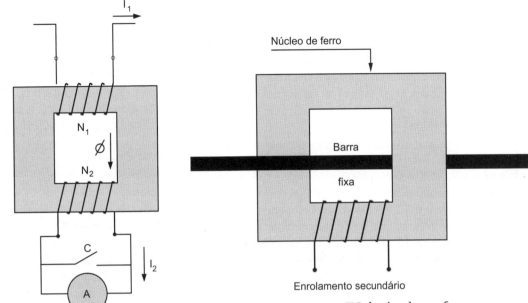

Figura 9.11 Chaves no secundário do TC.

Figura 9.12 TC do tipo barra fixa.

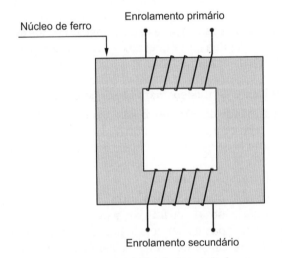

Figura 9.13 TC do tipo enrolado.

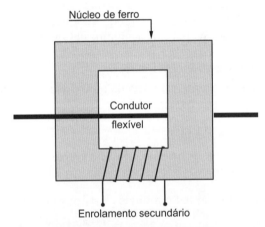

Figura 9.14 TC do tipo janela.

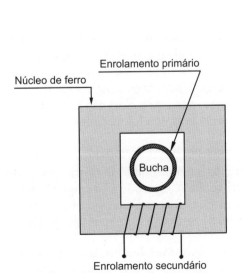

Figura 9.15 TC do tipo bucha.

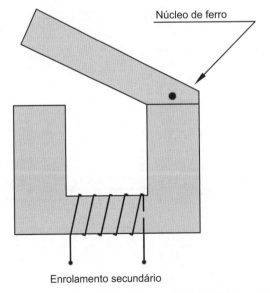

Figura 9.16 TC do tipo núcleo dividido.

9.3.5.1 Características gerais dos transformadores de corrente

Os transformadores de corrente para medição e proteção de acordo com a ABNT NBR 6856:2021 – Transformadores de corrente com isolação sólida igual ou inferior a 52 kV apresentam as seguintes características:

a) **Potência nominal**

É aquela para a qual o TC foi projetado, ou seja, é o valor da potência aparente que o transformador é destinado a fornecer ao circuito secundário na tensão ou corrente secundária nominal e carga nominal conectada a ele. Na especificação de um TC deve-se escolher a corrente primária nominal próxima do valor da corrente de carga máxima do circuito. As correntes nominais padronizadas pela norma estão baseadas na Tabela 9.3.

b) **Corrente nominal secundária**

É o valor da corrente secundária na qual o desempenho do transformador se baseia. Normalmente, a corrente nominal secundária dos TCs é de 5 A. Também são empregados TCs com corrente nominal igual a 1 A, destinados à aferição de medidores, ou quando se deseja obter no circuito secundário uma pequena queda de tensão, notadamente em circuitos de grande comprimento.

c) **corrente nominal primária**

É o valor da corrente primária na qual o desempenho do transformador se baseia.

d) **Relação nominal**

É a relação entre a corrente primária e a corrente secundária, normalmente conhecida pela sigla RTC.

Tabela 9.3 Correntes nominais primárias dos TCs

Corrente primária	RTC	Corrente primária	RTC
5	1:1	300	60:1
10	2:1	400	80:1
15	3:1	500	100:1
20	4:1	600	120:1
25	5:1	800	160:1
30	6:1	1.000	200:1
40	8:1	1.200	240:1
50	10:1	1.500	300:1
60	12:1	2.000	400:1
75	15:1	2.500	500:1
100	20:1	3.000	600:1
125(*)	25:1	4.000	800:1
150	30:1	5.000	1.000:1
200	40:1	6.000	1.200:1
250	50:1	8.000	1.600:1

(*) Não padronizada pela norma.

e) **Tensão máxima**

É a tensão máxima permissível para operação contínua do TC sem que afete a sua isolação.

f) **Carga nominal**

É aquela que deve suportar, nominalmente, o enrolamento secundário do TC e na qual estão baseadas as prescrições de sua exatidão.

g) **Frequência**

É a frequência para a qual foi projetado o transformador de corrente.

h) **Classe de exatidão**

É o valor percentual máximo de erro que o TC pode apresentar na indicação de um aparelho de medição em condições especificadas em norma.

Os TCs de medição para faturamento devem ter classe de exatidão 0,2 ou 0,3, enquanto os TCs destinados, por exemplo, à medição para fins de determinação dos custos com energia elétrica em certos setores de carga elevada de uma indústria podem ter classe de exatidão 0,6. Já os TCs para uso em instrumentos de indicação de medidas, por exemplo, amperímetros, podem ter classe de exatidão 1,2.

i) **Número de núcleos para medição e proteção**

É a quantidade de núcleos projetados para o TC, normalmente relacionados com um ou mais núcleos destinados à medição ou um ou mais núcleos destinados à proteção.

j) **Fator térmico nominal**

É o fator pelo qual se deve multiplicar a corrente nominal primária do TC, a fim de se obter uma corrente secundária capaz de ser conduzida, permanentemente, com a maior carga especificada, sem que os limites de elevação de temperatura especificados por norma sejam excedidos e que sejam mantidos os limites de sua classe de exatidão.

k) **Corrente térmica nominal de curta duração**

É a corrente máxima que pode circular no primário do TC, estando o secundário em curto-circuito, durante o período especificado, normalmente igual a um segundo, sem que seja excedida a elevação de temperatura especificada por norma ou efeitos danosos.

l) **Corrente dinâmica nominal**

É a corrente máxima, valor de crista, que pode circular no primário do TC, estando o secundário em curto-circuito, sem que disso resultem danos eletromecânicos em função de forças eletromagnéticas decorrentes.

m) **Tensão suportável de impulso atmosférico.**

É o valor de crista da tensão de impulso a que deve ser submetido o transformador de corrente para o qual não devem ocorrer descargas disruptivas em qualquer parte do isolamento quando submetido a um número especificado de aplicações, em condições especificadas de norma.

n) Uso: interno ou externo

o) Tipo de aterramento do sistema

Os sistemas de aterramento mais aplicados são:

- sistema com neutro solidamente aterrado;
- sistema com neutro eficazmente aterrado: é aquele cujo neutro está solidamente ligado à terra ou ligado à terra por meio de uma resistência ou reatância de valor suficientemente baixo que permita que uma corrente de defeito à terra sensibilize a proteção;
- sistema com neutro aterrado por meio de uma impedância;
- sistema com neutro isolado.

p) Polaridade

Para os TCs que alimentam aparelhos de medida de energia é de extrema importância o conhecimento da polaridade em razão da necessidade da ligação correta das bobinas desses instrumentos.

Diz-se que um TC tem polaridade subtrativa se a corrente que circula no primário do terminal P1 para P2 corresponde a uma corrente secundária circulando no instrumento de medida do terminal S1 para S2, conforme mostrado na Figura 9.17. Normalmente, os TCs têm os terminais dos enrolamentos, primário e secundário, de mesma polaridade postos em correspondência, conforme pode ser observado na Figura 9.10.

Se, para uma corrente I_p circulando no primário de P1 para P2, corresponder uma corrente secundária no sentido inverso ao indicado na Figura 9.17, diz-se que o TC tem polaridade aditiva.

Os transformadores de corrente podem ser divididos em duas categorias quanto à sua reatância de dispersão.

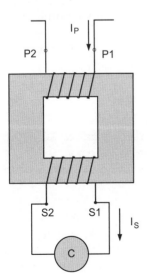

Figura 9.17 Representação da polaridade de um TC.

a) Transformadores de corrente de baixa reatância de dispersão

São aqueles para os quais as medições obtidas para faltas nos terminais secundários, com o primário em circuito aberto, são suficientes para uma avaliação do seu desempenho até o limite da exatidão requerido.

b) Transformadores de corrente de alta reatância de dispersão

São aqueles que não satisfazem à condição estabelecida no item anterior e para o qual uma provisão adicional é feita pelo fabricante para levar em conta a influência de efeitos que resultem em fluxo de dispersão adicional.

9.3.5.2 Transformadores de corrente para serviço de medição

De acordo com a ABNT NBR 6856:2021, os transformadores de corrente dedicados à medição devem ser enquadrados nas seguintes classes de exatidão: 0,3 – 0,6 – 1,2 – 3.

As três primeiras classes, ou seja, 0,3 – 0,6 e 1,2 devem satisfazer aos paralelogramos de exatidão definidos pelos fatores de correlação de exatidão (FCR) e pelos ângulos de fase (β) apresentados na ABNT NBR 6856:2021. A classe de exatidão 3 não tem limitação de ângulo de fase e, portanto, não pode ser utilizado em medições de energia e de potência. Para ser enquadrado na classe 3, o fator de correção da exatidão do TC deve estar compreendido entre 1,03 e 0,97.

Os TCs especiais, aqueles que devem ser utilizados em sistemas em que há uma grande variação da corrente primária de operação, têm classes de exatidão 0,3S ou 0,6S e cujos valores de FCR de ângulo β encontram-se dentro do paralelogramo de exatidão menor para 20 % da corrente nominal, para a corrente nominal e para a corrente térmica contínua nominal e ainda dentro do paralelogramo maior para 5 % da corrente nominal. São utilizados nos projetos de geração de energia elétrica, sejam eles térmicos, hidroelétricos, eólicos e fotovoltaicos.

9.3.5.3 Transformadores de corrente para serviço de proteção

São equipamentos destinados a fornecer um sinal de informação aos relés e aos dispositivos de controle.

A seguir, serão descritas as principais características dos TCs de proteção.

a) Transformadores de corrente para serviço de proteção classe P

É aquele destinado ao serviço de proteção sem limite para o fluxo remanescente, para o qual o comportamento de saturação para um curto-circuito simétrico é especificado.

b) Transformadores de corrente para serviço de proteção classe PR

É aquele destinado ao serviço de proteção com limite para o fluxo remanescente, para o qual o comportamento de saturação para um curto-circuito simétrico é especificado.

c) **Transformadores de corrente para serviço de proteção classe PX**

É aquele destinado ao serviço de proteção e com baixa reatância de dispersão, sem limite para o fluxo remanescente, para o qual o conhecimento da característica de excitação, da resistência do enrolamento secundário e da relação de espiras é suficiente para avaliar o seu desempenho com relação ao sistema de proteção com o qual é usado.

d) **Transformadores de corrente para serviço de proteção classe PXR**

É aquele destinado ao serviço de proteção com limite para o fluxo remanescente, para o qual o conhecimento da característica de excitação, da resistência secundária, da resistência da carga secundária e da relação de espiras é suficiente para avaliar o seu desempenho com relação ao sistema de proteção com o qual é usado.

9.3.5.3.1 Fator-limite de exatidão

É a relação entre a corrente primária limite de exatidão nominal e a corrente nominal primária. Pode ser expressa pela Equação (9.1).

$$F_{lex} = \frac{I_{lex}}{I_{np}} \quad (9.1)$$

em que:
F_{lex} = fator-limite de exatidão;
I_{lex} = corrente primária limite da exatidão nominal do TC, em A;
I_{np} = corrente nominal primária, de valor eficaz, em A.

9.3.5.3.2 Requisitos de exatidão para os transformadores de corrente para proteção classe P

Sua representação é dada pela letra P precedida do valor percentual correspondente ao erro composto que se deseja especificar e que é medido para um valor de corrente correspondente à corrente nominal do TC multiplicada pelo fator-limite de exatidão especificado. Não tem controle de fluxo residual.

As classes de exatidão especificadas pela ABNT NBR 6856:2021 são de 5P e 10P, cujos limites de erro são:

- classe 5P: erro composto 5;
- classe 10P: erro composto 10.

Deve-se entender por erro composto aquele que compreende o erro percentual da corrente nominal adicionado ao erro de defasagem da corrente nominal. Logo, a identificação do TC deve ser feita indicando, primeiramente, a carga nominal secundária padrão, seguida da classe de exatidão e, na sequência, o fator-limite de exatidão. Por exemplo, o TC: **100 VA-10P20**, significa que sua carga secundária nominal padrão é de 100 VA, sua classe de exatidão é de 10 % de erro e seu fator-limite de exatidão é 20 vezes a corrente nominal do transformador.

Os transformadores Classe P são normalmente constituídos de núcleo de ferro e toroidais, ou seja, de baixa reatância de dispersão.

Na representação em planta dos três TCs, podemos acrescentar à designação anterior o tipo de ligação desses equipamentos, normalmente ligados em estrela e designados TPY. Assim, a designação anterior passaria para a seguinte forma: **100 VA-10P20-TPY**.

9.3.5.3.3 Requisitos de exatidão para os transformadores de corrente para proteção classe PR

São TCs de baixa remanência. Sua representação é dada pela letra PR precedida do valor percentual correspondente ao erro composto que se deseja especificar e que é medido para um valor de corrente correspondente à corrente nominal do TC multiplicada pelo fator limite de exatidão especificado. Têm controle de fluxo residual e são construídos com um pequeno *gap* de ar para reduzir o fluxo residual.

As classes de exatidão especificadas pela ABNT NBR 6856:2021 são de 5PR e 10PR. Logo, a identificação do TC deve ser feita indicando, primeiramente, a carga nominal secundária padrão, seguida da classe de exatidão, e na sequência o fator limite de exatidão. Por exemplo, o TC: **200 VA-10PR15-TPY**, significa que sua carga secundária nominal padrão é de 200 VA, sua classe de exatidão é de 10 % de erro, seu fator-limite de exatidão é 15 vezes a corrente nominal do transformador e as bobinas secundárias são ligadas em estrela.

Os requisitos de exatidão para os demais transformadores de corrente, ou seja, PX e PRX, devem ser obtidos por meio da norma ABNT NBR 6856:2021.

9.3.5.3.4 Carga admissível

É a carga máxima admitida no secundário do TC, sem que o erro percentual ultrapasse o valor especificado para a sua classe de exatidão. Seus valores estão normatizados pela ABNT NBR 6856:2021. As cargas admissíveis dos TCs estão indicadas na Tabela 9.4.

A tensão nominal no secundário do TC pode ser obtida pela Equação (9.2).

$$V_{ns} = Z_{ntc} \times I_{ms} \quad (9.2)$$

em que:
Z_{ntc} = carga máxima admitida no secundário do TC, em Ω;
V_{ns} = tensão nominal secundária do TC, em V;
I_{ms} = corrente máxima no secundário do TC, em A, dado pelo fator-limite de exatidão.

A tensão nominal secundária do TC é aquela medida nos terminais da carga ligada a este, e se obtém multiplicando-se o fator-limite de exatidão pela corrente que circula no seu terminal secundário.

Assim, um TC de 45 VA de carga nominal, com fator-limite exatidão de 20, corrente secundária nominal de 5 A atravessado por uma corrente de carga de 4 A gera uma tensão de valor.

$$V_{ns} = Z_{ntc} \times I_{ms} = 1,8 \times (20 \times 4) = 144 \text{ V}$$

com Z_{ntc} = 1,8 Ω (Tabela 9.4).

9.3.5.3.5 Correntes de curta duração

É a maior corrente primária simétrica, de valor eficaz, que o transformador de corrente é capaz de suportar com o enrolamento secundário em curto-circuito, durante um tempo especificado. Os limites da corrente de curta duração podem assim ser dimensionados:

a) Corrente térmica

É o valor máximo da corrente que um transformador de corrente pode suportar por um período especificado, sem sofrer efeitos danosos, com os enrolamentos secundários curto-circuitados.

A corrente de curto-circuito simétrica, valor eficaz, é tomada para avaliar a corrente térmica do TC, durante determinado tempo, normalmente igual a 1 s.

b) Corrente dinâmica

É o maior valor de crista da corrente primária de curto-circuito segundo o qual os esforços eletrodinâmicos resultantes não danifiquem elétrico ou mecanicamente o transformador de corrente, considerando os terminais secundários em curto-circuito.

O valor da corrente dinâmica deve ser de:

$$I_{dim} = 2,5 \times I_{ter} \qquad (9.3)$$

em que I_{ter} é a corrente de térmica de curta duração, em kA.

9.3.5.3.6 Esquemas de ligação dos transformadores de corrente

As bobinas primárias e secundárias dos transformadores de corrente podem ser conectadas em diferentes configurações. A Figura 9.18 mostra algumas configurações de conexões usuais:

9.3.5.4 Especificação sumária

Para se especificar um TC é necessário que se indiquem, no mínimo, os seguintes elementos:

- tipo (barra, enrolado, bucha etc.);
- uso (interior ou exterior);
- classe de tensão;

Tabela 9.4 Características elétricas dos TCs de proteção

Potência aparente	Fator de potência	Resistência	Reatância indutiva	Impedância
VA	-	Ω	Ω	Ω
Corrente secundária: 5 A				
2,5	0,90	0,090	0,044	0,100
5,0		0,180	0,870	0,200
12,5		0,450	0,218	0,500
22,5		0,810	0,392	0,900
45,0		1,620	0,875	1,800
90,0		3,240	1,569	3,600
Corrente secundária: 5 A				
25,0	0,50	0,5	0,9	1,0
50,0		1,0	1,7	2,0
100,0		2,0	3,5	4,0
Corrente secundária: 1 A				
1,0	1,00	1,0	0,0	1,0
2,5		2,5	0,0	2,5
4,0		4,0	0,0	4,0
5,0		5,0	0,0	5,0
Corrente secundária: 1 A				
8,0	0,90	7,2	3,5	8,0
10,0		9,0	4,4	10,0
20,0		18,0	8,7	20,0

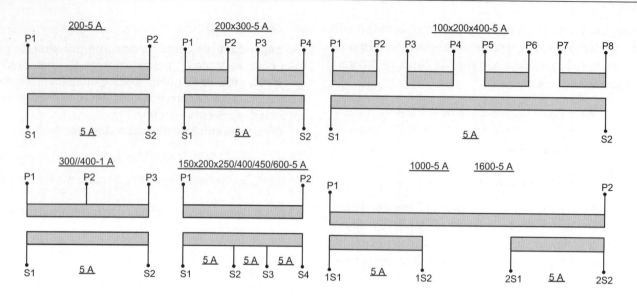

Figura 9.18 Formas de conexão das bobinas dos TCs.

- relação de transformação;
- isolação (em banho de óleo, epóxi etc.);
- tensão nominal primária;
- frequência;
- tensão suportável de impulso (TSI);
- fator térmico;
- carga nominal;
- fator-limite de exatidão;
- capacidade térmica de curto-circuito;
- polaridade.

Para o circuito da Figura 9.1 pode-se descrever o TC como:

Transformador de corrente para uso em proteção, classe de tensão 15 kV, relação de transformação de 75-5 A, carga nominal de 12,5 VA (valor dos relés e cabos secundários), fator-limite de exatidão 20, tensão suportável de impulso 95 kV, corrente térmica de curto-circuito, valor mínimo de 10 kA, corrente dinâmica de curto-circuito 25 kA, polaridade subtrativa, fator térmico 1,2, para uso interno.

9.3.6 Transformador de potencial

É um equipamento capaz de reduzir a tensão do circuito para níveis compatíveis com a tensão máxima suportável pelos aparelhos de medida.

A tensão nominal primária do TP é função da tensão nominal do sistema elétrico ao qual está ligado. A tensão secundária, no entanto, é padronizada e tem valor fixo de 115 V para TPs de medição de faturamento. Variando-se a tensão primária, a tensão secundária varia na mesma proporção.

Os TPs podem ser construídos para serem ligados entre fases de um sistema ou entre fase e neutro ou terra. Os TPs devem suportar uma sobretensão permanente de até 10 %, sem que lhes ocorra nenhum dano. São próprios para alimentar instrumentos de impedância elevada, como voltímetros, bobinas de potencial de medidores de energia etc. A Figura 9.19 representa um TP alimentando um voltímetro.

Em serviço de medição primária, os TPs, em geral, alimentam um medidor de kWh, com indicação de demanda e um medidor de kVArh. As cargas aproximadas desses instrumentos são dadas na Tabela 9.5.

Quando forem utilizados TPs para medição de faturamento, medição operacional e relés de proteção é necessário que se determine o valor da carga dos instrumentos a ser conectada, a fim de se poder especificar a carga correspondente do TP.

A norma classifica os TPs em três grupos de ligação. O grupo 1 abrange os TPs projetados para ligação entre fases, sendo o de maior aplicação na medição industrial. O grupo 2 corresponde aos TPs projetados para ligação entre fase e neutro em sistemas com o neutro aterrado sob impedância.

Os TPs podem ser construídos para uso ao tempo ou abrigado. Também são fornecidos em caixa metálica, em banho de óleo ou em resina epóxi. Os primeiros são apropriados para instalações em cubículos de medição em alvenaria e/ou em cubículos metálicos de grandes dimensões; o segundo tipo é próprio para cubículos de dimensões reduzidas. A Figura 9.20 mostra um TP de isolação a seco do grupo 1.

Ao contrário dos TCs, quando se desconecta a carga do secundário em um TP, os seus terminais devem ficar em aberto, pois, se um condutor de baixa resistência for ligado, ocorrerá um curto-circuito franco, capaz de danificar a isolação do mesmo.

As principais características elétricas dos TPs são:

a) **Tensão nominal primária**

É aquela para a qual o TP foi projetado.

b) **Tensão nominal secundária**

É aquela padronizada por norma e tem valor fixo igual a 115 V.

c) **Classe de exatidão**

É o maior valor de erro percentual que o TP pode apresentar quando ligado a um aparelho de medida em condições especificadas. São construídos, normalmente, para a classe de exatidão de 0,2 – 0,3 – 0,6 – 1,2. Quanto à aplicação, segue os mesmos princípios orientados para os TCs.

d) **Carga nominal**

É a carga admitida no secundário do TP sem que o erro percentual ultrapasse os valores estipulados para a sua classe de exatidão. A Tabela 9.5 indica as cargas nominais padronizadas dos TPs e as respectivas impedâncias.

e) **Potência térmica**

É o valor da maior potência aparente que o TP pode fornecer em regime contínuo sem que sejam excedidos os limites especificados de temperatura. A potência térmica padronizada é de 400 VA.

f) **Tensão suportável de impulso (TSI)**

É a maior tensão em valor de pico que o TP pode suportar quando submetido a uma frente de onda de impulso atmosférico de 1,2 × 50 µs.

g) **Polaridade**

De modo semelhante aos TCs, é necessário que se identifiquem nos TPs os terminais de mesma polaridade. Logo, diz-se que o terminal secundário X1 tem a mesma polaridade do terminal primário H1, em determinado instante, quando X1 e H1 são positivos ou negativos, relativamente aos terminais X2 e H2, conforme se pode observar na Figura 9.21.

Normalmente, os TPs mantêm os terminais secundários e primários de mesma polaridade, adjacentes.

A ligação das bobinas dos medidores de energia nos terminais secundários de um TP deve ser feita de tal modo que, se H1 corresponde ao terminal de entrada ligado ao

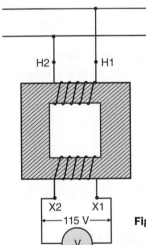

Figura 9.19 TP alimentando uma carga (voltímetro).

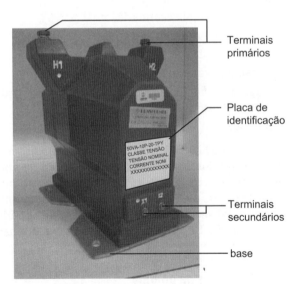

Figura 9.20 Transformador de potencial (TP).

Tabela 9.5 Cargas nominais padronizadas dos TPs

Designação	Potência aparente (VA)	Fator de potência	Resistência (Ohm)	Indutância (mH)	Impedância (Ohm)
P 12,5	12,5	0,70	115,2	3.042,0	1.152
P 25	25,5	0,70	403,2	1.092,0	576
P 75	75,5	0,85	163,2	268,0	192
P 200	200,0	0,85	61,2	101,0	72
P 400	400,0	0,85	30,6	50,4	36

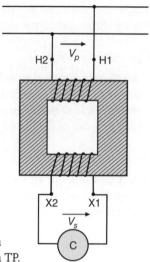

Figura 9.21 Representação da polaridade de um TP.

circuito primário, o terminal de entrada da bobina de potencial dos instrumentos deve ser conectado ao terminal secundário X1, para o TC de polaridade subtrativa.

9.3.6.1 Especificação sumária

É necessário que sejam definidos, no mínimo, os seguintes parâmetros para se especificar corretamente um TP, ou seja:

- isolação (em banho de óleo ou epóxi);
- uso (interior ou exterior);
- tensão nominal primária, em kV;
- tensão nominal secundária, em V (115 V);
- frequência nominal;
- tensão suportável de impulso (TSI);
- classe de exatidão requerida;
- carga nominal (baseada na carga das bobinas dos instrumentos a serem acoplados);
- polaridade.

Com base na Figura 9.1, o TP pode ser assim descrito: **Transformador de potencial para medição de energia, isolação a seco, grupo 1, uso interno, frequência nominal de 60 Hz, tensão nominal primária de 13.800 V, tensão nominal secundária de 115 V, classe de exatidão 0,3, carga nominal P 25, polaridade subtrativa e tensão suportável de impulso 95 kV.**

9.3.7 Medidores de energia

Por se tratar de aparelhos de uso exclusivo das concessionárias, este livro não contemplará suas especificações sumárias.

9.3.8 Bucha de passagem

Quando se deseja passar um circuito interno de um cubículo fechado para seu vizinho, normalmente são utilizadas buchas de passagem constituídas de um isolador de louça, tendo como fixação o seu ponto médio, conforme mostra a Figura 9.22.

Quanto ao uso, as buchas de passagem podem ser classificadas em:

a) **Bucha de passagem para uso interno-interno**

É aquela que deve ser aplicada em locais em que os dois ambientes sejam abrigados. Como exemplo, pode-se citar a bucha de passagem ligando os cubículos de medição e o cubículo de disjunção em uma subestação de alvenaria (ver Capítulo 12).

b) **Bucha de passagem para uso interno-externo**

É aquela que conecta um circuito aéreo, ao tempo, a um circuito abrigado. A Figura 9.22 ilustra uma bucha de passagem para uso interno-externo. Como exemplo, pode-se citar a bucha de passagem ligando a rede aérea primária ao cubículo de medição de uma subestação de alvenaria (ver Capítulo 12). A parte da bucha exposta ao tempo deve ter a isolação dotada de saias, conforme Figura 9.22.

9.3.8.1 Especificação sumária

É necessário que sejam definidos, no mínimo, os seguintes elementos para se especificar uma bucha de passagem:

- corrente nominal, em A;
- tensão nominal, em kV;
- tensão máxima de operação, 15 kV;
- tensão suportável a seco, em kV;
- tensão suportável sob chuva, em kV;
- tensão suportável de impulso (TSI), em kV;
- uso (interno-interno ou interno-externo).

Com base na Figura 9.1 pode-se, assim, especificar uma bucha de passagem:

Bucha de passagem para uso interno-interno, tensão máxima de operação de 15 kV, corrente nominal de 100 A, tensão suportável de impulso (TSI) de 95 kV, tensão suportável a seco de 56 kV e tensão suportável sob chuva de 44 kV.

Figura 9.22 Bucha de passagem para uso interno-interno ou interno-externo.

9.3.9 Chave seccionadora primária

É um equipamento destinado a interromper, de modo visível, a continuidade metálica de determinado circuito. Em face de seu poder de interrupção ser praticamente nulo, as chaves seccionadoras devem ser operadas com o circuito a vazio (somente tensão). Também são fabricadas chaves seccionadoras interruptoras, do tipo manual ou automático, capazes de desconectar um circuito operando a plena carga.

As chaves seccionadoras podem ser construídas com um só polo (unipolares) ou com três polos (tripolares). As primeiras são próprias para utilização em redes aéreas de distribuição; o segundo tipo, normalmente, é utilizado em subestações de instalação abrigada, em cubículo de alvenaria.

A Figura 9.23 representa uma chave seccionadora tripolar, própria para instalação em posto de alvenaria ou cubículo metálico. Já a Figura 9.24 mostra uma chave seccionadora tripolar de abertura em carga.

9.3.9.1 Características técnicas básicas

É necessário que sejam definidos os seguintes elementos para especificar uma chave seccionadora tripolar:

- corrente nominal, em A;
- tensão máxima de operação, em kA;
- tensão nominal, em kV;
- tensão suportável de impulso (TSI), em kV;
- uso (interno ou externo);
- corrente de curta duração para efeito térmico, valor eficaz, em kA;
- corrente de curta duração para efeito dinâmico, valor de pico, em kA;
- tipo de acionamento (manual: através de alavanca de manobra ou motorizada).

Em geral, as chaves seccionadoras tripolares, para a classe de tensão de 15 kV, têm corrente nominal de 400 A. Também são providas de contatos auxiliares, cuja quantidade deve ser especificada em função do tipo de serviço que irá desempenhar.

9.3.9.2 Especificação sumária

Com base na Figura 9.1 pode-se, assim, descrever a chave seccionadora:

Chave seccionadora tripolar, comando simultâneo, uso interno, acionamento manual através de alavanca de manobra, operação sem carga, corrente nominal de 400 A, tensão máxima de operação 15 kV, corrente de curta duração para efeito térmico de 10 kA e para efeito dinâmico de 20 kA.

9.3.10 Relés digitais

Os relés de proteção digitais são fornecidos por diferentes fabricantes abrangendo desde as funções mais simples até os registros oscilográficos relativos aos transientes no sistema. São normalmente utilizados na proteção geral da subestação. Para subestações de média tensão esses relés são instalados no corpo do disjuntor e alimentados normalmente por um *nobreak* de 600 a 1.200 VA, a depender do valor da carga solicitada pelo relé e do tempo que se deseja que o relé não perca a alimentação.

Os relés para proteção primária de subestações de média tensão devem disponibilizar, no mínimo, as seguintes funções ANSI:

- proteção de sobrecorrente temporizada de fase: 51;
- proteção de sobrecorrente temporizada de neutro: 51N;
- proteção de sobrecorrente instantânea de fase: 50;

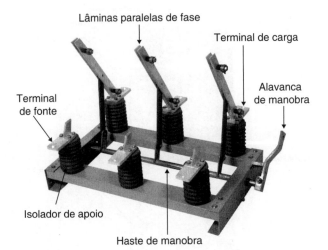

Figura 9.23 Chave seccionadora tripolar de alta-tensão.

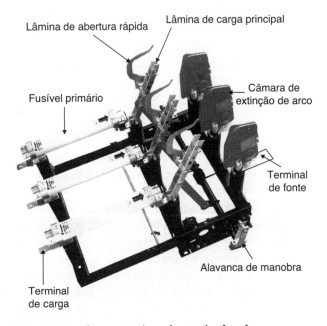

Figura 9.24 Chave seccionadora tripolar de alta-tensão.

- proteção de sobrecorrente instantânea de neutro: 50N;
- proteção de sobrecorrente temporizada de neutro ou sensor de terra: (GS);
- proteção de sobrecorrente de tempo definido de fase;
- proteção de sobrecorrente de tempo definido de neutro;
- proteção de sobretensão temporizada de fase: 59;
- proteção de sobretensão temporizada de neutro: 59N;
- proteção de subtensão temporizada de fase: 27;
- proteção de subtensão temporizada de neutro: 27N.

Outras funções de proteção podem ser necessárias, a depender das normas de cada concessionária.

Para que o leitor possa tomar conhecimento do assunto, consultar o Capítulo 10.

9.3.10.1 Especificação sumária

Sem entrar no assunto de proteção do sistema, o relé primário da Figura 9.1 poderá ser assim descrito:

Relé digital de sobrecorrente, dotado no mínimo das funções ANSI 50/51, 50/51N, 27/27N e 59/59N e GS, corrente de entrada de 5 A, curvas temporizadas normalmente inversa, inversa longa, muito inversa, extremamente inversa, IT, e I²T e ajuste de tempo definido (TD).

9.3.11 Disjuntor de potência de média tensão

É um equipamento destinado à manobra e à proteção de circuitos primários, capaz de interromper grandes potências de curto-circuito durante a ocorrência de um defeito.

Os disjuntores estão sempre associados a relés, sem os quais não passariam de simples chaves com alto poder de interrupção.

Entre os tipos mais conhecidos de disjuntores, podem ser citados:

- disjuntores a grande volume de óleo, normalmente utilizados com relés primários diretos. Já estão fora de uso, porém ainda há milhares desses equipamentos em operação;
- disjuntores a pequeno volume de óleo, atualmente utilizados com relés digitais conectados a TCs internos. São disjuntores fabricados por um pequeno número de indústrias e que dominaram o mercado até a década de 1990, mas ainda há milhares desses equipamentos em operação;
- disjuntores a vácuo, normalmente utilizados com relés digitais conectados a TPs que podem estar agregados ao corpo do disjuntor ou não;
- disjuntores a hexafluoreto de enxofre (SF_6), normalmente utilizados com relés secundários conectados a TCs e TPs que podem estar agregados ao corpo do disjuntor ou não.

Na ordem cronológica de construção de disjuntores, surgiram, primeiramente, os disjuntores a grande volume de óleo. Em razão de seu baixo poder de interrupção foram gradativamente abandonados e substituídos pelos disjuntores a pequeno volume de óleo que, hoje, estão com baixa utilização do mercado. Atualmente, os disjuntores a vácuo são de grande aplicação em subestações de consumidores industriais de média tensão. A Figura 9.25 mostra a sua parte frontal. Os disjuntores a hexafluoreto de enxofre (SF_6) são muito utilizados também na proteção de instalações de média tensão. Seu maior mercado, porém, é nas subestações de tensões mais elevadas. A interrupção da corrente desse tipo de disjuntor se dá no interior de um recipiente estanque que contém SF_6, a uma pressão aproximada de 16 kg/cm² para disjuntores de dupla pressão.

Tanto os disjuntores tripolares a vácuo como os disjuntores tripolares a SF_6 são dotados das seguintes partes:

- carrinho de apoio (não necessário ao seu funcionamento);
- polos que abrigam os elementos de contato e a câmara de interrupção, a vácuo ou SF_6;
- suporte metálico de sustentação dos polos e do mecanismo de comando.

O princípio de interrupção dos disjuntores, em geral, está na absorção da energia que se forma durante a abertura dos seus contatos.

Os disjuntores a vácuo podem ser fabricados para montagem fixa ou extraível com operação de fechamento manual ou automática.

Cabe alertar que em projetos industriais não devem ser admitidos relés de religamento no acionamento

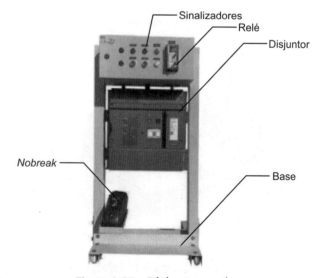

Figura 9.25 Disjuntor a vácuo.

de disjuntores. Desde que se efetue o desligamento do disjuntor, a equipe de manutenção da instalação deve identificar a causa, sanar o defeito para depois restabelecer o circuito.

A capacidade de interrupção de um disjuntor está ligada, diretamente, à sua tensão de serviço. Assim, se um disjuntor estiver operando em um circuito cuja tensão seja inferior à sua tensão nominal, a sua capacidade de interrupção será, proporcionalmente, reduzida.

Existem vários fabricantes nacionais de disjuntores de média tensão. A Tabela 9.6 indica as principais características básicas dos disjuntores a vácuo. Para aplicações em projetos executivos deve-se selecionar os dados de catálogo atualizado de um ou mais fabricantes

Atualmente, há um emprego intensivo de disjuntores dos tipos a vácuo e SF_6 em pequenas e médias indústrias ligadas em média tensão dotados de transformadores de corrente, incorporados às respectivas estruturas, e um relé de sobrecorrente com funções ANSI indicadas anteriormente, alimentado por meio de *nobreak*. Esse tipo de proteção torna-se economicamente vantajoso no que concerne à utilização de outras soluções utilizando-se transformadores de corrente, relé e fonte de corrente contínua tradicional, atendendo aos requisitos mínimos da NBR 14039. Para instalações mais complexas, utilizando-se vários disjuntores para a proteção de diferentes alimentadores de média tensão internos à instalação, não se deve fugir de um sistema de proteção mais complexo e seguro.

As Figuras 9.26(a) e (b) mostram um disjuntor a vácuo em que estão incorporados os transformadores de corrente e o relé de proteção correspondente. Há vários fabricantes nacionais de disjuntores de média tensão de alta qualidade. Já a Figura 9.27 mostra um cubículo metálico muito utilizado nas subestações de média tensão onde estão embarcados disjuntor, TCs, TPs, para-raios, relés e componentes associados.

9.3.11.1 Especificação sumária

No pedido de um disjuntor devem constar, no mínimo, as seguintes informações:

- tensão nominal, em kV;
- corrente nominal, em A;
- capacidade de interrupção nominal, em kA;
- tipo do meio extintor (vácuo e SF_6);
- tempo de interrupção;
- frequência nominal;
- tipo de comando: manual ou motorizado;
- tensão suportável de impulso, em kV;
- acionamento: frontal ou lateral;
- montagem: fixa ou extraível;
- construção: aberta ou blindada.

Relativamente ao diagrama unifilar base da Figura 9.1, temos:

Disjuntor tripolar a vácuo, comando manual, acionamento frontal, montagem fixa sobre carrinho, construção aberta, tensão nominal de utilização de 15 kV, corrente nominal de 630 A, capacidade de interrupção simétrica de 16 kA, tensão suportável de impulso de 95 kV, frequência de 60 Hz, dotados de três transformadores de corrente 15 kV, relação de transformação 50-5 A e um relé digital, funções 50/51, 50/51N, 27/27N e 59/59N e GS.

9.3.12 Fusíveis limitadores de corrente

Os fusíveis limitadores de corrente primários, conhecidos como fusíveis HH, são dispositivos extremamente eficazes na proteção de circuitos de média tensão em face de suas excelentes características de tempo e corrente.

São utilizados na proteção de transformadores de força acoplados, em geral, a um seccionador interruptor, ou ainda, na substituição do disjuntor geral de uma

Tabela 9.6 Características dos disjuntores a vácuo 15 e 36 kV

Descrição	Características				Unidade
Corrente nominal	630		630		A
Tensão nominal/tensão máxima de operação	13,8	17,7	36	40,5	kV
Frequência	50/60		50/60		Hz
Corrente nominal de ruptura simétrica e assimétrica	16	20,1	16	19,6	kA
Corrente nominal de fechamento	40				kA
Duração da corrente de curto-circuito	4				s
Tensão suportável à frequência industrial	95				kV
Tensão suportável de impulso	190				kV
Inclinação da tensão transitória de retorno	0,57/0,69				kV/µs
Sequência de manobras	O-0,3min-CO-0,3min-CO				–
Sequência de manobras em curto-circuito	O-0,3s-CO-0,3s-CO				–

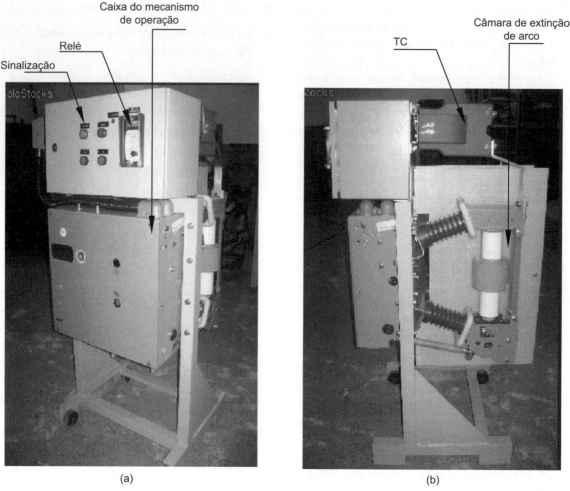

Figura 9.26 Disjuntor a vácuo com sistema de proteção incorporado.

subestação de consumidor de pequeno porte, quando associados a um seccionador interruptor automático.

A principal característica desse dispositivo de proteção é a sua capacidade de limitar a corrente de curto-circuito em função dos tempos extremamente reduzidos em que atua. Além disso, possui uma elevada capacidade de ruptura, o que torna esse tipo de fusível adequado para aplicação em sistemas onde o nível de curto-circuito é de valor muito alto.

Normalmente, os fusíveis limitadores podem ser utilizados tanto em ambientes internos como externos, dependendo apenas das características de uso dos seccionadores aos quais estão associados. Na sua maioria, são próprios para ambientes internos.

Os fusíveis limitadores primários são constituídos de um corpo de porcelana vitrificada, ou simplesmente esmaltada, de grande resistência mecânica, dentro do qual estão os elementos ativos desse dispositivo.

Os fusíveis limitadores primários são instalados em bases próprias individuais, conforme se mostra na Figura 9.28, ou em bases incorporadas aos seccionadores sobre os quais vão atuar, como na Figura 9.24.

A Tabela 9.7 fornece, em ordem de grandeza, as principais dimensões das bases mencionadas.

Tabela 9.7 Dimensões das bases (ordem de grandeza)

Tensão nominal em kV	Dimensões em mm		
	A	B	C
7,2	246	275	292
12	374	275	292
17,5	374	290	292
24	568	330	443
36	605	410	537

Os fusíveis são compostos, geralmente, de vários elementos metálicos ligados em paralelo apresentando ao longo do seu comprimento seções estreitas. Estão envolvidos no interior de um corpo cilíndrico de porcelana por uma homogênea camada de areia de quartzo de granulometria bastante reduzida e que se constitui no meio extintor.

Dessa forma, quando o elemento fusível queima, o arco decorrente desta ação funde a areia de quartzo que envolve o local da ruptura, resultando em um corpo sólido que ocupa o espaço aberto entre as extremidades que ficam do lado da fonte e da carga, garantindo a interrupção da continuidade do circuito elétrico.

Certos tipos de fusível são dotados de um percursor em uma de suas extremidades que, após a fusão do elemento metálico, provoca disparo do seccionador

Materiais elétricos

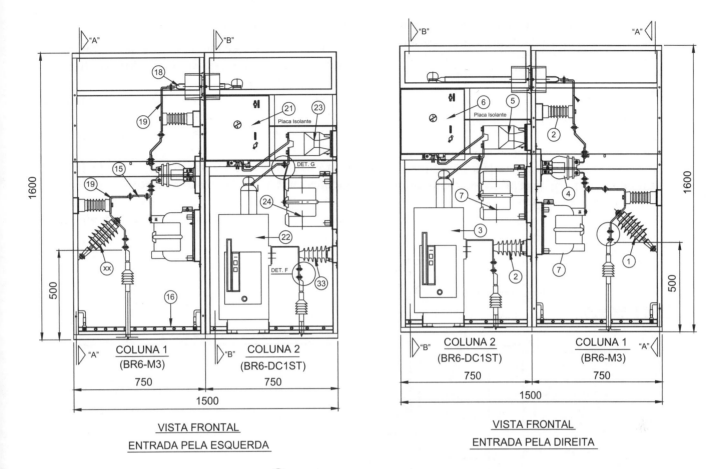

① PARA–RAIOS 15 kV/5kA
② ISOLADOR DE APOIO, 15 kV
③ DISJUNTOR TRIPOLAR A VÁCUO, 630A/10 kA
④ TRANSFORMADOR DE CORRENTE, 15 kV, 100–5A
⑤ TRANSFORMADOR DE POTENCIAL 13800/0,22 kV
⑥ ARMÁRIO DE PROTEÇÃO E CONTROLE
⑦ CHAVE SECCIONADORA 400A/15 kV

Figura 9.27 Disjuntor a vácuo com sistema de proteção incorporado.

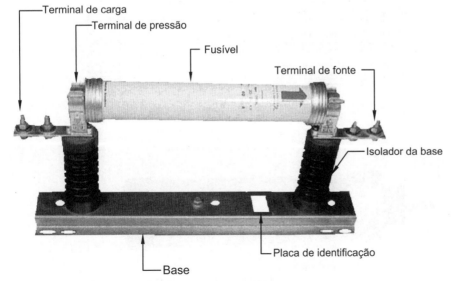

Figura 9.28 Base para fusível limitador de corrente.

interruptor ao qual está acoplado. A força resultante do percursor pode ser obtida a partir do diagrama da Figura 9.29. Em vez do percursor, há fusíveis que trazem apenas um dispositivo de sinalização, indicando a condição de disparo.

A Figura 9.30 fornece alguns detalhes construtivos deste tipo de fusível e mostra também a parte externa do mesmo fusível.

Como poderá ser visto posteriormente, é importante a observância das características elétricas dos fusíveis limitadores primários, principalmente seu comportamento quanto às pequenas correntes de interrupção. Essas características são:

a) **Corrente nominal**

É aquela em que o elemento fusível deve suportar continuamente sem que seja ultrapassado o limite de temperatura estabelecido.

As correntes nominais variam frequentemente em função do fabricante, porém com diferenças relativamente pequenas. Da mesma forma, são as dimensões dos fusíveis e, consequentemente, as suas bases. A Tabela 9.8 fornece as correntes nominais dos fusíveis limitadores em função da tensão nominal.

Quando a corrente do circuito for superior a 150 A, podem ser utilizados dois fusíveis limitadores em paralelo.

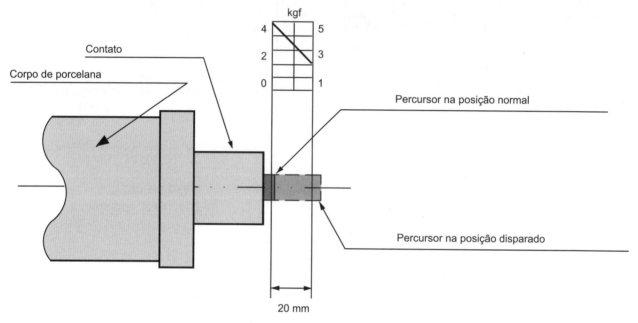

Figura 9.29 Curva de disparo do percursor.

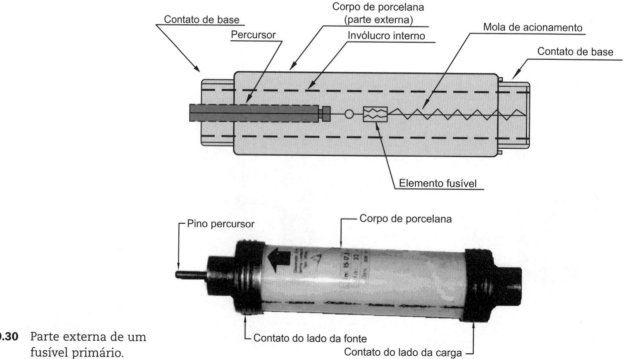

Figura 9.30 Parte externa de um fusível primário.

b) Tensão nominal

É aquela para a qual o fusível foi dimensionado, respeitadas as condições de corrente e temperatura especificadas.

Os fusíveis limitadores apresentam duas tensões nominais, sendo uma indicativa da tensão de serviço e outra, da sobretensão permanente do sistema. Em geral, esses fusíveis são fabricados para as seguintes tensões nominais: 3/3,6 – 6/7,2 – 10/12 – 15/17,5 – 20/24 – 30/36 kV.

c) Correntes de interrupção

São aquelas capazes de sensibilizar o dispositivo de operação do fusível. As correntes de interrupção podem ser reconhecidas em duas faixas distintas: correntes de curto-circuito e correntes de sobrecarga.

• Correntes de curto-circuito

São assim consideradas as correntes elevadas que provocam a atuação do fusível em tempos extremamente curtos. A interrupção dessas correntes é feita no primeiro semiciclo da onda, conforme mostra a Figura 9.31.

As correntes de curto-circuito podem ser interrompidas antes que atinjam o seu valor de crista. Por esta peculiaridade, esses fusíveis são denominados fusíveis limitadores de corrente. É de extrema importância essa característica para os sistemas elétricos, já que os esforços resultantes das correntes de curto-circuito são muito reduzidos, podendo-se dimensionar os equipamentos com capacidade de corrente dinâmica inferior à corrente de crista do sistema em questão. As correntes de curto-circuito, cuja ordem de grandeza é de 15 a 30 vezes a corrente nominal dos fusíveis, são limitadas em um tempo inferior a 5 ms.

A partir dos gráficos mostrados no Capítulo 10 podem-se determinar os valores das correntes de curto-circuito limitadas pelos fusíveis, em função de sua corrente nominal, considerando a corrente de curto-

Tabela 9.8 Correntes nominais dos fusíveis para várias tensões

Correntes nominais dos fusíveis em A	3/3,6	6/7,2			10/12	15/17,5			20/24	30/36
	1	2	3	4	5	6	7	8	9	10
0,50	x	x	x	x	x	x	x	x	x	x
1,00	x	x	x	x	x	x	x	x	x	x
2,50	x	x	x	x	x	x	x	x	x	x
4,00	x	x	x	x	x	x	x	x	x	x
5,00	x	x	x	x	x	x	x	x	x	x
6,00	x	x	x	x	x	x	x	x	x	x
8,00	x	x	x	x	x	x	x	x	x	x
10,00	x	x	x	x	x	x	x	x	x	x
12,50	x	x	x	x	x	x	x	x	x	x
16,00	x	x	x	x	x	x	x	x	x	x
20,00	x	x	x	x	x	x	x	x	x	x
32,00	x	x	x	x	x	x	x	x	x	x
40,00	x	x	x	x	x	x	x	x	x	x
50,00	x	x	x	x	x	x	x	x	x	x
63,00	x	x	x	x	x	x	x	x	x	x
75,00	x		x	x	x	x	x	x	x	x
80,00	x		x	x	x	x	x	x	x	x
125,00	x		x	x	x		x	x		
160,00	x		x	x	x		x	x		
200,00	x		x	x			x	x		
250,00	x		x	x						
315,00	x		x	x						
400,00	x		x	x						
500,00	x		x	x						

Os fusíveis apresentam os seguintes tamanhos: 1 – 192 × 225 mm; 2 – 192 × 225 mm; 3 – 292 × 225 mm; 4 – 442 × 475 mm; 5 – 292 × 325 mm; 6 – 292 × 325 mm; 7 – 442 × 475 mm; 8 – 537 × 570 mm; 9 – 442 × 475 mm; 10 – 537 × 570 mm; x – indicação de que existe comercialmente o fusível.

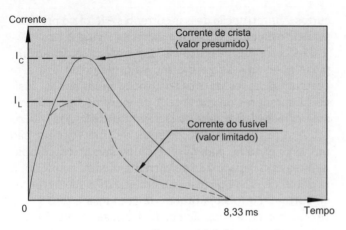

Figura 9.31 Representação senoidal do corte dos fusíveis limitadores HH.

circuito simétrica, de valor eficaz, presente no sistema no ponto de sua instalação.

• Correntes de sobrecarga

Os fusíveis limitadores de corrente primária não apresentam um bom desempenho quando solicitados a atuar perante baixas correntes, em torno de 2,5 vezes a sua corrente nominal, valores característicos de sobrecarga nos sistemas elétricos. Dessa forma, a norma IEC define a corrente mínima de interrupção como o menor valor da corrente presumida que um fusível limitador é capaz de interromper a uma dada tensão. Para correntes inferiores à mínima de interrupção, o tempo de fusão do elemento fusível torna-se extremamente elevado, podendo atingir frações de horas, liberando, desse modo, uma elevada quantidade de energia que poderia levar o corpo de porcelana à ruptura. Isso se deve ao fato de que os diversos elementos do fusível, com coeficientes de dilatação diferentes e submetidos às mesmas condições térmicas, se dilatam de maneira desigual, resultando em forças internas extremamente elevadas que podem culminar com a explosão do invólucro de porcelana.

Adicionalmente a esse fenômeno, surgem, porém, outras dificuldades de natureza dielétrica. Assim, para correntes um pouco acima da corrente mínima de fusão, pelo fato de o elemento fusível não se fundir uniformemente, verificam-se alguns pontos de reacendimento, dada a redução da rigidez dielétrica do meio isolante, em virtude da geração de energia decorrente do tempo excessivamente longo de duração da corrente.

Pelo que se acabou de frisar, os fusíveis limitadores primários não apresentam uma resposta satisfatória para correntes baixas com características de sobrecarga, podendo, em muitos casos, chegar à ruptura do invólucro. Uma maneira de evitar isso é dotar os circuitos elétricos de elementos de sobrecarga capazes de atuar para as correntes perigosas aos fusíveis limitadores, antes que estes atinjam as condições anteriormente descritas.

Como consequência dos reacendimentos decorrentes de baixas correntes, surgem sobretensões elevadas no sistema, que podem comprometer o desempenho da proteção.

d) **Efeitos das correntes de curto-circuito**

Como se sabe, as correntes de curto-circuito solicitam demasiadamente os sistemas elétricos por meio de dois parâmetros: a corrente térmica e a corrente dinâmica.

• Corrente térmica de curto-circuito

Como os fusíveis limitadores atuam em um tempo extremamente curto, os efeitos térmicos da corrente de curto-circuito são muito reduzidos, já que dependem do tempo que a corrente perdurou no circuito.

• Corrente dinâmica de curto-circuito

Os efeitos dinâmicos das correntes de curto-circuito podem afetar mecanicamente as chaves, barramentos, isoladores suportes etc., podendo levar esses equipamentos à ruptura. Como os fusíveis limitadores, dependendo da corrente, não permitem que a corrente de curto-circuito atinja o seu valor de pico, como se mostra na Figura 9.31, o sistema fica aliviado de receber uma carga mecânica, por vezes extremamente elevada.

e) **Capacidade de ruptura**

Os fusíveis limitadores apresentam uma elevada capacidade de ruptura que normalmente supera os valores encontrados na maioria dos casos práticos. A corrente nominal de ruptura é geralmente fornecida pelo fabricante para um fator de potência de curto-circuito muito baixo, da ordem de 0,15. Esse valor deve ser comparado com os valores obtidos nos circuitos, nos pontos onde serão instalados os fusíveis limitadores. A Tabela 9.9 fornece, como valor médio, a capacidade de ruptura dos fusíveis limitadores.

Tabela 9.9 Correntes nominais dos fusíveis para várias tensões

Tensão nominal	Potência
kV	MVA
3/3,6	700
7,2/12	1.000
15/17,5	1.000
20/24	1.000
30/36	1.500

9.3.12.1 Especificação sumária

No pedido de um fusível limitador de corrente devem constar, no mínimo, as seguintes informações:

• tensão nominal, em kV;
• corrente nominal, em A;
• capacidade de interrupção nominal, em kA;
• fornecimento com o sinalizador ou pino percursor;
• designação da base na qual irá operar.

A sua especificação sumária pode assim ser formulada:

Fusível limitador de corrente, tipo HH, provido de pino percursor de disparo, tensão nominal de 15/17,5 kV, corrente nominal de 50 A, capacidade mínima de interrupção de 10 kA.

9.3.13 Transformador de potência

É um equipamento estático que, por meio de indução eletromagnética, transfere energia de um circuito chamado primário para um ou mais circuitos denominados secundários ou terciários, respectivamente, sendo mantida a mesma frequência, porém com tensões e correntes diferentes.

Quanto ao meio isolante, os transformadores se classificam em:

- transformadores imersos em óleo mineral isolante;
- transformadores a seco.

Este livro contemplará somente os transformadores imersos em óleo, em face de sua grande utilização em projetos industriais. Os transformadores a seco são empregados mais especificamente em instalações de prédios de habitação ou em locais de alto risco para a vida das pessoas e do patrimônio. São construídos, em geral, em resina epóxi.

Um transformador imerso em óleo mineral é composto, basicamente, de três elementos:

- tanque ou carcaça;
- parte ativa (núcleo e enrolamentos);
- acessórios (terminais, ganchos, registros etc.).

O seu funcionamento está fundamentado nos fenômenos de mútua indução magnética entre os dois circuitos (primário e secundário), eletricamente isolados, porém magneticamente acoplados.

A equação fundamental de operação de um transformador é:

$$\frac{N_1}{N_2} = \frac{V_1}{V_2} = \frac{I_2}{I_1} \qquad (9.4)$$

em que:
N_1 = número de espiras do enrolamento primário;
N_2 = número de espiras do enrolamento secundário;
V_1 = tensão aplicada nos terminais da bobina do primário;
V_2 = tensão de saída nos terminais da bobina do secundário;
I_1 = corrente que circula no enrolamento primário;
I_2 = corrente que circula no enrolamento secundário.

Quanto ao número de fases, os transformadores podem ser:

- monobucha (F-T);
- monofásico (F-N);
- bifásico (2F);
- trifásico (3F).

Ao longo deste livro far-se-á referência apenas aos transformadores trifásicos, em razão de sua quase total utilização em sistemas industriais, no Brasil. A Figura 9.32 apresenta um transformador de potência trifásico a óleo mineral, com a indicação de todos os seus elementos externos.

Existe uma pequena diferença entre transformadores de potência e transformadores de distribuição. Os transformadores de potência são construídos para fixação no piso ou plataforma. Já os transformadores de distribuição são construídos com estrutura de suporte própria para fixação em portes de concreto ou metálicos, ou ainda, em plataformas. Tem construção selada, ou seja, o nível do óleo fica a determinada altura abaixo da tampa do transformador. Esse espaço é preenchido com gás inerte. Quando o óleo aquece, se dilata, e o seu nível sobe causando uma pressão calculada na tampa.

Já os transformadores de potência geralmente são dotados de um tanque de expansão do óleo, também chamado tanque conservador, fixado na parte superior do tanque principal do transformador e com ele se comunicando, e que tem a função de receber o óleo dilatado contido no referido tanque principal. O tanque de expansão é utilizado em transformadores de média tensão com potência elevada, acima de 1.000 kVA, e normalmente opera com cerca de 50 % do seu volume. Esse tipo de transformador pode ser observado na Figura 9.32.

Já os transformadores de potência com tensão igual ou superior a 69 kV possuem um tanque de expansão do óleo operando também com cerca de 50 % do seu volume, e tem comunicação com um dispositivo de desumidificação do ar por meio de um tubo metálico. Nesse caso, o tanque de expansão possui uma borracha especial separando a parte superior do tanque de expansão com a sua parte inferior. O objetivo é impedir que a umidade não retida pelo dispositivo de desumidificação atinja o óleo. Para mais informações, pode-se consultar o Capítulo 12 do livro de minha autoria intitulado *Manual de Equipamentos Elétricos* – LTC – 5ª edição.

Quanto às características elétricas, os transformadores podem ser estudados:

a) Potência nominal

É a potência que o transformador fornece, continuamente, a determinada carga, sob condições de tensão e frequência nominais, dentro dos limites de temperatura especificados por norma. A determinação da potência nominal do transformador em função da carga que alimenta é dada pela Equação (9.5).

$$P_t = \frac{\sqrt{3} \times V_s \times I_c}{1.000} \text{ (kVA)} \qquad (9.5)$$

em que:
V_s = tensão secundária de alimentação da carga, em V;
I_c = corrente da carga conectada, em A.

As potências nominais padronizadas e usuais estão discriminadas na Tabela 9.10.

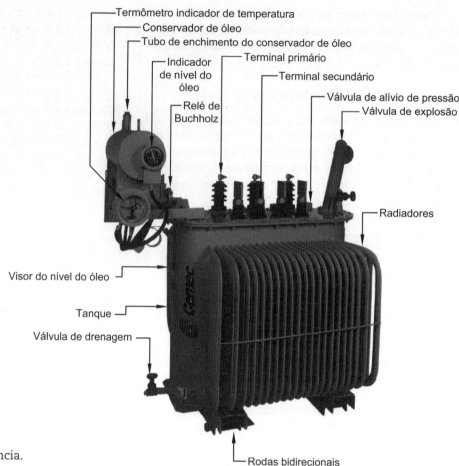

Figura 9.32 Transformador de potência.

b) Tensão nominal

É o valor eficaz da tensão para a qual o transformador foi projetado, segundo perdas e rendimento especificados. Este livro se restringe a abordar transformadores projetados para a classe 15 kV.

Em geral, os transformadores são dotados de derivações ou tapes, utilizados quase sempre para elevar a tensão de saída do secundário, em virtude de uma tensão de fornecimento, de forma contínua, abaixo do valor adequado.

O tape de maior valor define a tensão nominal primária do transformador, isto é, a tensão para a qual foi projetado. Normalmente, o número máximo de derivações fica limitado a 3, variando de 3,0 a 9,6 % da tensão nominal especificada para o equipamento. Como exemplo, citando um transformador de tensão nominal de 13.800 V, os tapes disponíveis são: 12.600, 13.200 e 13.800 V.

É importante lembrar que o produto da tensão e corrente no primário e secundário é constante. Considerar, por exemplo, um transformador de 225 kVA, tensão nominal de 13.800/380 V, operando em uma rede com tensão nominal primária de mesmo valor, por motivo de abaixamento da tensão de fornecimento, o transformador foi religado no tape de 12.600 V; logo, a corrente será aumentada de:

$$V_{t1} \times I_{t1} = V_{t2} \times I_{t2}$$

com:
V_{t1} = tensão no primário no tape 1;
V_{t2} = tensão no primário no tape 2;
I_{t1} = corrente no tape 1;
I_{t2} = corrente no tape 2.

$$13.800 \times I_{t1} = 12.600 \times I_{t2}$$

$$I_{t1} = \frac{225}{\sqrt{3} \times 13,80} = 9,4 \text{ A}$$

$$13.800 \times 9,4 = 12.600 \times I_{t2} \rightarrow I_{t2} = 10,29 \text{ A}.$$

Se a tensão de fornecimento fosse de 12.400 V, a tensão secundária assumiria o valor de:

$$V_S = \frac{12.400}{12.600} \times 380 = 374 \text{ A}$$

c) Tensão nominal de curto-circuito

É medida curto-circuitando-se os terminais secundários do transformador e alimentando-o no primário com uma tensão que faça circular nesse enrolamento a corrente nominal. O valor percentual desta tensão em relação à nominal é, numericamente, igual ao valor da impedância em porcentagem, ou seja:

$$Z_{pt} = \frac{V_{nccp}}{V_{npt}} \times 100 \text{ (\%)} \qquad (9.6)$$

Tabela 9.10 Dados de transformadores trifásicos em óleo para instalação interior ou exterior – classe 15 kV – primário em estrela ou triângulo e secundário em estrela – 60 Hz

Potência kVA	Tensão V	Perdas em W A vazio	Perdas em W Cobre	Rendimento (%)	Regulação (%)	Impedância (%)
15	220 a 440	120	300	96,24	3,32	3,5
30	220 a 440	200	570	96,85	3,29	3,5
45	220 a 440	260	750	97,09	3,19	3,5
75	220 a 440	390	1.200	97,32	3,15	3,5
112,5	220 a 440	520	1.650	97,51	3,09	3,5
150	220 a 440	640	2.050	97,68	3,02	3,5
225	380 ou 440	900	2.800	97,96	3,63	4,5
300	220	1.120	3.900	97,96	3,66	4,5
	380 ou 440		3.700	98,04	3,61	4,5
500	220	1.700	6.400	98,02	3,65	4,5
	380 ou 440		6.000	98,11	3,6	4,5
750	220	2.000	10.000	98,04	4,32	5,5
	380 ou 440		8.500	98,28	4,2	5,5
1.000	220	3.000	12.500	98,10	4,27	5,5
	380 ou 440		11.000	98,28	4,19	5,5
1.500	220	4.000	18.000	98,20	4,24	5,5
	380 ou 440		16.000	98,36	4,16	5,5

em que:
Z_{pt} = tensão nominal de curto-circuito, em %;
V_{nccp} = tensão nominal de curto-circuito, aplicada aos terminais do enrolamento primário, em V;
V_{npt} = tensão nominal primária do transformador, em V.

Se se deseja conhecer a impedância do transformador em valor ôhmico, pode-se usar a Equação (9.7).

$$Z_{\Omega t} = \frac{10 \times Z_{pt} \times V_{np}^2}{P_{nt}} \, (\Omega) \quad (9.7)$$

em que:
P_{nt} = potência nominal do transformador, em kVA;
V_{np} = tensão nominal primária do transformador, em kV.

Uma impedância percentual de 5,5 % correspondente a um transformador de 1.000 kVA – 13.800/380 V tem como impedância ôhmica o valor de:

$$Z_{\Omega t} = \frac{10 \times 5,5 \times 13,80^2}{1.000} \, (\Omega)$$

d) **Perdas elétricas**

Os transformadores apresentam perdas elétricas pequenas quando comparadas com suas potências nominais. Mas, sendo uma máquina que opera, em geral, continuamente, a energia desperdiçada pode ser relevante e, portanto, considerada nas avaliações energéticas, conforme o Capítulo 13.

As perdas dos transformadores são:

• perdas no núcleo;
• perdas nos enrolamentos.

e) **Queda de tensão percentual**

É determinada a partir da composição vetorial dos componentes de queda de tensão resistiva e reativa, ou seja:

• Queda de tensão resistiva percentual

É o componente ativo da queda de tensão percentual, cujo valor é dado pela Equação (9.8).

$$R_{pt} = \frac{P_{cu}}{10 \times P_{nt}} \, (\%) \quad (9.8)$$

P_{cu} = perdas ôhmicas de curto-circuito, ou, simplesmente, perdas no cobre, em W (Tabela 9.11);
P_{nt} = potência nominal do transformador, em kVA.

• Queda de tensão reativa percentual

Conhecido o valor da queda de tensão percentual do transformador, fornecido pelo fabricante, aplica-se a Equação (9.9) para se obter o valor da queda de tensão reativa percentual, ou seja:

$$X_{pt} = \sqrt{Z_{pt}^2 - R_{pt}^2} \quad (9.9)$$

em que Z_{pt} é a impedância percentual de placa do transformador.

Exemplo de aplicação (9.1)

Considerar um transformador de 225 kVA, 13.800-380/220 V do qual se deseja saber os valores percentuais das quedas de tensão resistiva e reativa.

$$R_{pt} = \frac{P_{cu}}{10 \times P_{nt}} = \frac{2.800}{10 \times 225} = 1{,}24\ \%$$

$$X_{pt} = \sqrt{Z_{pt}^2 - R_{pt}^2} = \sqrt{4{,}5^2 - 1{,}24^2} = 4{,}32\ \%$$

$P_{cu} = 2.800$ W (Tabela 9.11)
$Z_{pt} = 4{,}5\ \%$ (Tabela 9.11)

Exemplo de aplicação (9.2)

Considerar um transformador de 225 kVA, 13.800-380/220 V operando em uma instalação cujo fator de carga é 0,75. Deseja-se determinar o valor da regulação e a variação de tensão no secundário, sabendo-se que o fator de potência da carga é 0,80. Os valores de R_{pt} e X_{pt} foram calculados no exemplo anterior.

$$R = 0{,}75 \times \left[1{,}24 \times 0{,}80 + 4{,}32 \times 0{,}6 + \frac{(4{,}32 \times 0{,}80 - 1{,}24 \times 0{,}6)^2}{200}\right] \rightarrow R = 2{,}71\ \%$$

Logo, a tensão secundária vale:

$$V_{st} = 380 \times \left(1 - \frac{2{,}71}{100}\right) = 369{,}7\ V$$

f) Regulação

Representa a variação de tensão no secundário do transformador, desde o seu funcionamento a vazio até a operação a plena carga, considerando a tensão primária constante.

Também denominada queda de tensão industrial, pode ser calculada em função dos componentes ativo e reativo, da impedância percentual do transformador, do fator de potência e do fator de carga, conforme a Equação (9.10).

$$R = F_c \times \left[R_{pt} \times \cos\psi + X_{pt} \times \sin\psi + \frac{(X_{pt} \times \cos\psi - R_{pt} \times \sin\psi)^2}{200}\right] \quad (9.10)$$

em que:
R = regulação;
F_c = fator de carga;
ψ = ângulo do fator de potência.

O valor da tensão no secundário do transformador, correspondente às condições de carga a que está submetido, é dado pela Equação (9.11), ou seja:

$$V_{st} = V_{nst} \times \left(1 - \frac{R}{100}\right)(V) \quad (9.11)$$

com V_{nst} sendo a tensão nominal do secundário, em V.

g) Rendimento

É a relação entre a potência elétrica fornecida pelo secundário do transformador e a potência elétrica absorvida pelo primário. Pode ser determinado pela Equação (9.12).

$$\eta = 100 - \frac{100 \times \left(P_{fe} + F_c^2 \times P_{cu}\right)}{F_c \times P_{nt} \times \cos\psi + P_{fe} + F_c^2 \times P_{cu}} \quad (9.12)$$

com:
P_{fe} = perdas no ferro, em kW;
ψ = ângulo do fator de potência.

Exemplo de aplicação (9.3)

Tomando como exemplo as condições previstas anteriormente, determinar o rendimento do transformador de 225 kVA.

$$\eta = 100 - \frac{100 \times (0{,}90 + 0{,}75^2 \times 2{,}80)}{0{,}75 \times 225 \times 0{,}80 + 0{,}90 + 0{,}75^2 \times 2{,}8}$$

$$\eta = 100 - 1{,}8 = 98{,}2\ \%$$

$$P_{fe} = 0{,}90\ \text{kW (Tabela 9.10)}$$
$$P_{cu} = 2{,}8\ \text{kW (Tabela 9.10)}$$

Para se determinar o rendimento máximo de um transformador, deve-se modular a carga de tal modo que se obtenha um fator de carga dado pela Equação (9.13).

$$F_C = \sqrt{\frac{P_{fe}}{P_{cu}}} \qquad (9.13)$$

Logo, aplicando-se a fórmula anterior ao transformador de 225 kVA, temos um fator de carga igual a:

$$F_C = \sqrt{\frac{0{,}90}{2{,}80}} = 0{,}566 \rightarrow F_C = 56{,}6\ \%$$

h) Deslocamento angular

É a diferença entre os fasores que representam as tensões entre o ponto neutro (real ou ideal) e os terminais correspondentes de dois enrolamentos, quando um sistema de sequência positiva de tensão é aplicado aos terminais de tensão mais elevada, na ordem numérica desses terminais. Admite-se que os fasores giram no sentido anti-horário.

Sendo, por convenção, os terminais primários e secundários dos transformadores indicados, respectivamente, pelas referências H1–H2–H3 e X0–X1–X2–X3, os vários diagramas podem ser confrontados diretamente, estabelecendo-se que se trace, primeiramente, o triângulo das tensões concatenadas primárias, posicionando para cima o vértice H2, correspondente à fase central, quando está o vértice H1 em adiantamento e o vértice H3 em atraso. A Figura 9.33 representa um exemplo de conexão em que o deslocamento angular vale 30°.

A Figura 9.34 mostra as ligações dos transformadores trifásicos e os respectivos defasamentos angulares.

i) Líquido isolante

O líquido isolante nos transformadores tem a função de transferir o calor gerado pelas partes internas do equipamento para as paredes do tanque e dos radiadores, que são resfriadas naturalmente ou por ventilação forçada, fazendo com que o óleo volte novamente ao interior, retirando calor e passando ao exterior, em um ciclo contínuo, segundo o fenômeno de convecção.

O óleo mineral para transformador deve apresentar uma alta rigidez dielétrica, excelente fluidez e manter as suas características naturais praticamente inalteradas perante temperaturas elevadas.

O óleo mineral é inflamável e, portanto, cuidados devem ser tomados na instalação de transformadores. No caso de projetos industriais de produtos de alto risco de

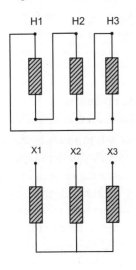
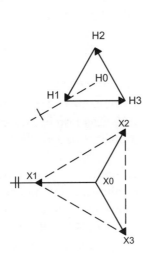

Figura 9.33 Exemplo de medida do deslocamento angular.

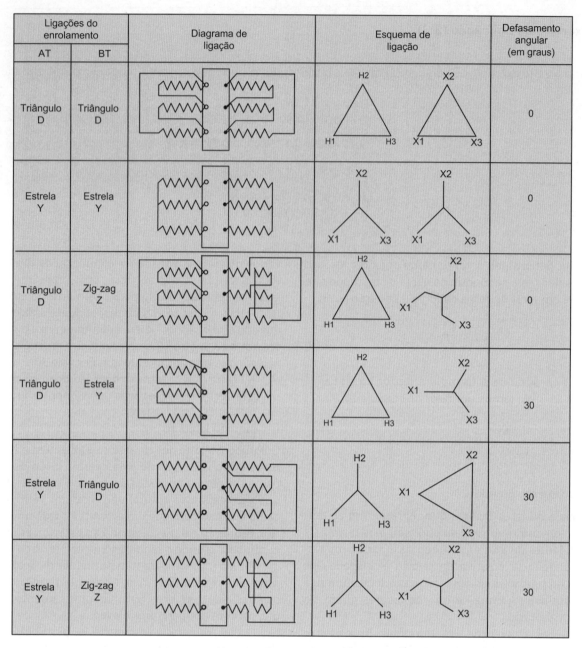

Figura 9.34 Ligação de transformadores trifásicos.

incêndio, usando-se transformadores a óleo, estes devem ser localizados distantes e fora da área de risco.

Quando for estritamente necessária à instalação de transformadores não inflamáveis, devem ser especificados transformadores a seco ou a silicone.

Os transformadores podem conter óleo mineral do tipo parafínico ou naftênico. Atualmente, as indústrias de transformadores nacionais utilizam o óleo do tipo parafínico para unidades transformadoras da classe de 15 kV.

j) Tanque ou carcaça

O tanque dos transformadores varia de formato desde a aparência ovalar até a forma retangular. Os transformadores de maior potência possuem radiadores que servem para aumentar a área de dissipação de calor para o meio exterior.

Transformadores de potência igual ou superior a 500 kVA são providos de tanque de expansão de óleo montado na parte superior da carcaça, conforme já estudado anteriormente.

k) Limites de temperatura de operação

Os transformadores devem operar dentro de suas características nominais, desde que a temperatura do meio ambiente não exceda os limites definidos em norma.

Quando instalados em altitudes superiores a 1.000 m, os limites de temperatura são reduzidos, em razão da diminuição da densidade do ar que, em consequência, reduz a transferência de calor para o meio exterior.

A ABNT NBR 5356-7:2017 estabelece a limitação de temperatura dos transformadores de potência.

l) Carregamento

Como foi abordado no Capítulo 1, o ciclo de carga de uma instalação é diário e irregular, existindo um período em que a carga solicitada alcança um valor superior aos demais, durante o período diário, ao que se denomina ponta de carga do ciclo ou valor máximo de demanda, conforme ilustrado na Figura 9.35.

A ABNT NBR 5356-7:2017 estabelece as condições de carregamento de transformadores de potência cujo assunto é tratado no Capítulo 12, com exemplos de aplicação, no livro *Manual de Equipamentos Elétricos*, já mencionado anteriormente.

O cálculo do carregamento máximo do transformador, com base no que foi exposto, se faz bastante útil durante um período de contingência, quando se perde uma unidade de transformação e é necessário que a indústria continue em operação com as unidades remanescentes, durante certo período de tempo, que pode, inclusive, ser determinado.

m) Acessórios

• Relé de Buchholz

Também conhecido como relé de gás, tem a finalidade de sinalizar o painel de controle e/ou acionar o equipamento de proteção quando há presença de gás no interior do transformador, em geral, como consequência de perda de isolação.

O relé de Buchholz é montado na parte intermediária do tubo de conexão, entre o tanque do transformador e o tanque de expansão. É provido de um flutuador que, ao ser atingido pelas bolhas de gás, provoca o fechamento de dois contatos elétricos responsáveis pelo acionamento do circuito de sinalização e ainda pode permitir a abertura do disjuntor de proteção do transformador.

São utilizados, normalmente, em unidades superiores a 750 kVA.

• Termômetro simples

Indica a temperatura da camada superior do óleo.

9.3.13.1 Especificação sumária

O pedido de compra de um transformador deve conter, no mínimo, os seguintes elementos:

- potência nominal;
- tensão nominal primária;
- tensão nominal secundária;
- derivações desejadas (tapes);
- meio refrigerante: óleo ou ar (transformadores a seco);
- perdas máximas no ferro e no cobre;
- ligação dos enrolamentos primários e secundários;
- tensão suportável de impulso;
- impedância percentual;
- acessórios desejados (especificar).

Com base no diagrama unifilar da Figura 9.1, temos:
Transformador trifásico de 750 kVA, tensão nominal primária 13.800 V, tensão nominal secundária 380 Y/220 V, com derivações 13.800/13.200/12.600 V, dispondo de ligação dos enrolamentos em triângulo no primário e em estrela no secundário com neutro acessível, impedância nominal percentual de 5,5 %, frequência nominal de 60 Hz, perdas máximas no cobre de 8.500 W, perdas máximas no ferro de 2.000 W e tensão suportável de impulso 95 kV.

9.3.14 Cabos de baixa tensão

Os condutores isolados são constituídos de fios de cobre mole, em que a resistência mecânica à tração não é fator preponderante. Podem, mais comumente, ser assim construídos:

a) Fios e cabos com encordoamento simples

Quando o condutor é formado por um único fio ou por duas ou mais camadas de fios (coroas) de mesma seção

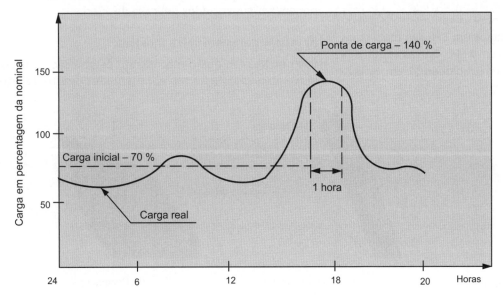

Figura 9.35
Representação de uma curva de carga correspondente à carga inicial de 70 %.

transversal, concêntricas a um fio, conforme mostrado pelas Figuras 9.36(a) e (b).

b) **Cabos redondos com encordoamento compacto**

São aqueles resultantes da compactação do cabo de encordoamento simples, por meio de uma matriz, reduzindo a sua seção transversal e os espaços existentes entre os fios, conforme visto na Figura 9.8.

Em geral, os cabos singelos apresentam os seguintes tipos de encordoamento:

- seções de 1,5 a 6 mm²: encordoamento redondo normal;
- seções superiores a 6 mm²: encordoamento redondo compactado.

Os cabos são, em geral, isolados com dielétricos sólidos, cujo comportamento térmico e mecânico está em seguida classificado.

a) **Termoplásticos**

São materiais isolantes que, ao serem submetidos a uma elevação de temperatura, se mantêm em estado sólido até 120 °C, tornando-se pastosos e finalmente líquidos se esta sofrer acréscimos sucessivos.

O dielétrico termoplástico mais comumente utilizado é o cloreto de polivinila (PVC).

b) **Termofixos**

São materiais isolantes que, ao serem submetidos a temperaturas elevadas, acima do seu limite, se carbonizam, sem passarem pelo estado líquido.

Comparativamente ao isolamento termoplástico, o dielétrico termofixo permite, para uma mesma seção transversal de um condutor, uma capacidade nominal de corrente significativamente superior.

Os dielétricos termofixos mais comumente utilizados são o polietileno reticulado (XLPE) e a borracha etilenopropileno (EPR).

Muito se tem discutido sobre as vantagens de um ou outro isolante. Os cabos isolados em EPR são mais flexíveis do que aqueles isolados em XLPE. Outras vantagens são anuladas quando se está trabalhando em tensão secundária.

9.3.14.1 Especificação sumária

O pedido de aquisição de um condutor secundário deve conter, no mínimo, as seguintes informações:

- seção nominal, em mm²;
- classe de tensão;
- natureza do material condutor (cobre ou alumínio);
- material da isolação;
- material da capa de proteção;
- tipo (isolado, unipolar, bipolar, tripolar, quadripolar);
- tamanho da bobina.

Com base no diagrama unifilar da Figura 9.1, temos:
Cabo de cobre unipolar isolado em PVC, 750 V, seção transversal de 300 mm², capa de PVC, em bobina de 100 m.

9.3.15 Disjuntor de baixa tensão

É um equipamento de comando e de proteção de circuitos de baixa tensão, cuja finalidade é conduzir, continuamente, a corrente de carga sob condições nominais e interromper correntes anormais de sobrecarga e de curto-circuito.

9.3.15.1 Tipo de construção

a) **Disjuntores abertos**

São aqueles em que o mecanismo de atuação, o dispositivo de disparo e outros são montados em estrutura, normalmente metálica, do tipo aberto. Em geral, são disjuntores trifásicos de corrente nominal elevada e próprios para montagem em quadros e painéis. Podem ser acionados manualmente ou a motor para disjuntores de correntes muito elevadas. São utilizados como chaves de comando e de proteção de circuitos de distribuição de motores, de transformadores e de capacitores. Nesse tipo de disjuntor, seus vários componentes podem ser substituídos em caso de avaria.

b) **Disjuntores em caixa moldada**

São aqueles em que o mecanismo de atuação, o dispositivo de disparo e outros são montados dentro de uma

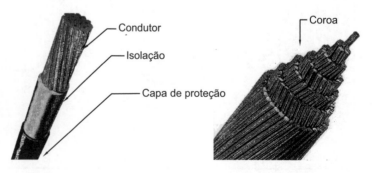

Figura 9.36 Formação dos condutores.
(a) Condutor unipolar   (b) Condutor nu

caixa moldada em poliéster especial ou fibra de vidro, oferecendo o máximo de segurança de operação e elevada rigidez, e ocupando um espaço por demais reduzido em quadros e painéis. Esses disjuntores são do tipo descartável, pois, quando quaisquer dos seus componentes apresentam defeito, tornam-se imprestáveis.

9.3.15.2 Tipo de operação

a) Disjuntores termomagnéticos

São aqueles dotados de disparadores térmicos de sobrecarga e eletromagnéticos de curto-circuito.

b) Disjuntores somente térmicos

São destinados exclusivamente à proteção contra sobrecargas.

c) Disjuntores somente magnéticos

São semelhantes aos disjuntores termomagnéticos quanto ao aspecto externo. Diferenciam-se destes por serem dotados somente do disparador eletromagnético. São utilizados quando se deseja proteção apenas contra as correntes de curto-circuito.

d) Disjuntores limitadores de corrente

São aqueles que limitam o valor e duração das correntes de curto-circuito, proporcionando uma redução substancial dos esforços térmicos e eletrodinâmicos. Nesses disjuntores os contatos são separados pelo efeito das forças eletrodinâmicas de grande intensidade que se originam nas correntes de curto-circuito de valor elevado, fazendo o disjuntor abrir antes que o relé eletromagnético seja sensibilizado. A Figura 9.37 ilustra esquematicamente a parte interior de um disjuntor, enfocando os contatos e a câmara de interrupção.

e) Disjuntores eletrônicos

São disjuntores dotados de sensores de corrente constituídos de um circuito magnético responsável pela identificação do valor da corrente que é processada por um sistema eletrônico incorporado, capaz de enviar um sinal de abertura ao disjuntor quando a corrente do circuito supera o valor da corrente ajustada.

O controle eletrônico, normalmente fixado ao corpo do disjuntor, é extraível, podendo ser substituído por outro controle. Esses disjuntores serão estudados mais especificamente no Capítulo 10.

Por meio de seu controle eletrônico é possível elaborar várias curvas, ajustáveis de acordo com as necessidades do projeto.

9.3.15.3 Tipo de construção do elemento térmico

a) Disjuntores sem compensação térmica

São aqueles calibrados a uma temperatura de 25 °C. Esses disjuntores, quando utilizados em ambientes cuja temperatura é superior a 25 °C, o que normalmente é comum nas instalações em quadros e painéis, devem ter a sua corrente nominal corrigida de tal modo que fique reduzida a 70 % do seu valor. Isso se deve ao efeito térmico duplo a que o bimetal é submetido, tanto pela temperatura ambiente quanto pela dissipação de calor próprio produzido pela corrente de carga.

b) Disjuntores tropicalizados

São aqueles calibrados a uma temperatura de 50 °C, em média. Alguns fabricantes calibram seus disjuntores

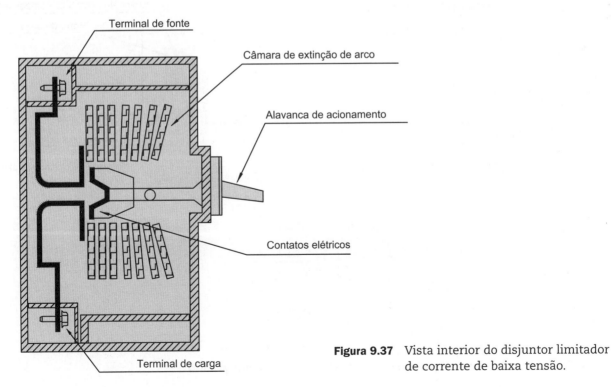

Figura 9.37 Vista interior do disjuntor limitador de corrente de baixa tensão.

para uma temperatura de 50 °C, enquanto outros admitem uma temperatura de 55 °C.

Os disjuntores tropicalizados, quando utilizados em ambientes cuja temperatura é igual ou inferior aos limites anteriormente mencionados, podem ser carregados até a uma corrente correspondente ao seu valor nominal. Para temperaturas superiores, porém, o que pode ocorrer em quadros e painéis de distribuição industriais, a corrente nominal dos disjuntores deve ser corrigida de tal modo que fique reduzida a 80 % do seu valor.

9.3.15.4 Principais elementos de proteção de um disjuntor

a) Disparador térmico simples

É constituído de um elemento bimetálico que consiste em duas lâminas de metal soldadas, com diferentes coeficientes de dilatação térmica. Quando sensibilizadas por determinada quantidade de calor resultante de uma corrente de valor superior ao estabelecido para esta unidade, essas lâminas se curvam de modo que o metal de maior dilatação térmica adquire a posição, que corresponde ao maior arqueamento da lâmina, provocando o deslocamento da barra de disparo que destrava o mecanismo que mantém a continuidade do circuito. Assim, a alavanca do disjuntor assume a posição disparado, intermediária entre as posições ON (ligado) e OFF (desligado). As Figuras 9.38 (a) e (b) indicam, esquematicamente, a atuação do elemento bimetálico simples, tanto na posição de operação normal quanto na posição de disparo.

b) Disparador térmico compensado

É constituído de um elemento térmico principal que atua, mecanicamente, sobre outro elemento térmico compensador que neutraliza o efeito da elevação de temperatura do ambiente em que o disjuntor está operando.

Esse sistema proporciona a utilização da corrente nominal do disjuntor até a uma temperatura de 50 °C, em média. As Figuras 9.39(a), (b) e (c) ilustram a atuação

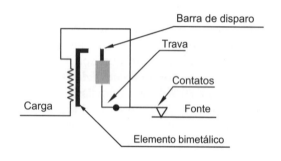
(a) Posição normal a frio

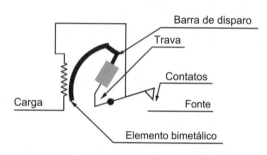
(b) Posição de disparo

Figura 9.38 Disparador térmico simples.

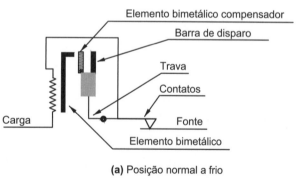
(a) Posição normal a frio

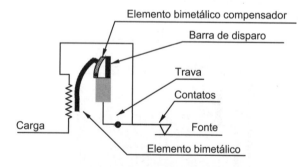
(b) Posição pré-disparo

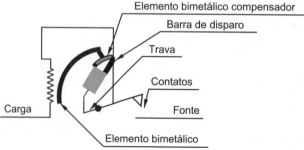
(c) Posição disparado

Figura 9.39 Disparador térmico compensado.

do mecanismo de compensação desse disparador que se assemelha no restante ao disparador térmico simples.

c) **Disparador magnético**

É constituído de uma bobina que, quando atravessada por determinada corrente de valor superior ao estabelecido para essa unidade, atrai o induzido e se processa a ação de desengate do mecanismo que mantém a continuidade do circuito, fazendo com que os contatos do disjuntor se separem. As Figuras 9.40(a) e (b) ilustram o estado de operação do disparador magnético em operação normal e disparado.

Os disparadores magnéticos apresentam erro de operação que pode variar de ±10 %, em torno do valor da corrente de ajuste.

d) **Disparadores termomagnéticos não compensados**

Nos disjuntores em que se combinam as ações térmica e magnética, o dispositivo de disparo do bimetálico está mecanicamente acoplado ao dispositivo magnético de curto-circuito, proporcionando uma atuação combinada que pode ser vista a partir das curvas de característica de tempo × corrente no Capítulo 10. As Figuras 9.41(a) e (b) ilustram este tipo de atuação.

e) **Disparadores termomagnéticos compensados**

São aqueles cuja unidade térmica é composta dos elementos bimetálicos simples e de compensação, combinando as suas ações com a unidade magnética, conforme ilustração das Figuras 9.42(a) e (b).

Os disjuntores multipolares, quando submetidos a uma corrente de defeito ou sobrecarga em qualquer uma das fases isoladamente, abrem, simultaneamente, todos os polos, evitando uma operação unipolar, ao contrário do que ocorre com os elementos fusíveis.

A proteção de circuitos por meio de disjuntores leva uma grande vantagem, no que se refere à proteção com uso de fusíveis. As características de tempo × corrente dos disjuntores podem ser ajustáveis, ao contrário dos fusíveis, que ainda podem ter as suas características de tempo × corrente alteradas quando submetidos à intensidade de corrente próxima à do valor de fusão. Entretanto, os disjuntores apresentam uma capacidade de interrupção, em geral, inferior à dos fusíveis, principalmente as unidades de corrente nominal abaixo de 500 A. Quando instalados em pontos do circuito cuja corrente de curto-circuito supera a sua capacidade de interrupção, os disjuntores devem ser pré-ligados a fusíveis limitadores de corrente para protegê-los.

Os disjuntores são dotados de câmaras de extinção de arco que, em geral, consistem em uma série de placas metálicas em forma de veneziana, montadas em paralelo entre dois suportes de material isolante. As ranhuras das referidas placas sobrepõem-se aos contatos, atraindo o arco que se forma, a partir do deslocamento do contato móvel, para o seu interior, confinando-o e dividindo-o em um tempo aproximado de meio ciclo.

Os disjuntores limitadores de corrente, quando atuam por efeito eletrodinâmico, o fazem em tempo aproximado de 2 ms. Como são dotados, também, de disparadores eletromagnéticos, estes são ajustados acima do valor que corresponde à atuação eletrodinâmica.

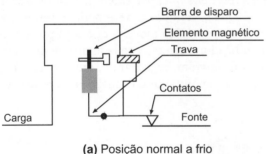

(a) Posição normal a frio

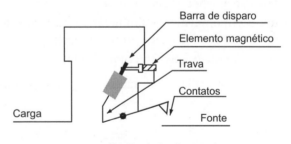

(b) Posição disparado

Figura 9.40 Disparador magnético.

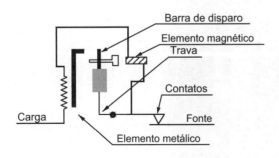

(a) Posição normal a frio

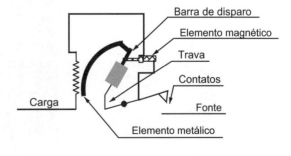

(b) Posição disparado

Figura 9.41 Disparadores termomagnéticos não compensados.

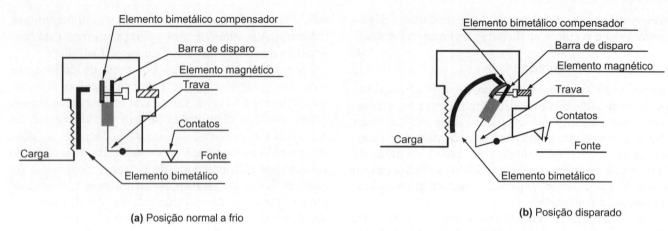

(a) Posição normal a frio **(b)** Posição disparado

Figura 9.42 Disparadores termomagnéticos compensados.

A Figura 9.43 mostra a parte frontal de um disjuntor de baixa tensão, indicando os dispositivos de ajuste dos disparadores térmicos e eletromagnéticos.

Os detalhes de dimensionamento de disjuntores e os ajustes necessários dos disparadores térmicos e eletromagnéticos serão abordados no Capítulo 10.

9.3.15.5 Especificação sumária

A aquisição de um disjuntor, para utilização em um determinado ponto do sistema, requer que sejam discriminados os seguintes elementos, no mínimo:

- corrente nominal de operação;
- capacidade de interrupção;
- tensão nominal;
- frequência nominal;
- faixa de ajuste dos disparadores.
- tipo (termomagnético, limitador de corrente, somente magnético ou somente térmico);
- acionamento (manual ou motorizado).

De acordo com o diagrama unifilar da Figura 9.1, temos:

Disjuntor tripolar termomagnético, corrente nominal de 1.250 A, corrente mínima de interrupção de 45 kA, faixa de ajuste do relé térmico (700 a 1.250) A, faixa de ajuste do relé eletromagnético (4.000 a 8.000) A, acionamento manual frontal, frequência nominal de 60 Hz e tensão nominal 660 V.

9.3.16 Voltímetro

É destinado ao registro instantâneo da tensão em sistemas de corrente alternada ou contínua. Podem ser fornecidos na tecnologia digital ou analógica.

O voltímetro de analógico compõe-se de uma bobina fixa que age magneticamente sobre dois núcleos concêntricos de ferro doce não magnetizados, sendo um fixo e outro móvel. Ao alimentar a bobina, produz-se um campo magnético que atua sobre os dois núcleos referidos que, por estarem submetidos a polaridades iguais, tendem a se repelir. Estando fixo um dos núcleos, o núcleo móvel a que está preso um ponteiro indicador sofrerá, consequentemente, um deslocamento angular, registrando, em escala adequada, o valor correspondente da tensão do circuito. Quanto

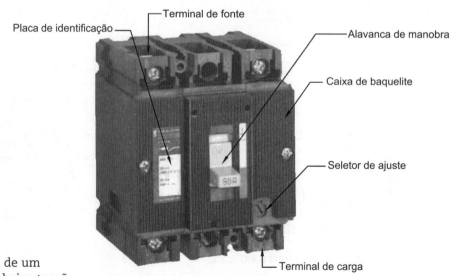

Figura 9.43 Vista frontal de um disjuntor de baixa tensão.

mais intenso for o campo magnético da bobina, maior será a deflexão do referido ponteiro. Quando o núcleo móvel deflete em torno de seu eixo, movimenta também a câmara de amortecimento, o ponteiro e a mola de compressão que tem a finalidade de fazer o conjunto voltar à posição inicial, à medida que a intensidade do campo diminui. Apesar de sua tecnologia, ainda são utilizados em cubículos metálicos e são úteis quando se necessita fazer a sua leitura à distância, por exemplo no chão de fábrica.

A Figura 9.44 mostra, esquematicamente, um corte longitudinal de um voltímetro de ferro móvel, enquanto a Figura 9.45 apresenta a vista frontal do mesmo voltímetro.

Os voltímetros são comercializados mais comumente com as seguintes dimensões:

- 144 × 144 mm – abertura no painel: 138 × 138 mm.
- 96 × 96 mm – abertura no painel: 92 × 92 mm.
- 72 × 72 mm – abertura no painel: 69 × 69 mm.

Existem, também, voltímetros com dimensões retangulares e mais raramente com formato circular. A Figura 9.51 mostra um voltímetro de aplicação em painéis de controle com escala de 0 a 500 V.

Valor de fundo de escala deve ser pelo menos 25 % superior ao valor da tensão nominal do sistema.

Os voltímetros são ligados diretamente à rede em sistemas de baixa tensão, ou por meio de transformadores de potencial em sistemas primários.

9.3.16.1 Especificação sumária

É necessário que, na compra de voltímetros, se estabeleçam os seguintes elementos:

- tecnologia: digital ou analógico;
- dimensões;
- fundo de escala;
- tipo (ferro móvel, bobina móvel – não descrito neste livro);
- tensão de alimentação;
- frequência nominal.

O voltímetro representado no diagrama unifilar da Figura 9.1 pode ser assim descrito:

Voltímetro de ferro móvel, dimensões 96 × 96 mm, escala de 0 a 500 V, tensão de alimentação 380 V e frequência de 60 Hz.

9.3.17 Amperímetro de ferro móvel

É destinado à indicação instantânea de corrente, tanto em sistemas de corrente contínua como em sistemas de corrente alternada. Podem ser fornecidos na tecnologia digital ou analógica.

O seu princípio de funcionamento corresponde ao que já foi exposto para o voltímetro de ferro móvel.

Os amperímetros são comercializados com as mesmas dimensões padronizadas para os voltímetros. Normalmente, são fabricados para suportarem 50 vezes a carga nominal durante 1 s, 4 vezes a carga nominal, aproximadamente, durante 3 min e 2 vezes a carga nominal durante 10 min.

Em geral, deve-se dimensionar o fundo de escala de um amperímetro para o mínimo de 150 % do valor da corrente prevista para o circuito a ser medido.

Os amperímetros, em geral, são conectados aos barramentos dos painéis por meio de transformadores de corrente que podem ser dimensionados em função da corrente de carga do ponto onde será instalado. Os amperímetros de conexão direta são fabricados para corrente nominal de, no máximo, 100 A.

A Figura 9.46 mostra a vista frontal de um amperímetro, enquanto a Figura 9.47 indica as faixas de escala para medição e sobrecarga.

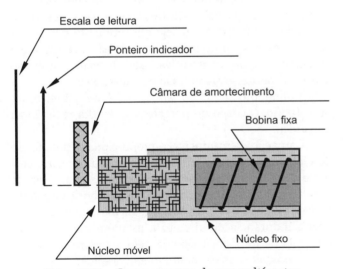

Figura 9.44 Componentes de um voltímetro.

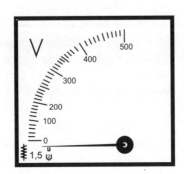

Figura 9.45 Vista frontal de um voltímetro.

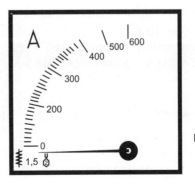

Figura 9.46 Vista frontal de um amperímetro.

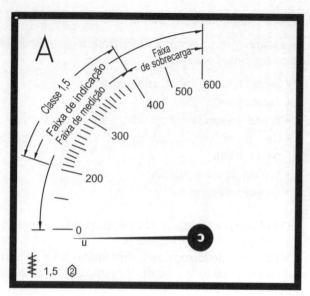

Figura 9.47 Faixa das escalas de um amperímetro.

Em geral, os amperímetros conectados por transformadores de corrente são comercializados com as escalas indicadas na Tabela 9.11.

Tabela 9.11 Escalas de amperímetros

Dimensões	Escala	Dimensões	Escala
96 × 96	100/5	144 × 144	600/5
	200/5		800/5
	400/5		1.000/5
	600/5		1.500/5
	1.000/5		2.000/5
144 × 144	100/5		3.000/5
	200/5		4.000/5
	400/5		5.000/5

9.3.17.1 Especificação sumária

É necessário que se estabeleçam no pedido de compra para amperímetros, no mínimo, os seguintes elementos:

- tecnologia: digital ou analógico;
- dimensões;
- fundo de escala ou faixa de escala;
- corrente de entrada (1 ou 5 A);
- tipo;
- frequência nominal.

O amperímetro indicado no diagrama unifilar da Figura 9.1 pode ser assim descrito:

Amperímetro de ferro móvel, dimensões 96 × 96 mm, fundo de escala de 400 A, corrente de entrada 5 A e frequência de 60 Hz.

9.3.18 Fusível de baixa tensão

É um dispositivo dotado de um elemento metálico, com seção reduzida na sua parte média, normalmente colocado no interior de um corpo de porcelana hermeticamente fechado, contendo areia de quartzo de granulometria adequada.

Segundo a IEC 60 269-2-1, os fusíveis para aplicações industriais apresentam a seguinte classificação:

- gI – são fusíveis limitadores de corrente que têm a capacidade de interromper desde a corrente mínima de fusão até a capacidade nominal de interrupção.
- gII – obedecem às mesmas características anteriores diferindo, no entanto, daquelas, nos seguintes aspectos:
  - até $I_{nf} \approx 50$ A, os fusíveis gII são mais rápidos do que os fusíveis gI;
  - entre $100 \leq I_{nf} < 1.000$ A, os fusíveis gI e gII têm as mesmas características;
  - nas aplicações domésticas, as capacidades de interrupção dos fusíveis gI e gII são divergentes.

Os fusíveis gI e gII se caracterizam pela proteção contra sobrecargas e curtos-circuitos.

- aM – são fusíveis limitadores de corrente que têm a capacidade de interromper a corrente desde determinado múltiplo de sua corrente nominal até a sua capacidade de interrupção.

Os fusíveis aM se caracterizam pela proteção somente contra as correntes de curtos-circuitos. Por isso, é necessário que se utilize, nesse caso, uma proteção contra sobrecarga.

A IEC ainda classifica os fusíveis como de aplicação doméstica e industrial. Os primeiros são acessíveis a pessoas não qualificadas. Ao segundo, somente devem ter acesso pessoas autorizadas. Essa classificação implica as características construtivas dos fusíveis quanto ao acesso às partes vivas no caso de substituição.

O elemento metálico, em geral, é de cobre, prata ou estanho. O corpo de porcelana é de alta resistência mecânica.

A atuação de um fusível é proporcionada pela fusão do elemento metálico, quando percorrido por uma corrente de valor superior ao estabelecido na sua curva de característica tempo × corrente. Após a fusão do elemento fusível, a corrente não é interrompida instantaneamente, pois a indutância do circuito a mantém por um curto intervalo de tempo, circulando pelo arco formado entre as extremidades do elemento metálico sólido.

A areia de quartzo, o elemento extintor do fusível, absorve toda a energia calorífica produzida pelo arco, cujo vapor do elemento metálico fundido fica envolvido por esta, resultando no fim um corpo sólido isolante que mantém a extremidade do fusível ligado à carga, eletricamente separada da outra extremidade ligada à fonte. As principais características elétricas dos fusíveis são:

a) **Corrente nominal**

É aquela que pode percorrer o fusível por tempo indefinido sem que este apresente um aquecimento excessivo.

O valor da corrente de fusão de um fusível é normalmente estabelecido em 60 % superior ao valor indicado como corrente nominal.

b) Tensão nominal

É aquela que define a tensão máxima de exercício do circuito em que o fusível deve operar regularmente.

c) Capacidade de interrupção

É o valor máximo eficaz da corrente simétrica de curto-circuito que o fusível é capaz de interromper, dentro das condições de tensão nominal e do fator de potência estabelecido.

Os fusíveis do tipo NH e diazed devem operar satisfatoriamente nas condições de temperatura ambiente para as quais foram projetados. Quanto mais elevada a temperatura a que está submetido, mais rapidamente o elemento fusível alcança a temperatura de fusão.

Os fusíveis do tipo NH apresentam características de limitação da corrente de impulso. Isto é particularmente válido na proteção da isolação dos condutores e equipamentos de comando e manobra, pois a limitação da intensidade da corrente de curto-circuito implica valores mais reduzidos das solicitações térmicas e eletrodinâmicas sofridas por esses equipamentos. No Capítulo 10 pode-se determinar esta limitação entrando-se com o valor da corrente de curto-circuito simétrica (valor inicial efetivo), calculada no ponto de instalação do fusível (I_{cs} = 40 kA), no eixo das ordenadas, traçando-se uma reta até atingir a curva do fusível (I_n = 224 A), obtendo-se o valor da corrente limitada (I_l = 20 kA). Sem o fusível, a corrente de curto-circuito atingiria o valor de crista igual a 80 kA. O gráfico é particularmente válido para fator de potência de curto-circuito igual ou inferior a 0,7.

Quando as correntes de curto-circuito são de grande intensidade, a aplicação de disjuntores torna-se onerosa, na maioria dos casos. Portanto, a utilização de fusíveis limitadores de corrente é bastante comum como proteção contra as correntes de defeito, deixando-se a proteção contra sobrecarga para a responsabilidade do disjuntor, cuja capacidade de ruptura poderá ser bastante reduzida e, portanto, de custo inferior.

A atuação dos fusíveis do tipo diazed e NH obedece às características de tempo × corrente definidas pelas normas específicas como a curva média de fusão × corrente que caracteriza o tempo médio correspondente à fusão do elemento fusível.

Os fusíveis NH e diazed são providos de indicadores de atuação do elemento fusível. O indicador é constituído de um fio ligado em paralelo ao elemento fusível, que, quando se funde, provoca a fusão do fio mencionado que sustenta uma mola pressionada, provocando a liberação do dispositivo indicador, normalmente caracterizado pela cor vermelha.

Os fusíveis são fabricados com duas características distintas de atuação: rápida e retardada. O fusível de característica rápida é mais comumente empregado nos circuitos que operam em condições de corrente inferior à corrente nominal, como é o caso de circuitos que suprem cargas resistivas. Já o fusível de efeito retardado é mais adequado aos circuitos sujeitos a sobrecargas periódicas, como no caso de motores e capacitores.

A aplicação dos fusíveis limitadores como elemento de proteção dos circuitos elétricos submetidos a correntes que definem uma sobrecarga não é aconselhável, pois, em função de suas características de abertura para corrente com intensidade variando em torno de 1,4 vez a sua corrente nominal, não se obtém, desses dispositivos, uma margem de segurança aceitável para tal finalidade. Assim, esses fusíveis devem somente ser dimensionados tendo em vista a proteção da rede para correntes de curto-circuito, ou de sobrecarga caracterizada por motor de indução com rotor bloqueado, apesar de se constituir numa proteção pouco segura.

A Figura 9.48 mostra os diversos elementos componentes de um fusível do tipo diazed. Já a Figura 9.49 apresenta os detalhes construtivos dos fusíveis NH, enquanto a Figura 9.50 mostra, respectivamente, o fusível do tipo NH e a sua base correspondente.

9.3.18.1 Especificação sumária

No pedido de compra de um fusível, devem constar, no mínimo, os seguintes elementos:

Figura 9.48 Conjunto fusível diazed.

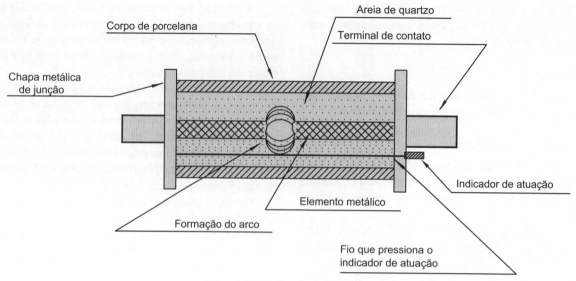

Figura 9.49 Fusível tipo NH.

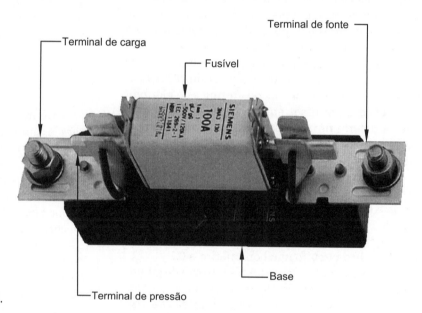

Figura 9.50 Base para fusível NH.

- corrente nominal;
- tamanho da base (fusível NH);
- capacidade de ruptura;
- característica da curva tempo × corrente (rápido ou com retardo);
- componentes (fusível diazed: base, tampa, parafuso de ajuste, anel de proteção e fusível).

O fusível indicado no diagrama da Figura 9.1 pode ser assim descrito:

Fusível tipo NH, corrente nominal de 160 A, capacidade de ruptura de 100 kA, base tamanho 2, tipo retardado.

9.3.19 Chave seccionadora tripolar de baixa tensão

É um equipamento capaz de permitir a abertura de todos os condutores não aterrados de um circuito, de tal modo que nenhum polo possa ser operado independentemente. Os seccionadores podem ser classificados em dois tipos:

a) Seccionador com abertura sem carga

É aquele que somente deve operar com o circuito desenergizado ou sob tensão. É o caso das chaves seccionadoras com abertura sem carga.

b) Seccionador sob carga ou interruptor

É aquele que é capaz de operar com o circuito desde a condição de carga nula até a de carga plena.

Os seccionadores de atuação em carga são providos de câmaras de extinção de arco e de um conjunto de molas capaz de imprimir uma velocidade de operação elevada.

A principal função dos seccionadores é permitir que seja feita manutenção segura em determinada parte do sistema. Quando os seccionadores são instalados em circuitos de motores, devem-se desligar tanto os motores como o dispositivo de controle.

Sobre os dispositivos de seccionamento podem-se estabelecer:

- a posição dos contatos ou dos outros meios de seccionamento deve ser visível do exterior ou indicada de forma clara e segura;
- os dispositivos de seccionamento devem ser projetados e/ou instalados de forma a impedir qualquer restabelecimento involuntário. Esse restabelecimento poderia ser causado, por exemplo, por choque ou vibrações;
- devem ser tomadas medidas para impedir a abertura inadvertida ou desautorizada dos dispositivos de seccionamento, apropriados à abertura sem carga.

O National Electrical Code (NEC) recomenda que os seccionadores utilizados em circuitos de motores de até 600 V devem ser dimensionados pelo menos para 115 % da corrente nominal, isto é:

$$I_{sel} = 1{,}15 \times I_{nm} \quad (9.14)$$

Quando são instalados em circuitos de capacitor, devem ser dimensionados pelo menos para 135 % da corrente nominal do banco, ou seja:

$$I_{sec} = 1{,}35 \times I_{cap} \quad (9.15)$$

A Figura 9.51 mostra uma chave seccionadora de abertura em carga, indicando-se os seus principais componentes.

As chaves seccionadoras devem ser dimensionadas para suportar, durante o tempo de 1 s, a corrente de curto-circuito, o valor eficaz (corrente térmica) e o valor de crista da mesma corrente (corrente dinâmica).

A Tabela 9.12 fornece as principais características elétricas das chaves seccionadoras dos tipos 5TH e S32 de fabricação Siemens. Para outros detalhes, consultar catálogo específico do fabricante. De acordo com a Tabela 9.14, devem-se esclarecer as seguintes definições:

- Corrente máxima de estabelecimento

É o valor de crista do primeiro semiciclo, em um polo da chave, durante o período transitório que se segue, em uma operação de fechamento.

- Corrente presumida de curto-circuito

É a corrente que circularia no circuito, se cada polo da chave fosse substituído por um condutor de impedância desprezível.

- Corrente de corte ou de interrupção

É aquela que se estabelece no circuito no início do processo de interrupção.

9.3.19.1 Especificação sumária

A compra de uma chave seccionadora deve ser acompanhada, no mínimo, dos seguintes elementos:

- tensão nominal;
- corrente nominal;
- corrente presumida de curto-circuito;
- fusível máximo admitido (especificar);
- acionamento (manual rotativo ou motorizado);
- contatos auxiliares (se necessário);
- operação (em carga ou a vazio);
- vida mecânica mínima (se necessário);
- frequência nominal.

Relativamente à chave seccionadora indicada no diagrama unifilar da Figura 9.1, temos:

Chave seccionadora tripolar, comando simultâneo, abertura em carga, tensão nominal 500 V, corrente nominal de 250 A, acionamento manual rotativo, sem contatos auxiliares.

9.3.20 Contator magnético tripolar

É um dispositivo de atuação magnética destinado à interrupção de um circuito em carga ou a vazio.

O seu princípio de funcionamento baseia-se na força magnética que tem origem na energização de uma bobina e na força mecânica proveniente do conjunto de molas preso à estrutura dos contatos móveis.

Quando a bobina é energizada, a força eletromecânica desta sobrepõe-se à força mecânica exercida pelas molas, obrigando os contatos móveis a se fecharem sobre os contatos fixos aos quais estão ligados os terminais do circuito. A Figura 9.52 mostra as principais partes de um contator acoplado ao respectivo relé térmico.

Os contatores são construídos para suportar um elevado número de manobras. São dimensionados em função da corrente nominal do circuito, do número de manobras desejado e da corrente de desligamento no ponto de instalação.

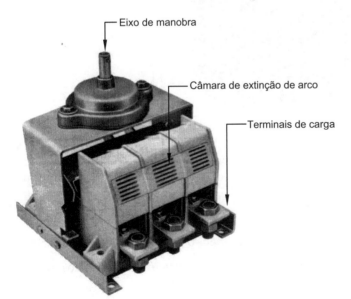

Figura 9.51 Chave seccionadora tripolar.

Tabela 9.12 Características das chaves seccionadoras dos tipos 5HT e S32 – Siemens

Tipo	Corrente nominal (A) AC21	AC22	AC23	Corrente de interrupção para FP = 0,35		Corrente máxima de estabelecimento	Corrente presumida de curto-circuito com fusíveis	Corrente de corte com fusíveis	Fusíveis máximos permitidos
–	500 V	500 V	380 V	440 V A	500 V A	kA	kA	kA	A
5TH0 1040	40	40	32	304	–	1,36	50	8,2	63
5TH0 1063	63	63	45	304	–	2,15	50	9,55	80
5TH0 1125	125	125	60	480	–	4,25	50	13,5	125
S32-160/3	160	160	102	–	507	17	50	16	160
S32-250/3	250	250	139	–	1.020	22	50	27	250
S32-400/3	400	400	190	–	1.020	26	50	42	400
S32-630/3	630	630	382	–	2.530	59	50	54	630
S32-1000/3	1.000	1.000	447	–	2.530	78	50	70	1.000
S32-1250/3	1.250	1.250	870	–	3.780	110	50	70	1.250
S32-1600/3	1.600	1.250	870	–	3.780	110	50	–	–

AC21 – para ligação de cargas ôhmicas, incluindo pequenas sobrecargas.
AC22 – para ligação de cargas mistas, ôhmicas e indutivas, incluindo pequenas sobrecargas.
AC23 – para ligação de motores e outras cargas indutivas.

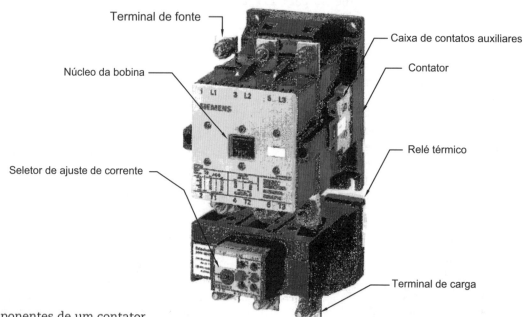

Figura 9.52 Componentes de um contator.

A corrente de partida dos motores não tem, praticamente, nenhuma influência sobre a vida dos contatos dos contatores. No entanto, o ricochete pode reduzir drasticamente a duração dos contatos. Em geral, os contatores pequenos, quando têm os seus contatos danificados, tornam-se imprestáveis; porém, os contatores de corrente nominal elevada possibilitam, em geral, a reposição dos contatos danificados.

A Figura 9.53 mostra um diagrama de comando de um contator de comando local com recurso de comando a distância, muito característico na aplicação de motores elétricos.

A Tabela 9.13 permite a escolha dos contatores da série 3TF de fabricação Siemens. No entanto, o leitor sempre deve recorrer ao catálogo do fabricante no momento de aplicação do contator ou de qualquer elemento de projeto.

9.3.20.1 Especificação sumária

Na compra de contatores devem ser fornecidos, no mínimo, os seguintes elementos:

- tensão nominal;
- frequência nominal;

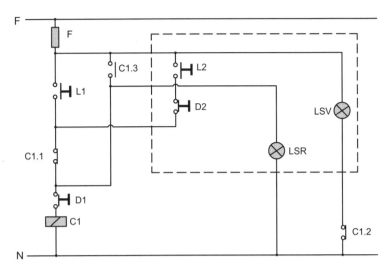

Figura 9.53 Esquema básico de comando de um contator.

- corrente nominal;
- número mínimo de manobras;
- tensão nominal da bobina;
- número de contatos: NA (normalmente aberto) e NF (normalmente fechado).

Assim, com base no diagrama unifilar da Figura 9.1, pode-se descrever o contaor como:

Contator magnético tripolar para motor de 50 cv/380 V, tensão nominal 500 V, corrente nominal 75 A, número de manobras mínimo de 50.000, com bobina para tensão de 220 V, frequência de 60 Hz, com 2 contatos NA e 2 NF.

9.3.21 Relé bimetálico de sobrecarga para contatores

São dispositivos dotados de um par de lâminas construídas com metais de diferentes coeficientes de dilatação linear que, quando sensibilizados pelo efeito térmico produzido por uma corrente de intensidade ajustada, aquecendo o bimetal, provocam a operação de um contato móvel pela dilatação térmica de suas lâminas.

Os relés bimetálicos de sobrecarga são constituídos de modo a permitir ajustes de corrente nominal dentro de determinadas faixas que podem ser escolhidas, conforme o valor da corrente e a natureza da carga. Quanto maior for o valor da corrente de sobrecarga, menor será o tempo decorrido para a atuação do relé térmico.

Normalmente, os relés de sobrecarga são acoplados a contatores, de largo emprego no acionamento de motores elétricos, podendo também manobrar circuitos em geral. Também, os relés de sobrecarga são destinados à proteção de motores trifásicos que, por uma razão qualquer, como a queima de um fusível em determinada fase, operam com alimentação bifásica.

9.3.21.1 Especificação sumária

Para qualificar um relé são necessários, no mínimo, os seguintes dados:

- potência do motor a que vai proteger;
- faixa de ajuste desejada;
- fusível máximo a ser utilizado;
- tipo do contator a que vai ser acoplado.

Relativamente à Figura 9.1, pode-se especificar assim o relé térmico:

Relé térmico de sobrecarga para motor de 50 cv/380 V, faixa de ajuste de (63-90) A, acoplado ao contator (especificar o contator) e fusível máximo de proteção de 125 A, tipo aM.

9.3.22 Chave estrela-triângulo

É um equipamento destinado à partida, com redução de corrente, de motores trifásicos do tipo indução com disponibilidade de seis bornes para ligação.

As chaves estrela-triângulo são fabricadas para a operação manual ou automática. No primeiro caso, o tempo para a mudança da conexão estrela para triângulo é definido pelo operador, enquanto nas chaves automáticas toda operação é comandada por um relé de tempo que atua sobre os contatores componentes da chave, de acordo com o ajuste selecionado.

As chaves estrela-triângulo automáticas são compostas de:

- 3 fusíveis no circuito de comando;
- 3 fusíveis no circuito de força;
- 3 contatores;
- 1 relé bimetálico;
- 2 botoeiras;
- 1 relé de tempo;
- 1 lâmpada de sinalização verde;
- 1 lâmpada de sinalização vermelha;
- indicadores de medidas de tensão e corrente;
- 1 transformador de comando.

Os relés de sobrecarga, quando aquecidos à temperatura de serviço, têm, nas suas curvas características

Tabela 9.13 Seleção de contatores do tipo de 3TF – Siemens

Dados técnicos	Tipo	3TF40 10	3TF41 10	3TF42 10	3TF43 10	3TF44 11	3TF45 11	3TF46 22	3TF47 22	3TF48 22	3TF49 22
Corrente permanente em A	Tensão (V)	9	12	16	22	32	38	45	63	75	85
CATEGORIA AC1: manobra de cargas resistivas para FP superior 0,95	Até 690 V	21	21	32	32	65	65	90	100	120	120
CATEGORIA AC2: Manobra de motores com rotor bobinado, em serviço normal. CATEGORIA AC3: manobra de motores com rotor de curto-circuito, em regime normal. Potência em cv	220	3	4	6	7,5	10	15	20	25	30	30
	380	5	7,5	10	15	20	25	30	40	50	60
	440	6	7,5	10	15	25	30	30	50	60	60
CATEGORIA AC4: manobra de motores com interrupção da corrente de partida com frenagem por contracorrente com inversão da rotação. Potência em cv	220	1	1,5	2	3	5	6	7,5	10	12,5	15
	380	1,5	2	4	5	10	12,5	15	15	20	25
	440	2	3	5	5	10	12,5	15	20	25	30
Fusível máximo – DZ ou NH (A)		16	16	25	25	63	63	100	125	160	160

Dados técnicos	Tipo	3TF50 22	3TF51 22	3TF52 22	3TF53 22	3TF54 22	3TF55 22	3TF56 22	3TF57 22	3TF65 44	3TF69 44
Corrente permanente em A	Tensão (V)	110	140	170	205	250	300	400	475	630	700
CATEGORIA AC1: manobra de cargas resistivas para FP superior 0,95	Até 690 V	170	170	230	240	325	325	425	600	700	910
CATEGORIA AC2: manobra de motores com rotor bobinado, em serviço normal. CATEGORIA AC3: manobra de motores com rotor de curto-circuito, em regime normal. Potência em cv	220	50	60	75	75	100	125	150	200	250	350
	380	75	100	125	150	175	200	250	300	450	600
	440	75	100	125	150	200	250	300	350	500	600
CATEGORIA AC4: manobra de motores com interrupção da corrente de partida com frenagem por contracorrente com inversão da rotação. Potência em cv	220	20	20	30	30	40	50	60	60	125	150
	380	30	40	50	60	75	75	100	100	200	200
	440	40	50	60	75	75	100	125	125	250	250
Fusível máximo – DZ ou NH (A)		224	224	224	224	224	400	400	500	1.000	1.250

de disparo, os tempos reduzidos, em geral, a 25 % ou a 50 % dos tempos indicados, dependendo do fabricante.

Os relés de sobrecarga devem ser protegidos contra as elevadas correntes de curto-circuito. Normalmente, os fabricantes fornecem a capacidade máxima dos fusíveis que devem ser empregados no circuito para garantir a integridade do relé e que em nenhuma hipótese deve ser superada.

A Tabela 10.2 fornece as principais características dos relés 3UA de fabricação Siemens. Também no Capítulo 10 estão definidos os critérios para proteção por meio dos relés de sobrecarga, incluindo-se aí as curvas de atuação.

A Figura 9.54 representa o diagrama de comando de uma chave estrela-triângulo automática. A sua operação é iniciada quando o contator C3 é energizado pelo acionamento da botoeira L que, em seguida, volta à sua posição inicial (aberta). Nesse instante, o contato auxiliar CA3.2 é fechado, permitindo a operação do contator C1, que se mantém fechado pelo seu próprio contato auxiliar CA1.1, iniciando, desse modo, o processo de partida do motor na configuração estrela. Já acionado pelo fechamento da botoeira L, o relé de tempo RT inicia a sua operação. Decorrido o tempo previsto para que o motor adquira a velocidade próxima à velocidade de regime, o relé de tempo RT abre o contato CRT1 desenergizando o contator C3, cujo contato CA3.3 é acionado, energizando a bobina do contator C2. Nesse instante, o motor inicia o funcionamento na ligação triângulo.

A Figura 9.55 mostra o diagrama básico de ligação da chave estrela-triângulo, anteriormente descrita.

As chaves estrela-triângulo têm o seu uso limitado pela frequência de manobras permitida pelo relé de sobrecarga. Em geral, essa limitação condiciona as chaves a um máximo de 15 manobras por hora.

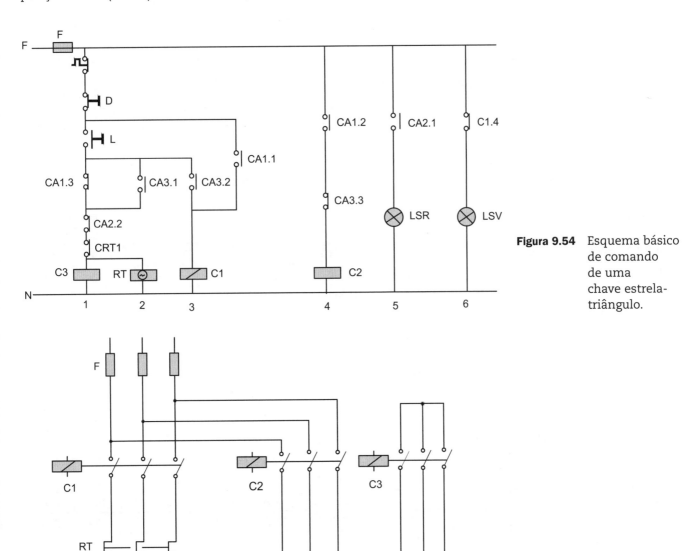

Figura 9.54 Esquema básico de comando de uma chave estrela-triângulo.

Figura 9.55 Esquema de ligação dos contatores de uma chave estrela-triângulo.

Os contatores C1, C2 e C3 podem ser dimensionados de acordo com as seguintes expressões:

• Contator C1 e C2.

$$I_{nc} = \frac{I_{nm}}{\sqrt{3}} \quad (9.16)$$

I_{nc} = corrente nominal do contator, em A;
I_{nm} = corrente nominal do motor, em A.

• Contator C3

$$I_{nc} = \frac{I_{nm}}{3} (A) \quad (9.17)$$

• Relé bimetálico

$$R_t = 0,58 \times I_{nm} \quad (9.18)$$

A Tabela 9.14 permite a escolha das chaves estrela-triângulo de fabricação Siemens em função da potência nominal do motor.

9.3.22.1 Especificação sumária

Na compra de uma chave estrela-triângulo é necessário que se forneçam, pelo menos, os seguintes dados:

• tensão nominal (a da rede);
• corrente nominal (ou potência do motor);
• frequência nominal;
• tensão do circuito de comando;
• número de manobras desejadas;
• tipo de operação (manual ou automática);
• tipo de execução (blindada ou aberta);
• medidores indicadores (para execução blindada).

Relativamente à chave estrela-triângulo representada na Figura 9.1, temos:

Chave estrela-triângulo automática, tensão nominal 380 V, para motor de potência nominal de 100 cv, frequência nominal de 60 Hz, tensão do circuito de comando 220 V, número de manobras mínimo por hora, 5, execução blindada, corrente nominal de 145 A, provida de um amperímetro de 300-5 A.

9.3.23 Chaves de partida estática

Atualmente, esse tipo de chave está ganhando o mercado de instalações industriais em substituição às chaves estrela-triângulo e compensadora em razão de suas vantagens operacionais e desempenho. Assim, podem-se conseguir melhores resultados no controle da partida dos motores elétricos de indução comparativamente às tradicionais chaves de partida anteriormente mencionadas.

Tabela 9.14 Escolha de chaves estrela-triângulo – Siemens

Motores trifásicos				Contatores tipo 3TF		Relé de sobrecarga		Fusível máximo retardado (A)	
Potências máximas nominais admissíveis em serviço AC3 – cv			Corrente	C1 e C2	C3	Tipo 3UA	Faixa de regulagem	DZ	NH
220 V	380 V	440 V	A				A		
10	15	20	28	3TF42-22	3TF40-11	3UA52 00-2A	10 – 16	25	25
12,5	20	25 – 30	36	3TF43-22	3TF41-11	3UA52 00-2C	16 – 25	25	25
15	25	–	38	3TF43-22	3TF42-11	3UA52 00-2C	16 – 25	25	25
–	30	–	43	3TF44-22	3TF42-11	3UA55 00-2D	20 – 32	50	50
20	40	40	56	3TF44-22	3TF43-11	3UA55 00-2D	20 – 32	63	63
25	–	50	63	3TF45-22	3TF43-11	3UA55 00-2R	32 40	63	63
30	50	60	74	3TF46-22	3TF44-11	3UA58 00-2F	32 – 50	80	80
40	60 – 75	75	105	3TF47-22	3TF45-11	3UA58 00-2P	50 – 63	80	80
50	–	100	120	3TF48-22	3TF46-22	3UA58 00-2U	63 – 80	125	125
60	100	–	145	3TF49-22	3TF47-22	3UA58 00-8W	70 – 88	160	160
75	125	125 – 150	180	3TF50-22	3TF47-22	3UA60 00-3H	90 – 120	160	160
–	150	175	215	3TF51-22	3TF48-22	3UA61 00-3K	120 – 150	160	160
100	175	200	250	3TF51-22	3TF49-22	3UA61 00-3K	120 – 150	224	224
125	200	250	290	3TF52-22	3TF50-22	3UA62 00-3M	150 – 180		224
150	250	300	350	3TF53-22	3TF51-22	3UA45 00-8YG	160 – 250		224
–	300	350	410	3TF54-22	3TF51-22	3UA45 00-8YG	160 – 250		224
175	–	–	430	3TF54-22	3TF52-22	3UA45 00-8YG	160 – 250		224
200	350	400	475	3TF55-22	3TF52-22	3UA45 00-8YH	200 – 320		315

Muitos dados técnicos das chaves de partida estáticas foram estudados no Capítulo 7. Para aplicação dessas chaves é necessário que se conheça os seguintes procedimentos.

a) **Dados da instalação**

- Tensão de alimentação do motor;
- frequência;
- temperatura do ambiente onde irá operar o motor.

b) **Dados do motor**

- Potência nominal;
- tensão nominal;
- corrente nominal;
- velocidade angular;
- conjugado nominal;
- curva conjugado × velocidade angular na partida direta;
- curva corrente × velocidade angular na partida direta.

c) **Dados da carga**

- Potência da carga;
- velocidade angular;
- momento de inércia;
- curva conjugado × velocidade angular;
- característica do conjugado de carga:
  – constante;
  – linear;
  – quadrática;
  – decrescente.

Para caracterizar qual o tipo de conjugado para diferentes tipos de carga, estudar o Capítulo 7.

d) **Condições de partida**

- Quantidade de partida por hora;
- intervalo mínimo entre partidas sucessivas;
- corrente máxima admitida pela instalação, em função da queda de tensão permitida, de acordo com o que estudado no Capítulo 7;
- tempo de partida máximo desejado.

A Tabela 9.15 fornece os elementos básicos de uma chave de partida estática de fabricação WEG.

Com base nesses dados e seguindo a metodologia de cálculo apresentada no Capítulo 7, pode-se especificar a chave de partida estática da seguinte forma:

Chave de partida estática para motor de 125 cv/380 V/IV polos, frequência 60 Hz, para carga diretamente solidária ao eixo do motor e de conjugado constante, para máximo de 5 partidas por hora.

9.3.24 Chave compensadora

É um equipamento destinado à partida, com tensão reduzida, de motores de indução trifásicos.

As chaves compensadoras são, normalmente, constituídas de:

- 3 fusíveis no circuito de comando;
- 3 fusíveis no circuito de força;
- 3 contatores;
- 1 autotransformador;
- 1 relé bimetálico;
- 2 botoeiras;
- 1 relé de tempo;
- 1 lâmpada de sinalização verde;
- 1 lâmpada de sinalização vermelha;
- 1 transformador de comando.

O Capítulo 7 aborda, também, este assunto no que diz respeito à sua aplicação e ao conjugado de partida do motor, fazendo comparações com as chaves estrela-triângulo. A Figura 9.56 representa o diagrama básico de comando de uma chave compensadora automática. A sua operação é iniciada quando, pressionando-se a botoeira L, se energiza a bobina do contator C3, conectando o autotransformador ATR (Figura 9.57) em estrela e energizando a bobina do contator C2 e do relé de tempo RT, por meio do contato auxiliar CA3.1.

Com a abertura natural da botoeira L, mediante ação de sua mola, as bobinas dos contatores C2, C3 e do relé de tempo RT continuam energizadas por meio do contato auxiliar CA2.1 do contator C2. O motor, então, inicia o arranque sob tensão reduzida, de acordo com o ajuste do tape do autotransformador ATR.

Decorrido determinado tempo, previamente ajustado, de maneira que o motor adquira uma velocidade próxima da velocidade nominal, o relé de tempo RT abre o seu contato CRT1 desligando o contator C3, permitindo que o motor fique energizado com tensão de alimentação reduzida, ainda por algumas espiras do autotransformador. O contator C1 é energizado pelo contato auxiliar CA3.2, acionado pela operação de retorno do contator C3. O contator C1, quando operado, abre o contato auxiliar CA1.3, desenergizando o contator C2, permitindo, assim, que o motor fique submetido à tensão normal de alimentação.

A Figura 9.57 mostra o diagrama de ligação da chave compensadora, anteriormente descrita. Os contatores C1, C2 e C3 podem ser dimensionados de acordo com as seguintes expressões:

- Contator C1

$$I_{nc} = I_{nm} \qquad (9.19)$$

- Contator C2

$$I_{nc} = R_{trs}^2 \times I_{nm} \qquad (9.20)$$

sendo R_{trs} o maior tape de ajuste (p. ex., de 80 %).

Tabela 9.15 Seleção da chave de partida estática SSW-02 – WEG

Modelo	Corrente do motor		Tensão da rede					
	(3 × In por 30 seg)	(4,5 × In por 30 seg)	220 V		380 V		440 V	
			Potência do motor					
	A	A	kW	cv	kW	cv	kW	cv
SSW-02.16	16	11	4	5,5	7,5	10	10	12,5
SSW-02.25	25	16	7	9	11	15	14,5	20
SSW-02.30	30	25	8	10	15	20	20	25
SSW-02.45	45	30	12	15	22	30	30	40
SSW-02.60	60	45	17	20	30	40	40	55
SSW-02.75	75	50	22	30	37	50	50	68
SSW-02.85	85	75	26	35	45	60	60	82
SSW-02.120	120	100	37	50	63	85	83	110
SSW-02.145	145	120	45	60	75	100	100	130
SSW-02.170	170	145	52	70	90	125	120	160
SSW-02.205	205	170	63	85	110	150	145	190
SSW-02.225	255	190	76	100	132	175	175	240
SSW-02.290	290	205	87	120	150	200	200	275
SSW-02.340	340	255	107	145	186	250	245	335
SSW-02.410	410	175	130	175	225	300	300	380
SSW-02.475	475	410	150	200	260	350	340	450
SSW-02.580	580	410	182	240	315	450	415	550
SSW-02.670	670	450	216	295	375	500	490	650
SSW-02.800	800	540	260	350	450	600	590	800
SSW-02.900	900	600	317	450	550	725	725	950
SSW-02.1100	1.100	750	364	500	630	850	830	1.050
SSW-02.1400	1.400	950	462	600	800	1.050	1.050	1.300

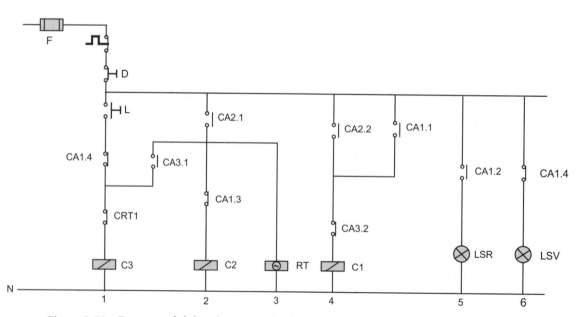

Figura 9.56 Esquema básico de comando de uma chave compensadora automática

Materiais elétricos 419

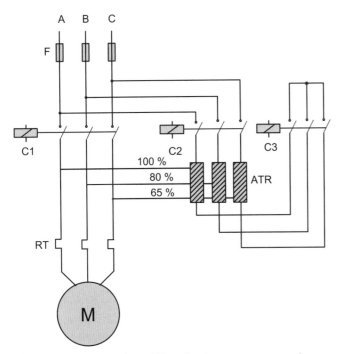

Figura 9.57 Esquema trifilar de chave compensadora automática.

- Contator C3

$$I_{nc} = R_{tri} \times (1 - R_{tri}) \times I_{nm} \quad (9.21)$$

sendo R_{tri} o menor tape de ajuste (p. ex., 65 %).

A Tabela 9.16 permite que se escolham as chaves compensadoras de fabricação Siemens, em função da potência nominal do motor.

A utilização de chaves compensadoras e os ajustes de tapes do autotransformador foram abordados no Capítulo 7. Além, disso, foram também analisadas as questões técnicas e econômicas quanto à aplicação alternativa das chaves compensadoras e estrela-triângulo.

As chaves compensadoras têm o seu uso limitado pelo número máximo de manobras. Em geral, essa limitação condiciona as chaves a um máximo de cinco operações por hora, com duração não superior a 15 s, podendo ser duas seguidas com intervalos de 5 minutos.

9.3.24.1 Especificação sumária

Na compra de uma chave compensadora é necessário que se forneçam, pelo menos, os seguintes dados:

- tensão nominal (a da rede);
- corrente nominal (ou potência do motor);
- frequência nominal;
- tensão do circuito de comando;
- número mínimo de manobras desejadas;
- tipo de operação (manual ou automática);
- indicadores de medidas de tensão e corrente (para o tipo de execução blindado).

Relativamente à chave compensadora indicada no diagrama unifilar da Figura 9.1, temos:

Tabela 9.16 Seleção de chaves compensadoras – Siemens

Motores trifásicos			Corrente	Contatores tipo 3TF			Relé de sobrecarga		Fusível máximo retardado (A)	
Potências máximas nominais admissíveis em serviço AC3 - cv							Tipo 3UA	Faixa de regulagem		
220 V	380 V	440 V	A	C1	C2	C3		A	DZ	NH
15	25	30	38	3TF45-22	3TF44-22	3TF41-11	3UA55 00-2R	32 – 40	63	63
20	30	30	50	3TF46-22	3TF45-22	3TF42-11	3UA58 00-2F	32 – 50	125	63
25	40	40 – 50	63	3TF47-22	3TF46-22	3TF43-11	3UA58 00-2P	50 – 63	125	80
30	50	60	74	3TF48-22	3TF47-22	3TF43-11	3UA58 00-2U	63 – 80	160	125
30	60	60	84	3TF49-22	3TF47-22	3TF44-11	3UA58 00-8W	70 – 88	160	125
40 – 50	75	75	120	3TF50-22	3TF49-22	3TF45-11	3UA60 003H	90 – 120	224	160
50 – 60	100	100	145	3TF51-22	3TF50-22	3TF46-22	3UA61 00-3K	120 – 150	224	160
75	125	125	175	3TF52-22	3TF51-22	3TF47-22	3UA62 00-3M	150 – 180	224	200
75	150	150	205	3TF53-22	3TF51-22	3TF48-22	3UA45 00-8YG	160 – 250	224	200
100	175	200	250	3TF54-22	3TF52-22	3TF49-22	3UA45 00-8YH	200 – 320	315	224
125	200	250	300	3TF55-22	3TF53-22	3TF50-22	3UA45 00-8YH	200 – 320	315	224
125 – 150	250 – 300	300	400	3TF56-22	3TF54-22	3TF51-22	3UA45 00-8YJ	250 – 400	500	315
175 – 200	300 – 350	350 – 400	475	3TF57-22	3TF55-22	3TF52-22	3UA46 008YK	320 – 500	500	315
250	400 – 450	450 – 500	600	3TF58-14	3TF56-22	3TF53-22	3UA46 00-8YL	400 – 630	630	500
300	500	550	700	3TF69-44	3TF57-22	3TF54-22	3RB12 62-OL	200 – 820	1.000	500
350	500 – 600	600 – 750	820	3TF69-44	3TF58-14	3TF55-22	3RB12 62-OL	200 – 820	1.250	630

Chave compensadora automática, tensão nominal 380 V, para motor de 75 cv/380 V/IV polos, frequência nominal de 60 Hz, tensão do circuito de comando 220 V, número mínimo de manobras por hora, 5, execução blindada, provida de um amperímetro de 300-5 A.

9.3.25 Chave inversora de frequência

É utilizada no controle da velocidade dos motores de indução que podem substituir com as vantagens que lhes são peculiares os motores de corrente contínua nos processos industriais nos quais é importante a variação de velocidade.

As chaves inversoras de frequência estão sendo utilizadas também com um objetivo adicional de tornar eficiente o uso da energia em certos tipos de aplicações, por exemplo, ventiladores industriais, nos quais se pode reduzir a velocidade, mantendo o torque constante, ao mesmo tempo reduzindo a potência disponibilizada pelo motor, na medida exata das necessidades da carga.

No Capítulo 7, foi estudada a chave inversora de frequência com ênfase à aplicação de partida de motores trifásicos. Nesta seção serão abordados os seus aspectos construtivos.

As chaves inversoras são compostas por dois módulos com funções distintas, porém integrados em um só equipamento. O primeiro módulo conectado diretamente à rede de energia é formado por uma ponte retificadora a diodos de 4 a 6 pulsos ligados a um banco de capacitores a qual transforma a tensão e a corrente alternadas em valores contínuos que alimentam o segundo módulo, chamado de inversor, que tem a função de transformá-las em corrente e tensão na forma de blocos retangulares, utilizando técnicas de controle vetorial de fluxo.

O inversor fornece aos terminais do motor tensão e frequência variáveis que permitem ser trabalhadas de modo a manter o torque constante, reduzir a potência de operação e a corrente de partida etc.

Em face do processo de geração da onda de tensão na forma anteriormente mencionada, as chaves inversoras provocam sérias distorções harmônicas no sistema de alimentação, prejudicando a operação dos bancos de capacitores instalados na indústria, degradando a qualidade da energia.

É importante acrescentar que, no caso de motores que operam com contracorrente, a energia gerada nesse processo é disponibilizada à rede elétrica, por meio da ação do circuito de potência da chave que permite a reversão da polaridade da corrente contínua.

A partir do chaveamento do inversor é gerada uma corrente trifásica na forma de uma onda senoidal retangular. O inversor autocontrolado funciona de acordo com o princípio básico da comutação por sucessão de fases em que, após o disparo de um tiristor, o mesmo que anteriormente conduzia corrente é desligado.

O conversor de frequência possui um controle eletrônico dedicado ao inversor autocontrolado representado por um regulador de frequência, cuja referência é o valor da tensão de corrente alternada de saída, resultando em uma frequência de saída do inversor proporcional à tensão de referência aplicada aos terminais da chave. Se for mantida uma proporção entre a tensão e a frequência aplicadas aos terminais do motor, mantém-se constante o fluxo da máquina.

À medida que a tecnologia da comutação avança, novos componentes surgem comercialmente. De início, empregaram-se os SCRs (*Silicon Controlled Rectifier*) que comutavam a uma frequência de 300 Hz. Na sequência do desenvolvimento tecnológico, surgiram os transistores com frequência de chaveamento superior, vindo em seguida os GTOs (*Gate Turn-off*) e, finalmente, os modernos comutadores com frequência de chaveamento da ordem de 20 kHz, denominados de IGBTs (*Insulated Gate Bipolar Transistor*).

Os conversores de frequência possuem como características básicas uma frequência variável, em geral, de 1 a 100 Hz, podendo ir até 400 Hz. Podem ser fornecidos nos modelos de tensão imposta ou de corrente imposta. O interfaceamento para sinais externos de controle é normalmente feito mediante a variação de corrente de 4 a 20 mA ou de tensão entre 0 e 10 V. O controle de velocidade pode ser feito por meio de potenciômetro instalado no próprio conversor.

As principais características das chaves inversoras são:

- frequência máxima de saída: 100 Hz;
- faixa de controle;
- faixa de referência: 0-10 V ou 0-2 mA ou ainda 4 a 20 mA;
- torque de partida ajustável;
- relação tensão/corrente ajustável;
- funções de supervisão e proteção.

A Tabela 9.17 fornece os elementos necessários para selecionar uma chave inversora de frequência de fabricação WEG.

O uso das chaves inversoras se faz sentir notadamente nas seguintes atividades industriais:

- elevação e transporte de cargas;
- bobinamento e desbobinamento de bobinas de papéis;
- laminação de aço;
- extrusão de materiais plásticos.

9.3.25.1 *Especificação sumária*

Com base no diagrama da Figura 9.1, temos:

Chave inversora de frequência para motor de 200 cv/380 V/IV polos, para uso a torque constante do motor, faixa de referência por corrente de 0-20 mA, dotada dos elementos de proteção térmica de sobrecarga e de curto-circuito.

Tabela 9.17 Características técnicas das chaves inversoras CFW-06 – WEG

Modelo	Inversor Corrente nominal (A) Torque constante	Inversor Corrente nominal (A) Torque variável	Tensão V	Motor máximo aplicável Torque constante Potência cv	Motor máximo aplicável Torque constante Potência kW	Motor máximo aplicável Torque variável Potência cv	Motor máximo aplicável Torque variável Potência kW
18 / 220 – 230	18	22	220 V	6	4,4	7,5	5,5
25 / 220 – 230	25	32	220 V	7,5	5,5	10	7,5
35 / 220 – 230	35	41	220 V	12,5	9,2	15	11
52 / 220 – 230	52	64	220 V	20	15	25	18,5
67 / 220 – 230	67	80	220 V	25	18,5	30	22
87 / 220 – 230	87	107	220 V	30	22	40	30
107 / 220 – 230	107	126	220 V	40	30	50	37
158 / 220 – 230	158	182	220 V	60	45	75	55
18 / 380 – 480	18	22	380 V	10	7,5	12,5	9,2
25 / 380 – 480	25	32	380 V	15	11	20	15
35 / 380 – 480	35	41	380 V	20	15	25	18,5
52 / 380 – 480	52	64	380 V	30	22	40	30
67 / 380 – 480	67	80	380 V	50	37	50	37
87 / 380 – 480	87	107	380 V	60	45	75	55
107 / 380 – 480	107	126	380 V	75	55	75	55
158 / 380 – 480	158	182	380 V	100	75	125	92
200 / 380 – 480	200	225	380 V	125	92	150	110
230 / 380 – 480	230	260	380 V	150	110	175	130
320 / 380 – 480	320	350	380 V	200	150	250	185
400 / 380 – 480	400	430	380 V	270	200	300	225
450 / 380 – 480	450	500	380 V	300	225	350	250
570 / 380 – 480	570	630	380 V	400	280	450	315
700 / 380 – 480	700	770	380 V	500	355	550	400
900 / 380 – 480	900	1000	380 V	700	500	750	560
18 / 380 – 480	18	22	440 V	12,5	9,2	15	11
25 / 380 – 480	25	32	440 V	20	15	25	18,5
35 / 380 – 480	35	41	440 V	25	18,5	30	22
52 / 380 – 480	52	64	440 V	40	30	50	37
67 / 380 – 480	67	80	440 V	50	37	60	45
87 / 380 – 480	87	107	440 V	60	45	75	55
107 / 380 – 480	107	126	440 V	75	55	100	75
158 / 380 – 480	158	182	440 V	125	92	150	110
200 / 380 – 480	200	225	440 V	150	110	175	130
230 / 380 – 480	230	260	440 V	175	130	200	150
320 / 380 – 480	320	350	440 V	250	185	270	200
400 / 380 – 480	400	430	440 V	300	225	350	250
450 / 380 – 480	450	500	440 V	350	250	450	330
570 / 380 – 480	570	630	440 V	450	330	550	400
700 / 380 – 480	700	770	440 V	600	450	700	500
900 / 380 – 480	900	1000	440 V	750	560	850	630

9.3.26 Painéis para instalações elétricas

São caixas metálicas convenientemente construídas para abrigar equipamentos de seccionamento, proteção, comando, sinalização, instrumentos de medida ou outros destinados ao controle e supervisão da instalação.

Quanto ao grau de proteção (ver Capítulo 1), podem ser classificados em:

- IP 53

São aqueles protegidos contra acúmulo de poeira prejudicial ao equipamento e água de chuva até a inclinação de 60° com a vertical.

- IP 54

São aqueles à prova de poeira e respingos em todas as direções.

Também são construídos painéis à prova de explosão, destinados a locais de grande risco, dotados de recursos que impossibilitam acidentes eventuais.

Normalmente, os painéis contêm barramentos condutores suportados por isoladores fixados na estrutura metálica apropriada. Cuidados devem ser tomados tanto nas dimensões das barras coletoras quanto na distância entre os seus apoios, a fim de evitar deformações durante a ocorrência de curto-circuito no sistema. O cálculo dos esforços eletromecânicos está detalhado no Capítulo 5.

Existe, entre os fabricantes, uma tendência generalizada de padronização das dimensões dos painéis, mediante a construção de módulos, que podem ser acoplados, para formarem um quadro de distribuição do tamanho desejado.

Os painéis devem conter internamente uma resistência elétrica, a fim de evitar a formação de umidade sobre os equipamentos elétricos ali instalados.

As superfícies das chapas de que são construídos os painéis devem sofrer o seguinte tratamento:

a) Pré-tratamento

Consiste na imersão em tanques contendo desengraxante alcalino, desencapante ou fostatizante.

b) Proteção e acabamento

Consiste na aplicação de tinta em pó à base de epóxi (ou equivalente) por processo eletrostático, com espessura aproximada de 70 µm.

A superfície acabada deve ser resistente à abrasão, à gordura, à água, à umidade e às intempéries, bem como aos produtos químicos agressivos.

A Figura 9.58 mostra, esquematicamente, a vista frontal de um painel de comando. São utilizadas chapas de aço, em geral, de n°s 12 e 14 USSG.

Quanto à execução, são providos de porta frontal ou traseira, e parte lateral ou traseira aparafusadas.

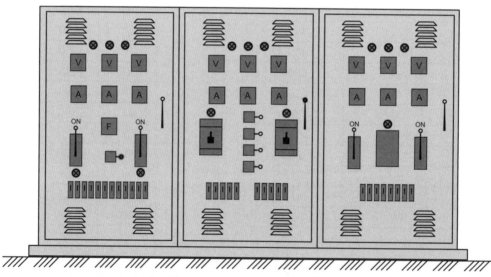

Figura 9.58 Vista frontal de um painel de comando.

10 Proteção e coordenação

10.1 Introdução

A elaboração de um esquema completo de proteção para uma instalação elétrica industrial envolve várias etapas, desde o estabelecimento de uma estratégia de proteção, selecionando os respectivos dispositivos de atuação, até a determinação dos valores adequados para a calibração destes dispositivos. Para que o sistema de proteção atinja a finalidade a que se propõe deve responder aos seguintes requisitos básicos.

a) Seletividade
É a capacidade que possui o sistema de proteção de selecionar a parte danificada da rede e retirá-la de serviço sem afetar os circuitos sãos.

b) Exatidão e segurança
Garante ao sistema uma alta confiabilidade operativa.

c) Sensibilidade
Representa a faixa de operação e não operação do dispositivo de proteção.

Todo projeto de proteção de uma instalação deve ser feito globalmente e não setorialmente. Projetos setoriais implicam uma descoordenação do sistema de proteção, trazendo, como consequência, interrupções desnecessárias de setores de produção, cuja rede nada depende da parte afetada do sistema.

Basicamente, um projeto de proteção é feito com três dispositivos: fusíveis, disjuntores e relés. E para que os mesmos sejam selecionados adequadamente é necessário se proceder à determinação das correntes de curto-circuito nos vários pontos do sistema elétrico. Os dispositivos de proteção contra correntes de curto-circuito devem ser sensibilizados pelo valor mínimo dessa corrente.

A proteção é considerada ideal quando reproduz a imagem fiel das condições do circuito para a qual foi projetada, isto é, atua dentro das limitações de corrente, tensão, frequência e tempo para as quais foram dimensionados os equipamentos e materiais da instalação.

A capacidade de determinado circuito ou equipamento deve ficar limitada ao valor do seu dispositivo de proteção, mesmo que isso represente a subutilização da capacidade dos condutores ou da potência nominal do equipamento.

Os dispositivos de proteção devem ser localizados e ligados adequadamente aos circuitos, segundo regras gerais estabelecidas por normas.

Nota: as tabelas e gráficos dos elementos de proteção em baixa-tensão utilizados neste capítulo têm como objetivo orientar o leitor a elaborar seus projetos a partir de dispositivos de proteção normalmente aplicados em projetos elétricos industriais. Existem vários fabricantes nacionais ou de origem internacional ofertando esses dispositivos e que devem ser utilizados de acordo com as suas características técnicas que, em geral, mudam ligeiramente em função da tecnologia empregada por cada fabricante. Assim, conhecidos os conceitos e métodos aqui apresentados o leitor deve selecionar o(s) fabricante(s) dos dispositivos de proteção que deseja adotar aplicando as tabelas e gráficos proprietários daquele produto.

10.2 Proteção de sistemas de baixa-tensão

Os condutores e equipamentos, de uma maneira geral, componentes de um sistema industrial de baixa-tensão, são frequentemente solicitados por correntes e tensões acima dos valores previstos para operação em regime para os quais foram projetados. Essas solicitações, normalmente, vêm em forma de sobrecarga, corrente de curto-circuito, sobretensões e subtensões. Todas essas grandezas anormais devem ser limitadas no tempo de duração e módulo.

Portanto, dispositivos de proteção encontrados nas instalações elétricas industriais devem permitir o desligamento do circuito quando este está submetido às condições adversas, anteriormente previstas. Na prática, os principais dispositivos utilizados são os fusíveis, dos tipos diazed e NH, os disjuntores e os relés.

10.2.1 Prescrições básicas das proteções contra as sobrecorrentes

Quando falamos genericamente em proteções contra sobrecorrentes estamos nos referindo às proteções contra sobrecargas e contra curtos-circuitos. No entanto, quando nos referimos às proteções contra sobrecargas estamos considerando à implementação de dispositivos capazes de proteger os condutores elétricos contra correntes moderadas resultantes de operação de cargas cuja soma das correntes supera a capacidade dos condutores que as alimentam. Quando estamos falando de proteção contra curtos-circuitos queremos nos referir à circulação de elevadas correntes nos condutores elétricos resultantes de um defeito entre fases ou entre qualquer dos condutores fase e terra.

10.2.1.1 Prescrições gerais

Genericamente, podemos fazer as seguintes considerações:

- os dispositivos utilizados na proteção contra sobrecargas e curtos-circuitos devem ser capazes de proteger os circuitos e os equipamentos a eles conectados contra os efeitos térmicos, resultantes das correntes de sobrecarga em virtude da elevação de temperatura nas isolações, conexões etc., e contra os efeitos mecânicos decorrentes dos esforços dinâmicos nos barramentos, chaves etc. provocados pelas elevadas correntes de curto-circuito;
- os dispositivos de proteção contra curtos-circuitos não protegem termicamente os equipamentos submetidos a faltas internas;
- os condutores de fase (condutores vivos) devem ser protegidos por um ou mais dispositivos de seccionamento automático capaz de isolar a parte do circuito defeituoso da fonte de alimentação;
- as proteções contra sobrecorrentes devem ser detectadas em todos os condutores de fases, com exceção nos circuitos do tipo TT, e provocar obrigatoriamente o seccionamento do condutor onde ocorreu a falta. Na maioria dos casos, o seccionamento deve ser nas três fases;
- as proteções contra sobrecarga e curtos-circuitos devem ser dimensionadas de forma a serem seletivas e poderem coordenar entre si.

10.2.1.2 Proteção de acordo com a natureza dos circuitos

As proteções devem ser dimensionadas de acordo com o tipo de esquema dos circuitos:

10.2.1.2.1 Esquemas TT e TN

No esquema TT, pode-se omitir a proteção em uma das fases, nos circuitos alimentados entre fases em que o condutor neutro não é distribuído, desde que seja utilizada uma proteção diferencial a montante ou exista uma proteção que seccione todos os condutores de fase.

Nos esquemas TT e TN, quando a seção do condutor neutro for igual ou equivalente a do condutor fase, não é necessário utilizar uma proteção de sobrecorrente no condutor neutro nem seccioná-lo.

Nos esquemas TT e TN, quando a seção do condutor neutro é inferior à do condutor fase, deve-se utilizar uma proteção de sobrecorrente no neutro devendo essa proteção seccionar os condutores fase sem necessariamente seccionar o condutor neutro. No entanto, pode-se omitir essa proteção desde que o condutor neutro esteja protegido contra curtos-circuitos pela proteção aplicada nos condutores fase ou que a capacidade de corrente do condutor neutro seja dimensionada para a maior corrente que possa fluir nesse condutor em condições de operação normal do circuito. Para garantir essa última condição é necessário que a capacidade das cargas conectadas no circuito seja o máximo possível uniformemente distribuída entre as fases, de forma que a corrente que possa fluir no condutor neutro seja adequada à seção desse condutor.

10.2.1.2.2 Esquemas IT

Não é recomendável distribuir o condutor neutro nos sistemas com esquema IT. No entanto, se o neutro for distribuído, deve-se utilizar uma proteção de sobrecorrente em todos os circuitos detectando sobrecorrentes no condutor neutro, que deverá seccionar todos os condutores fase, incluindo o próprio condutor neutro.

10.2.1.3 Proteção contra as correntes de sobrecarga

São as seguintes as prescrições básicas contra as correntes de sobrecarga nas instalações elétricas:

- é necessária a aplicação de dispositivos de proteção para interromper as correntes de sobrecarga nos condutores dos circuitos, de sorte a evitar o aquecimento da isolação, das conexões e de outras partes do sistema contíguas, além dos limites previstos por norma;
- os dispositivos de proteção contra correntes de sobrecarga devem ser localizados nos pontos do circuito onde haja uma mudança qualquer que caracterize uma redução do valor da capacidade de condução de corrente dos condutores. Esta mudança pode ser caracterizada por uma troca de seção, alteração da maneira de instalar, alteração no número de cabos agrupados ou na natureza da isolação, e em todas as demais condições abordadas no Capítulo 3;
- o dispositivo que protege um circuito contra sobrecargas pode ser colocado ao longo do percurso desse circuito, se a parte do circuito compreendida entre, de um lado, a troca de seção, de nature-

za, de maneira de instalar ou de constituição e, do outro, o dispositivo de proteção, não possuir qualquer derivação nem tomada de corrente e atender a uma das duas condições:
- seu comprimento não exceder a 3 m, ser instalada de modo a reduzir ao mínimo o risco de curto-circuito;
- não estar situada nas proximidades de materiais combustíveis;

• os dispositivos de proteção contra correntes de sobrecarga em circuitos de motor não devem ser sensíveis à corrente de carga absorvida pelo mesmo, tendo, no entanto, as características compatíveis com o regime de corrente de partida, tempo admissível com rotor bloqueado e tempo de aceleração;

• pode-se omitir a aplicação dos dispositivos de proteção contra correntes de sobrecarga nas seguintes condições:
- nos circuitos situados a jusante de uma mudança qualquer que altere a capacidade de condução de corrente dos condutores, desde que haja uma proteção contra sobrecargas localizada a montante;
- nos circuitos de cargas resistivas ligadas no seu valor máximo;
- nos circuitos de comando e sinalização;
- nos circuitos de alimentação de eletroímãs para elevação de carga;
- nos circuitos secundários de transformadores de corrente;
- nos circuitos secundários de transformadores de potencial destinados ao serviço de medição;
- nos circuitos de carga motriz, cujo regime de funcionamento seja classificado como de característica intermitente;
- nos circuitos que alimentam o campo de excitação de máquinas rotativas;
- nos circuitos que alimentam motores utilizados em serviço de segurança.

10.2.1.4 Proteção contra as correntes de curto-circuito

São as seguintes as prescrições básicas contra as correntes de curto-circuito nas instalações elétricas:

• os dispositivos de proteção devem ter a sua capacidade de interrupção ou de ruptura igual ou superior ao valor da corrente de curto-circuito presumida no ponto de sua instalação;

• a energia que os dispositivos de proteção contra curtos-circuitos devem deixar passar não pode ser superior à energia máxima suportada pelos dispositivos e condutores localizados a jusante;

• o dispositivo de proteção deve ser localizado no ponto onde haja mudança no circuito que provoque redução na capacidade de condução de corrente dos condutores;

• a proteção do circuito terminal dos motores deve garantir a proteção contra as correntes de curto-circuito dos condutores e dispositivos localizados a jusante;

• os circuitos terminais que alimentam um só motor podem ser protegidos contra curtos-circuitos utilizando-se fusíveis do tipo NH ou diazed com retardo de tempo, ou disjuntores com dispositivos de disparo magnético;

• pode-se omitir a aplicação dos dispositivos de proteção contra as correntes de curto-circuito nas seguintes condições:
- em um ponto do circuito compreendido entre aquele onde houve a mudança de seção ou outra modificação e o dispositivo de proteção, desde que este comprimento não seja superior a 3 m e o circuito não esteja localizado nas proximidades de materiais combustíveis;
- em um ponto do circuito situado a montante de uma mudança de seção ou outra modificação, desde que o dispositivo de proteção proteja o circuito a jusante;
- nos circuitos que ligam geradores, transformadores, retificadores, baterias e acumuladores aos quadros de comando correspondentes desde que nestes haja dispositivos de proteção;
- nos circuitos que ligam os secundários dos transformadores de potencial e de corrente aos relés de proteção ou aos medidores de energia;
- nos circuitos que, desenergizados, possam trazer perigo para a instalação correspondente.

10.2.2 Dimensionamento dos dispositivos de proteção

Um circuito elétrico só está adequadamente protegido contra as sobrecorrentes quando todos os seus elementos, tais como condutores, chaves e outros, estiverem com as suas capacidades térmica e dinâmica iguais ou inferiores aos valores limitados pelos dispositivos de proteção correspondentes. Assim, torna-se importante analisar as sobrecorrentes e os tempos associados à resposta efetiva da proteção.

Quando se trata de correntes de sobrecarga, os seus módulos são muito inferiores aos módulos relativos às correntes de curto-circuito. Por esta razão, as correntes de defeito costumam ser analisadas por processos mais detalhistas, como o da integral de Joule. Este método é bastante representativo na análise matemática dos efeitos térmicos desenvolvidos pelas correntes de curto-circuito e a sua formulação é dada pela Equação (10.1).

$$\int_0^t [i(t)]^2 \times dt \leq I_{cs}^2 \times T \qquad (10.1)$$

em que:

I_{cs} = corrente de curto-circuito que atravessa o dispositivo de proteção;

T = tempo de duração da corrente de curto-circuito.

A integral de Joule de cabos e componentes, tais como disjuntores, fusíveis etc., é calculada normalmente por meio de ensaios de curto-circuito.

A Figura 10.1 representa a curva típica da integral de Joule de um cabo de baixa-tensão a qual fornece para cada valor de corrente a energia específica ou energia por unidade de resistência ($J/\Omega = A^2.s$).

O valor de I_c na Figura 10.1 representa a capacidade de corrente do cabo que nessas condições atinge a temperatura máxima para serviço contínuo e com a qual pode operar ao longo de sua vida útil, normalmente considerada de 20 anos. Já o valor de I_l na mesma figura representa o valor limite da corrente para a qual o aquecimento do condutor é adiabático, isto é, sem troca de calor entre o condutor e a isolação. Logo, a energia necessária para elevar a temperatura em serviço contínuo até a temperatura alcançada durante a passagem da corrente de curto-circuito é denominada integral de Joule.

A norma ABNT NBR 5410:2004 estabelece que a integral de Joule que o dispositivo de proteção deve deixar passar não pode ser superior à integral de Joule necessária para aquecer o condutor desde a temperatura máxima para o serviço contínuo até a temperatura limite de curto-circuito, ou seja:

$$\int_0^t [i(t)]^2 \times dt \leq K^2 \times S^2 \quad (10.2)$$

em que $K^2 \times S^2$ é a integral de Joule para aquecimento do condutor desde a temperatura máxima para serviço contínuo até a temperatura de curto-circuito, admitindo aquecimento adiabático, sendo:

- $K = 115$ para condutores de cobre com isolação de PVC e seção inferior ou igual a 300 mm²;
- $K = 103$ para condutores de cobre com isolação de PVC e seção superior a 300 mm²;
- $K = 143$ para condutores de cobre com isolação de EPR ou XLPE;
- S = seção do condutor, em mm².

Ainda da ABNT NBR 5410:2004 podemos acrescentar.

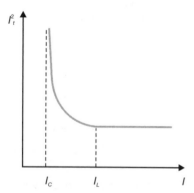

Figura 10.1 Característica $I^2 \times t$ típica de cabos de baixa-tensão.

Para curto-circuito de qualquer duração, onde a assimetria da corrente não seja significativa, e para curtos-circuitos simétricos de duração igual ou superior a 0,1 s e igual ou inferior a 0,5 s, pode-se escrever:

$$I_{cs}^2 \times T \leq K^2 \times S^2 \quad (10.3)$$

I_{cs} = corrente de curto-circuito presumida simétrica, em A;
T = duração, em segundos, sendo: $0,1 \leq T \leq 0,5$ s.

A corrente nominal do dispositivo de proteção contra curtos-circuitos pode ser superior à capacidade de condução de corrente dos condutores do circuito.

A Tabela 10.1 fornece a integral de Joule para o aquecimento adiabático dos condutores de cobre desde a temperatura máxima de serviço até a temperatura limite suportável para correntes de curto-circuito, considerando-se as isolações de PVC, XLPE e EPR.

Como será estudado na Seção 10.2.7, os fabricantes dos fusíveis fornecem a integral de Joule que esses elementos de proteção deixam passar, de forma a se poder dimensioná-los adequadamente.

Da Equação (10.3), pode-se determinar o tempo máximo em que um condutor, definido por sua isolação, pode suportar determinada corrente de curto-circuito, ou seja:

$$T \leq \frac{K^2 \times S^2}{I_{cs}^2} \quad (10.4)$$

Com base nesta equação, os fabricantes de cabos elétricos definem as curvas de suportabilidade térmica contra as correntes de curto-circuito em função das seções dos condutores e do tempo de duração das referidas correntes, conforme se pode observar nas Figuras 3.28 e 3.29, do Capítulo 3.

Tabela 10.1 Integral de Joule para aquecimento adiabático para condutores de cobre

Seção mm²	Integral de Joule A² x s x 10³	
	Isolação PVC	Isolação EPR e XLPE
1,5	29,7	46
2,5	82,6	127
4	211,6	327
6	476,1	736
10	1.322	2.045
16	3.385	5.235
25	8.265	12.781
35	16.200	25.050
50	35.062	51.123
70	64.802	100.200
95	119.355	184.552
120	190.440	294.466
150	297.562	460.103
185	452.625	699.867
240	761.760	1.167.862

Exemplo de aplicação (10.1)

Determinar o tempo máximo que a proteção deve atuar quando determinado circuito em condutor isolado de cobre de seção de 70 mm², tipo de isolação PVC, é atravessado por uma corrente de curto-circuito de valor igual a 12,5 kA.

Aplicando-se a Equação (10.4), temos:

$$T \leq \frac{K^2 \times S^2}{I_{cs}^2} \leq \frac{115^2 \times 70^2}{(12,5 \times 10^3)^2} \leq 0,4147 \text{ s} \leq 25,1 \text{ ciclos}$$

com $K = 115$ (para condutor de PVC).

O mesmo valor pode ser obtido por meio do gráfico da Figura 3.28.

Exemplo de aplicação (10.2)

Um CCM é alimentado por um circuito trifásico em condutor de cobre isolado em PVC de seção de 95 mm². A corrente de defeito é de 18.300 A e a proteção atua para essa corrente em 0,3 s. Verificar se a isolação do condutor suporta estas condições transitórias.

A integral de Joule vale:

$$\int_0^t [i(t)]^2 \times dt = I_{cs}^2 \times T = 18.300^2 \times 0,3 = 100.467 \times 10^3 \text{ A}^2 \times \text{s}$$

Pela Tabela 10.1, obtém-se a integral de Joule referente ao condutor de 95 mm², ou seja:

$$K^2 \times S^2 = 119.355 \times 10^3 \text{ A}^2 \times \text{s}$$

$$I_{cs}^2 \times T < K^2 \times S^2 \text{ (condição satisfeita)}$$

Um circuito só está adequadamente protegido quando o dispositivo de proteção contra sobrecorrentes satisfaz às seguintes condições:

- não opera quando a corrente for inferior à capacidade de condução de corrente do condutor do circuito na sua particular condição de maneira de instalar;
- opera normalmente, com tempo de retardo elevado, para uma corrente de sobrecarga de até 1,45 vez a capacidade de corrente do condutor;
- opera em tempos inversamente proporcionais para correntes de sobrecarga compreendidas entre 1,45 e 8 vezes a corrente nominal;
- opera em um tempo extremamente reduzido para as correntes de curto-circuito.

Os dispositivos de proteção devem ser nominalmente dimensionados em função das particularidades de cada sistema, cujo estudo será definido a seguir.

10.2.3 Dispositivo de proteção à corrente diferencial-residual (DR)

É cada vez mais comum a ocorrência de acidentes envolvendo crianças e adultos que entram em contato direto ou indireto com partes vivas da instalação ou partes metálicas não energizadas em operação normal (massas).

Além de levar perigo à vida das pessoas é comum que a propriedade possa ser profundamente prejudicada ou até destruída por uma falha na instalação que não é prontamente eliminada por um dispositivo adequado de proteção. Dessa forma, a proteção por dispositivo de proteção à corrente diferencial-residual pode prover segurança à vida dos usuários de energia elétrica, quando a instalação está protegida por um dispositivo dimensionado para uma corrente de fuga de valor não superior a 30 mA. Para a proteção da propriedade podem ser utilizados também dispositivos com valor de corrente de fuga.

Todas as atividades biológicas desenvolvidas pelo corpo humano são resultantes de impulsos enviados pelo cérebro na forma de corrente elétrica de baixíssimo valor. Porém, quando o indivíduo entra em contato com qualquer parte viva de um circuito elétrico, uma corrente passa a circular por esse indivíduo, juntamente com a corrente fisiológica própria. O resultado é uma alteração nas funções vitais do indivíduo que pode levá-lo à morte. A Figura 10.2 mostra as diferentes zonas de proteção de um dispositivo DR, ou seja:

- zona 1: não provoca distúrbios perceptíveis;

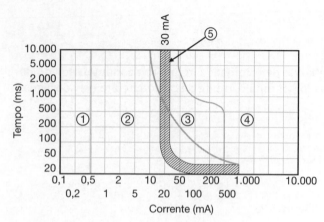

Figura 10.2 Curva *tempo* × *corrente* das reações fisiológicas dos seres humanos.

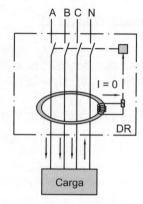

Figura 10.3 DR: condição normal.

- zona 2: não provoca distúrbios fisiológicos prejudiciais;
- zona 3: provoca distúrbios fisiológicos sérios, porém reversíveis, tais como parada cardíaca, parada respiratória e contrações musculares;
- zona 4: provoca distúrbios fisiológicos severos e geralmente irreversíveis, tais como fibrilação cardíaca e parada respiratória;
- zona 5: representa a faixa de atuação do dispositivo de proteção DR para a corrente de fuga de 30 mA.

Esses dispositivos podem ser divididos em três partes funcionais, ou seja:

- transformador toroidal para detecção das correntes de falta fase-terra;
- disparador que transforma uma grandeza elétrica em ação mecânica;
- mecanismo móvel e os respectivos elementos de contato.

O princípio básico de funcionamento dos dispositivos DR leva em conta que a soma das correntes que circulam nos condutores de fase e de neutro é nula, gerando, consequentemente, um campo magnético nulo e não induzindo no secundário do transformador de corrente do dispositivo nenhuma corrente elétrica.

Se, no entanto, a instalação elétrica é submetida a uma corrente de falta fase e terra, a relação de nulidade das correntes deixa de existir e surgirá um campo magnético residual que induzirá no secundário do transformador de corrente do dispositivo uma corrente elétrica que sensibilizará o mecanismo de disparo do dispositivo DR. Esse princípio básico de funcionamento poderá ser mais bem entendido a partir das análises das Figuras 10.3 e 10.4.

A concepção do núcleo, associada a mecanismos auxiliares, é bem mais complexa do que o esquema simplificado da Figura 10.3.

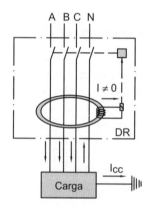

Figura 10.4 Condição de defeito.

De acordo com a ABNT NBR 5410:2004, qualquer que seja o esquema de aterramento, deve ser objeto de proteção complementar contra contatos diretos por dispositivos a corrente diferencial-residual (dispositivos DR) de alta sensibilidade, isto é, com corrente diferencial-residual nominal igual ou inferior a 30 mA. A aplicação de dispositivos DR deve seguir algumas premissas básicas:

- o uso do dispositivo DR não dispensa, em qualquer hipótese, o condutor de proteção;
- os dispositivos DR devem garantir o seccionamento de todos os condutores do circuito protegido;
- o circuito magnético do dispositivo DR deve envolver todos os condutores vivos dos circuitos protegidos, inclusive o condutor neutro;
- o circuito magnético do dispositivo DR não deve envolver, em nenhuma hipótese, o condutor de proteção;
- deve-se selecionar os circuitos elétricos e os respectivos dispositivos DR de tal forma que as correntes de fuga que possam circular durante a operação dos referidos circuitos não ocasionem a atuação intempestiva dos dispositivos;
- para tornar possível o uso do dispositivo DR nos esquemas TN-C, deve-se convertê-lo imediatamente antes do ponto de instalação do dispositivo no esquema TN-C-S;

- deve ser obrigatório o uso de dispositivos DR:
  - nos circuitos que alimentam pontos de utilização situados em locais contendo banheira ou chuveiro elétrico;
  - nos circuitos que alimentam tomadas de corrente localizadas em áreas externas à edificação;
  - nos circuitos que, em áreas de habitação, comércio e indústria, alimentam pontos de utilização situados em cozinhas, copas-cozinhas, lavanderias, áreas de serviço, garagens e demais dependências internas molhadas em uso normal ou sujeitas a lavagens, cujos pontos estejam a uma altura inferior a 2,5 m;
  - nos circuitos que, em edificações não residenciais, alimentam pontos de tomada situados em cozinhas, copas-cozinhas, lavanderias, áreas de serviço, garagens e, no geral, em áreas internas molhadas em uso normal ou sujeitas a lavagens;
- a proteção dos circuitos pode ser realizada individualmente por ponto de utilização, ou por circuitos ou por grupos de circuitos.

10.2.4 Dispositivos de proteção contra surtos (DPS)

São dispositivos utilizados para detectar sobretensões transitórias no circuito em que está instalado desviando a corrente de surto associada para a terra.

Algumas ocorrências no sistema elétrico podem provocar sobretensões na instalação que podem atingir o valor da tensão entre fases.

Os dispositivos DPS devem ser aplicados na instalação nos seguintes casos:

- na entrada da edificação quando a rede elétrica de alimentação for aérea ou parcialmente aérea;
- na entrada ou saída da edificação de toda linha externa de sinal, seja de telefonia, de comunicação de dados, de vídeo ou qualquer outro sinal eletrônico;
- além dos pontos de entrada/saída da rede de sinal pode ser necessário aplicar a proteção contra surtos também em outros pontos, ao longo da instalação interna e, em particular, junto aos equipamentos mais sensíveis, quando não possuírem proteção incorporada.

Os DPS são classificados de acordo com a sua classe:

- DPS classe I: destinado à proteção contra surtos elétricos conduzidos, provenientes de descargas atmosféricas diretas, geralmente recomendado para locais com alta exposição e que sejam dotados de Sistema de Proteção contra Descargas Atmosféricas (SPDA);
- DPS classe II: destinado à proteção contra surtos elétricos ocasionados por descargas atmosféricas indiretas, ou seja, incidentes e próximas à edificação ou às linhas de transmissão e distribuição de energia ou dados;
- DPS Classe III: destinado contra surtos e deve ser utilizado próximo ao equipamento protegido (computadores, impressoras, televisores, equipamentos de TI e similares) ou em locais de baixa exposição, desempenhando, assim, uma função complementar a de proteção.

As principais características técnicas dos DPS são:

- tensão nominal do sistema de alimentação (V_{cn}): é o valor da tensão nominal ou de referência do sistema de alimentação ao qual será conectado o DPS;
- tensão máxima de operação contínua (V_c): é a máxima tensão de valor eficaz que pode ser aplicada de forma contínua nos terminais do DPS sem comprometer seu funcionamento, devendo ser superior à tensão nominal da rede;
- corrente nominal (I_n): é o valor de crista de um impulso cuja forma de onda normalizada tempo × corrente é de 8 × 20 µs e representa o impulso gerado pelos surtos induzidos. Emprega-se no ensaio e classificação do DPS classe II e deve suportar, pelo menos, 15 a 20 vezes o valor da corrente nominal;
- tensão residual ou nível de proteção (V_p): é o valor do pico da tensão entre os terminais do DPS em função da passagem da corrente de descarga gerada durante a sua atuação e transferida aos equipamentos conectados ao sistema quando ocorre a descarga. O valor de (V_p) determina a qualidade do DPS, ou seja, para valores muito baixos de (V_p), maior é a proteção oferecida ao equipamento;
- corrente de impulso (I_{imp}): é o valor de crista de um impulso cuja forma de onda normalizada de tempo × corrente é de 10 × 350 µs e representa o primeiro impacto de uma descarga atmosférica. É empregado para ensaio e classificação de DPS classe I com o valor mínimo de corrente de descarga de 12,5 kA;
- máxima corrente de descarga ($I_{máx}$): é o valor máximo de corrente de crista da onda de descarga normalizada de 8 × 20 µs aplicada uma única vez no ensaio do DPS sem que o mesmo seja danificado. As correntes máximas comercializadas são: 8 kA, 20 kA, 40 kA e 65 kA;
- corrente de funcionamento permanente (I_c): é o valor da corrente que circula no varistor do DPS, em regime de operação permanente, submetido à sua tensão máxima e na ausência de fuga;
- energia dissipada (I_{dis}): é o valor da energia que o DPS suportará ao dissipar a corrente impulsiva.

A Figura 10.5 mostra a ligação de um DPS conectado a uma rede TN-S, juntamente com um DR anteriormente estudado.

A conexão do DPS com a rede deve ser a mais curta possível, inferior a 50 cm. Já a distância entre dois limitadores classe II pode ser superior a 10 m. Se a distância entre o DPS e o receptor for superior a 30 m, devemos utilizar um DPS classe III.

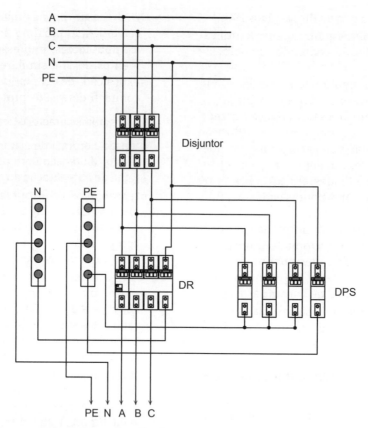

Figura 10.5 Ligação de DPS em um circuito TN-S.

Existem dezenas de fabricantes de DPS fornecendo para o mercado nacional. Para que o leitor possa adquirir um DPS deve buscar um catálogo digital de um fabricante por meio da internet, e, em função das necessidades do seu projeto, especificar o mais adequado.

10.2.5 Relés de sobrecarga

São dispositivos dotados de um par de lâminas construídas com metais de diferentes coeficientes de dilatação térmica linear que, quando atravessados por uma corrente de intensidade ajustada, aquece o bimetal dilatando as suas lâminas e deslocando o contato móvel.

Os relés de sobrecarga são constituídos de modo a permitir ajustes da corrente dentro de determinadas faixas que podem ser escolhidas, conforme o valor da corrente e da natureza da carga. Quanto maior for o valor da corrente de sobrecarga, menor será o tempo decorrido para a atuação do relé térmico. Os aspectos construtivos podem ser vistos no Capítulo 9.

Usados, particularmente, em instalações industriais para proteção de motores, os relés de sobrecarga são acoplados a contatores, que constituem os elementos de comando do circuito. Normalmente, os fabricantes de contatores fornecem o tipo de relés apropriado a estes. Para um mesmo tipo de contator, existem vários relés com faixas de ajuste diferentes.

A seleção da faixa de ajuste dos relés de sobrecarga deve ser função do regime de serviço do motor. Os relés de sobrecarga atuam com base em curvas de *tempo × corrente* do tipo inverso, como as que se ilustram na Figura 10.6.

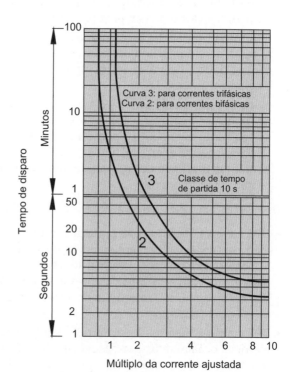

Figura 10.6 Curvas características de um relé de sobrecarga 3US – Siemens.

Proteção e coordenação

A determinação do tempo de atuação da unidade térmica pode ser feita por meio da Equação (10.5), ou seja:

$$M = \frac{I_c}{I_a} \quad (10.5)$$

em que:

I_a = corrente de ajuste da unidade térmica temporizada, em A;
I_c = corrente que atravessa o relé, em A;
M = múltiplo da corrente ajustada.

Com o valor de M acessa-se o gráfico do relé, por exemplo, o da Figura 10.6, obtendo-se no eixo das ordenadas o tempo de atuação T_{ar}.

A integridade da isolação de um condutor é severamente atingida por correntes de sobrecarga que provocam efeitos térmicos excessivos. Assim, a norma ABNT NBR 5410:2004 considera corrente de sobrecarga de pequena intensidade quando o condutor atinge uma temperatura de regime não superior à temperatura máxima de sobrecarga relativa à natureza da sua isolação dada na Tabela 3.5. Correntes de sobrecarga de até 1,45 vez a capacidade nominal do condutor são consideradas de pequena intensidade. Podem ser toleradas por um período de tempo limitado para não prejudicar a isolação do condutor.

10.2.5.1 Critérios para o ajuste dos relés de sobrecarga

O ajuste dos relés de sobrecarga necessita de critérios básicos a seguir definidos.

a) Serviço contínuo (S1)

De forma geral, um relé deve ser escolhido com uma faixa de ajuste em que esteja compreendida a corrente nominal do motor, independentemente do seu carregamento.

O valor do ajuste do relé de sobrecarga térmica deve obedecer aos seguintes requisitos:

A corrente de ajuste do relé térmico de proteção deve ser igual ou superior à corrente de projeto ou simplesmente corrente de carga prevista, ou seja:

$$I_a \geq I_c \quad (10.6)$$

com:

I_a = corrente nominal ou de ajuste da proteção;
I_c = corrente de projeto do circuito.

A corrente de ajuste do relé térmico de proteção deve ser igual ou inferior à capacidade de condução de corrente dos condutores.

$$I_a \leq I_{nc} \quad (10.7)$$

em que I_{nc} é a corrente nominal do condutor para uma dada maneira de instalação.

O tempo de partida do motor deve ser inferior ao tempo de atuação do relé, T_{ar}, para a corrente de partida correspondente, enquanto o tempo de rotor bloqueado deve ser igual ou superior ao valor do tempo referente à corrente ajustada, ou seja:

$$T_{rb} \geq T_{ar} > T_{pm} \quad (10.8)$$

em que:

T_{ar} = tempo de atuação do relé, ms;
T_{pm} = tempo de acionamento ou de partida do motor;
T_{rb} = tempo de rotor bloqueado.

Como exemplo, o ajuste dos relés térmicos de sobrecargas da série 3UA de fabricação Siemens pode ser feito com base na Tabela 10.2.

Exemplo de aplicação (10.3)

Determinar o ajuste do relé de proteção de sobrecarga térmica de um motor de 50 cv, 380 V/IV polos, em regime de funcionamento S1, alimentado por um circuito em condutor unipolar de cobre, tipo da isolação PVC, de seção igual a 25 mm², instalado em canaleta fechada embutida no piso. O tempo de partida do motor é de 2 s.

De acordo com as condições estabelecidas nas Equações (10.6), (10.7) e (10.8), temos:

$$I_a \geq I_c \rightarrow I_a \leq I_{nc}$$

$I_{nm} = I_c = 68,8$ A (corrente nominal do motor – ver Tabela 6.4)
$I_{nc} = 89$ A (capacidade de corrente do condutor para o método de instalação 33 da Tabela 6.4 e método de referência B1 da Tabela 3.6).

Logo, a corrente de ajuste deve estar compreendida dentro dos seguintes limites:

$$68,8 \leq I_a \leq 89 \text{ A}$$

Será adotada, portanto: $I_a = 70$ A.

Com base na Tabela 10.2, pode-se especificar o relé de sobrecarga: tipo 3UA.58.00-8W – Siemens – faixa de ajuste de (70 a 88) A, conectado ao contator 3TF49.

Tabela 10.2 Características elétricas dos relés térmicos 3UA – Siemens

RELÉS 3UA							
Potência de motores trifásicos padronizados – NBR 5432 Categoria de utilização AC3				Faixa de ajuste	Para montagem acoplado aos contatores		Fusíveis máximos Dz ou NH
Tipo	kW	220/230V	380/400V	440V	A	AC3		A
3UA55-00-1J	2,2	3	4-5-6	5-6-7,5	6,3-10	3TF43	3TF35	25
3UA55-00-2A	3 – 3,7	4-5	7,5-10	7-5-10	10-16	3TF44	3TF45	35/32
3UA55-00-2B	3,7 – 4,5 – 5,5	5-6-7,5	10-12,5	10-12,5-15	12,5-20	^	^	50
3UA55-00-2D	5,5 – 7,5 – 9	7,5-10-12,5	15-20	20-25	20-32	22/32A		63
3UA55-00-2R	9 – 11	12,5-15	25	25-30	32-40		38A	63
3UA58-00-2D	5,5 – 7,5 – 9	7,5-10-12,5	15-20	20-25	20-32	3TF46 3TF47	3TF48 3TF49	63
3UA58-00-2F	9 – 11 – 15	12,5-15-20	25-30	30	32-50	45A		100
3UA58-00-2P	15 – 18,5	20-25	40	40-50	50-63		63A	125
3UA58-00-2U	18,5 – 22	25-30	50	60	63-80			160
3UA58-00-8W	22	30	50-60	60	70-88			160
3UA60-00-2W	18,5 – 22	25-30	50-60	75	63-90	3TF50		160
3UA60-00-3H	30 – 37	40-50	75	–	90-120	110A		224
3UA61-00-3H	30	40	75	100	90-120	3TF51		224
3UA61-00-3K	37 – 45	50-60	100	100	120-150	140A		224
3UA62-00-3H	30	40	75	100	90-120	3TF52		224
3UA62-00-3K	37 – 45	50-60	100	100	120-150			224
3UA62-00-3M	55	75	125	125	150-180	170A		224
3UA45-00-8YG	55	75	150	150	160-250	3TF53/205A		224
3UA45-00-8YG	55 – 75	75-100	125-175	150-200	160-250	3TF54/250A		315
3UA45-00-8YH	75 – 90	100-125	150-200	175-250	200-320	3TF55/300A		315
3UA45-00-8YH	75 – 90	100-125	150-200	175-250	200-320	3TF56/400A		400
3UA45-00-8YJ	110	150	250-300	300	250-400			500
3UA46-00-8YK	110 – 150	150-200	250-350	300-400	320-500	3TF57/475A	3TB58 630A	500
3UA46-00-8YL	160 – 200	250	400-450	450-500	400-630			630

Relativamente ao tempo de atuação do relé, temos:

$$T_{rb} \geq T_{ar} > T_{pm} \rightarrow T_{pm} = 2 \text{ S}$$

$$T_{rb} = 10 \text{ S (Tabela 6.4)}$$

$R_{cpm} = 6,4$ (relação entre a corrente de partida e a corrente nominal do motor obtida da Tabela 6.4)

$$I_{pm} = R_{cpm} \times I_{nm} = 6,4 \times 68,8 = 440 \text{ A}$$

$$M = \frac{I_{pm}}{I_a} = \frac{440}{70} = 6,3 \rightarrow T_{ar} = 5,4 \text{ S (gráfico da Figura 10.6)}$$

Logo: $T_{rb} \geq T_{ar} > T_{pm}$ (condições satisfeitas)

b) Serviço de curta duração ou intermitente

Neste caso, pode-se omitir a proteção de sobrecarga, dependendo do regime de serviço do motor.

Quando prevista a proteção de sobrecarga, a seleção da faixa de disparo e a corrente de ajuste devem ser dimensionadas de acordo com o mesmo princípio apresentado para os motores em serviço permanente, porém os tempos de disparo dados nas curvas devem ser reduzidos a 25 % dos valores mostrados nos gráficos mencionados. É sempre importante observar que $T_{ar} > T_{pm}$, pois, do contrário, não é possível processar-se a religação do motor, operação realizada com determinada frequência.

Neste caso, deve-se determinar a corrente equivalente do ciclo de carga, dada pela Equação (10.9).

$$I_{eq} = \sqrt{\frac{I_p^2 \times T_p + I_n^2 \times T_n}{T_t + \frac{1}{3} \times T_r}} \text{ (A)} \qquad (10.9)$$

em que:

I_p = corrente de partida, em A;
T_p = tempo de duração da partida, em A;
I_n = corrente nominal do motor ou corrente de carga, em A;
T_n = tempo de duração do regime normal de funcionamento, em s;
T_t = tempo total de um ciclo de funcionamento, isto é: $T_p + T_n$, em s;
T_r = tempo de duração do repouso, em s.

A Figura 10.7 mostra uma curva típica do regime S4, um dos mais utilizados nas aplicações práticas.

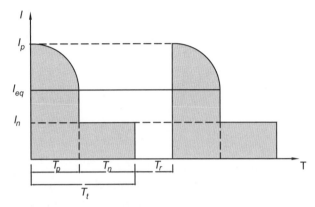

Figura 10.7 Curva de operação de um motor em regime S4.

Exemplo de aplicação (10.4)

Determinar o ajuste do relé de sobrecarga de proteção de um motor de 75 cv/IV polos, 380 V, acionado em regime intermitente tipo S4 dado na Figura 10.8. O tempo de partida do motor é de 3 s. O motor pode operar em condição de sobrecarga de 10 %. O condutor é do tipo unipolar, isolado em PVC e está instalado no interior de eletroduto PVC enterrado no piso.

$$I_n = 101{,}1 \text{ A (Tabela 6.4)} \rightarrow R_{cpm} = 6{,}8 \text{ (Tabela 6.4)}$$

$$I_p = 6{,}8 \times 101{,}1 = 687{,}4 \text{ A (corrente de partida do motor)}$$

$$I_c = 1{,}1 \times I_{nm} = 1{,}1 \times 101{,}1 = 111{,}2 \text{ A (motor em regime de sobrecarga de 10 \%)}$$

$$T_p = 3 \text{ s (tempo de partida do motor)}$$

$$T_n = 3.197 \text{ s (tempo de regime normal de operação do motor)}$$

$$T_t = T_p + T_n = 3 + 3.197 = 3.200 \text{ s}$$

$$T_r = 4.800 - 3.200 = 1.600 \text{ s (tempo de repouso do motor)}$$

$$I_{eq} = \sqrt{\frac{687{,}4^2 \times 3 + 111{,}2^2 \times 3.197}{3.200 + \frac{1}{3} \times 1.600}} = 104{,}7 \text{ A}$$

Da Equação (10.6), temos:

$$I_a \geq I_c \rightarrow I_a > I_{eq} \rightarrow I_a > 104{,}7 \text{ A}$$

Da Equação (10.7), temos:

$$I_a \leq I_{nc}$$

I_{nc} = 122 A (condutor de 50 mm², para o método de instalação 61A da Tabela 3.4, e valor da corrente obtida na Tabela 3.6, para o método de referência D)

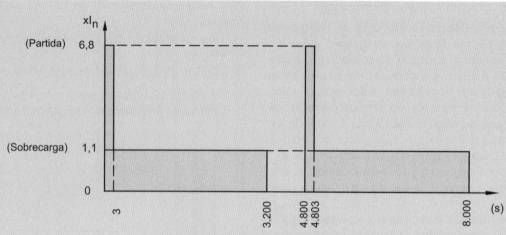

Figura 10.8 Curva de operação.

Logo: $104,7 \leq I_a \leq 122$ A

Será escolhido o relé 3US5800-8X – Siemens, com faixa de ajuste de 88 a 105 A e conectado ao contator 3TS50/105. A corrente de ajuste será de $I_A = 105$ A.

Devem-se verificar as condições de partida, ou seja:

$$M = \frac{I_{pm}}{I_a} = \frac{6,8 \times 101,1}{105} = 6,5 \rightarrow T_{ar} = 5,5 \text{ s (Figura 10.6)}$$

Considerando-se o relé a quente, temos:

$$T_{ar} = 5,5 \times 0,25 = 1,37 \text{ s}$$

$$T_{ar} < T_{pm} \text{ (condição não satisfeita)}$$

Neste caso, pode-se dispensar a proteção contra sobrecarga. No entanto, é sempre aconselhável seguir a orientação do fabricante da máquina a ser acionada.

10.2.6 Disjuntores de baixa-tensão

São dispositivos destinados à proteção de circuitos elétricos, os quais devem atuar quando percorridos por uma corrente de valor superior ao estabelecido para funcionamento normal.

De acordo com a sua forma construtiva, os disjuntores podem acumular várias funções, ou seja:

- proteção contra sobrecarga;
- proteção contra curtos-circuitos;
- comando funcional;
- seccionamento operacional;
- seccionamento de emergência;
- proteção contra contatos indiretos;
- proteção contra quedas e ausência de tensão.

A seguir, serão analisados os principais parâmetros elétricos dos disjuntores.

a) **Corrente nominal**

É aquela que pode circular permanentemente pelo disjuntor.

As unidades de sobrecarga dos disjuntores ditos tropicalizados são constituídas de um bimetal duplo que permite manter a sua corrente nominal até uma temperatura, em geral, entre 40 °C e 50 °C, sem que o mecanismo de atuação opere. Ao contrário, os disjuntores cujos relés de sobrecarga térmica são providos de somente um bimetal são ajustados para atuarem, em geral, a uma temperatura de 20 °C.

Considerando-se a utilização de disjuntores tropicalizados, em geral, em quadros de distribuição industriais, onde a temperatura pode ser elevada, não superior a 50 °C, é possível utilizar toda a capacidade de corrente nominal do disjuntor, sem a necessidade de aplicar nenhum fator de correção. Entretanto, para os disjuntores não tropicalizados, calibrados em 20 °C, recomenda-se utilizar somente 70 % de sua corrente nominal. Esta é uma forma de compensar o efeito da elevação da temperatura interna do quadro de comando.

b) **Tensão nominal**

É aquela à qual estão referidas a capacidade de interrupção e as demais características nominais do disjuntor.

c) Capacidade nominal de interrupção de curto-circuito

É a máxima corrente presumida de interrupção, valor eficaz, que o disjuntor pode interromper, operando dentro de suas características nominais de tensão e frequência, e para um fator de potência determinado. Os disjuntores termomagnéticos operam de acordo com as suas curvas de características térmicas (curva T) e magnéticas (curva M), conforme pode ser observado na Figura 10.9.

Os disjuntores podem ser fabricados, quanto às unidades de proteção incorporadas, em quatro diferentes tipos.

- Disjuntores somente térmicos

São aqueles que dispõem de somente uma unidade de proteção térmica de sobrecarga.

- Disjuntores somente magnéticos

São aqueles que dispõem de somente uma unidade magnética de proteção contra curtos-circuitos.

- Disjuntores termomagnéticos

São aqueles que dispõem de uma unidade de proteção térmica e outra magnética de curto-circuito. São os de maior utilização prática.

- Disjuntores termomagnéticos limitadores

São aqueles que dispõem das unidades de proteção térmica e magnética e de um sistema especial capaz de interromper as elevadas correntes de curto-circuito antes que elas atinjam o seu valor de pico. Esse sistema tem como princípio de atuação das forças eletrodinâmicas provocadas pela corrente de defeito.

Tanto as unidades de proteção térmica de sobrecarga como as magnéticas de curto-circuito, incorporadas aos disjuntores anteriormente classificados, podem ser fabricadas com duas diferentes características.

- Disjuntores eletrônicos

São aqueles cujos sistemas de proteção e comando são realizados por componentes de estado sólido, microprocessados. Serão estudados posteriormente.

- Unidades de disparo sem ajuste ou regulação

Neste caso, as correntes das unidades térmica e magnética são pré-ajustadas pelo fabricante e sem acesso para o usuário.

- Unidades de disparo com ajuste externo

Neste caso, podem-se regular as correntes de atuação, por meio de seletores, tanto da unidade térmica como da magnética.

As particularidades construtivas dos disjuntores e os detalhes de operação estão descritos no Capítulo 9.

O dimensionamento de disjuntores de baixa-tensão em circuitos industriais deve ser feito observando-se o tipo que será utilizado quanto ao comportamento de atuação em função da temperatura a que estará submetido em operação.

Assim como os fusíveis, os disjuntores devem ser dimensionados pela sua característica $I^2 \times t$ que representa o valor máximo da integral de Joule que o dispositivo deixa passar, em função da corrente que circula por ele.

De acordo com a Figura 10.10, pode-se caracterizar o disjuntor por meio de suas quatro regiões de diferentes comportamentos quanto à integral de Joule, ou seja:

- região A: $I \leq I_n$ – não existe limitação de corrente;
- região B: $I_n < I \leq I_m$ – caracterizada por tempo de disparo relativamente longo em face da temporização da unidade térmica;
- região C: $I_m < I \leq I_{rd}$ – caracterizada por tempo de disparo relativamente curto em virtude da atuação sem temporização da unidade magnética;
- região D: $I > I_{rd}$ – caracterizada pela impropriedade do uso do disjuntor.

A seleção e o ajuste dos disjuntores devem ser feitos com base nos seguintes requisitos previstos pela ABNT NBR 5410:2004.

a) Características de proteção contra sobrecarga

A corrente nominal ou de ajuste da unidade térmica do disjuntor deve ser igual ou superior à corrente de projeto ou simplesmente de carga prevista.

$$I_a \geq I_c \qquad (10.10)$$

I_a = corrente nominal ou de ajuste do disjuntor;
I_c = corrente de projeto do circuito.

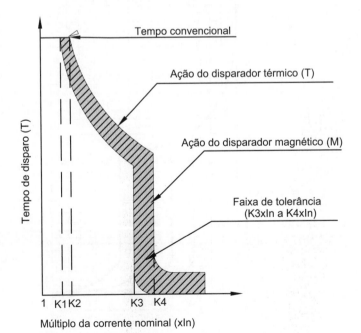

Figura 10.9 Características tempo × corrente de um disjuntor termomagnético.

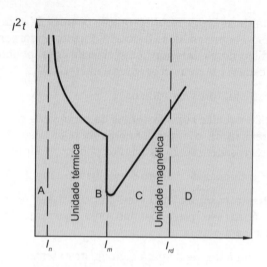

I – corrente que circula pelo disjuntor;
$I_n = I_a$ – corrente nominal ou de ajuste do disjuntor;
I_m – corrente de sensibilidade da unidade magnética;
I_{rd} – corrente de interrupção do disjuntor ou capacidade de ruptura.

Figura 10.10 Regiões características dos disjuntores termomagnéticos.

A corrente nominal ou de ajuste da unidade térmica do disjuntor deve ser igual ou inferior à capacidade de condução de corrente dos condutores.

$$I_a \leq I_{nc} \qquad (10.11)$$

com I_{nc} sendo a corrente nominal do condutor.

A corrente convencional de atuação do disjuntor deve ser igual ou inferior a 1,45 vez a capacidade de condução de corrente dos condutores.

$$I_{adc} \leq 1,45 \times I_{nc} \qquad (10.12)$$

Entende-se por corrente convencional aquela que assegura efetivamente a atuação do disjuntor dentro de um intervalo de tempo T_{adc} denominado tempo convencional.

A condição da Equação (10.12) é aplicável quando for possível assumir que a temperatura limite de sobrecorrente dos condutores, dada na Tabela 3.5, não venha a ser mantida por um período de tempo superior a 100 horas durante 12 meses consecutivos ou 500 horas ao longo da vida útil do condutor.

Quanto à curva de atuação, os disjuntores podem ser classificados de três diferentes formas de utilização, ou seja:

• Disjuntores de curva B

São aqueles nos quais a transição da unidade térmica para unidade magnética ocorre para uma corrente entre $3 \times I_n$ a $5 \times I_n$, sendo I_n a corrente nominal do disjuntor.

São adequados à proteção de circuitos de distribuição, circuitos de iluminação, de tomadas e de comando e circuitos de aquecedores resistivos.

• Disjuntores de curva C

São aqueles nos quais a transição da unidade térmica para unidade magnética ocorre para uma corrente entre $5 \times I_n$ a $10 \times I_n$, sendo I_n a corrente nominal do disjuntor.

São adequados à proteção de circuitos de pequenos motores, cargas indutivas e resistivas,

• Disjuntores de curva D

São aqueles nos quais a transição da unidade térmica para unidade magnética ocorre para uma corrente entre $10 \times I_n$ a $20 \times I_n$, sendo I_n a corrente nominal do disjuntor.

São adequados à proteção de circuitos de motores, em que é importante a corrente de partida, proteção de transformadores, cargas indutivas e resistivas de valores significativos.

A Figura 10.11 mostra as curvas normatizadas dos disjuntores de baixa-tensão. A Figura 10.12 mostra a parte frontal de um disjuntor de caixa moldada.

Em complementação aos critérios anteriores, deve-se admitir que o tempo de atuação do disjuntor deve ser superior ao tempo de partida do motor, enquanto o tempo de rotor bloqueado deve ser igual ou superior ao valor da corrente ajustada.

$$T_{rb} \geq T_{ad} > T_{pm} \qquad (10.13)$$

em que:

T_{ad} = tempo de atuação do disjuntor;
T_{pm} = tempo de partida do motor;
T_{rb} = tempo de rotor bloqueado.

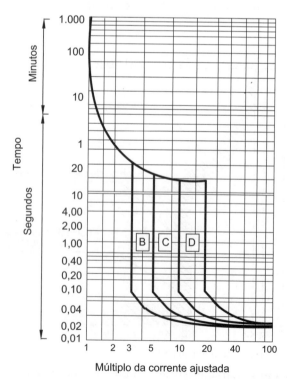

Figura 10.11 Curvas normatizadas dos disjuntores.

Proteção e coordenação

Figura 10.12 Frontal de um disjuntor de caixa moldada – WEG.

b) Características de proteção contra curtos-circuitos

A condição de proteção contra curto-circuito será atendida de diferentes formas:

• Capacidade de interrupção ou de ruptura

A capacidade de interrupção do disjuntor deve ser igual ou superior à corrente de curto-circuito trifásica no ponto de sua instalação, ou seja:

$$I_{cs} \leq I_{rd} \quad (10.14)$$

em que I_{rd} é a capacidade de interrupção do disjuntor, em A.

As correntes nominais e as capacidades de ruptura dos disjuntores variam em função do tipo e, principalmente, do fabricante. Para os disjuntores tripolares do tipo selado, as correntes nominais mais frequentes podem ser escolhidas, em geral, de acordo com as suas características.

Se a corrente no ponto de instalação do disjuntor superar a sua capacidade de interrupção, podem ser pré-ligados a esses fusíveis limitadores de corrente do tipo NH ou outro dispositivo de proteção com características de interrupção compatíveis com a capacidade de interrupção do disjuntor. Nesse caso, as características do fusível ou outro dispositivo de retaguarda devem ser coordenadas com as características do disjuntor, de forma que os condutores ou os outros dispositivos sob proteção (contatores, relés térmicos etc.) não sejam submetidos a solicitações térmicas e dinâmicas excessivas.

• Proteção contra faltas na extremidade do circuito

A corrente de atuação mínima da unidade instantânea deve ser igual ou inferior à corrente de curto-circuito presumida na extremidade do circuito.

$$I_{mi} \leq I_{cs} \quad (10.15)$$

com I_{mi} sendo a corrente de ajuste, valor mínimo, da unidade instantânea.

• Proteção contra rotor bloqueado

A corrente de ajuste da unidade temporizada do disjuntor para proteção do motor com rotor bloqueado deve permitir um tempo de atuação igual ou inferior ao tempo de rotor bloqueado do motor fornecido pelo fabricante ou, neste livro, encontrado na Tabela 6.4.

• Proteção da isolação dos condutores

Considerando a corrente de curto-circuito do sistema, o tempo de atuação do disjuntor deve ser igual ou inferior ao tempo de suportabilidade térmica da isolação do condutor, ou seja:

$$T_{ad} \leq T_{sc} \quad (10.16)$$

A curva de térmica admissível do condutor (curva C) deve estar acima das curvas de atuação de sobrecarga e de curto-circuito do disjuntor para proteção da isolação do cabo (curva D), em conformidade com a Figura 10.13. As curvas de suportabilidade térmica dos condutores devem ser fornecidas pelo fabricante dos cabos, o que nem sempre é facilmente encontrado nos catálogos dos fabricantes. Para atender a essa prescrição, basta determinar o tempo de suportabilidade térmica do condutor, dado na Equação (10.4), e levar esse valor ao gráfico *tempo × corrente* do disjuntor.

A verificação da proteção da isolação do cabo pode ser feita também por meio dos gráficos das Figuras 3.28 e 3.29, considerando, respectivamente, os condutores com isolação PVC, XLPE ou EPR.

A verificação da integridade do condutor pode ser mais completa ao se comparar o valor da integral de Joule que deixa passar o disjuntor com a integral de Joule dos condutores. A integral de Joule que o disjuntor deve permitir passar deve ser inferior à integral de Joule suportável pelos condutores. A título de exemplificação, a Figura 10.14 mostra as curvas características $I^2 \times t$ de

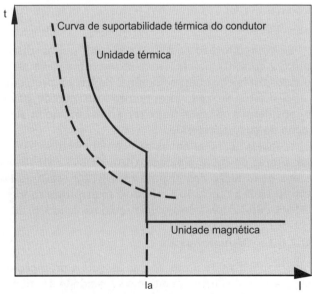

Figura 10.13 Curva de coordenação.

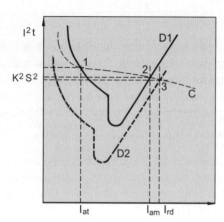

Figura 10.14 Curvas $I^2 \times t$ de disjuntores e condutor.

dois disjuntores (D1 e D2) e da isolação de um condutor (C). Dela, pode-se concluir:

- o disjuntor D1 protege a isolação do condutor a partir do ponto correspondente à corrente de ajuste da unidade térmica (ponto 1) até o valor da corrente de atuação ou de ajuste da unidade magnética (ponto 2);
- o disjuntor D2 protege a isolação do condutor para todas as faixas de corrente até o valor correspondente à sua corrente de ruptura (ponto 3).

• Interseção da curva mínima presumida de curto-circuito com a curva de transição termomagnética do disjuntor.

A corrente mínima presumida de curto-circuito deve cortar a curva do disjuntor em qualquer ponto do trecho de transição de atuação das unidades térmicas e magnéticas, conforme a Equação (10.17).

$$I_{ad} \leq I_{ccmín} \qquad (10.17)$$

em que:

I_{ad} = corrente de atuação do disjuntor no ponto de transição das curvas das unidades térmicas e magnéticas;
$I_{ccmín}$ = corrente mínima de curto-circuito presumida.

Se o circuito não possuir o condutor neutro distribuído, a corrente de curto-circuito mínima deve ser a de valor trifásico simétrico no final do trecho protegido pelo disjuntor. Se o condutor neutro é distribuído, deve-se considerar a corrente fase e terra, também no final do trecho do circuito referido.

A Tabela 10.3 contém as características básicas dos disjuntores de caixa moldada, DBT1 / DBT2 / DBT3. As curvas de atuação dos disjuntores DBT2/3 estão na Figura 10.15. Já a Tabela 10.4 refere-se ao disjuntor modelo DBT4/5, cujas curvas de atuação estão na Figura 10.16.

10.2.6.1 Disjuntor-motor

É um dispositivo de proteção que associa a proteção de sobrecarga e de curto-circuito e a capacidade de manobra dos motores elétricos de indução. Na realidade, o disjuntor-motor é um disjuntor termomagnético adaptado para permitir a partida, o comando e proteção dos motores elétricos.

O disjuntor-motor é normalmente utilizado em um circuito terminal de motor associado a um contator de potência. Existem várias associações:

10.2.6.1.1 Disjuntor termomagnético-motor + contator

Tem como função a proteção contra sobrecarga e curto-circuito dada pelas unidades térmicas e magnéticas, o seccionamento dado pelo próprio disjuntor com capacidade adequada para permitir a partida dos motores elétricos, ficando o contator com a função de acionamento do motor.

10.2.6.1.2 Disjuntor somente magnético-motor + contator + relé térmico

Tem como função a proteção contra curto-circuito dada pelas unidades magnéticas, a proteção térmica e de falta de fase dadas pelo relé térmico do contator, o seccionamento dado pelo próprio disjuntor com capacidade adequada para permitir a partida dos motores elétricos, ficando o contator com a função de acionamento do motor.

As conexões mecânicas e as ligações elétricas entre o contator e o disjuntor permitem um dispositivo de proteção, seccionamento e comando compacto muito utilizado.

Não é aconselhável fazer as associações entre disjuntores e contatores de forma geral para construir um dispositivo de proteção disjuntor-motor. O projetista deve acessar o catálogo de um fabricante desses dispositivos, tendo em mente que os diversos componentes do disjuntor-motor são construídos e montados formando um só dispositivo para atender às características operacionais anteriormente mencionadas e a norma IEC 60947-6-2:2020.

10.2.6.2 Disjuntores eletrônicos

Ao contrário dos disjuntores termomagnéticos que utilizam relés térmicos para proteção contra sobrecarga e bobinas para proteção contra curtos-circuitos, os disjuntores eletrônicos são fabricados utilizando relés eletrônicos, permitindo a interface com o operador do sistema por meio de um módulo de comunicação e de uma conexão sem fio (tecnologia Bluetooth). Assim, utilizando um computador de mesa ou um *laptop*, é possível obter diversas informações do sistema para fins operacionais ou de estudo. A Figura 10.17 mostra o frontal de um disjuntor eletrônico modelo 3WT com disparador eletrônico ETU35WT– Siemens.

De forma geral, o mecanismo de operação dos disjuntores eletrônicos é do tipo "energia armazenada", operado com molas pré-carregadas. As molas são carregadas manualmente por meio de uma alavanca situada na parte frontal. Para os disjuntores de elevada corrente nominal, normalmente é utilizado o motor de carregamento da mola, podendo esses disjuntores ser fornecidos nas versões fixa e extraível.

As molas de abertura são carregadas automaticamente durante a operação de fechamento do disjuntor.

O mecanismo de operação é ligado por meio de contatos NA/NF às bobinas de abertura e fechamento do motor, que é ligado para carregar as molas. O disjuntor pode ser operado remotamente e, caso seja requisitado, ser monitorado por um sistema de supervisão e controle.

Tabela 10.3 Características dos disjuntores de caixa moldada

Correntes nominais	Disparador de sobrecarga	Disparador de curto-circuito	Capacidade de interrupção (kA) 220 V	380 V	440 V
A	A	A	220 V	380 V	440 V
Disjuntor caixa moldada modelo DBT1: corrente de 16 a 160 A					
16	16	320			
20	20	320			
25	25	320			
32	32	320			
40	40	400			
50	50	500	100	70	55
63	63	630			
80	80	800			
100	100	1.000			
125	125	1.250			
160	160	1.600			
Disjuntor caixa moldada modelo DBT2: corrente de 16 a 160 A					
16	11 – 16				
20	14 – 20				
25	18 – 25				
32	22 – 32				
40	28 – 40				
50	35 – 50	1,15 a 10 × In	25	15	10
63	44 – 63				
80	56 – 80				
100	70 – 100				
125	88 – 125				
160	112 – 160				
Disjuntor caixa moldada modelo DBT3: corrente de 16 a 160 A					
16	11 – 16				
20	14 – 20				
25	18 – 25				
32	22 – 32				
40	28 – 40				
50	35 – 50	1,15 a 10 × In	50	40	30
63	44 – 63				
80	56 – 80				
100	70 – 100				
125	88 – 125				
160	112 – 160				

Obs.: os modelos de disjuntores DBT1/DBT2/BTB3 são fictícios, porém os valores são baseados em disjuntores comerciais.

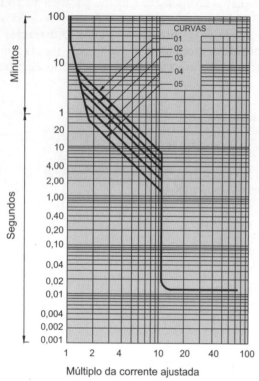

Figura 10.15 Curvas dos disjuntores DBT/2/3/4.

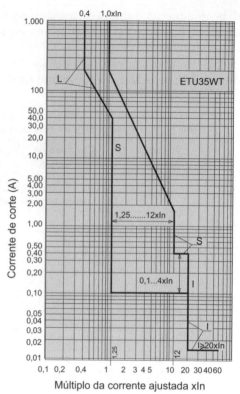

Figura 10.16 Curvas do disjuntor 3WT.

Tabela 10.4 Características dos disjuntores correntes de 200 a 3.200 A

Correntes nominais	Disparador de sobrecarga	Disparador de curto-circuito	Capacidade de interrupção (kA)		
A	A	A	220 V	380 V	440 V
Disjuntor caixa moldada modelo DBT4: corrente de 200 a 1.000 A					
200	80 – 200	1,25 a 10 × In	200	100	36
250	100 – 250				
320	128 – 320				
400	160 – 400				
500	350 – 500				
630	250 – 630				
800	320 – 800				
1.000	400 – 1.000				
Disjuntor caixa moldada modelo DBT5: corrente de 1.600 a 3.200 A					
BTB5 1600	630	252 – 630	1,25 a 10 × In	Até 500 V – 65 kA	
	800	320 – 800			
	1.000	400 – 1.000			
	1.250	500 – 1.250			
	1.600	640 – 1.600			
BTB5 3200	2.000	800 – 2.000	1,25 a 10 × In	Até 500 V – 80 kA	
	2.500	1.000 – 2.500			
	3.200	1.280 – 3.200			

Obs. (1): os disjuntores DBT4/DBT5 são fictícios, porém os valores de corrente são baseados em disjuntores comerciais.
Obs. (2): o leitor deve sempre consultar os fabricantes de disjuntores comercializados no mercado, tais como Siemens, WEG, Schneider, ABB e outros.

Proteção e coordenação

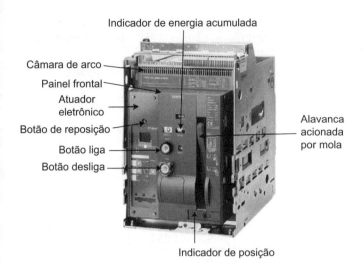

Figura 10.17 Frontal do disjuntor 3WT/ETU35WT – Siemens.

O sistema de proteção do disjuntor eletrônico é constituído de um módulo de sobrecorrente, também denominado disparador de sobrecorrente, um dispositivo fixado na parte frontal do disjuntor eletrônico contendo todas as funções de proteção, conforme mostrado nas Figuras 10.18 (disparador eletrônico ETU47WT) e 10.19. As características do módulo variam em função do número de funções que se deseja utilizar. Normalmente os fabricantes dos disjuntores eletrônicos oferecem de dois a quatro módulos, diferenciados pelo número de funções. Por exemplo, o disjuntor eletrônico 3WT, Siemens, 2.000 A, pode ser operado por qualquer um dos três diferentes tipos de módulos de proteção indicados nas Tabelas 10.5 e 10.6. As faixas de ajuste do disparador ETU47WT, o de maior número de funções, estão registradas nos próprios dispositivos de ajuste vistos na Figura 10.18. A Figura 10.19 mostra o gráfico de variação dos valores de ajuste de tempo e corrente do disjuntor 3WT.

As funções básicas dos módulos de sobrecorrente são:

- LT (*Long Term*): proteção contra sobrecarga, disparo L. Largura da faixa de ajuste: 0,4 a 1,0 × In;
- ST (*Short Term*): proteção contra curto-circuito após um retardo de tempo, disparo S. Largura da faixa de ajuste: 1,25 a 12 × In;
- INST (*Instantâneo*): proteção contra curto-circuito sem retardo de tempo, disparo I. Faixa de ajuste: superior a 20 I_{ad} × In;

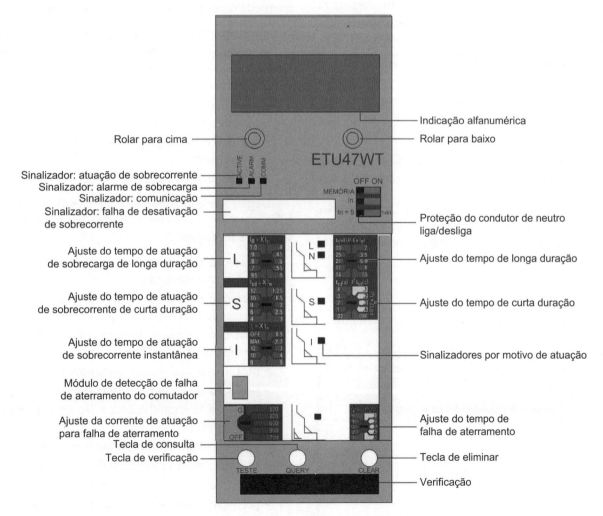

Figura 10.18 Módulo de atuação do disjuntor eletrônico 3WT – Siemens.

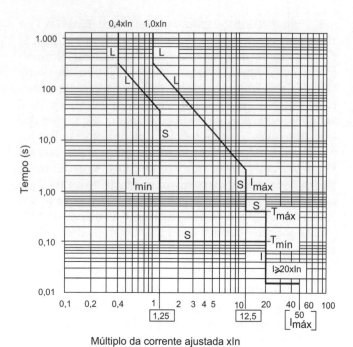

Figura 10.19 Curva corrente × tempo do disjuntor 3WT/ETU35WT – Siemens.

- N (Neutro): proteção do condutor neutro, disparo N;
- GF (*Grouding Failure*): proteção de falta à terra, disparo G.

Já os valores de tempo podem ser ajustados nas seguintes faixas, conforme a Figura 10.18:

- ajuste do tempo de sobrecarga (*Long Term*): 2 a 30 s;
- ajuste do tempo de sobrecorrente (*Short Term*): 0,02 a 0,4 s.

Aconselhamos o leitor a acessar o catálogo do fabricante para conhecer com maior profundidade o disjuntor 3WT.

Um disjuntor eletrônico pode receber diversos relés eletrônicos indicados pelos fabricantes, tal e qual acontece com os disjuntores termomagnéticos, que podem receber diversos relés térmicos.

Tabela 10.5 Características elétricas dos disjuntores eletrônicos, aberto, 3WT – 55 kA Standard – Siemens

Correntes nominais	Disparador de sobrecarga	Disparador de sobrecorrente
A	A	A
Disjuntor 3WT Ecoline – 55 kA em 500 V		
400	160 – 400	ETU35WT ETU45WT ETU47WT
630	252 – 630	
800	320 – 800	
1.000	400 – 1.000	
1.250	500 – 1.250	

Tabela 10.6 Características elétricas dos disjuntores eletrônicos, aberto, 3WT – 66 kA Standard – Siemens

Correntes nominais	Disparador de sobrecarga	Disparador de sobrecorrente
A	A	A
Disjuntor 3WT Standard – 66 kA em 500 V		
400	160 – 400	ETU35WT ETU45WT ETU47WT
630	252 – 630	
800	320 – 800	
1.000	400 – 1.000	
1.250	500 – 1.250	
1.600	640 – 1.600	
2.000	800 – 2.000	
2.500	1.000 – 2.500	
3.200	1.280 – 3.200	
4.000	1.600 – 4.000	

De forma geral, os relés eletrônicos apresentam as seguintes características relacionadas com as faixas de ajuste da corrente e tempo correspondente:

- utiliza a tecnologia microprocessada embarcada;
- não há necessidade de uma fonte de alimentação externa para exercer suas características operacionais;
- possui alta sensibilidade ao valor verdadeiro RMS (*root mean square*) da corrente;
- fornece a indicação da causa de disparo e grava os eventos;
- ajustes do neutro configuráveis.

Dependendo do fabricante, os relés eletrônicos inseridos nos disjuntores eletrônicos podem ser dotados das seguintes proteções:

- proteção contra sobrecarga atuando na curva de tempo inverso longa;
- proteção contra curto-circuito atuando na curva de tempo inverso ou tempo definido;
- proteção contra curto-circuito instantâneo e tempo de atuação ajustável;
- proteção para defeitos monopolares;
- proteção contra tensão residual;
- proteção direcional contra curto-circuito com tempo ajustável;
- proteção contra potência ativa reversa;
- proteção contra desequilíbrio de tensão;
- proteção contra sub e sobretensão;
- proteção contra sub ou sobrefrequência;
- memória térmica.

Além das funções de proteção anteriormente mencionadas, os disjuntores eletrônicos podem medir diversos parâmetros do sistema no qual estão inseridos:

- medição de tensão, corrente, fator de potência, energia ativa, energia reativa, energia aparente e componentes harmônicos;
- registro de eventos;
- controle de carga, utilizando a corrente que circula pelos sensores de corrente do disjuntor.

Os disjuntores eletrônicos com as características anteriormente mencionadas são fabricados para correntes nominais iguais ou superiores a 400 A. Cada tipo e corrente nominal são fornecidos com determinada quantidade de funções, cabendo ao usuário solicitar outras funções além das básicas.

Normalmente, a temperatura de operação dos disjuntores eletrônicos é de 40 °C. Para temperaturas superiores, deve-se reduzir a capacidade de corrente do painel a valores definidos pelo fabricante.

Também, os disjuntores eletrônicos podem operar nas condições nominais apresentadas em catálogo a uma altitude de até 2.000 m. São dotados de curvas de limitação de corrente de acordo com o modelo do fabricante.

Exemplo de aplicação (10.5)

Determinar os ajustes do disjuntor destinado à proteção de um motor de 380 cv, 380 V/IV polos, em regime de funcionamento S1, alimentado por um circuito em condutor unipolar de cobre, tipo da isolação EPR, de seção igual a 500 mm², método de referência D. O tempo de partida do motor é de 3 s. A corrente de curto-circuito no terminal do circuito do motor é de 15,0 kA. A corrente de curto-circuito fase e terra vale 6 kA.

De acordo com as condições estabelecidas nas Equações (10.5) a (10.8), temos:

- 1ª condição

$$I_a \geq I_c \rightarrow I_c = 479,5 \text{ A (corrente nominal do motor)}$$

- 2ª condição

$$I_{nc} = 525 \text{ A (Tabela 3.7 - método de referência D, isolação EPR)}$$

$$I_a \leq I_{nc} \text{ (condição satisfeita)}$$

Para atender às condições anteriores, temos:

Disjuntor adotado: $I_n = 630$ A com as faixas de ajuste da unidade térmica de (252-630) A e a corrente de curta duração de (1,25 a 12×In) A, modelo 3WT (ver Tabela 10.6 e Figura 10.18).

$$479,5 \leq I_a \leq 525 \rightarrow I_{nd} = 600 \text{ A} \rightarrow M = 600/630 = 0,95 \rightarrow I_a = 0,95 \times 630 = 598,5 \text{ A}$$

Logo, deve-se iniciar a elaboração do gráfico de atuação do disjuntor conforme a Figura 10.19, traçando-se a curva L no ponto $0,95 \times I_n$.

- Condição de partida do motor

É prudente verificar as condições de disparo do disjuntor durante o processo de partida do motor.

$$I_{pm} = 6,8 \times I_{nm} = 6,8 \times 385,2 = 2.619 \text{ A} \rightarrow M = 2.619/598,5 = 4,3 \rightarrow T_{ad} = 10 \text{ s (Figura 10.19)}$$

Ajusta-se a curva S de atuação do disjuntor, conforme a Figura 10.19, traçando-se a curva S no ponto $5 \times I_n$.

$$T_{pm} = 3 \text{ s (tempo de partida do motor)}$$

Logo: $T_{ad} > T_{pm}$ (condição satisfeita)

- Condição de proteção da isolação do condutor durante os processos de curto-circuito

Por meio do gráfico da Figura 3.29, obtém-se, para uma corrente de curto-circuito $I_{cs} = 15$ kA, um tempo de suportabilidade da isolação de EPR do condutor, $T_{sc} = 30$ ciclos = 0,50 s, considerando-se a seção do condutor $S_c = 500$ mm².

Já o disparo do disjuntor é efetuado no tempo de:

$$I_{cc} = 15.000 \text{ A} \rightarrow M = I_{cc}/I_a \rightarrow M = 15.000/598,5 = 25,0 \times I_{nd} \rightarrow T_{ad} = 0,015 \text{ s (ver gráfico da Figura 10.19)}.$$

Logo: $T_{ad} < T_{sc}$ (condição satisfeita)

- Verificação da capacidade de interrupção do disjuntor

Disjuntor 3WT → $I_{rd} = 65$ kA, em 380 V (Tabela 10.6)

Da Equação (10.14), temos:

$$I_{cs} < I_{rd} \text{ (condição satisfeita)}$$

10.2.7 Fusíveis

São dispositivos destinados à proteção dos circuitos elétricos e que se fundem quando são percorridos por uma corrente de valor superior àquela para o qual foram projetados.

A Seção 9.3.18 do Capítulo 9 trata com mais detalhes de alguns tipos de fusíveis de maior aplicação em projetos industriais. Assim, é interessante que o leitor leia aquela seção. Neste capítulo será dada ênfase aos fusíveis do tipo com retardo, diazed ou NH, de característica aM.

Os fusíveis atuam dentro de determinadas características de *tempo de fusão × corrente*, fornecidas em curvas específicas de tempo inverso de acordo com o projeto de cada fabricante. Os pontos fundamentais dessas curvas estão mostrados na Figura 10.20.

As Figuras 10.21 a 10.26 apresentam as curvas características de *tempo × corrente* dos fusíveis do tipo diazed e NH, enquanto as Tabelas 10.7 e 10.8 fornecem as correntes nominais padronizadas dos fusíveis do tipo diazed e NH.

Os fusíveis diazed e NH são dotados de características de limitação de corrente. Para correntes elevadas de curto-circuito, os fusíveis diazed e NH atuam em um tempo extremamente rápido que não permite que a corrente de impulso atinja o seu valor máximo. Isto pode ser ilustrado por meio da Figura 10.27.

As Figuras 10.28 e 10.29 mostram, respectivamente, as curvas de corte dos fusíveis diazed e NH, considerando toda a faixa de corrente de valores nominais comercializados.

Para uma corrente de curto-circuito inicial, por exemplo, de 40.000 A, de valor eficaz, o fusível NH de 224 A se romperia quando a corrente atingisse, em sua curva ascendente, o valor de 20.000 A, conforme Figura 10.29. Considerando-se uma contribuição de 50 % do componente de corrente contínua, a corrente de impulso ou de pico poderia atingir o valor de 80.000 A se o fusível de 224 A não estivesse presente no circuito.

Para que um fusível atenda a todos os requisitos de proteção contra as correntes de curto-circuito é necessário que ofereça segurança a todos os elementos localizados a jusante de seu ponto de instalação. Assim, no circuito ilustrado na Figura 10.30, o fusível deve proteger a chave seccionadora, o contator, o relé térmico de sobrecarga e a isolação do condutor.

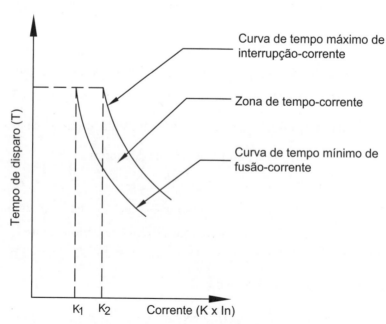

Figura 10.20 Características *tempo × corrente* dos fusíveis tipo aM.

Proteção e coordenação

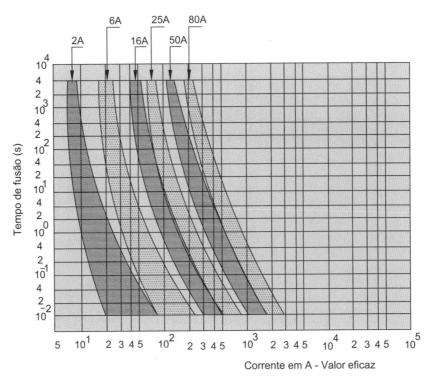

Figura 10.21 Zonas de atuação dos fusíveis diazed.

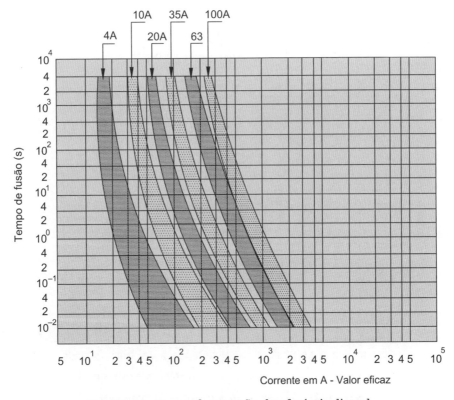

Figura 10.22 Zonas de atuação dos fusíveis diazed.

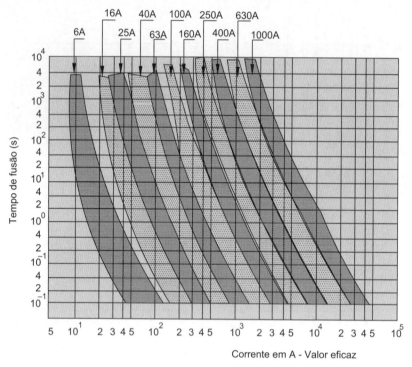

Figura 10.23 Zonas de atuação dos fusíveis NH.

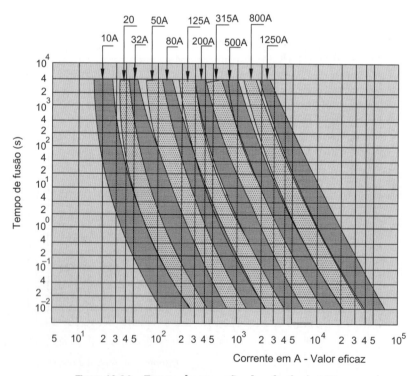

Figura 10.24 Zonas de atuação dos fusíveis NH.

Proteção e coordenação

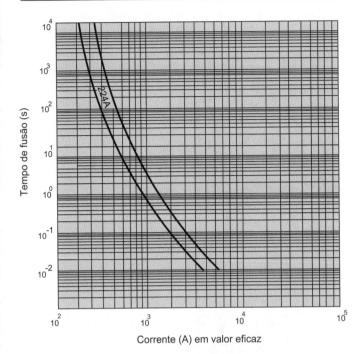

Figura 10.25 Zonas de atuação: NH 224.

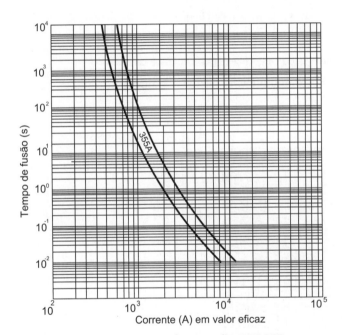

Figura 10. 26 Zonas de atuação: NH 355.

Tabela 10.7 Correntes nominais dos fusíveis diazed – Siemens

Tamanho	Correntes nominais	Tamanho	Correntes nominais
DII	2	DIII	35
	4		50
	6		63
	10	DIVH	80
	16		100
	20		–
	25		–

Tabela 10.8 Correntes nominais dos fusíveis NH – Siemens

Tamanho	Correntes nominais	Tamanho	Correntes nominais
000	6	1	125
	10		160
	16		200
	20		224
	25		250
	32	2	224
	40		250
	50		315
	63		355
00	80	3	400
	100		400
	125		500
	160		630
1	40	4	800
	50		1.000
	63		1.250
	80		–
	100		–

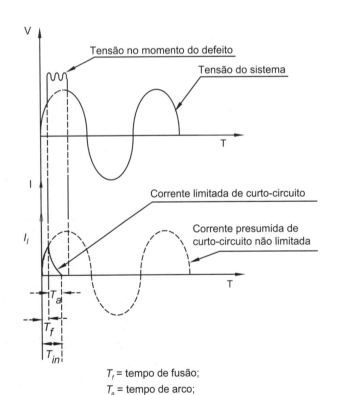

T_f = tempo de fusão;
T_a = tempo de arco;
T_{in} = tempo de interrupção;
I_l = corrente limitada.

Figura 10.27 Ilustração das propriedades de limitação de corrente dos fusíveis diazed e NH.

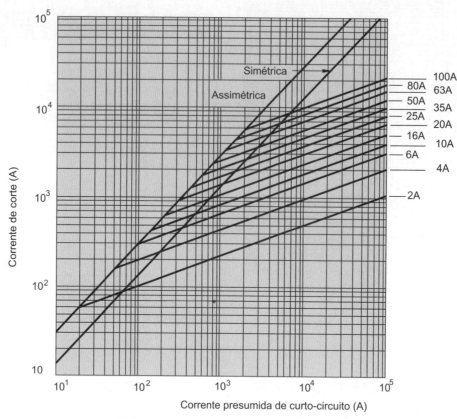

Figura 10.28 Características da corrente de corte dos fusíveis diazed – Siemens.

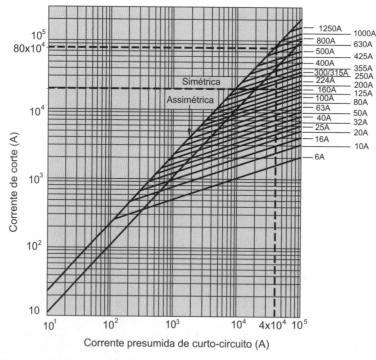

Figura 10.29 Características de corte dos fusíveis NH – Siemens.

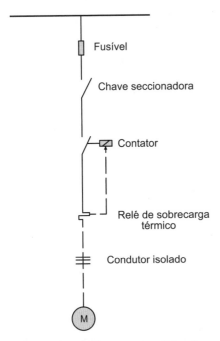

Figura 10.30 Unifilar simplificado.

A curva de fusão do fusível deve coordenar com a curva de *tempo × corrente* correspondente à limitação térmica admissível para os condutores protegidos. A Figura 10.31 ilustra os limites de segurança que o fusível oferece a um condutor. Neste caso, o fusível somente oferece proteção ao condutor para valores de corrente iguais ou superiores a I_l.

De acordo com a normatização internacional (IEC) e nacional (ABNT), há três diferentes tipos de fusíveis:

- tipo gG: utilizados na proteção contra correntes de sobrecarga e curto-circuito;
- tipo gM e aM: utilizados apenas na proteção contra correntes de curto-circuito, sendo por tal motivo indicados para proteção de circuitos de motores, já que se supõe que haja um dispositivo de proteção de sobrecarga instalado no mesmo circuito. Os fusíveis aM são dotados das seguintes características:
  - um fusível aM não deve fundir para correntes menores ou iguais a $K_1 \times I_n$;
  - um fusível aM pode fundir para correntes entre $K_1 \times I_n$ e $K_2 \times I_n$ desde que o tempo de fusão seja superior ao valor indicado na curva de tempo mínimo de fusão;
  - um fusível aM deve fundir para correntes maiores que $K_2 \times I_n$, sendo que o tempo de fusão seja inferior ao valor indicado na curva de tempo máximo de interrupção-corrente;
- os valores de K_1 e K_2 estão definidos de acordo com a Figura 10.20;
- os fusíveis diazed e NH, amplamente citados neste livro, são do tipo aM, isto é, indicados para proteção de circuito de motores.

10.2.7.1 Critérios para a seleção da proteção contra as correntes de curto-circuito

As proteções contra as correntes de curto-circuito devem ser selecionadas de acordo com os seguintes critérios:

a) Proteção de circuitos terminais de motores

A interrupção das correntes de curto-circuito para os condutores que alimentam motores deve ser garantida pelos dispositivos de proteção do circuito terminal. Neste caso, o motor deve estar provido de proteção contra sobrecarga.

Para cargas acionadas em regime S1 (ver Capítulo 6) a corrente nominal do fusível deve ser igual ou inferior ao produto da corrente de rotor bloqueado do motor por um fator de multiplicação, ou seja:

$$I_{nf} \leq I_{pm} \times K \qquad (10.18)$$

sendo:

I_{nf} = corrente nominal do fusível, em A;
I_{pm} = corrente de rotor bloqueado ou corrente de partida, em A;
R_{cpm} = relação entre a corrente de partida e a corrente nominal dada na Tabela 6.4;

$$I_{pm} = I_{nm} \times R_{cpm}$$

I_{nm} = corrente nominal do motor, em A;
K = fator de multiplicação.

- Para: $I_{pm} \leq 40$ A $\rightarrow$ $K = 0{,}5$
- Para: 40 A $< I_{pm} \leq 500$ A $\rightarrow$ $K = 0{,}4$
- Para: $500 < I_{pm}$ $\rightarrow$ $K = 0{,}3$

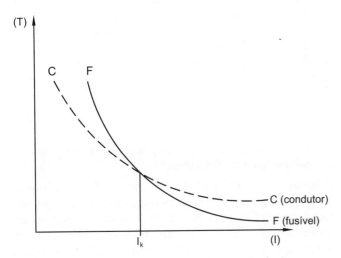

Figura 10.31 Curvas tempo × corrente do fusível e condutor.

Exemplo de aplicação (10.6)

Determinar a proteção fusível de um motor trifásico de 50 cv, 380 V/IV polos.

$$I_{pm} = I_{nm} \times R_{cpm}$$

$I_{nm} = 68,8\,A$ (Tabela 6.4) → $R_{cpm} = 6,4$ (Tabela 6.4) → $I_{pm} = 68,8 \times 6,4 = 440,3\,A$

Da Equação (10.18), temos:

$$I_{nf} \leq I_{pm} \times K$$

$$K = 0,4 \rightarrow I_{nf} \leq 440,3 \times 0,4 \leq 176,1\,A$$

Da Tabela 10.8, obtém-se:

$$I_{nf} = 160\,A$$

---

b) **Proteção dos circuitos de distribuição de motores**

Quando um agrupamento de motores é alimentado por um circuito de distribuição, a determinação da corrente máxima do fusível de proteção deve obedecer aos seguintes critérios:

- cada motor deve estar provido de proteção individual contra sobrecargas;
- a proteção não deve atuar para nenhuma condição de carga normal do circuito;
- a corrente nominal do fusível deve obedecer à Equação (10.19).

$$I_{nf} \leq I_{pnm} \times K + \sum I_{nm} \qquad (10.19)$$

em que:

I_{pnm} = corrente de partida do maior motor;

$\sum I_{nm}$ = soma das correntes nominais dos demais motores;

K = fator de multiplicação, cujos valores foram definidos anteriormente.

c) **Proteção de circuitos de distribuição de aparelhos**

A corrente nominal do fusível deve ser igual ou superior à soma das correntes de carga.

$$I_{nf} \geq \alpha \times \sum I_{na} \qquad (10.20)$$

$\alpha = 1$ a $1,15$;

$\sum I_{na}$ = soma das correntes nominais dos aparelhos.

d) **Proteção de circuitos de distribuição de cargas mistas (motores e aparelhos)**

É desaconselhável a associação de carga motriz e aparelhos alimentados por um circuito de distribuição. Quando não for possível evitar esse tipo de alimentação, a corrente nominal do fusível pode ser determinada pela Equação (10.21).

$$I_{nf} \leq I_{pmm} \times K + \sum I_{nm} + \sum I_{na} \qquad (10.21)$$

em que K são os valores já definidos nesta seção.

e) **Proteção de circuitos terminais de capacitores ou banco**

$$I_{nf} \leq 1,65 \times I_{nca} \qquad (10.22)$$

com I_{nca} sendo a corrente nominal do capacitor ou banco, em A.

f) **Comportamento do fusível perante a corrente de partida do motor**

Deve-se verificar se o fusível não atua para a corrente de partida do motor. Para isto, é necessário conhecer o tempo de duração da partida, T_{pm}, e a corrente de partida que irá atravessar o elemento fusível, a qual é função das características construtivas do motor e do tipo de acionamento empregado (chave de partida direta, chave compensadora, estrela-triângulo, *softstart* e inversor).

Pelos gráficos das Figuras 10.21 a 10.26, pode-se determinar o tempo de atuação do fusível T_{af}, tipo NH, conhecendo-se o valor da corrente de partida do motor. Finalmente, deve-se ter:

$$T_{af} > T_{pm} \qquad (10.23)$$

g) **Proteção da isolação dos condutores dos circuitos terminais e de distribuição**

Relativamente ao condutor, a integral de Joule que o fusível deixa passar não deve ser superior à integral de Joule necessária para aquecer o condutor desde a sua temperatura para serviço em regime contínuo até a temperatura limite de curto-circuito. As Tabelas 10.9 e 10.10 fornecem a integral de Joule máxima que os fusíveis diazed e NH deixam passar.

Tabela 10.9 Integral de Joule dos fusíveis diazed – Siemens

Corrente nominal (A)	Corrente de curto-circuito (mínima) (A)	I²t de fusão (A²s)	I²t de interrupção Tensão 220 VCA (A²s)	I²t de interrupção Tensão 380 VCA (A²s)	I²t de interrupção Tensão 440 VCA (A²s)	Corrente nominal (A)	Corrente de curto-circuito (mínima) (A)	I²t de fusão (A²s)	I²t de interrupção Tensão 220 VCA (A²s)	I²t de interrupção Tensão 380 VCA (A²s)	I²t de interrupção Tensão 440 VCA (A²s)
2	36	5,6	8,4	9,8	11,1	25	650	1.690	3.000	3.500	4.000
4	90	32	41	46	51	35	900	3.610	5.500	6.700	7.800
6	150	90	138	155	170	50	1.300	6.250	9.800	12.000	14.000
10	300	336	445	495	530	63	1.600	10.800	19.900	24.900	30.000
16	350	462	890	1.100	1.300	80	1.900	15.745	27.000	35.000	43.500
20	500	1.082	1.830	2.170	2.400	100	2.800	27.040	44.500	57.500	70.000

Tabela 10.10 Integral de Joule dos fusíveis NH – Siemens

Corrente nominal (A)	Corrente de curto-circuito (mínima) (A)	I²t de fusão (A²s)	I²t de interrupção Tensão 220 VCA (A²s)	I²t de interrupção Tensão 380 VCA (A²s)	I²t de interrupção Tensão 440 VCA (A²s)	Corrente nominal (A)	Corrente de curto-circuito (mínima) (A)	I²t de fusão (A²s)	I²t de interrupção Tensão 220 VCA (A²s)	I²t de interrupção Tensão 380 VCA (A²s)	I²t de interrupção Tensão 440 VCA (A²s)
6	210	46	80	105	150	160	7.800	60.000	118.500	149.000	223.000
10	310	90	180	250	370	200	10.500	115.000	215.000	270.000	400.000
16	620	300	460	585	880	224	12.000	146.000	295.000	370.000	550.000
20	840	565	860	1.100	1.650	250	14.000	210.000	415.000	520.000	780.000
25	1.100	980	1.500	1.900	2.900	315	19.000	290.000	550.000	700.000	1.050.000
32	1.450	2.200	3.400	4.300	6.400	355	21.000	475.000	880.000	1.120.000	1.700.000
40	2.100	4.000	6.000	8.200	12.100	400	23.000	590.000	1.140.000	1.430.000	2.150.000
50	2.500	6.000	9.000	11.000	16.000	500	29.000	1.000.000	1.900.000	2.360.000	3.500.000
63	2.800	7.700	14.000	18.000	27.000	630	39.000	1.900.000	3.500.000	4.500.000	6.700.000
80	3.500	12.900	24.000	30.000	46.000	800	54.000	3.500.000	6.500.000	8.300.000	12.400.000
100	4.800	24.000	45.000	57.000	85.000	1.000	72.000	6.400.000	11.900.000	15.100.000	22.700.000
125	6.000	36.000	69.000	86.000	130.000	1.250	96.000	11.300.000	21.000.000	26.700.000	40.000.000

Conhecendo-se a intensidade da corrente de curto-circuito trifásico, I_{cs}, de valor simétrico, determina-se, pelos gráficos das Figuras 10.21 a 10.26, o tempo de atuação do fusível, T_{af}.

Por meio dos gráficos das Figuras 3.28 e 3.29, respectivamente, para condutores isolados em PVC/70 °C e XLPE ou EPR, fabricação Nexans, obtém-se o tempo máximo, T_{sc}, que a isolação dos condutores suporta, quando submetidos à corrente de defeito, I_{cs}. Deve-se assegurar que:

$$T_{af} < T_{sc} \qquad (10.24)$$

h) **Proteção dos dispositivos de comando e manobra**

• Contator

Os contatores devem ser protegidos contra as correntes de falta a jusante de sua instalação. Alguns fabricantes desses equipamentos indicam a corrente nominal máxima dos fusíveis I_{nfc}, que devem ser pré-ligados aos contatores a fim de eliminar as correntes de curto-circuito. Deve ser garantida a seguinte relação:

$$I_{nf} \leq I_{nfc} \qquad (10.25)$$

em que:

I_{nfc} = corrente nominal do fusível a ser pré-ligado ao contator;

I_{nf} = corrente nominal do fusível.

• Relé térmico

Os relés térmicos devem ser protegidos contra as correntes de falta a jusante do ponto de sua instalação. Alguns fabricantes desses equipamentos indicam a corrente nominal máxima dos fusíveis I_{nfr}, que devem ser pré-ligados aos relés a fim de eliminar as correntes de curto-circuito. Deve ser garantida a seguinte relação:

$$I_{nf} \leq I_{nfr} \qquad (10.26)$$

com I_{nfr} sendo a corrente nominal do fusível a ser pré-ligado ao relé.

- Chave seccionadora interruptora

Alguns fabricantes de chaves seccionadoras interruptoras fornecem a capacidade máxima de corrente que o equipamento poderá suportar, diante da ocorrência de defeito, e/ou indicam o maior valor da corrente do fusível, I_{nfch}, que deve ser pré-ligado à chave a fim de protegê-la adequadamente dos efeitos eletromecânicos das correntes de curto-circuito. Deve ser garantida a seguinte relação:

$$I_{nf} \le I_{nfch} \qquad (10.27)$$

com I_{nfch} sendo a corrente nominal do fusível a ser pré-ligado à chave.

Relativamente a esse critério, é usado, sobretudo, o poder de limitação de corrente, próprio dos fusíveis de alta capacidade de ruptura, que é o caso dos fusíveis dos tipos diazed e NH.

É interessante observar que existe uma diferença fundamental entre a atuação de fusíveis, disjuntores termomagnéticos e contatores acoplados a relés de sobrecarga. Os primeiros interrompem diretamente o circuito, atuando por destruição de seu elemento fusível, tornando-se, na prática, irrecuperáveis; os outros dois elementos atuam mecanicamente por meio da sensibilidade dos relés térmico e magnético a eles ligados, podendo voltar ao estado de operação alguns instantes depois.

Exemplo de aplicação (10.7)

Determinar a corrente nominal dos fusíveis de proteção dos circuitos terminais e de distribuição mostrados no diagrama da Figura 10.32. Os circuitos estão contidos em eletroduto embutido no piso e a isolação do condutor é de PVC e são do tipo unipolar. O tempo de partida dos motores é de 2 s. A carga C é composta de 728 luminárias de lâmpadas de Led de 110 W com reator de alto fator de potência, 40 aparelhos de ar-condicionado de 12.000 BTU (1,90 kW) e 10 chuveiros elétricos de 3.500 W.

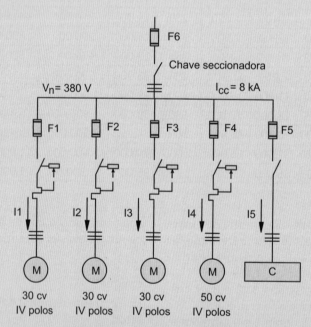

Figura 10.32 Diagrama unifilar.

a) Corrente de carga dos aparelhos

$$P_1 = 728 \times 110 \text{ W} = 80.000 \text{ W} = 80 \text{ kW (fator de potência muito próximo a 1)}$$

$$P_2 = 40 \times 1,9 \text{ kW} = 76 \text{ kW}$$

$$P_3 = 10 \times 3.500 \text{ W} = 35.000 \text{ W} = 35 \text{ kW}$$

$$P_c = 80 + 76 + 35 = 191 \text{ kW}$$

$$F_p \cong 1$$

$$\sum I_{na} = \frac{191}{\sqrt{3} \times 0,38} = 290,2 \, A$$

$S_c = 240 \, mm^2$ (Tabela 3.6 – coluna D, justificada pela Tabela 3.4 – método de instalação 61A)

b) Corrente de carga motriz

$$P_{nm1} = 30 \, cv \rightarrow I_{mm1} = 43,3 \, A \, (\text{Tabela } 6.4) \rightarrow S_c = 10 \, mm^2$$
(Tabela 3.6 – coluna D, justificada pela Tabela 3.4 – método de instalação 61A)

$$P_{nm2} = 50 \, cv \rightarrow I_{mm2} = 68,8 \, A \, (\text{Tabela } 6.4) \rightarrow S_c = 25 \, mm^2$$
(Tabela 3.6 – coluna D, justificada pela Tabela 3.4 – método de instalação 61A)

c) Corrente total da carga

$$I_c = 290,2 + 3 \times 43,3 + 68,8 = 488,9 \, A$$

Obs.: não foi considerada a influência do fator de potência de cada carga no cálculo da corrente.

d) Seção nominal do condutor de alimentação

$S_c = 2 \times 185 \, mm^2$ (Tabela 3.6 – coluna D, justificada pela Tabela 3.4 – método de instalação 61A)

$$I_{nc} = 2 \times 258 \, A$$

e) Corrente nominal dos fusíveis F1 – F2 – F3

Para atender às condições estabelecidas na Equação (10.18), temos:

$$I_{nf} \leq I_{pm} \times K$$

$$I_{pm} = I_{nm} \times R_{cpm} = 43,3 \times 6,8 = 294,4 \, A$$

$$K = 0,4$$

$$I_{nf} \leq 294,4 \times 0,4 \rightarrow I_{nf} \leq 117,7 \, A \rightarrow I_{nf} = 100 \, A \, (\text{Tabela } 10.8)$$

• O fusível não deve atuar durante a partida do motor

Por meio da Figura 10.22, temos:

$I_{pm} = 294,4 \, A \rightarrow T_{af} = 230 \, s$ (valor mínimo da faixa de atuação do fusível de NH 100 A, visto na Figura 10.22)

De acordo com a Equação (10.23), temos:

$$T_{af} > T_{pm} \, (\text{condição satisfeita})$$

• O fusível deve proteger a isolação dos condutores

Por meio da Figura 3.28, temos:

$$I_{cs} = 8 \, kA \rightarrow S_c = 10 \, mm^2 \rightarrow T_{sc} = 1 \, \text{ciclo} = 0,016 \, s$$

Por meio do gráfico da Figura 10.22, temos:

$$I_{cs} = 8 \, kA \rightarrow T_{af} < 0,01 \, s$$

De acordo com a Equação (10.24), temos:

$$T_{af} < T_{sc} \, (\text{condição satisfeita})$$

De acordo com a Tabela 10.1, o condutor de 10 mm², com isolação PVC, tem como integral de Joule o valor de 1.322 × 10³ A².s. Por meio da Tabela 10.10 pode-se observar que o fusível NH 100 A deixa passar, em 380 V, uma integral de Joule de 250.000 A².s, em 380 V, portanto, muito inferior à capacidade do condutor, protegendo-o por conseguinte. Esta é outra forma de verificar a suportabilidade da isolação do cabo protegido por determinado fusível.

• O fusível deve proteger o contator

$$P_{nm} = 30 \, cv \rightarrow \text{contator: 3TF46 – 45 A (Tabela 9.15)} \rightarrow I_{nfc} = 100 \, A$$

De acordo com a Equação (10.25), temos:

$$I_{nf} \leq I_{nfc} \text{ (condição satisfeita)}$$

- O fusível deve proteger o relé térmico

$$P_{nm} = 30 \text{ cv} \rightarrow \text{Relé térmico: 3UA58-00-2F (Tabela 10.2)} \rightarrow I_{nfr} = 100 \text{ A}$$

De acordo com a Equação (10.28), temos:

$$I_{nf} = I_{nfr} \text{ (condição satisfeita)}$$

f) Corrente nominal do fusível F4

$$R_{cpm} = 6,4 \text{ (Tabela 6.4)}$$

$$I_{nm} = 68,8 \text{ A (Tabela 6.4)}$$

$$I_{pm} = 68,8 \times 6,4 = 440,3 \text{ A}$$

$$K = 0,4$$

$$I_{nf} \leq 440,3 \times 0,4 \rightarrow I_{nf} \leq 176,1 \text{ A} \rightarrow I_{nf} = 160 \text{ A (Tabela 10.8)}$$

O leitor deve seguir a mesma sequência de cálculo anterior para verificar as condições operacionais do fusível.

g) Corrente nominal do fusível F5

$$I_{nf} \geq \alpha \times \sum I_{na}$$

$$\alpha = 1,15 \text{ (valor adotado)}$$

$$I_{nf} \geq 1,15 \times 290,2 \rightarrow I_{nf} \geq 333,7 \text{ A} \rightarrow I_{nf} = 355 \text{ A (Tabela 10.8)}$$

- O fusível deve proteger a isolação dos condutores

Pelo gráfico da Figura 3.28, temos:

$$I_{cs} = 8 \text{ kA} \rightarrow S_c = 240 \text{ mm}^2 \rightarrow T_{sc} > 100 \text{ ciclos} > 1,66 \text{ s}$$

Por meio do gráfico da Figura 10.24, temos:

$$I_{cs} = 8.000 \text{ A} \rightarrow T_{af} = 0,026 \text{ s (valor máximo)}$$

0,01 s (valor mínimo de atuação do fusível)

$$T_{af} < T_{sc} \text{ (condição satisfeita)}$$

- O fusível deve proteger a chave seccionadora

$$I_{nm} = \sum I_{na} = 290,2 \text{ A}$$

$$I_{sec} \geq 1,15 \times I_{nm} \geq 1,15 \times 290,2 \geq 333,7 \text{ A} \rightarrow I_{nch} = 382 \text{ A/380 V – tipo S32 – 630/3 (Tabela 9.14)}$$

Por meio da Tabela 9.14, obtém-se o fusível máximo que deve ser pré-ligado à chave, ou seja:

$$I_{nfch} = 630 \text{ A}$$

$$I_{nf} < I_{nfch} \text{ (condição satisfeita)}$$

h) Corrente nominal do fusível F6

$$I_{nf} \leq I_{pmm} \times K + \sum I_{nm} + \sum I_{na}$$

$$I_{nf} \leq 68,8 \times 6,4 \times 0,4 + 3 \times 43,3 + 290,2 \rightarrow I_{nf} \leq 596,2 \text{ A} \rightarrow I_{nf} = 500 \text{ A (tamanho 3, de acordo com a Tabela 10.8)}$$

- O fusível deve proteger a isolação do condutor: 2 × 185 mm²

De acordo com a Equação (3.19), temos:

$$\sqrt{T_e} = \frac{0{,}34 \times 185 \times \sqrt{\log\left(\frac{234+160}{234+70}\right)}}{4} = 5{,}27 \rightarrow T_e = 27{,}8 \text{ s}$$

A corrente de defeito por condutor/fase vale:

$$I_{cs} = \frac{8.000}{2} = 4.000 \text{ A}$$

Por meio do gráfico da Figura 10.22, temos:

$$I_{cs} = 8.000/2 = 4.000 \text{ A} \rightarrow T_{af} = 4 \text{ s (limite superior da faixa do fusível)}$$

Da Equação (10.26), temos:

$$T_{af} < T_{sc} \text{ (condição satisfeita)}$$

De acordo com a Tabela 10.1, o condutor de cobre de 185 mm² com isolação PVC tem como integral de Joule o valor de 452.625 × 10³ A².s. Por meio da Tabela 10.10, pode-se observar que o fusível NH 500 A deixa passar, em 380 V, uma integral de Joule de 2.360 × 10³/2 A².s = 1.180 × 10³ A².s (por condutor), portanto, muito inferior à capacidade do condutor.

- O fusível deve proteger a chave seccionadora

$$I_{sec} \geq 1{,}15 \times (3 \times 43{,}3 + 68{,}8 + 290{,}2) \geq 562{,}2 \text{ A}$$

$$I_{sec} = 870 \text{ A}/380 \text{ V} - \text{tipo S32} - 1.250/3 \text{ (Tabela 9.14)}$$

Por meio da Tabela 9.14, temos:

$$I_{nfch} = 1.250 \text{ A (Tabela 9.14)}$$

- O fusível não deve atuar para a partida do motor de maior corrente

Por meio do gráfico da Figura 10.24, temos:

$$I_{pm} = 440{,}3 \text{ A} \rightarrow T_{af} > 10.000 \text{ s}$$

Da Equação (10.23), temos:

$$T_{af} > T_{pm} \text{ (condição satisfeita)}$$

10.2.7.2 Proteção de circuito com dois ou mais condutores paralelos por fase

Quando as correntes de carga são muito elevadas podem ser utilizados dois ou mais condutores elétricos em cada fase. Na prática, é costume dos projetistas, e notadamente dos profissionais instaladores, utilizarem cabos elétricos com seção não superior a 400 mm², em razão da pouca flexibilidade desses condutores, dificuldade de conexão dos condutores aos barramentos dos quadros de comando, necessidade de muito espaço para realizarem o raio de curvatura nas bandejas, prateleiras etc. Assim, utilizando vários condutores em cada fase, torna-se mais fácil o manuseio dos mesmos. Isso normalmente ocorre na alimentação dos QGFs e CCMs, para grandes motores elétricos ou no suprimento de grandes cargas.

No entanto, o uso de condutores em paralelo por fase pode ocasionar algumas situações que devem ser analisadas.

As correntes distribuídas entre os condutores de uma mesma fase assumem valores muito diferentes, podendo essa diferença entre a menor e a maior corrente atingir cerca de 30 %, em função das reatâncias mútuas entre os condutores.

As impedâncias dos condutores que compõem cada fase assumem valores diferentes em virtude das diferenças de temperatura entre eles, afetando a resistência elétrica, e principalmente, das variações das reatâncias existentes em cada condutor de fase, em função dos efeitos mútuos do campo magnético (reatâncias mútuas).

10.2.7.2.1 Proteção contra sobrecargas de condutores em paralelo: correntes de carga equilibradas

Se a corrente de carga se distribui em valores praticamente iguais nos condutores em paralelo, em face de sua forma de instalação, a proteção contra sobrecarga pode ser feita por um único dispositivo de proteção contra sobrecarga protegendo todos os condutores da fase. Nesse caso, basta que se estabeleçam as seguintes condições:

$$I_{ck} \leq I_{np} \leq \sum I_{nck} \qquad (10.28)$$

em que:

I_{ck} = corrente de carga que irá circular no conjunto de condutores;

I_{np} = corrente nominal ou de ajuste do dispositivo de proteção único;

I_{nck} = capacidade de corrente de cada condutor do grupo de condutores em paralelo.

Para que as correntes sejam distribuídas praticamente iguais nos condutores em paralelo de uma fase é necessário que o seu arranjo na bandeja, prateleira etc., esteja em conformidade com os arranjos mostrados nas Figuras 3.24 e 3.25, respectivamente, para condutores em posição plana e em trifólio.

Assim, quando os condutores são normalmente instalados em um plano no interior dos dutos anteriormente referidos obedecem à seguinte formação, a fim de permitir uma distribuição de corrente uniforme: RST – TSR – RST e assim sucessivamente.

Exemplo de aplicação (10.8)

Uma subestação industrial é composta por dois transformadores de 1.000 kVA/13,80-440 V, alimentando um QGF de onde deriva um circuito com capacidade de 1.250 kVA. Determinar a seção dos condutores desse circuito limitada a 240 mm²/condutor. Sabe-se que os condutores são isolados em PVC e estão instalados em uma bandeja metálica não ventilada em camada única.

- Corrente de carga nominal

$$I_c = \frac{1.250}{\sqrt{3} \times 0,44} = 1.640 \text{ A}$$

A corrente de carga que irá circular em cada um dos seis condutores por fase, inicialmente previstos, vale:

$$I_{cpc} = \frac{1.640}{6} = 273,3 \text{ A}$$

- Corrente corrigida pelo fator de agrupamento

Para a tentativa de utilizar seis condutores/fase, obtém-se da Tabela 3.15, o fator de correção de agrupamento que vale 0,72, ou seja, seis circuitos a três condutores.

$$I_{cac} = \frac{1.640}{0,72} = 2.277 \text{ A}$$

- Número de condutores em paralelo por fase

$$I_{co} = \frac{2.277}{6} = 379,5 \text{ A} \quad \rightarrow \quad S_c = 240 \text{ mm}^2 \quad \rightarrow \quad I_{nc} = 403 \text{ A (coluna C da Tabela 3.6)}$$

- Corrente de ajuste da proteção de sobrecarga

Será adotado o disjuntor DBT5-3.200, corrente nominal de 2.000 A, faixa de ajuste da unidade temporizada: (800 a 2.000) A, conforme Tabela 10.4.

De acordo com a Equação (10.28), temos:

$$\sum I_{nck} = N \times I_{nc} = 6 \times 403 = 2.418 \text{ A}$$

$I_c = I_{ck} = 1.640$ A (correntes distribuídas praticamente uniformes entre os condutores)

$$I_{ck} \leq I_{np} \leq \sum I_{nck} \quad \rightarrow \quad 1.640 \leq I_{np} \leq 2.418 \text{ A}$$

Logo, o ajuste da unidade temporizada será: $I_{aj} = I_{np} = 1.700$ A.

10.2.7.2.2 Proteção contra sobrecargas e curtos-circuitos de condutores em paralelo: correntes de carga desequilibradas

Essa é a condição que se observa em algumas instalações industriais, pois praticamente todos os circuitos são trifásicos com um ou mais condutores por fase. Normalmente, se admite que as correntes são iguais nas três fases, embora isso não seja verdade, pois, para muitas maneiras de instalar os condutores, há alteração na reatância dos cabos do circuito e, por conseguinte, circularão correntes diferentes nos condutores, mesmo para cargas puramente trifásicas.

Nos circuitos em que há mais de um condutor por fase, cada fase é representada normalmente por apenas uma corrente, o que não é verdade para certas maneiras de instalar o circuito. Para o caso de dois cabos por fase de um circuito trifásico em que as correntes de cada fase $I_r \cong I_s \cong I_t$, mostradas na Figura 10.33, o circuito trifásico pode ser protegido apenas por um disjuntor trifásico termomagnético (proteção contra sobrecarga e curto-circuito) instalado junto à fonte ou por três fusíveis NH, cada um instalado em uma fase (proteção contra curto-circuito). A Figura 10.34 mostra a ligação trifásica do circuito.

Nos circuitos em que há mais de dois condutores por fase e se $I_r \neq I_s \neq I_t$ e se essa diferença superar o valor de 10 %, segundo orientação da IEC 60364:2005, deve-se proteger o circuito por um dispositivo cuja corrente de ajuste ou nominal proteja individualmente os condutores de cada fase, conforme se mostra na Figura 10.35, que pode ser um disjuntor ou fusível. Nessas condições, deve ser instalada uma proteção individual em cada fase, tanto no lado da fonte como no lado da carga, em conformidade com o diagrama da Figura 10.35, para assegurar a proteção dos cabos contra correntes de curto-circuito.

Para um defeito no ponto A da Figura 10.35 a maior corrente do curto-circuito monopolar passa pelo disjuntor P3. As correntes I_{t1} e I_{t2} são de menor valor e, somadas, fluem para o ponto A por meio do terminal T3 do disjuntor P6. Quando o disjuntor P3 atua, as correntes de defeito I_{t1} e I_{t2} crescem de valor em face da realimentação do defeito somente pelos cabos 1 e 2 da fase T e fazem atuar o disjuntor P6, eliminando definitivamente o defeito. A Figura 10.36 é a reprodução trifásica da Figura 10.35.

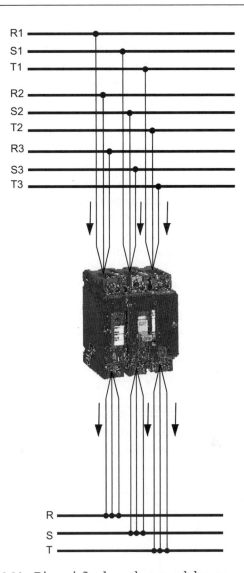

Figura 10.34 Disposição dos cabos paralelos no disjuntor.

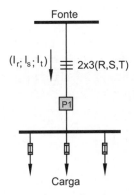

Figura 10.33 Dois condutores paralelos.

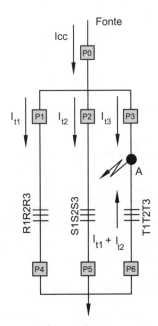

Figura 10.35 Três condutores em paralelo.

Para se determinar o valor de cada corrente que circula em cada condutor do grupo em paralelo é necessário realizar a medição por meio de registradores gráficos e determinar o valor da carga total. No entanto, na fase de projeto é necessário determinar os valores das impedâncias de cada condutor do grupo em paralelo e distribuir as correntes de forma inversamente proporcional aos valores das impedâncias. Essa é uma tarefa nada fácil. Ainda não existem métodos normalizados de avaliação dessas impedâncias, cujos valores dependem, fundamentalmente, do arranjo dos cabos no interior dos dutos, normalmente canaletas embutidas no piso, bandeja e escada para cabos.

A determinação da corrente de determinado condutor k, parte do grupo de condutores em paralelo, pode ser determinada pela Equação (10.29).

$$I_{ck} = \frac{I_c}{\frac{Z_k}{Z_1} + \frac{Z_k}{Z_2} + \ldots + \frac{Z_k}{Z_{k-1}} + \frac{Z_k}{Z_k} + \frac{Z_k}{Z_{k+1}} + \frac{Z_k}{Z_m}} \qquad (10.29)$$

em que:

I_{ck} = corrente no condutor k;

I_c = corrente de carga ou de projeto;

$Z_1, Z_2 \ldots Z_k \ldots Z_m$ = impedâncias do condutor 1 a m na condição de instalação definida em projeto e determinadas por cálculo.

Para a determinação dos dispositivos de proteção individuais para cada condutor do grupo, devem-se atender aos seguintes requisitos:

$$I_{ck} \leq I_{npk} \leq I_{cnk} \qquad (10.30)$$

sendo:

I_{npk} = corrente nominal ou de ajuste da proteção do condutor k, já considerada a aplicação dos fatores de correção;

I_{cnk} = capacidade de corrente nominal do condutor k, já considerada a aplicação dos fatores de correção.

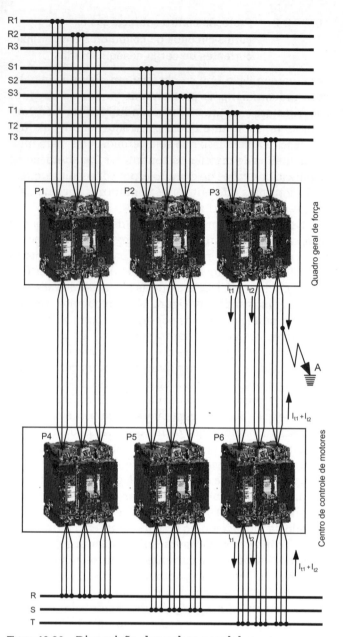

Figura 10.36 Disposição dos cabos paralelos nos disjuntores.

 Exemplo de aplicação (10.9)

Considerar um sistema com três condutores por fase isolados em EPR. Observou-se que há uma diferença de corrente entre os condutores superior a 10 % entre as fases. Elaborar o arranjo para a proteção desse circuito por meio de seis disjuntores (três instalados no lado da fonte e três instalados no lado da carga), de forma que qualquer defeito em um dos cabos (no caso um cabo da fase T) os dois disjuntores P3 e P6 da Figura 10.36 devam atuar. A corrente de curto-circuito trifásica simétrica na extremidade do circuito é de 22.000 A e a fase e terra tem o valor de 20.000 A. Os cabos estão instalados em canaletas perfuradas em um único plano. Determinar os ajustes dos disjuntores para as unidades de sobrecarga e sobrecorrente.

- Arranjo dos cabos da bandeja

O arranjo dos cabos será da seguinte forma: R1S1T1 – T2S2R2 – R3S3T3.

Proteção e coordenação

- Medições de corrente nos cabos

Foram realizados os registros de corrente dos condutores de fase obtendo-se os seguintes valores:

$$R_1 = 322 \text{ A}; R_2 = 319 \text{ A}; R_3 = 320 \text{A} \rightarrow R = 961 \text{ A} \rightarrow \text{disjuntores P1 / P3}$$

$$S_1 = 290 \text{ A}; S_2 = 283 \text{ A}; S_3 = 285 \text{A} \rightarrow S = 895 \text{ A} \rightarrow \text{disjuntores P2 / P4}$$

$$T_1 = 331 \text{ A}; T_2 = 330 \text{ A}; T_3 = 332 \text{A} \rightarrow T = 993 \text{ A} \rightarrow \text{disjuntores P5 / P6}$$

Como há diferença de correntes entre condutores de fase diferentes que ultrapassa a 10 %, deve-se instalar uma proteção individual por fase.

- Capacidade máxima de corrente do cabo

Tomemos a fase T para determinação da seção dos condutores por ser a de maior carregamento. Para a sua particular condição de instalação com três circuitos a três condutores agrupados encontramos na Tabela 3.15, linha 4, o fator de agrupamento igual a 0,82. Para determinar a seção dos condutores obtemos na Tabela 3.9, coluna F (cabos instalados em bandeja perfurada segundo a Tabela 3.4, linha 13), o valor da capacidade do cabo, ou seja:

$$I_c = \frac{973}{3 \times 0,82} = 395 \text{ A} \rightarrow S_c = 120 \text{ mm}^2 \text{ (seção de cada cabo da fase T)}$$

Devemos agora verificar se o condutor $T_3 = 332/0,82 = 405$ A, o de maior carregamento, está adequado ao cabo de 120 mm². Verifica-se na mesma Tabela 3.9 que a seção do cabo deve ser de 150 mm² que tem capacidade de 464 A.

- Correntes de ajuste dos dispositivos de proteção contra sobrecarga de cada circuito

Serão utilizados três disjuntores do tipo 3WT – 55 kA Standard – Siemens, faixa de ajuste: 500 a 1250 A, em conformidade com a Tabela 10.5. Na ligação dos disjuntores, se observa o diagrama da Figura 10.35 e detalhado na Figura 10.36. As correntes de ajuste de cada disjuntor estão de acordo com a Equação (10.28). Os disjuntores serão ajustados com seguintes valores:

$$R_1 = 322 \text{ A}; R_2 = 319 \text{ A}; R_3 = 320 \text{A} \rightarrow R = 961 \text{ A (soma das correntes da fase R)} \rightarrow I_{ajr} = 1.000$$

$$I_{ajr} = \frac{1.000}{1.250} = 0,80 \times I_{nd} \rightarrow I_{ajr} = 0,9 \times I_{nd} \text{ (valor de ajuste do disjuntor – ver Figura 10.18 – curva L)}$$

$$S_1 = 290 \text{ A}; S_2 = 283 \text{ A}; S_3 = 285 \text{ A} \rightarrow S = 895 \text{ A (soma das correntes da fase S)} \rightarrow I_{ajs} = 910 \text{ A}$$

$$I_{ajr} = \frac{910}{1.250} = 0,72 \times I_{nd} \rightarrow I_{ajr} = 0,8 \times I_{nd} \text{ (valor de ajuste do disjuntor – ver Figura 10.18 – curva L)}$$

$$T_1 = 331 \text{ A}; T_2 = 330 \text{ A}; T_3 = 332 \text{ A} \rightarrow T = 993 \text{ A (soma das correntes da fase T)} \rightarrow I_{ajt} = 1.020 \text{ A}$$

$$I_{ajr} = \frac{1.020}{1.250} = 0,81 \times I_{nd} \rightarrow I_{ajr} = 0,9 \times I_{nd} \text{ (valor de ajuste do disjuntor – ver Figura 10.18 – curva L)}$$

- Correntes de ajuste dos dispositivos de proteção contra curtos-circuitos

$$I_{cs} = 20.000 \text{ A (corrente de defeito trifásica)}$$

$$M = \frac{I_{ft}}{I_{aj}} = \frac{20.000}{995} = 20 \times I_{aj} \rightarrow T_{op} = 0,015 \text{ s (tempo de operação do disjuntor: curva I – Figura 10.19)}$$

- Tempo de suportabilidade térmica do cabo

$$S_c = \frac{\sqrt{T_{sc}} \times I_{cs}}{0,34 \times \sqrt{\log\left(\frac{234 + T_f}{234 + T_i}\right)}} \rightarrow 150 = \frac{\sqrt{T_{sc}} \times 22}{0,34 \times \sqrt{\log\left(\frac{234 + 160}{234 + 70}\right)}} \rightarrow T_{sc} = 0,77 \text{ s}$$

Logo, $T_{sc} > T_{adm}$ (condição satisfeita).

10.2.8 Comportamento dos condutores em regime transitório

O comportamento dos condutores em regime transitório pode ser analisado de acordo com os seguintes procedimentos:

a) **Condutor isolado com início de operação a uma temperatura ambiente de 30 °C**

A limitação da duração da corrente de sobrecarga vale:

$$T_{sb} = K_t \times \ln\left(\frac{R_s^2}{R_s^2 - R_{st}}\right) \quad (10.31)$$

em que:

T_{sb} = tempo necessário para que determinado condutor atinja a temperatura de sobrecarga definida ao ser percorrido por uma corrente de sobrecarga, considerando-se o condutor na temperatura igual à temperatura ambiente;
ln = logaritmo neperiano;
K_t = constante de tempo;
R_s = relação de sobrecarga, dada na Equação (10.32);
R_{st} = relação de temperatura, dada na Equação (10.33);

$$R_s = \frac{I_c}{I_{nc}} \quad (10.32)$$

$$R_{st} = \frac{T_s - T_a}{T_{mc} - T_a} \quad (10.33)$$

I_c = corrente de carga, em A;
I_{nc} = corrente nominal do condutor, em A;
T_s = temperatura de sobrecarga térmica, em °C;
T_a = temperatura ambiente, em °C;
T_{mc} = temperatura máxima de serviço contínuo do condutor isolado, em °C.

Os valores das temperaturas máximas para o serviço contínuo, sobrecarga e de curto-circuito estão definidos na Tabela 3.5.

O valor de K_t é dado pela Equação (10.34).

$$K_t = \frac{10^4}{\beta^2} \times \left(0{,}7 \times S_c^{0{,}75} + 0{,}8 \times S_c^{0{,}5} + 0{,}4 \times S_c^{0{,}25}\right) \quad (10.34)$$

com:

S_c = seção do condutor isolado, em mm²;
β = coeficiente de linha, dado na Tabela 10.11.

b) **Condutor isolado com início de operação a uma temperatura máxima de regime contínuo**

A limitação da duração da corrente de sobrecarga vale:

$$T_{sb} = K_t \times \ln\left(\frac{R_s^2 - 1}{R_s^2 - R_{st}}\right) \quad (10.35)$$

Para satisfazer à condição limite de sobrecarga estabelecida na Equação (10.35), o valor R_s, na Equação (10.36), vale:

$$R_s = \frac{K \times I_c}{I_{nc}} = 1{,}45 \quad (10.36)$$

em que K é o fator de sobrecarga.

A partir dessa condição, os valores correspondentes de T_{sb} dados pelas Equações (10.31) e (10.35) valem, respectivamente:

a) **Condutor isolado a uma temperatura inicial de trabalho de 30 °C**

$$T_{sb} = K_t \times \ln\left(\frac{2{,}10}{2{,}10 - R_{st}}\right) \quad (10.37)$$

b) **Condutor isolado a uma temperatura inicial máxima de regime**

$$T_{sb} = K_t \times \ln\left(\frac{1{,}10}{2{,}10 - R_{st}}\right) \quad (10.38)$$

Tabela 10.11 Coeficientes de linha (β)

Tipo de linha	Condutor de cobre			
	Isolação de PVC		Isolação de XLPE ou EPR	
	2 condutores carregados	3 condutores carregados	2 condutores carregados	3 condutores carregados
A	11,0	10,5	15,0	13,5
B	13,5	12,0	18,0	16,0
C	15,0	13,5	19,0	17,0
D	17,5	14,5	21,0	17,5
E	17,0	14,5	21,0	18,0
F	17,0	14,5	21,0	18,0

Exemplo de aplicação (10.10)

Determinar o tempo máximo para o condutor de isolação PVC atingir a sua temperatura de sobrecarga de regime, quando alimenta a carga de 150 kVA/440 V em operação e que deve ser sobre solicitado por uma carga igual a 155 % de sua potência nominal por um tempo limitado. O circuito está instalado isoladamente em bandeja perfurada na horizontal (tipo de linha: F da Tabela 3.4) e a temperatura ambiente é de 30 °C.

Aplicando-se a Equação (10.31), temos:

$$T_{sb} = K_t \times \ln\left(\frac{R_s^2}{R_s^2 - R_{st}}\right) \text{ (S)}$$

I_{nm} = 196 A (corrente da carga);
S_c = 120 mm² (seção do condutor de fase do circuito da carga);
I_{nc} = 203 A (Tabela 3.6 – coluna D, justificada pela Tabela 3.4 – método de instalação 61A).
T_a = 30 °C
T_s = 100 °C (Tabela 3.5)
T_{mc} = 70 °C (Tabela 3.5)
I_{ntr} = 196 A (corrente nominal do transformador)
I_c = 1,55 × 196 = 303,8 A (corrente de sobrecarga temporária prevista)

O valor de R_s é definido pela Equação (10.32).

$$R_s = \frac{I_c}{I_{nc}} = \frac{303,8}{203} = 1,49$$

O valor R_{st} é definido pela Equação (10.33).

$$R_{st} = \frac{T_s - T_a}{T_{mc} - T_a} = \frac{100 - 30}{70 - 30} = 1,75$$

β = 14,5 (Tabela 10.12 – tipo de linha F visto na Tabela 3.4)

$$K_t = \frac{10^4}{\beta^2} \times \left(0,7 \times S_c^{0,75} + 0,8 \times S_c^{0,5} + 0,4 \times S_c^{0,25}\right)$$

$$K_t = \frac{10^4}{14,5^2} \times \left(0,7 \times 120^{0,75} + 0,8 \times 120^{0,5} + 0,4 \times 120^{0,25}\right) = 1.687$$

$$T_{sb} = 1.687 \times \ln\left(\frac{1,49^2}{1,49^2 - 1,75}\right) = 2.619 \text{ s} = 43,6 \text{ minutos}$$

10.2.8.1 Seletividade e coordenação

Seletividade é a característica que deve ter um esquema de proteção que, quando submetido a correntes anormais, possibilita a atuação do elemento de proteção mais próximo do defeito, de maneira a desenergizar somente a parte do circuito afetado. Pode ser entendida também como a discriminação entre dois dispositivos de proteção consecutivos indicando qual deles atuará primeiro.

Já a coordenação pode ser entendida como a característica de tempo de disparo entre essas duas proteções. Se os tempos entre as duas proteções consecutivas forem muito pequenos fazendo disparar os dois dispositivos de proteção, podemos dizer que não houve coordenação entre os tempos de disparos e, portanto, os dois elementos não estão coordenados e, por conseguinte, não há seletividade entre eles.

Existem três procedimentos de seletividade que podem ser aplicados em uma instalação elétrica:

- seletividade amperimétrica;
- seletividade cronométrica;
- seletividade lógica.

10.2.8.2 Seletividade amperimétrica

Os procedimentos desse tipo de seletividade fundamentam-se no princípio de que as correntes de curto-circuito crescem à medida que o ponto de defeito aproxima-se da fonte de suprimento.

Esse princípio é particularmente aplicado aos sistemas de baixa-tensão, em que as impedâncias dos condutores são significativas. Nos sistemas de transmissão de curta distância, as correntes de defeito não apresentam grandes variações nos diferentes pontos de falta, o que dificulta a aplicação desses procedimentos.

A seletividade amperimétrica é caracterizada pela diferença das correntes de ajuste entre duas proteções consecutivas em função dos níveis das correntes de curto-circuito.

A Figura 10.37 mostra uma aplicação de seletividade. Para uma corrente de defeito no ponto A de valor igual a I_{cs} e valores de ajuste das proteções P1 e P2, respectivamente, iguais I_{p1} e I_{p2}, a seletividade amperimétrica estará satisfeita se ocorrer que:

$$I_{p1} > I_{cs} > I_{p2}$$

Para se obter êxito na seletividade amperimétrica os ajustes das proteções envolvidas devem seguir os seguintes princípios:

- A primeira proteção a montante do ponto de defeito deve ser ajustada a um valor inferior à corrente de curto-circuito ocorrida dentro da zona protegida, isto é:

$$I_{p2} \leq 0{,}8 \times I_{cs}$$

- As proteções situadas fora da zona protegida devem ser ajustadas com valores superiores à corrente de curto-circuito, isto é:

$$I_{p1} > I_{cs}$$

A seletividade amperimétrica em baixa-tensão pode ser obtida utilizando-se disjuntores termomagnéticos ou somente magnéticos, com diferentes correntes de atuação dos disparadores magnéticos. A seletividade amperimétrica pode ser obtida facilmente com aplicação de fusíveis de diferentes correntes nominais, desde que as curvas de disparo tenham as mesmas características.

10.2.8.3 Seletividade cronométrica

Os procedimentos desse tipo de seletividade fundamentam-se no princípio de que a temporização intencional do dispositivo de proteção próximo ao ponto de defeito seja inferior à temporização intencional do dispositivo de proteção a montante.

A diferença dos tempos de disparo de duas proteções consecutivas deve corresponder ao tempo de abertura do disjuntor acrescido de um tempo de incerteza de atuação das referidas proteções. Essa diferença, denominada intervalo de coordenação, é assumida com valores entre 0,3 e 0,5 s.

Para melhor entender essa conceituação, observar a Figura 10.38, onde se admite um intervalo de coordenação de 0,4 s. Um curto-circuito na barra D resulta em uma corrente de valor I_{cs} que atravessa todas as proteções em série do circuito. A proteção P4 tem um retardo próprio de 0,1 s, atuando na sua unidade instantânea. Já a proteção P3 sofreu um ajuste de 0,5 s, enquanto as proteções P2 e P3 foram ajustadas, respectivamente, em 0,9 e 1,3 s, para a mesma corrente.

Em função do tipo de proteção adotada na exemplificação anterior os ajustes podem ser de forma dependente ou independente da corrente. No primeiro caso, a proteção atua seguindo uma curva tempo × corrente, conhecida como curva de tempo inverso. Já na segunda hipótese, a proteção atua por tempo definido. As Figuras 10.39 e 10.40 exemplificam, respectivamente, as duas formas de atuação da proteção, cada uma delas de acordo com as especificações do dispositivo adotado.

Esse tipo de seletividade é o mais usado em projetos de instalações industriais em função dos dispositivos normalmente empregados, que são os disjuntores termomagnéticos e os fusíveis NH, ambos caracterizados por curvas de tempo inverso.

Porém, há de se considerar que esse tipo de seletividade conduz a tempos de atuação da proteção muito elevados, à medida que se aproxima da fonte de suprimento, conforme se pode observar pela Figura 10.38, o que traz algumas desvantagens de projeto, ou seja:

- nos projetos industriais a concessionária impõe condições de tempo na proteção de fronteira com o empreendimento, em função de seu esquema de

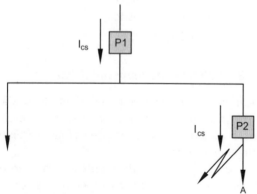

Figura 10.37 Seletividade amperimétrica.

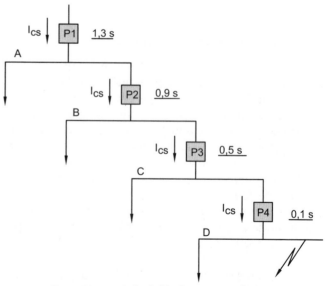

Figura 10.38 Seletividade cronométrica.

seletividade. Como normalmente esse tempo é de valor reduzido, a seletividade do projeto de proteção da indústria pode ficar prejudicada, alcançando-se tempos superiores àqueles admitidos na proteção de fronteira;

- por admitir a corrente de defeito por um tempo excessivo, podem-se ter quedas de tensão prejudiciais ao funcionamento das demais cargas.

Em função do tipo de dispositivo de proteção utilizado, podem ser encontradas nos sistemas elétricos as seguintes combinações de proteção:

- fusível em série com fusível;
- fusível em série com disjuntor;
- disjuntor de ação termomagnética em série com fusível;
- disjuntores em série entre si.

Cada uma dessas combinações merece uma análise individual para o dimensionamento adequado dos dispositivos do sistema de proteção.

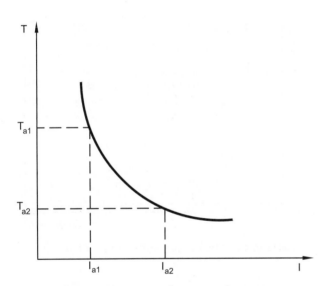

Figura 10.39 Curva de tempo inverso.

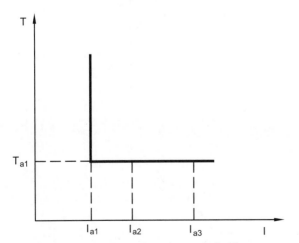

Figura 10.40 Curva de tempo definido.

10.2.8.3.1 Fusível em série com fusível

A seletividade entre fusíveis do mesmo tipo e tamanho imediatamente subsequente pode ser natural. A fim de assegurar a seletividade entre fusíveis, é necessário que a corrente nominal do fusível protegido (fusível a montante) seja igual ou superior a 160 % do fusível protetor (fusível a jusante), isto é:

$$I_{fm} \geq 1,6 \times I_{fj} \qquad (10.39)$$

em que:

I_{fm} = corrente nominal do fusível protegido, isto é, a montante;
I_{fj} = corrente nominal do fusível protetor, isto é, a jusante.

Para melhor clareza das posições que os fusíveis ocupam no sistema observar a Figura 10.41.

A Figura 10.42 mostra os tempos que devem ser obtidos na seletividade entre dois fusíveis, do tipo NH, de 80 e 160 A, instalados no circuito da Figura 10.43.

Para facilitar o dimensionamento de fusíveis em série, no que tange à seletividade, podem-se empregar os valores fornecidos para os fusíveis em série DZ-DZ e NH-NH de fabricação Siemens na Tabela 10.12.

A seletividade entre fusíveis dos tipos rápido e retardado deve ser feita entre elementos diferenciados de, pelo menos, uma unidade padronizada.

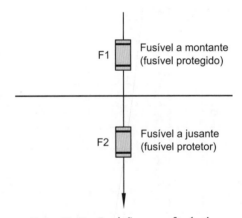

Figura 10.41 Posição com fusíveis.

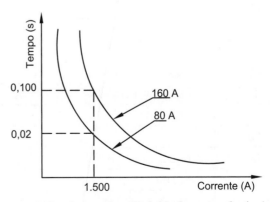

Figura 10.42 Curva de seletividade entre fusíveis.

As unidades do tipo NH podem ficar submetidas a sobrecorrentes de curta-duração, aproximadamente a 75 % do tempo de fusão das mesmas, sem que haja alteração nas características do elemento fusível.

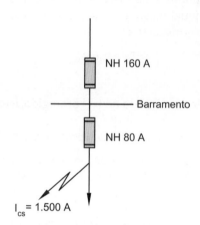

Figura 10.43 Fusíveis de 160 e 80 A em série.

Tabela 10.12 Tabela de seletividade entre fusíveis

Correntes dos fusíveis (A)			
NH		Diazed	
Montante	Jusante	Montante	Jusante
F1	F2	F1	F2
1.250	800	100	63
1.000	630		
800	500	80	50
630	400		
500	315	63	35
400	250		
315	200	50	25
250	160		
200	125	35	20
160	100		
125	80	25	16
100	63		
80	50	20	10
63	40		
50	32	16	6
40	25		
32	20	10	4
25	16		
20	10	6	2
16	6ADZ		
10	4ADZ		
6	2ADZ		

10.2.8.3.2 Fusível em série com disjuntor de ação termomagnética

a) Faixa de sobrecarga

A seletividade é garantida quando a curva de desligamento do relé térmico do disjuntor não corta a curva do fusível, como se pode observar na Figura 10.44, cuja proteção dos dispositivos está mostrada na Figura 10.45.

b) Faixa de curto-circuito

Na faixa característica da corrente de curto-circuito, para se obter seletividade, é necessário que o tempo de atuação do fusível seja igual ou superior em 50 ms ao tempo de disparo do disjuntor por meio de sua unidade magnética, isto é:

$$T_{af} \geq T_{ad} + 50 \text{ ms} \tag{10.40}$$

sendo que:

T_{af} = tempo de atuação do fusível, em ms;
T_{ad} = tempo de atuação do disjuntor, em ms.

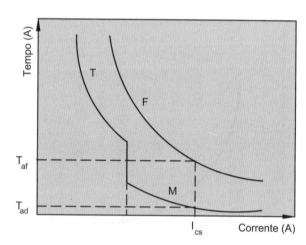

Figura 10.44 Fusível em série com o disjuntor.

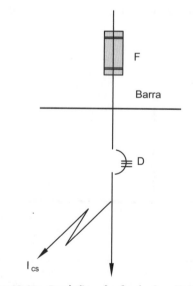

Figura 10.45 Posições do fusível e disjuntor.

Um caso particular de fusível em série com disjuntor, e ocasionalmente empregado, é aquele em que se deseja proteger o disjuntor contra correntes elevadas de curto-circuito, cujo valor seja superior à sua capacidade de ruptura. Utiliza-se, neste caso, a propriedade dos fusíveis, dos tipos diazed e NH, de limitação da corrente de crista. Pelos gráficos das Figuras 10.28 e 10.29, pode-se observar, entretanto, que, para correntes muito elevadas, o fusível não mais responde a esta característica.

10.2.8.3.3 Disjuntor de ação termomagnética em série com fusíveis

a) Faixa de sobrecarga

Considerando a faixa de sobrecarga, a seletividade é garantida quando a curva de desligamento do relé térmico do disjuntor não corta a do fusível, como se pode observar na Figura 10.46, cuja posição dos dispositivos está mostrada na Figura 10.47.

b) Faixa de curto-circuito

Na faixa característica de corrente de curto-circuito, para se obter seletividade, é necessário que o tempo de atuação do relé eletromagnético do disjuntor seja igual ou superior em 100 ms ao tempo de disparo do fusível, ou seja:

$$T_{ad} \geq T_{af} + 100 \text{ ms} \qquad (10.41)$$

10.2.8.3.4 Disjuntor em série com disjuntor

a) Faixa de sobrecarga

Considerando a faixa de sobrecarga, a seletividade é garantida quando as curvas dos dois disjuntores não se cortam, conforme pode ser visto na Figura 10.48, cuja posição dos dispositivos está mostrada na Figura 10.49.

b) Faixa de curto-circuito

Cuidados devem ser tomados quanto à posição que os disjuntores ocupam no sistema em função das correntes de curto-circuito. Desse modo, deve-se garantir que a capacidade de ruptura dos disjuntores seja compatível com as correntes de defeito, sob pena de os mesmos serem afetados térmica e dinamicamente, durante a operação de disparo. Na prática, para que se tenha garantia de seletividade perante as correntes de curto-circuito, é necessário que se estabeleçam as seguintes condições, conforme pode ser observado na Figura 10.48.

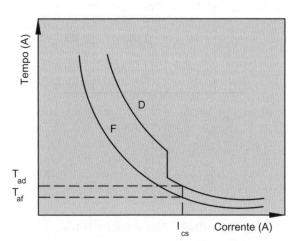

Figura 10.46 Disjuntor em série com fusível.

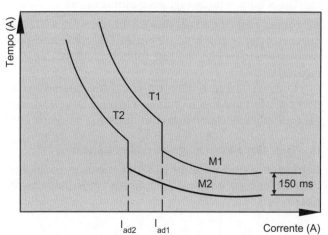

Figura 10.48 Disjuntor em série com disjuntor.

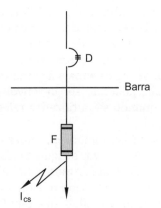

Figura 10.47 Posições dos disjuntores.

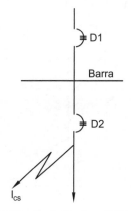

Figura 10.49 Posição dos disjuntores.

O tempo de atuação do relé eletromagnético do disjuntor, instalado no ponto mais próximo da fonte, deve ser igual ou superior em 150 ms ao tempo de atuação do relé eletromagnético do disjuntor instalado a jusante, ou seja:

$$T_{ad1} \geq T_{ad2} + 150 \text{ (ms)} \tag{10.42}$$

T_{ad1} = tempo de atuação do disjuntor D1, em ms;
T_{ad2} = tempo de atuação do disjuntor D2, em ms.

As correntes que caracterizam as ações das unidades térmicas e magnéticas dos disjuntores devem satisfazer às seguintes condições:

$$I_{ad1} \geq 1,25 \times I_{ad2} \tag{10.43}$$

I_{ad1} = corrente de atuação do relé eletromagnético do disjuntor D1;
I_{ad2} = corrente de atuação do relé eletromagnético do disjuntor D2.

Além do que já foi visto em termos de seletividade, deve-se estudar o caso particular de dois ou mais circuitos de distribuição em paralelo. Essa condição é favorável, já que as correntes de curto-circuito se dividem igualmente entre os ramos, quando estes apresentam impedâncias iguais. Podem ser analisados dois casos mais conhecidos na prática, ou seja:

a) **Duas alimentações iguais e simultâneas**

As curvas características dos disjuntores D1 e D2 não devem cortar a curva do disjuntor D3, conforme pode ser observado na Figura 10.50, relativa à configuração da Figura 10.51.

Como a corrente de curto-circuito é dividida pelos dois transformadores, as curvas dos relés D1 e D2 devem ser multiplicadas por 2 somente na escala das correntes.

b) **Três alimentações iguais e simultâneas**

Conforme visto na Figura 10.52, as mesmas considerações anteriores podem ser aplicadas adequadamente nesse caso.

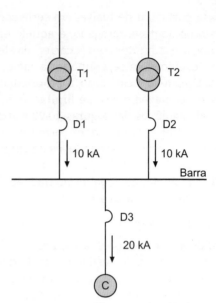

Figura 10.51 Alimentação dupla.

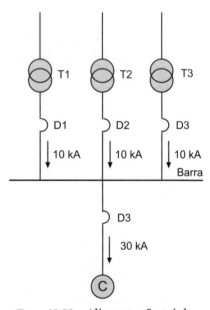

Figura 10.52 Alimentação tripla.

10.2.8.4 *Seletividade lógica*

Os relés digitais multifunção possibilitaram a aplicação desse conceito de seletividade. É aplicada em unidades de sobrecorrente de fase e de neutro ou terra, tanto em sistemas primários como secundários.

A seletividade lógica é mais facilmente aplicada em sistemas radiais, podendo ser desenvolvida em sistemas em anel, quando são utilizados relés de sobrecorrentes direcionais.

Para que se possa melhor entender o princípio da seletividade lógica observar a Figura 10.53 onde são utilizadas unidades de sobrecorrentes digitais em diferentes níveis de barramento. Cada relé digital se conecta a outro por meio de um fio piloto que tem função de conduzir o sinal lógico de bloqueio.

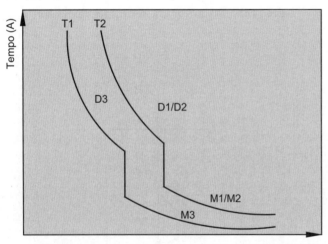

Figura 10.50 Disjuntor em série com disjuntor.

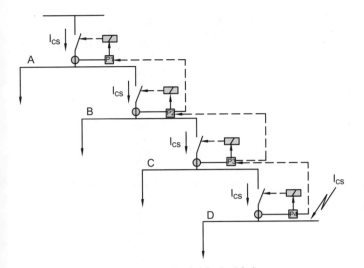

Figura 10.53 Seletividade lógica.

Os princípios básicos de funcionamento da seletividade lógica podem ser resumidos a seguir com a ajuda da Figura 10.53, ou seja:

- a primeira proteção a montante do ponto de defeito é a única responsável pela atuação do dispositivo de abertura do circuito;
- as proteções situadas a jusante do ponto de defeito não receberão sinal digital de mudança de estado;
- as proteções situadas a montante do ponto de defeito receberão os sinais digitais de mudança de estado, para bloqueio ou para atuação;
- cada proteção deve ser capaz de receber um sinal digital da proteção a sua jusante e enviar um sinal digital à proteção a montante e, ao mesmo tempo, acionar o dispositivo de abertura do circuito;
- as proteções são ajustadas com tempo de 50 a 100 ms;
- cada proteção é ajustada para garantir a ordem de bloqueio durante um tempo definido pelo procedimento da lógica da seletividade, cuja duração pode ser admitida entre 150 e 200 ms.

Adotando os princípios dos fundamentos anteriores e observando a Figura 10.53, podem-se desenvolver os seguintes procedimentos para um curto-circuito na barra D, ou seja:

- a proteção P4 ordena o bloqueio da proteção P3 através de fio piloto de comunicação;
- ao receber a ordem de bloqueio, a proteção P3 ordena o bloqueio da proteção P2 que, por sua vez, ordena o bloqueio da proteção P1;
- a proteção P4 faz atuar o dispositivo de abertura do circuito após um tempo de disparo T_{p4} que deve ser igual ao tempo de abertura do dispositivo de interrupção mais o tempo desejado para ajuste da proteção P4 que normalmente varia entre 50 e 100 ms;
- adota-se normalmente o tempo de 50 ms para a proteção mais próxima do ponto de defeito, ajustando-se as demais proteções para um tempo de 100 ms;
- para uma eventual falha da proteção P4, a abertura do dispositivo de proteção de retaguarda seria solicitado a atuar, no caso a proteção P3, após o tempo de duração da ordem de bloqueio emitido por P4, normalmente fixado entre 150 e 200 ms.

Ainda analisando a Figura 10.53, para uma falta na barra C, a seletividade lógica assume as seguintes condições:

- a proteção P4 não recebe nenhuma informação das demais unidades;
- a proteção P2 recebe ordem de bloqueio da proteção P3 que ordena o bloqueio de P1;
- com a ordem de bloqueio da proteção P2, a proteção P3 faz atuar o dispositivo de abertura correspondente em um tempo dado pelo tempo de abertura do dispositivo de interrupção.

10.2.9 Proteção de motores elétricos

Os motores elétricos, peças fundamentais de um projeto de instalação elétrica industrial, devem merecer cuidados especiais quanto à proteção individual ou em grupo a eles aplicada.

Os motores elétricos, quando submetidos a condições anormais, durante o período de funcionamento devem ser imediatamente separados do circuito de alimentação. Assim, essas anormalidades podem ser divididas em diferentes tipos, sendo cada uma delas prejudicial à máquina, conforme o tempo de duração:

- sobrecarga contínua;
- sobrecarga intermitente;
- redução da tensão de alimentação;
- tensão de alimentação elevada;
- rotor bloqueado;
- temperatura ambiente elevada;
- circulação deficiente do meio circulante;
- variação da frequência da rede;
- funcionamento com correntes desequilibradas;
- funcionamento com ausência de uma fase.

Como já foi estudado anteriormente, a proteção dos motores tinha por base o uso dos relés de sobrecarga bimetálicos. Apesar de ser a proteção mais empregada em motores de utilização industrial, o mercado oferece várias outras opções a seguir analisadas.

a) Relé falta de fase

Esse dispositivo deve ser aplicado sempre após qualquer outro dispositivo que possa operar de forma monopolar, já que ele é sensível à ausência de fase do sistema desde a fonte até o seu ponto de instalação. Atua, normalmente, sobre o contator de manobra do motor.

b) Relé digital de proteção multifunção

São relés numéricos ligados a transformadores de corrente conectados à rede de alimentação do motor. A corrente de entrada é constantemente monitorada por um microprocessador. Oferecem proteção ao motor contra sobrecorrente, falta de fase, inversão de fase, desbalanceamento de fase e rotor travado.

c) Sondas térmicas e termistores

São detectores térmicos dependentes da temperatura constituídos de lâminas bimetálicas que acionam um contato normalmente fechado. São ligadas em série com o circuito de comando do contator. Os termistores são também detectores térmicos, compostos de semicondutores, cuja resistência varia em função da temperatura, podendo ser ligados em série ou em paralelo com o circuito de comando do contator. São localizados internamente ao motor, embutidos nos enrolamentos. Podem ser dos tipos PTC ou NTC.

Os protetores PTC apresentam coeficientes positivos de temperatura muito elevada e são instalados nas cabeças dos bobinados correspondentes ao lado da saída do ar refrigerante. Quando a temperatura do enrolamento ultrapassa a temperatura máxima permitida para o nível de isolamento considerado, os detectores aumentam abruptamente a sua resistência elétrica, provocando a atuação de um relé auxiliar responsável pela abertura da chave de manobra do motor.

Os protetores NTC apresentam coeficientes de temperatura negativa, isto é, quando aquecidos a uma temperatura superior à máxima permitida, a sua resistência reduz-se abruptamente, provocando a atuação de um relé auxiliar responsável pela abertura da chave de manobra do motor.

Apesar de aparentemente serem elementos de proteção de alta confiabilidade, não são eficientes quando os motores estão submetidos a determinadas condições de trabalho, tais como rotor travado, desequilíbrio de corrente e partidas prolongadas.

Como os termistores são instalados no estator, o fluxo de ar refrigerante que passa no entreferro impede a transferência do calor do rotor para o lado do estator, mascarando a avaliação dos termistores. Dessa forma, o rotor pode sofrer aquecimento elevado sem que o termistor seja sensibilizado. A eficiência dos termistores está associada à supervisão da temperatura do estator de longa duração.

10.2.9.1 Sobrecarga contínua

Nos motores elétricos, geralmente o estado de aquecimento estacionário é atingido depois de algumas horas de funcionamento contínuo, o que lhes garante uma vida útil de pelo menos vinte anos. Para 10 % de aquecimento adicional, a vida do motor pode cair de 20 para 10 anos.

A proteção com relés térmicos de sobrecarga é apropriada para esse tipo de comportamento operacional dos motores, desde que a temperatura ambiente seja a mesma para o relé térmico e o motor.

10.2.9.2 Sobrecarga intermitente

Caracteriza-se por partidas e frenagens com frequência demasiada, como no caso dos guindastes.

A proteção por meio de relés térmicos torna-se adequada à medida que se conheça exatamente o regime de sobrecarga do motor, ajustando-se o seu valor de atuação de forma a não interferir na operação da máquina, observando-se que a temperatura do enrolamento do motor não seja excedida pela sobrecarga que o relé térmico permitiria.

Se não há informações seguras do regime de operação do motor, o uso da proteção térmica tenderia a prejudicar operacionalmente a máquina, sendo, nesse caso, mais conveniente suprimir a referida proteção, evitando-se, assim, desligamentos intempestivos.

10.2.9.3 Redução da tensão de alimentação

Considerando a instalação do motor em um ponto do circuito em que a tensão está abaixo das condições nominais previstas, as características destes são alteradas de acordo com os seguintes itens:

- o conjugado de partida diminui com o quadrado da tensão aplicada;
- a corrente de partida cai proporcionalmente à redução de tensão;
- a corrente a plena carga aumenta;
- a corrente rotórica aumenta na mesma proporção;
- o fator de potência aumenta;
- as perdas estatóricas e rotóricas, em geral, também aumentam, aquecendo o enrolamento;
- a velocidade diminui, acarretando deficiências indesejáveis de ventilação.

Em função do aumento da corrente de carga, o relé térmico pode ser sensibilizado a proteger adequadamente o motor desde que não haja interferência da temperatura do meio ambiente. A proteção com sonda térmica e termistor é também eficaz. Uma alternativa recomendada é o uso de relés de subtensão comandando o dispositivo de abertura do motor.

10.2.9.4 Tensão de alimentação elevada

Considerando a instalação do motor em um ponto do circuito em que a tensão está acima das condições nominais previstas, as características do motor são alteradas de acordo com os seguintes itens:

- o conjugado de partida aumenta com o quadrado da tensão;
- a corrente de plena carga diminui;
- o conjugado máximo aumenta com o quadrado da tensão;
- o fator potência diminui;
- as perdas rotóricas, em geral, e as perdas estatóricas diminuem;
- a velocidade aumenta ligeiramente, melhorando as condições de troca de calor.

Os esquemas de proteção convencionais não são suficientes para desligar o motor da rede. Neste caso, frequentemente é utilizado o relé de sobretensão, o que só se justifica em motores de potência elevada.

Quanto aos motores recuperados sem resguardar as características originais, e dentro de técnicas inadequadas, essa e outras condições podem ser drasticamente alteradas, não mais o motor respondendo às condições previstas em norma, o que é muito comum ocorrer em motores recuperados nas oficinas de reparo em instalações industriais.

10.2.9.5 Rotor bloqueado

Embora o fusível do tipo limitador de corrente (diazed e NH) não seja designado para essa tarefa pode oferecer a proteção desejada. Os relés térmicos são bastante eficientes, condicionados à temperatura ambiente, como anteriormente mencionado. As sondas térmicas e os termitores não são proteções seguras para o rotor.

10.2.9.6 Temperatura ambiente elevada

A proteção que oferece mais segurança é o uso das sondas térmicas e dos termistores. A proteção por meio de relés térmicos depende da localização dos relés, isto é, se estão no mesmo ambiente do motor ou em outro.

10.2.9.7 Circulação deficiente do meio refrigerante

Caracteriza-se, normalmente, pela falta de ventilação natural ou forçada do ambiente onde o motor está operando. A proteção adequada é dada por meio de sondas térmicas e termistores.

10.2.9.8 Variação da frequência da rede

Apesar de pouco comum nos sistemas de distribuição das concessionárias de energia elétrica em regime normal de operação, as variações de frequência originam as seguintes alterações nas características de funcionamento dos motores:

- a potência praticamente não varia;
- o conjugado varia inversamente com a frequência;
- a velocidade angular e as perdas variam na mesma proporção.

Se o motor for submetido a uma frequência inferior à sua nominal, consequentemente diminui a taxa de dissipação de calor, sobreaquecendo os enrolamentos, perante a carga nominal. Nestas condições, podem ser empregadas as sondas térmicas e termistores. Se a frequência for superior à nominal, então nenhum prejuízo de ordem térmica sofrerá o motor.

10.2.9.9 Funcionamento com correntes desequilibradas

Como já foi explanado no Capítulo 6, o desequilíbrio das correntes de fase provoca efeitos térmicos danosos ao motor, quando este opera com carga superior a sua capacidade nominal. Neste caso, o campo de sequência negativa induz correntes nas barras do rotor com a frequência duas vezes superior ao valor nominal, ou seja, 120 Hz. Em virtude do efeito pelicular da corrente nas barras do rotor, este sofre um aquecimento decorrente da dissipação térmica. Nesta condição, o estator não seria afetado. A proteção por meio de relés térmicos ou de imagem térmica acoplada aos terminais do estator não seria sensibilizado, enquanto a temperatura do rotor poderia ultrapassar os limites de sua classe de isolamento. Nem mesmo as lâminas térmicas e os termistores seriam sensibilizados, expondo o motor a riscos de danos irrecuperáveis, iniciando o processo no rotor e se desenvolvendo no estator.

A proteção que satisfaz a essa condição operacional se restringe ao uso do relé de reversão de fase ou balanceamento de fase que corresponde à função 46 ANSI.

10.2.9.10 Funcionamento com ausência de uma fase

A ausência de uma fase nas instalações elétricas industriais pode trazer sérias consequências aos motores em operação, desde que os dispositivos de proteção não atuem adequadamente. Embora alguns tipos de relés bimetálicos sejam responsáveis pela proteção dos motores submetidos a esta condição, em algumas circunstâncias a proteção é falha, não oferecendo a segurança necessária.

Em geral, a falta de fase afeta consideravelmente os enrolamentos, não importando se os motores estejam ligados em estrela ou triângulo. A seguir, serão analisados os dois tipos possíveis de ligação dos motores de indução, relacionando-os com o evento de falta repentina de uma das fases do circuito.

a) Ligação em estrela

A Figura 10.54 representa um motor ligado em estrela operando em condições normais. A Figura 10.55 mostra a ligação do mesmo motor sem uma das fases de alimentação.

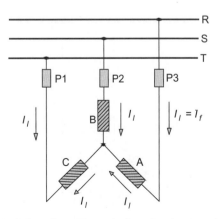

I_f – corrente de fase do enrolamento do motor; I_l – corrente de linha

Figura 10.54 Ligação em estrela.

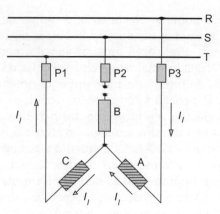

I_f – corrente de fase do enrolamento do motor; I_l – corrente de linha

Figura 10.55 Ligação em estrela com ausência de uma fase.

Como se sabe, nos motores ligados em estrela, a corrente que circula em cada um dos enrolamentos é a mesma que percorre cada uma das fases de alimentação. Rompendo-se a fase S, esta situação se altera: a corrente nos enrolamentos aumenta de valor, correspondendo à mesma elevação nas fases de alimentação.

A proteção mais eficiente do motor pode ser feita por meio de sondas térmicas e termistores.

b) Ligação em triângulo

A Figura 10.56 representa um motor ligado em triângulo, operando em condições normais. A Figura 10.57 mostra a ligação do mesmo motor, quando uma das fases de alimentação é desconectada.

Comparando-se as duas configurações, pode-se perceber que a corrente que circula em quaisquer das bobinas do motor, ligado em estrela, é a mesma que atravessa o dispositivo de proteção instalado no circuito alimentador, proporcionando condições mais favoráveis de atuação do referido dispositivo, enquanto na configuração em triângulo, a distribuição das correntes nos bobinados, durante uma falta de fase, é mais complexa e depende essencialmente da porcentagem do conjugado de carga nominal com que o motor trabalha neste instante.

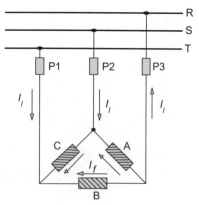

I_f – corrente de fase do enrolamento do motor; I_l – corrente de linha

Figura 10.56 Ligação em triângulo.

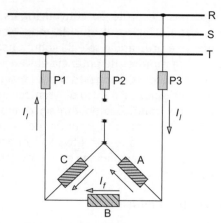

I_f – corrente de fase do enrolamento do motor; I_l – corrente de linha

Figura 10.57 Ligação em triângulo com ausência de fase.

Uma maneira mais eficaz de proteger o motor, ligado em triângulo, contra falta de fase, utilizando dispositivos térmicos, é instalá-los de modo que fiquem em série com cada bobinado. Neste caso, o motor deverá ter os seis terminais de ligação acessíveis.

Os relés de proteção para falta de fase são de largo uso e dão segurança adequada ao motor, independentemente do tipo de ligação adotado. Em virtude de seu preço, porém, somente devem ser empregados em unidades de maior potência ou em agrupamentos de motores.

Conforme já foi analisado no Capítulo 6, se o motor está operando a uma carga igual ou inferior a 57,76 % não será afetado pela ausência de fase. Para carregamentos superiores, o motor deve estar protegido adequadamente por relés térmicos, sondas térmicas etc. Na primeira condição, isto é, a 57,76 % da carga nominal, a corrente que irá circular pelo relé e pelas bobinas do motor será igual à corrente nominal. A partir deste valor a corrente de linha inicia o seu processo de sensibilização do relé de proteção.

10.3 Proteção de sistemas primários

Segundo a ABNT NBR 14039:2005 é considerada proteção geral de uma instalação de média tensão o dispositivo situado entre o ponto de entrega de energia e a origem da instalação.

A norma estabelece duas condições básicas:

a) Subestação com capacidade instalada igual ou inferior a 300 kVA

Se a capacidade da subestação unitária for igual ou inferior a 300 kVA, a proteção geral na média tensão deve ser realizada por um disjuntor acionado por relés secundários dotados de unidades instantâneas (50) e temporizadas (51) de fase e de neutro. Pode também ser empregada chave seccionadora e fusível, sendo neste caso obrigatória a utilização de disjuntor como proteção geral do lado de baixa-tensão. Não são aceitos relés com funcionamento com retardo a líquido.

b) Instalação com capacidade superior a 300 kVA

Se a capacidade da subestação for superior a 300 kVA, a proteção geral na média tensão deve ser realizada, exclusivamente, por um disjuntor acionado por relés secundários dotados de unidades instantâneas (50) e temporizadas (51) de fase e de neutro.

Dessa forma, fica vedada, pela ABNT NBR 14039:2005, a utilização de relés de ação direta na proteção geral da subestação. No entanto, o projetista pode utilizar chave seccionadora, acionada por fusível incorporado, na proteção de média tensão em ramais que derivam do barramento primário da subestação após a proteção geral.

Aconselha-se que os relés de ação direta existentes em instalações antigas ainda em operação devam ser substituídos por relés digitais obtendo-se uma proteção de melhor qualidade. Deve-se alertar também que a substituição dos relés primários de ação direta, em geral, implica a substituição dos disjuntores de média tensão, acarretando custos nem sempre entendidos pela administração da indústria.

10.3.1 Relé primário de ação direta

Foram empregados genericamente, na proteção de subestações de média tensão, até o final dos anos 1980.

10.3.1.1 Relé fluidodinâmico

Consiste em um dispositivo provido de uma bobina formada de grossas espiras de condutores de cobre, por meio da qual passa a corrente do circuito primário.

O relé atua pelo deslocamento vertical de uma âncora móvel, liberando uma alavanca que provoca o desengate do mecanismo do disjuntor e a sua abertura. O rearmamento do relé é automático. Atua em uma curva de *tempo × corrente* inversa.

Cabe alertar que esses relés possuem, na parte inferior, um recipiente contendo fluido que provoca a temporização do mesmo. Se, por esquecimento, o disjuntor for energizado sem o devido fluido no recipiente do relé, não há como sustentar a ligação, pois a corrente de magnetização do transformador sensibiliza o relé.

10.3.1.2 Relés de sobrecorrente estático

São dispositivos fabricados de componentes estáticos, montados em caixa metálica blindada, para evitar a interferência do campo magnético dos condutores de alta-tensão, em cujos bornes dos disjuntores esses dispositivos são instalados.

Esses relés dispensam alimentação auxiliar, o que torna a sua aplicação muito prática. O RPC-1 foi um exemplo desse tipo de relé. O ajuste de suas funções é efetuado por meio de seletores localizados em seu painel frontal, cada um deles contendo uma escala adequada.

A norma ABNT NBR 14039:2005 também veda a utilização desses relés como proteção geral de subestações de média tensão.

10.3.2 Relés secundários de sobrecorrente digitais

Com o advento da inteligência artificial nas diferentes atividades da sociedade atual, foram utilizados no Brasil em meados da década de 1980 os primeiros relés concebidos com memória de dados.

O relé deixou apenas de ser um elemento que exerce a sua atividade de proteção e passou a armazenar informações e ser capaz de interligar-se com um computador programado para receber essas informações e remeter ordens baseadas nelas. Isso só foi possível com o desenvolvimento dos relés digitais.

Essa tecnologia evoluiu e permitiu que os sistemas elétricos, antes operando de forma *burra*, fossem dotados de programas *inteligentes* que substituíssem muitas atividades operacionais desenvolvidas pelo homem. É o caso prático das subestações que possuem sistema supervisório em que todos os relés são da tecnologia IED (*Intelligent Electronic Devices*), ou seja, dispositivo eletrônico inteligente.

Aqui é necessário explicar o que significa sistema automatizado e sistema digitalizado. Diz-se que um sistema elétrico está *automatizado*, por exemplo, uma subestação, quando os relés de proteção digitais instalados em diferentes pontos da subestação exercem somente a sua função de proteção. Quando se diz que uma subestação está *digitalizada* entende-se que todos os relés utilizados são digitais, tecnologia IED, e interligados a um processador digital, e que os disjuntores, chaves e demais equipamentos são todos operando por meio de um programa operacional dedicado, denominado Sistema de Supervisão e Aquisição de Dados (SCADA). Essas subestações normalmente são operadas a distância por um Centro de Distribuição. Por meio de um sistema de CFTV (circuito fechado de TV) o Centro de Distribuição visualiza os equipamentos em vários ângulos e detecta a presença de intrusos no interior da subestação por meio de sensores de presença. A digitalização permite também a recomposição da subestação realizando manobras automáticas de disjuntores e chaves após o retorno das linhas de transmissão de alimentação que sofreram uma falha intempestiva.

As possibilidades dos relés digitais, IEDs, podem ser resumidamente mencionadas a seguir:

- conexão com um sistema de informação central;
- armazenamento de informações antes, durante e após cada evento do sistema elétrico;
- reduzido espaço ocupado nos painéis de controle;
- ajuste das características operacionais dos relés sem desligá-los do sistema;
- ajuste das características operacionais dos relés feita de pontos remotos;
- alta confiabilidade proporcionada por um sistema de autossupervisão.

A seguir serão avaliados os vários aspectos técnicos e características operacionais desses equipamentos:

a) **Aspectos construtivos**

Cada relé é constituído de uma unidade extraível no interior da qual estão acomodados todos os componentes para:

- aquisição e avaliação das medidas;
- saídas de eventos, alarmes e comandos;
- interface serial;
- conversor de alimentação.

A unidade de proteção é instalada no interior de uma caixa metálica, cujos bornes de ligação podem ser fixados atrás ou na sua parte frontal, dependendo do uso que o cliente deseja fazer.

b) **Características técnicas e operacionais**

Os relés digitais são, em geral, dotados das seguintes características:

- proteção de sobrecorrente de fase e de neutro integrada em uma só unidade;
- proteção contra falha do disjuntor;
- proteção trifásica de sobrecorrente de fase instantânea e temporizada;
- proteção de sobrecorrente de neutro instantânea e temporizada;
- registro dos valores de vários parâmetros relativos aos últimos eventos;
- curvas de tempo inverso e características de tempo disponíveis;
- reajuste dos parâmetros sem alterar o ajuste existente durante o período do reajuste;
- ajuste duplo quando da mudança do ajuste principal para o ajuste alternativo;
- comunicação serial via fibra óptica ou fio metálico que possibilita a troca de informação entre o relé e o sistema hierarquicamente superior.

Por meio de informações obtidas do relé, o computador pode avaliar as últimas três faltas ocorridas no sistema e analisar a forma de onda da corrente referente ao último defeito.

Os ajustes dos relés são realizados diretamente no seu painel frontal ou por meio da comunicação com a unidade de processamento vinculada.

Os valores das correntes de fase e de terra são ajustados separadamente, bem como as características de tempo de desligamento.

Na proteção geral de média tensão e demais pontos das instalações industriais de maior importância, é comum o uso dos relés digitais, em virtude de seu excelente desempenho funcional e de sua superioridade de operação, comparados aos fusíveis. São aplicados também na proteção de máquinas elétricas girantes de grande porte, transformadores, rede de distribuição etc., proporcionando elevada segurança à instalação.

Existem muitos relés digitais de fabricação nacional e outros de procedência estrangeira operando nas mais diversas instalações elétricas, sejam em aplicação em sistemas de distribuição, transmissão, geração, instalações industriais e comerciais. Para cada tipo de relé é necessário que o projetista disponha de um catálogo com todas as informações do produto, já que as instruções de aplicação, ajuste, comunicação etc. são significativamente diferentes entre os vários fabricantes de relés. Neste livro, será indicado apenas um fabricante nacional para efeito de estudo e aplicação.

10.3.2.1 Curvas características de temporização

Os relés apresentam curvas características de temporização que os habilitam para determinados tipos de aplicação. A seguir serão definidas as principais curvas que normalmente acompanham os relés digitais, de acordo com a norma IEC 255-4:1976, cujas declividades podem ser mostradas de forma geral na Figura 10.58.

- Curvas de temporização normalmente inversa

São caracterizadas por uma temporização inferior à temporização inversa longa, sendo aplicadas em sistema de potência em que as correntes de curto-circuito variam consideravelmente com a capacidade de geração. Sua curva está definida na Figura 10.59 e pode ser determinada por meio da Equação (10.44).

$$T_{ni} = \frac{0,14}{\left(\frac{I_{ma}}{I_{ac}}\right)^{0,02} - 1} \times T_{ms} \qquad (10.44)$$

- Curvas de temporização extremamente inversa

São caracterizadas por uma temporização inferior à temporização muito inversa, sendo aplicadas particularmente em sistemas de distribuição de redes públicas, notadamente em redes rurais, já que se adequam às curvas de temporização dos elos fusíveis. Sua curva

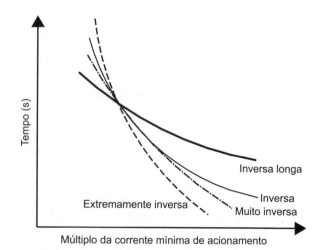

Figura 10.58 Tipos de curvas de acionamento dos relés de sobrecarga.

está definida na Figura 10.60 e pode ser determinada por meio da Equação (10.45).

$$T_{ei} = \frac{80}{\left(\frac{I_{ma}}{I_{ac}}\right)^2 - 1} \times T_{ms} \qquad (10.45)$$

- Curvas de temporização inversa longa

São caracterizadas pela longa temporização, o que torna seu emprego adequado para proteção de motores, em função da corrente de partida. Sua curva está definida na Figura 10.61 e pode ser determinada por meio da Equação (10.46).

$$T_{ei} = \frac{120}{\left(\frac{I_{ma}}{I_s}\right) - 1} \times T_{ms} \qquad (10.46)$$

- Curvas de temporização muito inversa

São caracterizadas por uma temporização inferior à temporização normalmente inversa, sendo aplicadas particularmente em sistemas de distribuição que alimentam centros urbanos e industriais, onde as correntes de curto-circuito variam consideravelmente em função do ponto de defeito. Sua curva está definida na Figura 10.62 e pode ser determinada por meio da Equação (10.47).

$$T_{mi} = \frac{13,5}{\left(\frac{I_{ma}}{I_{ac}}\right) - 1} \times T_{ms} \qquad (10.47)$$

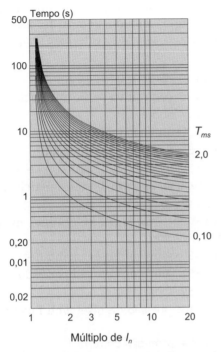

Figura 10.59 Curva de tempo normalmente inversa.

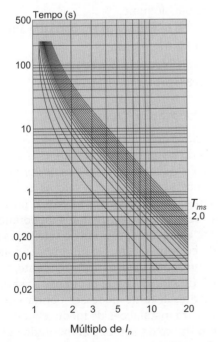

Figura 10.60 Curva de tempo extremamente inversa.

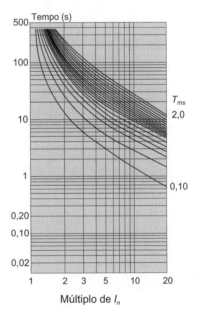

Figura 10.61 Curva de tempo inversa longa.

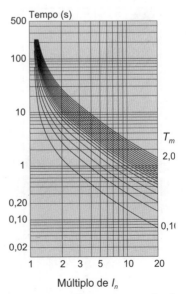

Figura 10.62 Curva de tempo muito inversa.

Além das curvas anteriormente apresentadas, muitos relés digitais executam as curvas IT e I²T, respectivamente, definidas por meio das Equações (10.48) e (10.49) e representadas pelas Figuras 10.63(a) e 10.63(b), ou seja:

- Curvas de temporização representativa de IT

$$T_{mi} = \frac{60}{\left(\frac{I_{ma}}{I_{ac}}\right) - 1} \times T_{ms} \quad (10.48)$$

- Curvas de temporização representativa de I²T

$$T_{mi} = \frac{540}{\left(\frac{I_{ma}}{I_{ac}}\right)^2 - 1} \times T_{ms} \quad (10.49)$$

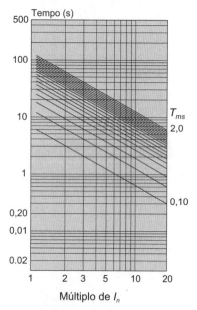

Figura 10.63(a) Curva IT.

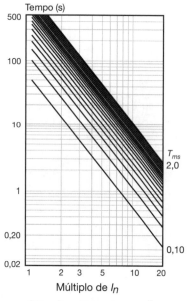

Figura 10.63(b) Curva I²T.

em que:

T_{mi} = tempo de operação do relé;
T_{ms} = multiplicador de tempo (representa as curvas anteriormente apresentadas);
I_{ac} = corrente de acionamento;
I_{ma} = sobrecorrente máxima admitida, em A.

10.3.2.2 Funções ANSI

A norma ANSI estabelece uma codificação das funções dos diferentes dispositivos empregados na proteção, comando e sinalização dos sistemas elétricos e internacionalmente utilizados por fabricantes, projetistas e montadores. Aqui, reproduziremos as principais funções inerentes ao assunto deste livro e aplicação nos sistemas elétricos afins, ou seja:

- função 21: distância;
- função 25: dispositivo de sincronização;
- função 27: subtensão;
- função 30: anunciador;
- função 32: direcional de potência;
- função 38: dispositivo de proteção de mancal;
- função 43: dispositivo de transferência manual;
- função 47: sequência de fase;
- função 49: proteção térmica para máquina ou transformador;
- função 50: sobrecorrente instantâneo;
- função 51: sobrecorrente temporizado;
- função 59: sobretensão;
- função 63: pressão de nível e/ou fluxo de líquido ou gás;
- função 64: proteção de terra;
- função 67: direcional de sobrecorrente em corrente alternada;
- função 68: bloqueio;
- função 79: religamento em corrente alternada;
- função 81: frequência;
- função 86: bloqueio de segurança;
- função 87: proteção diferencial.

10.3.2.3 Conexão dos relés

Os relés digitais são dispositivos que necessitam de informações do sistema para exercerem as suas funções de proteção. Os relés de aplicação mais comum nos sistemas elétricos necessitam dos valores de tensão, corrente e frequência. O valor de tensão é normalmente obtido por meio de transformadores de potencial (TPs); já a corrente elétrica é fornecida ao relé pelos transformadores de corrente (TCs). No entanto, os relés necessitam de uma fonte externa independente, CA ou CC, para poder funcionar. Para pequenas instalações de média tensão essa fonte pode ser obtida por meio de um *nobreak*. Para instalações de médio e grande portes é utilizado um banco de baterias alimentado por um retificador-carregador.

10.3.2.4 Ajuste de corrente dos relés

Para se determinar os ajustes dos relés digitais de sobrecorrente de fase e de neutro podem ser utilizados os seguintes procedimentos:

- Unidades temporizadas de fase (51) e de neutro (51N)

Devem ser ajustadas de forma que o relé não opere para a carga máxima presumida e de acordo com a Equação (10.50).

$$I_a = \frac{K \times I_{ma}}{RTC} \quad (10.50)$$

em que:

I_a = corrente de ajuste da unidade temporizada, em A;
I_{ma} = corrente máxima presumida do sistema, em A. No caso da proteção do transformador da subestação, I_{ma} corresponde à sua corrente nominal;
K = fator de sobrecarga do sistema. Para os relés de fase, o valor K pode variar de 1,2 a 1,5. Para os relés de neutro, o valor de K pode variar de 0,20 a 0,30;
RTC = relação de transformação da corrente do transformador de corrente.

Para se determinar o tempo de atuação da unidade temporizada, utiliza-se a Equação (10.51) que representa o múltiplo da corrente ajustada

$$M = \frac{I}{RTC \times I_a} \quad (10.51)$$

com:

M = múltiplo da corrente de acionamento da unidade temporizada;
I = corrente para a qual se deseja conhecer o tempo de atuação do relé; pode ser de curto-circuito, sobrecorrente etc.

Com o valor de M e com o tempo de retardo da proteção que se deseja, acessa-se a família de curvas do relé escolhido e determina-se a curva específica de acionamento que é ajustada na tecla de membrana do respectivo relé ou por meio de um computador do tipo pessoal.

- Unidades de tempo definido e instantâneas de fase e de neutro
  - Ajuste das unidades de tempo definido (51TD) e instantânea de fase (50) para a corrente de defeito

De forma geral, os métodos utilizados para as unidades de tempo definido e instantânea são semelhantes. No ajuste da unidade de tempo definido, a corrente é tomada com o valor muito inferior ao da corrente ajustada na unidade instantânea. Com relação ao tempo e à corrente de ajuste, são disponíveis faixas bastante amplas, conforme pode ser visualizado na Figura 10.65(b). Já em relação à unidade instantânea, a corrente de ajuste pode ser selecionada dentro de uma determinada faixa e o tempo de atuação do relé tem valor fixo e depende do modelo de cada relé, conforme mostrado na Figura 10.65(b).

Deve-se observar que vários relés digitais não possuem as unidades de tempo definido de fase e nem de neutro.

Devem ser ajustadas segundo a Equação (10.52).

$$I_i \leq \frac{I_{ca}}{RTC} \times F \text{ (A)} \quad (10.52)$$

em que:

I_{ca} = corrente de curto-circuito trifásica, valor assimétrico eficaz, em A. Para o relé de neutro I_{ca} corresponde à corrente de curto-circuito fase-terra, em A;
F = fator de ajuste de curva: pode ser considerado geralmente entre 0,2 e 0,5 para a função de tempo definido (51TD) e entre 0,5 e 0,90 para a função instantânea (50). Para valores inferiores a 0,2, o relé de tempo definido de fase pode atuar para a corrente de energização do transformador. No caso dos relés instantâneos, para valores superiores a 0,9 pode inibir a atuação do relé, pois a corrente de acionamento fica muito próxima da corrente de curto-circuito.

  - Ajuste da unidade de tempo definido (51TD) e a instantânea de fase (50) para a corrente de energização do transformador

O relé não deve atuar para a corrente de magnetização do transformador, ou seja, a corrente de ajuste deve ser superior à corrente de magnetização do transformador e inferior à corrente de curto-circuito assimétrica. Deve ser ajustada segundo a Equação (10.53).

$$I_i \leq \frac{I_{etr}}{RTC} \text{ (A)} \quad (10.53)$$

sendo I_{etr} a corrente de energização do transformador, em A.

A corrente de magnetização do transformador pode ser determinada pela Equação (10.54) que expressa quantas vezes a corrente de magnetização é superior à corrente nominal do transformador ou a soma das correntes nominais dos transformadores que são energizados simultaneamente.

$$I_{mg} = K \times I_{tr} \quad (10.54)$$

I_{tr} = corrente nominal do transformador, em A;
$K = 8 \times I_n$ para os transformadores a óleo superiores a 1 MVA;
$K = 10 \times I_n$ para os transformadores a óleo inferiores a 1 MVA;
$K = 14 \times I_n$ para os transformadores a seco.

Logo, a corrente de acionamento vale:

$$I_{ac} = I_a \times RTC \quad (10.55)$$

I_a = corrente de ajuste do relé.

Para assegurar que o disjuntor não irá atuar durante a energização deve-se ter:

$$I_{ac} > I_{mg} \quad (10.56)$$

com:

I_{mg} = corrente de magnetização do transformador, em A;
I_{ac} = corrente de acionamento do relé, em A.

Os ajustes de sobrecorrente definidos anteriormente são empregados para todos os tipos de relés digitais. Algumas particularidades devem ser respeitadas para cada fabricante.

– Ajuste da unidade de tempo definido de neutro (51 N-TD) e a instantânea de neutro (50 N) para a corrente de defeito fase-terra

Deve ser ajustada segundo a Equação (10.57).

$$I_i < \frac{I_{ft}}{RTC} \times F \text{ (A)} \qquad (10.57)$$

em que:

I_{ft} = corrente de curto-circuito fase-terra, em A;
I_i = corrente de ajuste para defeito fase-terra, em A. Deve ser inferior à corrente de curto-circuito fase-terra. F é o fator de ajuste da corrente aplicada às unidades de tempo definido e instantânea de fase e de neutro. Seu valor pode variar entre 20 e 50% para as unidades de tempo definido de fase e de neutro e de 50 a 90% para unidades instantâneas de fase e de neutro.

10.3.2.4.1 Proteção térmica dos transformadores

Ao longo da sua vida útil, os transformadores são submetidos a múltiplos eventos que podem afetá-los térmica e mecanicamente.

A IEEE Std C37.91-2000 estabeleceu critérios técnicos relativos à proteção dos transformadores que foram divididos em quatro categorias, compreendendo tanto os transformadores monofásicos como os trifásicos. Como no Brasil praticamente 100 % dos estabelecimentos industriais utilizam transformadores trifásicos, abordaremos somente esse último tipo. Também mostraremos somente os gráficos dos transformadores mais utilizados em estabelecimentos industriais. Para os demais, citaremos apenas seus limites de potência relacionados com suas respectivas categorias.

Categoria I: são transformadores cujas potências nominais então compreendidas entre 15 e 500 kVA. São adequadamente protegidos pela curva corrente × tempo traçada na Figura 10.64(a).

Categoria II: são transformadores cujas potências nominais então compreendidas entre 501 e 5.000 kVA. São adequadamente protegidos pelas curvas corrente × tempo traçadas na Figura 10.64(b). A curva C1, mostrada na Figura 10.64(b), deve ser empregada em transformadores cujo número de defeitos supera a 5, durante o seu tempo de vida útil, ou seja, é frequente o número de ocorrências externas a jusante. Já a curva C2, mostrada na mesma figura, deve ser empregada em transformadores cujo número de defeitos externos não deve superar a 5 no período da sua vida útil, ou seja, é muito baixa a frequência de ocorrências de faltas externas a jusante do transformador. Pode-se observar, na curva C1, que existem várias curvas derivadas da curva principal, que

corresponde à proteção de suportabilidade térmica dos transformadores com impedância percentual de 4 %. Os demais valores correspondem aos transformadores com impedância percentual acima de 4 %, limitados a 12 %.

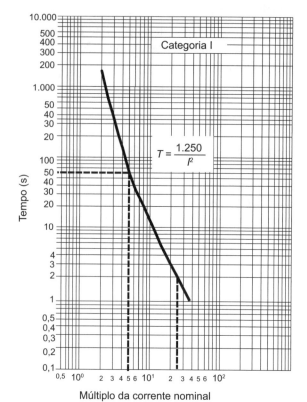

Figura 10.64(a) Transformadores categoria I.

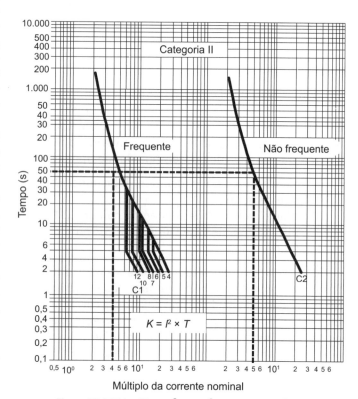

Figura 10.64(b) Transformadores categoria II.

Categoria III: são transformadores cujas potências nominais então compreendidas entre 5.001 e 30.000 kVA.

Categoria IV: são transformadores cujas potências nominais são superiores a 30.000 kVA.

Essas curvas são utilizadas nos estudos de proteção durante a elaboração dos gráficos tempo × corrente de proteção dos transformadores.

As curvas C1 da Figura 10.64(b) indicam o limite de proteção mecânica do transformador em função da sua impedância percentual, variando entre 4 e 12 %.

Para determinar o tempo e a corrente de suportabilidade do transformador de 500 kVA, Categoria I, com impedância igual a 5,5 %, podemos utilizar a curva de suportabilidade do transformador dada no gráfico da Figura 10.64(a).

- Tempo de suportabilidade térmica

Para $T_{su} = 2$ s corresponde a 25 vezes o Múltiplo da Corrente Nominal do transformador [ver gráfico da Figura 10.64(a)]

- Corrente de suportabilidade térmica

$$I_{su} = \frac{1}{Z_{pu}} = \frac{1}{0,055} = 18,18 \times I_{nt}$$

Para $I_{su} < 25 \times I_{nt} \rightarrow I_{su} = 25 \times I_{nt}$

Os valores de tempo e do múltiplo da corrente devem ser plotados no gráfico corrente × tempo do relé, a partir dos quais se pode traçar o gráfico de suportabilidade do transformador por meio da expressão $T = \frac{1.250}{I^2}$, variando-se o valor da corrente I e obtendo-se os valores de T.

No caso de transformadores de Categoria II, o método de cálculo do tempo e da corrente de suportabilidade do transformador é:

- Cálculo da constante K

$$K = I^2 \times T$$

- Cálculo do múltiplo da corrente nominal a partir do ponto T = 2 s na curva da Figura 10.64(b).

Para T = 2 s e a impedância do transformador Z_{tr}, encontrar no eixo das correntes o valor do múltiplo da corrente de suportabilidade do transformador I_{su}.

Levamos os valores de I_{su} e T_{su} para o gráfico da curva de corrente × tempo de operação do relé. A partir desse ponto, podemos determinar a curva de suportabilidade do transformador, ou seja:

- Cálculo do tempo

$$T_{su} = \frac{K}{\left(I_{su}/2\right)^2} \text{ (s)}$$

Assim, para um transformador de 5 MVA e impedância de 8 %, temos:

$$K = I^2 \times T = \left(\frac{100}{8}\right)^2 \times 2 = 312,5 \text{ a 2 s}$$

Definir no gráfico da Figura 10.64(b), a partir do tempo de 2 s e impedância 8 %, o valor da corrente de suportabilidade: I_{su} = 12 vezes o Múltiplo da Corrente Nominal do transformador dada no gráfico da Figura 10.64(b). Em seguida, determinamos o tempo de suportabilidade do transformador:

$$T_{su} = \frac{K}{\left(I_{su}/2\right)^2} = \frac{312,5}{\left(12/2\right)^2} = 8,6 \text{ s}$$

Levamos os valores de I_{su} e T_{su} para o gráfico da curva de tempo × corrente de operação do relé. A partir desse ponto, podemos determinar a curva de suportabilidade do transformador.

10.3.2.4.2 Coordenograma

Para que seja possível a avaliação da atuação da proteção deve-se utilizar uma folha de papel log-log, na forma digital, também conhecida como papel bilog, com eixos *tempo × corrente* na qual são traçadas as curvas dos dispositivos de proteção utilizados, a partir das quais se verificam a coordenação e a seletividade para qualquer valor de corrente que possa circular nos pontos onde estão instalados os referidos dispositivos de proteção. As curvas também podem ser traçadas utilizando-se planilhas do Excel, o que é mais prático e razoável. Devem ser plotados nesse gráfico os seguintes pontos e curvas:

- o valor da corrente de curto-circuito no ponto de conexão da instalação industrial;
- a curva dos elos fusíveis, curvas inferior e superior, da proteção do ramal de ligação a ser fornecida pela concessionária local;
- curva de atuação da proteção para as unidades de proteção do relé de fase e de fase-terra; aconselha-se empregar o tipo de curva exigido pela concessionária local (inversa, extremamente inversa etc.);
- curva do ajuste da proteção instantânea de fase e de terra; normalmente, se caracteriza por uma reta paralela ao eixo dos tempos;
- curva de tempo definido;
- corrente de magnetização dos transformadores considerando o tempo de 100 ms;
- corrente de partida dos motores de grande porte, considerando toda a carga dimensionada no cálculo de demanda. O tempo de duração da partida do motor deve ser calculado ou medido, levando em conta o tipo de chave utilizado nessa operação;
- o valor do ajuste da unidade instantânea de fase (50) e de neutro (51N) deve ser inferior à corrente de curto-circuito trifásico e fase e terra, respectivamente, e do valor da proteção requerido pelo transformador relativamente à sua suportabilidade térmica e mecânica.

10.3.2.5 Características gerais dos relés digitais

Existem muitos fabricantes de relés digitais no mercado nacional, tais como Siemens, Schneider, Schweitzer, ABB, Efasec, Pextron e outros. Em virtude da grande utilização nos projetos de subestações industriais de média tensão, iremos dar ênfase aos relés de sobrecorrente da Pextron.

A Pextron fabrica diversos tipos de relés largamente utilizados em instalações industriais, comerciais, residenciais, bem como de distribuição, transmissão e geração de pequeno porte. No entanto, para atender ao nível de aplicação deste livro será estudado apenas o relé de sobrecorrente URPE 7104T – Pextron.

É um relé de proteção microprocessado com quatro entradas de medição de corrente trifásica independentes e três tensões trifásicas conectadas em delta.

Além da proteção contra sobrecorrentes, o relé URPE 7104T oferece proteção contra sobretensões (função 59) e subtensões (função 27), completando, assim, as exigências normalmente prescritas na grande maioria das concessionárias brasileiras para aprovação de projetos industriais a serem conectados em suas redes elétricas de média tensão.

A seguir, serão descritas sumariamente as principais partes componentes do relé URPE 7104T. No entanto, o usuário do relé deve ter acesso ao catálogo específico do fabricante a partir do qual pode obter as informações completas e atualizadas do relé.

O URPE 7104T pode executar as seguintes funções:

- função 27: subtensão;
- função 27-0: subtensão para supervisão da alimentação auxiliar;
- função 47: sequência de fase de tensão;
- função 48: sequência incompleta/falta de fase;
- função 50: sobrecorrente instantânea de fase;
- função 50N: sobrecorrente instantânea de neutro;
- função 51-TD: sobrecorrente de tempo definido de fase;
- função 51N-TD: sobrecorrente de tempo definido de neutro;
- função 51: sobrecorrente temporizado de fase;
- função 51N-GS: sobrecorrente temporizado de neutro ou sensor de terra (GS);
- função 59: sobretensão;
- função 86: auxiliar de bloqueio.

A proteção sensor de terra (GS) é constituída por transformadores de corrente sensores de terra que envolvem as três fases. O funcionamento dessa função é semelhante ao princípio de operação do relé diferencial-residual (DR), já estudado no início deste capítulo.

Os sinais de corrente e tensão são convertidos para valores digitais por meio de conversores A/D (analógico/digital) e processados numericamente. O relé possui comunicação serial, padrão RS 485 e RS 232, que pode transmitir dados supervisionados a um processador. Podem ser fornecidas as seguintes informações:

- corrente e tensão atuais;
- corrente e tensão de desligamento;
- acionamento dos relés a distância;
- programação dos relés a distância;
- leitura da programação do relé.

Na parte frontal do relé, conforme mostra a Figura 10.65(a), existe um *display* de quatro dígitos que indica por meio de varredura (amperímetro) a corrente secundária ou primária circulando nas fases e no neutro. O relé registra o último maior valor de corrente que circulou na fase e no neutro antes da operação de desligamento do disjuntor. O relé permite o ajuste de uma constante amperimétrica que multiplica a corrente secundária lida no relé. Esta constante é a relação do TC utilizado na instalação. Assim, se for utilizado um TC de 500-5 A, cuja RTC vale 100, ao programar esta relação no relé (parâmetro 01) o amperímetro do relé passa a exibir a corrente primária da instalação.

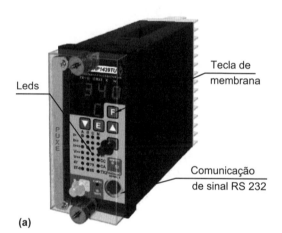

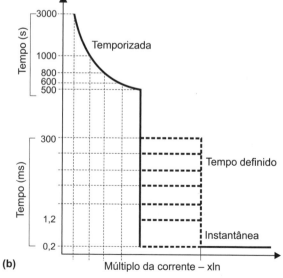

Figura 10.65 (a) Vista frontal do relé digital da Pextron e (b) curvas a ele associadas.

Ainda na parte frontal do relé, conforme mostra a Figura 10.65 (a), existe um *display* com quatro dígitos que indica por meio de varredura (voltímetro) a tensão secundária ou primária nas fases. O relé registra o último maior valor de tensão de fase e o último menor valor da tensão de fase antes da operação de desligamento do disjuntor. O relé permite o ajuste de uma constante voltimétrica que multiplica a tensão secundária lida no relé. Esta constante é a relação do TP utilizado na instalação. Assim, se for utilizado um TP de 13.800-115 V, cuja RTP vale 120, ao programar esta relação no relé (parâmetro 14) o voltímetro do relé passa a exibir a tensão primária da instalação.

O relé pode ser alimentado por meio de fonte auxiliar de tensão em corrente alternada ou contínua de acordo com o pedido. Possui uma fonte capacitiva incorporada que lhe permite funcionar após a interrupção da fonte auxiliar. O intervalo de tempo em que a energia armazenada suporta garantir o seu funcionamento é função do valor da tensão auxiliar. Assim, se a tensão auxiliar é de 125 V CC, o intervalo de tempo vale 0,62 s. Já para uma fonte de tensão de 220 V CA, o intervalo de tempo vale 4,39 s.

O relé possui quatro entradas de corrente independentes. Cada entrada é dotada de um dispositivo que fecha em curto-circuito os bornes do relé quando é extraído.

O relé possui um circuito lógico com temporização interna que ativa a função de *auto-check* no instante de sua energização. Esse programa realiza a supervisão completa dos vários blocos que compõem o relé em intervalos de 50 ms. Se algum de seus principais componentes apresentar falha, automaticamente a função de *auto-check* envia um aviso. É prudente que o contato de *auto-check* seja conectado a uma sinalização sonora ou visual.

O relé possui um teclado com microchaves utilizadas somente para acionamento de rotinas de testes, parametrização e configuração atual. Além disso, possui um conjunto de *leds* que permite uma visualização total da atuação da proteção, indicando as fases em que a corrente ou a tensão provocou o desligamento.

O relé é dotado de um *display* superior com quatro dígitos utilizado como amperímetro trifásico e voltímetro, indicando os valores registrados e os valores ajustados na sua parametrização. O *display* inferior apresenta funções de dois dígitos e é utilizado para indicar a grandeza elétrica que está sendo apresentada no *display* superior.

A título de informação, seguem os dados fundamentais do relé Pextron URPE 7104T necessários à determinação dos ajustes de um sistema de proteção. O leitor deve sempre consultar o catálogo do fabricante do relé que está sendo utilizado no projeto.

a) Proteção de sobrecorrente

- Impedância de entrada para fase: < 7 mΩ;
- consumo da unidade de fase para corrente de 5 A: 0,2 VA;
- corrente nominal de fase: 5 A;
- corrente permanente de fase: 15 A;
- capacidade térmica de curto-circuito da unidade de fase para 1 s: 300 A;
- faixa de ajuste de corrente da unidade temporizada de fase (51): (0,04 a 16) A × RTC;
- faixa de ajuste de corrente da unidade temporizada de neutro (51N): (0,04 a 16 A) × RTC;
- faixa de ajuste de corrente da unidade instantânea de fase (50): (0,04 a 100) × RTC;
- faixa de ajuste de corrente da unidade instantânea de neutro (50N): (0,04 a 100) × RTC;
- faixa de ajuste de corrente da unidade instantânea de neutro GS (50N-GS): (0,15 a 50) × RTC;
- faixa de ajuste da corrente de partida de tempo definido de fase (51): (0,04 a 100) × RTC;
- faixa de ajuste da corrente de tempo definido de neutro (51N): (0,04 a 100) × RTC;
- tipos de curva de atuação da unidade temporizada de fase: NI – MI – EI – LONG – IT – I^2T;
- tipos de curva de atuação da unidade temporizada de neutro: NI – MI – EI – LONG – IT – I^2T;
- faixa de tempo da unidade instantânea de fase (50): 0,010 s (tempo fixo);
- faixa de tempo da unidade instantânea de neutro (50N): 0,010 s (valor fixo);
- faixa de tempo da unidade tempo definido de fase (50NTD): 0,10 a 240 s;
- faixa de tempo da unidade tempo definido de neutro (50N): 0,10 a 240 s.

Se o valor da corrente do circuito ultrapassar a 1,02 × I_{aj}, o relé inicia o processo de atuação de sua unidade temporizada de fase. Se a corrente permanece o tempo suficiente para a unidade temporizada atuar, o relé libera o *comando trip* e permanece atuado até o valor de corrente retornar a valores abaixo do valor de rearme (*drop-out*), que é fixo e aproximadamente igual a 75 % da corrente ajustada.

b) Proteção de sobretensão (59)

O tempo de atuação do relé é constante para qualquer valor da tensão de entrada superior ao valor da tensão de ajuste de tempo definido de sobretensão. Os parâmetros de ajuste são:

- Faixa de ajuste de tempo definido de sobretensão: 0,10 a 240 s

Quando a tensão de entrada do relé tornar-se superior ao valor ajustado na unidade de sobretensão, o relé inicia o processo de atuação. Se a tensão permanece o tempo suficiente para a unidade temporizada de sobretensão atuar, o relé libera o *comando trip* e permanece atuado até o valor da tensão retornar a valores abaixo do valor de reame (*drop-out*), que é fixo e aproximadamente igual a 75 % da tensão ajustada.

c) **Proteção de subtensão (27)**

O tempo de atuação do relé é constante para qualquer valor da tensão de entrada inferior ao valor da tensão de ajuste de tempo definido de subtensão. Os parâmetros técnicos são:

- tensão nominal de fase: 220 V;
- capacidade térmica permanente: 500 A;
- consumo da unidade de fase com corrente de 5 A: 0,2 VA;

- faixa de ajuste de tempo definido de subtensão: 0,10 a 240 s.

Quando a tensão de entrada do relé tornar-se inferior ao valor ajustado na unidade de subtensão, o relé inicia o processo de atuação. Se a tensão permanece o tempo suficiente para a unidade temporizada de subtensão atuar, o relé libera o *comando trip* e permanece atuado até o valor da tensão retornar a valores abaixo do valor de reame (*drop-out*), que é fixo e aproximadamente igual a 75 % da tensão ajustada.

O leitor deve pesquisar no catálogo do relé que está disponível no *site* do fabricante.

Exemplo de aplicação (10.11)

Calcular o ajuste de corrente das unidades temporizadas e instantâneas dos relés de fase e de neutro instalados em conformidade com a Figura 10.66. Determinar também os ajustes das unidades de sobretensão e subtensão do sistema. Utilizar o relé UPRE 7104T da Pextron. Admitir a curva de temporização muito inversa. Utilizar um transformador de potencial com RTP de 13.800-115 V: 120. A soma das potências das cargas é 9,8 MVA. A demanda máxima da subestação é de 7,8 MVA. Ajustar os valores de sub e sobretensões, respectivamente, em 80 e 110 % da tensão nominal. O tempo de atuação da proteção de sobrecorrente de fase e de neutro deve ser de 0,90 s para coordenar com o relé a montante (não mostrado).

- Corrente nominal do transformador de força

$$I_{mt} = \frac{10.000}{\sqrt{3} \times 13,8} = 418,3 A$$

- RTC do transformador de corrente para um fator de sobrecorrente F = 20

$$I_{tc} \geq \frac{I_{ff}}{F} \geq \frac{6.000}{20} = 300$$

F = 20 (fator limite de exatidão)

RTC = 500-5:100 (selecionar o maior dos valores de I_{mt} e I_{tc})

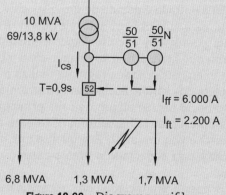

Figura 10.66 Diagrama unifilar.

Obs.: é necessário determinar a tensão de saturação do transformador de corrente, em função da carga conectada ao TC, da carga do circuito do TC e da relação entre X/R do sistema. Esse cálculo pode ser conhecido nos Exemplos de aplicação (10.12) e (10.13).

- Seleção do tape da unidade temporizada de fase (51)

De acordo com a Equação (10.50), o valor do tape vale:

$$I_a = \frac{K \times I_{ma}}{RTC} = \frac{K \times I_{tr}}{RTC} = \frac{1,2 \times 418,3}{100} = 5,0 A$$

- Corrente nominal do relé

$$I_n = 5A \text{ (valor do fabricante)}$$

– Faixa de ajuste da corrente: (0,04 a 16) A × RTC
– Corrente ajustada na unidade temporizada de fase: $I_{tf} = 5$ A

- Seleção da curva de unidade temporizada de fase (51)

De acordo com a Equação (10.51), temos:

$$M = \frac{I}{RTC \times I_a} = \frac{I_{ff}}{RTC \times I_{tf}} = \frac{6.000}{100 \times 5} = 12$$

Pelo gráfico da Figura 10.62 (curva de tempo × corrente muito inversa) → T_{ar} = 0,90 s (tempo de atuação do relé) → M = 12 → curva de acionamento escolhida: T_{ms} = 0,73.

Aplicando a Equação (10.47), pode-se encontrar o mesmo valor.

$$I_{ac} = RTC \times I_{tf} = 100 \times 5 = 500 \text{ A (corrente de acionamento)}$$

$$T_{mi} = \frac{13,5}{\left(\frac{I_{ma}}{I_{ac}}\right)-1} \times T_{ms} \rightarrow T_{ms} = \frac{\left(\frac{I_{ma}}{I_{ac}}\right)-1}{13,5} \times T_{mi} = \frac{\left(\frac{6.000}{500}\right)-1}{13,5} \times 0,90 = 0,73 \approx 0,70 \text{ s}$$

- Seleção do ajuste da corrente da unidade temporizada de neutro (51N)

Da Equação (10.50), temos:

$$I_a = \frac{K \times I_{ma}}{RTC} = \frac{0,3 \times 418,3}{100} = 1,25$$

– Faixa de ajuste do relé: (0,10 a 16) A × RTC
– Corrente ajustada no relé: I_{an} = 1,25 A
– Corrente de acionamento: 1,25 × RTC

$$I_{ac} = RTC \times I_{af} = 100 \times 1,25 = 1.250 \text{ A (corrente de acionamento)}$$

- Seleção da curva da unidade temporizada de neutro (51N)

Da Equação (10.51), temos:

$$M = \frac{I}{RTC \times I_a} = \frac{I_{ft}}{RTC \times I_{an}} = \frac{2.200}{100 \times 1,25} = 17,6$$

Pelo gráfico da Figura 10.62 (curva de tempo × corrente muito inversa) → T_{ar} = 0,90 s (tempo de atuação do relé) → M = 17,6 → curva de acionamento escolhida: T_{ms} = 1,1.

Aplicando a Equação (10.55), temos:

$$I_{ac} = RTC \times I_{af} = 100 \times 1,25 = 125 \text{ A}$$

$$T_{ms} = \frac{\left(\frac{I_{ma}}{I_{ac}}\right)-1}{13,5} \times T_{mi} = \frac{\left(\frac{2.200}{125}\right)-1}{13,5} \times 0,90 = 1,1 \text{ s}$$

- Seleção do ajuste da unidade instantânea de fase (50)

De acordo com a Equação (10.57), temos:

$$I_i \leq \frac{I_{ca}}{RTC} \times F \quad \rightarrow \quad I_i \leq \frac{6.000}{100} \times 0,60 \leq 36 \text{ A}$$

Fator de ajuste da curva assumido: F = 0,60

– Faixa de ajuste do relé: (0,04 a 100) A ×RTP
– Corrente ajustada no relé: I_{ar} = 36 A
– Corrente de acionamento: 1,25 × RTC

$$I_{ac} = RTC \times I_i = 100 \times 36 = 3.600 \text{ A} < 6.000 \text{ A (corrente de acionamento do disjuntor)}$$

É necessário verificar se no momento em que for ligado o disjuntor de média tensão do alimentador mais carregado, o mesmo atue para a corrente de magnetização dos transformadores de distribuição ligados ao referido alimentador, cuja soma das potências nominais é de 6.800 kVA. Aplicando a Equação (10.54), temos:

$$I_{mg} = 8 \times \sum I_{tr} = 8 \times \frac{10.000}{\sqrt{3} \times 13,80} = 3.346,9 \text{ A}$$

Logo: $I_{ac} > I_{mg}$ (condição atendida).

- Determinação da corrente de ajuste da unidade instantânea de neutro (50N)

De acordo com a Equação (10.57), temos:

Fator de ajuste da curva assumido: $F = 0,70$

$$I_{in} \leq \frac{I_{cs}}{RTC} \times F \leq \frac{I_{ft}}{RTC} \times F \leq \frac{2.200}{100} \times 0,70 \leq 15,4 \quad \rightarrow \quad I_{in} = 14\ A$$

- Faixa de ajuste do relé: (0,04 a 100) A × RTC
- Corrente ajustada: 14 A

A corrente de acionamento vale:

$$I_{ac} = I_{in} \times RTC = 14 \times 100 = 1.400\ A$$

Logo, a corrente de acionamento deve ser inferior à corrente de defeito fase-terra, ou seja:

$$I_{ac} < I_{ft}\ \text{(condição atendida)}.$$

- Determinação do valor de ajuste do valor da subtensão (27)

$$RTP: 13.800\text{-}115: 120\ V$$

$$V_{aj} = 80\ \% \times V_n = \frac{80}{100} \times 13.800 = 11.040\ V$$

Os valores ajustados no relé são:

- Faixa de ajuste da tensão de atuação: (10,0 a 300) × RTP.
- Faixa de ajuste do tempo de atuação: 0,10 a 240 s.

$$V_{ajr} = \frac{11.040}{120} = 92\ V$$

- Ajuste da tensão de atuação: 92 V
- Tempo de atuação ajustado: 3 s (valor assumido)

- Determinação do valor de ajuste da sobretensão (59)

$$V_{aj} = 110\ \% \times V_n = \frac{110}{100} \times 13.800 = 15.180\ V$$

Os valores ajustados no relé são:

- Faixa de ajuste da tensão de atuação: (10,0 a 300) × RTP.
- Faixa de ajuste do tempo de atuação: (0,10 a 240) s.

$$V_{ajr} = \frac{15.180}{120} = 126\ V$$

- Ajuste da tensão de atuação: 126 V
- Tempo de atuação ajustado: 3 s (valor assumido)

Exemplo de aplicação (10.12)

Conhecido o diagrama unifilar da Figura 10.67, onde está conectado um motor de 1.000 cv/2,2 kV, cuja tensão no momento da partida vale 12.320 V, determinar os ajustes das unidades de sobrecorrente temporizada de fase e neutro e das unidades instantâneas de fase e neutro. O tempo mínimo de atuação do relé para a corrente de defeito deve ser de 0,50 s para efeito de coordenação. Utilizar o relé URPE 7104T – Pextron. Adotar a curva de temporização inversa longa. O tempo de partida do motor é de 3 s. Utilizar um transformador de potencial com RTP de 13.800-115 V: 120. A sobretensão não deverá ser superior a 15 % da tensão nominal e a subtensão deverá ser inferior à queda de tensão na partida do motor. Relação: reatância/resistência até o ponto de defeito X/R = 0,620/1,324 = 0,46.

a) Corrente nominal do transformador de força

$$I_{tr} = I_{ma} = \frac{1.500}{\sqrt{3} \times 2,2} = 393,6 \text{ A}$$

b) RTC do transformador de corrente

$$I_{tc} \geq \frac{10.500}{20} \geq 525 \text{A}$$

RTC : 600 – 5 : 120

b1) Carga secundária do TC

Carga do relé: Z_r = 0,007 Ω

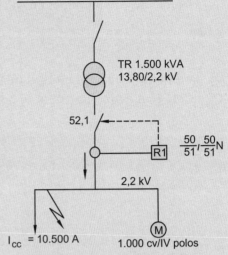

Figura 10.67 Diagrama unifilar.

$$Z_c = \frac{2 \times L_{cic} \times R_{cabo}}{1.000} = \frac{2 \times 40 \times 5,5518}{1.000} = 0,444 \text{ }\Omega \text{ (impedância do circuito entre o TC e o relé – ida e volta)}$$

R_{cabo} = 5,5518 mΩ/m (resistência do cabo que liga o TC ao relé – 4 mm²)

L_{cic} = 40 m (comprimento do circuito que liga o TC ao relé)

$$P_{cs} = (Z_r + Z_c) \times I_{tc}^2 = (0,007 + 0,444) \times 5^2 = 11,2 \text{ VA (carga do secundário do TC)}$$

Logo, será utilizado um TC com carga padronizada C25, ou seja, 25 VA, cuja impedância nominal é de Z_{ntc} = 1 Ω.

b2) Tensão no secundário do TC

Z_{ntc} = 1 Ω (valor normatizado da impedância nominal do TC de 25 VA)

$$V_{sec} = F_s \times I_s \times Z_{ntc} = 20 \times 5 \times 1 = 100 \text{ V}$$

b3) Tensão nos terminais do TC em razão das impedâncias impostas e da corrente de curto-circuito assimétrica

$$V_s = 0,5 \times K_s \times \frac{I_{as}}{RTC} \times Z_{sa} = 0,5 \times 0,934 \times \frac{10.500}{120} \times 0,444 = 18,4 \text{ V} \text{ (tensão nos terminais do TC por conta da corrente}$$

de curto-circuito assimétrico, I_{as}, associada à impedância no secundário do TC, Z_{sa})

$$Z_{sa} = \frac{P_{cs}}{I_s^2} = \frac{11,2}{5^2} = 0,444 \text{ }\Omega \text{ (impedância relativa à carga total do TC)}$$

$$I_{as} = F_{as} \times I_{cs} = 1 \times 10.500 = 10.500 \text{ A (corrente assimétrica de curto-circuito)}$$

F_{as} = 1 (fator de assimetria para X/R = 0,46 – ver Capítulo 5)

$$K_s = 2 \times \pi \times F_s \times C_{ct} \times \left(1 - e^{-T/C_{ct}}\right) + 1 = 2 \times \pi \times 60 \times 0,00124 \times \left(1 - e^{-0,020/0,00124}\right) + 1 = 0,934$$

T = 0,020 s (tempo de atuação assumido do relé ineantâneo de fase – ver Capítulo 5)

$$C_{ct} = \frac{X}{2 \times \pi \times F \times R} = \frac{0,620}{2 \times \pi \times 60 \times 1,324} = 0,00124 \text{ (constante de tempo do sistema de suprimento)}$$

$$Z_{ctc} = \frac{V_s}{R_c \times (X/R + 1)} = \frac{100}{87,5 \times (0,46 + 1)} = 0,78 \text{ }\Omega \text{ (impedância máxima ligada aos terminais do TC em função}$$

da corrente de curto-circuito e da relação entre a reatância e a resistência do sistema)

$$R_c = \frac{I_{cc}}{RTC} = \frac{10.500}{120} = 87,5 \text{ A}$$

Finalmente, comprovamos que o TC não vai saturar considerando duas diferentes condições, ou seja:

$$V_{sec} > V_s \text{ (condição satisfeita)}$$

$$Z_{ntc} > Z_{ctc} \text{ (condição satisfeita)}$$

c) Determinação da corrente de ajuste da unidade de sobrecorrente de fase

De acordo com a Equação (10.50), temos:

$$I_{af} = I_s = \frac{K \times I_{ma}}{RTC} = \frac{1,2 \times 393,6}{120} = 3,93 \text{ A}$$

$K = 1,2$ (valor da sobrecarga admitida para o transformador)

A corrente nominal do relé vale:

$$I_n = 5 \text{ A (valor do fabricante)}$$

- Faixa de ajuste da corrente: (0,04 a 16) A × RTC
- Corrente ajustada na unidade temporizada de fase: $I_{af} = I_{ac}$ 3,93 A

A corrente de acionamento vale:

$$I_{acp} = RTC \times I_{af} = 120 \times 3,93 = 471,6 \text{ A}$$

• Verificação da atuação do relé durante a partida do motor

A corrente nominal do transformador vale:

$$I_{nm} = \frac{P_{nm} \times 0,736}{\sqrt{3} \times V_{nm} \times \eta \times F_p} = \frac{1.000 \times 0,736}{\sqrt{3} \times 2,20 \times 0,98 \times 0,96} = 205,3 \text{ A}$$

$\eta = 0,98$ (valor fornecido pelo fabricante do motor)

$F_p = 0,96$ (valor fornecido pelo fabricante do motor)

$\dfrac{I_p}{I_n} = 7,6$ (valor fornecido pelo fabricante do motor)

$T_{pm} = 3$ s (valor calculado ou determinado – ver Capítulo 6)

$$I_p = I_{ma} = \frac{7,6 \times I_{nm}}{RTC} = \frac{7,6 \times 205,3}{120} = 13,0 \text{ A (corrente de partida do motor no secundário do TC)}$$

Deve-se ajustar o tempo de atuação do relé em um valor um pouco superior ao tempo de partida do mesmo, a fim de evitar atuação intempestiva do relé, ou seja: $T_{mi} > T_{pm} \to 5 > 3$ s. Por meio da Equação (10.46), temos:

$$T_{mi} = \frac{120}{\left(\dfrac{I_{ma}}{I_{ac}}\right) - 1} \times T_{ms} \quad \to \quad T_{ms} = \frac{T_{mi} \times \left[\left(\dfrac{I_{ma}}{I_{ac}}\right) - 1\right]}{120} = \frac{5 \times \left[\left(\dfrac{7,6 \times 205,3}{471,6}\right) - 1\right]}{120} = 0,096 \cong 0,10 \text{ (menor valor de curva do relé)}$$

O valor de I_{ma} representa, nas equações dos relés, o maior valor da corrente que está sendo considerado no cálculo de determinado ajuste da corrente de atuação desse relé.

Ou ainda:

$$T_{ms} = \frac{5 \times \left[\left(\dfrac{13,0}{3,93}\right) - 1\right]}{120} = 0,096 \cong 0,10 \quad \to \quad T_{ms} = 0,10 \text{ (curva mínima do relé)}$$

Utilizando a curva da Figura 10.61 (curva inversa longa), pode-se comprovar:

$$\frac{I_{ma}}{I_{ac}} = \frac{13,0}{3,93} = 3,3 \quad \to \quad T_{ms} = 0,10$$

Deve-se ajustar o valor da curva no valor apropriado, a fim evitar o desarme intempestivo do relé durante a partida do motor. Isto pode ser comprovado pela curva da Figura 10.61 ou pela Equação (10.46).

$$T_{mi} = \frac{120}{\left(\frac{13}{3,93}\right)-1} \times 0,10 = 5,19 \text{ s} > T_{pm} \text{ (condição satisfeita)}$$

A corrente de acionamento vale:

$$I_{acp} = RTC \times I_{ac} = 120 \times 3,3 = 429 \text{ A}$$

- Tempo de atuação do relé para a corrente de curto-circuito

$$T_{mi} = \frac{120}{\left(\frac{10.500}{429}\right)-1} \times 0,10 = 0,56 \text{ s}$$

d) **Ajuste da unidade instantânea de fase**

De acordo com a Equação (10.57), temos:

F = 0,60 (fator de ajuste da corrente da função 50 – valor inicialmente admitido)

$$I_i \leq \frac{I_{cs}}{RTC} \times F \leq \frac{10.500}{120} \times 0,60 \leq 52,5 \text{ A} \quad \rightarrow \quad I_{ti} = 52 \text{ A}$$

- Faixa de ajuste da unidade instantânea de fase: (0,04 a 100) A × RTC
- Valor de ajuste de corrente da unidade instantânea de fase: 52 A

O leitor pode continuar a resolver o exercício para ajustar as unidades temporizadas de fase e de neutro seguindo metodologia semelhante.

- Determinação do valor de ajuste do valor da subtensão (27)

RTP: 13.800-115: 120 V

V_{aj} = 12.320 V (tensão no momento da partida do motor)

A queda de tensão na partida do motor vale:

$$\Delta V = 100 - \frac{12.320}{13.800} \times 100 = 10,7 \%$$

Os valores que devem ser ajustados no relé são:

- Faixa de ajuste da tensão de atuação: (10 a 300) × RTP.
- Faixa de ajuste do tempo de atuação: (0,05 a 240) s.

$$V_{ajr} = \frac{12.320}{120} = 102,6 \text{ V}$$

- Tempo de ajuste da tensão de atuação: 102 V.
- Tempo de atuação ajustado: 6 s (valor superior ao tempo de partida do motor que é de 4 s).

- Determinação do valor de ajuste da sobretensão

$$V_{aj} = 105\% \times V_n = \frac{105}{100} \times 13.800 = 14.490 \text{ V}$$

Os valores ajustados no relé são:

- Faixa de ajuste da tensão de atuação: (10,0 a 300) × RTP.
- Faixa de ajuste do tempo de atuação: (0,10 a 240) s.

$$V_{ajr} = \frac{14.490}{120} = 120,7 \text{ V}$$

- Tempo de ajuste da tensão de atuação: 120,7 V.
- Tempo de atuação ajustado: 3 s (valor assumido).

Exemplo de aplicação (10.13)

Seja o diagrama unifilar industrial simplificado da Figura 10.68. São conhecidas as correntes de curto-circuito simétricas para faltas trifásicas. Os condutores unipolares de PVC serão instalados em canaletas fechadas não ventiladas enterradas no solo. O tempo de partida dos motores é de 3 s.

- Ponto 0: I_{cs} = 1,2 kA.
- Ponto 1: I_{cs} = 15 kA.
- Ponto 2: I_{cs} = 8 kA.
- Ponto 3: I_{cs} = 13 kA.
- Ponto 4: I_{cs} = 6 kA.
- Ponto 5: I_{cs} = 9 kA.

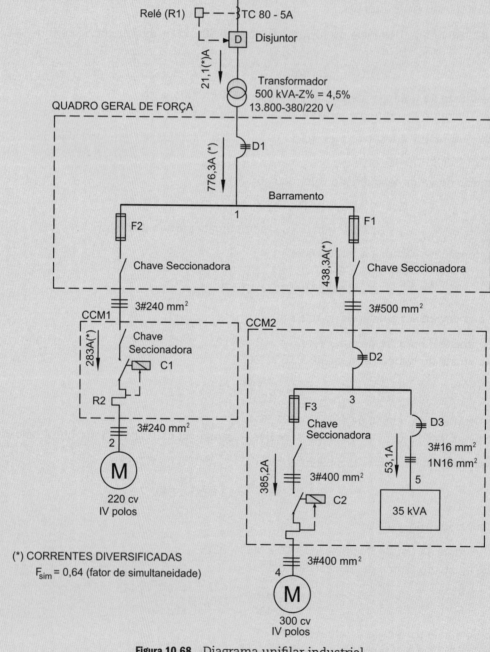

Figura 10.68 Diagrama unifilar industrial.

Determinar os valores das proteções indicadas e suas respectivas calibrações. Estudar a coordenação e a seletividade de todos os elementos de proteção. Não será exercido nenhum controle de sobrecarga dos condutores. O tempo máximo estabelecido pela concessionária é 0,25 s para o ajuste do relé digital de proteção geral do sistema primário da subestação industrial considerando os defeitos trifásicos na indústria. Para defeitos fase e terra o tempo permitido pela concessionária é 0,2 s. Os pontos em que foram calculadas as correntes de curto-circuito estão indicados na Figura 10.68. Os condutores de baixa-tensão são isolados em PVC. A relação entre $X/R = 2{,}6413/2{,}1831 = 1{,}2$.

a) Motor de 220 cv

a1) Proteção contra curto-circuito – fusível F2

- Corrente nominal do fusível

$$I_{nf} \leq I_{pm} \times K$$

$$I_{pm} = I_{nm} \times R_{cpm} \text{ (corrente de partida do motor)}$$

$I_{nm} = 283$ A (corrente nominal do motor – Tabela 6.4)

$S_c = 240$ mm² (Tabela 3.6 – coluna D, justificada pela Tabela 3.4 para o método de instalação 61A)

$I_{nc} = 297$ A (corrente nominal do cabo – Tabela 3.6 – coluna D)

$R_{cpm} = 6{,}5$ (múltiplo da corrente acionada – Tabela 6.4)

$I_{pm} = 283 \times 6{,}5 = 1.839{,}5$ A (múltiplo da corrente de partida do motor)

$K = 0{,}3$ (para $I_{pm} > 500$ A)

$I_{nf} \leq 6{,}5 \times 283 \times 0{,}3 \;\rightarrow\; I_{nf} \leq 551{,}8$ A $\;\rightarrow\; I_{nf} = 500$ A (Tabela 10.8)

a2) Proteção contra sobrecarga do relé R2

- 1ª condição:

Por meio da Equação (10.6), temos:

$$I_a \geq I_c \;\rightarrow\; I_c = I_{nm} = 283 \text{ A (corrente nominal do motor)}$$

- 2ª condição

Por meio da Equação (10.7), temos:

$$I_a \leq I_{nc} \;\rightarrow\; I_{nc} = 297 \text{ A (capacidade nominal da corrente do cabo: Tabela 3.6, coluna D)}$$

$$283 \text{ A} \leq I_a \leq 297 \text{ A}$$

– Ajuste adotado: $I_a = 283$ A (corrente nominal do motor)
– Relé adotado: 3UA45-00-8YJ (Tabela 10.2)
– Faixa de ajuste: (250 a 400) A

a3) Verificação das condições de proteção

- O relé térmico não deve atuar durante a partida do motor

$$I_{pm} = 6{,}5 \times 283 = 1.839{,}5 \text{ A}$$

- Por meio da Equação (10.5) e da Figura 10.6, temos:

$$M = \frac{I_{pm}}{I_a} = \frac{1.839{,}5}{283} = 6{,}5 \;\rightarrow\; T_{ar} = 5 \text{ s (tempo ajustado de atuação do relé)}$$

Por meio da Equação (10.8), temos:

$$T_{rb} = 15 \text{ s (tempo de rotor bloqueado – Tabela 6.4)}$$

$$T_{rbf} \geq T_{ar} > T_{pm} \text{ (condição satisfeita)}$$

Observar que o relé garante a proteção contra rotor bloqueado.

- O fusível não deve atuar durante a partida do motor

Por meio da Figura 10.24, temos:

$$I_{pm} = 1.839,5 \text{ A} \rightarrow I_{nf} = 500 \text{ A} \rightarrow T_{af} = (15 \text{ a } 150) \text{ s} \rightarrow T_{af} = 15 \text{ s}$$

De acordo com a Equação (10.23), temos:

$$T_{af} > T_{pm} \text{ (condição satisfeita)}$$

- O fusível deve proteger termicamente a isolação dos condutores

Por meio do gráfico da Figura 3.28, temos:

$$I_{cc} = 8 \text{ kA} \rightarrow S_c = 240 \text{ mm}^2 \rightarrow T_{sc} = 100 \text{ ciclos} = 1,6 \text{ s}$$

Por meio do gráfico da Figura 10.24, temos:

$$I_{cs} = 8 \text{ kA} \rightarrow I_{nf} = 500 \text{ A} \rightarrow T_{af} (0,03 \text{ a } 0,20 \text{ s}) = 0,030 \text{ s}$$

Por meio da Equação (10.24), temos:

$$T_{af} < T_{sc} \text{ (condição satisfeita)}$$

- O fusível deve proteger o contator

Por meio da Tabela 9.15, temos:

$$P_{nm} = 220 \text{ cv} \rightarrow \text{contator: 3TF 56.22} \rightarrow I_{nfc} = 400 \text{ A}$$

De acordo com a Equação (10.25), temos:

$$I_{nf} \leq I_{nfc} \rightarrow I_{nf} > I_{nfc} \text{ (condição não satisfeita)}$$

Nesse caso, deve-se utilizar o contator 3TF57.22, cujo fusível protetor é de 500 A; logo $I_{nf} = I_{nfc}$. Para que o relé térmico seja adequado ao contator, devemos adotar o relé térmico 3UA46-00-8YK (Tabela 10.2), ou seja:

$$I_{nf} = I_{nfc} \text{ (condição satisfeita)}$$

Obs.: no caso de o fabricante não fornecer em seu catálogo o fusível máximo de proteção do contator, deve-se calcular a corrente térmica decorrente da corrente de curto-circuito que irá circular pelo contator. O valor dessa corrente foi calculado no Capítulo 5. Para melhor entendimento do leitor, vamos aplicar esse método alternativo, mas para isso o fabricante deve fornecer a capacidade térmica suportável pelo contator. Esse método também se aplica para avaliar o relé térmico e a chave seccionadora.

- Corrente térmica gerada pela corrente de curto-circuito

$$I_{th} = I_{cis} \times \sqrt{M+N} = 8 \times \sqrt{0+1} = 8 \text{ kA (Equação 5.45)}$$

M = coeficiente de calor gerado pelo componente contínuo da corrente de curto-circuito;

N = coeficiente de calor gerado pela corrente alternada de curto-circuito.

$$X/R = 1,2 \rightarrow F_{as} = 1,07 \text{ (Tabela 5.1)}$$

$$F_{as} = 1,07 \text{ e } T_d = 1 \text{ s} \rightarrow M = 0 \text{ (Tabela 5.4)}$$

$$I_{cis} = I_{cs} \text{ (para defeitos distantes da geração)}$$

$$I_{cis}/I_{cs} = 8/8 = 1 \rightarrow T_{ap} = 1 \text{ s} \rightarrow N = 1 \text{ (Tabela 5.4)}$$

Logo a corrente térmica do contator deve ser igual ou superior a 8 kA

- O fusível deve proteger o relé térmico

Por meio da Tabela 10.2, temos:

$$P_{nm} = 220 \text{ cv} \rightarrow \text{relé térmico: 3UA45-00-8YK} \rightarrow I_{nfr} = 500 \text{ A}$$

De acordo com a Equação (10.26), temos:

$$I_{nf} = I_{nfr} \text{ (condição satisfeita)}$$

- O fusível deve proteger a chave seccionadora

Por meio da Equação (9.18), temos:

$$I_{sec} = 1,15 \times I_{nm} = 1,15 \times 283 = 325,4 \text{ A}$$

$$I_{sec} = 382 \text{ A}/380 \text{ V} - \text{S}32 - 630/3 \text{ (Tabela 9.14)}$$

Por meio da Tabela 9.14, temos:

$$I_{sec} = 382 \text{ A} \rightarrow I_{nfch} = 630 \text{ A}$$

Por meio da Equação (10.27), temos:

$$I_{nf} < I_{nfch} \text{ (condição satisfeita)}$$

b) Motor de 300 cv

b1) Proteção contra curto-circuito – fusível F3

- Corrente nominal do fusível

$$I_{nf} = I_{pm} \times K$$

$I_{nm} = 385,2$ A (corrente nominal do motor – Tabela 6.4)

$S_c = 400$ mm² (Tabela 3.6 – coluna D, justificada pela Tabela 3.4 – método de referência 61)

$I_{nc} = 394$ A (corrente nominal do cabo – Tabela 3.6)

$$R_{cpm} = 6,8 \text{ (Tabela 6.4)}$$

$$I_{pm} = 385,2 \times 6,8 = 2.619 \text{ A}$$

$$K = 0,3 \text{ (para } I_{pm} > 500 \text{ A)}$$

$$I_{nf} \leq 6,8 \times 385,2 \times 0,3$$

$$I_{nf} \leq 785,8 \text{ A} \rightarrow I_{nf} = 630 \text{ A (Tabela 10.8)}$$

b2) Proteção contra sobrecarga

1ª condição:

- Por meio da Equação (10.6), temos:

$$I_a \geq I_c \rightarrow I_c = I_{nm} = 385,2 \text{ A}$$

2ª condição

- Por meio da Equação (10.7), temos:

$$I_a \leq I_{nc} \rightarrow I_{nc} = 394 \text{ A (corrente nominal do cabo)}$$

$$385,2 \leq I_a \leq 394 \text{ A}$$

- Ajuste adotado: $I_a = 386$ A
- Relé adotado: 3UA46-00-8YK (Tabela 10.2)
- Faixa de ajuste: (320 – 500) A

b3) Verificação das condições de proteção

- O relé térmico não deve atuar durante a partida do motor

$$I_{pm} = 6,8 \times 385,2 = 2.619,3 \text{ A}$$

Por meio da Figura 10.56 temos:

$$M = \frac{I_{pm}}{I_a} = \frac{2.619,3}{386} = 6,7 \rightarrow T_{ar} = 5 \text{ s}$$

$$T_{rb} = 24 \text{ s (Tabela 6.4)}$$

Por meio da Equação (10.8), temos:

$$T_{rb} \geq T_{ar} > T_{pm} \text{ (condições satisfeitas)}$$

- O fusível não deve atuar durante a partida do motor

Por meio da Figura 10.23, temos:

$$I_{pm} = 2.619,3 \text{ A} \rightarrow I_{nf} = 630 \text{ A} \rightarrow T_{af} = (4 \text{ a } 70) \text{ s} \rightarrow T_{af} = 4 \text{ s} > T_{pm} = 3 \text{ s}$$

De acordo com a Equação (10.23), temos:

$$T_{af} > T_{pm} \text{ (condição satisfeita)}$$

- O fusível deve proteger a isolação dos condutores

Por meio do gráfico da Figura 3.28, temos:

$$I_{cs} = 6 \text{ kA} \rightarrow S_c = 400 \text{ mm}^2 \rightarrow I_{sc} > 100 \text{ ciclos} = 1,6 \text{ s}$$

Por meio do gráfico da Figura 10.23, temos:

$$I_{cc} = 6 \text{ kA} \rightarrow I_{nf} = 630 \text{ A} \rightarrow T_{af} = (0,2 \text{ a } 2) = 0,20 \text{ s}$$

Da Equação (10.24), temos:

$$T_{af} < T_{sc} \text{ (condição satisfeita)}$$

- O fusível deve proteger o contator

Por meio da Tabela 9.15, temos:

$$P_{nm} = 300 \text{ cv} \rightarrow \text{contator: 3TF 57/22 (475 A)} \rightarrow I_{nfc} = 500 \text{ A}$$

$$I_{nf} > I_{nfc} \text{ (condição não satisfeita)}$$

Logo, deve-se adotar o contator 3TF65/44 (630 A) $\rightarrow I_{nfc} = 1.000$ A

- O fusível deve proteger o relé térmico

Por meio da Tabela 10.2, temos:

$$P_{nm} = 300 \text{ cv} \rightarrow \text{relé térmico: 3UA45-00-8YJ} \rightarrow I_{nfr} = 500 \text{ A}$$

De acordo com a Equação (10.26), temos:

$$I_{nf} > I_{nfr} \text{ (condição não satisfeita)}$$

Logo, se deve adotar o relé térmico 3UA46-00-8YL $\rightarrow I_{nfr} = 630$ A

Neste caso, se deve adotar também o contator 3TB58-630 A (Tabela 10.2), ou seja:

$$I_{nf} = I_{nfr} \text{ (condição satisfeita)}$$

- O fusível deve proteger a chave seccionadora

Por meio da Equação (9.18), temos:

$$I_{sec} = 1,15 \times I_{nm} = 1,15 \times 135,4 = 155,71 \text{ A}$$

$$I_{sec} = 447 \text{ A}/380 \text{ V/AC23 – tipo S32 – 1.000/3} \quad \text{(Tabela 9.14)}$$

Por meio da Tabela 9.14, temos:

$$I_{sec} = 447 \text{ A}/380 \text{ V/AC23} \rightarrow I_{nfch} = 1.000 \text{ A}$$

Por meio da Equação (10.27), temos:

$$I_{nf} < I_{nfch} \text{ (condição satisfeita)}$$

c) Proteção geral – disjuntor D1

- Corrente nominal do disjuntor

$$I_{na} = \frac{35}{\sqrt{3} \times 0{,}38} = 53{,}1\,A \text{ (corrente da carga de 35 kVA (ver Figura 10.68))}$$

$$I_{nd} = 385{,}2 + 283 + 53{,}1 = 721{,}3\,A \;\to\; I_{nd} = 800\,A \text{ (3WT – Siemens – Tabela 10.5)}$$

- Dados do disjuntor
  - Tipo: 3WT Ecoline → $I_{nd} = 800\,A$
  - Faixa de ajuste do relé temporizado: (320-800) A
  - Ajuste da curva L: $I_a = I_{nd} = 800\,A \;\to\; M = I_a/I_{nd} = 1{,}0 \times I_{nd}$ (ver gráfico da Figura 10.69)
  - Ajuste da curva S

De acordo com a Equação (10.43) temos:

$$I_{ad1} \geq 1{,}25 \times I_{ad2} \;\to\; I_{ad1}/I_{ad2} \geq 1{,}25 \;\to\; \text{valor adotado: } I_{ad1}/I_{ad2} = 4 \times I_a = 4 \times 800 = 3.200\,A$$

(ver ajuste no gráfico da Figura 10.69).

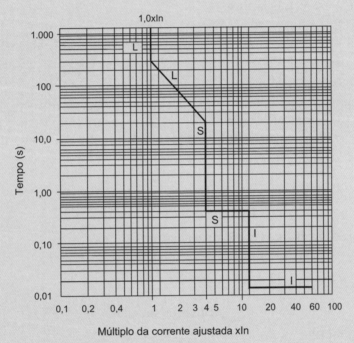

Figura 10.69 Curva de ajuste do disjuntor D1.

O tempo de operação do disjuntor D1, curva S, para corrente de curto-circuito no ponto 1 igual a 15 kA será ajustado no valor de 0,40 s para permitir a coordenação com a curva do disjuntor D2, que deverá ser ajustada no valor mínimo da faixa de tempo, que é de 0,10 s. A curva I do disjuntor D1 será ajustada no valor mínimo da faixa de corrente da curva I, que é $12 \times I_{ad1} = 12 \times 800 = 9.600\,A < 15.000\,A$ (condição satisfeita). Nesse caso, para defeitos trifásicos no barramento de baixa-tensão, Ponto 1, o disjuntor D2 atuará em 0,015 s = 15 ms.

- Verificação da capacidade de interrupção do disjuntor

Disjuntor: 3WT 800 A Ecoline → $I_{rd} = 50\,kA$

Por meio da Equação (10.14), temos:

$$I_{cs} = 15\,kA \text{ (ponto 1 no barramento – Figura 10.68)}$$

$$I_{cs} < I_{rd} \text{ (condição satisfeita)}$$

d) Proteção com o disjuntor D3

- 1ª condição:

$$I_a \geq I_c \rightarrow I_c = 53,1\,A \rightarrow I_a \leq I_{nc} \rightarrow S_c = 16\,mm^2$$

(Tabela 3.6 – coluna D, justificada pela Tabela 3.4 – método de referência 61A)

- 2ª condição:

$$I_{nc} = 67\,A\,(\text{Tabela 3.6})$$

Logo, temos: $53,1\,A \leq I_a \leq 67\,A \rightarrow I_a = 53,1\,A$ (valor adotado)

- 3ª condição:

Pela Equação (10.12), temos: $I_{adc} \leq 1,45 \times I_{nc}$

Como foi definido que não haverá controle ou supervisão de sobrecarga que poderia ocorrer nos condutores, essa condição fica eliminada. Dessa forma, os condutores não poderiam ser submetidos a sobrecargas em regime transitório [ver texto seguinte à Equação (10.12)].

As características elétricas nominais do disjuntor obtidas da Tabela 10.5 são:

- Tipo: DBT3 → $I_{nd} = 63\,A$ (Tabela 10.3)
- Faixa de ajuste do relé temporizado: (44-63) A
- Corrente ajustada: $I_a = 63\,A \rightarrow I_a = 1 \times I_{nd}$ (curva 1 da Figura 10.15. Esse ajuste é feito no frontal do disjuntor)

- O disjuntor deve proteger o condutor

$$I_{cs} = 13\,kA\,(\text{ponto 3}) \rightarrow S_c = 16\,mm^2 \rightarrow T_{cs} = 1,0\,\text{ciclo} = 0,016\,s\,(\text{Figura 3.28})$$

$$M = \frac{I_{cs}}{I_a} = \frac{13.000}{63} = 206 \rightarrow I_a = 20 \times I_{nd}\,(\text{valor de ajuste do relé – ver gráfico da Figura 10.15})$$

Por meio do gráfico da Figura 10.15, temos:

$$I_a = 20 \times I_{nd} \rightarrow T_{ad} = 0,012\,s$$

$$T_{ad} < T_{sc}\,(\text{condição satisfeita})$$

- Verificação da capacidade de interrupção do disjuntor

$$\text{DBT3 63 A} \rightarrow I_{rd} = 40\,kA$$

Por meio da Equação (10.14), temos:

$$I_{cs} < I_{rd}\,(\text{condição satisfeita})$$

e) Proteção com o disjuntor D2

$$I_a \geq I_c$$

$$I_c = 53,1 + 385,2 = 438,3\,A \rightarrow I_a \geq 500\,A$$

Serão admitidas as características do disjuntor do tipo 3WT-630 A (Tabela 10.6), faixa de ajuste da unidade temporizada de (252 a 630) A.

$I_a \leq I_{nc}$ (o disjuntor está diretamente ligado à barra, não havendo cabo a proteger)

$$I_{nd} = 630\,A\,(\text{Tabela 10.6})$$

$I_a = 500\,A$ (valor de ajuste adotado) → $I_{al} = {500}/{650} = 0,80 \times I_{nd}$ (ajuste da curva *L* – Figura 10.70)

- Verificação da partida do motor

$I_{pm} \leq 6,8 \times 385,2 \times 0,3 + 53,1 \leq 838,9\,A$ (corrente de partida do motor com a carga de 35 kVA ligada)

$$M = \frac{I_{pm}}{I_a} = \frac{838,9}{500} = 1,6 \times I_a\,[\text{o ajuste da curva S será de } I_{as} = 2 \times I_n\,(\text{curva } \boldsymbol{S} - \text{Figura 10.70})]$$

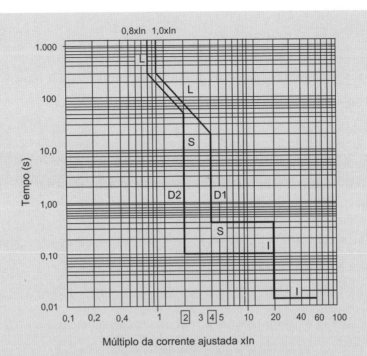

Figura 10.70 Coordenação entre os disjuntores D1 e D2.

Nesse caso, o tempo de operação do relé será $T_{ad} = 70$ s, portanto muito superior ao tempo de partida do motor para $M = 1,6 \times I_a$.

- Ajuste da curva do relé para proteção contra curto-circuito

Para a corrente de curto-circuito no ponto 4 (6.000 A), o tempo de atuação do disjuntor D2 será:

$$M = \frac{I_{cs}}{I_a} = \frac{6.000}{500} = 12 \rightarrow T_{ad} = 0,10 \text{ s (curva S – Figura 10.70) para coordenar com o disjuntor D1.}$$

f) Fusível F1

Por meio da Equação (10.21), temos:

$$I_{nf} \leq I_{pmn} \times K + \sum I_{nm} + \sum I_{na}$$

$$I_{nf} \leq 6,8 \times 385,2 \times 0,3 + 53,1 \leq 838,9 \text{ A} \rightarrow I_{nf} = 800 \text{ A}$$

Como a corrente do fusível F1 é superior à do fusível F3, não há necessidade, em princípio, de verificar as condições de partida do motor (ver item h1 deste exemplo).

g) Proteção de média tensão (relé digital R1)

A potência nominal do transformador vale:

$$P_{tr} = \frac{220 \times 0,736}{0,87 \times 0,95} \times 0,87 + \frac{300 \times 0,736}{0,88 \times 0,96} \times 0,87 + 35 = 432,8 \text{ kVA}$$

Logo será adotado um transformador com a potência nominal de 500 kVA

- Corrente nominal primária do transformador de força

$$I_{tr} = I_{ma} = \frac{500}{\sqrt{3} \times 13,8} = 20,9 \text{ A}$$

$I_{cc} = 1.200$ A (corrente de defeito tripolar – ver Figura 10.68)

$I_{cft} = 700$ A (corrente de defeito à terra – ver Figura 10.68)

g1) Relé de proteção de fase

g1.1) Determinação dos ajustes da unidade temporizada de fase (51)

Será utilizado o relé de sobrecorrente digital Pextron URP 7104T, curva muito inversa.

- Determinação da corrente nominal do transformador de corrente

A corrente nominal do TC vale:

$$I_{tc} \geq \frac{1.200}{20} \geq 60 \text{ A, sendo 20 o fator limite de exatidão adotado para o TC.}$$

$$RTC: 80-5:16 \text{ (relação de transformação adotada)}$$

- Verificação de possível saturação do transformador de corrente

$$C_{tc} = (Z_r + 2 \times L_c \times Z_{ca}) \times I_s^2 = \left(0,007 + \frac{2 \times 23 \times 3,7035}{1000}\right) \times 5^2 = 4,4 \text{ VA (capacidade do TC)}$$

$$C_{ntc} = 5 \text{ VA (carga nominal do TC)}$$

$$Z_r = 7 \text{ m}\Omega = 0,007 \text{ }\Omega \text{ (impedância do relé)}$$

$$L_{ca} = 23 \text{ m (comprimento do circuito conectando o relé ao TC)}$$

$$I_s = 5 \text{ A (corrente nominal secundária do TC)}$$

$Z_{ca} = 3,7035$ mΩ (resistência do condutor do circuito de alimentação do relé – seção de 6 mm²; desprezou-se a reatância do cabo por ser muito inferior à sua resistência)

A tensão secundária relativa à carga nominal do TC vale:

$$V_{sec} = F_s \times I_{cs} \times Z_{ntc} = 20 \times 5 \times 0,20 = 20 \text{ V (tensão secundária do TC)}$$

$$Z_{ntc} = 0,20 \text{ }\Omega \text{ (carga nominal de TC de 5 VA)}$$

$$F_s = 20 \text{ (fator limite de exatidão)}$$

A tensão que pode surgir no secundário do TC em função da impedância nele conectada:

$$V_s = 0,5 \times K_s \times \frac{I_{as}}{RTC} \times Z_{ca}$$

$$K_s = 2 \times \pi \times F \times C_{ct} \times \left(1 - e^{-T/C_{ct}}\right) + 1 = 2 \times \pi \times 60 \times 0,000321 \times \left(1 - e^{-(0,015/0,000321)}\right) = 0,12$$

$$F = 60 \text{ Hz}$$

T = 0,015 s (tempo de atuação da proteção instantânea de fase, valor inicialmente assumido)

$$C_{ct} = \frac{X}{2 \times \pi \times F \times R} = \frac{2,6413}{2 \times \pi \times 60 \times 2,1831} = 0,000321 \text{ s (constante de tempo)}$$

$$K = \frac{X}{R} = \frac{2,6413}{2,1831} = 1,2 \rightarrow F_{as} = 1,07 \text{ (fator de assimetria – ver Tabela 5.1)}$$

$$I_{ca} = F_{as} \times I_{cs} = 1,07 \times 1.200 = 1.284 \text{ A (corrente assimétrica de curto-circuito)}$$

$Z_c = \dfrac{C_{tc}}{I_s^2} = \dfrac{4,4}{5^2} = 0,17$ $\Omega < Z_{ntc}$ (condição satisfeita considerando a impedância da carga ligada aos terminais do TC)

Logo a tensão que pode surgir nos terminais do TC durante a ocorrência de um curto-circuito trifásico assimétrico é muito inferior à tensão nominal secundária, garantindo que o transformador de corrente não irá saturar, ou seja:

$$V_s \leq 0,5 \times K_s \times \frac{I_{as}}{RTC} \times Z_c \leq 0,5 \times 0,12 \times \frac{1.284}{16} \times 0,17 \leq 0,81 \text{ V}$$

$$V_{sec} > V_s \text{ (condição satisfeita)}$$

- Determinação da corrente de ajuste da unidade de sobrecorrente de fase (51)

$K = 1,5$ (valor da sobrecarga admitida para o transformador)

$I_n = 5$ A (corrente nominal do relé)

$T_{ni} = 0,60$ s (tempo máximo estabelecido pela concessionária local para o ajuste do relé de proteção geral da indústria; também a concessionária pode fornecer as informações necessárias para que o projetista obtenha os valores dos tempos de ajuste do relé de fronteira da indústria)

Logo a corrente de ajuste vale:

$$I_{af} = \frac{K \times I_{ma}}{RTC} = \frac{1,5 \times 20,9}{16} = 1,95 \text{ A}$$

- Determinação da corrente de acionamento

$$I_{ac} = RTC \times I_{af} = 16 \times 1,95 = 31,2 \cong 31 \text{ A}$$

$$I_{ac} > I_{ma} \text{ (condição satisfeita)}$$

O valor de I_{ma} (representa a maior corrente que se pode considerar no cálculo de um determinado ajuste de corrente no relé)

- Determinação da curva de operação do relé (T_{ms})

Será adotada a curva muito inversa, conforme a Figura 10.62 e a Equação (10.47).

$$T_{mi} = \frac{13,5}{\left(\frac{I_{ma}}{I_{ac}}\right) - 1} \times T_{ms} \rightarrow T_{ms} = \frac{T_{mi} \times \left[\left(\frac{I_{ma}}{I_{ac}}\right) - 1\right]}{13,5} = \frac{0,25 \times \left[\left(\frac{1.200}{31}\right) - 1\right]}{13,5} = 0,69$$

– Faixa de ajuste da corrente do relé (51): (0,04 a 16) × RTC
– Ajuste da corrente da unidade temporizada de fase: 1,95 A
– Curva de operação do relé (T_{ms}): 0,69

Observar que o termo I_{ma}, que é parte da Equação (10.47), varia de acordo com as correntes de carga e de curto-circuito, quando da elaboração gráfica da curva de atuação do relé, conforme mostra a Tabela 10.13, preparada em Excel.

- Verificação da atuação do relé durante a partida do maior motor

Nesse caso, deve-se considerar a contribuição da carga máxima do sistema, excluindo a potência do motor em estudo.

$$I_{nm} = 385,2 \text{ A (corrente nominal do motor)}$$

$$T_{pm} = 3 \text{ s (tempo de partida do motor)}$$

$$I_p = I_{ma} = R_{cpm} \times I_{nm} \times \frac{V_s}{V_p} = 6,8 \times 385,2 \times \frac{380}{13.800} = 72,1 \text{ A (corrente de partida refletida no lado de 13,80 kV)}$$

O relé não deve operar durante a partida do motor. Por meio da Equação (10.47), temos:

$$T_{mi} = \frac{13,5}{\left(\frac{I_{ma}}{I_{ac}}\right) - 1} \times T_{ms} = \frac{13,5}{\left(\frac{72,1}{31}\right) - 1} \times 0,69 = 7,0 \text{ s (tempo de atuação do relé durante a partida do motor)}$$

Como $T_{mi} = 7,0$ s $> 3,0$ s, o relé não vai operar durante a partida do motor – ver gráfico da Figura 10.72 e Tabela 10.13.

- Verificação da atuação do relé decorrente da corrente de magnetização do transformador

$$I_{mg} = I_{ma} = 8 \times I_{tr} = 8 \times \frac{500}{\sqrt{3} \times 13,8} = 167 \text{ A}$$

Em geral, o tempo da corrente de magnetização do transformador, T_{mg}, está compreendido entre 100 e 200 ms. O tempo de atuação do relé vale:

$$T_{mi} = T_{mg} = \frac{13,5}{\left(\frac{I_{ma}}{I_{ac}}\right)-1} \times T_{ms} = \frac{13,5}{\left(\frac{167}{31}\right)-1} \times 0,69 = 2,1 \text{ s} = 2.100 \text{ ms} \rightarrow T_{mi} > T_{mg} \text{ (condição satisfeita)}$$

Como o tempo de duração da corrente de magnetização do transformador é de 0,10 s, o relé não irá operar (ver gráfico da Figura 10.72).

- Tempo de atuação do relé ao ser submetido à corrente de curto-circuito trifásica

A partir dos valores das diversas correntes que podem circular no primário do transformador devido à carga e às correntes de defeito da baixa-tensão refletidas no primário e às correntes de defeito no primário, pode-se traçar a curva de operação do relé que estabelece a curva de proteção do transformador. Tomando-se a corrente de curto-circuito como um ponto dessa curva, podemos obter o tempo de acionamento do relé.

$I_{cf} = 1.200$ A A $\rightarrow$ $T_{ar} = 0,015$ s A (nesse caso o relé atuará na curva instantânea – ver gráfico da Figura 10.72 – condição satisfeita)

g1.2) Determinação dos ajustes da unidade de tempo definido de fase (51TD)

O ajuste da função 51TD pode ser aplicado nas seguintes condições: (i) proteger o transformador para a condição de sua suportabilidade térmica e mecânica; (ii) coordenar com a função 51TD de outros relés situados a jusante e/ou a montante; (iii) fazer a função de 50BF, que é a proteção de retaguarda do disjuntor quando ele for acometido de uma falha.

- Corrente da corrente de ajuste de tempo definido de fase

O ajuste dessa função deverá ficar abaixo da curva de suportabilidade térmica e mecânico do transformador.

$$I_{atds} \leq \frac{I_{ca}}{RTC} \times F \leq \frac{1.200}{16} \times 0,20 \leq 15 \text{A} \rightarrow I_{atds} = 15 \text{ A (valor da corrente no secundário do TC)}$$

F = 0,20 (fator de ajuste da corrente da função 51TD – valor assumido)

O valor final da corrente de tempo definido deve ser admitido pelo projetista em função das características do projeto, considerando, por exemplo, que o relé não deve atuar durante a corrente de energização do transformador, da corrente de partida de motores, permitir a seletividade com outras proteções e demais condições peculiares ao projeto. Em geral, admite-se, inicialmente, o valor de F entre 0,20 e 0,50, que poderá ser alterado após as seguintes análises:

- Corrente de acionamento de tempo definido I_{atd}

$$I_{atd} = RTC \times I_{atds} = 16 \times 15 = 240 \text{ A}$$

$I_{atd} < I_{cf}$ (condição satisfeita)

$I_{atd} > I_{mg}$ (condição satisfeita)

A corrente de partida do motor adicionada às correntes das demais cargas refletidas no primário vale:

$$I_{pmp} = I_{pm} + I_{carga} = \left[1.839,5 + (721,3 - 385,2)\right] \times \left(\frac{380}{13.800}\right) = 60,0 \text{ A}$$

Os valores 721,3 A e 385,2 A são, respectivamente, a corrente total da carga secundária e a corrente nominal do motor.

$I_{ac} > I_{pm}$ (condição satisfeita)

- Faixa de ajuste de tempo definido de fase: (0,04 a 100) A × RTC.
- Ajuste da corrente da unidade de tempo definido de fase: 15 A.
- Faixa de ajuste do tempo da unidade de tempo definido de fase: (0,10 a 240) A.
- Tempo de ajuste de tempo da unidade de tempo definido de fase: 0,10 s (valor assumido).

- Determinação da suportabilidade térmica do transformador
  - Tempo de suportabilidade térmica

$$T_{st} = 2 \text{ s [ver gráfico da Figura 10.64(a)]}$$

  - Corrente de suportabilidade térmica

$$Z_{pu} = 4,5\% = 0,045 pu \text{ (impedância do transformador)}$$

$$I_{st} = \frac{V}{Z_{pu}} = \frac{1}{0,045} = 22,22 \times I_{nt} < 25 \times I_{nt} \quad \rightarrow \quad I_{st} = 25 \times I_{nt}$$

Esses valores deverão ser plotados no gráfico da curva tempo × corrente de proteção do relé.

g1.3) Determinação dos ajustes da unidade instantânea de fase (50)

- Corrente de ajuste

$$I_{if} \leq \frac{I_{cs}}{RTC} \times F \leq \frac{1.200}{16} \times 0,60 \leq 45 \text{ A} \quad \rightarrow \quad I_{if} = 40 \text{ A}$$

F = 0,60 (fator de ajuste da corrente da função 50 – valor assumido)

Em geral, admite-se, inicialmente, o valor de F entre 0,50 e 0,90, que poderá ser alterado após análise a seguir desenvolvida ou outras condições de projeto.

- A corrente de acionamento

$$I_{ac} = RTC \times I_{if} = 16 \times 40 = 640 \text{ A}$$

$I_{ac} < I_{ft}$ (condição satisfeita para curto-circuito fase e terra)

$I_{ac} > I_{pm}$ (condição satisfeita para a partida do motor)

- Faixa de ajuste da unidade instantânea de fase: (0,04 a 100) × RTC
- Ajuste da corrente da unidade instantânea de fase: 40 A.
- Ajuste do tempo da unidade instantânea de fase: 0,015 s (valor fixo)

g2) Relé de proteção de neutro

g2.1) Determinação dos ajustes da unidade temporizada de neutro (51N)

$$I_{an} = \frac{K \times I_{ma}}{RTC} = \frac{0,3 \times 20,9}{16} = 0,39 \text{ A (corrente de desequilíbrio de neutro)}$$

- Corrente de acionamento

$$I_{ac} = RTC \times I_{an} = 16 \times 0,39 = 6,24 \text{ A (corrente no secundário do TC)}$$

$I_{ac} > I_{an}$ (condição atendida)

- Determinação da curva de operação do relé (T_{ms})

Será adotada a curva muito inversa, conforme a Figura 10.62 e a Equação (10.47).

$$T_{mi} = \frac{13,5}{\left(\frac{I_{ma}}{I_{ac}}\right) - 1} \times T_{ms} \quad \rightarrow \quad T_{ms} = \frac{T_{mi} \times \left[\left(\frac{I_{ma}}{I_{ac}}\right) - 1\right]}{13,5} = \frac{0,20 \times \left[\left(\frac{700}{6,24}\right) - 1\right]}{13,5} = 1,6$$

T = 0,20 s (tempo que permite coordenação com o relé da concessionária – ver descrição da questão)

- Determinação do tempo de operação do relé para a corrente de magnetização

$$T_{mi} = \frac{13,5}{\left(\frac{I_{ma}}{I_{ac}}\right) - 1} \times T_{ms} = \frac{13,5}{\left(\frac{167}{6,24}\right) - 1} \times 1,6 = 0,83 \text{ s} = 830 \text{ ms} \quad \rightarrow \quad T_{mi} \gg T_{mg} \text{ (condição satisfeita)}$$

- Faixa de ajuste de corrente da unidade temporizada de neutro: (0,04 a 16) × RTC
- Ajuste de corrente unidade temporizada de neutro: 0,39 A
- Curva de ajuste da corrente da unidade temporizada de neutro (T_{ms}): 1,6

g2.2) Determinação dos ajustes da unidade de tempo definido de neutro (51NTD)

- Determinação da corrente de ajuste da unidade de tempo definido de neutro

$$I_{tdn} \leq \frac{I_{ft}}{RTC} \times F \leq \frac{700}{16} \times 0,40 \leq 17,5 \text{ A} \quad \rightarrow \quad I_{tdn} = 17 \text{ A}$$

F = 0,40 (fator de ajuste da corrente da função 51N-TD – valor assumido)

Em geral, admite-se, inicialmente, o valor de F entre 0,20 e 0,50, que poderá ser alterado após a análise dessa ou de outras considerações, se necessário.

$I_{ac} = I_{in} \times RTC = 17 \times 16 = 272$ A (corrente de acionamento da unidade de tempo definido de neutro)

$I_{ac} < I_{ft}$ (condição satisfeita para a corrente de curto-circuito fase e terra)

- Faixa de ajuste da corrente da unidade de tempo definido de neutro: (0,04 a 100) A × RTC
- Ajuste da unidade de tempo definido de neutro: 17 A.
- Faixa de ajuste de tempo da unidade de tempo definido de neutro: (0,10 a 240) s
- Tempo de atuação da unidade de tempo definido de neutro: 0,10 s (valor assumido).

g2.3) Determinação dos ajustes da unidade instantânea de neutro (50N)

- Determinação da corrente de ajuste da unidade instantânea de neutro

$$I_{in} \leq \frac{I_{ft}}{RTC} \times F \leq \frac{700}{16} \times 0,80 = 35 \text{ A} \quad \rightarrow \quad I_{in} = 35 \text{ A}$$

F = 0,80 (fator de ajuste da corrente da função 50N – valor assumido)

Em geral, admite-se, inicialmente, o valor de F entre 0,5 e 0,9, que poderá ser alterado após as seguintes análises:

$I_{ac} = I_{in} \times RTC = 35 \times 16 = 560$ A (corrente de acionamento da unidade instantânea de neutro)

$I_{ac} < I_{ft}$ (condição satisfeita)

- Faixa de ajuste da unidade instantânea de neutro: (0,04 a 100) × RTC
- Ajuste da unidade instantânea de neutro: 35 A.
- Tempo de atuação da unidade instantânea de neutro: 0,015 s (valor fixo)

Para que haja coordenação entre os relés de proteção da subestação da concessionária e a unidade consumidora, deve haver uma diferença de tempo de atuação entre os respectivos relés no valor entre T = 0,20 e 0,30 s, sendo o último valor mais conservador.

É comum, quando solicitadas, as concessionárias fornecerem ao projetista uma folha de dados do relé do alimentador, ao qual será conectado o estabelecimento industrial, denominada Ordem de Ajuste da Proteção (OAP), com todos os valores ajustados (curvas temporizadas, tempos das unidades de tempo definido, faixas de ajustes das correntes e dos tempos etc.).

Garantida a coordenação com os relés da concessionária, o projetista deverá buscar a coordenação e seletividade com os disjuntores e fusíveis do sistema de baixa-tensão, a partir das curvas e das correntes nominais dos respectivos disjuntores e fusíveis.

Por vezes, não se obtêm as condições de coordenação entre os elementos de proteção do sistema de baixa-tensão ou entre esses elementos e os relés do sistema de média tensão da subestação da indústria. Nesse caso, deve-se desconsiderar as condições de coordenação do sistema de baixa-tensão, privilegiando a coordenação do disjuntor geral de baixa-tensão com a proteção de sobrecorrente de média tensão, porém mantendo os ajustes de proteção calculados que garantam a integridade física e as condições operacionais dos equipamentos, cabos e dispositivos do sistema.

h) Coordenação das proteções de baixa-tensão

- Coordenação entre D1 ($I_{ad1} = 800$ A) e D2 ($I_{nd3} = 500$ A)

1ª Condição: as curvas D1 e D2 não se devem tocar, conforme visto no gráfico da Figura 10.71

2ª Condição: $T_{ad1} \geq I_{ad2} + 150$ ms (Equação 10.42) → $T_{ad1} - I_{ad2} \geq 0,015$ s → $0,40 - 0,10 > 0,015$ s (condição satisfeita – ver gráfico da Figura 10.71).

3ª condição: de acordo com a Equação (10.43), temos: $I_{ad1} \geq 1,25 \times I_{ad2}$

$I_{ad1} \geq 1,25 \times I_{ad2}$ [Equação (10.43) → $I_{ad1}/I_{ad2} \geq 1,25 \to 3.000/1.000 > 1,25$] (condição satisfeita – ver gráfico da Figura 10.71).

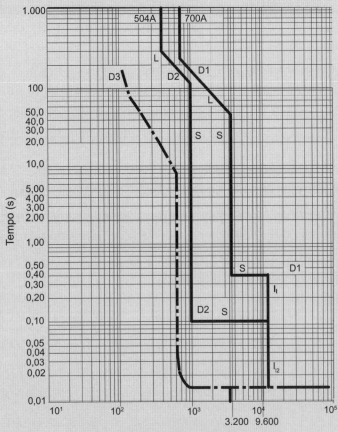

Figura 10.71 Coordenograma.

h1) Coordenação entre F1 ($I_{nf1} = 800$ A) e F3 ($I_{nf3} = 630$ A)

Observa-se pela Tabela 10.12 que os fusíveis F2 e F3 não são seletivos. Para que ocorra seletividade, uma das alternativas será reduzir a corrente do fusível F3 para 500 A. Para isso, devemos nos certificar se o fusível de 500 A não atuará durante a partida do motor de 300 cv. Deixamos para o leitor realizar essa verificação.

h2) Coordenação entre F1 (800 A) e D2 (3WT-630A)

- Condição de sobrecarga (partida do motor)

$$I_{pm} = 2.619,3 \text{ A} \to I_{ad} = 500 \text{ A} \to T_{dis2} = 0,40 \text{ s (Figura 10.71)}$$
$$I_{pm} = 2.619,3 \to I_{nf1} = 800 \text{ A} \to T_{fus1} = 4 \text{ s (Figura 10.24: curva mínima)}$$
$$I_{pm} = 2.619,3 \to I_{nf1} = 800 \text{ A} \to T_{fus1} = 40 \text{ s (Figura 10.24: curva máxima)}$$

Portanto, há seletividade entre o fusível F1 (4,0 s) e o disjuntor D2 (0,40 s).

- Condição de defeito trifásico

Por meio da Equação (10.40), temos:

$$T_{af} \geq T_{ad} + 50 \text{ ms}$$

$$I_{trif} = 13.000 \rightarrow T_{dis2} = 0,015 \text{ s} = 15 \text{ ms (Figura 10.71 – curva I)}$$
$$I_{trif} = 13.000 \text{ A} \rightarrow I_{nf1} = 800 \text{ A} \rightarrow T_{fus1} \cong 0,001 \text{ s} \cong 1 \text{ ms (Figura 10.24)}$$
$$T_{fus4} \geq T_{dis1} + 50 \text{ ms} \rightarrow T_{fus1} - T_{disj2} \geq 50 \text{ ms} \rightarrow \Delta T_{f-d} \geq 50 \text{ ms} \rightarrow \Delta T_{f-d} = 15 - 1 = 14 \text{ s}$$

Logo, não há coordenação entre o fusível e o disjuntor para defeitos trifásicos.

h3) **Coordenação entre os disjuntores D2 (3WT-630A) e D3 (DBT3-63A)**

- Faixa de sobrecarga

Pode-se observar, pelo gráfico da Figura 10.71, que as curvas dos disjuntores D2 e D3 não se tocam, portanto há coordenação.

- Faixa de curto-circuito

Por meio da Equação (10.42), temos: $T_{dis2} \geq T_{dis3} + 150 \text{ ms}$

$$I_{pm} = 2.619,3 \text{ A} \rightarrow T_{dis2} = 0,40 \text{ s} = 400 \text{ ms (Figura 10.19)}$$
$$I_{pm} = 2.619,3 \rightarrow T_{dis3} = 0,015 \text{ s} = 15 \text{ ms (Figura 10.15)}$$

$T_{dis2} - T_{dis3} \geq 150 \text{ ms} \rightarrow \Delta T_{2-3} = 400 - 15 = 385 \text{ ms} = 0,385 \text{ s}$ (há coordenação entre os disjuntores D2 e D3)

h4) **Coordenação entre o relé R1 (Pextron) e o disjuntor D1**

$I_{csp} = 1.200$ A (corrente de curto-circuito trifásico no ponto de entrega de energia)

$I_{cs} = 700$ A (corrente de curto-circuito fase-terra no ponto de entrega de energia)

Para se determinar a curva do relé R1, basta aplicar a Equação (10.47), ou seja:

$$T_{mi} = \frac{13,5}{\left(\frac{I_{ma}}{I_{ac}}\right) - 1} \times T_{ms} \text{ (s)}$$

Substituindo $T_{ms} = 0,25$ e $I_a = 31$A, calculados no item "g1.1", obteremos os valores da curva tempo × corrente, de conformidade com a Tabela 10.13, variando-se o valor de I_{ma} de 50 A até o valor que cruzar com a reta vertical que define a corrente de tempo definido. Para o ponto 4 da curva, por exemplo, no qual o valor de $I_{ma} = 200$ A, no lado de média tensão (Tabela 10.13 e curva da Figura 10.71), obteremos o tempo de 1,71 s, ou seja:

$$T_{mi} = \frac{13,5}{\left(\frac{200}{31}\right) - 1} \times 0,69 = 1,71 \text{ s (ver também na Figura 10.72 e Tabela 10.14)}$$

No caso de se querer verificar se uma corrente no secundário do transformador sensibiliza a proteção dada pelo relé R1, basta multiplicar a corrente do secundário pela relação de transformação de tensão. Por exemplo, tomando-se o valor da corrente de 400 A no barramento de 380 V, o seu valor no primário será: $I_p \times V_p/V_s = 400 \times 380/13.800 = 11,1$ A. Ou seja, 400 A no secundário é refletida no barramento primário no valor de 11,1 A.

Como exercício, deixamos para o leitor desenhar o traçado completo da curva de neutro do relé R1, cujos valores estão dados na Tabela 10.14 e calculados no item "g1.4".

Tabela 10.13 Curva temporizada do relé de fase

CURVA MUITO INVERSA – Relé de Neutro							
Ponto	K1	T_{ms}	Imáx	Iac	Imáx/Iac-1	TEMPO (s)
–	A	B	C	D	E	AxB/E
1	13,5	0,69	50	31	0,6	15,20
2	13,5	0,69	70	31	1,3	7,40
3	13,5	0,69	100	31	2,2	4,19
4	13,5	0,69	150	31	3,8	2,43
5	13,5	0,69	200	31	5,5	1,71

(continua)

Tabela 10.13 Curva temporizada do relé de fase (*continuação*)

CURVA MUITO INVERSA – Relé de Neutro						
Ponto	K1	T_{ms}	Imáx	Iac	Imáx/Iac-1	TEMPO (s)
–	A	B	C	D	E	AxB/E
6	13,5	0,69	250	31	7,1	1,32
7	13,5	0,69	300	31	8,7	1,07
8	13,5	0,69	350	31	10,3	0,91
9	13,5	0,69	400	31	11,9	0,78
10	13,5	0,69	450	31	13,5	0,69
11	13,5	0,69	500	31	15,1	0,62
12	13,5	0,69	550	31	16,7	0,56
13	13,5	0,69	600	31	18,4	0,51
14	13,5	0,69	650	31	20,0	0,47
15	13,5	0,69	700	31	21,6	0,43
16	13,5	0,69	750	31	23,2	0,40
17	13,5	0,69	800	31	24,8	0,38
18	13,5	0,69	850	31	26,4	0,35
19	13,5	0,69	900	31	28,0	0,33
20	13,5	0,69	950	31	29,6	0,31
21	13,5	0,69	1.000	31	31,3	0,30
22	13,5	0,69	1.200	31	37,7	0,25
23	13,5	0,69	1.600	31	50,6	0,18
24	13,5	0,69	1.800	31	57,1	0,16
25	13,5	0,69	2.000	31	63,5	0,15
26	13,5	0,69	3.000	31	100,0	0,09

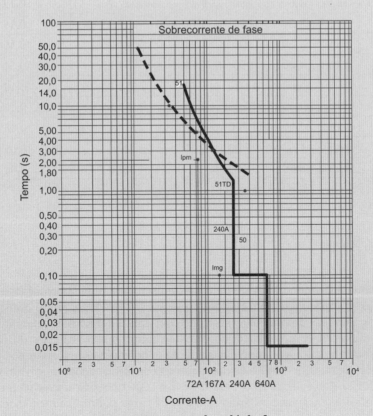

Figura 10.72 Curva do relé de fase.

Tabela 10.14 Curva temporizada de neutro

			CURVA MUITO INVERSA – Relé de Fase			
Ponto	K1	T_{ms}	Imáx	Iac	Imáx/Iac-1	TEMPO (s)
			CURVA MUITO INVERSA – Relé de Neutro			
Ponto	K1	T_{ms}	Imáx	Iac	Imáx/Iac-1	TEMPO (s)
–	A	B	C	D	E	AxB/E
1	13,5	1,60	10	6,24	0,6	35,85
2	13,5	1,60	15	6,24	1,4	15,39
3	13,5	1,60	30	6,24	3,8	5,67
4	13,5	1,60	50	6,24	7,0	3,08
5	13,5	1,60	75	6,24	11,0	1,96
6	13,5	1,60	100	6,24	15,0	1,44
7	13,5	1,60	200	6,24	31,1	0,70
8	13,5	1,60	300	6,24	47,1	0,46
9	13,5	1,60	350	6,24	55,1	0,39
10	13,5	1,60	400	6,24	63,1	0,34
11	13,5	1,60	450	6,24	71,1	0,30
12	13,5	1,60	500	6,24	79,1	0,27
13	13,5	1,60	550	6,24	87,1	0,25
14	13,5	1,60	600	6,24	95,2	0,23
15	13,5	1,60	650	6,24	103,2	0,21
16	13,5	1,60	700	6,24	111,2	0,19
17	13,5	1,60	750	6,24	119,2	0,18
18	13,5	1,60	800	6,24	127,2	0,17
19	13,5	1,60	850	6,24	135,2	0,16
20	13,5	1,60	900	6,24	143,2	0,15
21	13,5	1,60	950	6,24	151,2	0,14
22	13,5	1,60	1.000	6,24	159,3	0,14
23	13,5	1,60	1.200	6,24	191,3	0,11
24	13,5	1,60	1.800	6,24	287,5	0,08
25	13,5	1,60	2.500	6,24	399,6	0,05
26	13,5	0,69	3.000	31	100,0	0,09

Exemplo de aplicação (10.14)

Determinar os ajustes do relé de proteção geral de uma indústria em cuja subestação serão instalados 2 (dois) transformadores a óleo com capacidade nominal de 750 kVA, cada unidade, sendo que apenas 1 (um) transformador está ligado na primeira fase do projeto. O segundo transformador somente será utilizado quando ocorrer a expansão do empreendimento. A impedância do transformador vale 6 %. Existe um motor de 600 cv/380 V, partida direta durante o tempo de 2 s. A proteção geral da subestação é realizada por um disjuntor a SF6 de 630 A associado a um relé digital URP 7104T – Pextron que recebe informações de corrente por meio de TCs com especificação de 50 VA 10P20. Cabe alertar que, para definir o TC, é necessário averiguar se a tensão que surgirá em seus terminais é inferior à tensão secundária em razão da carga padronizada, de acordo como foi calculado no Exemplo de aplicação (10.13).

Proteção e coordenação

O ponto de conexão da indústria está distante da SE Concessionária, de aproximadamente 15,81 km, assim distribuídos de acordo com a Figura 10.73. A ordem de ajuste da SE Concessionária está mostrada na Tabela 10.15. A seguir, os dados básicos para o desenvolvimento deste estudo.

- Alimentador principal aéreo: 12,65 km em cabo de alumínio 266,8 MCM.
  - Ramal aéreo: 1,468 km em cabo de alumínio 1/0 AWG.
  - Sub-ramal 1 aéreo: 1,699 km em cabo de alumínio ACSR 2 AWG.
  - Sub-ramal 2 aéreo (continuação): 0,260 km em cabo de cobre ACSR 2 AWG.
  - Ramal de entrada: 28 m em cabo de cobre isolado em PVC-8,7/15 kV, seção de 35 mm².

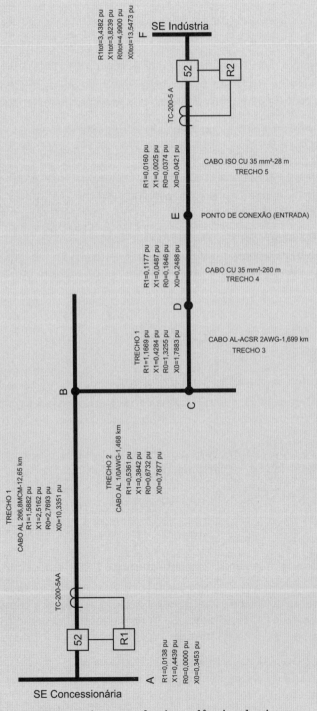

Figura 10.73 Diagrama das impedâncias do sistema.

Tabela 10.15 Ordem de ajuste da Concessionária

Proteção do alimentador 01I2 da SE Concessionária – SEL351-6D4E642X2					
Proteção de sobrecorrente de fase (50/51)			Proteção de sobrecorrente de neutro (50/51N)		
Item	Tipo	Ajuste	Item	Tipo	Ajuste
1	Pick-up	200 A	1	Pick-up	26
2	Curva	0,14	2	Curva	0,64
3	Tipo de curva	Muito inversa	3	Tipo de curva	Muito inversa
4	Instantâneo (1)	5.000 A	4	Instantâneo	3.500 A
5	Temp do Inst.(1)	0,10 s	5	Temp do Inst.	0,10 s
6	Instantâneo (2)	3.500 A	–	–	–
7	Temp do Inst. (2)	0,20 s	–	–	–

a) Cálculo da tensão no circuito dos TCs ligados ao relé Pextron URP 7104T – Pextron

De acordo com o projeto, o relé está localizado a uma distância de 1,0 m dos transformadores de corrente e é alimentado por um circuito em cabo 2 × 6 mm² (ida e retorno). As principais características técnicas dessa ligação são:

- Impedância de um cabo de 6 mm²: Z_{cabo} = 3,0735 Ω/km (Tabela 3.22)
- Impedância do relé: $Z_{relé}$ = 0,014 Ω
- Corrente nominal secundária do relé: I_{nr} = 5 A
- Distância entre o relé e os TCs: L = 2 m
- Transformador de corrente para a proteção: 200/400/600-5 A
- Fator limite de exatidão do TC: 20

b) Cálculo da corrente de magnetização do transformador de força

A corrente de energização do transformador de 750 kVA pode ser considerada igual $I_{mg} = 8 \times I_{tr}$ com o tempo de duração da ordem de 100 ms. Neste caso, há somente um transformador em operação.

$$I_{mg} = 8 \times I_{tr} = 8 \times \frac{750}{\sqrt{3} \times 13,8} = 251 \text{ A}$$

$$T_{magt} = 100 \text{ ms} = 0,10 \text{ s}$$

c) Cálculo das impedâncias

• Impedâncias equivalentes da Concessionária [Ponto (A)]

Observar inicialmente a Figura 10.73, que mostra os vários trechos do alimentador 01I2 da SE Concessionária que atende ao empreendimento, de acordo com a Informação Técnica do Ponto de Conexão fornecido pela concessionária.

Os valores das impedâncias equivalentes para sequência positiva e zero na **base de 100 MVA** fornecidos pela concessionária no barramento da SE Concessionária, ponto [A] são:

- R_{eq} = 0,0138 pu
- X_{eq} = 0,4439 pu
- R_0 = 0,0000 pu
- X_0 = 0,3453 pu

• Cálculo das impedâncias da rede aérea, cabos de alumínio ACSR, disposição plana, entre o ponto [A] e o ponto [B]

Corresponde às impedâncias do trecho 1 em cabo 266,8 MCM, ACSR, com comprimento de 12,65 km, e que liga a subestação de distribuição da concessionária, SE Concessionária, no ponto [A], com o poste de derivação, Ponto (B), de acordo com a Figura 10.73. Os valores de impedância valem:

- R_{pcc1} = 0,2391 Ω/km (resistência de sequência positiva do cabo).
- X_{pcc1} = 0,3788 Ω/km (reatância de sequência positiva do cabo).
- R_{zcc1} = 0,4169 Ω/km (resistência de sequência zero do cabo).
- X_{zcc1} = 1,5559 Ω/km (reatância de sequência zero do cabo).

Os valores das resistências e reatâncias dos cabos isolados e nus foram considerados como resultados do cálculo das impedâncias estudadas nos itens 4.3 e 4.4 do livro do autor *Manual de Equipamentos Elétricos*, LTC, 5ª Edição, em que se leva em conta a distância entre os cabos, o arranjo dos cabos nas estruturas (cabos aéreos), a maneira de instalar os cabos subterrâneos, as capacitâncias e demais parâmetros eletromecânicos ali estudados. Podem também ser calculados por *softwares*, como o ATP.

A impedância do trecho ponto [A] e o ponto [B] vale:

$$Z_{c1} = Z_{cc1} \times L_{c1} \times \left(\frac{P_b}{V_b^2}\right)$$

$$R_{pc1} = R_{pcc1} \times L_{c1} \times \left(\frac{P_b}{V_b^2}\right) = 0{,}2391 \times 12{,}65 \times \left(\frac{100}{13{,}80^2}\right) = 1{,}5882 \; pu$$

$$X_{pc1} = X_{pcc1} \times L_{c1} \times \left(\frac{P_b}{V_b^2}\right) = 0{,}3788 \times 12{,}65 \times \left(\frac{100}{13{,}80^2}\right) = 2{,}5162 \; pu$$

$$R_{zc1} = R_{zcc1} \times L_{c1} \times \left(\frac{P_b}{V_b^2}\right) = 0{,}4169 \times 12{,}65 \times \left(\frac{100}{13{,}80^2}\right) = 2{,}7693 \; pu$$

$$X_{zc1} = X_{zcc1} \times L_{c1} \times \left(\frac{P_b}{V_b^2}\right) = 1{,}5559 \times 12{,}65 \times \left(\frac{100}{13{,}80^2}\right) = 10{,}3351 \; pu$$

- Cálculo das impedâncias da rede aérea, cabos de alumínio ACSR, disposição plana entre o ponto [B] e o ponto [C]

Corresponde às impedâncias do trecho 2 em cabo 1/0 AWG, com comprimento de 1,468 km. Os valores de impedância valem:

- R_{pcc2} = 0,6955 Ω/km (resistência de sequência positiva do cabo).
- X_{pcc2} = 0,4984 Ω/km (reatância de sequência positiva do cabo).
- R_{zcc2} = 0,8733 Ω/km (resistência de sequência zero do cabo).
- X_{zcc2} = 1,0219 Ω/km (reatância de sequência zero do cabo).

Logo, a impedância do trecho 2, vale:

$$Z_{c2} = Z_{cc2} \times L_{c2} \times \left(\frac{P_b}{V_b^2}\right)$$

$$R_{pc2} = R_{pcc2} \times L_{c2} \times \left(\frac{P_b}{V_b^2}\right) = 0{,}6955 \times 1{,}468 \times \left(\frac{100}{13{,}80^2}\right) = 0{,}5361 \; pu$$

$$X_{pc2} = X_{pcc2} \times L_{c2} \times \left(\frac{P_b}{V_b^2}\right) = 0{,}4984 \times 1{,}468 \times \left(\frac{100}{13{,}80^2}\right) = 0{,}3842 \; pu$$

$$R_{zc2} = R_{zcc2} \times L_{c2} \times \left(\frac{P_b}{V_b^2}\right) = 0{,}8733 \times 1{,}468 \times \left(\frac{100}{13{,}80^2}\right) = 0{,}6732 \; pu$$

$$X_{zc2} = X_{zcc2} \times L_{c2} \times \left(\frac{P_b}{V_b^2}\right) = 1{,}0219 \times 1{,}468 \times \left(\frac{100}{13{,}80^2}\right) = 0{,}7877 \; pu$$

- Cálculo das impedâncias da rede aérea, cabos de alumínio ACSR, disposição plana entre o ponto [C] e o ponto [D]

Corresponde às impedâncias do trecho 3 em cabo 2 AWG, com comprimento de 1,699 km. Os valores de impedância valem:

- R_{pcc3} = 1,3080 Ω/km (resistência de sequência positiva do cabo).
- X_{pcc3} = 0,4802 Ω/km (reatância de sequência positiva do cabo).
- R_{zcc3} = 1,4858 Ω/km (resistência de sequência zero do cabo).
- X_{zcc3} = 2,0045 Ω/km (reatância de sequência zero do cabo).

Logo, a impedância do trecho 3 vale:

$$Z_{c3} = Z_{cc3} \times L_{c3} \times \left(\frac{P_b}{V_b^2}\right)$$

$$R_{pc3} = R_{pcc3} \times L_{c3} \times \left(\frac{P_b}{V_b^2}\right) = 1,3080 \times 1,699 \times \left(\frac{100}{13,80^2}\right) = 1,1669 \ pu$$

$$X_{pc3} = X_{pcc3} \times L_{c3} \times \left(\frac{P_b}{V_b^2}\right) = 0,4802 \times 1,699 \times \left(\frac{100}{13,80^2}\right) = 0,4284 \ pu$$

$$R_{zc3} = R_{zcc3} \times L_{c3} \times \left(\frac{P_b}{V_b^2}\right) = 1,4858 \times 1,699 \times \left(\frac{100}{13,80^2}\right) = 1,3255 \ pu$$

$$X_{zc3} = X_{zcc3} \times L_{c3} \times \left(\frac{P_b}{V_b^2}\right) = 2,0045 \times 1,699 \times \left(\frac{100}{13,80^2}\right) = 1,7883 \ pu$$

- Cálculo das impedâncias da rede aérea, cabos de cobre, disposição plana, entre o Ponto (D) e o Ponto (E)

Corresponde às impedâncias do trecho 4 em cabo de cobre 35 mm², com comprimento de 0,260 km. Os valores de impedância valem:

- $R_{pc4} = 0,8620$ Ω/km (resistência de sequência positiva do cabo).
- $X_{pc4} = 0,3567$ Ω/km (reatância de sequência positiva do cabo).
- $R_{zc4} = 1,3522$ Ω/km (resistência de sequência zero do cabo).
- $X_{zc4} = 1,8222$ Ω/km (reatância de sequência zero do cabo).

Logo, a impedância do trecho 4, vale:

$$Z_{c4} = Z_{cc4} \times L_{c4} \times \left(\frac{P_b}{V_b^2}\right)$$

$$R_{pc4} = R_{pcc4} \times L_{c4} \times \left(\frac{P_b}{V_b^2}\right) = 0,8620 \times 0,260 \times \left(\frac{100}{13,80^2}\right) = 0,1177 \ pu$$

$$X_{pc4} = X_{pcc4} \times L_{c4} \times \left(\frac{P_b}{V_b^2}\right) = 0,3567 \times 0,260 \times \left(\frac{100}{13,80^2}\right) = 0,0487 \ pu$$

$$R_{zc4} = R_{zcc4} \times L_{c4} \times \left(\frac{P_b}{V_b^2}\right) = 1,3522 \times 0,260 \times \left(\frac{100}{13,80^2}\right) = 0,1846 \ pu$$

$$X_{zc4} = X_{zcc4} \times L_{c4} \times \left(\frac{P_b}{V_b^2}\right) = 1,8222 \times 0,260 \times \left(\frac{100}{13,80^2}\right) = 0,2488 pu$$

- Cálculo das impedâncias da rede subterrânea em cabo de cobre na disposição trifólio entre o ponto (E) e o ponto (F)

Corresponde às impedâncias do trecho 5 em cabo de cobre isolado de 35 mm², com comprimento de 0,028 km. Os valores de impedância valem:

- $R_{pc5} = 1,0912$ Ω/km (resistência de sequência positiva do cabo).
- $X_{pc5} = 0,1692$ Ω/km (reatância de sequência positiva do cabo).
- $R_{zc5} = 2,5460$ Ω/km (resistência de sequência zero do cabo).
- $X_{zc5} = 2,8640$ Ω/km (reatância de sequência zero do cabo).

Logo, a impedância do trecho 5, vale:

$$Z_{c5} = Z_{cc5} \times L_{c5} \times \left(\frac{P_b}{V_b^2}\right)$$

$$R_{pc5} = R_{pcc5} \times L_{c5} \times \left(\frac{P_b}{V_b^2}\right) = 1,0912 \times 0,028 \times \left(\frac{100}{13,80^2}\right) = 0,0160 \ pu$$

$$X_{pc5} = X_{pcc5} \times L_{c5} \times \left(\frac{P_b}{V_b^2}\right) = 0,1692 \times 0,028 \times \left(\frac{100}{13,80^2}\right) = 0,0025 \, pu$$

$$R_{zc5} = R_{zcc5} \times L_{c5} \times \left(\frac{P_b}{V_b^2}\right) = 2,5460 \times 0,028 \times \left(\frac{100}{13,80^2}\right) = 0,0374 \, pu$$

$$X_{zc5} = X_{zcc5} \times L_{c5} \times \left(\frac{P_b}{V_b^2}\right) = 2,8640 \times 0,028 \times \left(\frac{100}{13,80^2}\right) = 0,0421 \, pu$$

- Cálculo da impedância do transformador de 500 kVA na base de 100 MVA

$$Z_{tr} = 6,0\% = 0,060 \, pu$$

$$P_{tr} = 750 \, kVA$$

Logo, a impedância em pu do transformador na base de 100 MVA vale:

$$Z_{tr} = X_{tr} = Z_n \times \frac{P_b}{P_{tr}} = 0,06 \times \frac{100}{0,75} = 8 \, pu$$

- Cálculo da impedância de contato com a terra

Será considerado o valor indicado pela concessionária, que é de 100 Ω.

$$Z_c = Z_\Omega \times \left(\frac{P_b}{V_b^2}\right) = 100 \times \left(\frac{100}{13,80^2}\right) = 52,51 \, pu$$

d) **Cálculo das correntes de curto-circuito**

- Impedâncias no ponto de conexão

A soma das resistências e reatâncias até o ponto de conexão vale:

$$R_{ptot} = 0,0138 + 1,5882 + 0,5361 + 1,1669 + 0,1177 = 3,4227 \, pu$$

$$X_{ptot} = 0,4439 + 2,5162 + 0,3842 + 0,4284 + 0,0487 = 3,8214 \, pu$$

$$R_{ztot} = 0,0 + 2,7693 + 0,6732 + 1,3255 + 0,1846 = 4,9526 \, pu$$

$$X_{ztot} = 0,3453 + 10,3351 + 0,7877 + 1,7883 + 0,2488 = 13,5052 \, pu$$

Logo, a impedância até o ponto de conexão vale:

$$Z_{ppc} = 3,4227 + j3,8214 = 5,1301\angle 48,15° \, pu$$

$$Z_{zpc} = 4,9526 + j13,5052 = 14,3846\angle 69,86° \, pu$$

- Corrente de curto-circuito trifásico no ponto de conexão

$$I_{c3f} = \frac{1}{Z_{ppc}} \times I_b = \frac{1}{5,1301\angle 48,15°} \times \frac{100.000}{\sqrt{3} \times 13,80} = 815,5\angle -48,15° \, A$$

- Corrente de curto-circuito fase e terra máxima

$$I_{ftmá} = \frac{3}{Z_{zpc}} \times I_b = \frac{3}{2 \times 5,1301\angle 48,15° + 14,3846\angle 69,86°} \times \frac{100.000}{\sqrt{3} \times 13,80}$$

$$I_{ftmá} = \frac{3}{24,2163\angle 60,84°} \times \frac{100.000}{\sqrt{3} \times 13,80} = 518,3\angle -60,84° \, A$$

- Corrente de curto-circuito fase e terra mínima

$$I_{ftmi} = \frac{3}{Z_{tot}} \times I_b = \frac{3}{2 \times 5,1301\angle 48,15° + 14,3846\angle 69,86° + 3 \times 52,51\angle 0°} \times \frac{100.000}{\sqrt{3} \times 13,80}$$

$$I_{ftmi} = \frac{3}{170,6437\angle 7,11°} \times \frac{100.000}{\sqrt{3} \times 13,80} = 73,55\angle -7,11° \, A$$

- Corrente de curto-circuito no barramento de MT da SE Indústria

A impedância até o transformador vale:

- $R_{ptot} = 3,4227 + 0,016 = 3,4387 pu$
- $X_{ptot} = 3,8214 + 0,0025 = 3,8239 pu$
- $R_{ztot} = 4,9526 + 0,0374 = 4,9900 pu$
- $X_{ztot} = 13,5052 + 0,0421 = 13,5473\ pu$

Logo, a impedância até o barramento primário da SE Indústria:

$$Z_{ppc} = 3,4387 + j3,8239 = 5,1426\angle 48,03° pu$$

$$Z_{zpc} = 4,9900 + j13,5473 = 14,4370\angle 69,78° pu$$

- Corrente de curto-circuito trifásico no barramento da SE Indústria

$$I_{c3f} = \frac{1}{Z_{tr500}} \times I_b = \frac{1}{5,1426\angle 48,03°} \times \frac{100.000}{\sqrt{3}\times 13,80} = 813,5\angle -48,03°\ A$$

- Corrente de curto-circuito fase e terra máxima

$$I_{ftmá} = \frac{3}{Z_{trz500}} \times I_b = \frac{3}{2\times 5,1426\angle 48,03° + 14,4370\angle 69,78°} \times \frac{100.000}{\sqrt{3}\times 13,80}$$

$$I_{ftmá} = \frac{3}{24,2908\angle 60,75°} \times \frac{100.000}{\sqrt{3}\times 13,80} = 516,7\angle -60,75°\ A$$

- Corrente de curto-circuito fase e terra mínima

$$I_{ftmí} = \frac{3}{Z_{trz500}} \times I_b = \frac{3}{2\times 5,1426\angle 48,03° + 14,4370\angle 69,73° + 3\times 52,51\angle 0°} \times \frac{100.000}{\sqrt{3}\times 13,80}$$

$$I_{ftmí} = \frac{3}{170,7298\angle 7,13°} \times \frac{100.000}{\sqrt{3}\times 13,80} = 73,5\angle -7,13°\ A$$

- Cálculo da corrente de curto-circuito nos terminais secundários do transformador de 750 kVA
- Impedância no secundário do transformador

$$Z_{ppc} = 5,1426\angle 48,03° + 8,0\angle 90° = 12,3135\angle 73,8°\ pu$$

$$Z_{zpc} = 2\times 5,1426\angle 48,03° + 8,0\angle 90° = 17,0920\angle 66,27°\ pu$$

- Corrente de curto-circuito trifásico

$$I_{c3f} = \frac{1}{Z_{tr750}} \times I_b = \frac{1}{12,3135\angle 73,78°} \times \frac{100.000}{\sqrt{3}\times 0,38} = 12.338\angle -73,78°\ A$$

- Corrente de curto-circuito fase e terra

$$I_{ft} = \frac{3}{Z_{tot}} \times I_b = \frac{3}{2\times 17,0920\angle 66,27° + 8\angle 90°} \times \frac{100.000}{\sqrt{3}\times 0,38} = \frac{300.000}{41,63228\angle 70,70°} = 7.206\angle -70,70°\ A$$

Os valores das correntes de curtos-circuitos estão mostrados na Figura 10.74.

e) Determinação dos ajustes da proteção em média tensão

A concessionária forneceu os principais dados de ajuste da sua proteção referente ao alimentador de distribuição 01I2 da SE Concessionária que atenderá a SE Indústria.

Os valores de ajuste do relé do alimentador 01I2 da SE Concessionária fornecidos pela Concessionária estão na Tabela 10.15.

Proteção e coordenação

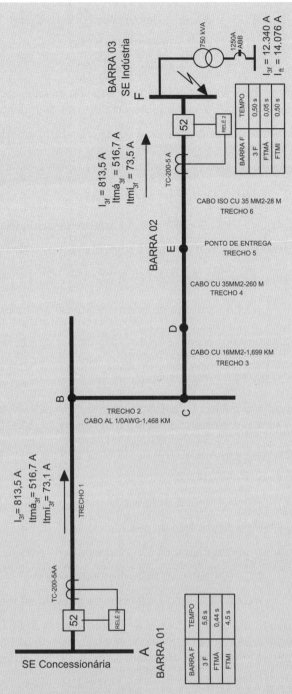

Figura 10.74 Diagrama das correntes de defeito e ajustes.

e1) Relé de proteção de fase

e1.1) Determinação dos ajustes da unidade temporizada de fase (51)

- Determinação do tempo de resposta do relé temporizado de fase (51) da SE Concessionária para defeito na barra da SE Indústria

Como a curva do relé do alimentador da 01I2 da SE Concessionária que suprirá a SE Indústria é de característica muito inversa e o seu tempo de atuação para a corrente de curto-circuito na barra da SE Indústria vale:

$$T_{ra} = \frac{13,5}{\left(\frac{I_{ma}}{I_{ac}}\right)-1} \times T_{ms} = \frac{13,5}{\left(\frac{813,5}{200}\right)-1} \times 0,14 = 0,61 \text{ s}$$

$$I_{ma} = 813{,}5 \text{ A (corrente de curto-circuito trifásica)}$$

$$I_{ac} = 200 \text{ A (ver Tabela 10.15)}$$

$$T_{ms} = 0{,}14 \text{ A (ver Tabela 10.15)}$$

- Determinação da corrente de atuação da unidade temporizada de fase, de tempo definido e instantâneo do relé da SE Indústria para defeitos no barramento primário da SE Indústria

Inicialmente, determinaremos as características técnicas do transformador de corrente.

$$I_{ntr} = \frac{750}{\sqrt{3} \times 13{,}80} = 31{,}3 \text{ A (corrente nominal do transformador da SE Indústria)}$$

Para um fator de sobrecarga permitido de 50 % ($K = 1{,}5$), temos:

$$I_{ac} = K \times I_{ntr} = 1{,}5 \times 31{,}3 = 46{,}9 \cong 47 \text{ A(corrente de acionamento)}$$

Logo, o transformador de corrente terá inicialmente a seguinte corrente nominal primária e RTC:

$$TC: 75 - 5 \text{ A} \rightarrow RTC = 15$$

$$I_{a51} = \frac{I_{ac}}{RTC} = \frac{47}{15} = 3{,}1 \text{ A (corrente de acionamento no secundário do TC)}$$

A corrente nominal do TC considerando o limite de exatidão de $F_e = 20 \times I_{ntr}$ terá o seguinte valor:

$$I_{ntc} = \frac{I_{cs}}{F_e} = \frac{813{,}5}{20} = 40{,}6 \rightarrow I_{ntc} = 75 - 5 \text{ A}$$

A título de exercício, deixamos para o leitor o desenvolvimento do estudo de saturação dos transformadores de corrente. Tomar como base o estudo realizado no Exemplo de aplicação (10.13).

- Determinação do tempo e da curva de atuação da unidade temporizada de fase do relé da SE Indústria (51)

O tempo de atuação do relé da SE Indústria vale:

$$T_{ra} = T_{rh} + T_{co}$$

T_{rh} = tempo de atuação do relé digital da SE Indústria

$T_{ra} = 0{,}60$ s (tempo de atuação do relé digital da SE Concessionária para defeitos na SE Indústria)

$$\Delta T_{co} = 0{,}30 \text{ ms (intervalo de coordenação)}$$

$$0{,}60 = T_{rh} + 0{,}30 \rightarrow T_{rh} = 0{,}61 - 0{,}30 = 0{,}31 \text{ s (tempo de atuação do relé da SE Indústria)}$$

Utilizaremos a curva de tempo muito inversa do relé de proteção geral da SE Indústria, igual à curva do relé da SE Concessionária. Assim, pode-se selecionar a curva de atuação do relé da SE Indústria, em função da corrente de curto-circuito nos terminais primários do transformador da SE Indústria, ou seja:

$$T_{rh} = \frac{13{,}5}{\left(\frac{I_{ma}}{I_{ac}}\right) - 1} \times T_{ms} \rightarrow T_{ms} = \frac{0{,}31 \times \left(\frac{813{,}5}{47}\right) - 1}{13{,}5} = 0{,}32$$

- Faixa de corrente da unidade temporizada de fase: (0,04 a 16) A × RTC
- Ajuste da corrente da unidade temporizada de fase: 3,1 A
- Curva ajustada no relé (T_{ms}): 0,32 A

e1.2) Determinação dos ajustes da unidade de tempo definido de fase (51TD)

O valor do ajuste da corrente de tempo definido no secundário do TC vale:

$$I_{a51} \leq \frac{I_{cs}}{RTC} \times F \leq \frac{813{,}5}{15} \times 0{,}45 \leq 25 \text{ A} \rightarrow I_{a51} = 25 \text{ A}$$

$F = 0{,}45$ (fator de ajuste da corrente da função 51TD – valor assumido)

Em geral, admite-se, inicialmente, o valor de F entre 0,20 e 0,50, que poderá ser alterado após as seguintes análises:

- Corrente de acionamento da unidade de tempo definido de fase

$$I_{ac} = RTC \times I_{a51} = 15 \times 25 = 375 \text{ A}$$

- Corrente de magnetização do transformador

$$I_{mg} = 8 \times I_{tr} = 8 \times 31,3 = 250 \text{ A}$$

$T_{mg} = 100$ ms (tempo máximo de permanência da corrente de energização do transformador)

$T_{aca} = 300$ ms (tempo ajustado da corrente de acionamento, valor assumido)

$$T_{ac} > I_{mg} \text{ (condição satisfeita)}$$

- Corrente de curto-circuito trifásica refletida para o primário

$$I_{srp} = I_{cs} \times \frac{V_s}{V_p} = 12.340 \times \frac{380}{13.800} = 339,8 \text{ A}$$

$I_{cs} = 12.340$ A (ver Figura 10.74)

$$I_{ac} > I_{srp} \text{ (condição satisfeita)}$$

- Corrente de partida do motor refletida para o primário

Ver o desenvolvimento do cálculo no item "g".

Logo os valores ajustados na unidade de tempo definido são:

– Faixa da corrente de atuação do relé de fase: (0,04 a 100) A × RTC.
– Corrente de ajuste da unidade de tempo definido de fase: 25 A
– Faixa de ajuste do tempo da unidade de tempo definido: (0,10 a 240) s
– Tempo de ajuste da unidade de tempo definido: 0,30 s = 300 ms

e1.3) Determinação dos ajustes da unidade instantânea de fase (50)

$$I_{a50} \leq \frac{I_{cs}}{RTC} \times F \leq \frac{813,5}{15} \times 0,80 \leq 43 \text{ A} \quad \rightarrow \quad I_{a50} = 43 \text{ A}$$

F = 0,80 (fator de ajuste da corrente da função 50 – valor assumido)

Em geral, admite-se, inicialmente, o valor de F entre 0,50 e 0,90, que poderá ser alterado após as seguintes análises:

$$I_{ac} = RTC \times I_{a50} = 15 \times 43 = 645 \text{ A}$$

$$I_{ac} < I_{cs} \text{ (condição satisfeita)}$$

Como exercício, deixa-se para o leitor realizar o cálculo e plotar sobre a curva do gráfico da Figura 10.75 a corrente de energização do transformador e a corrente de suportabilidade do transformador, de acordo com o procedimento adotado no Exemplo de aplicação (10.13).

Logo, os valores ajustados na unidade de tempo definido são:

– faixa da corrente de atuação do relé de fase: (0,04 a 100) A × RTC;
– corrente de ajuste da unidade de tempo instantânea: 43 A;
– faixa de ajuste do tempo da unidade instantânea: (0,10 a 240) s;
– tempo de atuação da unidade instantânea: 0,015 s (valor fixo).

A planilha Excel da Tabela 10.16, elaborada a partir dos valores de ajuste do relé de fase da SE Indústria, gerou o gráfico da curva temporizada do relé de fase que, associada aos valores calculados de tempo definido de fase, geraram a curva completa de atuação do relé de fase da Figura 10.75.

Tabela 10.16 Curva temporizada do relé de fase

			CURVA MUITO INVERSA – Relé de Fase			
Ponto	K1	T_{ms}	Imáx	Iac	Imáx/Iac-1	TEMPO (s)
			CURVA MUITO INVERSA – Relé de Neutro			
Ponto	K1	T_{ms}	Imáx	Iac	Imáx/Iac-1	TEMPO (s)
–	A	B	C	D	E	AxB/E
1	13,5	0,32	70	47	0,5	8,83
2	13,5	0,32	80	47	0,7	6,15
3	13,5	0,32	90	47	0,9	4,72
4	13,5	0,32	100	47	1,1	3,83
5	13,5	0,32	120	47	1,6	2,78
6	13,5	0,32	150	47	2,2	1,97
7	13,5	0,32	200	47	3,3	1,33
8	13,5	0,32	300	47	5,4	0,80
9	13,5	0,32	350	47	6,4	0,67
10	13,5	0,32	400	47	7,5	0,58
11	13,5	0,32	450	47	8,6	0,50
12	13,5	0,32	500	47	9,6	0,45
13	13,5	0,32	550	47	10,7	0,40
14	13,5	0,32	600	47	11,8	0,37
15	13,5	0,32	650	47	12,8	0,34
16	13,5	0,32	700	47	13,9	0,31
17	13,5	0,32	750	47	15,0	0,29
18	13,5	0,32	800	47	16,0	0,27
19	13,5	0,32	850	47	17,1	0,25
20	13,5	0,32	900	47	18,1	0,24
21	13,5	0,32	950	47	19,2	0,22
22	13,5	0,32	1.000	47	20,3	0,21
23	13,5	0,32	1.200	47	24,5	0,18
24	13,5	0,32	1.800	47	37,3	0,12
25	13,5	0,32	2.500	47	52,2	0,08
26	13,5	0,69	3.000	31	100,0	0,09

e2) Relé de proteção de neutro

e2.1) Determinação dos ajustes da unidade temporizada de neutro (51N)

- Determinação do tempo de atuação da unidade temporizada de neutro do relé da SE Concessionária (51N) para defeito fase-terra máximo na SE Indústria

Para a corrente de curto-circuito fase e terra máxima na barra da SE Indústria, obtemos o tempo de resposta do relé de neutro da SE Concessionária.

$$T_{rc} = \frac{13,5}{\left(\frac{I_{ma}}{I_{ac}}\right) - 1} \times T_{ms} = \frac{13,5}{\left(\frac{516,7}{26}\right) - 1} \times 0,64 = 0,45 \text{ s}$$

$I_{ac} = 26$ A (ver Tabela 10.15)

$T_{ms} = 0,64$ (ver Tabela 10.15)

Proteção e coordenação

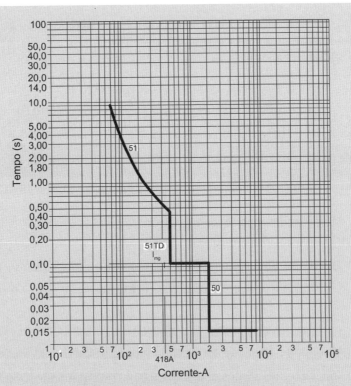

Figura 10.75 Curva do relé de fase.

- Determinação da curva de atuação da unidade temporizada de neutro do relé da SE Indústria (51N) para defeito fase-terra máximo.

Inicialmente, serão consideradas duas condições:

1ª condição: corrente de desequilíbrio do alimentador

Será considerada uma corrente de desequilíbrio de 30 % da corrente de carga máxima da SE Indústria.

$$I_{des} = \frac{0{,}30 \times I_{tr}}{RTC} = \frac{0{,}30 \times 31{,}3}{15} = 0{,}62 \text{ A (corrente de desequilíbrio no relé)}$$

$$I_{ac} = RTC \times I_{des} = 15 \times 0{,}62 = 9{,}3 \text{ A}$$

2ª condição: corrente mínima de operação do relé

A corrente mínima de operação do relé digital deve ser igual ou superior a 10 % da corrente primária do transformador de corrente (informação de catálogos de fabricantes e válida, praticamente, para todos os relés digitais).

$$I_{imín} = 0{,}10 \times I_{tc} = 0{,}10 \times 75 = 7{,}5 \text{ A}$$

$$I_{imín} < I_{ac} \text{ (condição satisfeita)}$$

Logo, o tempo de atuação da unidade temporizada de neutro para coordenar com o tempo do relé correspondente na SE Concessionária vale:

$$T_{ra} = T_{rh} + T_{co}$$

$T_{ra} = 0{,}45$ s – tempo de atuação do relé digital da SE Concessionária

T_{rh} = tempo de atuação do relé digital da SE Indústria

$T_{ra} - T_{co} = 0{,}30$ s = intervalo de coordenação.

$0{,}45 = T_{rh} + 0{,}30 \quad \rightarrow \quad T_{rh} = 0{,}45 - 0{,}30 = 0{,}15$ s (tempo de atuação do relé temporizado de neutro da SE Indústria que permite coordenação com o relé de neutro da SE Concessionária)

Será adotada a curva de característica muito inversa, o mesmo tipo de curva do relé da SE Concessionária.

O ajuste da curva de atuação do relé (51N) será determinado a partir da corrente máxima de curto-circuito fase e terra na barra da SE Indústria.

$$T_{rh} = \frac{13,5}{\left(\frac{I_{ma}}{I_{ac}}\right)-1} \times T_{ms} \quad \rightarrow \quad T_{ms} = \frac{0,15 \times \left(\frac{516,7}{9,3}\right)-1}{13,5} = 0,54$$

(curva do relé da SE Indústria que coordena com o relé de neutro da SE Concessionária).

- Faixa de ajuste de corrente da unidade temporizada de neutro (0,04 a 16) A × RTC
- Corrente de ajuste da unidade temporizada de neutro: 0,62 A
- Ajuste da curva da unidade temporizada de neutro (T_{ms}): 0,54
- Tempo de ajuste do relé: ≅ 0,015 (valor fixo)

e2.2) Determinação dos ajustes da unidade de tempo definido de neutro (51N-TD)

I_{ft} = 516,7 A (corrente máxima de curto-circuito de fase e terra)

$$I_{a51n} \leq \frac{I_{ac}}{RTC} \times F \leq \frac{516,7}{15} \times 0,40 \leq 13,7 \text{ A} \quad \rightarrow \quad I_{a51n} = 13 \text{ A}$$

F = 0,40 (fator de ajuste da corrente da função 51N-TD – valor assumido)

Em geral, admite-se, inicialmente, o valor de F entre 0,20 e 0,50, que poderá ser alterado após análises das características do projeto.

$$I_{atd} = I_{ift} \times RTC = 13,0 \times 15 = 195 \text{ A} \quad \text{(corrente de acionamento)}$$

- Faixa de ajuste de corrente da unidade de tempo definido de neutro (0,04 a 100) A × RTC
- Corrente de ajuste da unidade de tempo definido de neutro: 13 A
- Faixa de ajuste do tempo da unidade de tempo definido de neutro (0,10 a 240) A × RTC
- Tempo de ajuste do relé de tempo definido de neutro: 0,10 s (valor assumido)

• Determinação da corrente de atuação da unidade instantânea de neutro do relé da SE Indústria (50N) para a corrente de curto-circuito fase-terra máxima

e2.3) Determinação dos ajustes da unidade instantânea de neutro (50N)

$$I_{ain} \leq \frac{I_{ft}}{RTC} \times F \leq \frac{516,7}{15} \times 0,80 \leq 27,5 \text{ A} \quad \rightarrow \quad I_{ain} = 27,5 \text{ A}$$

F = 0,80 (denominado fator de ajuste da corrente da função 50N – valor assumido)

Em geral, admite-se, inicialmente, o valor de F entre 0,50 e 0,90, que poderá ser alterado em função das características do projeto.

$$I_{ai} = I_{ift} \times RTC = 27,5 \times 15 \cong 412 \text{ A} \quad \text{(corrente de acionamento)}$$

- Faixa de ajuste de corrente da unidade instantânea de neutro (0,04 a 100) A × RTC
- Corrente de ajuste da unidade instantânea de neutro: 27,5 A
- Tempo de ajuste do relé instantâneo de neutro: 0,015 s (valor fixo)

A planilha Excel da Tabela 10.17 foi elaborada a partir dos valores de ajuste do relé de fase da SE Indústria e gerou o gráfico da curva temporizada do relé de neutro que, associada aos valores calculados de tempo definido e instantâneo de fase, gerou a curva completa de atuação do relé de fase da Figura 10.76.

f) Determinação da corrente nominal do fusível de proteção no ponto de conexão da SE Indústria

A corrente máxima de carga vale:

$$I_{nt} = \frac{750}{\sqrt{3} \times 13,8} = 31,3 \text{ A}$$

Tabela 10.17 Curva temporizada do relé de neutro

\multicolumn{7}{c	}{CURVA MUITO INVERSA – Relé de NEUTRO}
Ponto	K1	T_{ms}	Imáx	Iac	Imáx/Iac-1	Tempo (s)
1	13,5	0,54	50	9,3	4,38	1,666
2	13,5	0,54	80	9,3	7,60	0,959
3	13,5	0,54	100	9,3	9,75	0,747
4	13,5	0,54	150	9,3	15,13	0,482
5	13,5	0,54	170	9,3	17,28	0,422
6	13,5	0,54	180	9,3	18,35	0,397
7	13,5	0,54	190	9,3	19,43	0,375
8	13,5	0,54	200	9,3	20,51	0,356
9	13,5	0,54	220	9,3	22,66	0,322
10	13,5	0,54	240	9,3	24,81	0,294
11	13,5	0,54	260	9,3	26,96	0,270
12	13,5	0,54	280	9,3	29,11	0,250
13	13,5	0,54	300	9,3	31,26	0,233
14	13,5	0,54	340	9,3	35,56	0,205
15	13,5	0,54	380	9,3	39,86	0,183
16	13,5	0,54	400	9,3	42,01	0,174
17	13,5	0,54	450	9,3	47,39	0,154
18	13,5	0,54	500	9,3	52,76	0,138
19	13,5	0,54	550	9,3	58,14	0,125
20	13,5	0,54	600	9,3	63,52	0,115

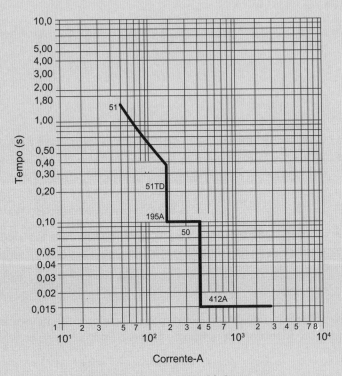

Figura 10.76 Curva do relé de neutro.

Tabela 10.18 Ajustes das proteções do relé da SE Indústria

Proteção do relé da SE Indústria – URP 7104T					
Proteção de sobrecorrente de fase (50/51)			Proteção de sobrecorrente de neutro (50/51N)		
Item	Tipo	Ajuste	Item	Tipo	Ajuste
1	Pick-up		1	Pick-up	
2	Curva		2	Curva	
3	Tipo de curva		3	Tipo de curva	
4	Corrente TD		4	Corrente TD	
5	Tempo TD		5	Tempo TD	
6	Corrente instantânea		6	Corrente instantânea	
7	Tempo mínimo fixo		7	Tempo mínimo fixo	
(*) Deixamos para o leitor complementar as colunas dos ajustes do relé de neutro com base nos resultados calculados anteriormente.					

Logo, a corrente nominal do fusível vale:

$$I_{nf} \geq 1,5 \times I_{nt} \geq 1,5 \times 31,3 \cong 47 \text{ A}$$

Foi adotado o fusível de 100 K para permitir seletividade com o relé da SE Indústria.

g) Dimensionamento e ajuste do disjuntor de baixa-tensão

- Corrente nominal do disjuntor

$$I_{nt} = \frac{750}{\sqrt{3} \times 0,38} = 1.139,4 \text{ A} \quad \rightarrow \quad I_{nd} = 1.250 \text{ A}$$

- Corrente de ajuste do disjuntor para sobrecarga

$$I_{ad} = 1.139,4 \text{ A} \quad \rightarrow \quad I_{nd} = 1.250 \text{ A} \quad \rightarrow \quad I_{ad} = 1,0 \times I_{nd} = 1.250 \text{ A}$$

(ajuste da curva *L* – valor máximo), sendo I_{ad} a corrente ajuste do disjuntor.

Deve-se analisar a sobrecarga transitória devido à partida de motor elétrico de 600 cv/380 V para identificar o comportamento de atuação do disjuntor.

- Corrente de ajuste da curva *S* considerando a corrente de partida do motor de 600 cv/380 V

$$I_{nm} = \frac{600 \times 0,736}{\sqrt{3} \times 0,38 \times 0,89 \times 0,96} = 785,2 \text{ A}$$

$$M = \frac{7,8 \times 785,2}{1.250} = 4,9 \times I_{nd} \quad \rightarrow \quad I_{ad} = 6 \times I_{nd}$$

(valor atribuído ao ajuste da curva *S* conforme Figura 10.77). Essa curva foi traçada a partir da curva da Figura 10.19. O tempo de atuação do disjuntor será dado pela curva *L*, como mostra o gráfico da Figura 10.77, ou seja:

O tempo de partida do motor é de $T_{pm} = 3$ s.

$$I_{od} = 5 \times I_{nd} \quad \rightarrow \quad T_{atuação} = 15 \text{ s} > T_{pm} \text{ (condição satisfeita)}$$

Observe que a corrente de partida do motor, vista pelo relé digital, deve ser calculada para o primário do transformador utilizando-se a sua relação de transformação, ou seja:

$$I_{rp} = I_{pm} \times \frac{V_s}{V} = 7,8 \times 785,2 \times \frac{380}{13.800} = 168,6 \text{ A}$$

Esse valor levado para o gráfico do relé de sobrecorrente de fase permite determinar o intervalo de coordenação entre a corrente de partida do motor e o tempo de atuação do relé, ou seja:

$$T_{pm} = 2\text{s} \quad \rightarrow \quad T_{ar} = 4 \text{ s} \quad \rightarrow \quad \Delta T = 2 \text{ s}$$

(há coordenação mínima entre os tempos das duas unidades de proteção primária e secundária)

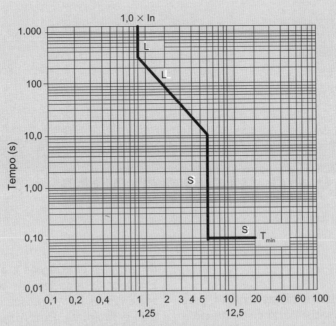

Figura 10.77 Gráfico do ajuste do disjuntor de BT.

Podemos determinar esse resultado aplicando a equação da curva muito inversa do relé ou consultando o gráfico da curva da Figura 10.75.

$$T_{rh} = \frac{13,5}{\left(\frac{I_{ma}}{I_{ac}}\right) - 1} \times T_{ms} = \frac{13,5}{\left(\frac{162,8}{47}\right) - 1} \times 0,75 = 4\ s$$

(tempo de atuação do relé durante a partida do motor de indução de 600 cv)

- Corrente de ajuste do disjuntor para curto-circuito trifásico

$$I_{ff} = 12.340\ A\ (\text{Figura 10.74}) \quad \rightarrow \quad M = \frac{12.340}{1.250} = 9,87 \times I_{nd} \times 0,60 = \quad \rightarrow \quad T_{ad} \cong 6 \times I_{nd}$$

(curva S do gráfico da Figura 10.76)

O fator $F = 0,6$ (fator de ajuste de curva) resulta em $T_{ad} = 6 \times I_{nd}$, que define o valor assumido da corrente de ajuste da curva S no tempo de 0,10 s, que permite a partida do motor sem nenhuma intervenção do disjuntor.

A corrente de curto-circuito no secundário refletida no primário vale:

$$I_{ffp} = I_{ff} \times \frac{V_s}{V} = 12.340 \times \frac{380}{13.800} = 339,7\ A$$

$I_{ac} = 47\ A$ (corrente de acionamento calculada no item e2.1)

$I_{ffp} > I_{ac}$ (logo haverá atuação do relé primário se o disjuntor secundário não atuar; assim o relé primário é *backup* do disjuntor secundário)

A corrente de curto-circuito na baixa-tensão refletida na média tensão vale:

$I_{bt} = 14.076\ A$ (corrente de defeito monopolar na baixa-tensão; ver Figura 10.74)

$$I_{mt} = \frac{V_{bt}}{V_{mt}} \times \frac{I_{bt}}{\sqrt{3}}$$

$$I_{mt} = \frac{380}{13.800} \times \frac{14.076}{\sqrt{3}}$$

$$I_{mt} = 223,3\ A$$

De acordo com o gráfico da Figura 10.75, o relé neutro atuaria em 0,10 s quando ocorresse um defeito fase e terra no secundário do transformador.

11
Sistemas de aterramento

11.1 Introdução

Toda instalação elétrica de altas e baixas-tensões, para funcionar com desempenho satisfatório e ser suficientemente segura contra risco de acidentes, deve possuir um sistema de aterramento dimensionado para satisfazer às condições de cada projeto.

Um sistema de aterramento visa à:

- segurança de atuação da proteção;
- proteção das instalações contra descargas atmosféricas;
- proteção do indivíduo contra contatos com partes metálicas da instalação energizadas acidentalmente;
- uniformização do potencial em toda área do projeto, prevenindo contra lesões perigosas que possam surgir durante uma falta fase e terra.

11.2 Proteção contra tensão de toque e passo

O acidente mais comum a que estão submetidas as pessoas, principalmente aquelas que trabalham em processos industriais ou desempenham tarefas de manutenção e operação de sistemas industriais, é o toque acidental em partes metálicas energizadas, ficando o corpo ligado eletricamente sob tensão entre fase e terra. Assim, entende-se por contato indireto aquele que um indivíduo mantém com uma massa do sistema elétrico que, por falha, perdeu a sua isolação e permitiu que esse indivíduo ficasse submetido a determinado potencial elétrico. Semelhantemente, o indivíduo pode ser lesionado andando no pátio de manobra da subestação e ficar submetido a uma tensão entre os dois pés, no momento da ocorrência de uma falta à terra em qualquer ponto do sistema, interno ou externamente à subestação.

O limite de corrente alternada suportada pelo corpo humano é de 25 mA, sendo que, na faixa entre 15 e 25 mA, o indivíduo sente dificuldades em soltar o objeto energizado. Entre 15 e 80 mA, o indivíduo é acometido de grandes contrações e asfixia. Acima de 80 mA, até a ordem de grandeza de poucos ampères, o indivíduo sofre graves lesões musculares e queimaduras, além de asfixia imediata. Para correntes maiores, as queimaduras são intensas, o sangue sofre o processo de eletrólise, a asfixia é imediata e há necrose dos tecidos. A gravidade dessas lesões depende do tempo de exposição do corpo humano à corrente elétrica.

A resistência elétrica do corpo humano está condicionada a certas situações, como corpo molhado, suado etc. O valor da resistência entre pé e mão, entre dois pés e entre as duas mãos é de 1.000 Ω em condições normais.

11.2.1 Tensão de contato ou de toque

Quando um indivíduo está em contato com um elemento condutivo no pátio de manobra de uma subestação, sob o qual existe uma malha de terra, e nesse momento ocorre um defeito monopolar, pode fluir pelo seu corpo determinada corrente capaz de levá-lo a óbito, conforme se pode observar na Figura 11.1.

11.2.1.1 Limite da tensão de toque para um indivíduo em contato com elemento condutivo

A severidade da tensão de toque, ΔV_t, a que pode ficar submetido um indivíduo postado no pátio de uma subestação, em contato com um elemento condutivo, depende do valor da corrente que circula pelo seu corpo e pela malha de terra e do tempo de disparo da proteção. A Figura 11.1 mostra um indivíduo sob as condições anteriormente descritas e o diagrama elétrico representativo da circulação da corrente na malha de terra e no corpo do indivíduo.

O valor máximo da tensão de toque que um indivíduo pode suportar sem que ocorra a fibrilação ventricular pode ser expresso pela Equação (11.1).

11.2.2 Tensão de passo

Quando um indivíduo caminha no pátio de manobra de uma subestação, sob o qual existe uma malha de terra,

Sistemas de aterramento

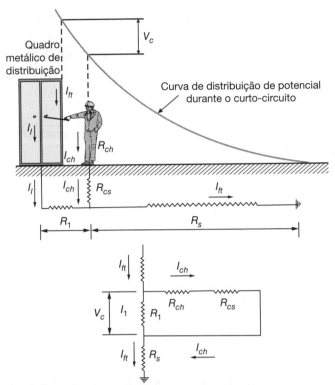

I_{ft} = corrente de curto-circuito fase e terra; I_{ch} = corrente de choque; R_{ch} = resistência do corpo humano; R_s = resistência do solo; R_{cs} = resistência de contato resultante de cada pé com o solo; V_c = tensão de contato.

Figura 11.1 Tensão de toque.

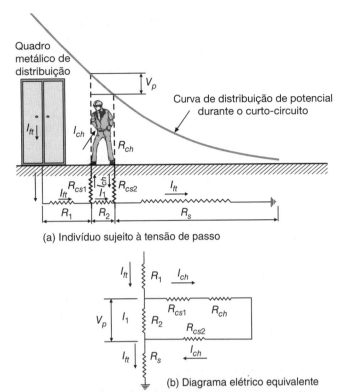

(a) Indivíduo sujeito à tensão de passo

(b) Diagrama elétrico equivalente

R_{cs1} = resistência de contato do pé direito; R_{cs2} = resistência de contato do pé esquerdo; I_{ft} = corrente de curto-circuito fase e terra; I_{ch} = corrente de choque; R_{ch} = resistência do corpo humano; R_s = resistência do solo; V_c = tensão de contato.

Figura 11.2 Tensão de passo.

e nesse momento ocorre um defeito à terra, pode fluir pelas suas pernas, com um passo de 1 m de abertura, determinada corrente que pode levá-lo a óbito, conforme se pode observar na Figura 11.2.

Cabe salientar que a corrente elétrica quando injetada no solo, por meio de eletrodos ou diretamente por descarga atmosférica, se dispersa em forma de arcos com o centro no local de penetração da referida corrente, podendo provocar uma tensão de passo, ΔV_p, conforme ilustra a Figura 11.3, para o caso de uma descarga atmosférica.

11.2.2.1 Limite da tensão de passo para um indivíduo no interior de uma malha de terra

A severidade da tensão de passo, ΔV_p, a que pode ficar submetido um indivíduo caminhando no pátio de uma subestação, com passo de abertura igual a 1 m, no momento de um defeito fase e terra, depende do valor da corrente que circula na malha de terra e do tempo de disparo da proteção. A Figura 11.4 mostra um indivíduo sob as condições anteriormente descritas e o diagrama elétrico representativo da circulação da corrente na malha de terra e no corpo do indivíduo.

Para reduzir as tensões perigosas de passo e de toque, as subestações são dotadas de uma camada de brita cuja espessura pode variar entre 10 e 20 cm, melhorando o nível de isolamento do indivíduo, conforme se observa nas Figuras 11.1 e 11.2.

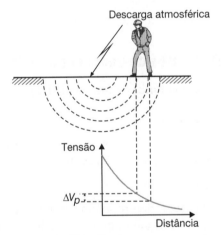

Figura 11.3 Tensão de passo por raio.

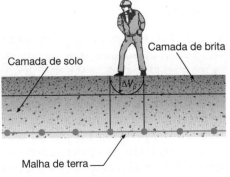

Figura 11.4 Indivíduo sobre uma malha de terra.

11.3 Aterramento dos equipamentos

À malha de terra, construída sob o terreno onde está implantada a subestação, devem ser ligadas as seguintes partes do sistema elétrico:

- neutro do transformador de potência;
- para-raios instalados na(s) extremidade(s) do ramal de ligação;
- invólucros metálicos dos equipamentos elétricos: transformadores de potência, de medição, de proteção, disjuntores, capacitores, motores etc., denominados massa;
- suportes metálicos das chaves fusíveis e seccionadoras, isoladores de apoio, transformadores de medição, chapas de passagem, telas de proteção, portões de ferro etc.;
- estruturas dos quadros de distribuição de luz e força;
- estruturas metálicas em geral.

Para o caso de a subestação ficar distante das edificações industriais propriamente ditas, pode ser conveniente a construção de outra malha de terra para a ligação das partes metálicas das máquinas e equipamentos de produção. As malhas, porém, devem ser interligadas.

A malha de terra produz maior segurança quando construída sob o local onde estão instalados os equipamentos a ela conectados, pois esse procedimento uniformiza o potencial na área em questão.

11.4 Elementos de uma malha de terra

Os principais elementos de uma malha de terra são:

a) Eletrodos de terra

Também chamados de eletrodos verticais, podem ser constituídos dos seguintes elementos:

- Aço galvanizado

Em geral, após determinado período de tempo, o eletrodo (haste cantoneira ou cano de ferro) sofre corrosão, aumentando, em consequência, a resistência de contato com o solo. Seu uso, portanto, deve ser restrito.

- Aço cobreado

Dada a cobertura da camada de cobre sobre o vergalhão de aço, o eletrodo adquire uma elevada resistência à corrosão, mantendo as suas características originais ao longo do tempo. O processo de eletrodeposição tem-se mostrado, na prática, mais eficiente do que o processo de encamisamento da haste que, quando submetida a choques mecânicos, para cravamento no solo, muitas vezes temos o vergalhão de aço separado da capa de revestimento. A Figura 11.5 mostra dois diferentes tipos de eletrodo de terra: haste prolongável e haste normal.

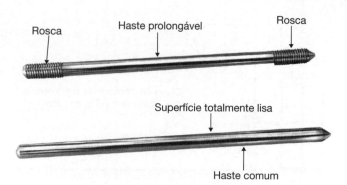

Figura 11.5 Hastes de terra: figura superior – haste prolongável; figura inferior – haste comum.

b) Condutor de aterramento

A seção do condutor de aterramento deve ser determinada pela corrente de curto-circuito fase e terra máxima. No entanto, a seção mínima deve ser de 35 mm² definida pela ABNT NBR 5419:2004.

c) Conexões

São elementos metálicos utilizados para conectar os condutores nas emendas ou derivações. Existe uma grande variedade de conectores, porém destacam-se os seguintes.

- Conectores aparafusados

São peças metálicas de formato mostrado na Figura 11.6(b), utilizadas na conexão de condutores. Sempre que possível deve-se evitar a sua utilização em condutores de aterramento.

- Conexão exotérmica

É um processo de conexão a quente onde se verifica uma fusão entre o elemento metálico de conexão e o condutor. Existem vários tipos de conexão utilizando este processo. A Figura 11.6(c) ilustra uma conexão exotérmica tipo derivação (T). Já a Figura 11.6(d) mostra uma conexão exotérmica tipo cruzamento (X).

A conexão exotérmica é executada no interior de um cadinho, sendo que, para cada tipo de conexão, há um modelo específico de cadinho. A Figura 11.6(e) ilustra um cadinho próprio para a conexão tipo (I) para emenda de condutores.

d) Condutor de proteção

É aquele utilizado para a ligação às partes metálicas não condutoras da instalação (cubículos metálicos, carcaça de motores elétricos etc.) aos terminais do barramento de equipotencialização. Este último será ligado à malha de terra através do condutor de aterramento. A ABNT NBR 5410:2004 estabelece a seção mínima dos condutores de proteção e as condições gerais de instalação e operação, valores estes explicitados no Capítulo 3.

(a) Cabo   (b) Conexão aparafusada   (c) Conexão exotérmica em T

(d) Conexão exotérmica em X   (e) Cadinho

Figura 11.6   Acessórios para malha de terra.

11.4.1 Resistência de um sistema de aterramento

Em um sistema de aterramento, considera-se como resistência de terra o efeito de três resistências, a saber:

- a resistência relativa às conexões existentes entre os eletrodos de terra (hastes e cabos);
- a resistência relativa ao contato entre os eletrodos de terra e a superfície circular do solo no seu entorno;
- a resistência relativa ao terreno nas imediações dos eletrodos de terra, denominada, também, resistência de dispersão.

O primeiro componente é de valor desprezível perante os demais e, portanto, não é considerado no dimensionamento do sistema de aterramento. Na prática, a resistência de terra pode ser geralmente identificada como as duas últimas resistências antes mencionadas.

Cabe salientar que é grande a densidade de corrente nas imediações dos eletrodos de terra, sendo notável o valor da resistência elétrica, conforme se observa na ilustração da Figura 11.7. Como a corrente se dispersa de maneira eficiente no solo, tornando a densidade praticamente nula, a resistência do solo no percurso da corrente elétrica é considerada desprezível, a não ser em solos pedregosos. A Figura 11.8 mostra o percurso da corrente no momento em que um condutor energizado faz contato com a terra.

Investigações realizadas mostram que 90 % da resistência elétrica total de um terreno que envolve um eletrodo nele enterrado se encontra geralmente dentro de um raio de 1,8 a 3,5 m do eixo geométrico do referido eletrodo. Dessa forma, explica-se por que é normal durante o tratamento do solo com produtos químicos retirar a terra em torno do eletrodo e misturá-la a substâncias redutoras de resistência do solo. Na realidade, produz-se artificialmente um eletrodo de grande seção transversal cuja resistência pode ser dada pela conhecida expressão $R = \rho \times L/S$, em que R é inversamente proporcional à área S.

A Figura 11.9 representa a resistência de um sistema de terra de eletrodos verticais em paralelo, cada qual tendo uma resistência de terra de 100 Ω, em função do número de eletrodos e da distância entre estes. Por este gráfico pode-se determinar, para um número total de 20 hastes de um sistema de aterramento, mantido a uma distância de 3 m entre si, a resistência equivalente,

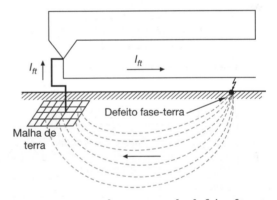

Figura 11.8   Percurso da corrente de defeito fase-terra.

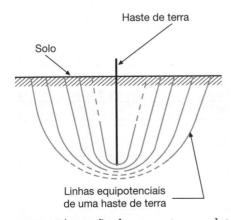

Figura 11.7   Dispersão de corrente por eletrodo.

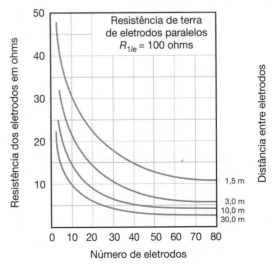

Figura 11.9   Resistência de terra dos eletrodos.

que é de 14 Ω. Mantendo-se, porém, o mesmo número de hastes e aproximando-as entre si para uma distância de 1,5 m, a resistência equivalente obtida é de 23 Ω, aproximadamente.

Deve-se ressaltar que a distância mínima entre eletrodos verticais contíguos deve corresponder ao comprimento efetivo de uma haste. Esse procedimento deve-se ao fato de que quando dois eletrodos demasiadamente próximos são percorridos por uma elevada corrente de falta, dispersa por ambos, verifica-se um aumento da impedância mútua entre eles. A Figura 11.10 expressa a eficiência de um sistema de eletrodos verticais em paralelo, em função da quantidade de eletrodos utilizada e da distância entre estes.

11.5 Resistividade do solo

Para o projeto de um sistema de aterramento é de primordial importância o conhecimento prévio das características do solo, principalmente no que diz respeito à homogeneidade e sua constituição. A Tabela 11.1 fornece a resistividade de diferentes naturezas de solo compreendidas entre valores inferior e superior que somente devem ser utilizados como referência. Para a determinação de resistividade do solo é necessário realizar medições com instrumentos denominados terrômetro. Com esse instrumento mede-se também a resistência de malha de terra.

Existem vários métodos para medição de resistividade do solo.

11.5.1 Método de Wenner

O Método de Wenner é a mais consagrada ferramenta para a medição de resistividade do solo, baseada nos métodos geoelétricos de prospecção. Por meio dos valores medidos, constrói-se a curva de resistividade do solo.

Antes de iniciar a medição de resistividade do solo, deve-se adotar o seguinte procedimento: [1] cravar as hastes no solo a uma profundidade média de 25 cm; [2] as hastes devem ser cravadas tomando iguais as distâncias

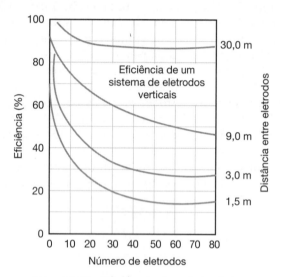

Figura 11.10 Eficiência dos eletrodos.

Tabela 11.1 Resistividade dos solos

Natureza dos solos	Resistividade (Ohm × m)	
	Mínima	Máxima
Solos alagadiços e pantanosos	–	30
Lodo	20	100
Húmus	10	150
Argilas plásticas	–	50
Argilas compactas	100	200
Terra de jardins com 50 % de umidade	–	140
Terra de jardins com 20 % de umidade	–	480
Argila seca	1.500	5.000
Argila com 40 % de umidade	–	80
Argila com 20 % de umidade	–	330
Areia com 90 % de umidade	–	1.300
Areia comum	3.000	8.000
Solo pedregoso nu	1.500	3.000
Solo pedregoso coberto com relva	300	500
Calcários moles	100	400
Calcários compactos	100	5.000
Calcários fissurados	500	1.000
Xisto	50	300
Micaxisto	–	800
Granito e arenito	500	10.000

entre elas; [3] limpar as hastes antes de usar, retirando a camada de óxidos que atuam como isolantes; [4] suprimir toda a vegetação e materiais estranhos à cobertura natural do terreno; [5] manter em alinhamento das hastes de teste; [6] tomar as devidas precauções com interferências eletromagnéticas em razão de redes elétricas aéreas ou subterrâneas que possam cruzar o terreno; [7] para solos arenosos e muito secos, umedecer levemente os furos feitos pelas hastes de teste, a fim de dar maior contato entre as hastes e o solo; [8] devem ser tomadas as precauções constantes das normas regulamentadoras de acidentes do trabalho, NR-10:2021, e outras correlacionadas.

A medição da resistividade do solo fornece os elementos necessários para a determinação dos parâmetros fundamentais de uma malha de terra: [1] resistência da malha; [2] tensão de passo; e [3] tensão de toque, em diferentes pontos da área ocupada pela malha de terra. Quando a curva de resistividade do solo assume a forma das Figuras 11.17 e 11.18, pode-se estratificá-lo em duas camadas e utilizar um método mais simples de cálculo. No entanto, se a forma de curva da resistividade do solo adquirir a característica da Figura 11.19, o solo deve ser estratificado em várias camadas, em geral, de três a cinco, tornando mais laborioso o cálculo da resistividade média e aparente.

Consiste em colocar quatro eletrodos de teste em linha, separados por uma distância L, e enterrados no solo com uma profundidade de 25 cm. Os dois eletrodos extremos estão ligados aos terminais de corrente C1 e C2 e os dois eletrodos centrais estão ligados aos terminais de potencial P1 e P2 do terrômetro.

Os termômetros dispõem de um terminal ligado a um eletrodo, com a finalidade de minimizar os efeitos das correntes parasitas de valor relativamente elevado, que podem distorcer os resultados lidos. A disposição do terrômetro para a execução da medição de resistividade do solo e a dos eletrodos está representada na Figura 11.11, enquanto a Figura 11.12 indica a circulação de corrente no solo entre os eletrodos de teste de corrente.

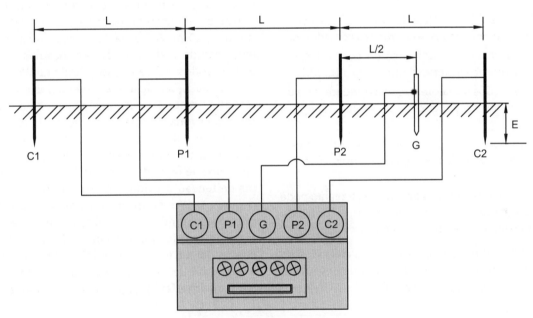

E pode variar entre 20 e 30 cm

Figura 11.11 Ligação do terrômetro aos eletrodos de teste – Método de Wenner.

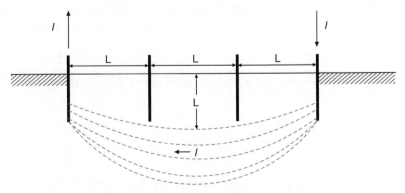

Figura 11.12 Passagem da corrente pelos eletrodos de potencial.

Para se determinar a resistividade do solo para cada valor medido em Ohms pode-se utilizar a Equação (11.1).

$$\rho = \frac{4 \times \pi \times L \times R}{1 + \dfrac{2 \times L}{\sqrt{L^2 + 4 \times H^2}} - \dfrac{L}{\sqrt{L^2 + H^2}}} \quad (11.1)$$

em que:

ρ = resistividade do solo, em $\Omega.m$;

L = distância entre os eletrodos de teste de acordo com a Figura 11.11, em m; o valor de L corresponde à profundidade do solo na qual está sendo medida a resistência;

H = profundidade a que os eletrodos foram enterrados, em m;

R = resistência do solo medida pelo terrômetro.

Para L muito superior ao valor de H, a resistividade do solo pode ser determinada pela Equação (11.2).

$$\rho = 2 \times \pi \times L \times R \ (\Omega.m) \quad (11.2)$$

Com base nos valores resultantes da medição calcular a resistividade média, ou seja:

- calcular a média aritmética dos valores de resistividade do solo para cada espaçamento considerado;
- calcular o desvio de cada medida com relação à média aritmética anteriormente determinada;
- desprezar todos os valores de resistividade que tenham um desvio superior a 50 % com relação à média;
- para um grande número de valores desviados da média é conveniente repetir as medições em campo;
- persistindo os resultados anteriores, a região pode ser considerada como não aderente ao processo de modelagem do Método de Wenner.

A Figura 11.13 ilustra a disposição dos eletrodos de teste no plano do terreno e a direção em que devem ser realizadas as medições de resistividade.

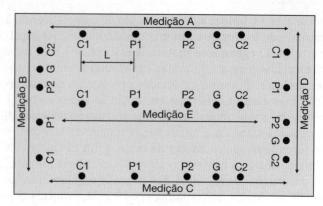

Figura 11.13 Posição dos eletrodos no terreno para a medição da resistividade do solo.

11.5.2 Método de Schlumberger

O Método de Schlumberger é, tradicionalmente, utilizado na medição de resistividade de solo quando se deseja conhecer a resistividade de camadas profundas desse solo, e a medição seja efetuada em terrenos que permitam espaçamentos entre eletrodos de teste de, no mínimo, 10 m. A Figura 11.14 indica a localização dos eletrodos de teste que têm as mesmas características dos eletrodos utilizados no Método de Wenner.

As medições devem ser efetuadas com os dois eletrodos de teste, P1 e P2, posicionados no centro do terreno selecionado para a medição de resistividade de solo, mantendo-se constante a distância entre eles e o centro do terreno, variando-se somente a posição dos eletrodos de teste de corrente, C1 e C2. Quando as leituras de tensão medidas no terrômetro tornam-se muito pequenas, deve-se alterar a distância entre P1 e P2, sempre considerando que as distâncias dessas hastes de teste de tensão mantenham-se iguais com relação ao centro do terreno. As medições devem ser realizadas a 90° com relação às estruturas subterrâneas para que não haja interferência nos valores medidos.

 Exemplo de aplicação (11.1)

Determinar a resistividade do solo pelo Método de Wenner para a medição com as hastes de teste distanciadas de 32 m. A profundidade das hastes de teste foi de 0,20 m. O valor medido no terrômetro foi de 2,10 Ω.

$$\rho_s = \frac{2 \times \pi \times L \times R}{1 + \dfrac{2 \times L}{\sqrt{L^2 + 4 \times H^2}} - \dfrac{L}{\sqrt{L^2 + H^2}}} = \frac{2 \times \pi \times 32 \times 2,10}{1 + \dfrac{2 \times 32}{\sqrt{32^2 + 4 \times 0,20^2}} - \dfrac{2 \times 32}{\sqrt{32^2 + 0,20^2}}}$$

$$\rho = \frac{422,3}{1 + 1,9998 - 1,9999} = \frac{442,3}{1} = 442,3 \ \Omega.m$$

Como H é muito inferior ao valor de L a resistividade do solo é determinada pela Equação (11.2).

$$\rho = 2 \times \pi \times L \times R = 2 \times \pi \times 32 \times 2,10 = 442,3 \ \Omega.m$$

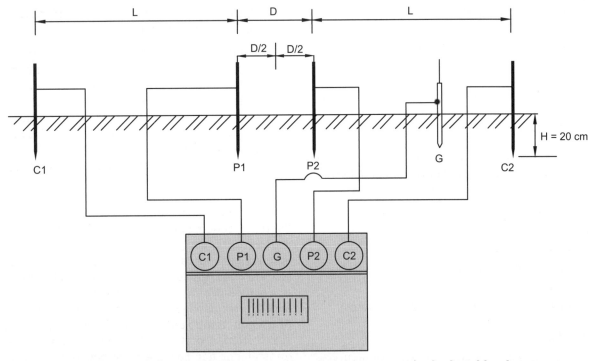

Figura 11.14 Ligação do terrômetro aos eletrodos de teste – Método de Schlumberger.

Uma das vantagens do Método de Schlumberger é o número de deslocamento das posições dos eletrodos de teste. No método de Wenner, para cada medição, é necessário que sejam reposicionados os quatro eletrodos de teste, ao passo que no Método de Schlumberger, para cada medição, mantêm-se fixos os dois eletrodos de tensão e se reposicionam somente os dois eletrodos de teste de corrente. Logo, esse método reduz, em muito, o tempo de medição da resistividade do solo.

O valor da resistividade do solo é determinado pela Equação (11.3).

$$\rho_s = R \times \pi \times \left(\frac{L^2}{D} - \frac{D}{4}\right) \, \Omega.m \qquad (11.3)$$

em que:

ρ_s = resistividade do solo, em $\Omega.m$;
L = distância entre os eletrodos de teste de acordo com a Figura 11.14, em m;
R = resistência do solo medida pelo terrômetro.

A Figura 11.14 mostra o arranjo dos eletrodos utilizado no método de Schlumberger. O valor de L varia com a metade da distância dos eletrodos de teste de corrente, C1-C2. O espaçamento D entre as hastes de teste normalmente é de 1 m, seja 0,50 m entre cada haste e centro do terreno, e é mantido constante até o valor da tensão lida no terrômetro tornar-se muito pequeno. Já os valores atribuídos ao espaçamento L variam de forma uniforme, em múltiplos de D.

11.5.3 Fatores de influência na resistividade do solo

A resistividade do solo é função de diversos fatores que podem variar de acordo com a sua composição e com as condições a que são submetidos, durante a medição, principalmente as condições atmosféricas da região.

 Exemplo de aplicação (11.2)

Determinar a resistividade do solo pelo método de Schlumberger para a medição com as hastes de teste distanciadas de 8 m do ponto central da medição. A distância entre os eletrodos centrais de tensão é de 1,0 m. O valor medido no terrômetro foi de 2,10 Ω.

Utilizando o a Equação (11.3) simplificada, temos:

$$\rho = R \times \pi \times \left(\frac{L^2}{D} - \frac{D}{4}\right) = 2,10 \times \pi \times \left(\frac{8^2}{1} - \frac{1}{4}\right) = 420,5 \, \Omega.m$$

11.5.3.1 Composição química

A presença e a quantidade de sais solúveis e ácidos que normalmente se acham agregados ao solo influenciam predominantemente o valor de sua resistividade. É conhecido que, quando é necessário reduzir a resistência de determinada malha de terra, adicionam-se, adequadamente, produtos químicos ao solo circundante ao eletrodo de terra. Há vários produtos químicos, à base de mistura de sais, que, combinados entre si e, na presença de água, formam o gel, produto de uso comercial e de grande eficiência na redução da resistividade do solo. Esses compostos têm as seguintes características:

- são higroscópios;
- dão estabilidade química ao solo;
- não são corrosivos;
- não são atacados pelos ácidos;
- são insolúveis na presença de água;
- têm longa duração (geralmente de 5 a 6 anos).

11.5.3.2 Umidade

A resistividade do solo e a resistência de uma malha de terra são bastante alteradas quando varia a umidade existente no solo, principalmente quando este valor cai a níveis abaixo de 20 %. Por este motivo, os eletrodos de terra devem ser implantados a uma profundidade adequada para garantir a necessária umidade do solo em torno destes.

O teor normal de umidade de um solo, além de variar com a localização, depende também da época do ano, sendo que nos períodos secos oscilam por volta de 10 % e nas estações chuvosas pode atingir 35 %.

A utilização de uma camada de brita de 100 mm a 200 mm, sobre a área da malha construída ao tempo, bem como o próprio piso das subestações abrigadas, servem para retardar a evaporação da água do solo, além de oferecer uma elevada resistividade, cerca de 3.000 Ω.m, reduzindo os riscos de acidentes fatais, durante a ocorrência de falta entre fase e terra.

11.5.3.3 Temperatura

A resistividade do solo e a resistência de um sistema de aterramento são bastante afetadas quando a temperatura cai abaixo de 0 °C. Para temperaturas acima deste valor, a resistividade do solo e a resistência de aterramento se reduzem.

As correntes de curto-circuito fase e terra de valor elevado podem ocasionar a ebulição da água do solo em torno do eletrodo, diminuindo a umidade e elevando a temperatura no local, prejudicando, sobremaneira, o desempenho do sistema de aterramento.

11.5.4 Resistividade aparente do solo (ρ_a)

A resistência elétrica de um sistema de aterramento depende de dois fatores básicos:

- a resistividade aparente do solo para aquela malha de terra específica;
- a geometria e a forma que foram adotadas no projeto da malha de terra.

Define-se resistividade aparente do solo a resistividade vista por um particular sistema de aterramento. Assim, um solo homogêneo pode apresentar-se com diferentes valores de resistividade vistos por duas malhas de terra distintas. Ou ainda, uma mesma malha de terra pode interagir diferentemente com um solo de mesma resistividade média.

Para que se possa determinar a resistividade aparente dos solos é necessário que se adote uma das técnicas disponíveis de modelagem. O solo é constituído, em geral, por várias camadas horizontais com formação geológica diferente, sendo, por esta razão, modelado em camadas estratificadas, conforme se mostra na Figura 11.15. No entanto, será adotada a modelagem de estratificação do solo em duas camadas, como definida na Figura 11.16.

A medição de resistividade do solo deve ser feita após a terraplanagem do terreno e depois de ter decorrido algum tempo para a estabilização físico-química do solo. Porém, a prática indica que, em muitos projetos, o instalador não segue este princípio, prejudicando os resultados encontrados no cálculo da malha de terra.

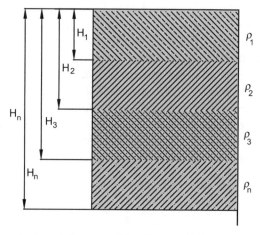

Figura 11.15 Solo estratificado em várias camadas.

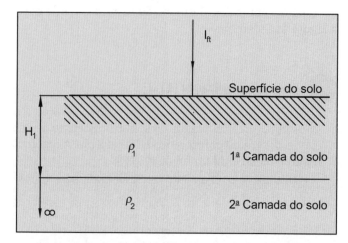

Figura 11.16 Solo estratificado em duas camadas.

O processo de medição da resistividade do solo, devidamente tratado adiante, fornece os elementos necessários para a determinação da resistividade média do mesmo. Neste livro, será utilizado um método bastante simples para a estratificação do solo. Seus resultados são de precisão razoável quando a curva resultante da medição da resistividade do solo apresentar uma formação semelhante a uma das curvas das Figuras 11.17 e 11.18. Isto é, este método somente é aplicável quando o solo puder ser estratificado em duas camadas.

Para estratificação do solo em várias camadas, deve-se utilizar outro método, cujo estudo foge ao escopo deste livro. Normalmente são encontradas, neste caso, curvas com a formação semelhante à da Figura 11.18.

Considerando-se realizadas as medições nos pontos indicados na Tabela 11.2, devem ser adotados os seguintes procedimentos:

a) Traçado da curva de resistividade média do solo

Plotar no eixo H os valores das distâncias entre as hastes de medição e, no eixo ρ (resistividade do solo), os valores referentes às resistividades médias correspondentes aos pontos medidos para uma mesma distância entre as hastes, conforme a Figura 11.20. Deve-se pro-

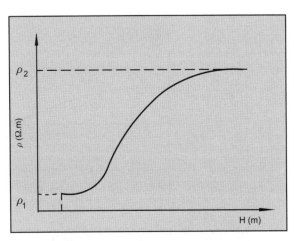

Figura 11.18 Solo de duas camadas.

Tabela 11.2 Resistividade média do solo (Ω.m)

Posição dos eletrodos	Resistividade medida					Resistividade média Ohm.m
Distância (m)	Pontos medidos					
	A	B	C	D	E	
2						
4						
8						
16						
32						

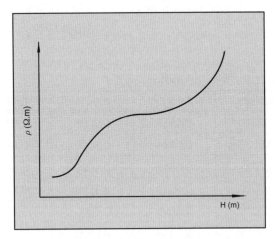

Figura 11.19 Solo de várias camadas.

longar a curva no ponto $(H_1; \rho_{m1})$ até o eixo ρ, determinando, assim, o valor ρ_1. Para se determinar o valor de ρ_2 (resistividade da camada inferior do solo), deve-se traçar uma assíntota à curva de resistividade e prolongá-la até o eixo das ordenadas.

b) Determinação da resistividade média do solo (ρ_m)

O valor da resistividade média do solo pode ser calculado a partir da Equação (11.4).

$$\rho_m = \rho_1 \times K_1 \qquad (11.4)$$

O valor de K_1 é obtido por meio da Tabela 11.3 a partir da relação ρ_2/ρ_1, cujos valores são definidos no gráfico correspondente à curva de resistividade do solo, equivalente ao gráfico ilustrado na Figura 11.20.

Para se determinar a profundidade a que se encontra a resistividade média, introduzir o valor de ρ_m na curva da Figura 11.20, obtendo-se o valor H_m.

c) Determinação da resistividade aparente do solo (ρ_a)

Introduz-se na Tabela 11.4 o valor de K_1, dado na Tabela 11.3, juntamente com o valor de K_2, dado na Equação (11.5),

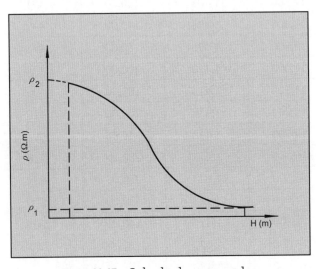

Figura 11.17 Solo de duas camadas.

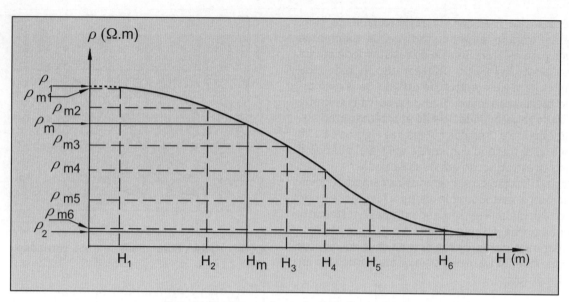

Figura 11.20 Curva de resistividade do solo.

Tabela 11.3 Fator de multiplicação

Relação	Fator K₁	Relação	Fator K₁	Relação	Fator K₁	Relação	Fator K₁
0,0010	0,6839	0,3000	0,8170	6,500	1,331	19,00	1,432
0,0020	0,6844	0,3500	0,8348	7,000	1,340	20,00	1,435
0,0025	0,6847	0,4000	0,8517	7,500	1,349	30,00	1,456
0,0030	0,6850	0,4500	0,8676	8,000	1,356	40,00	1,467
0,0040	0,6855	0,5000	0,8827	8,500	1,363	50,00	1,474
0,0045	0,6858	0,5500	0,8971	9,000	1,369	60,00	1,478
0,0050	0,6861	0,6000	0,9107	9,500	1,375	70,00	1,482
0,0060	0,6866	0,6500	0,9237	10,000	1,380	80,00	1,484
0,0070	0,6871	0,7000	0,9361	10,500	1,385	90,00	1,486
0,0080	0,6877	0,7500	0,9480	10,000	1,390	100,00	1,488
0,0090	0,6882	0,8000	0,9593	11,500	1,394	110,00	1,489
0,0100	0,6887	0,8500	0,9701	12,000	1,398	120,00	1,490
0,0150	0,6914	0,9000	0,9805	12,500	1,401	130,00	1,491
0,0200	0,6940	0,9500	0,9904	13,000	1,404	140,00	1,492
0,0300	0,6993	1,0000	1,0000	13,500	1,408	150,00	1,493
0,0400	0,7044	1,5000	1,0780	14,000	4,410	160,00	1,494
0,0500	0,7095	2,0000	1,1340	14,500	1,413	180,00	1,495
0,0600	0,7145	2,5000	1,1770	15,000	1,416	200,00	1,496
0,0700	0,7195	3,0000	1,2100	15,500	1,418	240,00	1,497
0,0800	0,7243	3,5000	1,2370	16,000	1,421	280,00	1,498
0,0900	0,7292	4,0000	1,2600	16,500	1,423	350,00	1,499
0,1000	0,7339	4,5000	1,2780	17,000	1,425	450,00	1,500
0,1500	0,7567	5,0000	1,2940	17,500	1,427	640,00	1,501
0,2000	0,7781	5,5000	1,3080	18,000	1,429	1.000,00	1,501
0,2500	0,7981	6,0000	1,3200	18,500	1,430		

Sistemas de aterramento

Tabela 11.4 Determinação da resistividade aparente do solo de duas camadas

R/H_m	\multicolumn{13}{c}{Relação ρ_2/ρ_1}
	0,01	0,05	0,10	0,20	0,50	1	2	5	10	20	50	100	200
	\multicolumn{13}{c}{ρ_a/ρ_1}
0,10	1,00	1,01	1,01	1,02	1,05	1,00	1,10	1,15	1,18	1,2	1,2	1,3	1,3
0,20	0,95	0,96	1,00	0,97	0,99	1,00	1,13	1,20	1,25	1,3	1,4	1,4	1,5
0,50	0,80	0,90	0,98	0,95	1,00	1,00	1,20	1,30	1,40	1,6	1,8	2,0	2,3
1,0	0,77	0,83	0,90	0,85	0,90	1,00	1,30	1,50	1,60	2,0	2,5	2,8	3,0
2,0	0,67	0,82	0,86	0,86	0,90	1,00	1,31	1,55	1,60	2,6	3,2	4,0	4,5
5,0	0,56	0,60	0,65	0,68	0,80	1,00	1,32	2,00	2,90	4,0	5,7	7,3	8,8
10	0,48	0,52	0,60	0,60	0,80	1,00	1,35	2,40	3,50	5,3	8,0	11,0	14,0
20	0,41	0,45	0,50	0,53	0,72	1,00	1,40	2,70	4,20	6,8	12,0	15,0	21,0
35	0,36	0,40	0,45	0,50	0,71	1,00	1,40	2,80	4,80	7,8	14,0	18,0	27,0
50	0,32	0,37	0,40	0,48	0,70	1,00	1,50	3,10	5,40	8,5	16,0	23,0	33,0
75	0,29	0,35	0,38	0,46	0,68	1,00	1,50	3,10	5,50	9,0	17,0	26,0	40,0
100	0,27	0,31	0,35	0,42	0,55	1,00	1,50	3,20	5,80	9,8	18,0	39,0	45,0
200	0,22	0,26	0,30	0,38	0,60	1,00	1,60	3,50	6,00	11,0	22,0	35,0	56,0
500	0,18	0,21	0,25	0,35	0,60	1,00	1,70	3,70	6,70	12,0	25,0	42,0	77,0
1.000	0,15	0,17	0,22	0,30	0,60	1,00	1,80	4,00	7,00	13,0	37,0	48,0	85,0

obtendo-se o valor de K_3, a partir do qual se determina o valor da resistividade aparente por meio da Equação (11.6).

$$K_2 = \frac{R}{H_m} \quad (11.5)$$

$$\rho_a = K_3 \times \rho_1 \quad (11.6)$$

R = raio do círculo equivalente à área da malha de terra da subestação, dado pela Equação (11.5), correspondendo a áreas retangulares. Para sistemas de aterramento utilizando-se eletrodos verticais, o valor de R é dado pela Equação (11.7);

H_m = profundidade da camada de solo correspondente à resistividade média.

$$R = \sqrt{\frac{S}{\pi}} \quad (11.7)$$

S = área da malha de terra, em m².

Para hastes em alinhamento com espaçamentos iguais, temos:

$$R = \frac{(N-1) \times D_e}{2} \quad (11.8)$$

N = número de eletrodos verticais;
D_e = distância entre os eletrodos verticais, em m.

11.6 Cálculo de malha de terra

A seguir, será estudada a metodologia mais utilizada em subestações de potência.

O cálculo da malha de terra de uma subestação requer o conhecimento dos seguintes parâmetros:

- resistividade aparente do solo (ρ_a);
- resistividade da camada superior do solo (ρ_1);
- resistividade do material de acabamento da superfície da área da subestação (ρ_s);
- corrente máxima de curto-circuito fase-terra (I_{cft});
- tempo de duração da corrente de curto-circuito fase-terra (T_f).

11.6.1 Resistividade aparente do solo

Conforme o disposto na Seção 11.5.3.

11.6.2 Corrente de curto-circuito fase-terra

A corrente de curto-circuito adotada no cálculo da malha de terra deve ser a de planejamento no horizonte de 10 anos.

O método de cálculo das correntes de curto-circuito foi explanado no Capítulo 5.

Como se sabe, a seção do condutor de uma malha de terra é função da corrente de curto-circuito fase-terra, valor máximo, que pode ser obtido tanto do lado primário como do lado secundário da subestação. Será adotada a corrente que conduzir o maior valor.

a) **Corrente de curto-circuito tomada do lado primário da subestação**

Neste caso, considera-se que o condutor primário de fase faça contato direto com um condutor de aterramento conectado à malha de terra da subestação, conforme mostra a Figura 11.21.

Em muitos casos, e mais frequentemente em subestações de indústrias de pequeno e médio portes, utilizando-se a corrente de falta para a terra para dimensionar a malha de aterramento, observa-se que a área prevista para a subestação é muito inferior à área necessária dimensionada para garantir a completa segurança dos profissionais de operação e manutenção. Nesse caso é obrigatório o cálculo da corrente de malha, cujo valor pode ser inferior à corrente de curto-circuito fase e terra, viabilizando assim a construção da subestação no local inicialmente previsto. Esse processo está disponível na ABNT NBR 15751:2013.

b) **Corrente de curto-circuito tomada no lado secundário da subestação para uma impedância desprezível**

Nesse caso, considera-se que o condutor de fase faça contato direto com o condutor de aterramento nas proximidades da subestação, conforme mostra a Figura 11.22. Uma situação característica pode ocorrer quando uma barra de fase faz contato com a barra de terra do Quadro Geral de Força, instalado no interior da subestação, em que, no caminho, as correntes de curto-circuito encontram apenas as impedâncias dos condutores metálicos, constituindo-se, assim, no valor máximo da corrente de curto-circuito, que é significativamente superior ao caso anterior. Portanto, para se determinar a seção do condutor, deve-se utilizar o valor da corrente de curto-circuito obtida nessas condições.

c) **Corrente de curto-circuito tomada no secundário da subestação para uma impedância considerada**

Esse caso se caracteriza por um defeito fase-terra, em que o condutor faz contato com o solo ou outro elemento aterrado e a corrente é conduzida à malha pelo solo, sendo considerável a impedância do percurso (resistência de contato, resistência da malha de terra e resistência do resistor de aterramento, se houver), mesmo que se despreze a resistência de contato do condutor, conforme mostrado na Figura 11.23.

O valor dessa corrente deve ser utilizado no cálculo dos parâmetros da malha da terra, tais como tensão de passo, tensão de toque etc.

11.6.3 Seção mínima do condutor

A seção mínima do condutor deve ser determinada em função da corrente de curto-circuito e de seu tempo de duração, para cada tipo de junção dos condutores da malha. A Tabela 11.5 fornece o valor unitário da seção mínima do condutor (K) de cobre em função do tipo de junção. Porém, por meio da Equação (11.9) pode-se determinar a seção mínima do condutor da malha.

$$S_c = \frac{\sqrt{T_f} \times I_{cft}}{2 \times 10^3 \times \beta} \times K \, (mm^2) \qquad (11.9)$$

A seção do condutor de cobre não deve ser inferior a 35 mm². Se o cabo da malha for de cobre, utilizar o valor de $\beta = 1$. No caso de se utilizar o condutor de aço cobreado, a sua seção pode ser determinada utilizando-se os seguintes valores de β.

$\beta = 1$, para fios ou cabos de cobre;
$\beta = 0,91$, para fios ou cabos com condutividade de 40 %;
$\beta = 0,81$, para fios ou cabos com condutividade de 30 %.
T_f = tempo de duração da falha, em Hz. Em geral, não inferior a 30 Hz;
K = coeficiente de segurança: K = 1,10 a 1,30.

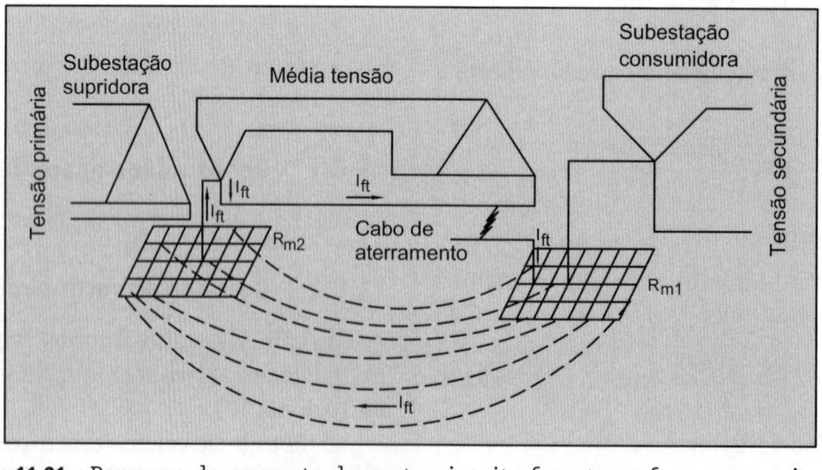

Figura 11.21 Percurso da corrente de curto-circuito fase-terra franco no primário.

Sistemas de aterramento

Tabela 11.5 Seção mínima do condutor em mm²/A

Tempo (s)	Cabo simples – solda exotérmica (K)	Cabo com juntas soldadas (K)	Cabo com juntas rebitadas (K)
30	0,020268	0,025335	0,032935
4	0,007093	0,010134	0,012160
1	0,003546	0,005067	0,006080
0,5	0,002533	0,003293	0,004306

A Tabela 11.6 mostra as características típicas dos condutores de aço cobreado.

Para uma corrente de curto-circuito de 20.000 A, com duração de 0,50 s e um cabo aço-cobre de condutividade de 40 %, temos:

$$S_c = \frac{\sqrt{30} \times 20.000}{2 \times 10^3 \times 0,91} \times 1,30 = 78,24 \text{ mm}^2 \rightarrow S_c = 93,10 \text{ mm}^2$$

$\rightarrow$ Formação: 7 × 6 (Tabela 11.6)

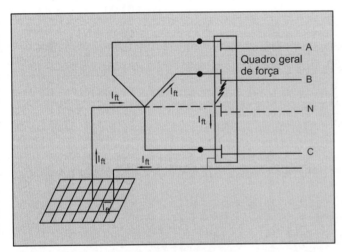

Figura 11.22 Percurso da corrente de curto-circuito fase-terra franco no secundário.

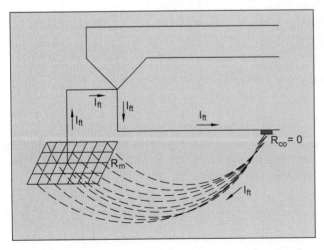

Figura 11.23 Percurso da corrente de curto-circuito fase-terra sob impedância no secundário.

Utilizando-se as propriedades das conexões exotérmicas, para cabos de cobre, dadas na Tabela 11.5, podemos aplicar como alternativa o cabo de cobre com a seguinte seção nominal.

$$S_c = K \times I_{ft} = 0,002533 \times 20.000 \cong 50 \text{ mm}^2 \rightarrow S_c = 50 \text{ mm}^2$$

Testes realizados em laboratório demonstraram que os condutores de aço-cobre do tipo recozido podem ser aquecidos por correntes de curto-circuito de até 850 °C, enquanto os condutores de cobre tornam-se amolecidos a partir de uma temperatura de 450 °C.

A determinação da seção do cabo de cobre nu por meio da capacidade térmica, empregando a corrente de curto-circuito monopolar, simétrica, valor eficaz, é dada pela seguinte Equação (11.10) (ABNT NBR 15751), desconsideradas as amortizações das correntes ao longo do tempo de defeito.

$$S_{tér} = \frac{I_{ft}}{\sqrt{\frac{F_{ct} \times 10^{-4}}{T_{op} \times \alpha_r \times \rho_r} \times \ln\left(\frac{K_0 + T_m}{K_0 + T_a}\right)}} \text{ (mm}^2\text{)} \quad (11.10)$$

em que:

$S_{tér}$ = seção do cabo, em mm²;

I_{ft} = corrente de curto-circuito fase e terra, valor eficaz, em kA;

T_{op} = tempo de operação da proteção, em s: em geral, igual a 0,5 s ou 1,0 s;

T_m = temperatura máxima suportável pelo condutor, em °C: para cobre = 450 °C; para condutor aço-cobre de 40 % = 850 °C;

F_{ct} = fator de capacidade térmica do condutor, em J/(cm³ × °C): para cobre = 3,422 J/(cm³ × °C); para aço cobreado = 3,846 J/(cm³ × °C);

α_r = resistividade do condutor a uma dada temperatura, em Ω.m: para cobre = 0,00393 °C; para aço cobreado 40 % = 0,00378 °C (todos na temperatura de referência do material °C);

T_r = temperatura de referência para a constante α_r, em °C: em geral, T_r = 20 °C;

K_0 = coeficiente térmico de resistividade do condutor para o cobre:

$$K_0 = \frac{1}{\alpha_r} - T_r = \frac{1}{0,00393} - 20 = 234,4$$

ρ_r = resistividade do condutor a uma dada temperatura, em Ω.m: para cobre = 1,724 Ω.m; para aço cobreado = 4,397 Ω.m.

Tabela 11.6 Características dos condutores de aço-cobre

Formação N × AWG	Diâmetro nominal (mm)	Seção mm²	Resistência (Ohm/m) 40 %	Resistência (Ohm/m) 30 %	Carga de ruptura (kg) 40 %	Carga de ruptura (kg) 30 %	Corrente de fusão 40 % cond.	Corrente de fusão 30 % cond.
19 × 5	23,10	318,70	0,1399	0,1865	11.200	13.400	104.000	93.000
19 × 6	20,60	252,70	0,1764	0,2352	889	10.700	83.000	74.000
19 × 7	18,30	200,40	0,2224	0,2966	7.030	8.440	66.000	58.000
19 × 8	16,30	159,00	0,2805	0,3740	5.580	6.710	52.000	46.000
19 × 9	14,50	126,10	0,3537	0,4715	4.430	5.310	41.000	37.000
7 × 4	15,60	148,10	0,3000	0,3999	5.220	6.260	49.000	43.000
7 × 5	13,90	117,40	0,3783	0,5043	4.130	4.940	38.000	34.000
7 × 6	12,30	93,10	0,4770	0,6358	3.270	3.930	31.000	27.000
7 × 7	11,00	73,87	0,6014	0,8018	2.600	3.120	24.000	22.000
7 × 8	9,78	58,56	0,7585	1,0110	2.060	2.470	19.000	17.000
7 × 9	8,71	46,44	0,9564	1,2750	1.630	1.950	15.200	13.500
7 × 10	7,77	36,83	1,2060	1,6080	1.290	1.550	12.000	10.700
3 × 5	9,96	50,32	0,8809	1,1740	1.770	2.120	16.500	14.700
3 × 6	8,86	39,90	1,1110	1,4810	1.400	1.700	13.000	11.600
3 × 7	7,90	31,65	1,4010	1,8670	1.110	1.330	10.600	9.200
3 × 8	7,04	25,10	1,7660	2,3540	880	1.050	8.200	7.300
3 × 9	6,27	19,90	2,2270	2,9690	700	840	6.500	5.800
3 × 10	5,59	15,78	2,8080	3,7430	550	660	5.100	4.600

Exemplo de aplicação (11.3)

Determinar a seção do condutor de uma malha de terra de uma subestação de 15 MVA – 69/6,6 kV, cuja corrente de curto-circuito fase e terra vale 15,2 kA.

$$S_{tér} = \frac{I_{ft}}{\sqrt{\frac{F_{ct} \times 10^{-4}}{T_{op} \times \alpha_r \times \rho_r}} \times \ln\left(\frac{K_0 + T_m}{K_0 + T_a}\right)} = \frac{15,2}{\sqrt{\frac{3,422 \times 10^{-4}}{0,5 \times 0,00393 \times 1,724}} \times \ln\left(\frac{234,4 + 800}{234,4 + 40}\right)}$$

$$S_{tér} \frac{15,2}{\sqrt{0,10103 \times 1,32}} = 41,6 \text{ mm}^2 \quad \rightarrow \quad S_{tér} = 50 \text{ mm}^2$$

Aplicando, agora, a Equação (11.9), em que $\beta = 1$ (cabo de aço-cobre) e $K = 1,1$, temos:

$$S_c = \frac{\sqrt{T_f} \times I_{cft}}{2 \times 10^3 \times \beta} \times K = \frac{\sqrt{30} \times 15.200}{2 \times 10^3 \times 1} \times 1,1$$

$$S_c = 45,78 \text{ mm}^2 \quad \rightarrow \quad S_c = 50 \text{ mm}^2$$

11.6.4 Número de condutores principais e de junção

Considerando a Figura 11.24, que representa a área de uma subestação industrial com as dimensões indicadas, pode-se calcular o número de condutores principais e de junção adotando-se as Equações (11.11) e (11.12). Essa definição entre condutores principais e de junção serve para definir a direção para a qual determinaremos as tensões de passo e de toque.

Se o *mesh* for retangular, não há necessidade de aplicar a condição anterior.

a) Condutores principais

São assim denominados aqueles instalados na direção que corresponde à largura da malha de terra. São determinados pela Equação (11.11).

$$N_{cp} = \frac{C_m}{D_l} + 1 \qquad (11.11)$$

C_m = comprimento da malha de terra, em m;

D_l = distância entre os cabos correspondentes à largura da malha de terra, em m.

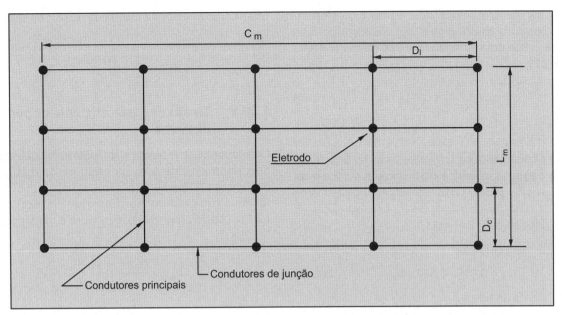

Figura 11.24 Geometria da malha de terra com os respectivos eletrodos verticais.

b) Condutores de junção

São assim denominados aqueles instalados na direção que corresponde ao comprimento da malha de terra. São determinados pela Equação (11.12).

$$N_{cj} = \frac{L_m}{D_c} + 1 \quad (11.12)$$

L_m = largura da malha de terra, em m;
D_c = distância entre os cabos correspondentes ao comprimento da malha de terra, em m.

Os espaçamentos D_l e D_c entre os condutores podem ser tomados inicialmente entre 5 e 10 % do valor do comprimento e da largura da malha, respectivamente. Dependendo dos valores obtidos ao longo do cálculo, os mesmos poderão ser alterados, de forma a se obter uma malha de terra mais econômica e segura.

11.6.5 Comprimento do condutor

O comprimento do condutor da malha de terra pode ser calculado por meio da Equação (11.13). O fator 1,05 corresponde ao acréscimo de cabo da malha referente aos condutores de ligação entre os equipamentos e a malha de terra.

$$L_{cm} = 1,05 \times \left[\left(C_m \times N_{cj} \right) + \left(L_m \times N_{cp} \right) \right] \quad (11.13)$$

Fica claro que a equação anterior contempla apenas subestações de áreas retangulares. No caso de áreas irregulares, divide-se a subestação em subáreas e calcula-se a área equivalente correspondente, admitindo-se finalmente C = L.

11.6.6 Determinação dos coeficientes de ajuste

Para maior simplificação, as expressões que determinam os coeficientes K_m, K_s, K_i são tomadas na sua forma mais aproximada. A aplicação desses coeficientes deve ser feita com base no maior produto entre os valores utilizados, considerando os coeficientes para os condutores principais e de junção.

a) Coeficiente K_m

Chamado de coeficiente de malha, corrige a influência da profundidade da malha de terra (H), do número de condutores (principais e de junção) e do espaçamento entre os referidos condutores.

Devem ser determinados dois valores correspondentes aos condutores principais (K_{mp}) e aos condutores de junção (K_{mj}). Esses valores são obtidos para os dois casos pela Equação (11.14), de acordo com a ABNT NBR 15751/2013.

$$K_m = \frac{1}{2 \times \pi} \times \left[\ln\left(\frac{D^2}{16 \times \pi \times H \times D_{ca}} + \frac{(D+2 \times H)^2}{8 \times D \times D_{ca}} - \frac{H}{4 \times D_{ca}} \right) + \frac{(2 \times N)^{2/N}}{\sqrt{1+H}} \times \ln\frac{8}{\pi \times (2 \times N - 1)} \right]$$

(11.14)

em que:

ln = logaritmo neperiano;
D = espaçamento médio entre os condutores, nas direções anteriormente consideradas, em m, ou seja:
H = profundidade da malha, em m;
N = número de condutores na direção considerada;
D_{ca} = diâmetro do condutor, em m.

b) Coeficiente K_s

Chamado de coeficiente de superfície, corrige a influência da profundidade da malha de terra (H) e do espaçamento.

Devem ser determinados dois valores correspondentes aos condutores principais (K_{sp}) e aos condutores de junção (K_{sj}). São determinados para os dois casos pela Equação (11.15).

$$K_s = \frac{1}{\pi} \times \left\{ \frac{1}{2 \times H} + \frac{1}{D+H} + \frac{1}{D} \times \left(1 - 0,5^{(N-2)}\right) \right\} \quad (11.15)$$

c) Coeficiente K_i

Chamado de coeficiente de irregularidade, o coeficiente K_i corrige a não uniformidade de dispersão do fluxo da corrente da malha para a terra. Devem ser utilizados os números dos condutores principais N_{cp} e de junção N_{cj}. É dado pelas Equações (11.16) e (11.17).

- Condutores principais

$$K_{ip} = 0,656 + 0,172 \times N_{cp} \quad (11.16)$$

- Condutores de junção

$$K_{ij} = 0,656 + 0,172 \times N_{cj} \quad (11.17)$$

11.6.7 Comprimento mínimo do condutor da malha

Pode ser determinado pela Equação (11.18).

$$L_c = \frac{K_m \times K_i \times \rho_a \times I_{cft} \times \sqrt{T_f}}{0,116 + 0,174 \times \rho_s} \quad (m) \quad (11.18)$$

com:

ρ_s = resistividade da camada superior da malha, normalmente constituída de brita, cujo valor é de 3.000 Ω.m;
I_{cft} = corrente de curto-circuito fase-terra. Deve-se considerar o maior produto entre os valores de $K_m \times K_i$, anteriormente calculados, em dada direção.

Condição: $\quad L_{cm} \geq L_c \quad (11.19)$

Caso não se verifique essa condição, deve-se recomeçar o cálculo, adotando-se novos valores de seção dos condutores, espaçamento, profundidade da malha ou outros parâmetros que resultem diminuir L_c. Na prática, quando é pequena a diferença entre L_{cm} e L_c, pode-se acrescentar a L_{cm} o comprimento total das hastes a serem utilizadas, ou seja:

$$L_{cm} = 1,05 \times [(C_m \times N_{cj}) + (L_m \times N_{cp})] + (N_h \times L_h) \text{ (m)} \quad (11.20)$$

em que:

N_h = número de eletrodos verticais;
L_h = comprimento de um eletrodo vertical, em m.

11.6.8 Tensão de passo

É o maior valor de tensão que pode ser alcançado no nível da malha de terra, considerando que o tempo máximo de permanência da corrente é igual a T_f ($T_f \leq$ 0,50 s) e que está coberta por material (normalmente brita) de resistividade ρ_s. Para essas condições, o operador, com peso de 50 kg, estaria em segurança caminhando no interior da malha de terra. Seu valor máximo vale:

$$E_{pa} = \frac{116 + 0,70 \times \rho_s}{\sqrt{T_f}} \text{ (V)} \quad (11.21)$$

11.6.9 Tensão de passo existente na periferia da malha

Corresponde à diferença de potencial existente entre dois pontos localizados na periferia da malha de terra. Nesse caso, a tensão de passo é aquela que ocorre a uma distância do condutor periférico igual à profundidade da malha (ABNT NBR 15751). Seu valor é dado pela Equação (11.22).

$$E_{per} = \frac{K_s \times K_i \times \rho_a \times I_{cft}}{L_{cm}} \text{ (V)} \quad (11.22)$$

Condição: $\quad E_{pa} \geq E_{per} \quad (11.23)$

Deve-se ressaltar que é de poucos metros, em geral, a distância entre qualquer elemento condutivo da malha de terra e o ponto terra de referência, caracterizado como uma parte do solo nas proximidades do elemento condutivo da malha de terra, de modo que não ocorram diferenças de potencial significativas entre os dois pontos quaisquer na superfície. O valor referido é característico de pequenas malhas de terra.

11.6.10 Tensão máxima de toque

É o maior valor que pode ser alcançado no nível da malha de terra, considerando que o tempo máximo de permanência da corrente é igual a T_f ($T_f \leq$ 0,50 s) e que está coberta por material (normalmente brita) de resistividade ρ_s. Para essas condições, o operador, com peso de 50 kg, estaria em segurança em qualquer ponto da malha de terra, tocando com o corpo uma massa (carcaça de equipamento) energizada acidentalmente. Seu valor máximo vale:

$$E_{tm} = \frac{116 + 0,174 \times \rho_s}{\sqrt{T_f}} \text{ (V)} \quad (11.24)$$

11.6.11 Tensão de toque existente

É a tensão estabelecida na superfície do solo de resistividade ρ_1 sob a qual foi instalada a malha de terra. Pode ser determinada pela Equação (11.25).

$$E_{te} = \frac{K_m \times K_i \times \rho_a \times I_{cfit}}{L_{cm}} \text{(V)} \quad (11.25)$$

Condição: $\quad E_{tm} \geq E_{te} \quad (11.26)$

11.6.12 Corrente máxima de choque de curta duração

É o maior valor de corrente suportável pelo corpo humano para um tempo de permanência de contato de T_f. Essa expressão somente é válida para pessoas que pesem 50 kg. Para pessoas com 70 kg, o numerador da Equação (11.27) vale 157. O valor de T_f deve ser o tempo de eliminação da falta pela proteção, normalmente não superior a 0,5 s. No caso de religamento, que não deve ser permitido em instalações industriais, o tempo deve ser igual à soma dos tempos de falta inicial e dos defeitos sucessivos.

$$I_{ch} = \frac{116}{\sqrt{T_f}} \text{ (mA)} \quad (11.27)$$

11.6.13 Corrente de choque existente em face da tensão de passo, sem brita na periferia da malha

Pode ser determinada pela Equação (5.28).

$$I_{pmsb} = \frac{1.000 \times E_{per}}{1.000 + 6 \times \rho_l} \text{ (mA)} \quad (11.28)$$

Condição: $\quad I_{pmsb} \leq I_{ch} \quad (11.29)$

11.6.14 Corrente de choque existente na periferia da malha em face da tensão de passo, com a camada de brita

Pode ser determinada pela Equação (11.30).

$$I_{pmcb} = \frac{1.000 \times E_{per}}{1.000 + 6 \times (\rho_l + \rho_s)} \text{ (mA)} \quad (11.30)$$

Condição: $\quad I_{pmcb} \leq I_{ch} \quad (11.31)$

11.6.15 Corrente de choque em virtude da tensão de toque existente, sem brita

Pode ser determinada pela Equação (11.32).

$$I_{tmsb} = \frac{1.000 \times E_{te}}{1.000 + 1,5 \times \rho_l} \text{ (mA)} \quad (11.32)$$

Condição: $\quad I_{tmsb} \leq I_{ch} \quad (11.33)$

11.6.16 Corrente de choque em virtude da tensão de toque existente, com brita

Pode ser determinada pela Equação (11.34).

$$I_{tmcb} = \frac{1.000 \times E_{te}}{1.000 + 1,5 \times (\rho_l + \rho_s)} \text{ (mA)} \quad (11.34)$$

Condição: $\quad I_{tmcb} \leq I_{ch} \quad (11.35)$

11.6.17 Corrente mínima de acionamento do relé de terra

Pode ser determinada pela Equação (11.36).

$$I_a = \frac{(R_{ch} + 1,5 \times \rho_s) \times 9 \times L_{cm}}{1.000 \times K_m \times K_i \times \rho_l} \text{ (A)} \quad (11.36)$$

com R_{ch} sendo a resistência do corpo humano, em Ω.

11.6.18 Potenciais da região externa à malha

Observando-se a Figura 11.25, pode-se analisar as condições a que ficaria submetida uma pessoa ali posicionada, tocando a cerca.

• 1ª condição: cerca interligada à malha de terra

Nesse caso, o indivíduo estaria submetido à tensão E_p.

• 2ª condição: cerca sem interligação à malha de terra

Nessa condição, o indivíduo estaria submetido apenas à diferença de potencial ΔE_p.

É importante seccionar e aterrar a cerca nos pontos extremos deste seccionamento para facilitar a atuação da proteção, quando da queda de um condutor energizado sobre ela, e aumentar a proteção do indivíduo.

Considerando-se a segunda condição anteriormente mencionada, pode-se determinar a necessidade ou não de interligação de uma cerca à malha de terra, ou seja:

$$\Delta E_p = \left[K_{p(x)} - K_{p(x-1)} \right] \times \frac{\rho_l \times I_{cft}}{L_c} \text{ (V)} \quad (11.37)$$

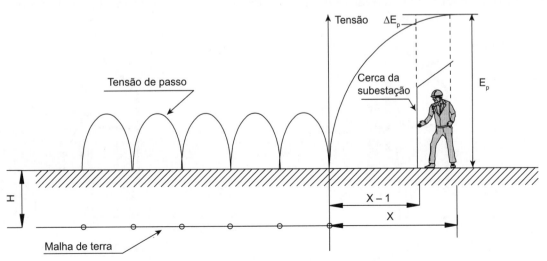

Figura 11.25 Potenciais externos à malha de terra.

$$K_{p(x)} = \frac{1}{2 \times \pi} \times \ln\left\{\frac{(H^2 + X^2) \times [H^2 + (D+X)^2]}{H \times D_{ca} \times (H^2 + D^2)}\right\} + \frac{1}{\pi} \times$$

$$\times \ln\left[\left(\frac{2 \times D + X}{2 \times D}\right) \times \left(\frac{3 \times D + X}{3 \times D}\right) \times \left(\frac{4 \times D + X}{4 \times D}\right) \times \ldots \times \right.$$

$$\left. \times \left(\frac{(N-1) \times D + X}{(N-1) \times D}\right)\right] \quad (11.38)$$

X = distância da periferia da malha de terra a um ponto considerado; no caso, a cerca tocada pelo indivíduo;
D = distância entre os eletrodos horizontais, na direção considerada.

A Figura 11.26 mostra as referências para os valores de X. Logo, deve-se ter:

$$\Delta E_p \leq \Delta E_{te}$$

11.6.19 Resistência da malha de terra

A Equação (11.39.0) representa somente o valor da resistência da malha de terra correspondente aos condutores horizontais.

$$R_{mc} = \frac{\rho_a}{4 \times R} + \frac{\rho_a}{L_{cm}} \quad (\Omega) \quad (11.39.0)$$

(para malhas enterradas até 0,25 m)

$$R_{mc} = \rho_a \times \left\{\left(\frac{1}{L_m}\right) + \left(\frac{1}{\sqrt{20 \times S_m}}\right) \times \left[1 + \left(\frac{1}{1 + H \times \sqrt{\frac{20}{S_m}}}\right)\right]\right\} =$$

$$(11.39.1)$$

= (para malhas enterradas entre 0,25 e 2,5 m)

em que

R = raio do círculo equivalente à área destinada à malha de terra, em m;
S_m = área ocupada pela malha de terra, em m²;
H = profundidade da malha de terra, em m;
L_m = comprimento dos condutores enterrados, em m.

Condições:
- $R_{mc} \leq 10\ \Omega$ (para subestações da classe 15 a 36 kV)
- $R_{mc} \leq 5\ \Omega$ (para subestações da classe 69 kV e acima)

Se o valor de R_{mc} não atender às condições anteriores, deve-se recalcular a malha de terra, alterando-se o comprimento dos condutores, dimensões da malha etc., de modo a manter R_{mc} dentro dos valores estabelecidos. Observar que este cálculo pode facilmente ser convertido em um programa de computador.

Para malhas de terra de pequenas dimensões geométricas, o valor de R_{mc} frequentemente ultrapassa os valores mínimos para resistividade aparente de solo elevada. Nesse caso, é necessário calcular a influência dos eletrodos verticais na resistência final da malha de terra como se segue.

11.6.20 Resistência de aterramento de um eletrodo vertical

$$R_{el} = \frac{\rho_a}{2 \times \pi \times L_h} \times \ln\left(\frac{4 \times L_h}{R_h}\right) \quad (11.40)$$

com:

L_h = comprimento cravado da haste de terra, em m;
R_h = raio da haste de terra, em metros.

11.6.21 Coeficiente de redução da resistência de um eletrodo vertical

Esse coeficiente reduz a resistência de uma haste de terra quando fincada em uma malha de terra em formato de um quadrado cheio, conforme a Figura 11.27.

$$K_h = 1 + \frac{A \times B}{N_h} \quad (11.41)$$

sendo:

N_h = número de hastes de terra;
A = determinado segundo a Tabela 11.7 em função do comprimento e diâmetro dos eletrodos e do espaçamento entre estes;
B = determinado de acordo com a Tabela 11.8, em função do número de eletrodos verticais utilizados.

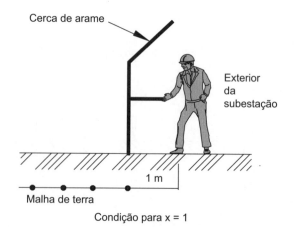

Figura 11.26 Ilustração da condição dos potenciais de cerca.

Sistemas de aterramento

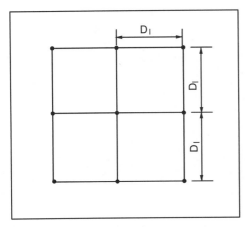

Figura 11.27 Malha de terra tipo quadrado cheio.

Tabela 11.8 Coeficiente B

Número de eletrodos	B
4	2,7071
9	5,8917
16	8,5545
25	11,4371
36	14,0650
49	16,8933

S = área da malha, em m²;
L_{th} = comprimento total das hastes utilizadas, em m.

$$L_{th} = N_h \times L_{1h} \quad (11.44)$$

com L_{1h} sendo o comprimento de 1 haste, em m, isto é:

$$K_1 = 1,14125 - 0,0425 \times K \quad (11.45)$$

$$K_2 = 5,49 - 0,1443 \times K \quad (11.46)$$

$$K = \frac{C_m}{L_m} \quad (11.47)$$

11.6.22 Resistência de aterramento do conjunto de eletrodos verticais

Representa o valor da resistência resultante de todas as hastes de terra interligadas em paralelo.

$$R_{ne} = K_h \times R_{el} \quad (\Omega) \quad (11.42)$$

11.6.23 Resistência mútua dos cabos e eletrodos verticais

Pode ser determinada pela Equação (11.43).

$$R_{mu} = \frac{\rho_a}{\pi \times L_{cm}} \times \left[\ln\left(\frac{2 \times L_{cm}}{L_{th}}\right) + \frac{K_1 \times L_{cm}}{\sqrt{S}} - K_2 + 1 \right] \quad (11.43)$$

11.6.24 Resistência total da malha

É o valor que representa as resistências combinadas das hastes de terra e dos condutores de interligação. É dado pela Equação (11.48).

$$R_{tm} = \frac{R_{mc} \times R_{ne} - R_{mu}^2}{R_{mc} + R_{ne} - 2 \times R_{mu}} \quad (11.48)$$

Tabela 11.7 Coeficiente A

Diâmetro do eletrodo	Distância entre eletrodos (m)					
	2	3	4	5	9	12
Para eletrodo de comprimento igual a 3,0 m						
1/2"	0,2292	0,1528	0,1149	0,0917	0,0509	0,0382
3/4"	0,2443	0,1629	0,1222	0,0977	0,0543	0,0407
1"	0,2563	0,1709	0,1282	0,1025	0,0570	0,0427
Para eletrodo de comprimento igual a 2,40 m						
1/2"	0,1898	0,1266	0,0949	0,0759	0,0422	0,0316
3/4"	0,2028	0,1352	0,1014	0,0811	0,0450	0,0338
1"	0,2132	0,1421	0,1066	0,0853	0,0474	0,0355

Exemplo de aplicação (11.4)

Considerar a área da subestação 5.000 kVA, 13,8/0,38 kV, de uma indústria dada na Figura 11.28 e os valores de medição de resistividade do solo, conforme a Tabela 11.9. A corrente de curto-circuito fase-terra máxima é de 10.200 A em baixa-tensão. A superfície da subestação será coberta por uma camada de brita de 10 cm.

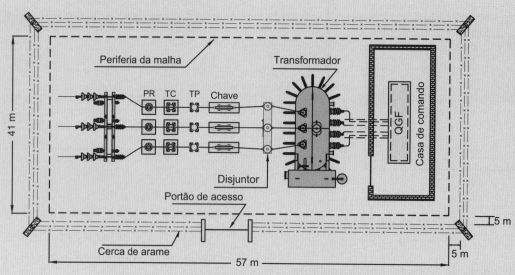

Figura 11.28 Detalhes da vista superior da subestação.

Tabela 11.9 Resistividade média do solo Ω.m

Distância	Subestação da Indústria Kelvin – Fortaleza					Média das
m	Resistividade medida					resistividades Ohm.m
	A	B	C	D	E	
2	603,21	567,20	450,20	410,00	320,50	470
4	562,23	526,10	476,11	425,04	345,90	467
8	538,23	496,10	446,11	425,04	345,90	450
16	516,19	437,58	394,58	362,98	334,41	409
32	468,89	415,58	374,58	372,98	354,41	397

Observar que, com relação à média, todas as resistividades medidas não apresentam desvios superiores a 50 %, como exemplo:

$$\left|\frac{603,21-470}{470} \times 100\right| = 28,3\,\% < 30\,\%$$

$$\left|\frac{345,90-467}{467} \times 100\right| = 25,9\,\% < 30\,\%$$

a) Resistividade aparente do solo

• Curva das resistividades médias, conforme a Figura 11.29

– Resistividade média do solo (ρ_m)

A partir do valor da média das resistividades $\rho_{m1} = 470$ Ω.m (obtida na Tabela 11.9 na distância de 2 m) prolonga-se a curva da Figura 11.30, obtendo-se no eixo das ordenadas o valor de $\rho_1 = 472$ Ω.m. Por outro lado, traçando-se uma assíntota à mesma curva, obtém-se o valor de $\rho_2 = 395$ Ω.m. Logo, a relação ρ_2/ρ_1 vale:

$$\frac{\rho_2}{\rho_1} = \frac{395}{472} = 0,83$$

Com o valor de $\rho_2/\rho_1 = 0,83$ obtém-se a relação $K_1 \cong 0,9593$ na Tabela 11.3. Logo, o valor da resistividade média, em conformidade com a Equação (11.4), vale:

$\rho_m = K_1 \times \rho_1 = 0,9593 \times 472 = 452,7$ Ω.m (ver a curva de resistividade do solo na Figura 11.29)

Profundidade da camada do solo corresponde à resistividade média ρ_m.

Sistemas de aterramento

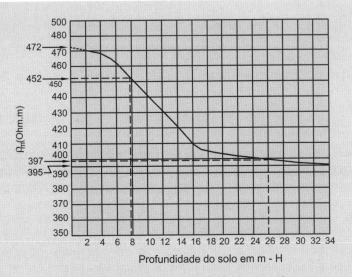

Figura 11.29 Curva de resistividade do solo.

De acordo com a Equação (11.7), temos:

$$R = \sqrt{\frac{S}{\pi}} = \sqrt{\frac{41 \times 57}{\pi}} = \sqrt{\frac{2.337}{\pi}} = 27,27 \text{ m}$$

$$S = 57 \times 41 = 2.337 \text{ m}$$

- Resistividade aparente

Da Equação (11.5), temos:

$$K_2 = \frac{R}{H_m} = \frac{27,27}{7,8} = 3,49$$

O valor de H_m é obtido a partir da curva da Figura 11.29, em função de $\rho_m = 452$ Ω.m, ou seja:

$$\rho_m = 452 \text{ Ω.m} \quad \rightarrow \quad H_m = 7,8 \text{ m}$$

Com o valor de $K_2 = 3,49 \rightarrow \rho_2/\rho_1 = 0,83$, obtêm-se por meio da Tabela 11.4 os valores para interpolação a fim de determinar ρ_a/ρ_1, ou seja:

$$\frac{1-0,5}{1-0,9} = \frac{1-0,83}{1-X1} \quad \rightarrow \quad \frac{0,5}{0,1} = \frac{0,17}{1-X1} \quad \rightarrow \quad X1 = 0,966$$

$$\frac{1-0,5}{1-0,8} = \frac{1-0,83}{1-X2} \quad \rightarrow \quad \frac{0,5}{0,2} = \frac{0,17}{1-X2} \quad \rightarrow \quad X2 = 0,932$$

$$\frac{5-2}{0,932-0,966} = \frac{5-3,49}{0,932-K_3} \quad \rightarrow \quad \frac{3}{-0,065} = \frac{1,51}{0,932-K_3} \quad \rightarrow \quad K_3 = 0,9647 \text{ Ω.m}$$

$$\rho_a = K_3 \times \rho_1 = 0,9647 \times 472 = 455 \text{ Ω.m}$$

b) Seção mínima do condutor

Será considerado que o condutor fase conectou-se acidentalmente com o condutor de aterramento, caracterizando um defeito fase-terra na condição mais severa, ou seja, máxima corrente de curto-circuito que atravessa a malha de terra.

Para $T_f = 0,5$ s, pode-se obter diretamente da Tabela 11.5 o valor da seção do condutor de cobre em mm²/A, considerando-se que a conexão entre os eletrodos de terra seja em solda exotérmica e a corrente de curto-circuito fase-terra seja de 10.200 A, em baixa-tensão.

$$S_c = K \times I_{cft} \quad \rightarrow \quad S_c = 0,002533 \times I_{cft}$$

$$S_c = 0{,}002533 \times 10.200 = 25{,}83 \text{ mm}^2$$

$$S_c = 50 \text{ mm}^2 \text{ (seção adotada)}$$

Aplicando-se a Equação (11.9), obtém-se também o valor da seção do condutor da malha de terra.

$$S_c = \frac{\sqrt{T_f} \times I_{cft}}{2 \times 10^3 \times \beta} \times K = \frac{\sqrt{30} \times 10.200}{2 \times 10^3 \times 1} \times 1{,}1 = 30{,}7 \text{ mm}^2 \quad \rightarrow \quad S_c = 50 \text{ mm}^2 \text{ (valor mínimo)}$$

Por ser uma corrente muito elevada foi projetado um resistor de aterramento para ser conectado no neutro do transformador de força cuja corrente de curto-circuito fase e terra foi reduzida para o valor de 1.500 A. Nesse caso, o valor da seção do condutor calculada pelo método da corrente térmica é muito inferior a 50 mm², que é a seção mínima estabelecida pela NBR 5419-2015.

c) Número de condutores principais e de junção

Como primeira tentativa será considerado arbitrariamente um espaçamento entre os condutores principais de 3,35 m e de 3,40 m (ver Figura 11.30) para os condutores de junção, ou seja:

$$D_c = 3{,}40 \text{ m } (8{,}29 \text{ \% de } L_m \text{ – valor considerado inicialmente})$$

$$D_l = 3{,}35 \text{ m } (5{,}87 \text{ \% de } C_m \text{ – valor considerado inicialmente})$$

- Condutores principais

Da Equação (11.11), temos:

$$N_{cp} = \frac{C_m}{D_l} + 1 = \frac{57}{3{,}35} + 1 = 18 \text{ condutores}$$

- Condutores de junção

Da Equação (11.12), temos:

$$N_{cj} = \frac{L_m}{D_c} + 1 = \frac{41}{3{,}40} + 1 = 13 \text{ condutores}$$

d) Comprimento dos condutores da malha de terra

Da Equação (11.13), temos:

$$L_{cm} = 1{,}05 \times [(C_m \times N_{cj}) + (L_m \times N_{cp})]$$

$$L_{cm} = 1{,}05 \times [(57 \times 13) + (41 \times 18)] = 1.552{,}9 \text{ m}$$

e) Coeficientes de ajuste

- Coeficiente K_m para os condutores principais

Da Equação (11.14), temos:

$$K_m = \frac{1}{2 \times \pi} \times \left[\ln\left(\frac{D^2}{16 \times \pi \times H \times D_{ca}} + \frac{(D + 2 \times H)^2}{8 \times D \times D_{ca}} - \frac{H}{4 \times D_{ca}} \right) + \frac{(2 \times N)^{2/N}}{\sqrt{1+H}} \times \ln \frac{8}{\pi \times (2 \times N - 1)} \right]$$

$$K_{mp} = \frac{1}{2 \times \pi} \times \left[\ln\left(\frac{3{,}35^2}{16 \times \pi \times 0{,}5 \times 0{,}00827} + \frac{(3{,}35 + 2 \times 0{,}5)^2}{8 \times 3{,}35 \times 0{,}00827} - \frac{0{,}5}{4 \times 0{,}00827} \right) + \frac{(2 \times 18)^{2/18}}{\sqrt{1+0{,}5}} \times \ln \frac{8}{\pi \times (2 \times 18 - 1)} \right]$$

$$K_{mp} = \frac{1}{2 \times \pi} \times \left[\ln(53{,}9938 + 85{,}3764 - 15{,}1148) + 1{,}2158 \times (-2{,}6206) \right]$$

$$K_{mp} = \frac{1}{2 \times \pi} \times (4{,}8223 - 3{,}1861) = 0{,}2640$$

$H = 0{,}5$ m (profundidade considerada da malha de terra)

$D_{ca} = 8{,}27$ mm $= 0{,}00827$ m

- Coeficiente K_m para os condutores de junção

Da Equação (11.14), temos:

$$K_{mj} = \frac{1}{2\times\pi} \times \left[\ln\left(\frac{3{,}40^2}{16\times\pi\times 0{,}5\times 0{,}00827} + \frac{(3{,}40+2\times 0{,}5)^2}{8\times 3{,}40\times 0{,}00827} - \frac{0{,}5}{4\times 0{,}00827} \right) + \frac{(2\times 13)^{2/13}}{\sqrt{1+0{,}5}} \times \ln\frac{8}{\pi\times(2\times 13-1)} \right]$$

$$K_{mj} = \frac{1}{2\times\pi} \times \left[\ln(55{,}6176 + 86{,}0658 - 15{,}1148) + 1{,}3478 \times (-2{,}2841) \right]$$

$$K_{mj} = \frac{1}{2\times\pi} \times \left[(4{,}8407) + 1{,}3478 \times (-2{,}2841) \right] = \frac{1}{2\times\pi} \times (4{,}8407 - 3{,}0778) = 0{,}2747$$

f) Coeficiente de ajuste K_s

- Coeficiente K_s para os condutores principais

Da Equação (11.15), temos:

$$K_{sp} = \frac{1}{\pi} \times \left[\frac{1}{2\times H} + \frac{1}{D+H} + \frac{1}{D}\times(1-0{,}5^{(N-2)}) \right] = \frac{1}{\pi} \times \left[\frac{1}{2\times 0{,}5} + \frac{1}{3{,}35+0{,}5} + \frac{1}{3{,}35}\times(1-0{,}5^{(18-2)}) \right]$$

$$K_{sp} = \frac{1}{\pi} \times [1{,}0 + 0{,}2597 + 0{,}2985 \times 0{,}9999] = 0{,}4959$$

- Coeficiente K_s para os condutores de junção

Da Equação (11.15), temos:

$$K_{sj} = \frac{1}{\pi} \times \left[\frac{1}{2\times H} + \frac{1}{D+H} + \frac{1}{D}\times(1-0{,}5^{(N-2)}) \right] = \frac{1}{\pi} \times \left[\frac{1}{2\times 0{,}5} + \frac{1}{3{,}40+0{,}5} + \frac{1}{3{,}40}\times(1-0{,}5^{(13-2)}) \right]$$

$$K_{sj} = \frac{1}{\pi} \times [1{,}0 + 0{,}2564 + 0{,}2941 \times 0{,}9995] = 0{,}4934$$

g) Coeficiente de ajuste K_i

- Coeficiente K_i para os condutores principais

Das Equações (11.16) e (11.17), temos:

$$K_{ip} = 0{,}656 + 0{,}172 \times N_{cp} = 0{,}65 + 0{,}172 \times 18 = 3{,}762$$

- Coeficiente K_j para os condutores de junção

$$K_{ij} = 0{,}656 + 0{,}172 \times N_{cj} = 0{,}656 + 0{,}172 \times 13 = 2{,}892$$

h) Comprimento mínimo do condutor da malha

Da Equação (11.18), temos:

$$L_c = \frac{0{,}264 \times 3{,}762 \times 424 \times 1.500 \times \sqrt{0{,}5}}{0{,}116 + 0{,}174 \times 3.000} = 855{,}4 \text{ m}$$

$\rho_s = 3.000\ \Omega$ (camada superficial de brita de 10 cm)

Adotar o maior produto $K_m \times K_i$ para uma direção considerada, ou seja: $K_{mp} \times K_{ip}$.

$$L_{cm} > L_c \text{ (condição satisfeita)}$$

Observar que, inicialmente, a quantidade mínima de condutores é muito inferior ao valor adotado. É economicamente viável a redução da quantidade de condutores se os demais parâmetros a serem analisados alcançarem valores que permitam uma redefinição da geometria da malha de terra.

i) Tensão máxima de passo

Da Equação (11.22), temos:

$$E_{pa} = \frac{116 + 0,7 \times \rho_s}{\sqrt{T_f}} = \frac{116 + 0,7 \times 3.000}{\sqrt{0,5}} = 3.133 \text{ V}$$

j) Tensão de passo existente na periferia da malha

Adotar o maior produto $K_s \times K_i$ para uma direção considerada, ou seja: $K_{sp} \times K_{ip}$.

Da Equação (11.22), temos:

$$E_{per} = \frac{K_s \times K_i \times \rho_1 \times I_{cft}}{L_{cm}} = \frac{0,4959 \times 3,762 \times 472 \times 1.500}{1.552,9} = 850,5 \text{ V}$$

Adotar o maior produto $K_s \times K_i$ para uma direção considerada, ou seja: $K_{sp} \times K_{ip}$.

$$E_{pa} > E_{per} \text{ (condição satisfeita)}$$

k) Tensão máxima de toque

Da Equação (11.24), temos:

$$E_{tm} = \frac{116 + 0,174 \times \rho_s}{\sqrt{T_f}} = \frac{116 + 0,174 \times 3.000}{\sqrt{0,5}} = 902,2 \text{ V}$$

l) Tensão de toque existente

Da Equação (11.25), temos:

$$E_{te} = \frac{K_m \times K_i \times \rho_1 \times I_{cft}}{L_{cm}} = \frac{0,264 \times 3,762 \times 472 \times 1.500}{1.552,9} = 452,8 \text{ V}$$

Adotar o maior produto $K_m \times K_i$ para uma direção considerada, ou seja: $K_{mp} \times K_{ip}$.

$$E_{tm} > E_{te} \text{ (condição satisfeita)}$$

m) Corrente máxima de choque

Da Equação (11.27), temos:

$$I_{ch} = \frac{116}{\sqrt{T_f}} = \frac{116}{\sqrt{0,5}} = 164 \text{ mA}$$

n) Corrente de choque existente em face da tensão de passo, sem brita na periferia da malha

Da Equação (11.28), temos:

$$I_{pmsb} = \frac{1.000 \times E_{per}}{1.000 + 6 \times \rho_1} = \frac{1.000 \times 850,5}{1.000 + 6 \times 472} = 221,9 \text{ mA}$$

$$I_{pmsb} < I_{ch} \text{ (condição satisfeita)}$$

o) Corrente de choque existente na periferia da malha em face da tensão de passo, com a camada de brita

Da Equação (11.30), temos:

$$I_{pmcb} = \frac{1.000 \times E_{per}}{1.000 + 6 \times (\rho_1 + \rho_s)} = \frac{1.000 \times 850,5}{1.000 + 6 \times (472 + 3.000)} = 38,9 \text{ mA}$$

$$I_{pmcb} < I_{ch} \text{ (condição satisfeita)}$$

p) Corrente de choque em virtude da tensão de toque existente, sem brita

Da Equação (11.32), temos:

$$I_{tmsb} = \frac{1.000 \times E_{te}}{1.000 + 1,5 \times \rho_1} = \frac{1.000 \times 452,8}{1.000 + 1,5 \times 472} = 265,1 \text{ mA}$$

$$I_{tmsb} > I_{ch} \text{ (condição não satisfeita: a utilização da brita é, portanto, fundamental)}$$

q) Corrente de choque em virtude da tensão de toque existente, com brita

Da Equação (11.34), temos:

$$I_{tmcb} = \frac{1.000 \times E_{te}}{1.000 + 1,5 \times (\rho_1 + \rho_s)} = \frac{1.000 \times 452,8}{1.000 + 1,5 \times (472 + 3.000)} = 72,9 \text{ mA}$$

$$I_{tmcb} < I_{ch} \text{ (condição satisfeita)}$$

r) Corrente mínima de acionamento do relé de terra

Da Equação (11.36), temos:

$$I_a = \frac{(R_{ch} + 1,5 \times \rho_s) \times 9 \times L_{cm}}{1.000 \times K_m \times K_i \times \rho_1} = \frac{(1.000 + 1,5 \times 3.000) \times 9 \times 1.552,9}{1.000 \times 0,264 \times 3,762 \times 472} = 163,9 \text{A}$$

$R_{ch} = 1.000 \, \Omega$ (resistência considerada do corpo humano)

s) Potenciais da região externa à malha

Da Equação (11.37), temos:

$$\Delta E_p = \left[K_{p(x)} - K_{p(x-1)} \right] \times \frac{\rho_1 \times I_{cft}}{L_c} \text{ (V)}$$

Como a cerca está afastada da periferia da malha de terra, então será calculado o valor K para X = 5 m e para X = (5 – 1) m (ver Figura 11.26). Da Equação (11.38), temos:

Para X = 5, ou seja, $K_{c(5)}$

$$K_{p(x)} = \frac{1}{2 \times \pi} \times \ln\left\{ \frac{(H^2 + X^2) \times [H^2 + (D+X)^2]}{H \times D_{ca} \times (H^2 + D^2)} \right\} + \frac{1}{\pi} \times \ln\left[\frac{2 \times D + X}{2 \times D} \times \frac{3 \times D + X}{3 \times D} \times \right.$$

$$\left. \times \frac{3 \times D + X}{3 \times D} \times \frac{4 \times D + X}{4 \times D} \times \ldots \times \frac{(N-1) \times D + X}{(N-1) \times D} \right]$$

$$K_{p(x)} = \frac{1}{2 \times \pi} \times \ln\left\{ \frac{(0,5^2 + 5^2) \times [0,5^2 + (3,35+5)^2]}{0,5 \times 0,01433 \times (0,5+3,35)} \right\} + \frac{1}{\pi} \times \ln\left[\frac{2 \times 3,35 + 5}{2 \times 3,35} \times \frac{3 \times 3,35 + 5}{3 \times 3,35} \times \frac{4 \times 3,35 + 5}{4 \times 3,35} \times \right.$$

$$\left. \times \frac{5 \times 3,35 + 5}{5 \times 3,35} \times \frac{6 \times 3,35 + 5}{6 \times 3,35} \times \frac{7 \times 3,35 + 5}{7 \times 3,35} \times \frac{8 \times 3,35 + 5}{8 \times 3,35} \times \frac{9 \times 3,35 + 5}{9 \times 3,35} \times \frac{10 \times 3,35 + 5}{10 \times 3,35} \times \ldots \times \frac{17 \times 3,35 + 5}{17 \times 3,35} \right]$$

$$K_{p(5)} = \frac{1}{2 \times \pi} \times 11,06 + \frac{1}{\pi} \times \ln(23,1) = 2,75$$

Para X = 4, ou seja, $K_{c(4)}$

Adotando-se o mesmo procedimento anterior, temos:

$$K_{p(4)} = \frac{1}{2 \times \pi} \times 10,37 + \frac{1}{\pi} \times \ln(21,14) = 2,62$$

Logo, a tensão a que fica submetida uma pessoa que toca a cerca, estando afastada da malha de terra de 1 m, no momento de um curto-circuito, vale:

$$\Delta E_p = (2,75 - 2,62) \times \frac{472 \times 1500}{1.552,9} = 59,26 \text{ V}$$

$$\Delta E_p < E_{pa} \text{ (condição satisfeita)}$$

Neste caso, verifica-se que a cerca não necessita de aterramento. Mas se por ela cruzar alguma linha de distribuição e/ou transmissão, a cerca deverá ser seccionada e aterrada com eletrodos verticais que não devem ser conectados à malha de terra.

t) Resistência da malha de terra

Da Equação (11.39.1), temos:

$$R_{mc} = \rho_a \times \left\{ \left(\frac{1}{L_m}\right) + \left(\frac{1}{\sqrt{20 \times S_m}}\right) \times \left[1 + \left(\frac{1}{1 + H \times \sqrt{\frac{20}{S_m}}}\right)\right]\right\} = 455 \times \left\{\left(\frac{1}{1.552,9}\right) + \left(\frac{1}{\sqrt{20 \times 2.337}}\right) \times \left[1 + \left(\frac{1}{1 + 0,50 \times \sqrt{\frac{20}{2.337}}}\right)\right]\right\}$$

$$R_{mc} = 455 \times [(0,00064 + 0,00462) \times (1 + 0,9558)] = 4,68\ \Omega$$

Ao se utilizar a Equação (11.39.0) para malhas enterradas de até 0,25 m, teremos uma diferença de resultados muito pequena, ou seja, 4,9 %:

$$R_{mc} = \frac{\rho_a}{4 \times R} + \frac{\rho_a}{L_{cm}} = \frac{455}{4 \times 27,27} + \frac{455}{1.552,9} = 4,46\ \Omega$$

O valor da resistência de terra satisfaz plenamente ao máximo estabelecido, que é de 10 Ω para subestações de 15 kV. Para efeito de demonstração de cálculo, porém, será determinada a influência dos eletrodos verticais no valor final da resistência da malha de terra.

u) Resistência de um aterramento de um eletrodo vertical

Da Equação (11.40), temos:

$$R_{el} = \frac{\rho_a}{2 \times \pi \times L_h} \times \ln\left(\frac{4 \times L_h}{R_h}\right) = \frac{455}{2 \times \pi \times 3} \times \ln\left(\frac{4 \times 3}{0,01905/2}\right) = 172\ \Omega$$

Haste de terra de 3/4": $D_h = 3/4" = 0,01905$ m → $L_h = 3$ m.

v) Coeficiente de redução da resistência de um eletrodo vertical

Da Equação (11.41), temos:

$$K_h = \frac{1 + A \times B}{N_h} = \frac{1 + 0,0407 \times 7,0329}{12} = 0,10718$$

N_h = 12 hastes de terra (valor adotado obtido considerando-se que a localização dos eletrodos verticais fosse nos pontos de aterramento dos equipamentos, criando-se, assim, mais uma via para o escoamento da corrente quando da ocorrência de um de defeito, conforme visto na Figura 11.30).

A = 0,0407 [Tabela 11.7 (a distância entre as hastes de terra varia de 13,40 m a 13,60 m; utilizar o valor de 12 m)]
B = 7,0329 (valor interpolado da Tabela 11.8), ou seja:

$$\frac{9 - 16}{5,8917 - 8,5545} = \frac{9 - 12}{5,8917 - B} \quad \to \quad B = 7,0329$$

x) Resistência de aterramento do conjunto de eletrodos verticais

Da Equação (11.42), temos:

$$R_{ne} = K_h \times R_{el} = 0,10718 \times 144,9 = 15,5\ \Omega$$

y) Resistência mútua dos cabos e eletrodos verticais

Da Equação (11.43), temos:

$$R_{mu} = \frac{\rho_a}{\pi \times L_{cm}} \times \left[\ln\left(\frac{2 \times L_{cm}}{L_{th}} + \frac{K_1 \times L_{cm}}{\sqrt{S}} - K_2 + 1\right)\right]$$

$$R_{mu} = \frac{455}{\pi \times 1.552,9} \times \left[\ln\left(\frac{2 \times 1.552,9}{12 \times 3}\right) + \frac{1,082 \times 1.552,9}{\sqrt{2.337}} - 5,289 + 1\right]$$

$$R_{mu} = 0,09326 \times (4,4575 + 34,7569 - 3,570) = 3,32\ \Omega$$

$$K = \frac{C_m}{L_m} = \frac{57}{41} = 1,39$$

$$L_{th} = N_h \times L_{lh} = 12 \times 3 = 36 \text{ m}$$

$$K_1 = 1,14125 - 0,0425 \times K = 1,14125 - 0,0425 \times 1,39 = 1,082$$

$$K_2 = 5,49 - 0,1443 \times K = 5,49 - 0,1443 \times 1,39 = 5,289$$

z) Resistência total da malha

Da Equação (11.48):

$$R_{tm} = \frac{R_{mc} \times R_{ne} - R_{mu}^2}{R_{mc} + R_{ne} - 2 \times R_{mu}}$$

$$R_{tm} = \frac{4,46 \times 15,5 - 3,32^2}{4,46 + 15,5 - 2 \times 3,32} = 4,36 \Omega$$

Observar que a redução da resistência da malha de terra foi de 2,3 %, quando se considerou o efeito dos eletrodos verticais. A Figura 11.30 mostra a formação final da malha de terra.

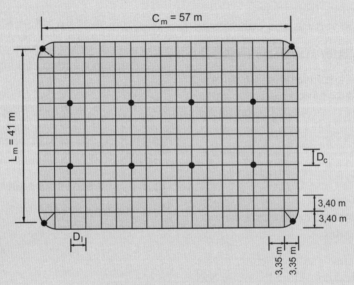

Figura 11.30 Malha de terra.

11.7 Cálculo de sistemas de aterramento com eletrodos verticais

Consiste em determinar a resistência de aterramento de um sistema contendo apenas eletrodos verticais interligados por meio de um condutor. Os eletrodos verticais podem estar dispostos na configuração alinhada, circular, quadrada cheia, quadrada vazia e triângulo.

Esses sistemas de aterramento são normalmente aplicados em pequenas subestações de distribuição utilizadas em plantas de edificações residenciais, comerciais e industriais.

É importante observar que a resistência equivalente de um conjunto de eletrodos verticais alinhados não corresponde ao mesmo resultado do paralelismo de resistências elétricas. A zona de interferência das linhas equipotenciais provoca uma área de bloqueio do fluxo de corrente de cada eletrodo vertical, de sorte que a resistência do conjunto de eletrodos é superior ao valor dos eletrodos quando considerados como resistores em paralelo.

$$\frac{R_{el}}{N_h} < R_{ne} < R_{el} \quad (11.49)$$

em que:

R_{el} = resistência de um eletrodo ou haste, em Ω;

R_{ne} = resistência equivalente de N_h eletrodos (hastes) interligados, em Ω;

N_h = número de eletrodos utilizados.

11.7.1 Resistência de aterramento de um eletrodo vertical

Pode-se determinar a partir da Equação (11.50), já apresentada na Equação (11.40), ou seja:

$$R_\Omega = \frac{\rho_a}{2 \times \pi \times L_h} \times \ln\left(\frac{4 \times L_h}{R_h}\right) \quad (11.50)$$

com:

$$R_h = \left(\frac{3}{4} \times \frac{0{,}0254}{2}\right) = 0{,}009525$$

(raio do eletroduto vertical em m);

L_h = 3 m (comprimento do eletroduto vertical);
R_h = raio do eletrodo vertical, em m; na prática, são utilizados praticamente dois tipos de eletrodos verticais: haste de 2,4 m × 1/2″ e haste 3 m × 3/4″ → D_h = 0,01905 m de diâmetro raio R = 0,009525 m.

A resistividade do solo ρ_a deve ser determinada a partir dos processos anteriormente definidos.

Admitir que um eletrodo vertical seja utilizado como ponto de terra de uma pequena instalação elétrica, cuja resistividade seja de 400 Ω.

Considerando as condições anteriores, o valor da resistência desse ponto de terra vale:

$$R_\Omega = \frac{\rho_a}{2 \times \pi \times L_h} \times \ln\left(\frac{4 \times L_h}{R_h}\right) =$$
$$= \frac{400}{2 \times \pi \times 3} \times \ln\left(\frac{4 \times 3}{0{,}009525}\right) = 151{,}4 \; \Omega$$

11.7.2 Resistência de terra de cada haste do conjunto de eletrodos

Em face da influência das linhas equipotenciais, a resistência de cada eletrodo vertical considerado no seu conjunto é diferente da resistência de apenas um único eletrodo tomado separadamente, ou seja:

$$R_e = R_{el} + \sum_{n=1}^{n} R_{em} \quad (11.51)$$

em que:

R_{em} = acréscimo da resistência do eletrodo e por influência do eletrodo m;
n = número de hastes verticais.

11.7.2.1 Acréscimo da resistência do eletrodo e por influência do eletrodo m (R_{em})

A determinação de R_{em} pode ser feita pela Equação (11.52).

$$R_{em} = \frac{0{,}183 \times \rho_a}{L_h} \times \log\left[\frac{\left(\sqrt{L_h^2 + D_{em}^2} + L_h^2\right)^2 - D_{em}^2}{D_{em}^2 - \left(\sqrt{L_h^2 + D_{em}^2} - L_h\right)^2}\right] \quad (11.52)$$

com:

ρ_a = resistividade aparente do solo, em Ω.m;
D_{em} = distância horizontal entre o eletrodo e e o eletrodo m, em m.

Considerando-se um conjunto de n hastes em paralelo, temos:

$$\begin{bmatrix} R_1 = R_{11} + R_{12} + R_{13} + R_{14} + \ldots + R_{1n} \\ R_2 = R_{21} + R_{22} + R_{23} + R_{24} + \ldots + R_{2n} \\ R_3 = R_{31} + R_{32} + R_{33} + R_{34} + \ldots + R_{3n} \\ \cdot \quad \cdot \quad \cdot \quad \cdot \quad \cdot \quad \cdot \quad \cdot \\ \cdot \quad \cdot \quad \cdot \quad \cdot \quad \cdot \quad \cdot \quad \cdot \\ R_n = R_{n1} + R_{n2} + R_{n3} + R_{n4} + \ldots + R_{nn} \end{bmatrix} \quad (11.53)$$

sendo $R_1, R_2, R_3, \ldots, R_n$ a resistência individual de cada haste do conjunto.

11.7.3 Resistência equivalente

A resistência do conjunto de eletrodos vale:

$$R_{ne} = \frac{1}{\sum_{e=1}^{n} \frac{1}{R_e}} \quad (11.54)$$

$R_e = R_1, R_2, R_3, R_3, \ldots, R_n$

11.7.4 Coeficiente de redução da resistência

$$K = \frac{R_{ne}}{R_{el}} \quad (11.55)$$

Exemplo de aplicação (11.5)

Calcular a resistência de aterramento de uma subestação de 225 kVA, em torre simples, contendo um conjunto de cinco eletrodos (hastes) verticais alinhados e dispostos, conforme a Figura 11.31. Serão utilizadas hastes de 3 m de comprimento e diâmetro de 3/4″. A resistividade aparente do solo é de 300 Ω.m.

a) Cálculo das resistências individuais dos eletrodos

Compondo-se os eletrodos de mesmos índices, temos:

$$R_{ee} = \frac{\rho_a}{2 \times \pi \times L_e} \times \ln\left(\frac{4 \times L_e}{R_e}\right) = \frac{300}{2 \times \pi \times 3} \times \ln\left(\frac{4 \times 3}{0{,}009525}\right) = 113{,}61 \; \Omega$$

Sistemas de aterramento

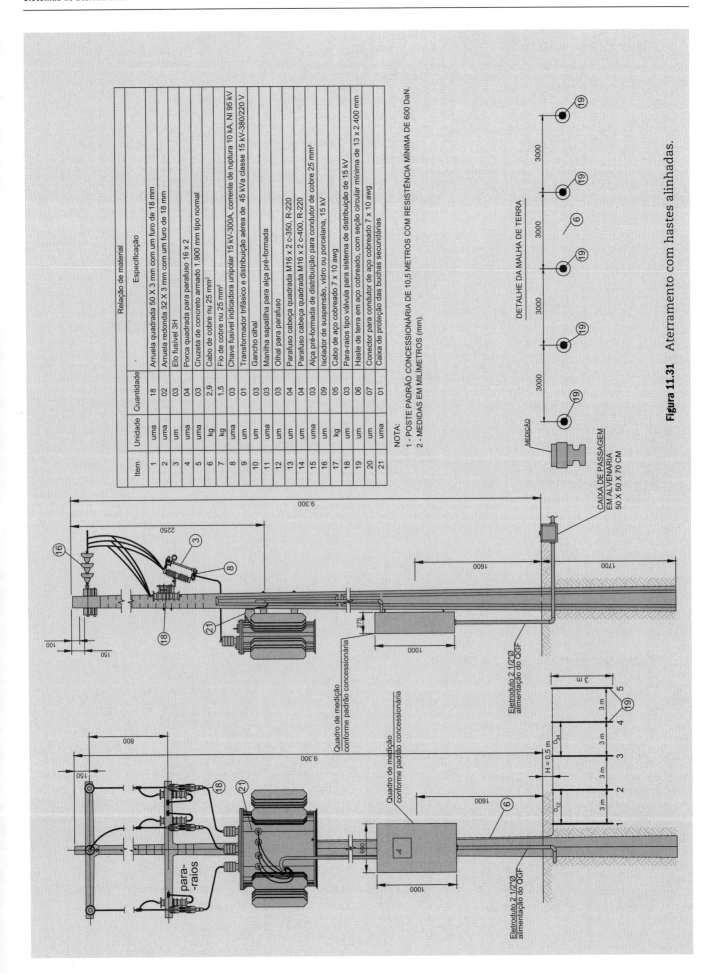

Figura 11.31 Aterramento com hastes alinhadas.

Compondo-se os eletrodos 1-2, 2-3, 3-4 e 4-5, temos:

$$R_a = R_{12} = R_{21} = R_{23} = R_{32} = R_{34} = R_{43} = R_{45} = R_{54}$$

$$A_{12} = A_{23} = A_{34} = A_{45} = 3 \text{ m (distâncias entre os eletrodos)}$$

De acordo com a Equação (11.52), temos:

$$R_a = \frac{0,183 \times 300}{3} \times \log\left[\frac{\left(\sqrt{3^2+3^2}+3^2\right)^2 - 3^2}{3^2 - \left(\sqrt{3^2+3^2}-3\right)^2}\right] = 18,3 \times \log\left[\frac{\left(\sqrt{18}+3\right)^2 - 9}{9 - \left(\sqrt{18}-3\right)^2}\right]$$

$$R_a = 18,3 \times \log\left(\frac{43,45}{7,45}\right) = 14,01 \text{ }\Omega$$

Compondo-se os eletrodos 1-3, 2-4 e 3-5, temos:

$$R_b = R_{13} = R_{31} = R_{24} = R_{42} = R_{35} = R_{53}$$

$$A_{13} = A_{24} = A_{35} = 6 \text{ m}$$

$$R_a = \frac{0,183 \times 300}{3} \times \log\left[\frac{\left(\sqrt{3^2+6^2}+3\right)^2 - 6^2}{6^2 - \left(\sqrt{3^2+6^2}-3\right)^2}\right] = 18,3 \times \log\left[\frac{\left(\sqrt{45}+3\right)^2 - 36}{36 - \left(\sqrt{45}-3\right)^2}\right]$$

$$R_b = 18,3 \times \log\left[\frac{58,24}{22,24}\right] = 7,65 \text{ }\Omega$$

Compondo-se os eletrodos 1-4 e 2-5, temos:

$$R_c = R_{14} = R_{41} = R_{25} = R_{52}$$

$$A_{14} = A_{25} = 9 \text{ m}$$

$$D_{14} = D_{25} = 9 \text{ m}$$

$$R_c = \frac{0,183 \times 300}{3} \times \log\left[\frac{\left(\sqrt{3^2+9^2}+3\right)^2 - 9^2}{9^2 - \left(\sqrt{3^2+9^2}-3\right)^2}\right] = 18,3 \times \log\left[\frac{74,92}{38,92}\right] = 5,20 \text{ }\Omega$$

Compondo-se os eletrodos 1-5, temos:

$$A_d = A_{15} = A_{51}$$

$$D_{15} = D_{25} = 12 \text{ m}$$

$$R_d = \frac{0,183 \times 300}{3} \times \log\left[\frac{\left(\sqrt{3^2+12^2}+3\right)^2 - 12^2}{12^2 - \left(\sqrt{3^2+12^2}-3\right)^2}\right] = 18,3 \times \log\left[\frac{92,21}{56,21}\right] = 3,93 \text{ }\Omega$$

Substituindo-se todos os valores no conjunto de equações anteriores, temos:

$$\begin{bmatrix} R_1 = 113,61 + 14,01 + 7,65 + 5,20 + 3,93 = 144,40 \text{ }\Omega \\ R_2 = 14,01 + 113,61 + 14,01 + 7,65 + 5,20 = 154,48 \text{ }\Omega \\ R_3 = 7,65 + 14,01 + 113,61 + 14,01 + 7,65 = 156,93 \text{ }\Omega \\ R_4 = 5,20 + 7,65 + 14,01 + 113,61 + 14,01 = 154,48 \text{ }\Omega \\ R_5 = 3,93 + 5,20 + 7,65 + 14,01 + 113,61 = 144,40 \text{ }\Omega \end{bmatrix}$$

$$R_{ne} = \frac{1}{\sum_{e=1}^{n}\frac{1}{R_e}} = \frac{1}{\frac{1}{R_1}+\frac{1}{R_2}+\frac{1}{R_3}+\frac{1}{R_4}+\frac{1}{R_5}}$$

$$R_{ne} = \frac{1}{\frac{2}{144,40}+\frac{2}{154,48}+\frac{1}{156,93}} = \frac{1}{0,033} = 30,30\,\Omega$$

b) Cálculo do coeficiente de redução da resistência

De acordo com a Equação (11.55), temos:

$$K = \frac{R_{ne}}{R_{ee}} = \frac{30,30}{113,61} = 0,266$$

Finalmente, podemos determinar a resistência de cada eletrodo do sistema de aterramento, ou seja:

$$\begin{bmatrix} R_1 = 0,266 \times 144,40 = 38,41\,\Omega \\ R_2 = 0,266 \times 154,48 = 41,09\,\Omega \\ R_3 = 0,266 \times 156,93 = 41,74\,\Omega \\ R_4 = 0,266 \times 154,48 = 41,09\,\Omega \\ R_5 = 0,266 \times 144,40 = 38,41\,\Omega \end{bmatrix}$$

11.8 Medição da resistência de terra de um sistema de aterramento

Toda subestação, antes de ser energizada pela concessionária local, realiza a inspeção de rotina para verificação de parâmetros essenciais à segurança do indivíduo.

Sendo a malha de terra um dos fatores predominantes na segurança de um sistema elétrico industrial ou não, a sua resistência deve satisfazer às condições previstas na norma brasileira ABNT NBR 15751 ou em documentos de instituições internacionais de comprovada idoneidade, como o IEC.

A medição da resistência da malha de terra é feita por meio do terrômetro utilizando os eletrodos de terra auxiliares conforme disposição mostrada na Figura 11.32. Consiste em aplicar uma tensão entre o sistema a ser medido e um eletrodo de terra auxiliar, e medir a resistência da malha de terra até o ponto desejado, conforme o esquema da Figura 11.33. Os conectores C1 e P1 são ligados a um eletrodo da malha de terra situado na periferia da mesma podendo utilizar-se o ponto médio de um dos lados, ou de um dos vértices, supondo que a malha de terra tenha geometria retangular, conforme a Figura 11.33.

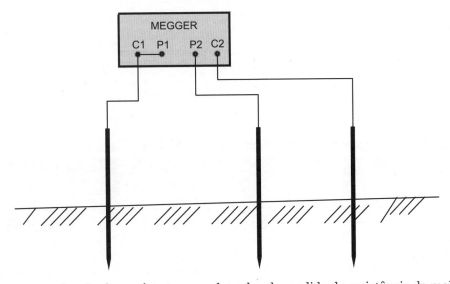

Figura 11.32 Ligação do terrômetro aos eletrodos de medida de resistência de malha.

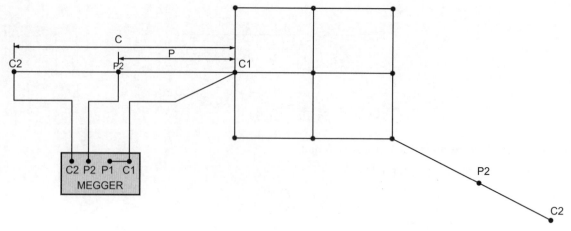

Figura 11.33 Posição do terrômetro para a medição de resistência da malha.

A medição registrada entre os terminais P2 e C1 da Figura 11.34 fornece um valor aproximado de resistência de terra na região entre o eletrodo P2 e a malha. Devem ser efetuadas várias medições, ao se deslocar o eletrodo P2 desde as proximidades da malha até o ponto C2, nesta mesma direção. Com os valores obtidos, pode ser traçada uma curva de características semelhantes às da Figura 11.34. O eletrodo C2 deve ser colocado distante da malha de terra, em uma região onde a densidade da corrente, fluindo pelo subsolo, seja praticamente nula. Considerando-se a curva da Figura 11.34, pode-se concluir que o eletrodo P2, colocado a uma distância P de valor igual a 0,618 × C2, fornece o valor da resistência da malha de terra. Esse método é denominado pela ABNT NBR 15749:2009 – Método da Queda de Potencial.

Se o eletrodo C2 for fixado em um ponto muito próximo do eletrodo C1 (eletrodo da malha de aterramento), a densidade de corrente fica muito elevada e o valor medido estará comprometido. De maneira geral, o valor da resistência de malha pode ser obtido quando o eletrodo P2 for fincado a uma distância média entre C2 e a malha. Deve-se estabelecer uma resistência mínima do eletrodo C2 com o solo para que essa resistência não interfira no resultado da medição. Muitas vezes é necessário umedecer um pouco a terra em torno do eletrodo C2.

Para subestações onde não se dispõe de terreno suficiente para o afastamento do eletrodo de corrente C2, pode-se admitir como distância satisfatória aquela correspondente à diagonal da malha de terra, considerando-a de forma retangular. Isso normalmente ocorre em subestação de pequeno porte.

Existem várias formas de executar a medição da resistência da malha de terra dentro dos limites da ABNT NBR 15749:2009. Iremos considerar o solo homogêneo. Para se determinar as distâncias C2 e P2 definidas na Figura 11.33, aplicar a seguinte metodologia:

- definir o valor de C1-C2 tomando a maior dimensão linear da malha de terra e multiplicando esse valor por 3 ou mais;

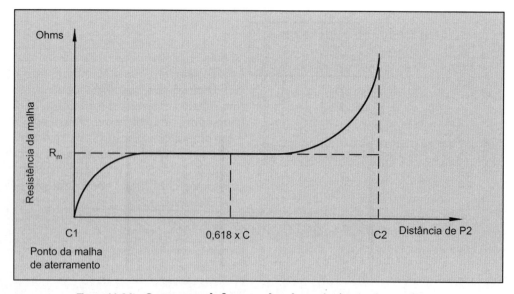

Figura 11.34 Curva que define o valor da resistência de malha.

- deslocar o eletrodo P2 no alinhamento dos eletrodos C1 e C2 com intervalos de 5 % do valor da distância C1-C2. Por exemplo, se a maior dimensão linear da malha de terra for 50 m (diagonal), a distância entre a periferia da malha, ponto C1 da Figura 11.35, e o ponto C2, deve ser, no mínimo, 3×50 = 150 m. Posicionar, então, o eletrodo de potencial P2 na sua posição inicial no valor esperado do patamar de potencial da curva de resistência da malha, que é de aproximadamente 62 % do valor entre C1-C2, ou seja, 0,62×150 = 93 m a partir do eletrodo C1. O eletrodo P2 deve se deslocar a distâncias regulares de 5 % de 150 m, ou seja, a cada 7,5 m para a direita (D) e para a esquerda (E) do ponto inicial de P2. Anotar todos os valores medidos em uma tabela idêntica à da Tabela 11.10 preenchida para essa medição.

Para que o valor da resistência medida R_m da malha de terra seja validada, a porcentagem entre a diferença dos valores medidos com o eletrodo de potencial P2 à esquerda e à direita do ponto D0 (Tabela 11.10) não deve ser superior a 10 % do valor da resistência medida em D0. Assim, considerando o valor da medição E1 = 7,8 Ω e D1 = 8,9 Ω, Tabela 11.10, as diferenças percentuais calculadas com relação à medição em D0 = 8,2 Ω são,

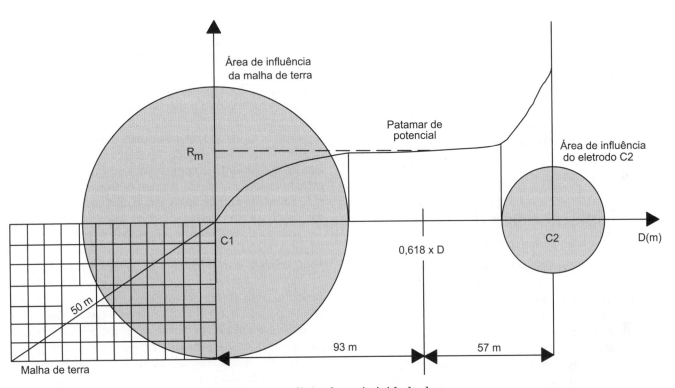

Figura 11.35 Medição de resistividade de terra.

Tabela 11.10 Valores de medição em campo

K_3	Medição de resistência de malha de terra										
Distâncias entre os eletrodos										
E12	E11	E10	E9	E8	E7	E6	E5	E4	E3	E2
3	10,5	18	25,50	33,00	40,50	48,00	55,50	63,00	70,50	78,00
Valores de resistências de malha de terra medidas (Ω)										
1,9	2,1	2,2	2,70	3,20	4,76	5,46	5,70	5,79	5,92	6,39

← → Distâncias entre os eletrodos										
E1	D0	D1	D2	D3	D4	D5	D6	D7	D8	-
85,5	93	100,50	108,00	115,50	125,00	130,50	138,00	145,50	153,00	–
Valores de resistências de malha de terra medidas (Ω)										
7,8	8,2	8,9	9,40	10,50	14,50	18,50	22,40	25,60	28,30	–

respectivamente, inferiores a 10 %, ou seja, $\frac{8,2-7,8}{7,8} \times 100 = 5,12\ \% < 10\ \%$ e $\frac{8,9-8,2}{8,2} \times 100 = 8,5\ \% < 10\ \%$.

A área de influência do eletrodo de corrente é reconhecida quando a inclinação da curva iniciar uma subida ascendente a partir do patamar de potencial.

11.8.1 Precauções de segurança durante as medições de resistência de aterramento

Relativamente a potenciais perigosos que podem aparecer próximos a sistemas de aterramento ou a estruturas condutoras aterradas, devem ser tomadas as seguintes medidas de segurança, visando evitar acidentes durante a execução das medidas de resistência de aterramento:

- devem ser desconectados da malha de aterramento a ser medida os cabos de aterramento de transformadores e do neutro do transformador;
- evitar medições sob condições atmosféricas adversas; isto decorre da possibilidade de ocorrência de descargas atmosféricas;
- utilizar calçados e luvas;
- não tocar nos fios e eletrodos;
- evitar a presença de animais e pessoas alheias ao serviço.

11.9 Eventos de baixa e alta frequências

11.9.1 Eventos de baixa frequência (60 Hz)

São caracterizados por correntes de curto-circuito que podem ocorrer nos diversos pontos do sistema elétrico. Seus valores devem ser determinados com objetivo de definir os ajustes dos elementos de proteção, capacidade de interrupção dos disjuntores e suportabilidade das chaves e demais equipamentos.

Já as correntes de curto-circuito fase e terra são utilizadas para a determinação da seção dos cabos das malhas de aterramento e das tensões de passo e de toque no seu interior. São aplicados os mesmos procedimentos já estudados anteriormente.

Mas para a determinação da configuração das malhas de aterramento é necessário realizar as medições da resistividade do solo adotando-se, por exemplo, o método de Wenner já estudado. Porém, no caso da malha de aterramento da base dos aerogeradores, os procedimentos são mais complexos e definidos por normas específicas e simulação digital.

Na prática, a projetista realiza a medição de resistividade do solo no local de cada torre e elabora as simulações considerando a ferragem estrutural da torre (armadura). Ocorre que, no momento da execução das obras civis, as escavadeiras entram em ação removendo todo o solo local, normalmente abrangendo uma grande área com mais de 150 m², em forma circular. Logo, todos os estudos de resistividade do solo realizados ficam prejudicados em função da radical alteração do solo.

Para empreendimentos que ocupam grandes áreas, como parques eólicos, há quem defenda que a medição de resistividade do solo possa ser realizada em uma área específica de grandes dimensões representativa do solo como um todo. Mas esse procedimento não parece ser uma boa estratégica considerando a grande diversidade de valores da resistividade do solo nos pontos de localização das torres.

A CPE – Estudos e Projetos Elétricos adota como prática a configuração da malha de aterramento conforme Figura 11.36, formada por três anéis de cabo de cobre, sendo um anel na parte superior, outro na parte inferior da base e o terceiro na parte média da base, instalando-se quatro caixas de visita posicionadas conforme mostra a mesma Figura 11.36. Concluída a obra civil, procede-se à medição de resistência da malha de terra (armadura + interconexão dos cabos de cobre). Se a resistência medida for inferior a 10 Ω, ou outro valor indicado pelo fabricante do aerogerador, serão realizadas as medições de tensão de passo e toque. Para valores de resistência de malha superiores a 10 Ω, são estendidos cabos de cobre enterrados a partir das caixas de passagem, em forma radial, com comprimentos capazes de reduzir a resistência da malha de aterramento e atenuar os fenômenos impulsivos devido às descargas atmosféricas. Esse procedimento é semelhante ao que se pratica no aterramento de torre de linhas de transmissão, conhecido como fios contrapesos. Em alguns casos, são utilizadas hastes profundas associadas aos cabos enterrados.

O cabo normalmente utilizado é de cobre, seção de 70 mm². Satisfaz às condições de curto-circuito monopolar, correntes impulsivas e às condições mecânicas.

Deve-se observar que a base de concreto armado constitui uma malha de aterramento de excelente qualidade, pois o concreto é um material hidroscópico que, associado à armadura de ferro, propicia uma fácil dispersão da corrente para a terra, e em função do grande número de conexões possibilita a atenuação das correntes impulsivas nela injetadas auxiliada pela malha radial com cerca de 75 m de comprimento a partir de cada uma das quatro caixas externas de conexão.

11.9.2 Correntes impulsivas nas malhas de terra

Todos os estudos realizados, até o momento, para o cálculo da malha de terra referem-se às correntes de baixa frequência injetadas na malha, especificamente as correntes de curto-circuito fase e terra na frequência industrial (60 Hz). No entanto, a malha de terra reage diferentemente às correntes de curto-circuito monopolares (baixas frequências) com relação às correntes decorrentes de descargas atmosféricas (altas frequências).

As subestações de potência são frequentemente impactadas por descargas atmosféricas que atingem os cabos-guarda, normalmente instalados na parte superior da estrutura, e que são conectados diretamente à malha de terra, comumente projetada para conduzir à terra as correntes de defeitos monopolares.

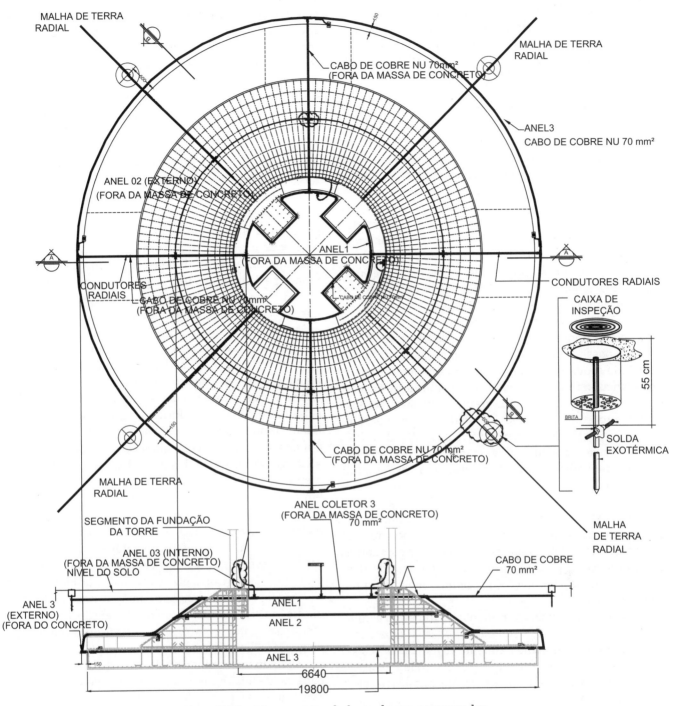

Figura 11.36 Aterramento da base de um aerogerador.

Quando uma corrente impulsiva de uma descarga atmosférica flui do cabo-guarda para uma malha de terra de uma subestação, a impedância impulsiva, Z_{imp}, é determinada pela relação entre a tensão de pico, V_p, e a corrente de pico, I_p, ou seja, $Z_{imp} = V_p/I_p$, injetada em determinado ponto da malha de terra. Os principais fatores que influenciam a impedância impulsiva são: [1] resistividade do solo; [2] a forma de onda da corrente e o seu valor; [3] a forma geométrica dos condutores: redondos convencionais ou fitas metálicas; [4] ionização do solo que resulta uma forte redução da impedância de terra em decorrência do aumento virtual do diâmetro do condutor, podendo ocorrer, como efeito negativo, a vitrificação do solo aderente ao eletrodo de terra.

Quando se aumenta o comprimento dos eletrodos horizontais de uma malha de terra normalmente obtém-se uma redução da resistência da malha, com alguma proporcionalidade. No entanto, o aumento do comprimento dos eletrodos horizontais não implica necessariamente uma redução da impedância impulsiva da malha de terra. A partir dessa constatação nasce o conceito de comprimento efetivo dos eletrodos que corresponde ao comprimento da malha suficiente para dissipar toda a corrente impulsiva nela injetada. Ou seja, qualquer comprimento acima do comprimento efetivo (definido mais adiante) não interfere no valor da impedância impulsiva, Z_{imp}, da malha, somente na resistência.

Uma malha de terra com baixa resistência, por exemplo, 5 Ω, pode gerar ao profissional menos avisado uma falsa impressão de que a malha de terra está adequada para conduzir surtos transitórios de alta frequência, ao tentar fazer um comparativo com os efeitos decorrentes da circulação de uma corrente em uma malha com baixa impedância de surto. No entanto, de certa forma, uma baixa resistência de malha em um solo de resistividade média alta (p. ex., 700 Ω.m) pode corresponder a um comprimento grande da malha. Nesse caso, pode-se admitir, presumivelmente, que o *comprimento efetivo* dos eletrodos horizontais é inferior ao comprimento da malha. Nesse caso, a malha de terra está adequada às solicitações transitórias de alta frequência.

O comprimento efetivo de uma malha de terra somente é possível de ser determinado por simulação digital. É de fundamental importância para determinar a impedância impulsiva o ponto da malha de terra por meio do qual é injetada a corrente impulsiva. Porém, alguns procedimentos são apontados como solução para reduzir a impedância impulsiva da malha de terra: [1] não aterrar os pontos de descargas atmosféricas na periferia da malha de terra; [2] adensar a malha de terra nos pontos aos quais estão aterrados os condutores de condução das descargas atmosféricas (cabos-guarda das subestações); [3] alternativamente, pode-se aumentar a quantidade de eletrodos verticais instalados no entorno dos pontos aos quais estão conectados os cabos-guarda das subestações; [4] conectar os cabos de descida dos cabos-guarda da subestação nos pontos mais centrais da malha de terra.

Quando a malha de aterramento é submetida a uma corrente monopolar de frequência industrial os efeitos decorrentes são fundamentalmente regidos pela resistência elétrica. Porém, quando a mesma malha de aterramento é submetida a uma corrente impulsiva, alta frequência, em razão de uma descarga atmosférica sobre os cabos-guarda da subestação que estão rigidamente ligados à malha de aterramento, ressaltam-se os valores de indutância, capacitância, bem como a sua forma de propagação ao longo da malha.

Além dos cabos-guarda da subestação a impedância impulsiva, decorrente de uma descarga atmosférica, pode atingir a malha de aterramento viajando pelos cabos para-raios (cabos-guarda) da linha de transmissão associada à subestação e, finalmente, se houver falha na blindagem da linha de transmissão a onda impulsiva viaja ao longo dos cabos de fase atingindo os para-raios de sobretensão atmosférica instalados no ponto de conexão com a linha de transmissão. Essa corrente impulsiva é conduzida à malha de aterramento tendo como resposta consequente as sobretensões impulsivas sobre os equipamentos de pátio e que chegam até os terminais do transformador de potência. Essas sobretensões decorrem do efeito da resistência dos resistores não lineares dos para-raios e dos cabos de aterramento,

As correntes impulsivas podem assumir um amplo aspecto de frequência, variando de zero a dezenas de MHz.

Diferentes estudos de pesquisa demonstram que as dimensões da malha de terra, tanto em extensão como na área dos *meshes* associados, têm grande influência no comportamento das ondas impulsivas. Quanto maiores as dimensões da malha de aterramento, melhores são os resultados alcançados quando se trata de correntes na frequência industrial, como já havíamos estudado anteriormente. Já as dimensões da malha de aterramento perante ondas impulsivas não apresentam relevantes variações de comportamento. Desse resultado nasce o conceito de *comprimento efetivo e área efetiva da malha de aterramento*.

Desde o momento em que a corrente impulsiva toca no primeiro ponto da malha de aterramento começa a atenuação de seus efeitos em razão da grande quantidade de caminhos oferecidos para sua circulação. Como as ondas impulsivas são formadas por uma grande quantidade de ondas de diferentes frequências, demonstra-se em ensaios e simulações que ocorrem perdas elétricas ao longo dos *meshes* e dos eletrodos verticais da malha, atenuando os seus efeitos para cada valor de frequência, em face da redução rápida da densidade de corrente, a tal ponto que o comprimento dos eletrodos horizontais e verticais além do ponto de impacto da corrente impulsiva na malha já não oferece vantagens à redução das sobretensões impulsivas. Esses pontos definem o comprimento efetivo e área efetiva da malha de aterramento.

Assim, os resultados para uma mesma condição de ensaio, as malhas de pequena dimensão apresentam resultados muito próximos aos alcançados em malhas de grandes dimensões.

Quando um condutor redondo é percorrido por uma corrente de alta frequência, a sua área de condução efetiva é limitada, pois o fluxo da elevada corrente de descargas percorre preferencialmente, a seção periférica do cabo, o que favorece a aplicação das fitas metálicas nas malhas de terra para tensões impulsivas. No entanto, as fitas de cobre, de mesma seção de um condutor redondo de cobre, apresentam custos expressivamente superiores.

Os efeitos das correntes impulsivas em uma malha de terra têm sido tema de muitos estudos e pesquisas, mas ainda não se têm procedimentos normativos de aplicação prática no mesmo estágio alcançado pelo efeito das correntes de baixa frequência (60 Hz) em uma malha de terra.

A Figura 11.37 mostra a dispersão das ondas impulsivas de descargas atmosféricas em uma malha de terra de uma subestação.

Sistemas de aterramento

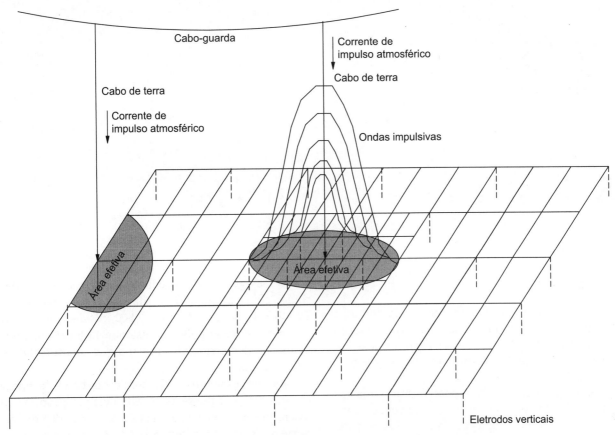

Figura 11.37 Tensões impulsivas em uma malha de aterramento.

12 Subestação de consumidor

12.1 Introdução

Subestação é um conjunto de condutores, aparelhos e equipamentos destinados a modificar as características da energia elétrica (tensão e corrente), permitindo a sua distribuição aos pontos de consumo em níveis adequados de utilização.

Praticamente toda indústria possui uma subestação. Neste capítulo trataremos somente de subestações industriais de pequeno porte às quais estão conectadas cargas cujo montante não supera o valor de 2.500 kW de demanda.

O livro *Subestações de Alta-Tensão 13,8 kV – 69 kV – 138 kV e 230 kV* (LTC, 1ª edição), do autor deste livro, trata exclusivamente de projetos de subestações de tensões nominais citadas. Neste capítulo iremos estudar os diferentes tipos de subestações de média tensão (13,80 kV) normalmente empregadas nas instalações industriais e que denominamos subestação de consumidor, construída em propriedade particular e suprida pelos alimentadores de distribuição primária da concessionária local.

Procuramos mostrar na Figura 12.1 de forma esquemática a posição da subestação de consumidor industrial dentro do contexto de um sistema de geração, transmissão e distribuição de energia elétrica.

Por exigência da legislação em vigor, todo consumidor cuja potência instalada seja igual ou superior a 50 kW e igual ou inferior a 2.500 kW deve, em princípio, ser atendido pela concessionária local em tensão primária de distribuição, mesmo que seja faturado em baixa-tensão.

As concessionárias de serviço público de energia elétrica normalmente possuem normas próprias que disciplinam a construção das subestações de consumidor, estabelecendo critérios, condições gerais de projeto, proteção, aterramento etc. Todas as companhias concessionárias de distribuição de energia elétrica disponibilizam aos interessados as normas de fornecimento em tensões primária e secundária que, no seu todo, está compatível com a Norma Brasileira de Instalações Elétricas de Alta-Tensão – ABNT NBR 14039.

A escolha do número de subestações dentro de uma planta industrial depende da localização e concentração das cargas, bem como do fator econômico que envolve essa decisão. Dessa forma, o projetista deve assumir um compromisso técnico-econômico que melhor favoreça tanto a qualidade da instalação quanto o custo resultante.

Como já foi abordado no Capítulo 1, é comum o projetista receber do interessado a planta baixa com a dis-

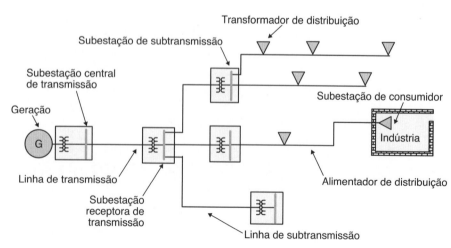

Figura 12.1 Sistema simplificado de geração, transmissão e distribuição de energia elétrica.

posição física das máquinas e com o espaço reservado para a subestação.

Um projeto de subestação de consumidor deve conter um memorial descritivo fornecendo, além das informações básicas do projeto – sua finalidade, local do empreendimento e a empresa proprietária –, bem como os dados técnicos dos equipamentos empregados no projeto, tais como a carga instalada e a demanda prevista. Os cabos e equipamentos devem ser definidos pelo montante da carga nos diferentes pontos de consumo e pela corrente de curto-circuito que define também os elementos da proteção.

O valor das cargas elétricas de uma indústria define a capacidade nominal da subestação que será adotada. Essa subestação pode ser localizada em um único ponto da indústria ou ser distribuída em vários pontos normalmente próximos aos centros de carga. A legislação estabelece que a concessionária de serviço público de eletricidade obriga-se a suprir os seus consumidores em média tensão até uma demanda máxima contratada de 2.500 kW. No entanto, a concessionária poderá, a seu critério, suprir o consumidor em média tensão com demanda superior a 2.500 kW, em função da disponibilidade do seu sistema de distribuição.

12.2 Características básicas de uma subestação de consumidor

As subestações de média tensão são aplicadas a pequenas e médias indústrias cuja demanda máxima não supere o valor anteriormente mencionado.

Existe uma grande quantidade de tipos construtivos de subestações de média tensão. A escolha do tipo da subestação a ser adotada depende de muitos fatores, sendo os mais significativos os que se seguem:

- meio ambiente agressivo: poluição industrial, atmosfera salina etc.;
- área classificada: presença de gases corrosivos, gases inflamáveis etc.;
- proximidade da carga: motores de grande porte, setores de produção com carga concentrada;
- dimensões da área reservada para a subestação.

12.2.1 Partes componentes de uma subestação de consumidor

Em geral, as subestações de consumidor, exceto aquelas destinadas ao atendimento a edifícios de múltiplas unidades de consumo, apresentam os seguintes componentes:

12.2.1.1 Entrada de serviço

Compreende o trecho do circuito entre o ponto de derivação da rede de distribuição pública e os terminais da medição.

A entrada de serviço é composta dos seguintes elementos, mostrados na Figura 12.2, e compreende três diferentes partes.

12.2.1.1.1 Ponto de ligação

É aquele de onde deriva o ramal de ligação e corresponde ao ponto A da Figura 12.2.

12.2.1.1.2 Ramal de ligação

É o trecho do circuito aéreo compreendido entre o ponto de ligação e o ponto de entrega que corresponde ao ponto B da Figura 12.2.

É importante frisar que o ramal de ligação, por definição, é o trecho do circuito aéreo, não se devendo confundir com o trecho de circuito subterrâneo (caso exista), denominado ramal de entrada subterrâneo. Este conceito, em geral, é válido para todas as concessionárias de serviço público de eletricidade, exceto para aquelas que exploram redes de distribuição subterrâneas.

Como o ramal de ligação, na realidade, é uma extensão do sistema de suprimento, toda a responsabilidade do projeto, construção e manutenção do mesmo caberá à concessionária local.

12.2.1.1.3 Ponto de entrega

É aquele no qual a concessionária se obriga a fornecer a energia elétrica, sendo responsável, tecnicamente, pela execução dos serviços de construção, operação e manutenção. Não deve ser confundido, entretanto, com o ponto de medição.

Dependendo do tipo de subestação de consumidor, o ponto de entrega pode ser:

a) Subestação com entrada aérea

O ponto de entrega se localiza nos limites da propriedade particular com o alinhamento da via pública, quando a fachada do prédio da unidade consumidora é construída no referido limite do passeio.

Quando o prédio da unidade consumidora é afastado com relação à via pública, o ponto de entrega se localiza no primeiro ponto de fixação do ramal de ligação, podendo ser na própria fachada do prédio ou em estrutura própria.

b) Subestação com entrada subterrânea

De preferência, deve ser localizada em domínio particular, porém, no caso de unidades consumidoras cuja fachada do prédio se limita com a via pública, o ponto de entrega poderá situar-se no poste fixado no passeio. Neste caso, os terminais do lado externo devem ser instalados a uma altura mínima de 5,5 m. Deve ser empregado cabo com isolamento correspondente à tensão de serviço, protegido por eletroduto de ferro galvanizado no trecho exposto, até a altura mínima de 3 m acima do nível do solo. As terminações devem ser do tipo apropriado e ligadas à terra.

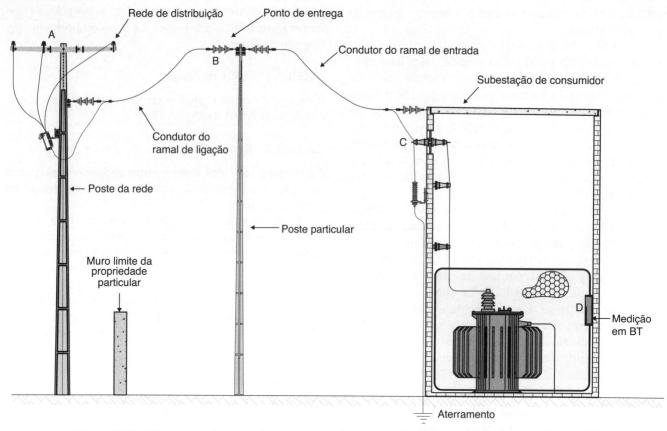

Figura 12.2 Elementos de entrada de serviço de uma unidade consumidora de alta-tensão.

12.2.1.2 Ramal de entrada

É o conjunto de condutores, com os respectivos materiais necessários à sua fixação e interligação elétrica do ponto de entrega aos terminais da medição.

O ramal de entrada pode ser definido diferentemente, em função do tipo de subestação.

a) **Ramal de entrada aéreo**

É aquele constituído de condutores nus suspensos em estruturas para instalações aéreas.

b) **Ramal de entrada subterrâneo**

É aquele constituído de condutores isolados instalados dentro de um duto ou diretamente enterrados no solo.

O ramal de entrada subterrâneo, bem como todos os ramais constituídos de cabos isolados, instalados em eletrodutos e localizados em áreas sujeitas a trânsitos de veículos, devem ser protegidos mecanicamente contra avarias e não se deve permitir a presença permanente de líquidos dentro do duto.

Por motivo de segurança, não é permitido que sejam colocados no mesmo duto dos circuitos primários alimentadores que operem em tensão secundária de distribuição.

Os trechos em cabos subterrâneos devem ser dotados de caixas de passagem construídas em alvenaria ou concreto, com dimensões mínimas aproximadas de 80 × 80 × 80 cm.

É conveniente deixar em cada caixa de passagem uma folga no cabo, mediante uma volta completa do mesmo no interior da referida caixa, a fim de permitir o aproveitamento dos condutores em função de uma eventual falha nas suas extremidades (muflas ou terminações) ou em outro ponto conveniente (caixa de passagem).

A queda de tensão, desde o ponto de ligação com a rede da concessionária até o ponto de conexão com o posto de transformação, deve ser no máximo de 5 %.

12.3 Tipos de subestação

Dependendo das condições técnicas e econômicas do projeto, pode ser adotado um ou mais tipos de subestação para suprimento da carga da instalação. Em geral, as subestações podem ser dos tipos abrigado e ao tempo. A seguir serão relacionadas algumas prescrições básicas a serem adotadas no projeto e construção de subestações de transformação:

- a instalação de equipamentos que contenham líquido isolante inflamável com volume superior a 100 litros deve seguir os seguintes requisitos:
  - construir barreiras incombustíveis entre os equipamentos a fim de evitar a propagação de incêndio;
  - construir um sistema de tanques de coleta e contenção de óleo;

- quando a subestação for parte integrante de uma edificação residencial e/ou comercial, somente é permitido o emprego de transformadores a seco e disjuntores a vácuo ou SF6, mesmo que haja paredes de alvenaria e portas corta-fogo;
- quando a subestação de transformação fizer parte integrante da edificação industrial, somente é permitido o emprego de transformadores de líquidos isolantes não inflamáveis ou transformadores a seco e disjuntores a vácuo ou SF6;
- as subestações devem ser dotadas de um sistema de iluminação de segurança com autonomia para no mínimo 2 horas;
- as subestações abrigadas e ao tempo devem possuir iluminação artificial;
- as janelas das subestações abrigadas devem possuir telas metálicas com malha de, no máximo, 13 mm de abertura. Pode ser utilizado vidro aramado;
- a diferença de temperatura entre o interior e o exterior não deve ser superior a 15 °C;
- as portas normais e de emergência devem abrir sempre para fora.

Em geral, as subestações podem ser classificadas em:

12.3.1 Subestação de instalação interior

É aquela em que os equipamentos e aparelhos são instalados em dependências abrigadas das intempéries.

Para essa maneira de instalação, as subestações podem ser construídas em alvenaria ou em invólucro metálico.

12.3.1.1 Subestação em alvenaria

É o tipo mais comum de subestação industrial. Apresenta um custo reduzido, de fácil montagem e manutenção. Requer, no entanto, uma área construída relativamente grande. A sua aplicação é mais notável em instalações industriais que tenham espaços disponíveis próximos aos centros de carga.

As subestações em alvenaria são divididas em compartimentos denominados postos ou cabines, cada um desempenhando uma função bem definida.

a) Posto de medição primária

É aquele destinado à localização dos equipamentos auxiliares da medição, tais como os transformadores de corrente e potencial.

Esse posto é de uso exclusivo da concessionária, sendo o seu acesso devidamente lacrado, de modo a não permitir a entrada de pessoas estranhas à companhia fornecedora.

A sua construção é obrigatória nos seguintes casos:

- quando a potência de transformação for superior a 225 kVA;
- quando existir mais de um transformador na subestação;
- quando a tensão secundária do transformador for diferente da tensão padronizada pela concessionária.

Deve-se alertar que nem todas as concessionárias adotam em suas normas as condições anteriormente estabelecidas, sendo, no entanto, empregadas pela maioria delas.

Quando a capacidade de transformação for igual ou inferior a 225 kVA, caso de pequenas indústrias, a medição, em geral, é feita em tensão secundária, sendo dispensada a construção do posto de medição. Se há, porém, perspectiva de crescimento da carga, é conveniente se prever o local reservado ao posto de medição, evitando futuros transtornos.

A maneira de instalar os equipamentos auxiliares da medição varia para cada concessionária, que se obriga apenas a fornecer gratuitamente os transformadores de corrente, de potencial e medidores. As normas de fornecimento dessas concessionárias, geralmente, estabelecem os padrões dos suportes necessários à fixação desses equipamentos.

b) Posto de proteção primária

É destinado à instalação de chaves seccionadoras, fusíveis ou disjuntores responsáveis pela proteção geral e seccionamento da instalação.

A ABNT NBR 14039 estabelece que, para subestações com capacidade de transformação trifásica superior a 300 kVA, a proteção geral na média tensão deve ser realizada por meio de um disjuntor acionado por relés secundários com as funções 50 e 51, proteções de fase e de neutro.

A mesma norma estabelece que, para subestações com capacidade de transformação trifásica igual ou inferior a 300 kVA, a proteção geral na média tensão deve ser realizada por meio de um disjuntor acionado por relés secundários com as funções 50 e 51, proteções de fase e de neutro, ou por meio de chave seccionadora e fusível, sendo que, neste caso, adicionalmente, a proteção geral, na baixa-tensão, deve ser realizada por disjuntor.

Os ajustes desses dispositivos de proteção estão determinados no Capítulo 10. Os relés de proteção contra sobrecorrente são sensibilizados pelos transformadores de corrente dimensionados para a corrente de carga e para o valor da corrente de curto-circuito, de forma a não saturar durante os eventos de defeito. Os transformadores de corrente e de potencial devem ser localizados antes da chave seccionadora interna que sucede os equipamentos de medição.

Quanto à forma de energização da bobina do disjuntor geral da subestação, são utilizados dois diferentes tipos de solução.

- Dispositivo de disparo capacitivo

Neste caso, os disjuntores já incorporam na sua estrutura os relés de sobrecorrente e o dispositivo de disparo capacitivo constituído de um capacitor cuja energia armazenada é aplicada sobre os terminais da bobina de abertura do disjuntor geral quando os relés são sensibilizados pelo valor da corrente do circuito que circula pelos transformadores de corrente instalados na sua parte posterior, conforme mostrado nas Figuras 12.3 (a) e (b). Essa solução não pode ser adotada em disjuntores de proteção geral da subestação, apenas em disjuntores instalados a jusante do disjuntor de proteção geral.

- Sistema de corrente contínua

Normalmente é utilizado em banco de baterias alimentado por um carregador-flutuador, nas tensões de 48 V ou 125 V. Conforme pode ser visto no Capítulo 10, após o acionamento do relé, a bobina de abertura do disjuntor, e/ou o acionamento do motor de carregamento da mola de fechamento, é acionada pela aplicação de tensão contínua sobre os seus terminais. Esse sistema é aplicado em subestações de maior porte. No entanto, quando solicitado pela especificação técnica do disjuntor de média tensão, o fabricante adapta normalmente na base do disjuntor um *nobreak* com potência entre 600 a 1.500 VA, alimentado por um circuito de baixa-tensão diretamente do QGF.

c) Posto de transformação

É aquele destinado à instalação dos transformadores de força, podendo ou não conter os equipamentos de proteção individual.

A ABNT NBR 14039 estabelece que, nas instalações de transformadores de 500 kVA ou maiores, em líquido isolante inflamável, devem ser observadas as seguintes precauções:

- construção de barreiras incombustíveis entre os transformadores e demais aparelhos;
- construção de dispositivos adequados para drenar ou conter o líquido proveniente de um eventual rompimento do tanque.

Esses dispositivos podem ser construídos de diferentes formas, porém todas elas têm como objetivo fundamental a limitação da quantidade de óleo a ser queimado, no caso de incêndio eventual. Após a descarga do líquido do transformador e sua coleta por um recipiente, o óleo pode ser reaproveitado após tratamento.

A Figura 12.4 mostra as principais partes componentes de um sistema coletor de óleo com barreiras corta-chamas, ou seja:

- recipiente de coleta de óleo;
- sistema corta-chamas;
- tanque acumulador.

O recipiente de coleta de óleo pode ser construído com uma área plana igual à seção transversal do transformador, incluindo os radiadores. Também pode ser construído com a área plana de dimensões reduzidas, prevendo-se, no entanto, um declive mínimo do piso de 10 % no sentido do recipiente, a fim de coletar o óleo que, porventura, vaze pelos radiadores.

O sistema corta-chama funciona como barreira de proteção impedindo que a chama, no caso de incêndio, atinja o tanque acumulador. Deve ser construído com material incombustível e resistente a temperaturas elevadas. Os dutos de escoamento devem ter diâmetros de 75 mm, em ferro galvanizado.

O tanque acumulador deve ter capacidade de armazenar todo o volume de óleo contido no transformador. Esta capacidade útil de armazenamento está referida no nível da extremidade do tubo de descarga no tanque. Para a potência nominal igual ou superior a 1.500 kVA e inferior a 3.000 kVA, a capacidade útil mínima do tanque acumulador deve ser de 2 m³.

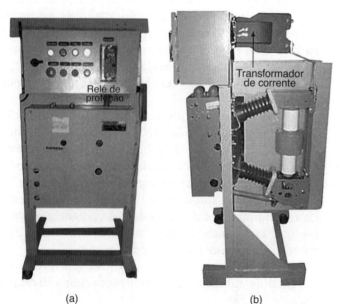

Figura 12.3 Disjuntor acionado por disparo capacitivo com TC de proteção.

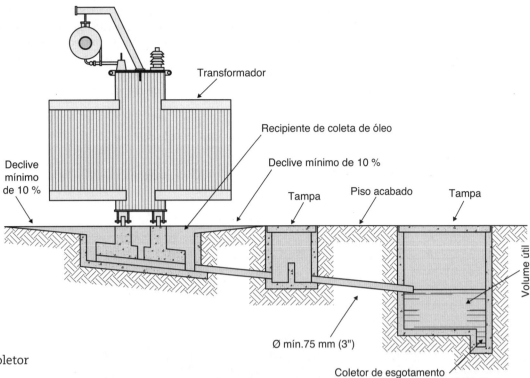

Figura 12.4 Sistema coletor de óleo.

Quando existirem vários transformadores, pode-se construir apenas um tanque acumulador ligado por sistemas corta-chamas aos recipientes de coleta de óleo. Neste caso, a capacidade útil mínima do tanque acumulador deve ser igual à capacidade volumétrica do maior transformador do conjunto considerado.

A Figura 12.5 mostra outro tipo de construção de um sistema coletor de óleo, dotado de sifão corta-chama.

12.3.1.1.1 Classificação

As subestações em alvenaria podem ainda ser classificadas quanto ao tipo do ramal de entrada.

a) **Subestação alimentada por ramal de entrada subterrâneo**

Quando montadas no nível do solo, as subestações alimentadas por ramal de entrada subterrâneo são cons-

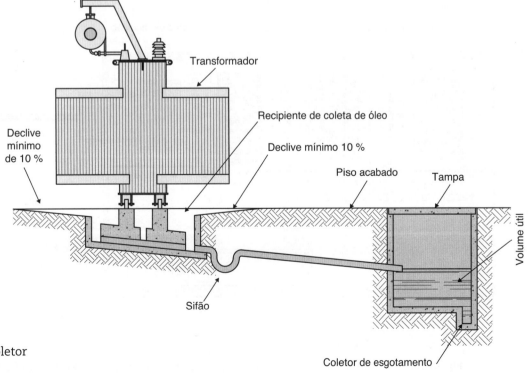

Figura 12.5 Sistema coletor de óleo.

truídas, normalmente, com altura mínima definida pela distância entre partes vivas e entre partes vivas e terra, pela altura dos equipamentos e pela altura de instalação de chaves, barramento, isoladores etc.

A Figura 12.6 mostra em corte a vista frontal de uma subestação, detalhando todas as dimensões fundamentais à sua construção e que serão analisadas posteriormente. A mesma figura mostra a vista superior da referida subestação. As paredes externas e as divisões interiores são singelas, isto é, apresentam uma largura de 150 mm.

Já a Figura 12.7 mostra a foto do interior de um cubículo de transformação de uma subestação em alvenaria.

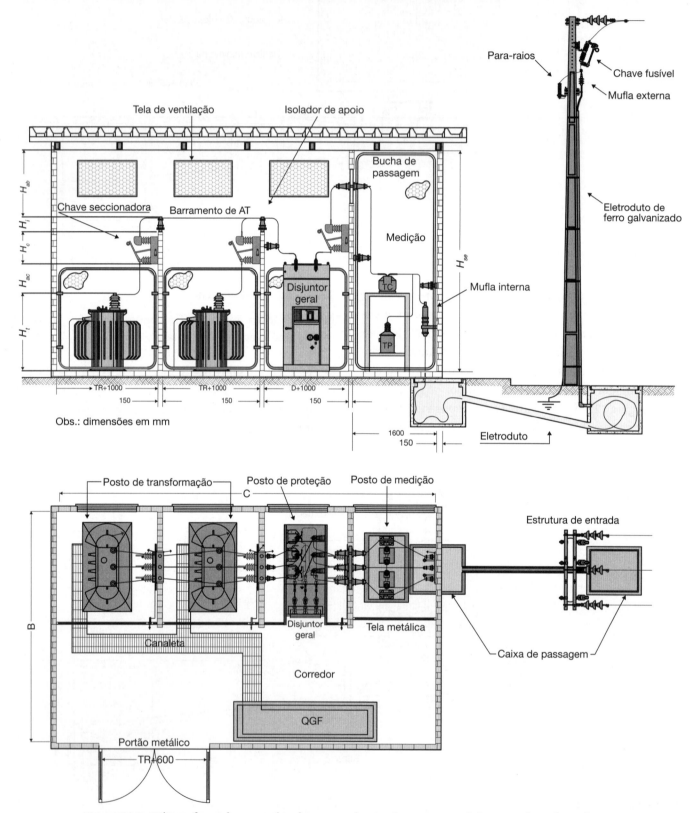

Figura 12.6 Vistas frontal e superior de uma subestação com ramal de entrada subterrâneo.

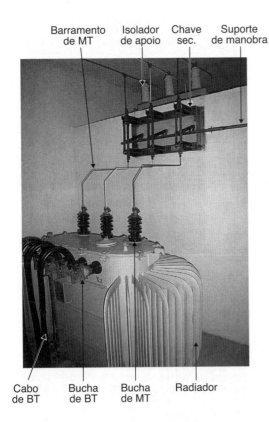

Figura 12.7 Posto de transformação de uma subestação em alvenaria.

Sendo a subestação em alvenaria a de maior aplicação em instalações industriais em razão de sua simplicidade, facilidade operacional e de manutenção, seguem nas Figuras 12.8 a 12.10 os detalhes construtivos de maior relevância de uma subestação abrigada em alvenaria, com indicação nas notas dos materiais utilizados no projeto.

Deve-se notar nas Figuras 12.8 e 12.9 que, além dos postos de medição, disjunção e transformação, existe um posto de derivação a partir do qual se conecta um alimentador de média tensão por meio de uma chave tripolar, comando simultâneo, abertura em carga e acionada por fusível do tipo HH.

b) Subestação alimentada por ramal de entrada aéreo

Quando montadas no nível do solo, as subestações alimentadas por ramal de entrada aéreo são construídas normalmente com altura mínima de 6 m ou superior.

A Figura 12.11 mostra, em corte, a vista lateral de uma subestação com pé-direito igual a 6 m, detalhando todas as dimensões fundamentais à sua construção, que serão analisadas posteriormente.

As subestações com pé-direito igual a 6 m, ou superior, apresentam paredes externas com largura, mínima de 300 mm e as paredes das divisões internas com largura de 150 mm construídas, geralmente, em alvenaria.

A preferência de construção recai, em geral, nas subestações alimentadas por ramal de entrada subterrâneo, por ser mais compacta. No entanto, quando a instalação já dispõe de galpão com altura elevada, aproveita-se a construção existente e se projeta a subestação com o ramal de entrada aéreo, isto é, com um mínimo de 6 m de altura.

Quanto ao custo, basta comparar o adicional de construção civil somado à descida dos barramentos e demais acessórios, no caso de subestações alimentadas por ramal de entrada aéreo, com o custo de instalação do cabo isolado à tensão primária de distribuição. Porém, para grandes ramais de entrada, sem dúvida, as subestações alimentadas por ramal de entrada subterrâneo apresentam custo superior em razão do preço mais elevado das instalações dos cabos isolados. Pode-se, no entanto, adotar o ramal de entrada misto, isto é, parte aérea e parte subterrânea.

O ramal de entrada das subestações alimentadas por ramal de entrada aéreo pode ser fixado na parte frontal ou na parte lateral das mesmas.

Independentemente do tipo de subestação, a sua cobertura deverá ser construída em placa de concreto armado, resistente à infiltração de água e coberta por telhas de fibrocimento.

12.3.1.2 Subestação modular metálica

Também chamada de subestação em invólucro metálico é aquela destinada à indústria ou a outras edificações onde, em geral, o espaço disponível é reduzido. Pode ser construída para uso interno ou ao tempo.

12.3.1.2.1 Classificação

As subestações modulares metálicas podem ser classificadas, segundo a sua construção, em quatro tipos básicos:

a) Subestação com transformador com flanges laterais

Este é um dos tipos mais utilizados em instalações industriais, principalmente quando se deseja prover determinado setor de produção de grandes dimensões e um elevado número de máquinas, de um ponto de suprimento localizado no centro de carga. É uma subestação compacta que ocupa uma área reduzida, podendo ter grau de proteção IP 55, ou superior, de modo a oferecer grande segurança aos operadores e aos operários em geral.

É constituída de transformador de construção especial, onde as buchas, primária e secundária, são fixadas lateralmente à carcaça e protegidas por um flange de seção retangular que se acopla aos módulos metálicos, primário e secundário.

A Figura 12.12 mostra a vista frontal de uma subestação modular metálica, do tipo flange lateral, detalhando as partes fundamentais. Já a Figura 12.13 revela a fotografia do mesmo tipo de subestação da Figura 12.12.

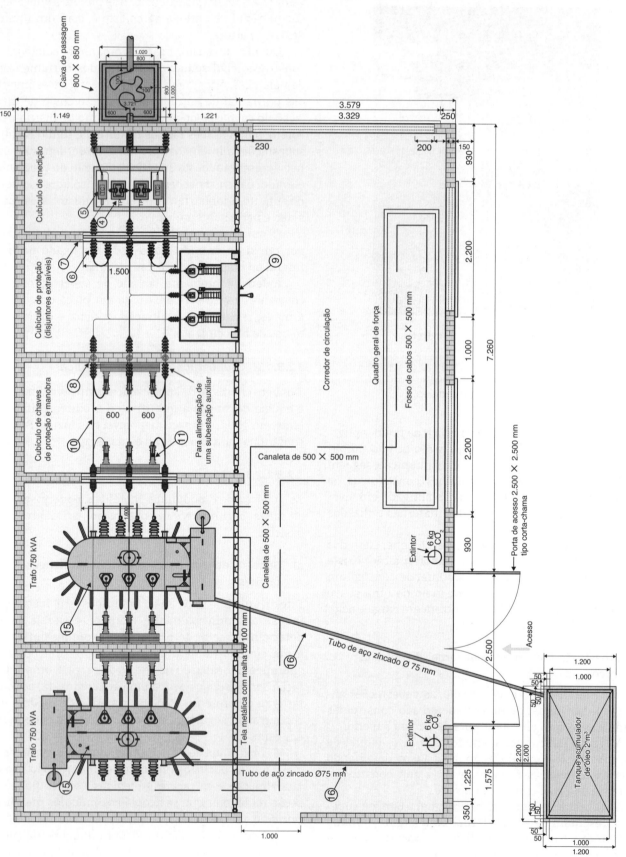

Figura 12.8 Vista superior.

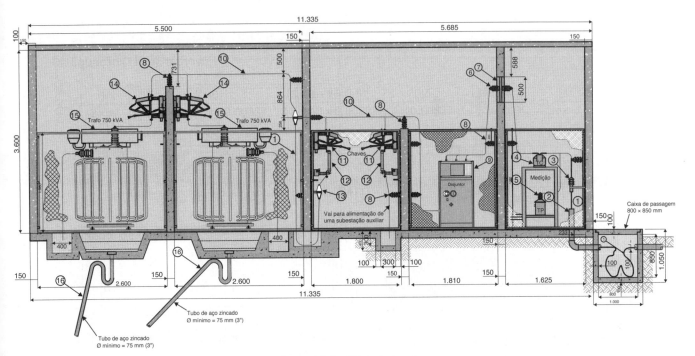

Figura 12.9 Vista lateral.

Os módulos metálicos poderão ser complementados acoplando-se novos módulos aos existentes, caso haja necessidade de aumento do número de saídas de ramais primários e secundários.

b) **Subestação com transformador com flanges superior e lateral**

É constituída de um transformador de construção convencional, acoplado aos módulos metálicos, primário e secundário, por meio de duas caixas flangeadas, sendo uma fixada na parte superior do transformador e a outra lateralmente. Pode ter grau de proteção IP 55 ou superior e tem a mesma aplicação da subestação de flanges laterais.

A Figura 12.14 mostra a vista frontal de uma subestação modular metálica, do tipo flange superior e lateral, detalhando as partes fundamentais.

c) **Subestação com transformador enclausurado em posto metálico em tela aramada**

Essa subestação é constituída por transformadores instalados internamente a um invólucro metálico cuja cobertura é feita de chapa de aço, em geral, de 2 mm (14 USSG). Esse invólucro é lateralmente protegido por uma tela aramada, com malha de 13 mm, ou menor, e está acoplada a módulos metálicos primários e secundários.

Dado o seu baixo grau de proteção, principalmente o dos módulos de transformação e proteção, que geralmente são fabricados com grau de proteção IP X1, essas subestações não devem ser utilizadas em ambientes poluídos, notadamente de materiais de fácil combustão, ou em áreas onde haja presença de pessoas não habilitadas ao serviço de eletricidade. Há fortes restrições quanto à sua instalação ao tempo.

Os transformadores e os demais equipamentos são de fabricação convencional, tornando o seu custo bastante reduzido.

A Figura 12.15 mostra as vistas frontal e superior, respectivamente, de uma subestação modular metálica com tela aramada, detalhando as suas partes fundamentais, enquanto a Figura 12.16 mostra a parte frontal externa da mesma subestação.

d) **Transformador e demais equipamentos enclausurados em posto metálico em chapa de aço**

Esse tipo de subestação é composto de transformadores instalados internamente a invólucros metálicos, constituídos totalmente em chapa de aço de espessura adequada, geralmente de 2 mm (14 USSG), e providos de pequenas aberturas para ventilação. Os postos metálicos são acoplados lateralmente por parafusos e constituem um módulo compacto cujo grau de proteção depende da solicitação do interessado, sendo função do ambiente onde o mesmo for operar.

Os transformadores, chaves e demais acessórios são de fabricação convencional.

A Figura 12.17 mostra as vistas frontal e superior, respectivamente, de uma subestação modular metálica com o transformador enclausurado em posto metálico em chapa de aço. Já a Figura 12.18 revela a vista frontal externa desse tipo de subestação.

Relativamente aos tipos de subestação modulares metálicas relacionadas anteriormente, existem outros modelos de fabricação comercial, porém todos eles de concepção derivada de um dos quatro tipos apresentados.

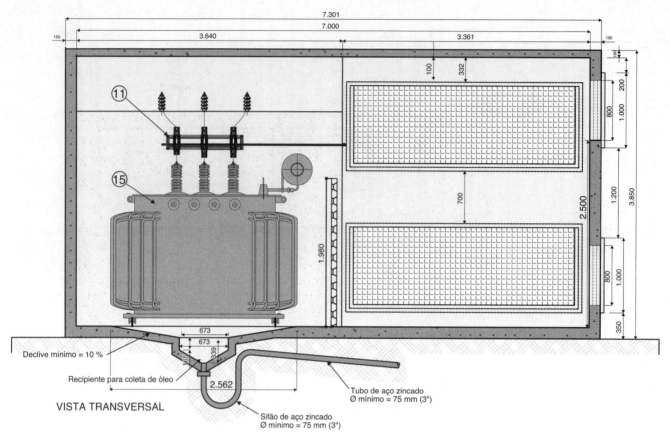

Notas:

1) Cabo de cobre isolado 8,7/15 kV, isolação EPR, seção de 35 mm²
2) Eletroduto de PVC, classe A, diâmetro de 3"
3) Terminação termocontrátil ou a frio, classe 15 kV, para cabo de cobre, 35 mm², fornecida com *kit* completo
4) Transformador de corrente, 15 kV, destinado à medição de energia
5) Transformador de potencial, classe 15 kV, destinado à medição de energia
6) Bucha de passagem, 15 kV/200 A, uso interno/interno
7) Chapa de passagem 1500 × 500 mm × 1/8"
8) Isolador de apoio, uso interno, 15 kV
9) Disjuntor tripolar, tipo extraível 15 kV, a vácuo, corrente nominal 630 A, ruptura 500 MVA, com proteção de sobrecorrente $\frac{50}{51}$ e $\frac{50}{51}$ N através de relés secundários com trip capacitivo, TC proteção 200-5 A, 10 B 100
10) Barramento de cobre nu, redondo, diâmetro externo de 10 mm
11) Chave seccionadora tripolar, comando simultâneo, 15 kV/200 A, acionamento por mola carregada manualmente acoplada à base-fusível de alta capacidade de ruptura e dispositivo de acionamento por fusível
12) Fusível de alta capacidade de ruptura, 50 A/15 kV, com pino percursor para acionamento de chave seccionadora
13) Mufla ou terminação termocontrátil, 15 kV, para cabo de cobre 35 mm²
14) Chave seccionadora tripolar, comando simultâneo, acionamento manual, 200 A/15 kV, com manobra externa
15) Transformador trifásico, a óleo mineral, 750 kVA, 13.800/13.200/12.600 - 380/220 V, impedância percentual de 5,5 % deslocamento angular 30°, delta primário e estrela secundária aterrada
16) Tubo de ferro galvanizado de 3"

Figura 12.10 Vista frontal da subestação.

12.3.2 Subestação de instalação exterior

É aquela em que os equipamentos são instalados ao tempo e, normalmente, os aparelhos abrigados.

12.3.2.1 Classificação

As subestações de instalação exterior podem ser classificadas, segundo a montagem dos equipamentos, em três tipos:

a) **Subestação aérea em plano elevado**

São assim consideradas as subestações cujo transformador está fixado em torre ou plataforma e são, geralmente, fabricadas em concreto armado, aço ou madeira.

Todas as partes vivas não protegidas devem estar situadas, no mínimo, a 5 m acima do piso. Quando não for possível observar a altura mínima de 5 m para as partes vivas, pode ser tolerado o limite de 3,5 m, desde que o local seja provido de um sistema de proteção

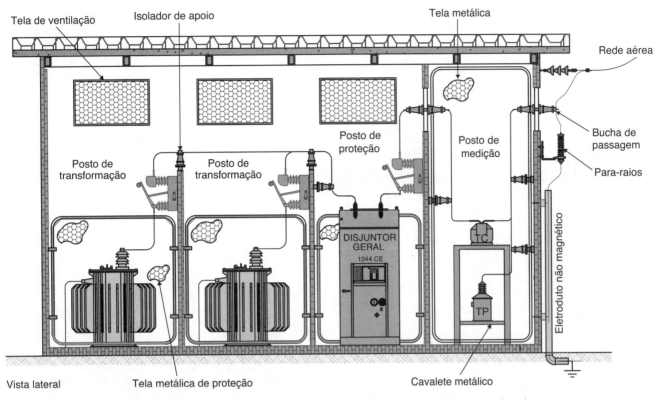

Figura 12.11 Vista frontal de uma subestação com ramal de entrada aéreo.

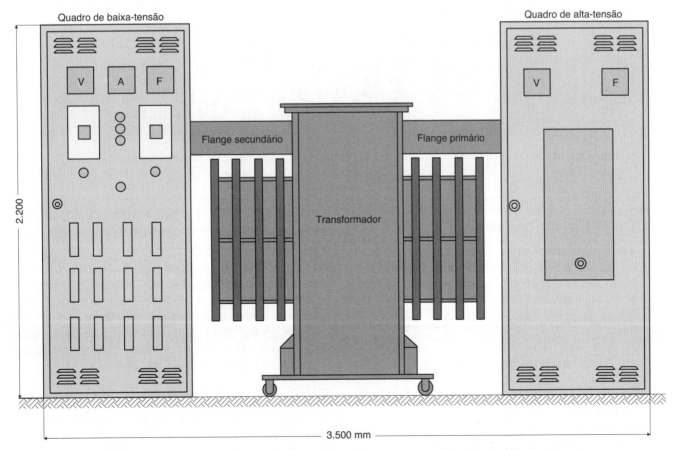

Figura 12.12 Vista frontal de uma subestação modular metálica, do tipo flange lateral.

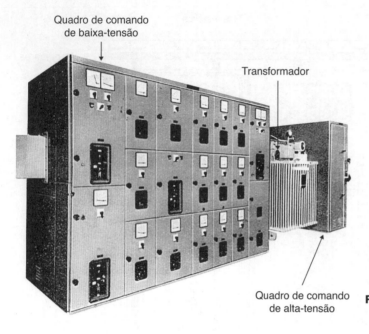

Figura 12.13 Foto de uma subestação modular metálica do tipo flange lateral.

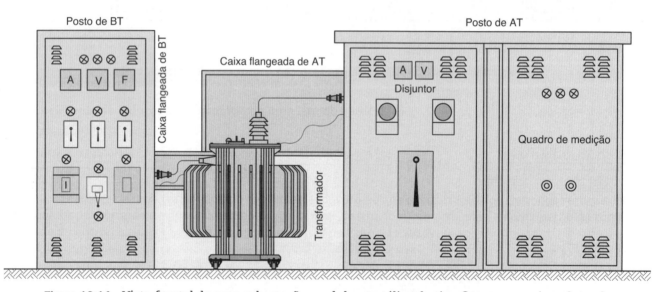

Figura 12.14 Vista frontal de uma subestação modular metálica do tipo flanges superior e lateral.

de tela metálica ou equivalente, devidamente ligado à terra, com as seguintes características:

- afastamento mínimo de 30 cm das partes vivas;
- malha de 50 mm de abertura, no máximo, fabricada com fios de aço zincado ou material equivalente, de 3 mm de diâmetro, no mínimo.

Os equipamentos podem ser instalados da seguinte forma:

- em postes ou torres de aço, concreto ou madeira adequada;
- em plataformas elevadas sobre estrutura do concreto, aço ou madeira adequada;
- em áreas sobre cobertura de edifícios, inacessíveis a pessoas não qualificadas ou providas do necessário sistema de proteção externa. Em nenhum equipamento, neste caso, não deve ser empregado líquido isolante inflamável.

As normas de algumas concessionárias limitam a potência do transformador instalado em um só poste, em 150 kVA, ficando a instalação em dois postes para transformadores de potência igual ou superior a 225 kVA.

As Figuras 12.19 e 12.20 mostram duas subestações em torre com as unidades de transformação montadas, respectivamente, em um e dois postes.

b) Subestações em torre integrada com a medição

São aquelas em que tanto o transformador quanto os transformadores de corrente e de potencial, ambos encapsulados em um único invólucro, ocupam a mesma

Subestação de consumidor

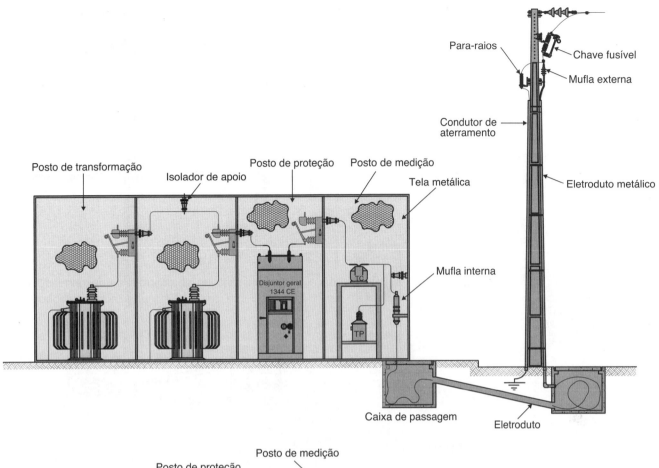

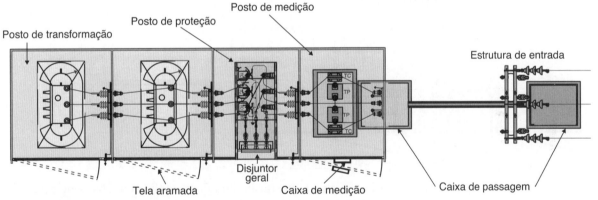

Figura 12.15 Vistas frontal e superior de uma subestação modular metálica com tela aramada.

Figura 12.16 Vista frontal externa de uma subestação modular metálica com tela aramada.

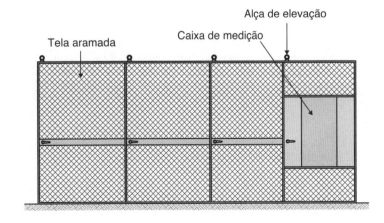

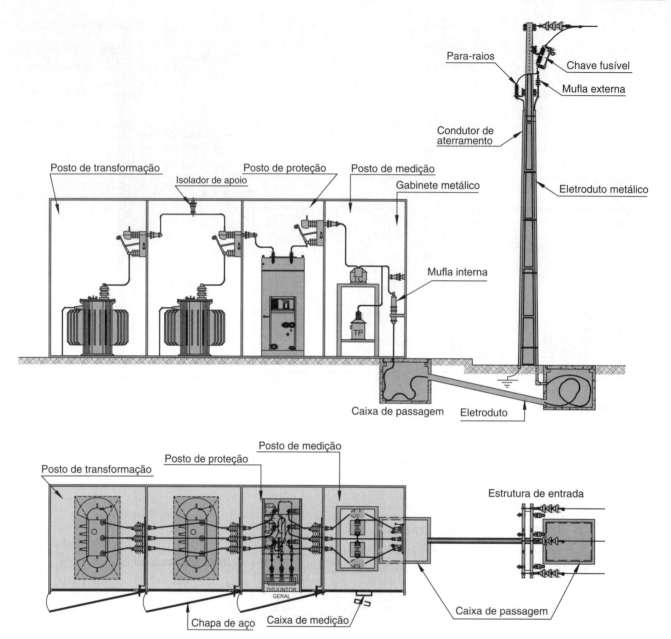

Figura 12.17 Vistas frontal e superior de uma subestação modular metálica em chapa de aço.

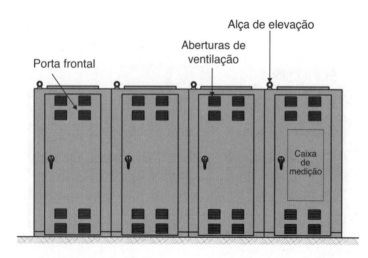

Figura 12.18 Vista frontal externa de uma subestação modular metálica em chapa de aço.

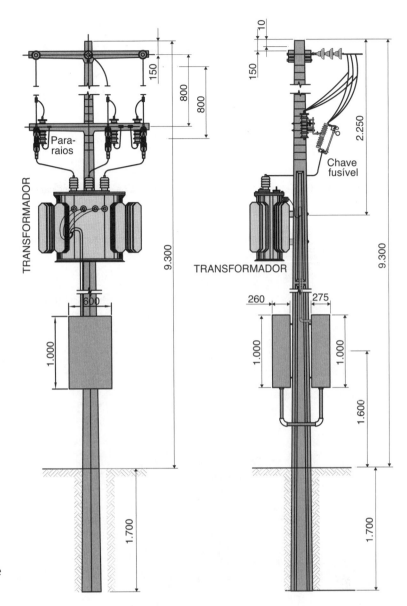

Figura 12.19 Subestação de torre em poste único.

torre constituída de um poste de concreto armado. São subestações cuja capacidade nominal do transformador utilizado não deve ser superior a 225 kVA. Normalmente são utilizadas em pequenas indústrias.

A caixa de medição normalmente é instalada no poste com o visor a 1,60 m de altura no nível do piso para facilitar a leitura da energia consumida feita pelo leiturista da concessionária. A parte inferior da torre é cercada por um pequeno muro com altura de 2,80 m.

A Figura 12.21 mostra esse tipo de subestação.

c) **Subestações de instalação no nível do solo**

É aquela em que os equipamentos, tais como disjuntores e transformadores, são instalados em bases de concreto construídas no nível do solo e os demais equipamentos, tais como para-raios, chaves fusíveis e seccionadoras, são montados em estruturas aéreas, conforme exemplificam a Figura 12.22, respectivamente, as vistas lateral e superior.

Esse tipo de subestação, em local urbano, normalmente é de custo muito elevado, em virtude de os equipamentos serem apropriados para instalação ao tempo e ao preço do próprio terreno. Em áreas rurais, porém, esse tipo de subestação apresenta vantagens econômicas. No nível da tensão de 15 kV tem-se mostrado pequena a utilização desse tipo de subestação.

O fosso coletor de óleo do transformador de força é geralmente construído sob o equipamento e deve conter, pelo menos, 1,25 vez a capacidade de óleo contido no mesmo. A base dos aparelhos contendo líquidos isolantes inflamáveis deve ser dotada de revestimento do tipo autoextintor de incêndio, tais como pedra britada, ou um sistema de drenagem adequada.

O fundo do fosso do coletor do óleo do transformador deve ser recoberto por 20 cm de brita e possuir dispositivo do tipo autoextintor de incêndio, tal como pedra britada ou um sistema de drenagem adequada. A subestação deve ser protegida externamente com tela metálica, arame liso ou mureta de alvenaria, a fim de evitar a

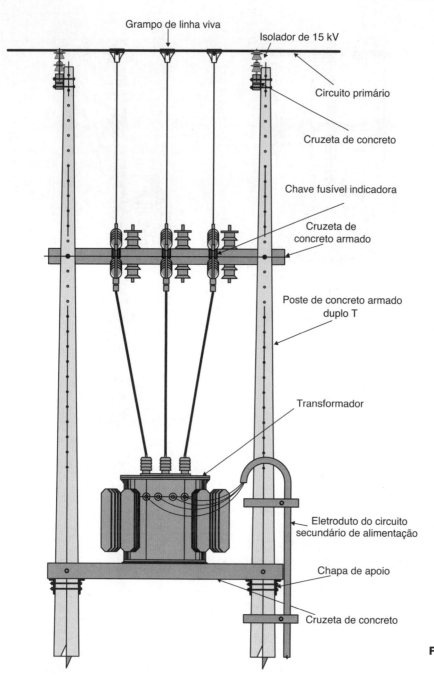

Figura 12.20 Subestação de torre em poste duplo.

aproximação de pessoas ou animais. Quando usada tela de proteção externa, esta deve ter malha de abertura máxima de 50 mm e ser constituída de aço zincado de diâmetro 3 mm, no mínimo, ou material com resistência mecânica equivalente. Quando for usado arame liso, o espaçamento entre os fios não deve exceder 15 cm.

Deve-se fixar pelo menos um aviso indicando o perigo que a instalação pode causar. Esse aviso deve ser exposto em local visível e externamente à subestação.

Quando não houver mureta de base em alvenaria, a parte inferior da tela não deve ficar a mais de 10 cm acima do nível do solo.

O acesso às pessoas qualificadas deve ser feito pelo portão, abrindo para fora, com dimensões mínimas de 0,80 × 2,10 m. A porta deve ser adequada também à entrada de materiais no interior da subestação.

Deve-se prever a construção de um sistema adequado de escoamento de águas pluviais.

Os suportes podem ser construídos de vigas e postes de concreto armado ou de perfis de aço galvanizado.

Os aparelhos são, geralmente, instalados em quadros metálicos abrigados em construção de alvenaria. Também podem ser instalados em quadros metálicos apropriados para operação ao tempo com grau de proteção IP 54.

A Figura 12.23 mostra a foto em vista lateral de uma subestação de alta-tensão de construção no nível do solo mostrando os seus diversos componentes.

Subestação de consumidor

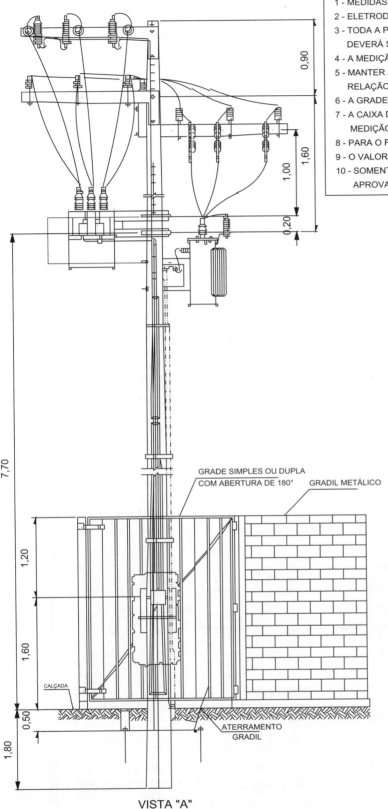

Figura 12.21 Subestação de torre simples integrada com a medição.

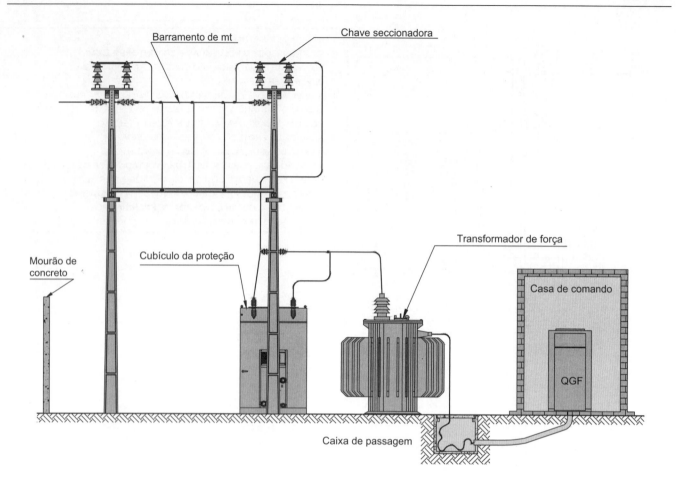
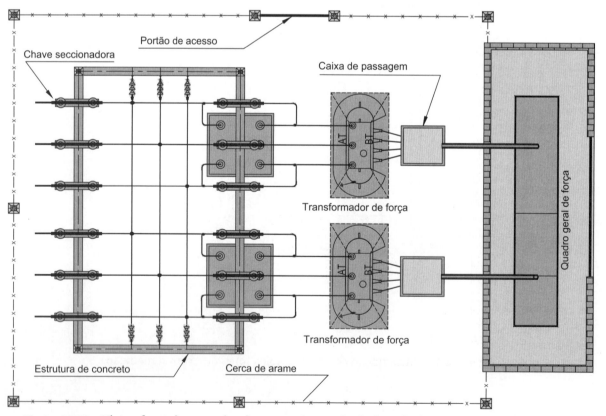

Figura 12.22 Vistas frontal e superior de uma subestação de instalação exterior no nível do solo.

1 – para-raios;
2 – transformador de potencial;
3 – transformador de corrente;
4 – disjuntor tripolar;
5 – chave seccionadora;
6 – transformador de potência.

Figura 12.23   Foto lateral de uma subestação.

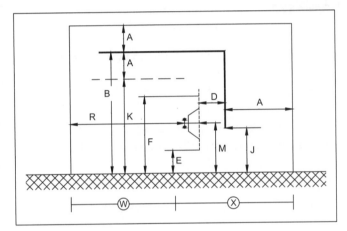

W – área de circulação permitida a pessoas advertidas; X – área de circulação proibida.

Figura 12.24   Circulação por um lado – Tabela 12.1.

12.4 Dimensionamento físico das subestações

Para o dimensionamento físico de uma subestação é necessário conhecer as dimensões de todos os equipamentos que serão instalados, bem como os afastamentos mínimos previstos pela ABNT NBR 14039. As subestações de que trata este capítulo, isto é, as de classe 15 kV, podem ser facilmente dimensionadas, já que a parte dos equipamentos utilizados tem seus comprimentos, larguras e profundidades variando em uma faixa relativamente estreita, o que permite a padronização prévia das dimensões de certos compartimentos. Essas dimensões podem ser obtidas facilmente em catálogos de fabricantes, via papel ou simplesmente pela internet, acessando os *sites* dos respectivos fabricantes.

O dimensionamento das subestações deve ser realizado de conformidade com o seu tipo construtivo, ou seja, subestações de construção abrigada e subestações de construção ao tempo.

a) Subestações de construção abrigada

São aquelas cujos equipamentos estão instalados abrigados da chuva e dos raios solares. Podem usar equipamentos com isoladores lisos ou corrugados e de invólucro de material sintético, próprios para instalação interna, ou equipamentos com isoladores com saias e invólucros metálicos com isolação a óleo mineral.

As distâncias mínimas adotadas estão definidas nas Figuras 12.24 e 12.25, reproduzida da NBR 1403.

b) Subestações de construção ao tempo

Aquelas cujos equipamentos são instalados em área externa sujeita às condições de chuva, dos raios solares e de descargas atmosféricas. Somente usam equipamentos com isoladores com saias (quebra do pingo d'água) e invólucros metálicos com grau de proteção adequada.

As distâncias mínimas adotadas estão definidas na Figura 12.26, reproduzida da ABNT NBR 14039.

A seguir, serão dimensionados os principais tipos de subestações industriais.

12.4.1 Subestação de alvenaria

O dimensionamento dos vários postos depende da posição de instalação dos equipamentos. De acordo com a norma ABNT NBR 14039, os afastamentos entre as diferentes partes dos postos e os arranjos dos equipamentos devem obedecer a algumas condições a seguir definidas.

A Tabela 12.1 indica as dimensões mínimas permitidas pela norma ABNT NBR 14039 que devem ser respeitadas no projeto dos corredores de controle e manobra, associadas às Figuras 12.24 e 12.25 para subestações abrigadas (internas) e a Figura 12.26 para subestações ao tempo. Já a Tabela 12.2 indica as dimensões mínimas permitidas pela mesma norma com relação aos equipamentos para instalação ao tempo no nível do piso.

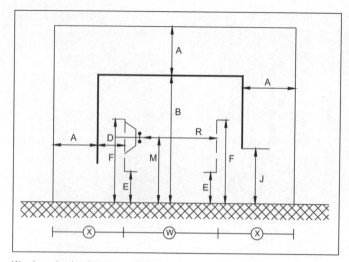

W – área de circulação permitida a pessoas advertidas; X – área de circulação proibida.

Figura 12.25 Circulação por mais de um lado – Tabela 12.1.

12.4.1.1 Altura da subestação

Para se determinar a altura mínima da subestação, adotar as medidas estabelecidas nas Tabelas 12.1 e 12.2, observando as distâncias assinaladas na Figura 12.28, ou seja:

$$H_{se} = H_t + H_{ac} + H_c + H_i + H_{ab}$$

H_{se} = altura total da subestação;
H_t = altura total do transformador (pode ser obtida por meio da Tabela 12.4);
H_{ac} = afastamento da chave seccionadora (a critério do projetista; usar, em média, 300 mm);
H_c = altura da chave seccionadora (depende do fabricante; para chave de 15 kV usar, em média, 600 mm);

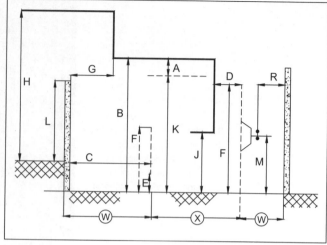

W – área de circulação permitida a pessoas advertidas; X – área de circulação proibida

Figura 12.26 Espaçamento para instalações externas no nível do piso, de acordo com a Tabela 12.2.

H_i = altura do isolador (depende do fabricante; para isoladores de 15 kV usar, em média, 250 mm);
H_{ab} = afastamento do barramento.

Já a Tabela 12.3 apresenta as distâncias mínimas entre fases e terra para diferentes níveis de tensão.

12.4.1.2 Posto de medição

Ocupa o espaço mínimo de 1.600 × 2.000 m.

12.4.1.3 Posto de proteção

Deve ter as seguintes dimensões mínimas:

$$D_{cp} = D_d + 1.000 \text{ mm} \qquad (12.1)$$

Tabela 12.1 Valores dos espaçamentos para instalações internas

	Dimensões mínimas em milímetros	
D	300 até 24,2 kV	Distância entre a parte viva e um anteparo vertical
	400 até 36,2 kV	
A	-	Valores da Tabela 12.3 (fase e terra)
R	1.200	Locais de manobra
B	2.700	Altura mínima de uma parte viva com circulação
K	2.000	Altura mínima de um anteparo horizontal
F	1.700	Altura mínima de um anteparo vertical
J	E+300	Altura mínima de uma parte viva sem circulação
	Dimensões máximas em milímetros	
E	300	Distância máxima entre a parte inferior de um anteparo vertical e o piso
M	1.200	Altura dos punhos de acionamento manual
Malha	20	Abertura da malha

Tabela 12.2 Espaçamentos para instalações externas

		Dimensões mínimas mm
A	-	Valores de distâncias mínimas da Tabela 12.3
G	1.500	Distâncias mínimas entre a parte viva e a proteção externa
B	4.000	Altura mínima de uma parte viva na área de circulação
R	1.500	Locais de manobra
D	500	Distância mínima entre a parte viva e um anteparo vertical
F	2.000	Altura mínima de um anteparo vertical
H	6.000	Em ruas, avenidas e entradas de prédios e demais locais com trânsito de veículos
H	5.000	Em local com trânsito de pedestres somente
H	9.000	Em ferrovias
H	7.000	Em rodovias
J	800	Altura mínima de uma parte viva na área de circulação proibida
K	2.200	Altura mínima de um anteparo horizontal
L	2.000	Altura mínima da proteção externa
C	2.000	Circulação
		Dimensões máximas mm
E	600	Distância máxima entre a parte inferior de um anteparo vertical e o piso
M	1.200	Altura dos punhos de acionamento manual
Malha	20	Abertura das malhas dos anteparos

Tabela 12.3 Distâncias em função da tensão nominal da instalação

Tensão nominal da instalação	Tensão de ensaio à frequência industrial (valor eficaz) em kV	Tensão suportável nominal de impulso atmosférico (valor de pico) em kV	Distância mínima fase-terra e fase-fase Interna	Distância mínima fase-terra e fase-fase Externa
3	10	20	60	120
3	10	40	60	120
6	20	40	60	120
6	20	60	90	120
13,8	34	95	160	160
13,8	34	110	180	180
23,1	50	95	160	160
23,1	50	125	220	220
34,5	70	145	270	270
34,5	70	170	320	320

D_{cp} = dimensão do posto: comprimento ou largura, em mm;
D_d = dimensão do disjuntor referida à direção em que se quer medir a dimensão do posto, em mm.

De modo geral, os disjuntores da classe 15 kV, 600 A, do tipo aberto, e capacidade de ruptura de até 500 MVA têm comprimento frontal de aproximadamente 700 mm e uma profundidade de 900 mm.

12.4.1.4 Posto de transformação

Deve ter as seguintes dimensões:

$$D_{ct} = D_t + 1.000 \text{ mm} \quad (12.2)$$

D_{ct} = dimensão do posto: comprimento ou largura, em mm;
D_t = dimensão do transformador: comprimento ou largura, em mm.

A Tabela 12.4 indica as principais dimensões dos transformadores de força as quais podem ser usadas na determinação das dimensões dos postos.

Os corredores de controle e manobra e os locais de acesso devem ter dimensões suficientes para permitir um espaço livre mínimo para circulação com todas as portas abertas na condição mais desfavorável e conside-

Tabela 12.4 Características dimensionais de transformadores trifásicos de potência

Potência	Altura	Largura	Profundidade	Peso
kVA	mm	mm	mm	kg
15	920	785	460	271
30	940	860	585	375
45	955	920	685	540
75	1.070	1.110	690	627
112,5	1.010	1.350	760	855
150	1.125	1.470	810	950
225	1.340	1.530	930	1.230
300	1.700	1.690	1.240	1.800
500	1.960	1.840	1.420	2.300
750	2.085	2.540	1.422	2.600
1.000	2.140	2.650	1.462	2.800

12.4.1.5 Porta de acesso principal

As subestações devem ser providas de portas metálicas ou inteiramente revestidas de chapas metálicas, com dispositivo antipânico com largura mínima de:

$$L_p = D_t + 600 \text{ mm} \quad (12.3)$$

No entanto, a altura mínima admitida é de 2,10 m. Todas as portas devem abrir para fora.

12.4.1.6 Aberturas de ventilação

Em face da dissipação de calor, dadas as perdas por efeito Joule dos equipamentos, é necessário prover os diferentes postos que compõem a subestação com aberturas adequadas para circulação do ar de refrigeração, de forma natural ou forçada.

Se no interior da subestação for prevista a presença do operador, a temperatura ambiente não pode superar 35 °C. Em regiões onde a temperatura externa, à sombra, exceder esse limite, a temperatura ambiente no local de permanência dos operadores não deverá ultrapassar o valor da temperatura externa.

A abertura para entrada de ar deve ser construída, no mínimo, a 20 cm, do piso exterior da subestação e abaixo da linha central do corpo do equipamento, sempre que possível. A abertura de saída do ar deve ser localizada na parte superior do posto, o mais próximo possível do teto.

Quanto maior a diferença entre a abertura de saída de ar para o exterior e o centro do tanque do equipamento, melhores serão as condições de dissipação de calor.

As aberturas de ventilação inferior e superior devem ser colocadas em paredes opostas de modo a facilitar, na trajetória de circulação do ar, a dissipação do calor contido na carcaça dos equipamentos. A Figura 12.27

rando ainda que os equipamentos estejam na posição de extraídos para efeito de manutenção.

Quando a subestação for constituída de mais de um pavimento, a distância entre o plano do primeiro espelho da escada e qualquer equipamento não pode ser inferior a 1,60 m.

Deve-se alertar para o fato de que, na dimensão final dos corredores de controle e manobra, é preciso considerar o acesso dos equipamentos (principalmente, o transformador) aos seus respectivos postos, além das dimensões do QGF (Quadro Geral de Força), quando forem instalados no recinto da subestação.

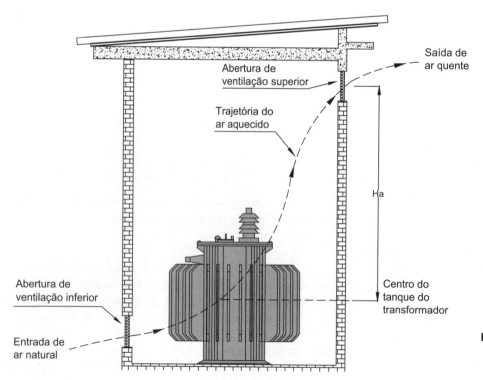

Figura 12.27 Trajetória de circulação de ar refrigerante.

mostra a trajetória tomada pelo ar aquecido desde a sua entrada no posto de transformação até a sua saída.

Sendo o transformador, em geral, o equipamento com maiores perdas Joule, as aberturas de ventilação, em uma subestação, devem ser dimensionadas em função de sua potência nominal, que é proporcional, em valor absoluto, às suas perdas totais.

Um modo prático, mas de resultado satisfatório, de determinar a área quadrática, de uma abertura de ventilação, entrada e saída, é atribuir 0,30 m² de área para cada 100 kVA de potência instalada de transformação. Tomando-se, por exemplo, uma subestação com um transformador de 500 kVA de potência nominal, a abertura de ventilação deve ter as seguintes dimensões: $\frac{0,30}{100} \times 500 = 1,5 \, m^2$. Esse valor deve ser aplicado tanto na abertura de entrada de ar como na abertura da saída.

As aberturas de ventilação devem ser construídas em forma de chicana e protegidas externamente por tela resistente, com malha de abertura mínima de 5 mm e máxima de 13 mm.

Exemplo de aplicação (12.1)

Determinar as dimensões internas e totais de uma subestação (comprimento, largura e altura), contendo dois transformadores de força com potências nominais, respectivamente, iguais a 300 e 500 kVA, cujo *layout* está mostrado na Figura 12.28. A Figura 12.29 permite determinar a altura da subestação.

Para a determinação dos comprimentos e larguras de cada cubículo, foram adotadas as variáveis cotadas nas figuras anteriormente mencionadas.

a) Cubículo de medição

Como o espaço mínimo ocupado deve ser de 1.600 × 2.000 m, serão adotadas as seguintes dimensões:
L_1 = 1.800 mm (valor adotado na norma da concessionária)
$C_1 = C_{t1}$ = 2.840 mm (veja dimensões do transformador de 500 kVA, no item c)

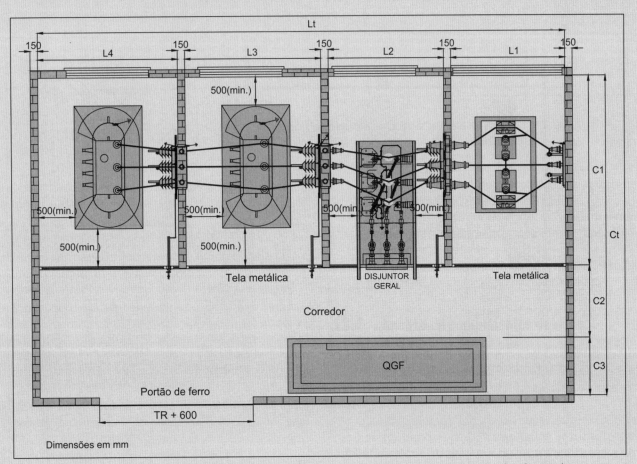

Figura 12.28 Determinação do comprimento e largura de uma subestação de alvenaria.

b) Cubículo de proteção (disjuntor primário)

$L_2 = 700 + 500 + 500 = 1.700$ mm (o valor de 700 mm corresponde aproximadamente à largura de um disjuntor de média tensão quando visto de frente)

$C_d = 900 + 500 + 500 = 1.900$ mm (o valor de 900 mm corresponde aproximadamente à profundidade de um disjuntor de média tensão, C_d, quando visto da lateral). O valor adotado $C_d = C_1 = 2.840$ mm, de acordo com a dimensão do transformador de 500 kVA.

c) Cubículo do transformador de 500 kVA

$L_3 = 1.420 + 500 + 500 = 2.420$ mm (o valor de 1.420 mm corresponde à menor dimensão do transformador de 500 kVA, de acordo com a Tabela 12.4)

$C_{t1} = 1.840 + 500 + 500 = 2.840$ mm (o valor de 1.840 mm corresponde à maior dimensão do transformador de 500 kVA, de acordo com a Tabela 12.4)

d) Cubículo do transformador de 300 kVA

$L_4 = 1.240 + 500 + 500 = 2.240$ mm (o valor de 1.240 mm corresponde à menor dimensão do transformador de 300 kVA, de acordo com a Tabela 12.4)

$C_{t2} = 1.690 + 500 + 500 = 2.690$ mm (o valor de 1.690 mm corresponde à maior dimensão do transformador de 300 kVA de acordo com a Tabela 12.4). Logo, $C_{t1} = C_1 = 2.840$ mm

e) Determinação do comprimento e largura internos da subestação

Maior dimensão da subestação: $L_t = L_1 + L_2 + C_3 + C_4 = 1.800 + 1.700 + 2.420 + 2.240 = 8.160$ mm
Menor dimensão da subestação: $C_t = C_1 + C_2 + C_3 = 2.840 + 1.200 + 900 = 4.940$ mm
$C_1 = 2.840$ mm (corresponde ao maior valor do cubículo do transformador, no caso, o de 500 kVA)
$C_2 = 1.200$ mm (locais de manobra, valor mínimo, conforme Tabela 12.1 e Figura 12.28; pode ser necessário aumentar esse valor, de acordo com a posição do QGF, sua profundidade e as dimensões dos transformadores e que deve ter área suficiente para a sua retirada, no caso de avaria)
$C_3 = 900$ mm (corresponde à profundidade, em média, de um QGF)

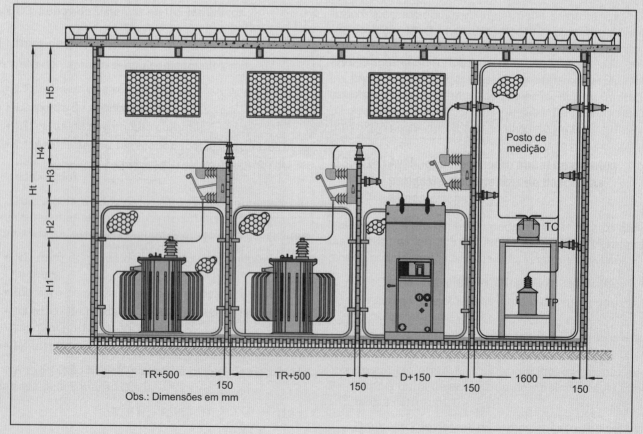

Figura 12.29 Determinação da altura de uma subestação de alvenaria.

f) Determinação da altura da subestação

As dimensões estão de acordo com a Figura 12.28.

$H_t = H_1 + H_2 + H_3 + H_4 + H_5 = 1.960 + 200 + 500 + 300 + 160 = 3.120$ mm;

$H_1 = 1.960$ mm (deve-se escolher a altura do maior transformador, dada na Tabela 12.4);

$H_2 = 200$ mm (valor que permite a curvatura do barramento);

$H_3 = 500$ mm (valor médio da altura das chaves seccionadoras de média tensão);

$H_4 = 300$ mm (valor que deve permitir a curvatura do barramento, considerando a altura do isolador de apoio);

$H_5 = 160$ mm (Tabela 12.3 para a tensão nominal do sistema de 13,8 e 95 kV de tensão suportável de impulso).

12.4.1.7 Barramentos primários

Os barramentos primários que fazem a conexão entre os diversos postos, tanto em subestação de alvenaria como em subestação modular, podem ser construídos em barras de seção retangular de cobre ou em vergalhão, também de cobre.

Os valores das seções dos barramentos estão dados na Tabela 12.5 e foram calculados levando-se em conta a capacidade nominal da subestação.

Os suportes isoladores que fixam os barramentos na estrutura das subestações, tanto as construídas de alvenaria como de chapa metálica, devem ser dimensionados para suportarem a intensidade das forças desenvolvidas durante a ocorrência de uma falta.

No caso de subestação modular metálica, é necessário também dimensionar, adequadamente, os perfis de aço da própria estrutura do posto para atender aos mesmos objetivos.

Para que seja possível colocar dois ou mais transformadores em serviço em paralelo é necessário que:

- a alimentação primária das várias unidades tenha as mesmas características elétricas;
- os transformadores tenham o mesmo deslocamento angular;
- as tensões secundárias sejam iguais;
- as impedâncias percentuais sejam preferencialmente iguais;
- os fatores de potência de curto-circuito sejam iguais;
- a relação entre as potências nominais das diversas unidades não seja superior a 3:1.

12.5 Paralelismo de transformadores

Em muitas instalações elétricas é necessário dimensionar mais de uma unidade de transformação postas no mesmo recinto da subestação, evitando que se dependa de uma única unidade. Esses transformadores podem ser conectados ao sistema secundário da subestação individualmente, o que muitas vezes não constitui nenhuma vantagem operacional; ou interligados, convenientemente, por meio do secundário.

Em geral, até a potência nominal da subestação de 500 kVA, utiliza-se somente uma unidade de transformação. Para potências superiores, é conveniente o emprego de duas unidades em serviço em paralelo.

Como já foi abordado anteriormente, o número de transformadores em serviço em paralelo deve ser limitado em função das elevadas correntes de curto-circuito que podem acarretar o dimensionamento de chaves e equipamentos de interrupção de grande capacidade de ruptura, o que, em consequência, onera demasiadamente o custo da instalação.

Quando há necessidade da utilização de muitas unidades de transformação, normalmente mais de três, para suprir uma única barra é conveniente proceder-se ao seccionamento em pontos apropriados, normalmente no ponto médio do barramento secundário, e interligá-los, por meio de chave interruptora, de operação manual ou automática, que deve permanecer em serviço normal na posição aberta. No caso de saída de uma unidade de transformação, a chave é acionada, mantendo o suprimento da carga pelos outros transformadores que devem ter capacidade para isto.

As chaves que compõem o sistema de interligação dos barramentos devem ser mantidas intertravadas, a fim de evitar que se proceda à operação dos transformadores em serviço em paralelo; isto é, quando uma das chaves de interligação do barramento opera, retira-se automaticamente de operação uma ou mais unidades de transformação. Um exame da Figura 12.30 permite uma melhor compreensão do texto, observando que o paralelismo dos quatro transformadores resultaria em uma corrente de curto-circuito excessivamente elevada, podendo danificar a instalação.

Tabela 12.5 Dimensões de barramento

Potência dos transformadores	Barramento retangular de cobre		Vergalhão de cobre	
			Seção	Diâmetro
kVA	Polegadas	mm	mm²	mm
Até 70	1/2 × 1/8	12,70 × 3,175	25	5,6
De 701 a 2.500	3/4 × 3/16	19,05 × 4,760	35	6,6

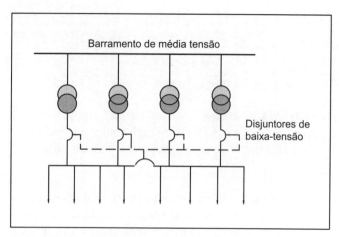

Figura 12.30 Paralelismo dos transformadores com barramento seccionado.

Outra vantagem da utilização de transformadores em serviço em paralelo é evitar unidades de potência nominal elevada e o aumento da confiabilidade do sistema.

12.5.1 Distribuição de carga em transformadores em serviço

Se dois ou mais transformadores de potências nominais iguais, construídos à base do mesmo projeto eletromecânico, forem postos em serviço em paralelo, a carga, para fins práticos, se distribuirá igualmente pelas referidas unidades. No entanto, considerando-se que esses transformadores tenham potências nominais e impedâncias percentuais diferentes, o que constitui um caso de natureza prática muito comum, a carga se distribuirá diferentemente em cada unidade de transformação.

Para a determinação da distribuição de corrente pelas diferentes unidades de transformação considerar três transformadores de potências nominais P_{nt1}, P_{nt2}, P_{nt3} com impedâncias percentuais respectivamente iguais a Z_{nt1}, Z_{nt2}, Z_{nt3}, ligados em serviço em paralelo. A potência de carga P_c deverá distribuir-se de acordo com o resultado da Equação (12.4).

$$P_{ct1} = \frac{P_c \times P_{nt1} \times Z_{mt}}{(P_{nt1} + P_{nt2} + P_{nt3}) \times Z_{mt1}}$$

$$P_{ct2} = \frac{P_c \times P_{nt2} \times Z_{mt}}{(P_{nt1} + P_{nt2} + P_{nt3}) \times Z_{mt2}} \quad (12.4)$$

$$P_{ct3} = \frac{P_c \times P_{nt3} \times Z_{mt}}{(P_{nt1} + P_{nt2} + P_{nt3}) \times Z_{mt3}}$$

O valor da impedância média de curto-circuito Z_{mt} é dado pela Equação (12.5).

$$Z_{mt} = \frac{P_{nt1} + P_{nt2} + P_{nt3}}{\dfrac{P_{nt1}}{Z_{nt1}} + \dfrac{P_{nt2}}{Z_{nt2}} + \dfrac{P_{nt3}}{Z_{nt3}}} \quad (12.5)$$

A Figura 12.31 apresenta, esquematicamente, a ligação dos três transformadores referidos, conectados na configuração triângulo-estrela (com neutro acessível).

Dois ou mais transformadores que estejam em serviço em paralelo e não tenham o mesmo deslocamento angular ou a mesma sequência de fase resultam em uma diferença de tensão entre os secundários dos transformadores, proporcionando uma circulação de corrente nos enrolamentos. Essa circulação de corrente poderá ser determinada ligando-se um voltímetro entre as fases dos transformadores em serviço, conforme mostrado na Figura 12.32.

Dois transformadores fabricados com base em um mesmo projeto não resultam em características elétricas perfeitamente iguais. Assim, a própria norma ABNT tolera as seguintes diferenças percentuais com relação ao valor nominal:

- relação de transformação: ±0,5 %;
- impedância percentual: ±7,5 %;
- corrente em vazio: ±20,0 %.

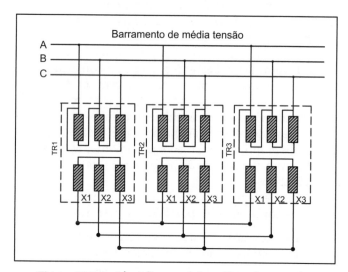

Figura 12.31 Ligação paralela triângulo-estrela.

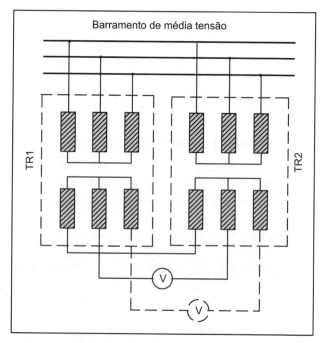

Figura 12.32 Medida de circulação de corrente.

Na prática, são aceitos transformadores para serviço em paralelo com até 10 % de diferença na impedância percentual sem que haja maiores consequências na operação normal das unidades mencionadas, contanto que as demais características sejam respeitadas.

12.6 Unidade de geração para emergência

Em algumas unidades industriais é necessário manter um sistema de geração próprio para suprir, nor-

Exemplo de aplicação (12.2)

Considerar três transformadores em paralelo com as seguintes características:

- Transformador 1:

$$P_{nt1} = 500 \text{ kVA}$$

$$Z_{nt1} = 3,5 \%$$

- Transformador 2:

$$P_{nt2} = 750 \text{ kVA}$$

$$Z_{nt2} = 4,50 \%$$

- Transformador 3:

$$P_{nt3} = 1.000 \text{ kVA}$$

$$Z_{nt3} = 5,0 \%$$

Sabendo-se que a demanda solicitada é de 2.100 kVA, determinar a distribuição da carga pelas três unidades.

$$Z_{mt} = \frac{P_{nt1} + P_{nt2} + P_{nt3}}{\frac{P_{nt1}}{Z_{nt1}} + \frac{P_{nt2}}{Z_{nt2}} + \frac{P_{nt3}}{Z_{nt3}}} = \frac{500 + 750 + 1.000}{\frac{500}{3,5} + \frac{750}{4,5} + \frac{1.000}{5}}$$

$$Z_{mt} = 4,4 \%$$

Logo, a distribuição da carga para cada transformador vale:

$$P_{ct1} = \frac{2.100 \times 500 \times 4,4}{(500 + 750 + 1.000) \times 3,5} = 587 \text{ kVA}$$

$$P_{ct2} = \frac{2.100 \times 750 \times 4,4}{(500 + 750 + 1.000) \times 4,5} = 685 \text{ kVA}$$

$$P_{ct3} = \frac{2.100 \times 1.000 \times 4,4}{(500 + 750 + 1.000) \times 5} = 822 \text{ kVA}$$

Logo, a distribuição percentual de carga nas três unidades de transformação será:

- Transformador 1:

$$P_1 = \frac{587 - 500}{500} \times 100 = 17,4 \%, \text{ em sobrecarga}$$

- Transformador 2:

$$P_2 = \frac{685 - 750}{750} \times 100 = -8,6 \%, \text{ em subcarga}$$

- Transformador 3:

$$P_3 = \frac{822 - 1.000}{1.000} \times 100 = -17,8 \%, \text{ em subcarga}$$

malmente, uma parte da carga, quando houver corte eventual do sistema de suprimento da concessionária.

Dado o elevado custo do empreendimento, os geradores devem ser dimensionados para suprir somente os circuitos previamente selecionados e indispensáveis ao funcionamento de determinadas máquinas, cuja paralisação produzirá elevadas perdas de material em processo de fabricação.

Normalmente, os geradores são interligados ao barramento do QGF, onde uma chave de manobra, manual ou automática, completará a ligação durante a falta de energia.

O esquema da Figura 12.33 mostra sucintamente a interligação de um grupo gerador de emergência com o sistema de distribuição da instalação. Essa interligação deverá ser executada de tal forma que impossibilite, acidentalmente, o paralelismo do gerador com o sistema de fornecimento local.

A instalação de estações de geração deve seguir as seguintes prescrições:

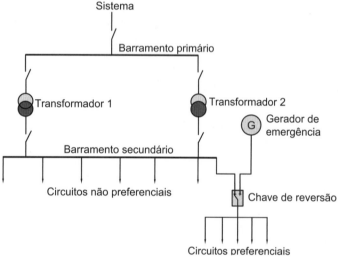

Figura 12.33 Conexão de gerador de emergência em uma instalação de BT.

- os condutores de saída dos terminais do gerador devem ter capacidade de condução de corrente não inferior a 115 % da corrente nominal. O condutor neutro deve ter a mesma seção transversal que os condutores fase;
- as carcaças dos geradores devem permanecer continuamente aterradas.

12.7 Ligações à terra

As subestações devem ter todas as partes condutoras não energizadas ligadas à malha de terra, cujo cálculo já foi exposto no Capítulo 11.

Para orientação do projetista, deve-se aterrar:

- suportes metálicos destinados à fixação de isoladores e aparelhos;
- proteções metálicas, tais como telas, portas etc.;
- carcaça dos transformadores;
- carcaça dos geradores;
- carcaça dos transformadores de medida;
- carcaça e os volantes dos disjuntores de alta-tensão;
- tampas metálicas das valas e eventuais tubulações metálicas;
- neutro do transformador.

O condutor de proteção deve ser constituído por condutores de cobre de seção mínima de 25 mm².

O condutor de aterramento para ligação dos suportes, carcaças etc. deve ter seção mínima igual a 25 mm². A ligação do neutro à terra deve ser feita com condutor de seção não inferior também a 25 mm².

Recomenda-se que a resistência de aterramento da malha de terra da subestação seja igual ou inferior a 10 Ω, em qualquer época do ano. Porém, a equipotencialização, as tensões de passo e de toque são mais importantes que o valor da própria resistência de aterramento.

13 Proteção contra descargas atmosféricas

13.1 Introdução

As descargas atmosféricas causam sérias perturbações nas redes aéreas de transmissão e distribuição de energia elétrica, além de provocarem danos materiais nas construções atingidas por elas, sem contar os riscos de morte a que as pessoas e os animais ficam submetidos.

As descargas atmosféricas induzem surtos de tensão que chegam a centenas de kV nas redes aéreas de transmissão e distribuição das concessionárias de energia elétrica, obrigando a utilização de cabos-guarda ao longo das linhas de tensão mais elevada e para-raios a resistor não linear para a proteção de equipamentos elétricos instalados nesses sistemas.

Quando as descargas elétricas entram em contato direto com quaisquer tipos de construção, tais como edificações, tanques metálicos de armazenamento de líquidos não convenientemente aterrados, nas partes estruturais ou não de subestações etc., são registrados grandes danos materiais que poderiam ser evitados caso essas construções estivessem protegidas adequadamente por Sistema de Proteção Contra Descargas Atmosféricas (SPDA).

O presente capítulo estudará somente a proteção contra descargas atmosféricas que incidam sobre as construções anteriormente mencionadas, fugindo ao escopo deste livro a abordagem da proteção contra as sobretensões resultantes nas redes urbanas e rurais, o que pode ser visto no livro do autor *Manual de Equipamentos Elétricos* (LTC, 2013).

13.2 Considerações sobre a origem dos raios

Ao longo dos anos, várias teorias foram desenvolvidas para explicar o fenômeno dos raios. Atualmente, tem-se como certa que a fricção entre as partículas de água que formam as nuvens, provocada pelos ventos ascendentes de forte intensidade, dá origem a uma grande quantidade de cargas elétricas. Verifica-se, experimentalmente, na maioria dos fenômenos atmosféricos, que as cargas elétricas positivas ocupam a parte superior da nuvem, enquanto as cargas elétricas negativas se posicionam na sua parte inferior, acarretando, consequentemente, uma intensa migração de cargas positivas na superfície da Terra para a área correspondente à localização da nuvem, conforme se pode observar na Figura 13.1. Dessa forma, as nuvens adquirem uma característica bipolar.

Como se pode deduzir pela Figura 13.1, a concentração de cargas elétricas positivas e negativas em determinada região faz surgir uma diferença de potencial entre a Terra e a nuvem. No entanto, o ar apresenta determinada rigidez dielétrica, normalmente elevada, que depende de certas condições ambientais. O aumento dessa diferença de potencial, que se denomina gradiente de tensão, poderá atingir um valor que supere a rigidez dielétrica do ar interposto entre a nuvem e a Terra, fazendo com que as cargas elétricas migrem na direção da Terra, em um trajeto tortuoso e normalmente cheio de ramificações, cujo fenômeno é conhecido como descargas atmosféricas descendentes, caracterizadas

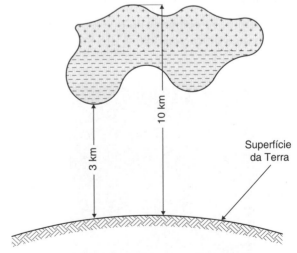

Figura 13.1 Distribuição das cargas elétricas das nuvens e do solo.

por um líder descendente da nuvem para a Terra. É de aproximadamente 1 kV/mm o valor do gradiente de tensão para o qual a rigidez dielétrica do ar é rompida.

A ionização do caminho seguida pela descarga descendente que mais se aproxima do solo, também conhecida como descarga piloto, propicia condições favoráveis de condutibilidade do ar ambiente. Mantendo-se elevado o gradiente de tensão na região entre a nuvem e a Terra, surge, em função da aproximação do solo, em uma das ramificações da descarga piloto, uma descarga ascendente, constituída de cargas elétricas positivas, denominada descarga ascendente, de retorno da Terra para a nuvem, originando-se em seguida a descarga principal no sentido da nuvem para a Terra, de grande intensidade, responsável pelo fenômeno conhecido como trovão, que é o deslocamento da massa de ar circundante ao caminhamento do raio, em função da elevação de temperatura e, consequentemente, do aumento repentino de seu volume.

Se as nuvens acumulam uma grande quantidade de cargas elétricas que não foram neutralizadas pela descarga principal, iniciam-se as chamadas descargas reflexas ou múltiplas, cujas características são semelhantes à descarga principal. A Figura 13.2 mostra a fotografia de uma descarga atmosférica. As descargas reflexas podem acontecer por várias vezes, após cessada a descarga principal.

Já a Figura 13.3 ilustra graficamente a formação das descargas atmosféricas, conforme o fenômeno foi descrito anteriormente.

O leitor poderá complementar a descrição sumária da formação das descargas atmosféricas consultando o *site* do Grupo de Eletricidade Atmosférica (ELAT), ligado ao Instituto Nacional de Pesquisas Espaciais (INPE) do Ministério da Ciência e Tecnologia.

As probabilidades de ocorrência de valores de pico das descargas atmosféricas, segundo a NBR 5419:2015, são:

- 95 % ≤ 5 kA;
- 80 % ≤ 20 kA;
- 60 % ≤ 30 kA;
- 20 % ≤ 60 kA;
- 10 % ≤ 80 kA.

Também ficou comprovado que a corrente de descarga tem uma única polaridade, isto é, uma só direção.

Figura 13.2 Descargas atmosféricas múltiplas.

Uma onda típica de descarga atmosférica foi determinada para efeito de estudos específicos. A Figura 13.4 mostra a conformação dessa onda em função do tempo.

A onda atinge seu valor máximo de tensão V_2 em um tempo T_2, compreendido entre 1 e 10 µs. Já o valor médio V_1, correspondente ao valor médio da cauda da onda, é atingido em um intervalo de tempo T_1 de 20 a 50 µs caindo para $V \cong 0$, ao final de T_0, no intervalo de 100 a 200 µs. A onda de tensão característica foi normalizada para valores de T_1 = 50 µs e T_2 = 1,5 µs, normalmente conhecida como onda de 1,2 × 50 µs. Já a onda característica da corrente de descarga foi normalizada para T_1 = 20 µs e T_2 = 8 µs também conhecida como onda de 8 × 20 µs.

O conhecimento da forma da onda e de seus valores típicos de tensão e tempo, além dos percentuais de sua ocorrência, possibilita a realização de estudos destinados ao dimensionamento dos para-raios de proteção contra sobretensões nas linhas e redes elétricas e dos para-raios de haste, destinados à proteção de construções prediais e instalações em geral.

13.3 Orientações para proteção do indivíduo

Durante as tempestades, na maioria das vezes, as pessoas se tomam de pavor na presença das descargas atmosféricas, procurando proteção em locais muitas vezes impróprios sob o ponto de vista da segurança. A seguir, será resumidamente analisada a segurança das pessoas em diferentes situações em que podem encontrar-se durante as tempestades.

- As pessoas devem retirar-se da água, seja praia, seja barragens, pois as descargas atmosféricas podem provocar no espelho d'água quedas de tensão acentuadas capazes de acidentar o indivíduo, notadamente se este estiver em posição de nado.

- Ao sair da água, não se deve ficar andando ou deitado na praia; procurar sempre um abrigo que possa oferecer a melhor segurança.

- Se o indivíduo estiver no interior de um pequeno barco ou jangada, por exemplo, praticando pescaria, deve recolher a vara de pesca, colocando-a no interior do barco, e procurar deitar-se ou abaixar-se; se for possível, desembarcar com segurança, identificando logo um local mais seguro.

- Durante as partidas de futebol de várzea, o chamado futebol de poeira, é conveniente interromper o espetáculo e procurar abrigo.

- Nas quadras de esporte abertas, ou campos de futebol, em que não há nenhuma forma de proteção contra descargas atmosféricas, as pessoas devem se proteger sob as arquibancadas, inclusive os atletas; de quando em vez a imprensa televisiva registra e relata ocorrências de raios atingindo atletas em pleno jogo.

- Evitar permanecer em lugares altos dos morros.

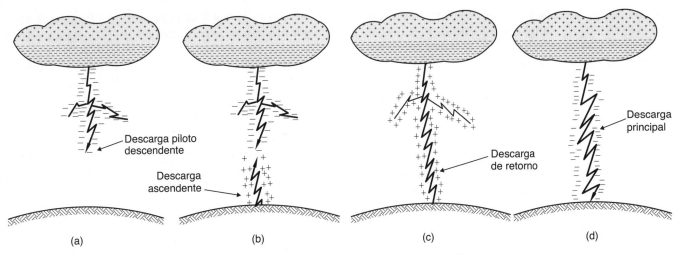

Figura 13.3 Formação de uma descarga atmosférica.

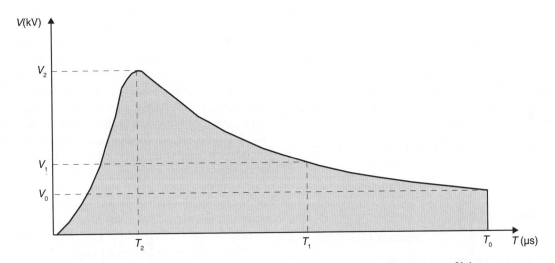

Figura 13.4 Formato característico de uma onda de descarga atmosférica.

- Evitar locais abertos, como estacionamento e área rural.
- Os operários devem abandonar o topo das construções durante as tempestades.
- Evitar permanecer debaixo de árvores isoladas; é preferível procurar locais com maior número de árvores quando não se encontrar abrigo mais seguro.
- Nunca se deitar debaixo de uma árvore, principalmente com o corpo na posição radial; no caso de uma descarga atingir a árvore, a corrente é injetada no solo no sentido radial, podendo o indivíduo ficar submetido à elevada queda de tensão entre as pontas dos pés e os braços.
- Os melhores abrigos que as pessoas normalmente podem encontrar em situações de tempestades são:
  - qualquer estrutura que possua uma proteção contra descargas atmosféricas;
  - grandes estruturas de concreto, mesmo que não possuam proteção contra descargas atmosféricas;
  - túneis, estações de metrô, passarelas subterrâneas ou quaisquer estruturas subterrâneas;
  - automóveis, caminhões, carrocerias e congêneres, desde que devidamente fechados e dotados de superfícies metálicas;
  - vias públicas, nas quais haja edificações elevadas;
  - interior de lanchas ou de navios metálicos.

13.4 Análise de componentes de risco

O risco é um valor a partir do qual se estabelece uma provável perda anual média de vidas, bens etc., quando se projeta um sistema de descarga atmosférica para proteção de determinada estrutura.

Quando falamos em risco, nesse contexto, referimo-nos aos danos e perdas resultados de uma descarga atmosférica que atinge uma estrutura (edificação, torre, tanques etc.) ou uma linha de energia ou de sinal, ou ainda áreas próximas à estrutura. A NBR 5419-2:2015 codifica as fontes, os tipos de danos e perdas, facilitando sua identificação ao longo do processo de cálculo para a definição da necessidade ou não de implementação de medidas de proteção da estrutura.

a) **Fontes de danos**

A principal fonte de danos tem origem na corrente gerada por uma descarga atmosférica, e a severidade do dano está associada ao ponto de impacto da descarga.

- S1: descarga atmosférica que atinge a estrutura;
- S2: descarga atmosférica que atinge áreas próximas à estrutura;
- S3: descarga atmosférica que atinge a linha de energia elétrica, linha telefônica e cabo de internet;
- S4: descarga atmosférica que atinge as proximidades da linha de energia elétrica, linha telefônica e cabo de internet.

b) **Tipos de danos**

Os danos causados por uma descarga atmosférica estão associados notadamente ao tipo de construção (edificação em concreto armado, edificação em estrutura de aço etc.), ao tipo de serviço executado no seu interior e às medidas de proteção existentes (DPS coordenados). Os riscos a serem considerados são:

- D1: ferimentos a seres vivos por choque elétrico;
- D2: danos físicos;
- D3: falhas de sistemas eletroeletrônicos.

c) **Tipos de perdas**

Os tipos de perdas a serem considerados são:

- L1: ferimentos a seres vivos por choque elétrico;
- L2: perda de serviço público;
- L3: perda de patrimônio cultural;
- L4: perdas de valores econômicos (estrutura, os bens nela contidos e perda de atividade desenvolvida na edificação).

Para avaliação dos riscos a que ficam submetidas as estruturas diante de eventos decorrentes de descargas atmosféricas, temos as seguintes questões a considerar:

- R1: risco de perda de vida humana, incluindo ferimentos;
- R2: risco de perda de serviço público;
- R3: risco de perda de patrimônio cultural (museus, monumentos históricos etc.);
- R4: risco de perda de valores econômicos.

A expressão básica que avalia o nível de risco pode ser dada pela Equação (13.1).

$$R_x = N_x \times P_x \times L_x \qquad (13.1)$$

R_x = componente de risco devido a um evento perigoso causado por uma descarga atmosférica;

N_x = número de eventos perigosos decorrentes de descargas atmosféricas ocorridas no intervalo de um ano; o valor de N_x será determinado na Seção 13.4.1;
P_x = probabilidade de ocorrência de dano à estrutura; o valor de P_x será determinado na Seção 13.4.2;
L_x = perda consequente de um evento perigoso causado por uma descarga atmosférica; o valor de L_x será determinado na Seção 13.4.3.

Em consonância com o objetivo deste livro, trataremos com maior atenção apenas o componente de risco R_1, envolvendo: (i) as fontes de danos D1, D2 e D3; e (ii) o tipo de perda L1.

Se o valor de R_1 encontrado no final do cálculo de avaliação do risco for superior a $R_t = 10^{-5}$ deve ser considerada a proteção contra descargas atmosféricas, por meio de um projeto de SPDA, definindo sua classe, que vai de I a IV, conforme o nível de proteção requerido, assunto este que estudaremos na Seção 13.5, sendo que a proteção de nível I pode ser aplicada para todos os casos. Se o conteúdo no interior da edificação ou na área do entorno da mesma tratar-se de materiais sensíveis aos efeitos das descargas atmosféricas (por exemplo, materiais explosivos ou de fácil combustão), deve-se adotar um nível de proteção I (SPDA classe I), podendo-se até decidir-se por um nível de proteção II, conforme a análise do projetista ou as posturas legais da região. Se a região em que está localizada a estrutura tem baixo índice ceráunico associado a um conteúdo de baixa sensibilidade às descargas atmosféricas (por exemplo, depósitos de materiais cerâmicos, peças metálicas e afins), pode-se adotar um nível de proteção III. O nível de proteção IV somente deve ser aplicado em situações de muito baixo risco de perda de vida humana ou ferimentos com sequelas.

A identificação das classes dos SPDA corresponde ao mesmo número do nível de proteção. Assim, um SPDA classe I atende ao nível de proteção I. Da mesma forma, um SPDA classe III atende ao nível de proteção III.

13.4.1 Avaliação do número anual de eventos perigosos decorrentes de descargas atmosféricas (N_x)

As descargas atmosféricas podem causar muitos danos às estruturas e risco de morte às pessoas e animais, sendo considerados perigosos os seguintes eventos:

- descargas atmosféricas atingindo a estrutura;
- descargas atmosféricas atingindo um ponto próximo à estrutura;
- descargas atmosféricas atingindo a linha de energia ou de sinal conectada à estrutura;
- descargas atmosféricas atingindo um ponto próximo à linha de energia ou de sinal que está conectada à estrutura.

O número de descargas atmosféricas pode ser avaliado a partir de sua densidade, que é uma característica da região onde está localizada a edificação ou estrutura, bem como de suas características físicas, ou seja, edifício, torres, tanques de aço etc. Para se obter seu valor, pode-se consultar o *site* do INPE. Na ausência dessa informação, utilizar a Equação (13.2) simplificada.

$$D_{dat} = 0{,}10 \times N_{dta} \ 1/(km^2 \times ano) \quad \text{(13.2)}$$

D_{dat} = densidade das descargas atmosféricas para a terra por km² por ano;
N_{dta} = número de dias de tempestades anuais, cujo valor pode ser obtido no mapa isoceráunico nacional mostrado na Figura 13.5.

13.4.1.1 Avaliação do número médio anual de eventos perigosos decorrentes de descargas atmosféricas

Serão consideradas as descargas atmosféricas que atingem tanto a estrutura como a estrutura adjacente.

13.4.1.1.1 Determinação da área de exposição equivalente da estrutura (S_{eqr} e S_{eqc})

Devem ser considerados dois tipos de edificações:

a) Estruturas retangulares

O valor da área de exposição equivalente para áreas retangulares pode ser determinado pela Equação (13.3). Para melhor esclarecimento, considerar a ilustração da Figura 13.6.

$$S_{eqr} = L_e \times W_e + 2 \times (3 \times H_e) \times (L_e + W_e) + \pi \times (3 \times H_e)^2 \ (m^2) \quad \text{(13.3)}$$

S_{eqr} = área da estrutura equivalente para áreas planas e retangulares, em m²;
L_e = comprimento da estrutura a ser protegida, em m;
W_e = largura da estrutura a ser protegida, em m;
H_e = altura da estrutura a ser protegida, em m.

b) Estruturas de formas complexas

O valor da área de exposição equivalente pode ser determinado pela Equação (3.4) para as estruturas com saliências no plano de cobertura, tais como chaminés, caixa-d'água etc. Para melhor esclarecimento, considerar a ilustração da Figura 13.7. Outras características de estruturas podem ser avaliadas na NBR 5419-2.

$$S_{eqc} = \pi \times (3 \times H_{ep})^2 \ (m^2) \quad \text{(13.4)}$$

S_{eqc} = área da estrutura equivalente para estruturas complexas atribuída à saliência construída sobre a estrutura;
H_{ep} = altura da saliência construída sobre a estrutura.

Fonte: Norma Brasileira NBR 5419:2005
Mapa Isoceráunico Brasileiro

Figura 13.5 Curvas isoceráunicas do território brasileiro.

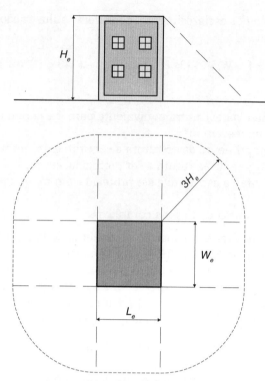

Figura 13.6 Ilustração de uma estrutura isolada localizada em solo plano.

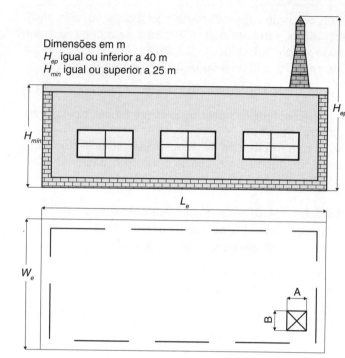

Figura 13.7 Ilustração de uma área de estrutura complexa.

O valor da área de exposição equivalente deve ser atribuído ao maior valor calculado de S_{eqr}, considerando H_{ep} e $H_{mín}$ (altura mínima da estrutura) e a área de exposição equivalente obtida, S_{eqc}.

13.4.1.1.2 Localização relativa da estrutura

Determinada estrutura pode ser avaliada nas situações em que sua localização fica exposta isoladamente ou compensada por estruturas circunvizinhas, tais como edificações, morros etc. Para cada condição de sua posição em relação aos obstáculos nas proximidades, deve-se considerar o fator de localização dado pela Tabela 13.1.

13.4.1.1.3 Determinação do número de eventos perigosos para a estrutura decorrentes de uma descarga atmosférica

Pode ser obtida pela Equação (13.5).

$$N_{ate} = D_{dat} \times S_{eqr} \times F_{le} \times 10^{-6}/\text{ano} \qquad (13.5)$$

N_{ate} = número de eventos perigosos para a estrutura devido a descargas atmosféricas/ano;
D_{dat} = densidade das descargas atmosféricas para a terra, em 1/(km² × ano). Pode ser obtido no *site* do INPE ou, simplificadamente, utilizando a Equação (13.2);
S_{eqr} = área de exposição equivalente da estrutura, em m², ilustrada na Figura 13.8;
F_{le} = fator de localização da estrutura obtido na Tabela 13.1.

Tabela 13.1 Fator de localização da estrutura (NBR 5419-2:2015)

Localização relativa	F_{le} ou F_{lea}
Estrutura cercada por objetos mais altos	0,25
Estrutura cercada por objetos da mesma altura ou mais baixos	0,5
Estrutura isolada: nenhum outro objeto nas vizinhanças	1
Estrutura isolada no topo de uma colina ou monte	2

13.4.1.1.4 Determinação do número de eventos perigosos para uma estrutura adjacente decorrentes de descargas atmosféricas

Pode ser obtida pela Equação (13.6).

$$N_{atea} = D_{dat} \times S_{eqra} \times F_{lea} \times F_{tl} \times 10^{-6}/\text{ano} \qquad (13.6)$$

N_{atea} = número médio anual de eventos perigosos decorrentes de descargas atmosféricas diretamente a uma estrutura adjacente conectada na extremidade da linha;
D_{dat} = densidade das descargas atmosféricas para a terra, em 1/(km² × ano);
S_{eqra} = área de exposição equivalente da estrutura adjacente, em m², ilustrada na Figura 13.8, na qual estão definidas suas dimensões que permitem a determinação de seu valor numérico;
F_{lea} = fator de localização da estrutura adjacente obtido na Tabela 13.1;
F_{tl} = fator do tipo de linha obtido na Tabela 13.2.

Tabela 13.2 Fator do tipo de linha (NBR 5419-2:2015)

Instalação	F_{tl}
Linha de energia ou sinal	1
Linha de energia em AT (com transformador AT/BT)	0,2

13.4.1.2 Avaliação do número médio anual de eventos perigosos decorrentes de descargas atmosféricas próximas à estrutura

Pode ser determinada pela Equação (13.7).

$$N_{atpe} = D_{dat} \times S_{eqpm500} \times 10^{-6}/\text{ano} \qquad (13.7)$$

N_{atpe} = número médio anual de eventos perigosos decorrentes de descargas atmosféricas próximas à estrutura por ano;
D_{dat} = densidade das descargas atmosféricas para a terra, em 1/(km² × ano);
S_{eqpm} = área de exposição equivalente de descarga atmosférica que atinge um local próximo à estrutura, em m², ilustrada na Figura 13.8.

A área de exposição equivalente, S_{eqpm}, que se estende a uma distância de 500 m do perímetro da estrutura a ser protegida, cuja notação é $S_{eqpm500}$, pode ser determinada pela Equação (13.8) e ilustrada na Figura 13.8.

$$S_{eqpm500} = 2 \times 500 \times (L_e + W_e) + \pi \times 500^2 (\text{m}^2) \qquad (13.8)$$

13.4.1.3 Avaliação do número médio anual de eventos perigosos decorrentes de descargas atmosféricas que atingem a linha de energia elétrica (S_{eqle}) ou de sinal (S_{eqls}) que alimenta a estrutura

Pode ser determinada pela Equação (13.9).

$$N_{sl} = D_{dat} \times S_{eql} \times F_{il} \times F_{amb} \times F_{tl} \times 10^{-6}/\text{ano} \qquad (13.9)$$

N_{sl} = número de sobretensões de amplitude igual ou superior a 1 kV por ano, na seção da linha de energia (N_{sle}) ou de sinal (N_{sls});
D_{dat} = densidade das descargas atmosféricas para a terra, em 1/(km² × ano);
F_{il} = fator de instalação da linha de distribuição, dado na Tabela 13.3;
F_{amb} = fator ambiental dado na Tabela 13.4;
F_{tl} = fator do tipo de linha obtido na Tabela 13.2;
S_{eql} = área de exposição equivalente de descargas atmosféricas que atingem a linha de energia elétrica (S_{eqle}) ou sinal (S_{eqls}), em m²; veja os limites da área na Figura 13.8 e que pode ser determinada pela Equação (13.10).

$$S_{eql} = 40 \times L_l (\text{m}^2) \qquad (13.10)$$

L_l = comprimento da seção da linha de distribuição L_{le} ou de sinal (L_{ls}), em m. Se não for identificado o comprimento da linha de distribuição, pode-se assumir que L_l = 1.000 m.

13.4.1.4 Avaliação do número médio anual de eventos perigosos decorrentes de descargas atmosféricas que atingem áreas próximas à linha de energia elétrica (N_{slep}) ou de sinal (N_{slsp}) que alimenta a estrutura

Pode ser determinada pela Equação (13.11):

$$N_{slp} = D_{dat} \times S_{eqlp} \times F_{il} \times F_{amb} \times F_{tl} \times 10^{-6}/\text{ano} \qquad (13.11)$$

N_{slp} = número de sobretensões de amplitude igual ou superior a 1 kV por ano, na seção da linha por ano;
D_{dat} = densidade das descargas atmosféricas para a terra, em 1/(km² × ano);

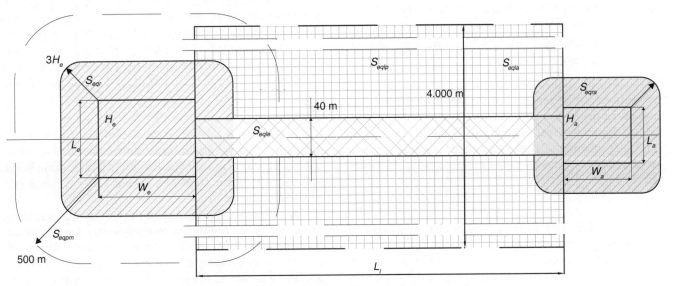

Figura 13.8 Ilustração de áreas de exposição equivalente.

Tabela 13.3 Fator de instalação de linha (NBR 5419-2:2015)

Roteamento	F_{il}
Aéreo	1
Enterrado	0,5
Cabos enterrados instalados completamente dentro de uma malha de aterramento (ABNT NBR 5419-4:2015, 5.2)	0,01

Tabela 13.4 Fator ambiental de linha (NBR 5419-2:2015)

Ambiente	F_{amb}
Rural	1
Suburbano	0,5
Urbano	0,1
Urbano com edifícios mais altos que 20 m	0,01

Tabela 13.5 Valores de probabilidade P_{ta} de uma descarga atmosférica atingir uma estrutura e causar choque a seres vivos devidos a tensões de passo e de toque (NBR 5419-2:2015)

Valores de probabilidade P_{ta}	
Medida de proteção adicional	P_{ta}
Nenhuma medida de proteção	1
Avisos de alerta	10^{-1}
Isolação elétrica, por exemplo, de pelo menos 3 mm de polietileno reticulado das partes expostas (por exemplo, condutores de descidas)	10^{-2}
Equipotencialização efetiva do solo	10^{-2}
Restrições físicas ou estrutura do edifício utilizada como subsistema de descida	0

S_{eqlp} = área de exposição equivalente de descargas atmosféricas para a terra que atingem área próxima à linha de distribuição de energia (S_{eqlep}) ou de energia (S_{eqlsp}), em m², ilustrada na Figura 13.8; seu valor é dado pela Equação (13.12).

$$S_{eqlp} = 4.000 \times L_l \, (m^2) \quad (13.12)$$

L_l = comprimento da seção da linha de distribuição de energia (L_{lep}) ou de sinal (L_{lsp}), em m, identificado na Figura 13.8. Se não for possível conhecer o comprimento da linha de distribuição, pode-se assumir L_l = 1.000 m;
F_{il} = fator de instalação da linha de distribuição, dado na Tabela 13.3;
F_{tl} = fator do tipo de linha obtido na Tabela 13.2;
F_{amb} = fator ambiental dado na Tabela 13.4.

13.4.2 Avaliação da probabilidade de danos (P_x)

13.4.2.1 Probabilidade P_a de uma descarga atmosférica atingir uma estrutura e causar ferimentos a seres vivos por meio de choque elétrico

As tensões de toque e de passo provocadas nos seres vivos devido a descargas atmosféricas ocorridas em uma estrutura é função das medidas de proteção adotadas e do nível de proteção determinado no projeto de SPDA. A probabilidade que essas tensões possam causar choques elétricos pode ser obtida a partir da Equação (13.13).

$$P_a = P_{ta} \times P_b \quad (13.13)$$

P_{ta} = a probabilidade de uma pessoa ficar submetida a tensões de passo e de toque provocadas por descargas atmosféricas em uma estrutura é função das medidas de proteção adicionais adotadas, cujos valores podem ser conhecidos na Tabela 13.5;

P_b = seu valor depende da classe do SPDA projetado para determinado nível de proteção, cujos valores podem ser conhecidos na Tabela 13.6.

13.4.2.2 Probabilidade P_b de uma descarga atmosférica atingir uma estrutura e causar danos físicos

Como medida adequada para reduzir a probabilidade de ocorrência de danos físicos, devido a descargas atmosféricas, deve-se aplicar um nível de proteção cujos valores são dados na Tabela 13.6.

13.4.2.3 Probabilidade P_c de uma descarga atmosférica atingir uma estrutura e causar falhas a sistemas internos

Como medida adequada para reduzir a probabilidade de ocorrência de falhas em sistemas internos, tais como os circuitos elétricos da instalação aos quais estão ligados, por exemplo, os equipamentos de tecnologia da informação, pode ser utilizado o sistema DPS (dispositivo de proteção contra sobretensão) aplicado em cascata, devendo haver coordenação entre seus elementos, cujos valores podem ser obtidos por meio da Equação (13.14).

$$P_c = P_{spd} \times F_{iba} \quad (13.14)$$

O valor de P_{spd} depende do sistema de coordenação dos DPS e do nível de proteção contra descargas atmosféricas obtido e para o qual os DPS foram projetados. Seu valor pode ser obtido na Tabela 13.7 em função do nível de proteção.

Já o valor de F_{iba} depende do nível de isolamento da linha de fornecimento de energia elétrica à estrutura, da blindagem aplicada à linha e do projeto de aterramento desenvolvido para protegê-la. Seu valor pode ser obtido na Tabela 13.8, em função dos diferentes tipos de linha elétrica ou de sinal conectados à estrutura.

Tabela 13.6 Valores de probabilidade P_b em função das medidas de proteção para reduzir danos físicos (NBR 5419-2:2015)

Características da estrutura	Classe do SPDA	P_b
Estrutura não protegida por SPDA	–	1
Estrutura protegida por SPDA	IV	0,2
	III	0,1
	II	0,05
	I	0,02
Estrutura com subsistema de captação conforme SPDA classe I e uma estrutura metálica contínua ou de concreto armado atuando como um subsistema de descida natural		0,01
Estrutura com cobertura metálica e um subsistema de captação, possivelmente incluindo componentes naturais, com proteção completa de qualquer instalação na cobertura contra descargas atmosféricas diretas e uma estrutura metálica contínua ou de concreto armado atuando como um subsistema de descida natural		0,001

Tabela 13.7 Valores de probabilidade P_{spd} em função do nível de proteção para o qual os DPS foram projetados (NBR 5419-2:2015)

Nível de proteção (NP)	P_{spd}
Nenhum sistema de DPS coordenado	1
III-IV	0,05
II	0,02
I	0,01
Para DPS com melhores características de proteção quando comparados com os requisitos definidos para NP I	0,005 – 0,001

Tabela 13.8 Valores dos fatores F_{iba} e F_{ba} em função das condições de blindagem, aterramento e isolamento (NBR 5419-2:2015)

Tipo de linha externa	Conexão na entrada	F_{iba}	F_{ba}
Linha aérea não blindada	Indefinida	1	1
Linha enterrada não blindada	Indefinida	1	1
Linha de energia com neutro multiaterrado	Nenhuma	1	0,2
Linha enterrada blindada (energia ou sinal)	Blindagem não interligada ao mesmo barramento de equipotencialização que o equipamento	1	0,3
Linha aérea blindada (energia ou sinal)	Blindagem não interligada ao mesmo barramento de equipotencialização que o equipamento	1	0,1
Linha enterrada blindada (energia ou sinal)	Blindagem interligada ao mesmo barramento de equipotencialização que o equipamento	1	0
Linha aérea blindada (energia ou sinal)	Blindagem interligada ao mesmo barramento de equipotencialização que o equipamento	1	0
Cabo protegido contra descargas atmosféricas ou cabeamento em dutos para cabos protegidos contra descargas atmosféricas, eletroduto metálico ou tubos metálicos	Blindagem interligada ao mesmo barramento de equipotencialização que o equipamento	0	0
Nenhuma linha externa	Sem conexões com linhas externas (sistemas independentes)	0	0
Qualquer tipo	Interfaces isolantes de acordo com a ABNT 5419-4	0	0

13.4.2.4 Probabilidade P_m de uma descarga atmosférica atingir um ponto próximo a uma estrutura e causar falhas em sistemas internos

É função das medidas adotadas de proteção da estrutura, tais como a instalação de SPDA, blindagens com malha, tensão suportável aumentada dos aparelhos, equipamentos, linhas elétricas e sistemas coordenados de DPS. Seu valor pode ser obtido da Equação (13.15):

$$P_m = P_{spd} \times F_{ms} \qquad (13.15)$$

F_{ms} = fator calculado pela Equação (13.16).

$$F_{ms} = (K_{s1} \times K_{s2} \times K_{s3} \times K_{s4})^2 \qquad (13.16)$$

K_{s1} = função da eficiência por blindagem por malha na estrutura, do projeto de SPDA; seu valor deve ser igual ou inferior a 1 e pode ser obtido pela Equação (13.16.1).

$$K_{s1} = 0{,}12 \times L_{m1} \qquad (13.16.1)$$

L_{m1} e L_{m2} = larguras da blindagem em forma de grade, ou dos condutores de descida do SPDA do tipo malha ou o espaçamento entre colunas metálicas da estrutura, em metros;

K_{s2} = função da eficiência por blindagem através de malha de blindagem interna à estrutura; seu valor deve ser igual ou inferior a 1.

$$K_{s2} = 0{,}12 \times L_{m2} \qquad (13.16.2)$$

K_{s3} = função das características da fiação interna, conforme a Tabela 13.9;
K_{s4} = função da tensão suportável de impulso do sistema a ser protegido; deve ser igual ou inferior a 1.

$$K_{s4} = \frac{1}{V_{tsi}} \qquad (13.16.3)$$

V_{tsi} = tensão suportável nominal de impulso do sistema a ser protegido, em kV.

13.4.2.5 Probabilidade P_u de uma descarga atmosférica atingir uma linha e causar ferimentos a seres vivos por choque elétrico

É dada pela Equação (13.17).

$$P_u = P_{tu} \times P_{eb} \times P_{ld} \times F_{iba} \qquad (13.17)$$

P_{tu} = função das medidas de proteção contra tensões de toque, tais como restrições físicas ou avisos visíveis de alerta; seu valor é fornecido pela Tabela 13.10;
P_{eb} = função das ligações equipotenciais dos aterramentos do SPDA e do nível de proteção contra descargas atmosféricas (NP); seu valor é fornecido pela Tabela 13.11;
P_{ld} = probabilidade de ocorrência de falha dos sistemas internos devido a uma descarga atmosférica no circuito elétrico de alimentação da estrutura; seu valor pode ser fornecido na Tabela 13.12;
F_{iba} = definido em 13.4.2.3; seu valor é fornecido na Tabela 13.8.

13.4.2.6 Probabilidade P_v de uma descarga atmosférica atingir uma linha e causar danos físicos

É dada pela Equação (13.18).

$$P_v = P_{eb} \times P_{ld} \times F_{iba} \qquad (13.18)$$

Os significados de P_{eb} e P_{ld} são os mesmos já descritos em 13.4.2.5, e F_{iba} em 13.4.2.3.

Tabela 13.10 Probabilidade P_{tu} de uma descarga atmosférica, em uma linha que adentre a estrutura, causar choque a seres vivos devido a tensões de toque perigosas (NBR 5419-2:2015)

Medida de proteção	P_{tu}
Nenhuma medida de proteção	1
Avisos visíveis de alerta	10^{-1}
Isolação elétrica	10^{-2}
Restrições físicas	0

Tabela 13.9 Fator K_{s3} em função dos cabos da instalação interna (NBR 5419-2:2015)

Tipo de fiação interna	K_{s3}
Cabo não blindado – sem preocupação no roteamento no sentido de evitar laços[1]	1
Cabo não blindado – preocupação no roteamento no sentido de evitar grandes laços[2]	0,2
Cabo não blindado – preocupação no roteamento no sentido de evitar laços[3]	0,01
Cabo blindado e cabos instalados em eletrodutos metálicos[4]	0,0001

[1] Condutores em laço com diferentes roteamentos em grandes edifícios (área do laço da ordem de 50 m²).
[2] Condutores em laço roteados em um mesmo eletroduto ou condutores em laço com diferentes roteamentos em edifícios pequenos (área do laço da ordem de 10 m²).
[3] Condutores em laço roteados em um mesmo cabo (área do laço da ordem de 0,5 m²).
[4] Blindados e eletrodutos metálicos interligados a um barramento de equipotencialização em ambas extremidades e equipamentos estão conectados no mesmo barramento de equipotencialização.

Tabela 13.11 Valores de probabilidade P_{eb} para os quais os DPS foram projetados (NBR 5419-2:2015)

Nível de proteção (NP)	P_{eb}
Sem DPS	1
III-IV	0,05
II	0,02
I	0,01
Os valores de P_{eb} podem ser reduzidos para DPS que tenham melhores características de proteção comparados com os requisitos definidos para NP I	0,005 – 0,001

13.4.2.7 Probabilidade de uma descarga atmosférica atingir uma linha e causar falhas nos sistemas internos à estrutura (P_w)

É dada pela Equação (13.19):

$$P_w = P_{spd} \times P_{ld} \times F_{iba} \qquad (13.19)$$

sendo que o valor de P_{spd} depende do sistema coordenado de DPS e do nível de proteção contra descargas atmosféricas obtido e para o qual os DPS foram projetados. Seu valor pode ser definido a partir da Tabela 13.7 em função do nível de proteção.

Os valores de P_{spd} e F_{iba} foram definidos em 13.4.2.3. O valor de P_{ld} foi definido em 13.4.2.5.

13.4.2.8 Probabilidade P_z de uma descarga atmosférica, ocorrida nas proximidades de uma linha que adentre a estrutura, causar falhas nos sistemas internos

É dada pela Equação (13.20):

$$P_z = P_{spd} \times P_{li} \times F_{ba} \qquad (13.20)$$

P_{li} = probabilidade de falhas de sistemas internos à estrutura em função de uma descarga atmosférica nas proximidades de uma linha conectada à essa estrutura e que depende das características da blindagem da linha e da sua tensão suportável de impulso; seu valor é fornecido na Tabela 13.13;

F_{ba} = fator que depende das condições da blindagem, do aterramento e das condições da linha.

O valor de P_{spd} já foi definido em 13.4.2.3 e na Tabela 13.8.

13.4.3 Análise da quantidade de perda (L_x)

13.4.3.1 Perdas de vida humana (L_1)

Podem ser dadas pelas Equações (13.21) a (13.23).

- Para o tipo de dano D1: ferimentos a seres vivos por choque elétrico

$$L_a = L_u = F_t \times L_t \times \frac{N_z}{N_t} \times \frac{T_z}{8.760} \qquad (13.21)$$

A expressão $\frac{N_z}{N_t} \times \frac{T_z}{8.760}$ é denominada fator para pessoas na zona.

- Para o tipo de dano D2: danos físicos

$$L_b = L_v = F_p \times F_f \times F_z \times L_f \times \frac{N_z}{N_t} \times \frac{T_z}{8.760} \qquad (13.22)$$

Tabela 13.13 Valores de probabilidade P_{li} dependendo do tipo de linha e da tensão suportável de impulso V_{tsi} dos equipamentos (NBR 5419-2:2015)

Tipo da linha	Tensão suportável V_{tsi} em kV				
	1	1,5	2,5	4	6
Linhas de energia	1	0,6	0,3	0,16	0,1
Linhas de sinais	1	0,5	0,2	0,08	0,04

Tabela 13.12 Valores de probabilidade P_{ld} dependendo da resistência da blindagem do cabo e da tensão suportável de impulso V_{tsi} (NBR 5419-2:2015)

Tipo da linha	Condições do roteamento, blindagem e interligação		Tensão suportável V_{tsi} em kV				
			1	1,5	2,5	4	6
Linhas de energia ou sinal (1)	Linha aérea ou enterrada, não blindada ou com a blindagem não interligada ao mesmo barramento de equipotencialização do equipamento.		1	1	1	1	1
	Blindada aérea ou enterrada cuja blindagem está interligada ao mesmo barramento de equipotencialização do equipamento	5 Ω/km < R_{Sb} ≤ 20 Ω/km	1	1	0,95	0,9	0,8
		1 Ω/km < R_{Sb} ≤ 5 Ω/km	0,9	0,8	0,6	0,3	0,1
		R_{sb} ≤ 1 Ω/km	0,6	0,4	0,2	0,04	0,02
(1) Para rede de distribuição de energia subterrânea de média tensão o valor de R_{sb} varia entre 1 e 5 Ω/km.							
(2) Nas linhas de sinal em cabos subterrâneos de 20 condutores o valor de R_{sb} é de aproximadamente 20 Ω/km.							

- Para tipo de dano D3: falhas em sistemas eletroeletrônicos

$$L_c = L_m = L_W = L_z = L_o \times \frac{N_z}{N_t} \times \frac{T_z}{8.760} \quad (13.23)$$

L_t = número médio relativo típico de vítimas feridas por choque elétrico (D1), devido a um evento perigoso decorrente de uma descarga atmosférica, de acordo com a Tabela 13.14;
L_f = número médio relativo típico de vítimas por danos físicos (D2), devido a um evento perigoso decorrente de uma descarga atmosférica, de acordo com a Tabela 13.14;
L_o = número relativo médio típico de vítimas por falha de sistemas internos (D3) em função de uma descarga atmosférica, de acordo com a Tabela 13.14;
F_t = fator de redução de perda de vidas humanas em função do tipo da superfície do solo ou piso da estrutura, devido a um evento perigoso decorrente de uma descarga atmosférica, de acordo com a Tabela 13.15;
F_p = fator de redução de perda devido a danos físicos em função de determinadas providências de segurança, tais como a instalação de extintores de incêndio, placas de aviso etc., de acordo com a Tabela 13.16; no caso de estrutura com risco de explosão, F_p = 1; se forem tomadas mais de uma providência de segurança, pode-se atribuir a F_p o menor dos valores relevantes;
F_f = fator de redução das perdas em função dos danos físicos, dependendo do risco de explosões ou incêndios da estrutura, de acordo com a Tabela 13.17;
F_z = fator de aumento das perdas em função dos danos físicos quando um perigo especial estiver presente, de acordo com a Tabela 13.18;
N_z = número de pessoas na zona;
N_t = número total de pessoas na estrutura;
T_z = tempo durante o qual as pessoas estão presentes na zona, em horas/ano.

Se as descargas atmosféricas envolverem estruturas nas proximidades ou o meio ambiente, tais como emissões de particulados químicos ou radioativas, podem ser consideradas perdas adicionais L_e com a finalidade de determinar a perda total L_{ft}:

$$L_{ft} = L_f + L_e \quad (13.24)$$

$$L_e = \frac{L_{fe} \times T_e}{8.860} \quad (13.25)$$

L_{fe} = perdas por danos físicos fora da estrutura;
T_e = tempo da presença de pessoas nos locais perigosos fora da estrutura.

Se não for possível avaliar os valores de L_{fe} e T_e, pode-se admitir L_{fe} = 1 e $T_e/8.760$ = 1.

Tabela 13.14 Tipo de perda L_1: valores médios típicos de L_t, L_f e L_o (NBR 5419-2:2015)

Tipo de dano		Valor de perda típico	Tipo da estrutura
D1 ferimentos	L_t	10^{-2}	Todos os tipos
D2 danos físicos	L_f	10^{-1}	Risco da explosão
		10^{-1}	Hospital, hotel, escola, edifício cívico
		5×10^{-2}	Entretenimento público, igreja, museu
		2×10^{-2}	Industrial, comercial
		10^{-2}	Outros
D3 falhas em sistema interno	L_o	10^{-1}	Risco de explosão
		10^{-2}	Unidade de terapia intensiva e bloco cirúrgico de hospital
		10^{-3}	Outras partes de hospital

Tabela 13.15 Fator de redução F_t (NBR 5419-2:2015)

Tipo de superfície (2)	Resistência de contato kΩ (1)	F_t
Agricultura, concreto	≤ 1	10^{-2}
Mármore, cerâmica	1 – 10	10^{-3}
Cascalho, tapete, carpete	10 – 100	10^{-4}
Asfalto, linóleo, madeira	≥ 100	10^{-5}
(1) Valores medidos entre um eletroduto de 400 cm² comprimido com uma força uniforme de 500 N e um ponto considerado no infinito. (2) Uma camada de material isolante, por exemplo, asfalto, de 5 cm de espessura (ou uma camada de cascalho de 15 cm de espessura) geralmente reduz o perigo a um nível tolerável.		

Tabela 13.16 Fator de redução F_p (NBR 5419-2:2015)

Providências	F_p
Nenhuma providência	1
Uma das seguintes providências: extintores, instalações fixas operadas manualmente, instalações de alarme, hidrantes, compartimentos à prova de fogo, rotas de escape	0,5
Uma das seguintes providências: instalações fixas operadas automaticamente, instalações de alarme automático (1)	0,2
(1) Somente se protegidas contra sobretensões e outros danos e se os bombeiros puderem chegar em menos de 10 min.	

Tabela 13.17 Fator de redução F_f (NBR 5419-2:2015)

Risco	Quantidade de risco	F_f
Explosão	Zonas 0, 20 e explosivos sólidos	1
	Zonas 1, 21	10^{-1}
	Zonas 2, 22	10^{-3}
Incêndio	Alto	10^{-1}
	Normal	10^{-2}
	Baixo	10^{-3}
Explosão ou incêndio	Nenhum	0
Zona 0: local no qual uma atmosfera explosiva consistindo em uma mistura de ar e substâncias inflamáveis em forma de gás, vapor ou névoa está presente continuamente ou por longos períodos ou frequentemente (ABNT NBR IEC60050-426).		
Zona 1: local no qual uma atmosfera explosiva consistindo em uma mistura de ar e substâncias inflamáveis em forma de gás, vapor ou névoa pode ocorrer em operação normal ocasionalmente (ABNT NBR IEC60050-426).		
Zona 2: local no qual uma atmosfera explosiva consistindo em uma mistura de ar e substâncias inflamáveis em forma de gás, vapor ou névoa não é provável de ocorrer em operação normal mas, se isto acontecer, irá persistir somente por períodos curtos.		
Zona 20: local no qual uma atmosfera explosiva, na forma de nuvem de poeira combustível no ar, está presente continuamente ou por longos períodos ou frequentemente (ABNT NBR IEC60079-10-2).		
Zona 21: local no qual uma atmosfera explosiva, na forma de nuvem de poeira combustível no ar, pode ocorrer em operação normal ocasionalmente (ABNT NBR IEC60079-10-2).		
Zona 22: local no qual uma atmosfera explosiva, na forma de nuvem de poeira combustível no ar, não é provável de ocorrer em operação normal, mas, se isto ocorrer, irá persistir somente por um período curto (ABNT NBR IEC60079-10-2).		

13.4.3.2 Perdas inaceitáveis em serviço ao público (L_2)

As perdas inaceitáveis podem ser determinadas a partir das Equações (13.26) e (13.27).

- Para tipo de dano D2: danos físicos

$$L_b = L_v = F_p \times F_f \times L_f \times \frac{N_z}{N_t} \quad (13.26)$$

- Para tipo de dano D3: falhas em sistemas eletroeletrônicos

$$L_c = L_m = L_w = L_z = L_o \times \frac{N_z}{N_t} \quad (13.27)$$

L_f = número médio relativo típico de usuários não servidos resultante do dano físico (D2), devido a um evento perigoso decorrente de uma descarga atmosférica, de acordo com a Tabela 13.19;

L_o = número médio relativo típico de usuários não servidos resultante da falha de sistemas internos (D3) em função de ferimentos, danos físicos e falhas no sistema interno devido aos efeitos de uma descarga atmosférica, de acordo com a Tabela 13.19.

Tabela 13.18 Fator F_z (NBR 5419-2:2015)

Tipo de perigo especial	F_z
Sem perigo especial	1
Baixo nível de pânico (por exemplo, uma estrutura limitada a dois andares e número de pessoas não superior a 100)	2
Nível médio de pânico (por exemplo, uma estrutura designada para eventos culturais ou esportivos com um número de participantes entre 100 e 1.000 pessoas)	5
Dificuldade de evacuação (por exemplo, estrutura com pessoas imobilizadas, hospitais)	5
Alto nível de pânico (por exemplo, estruturas designadas para eventos culturais ou esportivos com um número de participantes maior que 1.000 pessoas)	10

Tabela 13.19 Tipo de perda L_2: valores médios típicos de L_f e L_o (NBR 5419-2:2015)

Tipo de dano	Valor da perda típico		Tipos de serviço
D2: danos físicos	L_f	10^{-1}	Gás, água, fornecimento de energia
		10^{-2}	TV, linhas de sinais
D3: falhas em sistemas internos	L_o	10^{-2}	Gás, água, fornecimento de energia
		10^{-3}	TV, linhas de sinais

13.4.3.3 Perdas inaceitáveis em patrimônio cultural (L_3)

As perdas podem ser determinadas a partir da Equação (13.28).

$$L_b = L_v = F_p \times F_f \times L_f \times \frac{C_z}{C_t} \quad (13.28)$$

C_t = valor total da estrutura adicionado aos bens contidos no seu interior em todas as zonas;
C_z = valor do patrimônio cultural na zona;
L_f = número médio relativo típico de todos os valores atingidos por danos físicos (D2), devido a um evento perigoso decorrente de uma descarga atmosférica, de acordo com a Tabela 13.20.

13.4.3.4 Perdas econômicas (L_4)

As perdas econômicas podem ser determinadas a partir das Equações (13.29) a (13.31).

- Para o tipo de dano D1: ferimentos a seres vivos por choque

$$L_a = L_u = F_t \times L_t \times \frac{C_a}{C_t} \quad (13.29)$$

Tabela 13.20 Tipo de perda L_3: valor médio típico de L_f (NBR 5419-2:2015)

Tipo de dano	Valor da perda típico		Tipo de serviço
D2: danos físicos	L_f	10^1	Museus, galerias

- Para o tipo de dano D2: danos físicos

$$L_b = L_v = F_p \times F_f \times L_f \times \left(\frac{C_a + C_b + C_c + C_s}{C_t}\right) \quad (13.30)$$

- Para o tipo de dano D3: falha em sistemas

$$L_c = L_m = L_w = L_z = L_o \times \frac{C_s}{C_t} \quad (13.31)$$

L_t = número médio relativo típico de todos os valores danificados por choque elétrico (D1), devido a um evento perigoso decorrente de uma descarga atmosférica, de acordo com a Tabela 13.21;
L_f = número relativo médio típico de todos os valores atingidos pelos danos físicos (D2), resultantes dos efeitos de uma descarga atmosférica, de acordo com a Tabela 13.21;
L_o = número relativo médio típico de todos os valores danificados em função da falha de sistemas internos (D3), devido a um evento perigoso decorrente de uma descarga atmosférica, de acordo com a Tabela 13.21;
F_t = fator de redução de perda de animais em função do tipo da superfície do solo ou piso da estrutura, de acordo com a Tabela 13.15;
F_p = fator de redução de perda devido a danos físicos em função das providências tomadas para reduzir as consequências de incêndio, de acordo com a Tabela 13.16;
F_f = fator de redução das perdas em função dos danos físicos, dependendo do risco de explosões e incêndios na estrutura, de acordo com a Tabela 13.17;

Tabela 13.21 Tipo de perda L_4: valor médio típico de L_t, L_f e L_o (NBR 5419-2:2015)

Tipo de dano	Valor da perda típico		Tipo da estrutura
D1: ferimentos devido ao choque	L_t	10^{-2}	Todos os tipos onde somente animais estão presentes
D2: danos físicos	L_f	1,00	Risco de explosão
		0,50	Hospital, indústria, museus, agricultura
		0,20	Hotel, escola, escritórios, igreja, entretenimento público, comércio
		10^{-1}	Outros
D3: falhas em sistemas internos	L_o	10^{-1}	Risco de explosão
		10^{-2}	Hospital, indústria, escritório, hotel, comercial
		10^{-3}	Museus, agricultura, escola, igreja, entretenimento público
		10^{-4}	Outros

C_a = valor dos animais na zona;
C_b = valor da edificação relevante na zona;
C_c = valor dos bens contidos na zona;
C_s = valor dos sistemas internos, incluindo suas atividades na zona;
C_t = valor total da estrutura, somando-se todas as zonas para animais, edificação, bens e sistemas internos, incluindo suas atividades.

As relações $\dfrac{C_a}{C_t}$, $\left(\dfrac{C_a+C_b+C_c+C_s}{C_t}\right)$ e $\dfrac{C_s}{C_t}$ somente devem ser consideradas nas Equações (13.29) a (13.31), se a análise de risco for realizada a partir de uma análise de custo-benefício para perda econômica (L4) prevista no item 6.10 da NBR 5419-2:2015 associada ao Anexo D da mesma norma. No caso de se utilizar um valor representativo para o risco tolerável R4, de acordo com a Tabela 4 da norma mencionada, as relações não podem ser levadas em consideração, sendo as mesmas substituídas pela unidade (1). O autor não tratou do desenvolvimento dessas relações devido às dificuldades para a obtenção das variáveis C_a, C_b, C_c e C_s, deixando para o leitor que tenha necessidade dessa aplicação fazer sua avaliação de acordo com a norma.

Se as descargas atmosféricas envolverem estruturas nas proximidades ou o meio ambiente, tais como emissões químicas ou radioativas, podem ser consideradas perdas adicionais L_e com a finalidade de determinar a perda total:

$$L_{ft} = L_f + L_e \quad (13.32)$$

$$L_e = \dfrac{L_{fe} \times C_e}{C_t} \quad (13.33)$$

L_{fe} = perda devida a danos físicos fora da estrutura; se o valor de L_{fe} considerar $L_{fe} = 1$;
C_e = valor total em perigo fora da estrutura.

13.4.4 Análise dos componentes de risco

A NBR 5419-2 distribui os riscos em quatro fontes de danos, cada uma delas associada a até três tipos de danos.

As Equações (13.34) a (13.41) têm sua origem na Equação (13.1).

13.4.4.1 Fonte de danos S1: descarga atmosférica na estrutura

a) D1: ferimentos a seres vivos devidos a choque elétrico

Pode ser determinado pela Equação (13.34).

$$R_a = N_{ate} \times P_a \times L_a \quad (13.34)$$

R_a = componente relativo a ferimentos a seres vivos decorrentes de choques elétricos devido à tensão de passo e de choque na parte interna e externa da estrutura, nas zonas em torno dos condutores de descida;
N_{ate} = Equação (13.5);
P_a = Equação (13.13);
L_a = Equação (13.21).

b) D2: danos físicos

Pode ser determinado pela Equação (13.35).

$$R_b = N_{ate} \times P_b \times L_b \quad (13.35)$$

R_b = componente relativo a danos físicos causados por centelhamentos perigosos, na parte interna da estrutura, ocasionando incêndio ou explosão;
P_b = Tabela 13.6;
L_b = Equação (13.22).

c) D3: falhas em sistemas eletroeletrônicos

Pode ser determinado pela Equação (13.36).

$$R_c = N_{ate} \times P_c \times L_c \quad (13.36)$$

R_c = componente relativo a falhas de sistemas internos causados por LEMP (*lightning electromagnetic pulse*), podendo ocorrer perdas do tipo L2 e L4, em todos os casos, juntamente com L1 nos casos de estruturas com risco de explosão;
P_c = Equação (13.14);
L_c = Equação (13.23).

13.4.4.2 Fonte de danos S2: descarga atmosférica próxima à estrutura

a) D3: falhas em sistemas eletroeletrônicos

Pode ser determinado pela Equação (13.37):

$$R_m = N_{atpe} \times P_m \times L_m \quad (13.37)$$

R_m = componente relativo a falhas de sistemas internos causados por LEMP, podendo ocorrer perdas do tipo L2 e L4 em todos os casos, juntamente com o tipo L1 nos casos de estruturas com risco de explosão;
N_{atpe} = Equação (13.7);
P_m = Equação (13.15);
L_m = Equação (13.23).

13.4.4.3 Fonte de danos S3: descarga atmosférica na linha de fornecimento de energia e de comunicação conectada à estrutura

a) D1: ferimentos a seres vivos devido a choque elétrico

Pode ser determinado pela Equação (13.38).

$$R_u = (N_{sl} + N_{atea}) \times P_u \times L_u \quad (13.38)$$

R_u = componente relativo a ferimentos a seres vivos causados por choque elétrico devido às tensões de toque e de passo na parte interna da estrutura;
N_{sl} = Equação (13.9);
N_{atea} = Equação (13.6);
P_u = Equação (13.17);
L_u = Equação (13.29).

b) **D2: danos físicos**

Pode ser determinado pela Equação (13.39).

$$R_v = (N_{sl} + N_{atea}) \times P_v \times L_v \quad (13.39)$$

R_v = componente relativo a danos físicos decorrentes de incêndio ou explosão iniciado por centelhamento perigoso entre instalações externas e partes metálicas, geralmente no ponto de entrada da linha na estrutura, tendo como origem a corrente de descarga atmosférica transmitida ao longo das linhas;
N_{sl} = Equação (13.9);
N_{atea} = Equação (13.6);
P_v = Equação (13.18);
L_v = Equação (13.22).

c) **D3: falhas em sistemas eletroeletrônicos**

Pode ser determinado pela Equação (13.40).

$$R_w = (N_{sl} + N_{atea}) \times P_w \times L_w \quad (13.40)$$

R_w = componente relativo a falhas de sistemas internos causadas por sobretensões induzidas nas linhas que entram na estrutura e transmitidas pelas mesmas;
N_{sl} = Equação (13.9);
N_{atea} = Equação (13.6);
P_w = Equação (13.19);
L_w = Equação (13.23).

13.4.4.4 Fonte de danos S4: descarga atmosférica nas proximidades da linha de fornecimento de energia e de comunicação conectada à estrutura

a) **D3: falhas em sistemas eletroeletrônicos**

Pode ser determinado pela Equação (13.41).

$$R_z = N_{slp} \times P_z \times L_z \quad (13.41)$$

R_z = componente relativo a falhas de sistemas internos causadas por sobretensões induzidas nas linhas que entram na estrutura e transmitidas às mesmas, podendo ocorrer em todos os casos de perdas do tipo L2 e L4, juntamente como o tipo L1, nos casos de estruturas com risco de explosão;
N_{slp} = Equação (13.11);
P_z = Equação (13.20);
L_z = Equação (13.27).

13.4.5 Riscos toleráveis

Os valores de referência de risco tolerável (R_t) decorrentes de descargas atmosféricas para diferentes tipos de perda são:

- L1 (perda de vida humana ou ferimentos permanentes): $R_t = 10^{-5}$;
- L2 (perda de serviço ao público): $R_t = 10^{-3}$;
- L3 (perda de patrimônio cultural): $R_t = 10^{-4}$;
- L4 (perda de valor econômico): $R_t = 10^{-3}$ (em geral, os dados necessários para efetivar essa análise não são disponíveis no momento do desenvolvimento de um projeto).

13.4.6 Divisão da estrutura em zonas

Na avaliação de cada componente de risco, pode-se dividir a estrutura em uma ou mais diferentes zonas, desde que guardem similaridades nas suas características, ou seja: Z1, Z2... Zn. Como exemplo, podemos dividir a área de uma indústria nas seguintes zonas:

- Z1: área externa à edificação;
- Z2: área externa gramada da edificação;
- Z3: área interna de produção (que pode ser subdividida em outras áreas, quando não há homogeneidade nas suas características construtivas, de produção, de número de funcionários etc.);
- Z4: área administrativa e comercial;
- Z5: centro de controle da produção.

13.4.7 Divisão da linha de alimentação da estrutura em seções

Na avaliação de cada componente de risco, pode-se dividir a linha (energia e comunicação) que alimenta a estrutura em uma ou mais seções, ou seja: S1, S2... Sn. Em geral, pode-se considerar o trecho aéreo e o subterrâneo, quando ocorrerem as duas situações.

Exemplo de aplicação (13.1)

Avaliar a necessidade de proteção contra descargas atmosféricas perigosas que podem ocorrer na fábrica de tecidos Companhia de Tecelagem Heitor M. Costa S.A., localizada no Distrito Industrial de Fortaleza. A parte superior da construção é considerada plana e suas dimensões são: (i) comprimento, 120 m; (ii) largura, 100 m; (iii) altura, 10 m. A edificação é isolada de outras construções. A fábrica é conectada à rede elétrica em média tensão por um alimentador aéreo de 2.560 m de comprimento. A linha de telecomunicação tem comprimento de 1.540 m e é subterrânea.

a) Dados do projeto

As zonas para classificação dos riscos foram assim divididas:

- Zona Z1: corresponde à área externa em torno dos condutores de descida em até 3 m fora da edificação.
- Zona Z2: corresponde à área externa e gramada que circula a edificação (estrutura).
- Zona Z3: corresponde à estrutura no interior da qual é industrializado o produto têxtil.
- Zona Z4: corresponde à estrutura unida à edificação industrial, na qual funcionam os seguintes setores: (i) setor administrativo; (ii) setor de recursos humanos; e (iii) setor comercial.

Cada uma das zonas mencionadas será analisada individualmente para a composição dos riscos, a fim de definir se há necessidade de aplicação de um sistema de proteção contra descargas atmosféricas.

- Número de pessoas com presença na fábrica e sua distribuição nas diferentes zonas anteriormente definidas

A Tabela 13.22 fornece o número de funcionários e o tempo que cada grupo tem presença anual nas diferentes zonas. A fábrica funciona em três turnos: (i) das 6 às 12 horas; (ii) das 12 às 18 horas; e (iii) das 18 às 22 horas. A Tabela 13.22 também quantifica as pessoas em cada turno, totalizando 5.760 horas/ano (16 horas/dia × 30 dias × 12 meses).

Tabela 13.22 Distribuição das pessoas por zona

Zona	Número de pessoas	Tempo de presença anual
Z1: área externa próxima às descidas do SPDA	5	5.760
Z2: área externa gramada	8	5.760
Z3: área industrial	350	5.760
Z4: área administrativa/comercial/RH	30	5.760
Total (N_t)	393	–

No caso de empreendimentos fabris, a perda por ferimento a seres vivos por choque elétrico (L1) e a perda econômica (L4) são fundamentais para a avaliação da necessidade de proteção. Nas condições do enunciado da questão, somente é possível determinar o risco do tipo R_1 relacionado com a perda de vidas humanas incluindo ferimento, empregando-se os componentes de risco R_a, R_b, R_u e R_v, com base na Equação (13.1). Em geral, na fase de projeto, não se considera a avaliação econômica do empreendimento, risco R_4, para perdas econômicas (L4), pois ainda são prematuros os dados necessários para tal avaliação. Para melhor entendimento, veja a Seção 13.4 deste capítulo.

Tabela 13.23 Características da estrutura e do meio ambiente

Parâmetros de entrada	Comentários	Símbolo	Valor	Referência
Ocupação da estrutura	Fábrica	–	–	–
Densidade de descargas atmosféricas para a terra em dias de tempestade 1/(km²/ano)	Figura 13.5	D_{dat}	3	Equação (13.2)
Dimensões da estrutura	–	L_e, W_e, H_e	120 × 100 × 10	–
Fator de localização da estrutura	Estrutura isolada	F_{le}	1	Tabela 13.1
Fator tipo de linha de energia para a estrutura adjacente	Não há estrutura adjacente	F_{tl}	0,2	Tabela 13.2
Fator tipo de linha de sinal para a estrutura adjacente	Não há estrutura adjacente	F_{tl}	1	Tabela 13.2
SPDA	Não há SPDA instalado	P_b	1	Tabela 13.6
Nível de proteção: sem DPS	Não há DPS instalado	P_{eb}	1	Tabela 13.11
Blindagem espacial externa	Não há blindagem espacial	K_{s1}(1)	1	Equação (13.16.1)
(1) $K_{s1} = 0{,}12 \times L_{m1} = 1$ (valor máximo).				

A avaliação do risco R_1 será realizada com base nos seguintes procedimentos:

- Para zona Z1
  - Dano D1 (ferimentos a seres vivos por choque elétrico): cálculo de R_a

Tabela 13.24 Características relativas à linha de energia elétrica

Parâmetros de entrada	Comentários	Símbolo	Valor	Referência
Comprimento (m)	Linha de energia	L_l	2.560	-
Fator de instalação da linha	Aéreo	F_{il}	1	Tabela 13.3
Fator de tipo da linha	Linha de média tensão	F_{tl}	0,2	Tabela 13.2
Fator ambiental da linha	Suburbano	F_{amb}	0,5	Tabela 13.4
Blindagem de linha (Ω/km)	Não	R_{sb}	–	Tabela 13.12
Blindagem, aterramento, isolação	Não	F_{iba}	1	Tabela 13.8
		F_{ba}	1	
Estrutura adjacente	Não	L_a, W_a, H_a	–	Ver Figura 13.8
Fator de localização da estrutura adjacente	Não	F_{le}	–	Tabela 13.1
Tensão suportável dos sistemas internos	Sistema de baixa-tensão	V_{tsi}	2,5	Tabela 13.12
–	Parâmetros resultantes	K_{s4} (1)	0,4	Equação (13.16.3)
		P_{ld}	1	Tabela 13.12
		P_{li}	0,3	Tabela 13.13
(1) Linha de energia: $K_{s4} = 1/V_{tsi} = 1/2,5 = 0,4$.				

- Para zona Z2
  - Dano D1 (ferimentos a seres vivos por choque elétrico): cálculo de R_a
- Para zona Z3
  - Dano D1 (ferimentos a seres vivos por choque elétrico): cálculo de R_a e R_u
  - Dano D2 (danos físicos): R_b e R_v
- Para zona Z4
  - Dano D1 (ferimentos a seres vivos por choque elétrico): cálculo de R_a e R_u
  - Dano D2 (danos físicos): cálculo de R_b e R_v

b) Características da estrutura e do meio ambiente

Identificam-se na Tabela 13.23 as características dimensionais da edificação, seu tipo de ocupação e os tipos de proteção existentes.

c) Características relativas à linha de energia elétrica que alimenta a indústria

Identificam-se na Tabela 13.24 as características básicas da linha elétrica, sua localização, tipo construtivo e dimensão.

d) Características relativas à linha de sinais que se conecta à indústria

Identificam-se na Tabela 13.25 as características básicas da linha de sinal, sua localização, tipo construtivo e dimensão.

e) Fatores relacionados com as zonas da fábrica

A indústria foi dividida em quatro diferentes zonas: (i) Z1 corresponde à área externa à edificação em até 3 m em torno dos cabos de descida; (ii) Z2 corresponde à área externa gramada que circunda a edificação; (iii) Z3 corresponde à área de máquinas de produção; e (iv) Z4 corresponde às áreas internas: setor administrativo, setor comercial, setor de recursos humanos, restaurante e setores afins. No caso de ampliar a quantidade de zonas na área industrial e nas áreas administrativas, os procedimentos seriam idênticos.

Tabela 13.25 Características relativas à linha de sinais

Parâmetros de entrada	Comentários	Símbolo	Valor	Referência
Comprimento (m)	Linha de sinal	L_l	1.540	–
Tipo de instalação	Subterrâneo	F_{il}	0,5	Tabela 13.3
Fator tipo de linha de sinal	Linha de sinal	F_{tl}	1	Tabela 13.2
Fator ambiental da linha de sinal	Suburbano	F_{amb}	0,5	Tabela 13.4
Blindagem de linha (Ω/km)	Sim	R_{sb} (1)	0,9	Tabela 13.12
Blindagem, aterramento, isolação	Sim	F_{iba}	1	Tabela 13.8
		F_{ba}	0	
Estrutura adjacente	Não	L_a, W_a, H_a	–	Figura 13.8
Fator de localização da estrutura adjacente	Não	F_{le}	–	Tabela 13.1
Tensão suportável dos sistemas internos	–	V_{tsi}	1,5	Tabela 13.12
–	Parâmetros resultantes	K_{s4} (2)	0,67	Equação (13.16.3)
		P_{ld} (3)	0,4	Tabela 13.12
		P_{li}	0,5	Tabela 13.13

(1) Para $1 < R_{sb} \leq 5$ Ω/km e $V_{tsi} = 1,5$ kV, ou seja, $R_{sb} = 0,8$.
(2) Linha de sinal: $K_{s4} = 1/V_{tsi} = 1/1,5 = 0,67$.
(3) Para $R_{sb} < 1$ Ω/km → $P_{ld} = 0,40$.

Tabela 13.26 Fatores relacionados com a zona Z1 (área externa próxima aos cabos de descida do SPDA)

Parâmetros de entrada	Comentários	Símbolo	Valor	Referência
Tipo de piso	Cerâmica	F_t	10^{-3}	Tabela 13.15
Proteção contra choques	Não	P_{ta}	1	Tabela 13.5
Risco de incêndio	Não	F_f	0	Tabela 13.17
Proteção contra incêndio	Não	F_p	1	Tabela 13.16
Blindagem espacial	Não	K_{s2} (1)	1	Equação (13.16.2)
L1: perda de vida humana	Perigo especial: sem perigo	F_z	1	Tabela 13.18
	D1: devido à tensão de passo e de toque	L_t	10^{-2}	Tabela 13.14
	D2: devido a danos físicos	L_f	–	
	D3: devido à falha de sistemas internos	L_o	–	
Fator de pessoas na zona (2)	$\dfrac{N_z}{N_t} \times \dfrac{T_z}{8.760} = \dfrac{5}{393} \times \dfrac{5.760}{8.760}$	–	0,0084	–

(1) Utilizou-se o valor máximo.
(2) $N_z = 5$ (Tabela 13.22); $T_z = 5.760$ (Tabela 13.22); $N_t = 393$ (Tabela 13.22).

- Fatores relacionados com a área externa à edificação – zona Z1

Esses fatores estão contidos na Tabela 13.26.

- Fatores relacionados com a área externa à edificação, área gramada – zona Z2

Esses fatores estão contidos na Tabela 13.27.

- Fatores relacionados com a área externa à edificação – zona Z3

Esses fatores estão contidos na Tabela 13.28 e representam a área de produção.

- Fatores relacionados com a área interna à edificação – zona Z4

Esses fatores estão contidos na Tabela 13.29 e representam a área interna onde são realizados os serviços administrativos, comerciais, recursos humanos, almoxarifado etc.

f) Determinação das áreas de exposição equivalente relacionadas com a estrutura, linha de energia e linha de sinal.

Tabela 13.27 Fatores relacionados com a zona Z2 (área externa gramada)

Parâmetros de entrada	Comentários	Símbolo	Valor	Referência
Tipo de piso	Grama	F_t	10^{-2}	Tabela 13.15
Proteção contra choques	Não	P_{ta}	1	Tabela 13.5
Risco de incêndio	Não	F_f	0	Tabela 13.17
Proteção contra incêndio	Não	F_p	1	Tabela 13.16
Blindagem espacial	Não	K_{s2} (1)	1	Equação (13.16.2)
L1: perda de vida humana	Perigo especial: sem perigo	F_z	1	Tabela 13.18
	D1: devido à tensão de passo e de toque	L_t	10^{-2}	Tabela 13.14
	D2: devido a danos físicos	L_f	–	
	D3: devido à falha de sistemas internos	L_o	–	
Fator de pessoas na zona (2)	$\dfrac{N_z}{N_t} \times \dfrac{T_z}{8.760} = \dfrac{8}{393} \times \dfrac{5.760}{8.760}$	–	0,0133	–

(1) Utilizou-se o valor máximo.
(2) N_z = 8 (Tabela 13.22); T_z = 5.760 (Tabela 13.22); N_t = 393 (Tabela 13.22).

- Determinação da área de exposição equivalente para a estrutura

De acordo com a Equação (13.3), temos:

$$S_{eqr} = L_e \times W_e + 2 \times (3 \times H_e) \times (L_e + W_e) + \pi \times (3 \times H_e)^2$$

$$S_{eqr} = 120 \times 100 + 2 \times (3 \times 10) \times (120 + 100) + \pi \times (3 \times 10)^2 = 28.027 \text{ m}^2$$

$$L_e = 120 \text{ m}$$

$$W_e = 100$$

$$H_e = 10$$

- Determinação da área de exposição equivalente atingida por descarga atmosférica estendida a 500 m do perímetro da estrutura

De acordo com a Equação (13.8), temos:

$$S_{eqpm500} = 2 \times 500 \times (L_e + W_e) + \pi \times 500^2$$

$$S_{eqpm500} = 2 \times 500 \times (120 + 100) + \pi \times 500^2 = 1.005.398 \text{ m}^2$$

Nota: por não ter na prática quase nenhuma influência sobre a estrutura deste Exemplo de aplicação, o valor pode ser desconsiderado para efeito do cálculo das áreas de exposição equivalente da estrutura.

- Determinação da área de exposição equivalente para a linha de energia
  – Área de exposição equivalente de descargas atmosféricas que atingem a linha de energia

O cálculo da área de exposição equivalente de descargas atmosféricas que atingem diretamente a linha de distribuição que alimenta a fábrica pode ser obtido a partir da Equação (13.10).

Tabela 13.28 Fatores relacionados com a zona Z3 (área de máquinas de produção)

Parâmetros de entrada	Comentários	Símbolo	Valor	Referência
Tipo de piso	Concreto	F_t	10^{-2}	Tabela 13.15
Proteção contra choques (descargas atmosféricas na estrutura)	Não	P_{ta}	1	Tabela 13.5
Proteção contra choques (descargas atmosféricas na linha)	Não	P_{tu}	1	Tabela 13.10
Risco de incêndio	Alto	F_f	10^{-1}	Tabela 13.17
Proteção contra incêndio	Sim	F_p	0,5	Tabela 13.16
Blindagem espacial: interna	Não	K_{s2}(1)	1	Equação (13.16.2)
Energia: fiação interna	Não blindada	K_{s3}	1	Tabela 13.9
Energia: DPS coordenados	Não	P_{spd}	1	Tabela 13.7
Telecom: fiação interna	Não blindada	K_{s3}	1	Tabela 13.9
DPS coordenados	Não	P_{spd}	1	Tabela 13.7
L1: perda de vida humana	Perigo especial: médio pânico	F_z	5	Tabela 13.18
	D1: devido à tensão de passo e de toque	L_t	10^{-2}	Tabela 13.14
	D2: devido a danos físicos	L_f	2×10^{-2}	
	D3: devido à falha de sistemas internos	L_o	–	
Fator de pessoas na zona	$\dfrac{N_z}{N_t}\times\dfrac{T_z}{8.760}=\dfrac{350}{393}\times\dfrac{5.760}{8.760}$	–	0,5856	–

(1) Foi utilizado o valor máximo igual a 1.
(2) N_z = 350 (Tabela 13.22); T_z = 5.760 (Tabela 13.22); N_t = 393 (Tabela 13.22).

$$S_{eqle} = 40 \times L_{le} = 40 \times 2.560 = 102.400 = 10,24 \times 10^4 \text{ m}^2$$

– Área de exposição equivalente de descargas atmosféricas que atingem um ponto próximo à linha de energia

O cálculo da área de exposição equivalente de descargas atmosféricas para a terra que atingem um ponto próximo da linha de distribuição que alimenta a fábrica pode ser obtido pela Equação (13.12).

$$L_{le} = 2.560 \text{ m}$$

$$S_{eqlep} = 4.000 \times L_{le} = 4.000 \times 2.560 = 10.240.000 = 10,240 \times 10^6 \text{ m}^2$$

– Área de exposição equivalente de descargas atmosféricas que atingem diretamente a estrutura adjacente à linha de energia elétrica

De acordo com a Equação (13.3), temos:

$$S_{eqrea} = L_a \times W_a + 2 \times (3 \times H_a) \times (L_a + W_a) + \pi \times (3 \times H_a)^2$$

Como não temos estrutura adjacente (ver Figura 13.8), o valor de S_{eqra} = 0.

- Determinação da área de exposição equivalente para a linha de sinal
  – Área de exposição equivalente de descargas atmosféricas que atingem a linha de sinal

O cálculo da área de exposição equivalente de descargas atmosféricas que atingem a linha de sinal da fábrica pode ser obtido pela Equação (13.10).

Tabela 13.29 Fatores relacionados com a zona Z4 (administrativa, RH, comercial)

Parâmetros de entrada	Comentários	Símbolo	Valor	Referência
Tipo de piso	Cerâmica	F_t	10^{-3}	Tabela 13.15
Proteção contra choques (descargas atmosféricas na estrutura)	Não	P_{ta}	1	Tabela 13.5
Proteção contra choques (descargas atmosféricas na linha)	Não	P_{tu}	1	Tabela 13.10
Risco de incêndio	Baixo	F_f	10^{-3}	Tabela 13.17
Proteção contra incêndio	Não	F_p	1	Tabela 13.16
Blindagem espacial	Não	K_{s2}	1	Equação (13.16.2)
Energia: fiação interna	Não blindada	K_{s3}	0,2	Tabela 13.9
Energia: DPS coordenados	Não	P_{spd}	1	Tabela 13.7
Telecom: fiação interna	Não blindada	K_{s3}	1	Tabela 13.9
DPS coordenados	Não	P_{spd}	1	Tabela 13.7
L1: perda de vida humana	Perigo especial: baixo pânico	F_z	2	Tabela 13.18
	D1: devido à tensão de passo e de toque	L_t	10^{-2}	Tabela 13.14
	D2: devido a danos físicos	L_f	2×10^{-2}	
	D3: devido à falha de sistemas internos	L_o	–	
Fator de pessoas na zona	$\dfrac{N_z}{N_t} \times \dfrac{T_z}{8.760} = \dfrac{30}{393} \times \dfrac{5.760}{8.760}$	–	0,05019	–

$$L_{ls} = 1.540 \text{ m.}$$

$$S_{eqls} = 40 \times L_{ls} = 40 \times 1.540 = 61.600 \text{ m}^2.$$

Como a linha de sinal de comunicação é enterrada, o valor de $S_{eqls} = 0$ (linha sem exposição às descargas atmosféricas).

– Área de exposição equivalente de descargas atmosféricas que atingem um ponto próximo à linha de sinal

O cálculo da área de exposição equivalente de descargas atmosféricas para a terra que atingem uma área próxima à linha de sinal da fábrica pode ser obtido pela Equação (13.12).

$$S_{eqlsp} = 4.000 \times L_{ls} = 4.000 \times 1.540 = 6.160.000 \text{ m}^2$$

Como a linha de comunicação é enterrada, o valor de $S_{eqlsp} = 0$.

– Área de exposição equivalente de descargas atmosféricas que atingem uma estrutura adjacente à linha de sinal

$$S_{eqrsa} = L_{ad} \times W_{ad} + 2 \times (3 \times H_{ad}) \times (L_{ad} + W_{ad}) + \pi \times (3 \times H_{ad})^2$$

Como não existe estrutura adjacente, o valor de $S_{eqrsa} = 0$.

A Tabela 13.30 resume os cálculos anteriormente elaborados.

g) **Número anual de eventos perigosos esperados**

- Localização relativa da estrutura ou edificação

    – Determinação do número de eventos perigosos para a estrutura decorrente de uma descarga atmosférica

Tabela 13.30 Área de exposição equivalente: estrutura, linha de energia e de sinal

Parâmetros de entrada	Símbolo	Resultado (m²)	Referências	Equação
Estrutura	S_{eqr}	28.027	Equação (13.3)	$S_{eqr} = L_e \times W_e + 2 \times (3 \times H_e) \times (L_e + W_e) + \pi \times (3 \times H_e)^2$
	$S_{eqpm500}$	–	Equação (13.8)	$S_{eqpm500} = 2 \times 500 \times (L_e + W_e) + \pi \times 500^2$
Linha de energia	S_{eqle}	102.400	Equação (13.10)	$S_{eqle} = 40 \times L_l$
	S_{eqlep}	10.240.000	Equação (13.12)	$S_{eqlep} = 4.000 \times L_l$
	S_{eqrea} (1)	0	Equação (13.3)	$S_{eqrea} = L_a \times W_a + 2 \times (3 \times H_a) \times (L_a + W_a) + \pi \times (3 \times H_a)^2$
Linha de sinal	S_{eqls}	0	Equação (13.10)	$S_{eqls} = 40 \times L_l$
	S_{eqlsp}	0	Equação (13.12)	$S_{eqlsp} = 4.000 \times L_l$
	S_{eqrsa} (1)	0	Equação (13.3)	$S_{eqrsa} = L_a \times W_a + 2 \times (3 \times H_a) \times (L_a + W_a) + \pi \times (3 \times H_a)^2$

(1) Como não existe estrutura nas proximidades da fábrica, os valores de S_{eqrea} e S_{eqrsa} serão nulos.

Tomando a alternativa simplificada dada pela Equação (13.2) e selecionando a curva isoceráunica mostrada na Figura 13.5 que passa pela região metropolitana de Fortaleza, obtemos o valor de 30 dias de tempestade/ano:

$$N_{dda} = 30$$

$$D_{dat} = 0{,}10 \times N_{dda} = 0{,}10 \times 30 = 3 \text{ descargas atmosféricas perigosas por } 1/(km^2 \times ano).$$

Logo, o número de eventos perigosos para a estrutura devido às descargas atmosféricas pode ser obtido pela Equação (13.5).

$$F_{le} = 1 \text{ (Tabela 13.23)}$$

$$N_{ate} = D_{dat} \times S_{eqr} \times F_{le} \times 10^{-6} = 3 \times 28{,}027 \times 1 \times 10^{-6} = 0{,}0841 \ 1/(km^2 \times ano)$$

– Determinação do número de eventos perigosos para uma estrutura adjacente devido a descargas atmosféricas

Pode ser obtida a partir da Equação (13.6).

$$F_{le} = 1 \text{ (Tabela 13.23)}$$

$$F_{tl} = 0{,}20 \text{ (Tabela 13.23)}$$

$$S_{eqra} = 0 \text{ (não há estrutura adjacente)}$$

$$N_{atea} = D_{dat} \times S_{eqra} \times F_{lea} \times F_{tl} \times 10^{-6}$$

Como não há estrutura adjacente à fábrica, o valor de N_{atea} deve ser desconsiderado.

– Determinação do número de eventos perigosos próximo à estrutura devido a descargas atmosféricas
Pode ser obtida pela Equação (13.7).

$$N_{atpe} = D_{dat} \times S_{eqpm500} 10^{-6} = 3 \times 1.005{,}398 \times 10^{-6} = 3{,}0162/ano$$

- Localização relativa à linha de energia elétrica
  - Avaliação do número médio anual de eventos perigosos decorrentes de descargas atmosféricas que atingem a linha de distribuição de energia elétrica

De acordo com a Equação (13.9), o número de sobretensões de amplitude igual ou superior a 1 kV vale:

$$N_{sle} = D_{dat} \times S_{eqle} \times F_{il} \times F_{amb} \times F_{tl} \times 10^{-6} = 3 \times 102.400 \times 1 \times 0,5 \times 0,2 \times 10^{-6} = 0,0307/\text{ano}$$

$$F_{il} = 1 \text{ (Tabela 13.24)}$$

$$F_{amb} = 0,50 \text{ (Tabela 13.24)}$$

$$F_{tl} = 0,20 \text{ (Tabela 13.24)}$$

  - Avaliação do número médio anual de descargas atmosféricas perigosas que atingem um ponto próximo à linha de distribuição de energia

Logo, o número de sobretensões de amplitude igual ou superior a 1 kV/ano, de acordo com a Equação (13.11), vale:

$$N_{slep} = D_{dat} \times S_{eqlep} \times F_{il} \times F_{amb} \times F_{tl} \times 10^{-6} = 3 \times 10.240.000 \times 1 \times 0,5 \times 0,20 \times 10^{-6} = 3,0720/\text{ano}$$

  - Número de eventos perigosos que atingem uma estrutura adjacente conectada à extremidade da linha de distribuição de energia

De acordo com a Equação (13.6), temos:

$N_{atea} = D_{dat} \times S_{eqra} \times F_{lea} \times F_{tl} \times 10^{-6}$ (este valor deve ser desconsiderado, pois não existe estrutura adjacente)

- Localização relativa à linha de sinal
  - Avaliação do número médio anual de eventos perigosos decorrentes de descargas atmosféricas na linha de sinal

De acordo com a Equação (13.9), o número de sobretensões de amplitude igual ou superior a 1 kV/ano vale:

$N_{sls} = D_{dat} \times S_{eqls} \times F_{il} \times F_{amb} \times F_{tl} \times 10^{-6} = 3 \times 61.600 \times 0,5 \times 0,5 \times 1 \times 10^{-6} = 0,0462$ (como a linha de sinal é subterrânea, não sujeita a descargas atmosféricas, podemos considerar N_{sls} nulo, ou seja, $N_{sls} = 0$).

$$F_{il} = 0,50 \text{ (Tabela 13.25)}$$

$$F_{amb} = 0,50 \text{ (Tabela 13.25)}$$

$$F_{tl} = 1 \text{ (Tabela 13.25)}$$

  - Avaliação do número médio anual de descargas atmosféricas perigosas que atingem um ponto próximo à linha de sinal

Logo, o número de sobretensões de amplitude igual ou superior a 1 kV, de acordo com a Equação (13.11), vale:

$N_{lsp} = D_{dat} \times S_{eqlsp} \times F_{il} \times F_{amb} \times F_{tl} \times 10^{-6} = 3 \times 6.160.000 \times 0,50 \times 0,50 \times 1 \times 10^{-6}$ (como a linha de sinal é subterrânea, não sujeita a descargas atmosféricas, podemos considerar N_{lsp} nulo, ou seja, $N_{lsp} = 0$).

  - Número de eventos perigosos que atingem uma estrutura adjacente à linha de sinal

De acordo com a Equação (13.6), temos:

$N_{ateas} = D_{dat} \times S_{eqrsa} \times F_{le} \times F_{tl} \times 10^{-6}$ (esse valor deve ser desconsiderado, pois não existe estrutura adjacente).

A Tabela 13.31 sintetiza os resultados dos cálculos realizados anteriormente para a estrutura, linha de energia e de sinal.

Tabela 13.31 Número anual de eventos perigosos esperados

Parâmetros de entrada	Símbolo	Resultado (1/ano)	Referências	Equação
Estrutura	N_{ate}	0,0841	Equação (13.5)	$N_{ate} = D_{dat} \times S_{eqr} \times F_{le} \times 10^{-6}$
	N_{atea}	0	Equação (13.6)	$N_{atea} = D_{dat} \times S_{eqra} \times F_{lea} \times F_{tl} \times 10^{-6}$
	N_{atpe}	3,1620	Equação (13.7)	$N_{atpe} = D_{dat} \times S_{eqpm500} \times 10^{-6}$
Linha de energia	N_{sle}	0,0307	Equação (13.9)	$N_{sl} = D_{dat} \times S_{eqle} \times F_{il} \times F_{amb} \times F_{tl} \times 10^{-6}$
	N_{slep}	3,0720	Equação (13.11)	$N_{slep} = D_{dat} \times S_{eqlp} \times F_{il} \times F_{amb} \times F_{tl} \times 10^{-6}$
	N_{atea}	0	Equação (13.6)	$N_{atea} = D_{dat} \times S_{eqa} \times F_{lea} \times F_{tl} \times 10^{-6}$
Linha telecom	N_{sls}	0	Equação (13.9)	$N_{sls} = D_{dat} \times S_{eql} \times F_{il} \times F_{amb} \times F_{tl} \times 10^{-6}$
	N_{slsp}	0	Equação (13.11)	$N_{slsp} = D_{dat} \times S_{eqp} \times F_{lea} \times F_{tl} \times 10^{-6}$
	N_{ateas}	0	Equação (13.6)	$N_{atea} = D_{dat} \times S_{eqa} \times F_{lea} \times F_{tl} \times 10^{-6}$

h) Avaliação dos riscos a que ficam submetidas as estruturas diante dos eventos decorrentes de descargas atmosféricas

Avaliaremos o risco R_1 definido no enunciado do projeto.

- Riscos relativos à zona Z1
    - Dano D1: ferimentos a seres vivos devido a choque elétrico

* Cálculo de R_a: Equação (13.34)

$$R_a = N_{ate} \times P_a \times L_a$$

$N_{ate} = 0,0841/\text{ano}$ (Tabela 13.31)

$$P_a = P_{ta} \times P_b = 1 \times 1 = 1$$

$P_{ta} = 1$ (Tabela 13.26)

$P_b = 1$ (Tabela 13.23)

De acordo com a Equação (13.21), tem-se:

$$L_a = F_t \times L_t \times \frac{N_z}{N_t} \times \frac{T_z}{8.760} = 10^{-3} \times 10^{-2} \times 0,0084 = 0,084 \times 10^{-6}$$

$F_t = 10^{-3}$ (Tabela 13.26)

$L_t = 10^{-2}$ (Tabela 13.26)

$\frac{N_z}{N_t} \times \frac{T_z}{8.760} = 0,0084$ (Tabela 13.26)

Logo, R_a vale:

$$R_a = N_{ate} \times P_a \times L_a = 0,0841 \times 1 \times 0,084 \times 10^{-6} = 0,0071 \times 10^{-6}$$

Obs.: os valores de R_a, bem como os demais valores que constarão da Tabela 13.32, serão divididos pela constante 10^{-5} para melhor visualização desses valores. Durante a análise de risco, os valores da Tabela 13.32 serão multiplicados pela mesma constante.

$$R_a = \frac{0,0071 \times 10^{-6}}{10^{-5}} = 0,00071$$

- Riscos relativos à zona Z2
  - Dano D1: ferimentos a seres vivos devido a choque elétrico

* Cálculo de R_a: Equação (13.34)

$$R_a = N_{ate} \times P_a \times L_a$$

$$N_{ate} = 0,0841/\text{ano (Tabela 13.31)}$$

$$P_a = P_{ta} \times P_b = 1 \times 1 = 1$$

$$P_{ta} = 1 \text{ (Tabela 13.27)}$$

$$P_b = 1 \text{ (Tabela 13.23)}$$

De acordo com a Equação (13.21), temos:

$$L_a = F_t \times L_t \times \frac{N_z}{N_t} \times \frac{T_z}{8.760} = 10^{-2} \times 10^{-2} \times 0,0133 = 0,0133 \times 10^{-4}$$

$$F_t = 10^{-2} \text{ (Tabela 13.27);}$$

$$L_t = 10^{-2} \text{ (Tabela 13.27);}$$

$$\frac{N_z}{N_t} \times \frac{T_z}{8.760} = 0,0133 \text{ (Tabela 13.27).}$$

Logo, R_a vale:

$$R_a = N_{ate} \times P_a \times L_a = 0,0841 \times 0,0133 \times 10^{-4} = 0,0113 \times 10^{-5}$$

$$R_a = \frac{0,0113 \times 10^{-5}}{10^{-5}} = 0,0113$$

- Riscos relativos à zona Z3
  - Dano D1: ferimentos a seres vivos devido a choque elétrico

* Cálculo de R_a: Equação (13.34)

$$R_a = N_{ate} \times P_a \times L_a$$

$$N_{ate} = 0,0841/\text{ano (Tabela 13.31)}$$

$$P_a = P_{ta} \times P_b = 1 \times 1 = 1$$

$$P_{ta} = 1 \text{ (Tabela 13.28)}$$

$$P_b = 1 \text{ (Tabela 13.23)}$$

De acordo com a Equação (13.21), tem-se:

$$L_a = F_t \times L_t \times \frac{N_z}{N_t} \times \frac{T_z}{8.760} = 10^{-2} \times 10^{-2} \times 0,5856 = 0,5856 \times 10^{-4}$$

$$F_t = 10^{-2} \text{ (Tabela 13.28)}$$

$$L_t = 10^{-2} \text{ (Tabela 13.28)}$$

$$\frac{N_z}{N_t} \times \frac{T_z}{8.760} = 0,5856 \text{ (Tabela 13.28).}$$

Logo, R_a vale:

$$R_a = N_{ate} \times P_a \times L_a = 0,0841 \times 1 \times 0,5856 \times 10^{-4} = 0,049248 \times 10^{-4} = 0,4927 \times 10^{-5}$$

$$R_a = \frac{0,4927 \times 10^{-5}}{10^{-5}} = 0,4927$$

* Cálculo de R_u: Equação (13.38)

$$R_u = R_{ule} + R_{uls}$$

Para a linha de energia, R_{ule} vale:

$$R_{ule} = (N_{sle} + N_{atea}) \times P_u \times L_u$$

$$N_{sle} = 0{,}0307 \text{ (Tabela 13.31)}$$

$$N_{atea} = 0$$

De acordo com a Equação (13.17), temos:

$$P_u = P_{tu} \times P_{eb} \times P_{ld} \times F_{iba} = 1 \times 1 \times 1 \times 1 = 1$$

$$P_{tu} = 1 \text{ (Tabela 13.28)}$$

$$P_{eb} = 1 \text{ (Tabela 13.23)}$$

$$P_{ld} = 1 \text{ (Tabela 13.24)}$$

$$F_{iba} = 1 \text{ (Tabela 13.24)}$$

De acordo com a Equação (13.21), temos:

$$L_u = F_t \times L_t \times \frac{N_z}{N_t} \times \frac{T_z}{8.760} = 10^{-2} \times 10^{-2} \times 0{,}5856 = 0{,}5856 \times 10^{-4}$$

$$F_t = 10^{-2} \text{ (Tabela 13.28)}$$

$$L_t = 10^{-2} \text{ (Tabela 13.28)}$$

$$\frac{N_z}{N_t} \times \frac{T_z}{8.760} = 0{,}5856 \text{ (Tabela 13.28)}$$

Logo, R_{ule} vale:

$$R_{ule} = (N_{sle} + N_{atea}) \times P_u \times L_u = (0{,}0307 + 0) \times 1 \times 0{,}5856 \times 10^{-4} = 0{,}1807 \times 10^{-5}$$

$$R_{ule} = \frac{0{,}1807 \times 10^{-5}}{10^{-5}} = 0{,}1807$$

Para a linha de sinal, R_{uls} vale:

$$R_{uls} = (N_{sls} + N_{atea}) \times P_u \times L_u$$

$$N_{sls} = 0$$

$$N_{atea} = 0$$

Logo, $R_{uls} = 0$

Assim, o valor de R_u vale.

$$R_u = R_{ule} + R_{uls} = 0{,}1807 + 0 = 0{,}1807$$

- Dano D2: danos físicos

* Cálculo de (R_b): Equação (13.35)

$$R_b = N_{ate} \times P_b \times L_b$$

$$N_{ate} = 0{,}0841/\text{ano (Tabela 13.31)}$$

$$P_b = 1 \text{ (Tabela 13.23)}$$

De acordo com a Equação (13.30), temos:

$$L_b = F_p \times F_f \times F_z \times L_f \times \frac{N_z}{N_t} \times \frac{T_z}{8.760} = 0,5 \times 10^{-1} \times 5 \times 2 \times 10^{-2} \times 0,5856 = 2,9280 \times 10^{-3}$$

$$F_b = 0,5 \text{ (Tabela 13.28)}$$

$$F_f = 10^{-1} \text{ (Tabela 13.28)}$$

$$F_z = 5 \text{ (Tabela 13.28)}$$

$$L_f = 2 \times 10^{-2} \text{ (Tabela 13.28)}$$

$$\frac{N_z}{N_t} \times \frac{T_z}{8.760} = 0,5856 \text{ (Tabela 13.28)}$$

Logo, R_b vale:

$$R_b = N_{ate} \times P_b \times L_b = 0,0841 \times 1 \times 2,9280 \times 10^{-3} = 0,2462 \times 10^{-3}$$

$$R_b = \frac{0,2462 \times 10^{-3}}{10^{-5}} = 24,6200$$

* Cálculo de R_v: Equação (13.39)

$$R_v = R_{vle} + R_{vls}$$

Para a linha elétrica, R_{vle} vale:

$$R_{vle} = (N_{sle} + N_{atea}) \times P_v \times L_v$$

$$N_{sle} = 0,0307 \text{ (Tabela 13.31)}$$

$$N_{atea} = 0 \text{ (Tabela 13.31)}$$

De acordo com a Equação (13.18), tem-se:

$$P_v = P_{eb} \times P_{ld} \times F_{iba} = 1 \times 1 \times 1 = 1$$

$$P_{eb} = 1 \text{ (Tabela 13.23)}$$

$$P_{ld} = 1 \text{ (Tabela 13.24)}$$

$$F_{iba} = 1 \text{ (Tabela 13.24)}$$

De acordo com a Equação (13.22), temos:

$$L_v = F_p \times F_f \times F_z \times L_f \times \frac{N_z}{N_t} \times \frac{T_z}{8.760} = 0,5 \times 10^{-1} \times 5 \times 2 \times 10^{-2} \times 0,5856 = 0,29228 \times 10^{-4}$$

$$F_p = 0,5 \text{ (Tabela 13.28)}$$

$$F_f = 10^{-1} \text{ (Tabela 13.28)}$$

$$F_z = 5 \text{ (Tabela 13.28)}$$

$$L_f = 2 \times 10^{-2} \text{ (Tabela 13.28)}$$

$$\frac{N_z}{N_t} \times \frac{T_z}{8.760} = 0,5856 \text{ (Tabela 13.28)}.$$

Logo, R_{vle} vale:

$$R_{vle} = (N_{sle} + N_{atea}) \times P_v \times L_v = (0,0307 + 0) \times 1 \times 0,29228 \times 10^{-4} = 0,8970 \times 10^{-6}$$

$$R_{vle} = \frac{0,8970 \times 10^{-6}}{10^{-5}} = 0,0897$$

Para a linha de sinal, R_{vls} vale:

$$R_{vls} = (N_{sls} + N_{atea}) \times P_v \times L_v$$

$$N_{sls} = 0 \text{ (Tabela 13.31)}$$

$$N_{atea} = 0$$

Logo, $R_{vls} = 0$

Dessa forma, o valor de R_v vale:

$$R_v = R_{vle} + R_{vls} = 0,0897 + 0 = 0,0897$$

- Riscos relativos à zona Z4
    - Dano D1: ferimentos a seres vivos devido a choque elétrico

* Cálculo de R_a: Equação (13.34)

$$R_a = N_{ate} \times P_a \times L_a$$

$$N_{ate} = 0,0841/\text{ano (Tabela 13.31)}$$

$$P_a = P_{ta} \times P_b = 1 \times 1 = 1$$

$$P_{ta} = 1 \text{ (Tabela 13.29)}$$

$$P_b = 1 \text{ (Tabela 13.23)}$$

De acordo com a Equação (13.21), tem-se:

$$L_a = F_t \times L_t \times \frac{N_z}{N_t} \times \frac{T_z}{8.760} = 10^{-3} \times 10^{-2} \times 0,05856 = 0,5856 \times 10^{-6}$$

$$F_t = 10^{-3} \text{ (Tabela 13.29)};$$

$$L_t = 10^{-2} \text{ (Tabela 13.29)};$$

$$\frac{N_z}{N_t} \times \frac{T_z}{8.760} = 0,05019 \text{ (Tabela 13.29)}.$$

Logo, R_a vale:

$$R_a = N_{ate} \times P_a \times L_a = 0,0841 \times 1 \times 0,05019 \times 10^{-6} = 0,4220 \times 10^{-8}$$

$$R_a = \frac{0,4220 \times 10^{-8}}{10^{-5}} = 0,00042$$

* Cálculo de R_u: Equação (13.38)

$$R_u = R_{ule} \times R_{uls}$$

Para a linha de energia, R_{ule} vale:

$$R_{ule} = (N_{sle} + N_{atea}) \times P_u \times L_u$$

$$N_{sle} = 0,0307 \text{ (Tabela 13.31)}$$

$$N_{atea} = 0 \text{ (Tabela 13.31)}$$

De acordo com a Equação (13.17), temos:

$$P_u = P_{tu} \times P_{eb} \times P_{ld} \times F_{iba} = 1 \times 1 \times 1 \times 1 = 1$$

$$P_{tu} = 1 \text{ (Tabela 13.29)}$$

$$P_{eb} = 1 \text{ (Tabela 13.23)}$$

$$P_{ld} = 1 \text{ (Tabela 13.24)}$$
$$F_{iba} = 1 \text{ (Tabela 13.24)}$$

De acordo com a Equação (13.21), temos:

$$L_u = F_t \times L_t \times \frac{N_z}{N_t} \times \frac{T_z}{8.760} = 10^{-3} \times 10^{-2} \times 0,05019 = 0,05019 \times 10^{-5}$$

$$F_t = 10^{-3} \text{ (Tabela 13.29)}$$

$$L_t = 10^{-2} \text{ (Tabela 13.29)}$$

$$\frac{N_z}{N_t} \times \frac{T_z}{8.760} = 0,05019 \text{ (Tabela 13.29)}.$$

Logo, R_{ule} vale:

$$R_{ule} = (N_{sle} + N_{atea}) \times P_u \times L_u = (0,0307 + 0) \times 1 \times 0,05019 \times 10^{-5} = 0,15408 \times 10^{-7}$$

$$R_{ule} = \frac{0,15408 \times 10^{-7}}{10^{-5}} = 0,00154$$

Para a linha de sinal, R_{uls} vale:

$$R_{uls} = (N_{sls} + N_{atea}) \times P_u \times L_u$$

$$N_{sls} = 0 \text{ (Tabela 13.31)}$$

$$N_{atea} = 0 \text{ (Tabela 13.31)}$$

$$R_{uls} = (N_{sls} + N_{atea}) \times P_u \times L_u = (0 + 0) \times P_u \times L_u = 0$$

Logo, R_u vale:

$$R_u = R_{ule} + R_{uls} = 0,00154 + 0,0 = 0,00154$$

– Dano D2: danos físicos

* Cálculo de R_b: Equação (13.35)

$$R_b = N_{ate} \times P_b \times L_b$$

$$N_{ate} = 0,0841/\text{ano (Tabela 13.31)}$$

$$P_b = 1 \text{ (Tabela 13.23)}$$

De acordo com a Equação (13.22):

$$L_b = F_p \times F_f \times F_z \times L_f \times \frac{N_z}{N_t} \times \frac{T_z}{8.760} = 1 \times 10^{-3} \times 2 \times 2 \times 10^{-2} \times 0,05019 = 0,20076 \times 10^{-5}$$

$$F_p = 1 \text{ (Tabela 13.29)}$$

$$F_f = 10^{-3} \text{ (Tabela 13.29)}$$

$$F_z = 2 \text{ (Tabela 13.29)}$$

$$L_f = 2 \times 10^{-2} \text{ (Tabela 13.29)}$$

$$\frac{N_z}{N_t} \times \frac{T_z}{8.760} = 0,05019 \text{ (Tabela 13.29)}.$$

Logo, R_b vale:

$$R_b = N_{ate} \times P_b \times L_b = 0,0841 \times 1 \times 0,20076 \times 10^{-5} = 0,01688 \times 10^{-5}$$

$$R_b = \frac{0,01688 \times 10^{-5}}{10^{-5}} = 0,01688$$

* Cálculo de R_v:

$$R_v = R_{vle} + R_{vls}$$

Para a linha elétrica, R_{vle} vale:

$$R_{vle} = (N_{sle} + N_{atea}) \times P_v \times L_v$$

$$N_{sle} = 0,0307 \text{ (Tabela 13.31)}$$

$$N_{atea} = 0 \text{ (Tabela 13.31)}$$

$$N_{sle} + N_{atea} = 0,0307 + 0 = 0,0307$$

De acordo com a Equação (13.18), tem-se:

$$P_v = P_{eb} \times P_{ld} \times F_{iba} = 1 \times 1 \times 1 = 1$$

$$P_{eb} = 1 \text{ (Tabela 13.23)}$$

$$P_{ld} = 1 \text{ (Tabela 13.24)}$$

$$F_{iba} = 1 \text{ (Tabela 13.24)}$$

De acordo com a Equação (13.22), temos:

$$L_v = F_p \times F_f \times F_z \times L_f \times \frac{N_z}{N_t} \times \frac{T_z}{8.760} = 1 \times 10^{-3} \times 2 \times 2 \times 10^{-2} \times 0,05019 = 0,20076 \times 10^{-5}$$

$$F_p = 1 \text{ (Tabela 13.29)}$$

$$F_f = 10^{-3} \text{ (Tabela 13.29)}$$

$$F_z = 2 \text{ (Tabela 13.29)}$$

$$L_f = 2 \times 10^{-2} \text{ (Tabela 13.29)}$$

$$\frac{N_z}{N_t} \times \frac{T_z}{8.760} = 0,05019 \text{ (Tabela 13.29)}.$$

Logo, R_{vle} vale:

$$R_{vle} = (N_{sle} + N_{atea}) \times P_v \times L_v = (0,0307 + 0) \times 1 \times 0,20076 \times 10^{-5} = 0,00616 \times 10^{-5}$$

$$R_{vle} = \frac{0,00616 \times 10^{-5}}{10^{-5}} = 0,00616$$

Para a linha de sinal, R_{vls} vale:

De acordo com a Equação (13.39), tem-se:

$$R_{vls} = (N_{sls} + N_{atea}) \times P_v \times L_v$$

De acordo com a Equação (13.18), tem-se:

$$P_v = P_{eb} \times P_{ld} \times F_{iba} = 1 \times 0,4 \times 1 = 0,4$$

$$P_{eb} = 1 \text{ (Tabela 13.23)}$$

$$P_{ld} = 0,4 \text{ (Tabela 13.25)}$$

$$F_{iba} = 1 \text{ (Tabela 13.25)}$$

De acordo com a Equação (13.22), temos:

$$L_v = F_p \times F_f \times F_z \times L_f \times \frac{N_z}{N_t} \times \frac{T_z}{8.760} = 1 \times 10^{-3} \times 2 \times 2 \times 10^{-2} \times 0{,}05019 = 0{,}20076 \times 10^{-5}$$

$$F_p = 1 \text{ (Tabela 13.29)}$$

$$F_f = 10^{-3} \text{ (Tabela 13.29)}$$

$$F_z = 2 \text{ (Tabela 13.29)}$$

$$L_f = 2 \times 10^{-2} \text{ (Tabela 13.29)}$$

$$\frac{N_z}{N_t} \times \frac{T_z}{8.760} = 0{,}05019 \text{ (Tabela 13.29)}.$$

Logo, R_{vls} vale:

$$R_{vls} = (N_{sls} + N_{atea}) \times P_v \times L_v = (0{,}0307 + 0) \times 0{,}4 \times 0{,}20076^{-5} = 0{,}00247 \times 10^{-5}$$

$$R_{vls} = \frac{0{,}00247 \times 10^{-5}}{10^{-5}} = 0{,}00247$$

Logo, R_v vale:

$$R_v = R_{vle} + R_{vls} = 0{,}00616 + 0{,}00247 = 0{,}00863$$

De acordo com a Tabela 13.32, o valor de $R_1 = 25{,}24680 \times 10^{-5}$. Como o valor tolerável é $R_t = 10^{-5}$, temos:

$$R_1 > R_t$$

portanto, há necessidade de se projetar um sistema de proteção contra descargas atmosféricas para edificação.

Tabela 13.32 Riscos do tipo R_1 para estruturas não protegidas (valores $\times 10^{-5}$)

Parâmetros de entrada	Símbolo	Z1	Z2	Z3	Z4	Estrutura
D1: ferimentos	Ra	0,00071	0,01130	0,49270	0,00049	0,50520
	Ru = Ru/p+Ru/t	–	–	0,00179	0,00179	0,00358
D2: danos físicos	Rb	–	–	24,62000	0,01969	24,63969
	Rv = Rv/p + Rv/t	–	–	0,08970	0,00863	0,09833
Total de R_1		0,00071	0,01130	25,20419	0,03060	25,24680
Tolerável		$R_1 > R_t$				$R_t = 1$

13.5 Sistemas de proteção contra descargas atmosféricas (SPDA)

São projetados com a finalidade de interceptar as descargas atmosféricas que atingem diretamente a parte superior da estrutura ou suas laterais, permitindo que a corrente elétrica decorrente flua para a terra sem ocasionar transitórios perigosos à vida e ao patrimônio, centelhamento e efeitos térmicos e mecânicos danosos à estrutura.

Os SPDA podem ser projetados e construídos utilizando materiais *condutores naturais*, isto é, partes integrantes da estrutura que não podem ser alteradas, como armaduras de pilares e fundação, ou materiais *condutores não naturais*, isto é, aqueles que não integram a estrutura, como cabos de cobre, alumínio, aço, aço cobreado etc., e que foram ali instalados com a finalidade única de proteger a estrutura contra descargas atmosféricas.

Os sistemas de proteção contra descargas atmosféricas, de forma geral, são constituídos de três subsistemas bem definidos, porém intimamente interligados:

a) **Subsistemas de captação**

São os elementos condutores normalmente expostos localizados na parte mais elevada da edificação e responsáveis pelo contato direto com as descargas atmosféricas.

Os captores podem ser classificados segundo sua natureza construtiva:

- Captores naturais

São constituídos de elementos condutores expostos, normalmente partes integrantes da edificação que se quer proteger. As coberturas metálicas das estruturas, mastros ou quaisquer elementos condutores integrados à edificação expostos acima das coberturas, como tubos e tanques metálicos etc., são exemplos de captores naturais.

- Captores não naturais

São constituídos de elementos condutores expostos, normalmente instalados sobre a cobertura e a lateral das edificações, cuja finalidade é estabelecer o contato direto com as descargas atmosféricas. São exemplos de captores não naturais os condutores de cobre nus expostos em forma de malha e os captores de haste.

b) Subsistemas de descida

São elementos condutores expostos ou não que permitem a continuidade elétrica entre os captores e o subsistema de aterramento.

Os subsistemas de descida podem ser classificados segundo sua natureza construtiva.

- Subsistemas de descida naturais

São elementos condutores, normalmente partes integrantes da edificação, que, por sua natureza condutiva, permitem escoar para o subsistema de aterramento as correntes elétricas resultantes das descargas atmosféricas. São exemplos de subsistemas de descida naturais os postes metálicos, as torres metálicas de comunicação (rádio e TV), as armaduras de aço interligadas dos pilares das estruturas, devidamente interligadas para permitir a equipotencialização, além de outros meios compatíveis.

- Subsistemas de descida não naturais

São constituídos de elementos condutores expostos ou não, dedicados exclusivamente à condução ao subsistema de aterramento da edificação das correntes elétricas dos raios que atingem os captores. São exemplos de subsistemas de descida não naturais os condutores de cobre nus instalados sobre as laterais das edificações ou nelas embutidos, barras de ferro de construção ou similar instaladas no interior dos pilares das edificações para uso exclusivo do sistema de proteção contra descargas atmosféricas etc.

c) Subsistemas de aterramento

São constituídos de elementos condutores enterrados ou embutidos nas fundações das edificações e responsáveis pela dispersão das correntes elétricas no solo.

Os subsistemas de aterramento podem ser classificados segundo sua natureza construtiva.

- Subsistemas de aterramento naturais

São constituídos de elementos metálicos embutidos nas fundações das edificações e parte integrante destas.

São exemplos de subsistemas de aterramento naturais a armação das fundações de concreto armado das edificações, a armação das bases de torre de aerogeradores, as estruturas de concreto armado enterradas e outros meios equivalentes.

- Subsistemas de aterramento não naturais

São constituídos de elementos condutores enterrados horizontal ou verticalmente que dispersam as correntes elétricas no solo. São exemplos de subsistemas de aterramento não naturais os condutores de cobre nus diretamente enterrados em torno da edificação e hastes de terra com cobertura eletrolítica de cobre enterradas verticalmente, interligadas aos condutores horizontais e verticais.

Os materiais empregados nos sistemas de proteção contra descargas atmosféricas são: (i) cobre: maciço, ou encordoado e utilizados como cobertura; (ii) aço galvanizado a quente: maciço ou encordoado; (iii) aço inoxidável: maciço ou encordoado; (iv) aço cobreado: maciço ou encordoado; e (v) alumínio: maciço ou encordoado.

Esses materiais normalmente podem ser instalados nos meios ambientes a seguir considerados, devendo-se, no entanto, observar suas limitações devido principalmente a sua corrosão e a sua destruição por meio galvânico:

- ao ar livre: todos, com exceção do alumínio em áreas de elevada dispersão de névoa salina;
- embutidos na terra: todos, com exceção do alumínio;
- embutidos no concreto simples ou reboco: todos, com exceção do alumínio;
- embutidos no concreto armado: todos, com exceção do alumínio e do cobre.

Os projetos de um sistema externo de proteção contra descargas atmosféricas podem ser definidos, de forma geral, por dois diferentes tipos de construção, ou seja:

13.5.1 Estruturas protegidas por elementos naturais

Podem ser assim denominadas as estruturas que utilizam como proteção contra descargas atmosféricas quaisquer elementos condutores integrantes das mesmas para capturar os raios e conduzir as correntes de descargas atmosféricas até o subsistema de aterramento para sua dissipação na terra.

13.5.1.1 Subsistema de captores naturais

O subsistema de captores naturais é constituído por elementos condutores expostos que podem ser atingidos diretamente por descargas atmosféricas:

- coberturas metálicas de edificações;
- mastros ou outros elementos metálicos cuja extremidade se sobressai à cobertura;
- calhas metálicas instaladas na periferia das edificações;
- estruturas metálicas de suporte de fachadas envidraçadas construídas acima de 60 m do solo;

- tubulações metálicas e tanques contendo misturas explosivas ou combustíveis construídos de material com espessura não inferior aos valores indicados na Tabela 13.33 desde que todas as suas partes constituídas sejam equipotencializadas;
- deve haver continuidade elétrica entre os diversos componentes dos captores;
- não devem ser considerados protegidos os elementos não metálicos e os elementos metálicos salientes à superfície protegida pelos captores;
- os diâmetros e as seções dos condutores metálicos mais utilizados em um SPDA devem ter as dimensões indicadas na Tabela 13.33;
- podem ser utilizadas chapas metálicas como sistema captor, o que é muito comum em galpões industriais. Chapas de alumínio são as mais utilizadas para cobertura desse tipo de edificação. A Tabela 13.34 estabelece o material e a correspondente espessura da chapa para serviço de captação de descargas atmosféricas.

13.5.1.2 Subsistema de descida natural

O subsistema de descida natural é constituído de elementos metálicos eletricamente contínuos que interligam o subsistema de captores à malha de aterramento na base da edificação.

Constituem-se ainda condutores de descida naturais as estruturas metálicas, tais como postes, torres e similares, bem como as armaduras de aço dos pilares de concreto da edificação que têm continuidade até a armadura da base.

O subsistema de descida natural deve obedecer às seguintes prescrições:

- os pilares metálicos das estruturas de concreto podem ser empregados como condutores de descida, desde que apresentem continuidade elétrica;
- as instalações metálicas das estruturas com comprovada continuidade elétrica podem ser utilizadas como condutores de descida naturais, respeitando-se as seções mínimas dos condutores de descida definidas na Tabela 13.33;

Tabela 13.33 Seção mínima dos condutores de captação, hastes captoras e condutores de descida (reprodução parcial da NBR 5419-3:2015)

Material	Configuração	Área da seção (mm²)	Comentários
Aço galvanizado a quente	Fita maciça	50	Espessura mínima de 2,5 mm
	Arredondado maciço	50	Diâmetro de 8 mm
	Encordoado	50	Diâmetro de cada fio da cordoalha 1,7 mm
Cobre	Fita maciça	35	Espessura de 1,75 mm
	Encordoado	35	Diâmetro de cada fio da cordoalha 2,5 mm
Alumínio	Fita maciça	70	Espessura de 3 mm
	Arredondado maciço	70	Diâmetro de 9,5 mm
	Encordoado	70	Diâmetro de cada fio da cordoalha 3,5 mm
Aço inox	Fita maciça	50	Espessura de 2 mm
	Arredondado maciço	50	Diâmetro de 8 mm
	Encordoado	70	Diâmetro de cada fio da cordoalha 1,7 mm
Aço cobreado IACS 30 %	Arredondado maciço	50	Diâmetro de 8 mm
	Encordoado	50	Diâmetro de cada fio da cordoalha 3 mm

Tabela 13.34 Espessuras mínimas das chapas metálicas ou tubulações metálicas dos subsistemas de captação: classes do SPDA de I a IV (reprodução parcial da NBR 5419-3:2015)

Material	Espessura (mm)	
	E (1)	E' (2)
Aço inoxidável galvanizado a quente	4	0,5
Cobre	5	0,5
Alumínio	7	0,65
(1) O valor de E previne perfuração, pontos quentes ou ignição.		
(2) O valor de E' somente para chapas metálicas, se não for importante prevenir a perfuração, pontos quentes ou problemas com ignição.		

- as armações de aço interligadas das estruturas de concreto armado dos pilares das edificações podem ser utilizadas como condutores de descida, desde que pelo menos 50 % dos cruzamentos das barras verticais com as horizontais sejam firmemente amarradas com arame torcido, e as barras verticais sejam soldadas ou sobrepostas por, no mínimo, 20 vezes seu diâmetro e firmemente amarradas com arame torcido, devendo haver continuidade elétrica comprovada. Neste caso, não há necessidade da utilização de anéis condutores intermediários;
- as tubulações contendo misturas inflamáveis ou explosivas podem ser utilizadas como condutores de descida naturais, desde que as gaxetas de acoplamento dos flanges sejam metálicas, apropriadamente conectadas, se comprove a continuidade elétrica da mesma e as posturas locais permitam seu uso como tal;
- podem ser embutidos em cada pilar da estrutura da edificação condutores de descida específicos (cabo de aço galvanizado, barra chata ou redonda de aço), instalados paralelamente às barras redondas estruturais dos pilares, com continuidade elétrica assegurada por solda ou por conexão mecânica do tipo aparafusado ou à compressão. O condutor de descida deve fazer contato direto com a armadura da base de concreto, através de uma conexão que assegure a continuidade do sistema de descarga atmosférica;
- pode-se utilizar também a armação de aço embutida em concreto armado pré-fabricado, desde que se assegure a continuidade da conexão e a resistência elétrica medida no valor inferior a 1 Ω;
- não pode ser utilizada como condutor de descida armação de aço de concreto protendido, a não ser que sejam atendidas algumas condições normativas e haja concordância do construtor;
- podem ser utilizadas chapas de alumínio, algumas vezes empregadas na cobertura das laterais de galpões industriais, desde que sua espessura atenda a Tabela 13.34.

13.5.1.3 Subsistema de aterramento natural

É constituído de elementos metálicos instalados vertical ou horizontalmente e responsáveis pela dispersão da corrente elétrica de descarga atmosférica no solo.

Podem ser utilizadas como eletrodos de aterramento naturais as armações de aço das fundações.

O dimensionamento e a instalação dos eletrodos constituídos pelas armaduras de aço embutidas nas fundações das estruturas devem atender às seguintes prescrições:

- as armações de aço embutidas nas fundações das estruturas de concreto armado podem ser utilizadas como eletrodo de aterramento, desde que sejam amarradas com arame torcido em cerca de 50 % de seus cruzamentos ou simplesmente soldadas e se assegure a continuidade elétrica;
- as barras horizontais das armações de aço das fundações utilizadas como condutor de aterramento devem ser soldadas ou sobrepostas por, no mínimo, 20 vezes seu diâmetro e firmemente amarradas com arame torcido e apresentem comprovada continuidade elétrica;
- estruturas metálicas subterrâneas contidas na área da edificação podem ser utilizadas como condutor de aterramento, desde que apresentem continuidade elétrica;
- as armaduras de aço das fundações devem ser interligadas com as armaduras de aço dos pilares da estrutura, utilizadas como condutores de descida naturais, devendo-se assegurar continuidade elétrica entre as referidas armaduras;
- a camada de concreto que envolve os eletrodos anteriormente referidos deve ter, no mínimo, 5 cm de espessura.

13.5.2 Estruturas protegidas por elementos não naturais

Podem ser assim denominadas as estruturas que utilizam como proteção contra descargas atmosféricas elementos condutores específicos na função de captação dos raios, descida das correntes de descarga e aterramento para a dissipação dessas correntes.

Os materiais utilizados nas estruturas protegidas por elementos não naturais devem satisfazer às seguintes condições:

- suportar os efeitos térmicos e eletrodinâmicos resultantes das correntes de descargas atmosféricas;
- devem ser condutores de cobre, alumínio, aço cobreado IACS 30 %, aço galvanizado a quente e aço inoxidável.

13.5.2.1 Subsistema de captação não natural

O subsistema de captação não natural é constituído dos seguintes elementos metálicos:

- Captores de haste

Os captores de haste são elementos metálicos especialmente construídos para receber o impacto das descargas atmosféricas. São normalmente instalados na parte superior das edificações, nos projetos de SPDA que utilizam o método do ângulo de proteção ou de Franklin. A Figura 13.9 mostra dois captores de haste simples empregados muito frequentemente na proteção contra descargas atmosféricas de subestações ao tempo. Já os captores do tipo Franklin são constituídos, em geral, de quatro elementos em forma de ponta, conforme mostrado na Figura 13.10.

- O captor de haste necessita de um suporte metálico ou não, denominado mastro, ao qual é fixado na extremidade superior.

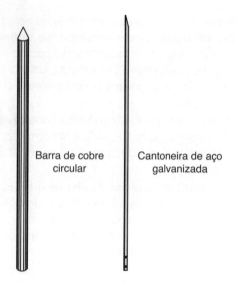

Figura 13.9 Captor de haste de ponta.

Figura 13.10 Captor do tipo Franklin.

– O suporte metálico pode ser constituído de um tubo de cobre de comprimento entre 3 e 5 m e 55 mm de diâmetro. Deve ser fixado firmemente a uma base metálica plana fixada no topo da estrutura a proteger. Além de suportar o captor, neste caso, a função do mastro é servir de condutor metálico.

– Também poderá ser utilizada como suporte uma haste vertical não metálica. Neste caso, deve-se conectar a parte superior do subsistema de descida diretamente ao captor.

- Minicaptores de haste

São elementos metálicos, em forma de haste de pequeno comprimento (entre 20 e 30 cm), conectados às malhas captoras instaladas na parte superior das edificações, dimensionados nos projetos de SPDA. Essas hastes são utilizadas para evitar que o centelhamento devido ao impacto das descargas atmosféricas sobre o sistema de condutores horizontais produza danos no material de cobertura da edificação a ser protegida.

- Subsistema de captação de condutores em malha

É constituído de cabos condutores de cobre nus, alumínio, aço cobreado IACS 30 %, aço galvanizado a quente e aço inoxidável, conectados em forma de malha e instalados na parte superior das edificações. A seção dos condutores horizontais que formam a malha captora é dada na Tabela 13.33.

Se a cobertura da edificação for constituída de material não combustível, os condutores de captação podem ser fixados diretamente na estrutura da cobertura. Entretanto, no caso de a cobertura ser constituída de material combustível, devem-se fixar os condutores a uma distância de 15 cm acima da cobertura.

Se forem utilizados captores de condutores de cobre encordoados, a seção mínima deverá ser de 35 mm², de acordo com a Tabela 13.33.

Quando o subsistema captor for constituído de chapas metálicas, sua espessura não poderá ser inferior aos valores indicados na Tabela 13.34.

Quando o subsistema captor é constituído de uma ou mais hastes fixadas em mastros separados não metálicos, sem conexão com a armadura da cobertura (SPDA isolado), deve-se utilizar um condutor de descida para cada haste. Se o mastro é metálico e está interligado à armadura da edificação, não há necessidade de se utilizar condutor de descida.

13.5.2.2 Subsistema de descida não natural

O subsistema de descida não natural é constituído de condutores de cobre nus, alumínio, aço cobreado IACS 30 %, aço galvanizado a quente e aço inoxidável, cujas seções são dadas na Tabela 13.33.

Deve atender às seguintes condições:

- se forem utilizados condutores de cobre encordoados, a seção mínima deverá ser de 35 mm², de acordo com a Tabela 13.33;
- os condutores de descida não naturais devem ser distribuídos ao longo do perímetro do volume a proteger, obedecendo aos afastamentos máximos previstos na Tabela 13.35, devendo-se adotar no mínimo dois condutores de descida;

Tabela 13.35 Espaçamentos típicos entre os condutores de descida e entre os anéis condutores, de acordo com a classe do SPDA (NBR 5419-3:2015)

Classe do SPDA	Espaçamento em m
I	10
II	10
III	15
IV	20

- os condutores de descida devem ser instalados a uma distância mínima de 50 cm de portas, janelas e outras aberturas;
- os condutores de descida podem ser instalados na superfície para SPDA não isolado, conforme a Figura 13.11, ou no interior de parede, se não for constituída de material inflamável e a elevação de temperatura decorrente da passagem da corrente elétrica não resultar em risco para o material da referida parede;
- os suportes metálicos dos condutores de descida do SPDA isolado não devem estar em contato com a parede de material inflamável cuja elevação de temperatura decorrente da passagem da corrente elétrica resultar em risco para o material da referida parede, devendo-se utilizar um suporte metálico para manter uma distância de 10 cm entre o condutor de descida e o volume a proteger, conforme mostrado na Figura 13.12;
- sempre que possível, deve-se instalar um condutor de descida em cada canto saliente da estrutura, excluso da quantidade de descidas determinada pelas distâncias indicadas na Tabela 13.35;
- recomenda-se que os usuários das edificações evitem utilizar equipamentos de tecnologia da informação próximos aos condutores de descida;
- os condutores de descida não devem ser instalados, em princípio, no interior de calhas ou tubos de águas pluviais, a fim de evitar corrosão, mesmo que o condutor seja isolado;
- os condutores de descida externos devem ser protegidos contra danos mecânicos até, no mínimo, 2,5 m acima do nível do solo, conforme as Figuras 13.11 e 13.12. A proteção deve ser feita por eletroduto rígido de PVC ou eletroduto rígido metálico. Quando a proteção mecânica for metálica, o condutor de descida deve ser conectado em ambas as extremidades do eletroduto;
- os condutores de descida devem ser retilíneos e verticais, de modo a tornar o trajeto o mais curto possível;
- os condutores de descida, de preferência, não devem conter emendas. Quando necessárias, deve ser utilizada solda exotérmica ou elétrica;
- para se obter uma melhor uniformidade na distribuição das correntes de descarga atmosférica, devem-se interligar horizontalmente os diversos condutores de descida, a intervalos de 10 a 20 m de altura e ao nível do solo, de acordo com os espaçamentos dados na Tabela 13.35;
- se forem adotados captores de haste fixados em mastros separados, não metálicos e não interligados às armaduras, para cada condutor de descida deve ser conectado, no mínimo, um eletrodo de aterramento distinto, radial ou vertical, devendo-se utilizar, no mínimo, dois eletrodos;
- no caso de captores de SPDA isolado constituídos de condutores suspensos, deve ser utilizado um condutor de descida para cada suporte;
- para o caso de captores de SPDA isolado constituindo uma rede de condutores, deve ser utilizado, no mínimo, um condutor de descida em cada suporte de terminação dos condutores;

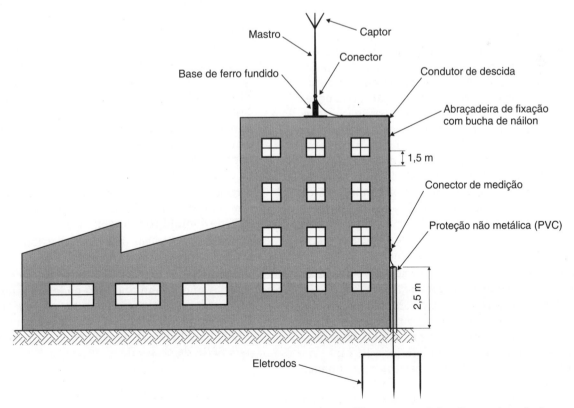

Figura 13.11 Elementos de um SPDA em estruturas que utilizam materiais não combustíveis.

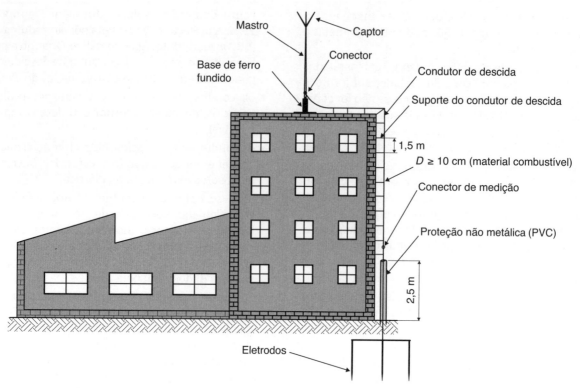

Figura 13.12 Elementos de um SPDA em estruturas que utilizam materiais combustíveis nas paredes.

- o número dos condutores de descida não pode ser inferior a dois quando o SPDA não for isolado, cujas distâncias entre os condutores estão indicadas na Tabela 13.35, devendo-se sempre buscar um espaçamento o mais uniforme possível;
- existe baixa probabilidade de ocorrerem descargas atmosféricas nas laterais de estruturas com altura inferior a 60 m. Nas estruturas com altura superior a 60 m, apesar de o risco de impacto lateral das descargas atmosféricas ainda ser baixo, e de efeitos muito inferiores aos impactos diretos na parte superior da estrutura, devem-se tomar precauções quando há saliências nas paredes externas, como, por exemplo, antenas para captação de sinal de satélite, pois estas podem ser danificadas mesmo com baixos valores de pico de corrente de impacto. Quando há necessidade de se utilizarem captores externos laterais, deve-se optar por condutores de descida em cobre, aço etc., localizados nas arestas verticais das estruturas, desde que não existam condutores metálicos naturais externos como parte integrante da arquitetura da edificação;
- a fixação dos condutores de descida deve obedecer às seguintes distâncias máximas:
  - condutores flexíveis (cabos e cordoalhas) posicionados horizontalmente: igual ou inferior a 1,0 m;
  - condutores flexíveis (cabos e cordoalhas) posicionados verticalmente: igual ou inferior a 1,5 m;
  - condutores rígidos (fitas e barras) posicionados horizontalmente: igual ou inferior a 1,0 m;
  - condutores rígidos (fitas e barras) posicionados verticalmente: igual ou inferior a 1,5 m.

13.5.2.3 Subsistema de aterramento não natural

O subsistema de aterramento não natural é constituído pelos seguintes elementos metálicos:

- eletrodos verticais (hastes de aterramento), que são elementos metálicos especialmente fabricados para utilização em aterramento de sistemas elétricos, incluindo-se os SPDA. Os aspectos construtivos das hastes de aterramento foram estudados no Capítulo 11 deste livro;
- os eletrodos horizontais devem ser constituídos de condutores metálicos, cuja seção é dada na Tabela 13.36. Para condutores de cobre, a seção mínima do cabo é de 50 mm²;
- os eletrodos de aterramento não naturais devem ser instalados a uma distância aproximada de 1,0 m das paredes externas e enterrados no mínimo a 50 cm de profundidade;
- o condutor de aterramento deve ser formado por um anel em torno da estrutura, tendo pelo menos 80 % de contato com o solo;
- os eletrodos verticais devem ser distribuídos uniformemente no perímetro da estrutura;
- o raio médio da área R_{ma} abrangido pelos condutores de aterramento em anel não pode ser inferior a L_1, cujos valores estão contidos no gráfico da Figura 13.13. Também podem ser calculados pela Equação (13.42) para SPDA da classe I e pela Equação (13.43) para SPDA da classe II.

$$L_1 = 0{,}03 \times \rho - 10 \quad (13.42)$$
$$L_1 = 0{,}02 \times \rho - 11 \quad (13.43)$$

ρ = resistividade do solo, em $\Omega.m$.

Tabela 13.36 Dimensões mínimas dos eletrodos de aterramento (reprodução parcial da NBR 5419-3:2015)

Material	Configuração	Eletrodo cravado diâmetro (mm)	Eletrodo não cravado	Comentários
Aço galvanizado a quente	Fita maciça	–	90 mm²	Espessura mínima de 3 mm
	Arredondado maciço	16 mm	Diâmetro: 10 mm	–
	Tubo	25 mm	-	Espessura mínima de 2 mm
	Encordoado	–	70 mm²	–
Cobre	Fita maciça		50 mm²	Espessura de 2 mm
	Encordoado		50 mm²	Diâmetro de cada fio: 3 mm
	Arredondado maciço	15 mm	–	–
	Tubo	20 mm	–	Espessura da parede de 2 mm
Aço inox	Arredondado maciço	15 mm	Diâmetro: 10 mm	Espessura mínima: 2 mm
	Fita maciça		100 mm²	
Aço cobreado IACS 30 %	Arredondado maciço	12,7 mm	70 mm²	Diâmetro de cada fio da cordoalha: 8 mm
	Encordoado			

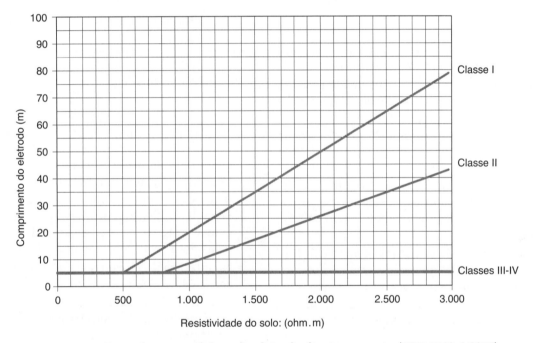

Figura 13.13 Comprimento mínimo do eletrodo de aterramento (NBR 5419-3:2015).

Os subsistemas de aterramento naturais e não naturais devem atender às seguintes prescrições gerais:

- o subsistema de aterramento deve ser único para os sistemas de proteção contra descargas atmosféricas, sistema de potência e sistema de tecnologia da informação;
- para assegurar a dispersão das correntes elétricas devido às descargas atmosféricas sem causar sobretensões que possam trazer perigo às pessoas e danos materiais, é mais importante o arranjo e as dimensões da malha de aterramento do que o valor de sua resistência considerada;
- deve-se perseguir uma resistência de aterramento igual ou inferior a 10 Ω, com a finalidade de reduzir o processo de centelhamento entre elementos da estrutura a ser protegida e diminuir os valores dos potenciais elétricos produzidos no solo;
- quando em uma mesma área existirem dois ou mais subsistemas de aterramento, devem-se interligar todos eles por meio de uma ligação equipotencial realizada pela fita trançada de cobre ou, mais comumente, cabo de cobre;
- de preferência, os condutores não devem conter emendas. Quando necessário, deve ser utilizada solda exotérmica. Se se utilizarem conexões mecânicas de pressão, as mesmas devem estar contidas no interior de caixas de inspeção.

13.5.3 Ligações equipotenciais

Para evitar riscos de choques elétricos, incêndios e explosão no interior da estrutura a ser protegida, devem-se equalizar os potenciais elétricos interligando todos os elementos condutivos existentes na estrutura e no seu interior.

O SPDA deve ser conectado com os demais sistemas de aterramento, ou seja, com as massas do sistema elétrico, com a armadura metálica das estruturas, com as instalações metálicas e com as massas dos equipamentos de tecnologia da informação, devendo obedecer às seguintes prescrições básicas:

- a equipotencialização dos SPDA externos isolados deve ser realizada ao nível do solo;
- a equipotencialização dos SPDA externos não isolados deve ser realizada na base da estrutura ao nível do solo;
- os condutores de ligação equipotencial devem ser conectados a uma barra de ligação equipotencial instalada no subsolo ou próxima ao nível do solo ou, ainda, próximo ao Quadro Geral de BT, de forma a proporcionar fácil acesso;
- os condutores de equipotencialização devem ser retilíneos e de menor comprimento possível;
- em grandes estruturas, deve ser instalada mais de uma barra de ligação equipotencial devidamente interligada;
- a cada intervalo não superior a 20 m deve existir uma ligação equipotencial (BEL) para estruturas com mais de 20 m de altura;
- as barras de ligação equipotencial local BEL (barramento de equipotencialização local) devem ser conectadas ao anel horizontal que interligam os condutores de descida;
- o barramento de equipotencialização principal (BEP) deve ser ligado ao subsistema de aterramento;
- todos os condutores não vivos dos sistemas elétricos e equipamentos de tecnologia da informação devem ser direta ou indiretamente conectados à ligação equipotencial;
- as luvas isolantes inseridas nas canalizações de gás ou de água devem ser curto-circuitadas;
- as seções mínimas dos condutores utilizados na equalização dos potenciais podem ser conhecidas na Tabela 13.37, para condutores que interligam diferentes barramentos BEP e BEL, e na Tabela 13.38, para condutores de ligação equipotencial que conectam diferentes instalações metálicas internas aos barramentos BEP e BEL;
- a seção do condutor em aço inoxidável como condutor equipotencial deve ser igual à do aço galvanizado a fogo;
- em uma mesma edificação, deve-se projetar um só sistema de aterramento, no qual, por meio de ligações equipotenciais, se conectariam todas as partes da instalação que obrigatoriamente devessem ser conectados à terra. A Figura 13.14 mostra a forma pela qual são interconectadas todas as partes não condutivas da instalação, tais como tubulação metálica de água, condutor de aterramento, armações metálicas diversas como bandejas, prateleira, painéis etc. A conexão da tubulação metálica de gás com o sistema de aterramento deve ser definida pelas normas da concessionária de gás local;

- as interligações equipotenciais podem ser realizadas pelos seguintes meios:
  – direto: utilizar condutores de ligação não naturais em que a continuidade elétrica não pode ser garantida pelas ligações naturais;
  – indireto: utilizar dispositivos de proteção contra surtos (DPS) quando não for possível executar a ligação direta por meio de condutores não naturais ou utilizar centelhadores quando a ligação direta não for permitida;
- quando não for possível ou aceitável uma ligação direta de equipotencialização, deve-se utilizar um DPS que apresente as seguintes características técnicas:
  – a corrente de impulso deve ser igual ou superior à corrente de descarga atmosférica que flui do SPDA externo para os elementos metálicos interligados;
  – a tensão de impulso disruptiva nominal deve ser inferior ao nível de impulso suportável entre as partes;
- os condutores vivos dos sistemas internos que não sejam blindados nem estejam instalados no interior

Tabela 13.37 Seção mínima dos condutores para ligação equipotencial que interligam diferentes barramentos (BEP e BEL) ou que ligam as barras ao sistema de aterramento: classes do SPDA de I a IV (NBR 5419-3:2015)

Modo de instalação	Material	Seção em mm²
Não enterrado	Cobre	16
	Alumínio	25
	Aço galvanizado a fogo	50
Enterrado	Cobre	50
	Aço galvanizado a fogo	80

Tabela 13.38 Seção mínima dos condutores para ligação equipotencial que conectam diferentes instalações metálicas internas aos barramentos (BEP e BEL): classes do SPDA de I a IV (NBR 5419-3:2015)

Material	Seção em mm²
Cobre	6
Alumínio	10
Aço galvanizado a fogo	16

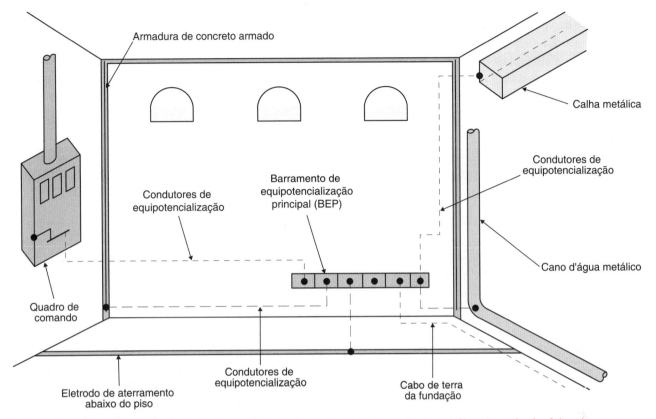

Figura 13.14 Ligações equipotenciais ao barramento de equipotencialização principal (BEP).

de eletrodutos devem possuir equipotencialização ao BEP por meio de um DPS;
- os condutores vivos devem ser ligados ao BEP ou BEL somente pelo DPS;
- os condutores PE e PEN de um sistema TN devem ser conectados diretamente ao BEP ou ao BEL;
- o união dos segmentos das tubulações metálicas de água, gás, ar comprimido e óleo que contenham anéis isolantes intercalados deve ser interligada por condutores ou DPS dedicados a essa utilização.

13.5.4 Proximidades do SPDA com outras estruturas

Se um SPDA qualquer está adjacente a uma estrutura constituída de massas, condutores de um sistema elétrico e instalações metálicas, entre as quais o SPDA, e não for possível estabelecer uma ligação equipotencial para evitar um centelhamento perigoso, deve-se assegurar uma distância de segurança igual ou superior ao valor dado pela Equação (13.44).

$$D = K_i \times \frac{K_c}{K_m} \times L_{cd} \qquad (13.44)$$

K_i = depende do nível de proteção admitido e seu valor é dado na Tabela 13.39;
L_{cd} = comprimento ao longo do subsistema de captação ou do subsistema de descida, desde o ponto onde a dis-

Tabela 13.39 Valores de K_i e K_m (NBR 5419-3:2015)

Nível de proteção do SPDA	K_i	Material	K_m
I	0,080	Ar	1,00
II	0,060	Sólido	0,50
III	0,040	–	–
IV	0,040	–	–

tância de segurança deve ser considerada até a equipotencialização mais próxima, em m;
K_m = depende do material de construção e seu valor é encontrado na Tabela 13.39;
K_c = 1 (para um condutor de descida – SPDA externo isolado);
K_c = 0,66 (para duas descidas – SPDA externo isolado);
K_c = 0,44 (para três ou mais descidas – SPDA externo isolado).

O valor de K_c pode ser determinado pela Equação (13.45) se o sistema captor for constituído de malha e possuir um número de descidas igual ou superior a quatro, conectadas por condutores horizontais em anel.

$$K_c = \frac{1}{2 \times N} + 0,1 + 0,2 \times \sqrt[3]{\frac{C}{H}} \qquad (13.45)$$

Os valores de H e C podem ser identificados por meio da Figura 13.15, sendo N o número de condutores de descida.

Exemplo de aplicação (13.2)

Determinar a distância de segurança do galpão industrial ilustrado na Figura 13.15, sabendo-se que $H = 10$ m e $C = 12$ m. O subsistema captor é constituído de malha de cabo de cobre e existem 12 condutores de descida. O comprimento ao longo do subsistema de descida, desde o ponto onde a distância de segurança deve ser considerada até a equipotencialização mais próxima, vale 56 m. O SPDA deve ser da classe I.

$$K_i = 0{,}08 \text{ (Tabela 13.39)}$$

$$L_{cd} = 56 \text{ m (valor admitido)}$$

$$K_m = 1{,}0 \text{ (Tabela 13.39)}$$

$$K_c = \frac{1}{2 \times N} + 0{,}1 + 0{,}2 \times \sqrt[3]{\frac{C}{H}} = \frac{1}{2 \times 12} + 0{,}1 + 0{,}2 \times \sqrt[3]{\frac{12}{10}} = 0{,}3542$$

Logo, a distância de segurança vale:

$$D = K_i \times \frac{K_c}{K_m} \times L_{cd} = 0{,}08 \times \frac{0{,}3542}{1{,}0} \times 56 = 1{,}5 \text{ m}$$

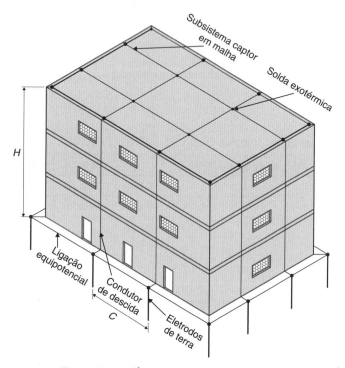

Figura 13.15 Sistema captor em malha.

13.5.5 Aterramento de tanques e tubulações metálicas para uso de produtos inflamáveis

Os tanques e tubulações metálicas que armazenam e transportam, respectivamente, produtos inflamáveis devem atender aos seguintes requisitos quanto ao aterramento:

- os tanques metálicos de armazenamento de líquidos que podem produzir vapor inflamável (por exemplo, tanque de armazenamento de gasolina), ou de armazenamento de gases, são normalmente autoprotegidos, desde que a espessura da chapa em aço seja igual ou superior a 5 mm e, se em alumínio, a espessura da chapa seja igual ou superior a 7 mm;
- tanques metálicos de armazenamento de líquidos nas condições anteriores em contato direto com o solo ao qual estão conectadas as linhas de tubulação metálica não necessitam de subsistema de captação;
- tanques ou contêineres individuais metálicos devem ser conectados a eletrodos de aterramento nas seguintes condições:
  – tanques com dimensões horizontais ou diâmetros de até 20 m devem ser ligados, no mínimo, a dois eletrodos de aterramento equidistantes ao longo do perímetro;
  – tm tanques com dimensões superiores a 20 m, devem ser utilizadas duas interligações à terra, adicionando-se a cada 10 m de perímetro mais uma interligação complementar à terra;
- linhas de tubulações metálicas externas ao processo industrial devem ser ligadas a eletrodos de aterramento verticais ou horizontais a cada 30 m ou ligados ao nível do solo a elementos já aterrados;
- os tanques agrupados em pátios, tal como ocorre na área de armazenamento de combustível de usinas termelétricas que utilizam óleo diesel ou óleo combustível, devem ter cada tanque aterrado pelo menos em um ponto e interligado entre si formando um sistema equalizado;
- os estações de bombeamento e suas correspondentes tubulações metálicas longas destinadas ao transporte de líquidos inflamáveis devem ser interligadas por condutores de seção igual ou superior a 50 mm², incluindo-se as respectivas blindagens metálicas;
- peças metálicas isoladas que são partes de tubulações longas que transportam líquidos inflamáveis devem ser interligadas a fim de evitar centelhamento.

13.6 Métodos de proteção contra descargas atmosféricas

Existem três métodos de proteção contra descargas atmosféricas definidos pela NBR 5419-3:2015: (i) método do ângulo de proteção; (ii) método das malhas; e (iii) método da esfera rolante.

O gráfico da Figura 13.16 mostra os valores do ângulo de proteção em função da altura da estrutura e da classe do SPDA, enquanto a Tabela 13.40 indica o tamanho da malha captora e o raio da esfera rolante em função da classe do SPDA.

13.6.1 Método do ângulo de proteção

Também conhecido como Método de Franklin, consiste em se determinar o volume de proteção propiciado por um cone, cujo ângulo da geratriz com a vertical varia segundo o nível de proteção desejado e para determinada altura da construção H_c. De acordo com a Figura 13.17, o ângulo máximo de proteção é uma função da altura do captor para diferentes classes de SPDA.

Utilizando a propriedade das pontas metálicas de propiciar o escoamento das cargas elétricas para a atmosfera, chamado *poder das pontas*, Franklin concebeu e instalou um dispositivo que desempenha esta função, denominado para-raios.

Fica claro que as descargas elétricas dentro de determinada zona são mais facilmente escoadas pelo para-raios do que por uma estrutura de concreto, por exemplo.

A Figura 13.18 mostra o princípio fundamental da atuação de um para-raios. As cargas elétricas, em vez de irromperem de um ponto qualquer do solo, são conduzidas até as pontas do para-raios (captor) e por meio de um cabo de boa condutividade elétrica, permite que as correntes decorrentes sejam conduzidas à terra, propiciando, assim, a proteção da construção dentro de determinado raio de atuação.

Tabela 13.40 Valores máximos do ângulo de proteção $\alpha°$, de dimensão da malha captora e do raio da esfera rolante (NBR 5419-3:2015)

Classe do SPDA	Métodos de proteção		
	Ângulo de proteção $\alpha°$	Máximo afastamento dos condutores da malha	Raio da esfera rolante
	(1)	(2)	(3)
I	Ver Figura 13.17	5 × 5	20
II		10 × 10	30
III		15 × 15	45
IV		20 × 20	60

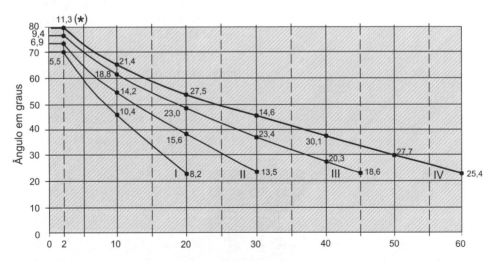

(★) Raios das bases dos cones de proteção, em metros dados pela Equação (13.46).

Notas:
1) *H* é a altura do captor acima do plano de referência da área a ser protegida.
2) O ângulo não será alterado para valores de *H* inferiores a 2 m.
3) Para valores de *H* superiores aos valores de cada curva são aplicáveis somente o Método da Esfera Rolante e o Método das Malhas.

Figura 13.16 Ângulo de proteção correspondente à classe do SPDA.

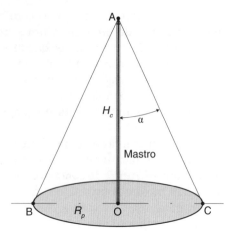

Figura 13.17 Volume de proteção provido pelo mastro do para-raios.

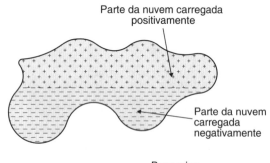

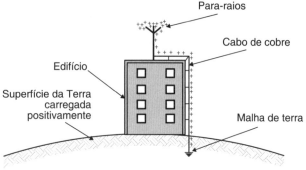

Figura 13.18 Ilustração da concentração de cargas elétricas no captor.

13.6.1.1 Volume de proteção formado por hastes

O para-raios deve oferecer uma proteção dada por um cone cujo vértice corresponde à extremidade superior do captor e cuja geratriz faz um ângulo de $\alpha°$ com a vertical, propiciando um raio de base do cone de valor dado pela Equação (13.46), conforme se observa na Figura 13.19.

$$R_p = H_c \times \text{tg}\alpha \quad (13.46)$$

R_p = raio da base do cone de proteção, em m;
H_c = altura da extremidade do captor em relação à base, em m;
α = ângulo de proteção com a vertical, conforme mostra a Figura 13.19.

Deve-se estabelecer uma proteção de borda da parte superior da edificação, através de um condutor, compondo a malha de interligação dos captores.

Um único mastro pode oferecer dois volumes de proteção para dois planos de referência e, consequentemente, dois ângulos também diferentes. Este é o caso do exemplo da Figura 13.20, em que o mastro forma dois cones de proteção. O cone de proteção dado pelo ângulo α_1 e altura H_1 do mastro tem como referência o plano formado pela área superior da estrutura, enquanto o ângulo α_2 e altura $H_2 = H_e + H_1$ tem como referência o plano do solo.

13.6.1.2 Número de condutores de descida

Deve ser função do nível de proteção desejado e do afastamento entre os condutores de descida, de acordo com a Tabela 13.35:

$$N_{cd} = \frac{P_{co}}{D_{cd}} \quad (13.47)$$

N_{cd} = número dos condutores de descida;
P_{co} = perímetro da construção, em m;
D_{cd} = espaçamento entre os condutores de descida, dado na Tabela 13.35.

Os condutores de descida devem ser distribuídos ao longo de todo o perímetro da construção, podendo-se

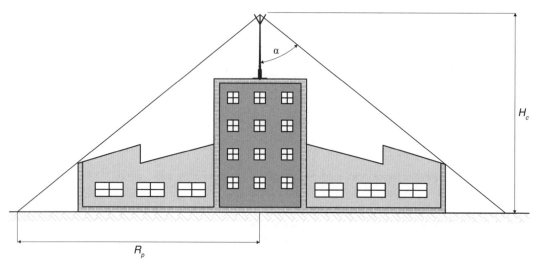

Figura 13.19 Ângulo de proteção do para-raios.

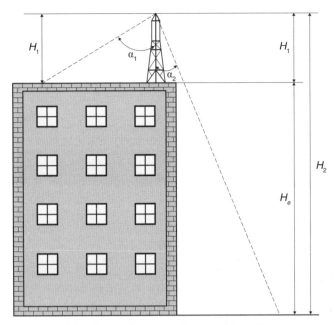

Figura 13.20 Volume de proteção provido pelo mastro do para-raios para duas alturas.

admitir um espaçamento dos condutores 20 % maior do que o registrado na Tabela 13.35, não se admitindo, entretanto, um número de descidas inferior a dois.

A Figura 13.24 mostra, esquematicamente, os condutores de descida de uma construção fabril relativa ao Exemplo da aplicação (13.3).

13.6.1.3 Seção do condutor

De preferência, devem ser utilizados condutores de cobre nus, principalmente em zonas industriais de elevada poluição ou próximas à orla marítima.

A seção mínima dos condutores é dada em função do tipo do material e da altura da edificação, conforme a Tabela 13.33.

13.6.1.4 Resistência da malha de terra

A resistência da malha de terra não deve ser superior a 10 Ω em qualquer época do ano.

13.6.1.5 Volume de proteção formado por cabos suspensos

O método do ângulo de proteção também pode ser aplicado utilizando-se um cabo condutor fixado em duas ou mais estruturas com altura elevada (mastros, torres metálicas ou não), em conformidade com a Figura 13.21. Pode-se observar que a proteção é delimitada por um volume prismático irregular, que forma um ângulo máximo nas extremidades e ângulo inferior no ponto de flecha máxima do cabo condutor em suspensão. Ressalta-se que, para qualquer objeto estar protegido, seu volume deve ficar contido no interior do volume prismático irregular. Isto é importante na proteção de subestações de médio e grande portes, normalmente projetadas nas tensões iguais ou superiores a 69 kV, em que os equipamentos apresentam grandes volumes e alturas.

As estruturas de suporte do cabo condutor devem conter no seu topo os captores de haste com as respectivas descidas e aterramento. Esse tipo de configuração pode também ser útil em áreas abertas que necessitam de proteção contra descargas atmosféricas.

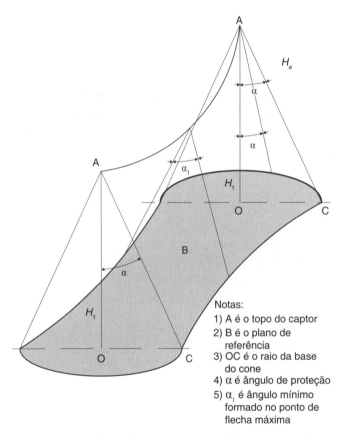

Notas:
1) A é o topo do captor
2) B é o plano de referência
3) OC é o raio da base do cone
4) α é ângulo de proteção
5) α_1 é ângulo mínimo formado no ponto de flecha máxima

Figura 13.21 Volume de proteção provido por um cabo condutor suspenso.

 Exemplo de aplicação (13.3)

Conhecidas as dimensões do prédio da indústria de manufaturados simples, representadas na Figura 13.24, projetar um sistema de proteção contra descargas atmosféricas utilizando o método do ângulo de proteção. A vista superior da edificação é mostrada nas Figuras 13.22 e 13.23. Admitir que a proteção da estrutura é de nível III. A resistividade do solo é de 1.000 Ω.m.

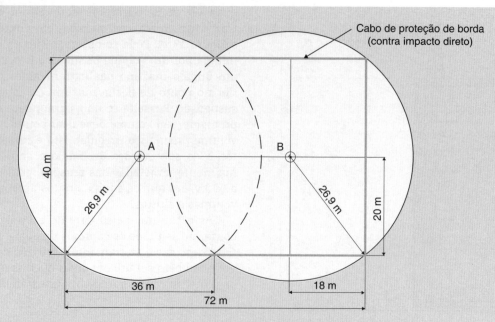

Figura 13.22 Vista superior da edificação da Figura 13.24.

a) Comprimento do mastro

Considerando-se, inicialmente, dois para-raios instalados nos pontos A e B indicados na Figura 13.22, podemos determinar o raio mínimo de proteção da base do cone, que é de 26,9 m. Pela Figura 13.16, podemos observar que para o nível de proteção III não se consegue um mastro com comprimento necessário, posicionado inicialmente conforme a Figura 13.22. O maior raio da base do cone R_{bc} que se pode obter na curva do nível de proteção III é

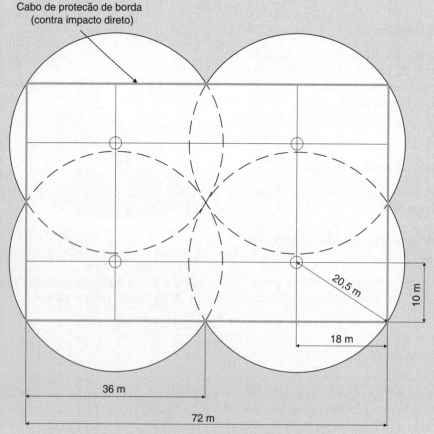

Figura 13.23 Vista superior da edificação da Figura 13.24.

de 23,0 m, de acordo com o gráfico da Figura 13.16, considerando um mastro com altura H_c = 30 m com ângulo de proteção de α = 37°, admitindo o teto da edificação como a superfície de referência, ou seja:

$$\text{tg}\alpha = \frac{R_{bc}}{H_c} \quad \rightarrow \quad R_{bc} = H_c \times \text{tg}\alpha = 30 \times \text{tg}37° = 22,6 \text{ m} < 26,9 \text{ m (condição não satisfeita)}$$

Adotando-se agora quatro para-raios posicionados, conforme mostra a Figura 13.24, podemos determinar o raio da base do cone R_{bc} de proteção cujo valor é 20,5 m. Neste caso, conseguimos um mastro de altura H_c = 20 m com ângulo de proteção igual a 48°, cujo raio da base de proteção vale 23,0 m, conforme gráfico da Figura 13.16, ou seja:

$$R_{bc} = H_c \times \text{tg}\alpha = 20 \times \text{tg}48° = 23,0 \text{ m} > 20,5 \text{ m (condição satisfeita)}$$

Para fins práticos de instalação e de custo, consideramos que H_c = 20 m é um mastro de comprimento muito grande. Evoluindo o desenvolvimento da questão, para determinarmos uma melhor solução, podemos adotar seis mastros. Deixamos o desenvolvimento do cálculo para o leitor como exercício e continuamos a determinar os demais valores do SPDA para a condição de H_c = 20 m.

b) Número de condutores de descida

Pela Tabela 13.35, temos:

$$D_{cd} = 15 \text{ m (nível de proteção III)}$$

$$N_{cd} = \frac{P_{co}}{D_{cd}} = \frac{2 \times 72 + 2 \times 40}{15} = 15 \quad \rightarrow \quad N_{cd} = 16 \text{ descidas}$$

O comprimento do anel condutor em torno da construção vale:

$$P_{co} = 2 \times (72 + 1 + 1) + 2 \times (40 + 1 + 1) = 232 \text{ m}$$

A Figura 13.24 mostra a configuração de instalação dos condutores de descida.

c) Afastamento entre os condutores de descida

- Na parte frontal e dos fundos da estrutura

$$D_{cd1} = \frac{L_f}{N_{cd}} = \frac{72}{6-1} = 14,4 < 15 \text{ m} \quad \rightarrow \quad D_{cd1} = 15 \text{ m (ver o arranjo final na Figura 13.24)}$$

- Nas partes laterais da estrutura

$$D_{cd2} = \frac{L_l}{N_{cd2}} = \frac{40}{4-1} = 13,3 < 15 \text{ m} \quad \rightarrow \quad D_{cd2} = 14 \text{ m (ver o arranjo final na Figura 13.24)}$$

Para se adequar à dimensão frontal da estrutura e atender ao afastamento de 1 m entre o cabo que circunda a estrutura e sua base, adotaremos a distância entre as hastes de terra com os seguintes valores: 14,5 + 15 + 15 + 15 + 14,5 = 74 m.

d) Seção do condutor de descida

A seção mínima do condutor deve ser de S_{cd} = 35 mm², em cabo de cobre, segundo a Tabela 13.33.

e) Número de eletrodos de aterramento

Como no presente caso há 16 condutores de descida, será adotado o mesmo número de eletrodos verticais de aço cobreado de 3 m cada, conectando-se cada eletrodo na extremidade de cada condutor de descida.

f) Comprimento mínimo dos eletrodos de aterramento

De acordo com o gráfico da Figura 13.13, o comprimento mínimo dos eletrodos de aterramento para o SPDA classe III vale:

$$\rho = 1.000 \ \Omega.\text{m} \quad \rightarrow \quad L_1 = 5 \text{ m}$$

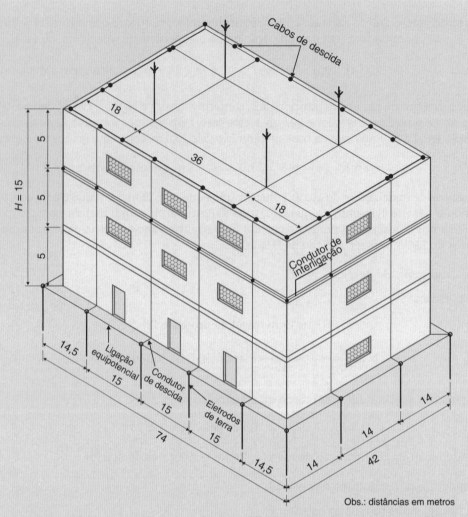

Figura 13.24 Elementos para proteção de edifícios contra descargas atmosféricas.

O raio médio da área equivalente do círculo abrangida pelo condutor de aterramento em anel circulando a estrutura, e a 1 m desta, vale:

$$S = 74 \times 42 = 3.108 \text{ m}^2$$

$$R_{ma} = \sqrt{\frac{4 \times S}{\frac{\pi}{2}}} = \sqrt{\frac{4 \times 3.108}{\frac{\pi}{2}}} = 31,4 > 5 \text{ m (condição satisfeita)}$$

A ligação equipotencial entre os eletrodos verticais pode ser feita através de cabo de cobre nu encordoado de seção igual a 50 mm², de acordo com a Tabela 13.36.

13.6.2 Métodos das malhas

Também conhecido como Método de Faraday, consiste em envolver a parte superior da construção com uma malha captora de condutores elétricos nus, cuja distância entre eles é função do nível de proteção desejado dado pela Tabela 13.40, que estabelece as dimensões do módulo da malha de proteção:

$$A_{rmc} \leq A_{mc} \qquad (13.48)$$

A_{mc} = área mínima do módulo da malha captora, em m², de acordo com a Tabela 13.40, coluna (2);

A_{rmc} = área do módulo da malha captora obtida a partir da área de cobertura da edificação, em m².

O método das malhas, ao contrário do método do ângulo de proteção, é indicado, na prática, para edificações com uma grande área horizontal, nas quais seria necessária uma grande quantidade de captores do tipo haste, tornando o projeto muito oneroso.

O método das malhas é fundamentado na teoria pela qual o campo eletromagnético é nulo no interior de uma estrutura metálica ou envolvida por uma superfície metálica ou por uma malha metálica, quando são percorridas por uma corrente elétrica de qualquer intensidade. A maior proteção que se pode obter utilizando o método das malhas é construir uma estrutura e envolvê-la completamente com uma superfície metálica, o que, obviamente, não é uma solução aplicável.

Para se fazer uso do método das malhas, é necessário conhecer as seguintes prescrições:

- o método das malhas é indicado para telhados horizontais planos, sem curvaturas. Pode também ser utilizado nas superfícies laterais planas da estrutura como captor para descargas laterais;
- a malha captora deve ser instalada na parte superior da estrutura e nas saliências porventura existentes;
- a malha captora deve envolver a cumeeira dos telhados, se o declive do mesmo for superior a 1/10;
- a abertura da malha é função do nível de proteção calculado para uma particular estrutura, conforme a Tabela 13.40;
- quanto menor for a abertura da malha protetora, maior será a proteção oferecida à estrutura;
- recomenda-se a instalação de minicaptores verticais, com comprimento 20 a 30 cm, ao longo dos condutores que compõem a malha protetora. Isso evita que o centelhamento devido ao impacto da descarga atmosférica danifique o material da cobertura;
- o número de descidas pode ser determinado pela Tabela 13.35;
- quando existir qualquer estrutura na cobertura que se projete a mais de 30 cm do plano da malha captora e constituída de materiais não condutores, tais como chaminés, sistema de exaustão de ar etc., esta deve ser protegida por um dispositivo de captação conectado à malha captora;
- quando existir uma estrutura metálica que não possa assumir a função de captor, deve estar contida no volume de proteção da malha captora.

Exemplo de aplicação (13.4)

Considerar a estrutura da Figura 13.25 e dimensionar um sistema de proteção contra descargas atmosféricas com base no método das malhas, considerando um nível de proteção II. A Figura 13.26 mostra a área superior da estrutura da Figura 13.25.

a) Dimensões da malha captora

- Construção com nível de proteção II

De acordo com a Tabela 13.40, as dimensões máximas do módulo da malha captora de proteção são de 10×10 m.

- A área da construção vale:

$$S_{cond} = 40 \times 72 = 2.880 \text{ m}$$

b) Número de condutores da malha captora

- Na direção da maior dimensão da construção, o número de condutores da malha captora vale:

$$N_{cm1} = \frac{L_m}{D_{cm}} + 1 = \frac{72}{10} + 1 = 8,2 \quad \rightarrow \quad N_{cm1} = 9 \text{ condutores (ver Figura 13.25)}$$

- Na direção da menor dimensão da construção, o número de condutores da malha captora vale:

$$N_{cm2} = \frac{L_c}{D_{cm}} + 1 = \frac{40}{10} + 1 = 5 \text{ condutores (ver a disposição da malha captora na Figura 13.25)}$$

Logo, o arranjo da malha captora foi concebido de acordo com a Figura 13.25, em que os afastamentos dos condutores das diversas malhas são inferiores a 10×10 m:

$$A_{mc} = 10 \times 10 = 100 \text{ m}^2$$

$$A_{rmc} = 9 \times 10 = 90 \text{ m}^2 \text{ (ver malha captora na Figura 13.25)}$$

$$A_{rmc} \leq A_{mc} \text{ (condição satisfeita)}$$

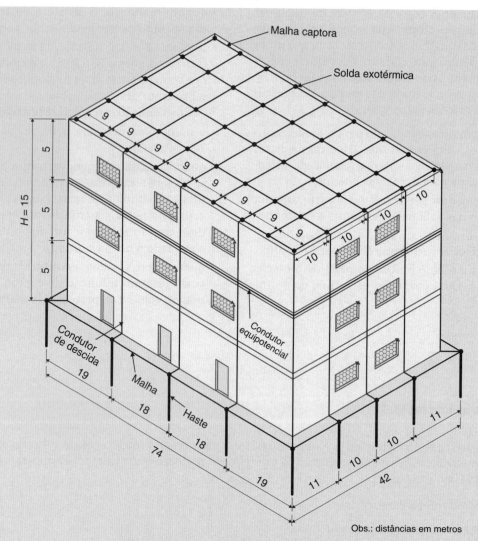

Figura 13.25 Estrutura envolvida pelo SPDA.

c) Número de condutores de descida

Da Tabela 13.35, temos:

$$D_{cd} = 15 \text{ m (Tabela 13.35 – nível de proteção II)}$$

O comprimento do perímetro da construção vale:

$$P_{co} = 2 \times 72 + 2 \times 40 = 224 \text{ m}$$

$$N_{cd} = \frac{P_{co}}{D_{cd}} = \frac{224}{15} = 14,9 \quad \rightarrow \quad N_{cd} = 16 \text{ descidas (para se adequar ao perímetro da estrutura)}$$

d) Seção dos condutores da malha captora e de descida

$$S_c = 35 \text{ mm}^2 \text{ (condutor de cobre, conforme a Tabela 13.33)}$$

A Figura 13.25 mostra o SPDA envolvendo a estrutura através da malha captora e dos condutores de descida. A vista superior da malha é dada na Figura 13.26.

e) Seção do condutor equipotencial ou condutor de aterramento

A seção do condutor equipotencial deve ser de 50 mm², de cobre nu encordoado, de acordo com a Tabela 13.36.

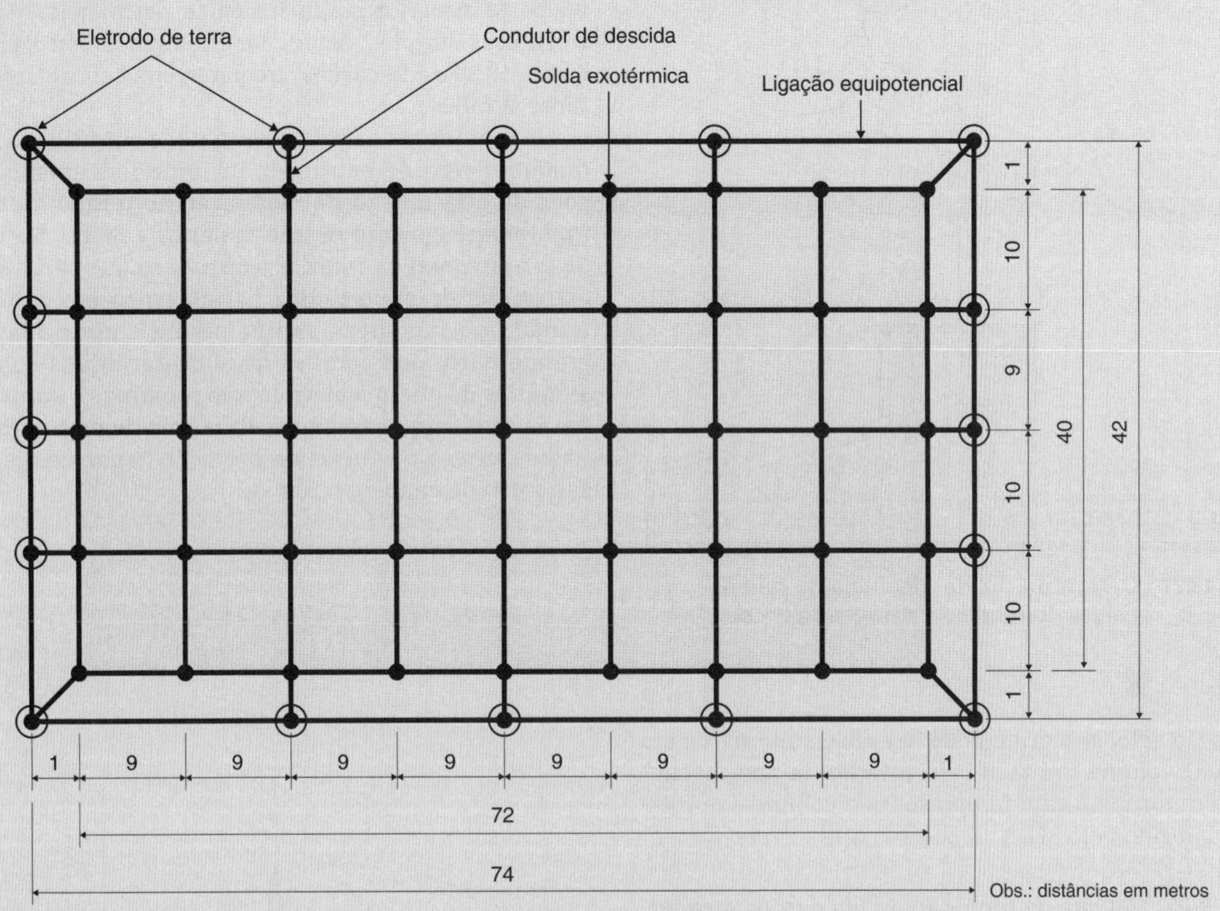

Figura 13.26 Malha captora.

13.6.3 Método da esfera rolante

Também conhecido como método eletrogeométrico, se baseia na delimitação do volume de proteção dos captores de um Sistema de Proteção contra Descargas Atmosféricas, podendo ser utilizados hastes, cabos ou mesmo uma combinação de ambos. É empregado com muita eficiência em estruturas de formas arquitetônicas complexas. Em função dessa característica, o método da esfera rolante tem bastante aplicação em subestação de potência de instalação exterior.

Com base na conceituação da formação de uma descarga atmosférica vista na Seção 13.2, o método da esfera rolante se fundamenta na premissa de uma esfera de raio R_e, com o centro localizado na extremidade do líder antes de seu último salto, conforme visto na Figura 13.27. Os pontos da superfície da referida esfera são o lugar geométrico que deve ser atingido por uma descarga atmosférica.

Ao rolar a esfera fictícia sobre o solo e sobre o sistema de proteção, delimita-se a região em que ela não toca, formando, assim, a zona protegida. Ou melhor, a zona protegida pode ser definida como a região em que a esfera rolante não consegue tocar, exceto nos captores.

A aplicação do método da esfera rolante envolve dois diferentes casos:

13.6.3.1 Volume de proteção de um captor vertical quando a altura do captor H_c é inferior a R_e

Tomando-se o raio da esfera rolante R_e, traçam-se uma reta horizontal paralela ao plano do solo e um segmento de círculo com o centro no topo do captor. Com o centro no ponto de interseção P e o raio R_e, traça-se um segmento de círculo que tangencie o topo do captor e o

Figura 13.27 Determinação da distância do raio da esfera do modelo eletrogeométrico.

ciência, isto é, o volume de proteção não cresce com o aumento do comprimento da haste captora.

O modelo da esfera rolante é aplicado com sucesso em edificações de geometria muito irregular, tanto na parte superior como na parte perimétrica. Já em estruturas simples, como, por exemplo, a estrutura da Figura 13.30 e edificações circulares, sua aplicação é bastante simples.

O método da esfera rolante pode ser utilizado em qualquer tipo de estrutura, incluindo-se as subestações de alta-tensão de instalação ao tempo, notadamente aquelas com tensão superior a 69 kV. No nível de tensão igual ou inferior a 69 kV, em que se utilizam estruturas de suporte dos barramentos em concreto armado ou metálicas, normalmente empregadas em grande parte dos padrões de subestação das concessionárias de energia elétrica, são próximas o suficiente para permitir que apenas a utilização de para-raios de haste forneça o volume de proteção capaz de dispensar o uso de cabos-guarda.

plano do solo, conforme pode ser observado na Figura 13.28. O volume formado pela rotação da área hachurada em torno do captor representa o volume de proteção oferecido pelo SPDA.

13.6.3.2 Volume de proteção de um captor vertical quando a altura H_c é superior a R_e

Com base no mesmo procedimento anterior, pode-se determinar o volume de proteção, conforme a Figura 13.29. Deve-se observar que a estrutura excedente ao volume de proteção pode ser atingida por descargas atmosféricas laterais.

À medida que a altura da haste captora aumenta a partir do valor $H_c \geq R_e$, verifica-se que o SPDA perde efi-

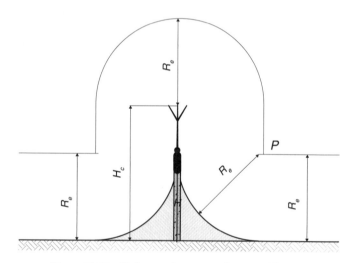

Figura 13.29 Volume de proteção para $H > R_e$.

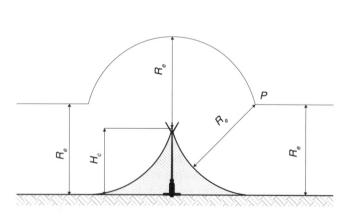

Figura 13.28 Volume de proteção para $H < R_e$.

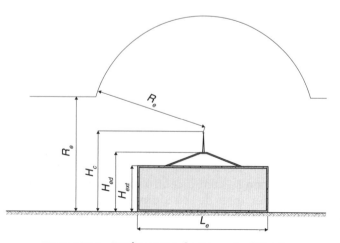

Figura 13.30 Parâmetros da Equação (13.11).

Proteção contra descargas atmosféricas

Exemplo de aplicação (13.5)

Dimensionar um sistema SPDA para a proteção de uma indústria de manufaturados têxteis, cuja parte frontal está representada na Figura 13.31, utilizando o método da esfera rolante. Sabe-se que a estrutura foi classificada pelos estudos de risco no nível de proteção I.

- Determinação do raio da esfera rolante

Com base na Tabela 13.40, observa-se que para o nível de proteção I o raio da esfera rolante é de $R_e = 20$ m. A esfera deve rolar por toda a superfície superior nas direções transversal e longitudinal da construção.

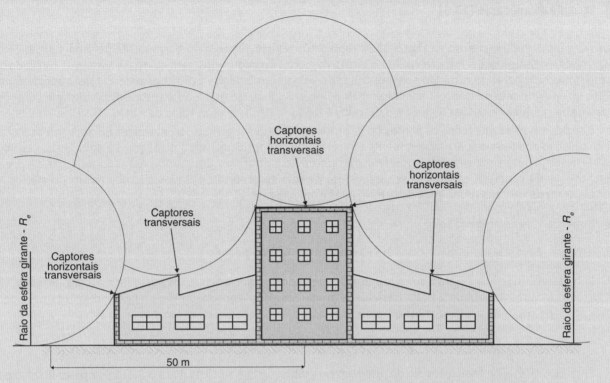

Figura 13.31 Aplicação do método da esfera rolante em uma superfície irregular.

13.6.4 Proteção de subestações de energia elétrica

As subestações podem ser protegidas utilizando-se quaisquer dos três métodos anteriormente estudados. A seleção do método de proteção de SPDA da subestação depende da forma como a mesma está instalada.

13.6.4.1 Subestações abrigadas

São aquelas instaladas no interior de uma edificação, construída geralmente com paredes de alvenaria, pilares e lajes de concreto armado. Esse tipo de subestação foi amplamente estudado no Capítulo 12.

Tratando-se de uma subestação de energia elétrica, normalmente o risco tende a levar a classe do SPDA para o nível de proteção I ou II, a depender da importância que se dê na análise de risco R_1. O mais comum é utilizar o método das malhas devido ao baixo custo que representa esse tipo de construção, pois a superfície superior da edificação é plana e com baixa inclinação.

Os procedimentos de cálculo são os mesmos adotados para a determinação do volume de proteção de edificações, conforme a Seção 13.6.2.

13.6.4.2 Subestações exteriores

São aquelas em que parte ou todos os seus equipamentos elétricos são instalados ao tempo.

O método de proteção contra descargas atmosféricas a ser utilizado depende das dimensões da subestação e do arranjo dos barramentos. Para subestações de 69 kV, por exemplo, com arranjo de barra dupla com disjuntor de transferência e barramentos superpostos, o método do ângulo de proteção normalmente é adotado por sua simplicidade e custo.

Para subestações de 69 kV e acima, em que o arranjo é de barra principal e disjuntor de transferência ou de barra dupla com disjuntor a quatro chaves e os barramentos dispostos no mesmo nível e fisicamente paralelos, deve-se aplicar o método da esfera rolante, utilizando-se cabos-guarda, já que o método do ângulo de proteção poderia requerer mastros de grandes dimensões.

Para subestações de 138 kV e acima, deve-se empregar exclusivamente o método da esfera rolante utilizando-se cabos-guarda e hastes captoras para proteção da parte superior das estruturas de concreto armado.

A seguir, será desenvolvido o Exemplo de aplicação (13.6), enfocando a proteção de uma subestação de 34,5 kV, construção ao tempo, com arranjo de barra principal e de transferência com barramentos superpostos. Na sequência, será desenvolvido o Exemplo de aplicação (13.7), destinado à proteção de uma subestação de 138 kV, utilizando-se o arranjo de barramento simples.

Exemplo de aplicação (13.6)

Considerando que a estrutura da Figura 13.32 representa a vista superior do barramento de uma subestação de 34,5 kV, de instalação exterior, determinar a altura da ponta do captor dos para-raios, de sorte que todos os barramentos e estruturas de concreto estejam cobertos pelo volume de proteção contra descargas atmosféricas. O SPDA foi considerado de classe II pela avaliação de risco R_1. Sabe-se que a altura útil dos postes que compõem a estrutura na qual serão instalados os para-raios é de 14 m. Utilizar para-raios de haste.

Considerando-se que todos os pontos do barramento devem ser protegidos, é necessário determinar a altura de instalação dos para-raios, primeiramente em relação à superfície de referência, que é o solo. Temos também que levar em conta uma segunda superfície de referência, admitindo um plano passando pela parte superior dos pórticos de concreto, utilizando-se uma esfera de raio de proteção R_e, cujos círculos sejam tangentes nos pontos centrais de cada módulo da estrutura, conforme a Figura 13.32.

a) Superfície de referência: solo

$$H_p = 14 \text{ m (altura útil do poste)}$$

Para determinarmos a altura do para-raios, H_c, devemos somar a altura do poste de concreto armado, H_p = 14 m, com o comprimento de 2 m da haste de ferro galvanizado (cantoneira em L), que está fixada no topo de cada poste de concreto armado anteriormente referido.

$$H_c = H_p + 2 = 14 + 2 = 16 \text{ m}$$

Para H_c = 16 m, obtemos o ângulo de proteção no gráfico da Figura 13.16. Para o SPDA de classe II, o valor de α_1 = 46°. Logo, o raio de proteção no solo vale:

$$R_{cs} = H_c \times \text{tg}46° = 16 \times 1,03 = 16,4 \text{ m (raio da base do cone na superfície do solo)}$$

Assim, o volume formado pelo cone cuja base é o plano da superfície do solo fornece um raio de proteção de R_{te} = 16,4 m.

b) Superfície de referência: plano do topo das estruturas de concreto armado

O valor do raio mínimo da base do cone de proteção, cuja superfície é o topo das estruturas de concreto, vale:

$$R_p = \frac{\sqrt{D}}{2} = \frac{\sqrt{5^2 + 4^2}}{2} = 3,2 \text{ m}$$

D = diagonal do retângulo que caracteriza a vista superior de um módulo qualquer da estrutura do barramento, conforme a Figura 13.32.

Como os cabos do barramento e as chaves estão fixados nas vigas muito próximas ao topo dos postes de sustentação da estrutura, o ângulo de proteção é de α_2 = 70° (para uma haste de H_p = 2 m, de acordo com o gráfico da Figura 13.16). Logo, o raio de proteção obtido vale:

$$R_c = H_c \times \text{tg}76,9° = 2 \times 4,29 = 8,59 \text{ m} > 3,2 \text{ m (condição satisfeita)}$$

Assim, a haste de 2 m de comprimento protege toda a estrutura de concreto e os equipamentos e barramentos instalados logo abaixo, pois $R_c > R_p$.

Proteção contra descargas atmosféricas

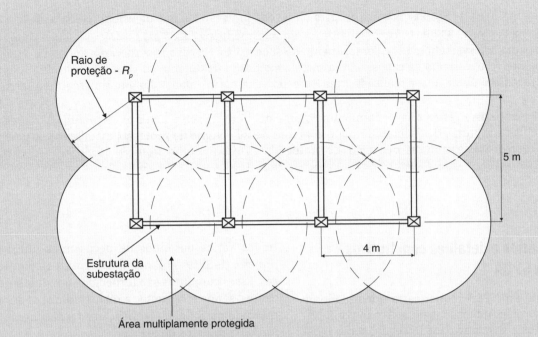

Figura 13.32 Raio de proteção de uma estrutura de subestação de instalação exterior.

Exemplo de aplicação (13.7)

Dimensionar um sistema SPDA para uma subestação de alta-tensão, como mostra a Figura 13.33, utilizando o método da esfera rolante. Sabe-se que para a subestação de alta-tensão o SPDA deve ser de classe I.

- Determinação do raio da esfera rolante

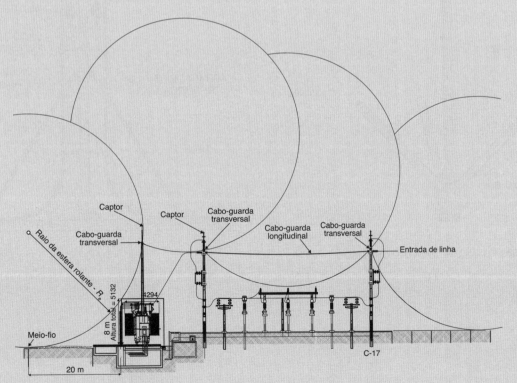

Figura 13.33 Sistema de captação de uma subestação de alta-tensão pelo método da esfera girante.

Com base na Tabela 13.40, observa-se que, para o nível de proteção I, o raio da esfera rolante é de $R_e = 20$ m.

Observar na Figura 13.33 que os cabos-guarda, ou simplesmente os cabos para-raios, estão instalados tanto longitudinal como transversalmente ao comprimento da subestação. No caso, mostramos a aplicação do método da esfera rolante considerando os cabos-guarda instalados transversalmente ao comprimento da subestação. O mesmo procedimento deve ser realizado para os cabos-guarda instalados longitudinalmente à largura da subestação.

Como observamos, a esfera rolante forma um volume de proteção sobre todos os elementos da subestação. Como o topo das estruturas de concreto armado está fora desse volume de proteção, instalamos os para-raios de haste no topo dessas estruturas, que, além de protegê-las, fornecem uma proteção adicional à subestação.

13.7 Acessórios e detalhes construtivos de um SPDA

A construção de um SPDA requer certa quantidade de peças acessórias disponibilizadas no mercado por fabricantes dedicados a essa atividade. A seguir, serão mostrados vários desenhos de peças mais utilizadas nos projetos de SPDA, abrangendo diferentes situações práticas. Esses conjuntos são fornecidos por diferentes fabricantes, sendo a Termotec a mais tradicional empresa do mercado nacional na fabricação e fornecimento de conjuntos completos de SPDA.

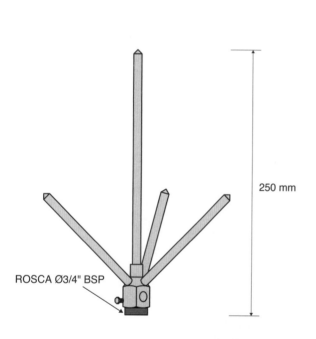

PARA-RAIOS FRANKLIN DE LATÃO CROMADO

(1)

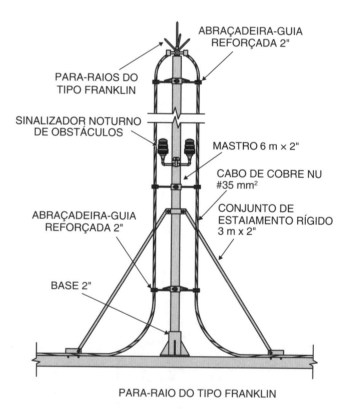

PARA-RAIO DO TIPO FRANKLIN

(2)

Proteção contra descargas atmosféricas

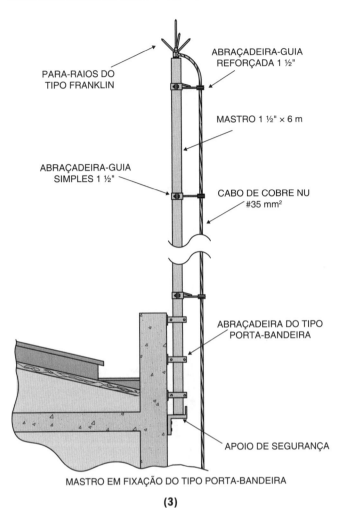

MASTRO EM FIXAÇÃO DO TIPO PORTA-BANDEIRA

(3)

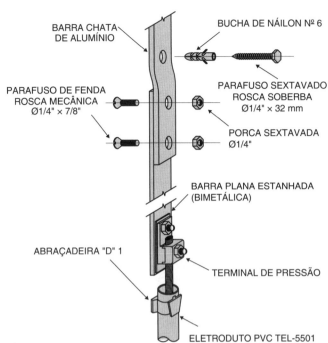

FIXAÇÃO DA BARRA CHATA DE ALUMÍNIO
E DERIVAÇÃO PARA CABO DE COBRE

(5)

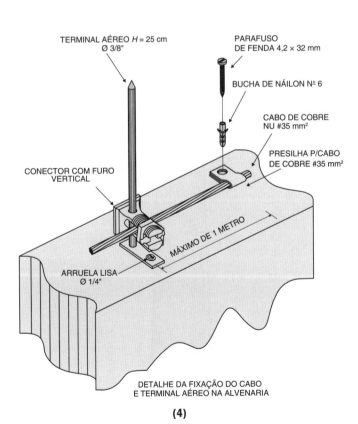

DETALHE DA FIXAÇÃO DO CABO
E TERMINAL AÉREO NA ALVENARIA

(4)

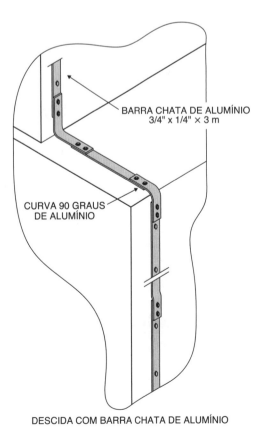

DESCIDA COM BARRA CHATA DE ALUMÍNIO

(6)

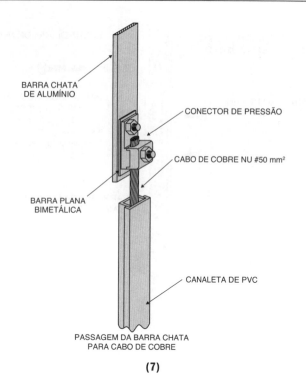

(7) PASSAGEM DA BARRA CHATA PARA CABO DE COBRE

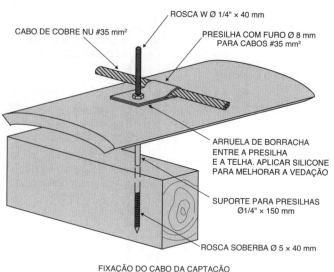

FIXAÇÃO DO CABO DA CAPTAÇÃO SOBRE TELHA CERÂMICA

(10)

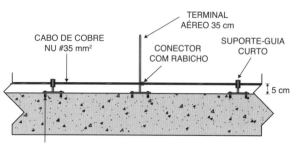

CABO FIXADO ATRAVÉS DE SUPORTE-GUIA CURTO E TERMINAL AÉREO

(8)

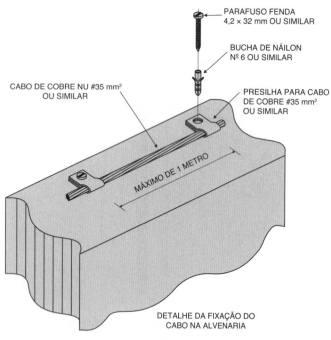

DETALHE DA FIXAÇÃO DO CABO NA ALVENARIA

(9)

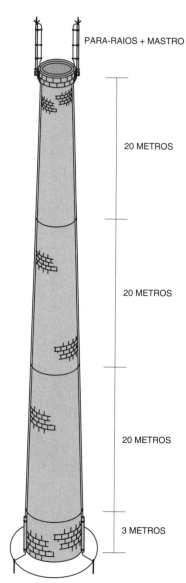

DETALHE GENÉRICO DE UMA INSTALAÇÃO EM CHAMINÉ

(11)

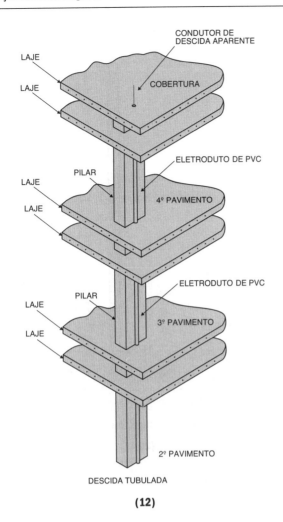

(12) DESCIDA TUBULADA

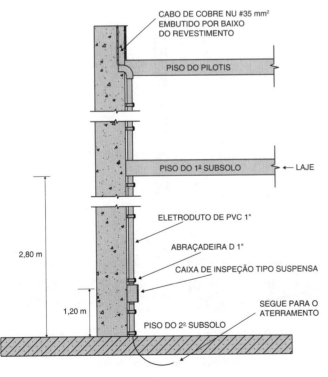

(13) ENCAMINHAMENTO DO CABO DE DESCIDA EMBUTIDO DESDE O PILOTIS ATÉ O SUBSOLO

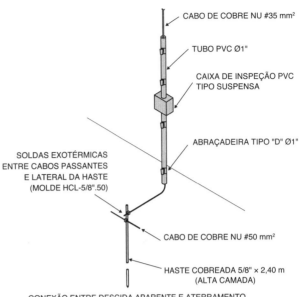

(14) CONEXÃO ENTRE DESCIDA APARENTE E ATERRAMENTO

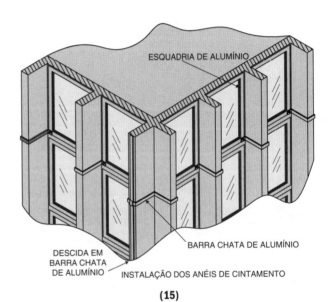

(15)

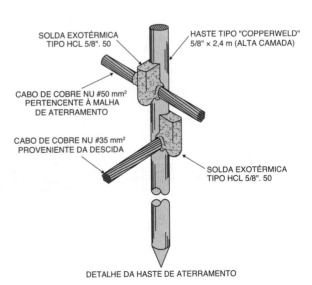

(16) DETALHE DA HASTE DE ATERRAMENTO

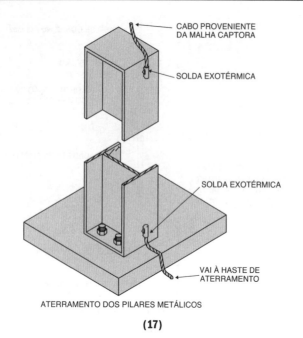

ATERRAMENTO DOS PILARES METÁLICOS
(17)

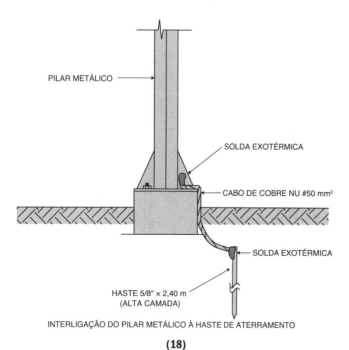

INTERLIGAÇÃO DO PILAR METÁLICO À HASTE DE ATERRAMENTO
(18)

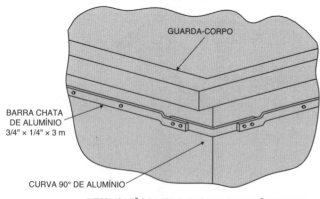

INTERLIGAÇÃO DA "RE-BAR" COM A CAPTAÇÃO LATERAL
(19)

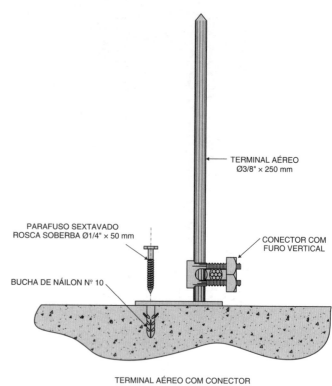

TERMINAL AÉREO COM CONECTOR
(20)

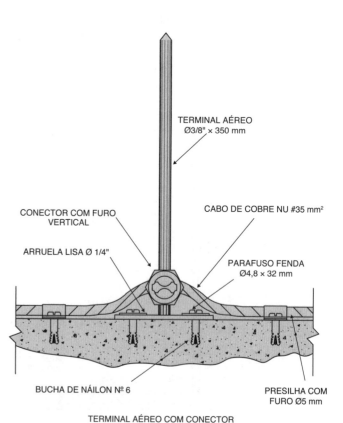

TERMINAL AÉREO COM CONECTOR
(21)

Proteção contra descargas atmosféricas

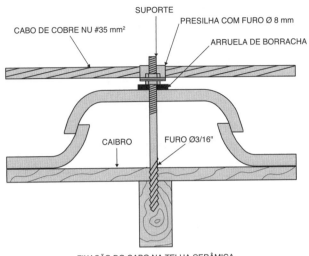

FIXAÇÃO DO CABO NA TELHA CERÂMICA

(22)

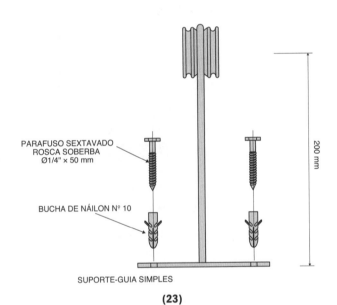

SUPORTE-GUIA SIMPLES

(23)

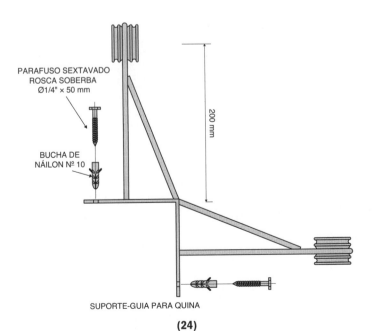

SUPORTE-GUIA PARA QUINA

(24)

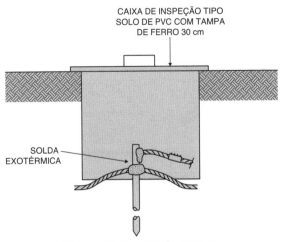

HASTE EM CAIXA DE INSPEÇÃO TIPO SOLO

(25)

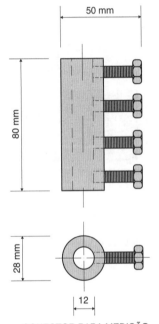

CONECTOR PARA MEDIÇÃO

(26)

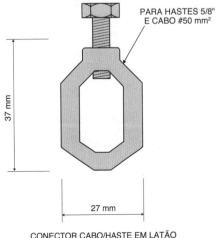

CONECTOR CABO/HASTE EM LATÃO

(27)

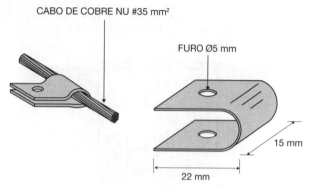

PRESILHA EM LATÃO COM FURO Ø5 mm

(28)

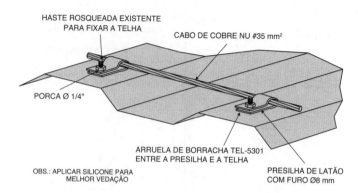

FIXAÇÃO DO CABO NA TELHA METÁLICA OU DE FIBROCIMENTO ATRAVÉS DAS HASTES DE FIXAÇÃO DA PRÓPRIA TELHA

(31)

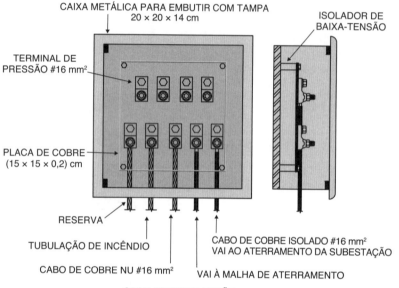

CAIXA DE EQUALIZAÇÃO

(29)

VALA DA MALHA DE ATERRAMENTO

(32)

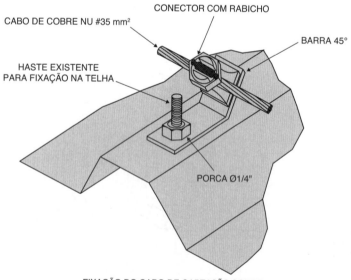

FIXAÇÃO DO CABO DE CAPTAÇÃO SOBRE TELHAS ATRAVÉS DA BARRA 45° E CONECTOR

(30)

14 Geração distribuída

14.1 Introdução

Em abril do ano 2012 foi promulgada a Resolução Normativa Aneel nº 482/2012 permitindo a qualquer consumidor gerar a sua própria energia utilizando fontes de energia renováveis, ou mesmo fontes de combustíveis fósseis, incluindo-se aí a cogeração qualificada. Assim, foram criados os conceitos de microgeração e minigeração distribuída de energia elétrica.

Em março de 2016, entrou em vigor uma nova resolução permitindo o uso de qualquer fonte renovável, além da cogeração qualificada, denominando-se microgeração distribuída a usina de geração com potência instalada até 75 kW; e minigeração distribuída aquela com potência acima de 75 kW e igual ou inferior a 3 MW para a fonte hídrica, ou 5 MW para as demais fontes.

A grande vantagem dessa inovação era a possibilidade de o consumidor injetar o excedente de energia gerada na rede de distribuição da concessionária regional e, posteriormente, utilizar essa energia nos momentos em que a sua usina de geração não pudesse produzir por falta de insumo energético, notadamente o vento e o sol. A outra grande vantagem, e a mais importante, era a drástica redução no valor da conta de energia.

Com a nova legislação, o prazo de validade dos créditos passou de 36 para 60 meses (que vigora hoje – agosto 2021), podendo também ser usados para abater o consumo de unidades consumidoras do mesmo titular situadas em outro local, desde que na área de atendimento de uma mesma distribuidora. Essa nova utilização dos créditos devidos ao consumidor foi denominada *autoconsumo remoto*. Também esse consumidor foi intitulado de *consumidor-gerador* ou simplesmente de *prossumidor*.

Inicialmente, o consumidor ficou receoso em utilizar essa nova modalidade de energia em razão do vultoso investimento inicial decorrente do elevado preço dos módulos fotovoltaicos e dos inversores, componentes de alto custo de aquisição.

Porém, o mercado entendeu esse grande nicho de negócio e as indústrias do setor elétrico começaram a investir na fabricação dos componentes utilizados nesse tipo de usina. Novas fábricas surgiram nesse ramo e a oferta dos componentes reduziu o custo do investimento inicial, fazendo o tempo de retorno desse investimento cair do valor inicial de aproximadamente oito anos para os atuais três a quatro anos.

O Serviço Brasileiro de Apoio às Micros e Pequenas Empresas (Sebrae), por sua vez, abriu as portas de seus centros de treinamento para a formação de mão de obra especializada para elaboração de projetos, montagem e manutenção das usinas fotovoltaicas, notadamente aquelas que atendiam os limites da legislação. Várias outras organizações de ensino técnico também acompanharam esse movimento qualificando a mão de obra especializada para atuação no mercado de energias renováveis de fontes limpas.

Atualmente, nove anos depois do estímulo dado pela Resolução Aneel nº 482, a microgeração e a minigeração distribuídas já são uma realidade no Brasil, tanto pelas vantagens dessa nova fonte de energia, como pela grande quantidade de empregos criados na indústria e no setor de serviços.

Como vantagem adicional, a microgeração e a minigeração distribuída aguçaram a consciência da sociedade quando ela percebeu o quanto importante eram esses investimentos para o meio ambiente já que o insumo utilizado é renovável e abundante na natureza: vento e luz solar.

É de total responsabilidade do consumidor-gerador a decisão de aplicar seus recursos financeiros na construção de uma microgeração ou minigeração distribuída. Antes, ele deve "analisar a relação custo-benefício para instalação dos geradores, com base em diversas variáveis: tipo da fonte de energia (painéis solares, turbinas eólicas, geradores a biomassa etc.), tecnologia dos equipamentos, porte da unidade consumidora e da central geradora, localização (rural ou urbana), valor da tarifa à qual a unidade consumidora está submetida, condições de pagamento/financiamento do projeto e existência de outras unidades consumidoras que possam usufruir dos créditos do sistema de compensação de energia elétrica" (Aneel).

Às "unidades consumidoras conectadas em baixa-tensão (grupo B), ainda que a energia injetada na rede seja superior ao consumo, será devido o pagamento referente ao custo de disponibilidade – valor em reais equivalente a 30 kWh (monofásico), 50 kWh (bifásico) ou 100 kWh (trifásico). Já para os consumidores conectados em alta-tensão (grupo A), a parcela de energia da fatura poderá ser zerada (caso a quantidade de energia injetada ao longo do mês seja maior ou igual à quantidade de energia consumida), sendo que a parcela da fatura correspondente à demanda contratada será faturada normalmente" (Aneel).

A microgeração e a minigeração distribuídas são denominadas Geração Distribuída, ou simplesmente GD.

Em busca de reduzir os custos de produção, há um movimento atual das indústrias de pequeno e médio portes para a implantação de unidades de geração distribuída em suas instalações fabris ou em locais próximos de sua área de produção.

A geração distribuída pode ser realizada utilizando somente energéticos limpos e renováveis sem nenhuma emissão de carbono de efeito estufa que degrada a nossa atmosfera e influi no clima como um todo.

A geração distribuída pode compreender os seguintes empreendimentos:

- pequenas centrais hidrelétricas;
- usinas de energia fotovoltaicas;
- usinas de energia eólica (empreendimentos pouco utilizados em face da relação custo-benefício, pois estão limitados a 5 MW);
- usinas de biomassa (bagaço de cana);
- usinas de cogeração utilizando os insumos decorrentes de processos industriais.

A grande vantagem da geração distribuída é a sua proximidade com a carga, reduzindo perdas nos sistemas de distribuição e transmissão e, portanto, podendo compor os projetos de eficiência energética tanto nas indústrias como nos demais seguimentos da atividade humana.

A fundamentação da geração distribuída está no fato de o consumidor-produtor, por iniciativa e custos próprios, poder implementar uma usina de geração de até 5 MW de capacidade nominal instalada, e injetar essa energia na rede de distribuição da concessionária com valor superior à energia consumida pela unidade consumidora, gerando, assim, um *crédito de energia*, em kWh, também denominado autoconsumo remoto, que pode ser utilizado para abater do consumo registrado nos meses subsequentes ou em outras unidades de mesma titularidade, desde que todas as unidades estejam na mesma área de concessão.

Deve-se destacar que sempre que o consumidor-gerador gera um excedente de energia, seu saldo vai acumulando até o momento em que nas horas em que a usina, normalmente fotovoltaica, não produz geração por ausência da luz solar o processo se inverte e o sistema elétrico devolve a quantidade de energia de que o consumidor-gerador necessita. Dessa maneira, a rede de distribuição de energia elétrica da concessionária trabalha como um acumulador de energia para uso dos consumidores-geradores a ela conectados.

A legislação também possibilita a instalação de geração distribuída em condomínios caracterizados por empreendimentos de múltiplas unidades consumidoras, sendo a energia gerada repartida entre os condôminos em porcentagens definidas pelos próprios consumidores.

O consumidor-gerador não pode em nenhuma hipótese comercializar o seu crédito de energia.

Dentro do conceito de geração distribuída a legislação define dois tipos de consumidor-gerador: microgerador e minigerador.

As usinas de geração distribuída podem ser conectadas ou não à rede de energia elétrica da concessionária. No primeiro caso, a usina fotovoltaica ligada à rede de distribuição de energia, também denominada *on-grid*, o consumidor-produtor pode compensar a energia excedente gerada e não consumida, enquanto no segundo caso, denominado gerador *off-grid*, a usina fotovoltaica gera energia e armazena o excedente em um banco de baterias, ou seja, não há conexão com a rede de distribuição da concessionária.

O dimensionamento de uma usina fotovoltaica tem como principal característica a irradiação solar no local do projeto da usina. Esse valor varia de cada região e de cada cidade. Para maior segurança na determinação da capacidade da usina fotovoltaica deve-se realizar a medição no local de irradiação solar. A medição mais precisa é feita por um aparelho denominado *piranômetro*. Ele mede a radiação solar recebida por uma superfície plana. É ideal para medições gerais de radiação solar em redes meteorológicas e monitoramento fotovoltaico. Pode ser fornecido em vários modelos e alguns deles possuem uma saída Modbus RS-485.

Há vários outros processos para a determinação da irradiação solar. Um deles é o atlas solarimétrico desenvolvido por alguns estados brasileiros, como o do estado do Ceará, no qual também se incluem as medições de vento. Existe também o atlas solarimétrico do Brasil. Para tomar como exemplo, na cidade de Fortaleza o nível médio de irradiação solar é de 5,5 kWh/m²/dia.

Como a geração distribuída está intimamente ligada à geração fotovoltaica, trataremos neste capítulo somente de geração distribuída constituída por fonte fotovoltaica.

O consumidor-gerador deve contratar uma empresa especializada em projetos e estudos elétricos de usinas fotovoltaicas, compreendendo a locação dos módulos fotovoltaicos e seus equipamentos e dispositivos associados, a subestação elevadora e a rede elétrica de conexão com o sistema da concessionária.

Os módulos fotovoltaicos são montados em estruturas de suporte a partir de perfis de alumínio com fixadores de aço inoxidável. Normalmente são utilizadas estruturas fixas. Os módulos fotovoltaicos são fixados com uma inclinação com relação ao nível do solo de um ângulo fixo. Essa alternativa permite custos menores do empreendimento, mas com menor eficiência. Pode-se também utilizar o sistema de movimentação de dois eixos, chamados de

Geração distribuída

 Exemplo de aplicação (14.1)

Determinar preliminarmente a quantidade de energia que uma pequena indústria de confecção localizada na cidade Fortaleza pode gerar em suas instalações, utilizando módulos fotovoltaicos de células de silício monocristalino. A indústria possui uma área disponível no solo de 1.200 m² em condições de direcionar os módulos fotovoltaicos para o norte. O número de horas do brilho solar do local, obtido por meio do mapa solar, é de 5,57 h/m²/dia. Utilizar módulos fotovoltaicos de 390 W.

- Energia gerada por dia

$$E_{dia} = \frac{P_{mf} \times N_{hi} \times (1-F_p)}{1.000} \text{ (kWh/m}^2\text{.dia)}$$

N_{hi} = 5,57 h (número médio de horas do brilho solar em Fortaleza)
P_{mf} = 390 W (potência nominal do módulo fotovoltaico)
F_p = 20 % (fator de perda)

$$E_{dia} = \frac{390 \times 5,57 \times (1-0,20)}{1.000} = 1,73 \text{ kWh/m}^2\text{.dia}$$

- Energia gerada por mês na área disponível para a usina fotovoltaica

$$E_{mês} = 1,73 \times 1.200 \times 30 = 62.280 \text{ kWh/mês}$$

trackers, que acompanham o deslocamento do sol em sua órbita diária. Esse sistema eleva os custos finais do projeto em cerca de 15 a 20 %, mas permite elevar a eficiência do sistema fotovoltaico conforme já comentamos.

14.2 Dimensionamento de geradores fotovoltaicos

14.2.1 Definição da quantidade de energia a ser gerada

Para se determinar a quantidade de energia a ser gerada há necessidade de o consumidor-produtor avaliar a sua necessidade de consumo de energia elétrica. Isso pode facilmente ser conhecido por meio de sua conta de energia. É prudente que se tome o valor médio da energia consumida nos últimos 12 meses.

Os fabricantes normalmente dão garantia de que seus módulos fotovoltaicos mantêm 80 % de sua capacidade até o final de sua vida útil, em geral, de 25 anos.

Os módulos fotovoltaicos têm a sua eficiência afetada quando a temperatura a que estão submetidos superam a temperatura de 25 °C. É possível determinar, de forma preliminar, por meio da Equação (14.1), a capacidade de energia gerada.

$$E_{dia} = \frac{P_{mf} \times N_{hi} \times (1-F_p)}{1.000} \text{ (kWh)/dia} \quad (14.1)$$

N_{hi} = número de horas do brilho solar (irradiação) da região, ou ainda o número de horas em um dia em que a radiação solar deve permanecer em 1.000 W/m²;
P_{mf} = potência nominal do módulo fotovoltaico, em W;
F_p = fator de perda em razão do aquecimento e sujeira; o valor consagrado no mercado é de 20 %.

14.2.2 Seleção do terreno

Na seleção do terreno, deve-se pautar pela observância do espaço a ser ocupado pela usina fotovoltaica e no qual não poderá haver sombreamento em nenhuma hipótese, em qualquer época do ano. O terreno deve ser plano, livre de inundações e ficar próximo à rede de distribuição e às subestações da concessionária. São premissas básicas para se obter um projeto de baixo custo.

No caso de usinas fotovoltaicas em uma pequena indústria, pode ocorrer que o espaço possível seja somente o telhado. Nesse caso, em que a indústria está movida pelo programa de eficiência energética, é necessário respeitar o local da instalação das telhas translúcidas que visa reduzir o consumo de energia referente à iluminação dos ambientes industriais. Já as pequenas indústrias localizadas no meio rural normalmente dispõem de terreno que podem ser utilizados para a implantação de usina fotovoltaica na modalidade GD.

Se há disponibilidade de terreno adequado de baixo custo, as usinas fotovoltaicas instaladas em solo tornam-se mais atraentes, pois permitem fácil manutenção e podem ser mais produtivas, principalmente quando o telhado apresenta uma inclinação desfavorável para o assentamento dos módulos fotovoltaicos.

Nas usinas fotovoltaicas instaladas em solo, deve-se considerar uma distância entre as fileiras dos módulos fotovoltaicos para permitir a circulação das equipes de manutenção e circulação das máquinas de corte da vegetação rasteira. Os espaçamentos mínimos considerados são de aproximadamente 3 metros.

Se não há espaço no terreno onde está instalada a fábrica, só resta a alternativa de usar o telhado da fábrica. Mas para isso é fundamental que o telhado aponte para o norte a fim de aumentar a quantidade de energia gerada e a estrutura da edificação suporte a carga adicional da usina.

Outro ponto fundamental para a seleção do terreno é a proximidade com a rede de distribuição de baixa-tensão, para plantas com capacidade de até 112,5 kVA, ou próximo à rede de distribuição de média tensão para plantas com capacidade superior a 112,5 kVA quando a medição deve ser realizada em média tensão. Nesse caso, deve-se observar a proximidade do terreno à alguma subestação de distribuição de média tensão da concessionária. Esse detalhe pode inviabilizar o projeto da usina fotovoltaico, quando for necessário recondutorar a rede de distribuição ou construir um *bay* de conexão na subestação da concessionária.

A área necessária para a instalação de uma usina fotovoltaica será determinada no item 14.2.2.5.

Inicialmente, iremos estudar os equipamentos normalmente utilizados em usinas fotovoltaicas caracterizadas no conceito de microgeração e minigeração.

14.2.2.1 Célula fotovoltaica

É um dispositivo que converte energia luminosa em energia elétrica. As células fotovoltaicas são fabricadas de materiais semicondutores, sendo normalmente utilizado o silício. A energia é gerada quando as partículas de luz solar (fótons) incidem sobre os átomos de silício, fazendo com que estes liberem elétrons de suas camadas orbitais se deslocando para as partes da célula de silício dotadas de lacunas. Dessa forma, produz-se uma corrente elétrica na célula e, consequentemente, a geração de energia.

As células fotovoltaicas de maior uso comercial são fabricadas empregando as seguintes tecnologias:

a) **Células de silício monocristalino**

São as mais utilizadas e comercializadas na conversão de energia solar em eletricidade. Utilizam-se lingotes de silício ultrapuro que são submetidos a temperaturas muito elevadas, cerca de 1.500 °C. Os lingotes são serrados e fatiados formando os *wafers* (bolachas) submetidos a um processo químico que agrega impurezas nas duas faces dos *wafers*, formando camadas de silício P e N. São as mais eficientes células produzidas, variando entre 18 e 21 % de eficiência.

b) **Células de silício policristalino**

São fabricadas com pequenos cristais de tamanhos e orientações diferentes, formando lingotes que são serrados e fatiados produzindo-se também *wafers*. Têm custo de produção menor do que as células de silício monocristalinas e também eficiência inferior, variando entre 15 e 17 %.

c) **Silício amorfo hidrogenado**

O silício amorfo não possui estrutura cristalina. Em face disso apresenta defeitos nas ligações, o que aumenta a probabilidade de recombinação dos pares elétrons-lacunas. Essa questão pode ser minimizada com a hidrogenação, o processo pelo qual os átomos de hidrogênio se ligam aos defeitos das ligações, permitindo que os elétrons se movimentem de modo mais fácil.

d) **Células de filmes finos**

São fabricadas a partir da deposição de camadas de silício e outros componentes sobre uma base que pode ser de material flexível ou material rígido.

Quando se indica a temperatura da célula fotovoltaica na folha de dados, compreende-se que somente a temperatura da célula sem o vidro sobreposto e outros produtos sobrepostos sobre ela é que fazem parte do módulo fotovoltaico. Normalmente, sua temperatura é ligeiramente superior à do módulo fotovoltaico.

14.2.2.2 Módulo fotovoltaico

É um sistema de geração que tem como combustível a luz do sol, que é transformada em energia elétrica e disponibilizada para o consumo. Como cada célula fotovoltaica produz uma tensão muito pequena, em média 0,5 volt, torna-se necessário reunir um grande número de células fotovoltaicas em um módulo solar para gerar uma quantidade de energia economicamente viável.

Quando as células fotovoltaicas são reunidas e encapsuladas formam os chamados *módulos fotovoltaicos*, dispositivos retangulares no formato mais tradicional. Comercialmente, os módulos fotovoltaicos são fabricados de diversas dimensões e formatos. Normalmente, são utilizadas 36, 60 ou 72 células fotovoltaicas, conectadas em série, para formar um módulo fotovoltaico. A Figura 14.1 mostra um módulo fotovoltaico com 72 células fotovoltaicas.

A tensão nos terminais de um módulo fotovoltaico formado por 72 células, por exemplo, é de aproximadamente 38 Vcc para uma corrente de 8,6 A e potência de pico de 330 W.

Os módulos fotovoltaicos podem ser ligados em série, em paralelo ou em série-paralelo. Se a usina fotovoltaica operar *off gride*, os painéis devem ser ligados em paralelo para permitir no final da conexão uma tensão compatível com a tensão da bateria (12 V) ou, por exemplo, um conjunto de três baterias em série (36 V).

Se os módulos fotovoltaicos fazem parte de uma usina de energia que se conectará à rede pública de energia elétrica, denominada usina *on gride*, devem ser ligados, em princípio, em série para permitir uma tensão elevada nos terminais de conexão da caixa de junção e, consequentemente, nos terminais de entrada (tensão contínua)

Geração distribuída

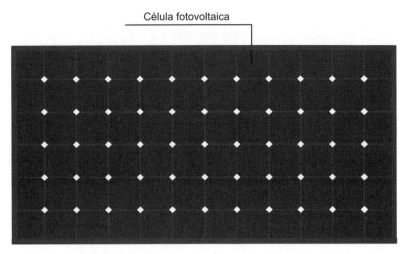

Figura 14.1 Módulo fotovoltaico indicando as células fotovoltaicas.

do inversor, que podem variar entre 100 e 1.100 V. Nesse caso, a corrente que flui pelos módulos fotovoltaicos tem o mesmo valor da corrente nominal de um módulo fotovoltaico.

Os módulos fotovoltaicos podem ser instalados em solo ou telhado de forma fixa ou nos mesmos locais mencionados, porém utilizando-se um sistema de rastreamento do sol.

14.2.2.2.1 Características elétricas dos módulos fotovoltaicos

As características dos módulos fotovoltaicos são fornecidas pelos fabricantes em dois diferentes padrões:

a) Padrão STC (*Standard Testing Condition*)

A classificação STC tem como base a produção de energia medida em condições de laboratório: "Condições Padrão de Teste" (STC – Standard Testing Conditions).

Nesse padrão o módulo fotovoltaico em teste é mantido nas seguintes condições:

- temperatura da célula fotovoltaica: 25 °C;
- irradiância: 1.000 W/m².

No padrão STC, para se produzir a máxima potência nominal, o módulo fotovoltaico não pode operar a uma temperatura superior a 25 °C. Nas condições do Nordeste, cujas temperaturas são elevadas, normalmente superiores a 25 °C, um módulo fotovoltaico ficará submetido em operação a uma temperatura cerca de 20 °C acima da temperatura ambiente daquele dia, segundo registros de campo de alguns produtores de energia solar. Considerando a cidade de Fortaleza, cuja temperatura média é de 28,5 °C, o módulo fotovoltaico nela instalado irá operar durante muitas horas do dia a uma temperatura de 48,5 °C. Considerando que, em média, um módulo fotovoltaico perde 0,50 % de potência para cada 1 °C de elevação de temperatura, podemos determinar assim a sua perda de eficiência, ou seja: 48,5 – 25 = 23,5 °C; logo, a perda de eficiência é de 0,50 × 23,5 = 11,75 %.

b) Padrão NOCT (*Nominal Operating Cell Temperature*)

Nesse padrão, o módulo fotovoltaico em teste é mantido nas seguintes condições:

- temperatura nominal da célula fotovoltaica: 45 °C;
- irradiância: 800 W/m²;
- velocidade do vento: 1 m/s.

A classificação NOCT significa a condição de temperatura a que o painel solar chegou ao laboratório quando é submetido a 800 W/m² de irradiância, adequada para um dia de brilho solar moderado, a uma temperatura ambiente de 45 °C e um vento de 1 m/s. As condições do padrão NOCT são mais indicadas para as características ambientais do Brasil. Se instalado em Fortaleza, a perda de rendimento seria: 28,5 + 20 – 45 = 3,5 °C; logo, a perda de eficiência seria de apenas 0,50 × 3,5 = 1,7 %. Portanto, é importante que o profissional examine com detalhes a folha de dados do módulo fotovoltaico e identifique o padrão de teste ao qual foi submetido o módulo fotovoltaico.

A Tabela 14.1 fornece as características de módulos fotovoltaicos no padrão NOCT. Já a Tabela 14.2 fornece os dados de alguns módulos fotovoltaicos no padrão STC.

14.2.2.2.2 Definições associadas aos módulos fotovoltaicos caracterizadas pelos valores de teste STC

- Potência máxima – $P_{máx}^o$

É o valor máximo da potência produzida em determinadas condições de irradiação e temperatura; veja o gráfico da Figura 14.2, no padrão STC.

- Tensão de circuito aberto – V_{ca}^o

É a tensão máxima disponível em um módulo fotovoltaico, sob determinadas condições de irradiação e temperatura, momento em que a corrente é igual a zero, conforme mostra o gráfico da Figura 14.2. É uma medida da quantidade de recombinações na célula.

Tabela 14.1 Dados de um módulo fotovoltaico (Padrão NOCT)

Parâmetros físicos	
Dimensões do módulo (mm)	1,658 × 990 × 50
Peso do módulo (kg)	19,3
Tipo de célula	Monocristalino
Número de células	60
Material do quadro	Alumínio anodizado preto
Coeficientes de temperatura e outros parâmetros	
Condições nominais de temperatura da célula FV (NOCT) (°C)	46 ± 2
Coeficiente de temperatura potência máxima (pico) $P_{máx}$ (%/°C)	−0,45
Coeficiente de temperatura de circuito aberto V_{oc} (%/°C)	−0,34
Coeficiente de temperatura de curto-circuito I_{sc} (%/°C)	0,05
Temperatura de operação (°C)	−40 a +85
Tensão de circuito aberto (V_{ca})	42,7
Corrente de curto-circuito (I_{cc})	7,54
Tensão máxima de operação (V)	34,5
Corrente nominal máxima do fusível em série (A)	8,4
Tensão máxima do sistema (V)	1.000 (UL) & 1.000 (IEC)
Classe de aplicação	Classe A
String box	IP67

Tabela 14.2 Dados de um módulo fotovoltaico (Padrão STC)

Dados técnicos					
Modelo	**Símbolo**	**360MS**	**365MS**	**370MS**	**375MS**
Potência máxima nominal (STC)	$P^o_{máx}$	360 W	365 W	370 W	375 W
Tensão máxima de operação	V^o_{pm}	39,2 V	39,4 V	39,6 V	39,8 V
Corrente máxima de operação	I^o_{pm}	9,19 A	9,27 A	9,35 A	9,43 A
Tensão em circuito aberto	V^o_{ca}	47,0 V	47,2 V	47,4 V	47,6 V
Corrente de curto-circuito	I^o_{cc}	9,69 A	9,77 A	9,85 A	9,93 A
Eficiência	−	18,15 %	18,40 %	18,65 %	18,90 %
Temperatura de operação	−	+40 °C a +80 °C			
Corrente máxima do fusível em série	−	30 A			
Classe de aplicação	−	Classe A			
Variação tolerada da potência	−	0 ~ +5 W			

- Tensão associada ao ponto de máxima potência – V^o_{mp} (ver gráfico da Figura 14.2)

É o valor de tensão para $P^o_{máx}$ em determinadas condições de irradiação e temperatura (ver gráfico da Figura 14.2).

- Corrente associada ao ponto de máxima potência – I^o_{pm}

É o valor da corrente para $P^o_{máx}$ em determinadas condições de irradiação e temperatura (ver gráfico da Figura 14.2).

- Corrente de curto-circuito – I^o_{cc}

É o valor máximo da corrente que o módulo fotovoltaico pode fornecer a uma carga em condições definidas de irradiação e temperatura, correspondentes a uma tensão. Pode ser medida com um amperímetro curto-circuitando os terminais do módulo fotovoltaico.

Nota: o sobrescrito (º) de cada parâmetro indicado informa que o módulo fotovoltaico foi testado no padrão STC. No caso de se utilizar o padrão NOCT, deve-se utilizar o símbolo (*) como sobrescrito.

Geração distribuída

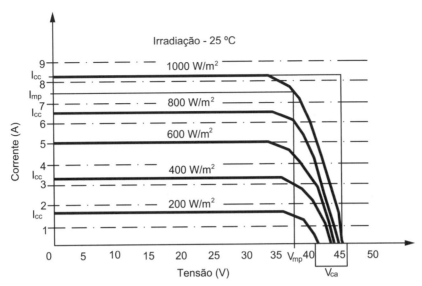

Figura 14.2 Curva múltipla de irradiação: tensão × corrente.

A capacidade nominal, em W, dos módulos fotovoltaicos normalmente comercializados, são: 250 – 260 – 280 – 305 W – 310 W – 320 W – 330W – 335 W – 340 W – 345 W – 350 W – 355 W – 360 W – 365 W – 380 W – 385 W – 390 W – 395 W – 400 W – 405 W.

Para exemplificação, mostramos nas Tabelas 14.1 e 14.2 as folhas de dados de módulos fotovoltaicos.

14.2.2.2.3 Influência da temperatura sobre os módulos fotovoltaicos

Os módulos fotovoltaicos podem operar em diferentes condições de temperatura, principalmente no Brasil, um país continental, onde as temperaturas e as condições climáticas, em geral, são bastantes diferentes. A temperatura das células fotovoltaicas varia continuamente durante todo o período de operação da usina fotovoltaica, o que leva à variação na mesma proporção de sua potência máxima. Portanto, faz-se necessário conhecer e aplicar os valores dos coeficientes de temperatura fornecidos pelos fabricantes para definir o desempenho dos módulos fotovoltaicos.

Deve-se considerar que para qualquer aumento de temperatura superior a 25 °C a perda de potência é de 0,50 % para cada aumento de 1 °C, conforme estudamos anteriormente.

Normalmente, quando se está projetando uma usina fotovoltaica, surge o primeiro questionamento quanto ao módulo fotovoltaico que forneça a maior quantidade de energia e que implicará uma menor área ocupada.

No Brasil, em princípio, o módulo fotovoltaico com maior desempenho nas condições de teste NOCT deverá gerar mais energia. Para concluir a seleção do módulo fotovoltaico de mesma potência máxima de dois diferentes fabricantes é necessário calcular a potência máxima desses módulos fotovoltaicos nas condições NOCT.

A Tabela 14.3 fornece os coeficientes de temperatura característicos de módulos fotovoltaicos e que representam a variação percentual, positiva ou negativa, de potência de pico, da tensão de circuito aberto e da corrente de curto-circuito do módulo fotovoltaico.

Os coeficientes característicos de temperatura indicam a variação percentual de corrente, tensão e potência do módulo fotovoltaico relativamente à variação da temperatura ocorrida. Quando o coeficiente é negativo, significa que o parâmetro avaliado teve o seu valor reduzido, como é o caso da potência e da tensão. Já quando o coeficiente de curto-circuito é positivo, significa que a corrente de curto-circuito aumenta.

As Figuras 14.2 e 14.3 fornecem as curvas características $V \times I$ dos módulos fotovoltaicos em função, respectivamente, do nível de irradiação e da temperatura. Essas curvas devem ser fornecidas pelo fabricante dos módulos fotovoltaicos que serão adquiridos para a elaboração do projeto de GD.

A Figura 14.2 mostra as curvas $V \times I$ de um módulo fotovoltaico submetido a 25 °C, em múltiplos dos níveis de irradiação, enquanto a Figura 14.3 mostra a curva $V \times I$ em múltiplos dos níveis da temperatura.

Tabela 14.3 Coeficientes característicos de temperatura dos módulos fotovoltaicos

Características de temperatura dos módulos fotovoltaicos			
Coeficiente de temperatura para potência máxima	$P^o_{máx}$	ρ_{ma}	−0,35 %/°C
Coeficiente de temperatura para tensão de circuito aberto	V^o_{ca}	ρ_{ca}	−0,30 %/°C
Coeficiente de temperatura para corrente de curto-circuito	I^o_{cc}	ρ_{cc}	+0,05 %/°C

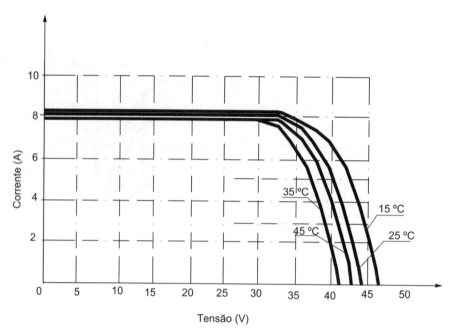

Figura 14.3 Curva múltipla da temperatura: tensão × corrente.

Os dados de maior importância para se fazer a seleção dos módulos fotovoltaicos, a partir de suas folhas de dados, são: [1] a potência máxima; [2] a eficiência; e [3] os coeficientes de temperatura, em conformidade com os valores típicos mostrados na Tabela 14.3.

Como a temperatura exerce uma grande influência na produção de energia dos módulos fotovoltaicos é necessário identificar a variação das características indicadas pelo fabricante na sua folha de dados considerando agora os valores operacionais do módulo fotovoltaico.

a) Tensão de circuito aberto – V_{ca}

Pode ser obtida por meio da Equação (14.2).

$$V_{ca} = \frac{V_{ca}^o \times \left[100 + \rho_{ca} \times \left(T_{nc} - T_{nc}^o\right)\right]}{100} \quad (14.2)$$

V_{ca} = tensão de circuito aberto real, ou seja, na condição de operação, em V;

V_{ca}^o = tensão de circuito aberto do módulo fotovoltaico no padrão de ensaio STC definido pelo fabricante, em A;

T_{nc} = temperatura nominal de operação do módulo fotovoltaico, em °C;

T_{nc}^o = temperatura do módulo fotovoltaico no padrão de ensaio STC definido pelo fabricante, em °C;

ρ_{ca} = coeficiente de temperatura para tensão de circuito aberto, em %/°C.

b) Corrente de curto-circuito – I_{cc}

Pode ser obtida por meio da Equação (14.3).

$$I_{cc} = \frac{I_{ca}^o \times \left[100 + \rho_{cc} \times \left(T_{nc} - T_{nc}^o\right)\right]}{100} \quad (14.3)$$

I_{cc} = corrente de curto-circuito real, ou seja, na condição de operação, em A;

I_{ca}^o = corrente de potência máxima do módulo fotovoltaico no padrão de ensaio definido pelo fabricante, em A;

ρ_{cc} = coeficiente de temperatura para corrente de curto-circuito, em %/°C.

c) Potência máxima de geração – $P_{máx}$

Pode ser obtida por meio da Equação (14.4).

$$P_{máx} = \frac{P_{máx}^o \times \left[100 + \rho_{ma} \times \left(T_{nc} - T_{nc}^o\right)\right]}{100} \quad (14.4)$$

$P_{máx}$ = potência máxima (valor de pico) real, ou seja, na condição de operação, em VA;

$P_{máx}^o$ = potência máxima nominal do módulo fotovoltaico no padrão de ensaio definido pelo fabricante, em W;

ρ_{ma} = coeficiente de temperatura para a potência máxima, em %/°C

d) Tensão na potência máxima do módulo fotovoltaico

Pode ser obtida por meio da Equação (14.5).

$$V_{pm} = \frac{V_{pm}^o \times \left[100 + \rho_{ca} \times \left(T_{nc} - T_{nc}^o\right)\right]}{100} \quad (14.5)$$

V_{pm} = tensão na potência máxima, em VA;

V_{pm}^o = tensão na potência máxima no ensaio definido pela fabricante, em VA;

ρ_{ca} = coeficiente de potência máxima, em %/°C. Seu valor é aproximadamente igual ao coeficiente de circuito aberto: $\rho_{ma} \cong \rho_{ca}$.

Exemplo de aplicação (14.2)

Determinar a tensão de circuito aberto, a corrente de curto-circuito, a tensão na potência máxima e a potência máxima de um módulo fotovoltaico, cuja características técnicas estão identificadas na Tabela 14.2, sabendo-se que o módulo fotovoltaico está instalado no ambiente em que a temperatura de operação nos próprios módulos fotovoltaicos é de 45 °C e a irradiação solar de 1.000 W/m². O módulo fotovoltaico tem padrão STC.

- Tensão de circuito aberto

$$\rho_{ca} = -0{,}30\ \%/°C\ (\text{Tabela 14.3})$$

$$V_{ca}^{o} = 47{,}0\ \text{Vcc}\ (\text{Tabela 14.2} - 360\ \text{MS})$$

$$T_{nc} = 45\ °C\ (\text{temperatura máxima da célula fotovoltaica})$$

$$T_{nc}^{o} = 25\ °C\ (\text{padrão STC})$$

$$V_{ca} = \frac{V_{ca}^{o} \times \left[100 + \rho_{ca} \times (T_{nc} - T_{nc}^{o})\right]}{100} = \frac{47{,}0 \times [100 - 0{,}30 \times (45 - 25)]}{100} = 44{,}18\ \text{Vcc}$$

Logo, a tensão de circuito aberto foi reduzida de 47,0 Vcc para 44,18 Vcc, ou seja, um decréscimo de 6,38 %.

- Corrente de curto-circuito

$$\rho_{cc} = +0{,}05\ \%/°C\ (\text{Tabela 14.3})$$

$$I_{cc}^{o} = 9{,}69\ A\ (\text{Tabela 14.2} - 360\ \text{MS})$$

$$I_{cc} = \frac{I_{ca}^{o} \times \left[100 + \rho_{cc} \times (45 - 25)\right]}{100} = \frac{9{,}69[100 + 0{,}05 \times (45 - 25)]}{100} = 9{,}78\ A$$

Logo, percebe-se que houve um pequeno aumento da corrente de curto-circuito no valor de 0,90 %.

- Potência máxima de geração – $P_{máx}$

$$\rho_{ma} = -0{,}35\ \%/°C\ (\text{Tabela 14.3})$$

$$P_{máx}^{o} = 360\ W\ (\text{Tabela 14.2} - 360\ \text{MS})$$

$$P_{máx} = \frac{P_{máx}^{o} \times \left[100 + \rho_{ma} \times (T_{nc} - T_{nc}^{o})\right]}{100} = \frac{360 \times [100 - 0{,}35 \times (45 - 25)]}{100} = 334{,}8\ \text{Wp}$$

Observa-se que houve uma redução de 7,52 % na potência do módulo fotovoltaico em função da temperatura, um dos fatores de maior influência no desempenho dos módulos fotovoltaicos.

- Tensão na potência máxima do módulo fotovoltaico

$V_{pm}^{o} = 39{,}2\ V$ tensão na potência máxima no ensaio definido pela fabricante, em VA;

$$\rho_{ma} \cong \rho_{ca} = -0{,}30\ (\text{Tabela 4.3}).$$

$$V_{pm} = \frac{V_{pm}^{o} \times \left[100 + \rho_{pm} \times (T_{nc} - T_{nc}^{o})\right]}{100} = \frac{39{,}2 \times [100 - 0{,}30 \times (45 - 25)]}{100} = 36{,}84\ \text{Wp}$$

Logo, percebe-se que houve variação da tensão de potência máxima no valor de 6,45 %.

Os fabricantes fornecem em suas folhas de dados as informações sobre o efeito da temperatura na operação dos módulos fotovoltaicos. Assim, para cada região devem ser consideradas as condições de temperatura no desenvolvimento do projeto.

14.2.2.2.4 Estimativa da temperatura T_{nc} considerando os valores medidos da irradiância (G_m) e da temperatura ambiente (T_a)

Esse procedimento visa estabelecer uma relação entre os valores medidos em campo com os valores informados na folha de dados dos fabricantes dos módulos fotovoltaicos durante o comissionamento de uma usina fotovoltaica. Para isso é necessário a utilização de três instrumentos básicos: 1 multímetro para medir a corrente de curto-circuito e a tensão de circuito aberto; 1 medidor de temperatura; e 1 medidor do nível de irradiância, todos de boa qualidade. Normalmente, as medições devem ser realizadas no período de 13 às 14:30 horas.

a) Valores obtidos para a corrente de curto-circuito

Para a realização desse procedimento serão utilizados os parâmetros de temperatura e irradiância. De acordo com a Equação (14.6), temos:

$$I_{cc} = I_{cc}^{o} \times \left[1 - \frac{\rho_{cc}}{100} \times \left(T_{nc} - T_{nc}^{o}\right)\right] \times \frac{G_m}{G_{ns}^{o}} \quad (14.6)$$

I_{cc} = corrente de curto-circuito comparada com o padrão STC, em A;
I_{cc}^{o} = corrente de curto-circuito no padrão STC, em A;
ρ_{cc} = coeficiente de temperatura para corrente de curto-circuito, %/°C;
T_{nc}^{o} = temperatura no padrão STC: 25 °C;
G_m = irradiância média medida em campo, em W/m²;
G_{ns}^{o} = irradiância no padrão STC;
T_{nc} = temperatura da célula fotovoltaica, em °C.

$$T_{nc} = T_a + \frac{G_m}{800} \times \left(T_{nc}^{*} - 20\right) \quad (14.7)$$

T_{nc}^{*} = temperatura da célula fotovoltaica no padrão NOCT: 45 °C;
T_a = temperatura ambiente, em °C.

b) Valores obtidos para potência máxima medida em campo

Podem ser obtidos por meio da Equação (14.8).

$$P_{máx} = P_{máx}^{o} \times \left[1 - \frac{\rho_{cc}}{100} \times \left(T_{nc} - T_{nc}^{o}\right)\right] \times \frac{G_m}{G_{ns}^{o}} \text{ (V)} \quad (14.8)$$

$P_{máx}$ = potência máxima em W;
ρ_{ma} = coeficiente de temperatura para a potência máxima, %/°C;
$P_{máx}^{o}$ = potência máxima, valor de pico, no padrão STC, em V.

A partir desse mesmo conceito podem ser determinados os valores para a tensão de curto-circuito aberto V_{ca} e para a tensão de máxima potência, V_{pm}.

 Exemplo de aplicação (14.3)

Uma usina fotovoltaica foi instalada em uma localidade, onde a temperatura ambiente medida é de 31 °C e o nível de irradiância registrada foi de 875 W/m². Determinar os valores operacionais de um módulo fotovoltaico com as características a seguir informadas para as condições medidas de temperatura T_{nc} e de irradiância G_m, para a corrente de curto-circuito e a potência máxima nos valores do padrão STC.

- Dados do módulo fotovoltaico em análise

$$\rho_{cc} = +0,05 \text{ %/°C}$$
$$\rho_{ca} = -0,34 \text{ %/°C}$$
$$P_{máx}^{o} = 370 \text{ W}$$
$$I_{cc}^{o} = 9,69 \text{ A}$$
$$T_{nc}^{o} = 25 \text{ °C}$$
$$G_{ns}^{o} = 1.000 \text{ W/m}^2$$

- Determinação do valor da temperatura T_{nc}

Aplicando-se a Equação (14.7), temos:

$$T_a = 31 \text{ °C}$$
$$G_m = 873 \text{ W/m}^2$$
$$T_{nc} = T_a + \frac{G_m}{800} \times \left(T_{nc}^{*} - 20\right) = 31 + \frac{873}{800} \times (45 - 20) = 58,28 \text{ °C}$$

- Determinação do valor da corrente de curto-circuito

De acordo com a Equação (14.6), temos:

$$I_{cc} = I_{cc}^{o} \times \left[1 - \frac{\rho_{cc}}{100} \times \left(T_{nc} - T_{nc}^{o}\right)\right] \times \frac{G_m}{G_{ns}^{o}} = 9{,}69 \times \left[1 - \left(\frac{0{,}05}{100}\right) \times (58{,}28 - 25)\right] \times \frac{873}{1.000} = 8{,}31 \text{ A}$$

A corrente de curto-circuito tem um desvio negativo no valor de 16,6 %.

- Valores estimados para a potência máxima nominal

Aplicando-se a Equação (14.8), temos:

$$P_{máx} = P_{máx}^{o} \times \left[1 - \frac{\rho_{pm}}{100} \times \left(T_{nc} - T_{nc}^{o}\right)\right] \times \frac{G_m}{G_{ns}^{o}} = 375 \times \left[1 + \left(\frac{-0{,}34}{100}\right) \times (58{,}28 - 25)\right] \times \frac{873}{1.000} = 290{,}3 \text{ V}$$

Logo, a potência máxima teve um desvio de 29,1 %.

14.2.2.3 Série fotovoltaica

Quando reunimos vários módulos fotovoltaicos construímos uma *série fotovoltaica*, também denominada *string*, conforme mostrado na Figura 14.4. A Figura 14.5 mostra a conexão dos módulos fotovoltaicos, divididos em duas séries fotovoltaicas. Cada série fotovoltaica é formada, neste caso, por 11 módulos fotovoltaicos.

A série fotovoltaica pode ser explicada como um conjunto de módulos fotovoltaicos instalados sequencialmente e ligados em série e que podem ter seus terminais conectados ou não a uma caixa de junção. A quantidade de módulos fotovoltaicos de uma série fotovoltaica é função da tensão de entrada do inversor. Selecionada a tensão do inversor, e se for necessário acrescentar

Figura 14.4 Série fotovoltaica.

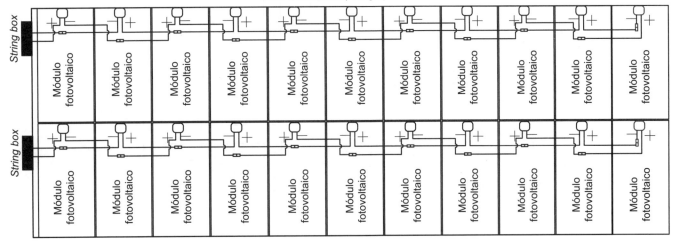

Figura 14.5 Ligação dos módulos fotovoltaicos em série (série fotovoltaica).

mais módulos fotovoltaicos para aumentar a potência do gerador fotovoltaico, deve-se construir uma ou mais séries fotovoltaicas ligadas em paralelo denominadas arranjo, ou *arrays*. Veja na Figura 14.5 que existem duas séries fotovoltaicas, cada uma ligada a uma caixa de junção que, por sua vez, estão ligadas aos terminais de um inversor (não mostrado na figura) fechando em paralelo as duas séries fotovoltaicas.

Quando se agregam vários conjuntos separados de séries fotovoltaicas ligados em paralelo formando um arranjo fotovoltaico, cada um desses conjuntos é denominado subarranjos fotovoltaicos (*strings*), conforme Figura 14.6.

Finalmente, podemos resumir: a célula solar fotovoltaica constitui a unidade básica responsável pela conversão da energia solar em energia elétrica em corrente contínua em tensão entre 0,4 e 0,8 V. Já o módulo fotovoltaico é formado por um conjunto de células solares eletricamente interligadas em série por meio de fios de prata e encapsuladas em um material denominado etilvinilacetato (EVA), capaz de gerar energia elétrica em maior quantidade. Os painéis fotovoltaicos, por conseguinte, são formados por um ou mais módulos fotovoltaicos eletricamente interligados, séries fotovoltaicas, montados em uma estrutura metálica. Quando são montados vários painéis fotovoltaicos eletricamente interligados associados a inversores, cabos, caixa de junção, eletrocentros e uma subestação elevadora, teremos um sistema de energia fotovoltaico.

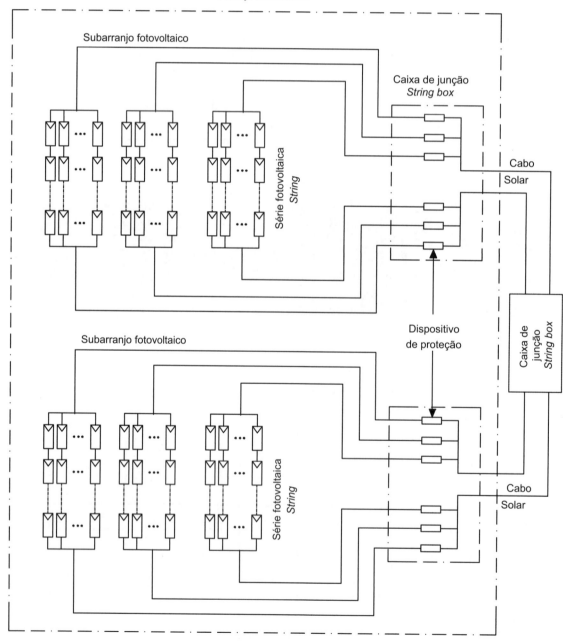

Figura 14.6 Arranjo fotovoltaico.

14.2.2.4 Quantidade de módulos fotovoltaicos

A quantidade de módulos fotovoltaicos é função direta a energia requerida pelo prossumidor. Pode ser determinada pela Equação (14.9):

$$N_{mf} = \frac{E_{req}}{\frac{P_{máx} \times N_{hd}}{1.000} \times N_{dm}} \quad (14.9)$$

E_{req} = energia requerida, em kWh/mês;
$P_{máx}$ = potência máxima produzida pelos módulos fotovoltaicos;
N_{hd} = número de horas ensolarado por dia;
N_{dm} = número de dias por mês.

Vejamos o caso de um prossumidor que necessita de uma quantidade de energia de 5.500 kW/mês para consumir no seu negócio. Inicialmente, quantos módulos fotovoltaicos serão necessários para gerar esse montante de energia? Sabe-se que a capacidade do módulo fotovoltaico o é de $P_{máx}$ = 370 W e, conforme Tabela 14.2, vale:

$$N_{mf} = \frac{E_{req}}{E_{máx}} = \frac{E_{req}}{\frac{P_{máx} \times N_{hd}}{1.000} \times N_{dm}} =$$

$$= \frac{5.500 \text{ kWh/mês}}{\frac{344,1 \times 5,5}{1.000} \times 30 \text{ kWh/mês}} = 96,8$$

$$\rightarrow N_{mf} = 97 \text{ unidades}$$

$$P_{máx} = \frac{370 \times [100 - 0,35 \times (45 - 25)]}{100} = 344,1 \text{ W}$$

$$\rho_{máx} = -0,35 \text{ (Tabela 14.3)}$$

T_{nc} = 45 °C (padrão NOCT – dado do fabricante).

14.2.2.5 Estimativa da área ocupada pelo projeto

O terreno deve, em princípio, ser plano, sem edificações laterais que possa produzir sombreamento em toda a trajetória do sol durante as quatro estações do ano.

Como regra geral, a área a ser ocupada pelos módulos fotovoltaicos deve corresponder a 10.000 m² para cada MWp. A Equação (14.10) determina a área aproximada a ser ocupada pelos módulos fotovoltaicos da usina geradora.

$$S_{ufv} = \frac{10^3 \times P_{ger} \times S_{mf}}{P_{máx}} \text{ (m}^2\text{)} \quad (14.10)$$

P_{ger} = potência da usina geradora, em W;
$P_{máx}$ = potência máxima nominal do módulo fotovoltaico, em W;
S_{mf} = área do módulo fotovoltaico, em m².

A área S_{ufv} não inclui afastamento entre subarranjos.
Assim, uma usina fotovoltaica de 5.800 W, com módulos fotovoltaicos de 355 Wp e área de 1,984 m² por módulo fotovoltaico pode ocupar a seguinte área.

$$S_{ufv} = \frac{10^3 \times P_{ger} \times S_{mf}}{P_{máx}} = \frac{10^3 \times 5.800 \times 1,984}{355} = 32.414 \text{ m}^2$$

14.2.2.6 Ângulo de inclinação dos módulos fotovoltaicos

Por se tratar de um projeto de geração distribuída que preserva os menores custos possíveis, não podemos, em tese, pensar na utilização de mecanismos de rastreamento do sol. Se a usina fosse instalada no telhado, poucas alternativas teríamos de utilizar para se obter o melhor ângulo de incidência dos raios solares.

O melhor ângulo de inclinação seria aquele que permitisse os raios solares atingir os módulos fotovoltaicos a 90° com a sua superfície. Mas isso não é possível, quando se trata de um sistema rígido como normalmente é adotado em projetos dessa natureza, pois a posição e a trajetória do sol se alteram durante as horas, os dias e os meses do ano.

Dessa forma, pode-se estabelecer como regra geral que os módulos fotovoltaicos das usinas fixas sejam orientados para o Norte geográfico (quando se está no hemisfério sul) e incliná-los com o valor do próprio ângulo de latitude na qual será instalado o empreendimento. Assim, uma usina solar localizada na cidade de Fortaleza, hemisfério Sul, a inclinação do painel solar, orientado para o Norte, deveria ser nominalmente de 3° 43′ 6″, conforme pode-se localizar no mapa da Figura 14.7. Já na cidade de São Paulo o valor da inclinação do módulo fotovoltaico, orientado para o Norte, deveria ser de 23° 32′ 56″.

Finalmente, a melhor solução para determinar a inclinação dos módulos fotovoltaicos é utilizar *softwares* dedicados, como, por exemplo, o PVSyst, o SWERA (Solar and Wind Energy Resource Assessment) ou o RADIASOL.

Deve-se considerar que a inclinação dos módulos fotovoltaicos não deve ser inferior a 5°, o ângulo mínimo aconselhável para permitir o escoamento de água da chuva.

14.2.2.6.1 Rastreador solar de ponto de máxima potência

Para elevar o rendimento da usina fotovoltaica os módulos podem ser fixados em uma estrutura metálica que pode girar em torno de si buscando o melhor ângulo de incidência do sol. A essas estruturas metálicas girantes dá-se o nome de *maximum power point tracker* (MPPT), ou seja, rastreador de ponto de máxima potência, ou simplesmente *tracker*. Essas estruturas normalmente são formadas de perfis de alumínio. Quando se utiliza esse sistema, o dimensionamento do inversor deve levar em consideração a elevação da potência adicionada em função do aumento do rendimento dos módulos fotovoltaicos, em geral de 30 % para *tracker* de um único eixo e de 40 % para *tracker* de dois eixos.

Nas usinas fotovoltaicas instaladas em solo, deve-se considerar uma distância entre as fileiras dos módulos fotovoltaicos para permitir a circulação das equipes de manutenção e circulação das máquinas de corte da vegetação rasteira. O espaçamento mínimo considerado é de aproximadamente 3 metros.

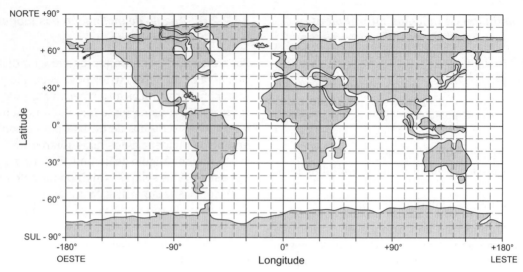

Figura 14.7 Globo terrestre planificado.

A definição final da área ocupada pela usina fotovoltaica será função da disposição dos módulos fotovoltaicos desenhados em planta baixa.

• Ângulo de inclinação dos módulos fotovoltaicos

Para se determinar o valor do ângulo de declividade dos módulos fotovoltaicos, é necessário conhecer os movimentos da Terra em que se definem dois importantes momentos: solstício e equinócio, fenômenos astronômicos relacionados com o movimento aparente do sol e, por consequência, as maiores incidências de raios solares nos hemisférios norte e sul. Dessa forma, o solstício estabelece o início das estações do ano.

O solstício ocorre em dois momentos do ano; o início do verão no hemisfério norte ocorre entre os dias 21 e 22 de junho (solstício do verão Norte, quando o polo Norte está mais voltado para o sol), enquanto o início do verão no hemisfério sul ocorre no dia 21 ou 22 de dezembro (solstício de verão do hemisfério Sul, quando o polo Sul está mais voltado para o sol).

O solstício de verão ocorre quando o sol assume a sua máxima declinação com relação à Terra cuja radiação solar incide perpendicularmente sobre o hemisfério sul (Trópico de Capricórnio) ou sobre o hemisfério norte (Trópico de Câncer).

O equinócio ocorre também em dois momentos do ano; em 22 ou 23 de setembro o sol cruza a linha do equador saindo do hemisfério sul para o hemisfério norte até atingir o trópico de câncer, no qual há maior incidência da radiação solar; já em 20 ou 21 de março o sol cruza novamente o equador saindo do hemisfério norte para o hemisfério sul até atingir o trópico de capricórnio no qual há maior incidência da radiação solar. Veja os movimentos da Terra na Figura 14.8(a).

No solstício, a declinação solar alcança a sua maior distância em latitude com relação à linha do equador, ou seja, o sol assume a sua máxima declinação na trajetória mais elevada de sua órbita.

Logo, o sol descreve a sua trajetória entre as latitudes 23° 27′ S (Sul) e 23° 27′ N (Norte), conforme pode ser

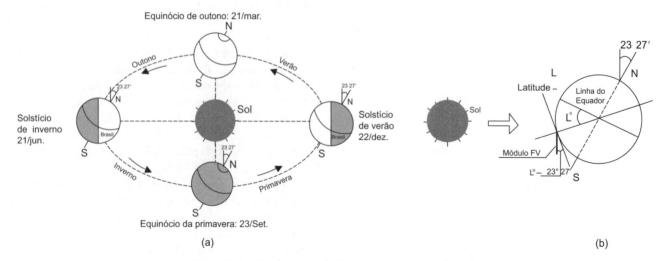

(a) (b)

Figura 14.8 Movimento da Terra no entorno do sol.

observado na Figura 14.8. O ângulo 23° 27' é a declinação do eixo da Terra, na direção Norte-Sul, com relação ao eixo formado com o movimento de translação em torno do sol.

Se imaginarmos um ponto na superfície terrestre de latitude L° no solstício de verão em que o sol tem a máxima declinação e assume o ponto mais elevado da sua trajetória, o ângulo de inclinação dos módulos fotovoltaicos deveria ser ajustado no valor de L° −23° 27'. Já no solstício de inverno em que o sol tem a sua menor declinação e assume a menor altura na sua trajetória, a inclinação dos módulos fotovoltaicos deveria ter um ângulo de L° +23° 27'.

A partir dessas considerações podemos afirmar que, no período de verão, o ângulo de inclinação dos módulos fotovoltaicos deveria assumir o valor de L° −15°. Já no período de inverno o ajuste do ângulo de inclinação dos módulos fotovoltaicos deveria ser de L° +15°, entendendo-se que o ângulo de 15° pode ser considerado uma média entre os ângulos máximos e mínimos de declinação solar entre os equinócios e os solstícios e é validado em diversos estudos sobre o assunto.

Como exemplo vamos considerar a cidade de Massapê, no Ceará, cuja latitude Sul é de aproximadamente 3°31´S. Para se obter uma produção constante de energia durante o ano a inclinação dos módulos fotovoltaicos, instalação fixa, deveria ser de 3° 31 virados para o Norte. Já para se obter a maior geração no período de verão, utilizando o rastreamento solar, a inclinação dos módulos fotovoltaicos deveria ser de 3° 31' −15°, enquanto no período de inverno para se obter o maior valor de geração devemos inclinar os módulos fotovoltaicos com o ângulo de 3° 31' +15°.

Há *softwares*, citados anteriormente, que podem fornecer o ângulo de inclinação otimizado das placas solarimétricas considerando também os fatores climáticos da região e os dados históricos de levantamento solarimétrico.

14.2.3 Inversores solares

Tem como função básica converter a energia elétrica gerada pelos painéis fotovoltaicos em corrente contínua para corrente alternada. Também pode desempenhar outra função – a de realizar a medição de energia gerada pelos painéis fotovoltaicos e, principalmente, bloquear a corrente reversa.

Existem dois tipos de inversores:

a) Inversor solar *on grid*

Aquele utilizado para conectar a usina de energia fotovoltaica com a rede de distribuição da concessionária, sincronizando a tensão de saída (V) e a frequência (Hz). Tem como vantagem adicional armazenar informações da geração e disponibilizar essas informações por meio da internet ou cabo.

b) Inversor solar *off grid*

Aquele utilizado para conectar a usina de energia fotovoltaica com um acumulador de energia.

Deve ser especificado com, no mínimo, as seguintes informações:

- a eficiência dos inversores pode variar de 50 a 98 %. O inversor deve ser dimensionado para ter uma eficiência acima dos 90 %. É razoável a eficiência de 94 %;
- rendimento/eficiência: relação entre as potências de entrada e saída do inversor. O rendimento de um inversor não é constante, variando em função da potência consumida;
- potência nominal: aquela em que o inversor é capaz de fornecer permanentemente ao sistema;
- capacidade de sobrecarga: potência que o inversor pode fornecer adicionalmente durante determinado tempo.

O inversor solar tem um autoconsumo quando não há cargas ativas, ou seja, operação em vazio. Este consumo normalmente é de até 2 % da potência nominal de saída. Na especificação dos inversores, deve-se indicar:

- frequência: geralmente 50 ou 60 Hz;
- proteções: os inversores utilizados em sistemas de energia solar fotovoltaicos deverão possuir as seguintes proteções:
  – inversão de polaridade;
  – sobrecarga na saída;
  – subtensão;
  – sobretensão;
  – curto-circuito na saída;
  – sobreaquecimento.

Os parâmetros fundamentais para o dimensionamento do inversor são:

- Potência máxima de entrada

Deve ser dimensionada em função da potência de geração dos módulos fotovoltaicos a serem conectados.

- Corrente máxima de entrada

É a corrente máxima permitida durante a operação do inversor.

- Corrente máxima de curto-circuito.

É a corrente máxima que o inversor suporta em operação.

- Tensão máxima de entrada

É a tensão máxima suportável pelo inversor. Por meio dessa tensão pode-se definir a quantidade máxima dos módulos fotovoltaicos permitidos para a série fotovoltaica.

- Tensão de inicialização

É a tensão mínima capaz de fazer operar o inversor. Por meio dessa tensão pode-se determinar a quantidade mínima de inversores da série fotovoltaica.

Os inversores asseguram a integridade de um sistema fotovoltaico. Os seus componentes internos fornecem a proteção contra a variação de tensão, de corrente e de frequência, impedindo ainda que a corrente contínua seja injetada na rede de distribuição da concessionária, no caso da geração distribuída.

Tabela 14.4 Folha de dados de um inversor *on grid*

Dados técnicos	
Modelo	CPS
DC input	
Nominal DC input power	1.030 kW
Maximum DC input voltage	1.000 Vdc
Operanting DC input voltage range	575-940 Vdc
Star-up DC input voltage/power	595 V
MPPT voltage range	585-850 Vdc
Number of MPP tracker	1
Number of DC inputs	15
Maximum input current	2.000 A
DC disconnection type	circuit beaker (or fuse + load switch)
PV array configuration	Floating (negative grounding)
AC output	
Rated AC output power	1.000 kW
Maximum AC output power	1.100 kW
Rated output voltage	35 kV
Output voltage range	35 kV±2,5%
Grid connection type	3Ø/PE
Maximum AC output current	18,2 A
Rated output frequency	50 Hz/60 Hz
Power factor	>0,99 (±0,8 adjustable)
Current THT	<3%
AC disconnection type	Load swith + fuse
Maximum efficiency	99%

O dimensionamento da potência do inversor pode ser dado pela Equação (14.11).

$$P_{inv} = \frac{N_{mf} \times P_{máx}^o}{1.000 \times \eta_{inv}} \text{ (kW)} \quad (14.11)$$

P_{inv} = potência de saída do inversor em corrente alternada e entregue ao sistema, em kW;

$P_{máx}^o$ = potência gerada por 1 (um) módulo fotovoltaico, padrão STC ou NOCT;

N_{mf} = número de módulos fotovoltaicos conectados ao inversor (série fotovoltaica);

η_{inv} = rendimento do inversor.

A potência nominal do inversor comercialmente selecionado deve estar compreendida no intervalo da Equação (14.12).

$$0,75 \times P_{gfv} \leq P_{inv} \leq 1,20 \times P_{gfv} \quad (14.12)$$

em que P_{gfv} é a potência máxima produzida pelo gerador fotovoltaico, em kW.

A capacidade do inversor pode ser inferior à capacidade de geração nominal, em corrente contínua, em razão das diversas perdas geradas nesse sistema: rendimento dos módulos fotovoltaicos, perdas ôhmicas dos cabos e acessórios e sombreamento. Essas perdas ocorrem antes do ponto de instalação do inversor.

Vamos analisar a questão com outra visão: se a potência gerada pelos módulos fotovoltaicos for muito inferior à potência nominal do inversor, esse equipamento vai operar durante um tempo maior com menor eficiência, conforme mostra a Figura 14.9, que representa o gráfico de rendimento de um inversor típico.

Os inversores podem controlar a quantidade de energia que é conduzida para a rede elétrica. Nesse caso, deve haver um compromisso entre a eficiência do sistema e o aquecimento do equipamento prejudicial à sua integridade.

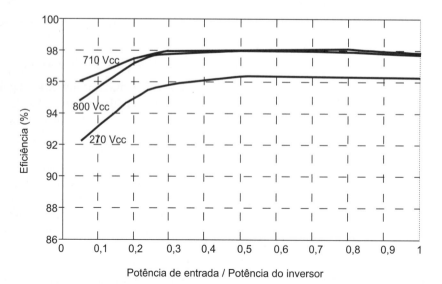

Figura 14.9 Gráfico do rendimento de um inversor.

Exemplo de aplicação (14.4)

Determinar a capacidade do inversor com rendimento mínimo igual a 0,94 ao qual estão conectados 200 módulos fotovoltaicos com potência inicial de 370 W (padrão STC), distribuídos em quatro séries fotovoltaicas fixas.

- Cálculo da potência de saída do inversor

$$P_{inv} = \frac{N_{mf} \times P_{máx}^o}{1.000 \times \eta_{in}} = \frac{200 \times 370}{1.000 \times 0,94} = 78,7 \text{ kW} \rightarrow 75 \text{ kW (valor comercial)}$$

A capacidade nominal do inversor deve estar compreendida no intervalo da Equação (14.12):

$$0,75 \times P_{gfv} \leq P_{inv} \leq 1,20 \times P_{gfv} \rightarrow 0,75 \times 78,7 \leq P_{inv} \leq 1,2 \times 78,7$$

$$59,1 \text{ kW} \leq P_{inv} \leq 94,4 \text{ kW (condição satisfeita)}$$

Os inversores devem ser instalados em ambiente abrigado da exposição às intempéries, sol e chuva, já que o aquecimento dos componentes eletrônicos compromete a sua integridade.

Os inversores da usina fotovoltaica duram um pouco menos que os módulos fotovoltaicos, podendo necessitar de substituição a cada 10 ou 12 anos.

A Figura 14.10 mostra a parte externa de um inversor solar de 3,0 kW muito utilizado em microgeração.

Figura 14.10 Vista externa de um inversor solar de 3 kW.

14.2.3.1 Dimensionamento do número de módulos fotovoltaicos em uma série fotovoltaica

Vamos partir do princípio de que o inversor já foi selecionado e a tensão de entrada, em corrente contínua, tem o valor V_{mai}. Logo, a quantidade de módulos fotovoltaicos que podem ser ligados em série é dada pela Equação (14.13).

$$N_{mf} = \frac{V_{mai}}{V_{ca}} \quad (14.13)$$

N_{mf} = número de módulos fotovoltaicos da série fotovoltaica;

V_{mai} = tensão máxima nos terminais de entrada do inversor, em Vcc;

V_{ca} = tensão máxima de circuito aberto, de acordo com a Equação (14.2).

 Exemplo de aplicação (14.5)

Determinar a quantidade de módulos fotovoltaicos que podem ser ligados em série sabendo-se que a tensão, em corrente contínua, de entrada do inversor já selecionado é de V_{mai} = 250 V. A tensão de circuito aberto dos módulos fotovoltaicos é de V_{ca}^o = 47 Vcc. A potência máxima de cada módulo fotovoltaico é de $P_{máx}^o$ = 280 W (padrão STC). Determinar também quantas séries fotovoltaicas são necessárias para gerar uma quantidade de energia de 4.650 kWh/mês. O empreendimento será realizado em uma região onde a temperatura média mínima entre os meses de maio a outubro é de 17,6 °C e a temperatura média máxima é de 21,4 °C, que ocorre entre os meses de novembro a abril. Analisar o comportamento da usina fotovoltaica nessas duas condições. Será considerado neste exemplo que a temperatura na célula fotovoltaica será de 30 °C acima da temperatura média máxima do meio ambiente nos dois períodos estudados. O tempo de brilho solar diário é de 5,5 horas/dia. A irradiância média aferida em campo foi de 1.000 W/m².

- Determinação da temperatura máxima da célula fotovoltaica no período de temperatura máxima

$$T_{máx} = 21,4 + 30 = 51,4 \text{ °C}$$

- Determinação da temperatura mínima da célula fotovoltaica no período de temperatura mínima

$$T_{máx} = 17,6 + 30 = 47,6 \text{ °C}$$

- Determinar, preliminarmente, a quantidade dos módulos fotovoltaicos necessária para a usina fotovoltaica

De acordo com a Equação (14.9), temos:

$$N_{mf} = \frac{E_{req}}{E_{máx}} = \frac{E_{req}}{\frac{P_{máx} \times N_{hd}}{1.000} \times N_{dm}} = \frac{4.650 \text{ kWh/mês}}{\frac{280 \times 5,5}{1.000} \times 30 \text{ kWh/mês}} = 100,6 \cong 101 \text{ unidades}$$

(quantidade preliminar dos módulos fotovoltaicos, sendo N_{hd} o número médio de horas de irradiação solar por dia e N_{dm} o número de dias do mês), sendo kWh/mês as unidades resultantes do numerador e do denominador)

- Tensão máxima de circuito aberto no período de temperatura máxima

De acordo com a Equação (14.2), temos:

$$T_{nc} = T_{máx} = 51,4 \text{ °C (temperatura máxima da célula fotovoltaica)}.$$

$$\rho_{ca} = -0,3 \text{ %/°C (Tabela 14.3)}$$

$$V_{ca} = \frac{V_{ca}^o \times \left[100 + \rho_{ca} \times \left(T_{nc} - T_{nc}^o\right)\right]}{100} = \frac{47 \times \left[100 - 0,30 \times (51,4 - 25)\right]}{100} = 43,27 \text{ V}$$

- Tensão máxima de circuito aberto no período de temperatura mínima

$$T_{nc} = T_{máx} = 47,6 \text{ °C (temperatura máxima da célula fotovoltaica)}.$$

De acordo com a Equação (14.2), temos:

$$V_{ca} = \frac{V_{ca}^o \times \left[100 + \rho_{ca} \times \left(T_{nc} - T_{nc}^o\right)\right]}{100} = \frac{47 \times \left[100 - 0,30 \times (47,6 - 25)\right]}{100} = 43,81 \text{ V}$$

- Número de módulos fotovoltaicos de uma série fotovoltaica no período de temperatura máxima tendo como limite a tensão de entrada do inversor (lado da corrente contínua)

De acordo com a Equação (14.13), temos:

$$N_{mf} = \frac{V_{mai}}{V_{ca}} = \frac{250}{43,27} = 5,77 \rightarrow N_{mf} = 6 \text{ unidades}$$

(quantidade máxima de módulos fotovoltaicos de uma série fotovoltaica)

- Número de módulos fotovoltaicos de uma série fotovoltaica no período de temperatura mínima tendo como limite a tensão de entrada do inversor (lado da corrente contínua)

$$N_{ise} = \frac{V_{mai}}{V_{ca}} = \frac{250}{43,81} = 5,70 \rightarrow N_{ise} = 6 \text{ unidades}$$

(quantidade máxima de módulos fotovoltaicos de uma série fotovoltaica e V_{mai} é a tensão máxima do inversor)

- Potência máxima do módulo fotovoltaico no período de temperatura máxima

De acordo com a Equação (14.4), temos:

$$\rho_{ma} = 0,35 \text{ (Tabela 14.3)}$$

$$P_{máx} = \frac{P_{máx}^o \times \left[100 + \rho_{ma} \times \left(T_{nc} - T_{nc}^o\right)\right]}{100} \times G_m/G_{nc}^o = \frac{280 \times \left[100 - 0,35 \times (51,4 - 25)\right]}{100} \times 1.000/1.000 = 254,1 \text{ Wp}$$

- Potência máxima do módulo fotovoltaico para a temperatura mínima

De acordo com a Equação (14.4), temos:

$$P_{máx} = \frac{P_{máx}^o \times \left[100 + \rho_{ma} \times \left(T_{nc} - T_{nc}^o\right)\right]}{100} \times G_m/G_{nc}^o = \frac{280 \times \left[100 - 0,35 \times (47,6 - 25)\right]}{100} \times 1.000/1.000 = 257,8 \text{ Wp}$$

Percebe-se uma diferença de potência no valor de 1,45 %, entre os períodos de maio-outubro e novembro-abril.

- Número de módulos fotovoltaicos no período de temperatura média mínima de operação

Para manter a produção de energia que atenda às necessidades do empreendimento ao longo do ano, deve-se calcular o número dos módulos fotovoltaicos considerando o período de menor produção de energia, que corresponde ao período de maior média máxima de temperatura em que a potência produzida por um módulo fotovoltaico é de 254,1 kW.

Número de séries fotovoltaicas da usina solar:

$$N_{mf} = \frac{E_{req}}{E_{máx}} = \frac{E_{req}}{\frac{P_{máx} \times N_{hd}}{1.000} \times N_{dm}} = \frac{4.650 \text{ kWh/mês}}{\frac{254,1 \times 5,5}{1.000} \times 30 \text{ kWh/mês}} = 110,9 \quad \rightarrow \quad N_{mf} = 111$$

(unidades de módulos fotovoltaicos, sendo N_{hd} o número médio de horas de irradiação solar por dia e N_{dm} o número de dias do mês)

Número de séries fotovoltaicas da usina solar para o novo valor de N_{mf}:

$$N_{st} = \frac{N_{mf}}{N_{mfst}} = \frac{111}{6} = 18,5 \quad \rightarrow \quad N_{st} = 19$$

séries fotovoltaicas com 6 módulos fotovoltaicos em cada série fotovoltaica; foram previstos inicialmente 101 módulos fotovoltaicos e 17 séries fotovoltaicas, ou seja, 101/6 = 16,8 = 17)

- Capacidade nominal do inversor considerando o período de operação na temperatura mínima

Foram adotados dois inversores. Será tomada a geração média do período de maio a outubro. De acordo com a Equação (6.6), temos:

Inversor 1: 6 séries fotovoltaicas × 12 módulos fotovoltaicos

$$\eta = 0,93 \text{ (rendimento do módulo fotovoltaico)}$$

$$P_{inv} = \frac{N_{mf} \times P_{máx}}{1.000 \times \eta_{inv}} = \frac{6 \times 12 \times 257,8}{1.000 \times 0,93} = 19,9 \text{ kW} \quad \rightarrow \quad P_{inv} = 20 \text{ kW}$$

$$P_{gfv} = \frac{12 \times 6 \times 257,8}{1.000} = 18,6 \text{ kW (potência gerada e injetada no inversor)}$$

$0,75 \times P_{gfv} \leq P_{inv} \leq 1,20 \times P_{gfv} \quad \rightarrow \quad 0,75 \times 18,6 \leq P_{inv} \leq 1,20 \times 18,6 \quad \rightarrow \quad 13,9 \text{ kW} \leq P_{inv} \leq 22,3 \text{ kW (condição satisfeita)}$

Inversor 2: 7 séries fotovoltaicas × 6 módulos fotovoltaicos

$$P_{inv} = \frac{N_{mf} \times P_{máx}}{1.000 \times \eta_{inv}} = \frac{(3 \times 6 + 1 \times 6) \times 257,8}{1.000 \times 0,93} = 6,6 \text{ kW} \quad \rightarrow \quad P_{inv} = 6 \text{ kW}$$

$$P_{gfv} = \frac{(3 \times 6 + 1 \times 6) \times 257,8}{1.000} = 6,6 \text{ kW (potência gerada e injetada no inversor)}$$

$0,75 \times P_{gfv} \leq P_{inv} \leq 1,20 \times P_{gfv} \quad \rightarrow \quad 0,75 \times 6,6 \leq P_{inv} \leq 1,20 \times 6,6 \quad \rightarrow \quad 4,9 \text{ kW} \leq P_{inv} \leq 7,9 \text{ kW (condição satisfeita)}$

- Energia produzida a partir das (6 × 12 + 7 × 6) = 114 módulos fotovoltaicos

  – Cálculo da energia gerada por dia E_{ged} e por mês E_{gem} no período de temperatura máxima

$$E_{ged} = \frac{254,1 \text{ kW} \times 114 \times 5,5 \text{ h}}{1.000} = 159,3 \text{ kWh/dia} \quad \rightarrow \quad E_{gem} = 159,3 \times 30 = 4.779 \text{ kWh/mês}$$

  – Cálculo da energia gerada por dia E_{ged} e por mês E_{gem} no período de temperatura mínima

$$E_{ged} = \frac{257,8 \text{ kW} \times 114 \times 5,5 \text{ h}}{1.000} = 161,6 \text{ kWh/dia} \quad \rightarrow \quad E_{gem} = 161,6 \times 30 = 4.848 \text{ kWh/mês}$$

Como a energia requerida é de 4.650 kWh/mês, inferior, portanto, à menor energia gerada no período de operação de outubro a abril, a usina fotovoltaica terá uma energia excedente de 129 kWh/mês, que poderá ser consumida tendo em vista as perdas nos cabos, caixas de junção e transformador elevador.

- Arranjo da usina fotovoltaica

O arranjo foi realizado com (6 × 12 + 7 × 6) séries fotovoltaicas de 6 módulos, totalizando 114 módulos fotovoltaicos.

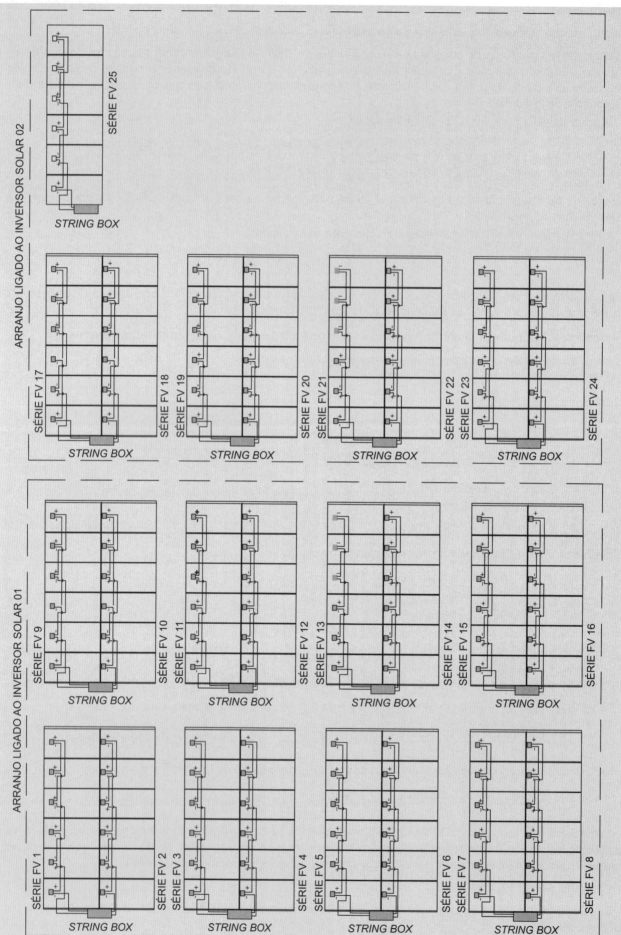

Figura 14.11 Arranjo da usina fotovoltaica.

14.2.4 Caixa de junção solar

Também denominada *string box*, a caixa de junção é na realidade um quadro elétrico metálico ou em policarbonato com grau de proteção IP65 para instalação ao tempo no qual chega um ou mais circuitos em corrente contínua e distribui um ou mais circuitos para outras caixas de junção ou para os inversores solares. Cada circuito de entrada da caixa de junção deve ser protegido por um dispositivo fusível ou disjuntor bipolar.

Uma caixa de junção é constituída dos seguintes elementos, conforme mostrado na Figura 14.12.

- Invólucro: é uma caixa normalmente fabricada em policarbonato no interior da qual estão instalados os dispositivos de proteção e comando.
- Chave seccionadora: é o elemento de manobra do sistema de corrente contínua permitindo o seccionamento sob carga (optativa).
- Disjuntor de corrente contínua: é o elemento de proteção contra sobrecargas e curto-circuito do sistema CC.
- DPS de corrente contínua: é o elemento de proteção contra surtos de tensão decorrentes de descargas atmosféricas.

O DPS realiza a proteção da instalação elétrica, a jusante do gerador fotovoltaico, contra descargas atmosféricas na estrutura de suporte ou nos módulos fotovoltaicos. Possui, em geral, tensão nominal de até 1.000 V e corrente de descarga total de 40 kA. Deve ser especificado contendo, como exemplo, as seguintes informações:

– número de entradas: uma ou mais;
– número de saídas: uma ou mais.

- Proteções: porta-fusíveis, disjuntores bipolares de pequena corrente para proteção dos circuitos das séries fotovoltaicas, disjuntores bipolares de alta corrente para proteção dos circuitos do inversor e chave seccionadora com fusível para manobra que é uma opção ao disjuntor.
- Normas regulamentadoras: Classe II IEC 61643-31/IEC 60947-3 e a norma ABNT NBR 16690:2019 – Instalações elétricas de arranjos fotovoltaicos – Requisitos de projeto.
- Índice de proteção mínimo: IP 65.
- DPS com tensão nominal de até 1.000 Vcc, e corrente de descarga total de 40 kA.

14.2.5 Eletrocentro

É constituído dos seguintes equipamentos:

- transformador elevador: eleva a tensão que chega aos seus terminais de menor tensão para o nível de tensão do sistema ao qual será conectada a usina fotovoltaica. A potência nominal do transformador deve ser compatível com a potência nominal da usina. A tensão que alimenta o transformador é a mesma tensão dos terminais de saída dos inversores;
- disjuntor de média tensão: deve ser especificado em função da corrente nominal do circuito e da capacidade de interrupção da corrente de curto-circuito do sistema ao qual será conectado;
- autotransformador de serviço auxiliar: este equipamento é necessário quando a tensão de saída do inversor não é compatível com a tensão secundária da rede de distribuição local;
- inversores solares: podem ser instalados no interior do eletrocentro ou ao longo da rede coletora da usina solar.

A Figura 14.13 mostra um eletrocentro de alvenaria com capacidade nominal de 1.000 kVA e cujo diagrama unifilar consta na Figura 14.14. Já a Figura 14.15 mostra um eletrocentro utilizando transformador flangeado.

14.2.6 Cabo solar

O cabo solar deve ser de condutor de cobre estanhado, têmpera mole, isolação de composto termofixo EPR-90 °C ou HEPR 120 °C, isolação, 0,6/1 kV, em corrente alternada, e 1,8 kV, em corrente contínua e temperatura de operação de até 120 °C para regime permanente. A seção do cabo depende do método de instalação, da corrente do circuito, da temperatura ambiente, do agrupamento dos circuitos e, caso enterrado, da resistividade térmica do solo e da temperatura do solo. A determinação da seção transversal do cabo deve seguir as normas ABNT NBR 16612:2020, NBR 16690:2019 e NBR 5410:2004.

Não podem ser utilizados cabos com isolamento ou cobertura em PVC em nenhum trecho do circuito em corrente contínua de uma usina fotovoltaica, pois não atendem ao critério de temperatura previsto nas normas ABNT NBR 16612:2020, 7286:2022 e 7287:2019.

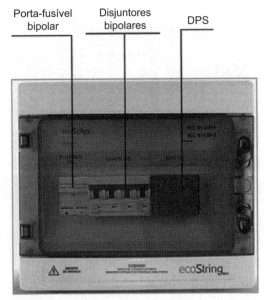

Figura 14.12 Vista externa de uma caixa de junção.

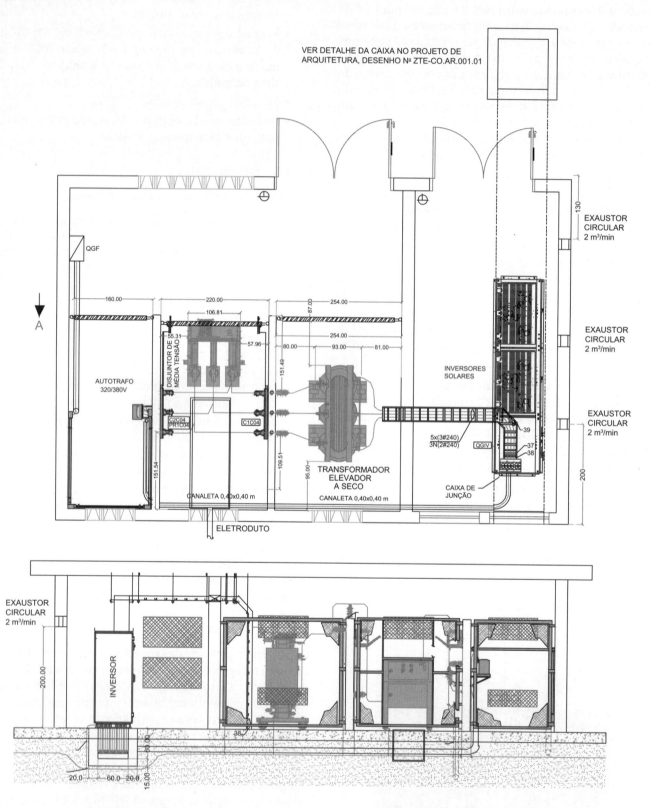

Figura 14.13 Vistas superior e lateral de um eletrocentro em alvenaria – 1.000 kVA.

Geração distribuída

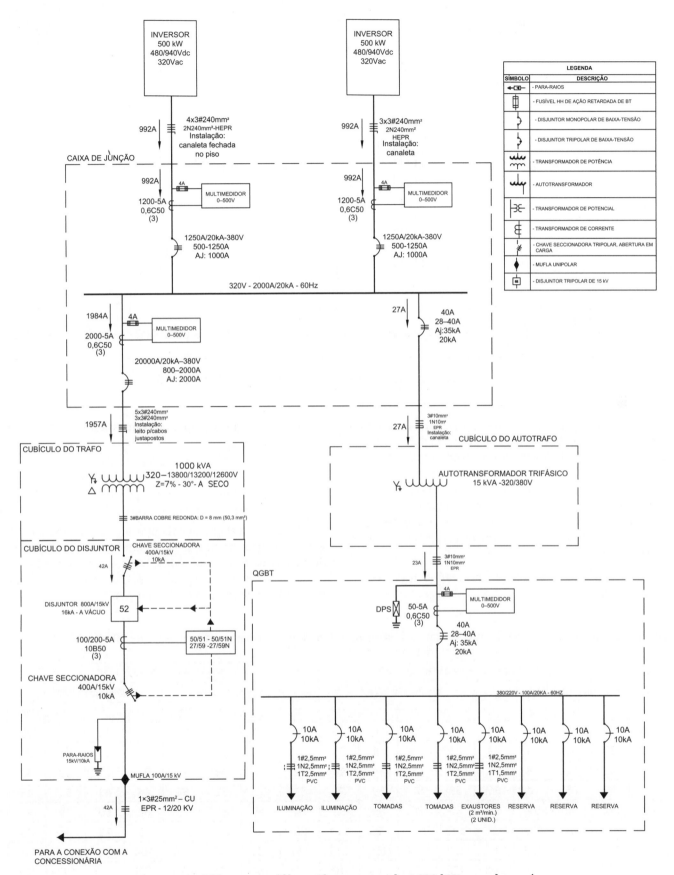

Figura 14.14 Diagrama unifilar – Eletrocentro de 1.000 kVA em alvenaria.

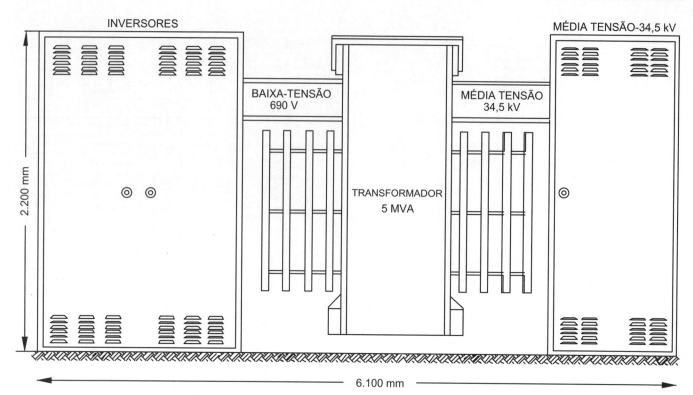

Figura 14.15 Vista superior de um eletrocentro em invólucro metálico.

Por meio da Tabela 14.5, transcrita parcialmente da ABNT NBR 16612:2020 – Cabos de potência para sistemas fotovoltaicos, não halogenados, isolados, com cobertura, para tensão de até 1,8 kV C.C. entre condutores – Requisitos de desempenho, permite determinar a seção dos condutores solares para aplicação em usinas fotovoltaicas.

A maneira de instalar os condutores referentes à Tabela 14.5 determina a capacidade de corrente dos cabos, ou seja:

- [1] dois cabos unipolares encostados um ao outro na horizontal;
- [2] dois cabos unipolares encostados um ao outro, na vertical;
- [3] dois cabos unipolares espaçados de, pelo menos, 0,75 × diâmetro externo na horizontal;
- [4] dois cabos unipolares espaçados de, pelo menos, um diâmetro externo na vertical.

"Todos os cabos devem estar a uma distância equivalente a, pelo menos, meio diâmetro externo do cabo, de superfícies como paredes, tetos, muros e similares. No caso dos cabos expostos ao sol foi considerada uma intensidade de radiação de 1.000 W/m²."

Tabela 14.5 Capacidade de corrente dos cabos solares instalados em temperatura ambiente de 20 °C e 40 °C e temperatura no condutor em regime permanente de 90 °C

	Temperatura ambiente: 20 °C								Temperatura ambiente: 40 °C							
	Modo de instalação				Modo de instalação				Modo de instalação				Modo de instalação			
mm²	1	2	3	4	1	2	3	4	1	2	3	4	1	2	3	4
1,5	29	28	33	29	26	25	30	26	24	23	27	23	20	19	24	20
2,5	39	38	44	39	35	34	41	35	32	31	36	32	26	26	32	26
4	51	51	58	52	46	45	54	46	42	41	48	42	35	34	42	35
6	65	65	74	66	58	57	69	59	53	53	61	54	44	43	53	45
10	91	90	104	93	80	80	95	82	74	74	85	76	61	60	74	62
16	120	120	137	124	106	106	125	110	98	98	112	101	79	79	97	83
25	160	160	182	166	139	140	165	146	131	131	149	136	104	105	127	110
35	199	201	226	208	172	174	205	183	163	164	185	170	128	130	157	137
50	251	254	285	264	215	219	256	231	205	208	233	215	159	163	197	173
70	313	318	356	330	267	273	319	288	255	259	291	270	196	201	244	216

Por meio do Capítulo 3 pode-se determinar a seção dos condutores, tomando como base a corrente de geração e a queda de tensão. Nesse caso, estamos tratando do dimensionamento dos circuitos do projeto em corrente alternada.

14.2.6.1 Principais características dos cabos de energia solar

- Tensão máxima de operação:

Nas usinas fotovoltaicas de médio e grande portes são utilizadas séries fotovoltaicas cuja tensão final não deve ser superior a 1,8 kV em corrente contínua.

- Temperatura ambiente

Os cabos solares normalmente são instalados em condições em que a temperatura pode chegar a valores muito elevados, principalmente na Região Nordeste do Brasil. Além da energia térmica dos raios solares, ainda há o calor gerado pelas perdas ôhmicas que não podem elevar a temperatura ao valor superior a 90 °C ou 120 °C. Portanto, a seção do cabo deve levar em consideração o seu carregamento.

- Resistência à radiação ultravioleta (UV)

Como os cabos solares estão suscetíveis à incidência dos raios do sol, deve-se utilizar na sua isolação materiais isolantes que suportem bem à radiação ultravioleta (UV), da mesma forma como são construídos os demais cabos isolados de redes de distribuição aéreas.

- Seção do cabo solar

A corrente de projeto para o dimensionamento da seção do cabo solar pode ser determinada nas seguintes condições:

14.2.6.2 Proteção contra sobrecorrente em séries fotovoltaicas

De acordo com a ABNT NBR 16690:2019, devem ser adotadas as seguintes prescrições:

- do lado de corrente contínua somente podem ser utilizados fusíveis do gPV (aqueles que respondem tanto às sobrecorrentes como às correntes de curto-circuito) ou disjuntores bipolares;
- os disjuntores utilizados do lado de corrente contínua podem ser utilizados tanto para proteção como para manobra;
- a proteção contra sobrecorrente em séries fotovoltaicas somente podem ser utilizadas se atendidas às condições dadas nas Equações (14.14) e (14.15);
- cada série fotovoltaica deve estar protegida por um dispositivo de proteção contra sobrecorrente, cuja corrente nominal I_{ndp} atenda simultaneamente a duas condições:

$$1,5 \times I_{cc} \leq I_{ndp} \leq 2,4 \times I_{cc} \quad \textbf{(14.14)}$$

$$I_{ndp} < I_{rev} \quad \textbf{(14.15)}$$

I_{ndp} = corrente nominal do dispositivo de proteção, em A;
I_{cc} = corrente de curto-circuito de um módulo fotovoltaico, em A, padrão STC ou NOCT;
I_{rev} = valor máximo da corrente reversa que o módulo fotovoltaico pode suportar definido pela IEC 61730-2.

Normalmente, as correntes máximas que os módulos fotovoltaicos suportam estão compreendidas entre 15 e 20 A. No entanto, deve-se limitar a corrente reversa no valor inferior a 15 A. Os fusíveis gPG em porta-fusíveis para proteção em corrente contínua são fornecidos com correntes nominais variando de 2 a 50 A, nas tensões que variam de 500 a 1.500 V em corrente contínua. Já os fusíveis de maior corrente assentados em bases, tipo gPV, são fornecidos em correntes que variam de 50 a 500 A.

Quando as séries fotovoltaicas são ligadas em paralelo deve-se, inicialmente, certificar-se de que as tensões em seus terminais de conexão sejam exatamente iguais, caso contrário circulará uma corrente na série fotovoltaica de menor tensão, denominada corrente reversa, podendo danificá-las.

As séries fotovoltaicas podem ser agrupadas em paralelo, formando um arranjo ou subarranjos, sob a proteção de um único dispositivo de proteção contra sobrecorrente desde que atenda às Equações (14.16) e (14.17):

$$I_{ndp} > 1,5 \times N_{sfv} \times I_{ccar} \quad \textbf{(14.16)}$$

$$I_{ndp} < 1,5 \times I_{rev} - (N_{sfv} - 1) \times I_{cc} \quad \textbf{(14.17)}$$

em que N_{sfv} é o número de séries fotovoltaicas em um grupo sob a proteção de um único dispositivo de proteção contra sobrecorrente.

Nos sistemas fotovoltaicos em que várias séries fotovoltaicas são ligadas em paralelo, conforme diagrama da Figura 14.16, e ligadas a um único inversor centralizado, pode surgir corrente reversa quando ocorrer um curto-circuito nos módulos fotovoltaicos em função de defeitos em um ou mais módulos pertencentes a determinada série fotovoltaica. Nesse caso, a série fotovoltaica defeituosa assume em seus terminais uma tensão inferior às demais séries fotovoltaicas não afetadas, fluindo correntes reversas das séries fotovoltaicas não afetadas para a série fotovoltaica defeituosa.

Observando o diagrama da Figura 14.16 e admitindo que os módulos fotovoltaicos H e J, da série 01, sejam danificados e, por conseguinte, *bypassados*, as correntes das outras três séries fotovoltaicas, séries 02 – 03 e 04, fluem para o barramento da caixa de junção T5 e retornam para a caixa de junção T1 da série fotovoltaica defeituosa (série 01), danificando os módulos sãos.

14.2.6.3 Proteção contra sobrecorrente em subarranjos fotovoltaicos

- A corrente nominal do dispositivo de proteção I_{ndp} contra sobrecorrente deve atender à Equação (14.18).

$$1,25 \times I_{ccsa} \leq I_{ndp} \leq 2,4 \times I_{ccsa} \quad \textbf{(14.18)}$$

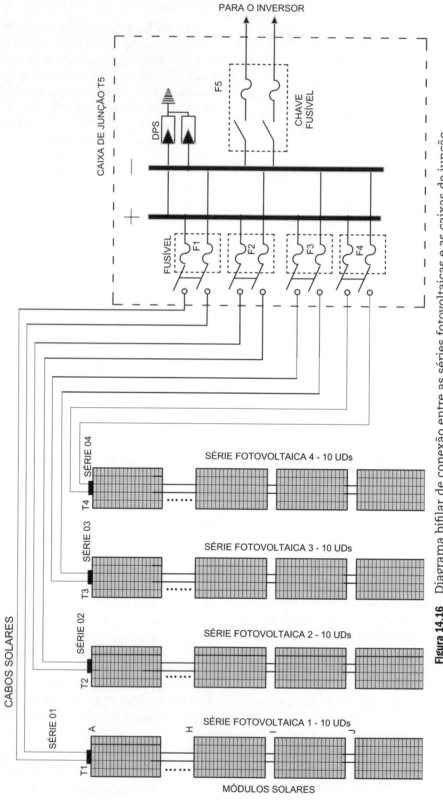

Figura 14.16 Diagrama bifilar de conexão entre as séries fotovoltaicas e as caixas de junção.

sendo I_{ccsa} a corrente de curto-circuito do arranjo fotovoltaico no padrão STC ou NOCT.

$$I_{ccsa} = I_{cc} \times N_{sfpar} \quad (14.19)$$

com N_{sfpar} sendo o número de séries fotovoltaicas ligadas em paralelo ao subarranjo fotovoltaico.

A Figura 14.17 mostra a formação de um arranjo fotovoltaico constituído por dois subarranjos fotovoltaicos conectados em uma única caixa de junção, na qual estão instalados os dispositivos de proteção e comando. No entanto, cada subarranjo é dotado de uma caixa de junção própria com as suas respectivas proteções e comando. Finalmente, da última caixa de junção tem origem um circuito que liga ao inversor CC/CA.

14.2.6.4 Proteção contra sobrecorrente em arranjo fotovoltaico

- A corrente nominal do dispositivo de proteção I_{ndp} contra sobrecorrente deve atender às Equações (14.20) e (14.21)

$$I_{ccar} = I_{ccar} \times N_{spar} \quad (14.20)$$

I_{ccar} é a corrente de curto-circuito do arranjo fotovoltaico.

$$1,25 \times I_{ccar} \leq I_{ndp} \leq 2,4 \times I_{ccar} \quad (14.21)$$

em que N_{spar} é o número de séries fotovoltaicas ligadas em paralelo formando o arranjo fotovoltaico.

A Figura 14.7 esclarece o conceito de arranjo e de subarranjos de uma usina fotovoltaica.

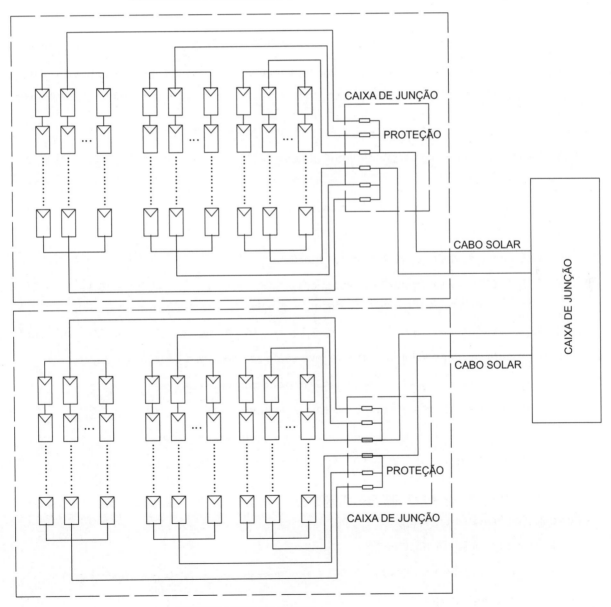

Figura 14.17 Diagrama bifilar de um arranjo formado por dois subarranjos fotovoltaicos e as caixas de junção.

14.2.6.5 Determinação da seção dos condutores

Devem ser adotadas as premissas da (ABNT NBR 16690: 2019).

- Para o arranjo de uma série fotovoltaica

$$I_c = 1{,}25 \times I_{cs} \qquad (14.22)$$

Com o valor de I_c obtém-se S_c (seção do condutor de acordo com a maneira de instalar – Tabela 14.5).

- Para o arranjo de várias séries fotovoltaicas em paralelo

$$I_c = 1{,}25 \times N_{sfvp} \times I_{cs} \qquad (14.23)$$

N_{sfvp} = número total de séries fotovoltaicas conectadas em paralelo protegidas pelo dispositivo de proteção contra sobrecorrente a jusante mais próximo.

Nota 1: a proteção contra sobrecorrente a jusante mais próxima da série fotovoltaica pode ser a proteção do subarranjo fotovoltaico e, se este não existir, então pode ser a proteção contra sobrecorrente do arranjo fotovoltaico, se presente (ABNT NBR 16690:2019).

Nota 2: quando nenhuma proteção contra sobrecorrente for utilizada no arranjo fotovoltaico, então N_{sfvp} é o número total de séries fotovoltaicas conectadas em paralelo ligadas no arranjo fotovoltaico e a corrente nominal (I_{ndp}) do dispositivo de proteção de sobrecorrente mais próximo passa a ser zero (ABNT NBR 16690:2019).

Exemplo de aplicação (14.6)

Determinar a proteção contra as sobrecorrentes de uma usina fotovoltaica mostrada na Figura 14.16. Cada série fotovoltaica é formada por 10 módulos fotovoltaicos. Sabe-se que a corrente de curto-circuito, a tensão em circuito aberto e a potência máxima dos módulos fotovoltaicos são, respectivamente, iguais a I_{cc} = 9,7 A, V_{ca} = 47 V e $P_{máx}$ = 360 W, padrão STC. O inversor tem rendimento de 0,95. A corrente reversa que o módulo pode suportar é de 17 A.

- Proteção das séries fotovoltaicas (caixas de junção T1, T2, T3 e T4)

    - Corrente de curto-circuito de 1 módulo fotovoltaico (I_{cc})

$$I_{cc}^o = 9{,}7 \text{ A}$$

    - Corrente nos terminais de cada série fotovoltaica (I_{ccst})

$$I_{ccst} = I_{cc}^o = 9{,}7 \text{ A}$$

    - Corrente nominal do disjuntor das caixas de junção (I_{ccst})

$$I_{ccst} = 9{,}7 \text{ A} \;\rightarrow\; \text{disjuntor termomagnético: } 1{,}25 \times 9{,}7 = 12{,}1 \text{ A} \;\rightarrow\; I_{ndp} = 16 \text{ A}$$
(corrente nominal de cada disjuntor bipolar de corrente contínua)

$$1{,}5 \times I_{cc} \le I_{ndp} \le 2{,}4 \times I_{cc}^o \;\rightarrow\; 1{,}5 \times 9{,}7 \le I_{nd} \le 2{,}4 \times 9{,}7 \;\rightarrow\; 14{,}5 \text{ A} \le I_{ndp} \le 23{,}2 \text{ A (condição satisfeita)}$$

Deve-se, no entanto, avaliar o valor da corrente reversa de acordo com a Equação (14.15).

$$I_{ndp} < I_{rev} \;\rightarrow\; I_{ndp} < 17 \text{A (condição satisfeita)}$$

    - Tensão de circuito aberto nos terminais das caixas de junção (V_{ca}^o)

$$N_{mf} = 10 \text{ (número de módulos fotovoltaicos em série)}$$

$$V_{ca} = N_{mf} \times V_{ca} = 10 \times 47 \text{ V} = 470 \text{ V} \;\rightarrow\; V_{ndp} = 500 \text{ V (tensão nominal do disjuntor bipolar de corrente contínua)}.$$

- Proteção das séries fotovoltaicas (caixa de junção T5)

    - Corrente dos fusíveis F1 a F4 (I_{nf})

De acordo com a Equação (14.16), temos:

$$I_{nf} > 1{,}5 \times I_{cc} = 1{,}5 \times 9{,}7 = 14{,}55 \text{ A} \;\rightarrow\; I_{nf} = 15 \text{ A (corrente nominal de cada fusível gPV)}$$

    - Corrente dos fusíveis F5 (I_{nf})

$$N_{sp} = 4 \text{ (número de séries paralelas)}$$

De acordo com as Equações (14.16), temos:

$$I_{nf} > 1,25 \times N_{sfv} \times I_{cc} = 1,25 \times 4 \times 9,7 > 48,5 \text{ A} \quad \rightarrow \quad I_{nf} = 50 \text{ A (fusível gPV)}$$

Como não circula corrente de retorno nessa chave fusível, não é aplicável a Equação (14.17).

– Corrente da chave seccionadora bipolar geral F5 (I_{nf})

$$N_{sp} = 4 \text{ (número de séries paralelas)}$$

$$I_{nf} > 1,25 \times N_{sp} \times I_{cc} = 1,25 \times 4 \times 9,7 = 48,5 \text{ A} \quad \rightarrow \quad I_{nf} = 50 \text{ A}$$

– Tensão nos terminais do barramento da caixa de junção (V_{ca}^o)

Para V_{ca} = 470 V a tensão nominal da chave seccionadora fusível bipolar geral de corrente contínua deve ser de 500 V.

- Seção dos condutores dos circuitos dos módulos fotovoltaicos entre as caixas de junção T1-T2-T3-T4 e a caixa de junção T5

Modo de instalação 1 e temperatura ambiente de 40 °C.

De acordo com a Equação (14.22), temos:

$$I_c = 1,25 \times I_{cs} = 1,25 \times 9,7 = 12,1 \text{ A} \quad \rightarrow \quad S_c = 1,5 \text{ mm}^2 \text{ (Tabela 14.5)}$$

Como os condutores estão agrupados, temos:

Modo de instalação 1 e temperatura ambiente de 40 °C.

Fator de agrupamento: 0,75 (agrupamento de 8 cabos a dois condutores – Tabela 3.15)

$$I_c = \frac{9,7}{0,75} = 12,9 \text{ A}$$

De acordo com a Equação (14.23), a seção do condutor entre a caixa de junção T5 e o inversor vale:

$$I_c = 1,25 \times N_{sfvp} \times I_{cs} = 1,25 \times 4 \times 12,9 = 64,5 \text{ A} \quad \rightarrow \quad S_c = 6 \text{ mm}^2 \text{ (Tabela 14.5)}$$

- Seção do condutor do circuito do inversor (lado CA)

Modo de instalação 1 e temperatura ambiente de 40 °C

- Capacidade do inversor

De acordo com a Equação (14.11), temos:

$$P_{inv} = \frac{N_{mf} \times P_{máx}}{1.000 \times \eta_{inv}} = \frac{40 \times 360}{1.000 \times 0,95} = 15,1 \text{ kW} \quad \rightarrow \quad P_{inv} = 15 \text{ kW};$$

$P_{máx}^o$ = 360 W potência gerada por um módulo fotovoltaico, padrão STC; valor já corrigido pela irradiância local e temperatura ambiente.

$N_{mf} = 10 \times 4 = 40$ número de módulos fotovoltaicos conectados ao inversor.

A potência nominal do inversor comercialmente selecionado deve estar compreendida no intervalo da Equação (14.12).

$$0,75 \times P_{gfv} \le P_{inv} \le 1,20 \times P_{gfv} \quad \rightarrow \quad 0,75 \times 14,4 < P_{nv} < 1,20 \times 14,4 \quad \rightarrow \quad 10,8 < P_{inv} < 17,2$$

O inversor gera correntes harmônicas de 5ª e 7ª ordens de valores, respectivamente, iguais a 8 e 6 A.

Passando para o lado da corrente alternada do inversor, temos:

$$I_{inv} = \frac{P_{inv}}{\sqrt{3} \times V_{ca} \times \eta} = \frac{15}{\sqrt{3} \times 0,47 \times 0,95} = 19,39 \text{ A} \quad \text{(corrente nominal trifásica do inversor nos terminais de tensão alternada, 60 Hz)}$$

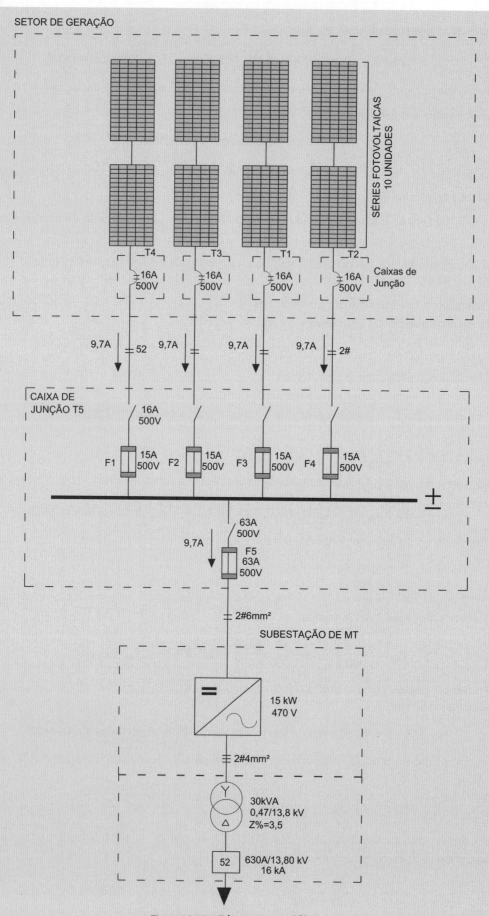

Figura 14.18 Diagrama unifilar.

- Seção dos condutores do circuito trifásico do inversor, em 60 Hz, que se conectará ao transformador do eletrocentro (ver diagrama unifilar da Figura 14.18).

Método de instalação D e temperatura ambiente de 40 °C.

De acordo com a Equação (3.14), temos:

$$I_c = \sqrt{I_f^2 + \sum_2^3 I_h^2} = \sqrt{19{,}39^2 + 8^2 + 6^2} = 22{,}45 \text{ A}$$ (corrente total em 60 Hz compreendendo a corrente fundamental de geração adicionada às correntes harmônicas de 5ª e 7ª ordens)

Fator de correção de temperatura: 0,91 (Tabela 3.12)

$$I_{cc} = \frac{22{,}45}{0{,}91} = 24{,}6 \text{ A} \quad \rightarrow \quad I_c = 1{,}25 \times 24{,}6 = 30{,}7 \text{ A} \quad \rightarrow \quad S_c = 4 \text{ mm}^2 \text{ (Tabela 3.6)}$$

14.2.7 Sistema de proteção contra descargas atmosféricas (SPDA)

O método Franklin é o mais indicado para aplicação do SPDA nesse tipo de estrutura. Como alternativa, pode-se utilizar o método eletrogeométrico, também denominado esfera rolante. O projeto deve garantir, se possível, em qualquer época do ano que não forme sombra sobre os módulos fotovoltaicos. A sombra provoca o desequilíbrio na circulação de corrente nos circuitos das células fotovoltaicas podendo resultar na queima do módulo. Em alternativa, pode ser empregado o método de Franklin, instalando postes metálicos de reduzido diâmetro com altura suficiente para criar uma área de proteção no nível dos módulos fototovoltaicos. A sombra continua sendo o principal obstáculo à aplicação dessa proteção. Na Figura 14.19, pode-se observar as linhas de sombra sobre os módulos fotovoltaicos.

Quando uma descarga atmosférica atinge a estrutura de uma usina solar o ponto de impacto pode ser a estrutura de suporte dos módulos fotovoltaicos ou os próprios módulos fotovoltaicos. Como a estrutura suporte é metálica e multiaterrada a corrente de descarga escoa para a terra queimando na sua trajetória alguns módulos fotovoltaicos.

Figura 14.19 Proteção contra descargas atmosféricas utilizando o método Franklin.

Os métodos de proteção contra descargas atmosféricas foram estudados no Capítulo 13.

14.2.8 Aterramento

Todos os materiais metálicos não condutores, tais como os suportes dos módulos fotovoltaicos e os próprios módulos fotovoltaicos, devem ser aterrados.

Não se pode correlacionar os aterramentos de subestações de alta-tensão com os aterramentos de uma usina fotovoltaica. Os pontos singulares do aterramento de uma usina fotovoltaica de uma GD são:

- a seção mínima do condutor de aterramento dos módulos fotovoltaicos ou das estruturas metálicas deve ser de 6 mm² em cobre;
- os cabos de aterramento da usina fotovoltaica devem ser conectados com o sistema de aterramento da subestação de média e altas-tensões, tornando um sistema equipotencial;
- deve-se criar um anel enterrado utilizando o cabo de cobre nu de 50 mm² (valor mínimo) circunscrevendo a estrutura metálica de suporte dos módulos fotovoltaicos, de forma a receber todas as conexões de aterramento dessas estruturas. Se necessário, criar interligações entre os lados opostos do anel mencionado para facilitar as interligações à terra das estruturas metálicas;
- não utilizar as estruturas de suportes metálicas como estruturas de aterramento;
- deve-se dar atenção à cerca que circunda a área da usina fotovoltaica, pois para solos de elevada resistividade podem surgir potenciais perigosos, notadamente nos ângulos retos e obtusos da cerca.

Veja o Capítulo 11, que trata de aterramento.

14.3 Análise econômica

É de fundamental importância a análise econômica sobre o empreendimento para que se possa tomar a decisão de realizar ou não o investimento. Para isso, teremos de dispor dos preços médios de mercado dos principais elementos de uma usina fotovoltaica, os quais foram levantados em setembro/2021.

- Preços de módulos fotovoltaicos
    - Potência: 250 Wp: R$ 650,00
    - Potência: 280 Wp: R$ 720,00
    - Potência: 330 Wp: R$ 850,00
    - Potência: 350 Wp: R$ 920,00
    - Potência: 370 Wp: R$ 970,00

- Preços de inversores solares
    - Potência: 1.200 W/220 Vca: R$ 2.830,00
    - Potência: 1.500 W/220 Vca: R$ 3.400,00
    - Potência: 10.000 W220 Vca: R$ 22.700,00
    - Potência: 15.000 W/220 Vca: R$ 22.600,00

- Caixa de junção
    - Potência: 1 entrada/1 saída: R$ 510,00
    - Potência: 2 entradas/2 saídas: R$ 830,00

O Valor Presente Líquido é a soma algébrica de todos os fluxos de caixa descontados para o instante T = 0. Pode ser determinado pela Equação (14.24).

$$F_{ac} = \sum_{T=0}^{N} \frac{F_c}{(1+I_r)^T} \qquad (14.24)$$

em que:

F_{ac} = fluxos acumulados, em R$;

F_c = fluxo de caixa descontado que corresponde à diferença entre as receitas e despesas realizadas a cada período considerado, em R$;

I_r = taxa interna de retorno ou taxa de desconto;

T = tempo, em meses, trimestre ou ano, a que se refere a taxa interna de retorno;

N = número de períodos.

Por meio desse método pode-se determinar o tempo de retorno do investimento, observando-se a Planilha de Cálculo da Tabela 14.6 e o gráfico correspondente da Figura 14.20.

Tabela 14.6 Cálculo dos fluxos acumulados

Cálculo do VPL (anual)					
Investimento em R$:					84.540,00
Taxa de juros mês					1,0800
Mês	Valor das receitas mensais (R$)	Valor das despesas mensais (R$)	Receitas (R$)	Fluxo atualizado (R$)	Fluxos acumulados (R$)
1	27.600,00	800,00	26.800,00	24.814,81	24.814,81
2	27.600,00	800,00	26.800,00	22.976,68	47.791,50
3	27.600,00	800,00	26.800,00	21.274,70	69.066,20
4	27.600,00	800,00	26.800,00	19.698,80	88.765,00
5	27.600,00	800,00	26.800,00	18.239,63	107.004,63

 Exemplo de aplicação (14.7)

Analisar economicamente o desenvolvimento do projeto e construção de uma usina fotovoltaica, sabendo-se que o prossumidor consome na média mensal a energia de 1.950 kWh e paga mensalmente por essa energia o valor de R$ 2.300,00, incluindo os impostos. A taxa de juros anual para esse tipo de empreendimento é de 8 %. Foram utilizados cinco módulos fotovoltaicos de 280 Wp em cada uma das 10 séries fotovoltaicas projetadas (*string*). A temperatura estimada da célula fotovoltaica é de 30 °C acima da temperatura média máxima da região que é de 28 °C.

- Valor médio pago anualmente à concessionária: 12 × R$ 2.300,00 = R$ 27.600,00 (valor da receita com a construção da usina fotovoltaica).
- Valor das despesas anuais com a manutenção do sistema fotovoltaico: R$ 800,00.
- Orçamento da obra:
    - Módulos fotovoltaicos: $\frac{5 \text{ módulos}}{\text{string}}$ × 10 *strings* × R$ 720,00 = R$ 36.000,00
    - Inversor: 1 unidade: 1 × R$ 22.600,00 = R$ 22.600,00

- Caixa de junção T1:   unidades: 4 × R$ 510,00 = R$ 2.040,00
- Caixa de junção T2:   1 unidade: R$ 1.800,00
- Estrutura de alumínio: R$ 3.200,00
- Cabos e acessórios: R$ 2.700,00
- Mão de obra: R$ 16.900,00

Valor total da usina fotovoltaica:

$$V_{tot} = 36.000,00 + 22.600,00 + 2.040 + 1.800,00 + 3.200,00 + 2.700,00 + 16.200,00 = R\$\ 84.540,00$$

- Potência produzida pela usina fotovoltaica (kW)

De acordo com a Equação (14.3), temos:

$$T_{nc} = 30 + 28 = 58\ °C\ \text{(temperatura da célula fotovoltaica)}$$

$$P_{gfv} = \frac{P_{máx}^{o} \times \left[100 + \rho_{ma} \times \left(T_{nc} - T_{nc}^{o}\right)\right]}{100} \times \frac{N_{mf}}{1.000} = \frac{280 \times [100 - 0,35 \times (58 - 25)]}{100} \times \frac{10 \times 5}{1.000} = 12,38\ kW$$

- Valor médio da potência gerada (kW)

$$V_{kw} = \frac{R\$\ 84.540,00}{12,38\ kW} = R\$\ 6.826,75/kW$$

- Quantidade de energia gerada por mês e por ano

$$E_{germ} = 12,38 \times 5,5 \times 30 = 2.042,7\ kWh/mês \rightarrow E_{gera} = 24.512\ kWh/ano$$

Observar que as necessidades do prossumidor foram atendidas pois a energia média mensal consumida é de 1.920 kWh, enquanto a produção da usina será de 2.042 kWh.

- Valor da energia média anual (R$/MWh)

$$V_{kw} = \frac{R\$\ 84.540,00}{24.512\ kWh} = R\$\ 3.449/kWh = R\$\ 3.449,00/MWh/ano$$

Conclusão: o investimento será compensado em três anos e meio, conforme mostrado na Tabela 4.8 e Figura 14.20.

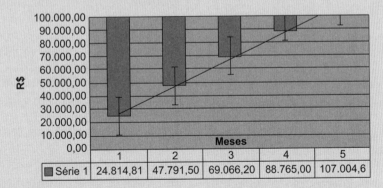

Figura 14.20 Gráfico do tempo de retorno do investimento.

15
Eficiência energética

15.1 Introdução

As sucessivas crises energéticas iniciadas em 1971 com a denominada *crise do petróleo*, que culminaram com a decisão dos países que compunham a Organização dos Países Exportadores de Petróleo (OPEP) de estabelecer que os preços do petróleo seriam fixados pela própria organização e não pelas companhias produtoras de petróleo, fizeram seu preço saltar de US$ 4,00 o barril para cerca de US$ 40,00. Nos dias atuais (ano/2021), o preço do petróleo oscila entre US$ 50,00 a US$ 80,00.

Declarada a crise, os governos e as sociedades, em geral, foram se conscientizando de que era necessário conter os desperdícios de energia e implementar programas para alcançar esse objetivo. No Brasil, os ministérios das Minas e Energia e Indústria e Comércio tomaram para si essa tarefa em 1985, instituindo o Programa Nacional de Conservação de Energia Elétrica (Procel), cuja função básica era integrar as ações de conservação de energia, na época em andamento por iniciativa de várias organizações públicas e privadas.

Com o aumento do consumo de energia no mundo, a sociedade vem a cada dia se preocupando com as medidas de uso racional das diversas formas de energia utilizadas, notadamente a energia elétrica, foco da análise que será desenvolvida neste capítulo. Em decorrência, o meio ambiente tem ocupado a agenda dos cientistas e de parte dos líderes mundiais. Assim, podemos afirmar que eficiência energética significa gerar a mesma quantidade de energia com os mesmos ou com menores recursos subtraídos da natureza.

O aumento da eficiência energética dos aparelhos consumidores é uma forma de otimizar a implantação de usinas geradoras. Em complementação a essa estratégia, está em estágio acelerado a utilização de fontes limpas de poluentes atmosféricos que tanto degrada a vida no nosso planeta. A energia eólica já é uma realidade e cada vez mais cresce a sua participação na matriz energética brasileira. A energia fotovoltaica está em plena expansão, tanto em empreendimentos para consumo restrito quanto no caso da geração distribuída, como na implantação de grandes geradores fotovoltaicos ligados à rede básica. Outras formas de geração de energia limpa estão despontando no cenário nacional e internacional como uma grande esperança para que cada vez menos seja necessária a produção de energia por meio de fontes de origem fóssil, como o carvão, o óleo diesel e o gás natural. Estamos falando da energia produzida pelo hidrogênio verde, que pode revolucionar a forma de produzir a energia no nosso planeta.

O governo brasileiro tem desenvolvido uma política moderada de conservação de energia com a finalidade de reduzir os desperdícios, notadamente da área industrial, comercial e de iluminação pública, buscando uma melhor utilização da energia consumida. O Procel é o responsável direto pela execução das políticas de eficientização energética, agindo nas mais diferentes formas, tais como na educação, na promoção, no financiamento, no incentivo etc.

Os procedimentos e as ações para reduzir os desperdícios de energia elétrica descritos neste livro são resultado de práticas utilizadas nas dezenas de projetos desenvolvidos pela Consultoria e Projetos Elétricos (CPE), associada a uma extensa pesquisa de publicações especializadas, notadamente aquelas editadas pelo Procel.

Para se realizar um estudo de eficiência energética em uma instalação industrial é necessário agir nos diferentes tipos de carga com a finalidade de verificar o seu potencial de desperdício. Além das mencionadas cargas, devem ser implementadas certas ações, que podem resultar na racionalização do uso de energia e a consequente economia na fatura mensal de energia elétrica. Essas ações devem ser realizadas nos seguimentos de geração e consumo a seguir enumerados:

- iluminação;
- condutores elétricos;
- fator de potência;
- motores elétricos;
- consumo de água;
- climatização;
- ventilação natural;

- refrigeração;
- aquecimento de água;
- elevadores e escadas rolantes;
- ar comprimido;
- carregamento de transformadores;
- instalações elétricas;
- gerenciamento do consumo de energia elétrica;
- controle de demanda.

Fundamentalmente, a eficiência energética em uma indústria não fica restrita aos estudos apontados anteriormente. Dependendo do tipo de indústria, pode abranger muitos outros estudos, como os citados a seguir:

- automação e supervisão;
- análise dos processos de produção;
- estudo de migração do mercado cativo para o mercado livre;
- estudo técnico-econômico para substituição de maquinários antigos e ineficientes;
- monitoramento da qualidade dos produtos das linhas de produção.

Embora não seja considerada literalmente uma ação de eficiência energética, a geração de energia fotovoltaica pelas pequenas e médias indústrias vem contribuindo para reduzir a fatura de energia desses empreendimentos, dentro da atual legislação (setembro/2021) de Geração Distribuída (GD), em que os investimentos são compensados em cerca de três a cinco anos.

Depois de concluídos os levantamentos de campo e realizados todos os estudos indicando as ações necessárias à implementação dos serviços previstos no Relatório de Eficiência Energética, é necessário realizar a Gestão de Energia, identificando as áreas administrativas e os setores produtivos da indústria que causam o maior impacto na fatura mensal de energia elétrica.

Em 2011, foi publicada a norma ISO 50.001 – Sistema de Gestão de Energia (SGE), atualizada em 2018, que disciplina os processos e indica ferramentas que permitem reduzir os custos operacionais da indústria. Para cada projeto de eficiência energética a norma estabelece os critérios de levantamento de dados e de medição de energia da carga, indicando a diretriz que deve ser adotada para obter os melhores resultados econômicos por meio da gestão de energia.

Os projetos decorrentes da Geração Distribuída e cogeração nos últimos cinco anos trouxeram uma grande contribuição para a redução da dependência da indústria de pequeno porte da energia gerada e distribuída pelo Sistema Interligado Nacional.

Em setembro de 2021, o Brasil amargou uma crise hídrica que se arrasta pelos últimos cinco anos, gerando insegurança de fornecimento de energia à indústria e preocupação à população em geral, principalmente aquela que passou pelo racionamento de 2001.

Todos os anos desse período, a partir do mês de setembro, crescem as expectativas quanto ao nível dos reservatórios já depreciados, e a preocupação quanto ao volume de chuvas necessário para a recarga desses reservatórios.

15.2 Levantamento e medições

Antes de desenvolver quaisquer ações de eficiência energética que envolvam custos deve-se, inicialmente, realizar um levantamento dos aparelhos elétricos instalados nos diferentes segmentos da indústria, conforme anteriormente indicado. Após obtidos esses resultados, é necessário realizar medições de parâmetros elétricos, tais como energia, demanda ativa e reativa, corrente, tensão e fator de potência. Para instalações industriais com grande número de equipamentos de comutação e chaveamento, tais como retificadores, *nobreaks*, inversores etc., é necessário realizar medições de componentes harmônicas de tensão e corrente para fins de avaliação da sua contribuição no desempenho do sistema elétrico.

As medições devem ser realizadas com medidores digitais com memória de massa que permitam obter graficamente as curvas dos valores medidos. Existem no mercado vários tipos de medidores com uma grande variedade de funções. A seleção dos pontos de medição depende do objetivo do estudo de eficiência energética. Para um estudo completo da instalação devem ser realizadas medições nos seguintes pontos:

- Quadros de Luz (QL)

Essa medição pode ser feita por meio de uma leitura instantânea. O valor do consumo da energia pode ser obtido considerando o tempo médio de funcionamento de cada setor.

- Terminais dos motores

No caso de pequenos motores as medições devem ser feitas nos seus terminais a partir de uma leitura instantânea. São considerados motores pequenos aqueles cuja potência nominal é inferior a 5 cv. Para motores com potência superior a 5 cv, mas que operam de forma contínua e com carga uniforme, basta obter também uma leitura instantânea ou de pequena duração em torno de quatro horas. Para motores que operam de forma não contínua e com carga não uniforme é necessário realizar uma medição que caracterize pelo menos um ciclo operação da máquina. Utilizando esses procedimentos é possível obter resultados que indiquem a substituição ou não dos motores.

- Centros de Controle dos Motores (CCM)

Essa medição tem por objetivo básico obter informações do consumo de energia, níveis de tensão e de distorção harmônica. Pode-se adotar como satisfatória uma medição por um período de 24 horas.

- Quadro Geral de Força (QGF)

Essa medição tem por objetivo principal avaliar os ganhos obtidos a partir da implementação das medidas de eficiência energética. Para isso as medições devem ser realizadas durante a fase de levantamento e após a conclusão das ações desenvolvidas. A diferença entre os valores de energia e de demanda das duas medições mostra os ganhos obtidos com o projeto.

Essa medição deve ser realizada por um período mínimo de uma semana para que se possam obter resultados satisfatórios. Com os resultados das demandas ativas horárias obtidas a cada dia organiza-se uma tabela horária média a partir da soma das demandas respectivas de cada dia em cada horário. Por exemplo, o valor da demanda média de 73 kW registrada no horário de 11:45 horas mostrada na Tabela 15.1 (parte da medição completa) é o resultado da média dos valores de demanda dos dias da semana, nesse mesmo horário. Já o gráfico da Figura 15.1 mostra a formação das curvas registradas no período de medição. Para efeito de avaliação dos resultados devem ser consideradas apenas as curvas médias das medições realizadas antes e depois das ações de eficiência energética.

Para se determinar o consumo médio mensal da instalação a partir dos resultados das medições pode-se calcular a taxa média de consumo. Para melhor explanar o assunto, seguir o método numérico aplicado sobre os resultados de uma medição em uma indústria que trabalha em quatro turnos, ou seja:

- Dados da medição realizada
  - Demanda máxima mensal: 990,5 kW (máxima registrada durante o período de medição).
  - Consumo de energia ativa: 89.050 kWh (energia registrada no aparelho durante o período de medição).
  - Data de início da medição: 12/11/2019.
  - Data do fim da medição: 19/11/2019.
  - Hora de início da medição: 12:15 horas.
  - Hora do fim da medição: 12:00 horas.
  - Tempo de duração da medição: 167,75 horas.
- Determinação da taxa de consumo médio

$$T_{cm} = \frac{89.050}{167,75} = 530,84 \text{ kWh/h}$$

- Determinação do consumo médio mensal

$$T_{cm} = 530,84 \text{ kWh/h} \times 24 \text{ h} \times 30 \text{ dias} = 382.204 \text{ kWh/mês}$$

15.3 Cálculo econômico

Todo projeto de uma instalação elétrica deve buscar a eficiência operacional. No entanto, essa eficiência deve ser medida de forma a se encontrar justificativas econômicas para

Tabela 15.1 Medição semanal (kW)

Hora	Segunda-feira	Terça-feira	Quarta-feira	Quinta-feira	Sexta-feira	Sábado	Domingo	Média da semana
10:45	98	87	85	90	88	12	9	67
11:00	98	92	88	91	92	12	9	69
11:15	101	91	91	90	95	12	9	70
11:30	102	94	92	95	96	13	10	72
11:45	102	97	94	102	95	12	10	73
12:00	101	98	92	103	98	11	10	73
12:15	97	97	89	102	97	13	9	72
12:30	91	96	91	101	96	10	10	71
12:45	90	99	93	106	88	10	10	71
13:00	91	95	96	106	87	9	10	71
13:15	93	97	89	102	83	10	11	69
13:30	96	109	87	107	85	10	10	72
13:45	96	111	94	110	86	10	11	74
14:00	98	114	90	104	81	10	11	72
14:15	99	111	85	101	76	9	11	70
14:30	99	105	82	98	74	10	10	68
14:45	98	100	78	95	75	9	11	67
15:00	90	102	79	88	77	9	11	65
15:15	85	101	76	84	76	10	10	63
15:30	82	96	76	85	76	9	11	62
15:45	82	95	72	87	72	9	10	61

Eficiência energética

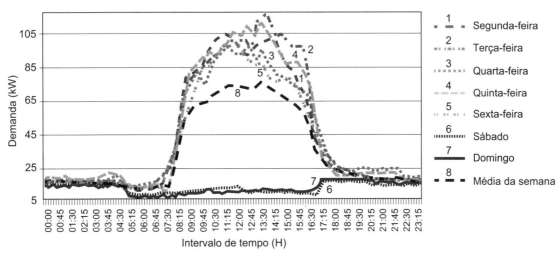

Figura 15.1 Curva de carga semanal.

a sua implementação. Não é razoável adotar procedimentos para eficientizar um projeto elétrico a qualquer custo.

Sempre que for adotada uma ação de eficiência energética esta deve ser precedida de uma análise econômica. O método de cálculo denominado Valor Presente Líquido (VPL) é de fácil execução e deve ser aplicado em todas as ações de eficiência energética.

O Valor Presente Líquido é a soma algébrica de todos os fluxos de caixa descontados para o instante T = 0. Pode ser determinado pela Equação (15.1).

$$F_{ac} = \sum_{T=0}^{N} \frac{F_c}{(1+I_r)^T} \qquad (15.1)$$

F_{ac} = fluxos acumulados, em R$;

F_c = fluxo de caixa descontado que corresponde à diferença entre as receitas e despesas realizadas a cada período considerado, em R$;

I_r = taxa interna de retorno ou taxa de desconto;

T = tempo, em meses, trimestre ou ano, a que se refere a taxa interna de retorno;

N = número de períodos.

Com esse método, pode-se determinar o tempo de retorno do investimento, observando-se a Planilha de Cálculo da Tabela 15.2 ou o gráfico da Figura 15.2. Quando a curva dos fluxos acumulados tocar a reta representativa do investimento, obtém-se o tempo de retorno do investimento realizado.

Tabela 15.2 Valor presente líquido

Cálculo do VPL (mensal)					
Investimento em R$:					960.800,00
Taxa de juro mês: 1,85 %					1,0185
Mês	Valor das receitas mensais (R$)	Valor das despesas mensais (R$)	Receitas (R$)	Fluxo atualizado (R$)	Fluxos acumulados (R$)
1	195.500,00	88.700,00	106.800,00	104.860,09	104.860,09
2	195.500,00	88.700,00	106.800,00	102.955,41	207.815,50
3	195.500,00	88.700,00	106.800,00	101.085,33	308.900,84
4	195.500,00	88.700,00	106.800,00	99.249,22	408.150,06
5	195.500,00	88.700,00	106.800,00	97.446,46	505.596,52
6	195.500,00	88.700,00	106.800,00	95.676,45	601.272,97
7	195.500,00	88.700,00	106.800,00	93.938,59	695.211,56
8	195.500,00	88.700,00	106.800,00	92.232,29	787.443,85
9	195.500,00	88.700,00	106.800,00	90.556,98	878.000,83
10	195.500,00	88.700,00	106.800,00	88.912,11	966.912,94

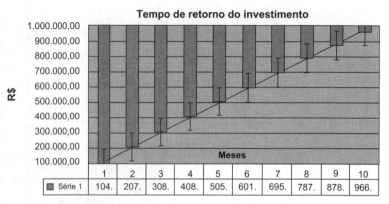

Figura 15.2 Tempo de retorno do investimento.

 Exemplo de aplicação (15.1)

Determinada indústria, consumidor cativo, planejou reduzir a sua despesa com energia elétrica realizando uma série de ações que vão desde elevar o fator de carga, a troca das lâmpadas existentes por lâmpadas de maior eficiência, troca de motores ineficientes, perdas elétricas, eficientização da climatização etc. O custo avaliado para realizar as melhorias no seu sistema foi orçado em R$ 960.800,00. A avaliação da redução do custo médio da energia anual comprada da concessionária é de R$ 195.500,00 ao mês. Determinar:

- tempo de retorno do investimento considerando a taxa de desconto bancário no valor de 1,85 % ao mês (setembro/2019);
- valor da receita mensal avaliada: R$ 195.500,00 (redução mensal na conta de energia elétrica);
- valor das despesas anuais avaliadas: R$ 88.700,00;
- valor da receita líquida ou fluxo de caixa descontado avaliado: R$ 195.500,00 – R$ 88.700,00 = R$ 106.800,00.

Aplicando a Equação (15.1), tem-se:

$$F_{ac} = \sum_{T=0}^{N} \frac{F_c}{(1+I_r)^T} F_{ac} = \frac{104.860,08}{(1+0,0185)^1} + \frac{104.860,08}{(1+0,0185)^2} + \frac{104.860,08}{(1+0,0185)^3} + \frac{104.860,08}{(1+0,0185)^4} + \frac{104.860,08}{(1+0,0185)^5}$$
$$+ \frac{104.860,08}{(1+0,0185)^6} + \frac{104.860,08}{(1+0,0185)^7} + \frac{104.860,08}{(1+0,0185)^8} + \frac{104.860,08}{(1+0,0185)^9} + \frac{104.860,08}{(1+0,0185)^{10}}$$

$$F_{ac} = R\$\ 966.912,94$$

Observar na Planilha de Cálculo da Tabela 15.2 que, no final do 10º mês, o fluxo de caixa acumulado é de R$ 966.912,94, um pouco superior ao valor do investimento de R$ 960.800,00. Assim, nessas condições, o investimento realizado na melhoria do sistema estaria pago no 10º mês, considerando uma taxa de juro de 1,85 % ao mês.

15.4 Ações de eficiência energética

15.4.1 Iluminação

No ramo industrial, a energia, em média, representa de 2 a 5 % do consumo da instalação.

No âmbito de uma instalação industrial, a iluminação é uma das principais fontes de desperdício de energia elétrica, em razão da diversidade de pontos de consumo, do uso generalizado do serviço e do frequente emprego de aparelhos de iluminação de baixa eficiência. No entanto, com o uso generalizado das lâmpadas de Led, o consumo de energia vem caindo verticalmente. Para reduzir o desperdício neste segmento é necessário seguir as orientações aqui definidas.

15.4.1.1 Medidas de implementação de curto prazo

- Elaborar os projetos a partir dos conceitos da NBR ISO/CIE 8995.
- Utilizar lâmpadas adequadas para cada tipo de ambiente, conforme se sugere no Capítulo 2.
- Utilizar telhas translúcidas nos galpões industriais onde não há necessidade de forro.
- Dar preferência ao uso da iluminação natural.
- Evitar o uso de refratores opacos, que elevam o índice de absorção dos raios luminosos, em média, de 30 %.

- As luminárias de corpo esmaltado usadas por longo tempo devem ser substituídas por luminárias do tipo espelhado que apresentam maior eficiência.
- A iluminação dos ambientes deve ser desligada sempre que não houver a presença de pessoas.
- Usar luminárias cuja geometria construtiva facilite a limpeza de suas partes refletoras.
- Os difusores das luminárias devem ser substituídos sempre que se tornarem opacos, inibindo a passagem do fluxo luminoso.
- Nos ambientes bem iluminados deve-se verificar a possibilidade de acender alternativamente as lâmpadas neles instaladas.
- Sempre que possível, deve-se utilizar lâmpadas de maior potência nominal, como no caso de lâmpadas vapor de mercúrio, em vez de várias lâmpadas de menor potência nominal, pois quanto maior a capacidade das lâmpadas, maior será o seu rendimento.
- Se as lâmpadas de bulbo instaladas em forro estão posicionadas no seu interior, em conformidade com a Figura 15.3(a), devem ser reposicionadas para a condição da mesma Figura 15.3(b). A mesma instrução deve ser aplicada para as luminárias com lâmpadas de Led ou fluorescentes, conforme Figura 15.4.
- Em áreas externas, tais como estacionamentos, locais de carga e descarga etc., utilizar, preferencialmente, projetores com lâmpadas de Led ou projetores com lâmpadas a vapor de sódio de alta pressão, acionadas por fotocélulas.
- Utilizar células fotoelétricas, ou dispositivas de temporização, nos projetos de iluminação externa ou em ambientes internos para controlar o número de luminárias acesas em função da luz natural.
- Os reatores devem ser desligados sempre que forem desativadas as lâmpadas fluorescentes.
- Projetar circuitos independentes para utilização de iluminação parcial e por áreas de trabalho.
- Utilizar luminárias de Led em substituição às luminárias fluorescentes.
- Em instalações novas utilizar luminárias de Led.
- Reduzir a iluminação ornamental utilizada em vitrines e placas luminosas.
- Devem-se substituir as lâmpadas de alto consumo por lâmpadas de Led.
- Utilizar lâmpadas de maior eficiência possível e que podem ser escolhidas por meio da Tabela 15.3.
- Utilizar reatores de maior eficiência. Os reatores eletrônicos são aqueles que apresentam uma eficiência energética muito superior aos reatores convencionais, ou seja, reatores eletromagnéticos.
- Utilizar luminárias de maior aproveitamento energético. A eficiência de uma luminária pode ser medida relacionando o fluxo emitido pelas lâmpadas

Tabela 15.3 Eficiências das lâmpadas

Tipo de lâmpada	Valor médio	Valor máximo
Halógena	17	25
Vapor de mercúrio	50	55
Fluorescente compacta	60	87
Fluorescente tubular	80	95
Multivapor metálico	80	95
Led	80	160
Sódio de alta pressão	100	138
Sódio de baixa pressão	150	200

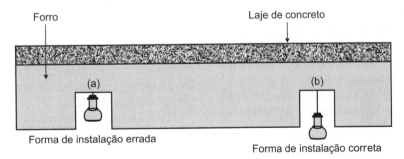

Figura 15.3 Posição das lâmpadas de bulbo embutidas no forro.

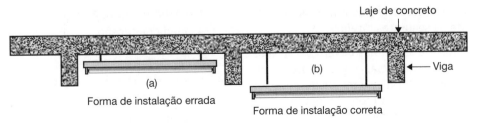

Figura 15.4 Posição das lâmpadas fluorescentes instaladas no teto.

com o fluxo que deixa a luminária. As luminárias também devem ser escolhidas em função da curva de distribuição da intensidade luminosa. Esse é um ponto difícil para o projetista. Assim, se uma luminária caracterizada por sua curva luminotécnica foca com maior intensidade o plano de trabalho e com menor intensidade as paredes apresentam uma maior eficiência energética. No entanto, do ponto de vista do observador o ambiente lhe parece escuro, apesar de o nível de iluminamento estar adequado ao tipo de tarefa do ambiente, pois a avaliação inicial dá preferência à iluminação das paredes. Isto é a prática das empresas que trabalham em eficiência energética na substituição de lâmpadas e luminárias comuns por equipamentos eficientes.
- Utilizar circuitos independentes para utilização de iluminação parcial por setores.
- Projetar os circuitos de iluminação com maior flexibilidade nos sistemas de comando ampliando o número de interruptores se necessário, de forma a utilizar apenas a iluminação efetivamente necessária.
- Utilizar iluminação artificial somente onde não existir iluminação natural suficiente para o desenvolvimento das atividades.
- Verificar por medição do nível iluminação dos ambientes se há luminárias desnecessárias ou com excesso de iluminação.
- A partir dos valores de medição anteriormente mencionados retirar as luminárias desnecessárias, mas sempre respeitando, além do nível de iluminação, o distanciamento entre as luminárias.
- Analisar a execução das tarefas de limpeza e conservação dos ambientes, administrativos e industriais, que podem influenciar o consumo de energia elétrica. Nesse caso, deve-se planejar e tomar como rotina os seguintes procedimentos:
    – quando o serviço de limpeza se realizar após o encerramento das atividades da indústria, iniciar esse serviço por determinada área, mantendo desligada todas as demais;
    – sempre que as atividades da indústria permitir, realizar a limpeza dos ambientes, preferencialmente, durante o dia.

15.4.1.2 Manutenção do sistema de iluminação

Para que o usuário do sistema de iluminação tenha sempre as condições de iluminância na forma como foi inicialmente projetada é necessário que o profissional de manutenção execute as seguintes tarefas:

- as paredes, o forro e as janelas devem ser limpos com determinada frequência, já que, normalmente, quando é projetado um sistema de iluminação, o projetista determina o número de lâmpadas de acordo com a cor das paredes, piso e teto, na condição de limpos. Se as paredes, teto e piso ficam sujos ao longo do tempo de uso, a iluminância no recinto se torna menor, prejudicando as pessoas que utilizam o referido ambiente;
- as luminárias devem ser limpas com determinada frequência. Todas as instalações se tornam sujas com o tempo e reduzem a iluminância. O intervalo do tempo de limpeza das luminárias e das lâmpadas depende do grau de sujeira presente no ambiente. Por exemplo, nos ambientes de cozinha, a gordura das frituras rapidamente recobre as superfícies das luminárias e lâmpadas. Nestes locais é conveniente proceder a limpeza desses aparelhos a cada dois meses;
- substituir semanal ou mensalmente as lâmpadas queimadas;
- se não for conveniente, sob o ponto de vista de transtorno na área de produção, substituir as lâmpadas com mau funcionamento ou queimadas quando acumular um total de 10 %;
- para evitar a perda de iluminância quando 10 % das lâmpadas estiverem queimadas, é necessário, no cálculo luminotécnico, acrescentar 10 % de lâmpadas. Esse acréscimo pode ser evitado se as lâmpadas forem substituídas logo que se queimem;
- o intervalo de tempo para limpeza das luminárias varia em conformidade com nível de poluição do ambiente industrial;
- de outra forma, devem-se limpar as luminárias sempre que ocorrer a troca das lâmpadas nela instaladas;
- limpar ou pintar periodicamente as paredes e teto, mantendo o piso sempre limpo;
- verificar a possibilidade de instalar sensores para controle da iluminação externa, letreiros e luminosos.

Para facilitar as ações de manutenção da indústria, observar as Tabelas 15.4, 15.5 e 15.6.

15.4.2 Condutores elétricos

O dimensionamento dos condutores elétricos, incluindo-se aí a escolha de sua isolação, pode conduzir projetos de baixas perdas elétricas.

Esse assunto foi abordado no Capítulo 3, sem a preocupação quanto à eficiência na determinação da seção dos condutores.

As principais ações que devem ser desenvolvidas são:

a) **Dimensionamento da seção dos condutores**
   - Corrente de carga.
   - Queda de tensão.
   - Curto-circuito.

b) **Medidas para conservação de energia**
   - Implantar transformadores junto aos centros de consumo: menor comprimento dos circuitos secundários.

- Calcular os custos do cabo e a energia de perda.
- Cargas com potências acima de 500 kVA adotar, se possível, o local da subestação próxima à carga.
- Evitar o uso de cabos XLPE ou EPR, a plena carga, de acordo com a capacidade dos mesmos. A elevação da temperatura do condutor faz crescer a resistência elétrica, conforme valores definidos na Tabela 15.7.
- Aplicar a melhor maneira de instalar os condutores na forma permitida para cada particularidade do projeto.

Tabela 15.4 Distúrbios no funcionamento de lâmpadas fluorescentes

Origem das causas	Causas prováveis	Solução
Lâmpada que acende e apaga constantemente	Lâmpada em uso além da sua vida útil Starter com defeito	Substituição da lâmpada Substituição do starter
Baixo fluxo luminoso	Lâmpada em uso além da sua vida útil	Substituição da lâmpada
Dificuldades para acender a lâmpada	Tensão da instalação inferior a 93 % da tensão nominal Reator inadequado para a lâmpada Temperatura do ambiente inferior à mínima recomendada pelo fabricante	Verificar as instalações internas ou reclamar à concessionária de energia Substituição do reator Substituição da lâmpada ou da luminária por aparelhos adequados ao ambiente
Lâmpadas com os terminais luminosos	Starter com defeito (curto-circuito) Reator com defeito	Substituição do starter Substituição do reator
Lâmpadas que não acendem	Ligações do reator e lâmpadas incorretas Starter com defeito Eletrodos com defeito	Corrigir a ligação Substituição do starter Substituição dos eletrodos

Tabela 15.5 Distúrbios no funcionamento das lâmpadas vapor de mercúrio

Origem das causas	Causas prováveis	Solução
Ruptura do bulbo	Choques mecânicos ou vibrações da luminária por instalação em local não recomendado	Instalar dispositivos antivibratórios no ponto de instalação da luminária
Baixo fluxo luminoso	Tensão da instalação inferior a 93 % da tensão nominal Obstrução da luz por sujeira das lâmpadas Obstrução da luz por sujeira da luminária Lâmpada em uso além da sua vida útil Reator não recomendado Reator com defeito	Verificar as instalações internas ou reclamar à concessionária de energia Limpeza da lâmpada Limpeza da luminária Substituição da lâmpada Substituição do reator Substituição do reator

Tabela 15.6 Distúrbios no funcionamento das lâmpadas vapor de sódio – alta pressão

Origem das causas	Causas prováveis	Solução
Ruptura do bulbo	Contato com superfícies frias Posição irregular de funcionamento da lâmpada Choques mecânicos ou vibrações da luminária por instalação em local não recomendado	Alterar a posição da lâmpada ou luminária Alterar a posição da lâmpada ou luminária de acordo com a orientação do fabricante Instalar dispositivos antivibratórios no ponto de instalação da luminária
Baixo fluxo luminoso	Tensão da instalação inferior a 93 % da tensão nominal Obstrução da luz por sujeira das lâmpadas Obstrução da luz por sujeira da luminária Lâmpada em uso além da sua vida útil Reator não recomendado Reator com defeito	Verificar as instalações internas ou reclamar à concessionária de energia Limpeza da lâmpada Limpeza da luminária Substituição da lâmpada Substituição do reator Substituição do reator

c) **Temperatura de trabalho dos condutores elétricos em função do carregamento**

De acordo com a Tabela 15.7.

d) **Valor econômico da seção do condutor**

Pode ser calculado de acordo com a Equação (15.2).

$$C_t = C_c + C_i + C_e \qquad (15.2)$$

C_t = custo total durante a vida do cabo;
C_c = custo inicial de compra do cabo;
C_i = custo inicial de instalação do cabo;
C_e = custo de energia desperdiçada ao longo do tempo.

e) **Cálculo da seção econômica de um condutor**

Pode ser calculado de acordo com a Equação (15.3)

$$S_c = \frac{I_c}{\frac{2,66}{\sqrt{N_h}} \times \frac{0,69}{\sqrt{1-0,937^{N_a}}}} \times \sqrt{\frac{C_e}{G}} \qquad (15.3)$$

I_c = corrente de carga;
N_a = número de anos considerados no cálculo que corresponde ao tempo de operação do cabo;
N_h = número de horas por ano de funcionamento;
G = custo médio do cabo em R\$/mm² × km; esse valor pode ser obtido a partir do preço médio de mercado dos cabos de mesmo material condutor e isolação; assim, se um cabo de cobre de 120 mm², isolação EPR, 06/1 kV, tem preço médio de mercado de R\$ 157,20/m, o valor de

G = R\$ 1.310/mm² × km, ou seja: $G = \frac{157,20}{120} \times 1.000 = 1.310$.

Em geral, o valor de G vale para os cabos das demais seções e de mesma especificação;
C_e = custo médio da energia elétrica, em R\$/kWh.

Para que se possa realizar um estudo da seção econômica dos condutores de uma instalação é necessário levantar os dados de campo dos circuitos a serem trabalhados, o que pode ser feito por meio da planilha fornecida na Tabela 15.8.

Em virtude da importância da variação da resistência do condutor durante o seu período de operação, a Tabela 15.9 fornece o fator de correção da resistência elétrica para o novo valor alcançado em função da corrente de carregamento e os outros fatores que alteram a sua resistência normalmente dada em 20 °C.

Tabela 15.7 Temperatura de trabalho dos condutores isolados em função do carregamento

Relação I_c/I_{cabo}	Temperatura °C	Relação I_c/I_{cabo}	Temperatura °C
Cabo XLPE/EPR
0,00	30	1,00	90
0,10	32	1,10	105
0,20	35	1,20	117
0,30	38	1,30	130
0,40	45	1,40	145
0,50	50	1,50	165
0,60	60	1,60	182
0,70	70	1,70	205
0,80	80	1,80	218
0,90	90	1,90	240
Cabo PVC
0,00	30	1,00	70
0,10	31	1,10	85
0,20	34	2,20	100
0,30	36	2,30	112
0,40	38	2,40	112
0,50	42	2,50	128
0,60	48	2,60	138
0,70	52	2,70	150
0,80	57	2,80	170
0,90	65	2,90	180

Tabela 15.8 Avaliação do potencial de economia de energia elétrica nos condutores

Nº do circuito	Seção	Compr. circuito	Resistência	Corrente Nominal	Corrente Carga	Taxa de carga	Tempo Horas/dia	Tempo Dias/Sem.	Perdas mensais	Proteção Fusível	Proteção Disjuntor
	mm²	m	mΩ/m	A	A	%			kWh	A	A

Eficiência energética

Tabela 15.9 Elevação da resistência elétrica dos cabos condutores de cobre com a temperatura

Fator de correção de temperatura	
Temperatura (°C)	Fator de correção
20	1
30	1,039
40	1,079
50	1,118
60	1,157
70	1,197
80	1,236
90	1,275

Exemplo de aplicação (15.2)

Determinar a seção econômica de um condutor, isolação EPR, cuja carga é de 210 A e funciona durante 13 horas ao dia durante 22 dias ao mês. A tarifa média de energia elétrica da instalação é de R$ 420,00/MWh. O tempo de operação considerado para o cabo é de 10 anos.

$$G = R\$\ 1.310/mm^2 \times km \text{ (determinado anteriormente)}$$

$$S_c = \frac{I_c}{\frac{2,66}{\sqrt{N_h}} \times \frac{0,69}{\sqrt{1-0,937^{N_a}}}} \times \sqrt{\frac{C_e}{G}} = \frac{210}{\frac{2,66}{\sqrt{13 \times 22 \times 12}} \times \frac{0,69}{\sqrt{1-0,937^{10}}}} \times \sqrt{\frac{520/1.000}{1.110}} = \frac{4,54}{\frac{1,8354}{40,5170}}$$

$$S_c = 100,2\ mm^2 \text{ (seção mínima)}$$

$$S_c = 120\ mm^2 \text{ (deve-se pesquisar na tabela de cabos)}$$

Exemplo de aplicação (15.3)

Calcular a alternativa de alimentação de uma carga de 210 A utilizando, inicialmente, um circuito em condutor XLPE e comprimento de 175 m instalado em canaleta fechada ou adotando um condutor de PVC de capacidade equivalente. A instalação opera durante 13 horas ao dia e 22 dias ao mês. A indústria é do grupo tarifário horo-sazonal verde e não opera durante o período de ponta de carga. Adotar uma taxa de juro de 35 % ao ano. O valor da tarifa de demanda vale R$ 18,24/kW. O preço da tarifa de energia TUSD, na tarifa horo-sazonal verde A4, é de R$ 1,1580/kWh para ponta e de R$ 0,05912/kWh para fora de ponta, enquanto o preço da energia TE é de R$ 0,48566/kWh e R$ 0,29080, para ponta e fora de ponta, respectivamente. A tarifa verde de energia vale R$ 1,64376 para ponta e R$ 0,34994 para fora de ponta, de acordo com os valores indicados no Capítulo 1.

Condutor de isolação PVC (70 °C)

- Seção

$$I_{car} = 210\ A \quad \rightarrow \quad S_{nc} = 150\ mm^2 \quad \rightarrow \quad I_{nc} = 230\ A \text{ (Instalação em eletroduto, método D)}$$

- Carregamento

$$R_i = \frac{210}{230} = 0,91 \quad \rightarrow \quad T = 65\ °C \text{ (Tabela 15.7)}$$

- Fator de correção da resistência

$$T = 65\ °C \quad \rightarrow \quad F_{cr} = 1,177 \text{ (valor interpolado da Tabela 15.9)}$$

- Perdas de potência em função da resistência do condutor

$$P_{ca} = \frac{3 \times R \times F_{ct} \times I^2}{1.000}$$

$$R = 0,1502 \; \Omega/km$$

$$P_{ca} = \frac{3 \times 0,1502 \; \Omega/km \times 1,177 \times 0,175 \; km \times 210^2}{1.000}$$

$$P_{ca} = 4 \; kW$$

a) **Perdas mensais de energia**
- Perdas de energia em função da resistência do condutor
  - Energia na ponta

$$E_p = P_p \times T_p = 0,0 \times 3 \times 22 = 0,0 \; kWh/mês$$

  - Energia fora de ponta

$$E_{fp} = P_{fp} \times T_{fp} = 4 \times 13 \times 22 = 1.144,00 \; kWh/mês$$

b) **Custos anuais com energia e demanda na operação do cabo PVC (70 °C)**
- Custo anual de demanda de ponta e fora de ponta

$$C_{pfp} = 4 \; kW \times R\$ \; 18,24/kW \times 12 = R\$ \; 875,52$$

- Custo anual de energia na tarifa horo-sazonal verde A4 – TUSD
  - Energia na ponta

$$C_{ep} = E_p \times T_{en} \times 12 = 0 \times 1,1580 \times 12 = 0,0 \; kWh/mês$$

  - Energia fora de ponta

$$C_{efp} = E_{fp} \times T_{en} \times 12 = 1.144 \times 0,05912 \times 12 = R\$ \; 811,59 \; kWh/mês$$

- Custo anual de energia na tarifa TE
  - Energia na ponta

$$C_{ep} = E_p \times T_{en} \times 12 = 0 \times 1,1580 \times 12 = 0,0 \; kWh/mês$$

  - Energia fora de ponta

$$C_{efp} = T_{fp} \times T_{en} \times 12 = 1.144 \times 0,05912 \times 12 = R\$ \; 811,59 \; kWh/mês$$

- Custo anual de energia na tarifa verde
  - Energia na ponta

$$C_{ep} = E_p \times T_{en} \times 12 = 0 \times 1,64376 \times 12 = 0,0 \; kWh/mês$$

  - Energia fora de ponta

$$C_{efp} = E_{fp} \times T_{en} \times 12 = 1.144 \times 0,34994 \times 12 = R\$ \; 4.803,97 \; kWh/mês$$

Os valores das tarifas podem ser obtidos no Capítulo 1.

- Custo total da energia e demanda anuais ponta e fora de ponta:

$$C_{total} = 875,52 + 811,59 + 811,59 + 4.411,11 = R\$ \; 6.909,81$$

Condutor de isolação XLPE ou EPR 90 °C

- Seção

$$I_{car} = 210 \; A \quad \rightarrow \quad S_{nc} = 95 \; mm^2 \quad \rightarrow \quad I_{nc} = 211 \; A$$

- Carregamento

$$R_i = \frac{210}{211} = 0,99 \quad \rightarrow \quad T = 90\ °C\ (\text{Tabela 15.9})$$

- Fator de correção da resistência

$$T = 90\ °C \quad \rightarrow \quad F_{cr} = 1,275\ (\text{Tabela 15.8})$$

- Perdas de potência em função da resistência do condutor

$$P_{ca} = \frac{3 \times R \times F_{ct} \times I^2}{1.000}$$

$$R = 0,2352\ \Omega/km$$

$$P_{ca} = \frac{3 \times 0,2352\ \Omega/km \times 1,275 \times 0,175\ km \times 210^2}{1.000}$$

$$P_{ca} = 6,9\ kW$$

a) **Perdas mensais de energia**
   - Perdas de energia em função da resistência do condutor
     – Energia na ponta

$$E_p = E_p \times T_{en} \times 12 = 0,0 \times 3 \times 22 = 0,0\ kWh/m\hat{e}s$$

   – Energia fora de ponta

$$E_{fp} = P_{fp} \times T_{en} \times 12 = 6,9 \times 13 \times 22 = 1.821,60\ kWh/m\hat{e}s$$

b) **Custos anuais com energia e demanda na operação do cabo PVC (70 °C)**
   - Custo anual de demanda de ponta e fora de ponta

$$C_{pfp} = 6,9\ kW \times R\$\ 18,24/kW \times 12 = R\$\ 1.510,27$$

   - Custo anual de energia na tarifa horo-sazonal verde A4 – TUSD
     – Energia na ponta

$$C_{ep} = E_p \times T_{en} \times 12 = 0 \times 1,1580 \times 12 = 0,0\ kWh/m\hat{e}s$$

   – Energia fora de ponta

$$C_{efp} = E_{fp} \times T_{en} \times 12 = 1.821,60 \times 0,05912 \times 12 = R\$\ 1.292,31\ kWh/m\hat{e}s$$

   - Custo anual de energia na tarifa TE
     – Energia na ponta

$$C_{ep} = E_p \times T_{en} \times 12 = 0 \times 1,1580 \times 12 = 0,0\ kWh/m\hat{e}s$$

   – Energia fora de ponta

$$C_{efp} = E_{fp} \times T_{en} \times 12 = 1.821,60 \times 0,05912 \times 12 = R\$\ 1.292,31\ kWh/m\hat{e}s$$

   - Custo anual de energia na tarifa verde
     – Energia na ponta

$$C_{ep} = E_p \times T_{en} \times 12 = 0 \times 1,64376 \times 12 = 0,0\ kWh/m\hat{e}s$$

   – Energia fora de ponta

$$C_{efp} = E_{fp} \times T_{en} \times 12 = 1.821,60 \times 0,34994 \times 12 = R\$\ 7.649,40\ kWh/m\hat{e}s$$

Os valores das tarifas podem ser obtidos no Capítulo 1.

- Custo total da energia e demandas anuais ponta e fora de ponta:

$$C_{total} = 1.510,27 + 1.292,31 + 1.292,31 + 7.649,40 = R\$ \ 11.744,29$$

c) Diferença mensal na fatura

$$\Delta C = 11.749,29 - 6.909,81 = R\$ \ 4.839,48$$

d) Diferença de investimentos
   - Custo do cabo de cobre de 150 mm²/PVC, incluindo a instalação: R$ 195,45/m
   - Custo do cabo de cobre de 95 mm²/XLPE, incluindo a instalação: R$ 157,42/m

$$P_c = (195,45 - 157,42) \times 175 \ m \times 3 = R\$ \ 19.965,75$$

e) Tempo de retorno do investimento

De acordo com a Planilha de Cálculo da Tabela 15.10, refletida no gráfico de barras da Figura 15.5, o tempo de retorno do investimento ocorrerá no final do 6º mês.

Tabela 15.10 Cálculo do valor presente líquido

Cálculo do Valor Presente Líquido – VPL (mensal)							
Diferença de investimento							R$ -19.965,75
Taxa de juro anual (12 %)							1,120
Mês	Condutor XLPE instalado		Condutor PVC instalado		Receitas	Fluxos atualizados	Fluxos acumulados
	Cabo XLPE	O&M	Cabo PVC	O&M	R$	R$	R$
1	11.744,29	0,00	6.909,31	0,00	4.834,98	4.316,95	4.316,95
2	11.744,29	0,00	6.909,31	0,00	4.834,98	3.854,42	8.171,36
3	11.744,29	0,00	6.909,31	0,00	4.834,98	3.441,44	11.612,81
4	11.744,29	0,00	6.909,31	0,00	4.834,98	3.072,72	14.685,52
5	11.744,29	0,00	6.909,31	0,00	4.834,98	2.743,50	17.429,02
6	11.744,29	0,00	6.909,31	0,00	4.834,98	2.449,55	19.878,57
7	11.744,29	0,00	6.909,31	0,00	4.834,98	2.187,10	22.065,67
8	11.744,29	0,00	6.909,31	0,00	4.834,98	1.952,77	24.018,44
9	11.744,29	0,00	6.909,31	0,00	4.834,98	1.743,54	25.761,98
10	11.744,29	0,00	6.909,31	0,00	4.834,98	1.556,73	27.318,72

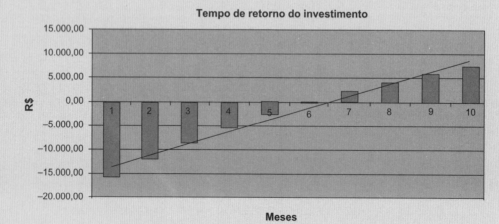

Figura 15.5 Tempo de retorno do investimento.

15.4.3 Correção do fator de potência

Em todo estudo de eficiência energética de uma instalação é de fundamental importância o controle do fator de potência, cujo assunto foi tratado no Capítulo 4.

15.4.4 Motores elétricos

Os motores elétricos em uma instalação industrial consomem, em média, 75 % da energia demandada. Por isso, devem ser motivo de avaliações periódicas para determinar se estão operando na faixa de melhor desempenho.

De forma geral, na indústria existe um considerável desperdício de energia, notadamente na operação dos motores elétricos em decorrência de algumas causas que podem ser enumeradas.

- Substituição de motores defeituosos por motores de potência superior pelo simples fato de não haver disponibilidade de um motor de igual potência e características no setor de manutenção da indústria.
- Em alguns casos, a instalação do motor feita pelo próprio fabricante da máquina a ser acionada está com capacidade desnecessariamente superior às necessidades da mesma.
- Fatores de correção adotados por projetistas e profissionais de manutenção que elevam a capacidade nominal dos motores em busca de uma maior segurança e vida útil.
- Falta de conhecimento real da carga que será acionada e de suas demais características operacionais.
- Falta de conhecimento técnico para aplicação dos fatores de serviço de alguns motores.
- Previsão quase sempre inatingível de aumento de produção da máquina.
- Suposição de que motores subdimensionados têm menores desgastes mecânicos e maior vida útil.

Em geral, para motores de potência nominal não superior a 100 cv são válidas as seguintes informações constatadas pelos catálogos dos fabricantes:

- desligue os motores das máquinas quando estas não estiverem operando;
- quanto maior a sua potência nominal, mais elevado é o seu rendimento máximo;
- os motores, em geral, operam com o seu rendimento máximo quando carregados a 75 % de sua potência nominal;
- os motores que operam com uma taxa de carregamento igual ou inferior a 50 % de sua potência nominal apresentam um rendimento acentuadamente declinante;
- utilize motores de alto rendimento, com perdas reduzidas;
- verifique e elimine ruídos e vibrações evitando perdas;
- redimensione corretamente a potência dos motores de acordo com o carregamento atual;
- verifique e mantenha o alinhamento dos motores.

A especificação, a utilização e os cuidados com os motores elétricos podem resultar na eliminação ou redução dos desperdícios de energia elétrica, ou seja:

- substituir os motores elétricos que operam com carga inferior a 60 % de sua capacidade nominal (relação entre a potência útil e a potência nominal);
- instalar inversores nos motores elétricos de indução que operam por um longo período de tempo com carga de potência variável, tais como ventiladores, compressores etc.;
- se a máquina necessitar de duas ou três velocidades diferentes, pode-se utilizar um motor assíncrono com duas ou três velocidades;
- adote, sempre que possível, os variadores eletrônicos de velocidade para aplicações onde exista variação de carga;
- instalar inversores nos motores utilizados nas estações de tratamento de esgoto ou em emissores submarinos e cargas similares, pois durante o período da madrugada há uma acentuada redução na produção de esgoto e, consequentemente, menor solicitação dos motores.

Durante a avaliação dos motores elétricos de uma instalação industrial é normal encontrar máquinas acionadas por motores cuja forma de operação é muito complexa para determinar se há potencial de economia a considerar. Como exemplo, podem ser indicadas as prensas hidráulicas utilizadas na fabricação de peças metálicas em alto relevo, em que o comportamento da demanda solicitada da rede é muito irregular e o tempo de operação dessas máquinas também é incerto. As paradas da máquina são frequentes e a sua duração é variável, porém necessária para substituição do molde e ajustes decorrentes. A Figura 15.6 mostra uma medição feita na prensa hidráulica da Figura 15.7, na qual se observa o gráfico do tipo dente de serra.

Já a avaliação de potencial de economia em máquinas cujos motores operam em regime S1, dada a regularidade de seu funcionamento, é muito facilitada e se obtêm resultados muito precisos.

A Figura 15.8 mostra a característica de desempenho de um motor elétrico de indução 175 cv/IV polos tipo *standard*. Já a Figura 15.9 mostra a curva de desempenho de um motor de 60 cv/IV polos do tipo alto rendimento.

Para se determinar o potencial de economia de energia elétrica que pode ser obtida na operação dos motores elétricos, seguir a orientação descrita na sequência.

a) **Avaliação de desperdício de energia elétrica**
- Baixa qualidade da energia fornecida.
- Dimensionamento inadequado do motor.
- Tensão elétrica inadequada.
- Utilização inadequada do motor.
- Condições operativas inadequadas.
- Condições de manutenção inadequadas.

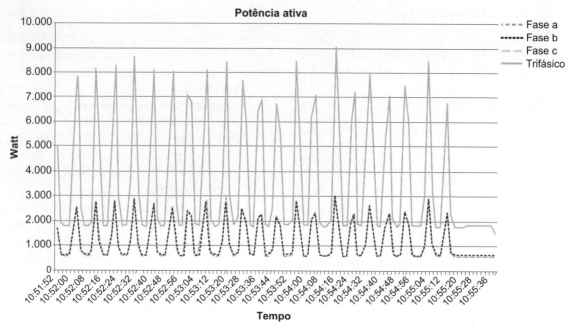

Figura 15.6 Curva de potência ativa de uma prensa.

Figura 15.7 Prensa hidráulica.

- Baixo fator de potência do motor.
- Transmissão motor-máquina desajustada.
- Temperatura ambiente elevada.

b) **Dificuldades de avaliação de desperdícios**
 - Dados de catálogos incorretos.
 - Variação de rendimentos entre fabricantes.
 - Rebobinamento dos motores.

c) **Medidas de combate ao desperdício**
 - Seleção adequada do motor relativamente à(ao):
   – potência nominal;
   – regime de funcionamento;
   – corrente de partida;
   – queda de tensão na partida;
   – conjugado de partida;
   – chave de partida;
   – temperatura ambiente.

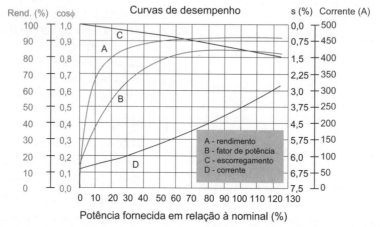

Figura 15.8 Curva de desempenho do motor *standard* de 175 cv/IV polos.

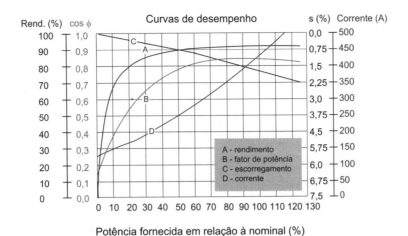

Figura 15.9 Curva de desempenho do motor de alto rendimento de 60 cv/IV polos.

- Dimensionamento do circuito de alimentação
  - Dimensionamento econômico dos condutores, conforme Seção 15.4.3.

d) **Cuidados com a substituição dos motores**

- Substituição sempre por motores de alto rendimento.
- Verificação da rotação.
- Verificação das tensões de placa comparadas com as da rede.
- Verificação do número de partidas por hora.
- Regime de funcionamento do motor.
- Torque de partida.
- Capacidade da chave de partida.
- Capacidade do condutor de alimentação.
- Redimensionamento da proteção.

e) **Potencial de economia dos motores**

Para se determinar o potencial de economia dos motores elétricos de determinada instalação devem ser implementadas as seguintes ações:

- Listar os motores de maior potência nominal.
  - Potência nominal.
  - Tensão de operação.
  - Conjugado de partida.
  - Regime de operação.
- Medir a corrente nas condições normais de trabalho
- Analisar a curva de desempenho do motor
  - Fator de potência.
  - Rendimento para a corrente medida.

O potencial de economia de energia elétrica pode ser analisado em três diferentes situações operacionais do motor, ou seja:

15.4.4.1 Avaliação da substituição de motores do tipo standard em subcarga

Neste caso, foi constatado que o motor em operação era do tipo *standard* e operava com carga visivelmente inferior à sua capacidade nominal. Esse motor deveria ser substituído por motor de alto rendimento com potência adequada à carga.

O potencial de economia pode ser obtido de acordo com o roteiro de cálculo que se segue:

a) **Análise operacional do motor existente (motor *standard*)**

- Cálculo da relação de subcarga.

$$\Delta I\% = \frac{I_{op1}}{I_{nm1}} \times 100\,\% \tag{15.4}$$

I_{op1} = corrente operacional (de trabalho) do motor *standard*, em A;
I_{nm1} = corrente nominal do motor *standard*, em A.

Com esse valor pode-se identificar, preliminarmente, a taxa de carga do motor.

- Cálculo da potência ativa do motor *standard*

A partir da corrente medida do motor, determina-se o fator de potência e o rendimento por meio dos gráficos de desempenho do motor, conforme podem ser observados na Figura 15.8.

$$P_{a1} = \sqrt{3} \times V_{op} \times I_{op1} \times \cos\psi \ (\text{kW}) \tag{15.5}$$

V_{op} = tensão de operação, em V;
ψ = ângulo de fator de potência.

- Cálculo da energia mensal consumida pelo motor ao mês
  - Fora de ponta de carga

$$E_{1fp} = P_{a1} \times N_{h/d} \times N_{d/m} \ (\text{kW/h}) \tag{15.6}$$

$N_{h/d}$ = número de horas de funcionamento por dia fora de ponta;

$N_{d/m}$ = número de dias por mês de funcionamento do motor.

– Na ponta de carga

$$E_{1p} = P_{a1} \times 66 \text{ (kWh)} \tag{15.7}$$

Como alternativa, pode-se determinar o custo médio mensal, com base nos valores de tarifa, como mostra a Planilha de Cálculo da Tabela 15.12.

• Cálculo da potência útil do motor

$$P_{u1} = \frac{P_{a1} \times \eta_1}{0,736} \text{ (cv)} \tag{15.8}$$

em que η_1 é o rendimento do motor.

• Relação entre a potência útil e a potência nominal

$$\Delta I_{un} = \frac{P_{u1}}{P_{nm1}} \tag{15.9}$$

Se $\Delta I_{un} \geq 0,60$ → não existe potencial de economia de energia elétrica e, portanto, não se deve prosseguir na análise.

Se $\Delta I_{un} < 0,60$ → existe potencial de economia de energia elétrica.

b) Seleção da potência nominal do novo motor de alto rendimento

$$P_{nm2} = (1,1 \text{ a } 1,3) \times P_{u1} \text{ (cv)} \tag{15.10}$$

• Verificação das condições de partida do novo motor

A seleção do novo motor implica considerar o conjugado de partida.

• Cálculo da relação de subcarga do motor de alto rendimento

$$\Delta I\% = \frac{I_{op2}}{I_{nm2}} \text{ (\%)} \tag{15.11}$$

I_{op2} = corrente operacional do motor de alto rendimento, em A; o valor dessa corrente é determinado a partir do gráfico de desempenho do motor, conforme exemplo da Figura 15.19.

I_{nm2} = corrente nominal do motor de alto rendimento, em A.

• Cálculo da potência ativa do motor de alto rendimento

$$P_{a2} = \sqrt{3} \times V_{op} \times I_{op2} \times \cos\psi \text{ (kW)} \tag{15.12}$$

• Cálculo da redução da potência ativa com o novo motor

$$\Delta P_a = P_{a1} - P_{a2}$$

• Cálculo da energia consumida pelo mês
– Fora de ponta de carga

$$E_{2fp} = P_{a2} \times N_{hfp/d} \times N_{d/m} \text{ (kWh)} \tag{15.13}$$

– Na ponta de carga

$$E_{2p} = P_{a2} \times 66 \text{ (kWh)} \tag{15.14}$$

Como alternativa, pode-se determinar o custo médio mensal, com base nos valores das tarifas horo-sazonais, como mostra a Planilha de Cálculo da Tabela 15.12.

• Cálculo da redução do custo da fatura mensal

$$\Delta C = CE_1 - CE_2 \tag{15.15}$$

CE_1 = custo médio da energia do motor *standard*, dado na Planilha de Cálculo da Tabela 15.12;

CE_2 = custo médio da energia do motor de alto rendimento, dado na Planilha de Cálculo da Tabela 15.13.

• Determinação do tempo de retorno do investimento

Aplicar a Planilha de Cálculo que determina o Valor Presente Líquido.

Durante o levantamento em campo dos motores que devem ser estudados para determinar a economicidade de sua substituição pode ser utilizada a planilha da Tabela 15.11.

Deve-se considerar como econômico, para fins práticos de mercado, um tempo de retorno de investimento não superior a cinco anos.

Exemplo de aplicação (15.4)

Calcular o potencial de economia encontrado na operação de um motor elétrico, tipo *standard*, com potência nominal de 175 cv/380 V/IV polos em operação, continuamente em subcarga (30 % da carga nominal) em uma indústria alimentada em 13,80 kV. Simular a substituição deste motor por outro de menor potência e alto rendimento, sabendo-se que o seu regime de funcionamento é S1. A indústria é consumidor cativo, do grupo tarifário horo-sazonal verde, segmento A4, e opera em quatro turnos (24 horas) durante 30 dias ao mês. A curva de desempenho pode ser vista nas Figuras 15.8 e 15.9.

- Corrente medida nos terminais do motor: 100 A
- Tarifas de energia pagas pela indústria (ver Capítulo 1)
- Preço motor *standard*: R$ 31.320,00

- Características de placa do motor *standard* de 175 cv
  - Corrente nominal: 253 A
  - Fator de potência nominal: 0,84 (a 100 % da potência nominal)
  - Rendimento nominal: 0,92 (a 100 % da potência nominal)
- Taxa mensal de juros: 1,85 %
- Conjugado nominal: 72,3 kgf.m.
- Momento de inércia do rotor: 2,7 kg.m^2

a) **Cálculo do fator de potência e rendimento do motor *standard***

Para o valor da corrente de carga medida de 100 A, tem-se:

- Fator de potência: 0,66 – correspondente a 30 % de carregamento (gráfico do motor visto na Figura 15.8).
- Rendimento: 0,85 – correspondente a 30 % de carregamento (gráfico do motor, visto na Figura 15.8).

b) **Cálculo da potência ativa do motor *standard***

$$P_a = \sqrt{3} \times V_{op} \times I_{op} \times \cos\psi$$

$$P_{a1} = \sqrt{3} \times 0,38 \times 100 \times 0,66 = 43,4 \text{ kW}$$

c) **Energia mensal consumida do motor *standard***

- Fora da hora de ponta

$$CE_{1fp} = 43,4 \times 22 + 43,4 \times 4 \times 2 \times 24 = 9.287 \text{ kWh} = 9,28 \text{ MWh}$$

O valor (43,4 × 4 × 2 × 24) corresponde à energia mensal consumida aos sábados e domingos.

- Hora de ponta

$$CE_{1p} = 43,4 \times 66 = 2.864 \text{ kWh} = 2,86 \text{ MWh}$$

O valor 66 da expressão anterior corresponde ao número de horas mensais do período de ponta de carga.

d) **Cálculo da potência útil do motor**

$$P_{u1} = \frac{P_{a1} \times \eta_1}{0,736} = \frac{43,4 \times 0,85}{0,736} = 50,1 \text{ cv}$$

e) **Relação entre a potência útil e a potência nominal**

$$R = \frac{P_u}{P_n} = \frac{50,1}{175} = 0,28$$

Para R inferior a 0,6 existe potencial de economia.

Tabela 15.11 Custo de operação do motor de 175 cv

CONSUMIDOR 15 kV – Tarifa Horo-sazonal Verde: motor de 75 cv							
Tarifa sem ICMS	Tarifas				Demanda faturada	Energia faturada	Total da fatura
	Demanda	TUSD	TE	Bandeira verde			
Descrição	R$/kW	R$/kWh	R$/kWh		kW	kWh	R$/mês
Demanda	18,24	–	–	–	43,40	–	791,62
Consumo Ponta	–	1,58108	–	–	43,40	2.964	175,23
Consumo F Ponta	–	0,05912	–	–	–	9.287	549,05
Consumo Ponta	–	–	0,48566	–	–	2.964	1.439,50
Consumo F Ponta	–	–	0,29080	–	–	9.287	2.700,66
Consumo Ponta				1,64376	–	2.964	4.872,10
Consumo F Ponta				0,34993	–	9.287	3.249,80
Totais mensais – R$						12.251	13.777,96
Totais anuais – R$							165.335,47
Tarifa média mensal – R$/MWh							1.124,64

Tabela 15.12 Custo de operação do motor de 60 cv

Tarifa sem ICMS	Tarifas				Demanda faturada	Energia faturada	Total da fatura
	Demanda	TUSD	TE	Bandeira verde			
Descrição	R$/kW	R$/kWh	R$/kWh		kW	kWh	R$/mês
Demanda	18,24	–	–	–	38,70	–	705,89
Consumo Ponta	–	1,58108	–	–	38,70	2.554	150,99
Consumo F Ponta	–	0,05912	–	–	–	8.281	489,57
Consumo Ponta	–	–	0,48566	–	–	2.554	1.240,38
Consumo F Ponta	–	–	0,29080	–	–	8.281	2.408,11
Consumo Ponta				1,64376	–	2.554	4.198,16
Consumo F Ponta				0,34993	–	8.281	2.897,77
Totais mensais – R$						10.835	12.090,88
Totais anuais – R$							145.090,52
Tarifa média mensal – R$/MWh							1.115,91

f) Seleção do motor de alto rendimento

$$P_{nm} = 1,2 \times P_{u1} = 1,2 \times 50,1 = 60,1 \text{ cv}$$

- Potência selecionada: 60 cv
- Corrente nominal: 146 A
- Rendimento: 0,97 (a 100 % da potência nominal)
- Fator de potência: 0,96 (a 100 % da potência nominal)
- Custo do motor: R$ 29.560,00

g) Relação de subcarga do motor de alto rendimento

$$\Delta C = \frac{50,1}{60} \times 100 = 83,5 \text{ %}$$

h) Potência ativa do motor de alto rendimento

- Corrente de operação: 70A (para ΔC = 83 % – gráfico do motor visto na Figura 15.10).
- Fator de potência: 0,84 (gráfico do motor visto na Figura 15.9).
- Rendimento: 0,93 (gráfico do motor visto na Figura 15.9).

$$P_{a2} = \sqrt{3} \times 0,38 \times 70 \times 0,84 = 38,7 \text{ kW}$$

i) Redução da potência ativa

$$\Delta P_a = P_{a1} - P_{a2}$$
$$\Delta P_a = 43,4 - 38,7 = 4,7 \text{ kW}$$

j) Energia mensal consumida

Ver Tabelas 15.11 e 15.12.

k) Redução de custo médio mensal na fatura de energia elétrica

- Operação com motor de 175 cv

$$CE_1 = \text{R\$ } 13.777,96/\text{mês} = \text{R\$ } 165.335,47/\text{ano (Planilha de Cálculo da Tabela 15.11)}$$

- Operação com motor de 60 cv

$$CE_2 = \text{R\$ } 12.090,88/\text{mês} = \text{R\$ } 147.090,52 \text{ (Planilha de Cálculo da Tabela 15.12)}$$

l) Redução do custo da fatura mensal: *receita mensal*

$$\Delta F = 13.777,96 - 12.090,88 = \text{R\$ } 1.687,08/\text{mês}$$

m) Diferença entre o preço de um motor instalado de 60 cv e do motor retirado de 175 cv

- Custo de aquisição e de instalação do motor de 60 cv:
  - Preço do motor de 60 cv: R$ 29.560,00+
  - Preço do Centro de Controle de Motores (CCM): R$ 8.200,00+
  - Preço de desinstalação do motor de 175 cv e do Centro de Controle do Motor: R$ 1.280,00+
  - Preço de instalação do motor de 60 cv e do Centro de Controle do Motor: R$ 3.512,00+
  - Preço de venda do motor de 175 cv + quadro de comando: R$ 16.500,00 + 4.800,00 = R$ 21.300,00
  - Custo total (investimento): R$ 21.252,00

n) Valor presente líquido

Com base nas receitas mensais calculadas no item (k) e no investimento inicial, pode-se determinar o tempo de retorno do referido investimento, por meio da Planilha de Cálculo da Tabela 15.13, que é pouco menos de 4 anos. Já a Figura 15.10 identifica graficamente também o tempo de retorno do investimento.

Pode-se observar que é possível vender o motor de 175 cv com deságio para pagar o motor de 60 cv reduzindo o valor do investimento.

Tabela 15.13 Tempo de retorno do investimento

	Cálculo do VPL (mês)						
Investimento em R$:							21.512,00
Taxa de juro mensal (2,2 %)							1,0220
	Motor standard		Motor alto rendimento		Receitas (R$)	Fluxos atualizados (R$)	Fluxos acumulados (R$)
Mês	Custo da energia consumida (R$)	O&M (R$)	Custo da energia consumida (R$)	O&M (R$)			
1	13.777,96	0,00	12.090,88	0,00	1.687,08	1.650,76	1.650,76
2	13.777,96	0,00	12.090,88	0,00	1.687,08	1.615,23	3.265,99
3	13.777,96	0,00	12.090,88	0,00	1.687,08	1.580,46	4.846,45
4	13.777,96	0,00	12.090,88	0,00	1.687,08	1.546,44	6.392,89
5	13.777,96	0,00	12.090,88	0,00	1.687,08	1.513,15	7.906,03
6	13.777,96	0,00	12.090,88	0,00	1.687,08	1.480,57	9.386,61
7	13.777,96	0,00	12.090,88	0,00	1.687,08	1.448,70	10.835,31
8	13.777,96	0,00	12.090,88	0,00	1.687,08	1.417,52	12.252,83
9	13.777,96	0,00	12.090,88	0,00	1.687,08	1.387,00	13.639,83
10	13.777,96	0,00	12.090,88	0,00	1.687,08	1.357,15	14.996,98
11	13.777,96	0,00	12.090,88	0,00	1.687,08	1.327,93	16.324,91
12	13.777,96	0,00	12.090,88	0,00	1.687,08	1.299,35	17.624,26
13	13.777,96	0,00	12.090,88	0,00	1.687,08	1.271,38	18.895,63
14	13.777,96	0,00	12.090,88	0,00	1.687,08	1.244,01	20.139,64
15	13.777,96	0,00	12.090,88	0,00	1.687,08	1.217,23	21.356,87
16	13.777,96	0,00	12.090,88	0,00	1.687,08	1.191,03	22.547,90
17	13.777,96	0,00	12.090,88	0,00	1.687,08	1.165,39	23.713,28

Figura 15.10 Tempo de retorno do investimento.

15.4.4.2 Avaliação da substituição de motores standard com a mesma potência nominal por motores de alto rendimento

Neste caso, o motor em operação é do tipo *standard* e está adequadamente dimensionado para a carga acoplada ao seu eixo. No entanto, deve-se avaliar o benefício econômico-financeiro que se obtém ao substituir o motor do tipo *standard* por motor de alto rendimento de mesma potência nominal.

Observar, neste caso, que o investimento já foi realizado com aquisição do motor *standard*. Um novo investimento será realizado.

Para que se possa tomar uma decisão de substituir os motores do tipo *standard* é necessário determinar o tempo de retorno de investimento com a aquisição do motor de alto rendimento. A Equação (15.16) fornece o tempo de retorno de investimento, em anos.

$$T_r = \frac{C_{ar}}{0{,}736 \times P_{nm} \times N_{ha} \times C_{kwh} \times \left(\dfrac{100}{\eta_s} - \dfrac{100}{\eta_{ar}}\right)} \quad (15.16)$$

C_{ar} = custo do motor de alto rendimento, em R$;

P_{nm} = potência nominal do motor, em cv;
N_{ha} = número médio de horas de operação do motor ao ano;
C_{kwh} = custo médio do valor da energia consumida pela indústria, em R$/kWh.
η_s = rendimento do motor *standard*;
η_{ar} = rendimento do motor de alto rendimento.

15.4.4.3 Avaliação de aquisição de motores standard ou de motores de alto rendimento

Neste caso, está se avaliando se deve adquirir um motor do tipo *standard* ou um motor de alto rendimento. Como se sabe, o custo de aquisição dos motores de alto rendimento é superior ao custo de aquisição dos motores do tipo *standard*. Assim, deve-se determinar o tempo de retorno do investimento, de acordo com a Equação (15.17).

$$T_r = \frac{C_{ar} - C_{ms}}{0{,}736 \times P_{nm} \times N_{ha} \times C_{kwh} \times \left(\dfrac{100}{\eta_s} - \dfrac{100}{\eta_{ar}}\right)} \quad (15.17)$$

em que C_{ms} é o custo do motor *standard*, em R$.

Exemplo de aplicação (15.5)

Uma indústria, faturada na tarifa horo-sazonal azul, A3, deseja adquirir 10 motores de 100 cv/380 V. Os motores devem operar a plena carga durante 24 horas. A indústria não opera aos sábados e domingos. Os consumos e demandas médios dos últimos 6 meses são:

- demanda faturada na hora de ponta de carga: 1.200 kW;
- demanda faturada fora da ponta de carga: 1.400 kW;
- consumo de energia na hora da ponta de carga: 76.300 kWh;
- consumo de energia fora da ponta de carga: 742.400 kWh.

Tabela 15.14 Tarifa média

Tarifa Azul: Subgrupo A3						
Tarifa sem ICMS	**Tarifas**			**Bandeira tarifária verde**	**Demanda faturada**	**Energia faturada**	**Total da fatura**
	Demanda	TUSD	TE				
Descrição	R$/kW	R$/kWh	R$/kWh	R$/kWh	kW	kWh	R$/mês
Demanda Ponta	45,22	–	–		1.200	–	54.264,00
Demanda F Ponta	18,24	–	–		1.400	–	25.536,00
Consumo Ponta	–	0,05912	–			7.300	431,58
Consumo F Ponta	–	0,05912	–		–	742.400	43.890,69
Consumo Ponta	–	–	0,48566		–	7.300	3.545,32
Consumo F Ponta	–	–	0,29080			742.400	215.889,92
Consumo Ponta				0,54478		7.300	3.976,89
Consumo F Ponta				0,34993		742.400	259.788,03
Totais mensais – R$/MWh							749.700	607.322,43
Tarifa média mensal – R$/MWh							810,09	

Avaliar se é economicamente interessante adquirir os motores do tipo *standard* ou motores de alto rendimento. O tempo de operação anual do motor é de 6.480 horas. O custo de aquisição do motor de 100 cv/IV polos/380 V do tipo *standard* é de R$ 35.400,00. Já o custo de aquisição do motor de alto rendimento equivalente é de R$ 41.720,00.

- Determinação da tarifa média da indústria

O custo médio da energia pode ser determinado segundo a Tabela 15.15.

$$\eta_s = 92,5$$
$$\eta_{ar} = 94,5$$

$$T_r = \frac{C_{ar} - C_{ms}}{0,736 \times P_{nm} \times N_{ha} \times C_{kwh} \times \left(\frac{100}{\eta_s} - \frac{100}{\eta_{ar}}\right)} = \frac{41.720 - 35.400}{0,736 \times 100 \times 6.480 \times \frac{810,09}{1.000}\left(\frac{100}{92,5} - \frac{100}{94,5}\right)} = 0,7149 \text{ ano}$$

$$T_r = 0,7149 \text{ anos} \cong 8,8 \text{ meses}$$

15.4.5 Consumo de água

15.4.5.1 Desperdício de água e energia

Os vazamentos de água ao longo da tubulação são responsáveis por um excessivo consumo desse líquido nas instalações industriais. Como consequência, o motor da bomba d'água necessita trabalhar além do normal para compensar o volume d'água desperdiçado no sistema hidráulico e na reservação, aumentando o consumo de energia elétrica. Nesse caso, haverá tanto desperdício de água quanto de energia elétrica, onerando, consequentemente, os custos operacionais da indústria.

Quanto maior o consumo de água na instalação consumidora, maior será o volume de água nas estações de tratamento de água, as chamadas ETAs, e o uso de material de tratamento.

Assim, é necessário que os responsáveis pela manutenção monitorem periodicamente toda a tubulação de água para detectar vazamentos e fazer os reparos necessários.

Para que os custos operacionais com o consumo de água e energia elétrica sejam racionalizados podem ser adotadas as seguintes instruções:

a) Recomendações aos responsáveis pela manutenção

- As áreas ajardinadas devem receber a quantidade de água apenas necessária para preservar a vida das plantas. Os excessos e falta de água são desaconselhados e prejudicam as plantas.
- Não usar a mangueira de água corrente para remover a sujeira em calçadas, pátios etc.; usar, neste caso, a vassoura.
- Se necessário, usar a mangueira com água gastar apenas a quantidade de água necessária à limpeza da área.
- Inspecionar rotineiramente as conexões das tubulações de água quente e água fria das máquinas da produção.
- Inspecionar rotineiramente os tanques de água bruta e tratada, além dos *boilers* ou aquecedores de água.
- Realizar inspeções rotineiras no sistema de suprimento e de distribuição de água.
- Regular a válvula de descarga dos vasos sanitários.

b) Recomendações aos funcionários burocráticos e de chão de fábrica

- Manter bem fechadas as torneiras, de forma a evitar que pinguem continuamente.
- Comunicar aos responsáveis pela manutenção a existência de vazamentos em torneiras diversas, chuveiros, conexões, vasos sanitários etc.
- As máquinas de lavar roupa, louça etc. devem ser utilizadas com sua capacidade máxima.
- Dar atenção aos vazamentos no sistema de água quente para evitar concomitantemente a perda de água, a perda de gás e, finalmente, a perda de energia elétrica.
- Acionar, minimamente, as válvulas dos aparelhos sanitários.
- Não deixar a torneira aberta enquanto escovar os dentes ou fazer a barba.
- Deve ser mínimo o tempo de banho.

15.4.5.2 Identificação de vazamentos no sistema de suprimento e de distribuição

Em qualquer instalação industrial existem dois tipos de vazamentos: visíveis e não visíveis.

Os vazamentos visíveis ocorrem com maior frequência nas torneiras, conexões com as máquinas, chuveiros, bidês e no extravasor das caixas d'água quando a boia não funciona adequadamente. Nos sistemas industriais de maior porte existem controles por meio de sensores elétricos.

Os vazamentos não visíveis normalmente são de difícil identificação. Esses vazamentos ocorrem, em geral, nos vasos sanitários (pequenos vazamentos) ou nos reservatórios ao nível do solo ou subterrâneos.

Para orientar as equipes de manutenção seguem algumas recomendações:

a) **Realização de teste em reservatórios construídos no solo**

Utilizar a Figura 15.11 para a realização do teste de vazamento:

- abrir o registro do hidrômetro;
- fechar o registro de limpeza e o de saída do reservatório;
- vedar a entrada de água, fechando a boia por meio de um fio ou barbante;
- desligar a bomba de recalque, evitando conduzir água para o reservatório superior;
- medir o nível da água no reservatório mediante uma tira de madeira ou outro material que possa identificar a marca d'água;
- após cerca de três horas, em média, medir novamente o nível d'água no reservatório. Para reservatórios muito grandes esperar pelo menos cinco horas para realizar a referida medição;
- comparando os dois níveis medidos, pode-se concluir se houve ou não vazamento no reservatório;
- caso confirmado, verificar se o vazamento ocorreu por trinca no reservatório ou nos pontos de saída e entrada de tubulação.

b) **Realização de testes em aparelhos sanitários**

Existem vários testes que podem ser aplicados. Seguir a orientação de um teste bastante simples auxiliado pela Figura 15.12, ou seja:

- acionar a botão de descarga, para deixar o nível d'água no seu nível normal, conforme Figura 15.12(a);
- por meio de um recipiente, retirar cerca da metade do volume de água do fundo do aparelho sanitário;
- utilizando um marcador de tinta, traçar uma marca no interior do aparelho sanitário, ligeiramente acima do novo nível da água, conforme Figura 15.12(b);
- esperar cerca de 30 minutos;
- observar se o nível da água elevou-se e atingiu a marca anteriormente realizada;
- se a água subiu de nível, concluir que o aparelho sanitário permite o vazamento de água, conforme Figura 15.12(c). Caso contrário, o aparelho está funcionando normalmente;
- em caso de vazamento, verificar se a válvula de descarga está danificada, ou se a própria caixa de descarga está trincada, permitindo o vazamento de água.

15.4.5.3 Quantificação das perdas de água e energia elétrica em função dos vazamentos

Para que se possa quantificar os desperdícios de água e energia elétrica em uma unidade consumidora sujeita a vazamentos utilizar as Tabelas 15.15 e 15.16. A Tabela 15.15 fornece o desperdício de água em função do

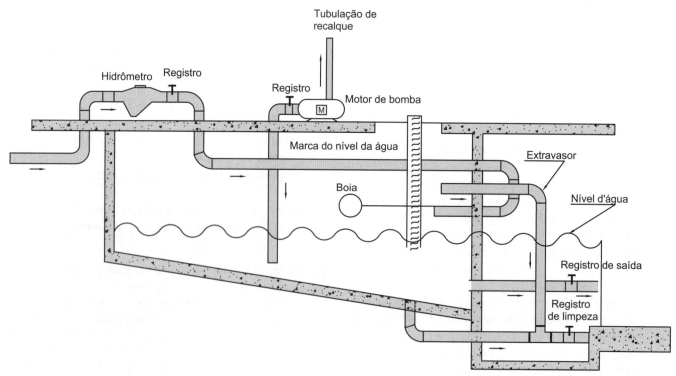

Figura 15.11 Teste de vazamento.

gotejamento nas torneiras e registros ou aberturas dos mesmos permitindo a passagem de um fio de água corrente. Já a Tabela 15.16 fornece o desperdício de água em função dos diferentes níveis de pressão existentes na tubulação para a condição de vazamento no sistema hidráulico.

Uma indústria de tamanho médio apresenta, em condições normais, isto é, sem existência de vazamento, um consumo mensal em torno de 3.500.000 litros (3.500 m³). O motor da bomba de recalque possui uma potência de 10 cv e permite vazão máxima de 22.000 litros/hora (22 m³/hora).

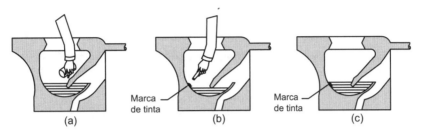

Figura 15.12 Teste de vazamento em aparelhos sanitários.

Tabela 15.15 Desperdício de água pelo orifício à pressão atmosférica

Condições	Média diária	Média mensal
Gotejando	46 litros	1.380 litros ou 1,38 m³
Abertura de 1 mm	2.068 litros	62.040 litros ou 62,04 m³
Abertura de 2 mm	4.512 litros	135.360 litros ou 135,36 m³
Abertura de 6 mm	16.400 litros	492.000 litros ou 492,00 m³
Abertura de 9 mm	25.400 litros	762.000 litros ou 762,00 m³
Abertura de 12 mm	33.984 litros	1.019.520 litros ou 1.019,52 m³

Tabela 15.16 Desperdício de água através de orifício em função da pressão (pressão: 5 kg/cm²)

Diâmetro do orifício	Vazamento em litros		Metros cúbicos por	
mm	minutos	hora	dia	mês
0,5	0,33	20	0,48	14,4
4,0	14,80	890	21,40	644,0
7,0	39,30	2.360	56,80	1.700,0
Percentual do volume dos vazamentos acima mencionados com as diversas pressões				
1 kg/cm² – 45 %			6 kg/cm² – 110 %	
2 kg/cm² – 63 %			7 kg/cm² – 118 %	
3 kg/cm² – 77 %			8 kg/cm² – 127 %	
4 kg/cm² – 89 %			9 kg/cm² – 134 %	
5 kg/cm² – 100 %			10 kg/cm² – 141 %	

 Exemplo de aplicação (15.6)

Determinar o consumo mensal e o custo da energia elétrica em condições normais (sem vazamento) e nas condições de vazamento no sistema hidráulico, nas seguintes hipóteses:

- em 10 pontos do sistema hidráulico observou-se gotejamento de registros e conexões da tubulação de água com as máquinas;
- foram encontrados cinco aparelhos sanitários com vazamento de água, o que corresponde aproximadamente a 1 mm de abertura.

a) **Instalação em condições normais de funcionamento (sem vazamento)**
  - Tempo de operação do motor da bomba

$$T_{opm} = \frac{C_{me}}{Q_m} = \frac{3.500 \text{ m}^3/\text{mês}}{22 \text{ m}^3/\text{hora}} = 159 \text{ horas/mês}$$

C_{me} = consumo de água mensal, em $\frac{\text{m}^3}{\text{mês}}$;

Q_m = quantidade de água bombeada (vazão) pela bomba, em $\frac{\text{m}^3}{\text{mês}}$.

  - Consumo mensal de energia da bomba

$$C_{khhm} = P_{nm} \times T_{opm} = 10 \times 0,736 \times 159 = 1.170 \text{ kWh/mês};$$

P_{nm} = potência nominal do motor da bomba, em cv.

b) **Instalação em condição de vazamento**
  - Cálculo do desperdício de água
  - 1 registro gotejando → 1.380 litros/mês (Tabela 15.15)
  - 1 aparelho sanitário vazando → 62.040 litros/mês (Tabela 15.15)

$$C_{at} = N_{tor} \times C_{tor} + N_{aps} \times C_{aps} = 10 \times 1.380 + 5 \times 62.041 = 324.005 \text{ litros/mês}$$

N_{tor} = número de registros gotejando;
C_{tor} = consumo mensal de cada registro devido ao desperdício, em litros/mês;
N_{aps} = número de aparelhos sanitários com vazamento;
C_{aps} = consumo de cada aparelho sanitário devido ao desperdício, em litros/mês.

  - Cálculo do tempo adicional de bombeamento de água em virtude do desperdício

$$T_{ada} = \frac{C_{at}}{Q_m} = \frac{324.000 \text{ litros/mês}}{22 \text{ m}^3/\text{hora}} = \frac{324 \text{ m}^3/\text{mês}}{22 \text{ m}^3/\text{hora}} = 14,7 \text{ horas/mês}$$

T_{ada} = tempo adicional de bombeamento de água.

  - Cálculo do consumo adicional de energia elétrica em virtude do desperdício de água

$$C_{ade} = P_{nm} \times 0,736 \times C_{ada} = 10 \times 0,736 \times 14,7 = 108,2 \text{ kWh/mês}$$

  - Cálculo do percentual de desperdício de energia elétrica

$$D_e\% = \frac{108,2}{1.170} \times 100 = 9,2\ \%$$

15.4.5.4 Bombeamento de água

a) Aspectos técnicos das bombas

De acordo com a Equação (6.2), podem ser feitos os seguintes comentários:

  - quanto maior a potência da bomba (P_b), maior será a vazão, conservando a mesma altura manométrica (H);
  - quanto maior a altura manométrica (H), maior deve ser a potência da bomba (P_b).

b) Causas das perdas de carga nas tubulações

  - Excesso de curvas.
  - Turbulência no sistema hidráulico.
  - Alteração na velocidade do líquido.

c) Plano de manutenção

Deve-se considerar como medida mitigadora dos desperdícios de água o reparo permanente dos pontos de vazamento da rede hidráulica. Porém, outras medidas práticas devem ser adotadas para reduzir esses desperdícios, ou seja:

- verificar se o conjunto motor-bomba está adequado às necessidades da indústria;
- utilizar motor de alto rendimento;
- verificar se as pás rotóricas apresentam alto índice de corrosão;
- verificar se há vibração no funcionamento do motor;
- manter os filtros do sistema hidráulico sempre limpos;
- evitar o consumo desnecessário de água;
- verificar se há válvulas de bloqueio na tubulação e se esta está parcialmente fechada;
- verificar se há possibilidade de reduzir o número de acessórios existente na tabulação;
- verificar se a tubulação está com diâmetro adequado, para evitar perdas hidráulicas e, consequentemente, o consumo de energia elétrica;
- eliminar (se existir) o sistema de entrada intencional de ar na tubulação como recurso para reduzir a vazão;
- eliminar (se existir) a redução concêntrica da tubulação, evitando o turbilhonamento do fluxo de água na entrada da bomba, reduzindo o rendimento.

15.4.6 Climatização

De forma geral, os sistemas de climatização provocam grandes desperdícios de energia elétrica nas instalações industriais e comerciais, independentemente se são utilizados aparelhos do tipo janeleiro, tipo *split* ou sistemas centralizados.

A temperatura dos ambientes climatizados por ar-condicionado deve ficar na faixa de conforto térmico entre 22 e 24 °C.

Para melhor compreensão serão definidos alguns termos básicos referentes aos sistemas de climatização, ou seja:

a) Circuitos de condensação

É constituído pelos equipamentos empregados no arrefecimento do fluido frigorígeno (por exemplo, amônia) no condensador do sistema, tais como bombas, torres de resfriamento, instrumentos, dispositivos etc.

b) Circuito de água gelada

É constituído pelos equipamentos de circulação de água gelada, tais como bombas, instrumentos, dispositivos, tubulação, *chiller* e *fan coils*.

Nota: *fan coils* é uma parte do sistema de refrigeração dotada de uma serpentina de cobre ou de alumínio por onde circula água gelada. O ar é direcionado por meio de um ventilador para o sistema de filtragem e depois para as serpentinas de onde será insuflado até o ambiente. Quando a água passa pelo *fan coil*, há transferência do calor, contido no volume de ar, para a água gelada, climatizando o ambiente. A água que circula nas serpentinas é conduzida ao *chiller*, que é outra parte do sistema de resfriamento, onde ocorre a condensação em uma torre de arrefecimento. O *chiller* resfria a água novamente retornando ao sistema, iniciando-se, assim, um novo ciclo.

c) Circuito de distribuição de ar

É constituído pelos equipamentos utilizados na circulação do ar tratado, tubulações e os diversos elementos para insuflamento, tais como o retorno de ar e admissão de ar do meio exterior.

Para reduzir os desperdícios de energia elétrica seguir as seguintes orientações:

15.4.6.1 Medidas de implementação de curto prazo

a) Aparelho de ar-condicionado tipo janeleiro e do tipo *split*

- Utilizar somente aparelhos de ar-condicionado certificados pelo Procel.
- Evitar a entrada do ar exterior no ambiente climatizado, mantendo as portas e janelas sempre fechadas.
- Fixar avisos junto às portas e janelas, instruindo as pessoas a mantê-las fechadas quando o sistema de ar-condicionado estiver operando.
- Limpar periodicamente os filtros do aparelho para melhorar o rendimento e higienizar o ar circulante.
- Evitar que áreas climatizadas fiquem expostas ao sol para evitar o aumento da carga térmica; para isso utilizar cortinas, persianas ou película de proteção solar nas janelas.
- Desligar o aparelho de ar-condicionado quando não houver nenhuma pessoa no ambiente climatizado.
- Evitar que a saída de ar do aparelho seja obstruída.
- Nos dias de frio manter funcionando apenas os ventiladores dos aparelhos de ar-condicionado; proceder o mesmo para as centrais de climatização.
- Desligar o aparelho de ar-condicionado em ambientes não utilizados ou que fiquem por longo tempo desocupados.
- Designar um funcionário da empresa para desligar os aparelhos de ar-condicionado em horários predefinidos, por exemplo, durante o horário de almoço.
- Realizar uma limpeza periodicamente nos ventiladores.
- Manter limpas todas as partes dos aparelhos de janela, se possível, evitando deixar áreas refrigeradas expostas diretamente ao sol, colocando cortinas ou persianas nas janelas.

b) Aparelho de ar-condicionado tipo central

- Operar os compressores e *chillers* a plena carga em vez de dois ou mais com carga parcial.
- Verificar, periodicamente, se o termostato está em pleno funcionamento.
- Verificar as condições dos condensadores das serpentinas.
- Eliminar a penetração de ar falso nos dutos e ventiladores.
- Verificar se há incrustações nas superfícies dos trocadores de calor.
- Verificar se há vazamento do fluido frigorígeno.
- Verificar se há perda de pressão nos trocadores de calor do equipamento de geração de frio.
- Verificar se há vazamentos de água no circuito de condensação.
- Realizar periodicamente a limpeza das serpentinas dos *fan coils*.
- Realizar periodicamente a limpeza das serpentinas de arrefecimento do ar, dos filtros de ar e dos ventiladores.

15.4.6.2 Medidas de implementação de médio prazo

- Reparar periodicamente as tubulações de ar das centrais de climatização para evitar a perda de calor (frio).
- Tratar quimicamente a água de refrigeração.
- Reparar janelas e portas quebradas ou fora de alinhamento.
- Reparar fugas de ar, água e fluido refrigerante.
- Evitar a circulação de ar condicionado nos reatores de lâmpadas fluorescentes e, se for necessário, removê-los para outro ambiente ou fazer a troca por iluminação com lâmpadas de Led.

15.4.6.3 Medidas de implementação de longo prazo

- Elaborar estudos técnicos e econômicos para a implantação de um sistema de termoacumulação ou água gelada, onde é possível a sua utilização. O sistema de termoacumulação ou água gelada não reduz o consumo, apenas permite que os compressores do sistema de climatização não operem na hora da ponta de carga.
- Em edificações antigas reavaliar o projeto de climatização adequando aos critérios mais modernos.
- Dimensionar os aparelhos de ar-condicionado utilizando a carga térmica do ambiente. Para pequenos ambientes pode-se utilizar a Tabela 15.17.
- Utilizar barreiras verdes (árvores) para proteger a edificação contra a entrada de raios solares nos ambientes dotados de janelas e portas de vidro.

A utilização dessa tabela remete às seguintes considerações:

- o cálculo da carga térmica com base na Tabela 15.17 considera a permanência de duas pessoas no ambiente. Deve-se acrescentar 600 BTU por hora para cada pessoa a mais, presente no ambiente;
- para melhor distribuição do ar refrigerante nos grandes ambientes, é prudente empregar dois ou mais aparelhos, cuja capacidade seja equivalente à encontrada na Tabela 15.17. Como benefício adicional, esse procedimento reduz o nível de ruído no ambiente.

15.4.6.4 Centrais de climatização

- Dimensionar as centrais de climatização nos casos em que os ocupantes dos ambientes beneficiados trabalhem em horários comuns. Para ambientes em que a ocupação ocorra em horário diferente do normal, prever a utilização de ar-condicionado do tipo *split*. Nesse caso, a central de ar-condicionado deve ser desligada.
- Os compressores e *chillers* devem operar a plena carga.
- Evitar o uso de ar-condicionado em ambientes desocupados.
- Utilizar somente centrais de climatização de alta eficiência.

Tabela 15.17 Dimensionamento de aparelhos de ar-condicionado

Área em m²	Sombra o dia todo			Sol da manhã			Sol da tarde		
	Condição do ambiente								
	A	B	C	A	B	C	A	B	C
15	6.000	7.000	8.000	8.000	10.000	11.000	10.000	12.000	11.000
20	6.000	8.000	11.000	8.000	12.000	14.000	11.000	14.000	14.000
30	6.000	9.000	14.000	8.000	14.000	18.000	12.000	16.000	17.000
40	7.000	12.000	16.000	10.000	14.000	18.000	13.000	17.000	22.000
60	10.000	16.000	22.000	14.000	20.000	30.000	17.000	23.000	30.000
70	10.000	18.000	23.000	14.000	22.000	30.000	18.000	30.000	30.000
90	12.000	22.000	30.000	16.000	20.000	35.000	20.000	30.000	40.000

A – ambiente sob outro pavimento; B – ambiente sob telhado com forro; C – ambiente sob laje descoberta.

- Manter lubrificados os mancais dos motores e todas as partes móveis de acordo com as recomendações do fabricante.
- Reduzir o fluxo de ar para todas as áreas ao nível mínimo aceitável.
- Eliminar a existência de vazamentos de fluido refrigerante em torno de vedações, visores, tampas de válvulas, flanges, conexões, válvula de segurança do condensador e nas ligações da tubulação, válvulas e instrumentação.
- Limpar periodicamente os ventiladores dos aparelhos.
- Verificar as perdas em todas as juntas do compressor.
- Eliminar a penetração de ar falso nos dutos e ventiladores.
- Operar somente as torres de refrigeração e as bombas essenciais à operação do sistema.
- Manter limpa a torre de refrigeração para minimizar as quedas de pressão de ar e de água.
- Verificar periodicamente o indicador de umidade e de água. Se a cor do refrigerante indicar "úmido", significa que há água no sistema.
- Verificar periodicamente se há bolhas no fluxo do refrigerante, o que pode ser observado no indicador de umidade e água. Isso indica que o sistema deve estar com refrigerante reduzido.
- Verificar se o compressor está funcionando continuamente ou se realiza paradas e partidas muito frequentes, o que indica que há desajuste operacional.
- Executar regularmente a limpeza periódica dos ventiladores.
- Isolar os tubos, ligações e válvulas de água quente nos locais condicionados, para minimizar as perdas e a absorção de calor.
- Em regiões frias, instalar e operar um sistema de aeração natural que leve para os ambientes climatizados o ar exterior quando esse registrar uma temperatura inferior à temperatura do ar interior aos referidos ambientes, evitando que o mesmo passe pelo sistema de resfriamento dos aparelhos de ar-condicionado.

15.4.7 Ventilação industrial

Em muitas indústrias existem grandes ventiladores responsáveis por uma parcela ponderável do consumo de energia elétrica. Esses ventiladores fazem parte do processo produtivo e devem ser analisados para identificar o potencial de desperdício de energia elétrica.

O principal ponto a ser analisado é a possibilidade da redução da velocidade dos ventiladores. Se factível, o meio mais fácil para reduzir a velocidade dos ventiladores é a substituição das polias do motor e/ou do próprio ventilador.

Para se determinar o potencial de economia com a mudança da velocidade e, consequentemente, a troca de polias, é necessário adotar o seguinte procedimento.

a) Determinação da nova velocidade do ventilador

A velocidade do motor com o diâmetro da polia reduzida é dada pela Equação (15.18)

$$W_2 = \frac{W_1 \times N_2}{N_1} \qquad (15.18)$$

W_2 = velocidade do ventilador com o diâmetro da polia reduzido;
W_1 = velocidade em que opera o ventilador;
N_1 = volume de movimentação do ar realizado pelo ventilador;
N_2 = volume de movimentação do ar realizado pelo ventilador com o diâmetro da polia reduzido.

b) Determinação do diâmetro das polias

- Polia do motor

O diâmetro da polia do motor é dado pela Equação (15.19)

$$D_{m2} = \frac{D_{m1} \times N_2}{N_1} \qquad (15.19)$$

D_{m2} = diâmetro da nova polia do motor;
D_{m1} = diâmetro da polia atual do motor.

- Polia do ventilador

O diâmetro da polia do ventilador é dado pela Equação (15.20)

$$D_{v2} = \frac{D_{v1} \times N_2}{N_1} \qquad (15.20)$$

D_{v2} = diâmetro da nova polia do ventilador;
D_{v1} = diâmetro da polia atual do ventilador.

c) Determinação da potência útil do motor

A potência útil do motor é dada pela Equação (15.21)

$$P_{um} = P_{nm} \times \left(\frac{N_2}{N_1}\right)^3 \qquad (15.21)$$

P_{um} = potência útil do motor na condição de operação na rotação N_1;
P_{nm} = potência atual do motor.

d) Redução da energia consumida no mês

É dada pela Equação (15.22)

$$\Delta E = (P_{nm} - P_{um}) \times 0{,}736 \times T_{op} \quad (kWh) \qquad (15.22)$$

sendo T_{op} o tempo de operação do ventilador durante o mês, em horas.

Exemplo de aplicação (15.7)

Uma indústria de moagem de trigo opera um ventilador cuja potência é de 50 cv/IV polos/380 V. O ventilador é acoplado ao motor por uma correia. O diâmetro da polia do motor é de 230 mm. A velocidade atual do ventilador é de 510 rpm. Determinar a redução do consumo de energia elétrica e do faturamento correspondente, se o volume de ar utilizado for reduzido de 15 %, porém sem afetar o processo industrial. A indústria funciona oito horas por dia durante 22 dias úteis do mês. O custo médio da energia consumida é de R$ 360,00/MWh.

a) Determinação da nova velocidade do ventilador

$$W_2 = \frac{W_1 \times N_2}{N_1} = \frac{510 \times (0,85 \times N_1)}{N_1} = 433,5 \text{ rpm}$$

b) Determinação do diâmetro da nova polia do motor

$$D_{m2} = \frac{D_{m1} \times N_2}{N_1} = 230 \times \frac{0,85 \times N_1}{N_1} = 195,5 \text{ mm}$$

c) Determinação da potência útil do motor

$$P_{um} = P_{nm} \times \left(\frac{N_2}{N_1}\right)^3 = 50 \times \left(\frac{0,85 \times N_1}{N_1}\right)^3 = 30,7 \text{ cv}$$

d) Redução da energia consumida no mês

$$\Delta E = (P_{nm} - P_{um}) \times 0,736 \times 8 \times 22 = (50 - 30,7) \times 0,736 \times 8 \times 22 = 2.500 \text{ kWh}$$

Logo, a redução mensal na fatura é de:

$$R_f = \Delta E \times T_{méd} = 2.500 \times \frac{360,00}{1.000} = R\$ \ 900,00$$

15.4.8 Refrigeração

Os sistemas de refrigeração, se não gerenciados adequadamente, constituem uma grande fonte de desperdício de energia elétrica. Para se alcançar uma melhor eficiência operacional desses equipamentos seguir os procedimentos básicos descritos.

15.4.8.1 Medidas de implementação imediata

- Somente adquirir refrigeradores certificados pelo Procel.
- Evitar utilizar os refrigeradores com portas ou tampas abertas.
- Evitar armazenar produtos quentes.
- Evitar armazenar produtos que necessitem apenas de refrigeração no mesmo local dos produtos congelados.
- Nos balcões frigoríficos respeitar a linha de carga marcada pelo fabricante. O armazenamento de produtos acima dessa marca eleva a frequência do descongelamento.
- Degelar periodicamente os refrigeradores.
- Em locais onde existem câmaras frigoríficas funcionando continuamente, aproveitar as mesmas para realizar o pré-congelamento dos produtos a serem armazenados nos balcões frigoríficos.
- Afastar os produtos armazenados pelo menos 10 cm das paredes dos refrigeradores, para garantir uma melhor circulação do ar de refrigeração.
- Evitar instalar os refrigeradores e *freezers* próximos de equipamentos que produzem calor, tais como fogões, fornos etc.
- Usar com moderação o uso de expositores ofertados por fabricantes ou fornecedores de produtos resfriados ou congelados.
- Os termostatos das câmaras frigoríficas devem ser ajustados para permitir que os produtos armazenados sejam mantidos a uma temperatura de referência dada na Tabela 15.18.
- No interior das câmaras frigoríficas devem ser instaladas lâmpadas de Led ou fluorescentes compactas tubulares de alta eficiência, com especificação adequada para baixas temperaturas. A iluminância deve ser de 200 lux.
- É conveniente que em uma mesma câmara frigorífica sejam armazenados produtos que requeiram a mesma temperatura e o mesmo percentual de umidade.

Tabela 15.18 Características básicas para armazenamento de produtos

Produto	Condições de armazenamento				Máximo tempo de armazenagem	% de água
	Curto prazo || Longo prazo				
	Bulbo seco (°C)	Umidade relativa (%)	Bulbo seco (°C)	Umidade relativa (%)		
Manteiga	7	60-80	–23	65-85	12 meses	15
Queijo	4	70-80	0	70-80	2 meses	55
Ovos em caixa	4	70-85	–1	70-85	9 meses	73
Sorvete	–18	60-80	–23	60-80	2 semanas	60
Leite fresco	4	60-70	0	60-70	5 dias	83
Feijão seco	10	60-70	0	60-70	12 meses	13
Couve	2	80-90	0	80-90	4 meses	92
Milho em grão	10	60-70	2	60-70	12 meses	11
Alface	2	80-90	0	80-90	3 meses	95
Cebola	10	75-85	0	75-85	6 meses	89
Batata	4	80-90	2	80-90	6 meses	79
Tomate maduro	4	80-85	4	80-85	10 dias	95
Maçãs verdes	2	80-88	–1	80-88	7 dias	84
Banana madura	13	80-85	13	80-85	10 dias	75
Uva	2	80-85	–1	80-85	8 semanas	82
Manga	0	80-85	0	80-85	10 dias	93
Laranja	4	80-85	0	80-85	10 semanas	86
Pêssego verde	2	80-88	–1	80-85	4 semanas	86
Pera verde	2	80-88	–1	80-88	7 meses	84
Abacaxi verde	15	80-88	10	80-88	4 semanas	88
Abacaxi maduro	7	80-88	4	80-88	4 semanas	88
Carne verde	2	80-87	0	80-87	6 meses	68
Carne suína congelada	2	70-87	0	70-87	3 dias	60
Peixe fresco	2	80-85	0	80-90	15 dias	70

- Manter sempre em bom funcionamento e limpos os termostatos que operam com válvulas de três vias e/ou com válvulas de expansão.
- As portas das câmaras frigoríficas devem estar sempre fechadas quando fora de operação.

15.4.8.2 Medidas de implementação de curto prazo

- Verificar periodicamente a vedação das portas das antecâmaras.
- Verificar e reparar se for o caso a vedação das portas e tampas dos refrigeradores, *freezers* e câmaras.
- Automatizar a porta das câmaras frigoríficas, de forma que a iluminação interna seja desligada quando as portas permanecerem fechadas.

15.4.8.3 Medidas de implementação de longo prazo

- Abrigar os condensadores dos raios solares.
- Nas câmaras frigoríficas desprovidas de antecâmaras utilizar cortinas de ar.
- Realizar estudos técnicos e econômicos visando ao aproveitamento do calor rejeitado nas torres de resfriamento, utilizando-o no aquecimento de água ou outros produtos.

15.4.9 Aquecimento de água

15.4.9.1 Medidas de implementação imediata

- Os aquecedores de água devem ser ajustados para a temperatura de trabalho de 55 °C.

- Utilizar as máquinas de lavar roupa e lavar louça somente a plena carga.
- Utilizar duchas e torneiras com baixa vazão.
- Verificar o isolamento térmico da tubulação, reservatórios e demais elementos do sistema de aquecimento.
- Manter em 55 °C a temperatura da água quente dos aquecedores centrais utilizados para higiene pessoal.

15.4.9.2 Medidas de implementação de médio e longo prazos

- Analisar a possibilidade de lavagem a frio de alguns produtos do processo produtivo.
- Realizar estudos técnicos e econômicos visando à recuperação de calor das unidades de refrigeração.
- É conveniente separar a produção de água quente e vapor.
- Instalar redutores de fluxo de água em ramais alimentadores de grupo de torneiras que operam com elevada vazão.
- Analisar a viabilidade e avaliar os custos de substituição de chuveiros elétricos por sistema de aquecimento de água a gás natural ou energia solar.
- Analisar a viabilidade técnica e avaliar os custos para aproveitamento da água quente de drenagem das cozinhas, lavanderias e unidades de refrigeração para preaquecimento da água quente de utilização.
- Analisar a viabilidade de instalação de coletores solares para o aquecimento de água, em substituição aos aquecedores elétricos.
- Quando utilizar coletores solares e os respectivos reservatórios térmicos adquirir equipamentos certificados pelo Procel-Inmetro.

15.4.10 Elevadores e escadas rolantes

15.4.10.1 Medidas de implementação de curto prazo

- Implementar campanha junto aos usuários para evitar utilizar os elevadores quando se deslocarem para um andar acima ou um andar abaixo.
- Identificar os horários de maior movimento de usuário para disponibilizar todos os elevadores. Fora desse horário reduzir o número de unidades em funcionamento.
- Verificar a possibilidade de controlar os elevadores, quando existirem duas ou mais unidades, de forma a que atendam a andares alternados.

15.4.10.2 Medidas de implementação de médio e longo prazos

- Dotar os elevadores de sistemas automáticos inteligentes para controle de tráfego, evitando o deslocamento simultâneo de mais de um elevador para atendimento a um mesmo chamado.
- Reservar as áreas de atendimento ao público (clientes) no andar térreo para evitar o uso dos elevadores.
- Instalar dispositivos inteligentes para cancelamento de chamadas falsas, isto é, se o elevador parar em mais de três andares sem que haja movimentação de usuários as demais chamadas serão canceladas.
- Indicar na entrada da edificação os diversos locais de atendimento às diferentes questões de interesse do público (clientes), evitando desperdício de tempo e uso das instalações locais desnecessariamente, tais como elevadores, ar-condicionado etc.
- Verificar a conveniência de instalar dispositivo de acionamento automático nas escadas rolantes.

15.4.11 Ar comprimido

Uma fonte de desperdício de energia elétrica bastante conhecida é a operação do sistema de ar comprimido, cujos pontos básicos devem ser motivo de cuidados permanentes.

a) Qualidade do ar comprimido
- Evitar que o ar comprimido seja contaminado pelo óleo ou pela água em alguma parte do processo.
- As tomadas de ar devem ser providas de um ou dois filtros de abertura adequada ao tamanho das partículas em suspensão no local.

b) Rede de distribuição
- Manter a pressão do sistema de ar comprimido tecnicamente adequado ao bom funcionamento da máquina.
- Nunca introduzir na rede do sistema de ar comprimido qualquer elemento restritor de pressão para atendimento às exigências de uma única máquina.
- Tentar evitar que o ar circulando em alta velocidade arraste o condensado formado no interior do sistema para os pontos de uso das máquinas, acarretando mau funcionamento das mesmas.

c) Pressão
- Cada máquina deve receber do sistema a pressão nominal indicada pelo fabricante.
- Devem-se dimensionar tantas redes de distribuição de ar comprimido quantas forem as máquinas com pressões nominais diferentes.

d) Vazamento nos dutos, válvulas e conexões

Devem-se evitar vazamentos nos diversos elementos da rede de ar comprimido, pois a quantidade de ar desperdiçada é proporcional ao nível de pressão da rede.

Os custos com os vazamentos são o principal ponto de desperdício nos sistemas de ar comprimido. Estudos apontam que entre 20 e 70 % do ar comprimido produzido em um compressor são desperdiçados entre este equipamento e os pontos de consumo. Assim, um furo de 1 mm de diâmetro é responsável pela perda de 65 l/min de ar comprimido, que pode custar anualmente à indústria cerca de R$ 1.500,00.

Como se sabe, um compressor opera em dois diferentes níveis. Quando a pressão atinge o valor limite superior o compressor deve ser automaticamente desligado. Nesse momento, a demanda do sistema vai esvaziando a rede de distribuição. Quando a pressão atingir o limite inferior, o compressor deve ser ligado. Esse controle, na sua forma mais simples, é realizado por meio de dois pressostatos, o de máxima pressão e o de mínima pressão. A diferença entre esses dois valores é cerca de 0,3 a 0,5 bar.

Para determinar a vazão de um vazamento em uma tubulação de ar comprimido pode-se proceder da seguinte forma:

- desligar todo o processo produtivo que necessite de ar comprimido;
- ligar o compressor e medir o tempo que o mesmo opera com a pressão sempre positiva, isto é, carregando a rede até atingir a pressão de trabalho, quando automaticamente é desligado;
- medir o tempo que o compressor opera com a pressão com variação negativa, isto é, a rede sendo descarregada. No ponto de pressão mínima o compressor volta a operar normalmente.

A vazão do vazamento pode ser calculada pela Equação (15.23), ou seja:

$$V_v = \Delta T_{car} \times \frac{V_{ar}}{T_{total}} \qquad (15.23)$$

ΔT_{car} = tempo de carga do compressor, em min;
T_{total} = tempo total do ensaio, em min;
V_{ar} = volume do ar comprimido fornecido pelo compressor, em m³/s, ou l/min.

Esse processo deve ser repetido várias vezes para se obter um valor médio de vazão o mais verdadeiro possível.

O primeiro sinal de vazamento pode ser percebido a partir de um ruído característico. Uma forma segura de detectar a ocorrência de vazamento, mesmo em ambientes com elevado nível de barulho, é o uso de detectores de vazamento por ultrassom, já que o ar comprimido que vaza emite ruído na faixa de ultrassom.

Normalmente, os vazamentos ocorrem nas mangueiras de ligação com as máquinas, conexões rosqueadas das tubulações, purgadores etc.

Os compressores quando operam a uma pressão muito acima do necessário estão desperdiçando energia. A relação econômica de operação dos compressores indica que a razão entre o tempo de operação em vazio e o tempo total de operação deve ser igual ou inferior a 15 %. Taxas de operação superiores aumentam o valor do consumo de energia elétrica, pois se o tempo de descarga da rede é muito grande comparado com o tempo de carga, o compressor deve estar operando o sistema com pressões elevadas para garantir um longo período sem recarga.

15.4.12 Desequilíbrio de tensão

As perdas ôhmicas nas instalações industriais são muito variadas. Como valor médio pode-se considerar, sob tensão equilibrada, da ordem de 3 %. Essa perda pode ser avaliada para diferentes valores de desequilíbrio de tensão, de acordo com a Figura 15.13.

15.4.13 Fornos elétricos e estufas

São equipamentos de largo uso industrial que têm a função de aquecimento de líquidos a corpos sólidos utilizando o calor desenvolvido por um conjunto de resistências elétricas. Em geral, são equipamentos de elevada eficiência quando operados com os cuidados necessários.

Exemplo de aplicação (15.8)

Uma instalação industrial possui um sistema de ar comprimido constituído por seis unidades com capacidade unitária de produzir 360 l/min. Há suspeita de que existe vazamento em qualquer ponto da rede que, em sua maioria, é subterrânea. Foram realizados os apertos nas válvulas e conexões visíveis. Aproveitando uma parada da indústria foram realizados testes de perda de vazão. Utilizou-se um compressor para a realização do teste. O tempo de carga do sistema foi de 8 min. O tempo de descarga do sistema foi de 20 min. Determinar o volume de ar desperdiçado.

$$V_v = \Delta T_{car} \times \frac{V_{ar}}{T_{total}} = 8 \times \frac{360}{8+20} = 102,85 \text{ l/min} = 21,6 \text{ m}^3/\text{s}$$

Esse ensaio deve ser repetido por várias vezes. O valor médio das vazões representa o valor considerado da vazão de perda de ar comprimido.

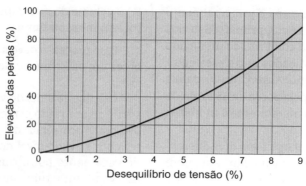

Figura 15.13 Curva de elevação das perdas elétricas em função do desequilíbrio de tensão.

Exemplo de aplicação (15.9)

Uma instalação industrial consome por mês 980.000 kWh, considerando que as tensões estão praticamente equilibradas. Porém, modificações na rede da concessionária resultaram nas seguintes tensões primárias entre fases: A-B: 13.810 V; B-C: 13.670 V; C-A: 13.790 V. Determinar o aumento das perdas ôhmicas da indústria.

a) Perdas normais aproximadas do sistema com tensão equilibrada

$$P_p = \frac{3}{100} \times 990.000 = 29.700 \text{ kWh}$$

b) Desequilíbrio percentual de tensão

$$\Delta V = \frac{13.810 - 13.670}{13.670} \times 100 = 1,02 \%$$

c) Perdas do sistema sob tensão desequilibrada (ver Figura 15.13)

$$\Delta P = \frac{4}{100} \times 29.700 = 1.188 \text{ kWh}$$

d) Custo das perdas considerando uma tarifa média mensal de R$ 360,00/MWh, tem-se:

$$C_p = 1.188 \times \frac{360,00}{1.000} = R\$ \ 427,68/\text{mês}$$

O forno opera normalmente em altas temperaturas. É utilizado em diversos processos industriais. Já a estufa, também utilizada em processos industriais, opera normalmente em temperaturas inferiores às do forno. Os materiais que podem ser colocados nos fornos são os mais variáveis possíveis.

Por conta das altas temperaturas, os fornos necessitam de revestimento apropriado, materiais refratários e isolantes térmicos.

- Os fornos e as estufas elétricas somente devem ser operados quando a quantidade de material a ser trabalhado alcançar a capacidade próxima à nominal do forno.
- Verificar periodicamente a existência de frestas nas portas, tampas e soleiras por meio dos quais se perde calor, reduzindo o rendimento.
- Nunca operar o forno e nem a estufa com porta aberta, em face da segurança das pessoas e perda da qualidade do processo.
- Evitar carregar desnecessariamente o forno e a estufa com material úmido.
- Evitar o sobreaquecimento do forno, mantendo a temperatura no ponto próximo ao valor máximo indicado pelo fabricante do forno ou no nível recomendado pelo processo industrial.
- Se há energia térmica perdida em outros processos, utilizá-la no preaquecimento da carga.

15.4.14 Carregamento dos transformadores

A operação dos transformadores de força deve ser estudada para evitar desperdícios de energia elétrica. Assim, logo no projeto da indústria deve-se considerar a possibilidade de utilizar transformadores de luz e força separadamente, desligando o transformador de força após cessadas as atividades produtivas.

As principais ações que devem ser implementadas em um estudo de eficiência energética na utilização dos transformadores são:

- utilizar transformador exclusivo para iluminação em indústrias com baixo fator de carga. Se a indústria opera normalmente com alto fator de carga, com as indústrias têxteis, pode-se utilizar os transformadores de força para alimentar os circuitos de iluminação;
- utilizar subestações unitárias próximas a grandes cargas concentradas;
- desligar os transformadores em operação a vazio no período de carga leve (não há deterioração do óleo por umidade para períodos de até uma semana);
- verificar as perdas de transformadores antigos e comparar com as perdas dos transformadores novos;
- utilizar o transformador com carregamento na faixa de 65 a 80 % da sua potência nominal, para que operem com melhor rendimento;
- projetar os Quadros de Comando [Quadro Geral de Força (QGF) e Quadro Geral de Luz (QGL)] de forma a possibilitar a transferência de carga entre transformadores de força e entre transformadores de iluminação, mantendo o nível de carregamento adequado próximo de 80 %;
- quando for projetado mais de um transformador, operando individualmente, procurar distribuir as cargas de forma equilibrada entre eles;
- em geral, os transformadores possuem rendimento elevado, não se obtendo grandes economias, quando operados nos níveis de carregamento anteriormente definidos;
- adquirir transformadores com baixas perdas no ferro e no cobre.

15.4.15 Instalação elétrica

A execução, de modo sistemático, de um adequado programa de manutenção das instalações elétricas está inserida no contexto da filosofia de conservação de energia elétrica, visto que a sua ausência implica aumento de perdas térmicas, custos adicionais imprevistos em virtude da incidência de defeitos nas instalações, maior consumo, maior probabilidade de ocorrência de incêndios etc. Portanto, deve-se seguir as seguintes orientações:

15.4.15.1 Recomendações gerais

- Verificar a instalação elétrica periodicamente para localizar defeitos monopolares (fugas de corrente) por deficiência da isolação ou emendas de condutores mal executadas.
- Verificar se os condutores elétricos dos circuitos estão dimensionados adequadamente para a carga instalada.

15.4.15.2 Limpeza e conservação

As tarefas de limpeza, quando bem planejadas, podem reduzir o consumo de energia elétrica. Para tal, sempre que possível, implementar os seguintes procedimentos:

- As tarefas de limpeza devem ser realizadas durante o dia.
- Devem-se iniciar as tarefas de limpeza nos andares superiores das edificações de vários pavimentos, mantendo-se a iluminação dos ambientes dos demais pavimentos desligados.

Exemplo de aplicação (15.10)

Uma indústria é alimentada por um transformador de 500 kVA e outro de 225 kVA. O engenheiro de manutenção decidiu desligar o maior transformador todos os dias após o término do expediente e nos finais de semana. A indústria trabalha 10 horas por dia, somente 22 dias por mês. O transformador de 500 kVA tem os seguintes dados:

- perdas no cobre: 6.000 W;
- perdas no ferro: 1.700 W;
- tempo anual em horas de desligamento.

$$T = (22 \text{ dias} \times 14 \text{ h} + 8 \text{ dias} \times 24 \text{ h}) \times 12 = 6.000 \text{ horas}$$

- Economia de energia durante o ano

$$E_{ener} = \frac{1.700 \text{ W}}{1.000} \times 6.000 \text{ h} = 10.200 \text{ kWh}$$

Para uma tarifa média de R$ 360,00/MWh, o valor da economia anual é de:

$$E_{eco} = \frac{10.200 \times 360}{1.000} = R\$ \ 3.672,00$$

15.4.15.3 Segurança

A segurança nas instalações elétricas deve ser motivo para implementação de rotinas, de forma a eliminar a possibilidade de falhas ou procedimentos perigosos.

Algumas recomendações de segurança podem ser adotadas.

- O uso de conexões do tipo "T" é uma prática muito perigosa e que deve ser evitada, principalmente quando diversos aparelhos elétricos são ligados em uma mesma tomada.
- Inspecionar periodicamente as instalações elétricas, substituindo imediatamente os condutores elétricos desgastados.
- Evitar empregar condutores já utilizados e cujo estado de conservação esteja a desejar.
- Substituir os condutores com seção transversal inferior às necessidades da carga a ser alimentada.
- Segurar pelo bulbo as lâmpadas queimadas, evitando tocar o soquete.
- Ao trabalhar com aparelhos elétricos em operação, evitar tocar em canos d'água ou de gás canalizado.
- Antes de realizar qualquer intervenção na instalação elétrica desligue a chave correspondente àquele circuito.

15.4.15.4 Proteção para a instalação

- Se o disjuntor ou o fusível de proteção de um circuito operar procure identificar a causa, antes de religar o mencionado disjuntor ou substituir o fusível.
- Nunca prenda a alavanca do disjuntor se este dispositivo realizar disparos contínuos.
- Nunca use arames ou fios de qualquer espécie em substituição aos fusíveis.

15.4.15.5 Motivos de fugas de corrente

- Condutores elétricos com isolação ressequida, normalmente por uso inadequado.
- Emendas mal executadas.
- Deficiência da isolação devido a perfurações por objetos obtusos ou dentada de ratos.
- Aparelhos consumidores com defeito.
- Implemente transformadores próximos aos principais centros de consumo.
- Evite sobrecarregar circuitos de distribuição e manter bem balanceadas as redes trifásicas.
- Condutor superaquecido é um sinal de sobrecarga. Substitua este condutor por outro de maior bitola ou redistribuir a sua carga para outros circuitos.

- Dimensione adequadamente os condutores, sendo que, para cada instalação, deve-se calcular a seção ótima e mais econômica dos condutores, o custo do capital e o preço da energia.

15.4.16 Gerenciamento do consumo de energia elétrica

O gerenciamento do consumo de energia elétrica em uma instalação industrial é de fundamental importância para obtenção de ganhos de produtividade. Assim, o gerenciamento de energia deve envolver o projeto, a construção, a implantação e a operação da planta. Os principais procedimentos que devem envolver essa tarefa são:

a) **Projeto e construção**

Devem ser considerados os seguintes aspectos:

- iluminação: máximo aproveitamento da iluminação natural;
- ventilação: máximo aproveitamento dos ventos;
- tensão: adotar a tensão trifásica de distribuição que produza menores perdas, por exemplo, 440 V em vez de 380 V para o sistema de força. Nunca adotar o sistema 220 V para o sistema de força;
- subestação: adotar uma ou mais subestações de forma que fiquem mais próximas aos centros de carga;
- condutores elétricos: dimensionar os condutores elétricos de forma a se obter menores perdas;
- máquinas: selecionar as máquinas que levem em consideração a eficiência energética, dando preferência aos modelos que apresentem menores perdas ou menor consumo específico para realizar a mesma tarefa.

b) **Programação e controle da produção**

Uma produção industrial bem programada resulta normalmente em economia de energia elétrica. Para essa programação deve-se considerar:

- evitar os picos de produção para não onerar a conta de energia no quesito demanda máxima mensal;
- operar as máquinas o mais próximo possível da sua capacidade nominal;
- sempre que possível, a produção deve ser contínua;
- as cargas eletrointensivas, sempre que possível, devem operar nos períodos fora de ponta.

c) **Especificação do produto fabricado**

- Reavaliar a especificação técnica do produto, sempre que possível, de forma a reduzir o seu consumo de energia.
- Selecionar adequadamente, sob o ponto de vista de eficiência energética, os materiais a serem aplicados na fabricação do produto.

d) Aprimoramento dos processos produtivos

Questionar a forma e o processo pelos quais cada produto é fabricado, de forma a resultar em menor consumo de energia e maior rentabilidade.

e) Qualidade do produto acabado

Quando o produto é inspecionado ao longo da linha de produção, o índice de rejeição é drasticamente reduzido, o que reduz a energia gasta no total dos produtos fabricados, pois, se a qualidade melhora reduz a quantidade de energia agregada aos refugos.

f) Automação dos processos

A automação, além de aumentar a produtividade da planta industrial, melhora a qualidade do produto acabado, otimiza a quantidade de matéria prima utilizada e a ele agregada, reduzindo o consumo de energia elétrica ao longo do processo de fabricação.

g) Manutenção industrial

- Quando uma máquina opera fora de suas condições nominais, consome, em geral, mais energia do que a necessária para fabricar o produto.
- Recuperar os vazamentos de água potável, de forma a evitar o excesso de bombeamento.
- Recuperar os vazamentos de ar comprimido, de forma a evitar o excesso de funcionamento do compressor.
- Recuperar o sistema de ar-condicionado no que tange ao isolamento térmico dos dutos.
- Lubrificar as máquinas operatrizes de acordo com o manual de manutenção.

15.4.17 Controle de demanda

Como já foi estudada, a demanda de potência representa um valor expressivo nos custos operacionais de uma instalação industrial. Assim, a indústria deve operar com a menor demanda possível, sem, no entanto, prejudicar o processo produtivo.

Dessa forma, o controle de demanda deve ser realizado dentro de uma estreita faixa para que a demanda contratada não seja superada pela demanda de carga acima dos limites legais previstos em contrato.

Como se sabe, para efeito de faturamento, a demanda é integralizada pelos medidores da concessionária a cada intervalo de 15 minutos. Para que o valor da demanda de carga não supere a demanda contratada utiliza-se o controlador de demanda. Para isso, é necessário que se estabeleça uma programação de entrada e saída das cargas elétricas da instalação ao longo do ciclo de carga, notadamente no período de ponta de carga. Essa programação deve priorizar as cargas que serão inicialmente desligadas até atingir o valor de demanda aceitável. Para se estimar o quanto é possível reduzir a demanda de carga basta aplicar a Equação (15.24).

$$R_d = \frac{\sum\left[\left(P_{nm} \times 0{,}736 \times F_u \times T_d\right) + P_c \times T_d\right]}{\eta \cdot 15} \quad \text{(kW)} \quad (15.24)$$

P_{nm} = potência nominal do motor;
P_c = potência nominal das demais cargas;
F_u = fator de utilização do motor;
T_d = tempo máximo possível de desligamento da carga, em min;
η = rendimento do motor.

Exemplo de aplicação (15.11)

Uma determinada indústria possui quatro grandes motores que podem ser desligados por pequenos intervalos de tempo e cujas potências são: 100, 150, 2 × 200 cv. A indústria opera 24 horas com elevado fator de carga, próximo a 95 %, e a demanda máxima da carga é de 925 kW. Se for possível desligar os referidos motores durante os tempos a seguir programados, em intervalos de 15 minutos, durante um dia de serviço, ao longo de um mês, é possível obter uma redução de demanda da instalação, ou seja:

- motor de 100 cv: 5 minutos;
- motor de 150 cv: 4 minutos;
- motor de 200 cv: 3 minutos;
- motor de 200 cv: 5 minutos.

A redução de demanda será de:

$$R_d = \frac{\frac{100 \times 0{,}736 \times 0{,}87}{0{,}92} \times 5 + \frac{150 \times 0{,}736 \times 0{,}87}{0{,}95} \times 4 + \frac{200 \times 0{,}736 \times 0{,}87}{0{,}95} \times 3 + \frac{200 \times 0{,}736 \times 0{,}87}{0{,}95} \times 5}{15}$$

$$R_d = \frac{348{,}0 + 404{,}4 + 404{,}4 + 674{,}0}{15} = 122 \text{ kW}$$

> Os fatores de utilização e rendimento dos motores podem ser obtidos, respectivamente, no Capítulo 6.
>
> Logo, a nova demanda máxima será de: 925 – 122 = 803 kW, que corresponde a uma redução de 13,2 % na demanda.
>
> Deve-se observar que esta solução implica a verificação da capacidade de manobra dos motores, das chaves de acionamento, das proteções e dos condutores elétricos, já que o número de desligamentos pode ser elevado. Essa solução somente encontra praticidade em cargas com inércia térmica, tais como câmaras frigoríficas, aquecedores e similares.

15.4.18 Geração na hora de ponta

A geração na hora de ponta é considerada uma ação de eficiência energética sob o ponto de vista de otimizar o sistema de geração, transmissão e distribuição de energia elétrica. Do ponto de vista da indústria, o enfoque passa ser a redução da fatura de energia elétrica em função do alto preço das tarifas de demanda no horário de ponta de carga.

Este assunto será tratado no Capítulo 16.

15.4.19 Cogeração

Este assunto será tratado convenientemente no Capítulo 16, já que envolve a implementação de uma unidade de geração.

16 Usinas de geração industrial

16.1 Introdução

A crise de energia elétrica em 2001 e a expectativa de novas crises para os anos subsequentes motivaram as indústrias a repensar sua tradicional forma de contratar a energia que consome, isto é, o suprimento por meio da concessionária de distribuição local e, no caso de grandes indústrias, diretamente de produtores independentes. No primeiro caso, o consumidor é denominado *consumidor cativo*. Já no segundo caso, é denominado *consumidor livre*.

O novo modelo do setor elétrico, que institui o consumidor livre, também ofertou às indústrias novas formas de contratação da energia elétrica. Essas indústrias podem comprar sua energia da concessionária local, da central geradora local ou regional ou de outras fontes distantes da sede de sua unidade industrial.

Essa liberdade oferecida pela legislação fez os empresários buscarem uma alternativa bastante conhecida há várias décadas. Naquele tempo, não havia as grandes unidades de geração no Brasil, e a maior parte das indústrias possuía unidades geradoras próprias, que ainda forneciam a energia sobejante ao município em que se localizavam.

Atualmente, não só os parques industriais buscam gerar, quando conveniente, sua própria energia, mas outros segmentos da atividade econômica também aderem, se isso for economicamente interessante, a essa nova forma de autogeração, como hotéis, *shopping centers* etc.

Algumas indústrias possuem grupos geradores próprios para operarem na falta do suprimento pela empresa fornecedora de energia. Em geral, a potência dessas unidades supre somente parte da carga, denominada *carga prioritária*, como iluminação de emergência, máquinas que operam com materiais plásticos que podem endurecer no seu interior, sistemas de frio de fábricas de cerveja etc.

O conceito de geração agora tomou nova forma. A indústria pode adquirir sua unidade de geração com capacidade superior a suas necessidades atuais, conectando-se ao mesmo tempo à rede elétrica da concessionária. Se o custo da energia gerada por ela for inferior ao valor da energia comprada ao seu fornecedor, a indústria deixa de comprar desse fornecedor e passa a gerar sua própria energia. Caso contrário, a geração própria poderia ser utilizada somente no horário de ponta de carga, reduzindo substancialmente o valor da fatura de energia elétrica. Mas antes de tomar qualquer decisão, o industrial deve consultar a legislação vigente e as expectativas do mercado de energia elétrica.

Os objetivos para a instalação de usinas de geração em uma unidade industrial podem ser definidos como se segue:

- substituir a energia da concessionária de forma permanente (autoprodutor);
- substituir a energia da concessionária no horário de ponta de carga;
- implantar um sistema de cogeração.

No entanto, para o empresário, nem sempre é fácil tomar a decisão de investir nesse segmento, considerando os seguintes aspectos:

- o investimento inicial é muito elevado;
- o tempo de retorno do investimento normalmente varia entre cinco e oito anos;
- a geração de energia elétrica não é o foco de seu negócio;
- o preço do combustível permite riscos do negócio.

Se o negócio é cogeração, algumas questões podem ser levantadas:

- compatibilizar o consumo de combustível com a geração de energia elétrica e térmica, esta última associada ao calor exausto dos motores ou turbinas;
- ausência de mercado ou impossibilidade para a venda do excesso de calor ou frio produzido pela usina.

16.2 Características das usinas de geração

As usinas de geração de energia elétrica, localizadas dentro ou fora das instalações industriais, podem ser concebidas de diferentes formas, dependendo de sua capacidade nominal, do tipo de aplicação etc., recebendo a seguinte classificação:

a) **Produtor independente de energia (PIE)**

Pessoa jurídica ou consórcio de empresas que recebe a concessão ou autorização para explorar o aproveitamento hidrelétrico ou a central geradora termelétrica e o respectivo sistema de transmissão associado e comercializar, no todo ou em parte, a energia produzida por sua conta e risco. Podem ser utilizados motores a combustível líquido, motores a gás natural, turbinas a gás natural e turbinas a vapor ou outras formas de geração, como energia eólica e energia fotovoltaica.

b) **Produtor independente autônomo (PIEA)**

Produtor independente cuja sociedade não é controlada ou coligada de concessionária de geração, transmissão ou distribuição de energia elétrica, nem de seus controladores ou de outra sociedade controlada ou coligada com o controlador comum. Podem ser utilizados motores a combustível líquido, motores a gás natural, turbinas a gás natural e turbinas a vapor ou outras formas de geração, como energia eólica e energia fotovoltaica.

c) **Autoprodutor (APE)**

Pessoa física, pessoa jurídica ou consórcio de empresas que recebe a concessão ou autorização para explorar o aproveitamento hidrelétrico ou a central geradora termelétrica e o respectivo sistema de transmissão associado e utilizar a energia produzida para o uso exclusivo em suas instalações industriais, podendo comercializar eventual e temporariamente seus excedentes de energia mediante autorização da Agência Nacional de Energia Elétrica (Aneel). São mais frequentemente utilizados motores a combustível líquido, motores a gás natural, turbinas a gás natural e turbinas a vapor.

d) **Usinas de cogeração**

São aquelas destinadas à geração de energia elétrica e térmica, esta última nas suas diversas formas: vapor, água quente e água fria. São localizadas, em geral, no interior da própria unidade consumidora. São mais frequentemente utilizados motores a gás natural e turbinas a gás natural.

e) **Usinas de emergência**

São aquelas destinadas ao fornecimento de energia elétrica à unidade consumidora quando há falta de suprimento pela rede pública de energia elétrica. São mais frequentemente utilizados motores a combustível líquido e motores a gás natural.

O número de unidades de geração que compõe uma usina termelétrica depende da exigência da carga e do nível de contingência pretendido.

As usinas termelétricas de emergência, normalmente, utilizam apenas uma unidade de geração. Para pequenas unidades, é dimensionado um grupo gerador, constituído de um motor, gerador, quadro de comando e tanque de combustível.

Já as usinas termelétricas de autoprodução utilizam certa quantidade de unidades de geração para atender até a segunda contingência, isto é, a usina funcionaria normalmente quando ocorresse um defeito em uma unidade de geração no momento em que outra unidade estivesse em manutenção. Ou, ainda, a quebra simultânea de duas unidades de geração. Em geral, o mesmo procedimento é utilizado nas usinas de cogeração.

As usinas de produção de energia, denominadas produtor independente de energia (PIE), em geral, operam sem nenhuma contingência. No caso de avaria em uma máquina, seria contratada energia no mercado para satisfazer às necessidades do cliente ou outra forma de acordo, conforme estabelece o contrato.

16.2.1 Tipos de combustível

Existem diferentes possibilidades de utilização de combustível para a geração de energia. No entanto, serão tratados apenas aqueles com maior aplicação nas unidades em operação.

16.2.1.1 Óleo diesel

É o combustível mais utilizado nas máquinas primárias destinadas à geração de energia elétrica de pequeno e médio portes. A larga aplicação desse combustível permite fazer a seguinte análise:

a) **Vantagens**
- Facilidade de aquisição.
- Relativa estabilidade de preço no mercado.
- Praticidade do transporte da base de venda até o ponto de consumo.
- Regularidade de suprimento.
- Facilidade de estocagem.
- Facilidade de manuseio.
- Largo conhecimento do produto pelos profissionais da área.

b) **Desvantagens**

Apesar de todas as vantagens anteriormente mencionadas, o óleo diesel apresenta alguns questionamentos assim definidos:
- preço elevado da energia gerada;
- custo de manutenção elevado;
- relação horas de trabalho/horas de manutenção muito baixa;
- emissões de poluentes de natureza tóxica;
- restrição dos órgãos de controle ambiental à aprovação de projetos.

16.2.1.1.1 Características gerais do óleo diesel

O óleo diesel é uma mistura de derivados do petróleo enquadrados em uma faixa de destilação que possui características específicas determinadas segundo a legislação em vigor. É formulado a partir da mistura de diversas correntes como gasóleos, nafta pesada, diesel leve e diesel pesado, provenientes das diversas etapas de processamento do petróleo bruto.

As especificações dos produtos combustíveis são regulamentadas e fiscalizadas pela Agência Nacional do Petróleo (ANP) e os métodos de análise, que fornecem ao produto as características específicas individuais, são normatizados, em âmbito nacional, pela Associação Brasileira de Normas Técnicas (ABNT), e em nível internacional, pela American Society for Test and Materials (ASTM).

No Brasil, atualmente, são especificados os seguintes tipos básicos de óleo diesel para uso em motores de ônibus, caminhões, carretas, veículos utilitários, embarcações marítimas etc.

a) Óleo diesel do tipo B

Disponível para uso em todas as regiões do Brasil, exceto para as principais regiões metropolitanas em que não é disponibilizado o diesel D. Deve ter o teor de enxofre de até 0,50 % m/m.

b) Óleo diesel do tipo D

Disponível desde 1º de janeiro de 1998 para uso em regiões metropolitanas e cujo teor de enxofre deve ser de até 0,20 % m/m.

c) Óleo diesel marítimo

Produzido exclusivamente para utilização em motores de embarcações marítimas. Seu teor de enxofre vai até 1,0 % m/m.

d) Óleo diesel padrão

Desenvolvido para atender às exigências específicas dos testes de avaliação de consumo e emissão de poluentes pelos motores a diesel. É utilizado pelos fabricantes de motores e pelos órgãos responsáveis pela sua homologação.

Na Tabela 16.1 são destacadas as especificações atualmente em vigor para o óleo diesel do tipo D, comumente utilizado em usinas termelétricas.

Quanto ao aspecto, o óleo diesel é um líquido límpido (isento de material em suspensão), de cor máxima de 3,0 (método MB351) e com odor típico. Possui faixa de destilação de 100 a 400 °C a 760 mmHg (método NBR 9619) e densidade variando de 0,82 a 0,88 a 20/4 °C (método NBR 10441).

Possui solubilidade em água desprezível e boa solubilidade em solventes orgânicos. Ponto de fulgor entre 0 e 100 °C (método MB 48) e temperatura de decomposição de 400 °C.

É importante destacar que o combustível em questão é formulado a partir de uma mistura de hidrocarbonetos destilados e/ou craqueados com características variáveis de forma a atender às especificações da Tabela 16.1.

16.2.1.1.2 Características relevantes de utilização do óleo diesel em motor

O motor a diesel é dito de "ignição por compressão", o que quer dizer que a mistura combustível é inflamada quando uma nuvem de óleo é injetada pela bomba de alta pressão no ar quente contido no cilindro. O aquecimento do ar é devido à compressão praticamente adiabática (sem troca de calor com o exterior) efetuada pelo pistão do motor.

Tabela 16.1 Especificações técnicas do óleo diesel

Característica		Unidade	Métodos		Limites	
			Nacional	Internacional	Mínimo	Máximo
Aparência	Aspecto	–	Visual	Visual	–	–
	Cor ASTM	–	MB 351	ASTM D1500	–	3
Composição	Enxofre	% m/m	MB 902	ASTM D1522/D2622/D4294	–	0,2
Votalidade	Destilação (50 % recuperado)	°C	(MB 45) NBR 9619	ASTM D86	245	310
	Destilação (85 % recuperado)	°C	(MB 45) NBR 9619	ASTM D87	–	360
	Densidade a 20 °C	–	(MB 104) NBR 7148	ASTM D1298/D4052	0,82	0,87
Fluidez	Viscosidade a 40 °C	cSt	NBR 10441	ASTM D445	1,6	6
	Ponto de entupimento de filtro a frio	°C	–	IP 309	–	–
Corrosão	Corrosidade ao cobre	–	MB 287	ASTM D130	–	2
Combustão	Cinzas	% m/m	(MB 47) NBR 9842	ASTM D482	–	0,02
	Resíduo de carbono Ramsbotton (10% finais dest.)	% m/m	MB 290	ASTM D524	–	0,25
	Número de cetano	–	–	ASTM D613	42	–
Contaminantes	Água e sedimentos	% v/v	–	ASTM D1769	–	0,05

Ao contrário, no motor do ciclo Otto, a ignição é desencadeada pela centelha que salta entre os eletrodos da vela de ignição. Esta diferença entre os modos de inflamar a carga impõe características físico-químicas distintas aos combustíveis usados em um e outro desses motores.

O combustível do ciclo Otto utiliza derivados leves de petróleo (naftas leves, propano, butano etc.), gás natural, álcool e outras substâncias gasosas ou que possam ser facilmente vaporizadas antes de entrar no cilindro do motor. Por outro lado, estes combustíveis devem resistir à compressão moderada típica do ciclo Otto (de 1 para até 12 atmosferas), sem entrar em ignição, que seria, nesses casos, explosiva devido à elevada velocidade de propagação da chama nesses combustíveis e à decomposição e recomposição molecular. O parâmetro que caracteriza a resistência à ignição por compressão é o número de octano (NO), sendo desejável para o combustível do ciclo Otto um elevado número de octano.

Por outro lado, a facilidade de um combustível entrar em ignição por compressão é expressa pelo número de cetano (NC).

O número de cetano do combustível diesel caracteriza, em certa medida, a cinética de combustão e tem, portanto, influência no espectro de substâncias emitidas pelo motor. O combustível diesel é uma mistura de hidrocarbonetos de moléculas mais pesadas do que as dos hidrocarbonetos da gasolina e, em consequência, de menor razão de massas hidrogênio/carbono, o que determina elevada emissão de compostos de carbono por unidade de energia final entregue ao motor. Entretanto, as características do ciclo diesel que asseguram rendimento térmico superior ao do ciclo Otto (como o fato de operar com grande excesso de ar) compensam amplamente a desvantagem decorrente da composição do combustível, quando o parâmetro de interesse é a emissão de poluentes e a energia de utilização.

No Brasil, a partir do início da década de 1990, houve um movimento de melhoria da qualidade do diesel motivado pela legislação sobre a qualidade do ar. Na atualidade, há quatro faixas de especificação do número de cetano para uso rodoviário, urbano, metropolitano, ensaios e outros usos. A faixa de variação vai de NC = 40 a 60. Nos países em que a legislação ambiental é mais rigorosa, o diesel urbano tem NC = 60.

Outras características relevantes do combustível diesel (para emissões) são: a densidade, a viscosidade, a composição, o teor de enxofre, a presença de contaminantes, o teor de hidrocarbonetos cíclicos (aromáticos, derivados da cadeia fundamental do benzeno) e, obviamente, o poder calorífico.

16.2.1.2 Óleo combustível

O óleo combustível é um produto derivado do petróleo produzido utilizando-se resíduos da destilação a vácuo. É também conhecido como óleo combustível pesado ou óleo combustível residual. É de composição bastante complexa e depende basicamente do tipo de petróleo a que deu origem, do processo utilizado na sua fabricação e da mistura a que foi submetido na refinaria. Todas essas formações do óleo combustível são necessárias para que se possa oferecer um produto comercial com várias viscosidades, que atendam às exigências do mercado consumidor.

O óleo combustível é um produto destinado à geração de energia elétrica, por meio da queima em motores a combustão interna e do aquecimento de caldeiras na formação de vapor e água quente utilizados em processos de produção industrial.

O óleo combustível é classificado no Brasil com duas diferentes denominações:

- Óleo combustível do tipo "ATE"

É aquele cuja cujo teor de enxofre é de, no máximo, 5 % em massa. Apresenta nove subclassificações, de acordo com a Tabela 16.2. São os óleos normalmente empregados em combustão contínua.

- Óleo combustível do tipo "BTE"

É aquele cujo teor de enxofre é de, no máximo, 1 % em massa. Apresenta também nove subclassificações, de acordo com a Tabela 16.2. É utilizado nas indústrias em que o teor de enxofre é muito importante na qualidade do produto fabricado, como, por exemplo, certos tipos de cerâmica, vidro fino, metalurgia de metais não ferrosos, ou ainda quando existem restrições governamentais de meio ambiente.

Os óleos combustíveis convencionais são os óleos dos tipos 1 A/1 B e 2 A/2 B. São utilizados para os fins industriais gerais.

Os óleos combustíveis ultraviscosos são os óleos a partir dos tipos 3 A/3 B até os tipos 9 A/9 B. São utilizados em grandes fornos e caldeiras, em que o consumo de combustível é bem elevado. São necessários cuidados adicionais à sua utilização, bem como equipamentos especiais para seu aquecimento, armazenagem, transferência e nebulização.

Os métodos de determinação de viscosidade cinemática de Saybolt são os padrões para medição no Brasil, sendo os valores expressos em Centistokes (cSt) e Segundos Saybolt Furol (SSF), respectivamente, seguindo-se a Resolução CNP nº 03/1986, que estabelece a determinação de viscosidade pelos seguintes métodos: MB-293 da ABNT-IBP, em cSt a 60 °C ou MB-326 da ABNT-IBP, em SSF a 50 °C. A curva de variação de viscosidade × temperatura dos óleos combustíveis residuais é apresentada na Figura 16.1.

Para melhor compreensão, seguem os conceitos das principais características apresentadas na Tabela 16.2.

a) Densidade relativa (MB-104)

As densidades dos derivados líquidos de petróleo são analisadas, no Brasil, em temperatura de 20 °C, comparativamente à densidade da água medida a 4 °C, sendo, portanto, expressa a 20/4 °C. Embora adimensional, a densidade relativa do produto é numericamente igual à

Usinas de geração industrial

Tabela 16.2 Classificação do óleo combustível

Características dos vários tipos de óleo combustível							
Tipo	Viscosidade a 50 °C – Valor máximo	Densidade a 20 °C/4 °C	Concentração de exofre em % de peso	Ponto de fulgor	PCS em kcal/kg (°C)	PCI em kcal/kg
OC-1A	600	1,003	2,20	85	10.221	96.663
OC-2A	900	1,007	2,80	105	10.088	9.552
OC-3A	2400	1,010	2,85	103	10.079	9.552
OC-4A	10.000	1,013	3,50	100	10.218	9.663
OC-5A	30.000	1,017	3,75	–	10.190	9.643
OC-6A	80.000	1,022	4,20	–	10.168	9.621
OC-7A	300.000	1,027	4,30	160	10.140	9.597
OC-8A	1.000.000	1,030	4,90	240	9.716	9.419
OC-9A	>1.000.000	1,001	5,50	–	–	–
OC-1B	600	0,965	0,80	82	10.424	9.838
OC-2B	900	0,976	0,74	85	10.107	9.819
OC-3B	2400	0,979	1,00	80	10.628	10.008
OC-4B	10.000	0,980	1,00	92	10.534	9.919
OC-5B	30.000	0,930	0,96	–	–	–
OC-6B	80.000	0,992	0,94	–	–	–
OC-7B	300.000	1,015	0,91	240	10.224	9.686
OC-8B	1.000.000	1,020	0,89	–	–	–
OC-9B	>1.000.000	1,026	0,86	–	–	–

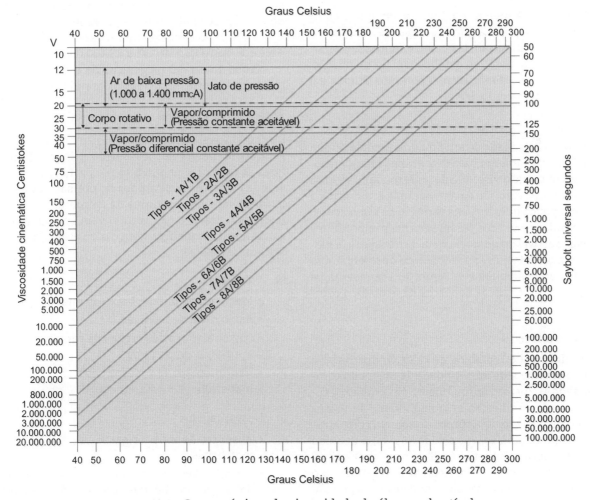

Figura 16.1 Características de viscosidade do óleo combustível.

densidade ou massa específica na temperatura de referência, que pode ser expressa em quilogramas por litro (kg/l).

b) Ponto de fulgor

O ponto de fulgor (com seu teste realizado no aparelho de vaso fechado de Pensky-Martens) é a temperatura em que o óleo desprende vapores, que, em contato com o oxigênio presente no ar, podem entrar em combustão momentânea, na presença de uma fonte de calor. O ponto de fulgor não tem relação direta no desempenho do combustível, mas um valor mínimo é estabelecido para garantir segurança no armazenamento e manuseio do produto.

c) Teor de enxofre

O enxofre existe na maioria dos combustíveis sólidos, líquidos e gasosos, e os óxidos de enxofre formados na combustão geralmente não causam problemas, contanto que todas as superfícies em contato com os gases de combustão sejam mantidas em temperatura acima do ponto de orvalho do ácido sulfúrico, evitando-se, assim, a condensação de ácidos corrosivos e, consequentemente, corrosão no sistema.

d) Ponto de fluidez

Ponto de fluidez é a menor temperatura em que o combustível ainda escoa. Este ponto é uma medida importante para a determinação das características de armazenagem e de transporte do combustível na instalação. Não há uma relação direta entre o ponto de fluidez e a viscosidade do óleo combustível.

e) Viscosidade

Define-se por viscosidade de um líquido a medida de sua resistência ao escoamento para determinada temperatura. Vale ressaltar que a viscosidade pode mudar de forma significativa com a variação da temperatura. A variação da pressão tem pouca influência na variação da viscosidade.

A viscosidade é um dos parâmetros mais importantes do óleo combustível do ponto de vista de transporte e manuseio, além de determinar a viabilidade de intercâmbio entre combustíveis líquidos. A Figura 16.1 apresenta os gráficos das características de viscosidade do óleo combustível.

f) Poder calorífico

Poder calorífico é a quantidade de calor produzida pela combustão completa de uma unidade de massa do combustível, sendo expresso normalmente em kcal/kg. O calor liberado pela combustão de uma unidade de massa de um combustível em uma bomba de volume constante, com toda água condensada (no estado líquido), é definido como poder calorífico superior (PCS). Já o poder calorífico inferior (PCI) apresenta o calor liberado pela combustão de uma unidade de massa de um combustível, em pressão constante, com a água permanecendo no estado de vapor.

As vantagens e desvantagens do uso do óleo combustível são similares às do óleo diesel, a não ser pelo lado da agressão ambiental provocada pelo óleo combustível com maior intensidade.

16.2.1.3 Carvão mineral

É um combustível fóssil natural extraído da terra por processos de mineração. Apresenta coloração preta ou marrom. É composto, primeiramente, por átomos de carbono e magnésio sob a forma de betume. É formado pela decomposição dos restos de material de origem vegetal, resultado do soterramento de grandes florestas durante a formação da Terra. Acredita-se que o carvão mineral é o combustível produzido e conservado pela natureza de maior abundância no planeta.

O carvão brasileiro apresenta a seguinte composição:

- carbono: 9,87 %;
- hidrogênio: 3,78 %;
- oxigênio: 7,01 %;
- enxofre: 2,51 %;
- cinzas: 26,83 %.

De acordo com os especialistas, o futuro do carvão nacional depende do processo econômico de gaseificação, devido ao elevado teor de cinzas, e do rejeito, que corresponde a 67 % do carvão retirado da mina, que, além de não ser aproveitado, ainda é poluente.

O preço do carvão mineral varia no mercado internacional entre R$ 250,00/t e R$ 400,00/t.

O uso do carvão na geração de energia elétrica normalmente ocorre em usinas de grande porte.

16.2.1.4 Gás natural

É o combustível que está ganhando mercado crescente na geração de energia elétrica, devido, principalmente, à política de expansão do produto por parte da Petrobras e às grandes reservas nos campos do pré-sal. Com a implantação da rede de gasodutos da Petrobras nas diferentes regiões do Brasil, o gás natural vem se popularizando e ganhando a competição com o óleo diesel. Pode ser feita a seguinte análise:

a) Vantagens

- Preço relativamente baixo da energia gerada.
- Baixo nível de poluição.
- Baixa restrição dos órgãos de controle ambiental à aprovação de projetos.
- Uso intensivo em vários segmentos do processo industrial.

b) Desvantagens

- Ausência de rede de gasodutos em muitas áreas industriais.
- Dificuldades no transporte de grandes quantidades do combustível em cilindros especiais; o gás natural não tem boa compressibilidade.

- Preço dependente das condições externas e ainda sem uma política confiável no Brasil.

O gás natural fornecido pela Petrobras no Nordeste apresenta, em média, a seguinte composição:

- metano (CH_4): 83,7 %;
- etano (C_2H_6): 11,0 %;
- propeno (C_3H_4): 0,84 %;
- nitrogênio (N_2): 1,51 %;
- dióxido de carbono (CO_2): 2,93 %;
- ácido sulfídrico (H_2S): 20 mg/m³.

16.2.1.5 Biomassa

A biomassa já é muito utilizada como combustível para geração de energia. Existem diferentes tipos de combustível oriundo da biomassa. Os mais conhecidos são:

a) Bagaço da cana-de-açúcar

Sua utilização é mais intensa na geração de energia na área rural, especialmente nas áreas de produção de açúcar e álcool. Atualmente, com a nova política do setor elétrico de diversificação das fontes de energia, o bagaço da cana-de-açúcar vem-se destacando na produção de energia elétrica no Sudeste e Centro-Oeste do Brasil, onde é predominante a cultura canavieira.

b) Casca da amêndoa do caju

A sua produção está praticamente restrita ao Nordeste do Brasil, especialmente nos estados do Ceará e Rio Grande do Norte.

c) Óleo de mamona

É derivado da mamona encontrada abundantemente no sertão nordestino, já que faz parte de sua vegetação natural. Esse combustível está sendo produzido em escala muito pequena.

16.2.1.6 Gás de processos industriais

Algumas indústrias produzem gases como resultados de seu processo industrial e que, se não aproveitados convenientemente, são liberados para a atmosfera. O mais conhecido é o gás de alto-forno produzido pela indústria siderúrgica.

16.2.2 Tipos de máquina primária

Existem diferentes tipos de máquinas primárias utilizadas na geração de energia elétrica. As principais são:

16.2.2.1 Motor a ciclo diesel

É um motor a combustão interna, que utiliza elevadas taxas de compressão para assegurar a queima do combustível introduzido após a compressão do ar.

O funcionamento dos motores a óleo diesel é explicado a partir da análise do denominado *ciclo diesel*. Neste caso, o ar é comprimido a uma pressão e temperatura até atingir a condição de inflamar o combustível injetado na câmara ao final do tempo de compressão.

Nos motores a ciclo diesel, é necessário que a taxa de compressão seja muito elevada, bem superior aos níveis utilizados no ciclo Otto, devido à inexistência da presença do combustível durante o tempo de compressão do ar.

A Figura 16.2 mostra uma unidade de geração (motor primário + gerador + quadro de comando), normalmente denominado grupo gerador, e de larga utilização em diferentes atividades econômicas e sociais.

Já a Figura 16.3 mostra o interior de um motor a ciclo diesel. Há muitos componentes idênticos utilizados também nos motores a gás natural.

16.2.2.2 Motor a gás natural (ciclo Otto)

É um motor a explosão que funciona pela ignição por centelha elétrica ocorrida no meio de uma mistura de ar-combustível no interior da câmara de combustão, onde é comprimida e queimada.

A Figura 16.4 mostra uma vista externa de um segmento de motor a gás natural.

Os motores a gás natural operam com uma eficiência que pode variar entre 32 e 40 %, superior à eficiência das turbinas a gás natural, normalmente compreendida entre 22 e 35 % para turbinas de pequeno e médio portes, e de 40 a 48 % para turbinas de grande porte que funcionam a elevadas temperaturas.

Vale salientar que todo calor dos motores que pode ser recuperado está contido no líquido utilizado para resfriar o bloco do motor e o óleo do sistema de lubrificação e no *aftercooler*; o restante é eliminado pelo sistema de exaustão dos gases.

O funcionamento dos motores a gás natural é explicado pela análise do denominado ciclo Otto, constituído

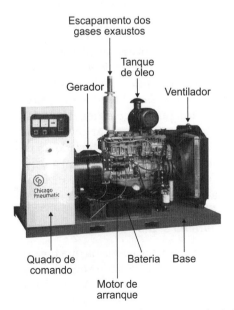

Figura 16.2 Unidade de geração (grupo gerador) de pequeno porte.

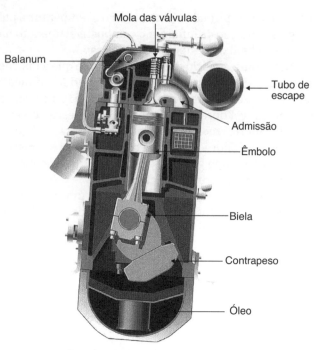

Figura 16.3 Vista interna em corte de um segmento de motor a ciclo diesel.

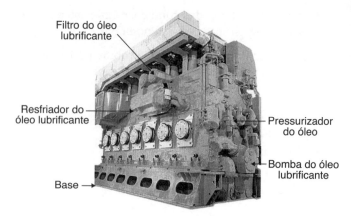

Figura 16.4 Vista externa de um motor a gás natural de grande porte.

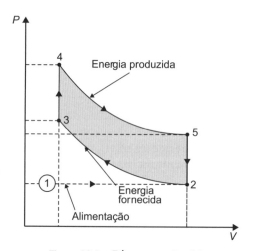

Figura 16.5 Diagrama $P \times V$.

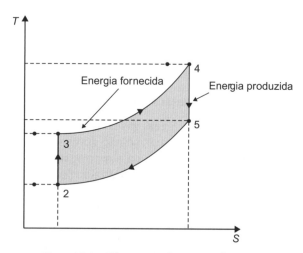

Figura 16.6 Diagrama da entropia $T \times S$.

de quatro processos distintos e mostrados nas Figuras 16.5 e 16.6, respectivamente, representadas pelos diagramas $P \times V$ e $T \times S$.

O gás natural é inicialmente introduzido em uma câmara de compressão, à pressão constante, na condição do ponto 1, em uma quantidade volumétrica dada no ponto 2. Em seguida, o gás é comprimido isentropicamente, passando da condição do ponto 2 ao ponto 3. Na sequência do processo, é adicionada determinada quantidade de calor a volume constante, atingindo o ponto 4 do diagrama $P \times V$. Seguindo o processo, o gás sofre uma expansão isentrópica, tendo como resultado a produção de trabalho, o que ocorre no processo de 4 para 5, liberando-se, finalmente, calor.

Diz-se que um processo é adiabático quando nenhum calor é transferido. O processo isentrópico é definido como no processo adiabático reversível, de entropia crescente.

No ciclo Otto, o combustível é misturado ao ar antes que ocorra a compressão, obtendo-se a ignição a partir da produção de uma centelha elétrica temporizada. Como a mistura do combustível com o ar deve ser comprimida, é necessário que o combustível utilizado no processo seja volátil ou de rápida vaporização, como ocorre com o uso do gás natural ou do óleo diesel vaporizado, ambos utilizados nos motores a gás natural.

16.2.2.3 Turbina a gás natural

A primeira turbina a gás na forma que hoje conhecemos foi construída em 1906, apesar de outras tentativas anteriores. Mas as limitações quanto à resistência dos materiais trabalhando em grandes temperaturas foi um obstáculo intransponível até meados dos anos 1940, quando então foram empregadas as primeiras turbinas de forma comercial na indústria aeronáutica, que as utilizou em aviões de combate já no final da Segunda Guerra Mundial. Em consequência, na década de 1950, surgiram as turbinas para uso industrial, denominadas aeroderivativas. A Figura 16.7 mostra uma turbina do tipo aeroderivativa, utilizada na produção de energia elétrica.

Usinas de geração industrial

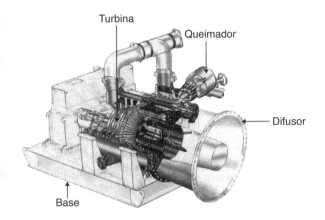

Figura 16.7 Vista interna de uma turbina aeroderivativa.

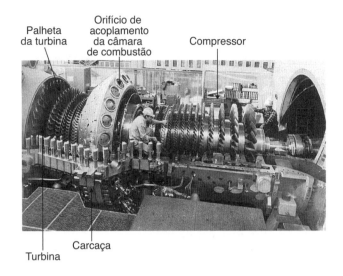

Figura 16.8 Vista interna de uma turbina a gás natural.

No entanto, a indústria de produção de equipamentos de geração, anos mais tarde, desenvolveu outro projeto de turbina de concepção mais pesada e destinada à geração de grandes blocos de energia. São denominadas *heavy duty*. As turbinas industriais, ou *heavy duty*, apresentam as seguintes diferenças em relação às turbinas aeroderivativas:

- ampla faixa de capacidade, indo desde as microturbinas com potência nominal de 30 kW até as grandes turbinas com potência nominal de 250 MW;
- maior flexibilidade quanto ao tipo de combustível; podem queimar, alternativamente, combustíveis mais pesados, facilitando a operação das usinas termelétricas em uma eventual falha no fornecimento de gás natural;
- maior facilidade de montagem e desmontagem, o que reduz o tempo de construção de usinas termelétricas.

As turbinas a gás natural são, normalmente, empregadas em instalações de médio e grande portes. São compostas das seguintes partes principais, conforme mostrado na Figura 16.8:

- Compressor de ar

É o equipamento responsável pelo sequestro do ar do meio ambiente, o qual, após filtrado para supressão das partículas sólidas, é comprimido e conduzido à câmara de combustão.

Os compressores podem ser do tipo escoamento centrífugo ou escoamento axial.

Em geral, são empregados compressores do tipo escoamento axial, constituídos por palhetas de múltiplos estágios, de acordo com a capacidade da turbina, conforme mostrado na Figura 16.8. A quantidade de estágios pode variar de 8 a 25.

O compressor de escoamento centrífugo retira o ar da atmosfera no centro do rotor, forçando sua penetração na direção do eixo do compressor, a velocidades muito elevadas, até ser conduzido ao difusor do tipo estacionário, onde é desacelerado, obtendo-se como resultado um substancial aumento de pressão. Nas turbinas aeroderivativas, são empregados compressores do tipo centrífugo.

O compressor de escoamento axial é constituído de palhetas em forma de aerofólios e montadas ao longo do eixo do compressor em forma de anéis. Normalmente, cada anel de palhetas móveis é seguido de um anel de palhetas fixas. As primeiras são responsáveis pela aceleração do ar em cada anel móvel no interior do compressor, na forma de um movimento helicoidal. Já as palhetas móveis são responsáveis pela formação da pressão do ar no interior do compressor, por meio de sua desaceleração, a cada anel fixo. Assim, como o volume de ar diminui ao longo do eixo do compressor, devido ao aumento da pressão, então o compressor toma a forma cônica dada na Figura 16.8. Para um compressor de grande porte, isto é, com 25 estágios de compressão, considerando um aumento da pressão de 10 % para cada estágio de compressão, a pressão será aumentada de 10,8 vezes em relação à pressão inicial.

Como a temperatura, pressão e umidade do local em que opera a usina variam de região para região, é padrão considerar, para fins comparativos, a temperatura de 14 °C, à pressão de 1,013 bar e a umidade de 60 %.

- Câmara de combustão ou combustor

A câmara de combustão é a parte da máquina na qual é feita a mistura do ar recebido do compressor e do gás natural injetado no seu interior. É composta por vários bicos injetores de gás natural montados em forma de anel, em conformidade com a Figura 16.9.

- Turbina propriamente dita

Seu princípio de funcionamento pode ser entendido a partir da Figura 16.10, ou seja, o ar atmosférico é sugado para o interior do compressor, à temperatura ambiente e pressão atmosférica, que o comprime a uma pressão próxima a 8 bar e faz subir a temperatura do ar para cerca de 270 °C antes de penetrar no combustor. Parte da

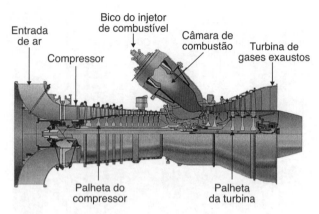

Figura 16.9 Detalhe da câmara de combustão de uma turbina a gás natural.

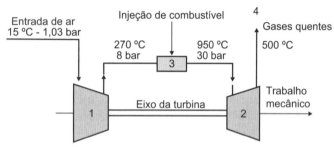

Figura 16.10 Princípio de funcionamento de uma turbina a gás natural.

massa de ar comprimida que sai do compressor é conduzida para o interior da câmara de combustão, onde se mistura com o combustível injetado, e a outra parte é conduzida para o exterior da referida câmara e tem como finalidade resfriá-la. A massa de ar atmosférico oferece o oxigênio necessário ao processo de combustão. Devido à elevação de temperatura dos gases formados pelo combustível injetado (gás natural ou óleo diesel fluido) e da massa de ar no interior da câmara de combustão, há uma grande expansão desses gases, que são conduzidos à turbina a uma temperatura de cerca de 950 °C, a uma pressão de 30 bar. Após sua expansão no interior da turbina em seus vários estágios, os gases são levados ao meio ambiente já a uma temperatura de cerca de 500 °C e à pressão atmosférica. Apenas parte da energia gerada pelos gases aquecidos no interior da turbina é convertida em trabalho mecânico, que é transferido ao gerador de energia elétrica que está acoplado mecanicamente ao eixo da turbina. A maior parte é conduzida à atmosfera em forma de perda.

A Figura 16.11 mostra a vista interna de uma turbina, detalhando a montagem de suas palhetas, em forma de anéis, em torno de seu eixo.

Vale salientar que todo calor das turbinas que pode ser recuperado está contido nos gases exaustos.

A pressão do gás natural disponível nos gasodutos normalmente varia entre 20 e 100 bar. Já a pressão necessária ao funcionamento das turbinas de grande porte, por exemplo, é da ordem de 38 bar. Assim, muitas vezes, é necessário instalar uma estação de recompressão nas proximidades da usina. Já para os motores a gás, a pressão necessária é de cerca de 2 a 5 bar, normalmente atendida pela maioria da rede de gasodutos.

A Figura 16.12 mostra a vista externa de uma turbina industrial, detalhando seus principais elementos.

O comportamento dos gases em uma turbina é explicado na análise do chamado ciclo de Brayton.

16.2.2.3.1 Ciclo de Brayton

O ciclo de Brayton, também denominado ciclo de Joule, é a forma como os gases submetidos a diferenças de pressão e temperatura são capazes de gerar energia mecânica de utilização.

O gráfico P-V da Figura 16.13 mostra o ciclo de Brayton, a partir do qual será explicado o processo, no qual são utilizados três diferentes equipamentos, ou seja, o compressor, a câmara de combustão e a turbina propriamente dita, sendo o compressor e a turbina responsáveis pelo processo de produção de energia. Considerar determinada quantidade

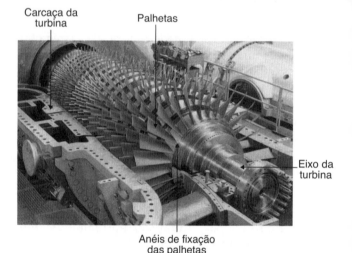

Figura 16.11 Detalhes da posição das palhetas no rotor da turbina a gás natural.

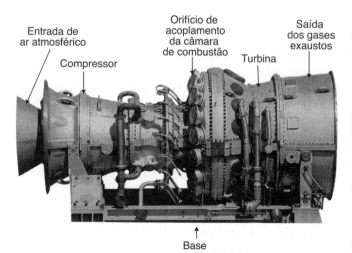

Figura 16.12 Vista externa de uma turbina a gás natural.

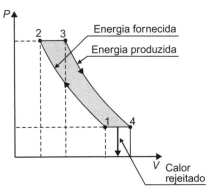

Figura 16.13 Diagrama P × V.

de ar isentropicamente comprimida pelo compressor no processo 1–2 e injetada na câmara de combustão, na qual há uma forte redução do volume e aumento da pressão. Durante esse estágio, será fornecida ao sistema determinada quantidade de trabalho. Na câmara de combustão, é fornecido certo volume de gás, formando uma mistura gás-ar. Ao longo do processo 2–3, à pressão constante, fica adicionada determinada quantidade de calor. Já no processo 3–4, onde a mistura gás-ar (gás superaquecido) é conduzida ao interior da turbina propriamente dita, expande-se isentropicamente até sua pressão inicial, no ponto 4, e o calor é rejeitado, produzindo trabalho. Em um processo fechado, o gás é resfriado até a temperatura inicial, a do ponto 1, onde é reinjetado no compressor, no estado do ponto 1, recomeçando o ciclo. Na prática, o ar de escape não é reconduzido ao compressor, mas o compressor retira constantemente o ar da atmosfera na temperatura do ponto 1.

O mesmo processo é explicado também no diagrama T × S da Figura 16.14, tomando-se como base o conceito de *entropia*. Assim, em um processo internamente irreversível, a variação da entropia de uma substância, fornecendo ou recebendo calor, pode ser definida pela Equação (16.1):

$$dS = \frac{dQ}{T} \quad (16.1)$$

dQ = calor transferido à temperatura T.

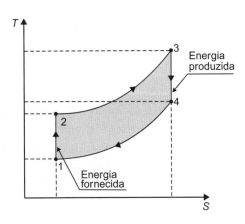

Figura 16.14 Diagrama da entropia T × S.

16.2.2.4 Turbina a vapor

A produção de energia elétrica ocorrida no final do século XIX e início do século XX foi praticamente dominada pelas turbinas a vapor, utilizando como combustível primário a lenha extraída das florestas ou o carvão mineral.

Até hoje as turbinas a vapor estão presentes na maioria das grandes unidades de geração a combustível gasoso, aumentando, consideravelmente, a eficiência do ciclo para geração de energia nas suas diversas formas.

O funcionamento das turbinas a vapor é explicado pela análise do denominado ciclo Rankine, ou simplesmente ciclo a vapor, e que consiste em quatro processos distintos, cujos elementos básicos do ciclo estão contidos na Figura 16.15.

Uma bomba de alimentação de água (2) conduz esse líquido saturado até um gerador de vapor, ou simplesmente caldeira, para a qual é fornecida determinada quantidade de energia em forma de calor Q. A água contida no interior da caldeira toma a forma de vapor (3), que é conduzido (4) a uma turbina a vapor. O vapor expande-se isentropicamente no interior da turbina (5), realizando trabalho mecânico no seu eixo, que a deixa e é conduzido (6) a um condensador, que tem a função de absorver o calor contido no vapor até condensá-lo. Isso é realizado pela água, à temperatura natural, utilizada pelo condensador para o resfriamento do vapor. Nesse ponto, o vapor condensado é bombeado (1) pela bomba de alimentação, recomeçando todo o processo do ciclo Rankine, cujos diagramas T-S e H-S estão mostrados nas Figuras 16.16 e 16.17.

A perda de energia térmica no condensador, que reduz a eficiência do processo, é necessária para evitar que o líquido resfriado que sai da turbina forme bolhas, originando o processo de cavitação da bomba e o dano consequente.

A Figura 16.18 mostra uma turbina a vapor de médio porte, indicando-se seus principais componentes.

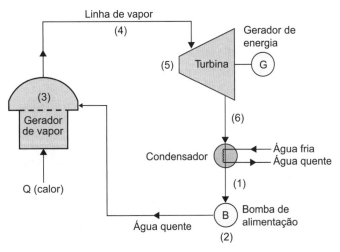

Figura 16.15 Esquema básico de funcionamento do ciclo Rankine.

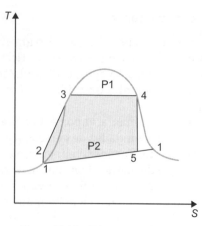

Figura 16.16 Diagrama T × S.

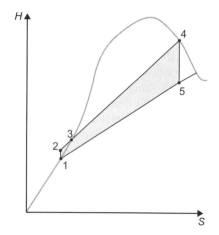

Figura 16.17 Diagrama da entropia H × S.

16.3 Dimensionamento de usinas termelétricas

O critério para o dimensionamento de uma usina termelétrica está relacionado com os seguintes aspectos:

- necessidade de suprimento do mercado regional de energia elétrica;
- valor da carga elétrica a ser suprida;
- natureza da carga elétrica;
- disponibilidade do tipo de combustível: gás natural, óleo diesel, carvão mineral etc.;
- tipo de usina a ser adotada: ciclo aberto, ciclo fechado, autogeração, cogeração;
- sistema de transmissão de energia para escoamento da energia gerada.

A eficiência das usinas termelétricas empregando turbinas ou motores está intimamente ligada às seguintes condições:

- altitude do local de instalação;
- temperatura ambiente;
- temperatura do meio refrigerante;
- umidade relativa do ar;
- tipo de combustível empregado.

Figura 16.18 Vista externa de uma turbina a vapor.

A construção de uma usina termelétrica produtora de energia é precedida de uma série de eventos, que pode variar em função das condições econômicas e políticas de cada país. Essas usinas podem ser construídas no interior de uma grande indústria ou em local independente. De forma geral, pode-se roteirizar a construção desse tipo de fonte de geração na seguinte sequência:

a) Primeira fase

- Caracterização do mercado de energia elétrica, quanto ao seu crescimento e oferta de geração.
- Definição da carga a ser suprida.
- Definição do financiamento do projeto: financiamento tradicional ou por meio de uma operação do tipo *project finance*.
- Definição dos incentivos fiscais por parte dos governos municipais, estaduais e federal.
- Política tributária.
- Localização da área em que será construído o empreendimento.
- Estudo de viabilidade de conexão da usina com a rede elétrica pública.
- Elaboração do Estudo de Impacto Ambiental (EIA) e do Relatório de Impacto Ambiental (RIMA) ou simplesmente EIA-RIMA.

b) Segunda fase

- Definição do contrato de fornecimento da energia a ser gerada: contrato de compra e venda de energia para operação contínua (operação *inflexível*) ou para despacho da usina pelo órgão de controle do sistema elétrico por necessidade de geração (operação flexível), que, no Brasil, é de responsabilidade do Operador Nacional do Sistema (ONS).
- Definição dos contratos de conexão, denominados Contrato de Conexão da Distribuição (CCD) e Contrato de Conexão da Transmissão, e dos contratos de uso do sistema, Custo do Uso do Sistema de Distribuição (CUSD) e Custo do Uso do Sistema de Transmissão (CUST).

- Definição do tipo de máquina a ser adquirida: contatos com os fabricantes de turbinas e demais componentes de uma planta termelétrica.

c) Terceira fase
- Elaboração do projeto executivo.
- Especificação dos equipamentos empregados.
- Aquisição dos equipamentos.

d) Quarta fase
- Construção da usina.
- Construção do sistema de transmissão.

e) Quinta fase
- Comissionamento.
- Operação comercial.

16.3.1 Usinas termelétricas a motor com combustível líquido

Enquadram-se nesta categoria as usinas termelétricas a motores movidos a óleo diesel ou a óleo combustível ou a outros tipos de óleo mais pesados.

Com o crescente interesse pela geração distribuída, os motores a combustível líquido, notadamente os motores a óleo combustível, voltaram a ganhar mercado. Sua popularidade é grande por causa da flexibilidade de montagem, instalação em qualquer ponto de utilização, já que só depende de caminho de acesso para o transporte do combustível, maior número de profissionais com conhecimento de manutenção e operação etc.

Vale registrar que, nos últimos tempos, os motores a combustão interna, conhecidos também como MCI, sofreram uma grande evolução tecnológica com o emprego da eletrônica de potência, que tornou possível gerenciar seu funcionamento, tanto no controle das emissões de poluentes e redução do nível de ruído, quanto na introdução de novos componentes mecânicos, como, por exemplo, a substituição do carburador pela injeção eletrônica. Essa evolução tecnológica também trouxe ganhos preciosos no rendimento desses motores, cuja eficiência aumenta quanto maior for sua potência nominal.

A distribuição média de produção e perda de energia de uma usina termelétrica a motor diesel pode ser conhecida no gráfico da Figura 16.19.

Os geradores das usinas termelétricas devem ser especificados para quatro diferentes tipos de aplicações:

- Geradores industriais

São aqueles fabricados para atender às cargas consideradas normais, como iluminação, motores, resistores etc.

- Geradores marinizados

São aqueles fabricados para aplicação em áreas extremamente agressivas. Como existem peças fabricadas especialmente para atender a esse requisito, seu custo é significativamente elevado.

- Geradores navais

São aqueles fabricados para aplicação em embarcações, devendo obedecer a requisitos de segurança previstos em norma.

- Geradores para telecomunicação

São aqueles fabricados com características específicas de forma a evitar interferência no sistema de telecomunicação, alimentando cargas de alto conteúdo harmônico devido à presença de retificadores em abundância.

16.3.1.1 Determinação da potência nominal

A potência das unidades de geração deve ser definida de forma que a usina termelétrica opere com pelo menos 50 % da carga nominal. Para níveis de geração inferiores, isto é, fator de carga menor que 30 %, resulta na operação da máquina primária a temperaturas abaixo da temperatura adequada para a realização de uma combustão completa, provocando a deterioração do óleo lubrificante.

Algumas informações básicas devem ser conhecidas antes do dimensionamento de uma usina termelétrica, seja ela de pequeno, médio e grande portes:

- natureza da carga a ser alimentada: iluminação, motores de indução, fornos a arco etc.;
- características do local de instalação: altitude, temperatura ambiente, nível de poluição e natureza dos contaminantes;
- regime de operação: emergência, horário de ponta de carga e regime permanente (*base load*).

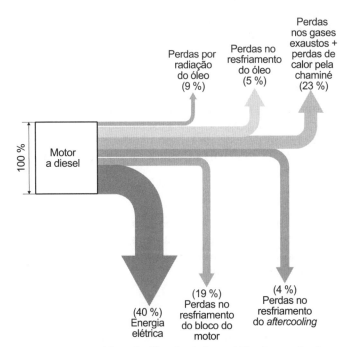

Figura 16.19 Gráfico de distribuição média de produção e perda de energia de usina a motor a diesel.

O número de unidades de geração que compõem uma usina termelétrica deve ser função do nível de contingência requerido, evitando-se, por conseguinte, a rejeição de carga. Para um nível de contingência $N_{ug} - 2$, o maior fator de carga obtido é dado pela Equação (16.2):

$$F_c = \frac{N_{ug} - 2}{N_{ug} - 1} \qquad (16.2)$$

N_{ug} = quantidade de unidades de geração que compõem a usina.

Assim, uma usina com 16 unidades de geração pode operar com um $F_c = 0,92$, atendendo à condição para quando duas unidades de geração estiverem fora de operação:

$$F_c = \frac{N_{ug} - 2}{N_{ug} - 1} = \frac{15 - 2}{15 - 1} = 0,92$$

A potência da usina é definida a partir do diagrama das potências ativas e reativas. A potência ativa fornecida pela máquina depende das condições locais de sua instalação, conforme já comentado anteriormente, das características da carga, das variações de carga no tempo e da necessidade de sobrecarga durante o regime de operação. A norma ISO 3046-1 para motores a diesel estabelece três diferentes valores de potência da máquina, sendo normalmente encontrada no catálogo dos fabricantes:

a) **Potência nominal**

É aquela declarada pelo fabricante da máquina.

b) **Potência básica**

É aquela que o motor pode fornecer no seu eixo durante um período de tempo limitado. Assim, pode-se ter uma máquina com potência básica de 80 % da potência nominal e 100 % de sua capacidade durante um período de tempo anual de 500 horas.

c) **Potência contínua**

É aquela que o motor pode fornecer continuamente operando com carga igual a 100 % de sua potência nominal, durante um período de tempo não limitado, com possibilidade de sobrecarga de 10 % durante duas horas a cada 24 horas.

d) **Potência de emergência**

É a máxima potência que o motor pode fornecer no seu eixo durante um período limitado e definido pelo fabricante, normalmente referido a um ano e, em geral, inferior a 500 horas anuais.

e) **Potência intermitente**

É aquela que o motor pode fornecer durante 3.500 horas ao ano, normalmente expressa nos catálogos dos fabricantes.

De forma geral, a queda de tensão nos terminais do gerador não deve ser superior a 15 % e a frequência não deve variar mais de 10 % em relação à frequência nominal. Em alguns casos, pode-se admitir uma queda de tensão de até 20 %, quando existirem motores elétricos durante o processo de partida. No entanto, podem-se estabelecer valores limites inferiores, a depender da sensibilidade da carga.

Os geradores, de forma geral, são dimensionados para operar com fator de potência igual a 0,80, podendo alimentar a maioria das cargas industriais.

Um dos fatores que influenciam na potência líquida fornecida pela usina de geração é o comprimento dos dutos de tomada de ar e de exaustão dos gases quentes. Muitas vezes, em razão da localização da usina de geração, esses dutos são projetados com grandes extensões. Outro cuidado a ser tomado refere-se à posição da tomada de ar, que deve ficar distante da posição dos gases de exaustão. Neste caso, sua localização deve ser definida pela direção dos ventos.

A Tabela 16.3 informa os dados básicos de unidades de geração montadas pela empresa brasileira Stemac – Grupos Geradores, o maior fornecedor nacional de grupos motor-gerador.

Cabe salientar que a potência do motor a diesel varia em conformidade com a velocidade do eixo do motor. No caso de motores a diesel aplicados a geradores de corrente alternada, a velocidade do eixo do motor pode variar levemente. No caso de motores a diesel aplicados a geradores de corrente contínua, como em locomotivas a diesel-elétricas, a velocidade do motor diesel pode variar em uma grande faixa de valores. Neste caso, são utilizados motores a diesel apropriados. A Tabela 16.4 fornece a variação da potência de um motor a diesel de fabricação Guascor, em função da velocidade do eixo.

16.3.1.1.1 Usinas de autoprodução

É, por definição, a usina de geração concebida para gerar somente energia elétrica para as necessidades próprias do empreendedor, podendo vender o excesso de energia gerada para terceiros.

O uso de unidades de geração com fornecimento de potência contínua ocorre em locais em que a concessionária não dispõe de rede de energia elétrica pública ou quando a indústria opta por uma unidade de autogeração.

Para se dimensionar uma unidade de geração, voltada para atender cargas variáveis, de tipo e potência, devem-se seguir as seguintes instruções:

- somar todas as cargas lineares da instalação industrial, dadas em kW;
- somar todas as cargas não lineares da instalação industrial, dadas em kW;
- avaliar a distorção harmônica da carga, se houver;
- determinar a corrente de partida do maior motor da instalação;
- é aconselhável que o gerador seja dimensionado para uma potência nominal de 10 % acima dos

Tabela 16.3 Informações técnicas de unidades de geração a óleo diesel — Stemac

Potência do gerador				Características do motor				Dimensões			Peso
Contínua		Intermitente		Fabricante	Modelo	Pot. mec.	Núm. de cilindros	Comp.	Largura	Altura	
kVA	kW	kVA	kW			cv		mm	mm	mm	kg
10,5	8,4	11,7	9,4	Lombardini	LDW 602	16	2	1120	530	750	120
21	16,8	23,4	18,7	Lombardini	LDW 1204	33,2	4	1270	530	800	185
37	30	40	32	MWM	D229-3	50	3	1745	720	1170	765
50	40	55	44	MWM	D229-4	66	4	1880	720	1170	840
78	62	81	65	MWM	D229-6	99	6	2150	720	1160	1030
77	61,5	86	67	Cummins	4BT3.9-GE	103	4	1730	625	1230	690
106	85	115	92	MWM	TD229EC-6	137	6	2300	720	1310	1140
122	98	135	108	Cummins	6BT5.9-G2	168	6	2240	960	1400	1010
141	113	150	120	MWM	6.10T	180	6	2695	1020	1525	1270
150	120	170	136	Cummins	6CT8.3-G	209	6	2580	960	1400	1280
168	134	180	144	MWM	6.10TCA	215	6	2840	1020	1525	1490
180	144	200	160	Cummins	6CTA8.3-G1	239	6	2720	960	1400	1530
210	168	230	184	Cummins	6CTA8.3-G2	281	6	2720	960	1400	1570
230	184	255	204	Cummins	6CTAA8.3-G	317	6	2720	960	1400	1570
260	208	290	232	Mercedes	OM-447 A	300	6	2690	1110	1870	1510
280	224	310	248	Cummins	NT855-G4	380	6	3260	1000	1800	2650
310	248	340	272	Cummins	NT855-G5	395	6	3260	1000	1800	2820
325	260	360	288	Cummins	NT855-G6	441	6	3260	1000	1800	2820
345	276	380	304	Cummins	NTA855-G2	471	6	3290	1000	1800	2980
405	324	450	360	Volvo	TAD1232BR	533	6	3000	1090	1680	2390
405	324	450	360	Cummins	NTA855-G3	542	6	3290	1000	1900	3140
438	350	500	400	Volvo	TWD1630GE	605	6	3125	1173	1780	2630
505	404	557	445	Volvo	TAD1630GE	672	6	3325	1090	1826	2980
513	450	563	450	Daewoo	P180LE	734	10V	2800	1400	1700	2880
513	410	563	450	Cummins	KTA19-G3	695	6	3962	1524	1971	4672
556	500	625	500	Daewoo	P180LE	734	10V	2800	1400	1700	2880
569	455	625	500	Cummins	KTA19-G4	765	6	3962	1524	1971	4672
569	455	631	504	Volvo	TAD1631GE	759	6	3325	1260	1826	3040
676	541	750	600	Daewoo	P222LE	883	12V	3500	1400	1800	2540
681	545	750	600	Cummins	VTA28-G5	913	12V	4305	1830	2242	7149
900	720	1000	800	Cummins	QST30-G2	1217	12V	4361	1743	2328	7973
1023	818	1125	900	Cummins	QST30-G3	1369	12V	4361	1743	2328	7973
1125	900	1250	1000	Cummins	QST30-G4	1510	12V	4361	1980	2547	7973
1375	1100	1563	1250	Cummins	KTA50-G3	1876	16V	5651	2276	2507	11435
1600	1280	1941	1553	Cummins	KTA50-G9	2251	16V	5651	2276	2507	11553
2000	1600	2188	1750	Cummins	QSK60-G5	2591	16V	6251	2789	3175	15875
2250	1800	2500	2000	Cummins	QSK60-G6	2961	16V	6251	2789	3175	15875

valores da soma das cargas lineares e não lineares (para valores inferiores a 20 % da carga total e distorção harmônica menor ou igual a 5 %);

- a partida do maior motor não deve provocar uma queda de tensão no gerador superior a 20 %.

A potência nominal de uma usina termelétrica para atender a uma demanda constituída por grande quantidade de cargas de pequena capacidade é definida praticamente pela soma de todas as cargas unitárias da instalação. No entanto, quando a instalação é constituída por motores de grande capacidade, comparada com a potência nominal da usina termelétrica, é necessário que se determine o valor da queda de tensão na partida desses motores, a fim de não prejudicar a operação das unidades geradoras. A queda de tensão limite admitida pelos geradores durante a partida dos motores é de 20 %, aconselhando-se, no entanto, adotar valores inferiores, como, por exemplo, 15 %.

Tabela 16.4 Dados de desempenho do motor a óleo diesel

Velocidade (rpm)	Potência básica (kW)	Torque (N.m)	BMEP (kPa)	Consumo (L/h)	BSFC* (g/kW.h)
1.300	783	5.752	1.397	197,1	211
1.200	676	5.383	1.307	168,4	209
1.100	570	4.948	1.201	142,1	209
1.000	463	4.425	1.075	118,5	215
900	356	3.787	919	98,6	222

(*) BSFC: Basic Specific Fuel Consumption.

Também se pode acrescentar que a potência aparente de partida do motor elétrico não deve ser superior a 120 % da potência nominal do gerador. Assim, um motor de 250 cv/IV polos/380 V, cuja corrente de partida direta é 6,8 vezes a corrente nominal, ou seja, 6,8 × 327,4 = 2.226,3 A, que corresponde à potência de partida de $P_p = \sqrt{3} \times 0,38 \times 2.226,3 = 1.465,3$ kVA, necessita de um gerador com potência nominal de 1.221 kVA, ou seja, $P_{ng} = 1.465,3/1,2 = 1.221$ kVA. Daí a necessidade de acionamento do motor compensado para evitar o superdimensionamento do grupo motor-gerador.

As estações de bombeamento de água e esgoto são exemplos de instalações em que existem grandes motores elétricos em pequena quantidade e que solicitam dos geradores potências de partida elevadas.

Muitas vezes, deve-se elevar a capacidade da usina termelétrica somente para atender à exigência da queda de tensão na partida dos motores. Assim, é importante que o ajuste das chaves de comando seja efetuado para permitir a menor corrente de partida com o maior torque possível dos motores nesta condição. A partida direta é o processo mais crítico para as usinas de geração, enquanto o acionamento a partir da chave estrela-triângulo é o menos severo, sem contar com o emprego dos inversores, cujo preço é extremamente elevado.

A instalação de inversores ajustados para permitir uma corrente de partida praticamente igual à corrente de carga do motor permite selecionar a capacidade das usinas geradoras com baixos valores.

A determinação da queda de tensão no gerador em função do acionamento dos motores pode ser obtida a partir da seguinte metodologia de cálculo:

a) **Dados do motor elétrico**
 - Potência nominal, em cv.
 - Tensão nominal, em V.
 - Corrente nominal, em A.
 - Relação entre corrente de partida/corrente nominal.
 - Fator de potência do motor.
 - Fator de potência na partida do motor: normalmente é igual a 0,30.
 - Rendimento.
 - Tipo de chave de acionamento do motor: partida direta, estrela × triângulo, compensadora, soft-starter e inversor de frequência.

b) **Dados da carga**
 - Ajuste da tensão de partida da chave ou corrente limitadora de partida do motor.
 - Capacidade do restante da carga, em kVA.
 - Fator de potência da carga restante, em kVA.

c) **Dados do gerador**
 - Potência nominal do gerador ou das unidades de geração.
 - Número de geradores em paralelo.
 - Fator de potência do gerador.
 - Reatância transitória do eixo direto (X_d') do gerador.
 - Máxima queda de tensão permitida nos terminais do gerador, em %.

d) **Cálculo da queda de tensão nos terminais do gerador**

Da Equação (16.3), tem-se:

$$\Delta V\% = X_d' \times I_p \ (\%) \tag{16.3}$$

X_d' = reatância transitória do eixo direto (a Tabela 16.5 fornece a reatância média de geradores de várias potências nominais);

I_p = corrente de partida do motor; esse processo de cálculo foi estudado no Capítulo 7.

$\Delta V\% \leq \Delta V_p\%$, sendo $\Delta V_p\%$ a queda de tensão máxima permitida pelo gerador.

e) **Dimensionamento do gerador diferentemente para regime intermitente e para regime contínuo**
 - Regime contínuo: funcionamento 24 horas com capacidade de sobrecarga de 10 %, durante duas horas a cada 24 horas.
 - Regime intermitente: funcionamento no máximo de 3.500 horas por ano, sem sobrecarga.

A determinação da potência nominal de uma usina termelétrica depende do tipo de carga a ser alimentada e da potência dos motores presentes, notadamente aqueles de grande capacidade nominal, cuja corrente de partida possa provocar uma queda de tensão superior aos limites anteriormente estabelecidos.

A potência nominal de uma usina termelétrica pode ser determinada a partir da Equação (16.4):

$$P_{ng} = K \times \sum P_{cnl} + 1,10 \times \sum P_{cl} \tag{16.4}$$

P_{cnl} = potência das cargas não lineares;
P_{cl} = potência das cargas lineares;
$K = 1$ = quando a distorção harmônica for inferior a 5 %;

Usinas de geração industrial

Tabela 16.5 Valores médios de reatância dos geradores

Potência - kVA cos(â) = 0,8		Rendimento		Reatâncias								
50 Hz	60 Hz	50 Hz	60 Hz	Xd (%)	X'd (%)	X"d (%)	Xq (%)	X'q (%)	X"q (%)	X₂ (%)	X₀ (%)	T'_do (ms)
12	22	83,3	84,2	182	16,5	9,4	76	76	21	14,2	3,2	45
27	33	84,5	86,4	219	17,3	11,7	99,8	99,8	32	21,8	2,8	61,3
39	47	87,2	88,7	184	16,2	10,3	77,6	77,6	23	16,8	2,6	50
56	68	88,5	89,6	293	12,4	6,4	119,4	119,4	37,4	21,9	2,8	66
82	100	91	92,5	171	17,9	10,3	68,5	68,5	37,4	23,8	2,7	54
100	120	91,2	92,7	289	26,4	11,6	142,8	142,8	29,4	20,5	2,7	67,3
120	150	91	92	304	12,8	7,3	146,5	146,5	25,7	16,5	2,6	79
150	180	91,7	93,5	213	10,1	6,3	94,5	94,5	20,8	13,5	2,8	81
180	220	92,5	94,5	225	10,8	6,7	242,3	242,3	27,3	17	2,5	85
220	270	91,7	93,5	235	18,2	10,2	145	145	22,5	16,3	2,6	94
270	330	92,5	94,5	223	20,5	12,4	130	130	20,1	16,2	2,3	105
330	390	92,8	95	210	21	13,5	120	120	26,4	20	2	107
390	470	92	93	337	26,5	16,5	140	140	25,4	20,9	3,1	118
470	560	92,4	93,4	263	27,6	18,3	162	162	23,4	20,8	2,9	125
560	680	92,4	93,7	282	28,2	18,7	152	152	24,2	21,4	3,2	138
680	820	92,9	93,9	340	18,5	9,6	145	145	20,4	15	3,2	225
820	1000	92,9	94,9	374	16,6	7,8	154	154	19,4	13,6	3,7	234
1000	1200	94,9	95,1	350	19,6	10,1	148	148	129,6	14,8	3,5	245

Xd = reatância síncrona; X'd = reatância transitória do eixo direto; X"d = reatância subtransitória do eixo direto; Xq = reatância síncrona do eixo em quadratura; X'q = reatância transitória do eixo em quadratura; X"q = reatância subtransitória do eixo em quadratura; X₂ = reatância de sequência negativa; X₀ = reatância de sequência zero; T'_do = constante de tempo transitória.

Exemplo de aplicação (16.1)

Uma estação de esgoto de uma unidade industrial deverá ser suprida de forma contínua por uma usina termelétrica a óleo diesel. A estação de esgoto é constituída por três bombas de 250 cv/380 V–IV polos, operando somente duas de forma permanente, enquanto a outra é mantida reserva. Determinar a capacidade da unidade de geração que permita a partida de uma bomba com a outra já em operação. A máxima queda de tensão permitida na partida do motor é de 15 %, na condição de partida direta do mesmo.

a) Determinação da carga de demanda da instalação de forma permanente

$$D_{máx} = \frac{2 \times 250 \times 0,736}{0,95 \times 0,87} = 445,2 \text{ kVA}$$

$$D_{máx} = \frac{2 \times 250 \times 0,736}{0,95} = 387,3 \text{ kW}$$

$$\eta = 0,95$$

$$F_p = 0,87$$

b) Determinação da capacidade da usina de geração (valor inicial)

Da Tabela 16.3, seleciona-se um grupo gerador de 405 kW:

$$P_{ng} = \frac{404}{0,80} = 505 \text{ kVA}$$

$$F_{pg} = 0,80 - \text{fator de potência do gerador}$$

c) Valores de base

$$V_b = 0,38 \text{ kV}$$

$$P_b = 505 \text{ kVA}$$

$$I_b = \frac{505}{\sqrt{3} \times 0,38} = 767,2 \text{ A}$$

d) Cálculo da impedância por fase do gerador

Da Tabela 16.5, pode-se obter para um gerador com capacidade nominal próxima o valor de $X'_d = 27,6\ \%$. Logo, a impedância por fase vale:

$$X'_{df} = 27,6\ \% = 0,276\ pu$$

$$X'_{dfg} = X'_{df} \times \frac{P_b}{P_{ng}} \times \left(\frac{V_{ng}}{V_b}\right)^2 = 0,276 \times \frac{505}{505} \times \left(\frac{0,38}{0,38}\right)^2 = 0,276 pu \text{ (na tensão e potência de base)}$$

e) Cálculo da impedância do motor

$$R = \frac{I_p}{I_n} = 6,8 \text{ (Tabela 6.4)}$$

$$X_m = \frac{1}{6,8} = 0,147 pu \text{ (na base da potência nominal do motor)}$$

$$P_{nmkVA} = \frac{250 \times 0,736}{0,95 \times 0,87} = 222,6 \text{ kVA}$$

$$X_{mb} = X_m \times \frac{P_b}{P_{nmkVA}} \times \left(\frac{V_{nm}}{V_b}\right)^2 = 0,147 \times \frac{505}{222,6} \times \left(\frac{0,38}{0,38}\right)^2 = 0,333 pu \text{ (na tensão e potência de base)}$$

f) Cálculo da corrente de partida do motor

$$I_p = \frac{1}{Z_m + Z_{mb}} = \frac{1}{jX_m + jX_{mg}} = \frac{1}{j0,276 + j0,333} = 1,64 pu$$

$$I_{pa} = 767,2 \times 1,64 = 1.258,2 \text{ A}$$

g) Cálculo da queda de tensão durante a partida direta do primeiro motor

$$\Delta V\% = Z_g \times I_p = X'_{dfg} \times I_p = 0,276 \times 1,64 = 0,452 pu = 45,2\ \%$$

Este resultado pode ser encontrado na planilha de cálculo da Tabela 16.6.

Logo, $\Delta V\% > 20\ \%$ (condição não satisfeita).

h) Cálculo da queda de tensão com a chave *soft-starter*

Será utilizada a chave *soft-starter*, com ajuste da tensão de rampa de 40 %:

$$I_p = 0,40 \times 1,64 = 0,656 pu$$

$$\Delta V\% = Z_g \times I_p = X'_{dfg} \times I_p = 0,276 \times 0,656 = 0,181 pu = 18,1\ \%$$

$$\Delta V\% > 20\ \% \text{ (condição satisfeita)}$$

Tabela 16.6 Determinação da queda de tensão na partida de motores elétricos

\multicolumn{5}{c}{Simulação de queda de tensão na partida de motores elétricos}
Item	Parâmetros	Unidade	Valores	Resultados
\multicolumn{5}{c}{Operação do primeiro motor}
1	Potência nominal do motor	cv	250	
2	Tensão nominal do motor	V	380	
3	Corrente nominal do motor	A	338,2	
4	Corrente de partida/corrente nominal	–	6,8	
5	Fator de potência nominal	–	0,87	
6	Rendimento		0,95	
7	Fator de potência na partida do motor		0,3	
8	Ajuste da tensão da chave partida	%	100	
9	Tensão base	kV	0,38	
10	Potência básica	kVA	505	
11	Número de geradores em paralelo	–	1	
12	Potência nominal ativa do gerador	kW	404	
13	Fator de potência do gerador	–	0,80	
14	Potência nominal do gerador	\multicolumn{2}{c	}{kVA}	505
15	Impedância do gerador	%	27,6	
16	Máxima queda de tensão na partida	%	20	
17	Potência do restante da carga	kVA	222,6	
18	Fator de potência da carga	–	0,87	
19	Corrente do restante da carga	\multicolumn{2}{c	}{A}	338,2
20	Potência aparente do motor	\multicolumn{2}{c	}{kVA}	222,6
21	Impedância nominal do motor na Pn	pu		0,147
22	Potência nominal da geração	kVA		505,0
23	Impedância do gerador na Pb	pu		0,276
24	Impedância paralelo dos geradores (Pb)	pu		0,276
25	Impedância do motor na Pb	pu		0,334
26	Impedância motor-gerador	pu		0,610
27	Corrente básica	A		767,3
28	Corrente de partida na base Pb	pu		1,640
29	Corrente de partida	A		1.258,7
30	Queda de tensão na partida	pu		0,453
		%		45,28
\multicolumn{5}{c}{Operação do segundo motor}
31	Ângulo do fator de potência do motor			29,541
32	Ângulo do fator de potência na partida	Graus		72,542
33	Ângulo do fator de potência da carga			29,541
34	Corrente ativa na partida	A		671,86
35	Corrente reativa na partida			1.367,49
36	Corrente ativa na partida ativa na Ib			0,88
37	Corrente reativa na partida na Ib	pu		1,78
38	Corrente total			1,99
39	Queda de tensão na partida	pu		0,55
		%		54,81

i) Cálculo da queda de tensão com a partida do segundo motor com o primeiro em operação (partida direta)

$$\text{arcos } 0,30 = 72,54°$$

$$\text{arcos } 0,87 = 29,55°$$

$$I_n = \frac{222,6}{\sqrt{3} \times 0,38} = 338,2 \text{ A}$$

$$I_{pW} = 338,2 \times \cos 29,55 + 1.258,2 \times \cos 72,54 = 671,7 \text{ A}$$

$$I_{p\text{var}} = 338,2 \times \text{sen} 29,55 + 1.258,2 \times \text{sen} 72,54 = 1.367,0 \text{ A}$$

$$I_{pa} = \sqrt{671,7^2 + 1.367,0^2} = 1.523,1 \text{ A}$$

$$I_p = \frac{I_{pa}}{I_b} = \frac{1.523,1}{767,2} = 1,989 pu$$

$$\Delta V \% = 0,276 \times 1,989 = 0,548 = 54,8 \text{ \% (condição não satisfeita)}$$

Este resultado pode ser encontrado na planilha de cálculo Excel da Tabela 16.6. Neste caso, deve-se tentar reduzir o valor da tensão de partida da chave *soft-starter* ou utilizar inversor de frequência.

 Exemplo de aplicação (16.2)

Uma indústria, cujos dados estão adiante mencionados, deseja ampliar suas instalações e ao mesmo tempo estudar a viabilidade técnica e econômica para a aquisição de uma usina termelétrica com a finalidade de suprir toda a carga atual e a instalar. A potência máxima medida integrada em 15 minutos é de 9.510 kW (medidor da concessionária).

a) **Levantamento da carga**

O levantamento da carga em operação a ser alimentada pela usina termelétrica conduziu aos seguintes resultados:

- 4 + 1 motobombas de 2.200 cv, operando na tensão de 6.600 V (funcionam apenas quatro ao mesmo tempo);
- 2 motobombas de 2.000 cv, operando na tensão de 6.600 V;
- 6 motores de 5 cv/380 V (funcionam apenas quatro motores);
- carga de iluminação: 130 kVA com $F_p = 0,85$;
- 1 bomba de sulfato de 25 cv/380 V;
- 1 compressor de 25 cv/380 V.

As características dos motores principais existentes são:

- Tipo do motor: assíncrono trifásico com rotor do tipo gaiola de esquilo.
- Potência nominal .... 2.200 cv
- Tensão nominal .... 6.600 V
- Fator de serviço 1,15
- Conjugado nominal .... 13.152 Nm
- Conjugado de partida .... 75 % × Cn
- Conjugado máximo .... 175 % × Cn
- $X'_d = 18$ % (reatância síncrona do eixo direto fornecida pelo fabricante e que pode ser comparada com os valores da Tabela 16.5).

- Condições de carga (%) .... 110 – 100 – 75 – 50 – 25
- Fator de potência .... 0,90 – 0,90 – 0,90 – 0,89 – 0,78
- Rendimento (%) .... 94,0 – 94,7 – 95,1 – 94,9 – 92,4
- Corrente (A) .... 207 – 185 – 136 – 92 – 33
- Corrente de partida (100 % da tensão) .... 740 A
- Corrente de partida a 60 e 80 % da tensão .... 420 A e 570 A
- Corrente com rotor bloqueado .... 740 A
- Potência de partida .... 7.690 kVA
- Tempo máximo permitido para cada partida .... 18 segundos

As características dos motores de 2 × 2.000 cv a serem instalados são:

- Tipo do motor: assíncrono trifásico.
- Potência nominal .... 2.000 cv
- Número de polos 6
- Rotação (síncrona) .... 1.200 rpm
- Tensão nominal .... 6.600 V
- Frequência nominal .... 60 Hz
- Regime de funcionamento .... Contínuo (S1)
- Fator de serviço 1,10
- Classe de isolação .... F
- Elevação de temperatura .... 150 °C
- Temperatura de proteção do motor .... 80 °C
- Graus de proteção IP-23
- Método de resfriamento .... Autoventilado

b) **Cálculo da potência nominal das cargas**

$$P_{cng} = \sum P_{mb} + \sum P_c$$

P_{mb} = potência nominal das motobombas principais;
P_c = potência nominal das demais cargas;
P_{cng} = potência das cargas a serem ligadas à unidade de geração:

$$P_{cng} = (4 \times 2.200 + 2 \times 2.000 + 4 \times 5 + 2 \times 25) \times 0,736 + 130 \times 0,85 = 9.582 \text{ kW}$$

Foram realizados levantamentos e medições nos terminais do motor de 2.200 cv/6,6 kV, por meio dos transformadores de corrente e potencial, obtendo-se os seguintes resultados:

- RTP 6.600/115: 57,39
- RTC 300-5: 60
- Corrente medida em operação contínua .... 115 V
- Tensão medida na partida .... 105 V
- Corrente em operação contínua .... 2,54 A
- Corrente de partida .... 123,4 A
- Fator de potência em operação contínua 0,91
- Fator de potência na partida 0,33
- Potência ativa em operação contínua .... 460 W
- Potência ativa na partida .... 753 W

A partir dessas medidas, foram obtidos os seguintes resultados:

$$RTP = \frac{6.600}{115} = 57,39$$

$$RTC = \frac{300}{5} = 60$$

- Tensão medida em operação contínua

$$V_{op} = 115 \times RTP = 115 \times 57,39 = 6.600 \text{ V}$$

- Tensão medida durante a partida do motor de 2.200 cv

$$V_{cp} = 105 \times RTP = 105 \times 57,39 = 6.025 \text{ V}$$

- Queda de tensão na partida

$$\Delta V_p = \frac{6.600 - 6.025}{6.600} \times 100 = 8,7 \text{ \%}$$

- Corrente em operação contínua

$$I_{op} = 2,54 \times RTC = 2,54 \times 60 = 152,4 \text{ A}$$

- Corrente durante a partida

$$I_{op} = 12,34 \times RTC = 12,34 \times 60 = 740 \text{ A}$$

- Fator de potência em operação contínua

$$F_p = 0,91$$

- Fator de potência durante a partida

$$F_p = 0,33$$

- Potência ativa em operação contínua

$$P_{op} = \frac{460 \times RTP \times RTC}{1.000} = \frac{460 \times 57,39 \times 60}{1.000} = 1.583 \text{ kW}$$

- Potência ativa absorvida durante a partida

$$P_{op} = \frac{753 \times RTP \times RTC}{1.000} = \frac{753 \times 57,39 \times 60}{1.000} = 2.592 \text{ kW}$$

- Potência aparente absorvida durante a partida

$$P_{app} = \frac{P_{ap}}{F_{pp}} = \frac{2.592}{0,33} = 7.854 \text{ kVA}$$

- Corrente total durante a partida

$$I_p = \frac{7.854}{\sqrt{3} \times 6,6} = 687 \text{ A}$$

Usinas de geração industrial

- Fator de utilização

$$F_u = \frac{P_{op}}{P_{nm}} = \frac{1.583}{2.200 \times 0,736} = \frac{1.583}{1.619} = 0,97$$

Foram realizadas também medições nos terminais dos motores de 2.000 cv, obtendo-se o fator de utilização igual a 0,97.

c) **Cálculo da demanda máxima coincidente**

- Potência de demanda fora do horário de ponta de carga

$$P_{dfp} = \sum P_{mb} \times F_u + \sum P_m \times F_{uc} + \sum P_c \times F_{dc}$$

$$P_{dfp} = (4 \times 2.200 + 2 \times 2.000) \times 0,736 \times 0,97 + (4 \times 5 + 2 \times 25) \times 0,736 \times 0,90 \times 0,7 + 130 \times 0,85 \times 0,7$$

$F_{uc1} = 0,97$ (fator de utilização dos motores principais: valor calculado)
$F_{uc2} = 0,90$ (fator de utilização dos demais motores: valor admitido)
$F_{dc} = 0,70$ (fator de demanda das demais cargas: valor admitido)

$$P_{dfp} = 9.247 \text{ kW}$$

d) **Cálculo da potência nominal da usina termelétrica**

A usina termelétrica será dimensionada inicialmente para operar isolada da rede da concessionária local.

- Potência máxima demandada calculada: $P_{dpf} = 9.247$ kW
- Potência máxima medida integrada em 15 minutos: $P_m = 9.510$ kW

Nestas circunstâncias, será adotada a potência de demanda medida:

$$P_m = 9.510 \text{ kW}$$

Logo, a capacidade nominal da usina termelétrica será de:

$$P_{ng} = 1,15 \times 9.510 = 10.936 \text{ kW} \rightarrow P_{ngu} = 12.000 \text{ kW} \rightarrow P_{ng} = 3 \times 4.000 \text{ kW}$$

Esta alternativa permite um acréscimo de carga de até 10 % ao longo da operação da usina termelétrica.

e) **Cálculo da queda da tensão no gerador durante a partida do maior motor (2.200 cv)**

- Usina termelétrica operando isolada da rede pública

As reatâncias estão ligadas conforme a Figura 16.20. A queda de tensão no gerador vale:

$$\Delta V\% = Z \times I_p = X'_d \times I_p$$

$X'_d = 6\% = 0,06$ pu (reatância síncrona do eixo direto na base de 5.000 kVA e 6,6 kV)

$\Delta V\% \leq 20\%$ (queda de tensão máxima admitida pelo gerador)

$$P_{ng} = 4.000 \text{ kW}$$

$$P_{ng} = \frac{4.000}{0,80} = 5.000 \text{ kVA}$$

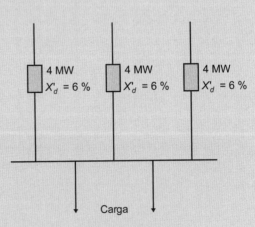

Figura 16.20 Usina de geração em operação isolada.

$$P_b = 5.000 \text{ kVA}$$

$$V_b = 6,6 \text{ kV}$$

$$I_b = \frac{5.000}{\sqrt{3} \times 6,6} = 437 \text{ A}$$

$I_p = 740$ A (valor de placa: corrente de rotor bloqueado)

$$I_{pnp} = \frac{I_p}{I_b} = \frac{740}{437} = 1,69 \text{ } pu \text{ (na base } P_b \text{ e } V_b)$$

$$X'_{dpb} = X'_{dp1} \times \frac{P_b}{P_{ng}} \times \left(\frac{V_{ng}}{V_b}\right)^2$$

$$X'_{dpb} = 0,06 \times \frac{5.000}{5.000} \times \left(\frac{6,6}{6,6}\right)^2 = 0,06 \text{ } pu \text{ (nas bases } P_b \text{ e } V_b)$$

Logo, a queda de tensão nos geradores em paralelo com o acionamento de um motor de 2.200 cv, sem a influência da carga, vale:

$$\Delta V_{pu} = X'_{dpb} \times I_{pup} = 0,06 \times 1,69 = 0,101 \text{ } pu$$

$\Delta V_{pu}\% = 10,1\% < 20\%$ (portanto, satisfaz a partida do maior motor).

Considerando a influência da carga, tem-se:

$$P_c = 9.510 - 2.200 \times 0,736 \times 0,97 = 7.939 \text{ kW}$$

$$P_c = \frac{7.939}{0,92} = 8.629 \text{ kVA}$$

O valor 0,92 corresponde ao fator de potência que a indústria deve manter durante sua operação.

$$I_c = \frac{8.629}{\sqrt{3} \times 6,6} = 755 \text{ A}$$

arcos $0,92 = 23,07°$

arcos $0,33 = 70,73°$

$$I_{dpa} = 755 \times \cos 23,07° + 740 \times \cos 70,73° = 939 \text{ A}$$

$$I_{dpr} = 755 \times \text{sen} 23,07° + 740 \times \text{sen} 70,73° = 995 \text{ A}$$

$$I_{dpt} = \sqrt{I_{dpa}^2 + I_{dpr}^2} = \sqrt{939^2 + 995^2}$$

$$I_{dpt} = 1.368 \text{ A}$$

I_{dpa} = corrente ativa no instante da partida.
I_{dpr} = corrente reativa no instante da partida.
I_{dpt} = corrente aparente total no instante da partida.

$$I_{pup} = \frac{I_{dpt}}{I_b} = \frac{1.368}{437} = 3,13 \text{ } pu$$

Logo, a queda de tensão durante a partida das motobombas de 2.200 cv com toda a carga existente em operação vale:

$$\Delta V_{pu} = X'_{dpb} \times I_{pup}$$

$$\Delta V_{pu} = 0{,}06 \times 3{,}13 = 0{,}188 \ pu = 18{,}8\ \%$$

$$\Delta V_{pu} = 18{,}8\ \% < 20\ \% \ (\text{condição crítica})$$

- Usina termelétrica operando em paralelo com a rede pública

Considerar a operação da usina termelétrica conectada em paralelo com a rede pública, de acordo com a Figura 16.21. Os valores básicos do sistema são:

- potência de curto-circuito nos terminais de 69 kV: 600 MVA;
- impedância do transformador de potência: 7,5 %.

$$X'_d = 6\ \% \ (\text{na base da potência nominal do gerador, de } P_{nt} = 4.000 \ \text{kW ou } 5.000 \ \text{kVA})$$

$$X'_d = 6\ \% = 0{,}06 \ pu$$

$$X_t = 7{,}5\ \% \ (\text{na base da potência nominal do transformador que é de } P_{nt} = 10.000 \ \text{kVA})$$

Admite-se, neste exemplo, que a reatância do transformador seja igual a sua impedância, devido ao valor da resistência ser muito pequeno.

$$X_{tb} = X_t \times \frac{P_b}{P_{nt}} \times \left(\frac{V_{nt}}{V_b}\right)^2 = 0{,}075 \times \frac{5.000}{10.000} \times \left(\frac{6{,}6}{6{,}6}\right)^2 = 0{,}0375 \ pu$$

Como as reatâncias dos transformadores estão em paralelo, tem-se:

$$X_{pt} = \frac{X_{t1} \times X_{t2}}{X_{t1} + X_{t2}} = \frac{0{,}0375 \times 0{,}0375}{0{,}0375 + 0{,}0375} = 0{,}01875 \ pu$$

A reatância do sistema de transmissão vale:

$$X_s = \frac{P_b}{P_{cc}} = \frac{5.000}{600.000} = 0{,}0083 \ pu$$

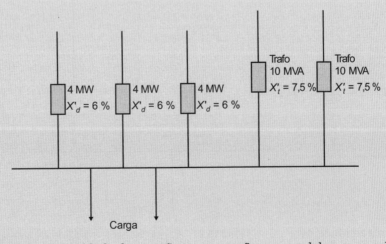

Figura 16.21 Unidade de geração em operação em paralelo com a rede.

A reatância total vale:

$$X_t = 0{,}01875 + 0{,}0083 = 0{,}02705\ pu$$

A reatância paralela entre os geradores, a rede pública de energia e os transformadores vale:

$$X_{gt} = \frac{X_g \times X_t}{X_g + X_t} = \frac{0{,}06 \times 0{,}02705}{0{,}06 + 0{,}02705} = 0{,}01864\ pu$$

A queda de tensão na partida do motor de 2.200 cv vale:

$$\Delta V_{pu} = X_{gt} \times I_{pup} = 0{,}01864 \times 3{,}13 = 0{,}058\ pu = 5{,}8\ \%$$

$$\Delta V_{pu} = 5{,}8\ \% < 20\ \% \text{ (condição plenamente satisfeita)}$$

f) **Simulações de contingência**

A partir dos resultados obtidos anteriormente, serão analisadas as condições de perda de uma unidade de geração para as diversas configurações estudadas.

Serão consideradas duas condições operacionais:

- Operação isolada da rede da concessionária

A condição assumida está mostrada na Figura 16.22.

$$X'_{dp} = \frac{6\ \%}{2} = 3\ \% = 0{,}03\ pu$$

$$\Delta V_{pn} = X'_{dp} \times I_{pnp}$$

$$\Delta V_{pn} = 0{,}03 \times 3{,}13 = 0{,}094\ pu = 9{,}4\ \%$$

$$\Delta V_{pn} = 28{,}0\ \% < 20\ \% \text{ (condição aceitável)}$$

- Operação em paralelo com a rede pública de energia

A condição assumida nesta simulação está mostrada na Figura 16.23.

$$X_{eq} = \frac{X_t \times X'_{dp}}{X_t + X'_{dp}} = \frac{0{,}02705 \times 0{,}03}{0{,}02705 + 0{,}03} = 0{,}0142\ pu$$

$$\Delta V_{pn} = 0{,}0142 \times 3{,}13 = 0{,}043\ pu$$

$$\Delta V_{pn} = 4{,}3\ \% < 20\ \% \text{ (condição plenamente satisfeita)}$$

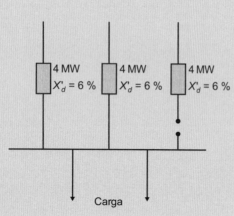

Figura 16.22 Falha de uma unidade de geração em operação isolada.

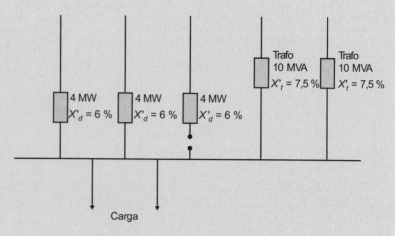

Figura 16.23 Falha de uma unidade de geração em operação paralela.

16.3.1.1.2 Usinas de cogeração

Este assunto será discutido na Seção 16.5.

16.3.1.1.3 Usinas de emergência

Se a usina termelétrica é destinada a serviço emergencial, devem-se considerar as seguintes condições de projeto:

- estudar e definir um sistema de rejeição de carga para evitar a saída intempestiva da geração;
- dimensionar a máquina considerando a corrente de partida dos motores elétricos acionados em conformidade com o tipo de chave de manobra, ou seja, diretamente da rede, chave *soft-starter* etc.;
- dimensionar a máquina para suportar a corrente de magnetização dos transformadores elevadores da unidade de geração;
- definir um sistema de partida rápida e confiável no instante da operação da unidade de geração;
- dimensionar um sistema em rampa para operar, momentaneamente, em paralelo com a rede pública da concessionária quando a unidade de geração é também destinada a suprir a unidade consumidora durante o horário de ponta de carga.

A Figura 16.24 mostra um esquema elétrico básico de uma unidade de geração de emergência. Nesse caso, observa-se que as unidades de geração podem operar em paralelo entre si e com a rede pública de energia elétrica.

A geração de emergência pode ser concentrada em um único ponto da planta industrial ou em vários pontos, dependendo do *layout* da indústria. Para indústrias de pequeno porte, normalmente a unidade de geração é projetada para fornecer energia em baixa-tensão, conectando-se ao QGF da subestação de potência. Para indústrias de médio e grande portes, a unidade de geração é dotada de uma subestação elevadora e conectada ao sistema industrial na média tensão, de acordo com a Figura 16.24. Há grandes vantagens em se concentrar a geração de emergência em um único ponto:

- custos menores por kVA instalado;
- custos menores para manter uma capacidade de reserva;
- facilidade de reversão da alimentação da concessionária para a unidade de geração.

Muitas aplicações de motores a diesel estão relacionadas com o suprimento de *nobreaks*, denominados UPS, em instalações onde não pode haver a ruptura do ciclo senoidal. Como as UPSs são constituídas de fontes chaveadas, produzindo tensões harmônicas, o dimensionamento das unidades de geração deve considerar esta condição, a não ser que o fabricante da UPS garanta a instalação de filtros que possibilitem distorções harmônicas inferiores a 5 %. Caso contrário, é necessário consultar o fabricante da unidade de geração para definir a potência do motor.

Um dos requisitos básicos para a especificação de uma usina de emergência é o tempo decorrido desde

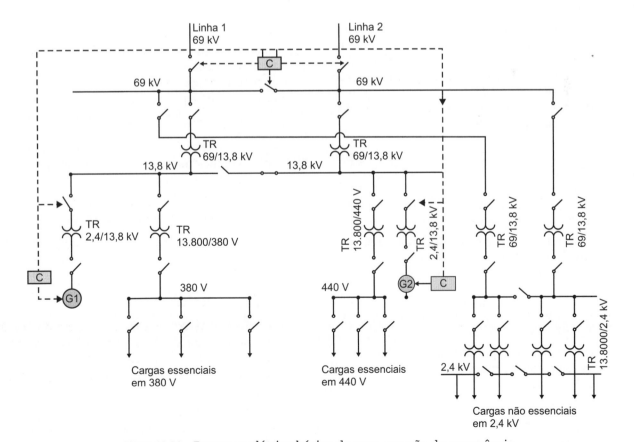

Figura 16.24 Esquema elétrico básico de uma geração de emergência.

a ausência de tensão nos terminais do barramento de carga da instalação até o estabelecimento da tensão da unidade de geração nesse mesmo barramento. A maior parte desse tempo é consumida pelo tempo de partida das unidades de geração. Após o paralelismo das unidades de geração, fecha-se o disjuntor do barramento de carga, retornando à normalidade operacional da instalação. O tempo de partida de uma unidade de geração é, normalmente, de 10 s.

A bateria é o sistema mais comum utilizado na partida de uma unidade de geração. Em alguns casos, é utilizado o sistema de ar comprimido.

No caso de a unidade de geração estar alimentando uma UPS, esta deve suportar a carga por um tempo superior ao tempo de partida da usina de emergência. Deve-se, no entanto, especificar a autonomia da UPS para um tempo não inferior a cinco minutos. Quanto maior for esse tempo, maior é o custo da UPS.

Como já foi comentado anteriormente, as UPSs são consideradas cargas não lineares. A alimentação de uma UPS gera tensões e correntes harmônicas no sistema que afetam os geradores na forma de aquecimento, devido às perdas no cobre e no ferro superiores aos valores obtidos quando o gerador opera com onda senoidal limpa. Outros efeitos são observados a partir de um aumento substancial de ruído audível e pelo aparecimento de um fluxo induzido no rotor provocando vibrações, cujo efeito nos motores a óleo diesel é de maior intensidade, devido à variação no torque, causando instabilidade no regulador de velocidade do motor do gerador.

As UPSs são constituídas de retificadores e inversores que, durante o processo de retificação da corrente, como resultado da comutação de um tiristor para o tiristor seguinte, as duas fases envolvidas, momentaneamente, assumem a condição de curto-circuito. A corrente de curto-circuito nesse instante propicia uma queda de tensão no sistema que alimenta a UPS.

A determinação da ordem das correntes harmônicas pode ser dada pela Equação (16.5):

$$H = (K \times Q) \pm 1 \tag{16.5}$$

H = ordem da harmônica;
K = número inteiro de 1 a N;
Q = número de pulsos do retificador; existem dois tipos: retificadores de seis e 12 pulsos.

Assim, um retificador de seis pulsos faz surgir uma corrente harmônica das seguintes ordens:

- $H = 1 \times 6 - 1 = 5^a$
- $H = 1 \times 6 + 1 = 7^a$
- $H = 2 \times 6 - 1 = 11^a$
- $H = 2 \times 6 + 1 = 13^a$ etc.

Já os retificadores de 12 pulsos fazem surgir correntes harmônicas das seguintes ordens:

- $H = 1 \times 12 - 1 = 11^a$
- $H = 1 \times 12 + 1 = 13^a$
- $H = 2 \times 12 - 1 = 23^a$
- $H = 2 \times 12 + 1 = 25^a$ etc.

Como os retificadores de 12 pulsos não geram harmônicas de 7ª e 5ª ordens, seu conteúdo harmônico é muito inferior ao dos retificadores de seis pulsos, aqueles que causam maiores perturbações.

O surgimento dos componentes harmônicos tem origem na formação da corrente durante o chaveamento de fontes retificadoras. Como essas correntes são fornecidas pela fonte de geração do sistema, elas fluem por meio das impedâncias dos condutores, dos transformadores etc., desde a referida fonte até os terminais da carga não linear, no presente caso, a UPS, provocando quedas de tensão na rede na mesma frequência da ordem da corrente harmônica gerada na UPS. Assim, a geração de uma corrente harmônica em determinada carga contamina todo o sistema elétrico a montante da referida carga pela formação das tensões harmônicas. Como a severidade das tensões harmônicas é diretamente proporcional à impedância do sistema, devem-se projetar sistemas com menores impedâncias entre fonte e carga para reduzir os efeitos das componentes harmônicas de tensão.

Vale salientar que a tensão harmônica de cada ordem vai gerar uma corrente harmônica no estator do gerador. Assim, cada corrente harmônica no estator corresponderá a uma rotação positiva ou negativa em relação à sequência das componentes simétricas.

Para se determinar a potência nominal de uma usina de geração emergencial que alimenta uma UPS, pode-se aplicar a Equação (16.6):

$$P_{ng} = K \times \frac{(P_{ups} + P_{rbat})}{\eta_{ups}} + P_{cl} \tag{16.6}$$

P_{ng} = potência nominal da usina de geração, em kW;
P_{ups} = potência nominal da UPS, em kW;
η_{ups} = rendimento da UPS;
P_{rbat} = potência de recarga da bateria, em porcentagem da potência da P_{ups}; para pequenas unidades, pode-se considerar $P_{rbat} = 0,20 \times P_{ups}$; para grandes unidades, considerar $P_{rbat} = 0,30 \times P_{ups}$;
K = fator de correção devido à distorção harmônica anteriormente mencionada; seu valor, em geral, é de 1,5;
P_{cl} = potência das cargas lineares.

Para o dimensionamento da usina de geração, deve-se complementar com os seguintes critérios:

- a demanda de carga do gerador deve corresponder, no máximo, a 85 % de sua capacidade nominal;
- a conexão do gerador com a UPS deve, de preferência, ser em rampa;
- a reatância transitória do eixo direto do gerador não deve ser superior a 15 % na base da potência e tensão nominais do gerador;
- o regulador de tensão deve ser do tipo estático;
- o gerador deve ser especificado para a classe de temperatura F ou H;
- a potência nominal do gerador deve ser selecionada para operação contínua.

Exemplo de aplicação (16.3)

Uma indústria considera essencial a continuidade de alimentação de uma carga de 500 kW para a qual foi adquirida uma UPS com capacidade nominal de 600 kW, cujo rendimento de placa vale 0,65. A indústria possui uma carga linear adicional de 100 kW, que deve ser mantida em operação, mas que pode ser desligada momentaneamente com a falta de suprimento normal até a entrada em operação da unidade de geração a óleo diesel. Determinar a potência nominal do gerador. A demanda da carga deve ser de 85 % da potência nominal do gerador.

$$P_{ng} = K \times \frac{(P_{ups} + P_{rbat})}{\eta_{ups}} + P_{cl} = 1,5 \times \frac{500 + 0,2 \times 500}{0,65} + 100 = 1.484 \text{ kW}$$

$$P_{ng} = \frac{1.484}{0,85} = 1.746 \text{ kW}$$

Comercialmente, deve-se especificar um gerador a óleo diesel de 2.000 kW ou 2.500 kVA, 60 Hz, de fabricação Cummins, para regime de operação intermitente ou *stand-by*, de acordo com a Tabela 16.3.

16.3.1.2 Componentes de uma usina termelétrica a combustível líquido

As partes componentes principais de usina termelétrica a combustível líquido são:

- motores a diesel;
- tanques de combustível e lubrificante;
- tanque de água de refrigeração;
- sistema de combustão;
- sistema de ventilação;
- sistema de óleo lubrificante;
- sistema de escape dos gases exaustos (chaminé);
- sistema de partida;
- sistema de recuperação de calor em unidades de cogeração;
- sistema de controle de monitoramento dos motores;
- gerador de energia elétrica;
- subestação de potência;
- painéis de comando elétrico do gerador e da subestação.

16.3.1.3 Configuração (layout) de uma usina termelétrica

As usinas termelétricas a motores a combustível líquido podem assumir diferentes concepções, em conformidade com o espaço disponível.

A Figura 16.25(a) mostra, de forma tridimensional, uma usina de geração do fabricante de motores Wärtsilä, que tanto pode abrigar máquinas a diesel como a gás natural. Já a Figura 16.25(b) mostra o detalhe tridimensional da casa de máquinas da mesma usina cuja capacidade é de 174 MW.

As usinas termelétricas normalmente ocupam uma área que pode variar de 0,15 a 0,20 m²/kW de

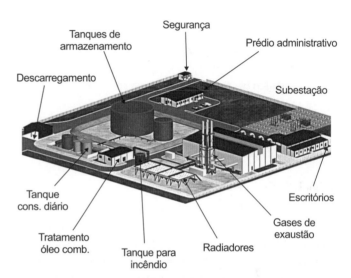

Figura 16.25(a) Vista tridimensional da usina termelétrica a óleo combustível de 170 MW — Wärtsilä.

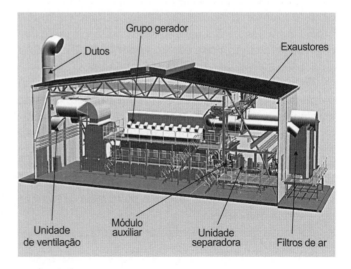

Figura 16.25(b) Vista tridimensional da casa de máquinas da mesma usina da Figura 16.25(a).

potência instalada, a depender da forma de *layout* concebida, não incluindo aqui a área ocupada pela subestação e os sistemas auxiliares, como, por exemplo, os tanques de combustível e lubrificante. Quanto ao volume do espaço coberto necessário para abrigar as máquinas pode variar entre 0,9 e 1,4 m³/kW de potência instalada, a depender da construção das chaminés dos gases exaustos.

16.3.1.4 Combustível líquido

Podem ser utilizados diferentes tipos de combustíveis líquidos nos motores de combustão interna. A especificação dos itens mais importante do combustível é:

- viscosidade do óleo: 700 a 1.370 cSt (Centistokes) a 50 °C;
- ponto de ignição: > 60 °C;
- teor de carbono: 22 % em peso;
- asfalto: 14 % em peso;
- enxofre: 5 % em peso;
- água: 1 % em peso;
- cinzas: 0,2 % em peso;
- alumínio: 30 ppm;
- vanádio: 600 ppm;
- sódio: 30 % de vanádio.

16.3.1.5 Custos de implantação e operação

Os custos de geração variam em função dos requisitos da especificação do cliente. Também, deve-se considerar se a usina é destinada a operar somente para geração de energia ou está associada a um projeto de cogeração. No primeiro caso, o custo médio de uma usina termelétrica a óleo diesel varia de aproximadamente R$ 1.250,00 a R$ 1.780/kW de capacidade instalada, dependendo se o conjunto motor-gerador é de origem nacional ou importada. Para usinas a gás natural associadas a projetos de cogeração, o custo pode elevar-se para R$ 1.815,00/kW a R$ 2.200,00/kW de capacidade instalada.

Vale acrescentar que a geração termelétrica, principalmente a óleo diesel, acarreta grande impacto ao meio ambiente e, portanto, o seu uso está a cada dia mais limitado. A legislação tem favorecido a implantação de usinas de geração distribuída utilizando fontes de energias renováveis, notadamente, a energia solar. No entanto, ainda se faz uso desse tipo de energia para atender a determinadas demandas que não podem ser atendidas por energia mais limpa.

Os principais custos médios de implantação dos componentes de uma usina a gás natural são:

- turbinas associadas aos equipamentos auxiliares: 34 %;
- geradores associados aos equipamentos auxiliares: 26 %;
- subestação elevadora: 7 %;
- montagem e comissionamento: 12 %;
- transporte: 3 %;
- obras civis: 18 %.

No entanto, para se elaborar o estudo de viabilidade econômica, é necessário conhecer outros parâmetros, cujos valores médios para uma termelétrica a diesel são:

- faixa de potência comercial dos motores: 30 kW a 30.000 kW;
- fator de capacidade médio: 0,92;
- consumo específico de combustível para grandes potências: 0,170 kg/kWh (212 l/MWh) ou 7.559 kJ/kWh;
- consumo específico de combustível para médias potências: 0,177 kg/kWh (221 l/MWh) ou 7.660 kJ/kWh;
- consumo específico de combustível para pequenas potências: 0,185 kg/kWh (231 l/MWh) ou 7.901 kJ/kWh.

Obs.: para determinação do consumo em l/MWh foi utilizado o valor da densidade do óleo diesel igual a 0,80.

- Rendimento: 40 a 48 %;
- consumo de água de resfriamento: 0,03 m³/hora/kW;
- preço do óleo diesel: R$ 4,5/litro;
- custo médio mensal de operação e manutenção (O&M) para operação contínua: R$ 35,00/MWh (inclui folha de salários e benefícios, material de limpeza, lubrificantes, peças de reposição por tempo de funcionamento etc., excluindo o custo do combustível. Esse valor varia ao longo do tempo.);
- custo médio mensal de operação e manutenção (O&M) para operação de ponta: R$ 74,00/MWh;
- custo de aquisição: R$ 1.250,00/kW a R$ 1.780,00/kW instalado;
- custo médio da geração: R$ 1.170,00/MWh/mês.

As usinas termelétricas a motores diesel são menos competitivas quanto ao custo final da energia com relação às usinas a motor a gás natural.

Os motores a diesel são normalmente fornecidos na versão a 2 e 4 tempos. Os motores a 2 tempos são os de maior capacidade.

A Tabela 16.7 informa os custos médios de operação e manutenção relativos a motores a diesel a plena carga.

Tabela 16.7 Custos médios operacionais dos motores a diesel

Potência intermitente		Potência contínua		Motor	Consumo		Custos			
Gerador					Óleo diesel	Lubrificante	Óleo diesel	Lubrificante + filtro	Operacional (diesel + lub.)	Custos médios de O&M
kVA	kW	kVA	kW	cv	Litros/h		R$/h			R$/MWh
40	32	37	30	50	9,40	0,040	42,30	2,480	44,78	94,16
55	44	50	40	66	12,80	0,096	57,60	5,952	63,55	106,44
81	65	78	62	66	11,60	0,050	52,20	3,100	55,30	87,00
86	67	77	62	103	17,80	0,070	80,10	4,340	84,44	85,80
115	92	106	85	137	25,10	0,065	112,95	4,030	116,98	87,64
135	108	122	98	168	26,80	0,096	120,60	5,952	126,55	81,96
150	120	141	113	180	21,00	0,076	94,50	4,712	99,21	81,64
170	136	150	120	209	24,00	0,096	108,00	5,952	113,95	85,16
180	144	168	134	215	34,80	0,076	156,60	4,712	161,31	77,16
200	160	180	144	239	39,50	0,096	177,75	5,952	183,70	82,12
230	184	210	168	281	42,00	0,096	189,00	5,952	194,95	74,76
255	204	230	184	317	50,00	0,096	225,00	5,952	230,95	80,96
290	232	260	208	300	48,00	0,104	216,00	6,448	222,45	69,04
310	248	280	224	380	64,00	0,160	288,00	9,920	297,92	85,28
340	272	310	248	395	61,00	0,104	274,50	6,448	280,95	73,24
360	288	325	260	441	74,00	3,160	333,00	195,920	528,92	84,72
380	304	345	276	471	79,00	0,160	355,50	9,920	365,42	85,12
450	360	405	324	533	79,00	0,190	355,50	11,780	367,28	72,48
450	360	405	324	542	87,00	0,160	391,50	9,920	401,42	79,72
500	400	438	350	605	87,00	0,250	391,50	15,500	407,00	74,00
500	455	505	404	608	98,00	0,152	441,00	9,424	450,42	83,00
557	445	505	404	672	101,00	0,320	454,50	19,840	474,34	74,44
563	450	513	450	734	128,00	0,620	576,00	38,440	614,44	93,48
563	450	513	410	695	111,00	0,152	499,50	9,424	508,92	80,12
625	500	556	500	734	128,00	0,620	576,00	38,440	614,44	86,12
625	500	569	455	765	120,00	0,152	540,00	9,424	549,42	78,00
631	504	569	455	759	114,00	0,320	513,00	19,840	532,84	74,44
750	600	676	541	883	154,00	0,750	693,00	46,500	739,50	85,24
750	600	681	545	913	154,00	0,272	693,00	16,864	709,86	83,92
1.000	800	900	720	1217	197,00	0,528	886,50	32,736	919,24	81,44
1.125	900	1.023	818	1..359	207,00	0,532	931,50	32,984	964,48	75,24
1.250	1.000	1.125	900	1.510	240,00	0,528	1.080,00	32,736	1.112,74	79,20
1.563	1.250	1.375	1.100	1.876	274,00	0,604	1.233,00	37,448	1.270,45	74,00
1.941	1.553	1.600	1.280	2.251	330,00	0,712	1.485,00	44,144	1.529,14	76,48
2.188	1.750	2.000	1.600	2.591	403,00	1,120	1.813,50	69,440	1.882,94	74,80
2.500	2.000	2.250	1.800	2.961	449,00	1,120	2.020,50	69,440	2.089,94	73,96

Obs.: para a determinação do consumo de litros/MWh foi utilizado o valor da densidade do óleo diesel igual a 0,80.

Exemplo de aplicação (16.4)

Determinar o custo da energia gerada por uma usina termelétrica construída no interior de uma indústria e constituída por um conjunto de geração a óleo diesel com potência unitária de 1.250 kW, operação contínua. A energia requerida por mês para operar a indústria vale, em média, 860.425 kWh. A indústria funciona 24 horas durante 30 dias. Determinar também qual o tempo de retorno do investimento considerando que a tarifa média anual paga pela indústria é de R$ 1.200,00/MWh, sem impostos incluídos.

- Preço do óleo diesel... R$ 4,50/litro
- Preço do óleo lubrificante.. R$ 62,00/litro
- Custo médio do empreendimento:
  - Motor, gerador e comando ($\cong$ 60 %)............................. R$ 807.420,00
  - Subestação ($\cong$ 7 %)... R$ 94.199,00
  - Obras civis ($\cong$ 18 %).. R$ 255.683,00
  - Projeto ($\cong$ 4 %) .... R$ 67.285,00
  - Projeto e despesas gerais ($\cong$ 11 %)............................. R$ 134.570,00
- TOTAL... R$ 1.345.700,00

- Custo total por kW: $\dfrac{R\$\ 1.345.700}{1.280\ kW} = R\$\ 1.051{,}00/kW$

- Consumo médio de óleo diesel....................................... 274 l/MWh (Tabela 16.7)
- Consumo médio de óleo lubrificante................................ 0,604 l/hora (Tabela 16.7)
- Número de horas trabalhadas por dia............................... 24 horas
- Número de dias trabalhados por mês................................ 30 dias
- Tempo máximo de retorno do investimento.................. 10 anos
- Taxa de desconto... 11 %
- Custo médio mensal de O&M (fixo)............................... R$ 74,00/MWh (Tabela 16.7)

a) Carregamento médio do gerador

$$D_{médio} = \frac{760.425}{24 \times 30} = 1.056\ kW$$

b) Fator de carga

$F_c = \dfrac{1.056}{1.100} = 0{,}96$ (observar que em regime contínuo o grupo motor-gerador somente deve operar continuamente com carga de 1.100 kW, segundo a Tabela 16.7)

c) Volume médio de óleo consumido por mês

$$V_{móleo} = \frac{274\ l/MWh \times 760.425\ kWh}{1.000} = 208.356\ litros$$

Obs.: pela Tabela 16.7, o valor do consumo anual de combustível do motor diesel de 1.876 cv (= 1.100 kW contínuo) é de aproximadamente $0{,}93 \times 274\ l/h \times 24 \times 30 = 254{,}82 \times 24 \times 30 = 183.470$ litros. O fator 0,93 compensa o tempo de parada para manutenção previsto pelo fabricante.

d) Volume médio de óleo lubrificante por mês

$$V_{móleo} = 0{,}604\ l/h \times 24 \times 30 = 434\ litros$$

e) Custo médio mensal do óleo consumido

$$C_{móleo} = 183.470\ litros \times R\$\ 4{,}50/litro = R\$\ 825.615{,}00$$

f) Custo médio anual do óleo diesel consumido

$$C_{aóleo} = R\$\ 825.615 \times 12 = R\$\ 9.907.380{,}00$$

g) Custo médio mensal do óleo lubrificante

$$C_{m\,lub} = (0{,}93 \times 434) \text{ litros} \times R\$\ 62{,}00/\text{litro} = 403{,}62 \times 62{,}00 = R\$\ 25.024{,}44$$

h) Custo médio anual do óleo lubrificante

$$C_{a\,lub} = R\$\ 25.024{,}4 \times 12 = R\$\ 300.293{,}28$$

i) Custo médio mensal de manutenção e operação (O&M)

$$C_{mo\&m} = \frac{R\$\ 74{,}00}{MWh} \times \frac{760.425 \text{ kWh}}{1.000} = R\$\ 56.271{,}45$$

j) Custo médio anual de manutenção e operação (O&M)

$$C_{mo\&m} = R\$\ 56.271{,}45 \times 12 = R\$\ 675.257{,}40$$

k) Custo médio operacional mensal da usina de geração

$$C_{mop} = C_{móleo} + C_{m\,lub} + C_{mo\&m} = 825.615{,}00 + 25.024{,}44 + 56.271{,}45 = R\$\ 906.910{,}89$$

l) Custo médio operacional anual da usina de geração

$$C_{mop} = C_{móleo} + C_{m\,lub} + C_{mo\&m} = 9.907.380{,}00 + 300.293{,}28 + 675.257{,}40 = R\$\ 10.882.930{,}68$$

m) Custo médio anual da energia gerada

$$C_{am} = \frac{R\$\ 10.882.930{,}68}{760.425 \text{ kWh}/1.000 \times 12} = R\$\ 1.192{,}63/MWh$$

n) Análise do investimento

A indústria paga anualmente à concessionária o valor de:

$$C_{energ} = \frac{1.200{,}00 \times 760.425 \times 12}{1.000} = R\$\ 10.950.120{,}00$$

Como se pode observar, o custo médio operacional da usina de energia elétrica (R$ 1.192,63/MWh) é apenas um pouco inferior ao custo médio da energia comprada da concessionária de energia elétrica (R$ 1.200,00/MWh), sendo, portanto, inviável o empreendimento.

O cálculo anterior pode ser mostrado na Planilha de Cálculo da Tabela 16.8.

Tabela 16.8 Planilha de Cálculo do custo de geração

Planilha de cálculo de custo de uma Unidade de Geração (UG)		CPE estudos e projetos elétricos
Cliente:		
Unidade de consumo:		
1	Número de geradores da UG	–	1
2	Capacidade de 1 gerador	kW	1.280,0
3	Fabricante de referência		NOME DO FABRICANTE
4	Capacidade total da geração	kW	1.280,0
5	Consumo específico do motor diesel	l/MWh	221,0
6	Consumo médio de energia	kWh	760.425
7	Taxa de câmbio	R$/US$	5,74
8	Preço médio do óleo diesel	R$/litro/máq.	4,50
9	Preço médio do óleo lubrificante	R$/litro/máq.	74,00

(continua)

Tabela 16.8 Planilha de Cálculo do custo de geração (continuação)

	Unidade de consumo:			
10	Custo médio do empreendimento	R$		1.345.700,00
11	Custo total por kW	R$/kW		1.051,33
12		US$/kW		183,16
13	Consumo médio do óleo diesel	litro/h/máq.	274	274
14	Consumo médio do óleo lubrificante	litro/h/máq.	0,604	0,604
15	Número de horas trabalhadas por dia	Horas/dia		24
16	Número de dias trabalhados por mês	Dias/mês		30,0
17	Taxa de juro anual	–		11 %
18	Custo de O&M	R$/MWh		74,00
19	Tempo de amortização esperado	Anos		6
20	Demanda média mensal	kW		1.056,1
21	Taxa de carga média do gerador	%		0,83
22	Consumo de óleo	l/mês		183.470
23	Custo médio mensal do óleo diesel	R$/mês		825.615,00
24	Consumo médio mensal do óleo lubrificante	litros/mês		403,62
25	Custo médio mensal do óleo lubrificante	R$/mês		14.209,27
26	Custo médio anual do óleo diesel	R$/ano		9.907.380,00
27	Custo médio anual do óleo lubrificante	R$/ano		300.293,28
28	Custo médio mensal de O&M	R$/mês		56.271,45
29	Custo médio anual de O&M	R$/ano		675.257,40
30	Custo operacional mensal da UG	R$/mês		896.095,72
31	Custo médio operacional anual da UG	R$/ano		10.882.930,68
32	Custo médio mensal da energia	R$/MWh		1.192,64

Exemplo de aplicação (16.5)

Calcular a viabilidade econômica de aquisição da usina termelétrica do Exemplo de aplicação (16.4) considerando que a mesma tem como finalidade operar somente no horário de ponta de carga, cuja energia consumida nesse período é de 78.882 kWh ao mês. A indústria paga pela tarifa de ponta de carga o valor médio de R$ 1.320,00/MWh, com os impostos incluídos.

- Número de horas trabalhadas por dia.......................... 3 horas
- Número de dias trabalhados por mês............................ 22 dias
- Tempo máximo de retorno do investimento................. 10 anos
- Custo de O&M... R$ 74,00/MWh (para operação de ponta)
- Preço do óleo diesel.. R$ 4,50/litro
- Preço do óleo lubrificante.. R$ 62,00/litro

a) Volume médio de óleo consumido por mês

$$\text{litros } V_{móleo} = \frac{221,0 \text{ l/MWh} \times 78.882}{1.000} = 17.433,00 \text{ litros}$$

b) Volume médio de óleo lubrificante por mês

$$V_{móleo} = 0,712 \text{ l/h} \times 3 \times 22 = 47 \text{ litros}$$

c) Custo médio mensal do óleo consumido

$$C_{móleo} = 17.433 \text{ litros} \times R\$\ 4,50/\text{litro} = R\$\ 78.448,00$$

d) Custo médio anual do óleo diesel consumido

$$C_{aóleo} = R\$\ 27.332,29 \times 12 = R\$\ 327.987,48$$

e) Custo médio mensal do óleo lubrificante

$$C_{mlub} = 47 \text{ litros} \times R\$\ 62,00/\text{litro} = R\$\ 2.914,00$$

f) Custo médio anual do óleo lubrificante

$$C_{alub} = R\$\ 2.914,00 \times 12 = R\$\ 34.968,00$$

g) Custo médio mensal de manutenção e operação (O&M)

$$C_{mo\&m} = \frac{R\$\ 74,00}{MWh} \times \frac{78.882 \text{ kWh}}{1.000} = R\$\ 5.837,26$$

h) Custo médio anual de manutenção e operação (O&M)

$$C_{mo\&m} = R\$\ 5.837,26 \times 12 = R\$\ 70.047,12$$

i) Custo médio operacional mensal da usina de geração

$$C_{mop} = C_{móleo} + C_{mlub} + C_{mo\&m} = 78.448,00 + 2.914,00 + 5.837,26 = R\$\ 87.199,00$$

j) Custo médio operacional anual da usina de geração

$$C_{aop} = C_{aóleo} + C_{alub} + C_{ao\&m} = 941.376,00 + 34.968,00 + 70.047,12 = R\$\ 1.046.391,00$$

k) Custo médio anual da energia gerada

$$C_{am} = \frac{R\$\ 1.046.391,00}{78.882 \text{ kWh}/1.000 \times 12} = R\$\ 1.105,44/MWh$$

l) Análise do investimento

A indústria paga anualmente à concessionária o valor de:

$$C_{energ} = \frac{1.320,00 \times 78.882 \times 12}{1.000} = R\$\ 1.249.490,00$$

A Planilha de Cálculo da Tabela 16.9 calcula o Valor Presente Líquido. Já a Figura 16.26 mostra o gráfico baseado na Tabela 16.9 que indica o tempo de retorno do investimento, que está entre 12 e 13 anos, muito superior ao tempo máximo desejado, de 10 anos. Dessa forma, o investimento não é considerado atrativo.

Tabela 16.9 Cálculo do Valor Presente Líquido (VPL)

Cálculo do VPL (anual)					
Investimento em R$:					1.345.700,00
Taxa de juros anuais (11 %)					1,1100
Ano	Valor das receitas anuais (R$)	Valor das despesas anuais (R$)	Receitas (R$)	Fluxo atualizado (R$)	Fluxos acumulados (R$)
1	1.249.490,00	1.046.391,00	203.099,00	182.972,07	182.972,07
2	1.249.490,00	1.046.391,00	203.099,00	164.839,70	347.811,78
3	1.249.490,00	1.046.391,00	203.099,00	148.504,24	496.316,01
4	1.249.490,00	1.046.391,00	203.099,00	133.787,60	630.103,62
5	1.249.490,00	1.046.391,00	203.099,00	120.529,37	750.632,99
6	1.249.490,00	1.046.391,00	203.099,00	108.585,02	859.218,01
7	1.249.490,00	1.046.391,00	203.099,00	97.824,34	957.042,35
8	1.249.490,00	1.046.391,00	203.099,00	88.130,04	1.045.172,39
9	1.249.490,00	1.046.391,00	203.099,00	79.396,43	1.124.568,82
10	1.249.490,00	1.046.391,00	203.099,00	71.528,32	1.196.097,13
11	1.249.490,00	1.046.391,00	203.099,00	64.439,92	1.260.537,06
12	1.249.490,00	1.046.391,00	203.099,00	58.053,99	1.318.591,04
13	1.249.490,00	1.046.391,00	203.099,00	52.300,89	1.370.891,93
14	1.249.490,00	1.046.391,00	203.099,00	47.117,92	1.418.009,85
15	1.249.490,00	1.046.391,00	203.099,00	42.448,57	1.460.458,42
16	1.249.490,00	1.046.391,00	203.099,00	38.241,96	1.498.700,38

Figura 16.26 Gráfico do tempo de retorno do investimento.

16.3.2 Usinas termelétricas a motor a gás natural

Esse tipo de usina utiliza o MCI queimando o gás natural como combustível. Apesar de sua crescente utilização, tem como limitação a necessidade da existência de rede de gasoduto na área de implantação do projeto, contrariamente aos motores a combustível líquido, que podem ser instalados em qualquer região.

A baixa compressibilidade do gás natural permite que se construam vasos de dimensões médias, como, por exemplo, com volume de 40 m³ hidráulicos, para transportar o gás em elevadas pressões, ou seja, próximas a 250 bar. Para o transporte de gás natural em grandes quantidades, é necessário liquefazer esse combustível, o que é obtido a uma temperatura de –162 °C e mantido nessa temperatura durante todo o transporte para evitar a perda do combustível por evaporação.

Para transportar pequenos volumes de gás natural comprimido (GNC), podem-se construir vasos de aço de paredes muito espessas para suportar pressões de 250 bar. A taxa de compressão do gás natural pode chegar a volumes de 300 m³ de gás/m³ hidráulico de vaso, na pressão referida.

Atualmente, a indústria brasileira fabrica as chamadas cestas de gás natural, que compreendem um conjunto de cilindros de aço fixados em uma estrutura com até 16 unidades, perfazendo um total de aproximadamente 700 m³ de gás natural. Os cilindros de aço são de tamanho aproximado de 1,6 m de altura, com diâmetro externo de 35 cm. São práticos e econômicos.

Normalmente, o transporte de gás natural liquefeito em grandes quantidades é realizado por navios-tanques especiais. Existem duas versões desse tipo de embarcação.

Na primeira versão, o navio possui uma central de refrigeração que usa combustível líquido. Assim, o gás natural após sua extração do poço é limpo e transportado por gasoduto até as proximidades de um porto dotado de uma central de liquefação, isto é, refrigera o gás natural até atingir seu estado líquido, o que ocorre a –162 °C, à pressão atmosférica. Desse ponto, o gás é conduzido por um gasoduto especial, normalmente de pequena extensão, dotado de um sistema de refrigeração para manter o gás natural nessa temperatura. A extremidade do gasoduto é acoplada aos tanques do navio, também refrigerado, que durante o transporte deve manter o gás natural à temperatura de liquefação. O porto de destino deve possuir uma central de gaseificação. Assim, o gás natural é conduzido liquefeito dos tanques do navio por um gasoduto refrigerado até a central de gaseificação. Essa central possui um sistema de serpentinas, no interior do qual passa água do mar em grande quantidade. A água transfere, assim, calor para o gás liquefeito, que é novamente gaseificado, sendo imediatamente conduzido a um gasoduto para distribuição e consumo.

Alguns desses navios, chamados de propaneiros, aproveitam a gaseificação controlada do gás liquefeito dos seus tanques para sua própria propulsão e uso no sistema de refrigeração. Estima-se que, atualmente existam cerca de duas centenas de unidades em operação no mundo.

Os motores a gás natural, em média, apresentam o rendimento um pouco inferior aos motores a combustível líquido.

O rendimento dos motores a gás natural depende da qualidade do gás ofertado pelas companhias fornecedoras, afetando significativamente o poder calorífico e o número de metano que mede a resistência à detonação. Em decorrência da tecnologia da eletrônica de potência e dos sistemas de gerenciamento informatizados, essas deficiências são corrigidas, mantendo-se a potência nominal no eixo do motor. No entanto, há limites para essas correções.

Quando não é mais possível processar essas correções, resta reduzir a potência do eixo do motor. Uma alternativa para essa questão consiste no uso de motores do tipo bicombustível, isto é, podem utilizar tanto o gás natural quanto o óleo diesel, sem interrupção de seu funcionamento. O rendimento desses motores, em geral, está entre 30 % e 40 %, pouco inferior aos motores a diesel convencionais. Isto se deve à redução da taxa de compressão utilizada nos motores a bicombustível. A Figura 16.27 mostra o gráfico representativo da distribuição, produção e perdas de energia de uma usina de geração a gás natural.

Vale ressaltar que o gás natural fornecido pela Petrobras, normalmente, mantém a qualidade no nível desejado pela especificação dos motores.

Em regiões nas quais o gás natural não oferece a qualidade desejada, ou o suprimento não é garantido ao longo de todo o ano, como acontece em alguns países da América do Sul durante o inverno, é preferível adquirir motores a bicombustível, isto é, aqueles que operam em condições normais com gás natural ou a óleo diesel.

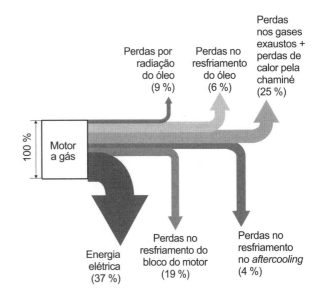

Figura 16.27 Gráfico de distribuição de produção de energia de usina a gás natural.

Os motores a gás natural operam com um nível de poluição inferior aos motores a combustível líquido. A emissão dos NO_x é da ordem de 0,50 g/kWh de energia gerada, representando 1/5 das emissões realizadas pelos motores a combustível líquido.

A Figura 16.28 mostra uma usina termelétrica de médio porte, destacando-se os componentes do sistema elétrico de potência.

A Figura 16.29(a) mostra o *layout* de uma usina termelétrica a motor a gás natural, contendo seis unidades de geração de potência nominal, por máquina, de 830 kW, totalizando uma potência de 4.980 kW.

A área destinada às máquinas é de 1.016 m². Logo, a relação entre a área e a potência vale 0,20 m²/kW.

Já a Figura 16.29(b) mostra a vista lateral da mesma usina termelétrica da Figura 16.29(a). O volume ocupado pela usina é de 1,40 m³/kW.

Para facilitar as diversas aplicações envolvendo as unidades de energia, segue a Tabela 16.10 utilizada na sua conversão.

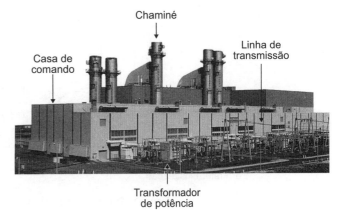

Figura 16.28 Vista externa de uma usina termelétrica a motor.

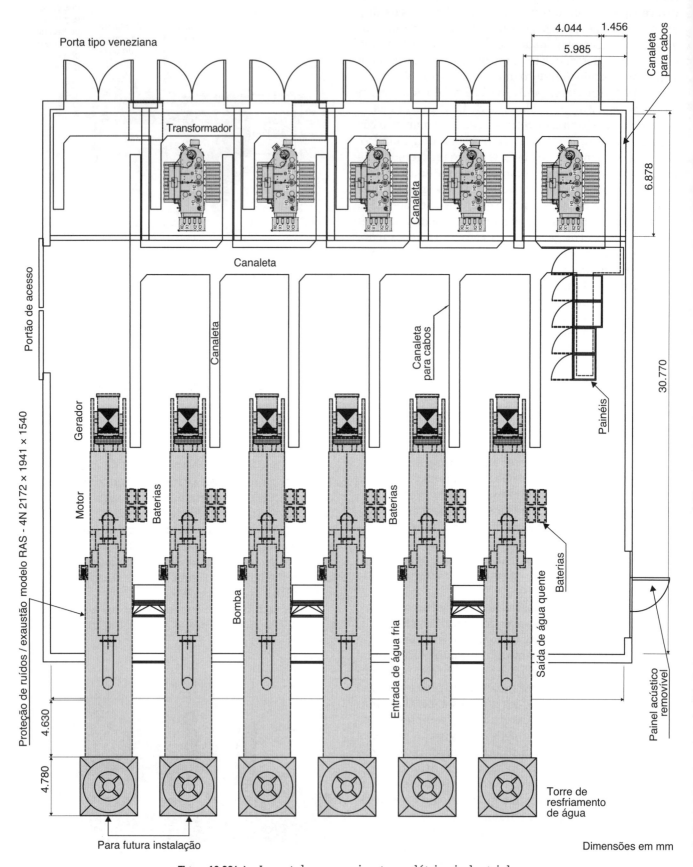

Figura 16.29(a) Layout de uma usina termelétrica industrial.

Usinas de geração industrial

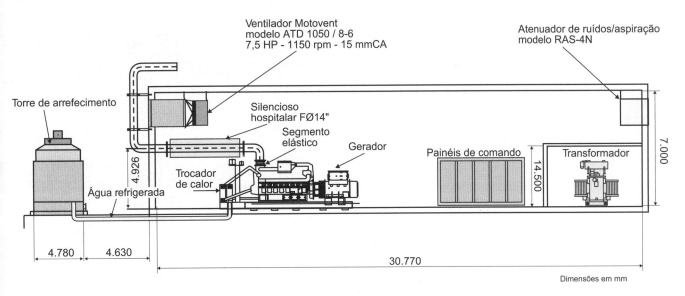

Figura 16.29(b) Vista lateral da usina de geração.

Tabela 16.10 Tabela de conversão das principais unidades térmicas

Tabela de conversão de unidades								
Unidades	1 ft GN	1 m³ GN	1 MMBTU	1 kWh	1 HPh	1 kcal	1 kJ
1 ft GN	1	0,0283	0,001	0,29	0,393	249	1.042
1 m³ GN	35,314	1	0,035	10,226	13,755	8.800	36.784
1 MMBTU	1000	28,571	1	293,07	393,01	25.200	1.055.000
1 kWh	3,448	$9,779 \times 10^{-2}$	$3,412 \times 10^{-3}$	1	1,341	859,8	3.600,0
1 HPh	2,544	$7,270 \times 10^{-2}$	$2,544 \times 10^{-3}$	0,746	1	641,2	2.684,5
1 kcal	$4,016 \times 10^{-3}$	$1,136 \times 10^{-4}$	$3,968 \times 10^{-6}$	$1,163 \times 10^{-3}$	$1,560 \times 10^{-3}$	1,0000	4,1868
1 kJ	$9,597 \times 10^{-4}$	$2,719 \times 10^{-5}$	$9,479 \times 10^{-7}$	$2,778 \times 10^{-4}$	$3,725 \times 10^{-4}$	0,2390	1,0000

16.3.2.1 Determinação da potência nominal

O dimensionamento da potência nominal de uma usina termelétrica a gás natural pode ser realizado de acordo com o que foi descrito na Seção 16.3.1.1, naquilo que for pertinente ao uso do combustível gasoso.

A Tabela 16.11 fornece as potências das unidades de geração a gás natural, tanto em operação contínua como em operação intermitente.

16.3.2.2 Custos operacionais

Os custos operacionais básicos das usinas a motor a gás natural são:

- preço médio do gás natural: R$ 4,80/m³ (sem impostos);
- consumo específico de combustível para grandes potências: 9.837 kJ/kWh;
- consumo específico de combustível para pequenas potências (p. ex.: 5.000 kW): 8.182 kJ/kWh;
- consumo específico de combustível para médias potências: 7.250 kJ/kWh;
- custo médio de operação e manutenção (O&M) para operação contínua: R$ 45,00/MWh a R$ 95,00/MWh;
- custo médio de operação e manutenção (O&M) para operação na ponta: R$ 145,00/MWh;
- rendimento: 37 a 40 %;
- consumo de água de resfriamento: 0,035 m³/hora/kW;
- custo médio da usina: R$ 1.350,00/kW a R$ 1.200,00/kW;
- custo médio de geração: R$ 720,00/MWh.

A Tabela 16.12 mostra os valores médios de consumo e custos médios de operação e manutenção que podem ser utilizados para fins comparativos.

Para a obtenção dos custos percentuais médios com a aquisição de equipamentos e construção podem ser utilizados os mesmos valores atribuídos às usinas a óleo diesel.

Tabela 16.11 Informações técnicas de unidades de geração a gás natural

Potência do gerador				Série	Modelo	Número de cilindros	Rotação	Cilindrada
Contínua		Intermitente						
kW	kVA	kW	kVA				rpm	Litros
80	100	90	113	VSG	11 G	6L	1.800	11
140	175	175	219	VSG	11 GSI	6L	1.800	11
140	175	175	219	VSG	11 GSID	6L	1.800	11
155	194	170	212	VGF	18 G	6L	1.800	18
294	368	300	375	VGF	18 GLD	6L	1.800	18
265	331	300	375	VGF	18 GSID	6L	1.800	18
294	368	300	375	VGF	18 GL	6L	1.800	18
210	262	225	281	VGF	24 G	8L	1.800	24
350	438	400	500	VGF	24 GSID	8L	1.800	24
388	485	405	506	VGF	24 GLD	8L	1.800	24
388	485	405	506	VGF	24 GL	8L	1.800	24
530	662	600	750	VGF	36 GSID	12V	1.800	36
590	738	625	781	VGF	36 GLD	12V	1.800	36
590	738	625	781	VGF	36 GL	12V	1.800	36
730	913	800	1.000	VGF	48 GSID	16V	1.800	48
808	1.010	825	1.031	VGF	48 GLD	16V	1.800	48
808	1.010	825	1.031	VGF	48 GL	16V	1.800	48
285	356	320	400	VHP	2900 G	6L	1.200	47
350	438	390	488	VHP	3600 G	6L	1.200	58
400	500	450	563	VHP	2900 GL	6L	1.200	47
400	500	505	631	VHP	2900 GSI	6L	1.200	47
500	625	625	781	VHP	3600 GL	6L	1.200	58
500	625	615	769	VHP	3600 GSI	6L	1.200	58
560	700	650	813	VHP	3600 GSI	6L	1.200	58
575	719	800	1.000	VHP	5900 G	12V	1.200	95
700	875	1.050	1.313	VHP	7100 G	12V	1.200	116
835	1.044	920	1.150	VHP	5900 GSI	12V	1.200	95
835	1.044	1.030	1.288	VHP	5900 GL	12V	1.200	95
940	1.175	1.075	1.344	VHP	5900 GSI	12V	1.200	95
975	1.219	1.260	1.575	VHP	9500 G	16V	1.200	154
1.000	1.250	1.130	1.413	VHP	7100 GSI	12V	1.200	116
1.025	1.281	1.260	1.575	VHP	7100 GL	12V	1.200	116
1.150	1.438	1.540	1.925	VHP	7100 GSI	12V	1.200	116
1.400	1.750	1.750	2.188	VHP	9500 GL	16V	1.200	154
1.400	1.750	1.463	1.829	VHP	9500 GSI	16V	1.200	154
1.330	1.663	1.463	1.829	AT-GL	8L-27 GL	8L	900	143
2.000	2.500	2.200	2.750	AT-GL	12V-27 GL	12V	900	214
2.910	3.638	2.910	3.638	AT-GL	16V-27 GL	16V	900	285

Tabela 16.12 Custos médios operacionais de usinas a motor a gás natural

| Potência contínua ||| Consumo gás natural || Consumo específico | Custo de O&M* |
| Gerador || Motor | | | | |
kVA	kW	cv	Nm³/h	BTU/h	Nm³/kWh	R$/MWh
100	80	135	34	1.131,00	0,4191	92,40
175	140	250	57	1.935,00	0,4098	63,00
175	140	250	59	1.975,00	0,4182	63,00
194	155	240	53	1.775,00	0,3395	72,80
331	265	400	84	2.845,00	0,9183	49,84
331	265	400	89	3.005,00	0,3362	52,08
331	265	400	84	2.845,00	0,3183	49,84
262	210	320	70	337,00	0,3346	69,44
438	350	530	118	3.990,00	0,3380	50,68
438	350	530	112	3.790,00	0,3210	48,44
438	350	530	112	3.790,00	0,3210	48,44
662	530	800	175	5.905,00	0,3303	49,84
662	530	800	169	5.685,00	0,3180	47,60
662	530	800	169	5.685,00	0,3180	47,60
913	730	1.065	233	7.855,00	0,3190	46,20
913	730	1.065	224	7.555,00	0,3068	44,24
913	730	1.065	224	7.555,00	0,3068	44,24
356	285	421	93	3.133,42	0,3259	44,52
438	350	512	112	3.765,60	0,3190	37,52
500	400	607	131	4.420,00	0,3276	50,12
500	400	607	143	4.825,00	0,3576	43,40
625	500	738	161	5.445,00	0,3229	41,72
625	500	738	172	5.805,00	0,3442	35,84
719	575	842	186	6.282,60	0,3239	36,40
875	700	1.024	224	7.540,86	0,3194	31,08
1.044	835	1.215	285	9.605,00	0,3410	35,00
1.044	835	1.215	262	8.850,00	0,3142	43,68
1.188	950	1.366	322	10.849,20	0,3386	31,92
1.250	1.000	1.478	343	11.560,00	0,3427	29,96
1.281	1.025	1.478	319	10.750,00	0,3109	35,56
1.438	1.150	1.680	389	13.115,00	0,3381	29,96
1.688	1.350	1.970	420	14.175,00	0,3113	38,64
1.688	1.350	1.970	484	16.315,00	0,3583	31,36
1.663	1.330	1.880	359	12.100,00	0,2697	35,84
2.500	2.000	2.820	542	18.285,00	0,2710	33,88
3.638	2.910	4.050	766	25.830,00	0,2632	29,68

(*) Não inclui o custo com combustível.

Exemplo de aplicação (16.6)

Determinar a viabilidade de um projeto de usina de autoprodução para uma indústria, comparando o custo médio da energia gerada pela referida usina com o preço médio da energia fornecida pelo mercado. Para atender à carga da indústria no valor de 2.230.000 kWh/mês, em média, é necessária uma usina termelétrica com a potência nominal de seis unidades geradoras de 835 kW cada, operando em regime contínuo utilizando motores a gás natural (GNL). A indústria paga, em média, por sua conta de energia à concessionária o valor mensal de R$ 919.500,00 totalizando anualmente a quantia de R$ 11.034.000,00.

Para a determinação do custo de operação e manutenção e do custo médio da usina de geração, utilizando gás natural como combustível, foram utilizados os seguintes valores:

- Preço do gás natural .... US$ 5,20/MMBTU (dez. 2021)
- Preço do gás natural .... R$ 29,60/MMBTU
- Custo médio do empreendimento:
    - Motor, gerador e comando ($\cong$ 67 %) .... R$ 3.315.306,00
    - Subestação e quadros de comando ($\cong$ 9 %) .... R$ 438.790,00
    - Obras civis e sistema de resfriamento ($\cong$ 7 %) .... R$ 341.281,50
    - Imposto ($\cong$ 4 %) .... R$ 195.018,00
    - Montagem e comissionamento ($\cong$ 9 %) .... R$ 438.790,00
    - Projeto e despesas gerais ($\cong$ 4 %) .... R$ 195.018,00
- **Subtotal (1)** .... R$ 4.924.203,00
    - Custo do gasoduto (5 km) .... R$ 1.240.000,00
    - Participação no gasoduto .... R$ –420.000,00
- **Subtotal (2)** .... R$ 802.000,00
- **TOTAL** .... R$ 5.744.203,00

- Custo total da usina por kW: $\dfrac{\text{R\$ }5.744.203,00}{6\times 850\text{ kW}} = \text{R\$ }1.126,31/\text{kW}$

- Taxa de eficiência (*heat rate*) dos motores .... 10.696 BTU/kWh
- Consumo de um gerador .... 0,3410 Nm³/kWh (normal m³/kWh – veja na Tabela 16.12)
- Número de horas trabalhadas por dia .... 24 horas
- Número de dias trabalhados por mês .... 22 dias
- Taxa de desconto anual .... 11 %
- Custo médio mensal de O&M (fixo) .... R$ 43,68/MWh (valor médio de mercado)
- Tempo máximo de retorno do investimento .... 10 anos

a) Energia a ser produzida mensalmente pela usina em termos de eficiência dos motores a gás natural

$$E_g = 10.696\,\frac{\text{BTU}}{\text{kWh}} \times \frac{2.230.000\text{ kWh}}{1.000.000} = 23.852,00 \text{ MMBTU}$$

b) Volume do gás natural a ser consumido mensalmente

1 MMBTU equivale a 28,5 Nm³ de gás natural

$$E_g = 23.852 \text{ MMBTU} \quad\rightarrow\quad 1 \text{ MMBTU} = 28,57 \text{ Nm}^3 \quad\rightarrow\quad V_g = 681.451 \text{ m}^3$$

Sem levar em consideração à eficiência do motor podemos calcular o volume de gás como se segue:

$V_g = 6 \times 285 = 1.710 \text{ Nm}^3/\text{h}$ (volume do gás consumido/hora para as seis máquinas: ver Tabela 16.12)

$V_g = 1.710 \text{ Nm}^3/\text{h} \times 22 \times 24 = 902.880 \text{ Nm}^3$ (volume do gás natural consumido mensalmente)

c) Custo do gás natural consumido mensalmente pela usina

$$C_{gm} = 23.852 \text{ MMBTU} \times \frac{\text{R\$ } 29{,}60}{\text{MMBTU}} = \text{R\$ } 706.019{,}00$$

d) Custo do gás natural consumido anualmente pela usina

$$C_{ga} = \text{R\$ } 706.019 \times 12 = \text{R\$ } 8.472.228{,}00$$

e) Custo médio mensal de manutenção e operação (O&M)

$$C_{O\&M} = \frac{\text{R\$ } 43{,}68}{\text{MWh}} \times 2.230 \text{ MWh} = \text{R\$ } 97.406{,}00$$

f) Custo médio anual de manutenção e operação (O&M)

$$C_{ao\&m} = \text{R\$ } 97.406{,}00 \times 12 \text{ meses} = \text{R\$ } 1.168.872{,}00$$

g) Custo médio operacional mensal da usina de geração

$$C_{opa} = C_{mg} + C_{O\&M} = 706.019{,}00 + 97.406{,}00 = \text{R\$ } 803.425{,}00$$

h) Custo médio operacional anual da usina de geração

$$C_{ma} = 8.472.228{,}00 + 1.168.872{,}00 = \text{R\$ } 9.641.100{,}00$$

$$C_m = \frac{9.641.100{,}00}{12 \times 2.230 \text{ MWh}} = \text{R\$ } 360{,}28/\text{MWh}$$

i) Custo médio mensal da fatura de energia elétrica da concessionária

$$C_m = \frac{11.034.000{,}00}{12 \times 2.930 \text{ MWh}} = \text{R\$ } 313{,}82/\text{MWh}$$

j) Análise econômica de investimento

Como se pode concluir pela Planilha de Cálculo da Tabela 16.13, utilizando o método do Valor Presente Líquido, o investimento está sendo remunerado no período pretendido pelo investidor, que é de 10 anos, o que pode ser comprovado pelo gráfico da Figura 16.30, no qual se observa que o retorno do investimento vem a partir do 6º ano.

Tabela 16.13 Cálculo do Valor Presente Líquido (VPL)

Cálculo do VPL (anual)					
Investimento em R$:					5.744.203,00
Taxa de juros anuais (11 %)					1,1100
Ano	Valor das receitas anuais (R$)	Valor das despesas anuais (R$)	Receitas líquidas (R$)	Fluxo atualizado (R$)	Fluxos acumulados (R$)
1	11.034.000,00	9.641.000,00	1.393.000,00	1.254.954,95	1.254.954,95
2	11.034.000,00	9.641.000,00	1.393.000,00	1.130.590,05	2.385.545,00
3	11.034.000,00	9.641.000,00	1.393.000,00	1.018.549,59	3.404.094,60
4	11.034.000,00	9.641.000,00	1.393.000,00	917.612,25	4.321.706,85
5	11.034.000,00	9.641.000,00	1.393.000,00	826.677,70	5.148.384,55
6	11.034.000,00	9.641.000,00	1.393.000,00	744.754,68	5.893.139,23
7	11.034.000,00	9.641.000,00	1.393.000,00	670.950,17	6.564.089,40
8	11.034.000,00	9.641.000,00	1.393.000,00	604.459,61	7.168.549,01
9	11.034.000,00	9.641.000,00	1.393.000,00	544.558,21	7.713.107,21
10	11.034.000,00	9.641.000,00	1.393.000,00	490.592,98	8.203.700,19

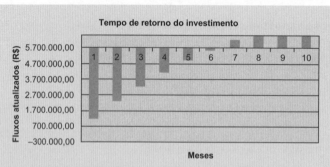

Figura 16.30 Gráfico do tempo de retorno do investimento.

 Exemplo de aplicação (16.7)

Determinar a viabilidade de aquisição da usina termelétrica mostrada no Exemplo de aplicação (16.6) para operação no horário de ponta de carga. A energia consumida durante o período de ponta de carga é de 216.000 kWh/mês. A indústria paga R$ 1.450.894,00 por ano pela energia média consumida no horário de ponta de carga, na tarifa azul, inclusos os impostos.

Para a determinação do custo de operação e manutenção e do custo médio da usina de geração, utilizando gás natural como combustível, foram utilizados inicialmente os seguintes valores:

- Preço do gás natural.. US$ 5,20/MMBTU (dez. 2021)
- Preço do gás natural.. R$ 29,60/MMBTU
- Número de horas trabalhadas por dia........................... 3 horas
- Número de dias trabalhados por mês............................ 22 dias
- Tempo máximo de retorno do investimento.................. 10 anos
- Taxa de desconto anual... 11 %
- Custo mensal da O&M... R$ 106,00/MWh

a) Energia a ser produzida mensalmente pela usina

$$E_g = 10.696 \frac{BTU}{kWh} \times \frac{216.000 \text{ kWh}}{1.000.000} = 2.310 \text{ MMBTU}$$

b) Custo do gás natural consumido mensalmente pela usina no horário de ponta

$$P_g = 2.310 \text{ MMBTU} \times \frac{R\$ 29,60}{MMBTU} = R\$ 68.376,00$$

c) Custo médio anual do gás natural consumido

$$C_{ag} = 68.376 \times 12 = R\$ 820.512,00 \text{ MWh}$$

d) Custo médio mensal de manutenção e operação (O&M)

$$C_{O\&M} = \frac{R\$ 106,00}{MWh} \times 216 \text{ MWh} = R\$ 22.896,00$$

e) Custo médio anual de manutenção e operação (O&M)

$$C_{O\&M} = 22.896 \times 12 = R\$ 274.752,00$$

f) Custo médio operacional mensal da usina de geração

$$C_{opa} = C_{mg} + C_{O\&M} = 68.376,00 + 22.896,00 = R\$ 91.272,00$$

g) Custo médio operacional anual da usina de geração

$$C_{opa} = C_{ag} + C_{O\&M} = 820.512,00 + 274.752,00 = R\$ \ 1.095.264,00$$

h) Valor do custo anual médio anual com a energia de ponta gerada pela usina termelétrica

$$C_{eco} = \frac{R\$ \ 1.095.264,00}{216 \ MWh \times 12} = R\$ \ 422,55/MWh$$

i) Valor do custo anual com o pagamento de energia à concessionária

$$C_{eco} = \frac{R\$ \ 1.450.894,00}{216 \ MWh \times 12} = R\$ \ 559,75/MWh$$

j) Análise econômica de investimento

Pode-se observar pela Planilha de Cálculo da Tabela 16.14 que o projeto não tem viabilidade econômica no tempo esperado de 10 anos, em conformidade com o cálculo do Valor Presente Líquido. A Figura 16.31 mostra o gráfico que indica que o tempo de retorno do investimento é aproximadamente de 14 anos de operação.

Tabela 16.14 Cálculo do Valor Presente Líquido (VPL)

Cálculo do VPL (anual)					
Investimento em R$:					5.744.203,00
Taxa de juros anuais (11 %)					1,1100
Ano	Valor das receitas anuais (R$)	Valor das despesas anuais (R$)	Receitas líquidas (R$)	Fluxo atualizado (R$)	Fluxos acumulados (R$)
1	1.450.894,00	274.752,00	820.512,00	739.200,00	739.200,00
2	1.450.894,00	274.752,00	820.512,00	665.945,95	1.405.145,95
3	1.450.894,00	274.752,00	820.512,00	599.951,30	2.005.097,25
4	1.450.894,00	274.752,00	820.512,00	540.496,67	2.545.593,92
5	1.450.894,00	274.752,00	820.512,00	486.933,94	3.032.527,85
6	1.450.894,00	274.752,00	820.512,00	438.679,22	3.471.207,08
7	1.450.894,00	274.752,00	820.512,00	395.206,51	3.866.413,58
8	1.450.894,00	274.752,00	820.512,00	356.041,90	4.222.455,48
9	1.450.894,00	274.752,00	820.512,00	320.758,47	4.543.213,94
10	1.450.894,00	274.752,00	820.512,00	288.971,59	4.832.185,54
11	1.450.894,00	274.752,00	820.512,00	260.334,77	5.092.520,30
12	1.450.894,00	274.752,00	820.512,00	234.535,83	5.327.056,13
13	1.450.894,00	274.752,00	820.512,00	211.293,54	5.538.349,67
14	1.450.894,00	274.752,00	820.512,00	190.354,54	5.728.704,20

Figura 16.31 Gráfico do tempo de retorno do investimento.

16.3.3 Usinas termelétricas com turbinas a gás natural

São aquelas que utilizam turbinas a gás natural e podem ser construídas em unidades de pequeno, médio e grande portes. São também as que oferecem o menor custo de operação e manutenção e, por conseguinte, o menor valor da energia gerada, principalmente aquelas de médio e grande portes.

As usinas termelétricas a gás natural podem ser classificadas em duas categorias:

- Ciclo aberto

São aquelas em que os gases exaustos, com temperaturas da ordem de 550 °C, são lançados ao meio ambiente, perdendo-se uma grande quantidade de energia térmica que poderia ser aproveitada em outras utilidades, como a produção de vapor para gerar mais energia em uma turbina a vapor (usina a ciclo combinado) ou vapor, água quente e água fria para emprego em processos industriais.

- Ciclo combinado

São aquelas que utilizam os gases exaustos das turbinas e geram vapor por meio de um recuperador de calor e que, posteriormente, é utilizado em uma turbina a vapor.

As turbinas são mais empregadas na produção de energia elétrica ou nos projetos de cogeração com necessidade de produção de grandes quantidades de vapor. Já os motores são empregados tanto na produção de energia elétrica em regime permanente quanto na produção de energia em caráter emergencial, onde maior é a aplicação dessas unidades, principalmente as de pequeno porte, que servem a indústrias, estabelecimentos hospitalares, edifícios comerciais e residenciais etc.

Alguns dados técnicos e econômicos das usinas termelétricas podem ser conhecidos em seus valores médios:

- Heate rate
  - Plena carga: 10.550 kJ/kWh.
  - Carga de 75 %: 11.600 kJ/kWh.
  - Carga de 50 %: 12.950 kJ/kWh.
  - Carga de 25 %: 17.400 kJ/kWh.
- Eficiência: 22 a 48 %.
- Custo de aquisição da usina: R$ 1.200,00 a R$ 1.800,00/kW.
- Preço médio do gás natural: R$ 1,5/m^3.
- Custo médio de operação e manutenção em regime contínuo (O&M): R$ 65,00 a R$ 95,00/MWh.
- Custo médio de geração: R$ 450,00/MWh.

16.3.3.1 Usinas de ciclo aberto

As usinas termelétricas a gás natural de ciclo aberto normalmente utilizam turbina de pequeno e médio portes. Em geral, quando são empregadas turbinas de grande porte já fica prevista a expansão da usina para a conversão de ciclo aberto para ciclo combinado.

As usinas de ciclo aberto são menos eficientes e geram energia a preço entre 15 e 25 % superior ao das usinas a ciclo combinado.

Uma usina termelétrica de ciclo aberto pode ser constituída das seguintes partes.

a) Tomada de gás

É constituída de um sistema de válvulas e medidores de gás natural. Em alguns casos, pode fazer parte de uma estação de pressurização de gás natural, necessária a fornecer, à pressão adequada, as necessidades da turbina. Essa estação pode ser construída no sentido de reduzir ou elevar a pressão.

b) Turbina a gás natural

As turbinas a gás natural são compostas do compressor, câmara de combustão e da turbina propriamente dita.

As turbinas atuais disponíveis no mercado apresentam eficiência média de 35 %, operando a temperaturas que podem variar de 1.150 °C a 1.260 °C. Já a temperatura dos gases exaustos pode variar entre 500 °C e 590 °C.

c) Chaminé dos gases exaustos

São construídas para conduzir os gases exaustos da turbina para o meio ambiente. Normalmente, são fabricadas em chapas metálicas em forma de tubo de aço, conforme mostrado nas Figuras 16.32 e 16.33.

d) Gerador

É o equipamento acoplado ao eixo da turbina e responsável pela geração de energia elétrica. A Figura 16.33 mostra a posição do gerador conectado ao transformador elevador de potência.

A distribuição de energia produzida e perdida por uma usina termelétrica a ciclo aberto pode ser conhecida, em valores médios, pelo gráfico da Figura 16.34.

16.3.3.2 Usinas de ciclo combinado

Sob o ponto de vista de geração de energia elétrica, é o tipo de usina de maior rendimento. O seu funcionamento pode ser assim resumido: o compressor retira determinado volume de ar do meio ambiente, filtra, comprime e o conduz a uma câmara de combustão, onde é injetado certo volume de gás natural. No interior da câmara de combustão, é gerada uma centelha no meio contendo gás misturado ao ar comprimido, provocando a ignição da mistura, que se expande para o interior da turbina propriamente dita.

No interior da turbina, há uma grande expansão desses gases por meio de suas palhetas, produzindo um trabalho mecânico no eixo, que é transferido para um gerador de energia elétrica a ele acoplado. Os gases exaustos da turbina são conduzidos à caldeira de recuperação de calor, que aquece determinado volume de água até a condição de vapor, que é então injetado no interior de uma turbina a vapor. O vapor exausto da turbina é condensado e retorna à caldeira de recuperação, reiniciando o ciclo de vapor. Os gases já resfriados na caldeira de recuperação de calor são lançados à atmosfera, na forma de perda.

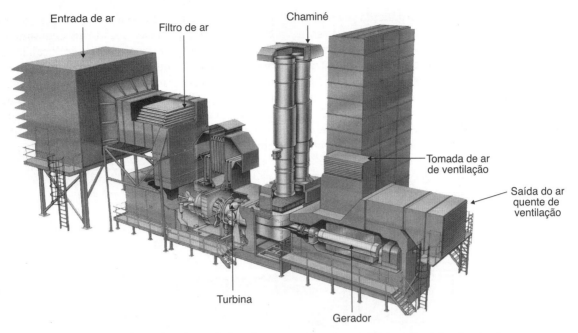

Figura 16.32 Vista isométrica de uma usina termelétrica de ciclo aberto.

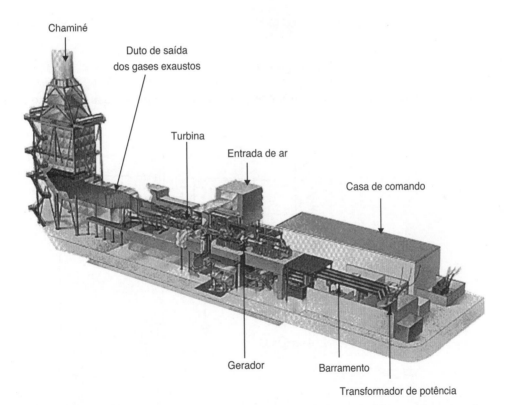

Figura 16.33 Vista em corte de uma usina termelétrica a turbina a gás natural.

A Figura 16.35 mostra o processo anteriormente descrito, detalhando melhor o ciclo a vapor.

Já a Figura 16.36 mostra um esquema básico de uma usina de ciclo combinado, identificando as pressões médias nos diferentes componentes do sistema.

As usinas termelétricas de ciclo combinado são aquelas que apresentam maior eficiência; mas, mesmo assim, há grandes quantidades de energia calorífica desperdiçada. A Figura 16.37 mostra a distribuição de energia gerada e perdida em uma usina de ciclo combinado.

É de fundamental importância o desempenho de uma usina de ciclo combinado em função da grande quantidade de energia elétrica gerada e que deve ser absorvida pelo processo industrial ou disponibilizada ao mercado competindo com a energia elétrica produzida por outras fontes notadamente as fontes hidrelétricas. Além disso, a maioria das termelétricas de grande porte não está associada à produção de energia térmica para uso industrial, como na produção de vapor, água quente e água fria. Assim, parte do calor rejeitado é lançado à atmosfera, provocando perdas enormes de energia.

Para uma termelétrica de grande porte, há muitas dificuldades no aproveitamento do calor rejeitado, mesmo que esteja implantada no interior de uma grande indústria. Neste caso, pode ocorrer um aproveitamento parcial dos gases quentes de rejeito. Quando localizada em uma área industrial, pode ocorrer o aproveitamento dos gases quentes na formação de vapor para distribuição às indústrias, em geral localizadas não muito distantes do local da usina. Porém, quando situadas distante das fontes de consumo de insumos térmicos, as usinas termelétricas amargam uma grande perda energética, chegando a um

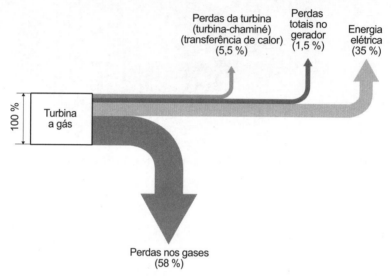

Figura 16.34 Gráfico de distribuição de produção e perda de energia em usina de ciclo aberto.

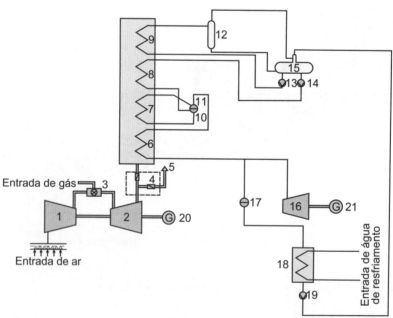

1 - Compressor de ar; 2 - Turbina a gás natural; 3 - Combustor; 4 - *By-pass* da chaminé; 5 - Chaminé; 6 - Aquecedor; 7 - Evaporador; 8 - Economizador; 9 - Condensador; 10 - Bomba de elevação; 11 - *Boiler drum* de alta pressão; 12 - Reservatório (tanque *flash*); 13 - Bomba de elevação; 14 - Bomba de alimentação de alta pressão; 15 - Reservatório de alimentação de água; 16 - Turbina a vapor; 17 - Válvula; 18 - Condensador de turbina a vapor; 19 - Bomba do condensador; 20 - Gerador da turbina a gás; 21 - Gerador da turbina a vapor.

Obs.: evaporação *flash* ou evaporação parcial é o fenômeno que ocorre quando um fluxo de líquido saturado passa por uma redução de pressão pela passagem através de uma válvula de estrangulamento ou outro dispositivo de estrangulamento.

Figura 16.35 Produção de energia em usina de ciclo combinado.

Usinas de geração industrial

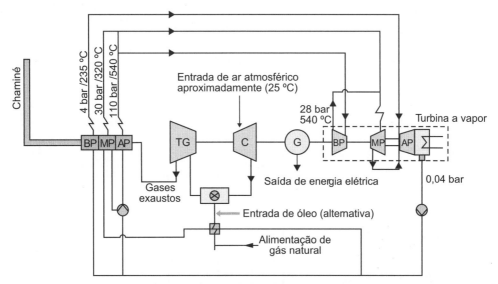

TG - turbina a gás natural; G – gerador; C - compressor; BP - baixa pressão; MP - média pressão; AP - alta pressão.

Figura 16.36 Pressões médias em uma usina de ciclo combinado.

rendimento máximo de 55 %, muito abaixo de uma planta de cogeração, que pode atingir a marca de 85 % em casos de maior rendimento.

As termelétricas a ciclo combinado se comportam favoravelmente em um sistema elétrico quanto à sua rapidez de retorno à operação, logo após a ocorrência de uma falha. Assim, as turbinas a gás natural podem operar na sua plena capacidade logo após quatro minutos de sua parada. Já uma usina a ciclo combinado pode operar plenamente 30 minutos após sua saída de operação.

O tempo convencional de construção de uma usina termelétrica a ciclo aberto é da ordem de 15 meses após a assinatura do contrato. Já o tempo de construção das usinas a ciclo combinado é de aproximadamente 26 meses após a assinatura do contrato de construção.

As usinas termelétricas apresentam uma grande vantagem construtiva. Podem ser planejadas e construídas em ciclo aberto e, posteriormente, completadas para operar a ciclo combinado, coordenando, assim, o crescimento da carga com a inversão dos investimentos.

Os custos unitários das usinas termelétricas a ciclo combinado diminuem inversamente com o número de turbinas a gás natural, devido ao fato de a eficiência das turbinas crescer com sua capacidade nominal. Assim, o número de turbinas a gás natural para cada máquina a vapor varia de uma a três unidades, formando uma usina de ciclo combinado. Na sua forma mais tradicional, as plantas das usinas termelétricas guardam uma relação de duas turbinas a gás natural para uma turbina a vapor, conforme mostrado na Figura 16.38.

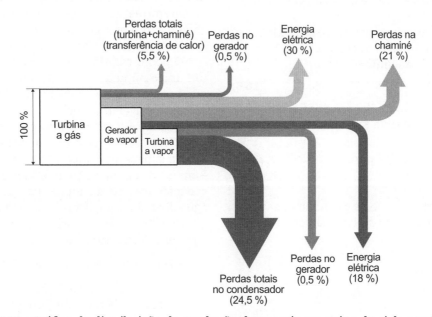

Figura 16.37 Gráfico de distribuição de produção de energia em usina de ciclo combinado.

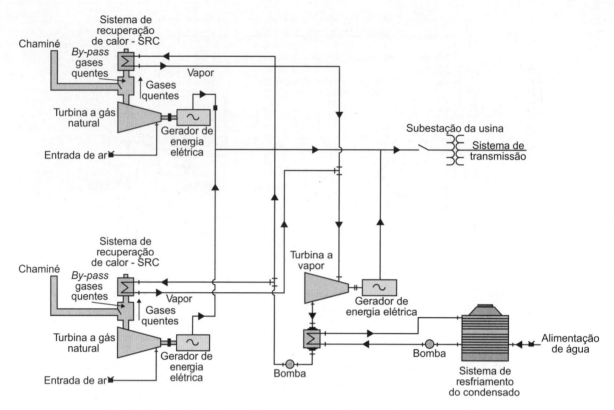

Figura 16.38 Usina de ciclo combinado com turbinas a gás e uma turbina a vapor.

16.3.3.2.1 Determinação do consumo de gás

A potência desenvolvida no eixo da turbina, nas condições ISO, pode ser calculada pela Equação (16.7):

$$P_{iso} = \dfrac{\dfrac{P_{eixo}}{F_{cumi}}}{\dfrac{P_{atm}}{1,03} \times \dfrac{\sqrt{T_k}}{\sqrt{288,15}}} \qquad (16.7)$$

P_{iso} = potência no eixo da turbina nas condições ISO, em MW;
P_{eixo} = potência no eixo da turbina nas condições reais do projeto, em MW;
P_{atm} = pressão atmosférica, em bar; na condição ISO, seu valor é de 1,03 bar e a umidade relativa é de 60 %;
F_{cumi} = fator de correção da umidade do ar;

$$F_{cumi} = 1,0171514 - 2,858564 \times 10^{-4} \times U_{rel} \qquad (16.8)$$

U_{rel} = umidade relativa do ar, em %; o valor padrão é de 60 %;
T_k = temperatura ambiente, em K; a temperatura padrão é de $T_0 = 288,15$ K.

$$T_k = T_a + 273,16 \ (K) \qquad (16.9)$$

T_a = temperatura ambiente, em °C.

A determinação do volume de gás natural, nas condições ISO, para acionamento da turbina pode ser dado pela Equação (16.10):

$$V_{gás} = P_{atm} \times \sqrt{T} \times \dfrac{HR_p \times P_{eixo}}{62,943} \times \left(0,2 + \dfrac{13,987}{P_{atm} \times \sqrt{T_k}} \times \dfrac{\dfrac{P_{eixo}}{F_{cumi}}}{P_{iso}} \right) \times \dfrac{1}{PCI}$$

$$(16.10)$$

$V_{gás}$ = volume de gás natural, em kg/s;
PCI = poder calorífico inferior, em kJ/kg;
HR_p = consumo específico de calor, na condição de projeto, em kJ/kWh:

$$HR_p = C_{espec} \times PCI \ (kJ/kWh) \qquad (16.11)$$

C_{espec} = consumo específico de calor do gás natural, kg/kWh.

O poder calorífico de um combustível, PCI, é a quantidade de calor liberada pelos produtos de combustão ao serem resfriados até a temperatura inicial, após a combustão, à pressão constante ou a volume constante, corrigidos para o padrão de 1,0 atm e 25 °C.

O poder calorífico não pode ser considerado como um único número devido às diferentes formas de conduzir a experiência e à formação de água (H_2O) a partir do combustível utilizado.

Quando o combustível reage com o oxigênio, o hidrogênio forma H_2O. Quando os produtos resultantes da combustão superam a temperatura de 52 °C, a água liberada é em forma de vapor. Quando os produtos de combustão são resfriados até a temperatura normal da atmosfera, a água liberada é em forma de condensado.

Com base nessas considerações, pode-se concluir que o poder calorífico deve ser conhecido nas duas versões:

• Poder calorífico superior (PCS)

É definido para a condição em que a água produzida no processo é liberada em forma de condensado. Dessa forma, quando os produtos são resfriados muito abaixo da temperatura do ponto de orvalho da água, a maior parte do vapor d'água condensa-se, liberando calor na mesma proporção da quantidade de água condensada. Então, dá-se o nome de *poder calorífico superior* à quantidade de calor rejeitada se todo o vapor formado na combustão for condensado quando os produtos da combustão atingirem a temperatura inicial do ensaio

- Poder calorífico inferior (PCI)

É definido quando a água produzida no processo é liberada e não se condensa. Assim, o poder calorífico inferior é o poder calorífico superior subtraído do calor latente do vapor de água condensado.

As usinas termelétricas são grandes consumidoras de água bruta. O consumo específico de água bruta de uma usina termelétrica de grande porte a ciclo combinado vale:

- demanda máxima de água bruta para processo: 1,6 m³/h/MW;
- água de processo da torre de resfriamento: 1,56 m³/h/MW;
- água de reposição: 0,016 m³/h/MW;
- demanda máxima de água evaporada na torre de resfriamento: 1,32 m³/h/MW.

Exemplo de aplicação (16.8)

Determinar o consumo de combustível de uma usina termelétrica de potência nominal igual a 240 MW, localizada no nível do mar. A usina é composta por uma turbina a gás natural de 170 MW e uma turbina a vapor de 70 MW.

- Consumo específico de calor: $C_{espec} = 9.600$ kJ/kWh.
- Pressão atmosférica: $P_{atm} = 1,03$ bar.
- Temperatura ambiente de 30 °C.
- Umidade relativa: 85 %.
- Poder calorífico inferior: $PCI = 11.500$ kcal/kg.

a) Determinação da potência no eixo da turbina nas condições ISO

De acordo com a Equação (16.9), tem-se:

$$T_k = 30 + 273,16 = 303,16 \text{ K}$$

O fator de correção de umidade vale:

$$F_{cumi} = 1,0171514 - 2,858564 \times 10^{-4} \times U_{rel} = 1,0171514 - 2,858564 \times 10^{-4} \times 85 = 0,9928$$

A potência no eixo da turbina nas condições ISO vale:

$$P_{iso} = \frac{\frac{P_{eixo}}{F_{cumi}}}{\frac{P_{atm}}{1,03} \times \frac{\sqrt{T_k}}{\sqrt{288,15}}} = \frac{\frac{170}{0,9928}}{\frac{1,03}{1,03} \times \frac{\sqrt{303,16}}{\sqrt{288,15}}} = \frac{171,23}{1,0257} = 166,93 \text{ MW}$$

b) Determinação do volume do gás natural a ser consumido

De acordo com a Tabela 16.10 e a Equação (16.10), tem-se:

$$PCI = 11.500 \text{ kcal/kg} = 11.500 \times 4,1868 = 48.148,2 \text{ kJ/kg}$$

$$V_{gás} = P_{atm} \times \sqrt{T} \times \frac{HR_p \times P_{eixo}}{62,943} \times \left(0,2 + \frac{13,987}{P_{atm} \times \sqrt{T_k}} \times \frac{\frac{P_{eixo}}{F_{cumi}}}{P_{iso}}\right) \times \frac{1}{PCI}$$

$$V_{gás} = 1,03 \times \sqrt{303,16} \times \frac{9.600 \times 170}{62,943} \times \left(0,2 + \frac{13,987}{1,03 \times \sqrt{303,16}} \times \frac{\frac{170}{0,9928}}{166,93}\right) \times \frac{1}{48.148,2} \text{ kg/s}$$

$$V_{gás} = 464.992 \times (0,2 + 0,7799 \times 1,0257) \times \frac{1}{48.148,2} = 9,65 \text{ kg/s}$$

$$V_{gás} = 9,65 \times 3.600 \times 24 = 833.760 \text{ kg/dia}$$

Sabe-se que, em média, 1 m³(N) de gás = 0,75 kg (N)

$$V_{gás} = \frac{833.760}{0,75} = 1.111.680 \text{ m}^3/\text{dia}$$

16.4 Geração localizada

Durante e após o racionamento de energia elétrica ocorrido no Brasil no período de 2001/2002, as indústrias e grandes consumidores comerciais instalaram usinas termelétricas em suas unidades de negócio para poder atender sem restrição a sua demanda de carga. Além disso, com o preço da energia no mercado livre alcançando patamares insuportáveis, as usinas termelétricas das unidades consumidoras geravam energia a um custo inferior ao do mercado livre. A partir de então, muito dos grandes consumidores que amargaram enormes prejuízos com o racionamento e estimulados pela falta de investimento do setor elétrico em médio e longo prazos, para resolver a crise energética de forma consolidada, decidiram por instalar usinas termelétricas com capacidade adequada às suas necessidades energéticas, interligando-as normalmente à rede de energia elétrica da concessionária local. A esse tipo de negócio foi denominado geração distribuída. Porém, para diferir do conceito vigente de geração distribuída, assunto do Capítulo 14 deste livro, e que tem regras bem definidas para esse tipo de geração, chamaremos de geração localizada os empreendimentos de geração realizados por indústrias e outros segmentos de consumidores para o consumo próprio utilizando predominantemente combustível de origem fóssil.

A geração localizada foi amplamente aplicada no Brasil nas décadas de 1920 a 1950 pelas municipalidades e consumidores de maior porte visando suprir às necessidades de energia elétrica das cidades e da produção. Essa política foi praticamente extinta a partir dos anos 1960 quando foram iniciadas as operações das grandes unidades de geração de origem hidráulica, ofertando energia elétrica abundante e a preços imbatíveis comparadas aos custos da energia produzida pelas usinas termelétricas.

As usinas termelétricas instaladas nas unidades consumidoras necessitam de conexão com a rede de energia elétrica pública das concessionárias para aumentar o seu índice de confiabilidade e continuidade. Muitas dessas usinas operam somente na ponta de carga, período em que o custo da energia é extremamente elevado. Outras operam em sistemas de cogeração, tendo a rede de distribuição pública como suprimento de *back-up*. Outras simplesmente são instaladas como reserva de geração para emergência na falta de suprimento da rede de distribuição.

A conexão entre a usina de geração de energia elétrica e a rede pública da concessionária é regulamentada pela legislação vigente e deve, além de tudo, obedecer aos requisitos das concessionárias quanto às particularidades do sistema elétrico ao qual a usina será conectada. A Figura 16.39 mostra um esquema unifilar tradicionalmente conhecido para conexão entre um autoprodutor e a rede de energia da concessionária.

O autoprodutor e/ou a concessionária devem, obrigatoriamente, realizar estudos elétricos de fluxo de carga e de curto-circuito, denominados estudos em regime permanente e estudos de estabilidade em regime dinâmico, para obter a autorização da conexão com a rede pública de distribuição ou transmissão da concessionária. Por vezes, são solicitados pela concessionária estudos de energização do transformador, além do estudo de qualidade de energia que envolve os estudos de componentes harmônicos, energização de linhas de transmissão etc., de acordo com as características da rede à qual será conectada a usina termelétrica.

Além da exigência dos estudos aqui mencionados, o projetista deverá submeter à concessionária um completo projeto de proteção que atenda, essencialmente, à integridade e à estabilidade da rede pública de energia elétrica, denominada proteção de fronteira, além de contemplar às necessidades de proteção dos equipamentos da própria usina termelétrica.

As unidades de geração de uma usina termelétrica podem operar de diferentes formas, dependendo da quantidade de máquinas utilizadas, do tipo de conexão com a rede pública de energia elétrica etc.

Toda unidade de geração possui um regulador de velocidade que controla a potência ativa liberada pelo gerador, e um regulador de tensão que controla a potência reativa.

Para que duas fontes operem em paralelo, é necessário que haja sincronização entre elas, isto é, ajuste da tensão e da frequência em que operam as referidas fontes. Assim, para que dois grupos geradores operem em paralelo, é necessário ajustar os valores de tensão e frequência da segunda unidade aos valores estabelecidos de tensão e frequência da primeira unidade (referência). Se o paralelismo for realizado entre a usina de geração e a rede externa, é necessário ajustar a frequência e a tensão da usina geradora com a tensão e a frequência da rede externa (referência). Em qualquer caso, somente

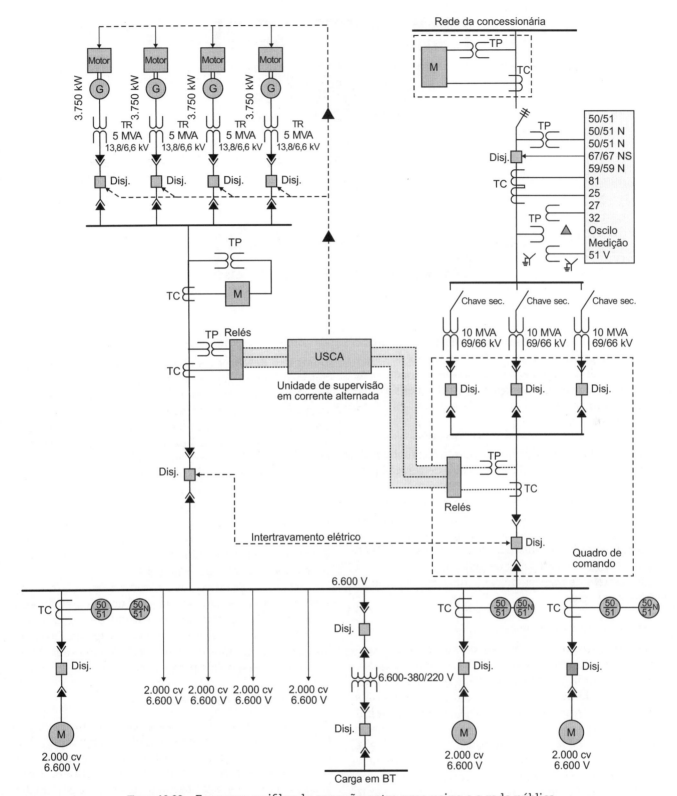

Figura 16.39 Esquema unifilar de conexão entre uma usina e a rede pública.

quando a tensão e a frequência da unidade de geração e da rede pública de energia elétrica estão iguais ou muito próximas é enviada a ordem para fechar o disjuntor de paralelismo.

Esse sistema atualmente é realizado automaticamente por equipamentos digitais, denominados Unidade de Supervisão em Corrente Alternada (USCA), que são conectados a transformadores de corrente e de potencial de onde se aquisitam os dados para o processo de controle. Uma única USCA pode sincronizar vários grupos geradores entre si e depois sincronizá-los com a rede externa. Nesta condição, a USCA deve aquisitar a tensão dos TPs de cada unidade de geração e da rede externa. A Figura 16.40 mostra o frontal de uma USCA.

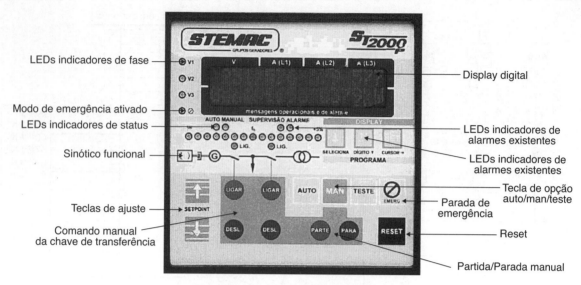

Figura 16.40 Frontal de uma USCA.

Uma das considerações importantes no paralelismo de fontes de geração é o conceito de rejeição de carga, que consiste no desligamento, normalmente seletivo, de um bloco de carga quando ocorrem perturbações de qualquer ordem no sistema elétrico, sejam curtos-circuitos, descargas atmosféricas etc.

Um sistema de rejeição de carga deve verificar constantemente os valores de carga que estão sendo drenados da rede e a potência disponível das unidades de geração para suprir essas cargas. Esse sistema deve monitorar o equilíbrio entre a potência gerada e a carga drenada da rede.

De forma geral, o esquema de rejeição de carga deve atuar em um tempo inferior a 200 ms, tempo suficiente para evitar a perda de estabilidade do sistema que resultaria na desconexão da usina de geração.

Um estudo de rejeição de carga deve contemplar os seguintes aspectos:

a) Perda de uma unidade de geração

É o caso mais frequente na operação de uma usina de geração, em decorrência dos mais variados motivos. Quando ocorre a perda de uma unidade de geração, há uma redução considerável na oferta de geração, que passa a ser inferior à demanda de carga. Nesse momento, é imprescindível que o sistema de rejeição de carga rejeite as cargas não essenciais, garantindo, assim, a estabilidade do sistema, sem o qual as unidades de geração remanescentes entram em processo de sobrecarga, resultando na redução da tensão e/ou da frequência e na consequente perda total da usina de geração.

b) Aumento progressivo de carga

É sempre possível em qualquer sistema elétrico haver um aumento de carga. Quando isso ocorre, em um sistema alimentado somente por uma usina de geração, é necessário que esse aumento fique limitado a 10 % da capacidade da geração por um período não superior a uma hora.

c) Defeitos permanentes

Durante o defeito no sistema de geração, por exemplo, nos terminais de um gerador, a tensão decresce a valores muito baixos, próximos a zero, provocando a desaceleração de todos os motores em operação. Após os relés responsáveis pela eliminação da falha atuarem e provocarem a operação dos disjuntores correspondentes, a carga remanescente retorna à sua condição operacional normal, fazendo com que os motores remanescentes absorvam uma corrente elevada da rede. Em virtude dessa elevação de corrente, surge uma expressiva queda de tensão no sistema, com tempo relativamente grande, o que pode ocasionar a atuação das proteções nas funções 27 e 81, desarmando vários disjuntores intempestivamente e provocando instabilidade no sistema.

Assim, é imperativo que o sistema de rejeição de carga elimine as cargas não essenciais, que são previamente selecionadas a partir de um estudo de estabilidade, tomando como base um modelo de resposta dinâmica do sistema, quando ocorrem distúrbios na rede. Esses estudos são essenciais para as usinas de grande porte.

16.4.1 Conexão de usinas termelétricas

É o caso das usinas de autoprodução, cogeração ou usinas emergenciais que podem operar independentes da rede pública de energia elétrica. Essas usinas podem ser constituídas de uma ou mais unidades de geração. Muitas vezes, são conectadas ao barramento de carga por um disjuntor que transfere a conexão da rede pública de energia para os terminais da usina de geração. Essa transferência pode ser realizada de três diferentes formas:

16.4.1.1 *Transferência de carga com desconexão de fonte*

É o sistema de transferência de carga mais simples. Utiliza apenas uma chave reversão manual, motorizada ou por solenoide ou disjuntores. No primeiro caso, quando falta o suprimento de energia da rede pública, o operador se dirige ao local da usina e aciona manualmente a máquina primária e logo em seguida manobra a chave de transferência. No segundo caso, a usina de geração é dotada de um sensor de tensão que aciona o mecanismo de partida. Decorridos alguns segundos, um sistema automático manobra o mecanismo de acionamento da chave reversora, que pode ser ligado ou desligado por motor ou por solenoide. É utilizada em usinas emergenciais instaladas em indústrias, hospitais etc. e só operam com a ausência de energia da rede pública. A Figura 16.41 mostra um esquema básico de transferência de carga com desconexão da fonte.

A transferência de carga deve ser impedida quando a barra de carga estiver submetida a um defeito, evitando-se, assim, danificar os equipamentos da usina de geração.

16.4.1.2 Transferência de carga em rampa

Esta forma de operação é muito utilizada em indústrias, *shopping centers* etc., quando se utiliza a usina de geração para assumir toda carga da instalação no horário de ponta de carga do sistema da concessionária, reduzindo, substancialmente, o custo de energia nesse horário. Neste caso, utiliza-se um sistema de controle, USCA, que está conectado permanentemente com a barra de carga, e momentos antes do tempo ajustado para entrada em operação a usina de geração é acionada. A USCA, então, sincroniza os geradores da usina de geração e ordena o fechamento do disjuntor de transferência, que coloca momentaneamente, por cerca de 15 s, a usina de geração em paralelo com a barra de carga, suprida pela rede pública de energia. Decorrido esse intervalo de tempo, outro disjuntor desfaz a conexão da rede pública de energia com a barra de carga, que a partir desse instante passa a ser suprida pela usina de geração. A Figura 16.42 mostra um esquema básico de uma usina de geração operando com transferência de carga em rampa.

O custo desse tipo de transferência de carga é bem superior ao anterior, devido ao custo do sistema de transferência em rampa.

16.4.1.3 Transferência de carga ultrarrápida

Consiste no emprego de um *nobreak* dinâmico composto por um conjunto motor-volante de grande inércia girante, preso ao eixo da unidade de geração por um sistema eletromagnético. Quando a carga está sendo suprida pela rede externa, o motor aciona o volante durante todo período de operação da carga do sistema. Na falha da alimentação normal da rede externa, o eletroímã conecta o eixo do conjunto motor-volante ao eixo da unidade de geração, fazendo o gerador entrar em operação em um tempo inferior a 150 ms, necessário para que as cargas motrizes permaneçam em operação, embora com velocidade minimamente reduzida devido à inércia mecânica. Se não for possível a transferência de carga neste intervalo de tempo, esta deve ser impedida. Esse tipo de sistema é utilizado somente em usinas de geração emergenciais.

Atualmente, esse sistema é pouco utilizado pelo alto custo da energia elétrica consumida pelo motor que opera continuamente o volante. No entanto, seu custo de aquisição é inferior ao custo de um *nobreak* estático.

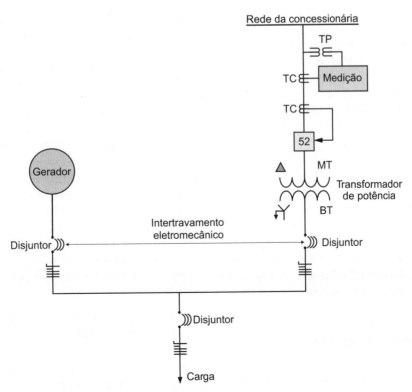

Figura 16.41 Esquema de transferência de carga com desconexão de fonte em baixa-tensão.

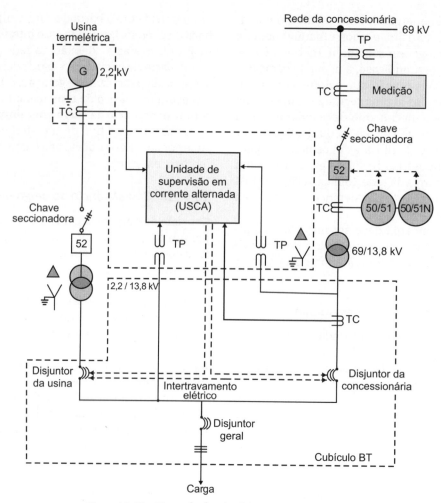

Figura 16.42 Transferência de carga em rampa.

16.4.1.4 Operação em paralelo com a rede externa

É o caso das usinas de produção de energia, autoprodução ou cogeração que operam conectadas permanente à rede pública de energia elétrica. No caso das usinas de autoprodução e cogeração, pode ou não haver exportação dos excedentes de energia gerada. Diz-se, assim, que a usina opera em paralelo. Essas usinas podem ser constituídas de uma ou mais unidades de geração.

Essas usinas são dotadas de um sistema de controle, USCA, que funciona da seguinte forma: inicialmente, aciona individualmente cada unidade de geração. A USCA, que está permanentemente conectada à barra de carga da rede pública de energia, sincroniza a primeira unidade de geração com a rede externa fazendo em seguida o fechamento de seu disjuntor, colocando em definitivo em operação em paralelo. Esse processo é seguido para cada unidade de geração até que toda a usina esteja operando em paralelo.

16.4.1.5 Procedimentos de conexão da carga

É o caso mais simples de operação. Após a partida da máquina, a carga pode ser conectada em frações ou de forma integral. No primeiro caso, há pequenas variações de frequência e tensão à medida que a fração de carga é conectada aos terminais do gerador. Quanto maior o bloco de carga manobrado, maiores são as variações de frequência e tensão, cujos valores devem ser estabelecidos previamente.

Quando existem vários grupos geradores operando em paralelo, conectados ou não à rede externa, podem ser utilizados três esquemas básicos de funcionamento:

a) **Somente um grupo gerador opera em modo flutuante de carga**

Neste caso, todas as unidades restantes da usina são ajustadas para fornecer um valor fixo de potência ativa e reativa. Somente a unidade de geração em modo flutuante de carga fornecerá as potências ativa e reativa necessárias para manter, respectivamente, a frequência e a tensão do sistema dentro dos limites recomendados. Esse sistema não é adequado quando existe uma variação muito grande da carga.

b) **Todas as unidades de geração operam em modo flutuante de carga**

Neste caso, todos os geradores são responsáveis por absorver igualmente a carga do sistema. Esse sistema não é adotado em usinas de geração operando em paralelo com a rede externa.

c) Controles individuais das unidades de geração

Neste caso, a usina de geração é dotada de um único controlador que distribui o fluxo de potência ativa e regula a frequência de todas as unidades de geração e um único controlador que distribui o fluxo de potência reativa e regula a tensão. O controlador de fluxo de potência ativa e frequência age em cada regulador de velocidade do seu grupo gerador, controlando ao mesmo tempo a frequência. Já o controlador de fluxo de potência reativa e tensão age sobre o regulador da excitatriz de cada grupo gerador, controlando ao mesmo tempo a tensão, em conformidade com a Figura 16.43.

Esse sistema é adequado para operar em redes com grandes variações de carga, tais como fornos a arco.

16.5 Sistema de cogeração

Compreende-se por cogeração o processo de produção simultânea de energia elétrica e térmica utilizando-se um único combustível, de forma a atender às necessidades da planta.

A cogeração visa à redução dos custos de energia gasta no processo, reduzindo perdas, aumentando a continuidade de fornecimento e tornando a unidade consumidora menos vulnerável às oscilações de oferta de energia no mercado.

As diferentes formas de energia produzidas nos sistemas de cogeração podem ser aproveitadas em vários processos de produção industrial, ou seja:

a) Produção de vapor

Com a pressão variando entre 2 e 15 kgf/cm^2, o vapor pode ser utilizado na calefação, destilação, esterilização, pasteurização, secagem de produtos alimentícios, têxteis etc.

b) Produção de água quente

Com a temperatura variando entre 50 e 120 °C, a água quente produzida pelo processo de resfriamento do bloco do motor e pelo trocador de calor ar-óleo do sistema de lubrificação pode ser utilizada, notadamente na indústria alimentícia, de forma geral, na calefação ambiental, cabines de pintura, lavanderias, climatização de estufas, processos biodigestores etc.

c) Produção de ar quente

Com a temperatura inferior a 450 °C, o ar quente pode ser utilizado na secagem de produtos alimentícios em geral, alimentação de fornos, no controle da climatização, no preaquecimento de caldeiras etc.

d) Produção de água gelada e/ou ar frio

É realizada por máquinas de absorção de calor. Com a temperatura variando entre 2 e 6 °C, a água fria e/ou o

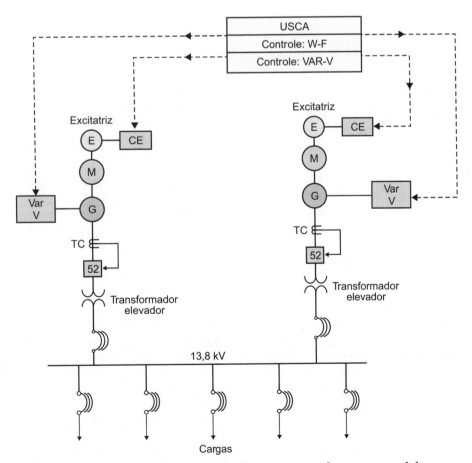

Figura 16.43 Sistema de controle de grupos geradores em paralelo.

ar frio podem ser utilizados nos sistemas de climatização, na indústria farmacêutica, na extrusão e moldagem de materiais plásticos, no controle de processos industriais etc.

A produção de frio é realizada em uma máquina de absorção de calor, que transforma calor em frio por meio de um ciclo de transformação de solução em diferentes estágios empregados no processo. Quanto maior for a temperatura da substância calorífica utilizada, maior será o número de estágios da máquina de absorção. Por exemplo, as máquinas de absorção de um estágio utilizam vapor em muito baixa pressão ou água quente pressurizada, sendo as de mais baixo rendimento. Já as máquinas de absorção de dois estágios utilizam uma pressão maior da substância calorífica e apresentam maior eficiência. Essas máquinas substituem, em um sistema de cogeração, os *chillers* com compressores elétricos.

É de significativa relevância a relação entre a energia elétrica produzida, em kWh, e a energia térmica produzida pela usina de cogeração, em kWh térmico. Citando como exemplo valores típicos de usinas de cogeração dotadas de máquinas de recuperação de calor de um estágio, à temperatura de 110 °C, a razão entre o kWh elétrico e o kWh térmico pode variar entre 0,70 e 1,10. Já em usinas com máquinas de dois estágios à temperatura de 190 °C, a relação varia entre 1,80 e 2,50.

Essa relação é definida por β e seu valor depende da tecnologia utilizada na fabricação dos equipamentos de geração de energia. Os valores típicos para determinados sistemas de cogeração são:

- turbinas a gás natural: 0,30 a 0,80;
- turbinas a vapor: 0,15 a 0,50;
- motores a diesel: 0,50 a 1,16.

Outro parâmetro importante na definição de uma unidade de cogeração é a relação entre a energia elétrica consumida, em kWh, e a energia térmica consumida, em kWh térmico, no processo.

Essa relação é definida por α e seu valor depende da solução de modelagem do sistema de cogeração. Quanto maior for a energia elétrica que se queira produzir por unidade de energia térmica, maior será o valor de α. Os valores típicos de α para alguns segmentos industriais são:

- setor têxtil: 0,40 a 0,45;
- setor de alimentos e bebidas: 0,05 a 0,10.

Uma análise dos valores de α e β pode definir a produção e o consumo de energia em determinado projeto de cogeração. Assim, se o valor de β superar o valor de α, há maior produção de energia elétrica do que térmica, e, portanto, excedentes que devem ser comercializados para viabilizar o empreendimento. Caso contrário, se α superar β, é necessário a queima suplementar de combustível para complementar as necessidades térmicas da indústria.

Quando é necessária uma grande quantidade de frio, é mais vantajoso o uso dos gases exaustos para a geração de vapor e posterior produção de frio em máquinas de dois estágios.

Para a produção de frio em quantidades menores, é vantajoso o uso da água de resfriamento do bloco do motor em máquinas de absorção de um estágio. Já para a produção de vapor de baixa pressão variando entre 1 bar e 8 bar, ou de água quente com temperatura variando entre 80 °C e 125 °C, é mais vantajoso o uso dos gases exaustos associados ao calor contido na água de refrigeração do bloco do motor, podendo, nesta condição, utilizar-se uma máquina de absorção de um estágio.

e) **Produção de dióxido de carbono**

Apesar de todas as vantagens dos projetos industriais de cogeração, alguns empecilhos têm freado a expansão dessa atividade, como:

- inversão de capital na atividade diferente do negócio da indústria;
- dificuldades de comercialização de poucos excedentes de energia elétrica;
- dificuldades de alocar os excedentes de vapor e água quente em unidades industriais próximas;
- risco regulatório, isto é, mudanças constantes nas regras do setor elétrico e intromissão do Poder Executivo para atender a requisitos de política partidária;
- incertezas da evolução dos preços dos insumos energéticos: gás natural e óleo diesel;
- incertezas dos preços da energia elétrica no mercado.

A viabilidade de um projeto de cogeração depende das características operacionais de cada indústria, ou seja:

- possua aparelhos consumidores de energia térmica, como vapor, água quente e água fria em escala elevada;
- tenha um consumo de energia elétrica intenso;
- necessite consumir simultaneamente energia elétrica e térmica.

Para que um projeto de cogeração possa ter viabilidade econômica, é necessário que a planta industrial funcione pelo menos 12 horas por dia ou um total de 4.500 horas anuais. No entanto, para que se obtenha um alto rendimento em uma planta industrial de cogeração é necessário um tempo médio de funcionamento anual de 8.000 horas, com uma utilização média de 90 % das diferentes formas de energia produzida.

A cogeração pode empregar diferentes tipos de máquina primária para geração de energia, como turbinas, motor a ciclo diesel, motor a gás natural ou gás de alto-forno. Para cada tipo de energia térmica necessária ao processo industrial pode-se viabilizar um tipo de máquina primária.

O custo médio de um sistema de cogeração está situado entre R$ 1.500 e R$ 3.000/kW médio instalado, dependendo dos tipos de energia produzidos. Já os custos médios de manutenção são aproximadamente de R$ 70,00 a R$ 120,00/MWh.

A Figura 16.44 mostra um esquema básico de uma planta de cogeração utilizando motor, um sistema de recuperação de calor (SRC), *chillers* e gerador de energia elétrica.

16.5.1 Turbina a gás natural

As turbinas somente produzem gases exaustos em alta temperatura, e por assim fazer, são mais indicadas nos processos industriais que necessitam de secagem de produtos diretamente com os gases de exaustão. Da mesma forma, utilizam-se as turbinas quando há necessidade de grande consumo de vapor em substituição às caldeiras convencionais. Nesses casos, há que se considerar que poderá haver excedente de energia elétrica produzida e que deve ser comercializada no mercado. Se a comercialização da energia elétrica não contemplar contratos de longo prazo, é melhor reduzir a produção de energia às necessidades do consumo industrial e instalar ou utilizar caldeiras convencionais para complementar as necessidades de vapor.

As turbinas a gás natural são muito empregadas nos sistemas de cogeração a ciclo combinado, em que se utilizam dois fluidos: o gás natural no processo principal e o vapor no ciclo secundário. Nesse tipo de projeto, tudo há de semelhante ao ciclo combinado já estudado, exceto no que diz respeito ao aproveitamento dos gases exaustos na caldeira de recuperação de calor produzidos pela turbina e da água quente do sistema de condensação do vapor exausto da turbina a vapor. Pode-se, no entanto, aproveitar parte do vapor gerado na caldeira de recuperação de calor para ser utilizado no processo industrial, em detrimento da produção de eletricidade.

A Figura 16.45 mostra o esquema básico de uma usina termelétrica a ciclo combinado, com uso de turbinas a gás natural, empregadas na produção de vapor para processo industrial.

Entre várias alternativas de cogeração a ciclo combinado, serão mencionados quatro esquemas básicos de distribuição da energia envolvida no processo.

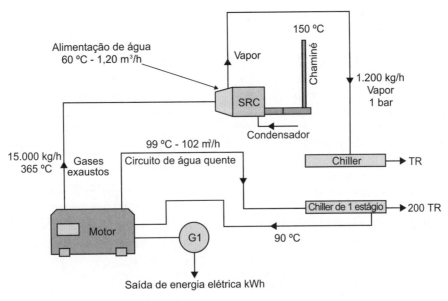

Figura 16.44 Esquema básico de uma usina de cogeração a motor.

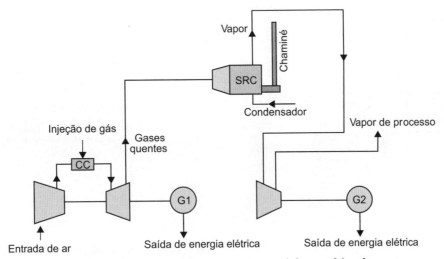

Figura 16.45 Cogeração com usina a ciclo combinado.

a) Produção de energia elétrica e vapor industrial

Nesse tipo de usina de cogeração, há produção de energia elétrica e os gases exaustos serão utilizados diretamente no processo, como na secagem de produtos industrializados. A Figura 16.46 mostra a distribuição de energia resultante do processo, utilizando usina a ciclo aberto. O rendimento total desse tipo de usina de cogeração é de, aproximadamente, 72 %.

b) Produção de energia elétrica e vapor para refrigeração e água quente

Nesse tipo de usina de cogeração, há produção de energia elétrica e os gases exaustos serão utilizados na geração de vapor, cujo maior volume será utilizado para a produção de fluido frio empregado nos condicionadores de ambiente e refrigeração e, em menor quantidade, para a produção de água quente. Esse sistema é muito empregado tanto na indústria como em hotéis e motéis. O rendimento total desse tipo de usina de cogeração é também de, aproximadamente, 73 %.

c) Produção de energia elétrica e ar quente para processo

Nesse tipo de usina de cogeração, há produção de energia elétrica e os gases exaustos serão utilizados em maior quantidade para a produção de ar quente, empregado diretamente no processo industrial, e em menor quantidade na geração de água quente. Esse sistema é muito usado em indústrias para uso nos fornos de aquecimento, secadores etc. A Figura 16.47 mostra a distribuição de energia resultante do processo. O rendimento total desse tipo de usina de cogeração é também de, aproximadamente, 73 %.

d) Produção de energia elétrica, gás quente e água quente

Nesse tipo de usina de cogeração, há produção de energia elétrica em grande quantidade e os gases exaustos serão utilizados na produção de vapor, e a água de refrigeração do condensador é utilizada para produção de água quente empregada no processo industrial e na higienização. A Figura 16.48 mostra a distribuição de energia resultante do processo. O rendimento total desse tipo de usina de cogeração é de, aproximadamente, 82 %.

Como informação útil para fins comparativos, seguem os dados práticos de produção de um sistema de cogeração, utilizando duas turbinas a gás natural e uma turbina a vapor:

- tipo de combustível: gás natural;
- temperatura do ar: 24 °C;
- umidade relativa: 26,7 %;
- potências geradas nas turbinas a gás natural: 87,6 MW (2 × 43,8 MW);
- potência gerada na turbina a vapor: 15 MW;
- potência absorvida nos serviços auxiliares: 2,6 MW;
- potência elétrica líquida fornecida: 100 MW (86 + 15 − 2,6 MW);
- vapor absorvido no processo industrial: 31,5 kg/s;
- pressão do vapor de processo: 70 bar;
- vapor de alta pressão:
  - quantidade: 24,4 kg/s;
  - pressão: 41,4 bar;
  - temperatura do vapor: 475 °C;
- vapor de baixa pressão:
  - quantidade: 4,9 kg/s;
  - pressão: 5,3 bar (saturado);
  - pressão no condensador: 0,082 bar;
- temperatura dos gases exaustos: 120 °C;
- temperatura dos gases na entrada da turbina: 1.085 °C;
- temperatura dos gases na saída da turbina: 535 °C;
- quantidade de gases exaustos da turbina: 334 kg/s (2 × 167).

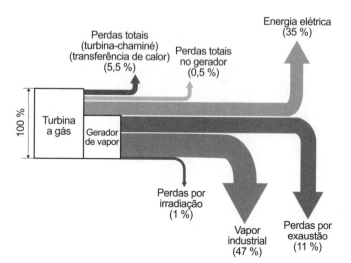

Figura 16.46 Distribuição de energia em usina a ciclo aberto (eletricidade + vapor).

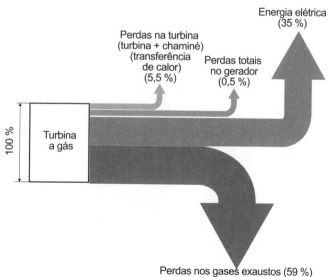

Figura 16.47 Distribuição de energia em usina a ciclo aberto.

Usinas de geração industrial

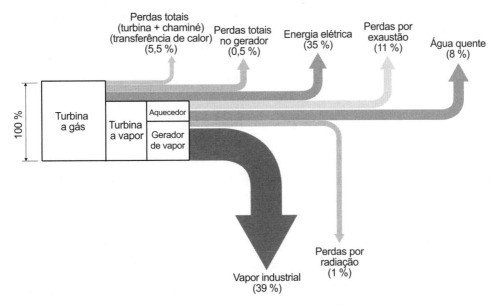

Figura 16.48 Distribuição de energia em usina a ciclo fechado (água quente + ar quente).

16.5.2 Motor a gás natural

Os motores a gás natural produzem tanto gases exaustos em alta temperatura quanto água quente de refrigeração do bloco (cilindros) do motor e do sistema de lubrificação. Assim, são mais indicados quando no processo industrial há necessidade de utilização direta dos gases de exaustão e de água quente (≈ 90 °C) para processo de lavagem, preaquecimento etc.

A Figura 16.49 mostra o esquema básico de resfriamento e aproveitamento dos gases exaustos e da água quente de refrigeração do bloco motor.

Os fluxos de energia de maior significado em um projeto de cogeração referem-se aos gases de exaustão e à água quente resultante do resfriamento do bloco do motor, já que água de refrigeração do óleo de lubrificação e do *aftercooling* é entregue ao sistema em temperaturas baixas.

16.5.3 Motor a ciclo diesel

Assim como os motores a gás natural, os motores a óleo diesel produzem tanto gases exaustos quanto água quente de refrigeração do bloco (cilindros) do motor e do sistema de lubrificação.

Vale ressaltar que os motores a gás natural ou a ciclo diesel apresentam um rendimento elétrico superior ao das turbinas.

Para o aproveitamento dos gases exaustos na produção de vapor utilizando-se quaisquer das máquinas primárias anteriores, deve-se empregar um sistema de recuperação de calor.

Os motores produzem em média 0,80 t/h de vapor por cada MWe (MW médio) gerado. Já as turbinas produzem, em média, 2 t/h de vapor/MWe, com temperaturas entre 450 °C e 550 °C.

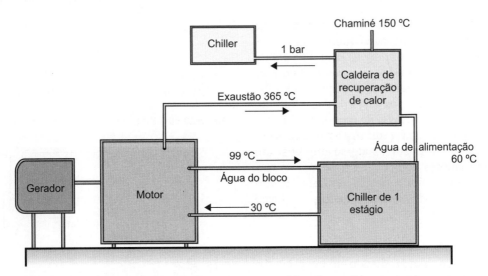

Figura 16.49 Sistema de aproveitamento energético do resfriamento do motor.

É extremamente difícil conceber um projeto de cogeração em que haja produção de energia elétrica, vapor e água quente nas quantidades necessárias ao consumo da planta industrial. Se isso ocorrer, o rendimento da planta de cogeração pode atingir 85 %. Já o rendimento de uma usina de geração elétrica, no modo ciclo combinado, alcança valores máximos de 55 %.

Para realizar os estudos de viabilidade de um projeto de cogeração, devem-se considerar os seguintes parâmetros:

- potência elétrica do gerador;
- energia elétrica a ser gerada;
- consumo de combustível;
- vazão dos gases exaustos;
- volume da água quente produzida;
- rendimento elétrico;
- rendimento térmico;
- rendimento total;
- consumo e demanda da instalação;
- tarifas da concessionária local de energia elétrica;
- tarifas da concessionária local fornecedora do gás natural.

Praticamente, os mesmos princípios utilizados nos projetos de cogeração empregando motores a gás natural podem ser utilizados nos projetos de cogeração utilizando motores a óleo diesel.

16.5.4 Tipos de sistema de cogeração

Existem, basicamente, dois tipos de sistemas de cogeração caracterizados pela utilização da energia produzida:

a) *Topping cycle*

Nesse tipo de sistema, o combustível empregado, seja ele gás natural, óleo diesel ou óleo combustível, é utilizado no primeiro estágio na produção de energia mecânica, no segundo estágio, é transformado em energia elétrica e, no terceiro estágio, é transformado em energia térmica.

Nesse tipo de cogeração são empregadas turbinas a gás natural, motores a combustível líquido ou motores a gás natural.

O calor dos gases de exaustão pode ser empregado na produção de vapor, ar quente, água quente e água fria.

Quando as necessidades de energia térmica da planta industrial ultrapassam a quantidade de energia calorífica dos gases exaustos, pode-se realizar uma queima suplementar de gás natural. Como nos gases de escapamento existe uma quantidade apreciável de oxigênio, já que a quantidade de ar que circula na turbina é três vezes superior ao utilizado na combustão, pode-se empregar um conjunto de queimadores no bocal de descarga da turbina, injetando-se certo volume de gás natural e elevando-do, assim, a temperatura dos gases exaustos, conforme mostrado na Figura 16.50.

b) *Bottoming cycle*

Nesse tipo de sistema, o calor produzido em um processo industrial qualquer, como por exemplo, o gás industrial de alto-forno, possui um elevado nível de energia térmica e é utilizado para gerar energia elétrica, de acordo com a Figura 16.51.

16.5.5 Custos e financiamento

Os elementos de custos a serem considerados em um projeto de cogeração podem ser agrupados nos seguintes itens:

- capital empregado na aquisição da usina de cogeração, como motores, geradores elétricos, caldeiras, máquinas de absorção, trocadores de calor etc.;
- dedução do capital que seria empregado na aquisição dos equipamentos necessários à produção e ao funcionamento da indústria, como *chillers* elétricos, caldeiras convencionais para a queima de combustíveis líquidos ou sólidos, geradores de energia ou a fatura mensal de energia estimada, no caso de fornecimento de energia elétrica pela concessionária.

O mercado financeiro oferece várias formas para financiar investimentos em cogeração:

a) *Turnkey*

Neste tipo de negócio, o proprietário da planta industrial realiza os investimentos com capital próprio ou toma financiamento em instituição bancária privada ou estatal.

b) *Build, operate and transfer (BOT)*

Este tipo de financiamento consiste na execução da usina de cogeração por uma empresa qualificada, que pode aplicar recursos próprios ou obter financiamento da rede

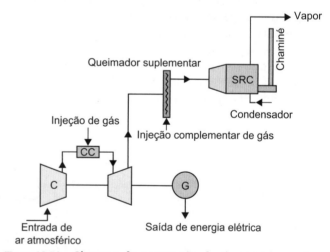

Figura 16.50 Sistema de cogeração do tipo *topping cycle*.

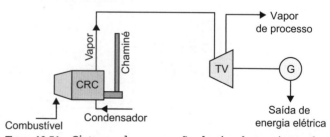

Figura 16.51 Sistema de cogeração do tipo *bottoming cycle*.

bancária. Essa empresa ficará responsável pela gestão da usina de cogeração que fornecerá os insumos necessários à planta industrial, isto é, energia, vapor, água quente e água fria, de acordo com o contrato. No final de determinado período, a empresa gestora e financiadora da unidade de cogeração transferirá o patrimônio para seu cliente, que, a partir dessa data, ficará responsável pela gestão da unidade de cogeração.

c) *Build, operate, own and transfer (BOOT)*

Aplica-se o mesmo procedimento anterior, com a diferença de que no final do período definido em contrato a gestão da unidade de cogeração é compartilhada entre a empresa gestora e financiadora e seu cliente na forma definida em contrato.

16.6 Proteção de usinas termelétricas

Existe uma vasta gama de dispositivos necessários à proteção de uma usina termelétrica. Esse assunto é abordado no livro *Proteção de Sistemas Elétricos de Potência* (LTC, 2011), de autoria deste autor e do engenheiro Daniel Ribeiro Mamede. Aqui somente serão mencionadas as funções básicas que devem ser utilizadas nos esquemas de proteção e sua justificativa técnica. Assim, as funções básicas de proteção de uma usina termelétrica que será conectada à rede pública de energia elétrica são:

16.6.1 Proteções do motor

A seguir, são indicados os principais dispositivos de proteção das máquinas primárias.

- Pressostato do óleo lubrificante: efetua a parada da máquina primária (diesel, a gás, turbina) quando a pressão do óleo lubrificante atinge valores abaixo do valor mínimo admitido pela máquina. É frequente o uso de pressostato com dois níveis de atuação. No primeiro estágio, atua o alarme sonoro e/ou luminoso e, somente no segundo estágio, é efetuada a parada do motor.
- Termostato do líquido refrigerante: efetua a parada do motor (diesel, a gás, turbina) quando a temperatura do líquido refrigerante (normalmente, água) atinge valores acima do valor máximo admitido pela máquina. É frequente o uso de termostato com dois níveis de atuação. No primeiro estágio, sonoro e/ou luminoso, atua o alarme e, somente no segundo estágio, é efetuada a parada do motor.
- Sensor do nível do meio refrigerante: faz atuar um alarme sonoro e/ou luminoso indicando a necessidade de completar o nível do líquido refrigerante.
- Relé taquimétrico: efetua o desligamento do motor de partida quando a rotação do motor ultrapassa um valor predeterminado, normalmente de 500 rpm para motores diesel.
- Sensor do nível de tanque de óleo: faz atuar o alarme quando o nível do óleo no tanque de combustível está abaixo de um valor predeterminado.
- Manômetro do óleo lubrificante: informa a pressão do óleo lubrificante.
- Número de horas para manutenção: indica o tempo para que se efetue a manutenção periódica do motor.
- Indicador de carga da bateria: informa o estado de carga da bateria de partida do motor.

16.6.2 Proteções do gerador

A seguir, são indicadas as proteções que devem ser associadas à operação das usinas termelétricas, sendo sua aplicação função de sua potência nominal e do nível de segurança desejado para o gerador.

- Função 51: proteção de sobrecorrente temporizada de fase

Tem como finalidade a proteção contra sobrecarga e curto-circuito no gerador.

- Função 51N: proteção de sobrecorrente temporizada de neutro

Tem como finalidade a proteção contra curtos-circuitos monopolares.

- Função 51G: proteção de sobrecorrente temporizada de terra

É utilizada na proteção do gerador para defeitos à terra do gerador.

- Função 32P: proteção direcional de potência ativa

Tem como finalidade eliminar a possibilidade de motorização do gerador.

- Função 32Q: proteção direcional de potência reativa

Tem como finalidade a proteção para a perda de excitação do gerador.

- Função 49: proteção de imagem térmica do gerador e do transformador de potência
- Função 87: proteção diferencial

Essa função se aplica tanto na proteção dos transformadores de força quanto no gerador de energia elétrica.

- Função 46: proteção de desbalanceamento de corrente

É utilizada na proteção contra o desbalanceamento de corrente de fase.

- Função 25: comprovação de sincronismo

Essa função é aplicada nos terminais de cada gerador para comprovar o sincronismo com a barra de interligação dessas unidades.

- Função 27: proteção de subtensão

Aplicada nos processos de afundamento de tensão na rede pública ou no próprio gerador devido a defeitos distantes no sistema de transmissão ou sobrecarga no gerador.

- Função 59: proteção de sobretensão

Aplicada nos processos de elevação de tensão na rede pública ou no próprio gerador devido a defeitos distantes no sistema de transmissão.

- Função 81: proteção de sobre e subfrequência
- Função 64F: proteção contra defeito à terra do rotor do gerador

16.6.3 Proteções do ponto de conexão com a rede pública de energia

- Função 67: proteção direcional de sobrecorrente temporizada

Essa função tem como finalidade desconectar a usina da rede pública quando ocorrer um defeito entre fases permanentes nesta rede, inibindo a usina de contribuir com a corrente de curto-circuito.

- Função 67N: proteção direcional de defeito à terra

Essa função tem como finalidade desconectar a usina da rede pública quando ocorrer um defeito monopolar permanente nesta rede, inibindo a usina de contribuir com a corrente de curto-circuito.

- Função 32P: proteção direcional de potência ativa

Tem como finalidade restringir ou eliminar a possibilidade de transferir potência da usina termelétrica para a rede da concessionária, denominada potência inversa. Se a usina termelétrica está contratada na sua capacidade máxima com a indústria na qual está instalada, como é comum em projetos de cogeração e autoprodução, o relé direcional de potência ativa deve ser ajustado para um valor muito pequeno, não mais que 5 %. Se a usina termelétrica tem contrato de exportação de energia elétrica para o mercado, o relé direcional de potência deve ser ajustado para o valor máximo pouco acima da potência contratual exportada.

Para que o leitor tenha uma diretriz básica dos ajustes a serem efetuados nas unidades de proteção de uma usina de geração, seguem os valores típicos utilizados:

a) Função 51
- Corrente: $I_{aj} = 1,50 \times I_n$
- Tempo: $T_{op} = 2$ s

b) Função 51N
- Corrente: $I_{aj} = 0,25 \times I_n$

I_n = corrente nominal da unidade de geração;
I_{aj} = corrente de ajuste do relé de proteção;
T_{op} = tempo de operação da proteção.

- Tempo: $T_{op} = 2$ s.

c) Função 51G
- Corrente: $I_{aj} = 10$ A.
- Tempo: $T_{op} = 1$ s.

d) Função 51V
- Corrente: $I_{aj} = 1,50 \times I_n$.
- Tempo: $T_{op} = 2,5$ s.

e) Função 87
- Corrente: $I_{aj} = 1,05 \times I_n$.

f) Função 67
- Corrente: $I_{aj} = 1,50 \times I_n$.
- Tempo: $T_{op} = 0,5$ s.

g) Função 67N
- Corrente: $I_{aj} = 1,05 \times I_n$.
- Tempo: $T_{op} = 0,5$ s.

h) Função 32P
- Potência: $P_{aj} = 1$ a $1,05 \times P_n$ (para turbina) e $P_{aj} = 1,05$ a $1,20 \times P_n$ (para motores a diesel).
- Tempo: $T_{op} = 2$ s.

i) Função 32Q
- Potência: $P_{aj} = 0,30 \times P_n$.
- Tempo: $T_{op} = 2$ s.

j) Função 27
- Tensão: $V_{aj} = 0,75 \times V_n$.
- Tempo: $T_{op} = 3$ s (superior ao tempo de 67, 51 e 51V).

k) Função 46
- Corrente: $I_{aj} = 0,15 \times I_n$ (utilizar a curva de tempo inverso)

l) Função 49
- Alarme: 80 % da capacidade térmica do gerador.
- Disparo: 120 % da capacidade térmica do gerador.
- Constante tempo: 20 minutos (em operação).
- Temperatura: 120 °C (ou de acordo com a classe de isolamento do gerador).

m) Função 59
- Tensão: $V_{aj} = 1,1 \times V_n$.
- Tempo: $T_{op} = 2$ s.

n) Função 64F
- Corrente: $I_{aj} = 10$ A.
- Tempo: $T_{op} = 1,0$ s.

o) Função 81
- Sobrefrequência: $F_g = 1,05 \times F_n$.
- Tempo de operação: $T_{op} = 2$ s.
- Subfrequência: $F_g = 0,95 \times F_n$.

p) Função 25
- Ângulo de defasagem: < 10 °.
- Tensão: < ±5 %.
- Frequência: ±1 Hz.

Obs.: para realizar esses ajustes, deve-se consultar a concessionária local para compatibilizá-los com os esquemas de rejeição de carga de seu sistema.

16.7 Emissão de poluentes

Entre os poluentes produzidos pelas usinas termelétricas, o de maior interesse para o meio ambiente é a emissão dos NO_x.

16.7.1 Motores a óleo diesel

Os motores a óleo diesel, normalmente, apresentam restrições de médias a graves quanto ao impacto ambiental. O poluente de maior de impacto ao meio ambiente liberado pelos motores a diesel é o dióxido de nitrogênio. No entanto, não existe ainda uma legislação que limite a quantidade desse poluente.

Já o dióxido de enxofre (SO_2) é um dos poluentes de maior restrição e está contido também no óleo diesel. Sua emissão é influenciada pelo poder calorífico do combustível, cuja quantidade específica é dada pela Equação (16.12):

$$SO_2 = \frac{72 \times 10^5 \times S_p}{\eta \times PCI} \text{ (g/kWh)} \qquad (16.12)$$

S_p = quantidade de enxofre contida no óleo diesel, em %;
η = eficiência da instalação;
PCI = poder calorífico inferior do combustível em kJ/kg.

De acordo com a legislação do Conselho Nacional do Meio Ambiente (Conama), a emissão de enxofre está limitada a 5.000 g/Gcal, equivalente a 4,30 g/kWh, para usinas com capacidade inferior a 70 MW de potência instalada e a 2.000 g/Gcal, equivalente a 1,72 g/kWh, para usinas com capacidade superior a 70 MW.

O óleo diesel, por ser um derivado de petróleo e não receber tratamento para remoção dos poliaromáticos, é um produto potencialmente carcinogênico. Entretanto, como este não deve ser manipulado diretamente com o contato humano, o potencial de risco fica reduzido a níveis toleráveis, desde que, em seu manuseio, sejam utilizados materiais adequados de proteção individual.

Quanto ao meio ambiente, utilizam-se como parâmetro para a análise do teor de emissão de dióxido de enxofre e partículas totais as informações obtidas na Resolução do Conama em vigor.

Essa Resolução estabelece limites máximos de emissão de poluentes do ar (padrões de emissão) para processos de combustão externa em fontes novas e fixa os limites de poluição de usinas geradoras. O teor máximo de partículas totais para óleos combustíveis é de 350 gramas por milhão de quilocalorias e o teor máximo de dióxido de enxofre (SO_2) é de 5.000 gramas por milhão de quilocalorias.

Esses valores somente se enquadram para processos de combustão externa em fontes novas e fixas de poluição com potência nominal total igual ou inferior a 70 MW, situados em uma área de classe II ou III.

A presença de compostos sulfurados é indesejável no diesel, devido à sua ação corrosiva e à formação de gases tóxicos SO_2 e SO_3, os quais ocorrem em proporções relativas que podem atingir até 90 % de SO_3. Estes gases apresentam ainda o inconveniente de produzir depósitos de sulfatos sólidos na câmara de combustão, ou reagir com água produzindo H_2SO_4 e H_2SO_3 altamente corrosivos.

O óleo diesel não deve conter altos teores de água e sedimentos devido ao fato de sólidos abrasivos produzirem desgaste excessivo das peças do motor, especialmente no sistema de injeção e, ainda, a influência prejudicial da água na combustão e obstrução de filtros de combustível, aumentando a resistência ao escoamento.

O teor de cinzas de um óleo, determinado pela quantificação do resíduo da queima de uma pequena quantidade dele, é um indicativo dos depósitos metálicos indesejáveis formados durante sua combustão. Esses depósitos formados na câmara de combustão e em outras partes do motor, durante a operação a altas temperaturas, podem se apresentar como sólidos abrasivos ou como sabões metálicos, ambos contribuindo para o desgaste do motor propriamente dito, atacando as paredes do cilindro e as superfícies dos pistões.

A combustão ou queima de um combustível é uma reação química entre um combustível, no caso, os hidrocarbonetos oriundos do petróleo, e um comburente, no caso o O_2 do ar. A quantidade de comburente presente influencia diretamente o produto, podendo ser uma reação completa ou incompleta.

Quando os combustíveis fósseis reagem com o oxigênio, são formados dióxido de carbono (CO_2), água e liberada certa quantidade de energia:

Combustível + Oxigênio → Dióxido de Carbono +
+ Água + Energia

Esse processo é denominado combustão completa. Por exemplo, a gasolina é um combustível obtido a partir do petróleo, constituído de uma mistura de hidrocarbonetos dos quais o mais importante é o octano, cuja fórmula é C_8H_{18}. Sua combustão pode ser representada simplificadamente pela equação química:

$C_8H_{18(l)} + 25/2\ O_{2(g)} \rightarrow 8\ CO_{2(g)} + 9\ H_2O_{(g)} + 1.302,7$ kcal

A equação anterior mostra que a queima de um mol de octano produz 1.302,7 kcal de energia.

Quando a quantidade de ar é limitada durante a queima do combustível, pode não haver oxigênio suficiente para converter carbono em dióxido de carbono; o carbono pode ser convertido em monóxido de carbono (CO), sendo a combustão denominada incompleta. Por exemplo:

$$2\ CH_{4(g)} + 3\ O_{2(g)} \rightarrow 2\ CO_{(g)} + 4\ H_2O_{(g)}$$

O monóxido de carbono é um gás extremamente tóxico, que dificulta a capacidade de a hemoglobina do sangue carregar oxigênio. Sendo um gás incolor e inodoro, dificilmente percebe-se sua presença. Portanto, é importante que, durante a queima de um combustível, haja ar suficiente para promover a combustão completa.

Caso a quantidade do ar seja extremamente baixa, produz-se apenas minúscula partícula sólida de carvão, conhecidas por fuligem (fumaça preta).

$$CH_{4(g)} + O_{2(g)} \rightarrow C_{(s)} + 2\ H_2O_{(g)}$$

Para evitar a ocorrência de combustão incompleta, é necessário que os equipamentos estejam bem ajustados.

O monóxido de carbono e a fuligem são dois exemplos de produtos indesejáveis formados na queima de combustíveis. Existem outros exemplos: muitos combustíveis contêm enxofre, que é convertido a dióxido de enxofre quando ocorre a combustão:

$$S + O_2 \rightarrow SO_2$$

Combustíveis diferentes apresentam propriedades distintas. Assim, na escolha de um combustível, devem ser consideradas as vantagens e desvantagens de cada um e analisadas questões como quantidade de calor produzido, custo, segurança, condições de armazenamento e transporte, produção de poluentes, entre outros fatores.

16.7.1.1 Emissão de gases da combustão

Conforme visto anteriormente, o combustível, ao entrar em queima, combina-se com o comburente, na maioria dos casos, o oxigênio do ar. Desta reação química originam-se vários gases que se desprendem sob a forma de fumaça, os quais contribuem para a contínua deterioração da qualidade do ar.

A emissão de poluentes varia de acordo com o tipo de motor, com o modelo, com o tipo de combustível utilizado, com a relação ar/combustível do processo de combustão, com a velocidade do motor, com a geometria da câmara de combustão e com a existência de equipamento de controle de emissão (catalisador).

Dentre estes gases, os mais importantes relativamente às questões ambientais e ao homem são os óxidos de enxofre, os óxidos de nitrogênio, os óxidos de carbono e o material particulado.

16.7.1.1.1 Óxido de enxofre

Em todo o mundo, as atividades humanas e naturais produzem o dióxido de enxofre. Suas fontes naturais incluem vulcões, decomposição de matéria orgânica etc. As fontes de poluição causadas pelo homem compreendem a combustão do carvão contendo enxofre, a combustão de derivados do petróleo e a fundição de minérios não ferrosos.

Sobre a superfície da Terra, especialmente em regiões industriais, a grande maioria do SO_2 é proveniente de atividades humanas e não de fontes naturais.

A produção global de SO_2 aumentou seis vezes desde 1900. Contudo, a maioria das nações industrializadas baixou os níveis de SO_2 em 20 a 60 % entre 1975 e 1984, e muitos países reduziram a poluição do SO_2 em áreas urbanas, durante a última década a partir da mudança da indústria pesada e imposição de padrões mais rígidos de emissões. As principais reduções de SO_2 vieram da queima de carvão com baixo teor de enxofre e da redução da utilização do carvão para gerar eletricidade.

Na combustão, o enxofre do óleo combustível converte-se nos óxidos de enxofre (SO_2 e SO_3). Além disso, este enxofre, combinando-se com complexos de sódio e vanádio, contribui para a formação de depósitos sobre as superfícies externas dos tubos superaquecidos, economizadores e aquecedores de óleo, resultando em corrosão do equipamento e perda da eficiência térmica, além de afetar o nível das emissões.

16.7.1.1.2 Óxido de nitrogênio

O óxido de nitrogênio produzido pelas fontes naturais e humanas é chamado de monóxido de nitrogênio, e este é rapidamente convertido em dióxido de nitrogênio.

Os óxidos de nitrogênio são formados naturalmente pela ação da luz na decomposição da matéria orgânica. Aproximadamente, metade dos óxidos de nitrogênio é proveniente da ação do homem, principalmente pelo uso de veículos motorizados e usinas termelétricas, e o restante é produzido por operações industriais.

Durante os anos 1970, as emissões de óxidos de nitrogênio elevaram-se em muitos países e, a partir de então, se mantiveram ou decaíram. Os níveis de óxidos de nitrogênio não caíram tão radicalmente quanto os de SO_2, porque grande parte do total das emissões dos óxidos de nitrogênio provém de milhões de veículos motorizados, enquanto a maioria do SO_2 é lançado por queima relativamente pequena de carvão nas usinas geradoras, cujas emissões podem ser controladas.

16.7.1.1.3 Óxido de carbono

O monóxido de carbono tem um pequeno efeito direto sobre os ecossistemas, porém ele contribui indiretamente para o efeito estufa e destrói a camada protetora de ozônio.

Entre 60 e 80 % das emissões globais de monóxido de carbono são de fontes naturais, no entanto, em algumas áreas urbanas, a maioria das emissões de monóxido de carbono vem da queima incompleta de combustíveis nos veículos motorizados.

16.7.1.1.4 Material particulado

Referem-se a materiais sólidos e líquidos suspensos no ar, que podem variar, em tamanho, de finos aerossóis a partículas maiores. Os efeitos à saúde das partículas dependem de seus tamanhos: partículas maiores reduzem a visibilidade, mas representam efeitos menores à saúde, enquanto as menores partículas podem causar danos aos olhos e pulmões.

A poeira, vaporização, fogo em florestas e a queima de certos tipos de combustível estão entre as fontes de partículas na atmosfera. O controle das fontes de emissões tem reduzido a quantidade de partículas lançadas por várias nações industrializadas.

O material particulado constitui o poluente mais importante a ser considerado nos programas de redução de emissões em motores a diesel. A Tabela 16.15 fornece os valores das emissões de SO_3 e particulados.

Tabela 16.15 Total das emissões de usinas termelétricas a motor a ciclo diesel

Potência MW	Emissões de SO_3 g/Mkcal Óleo tipo B	Emissões de SO_3 g/Mkcal Óleo tipo D	Emissões de particulados g/Mkcal Óleo tipo B	Emissões de particulados g/Mkcal Óleo tipo D
10	5.872	2.348	117	117
12	6.850	2.740	137	137
14	7.829	3.131	156	156
16	9.786	3.914	195	195
20	11.744	4.697	234	234

16.7.2 Motores a gás natural

Os motores a gás natural, normalmente, apresentam restrições leves quanto ao impacto ao meio ambiente.

16.7.3 Turbinas a gás natural

As emissões decorrentes da operação de uma usina termelétrica de médio a grande portes são permanentes e é função do padrão tecnológico da turbina empregada, consistindo em material particulado inalável (PM-10), dióxido de enxofre, monóxido de carbono (CO) e óxidos de nitrogênio (NO_x), provenientes da queima do gás natural.

Para exemplificar, uma turbina com potência média de 120 MW apresenta as seguintes emissões:

- material particulado inalável: 2 g/s, nos gases de combustão;
- dióxido de enxofre: 5 ppmvd (15 % O_2), nos gases de combustão;
- monóxido de carbono: 8 ppmvd (15 % O_2), nos gases de combustão;
- óxidos de nitrogênio: 25 ppmvd (15 % O_2), nos gases de combustão.

Uma turbina desse porte, operando em sua capacidade máxima, emitirá aproximadamente uma quantidade de gases de 1.000.000 Nm^3/h com 12 % de O_2 e cerca de 9,5 % de umidade.

As emissões máximas permitidas pela legislação são:

- material particulado inalável: 5,22 g/s, nos gases de combustão;
- monóxido de enxofre: 14,29 ppmvd (15 % O_2), nos gases de combustão;
- monóxido de carbono: 10 ppmvd (15 % O_2), nos gases de combustão;
- óxidos de nitrogênio: 51,34 ppmvd (15 % O_2), nos gases de combustão.

Já os efluentes líquidos liberados por uma usina termelétrica a ciclo combinado emitirão cerca de 0,274 $m^3/h/MW$.

16.8 Ruídos

16.8.1 Emissão de ruídos

Para a redução do ruído do lado externo da casa de máquinas ao valor requerido pela legislação de 60 dB, é necessário dotar a usina termelétrica de atenuadores de ruído tanto na entrada quanto na saída do ar de refrigeração, conforme mostra a Figura 16.52. Além disso, é necessário utilizar na cobertura de parede, teto e portas atenuadores de 50 mm compostos por material em lã de vidro.

16.8.2 Atenuação de ruídos

As usinas termelétricas quando em operação produzem um nível de ruído muito elevado no ambiente da casa de

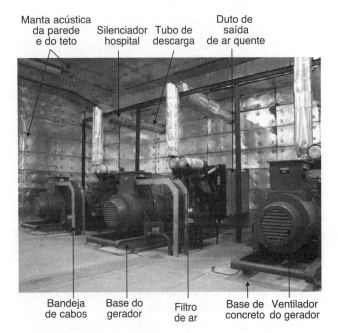

Figura 16.52 Casa de máquinas com manta acústica: gerador de 405 kVA.

máquinas. Esse ruído deve ser contido para evitar que seja transmitido aos ambientes circunvizinhos, provocando desconforto aos usuários e transgredindo a legislação vigente.

As fontes de ruído resultantes da operação dos conjuntos motor-gerador são:

• Ruídos mecânicos

Nos motores primários de combustão interna, os componentes mecânicos em movimento criam impulsos devido às variações rápidas de pressão entre eles, denominados excitadores. Válvulas e seus mecanismos de acionamento, bomba injetora, engrenagens, mancais etc. são exemplos de excitadores. O ruído resultante é transmitido mecanicamente à base do conjunto motor-gerador e sonoramente ao meio ambiente.

• Ruídos da combustão

São resultados do rápido e elevado aumento da pressão na câmara de combustão interna do motor a uma frequência que pode variar entre 500 e 2.500 Hz, além das vibrações resultantes do seu mau funcionamento a uma frequência que pode variar entre 5.000 e 10.000 Hz.

• Ruídos dos ventiladores e ventoinhas

São decorrentes do funcionamento dos ventiladores do radiador do motor, bem como do ventilador do gerador, cujo nível de ruído pode chegar a 110 dB a 5 m de distância.

• Ruídos devidos à variação da carga

São decorrentes da pulsação do fluxo de gases no sistema de sucção e descarga. No caso do filtro de ar, os pulsos da admissão são amortecidos, enquanto o silenciador, muitas vezes denominado silenciador hospitalar, amortece o pulso de descarga.

O projeto de atenuação de ruído compreende duas situações:

• Aplicação de manta acústica

Os ruídos anteriormente estudados ao atingir as paredes e teto são transferidos para o meio externo, provocando desconforto nas pessoas usuárias desses ambientes. Para atenuar o ruído, são utilizadas mantas acústicas resistentes ao fogo (lã de vidro).

A Figura 16.52 mostra uma casa de máquinas com as paredes e o teto cobertos por manta acústica, além de outras particularidades, como o silenciador hospitalar, duto de saída de ar quente etc., componentes esses anteriormente estudados.

• Utilização de porta acústica

Para atenuar os ruídos produzidos pela entrada, deve-se utilizar portão com as seguintes características:

- o portão acústico deve ser construído em estrutura metálica, com chapa de aço e lã de rocha com densidade de 40 kg/m³;
- o portão deve ser construído em duas partes, sendo cada uma delas fixadas à parede de alvenaria com dobradiças em forma de pivô;
- o portão deve permitir uma atenuação do nível de ruído, gerado internamente à casa de máquinas a cinco metros do seu ponto médio de, no máximo, 60 dB;
- as dimensões do portão devem ser definidas de acordo com as dimensões dos motores e geradores a serem utilizados;
- o portão deverá abrir para fora da casa de máquinas;
- as junções entre as duas partes do portão e entre o portão e as paredes, teto e piso devem ser construídas em forma de caixilho, a fim de não permitir um nível de ruído superior ao nível de ruído obtido no centro de cada uma das partes do portão.

• Utilização de atenuadores de ruído

Para atenuar os ruídos que são transmitidos pelo sistema de entrada de ar refrigerante e saída do ar aquecido, devem ser utilizados atenuadores de ruído com as seguintes características:

- a casa de geração deve possuir janelas de entrada e saída de ar refrigerante construídas na direção do corpo de cada conjunto motor-gerador;
- as janelas de entrada e saída de ar refrigerante devem ser providas de atenuadores de ruído construídos de forma a atenuar o nível de ruído a cinco metros de distância do centro das janelas de entrada e saída do ar refrigerante a um valor não superior a 60 dB;
- nas janelas de entrada e saída do sistema atenuador de ruído, anteriormente mencionado, devem ser instaladas telas de aço galvanizada para retenção de objetos sólidos com dimensões de 5 × 5 mm;
- as janelas de entrada e saída de ar refrigerante devem ser projetadas para atender às condições de ventilação exigidas pelo conjunto dos grupos motor-gerador e em conformidade com as informações técnicas fornecidas pelo fabricante.

16.9 Instalação de grupos motor-gerador

16.9.1 Dimensionamento da base

Para que o grupo motor-gerador seja instalado na usina termelétrica, é necessária a construção de uma base de concreto armado por profissional da engenharia civil, observando-se as seguintes recomendações:

• conhecer o peso do conjunto motor-gerador, o que normalmente é informado pelo fabricante;

• conhecer a frequência de vibração do conjunto motor-gerador para determinar a necessidade de reforço da estrutura do piso;

- para determinar a espessura da base do conjunto motor-gerador que utilizam amortecedores de vibração, comumente denominados *vibra stop*, pode-se, simplificadamente, aplicar a Equação (16.13):

$$E_b = \frac{P_{m-g}}{7.182 \times L \times C} \text{ (m)} \qquad (16.13)$$

P_{m-g} = peso do conjunto motor-gerador, em kg;
L = largura da base de concreto, igual à largura da base do conjunto motor-gerador mais 30 cm para cada lado, em m;
C = comprimento da base de concreto, igual ao comprimento da base do conjunto motor-gerador mais 30 cm para cada lado, em m.

- Se o fabricante do grupo motor-gerador não utiliza amortecedores de vibração, o valor de E_b deve ser multiplicado por 1,25.
- Se há dois ou mais grupos geradores em operação em paralelo, o valor de E_b deve ser multiplicado por 2.
- A estrutura da base do conjunto motor-gerador não deve ser interligada com a estrutura da edificação da usina termelétrica para evitar que as vibrações sejam transmitidas à essa estrutura, ocasionando rachaduras e possível desabamento se ocorrer o fenômeno de ressonância entre o conjunto motor-gerador e a estrutura da edificação. A velocidade crítica dos conjuntos motor-gerador é inferior a 1.000 rpm.

16.9.2 Dimensionamento da quantidade de ar refrigerante

É de fundamental importância para a vida útil dos motores e geradores instalados na casa de máquinas a ventilação adequada que possa retirar a quantidade de calor acumulada no ambiente, transferindo-o para o meio exterior.

Deve-se observar na Figura 16.52 que o ventilador do motor é do tipo soprante, cujo objetivo é retirar calor acumulado na água do radiador e, ao mesmo tempo, forçar a entrada do ar quente irradiado no ambiente da casa de máquinas para o duto de saída, que tem comunicação com o meio exterior. Já o gerador possui um ventilador do tipo aspirante ou soprante, montado normalmente no próprio eixo do grupo motor-gerador, que retira calor das bobinas do gerador e o transfere para o ambiente, conforme visto na Figura 16.52. O duto de saída de ar quente que conduz todo o calor do ambiente interno deve ser flexível e é normalmente constituído de lona. Sua área interna deve ser igual ou superior 130 % da área da colmeia do radiador do motor.

O calor acumulado no ambiente da casa de máquinas é fornecido pelos seguintes meios:

16.9.2.1 Calor irradiado pelo motor

A quantidade de calor irradiado por um motor diesel pode ser determinada pela Equação (16.14):

$$Q_m = \frac{P_{md} \times C_{eoc} \times V_{coc} \times C_{eirm}}{100} \text{ (kcal/h)} \qquad (16.14)$$

P_{md} = potência efetiva o motor, em cv;
C_{eoc} = consumo específico do combustível do motor, em kg/cv.h; para o óleo diesel, o valor é de 0,180 kg/cv.h;
V_{coc} = valor calorífico do óleo combustível, que para o óleo diesel vale 10.000;
C_{eirm} = calor específico irradiado pelo motor a diesel em porcentagem do calor, que corresponde à quantidade de combustível injetado. Os valores de C_{eirm} podem ser aplicados nas seguintes condições:

- motores com capacidade até 100 cv: 6 %;
- motores com capacidade 120 a 500 cv: 5 %;
- motores com capacidade acima de 500 cv: 4 %;
- motores refrigerados a água: 7 %.

16.9.2.2 Calor devido às perdas do gerador

A quantidade de calor formada pelas bobinas do gerador pode ser determinada pela Equação (16.15):

$$Q_g = P_g \times F_{pg} \times \left(\frac{1}{\eta_g} - 1\right) \times 860 \text{ (kcal/h)} \qquad (16.15)$$

P_g = potência nominal do gerador, em kVA;
F_{pg} = fator de potência do gerador; normalmente no valor de 0,80;
η_g = rendimento do gerador; se o valor do rendimento do gerador não for conhecido, pode-se adotar para geradores de potência nominal de até 100 kVA o valor de 0,85; para geradores de maior capacidade, pode-se adotar o valor de 0,90.

16.9.2.3 Volume de ar para dissipar a quantidade de calor do motor

O volume de ar necessário para dissipar a quantidade de calor gerada pelo motor vale:

$$V_{adm} = \frac{Q_m}{C_{ear} \times \Delta_{tar}} \text{ (m}^3\text{/h)} \qquad (16.16)$$

C_{ear} = calor específico do ar, normalmente igual a 0,31;
Δ_{tar} = diferença de temperatura ambiente máxima admitida no ambiente e a temperatura máxima do exterior medida por quatro horas consecutivas;
K = coeficiente de correção das condições atmosféricas; conforme norma DIM 6270, seu valor é de 1,1 que corresponde às condições atmosféricas normais de pressão a 760 mmHg e temperatura a 27 °C, conforme gráfico da Figura 16.53.

16.9.2.4 Volume de ar para dissipar a quantidade de calor do gerador

O volume de ar necessário para dissipar a quantidade de calor gerada pelo gerador vale:

$$V_{adg} = \frac{Q_g}{C_{ear} \times \Delta_{tar}} \text{ (m}^3\text{/h)} \qquad (16.17)$$

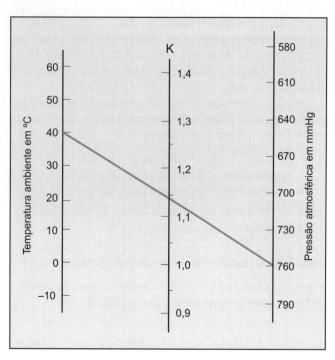

Figura 16.53 Gráfico de correção do valor de K.

16.9.2.5 Volume de ar necessário à combustão

O valor do volume de ar necessário à combustão pode ser dado pela Equação (16.18):

$$V_{ac} = P_{md} \times C_{ac} \quad (\text{m}^3/\text{h}) \qquad (16.18)$$

V_{ac} = volume de ar necessário à combustão, em m³/h;
C_{ac} = consumo específico do ar de combustão, em m³/cv.h.

Pode-se estimar o volume de ar de combustão admitindo o valor de 4 m³/cv.h para motores de aspiração natural e de 4,5 m³/cv.h para motores turboalimentados.

16.9.2.6 Volume de ar necessário ao processo

O volume necessário ao processo de combustão e ao resfriamento do motor e do gerador pode ser dado pela Equação (16.19):

$$V_{ar} = \frac{Q_g + Q_m}{C_{ear} \times \Delta_{tar}} \times K + V_{ac} \qquad (16.19)$$

Os valores de volume de ar calculados referem-se ao peso específico do ar de 1,291 kg/m³, à temperatura de 15 °C, pressão atmosférica de 760 mmHg e umidade relativa do ar de 60 %.

 Exemplo de aplicação (16.9)

Uma usina termelétrica é composta por dois grupos motor-gerador com capacidade unitária de 405 kVA/380 V. Determinar o volume de ar de refrigeração em m³/hora necessário para manter o ambiente interno da casa de máquinas a uma temperatura não superior a 40 °C, sendo a temperatura externa medida no valor de 25 °C. Será utilizado o óleo diesel como combustível.

a) Dados da usina termelétrica

- Valores nominais dos geradores
  - Potência nominal: $P_{ng} = 2 \times 405 = 810$ kVA (ver Tabela 16.7).
  - Fator de potência: 0,80.
  - Rendimento: 0,92.
  - Temperatura máxima da casa de geração: 25 °C.
  - Temperatura máxima exterior: 40 °C.
- Potência nominal dos motores: $P_{md} = 2 \times 533 = 1.066$ cv
- Calor irradiado pelo motor diesel

$$K = 0,180 \text{ kg/cv.h (consumo específico do combustível do motor)}$$

$$Q_m = \frac{P_{md} \times C_{eoc} \times V_{coc} \times C_{eirm}}{100} = \frac{1.066 \times 0,180 \times 10.000 \times 5}{100} = 95.940 \text{ (kcal/h)}$$

- Calor irradiado devido às perdas do gerador

$$Q_g = P_g \times F_{pg} \times \left(\frac{1}{\eta_g} - 1\right) \times 860 = 810 \times 0,80 \times \left(\frac{1}{0,92} - 1\right) \times 860 = 48.459 \text{ (kcal/h)}$$

- Calor dissipado no ambiente

$$Q_t = Q_m + Q_g = 95.940 + 48.459 = 144.399 \text{ (kcal/h)}$$

- Volume de ar necessário para dissipar a quantidade de calor gerada pelo motor

$$V_{adm} = \frac{Q_m}{C_{ear} \times \Delta_{tar}} = \frac{95.940}{0,31 \times 15} = 20.632,2 \text{ m}^3/\text{h}$$

- Volume de ar necessário para dissipar a quantidade de calor gerada pelo gerador

$$\Delta_{tar} = 40 - 25 = 15°C$$

$$V_{adg} = \frac{Q_g}{C_{ear} \times \Delta_{tar}} = \frac{48.459}{0,31 \times 15} = 10.421,3 \text{ m}^3/\text{h}$$

- Volume de ar necessário à combustão (ar retirado do interior da casa de máquinas)

$$V_{ac} = P_{md} \times C_{ac} = 1.066 \times 4,5 = 4.797 \text{ m}^3/\text{h}$$

- Volume de ar necessário à combustão e ao resfriamento do motor e do gerador

$$K = 1,15 \text{ (valor obtido do gráfico da Figura 16.53)}$$

$$V_{ar} = \frac{Q_g + Q_m}{C_{ear} \times \Delta_{tar}} \times K + V_{ac} = \frac{95.940 + 48.459}{0,31 \times 15} \times 1,15 + 4.797 = 35.711 + 4.797 = 40.508 \text{ m}^3/\text{h}$$

16.9.3 Dimensionamento do tanque de combustível

As usinas termelétricas utilizando grandes conjuntos motor-gerador possuem normalmente um grande tanque metálico de combustível que as abastece diretamente, instalados normalmente ao tempo, conforme Figura 16.54, abrigados ou em alguns casos específicos enterrados. Já usinas termelétricas menores, que operam em situação de emergência, possuem apenas um pequeno tanque metálico de combustível instalado ao lado do conjunto motor-gerador, conforme mostrado na Figura 16.55.

Os tanques de combustível devem apresentar as seguintes características técnicas:

- construção: chapa de aço-carbono soldada com tratamento de decapagem e pintura externa em epóxi. O tanque não deve ser pintado internamente;
- indicador externo de nível de combustível;
- tubo de respiro para equilíbrio de pressão interna com a pressão atmosférica;
- boca de contenção;
- separador de água e borra com dispositivo de drenagem.

As dimensões do tanque de combustível devem estar de acordo com o tempo de uso dos conjuntos motor-gerador. No caso de um tanque central de abastecimento, deve-se somar o consumo diário de cada conjunto motor-gerador, conforme a Tabela 16.7, e multiplicar pelo número de dias do mês de operação da usina. Normalmente, o abastecimento do tanque se dá a cada 30 dias. De uma forma geral, pode-se dimensionar o tanque de combustível pela Equação (16.20):

$$V_t = \frac{1,078 \times N_{hd} \times N_{dm} \times P_{ng} \times C_{eoc}}{\eta \times 10^6 \times P_{oc}} \text{ (m}^3\text{)} \qquad (16.20)$$

V_t = volume do tanque de combustível para 1 mês de operação, em m³;
N_{hd} = número de horas diárias de operação da usina;
N_{dm} = número de dias por mês de operação da usina;
C_{eoc} = consumo específico de óleo; no caso do óleo diesel, pode-se considerar o valor de 170 g/cv.h;
P_{ng} = potência nominal da geração, em kVA;
η = rendimento do grupo motor-gerador; pode-se tomar o valor 0,90;
P_{oc} = peso do óleo combustível; no caso do óleo diesel, vale, em média, 0,85 kg/litro.

A partir da definição do diâmetro e do comprimento do tanque em função do volume de combustível a ser consumido no período desejado, o volume do tanque pode ser conhecido a partir da Equação (16.21):

$$V_t = \frac{\pi \times D_t^2}{4} \times L_t \qquad (16.21)$$

D_t = diâmetro do tanque, em m;
L_t = comprimento do tanque, em m.

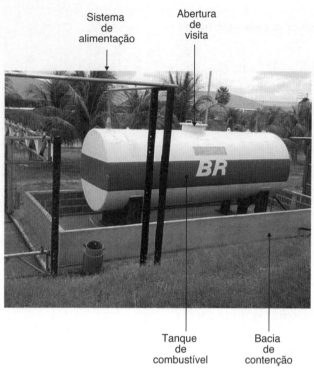

Figura 16.54 Tanque de combustível.

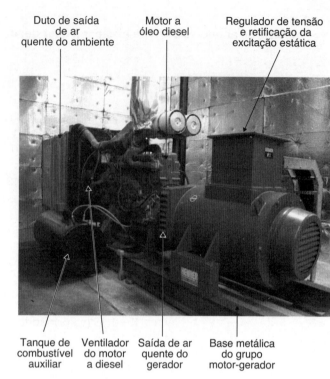

Figura 16.55 Tanque de combustível auxiliar: gerador de 405 kVA.

Exemplo de aplicação (16.10)

Determinar as dimensões de um tanque de combustível para alimentar dois conjuntos motor-gerador com capacidade unitária de 405 kVA, operando somente no horário de ponta de carga de uma indústria. Utilizar óleo diesel como combustível. A pequena usina termelétrica está mostrada na Figura 16.56.

A partir dos valores operacionais da usina termelétrica, tem-se:

$$N_{hd} = 3 \text{ horas};$$

$$N_{dm} = 20 \text{ dias (valor médio)};$$

$$C_{eoc} = 170 \text{ g/cv.h}$$

$$\eta = 0{,}92$$

$$P_{oc} = 0{,}85 \text{ kg/litro}$$

$$P_{ng} = 2 \times 405 = 810 \text{ kVA}$$

$$V_t = \frac{1{,}0878 \times 3 \times 20 \times 810 \times 170}{0{,}92 \times 10^6 \times 0{,}85} = 11{,}49 \text{ m}^3$$

Assim, o diâmetro do tanque, considerando seu comprimento no valor de 4,9 m, vale:

$$V_t = \frac{\pi \times D_t^2}{4} \times L_t \rightarrow D_t = \sqrt{\frac{4 \times V_t}{\pi \times L_t}} = \sqrt{\frac{4 \times 11{,}49}{\pi \times 4{,}9}} = 1{,}72 \text{ m}$$

As dimensões do tanque estão mostradas nas Figuras 16.57 e 16.58.

Usinas de geração industrial

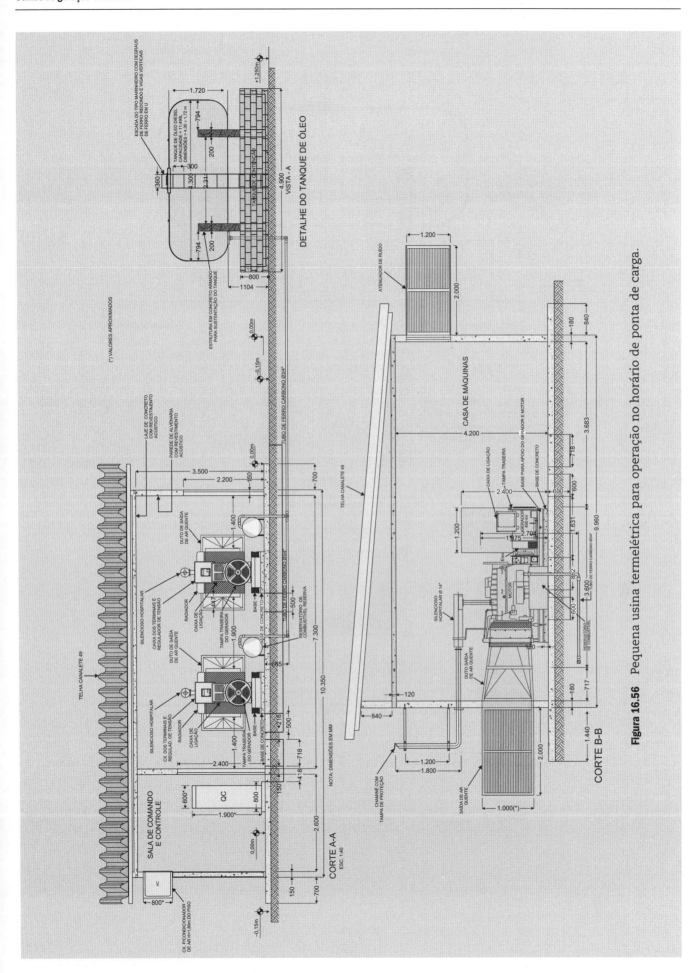

Figura 16.56 Pequena usina termelétrica para operação no horário de ponta de carga.

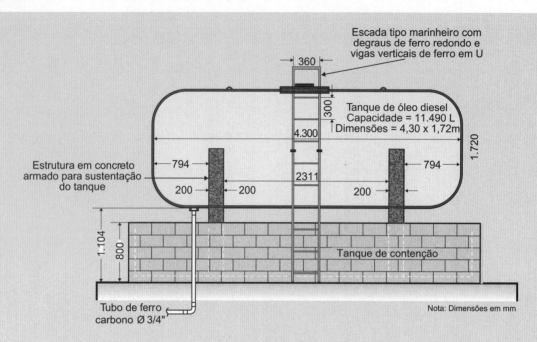

Figura 16.57 Tanque de óleo de construção ao tempo.

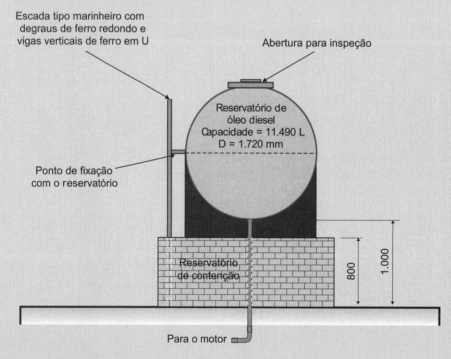

Figura 16.58 Vista lateral de tanque de óleo construído ao tempo.

Apêndice
Exemplo de aplicação

Com a finalidade de mostrar ao leitor o desenvolvimento completo de um projeto de instalação elétrica industrial, em uma sequência racional de cálculo, será apresentado, em seguida, como exemplo, um projeto de um complexo industrial no ramo fabril, a partir da planta de *layout* das máquinas, da planta de arquitetura das dependências administrativas e de produção e de corte do galpão industrial, conforme as plantas em anexo. Essas plantas normalmente são fornecidas ao projetista.

Escolheu-se como exemplo uma planta industrial de produção têxtil, compreendendo, basicamente, todos os setores essenciais à fabricação de fio e tecido. Claro que várias simplificações foram adotadas com relação ao projeto real, visando, sobretudo, facilitar a compreensão do leitor.

A concessionária forneceu a Tabela A.3 relativa à proteção do alimentador de distribuição ao qual será conectada a indústria em projeto.

O alimentador de 13,80 kV que conectará a subestação da fábrica à subestação da concessionária tem 5 km de extensão e cabo de alumínio com alma de aço (CAA) com seção de 266,6 AWG, segundo informações também fornecidas pela concessionária.

Em seguida, conforme a planta 1, serão discriminadas as cargas por setor de produção, por meio da Tabela A.1.

O sistema de alimentação da companhia fornecedora de energia elétrica apresenta as seguintes características:

- tensão nominal: 13,80 kV;
- tensão de fornecimento: 13,80 kV;
- impedância do sistema de alimentação da concessionária de sequência positiva: $R_{eqp} = 0,0342\ pu$; $X_{eqp} = 0,0866\ pu$ na base de 100 MVA;
- impedância do sistema de alimentação da concessionária de sequência zero: $R_{eqz} = 0,65640\ pu$; $X_{eqz} = 0,87555\ pu$ na base de 100 MVA;
- tipo de sistema: radial sem recurso;
- resistência de contato do cabo com o solo: 100 Ω.

A indústria tem um plano de expansão, construindo um segundo andar sobre a parte correspondente à área administrativa, estimando uma carga adicional de 180 kVA.

A partir dos dados anteriores, postos à disposição do projetista, o que geralmente, na prática, é o que se consegue do responsável pelo projeto industrial, ou de informações obtidas dos catálogos das máquinas previstas, pode-se iniciar o desenvolvimento do projeto da instalação.

A.1 Divisão da carga em blocos

A carga foi dividida em blocos de acordo com o traçado da planta 1, em anexo. Essa etapa exige elevados conhecimentos do projetista e não há métodos rígidos a serem adotados. Veja a Seção 1.4.1.

A.2 Localização dos quadros de distribuição

De acordo com os pré-requisitos, estabelecidos na Seção 1.4.2, os quadros de distribuição, chamados doravante de Centro de Controle de Motores (CCM), foram localizados conforme a planta 1.

A.3 Localização do quadro de distribuição geral

Por conveniência técnica, deverá ficar localizado no interior da subestação, conforme a Seção 1.4.3.

Tabela A.1 Quadro da carga motriz

Setor	Setor de produção	Setor elétrico	N° de motores	Potência unitária (cv)	Corrente (A)	Fator de potência	I_p/I_n	η	Potência total (cv)
A	Batedores	CCM1	2	30	43,3	0,83	6,8	0,90	60
B	Cardas		6	7,5	11,9	0,81	7,0	0,84	45
C	Cortadeiras	CCM2	6	5	7,9	0,83	7,0	0,83	30
D	Manteiras		9	3	5,5	0,73	6,6	0,82	27
F	Passadores	CCM3	7	10	15,4	0,85	6,6	0,86	70
G	Encontreiras		3	5	7,9	0,83	7,0	0,83	15
E	Maçaroqueiras	CCM5	3	7,5	11,9	0,81	7,0	0,84	22,5
H	Teares		6	15	26,0	0,75	7,8	0,86	90
I	Conicaleiras	CCM6	8	20	28,8	0,86	6,8	0,88	160
J	Filatórios I	CCM8	10	25	35,5	0,84	6,7	0,90	250
K	Filatórios II	CCM7	10	30	43,3	0,83	6,8	0,90	300
M	Central de climatização	CCM4	2	250	327,4	0,87	6,8	0,95	500

Nota: as potências aqui atribuídas aos motores nem sempre estão de acordo com os valores normais das potências dos motores acoplados às suas respectivas máquinas de uma indústria têxtil real.

A.4 Localização da subestação

Conforme a planta de *layout*, o local da subestação, como muitas vezes acontece na prática, já vem preestabelecido, dando, nestes casos, poucas alternativas de mudanças ao projetista. A planta 1 mostra o local onde deverá ser instalada a subestação.

A.5 Definição do sistema de distribuição

Pelo porte da indústria, será adotado o sistema de distribuição radial sem recurso, tanto no primário como no secundário.

A.6 Determinação da demanda prevista

A carga é composta somente de iluminação, tomadas e motores.

A.6.1 Cálculo da iluminação

A.6.1.1 Iluminação da área administrativa

A.6.1.1.1 Controle de qualidade

a) Tomadas de uso geral (ver Seção 1.8.2.2)

$$S = 16 \times 6 + 7,2 \times 4,8 = 130,5 \text{ m}^2$$

- Para os primeiros 37 m²: 8 tomadas
- Para o restante da área: $\dfrac{130,5 - 37}{37} = 2,5 \approx 3 \rightarrow 3 \times 3 = 9$ tomadas
- Total: $8 + 9 = 17$ tomadas.

b) Iluminação

Pintura do ambiente: teto branco, paredes claras e piso escuro. Tratando-se de uma área irregular, será determinada a área equivalente, ou seja:

$$L = \frac{130,5}{16} = 8,15 \text{ m}$$

$$A \times B = 16 \times 8,15 \text{ m}$$

$$K = \frac{A \times B}{H_{lp} \times (A + B)} = \frac{16 \times 8,15}{5,2 \times (16 + 8,15)} = 1,0$$

$H_{lp} = H_{te} - H_{pt} = 6 - 0,8 = 5,2$ m (luminária fixada no teto que corresponde ao forro branco no plano de fixação das luminárias, cujo detalhe não está mostrado em planta)

$$H_{te} = 6 \text{ m (altura do teto)}$$

$$H_{pt} = 0,80 \text{ m (altura do plano de trabalho)}$$

$$F_{dl} = 0,75 \text{ (luminária comercial; valor fornecido pelo fabricante)}$$

$$F_u = 0,47 \text{ (Tabela 2.17 - luminária do tipo TMS - 751: 4} \times \text{40 W)}$$

$$E = 800 \text{ lux (Tabela 2.11 - Indústrias têxteis: inspeção - valor adotado)}$$

$$\psi = 3.000 \text{ lumens (fluorescente comum - Tabela 2.2)}$$

$$\psi_t = \frac{E \times S}{F_u \times F_{dl}} = \frac{800 \times 130,5}{0,33 \times 0,75} = 421.818 \text{ lumens}$$

$N_{lu} = \frac{421.818}{4 \times 3.000} = 35,1 \quad \rightarrow \quad N_{lu} = 33$ luminárias (número que melhor se acomoda no recinto, conforme a planta 2)

c) **Distância entre as luminárias**

Área: 16 × 6 m

$$16 = 6 \times X + 2 \times X/2 \quad \rightarrow \quad X = 2,2 \text{ m}$$
$$6 = 2Y + 2 \times Y/2 \quad \rightarrow \quad Y = 2,0 \text{ m}$$

Área: 7,2 × 4,8 m

$$7,2 = 3 \times X + 2 \times X/2 \quad \rightarrow \quad X = 1,8 \text{ m}$$
$$4,8 = 3 \times Y + 2 \times Y/2 \quad \rightarrow \quad Y = 1,2 \text{ m}$$

Nota: observar que é necessário acomodar esteticamente as luminárias, pois, na direção da maior dimensão, as distâncias das luminárias entre as paredes divergem, ou seja: 2,2 e 1,8 m, respectivamente.

A.6.1.1.2 Laboratório

a) **Tomadas de uso geral**

$$S = 8,2 \times 4 = 32,8 \text{ m}^2$$

- Para os primeiros 37 m²: 8 tomadas.
- Total: 6 tomadas de altura 1,30 m (valor atribuído).

b) **Iluminação**

Pintura do ambiente: teto branco, paredes claras e piso escuro.

$$K = \frac{A \times B}{H_{lp} \times (A+B)} = \frac{8,2 \times 4}{3 \times (8,2+4)} = 0,89 \approx 1,0$$

$H_{lp} = H_{te} - H_{pt} = 3,8 - 0,80 = 3$ m (luminária diretamente fixada no teto)

$$H_{te} = 3,8 \text{ m (altura do teto: ver planta 4)}$$

$$F_{dl} = 0,75 \text{ (luminária comercial; valor fornecido pelo fabricante)}$$

$$F_u = 0,33 \text{ (Tabela 2.17 - luminária do tipo TMS - 751: 4} \times \text{40 W)}$$

$$E = 600 \text{ lux (valor adotado)}$$

$$\psi = 3.000 \text{ lumens (fluorescente comum - Tabela 2.2)}$$

$$\psi_t = \frac{E \times S}{F_u \times F_{dl}} = \frac{600 \times 32,8}{0,33 \times 0,75} = 79.515 \text{ lumens}$$

$$N_{lu} = \frac{79.515}{4 \times 3.000} = 6,6 \quad \rightarrow \quad N_{lu} = 6 \text{ luminárias}$$

c) Distância entre as luminárias

$$8,2 = 2 \times X + 2 \times X / 2 \quad \rightarrow \quad X = 2,7 \text{ m}$$
$$4 = 2 \times Y + 2 \times Y / 2 \quad \rightarrow \quad Y = 1,3 \text{ m}$$

A.6.1.1.3 Armazém de produto acabado

a) Tomadas

As tomadas, se usadas, devem ser do tipo blindado, por motivo de segurança. Serão adotadas quatro tomadas.

b) Iluminação

Pintura do ambiente: teto branco, paredes claras e piso escuro.

$$K = \frac{A \times B}{H_{lp} \times (A+B)} = \frac{16 \times 14}{5,2 \times (16+14)} = 1,43 \approx 1,50$$

$H_{lp} = H_{te} - H_{pt} = 6 - 0,8 = 5,2$ m (luminária fixada no teto: detalhe não mostrado em planta)

$F_{dl} = 0,75$ (luminária comercial; valor fornecido pelo fabricante)

$F_u = 0,40$ (Tabela 2.17 – luminária do tipo TMS – 751: 4 × 40 W)

$E = 200$ lux (valor adotado)

$\psi = 3.000$ lumens (fluorescente comum – Tabela 2.2)

$$\psi_t = \frac{E \times S}{F_u \times F_{dl}} = \frac{200 \times 224}{0,40 \times 0,75} = 149.339 \text{ lumens}$$

$$N_{lu} = \frac{149.339}{4 \times 3.000} = 12,4 \quad \rightarrow \quad N_{lu} = 12 \text{ luminárias}$$

c) Distância entre as luminárias

$$16 = 2 \times X + 3 \times X / 2 \quad \rightarrow \quad X = 4,5 \text{ m}$$
$$14 = 2 \times Y + 3 \times Y / 2 \quad \rightarrow \quad Y = 4,0 \text{ m}$$

A.6.1.1.4 Armazém de matéria-prima

Como este galpão é igual ao de produto acabado, serão adotados os mesmos valores anteriormente calculados.

A.6.1.1.5 Subestação

$$S = 14 \times 10 = 140 \text{ m}^2$$

a) Tomadas de uso geral

Serão adotadas 4 tomadas.

b) Iluminação

Pintura do ambiente: teto branco, paredes claras e piso escuro.

$$K = \frac{A \times B}{H_{lp} \times (A+B)} = \frac{14 \times 10}{4,3 \times (14+10)} = 1,35 \approx 1,25$$

$H_{lp} = H_{te} - H_{pt} = 5,1 - 0,8 = 4,3$ m (luminária diretamente fixada no teto, conforme planta 4)

$F_{dl} = 0,75$ (luminária comercial; valor fornecido pelo fabricante)

$F_u = 0,37$ (Tabela 2.10 – luminária do tipo TMS – 751: 4 × 40 W)

$E = 150$ lux (valor adotado)

$\psi = 3.000$ lumens (fluorescente comum – Tabela 2.2)

$$\psi_t = \frac{E \times S}{F_u \times F_{dl}} = \frac{150 \times 140}{0,37 \times 0,75} = 75.675 \text{ lumens}$$

$$N_{lu} = \frac{75.675}{4 \times 3.000} = 6,3 \quad \rightarrow \quad N_{lu} = 6 \text{ luminárias}$$

c) Distância entre as luminárias

Deverá obedecer à disposição prática mostrada na planta 2. Não se deve localizar nenhuma luminária sobre os equipamentos de alta-tensão.

A.6.1.1.6 Banheiro coletivo feminino (1)

a) Tomadas de uso geral

Serão adotadas 4 tomadas.

b) Iluminação

Pintura do ambiente: teto branco, paredes claras e piso escuro.

$$K = \frac{A \times B}{H_{lp} \times (A+B)} = \frac{8 \times 5,3}{3 \times (8+5,3)} = 1,06 \approx 1,00$$

$$H_{lp} = H_{te} - H_{pt} = 3,8 - 0,8 = 3 \text{ m (luminária diretamente fixada no teto)}$$

$$H_{te} = 3,8 \text{ m (altura do teto: ver planta 4)}$$

$F_{dl} = 0,75$ (luminária comercial; valor fornecido pelo fabricante)

$F_u = 0,44$ (Tabela 2.17 – luminária do tipo TMS – 500: 2 × 65 W)

$E = 250$ lux (valor adotado)

$\psi = 4.500$ lumens (fluorescente comum: 65 W)

$$S = 8 \times 5,3 = 42,4 \text{ m}^2$$

$$\psi_t = \frac{E \times S}{F_u \times F_{dl}} = \frac{250 \times 42,4}{0,44 \times 0,75} = 32.121 \text{ lumens}$$

$$N_{lu} = \frac{32.121}{2 \times 4.500} = 3,5 \quad \rightarrow \quad N_{lu} = 4 \text{ luminárias}$$

c) Distância entre as luminárias

$$8 = 3 \times X + 2 \times X / 2 \quad \rightarrow \quad X = 2,0 \text{ m}$$

A.6.1.1.7 Banheiro coletivo masculino (2)

a) Tomadas de uso geral

Serão adotadas 3 tomadas.

b) Iluminação

Pintura do ambiente: teto branco, paredes claras e piso escuro.

$$K = \frac{A \times B}{H_{lp} \times (A+B)} = \frac{8 \times 3,2}{3 \times (8+3,2)} = 0,76 \approx 0,80$$

$H_{lp} = 3$ m (luminária diretamente fixada no teto)

$F_{dl} = 0,75$ (luminária comercial; valor fornecido pelo fabricante)

$F_u = 0,38$ (Tabela 2.17 – luminária do tipo TMS – 500: 2 × 65 W)

$E = 250$ lux (valor adotado)

$\psi = 3.000$ lumens (fluorescente comum – Tabela 2.2)

$$S = 8 \times 3,2 = 25,6 \text{ m}^2$$

$$\psi_t = \frac{E \times S}{F_u \times F_{dl}} = \frac{250 \times 25,6}{0,38 \times 0,75} = 22.456 \text{ lumens}$$

$$N_{lu} = \frac{22.456}{2 \times 4.500} = 2,5 \quad \rightarrow \quad N_{lu} = 3 \text{ luminárias}$$

c) Distância entre as luminárias

$$8 = 2 \times X + 2 \times X / 2 \quad \rightarrow \quad X = 2,6 \text{ m (foram obedecidas às condições físicas locais)}$$

A.6.1.1.8 Diretoria técnica

a) Tomadas de uso geral

$$S = 8 \times 7 = 56 \text{ m}^2$$

- Para os primeiros 37 m²: 8 tomadas
- Para o restante da área: $\dfrac{56-37}{37} = 0,51 \quad \rightarrow \quad 3$ tomadas
- Total: 8 + 3 = 11 tomadas.

b) Iluminação

Pintura do ambiente: teto branco, paredes claras e piso escuro.

$$K = \frac{A \times B}{H_{lp} \times (A+B)} = \frac{8 \times 7}{3 \times (8+7)} = 1,24 \approx 1,25$$

$H_{lp} = 3$ m (luminária diretamente fixada no teto)

$F_{dl} = 0,75$ (luminária comercial; valor fornecido pelo fabricante)

$F_u = 0,50$ (Tabela 2.10 – luminária do tipo TMS – 500: 2 × 65 W)

$E = 450$ lux (valor adotado: Tabela 2.11 – escritório: teclar, ler)

$\psi = 3.000$ lumens (fluorescente comum – Tabela 2.2)

$$\psi_t = \frac{E \times S}{F_u \times F_{dl}} = \frac{450 \times 56}{0,49 \times 0,75} = 68.571 \text{ lumens}$$

$$N_{lu} = \frac{68.571}{2 \times 4.500} = 7,6 \quad \rightarrow \quad N_{lu} = 8 \text{ luminárias}$$

c) Distância entre as luminárias

$$8 = 3 \times X + 2 \times X / 2 \quad \rightarrow \quad X = 2,0 \text{ m}$$
$$7 = Y + 2 \times Y / 2 \quad \rightarrow \quad Y = 3,5 \text{ m}$$

Obs.: no banheiro será adotada a seguinte carga:

- tomadas: 1 × 100 W
- pontos de luz: 1 × 40 W.

Estes valores serão adotados para todos os banheiros privativos.

A.6.1.1.9 Diretoria de produção

a) Tomadas de uso geral

$$S = 8 \times 6,5 - 1,0 \times 1,5 = 50,5 \text{ m}^2$$

- Para os primeiros 37 m²: 8 tomadas
- Para o restante da área: $\dfrac{50,5-37}{37} = 0,36 \quad \rightarrow \quad 3$ tomadas
- Total: 8 + 3 = 11 tomadas (serão adotadas 10 tomadas).

b) Iluminação

Pintura do ambiente: teto branco, paredes claras e piso escuro.

$$K = \frac{A \times B}{H_{lp} \times (A+B)} = \frac{8 \times 6,5}{3 \times (8+6,5)} = 1,19 \approx 1,25$$

$H_{lp} = 3$ m (luminária diretamente fixada no teto)

$F_{dl} = 0{,}75$ (luminária comercial; valor fornecido pelo fabricante)

$F_u = 0{,}49$ (Tabela 2.10 – luminária do tipo TMS – 500: 2×65 W)

$E = 450$ lux (valor adotado: Tabela 2.11 – escritório: teclar, ler etc.)

$\psi = 4.500$ lumens (fluorescente comum)

$$\psi_t = \frac{E \times S}{F_u \times F_{dl}} = \frac{450 \times 50{,}5}{0{,}49 \times 0{,}75} = 61.836 \text{ lumens}$$

$$N_{lu} = \frac{61.836}{2 \times 4.500} = 6{,}8 \quad \rightarrow \quad N_{lu} = 6 \text{ luminárias (veja o arranjo das luminárias em planta)}$$

c) Distância entre as luminárias

$$8 = 3 \times X + 2 \times X / 2 \quad \rightarrow \quad X = 2{,}0 \text{ m}$$
$$6{,}5 = Y + 2 \times Y / 2 \quad \rightarrow \quad Y = 3{,}2 \text{ m}$$

A.6.1.1.10 Presidência

a) Tomadas de uso geral

$$S = 8 \times 5{,}5 - 1{,}0 \times 1{,}5 = 42{,}5 \text{ m}^2$$

- Para os primeiros 37 m²: 8 tomadas
- Para o restante da área: $\dfrac{42{,}5 - 37}{37} = 0{,}14 \quad \rightarrow \quad 3$ tomadas
- Total: $8 + 3 = 11$ tomadas.

b) Iluminação

Pintura do ambiente: teto branco, paredes claras e piso escuro.

$$K = \frac{A \times B}{H_{lp} \times (A + B)} = \frac{8 \times 5{,}5}{3 \times (8 + 5{,}5)} = 1{,}0$$

$H_{lp} = 3$ m (luminária diretamente fixada no teto)

$F_{dl} = 0{,}75$ (luminária comercial; valor fornecido pelo fabricante)

$F_u = 0{,}43 \; F_u = 0{,}50$ (Tabela 2.17 – luminária do tipo TMS – 500: 2×65 W)

$E = 450$ lux (valor adotado: Tabela 2.11 – escritório: teclar, ler etc.)

$\psi = 4.500$ lumens (fluorescente comum)

$$\psi_t = \frac{E \times S}{F_u \times F_{dl}} = \frac{450 \times 42{,}5}{0{,}43 \times 0{,}75} = 59.302 \text{ lumens}$$

$$N_{lu} = \frac{59.312}{2 \times 4.500} = 6{,}5 \quad \rightarrow \quad N_{lu} = 6 \text{ luminárias (veja o arranjo das luminárias em planta)}$$

c) Distância entre as luminárias

$$8 = 3 \times X + 2 \times X / 2 \quad \rightarrow \quad X = 2{,}0 \text{ m}$$
$$5{,}5 = Y + 2 \times Y / 2 \quad \rightarrow \quad Y = 2{,}7 \text{ m}$$

A.6.1.1.11 Departamento administrativo

a) Tomadas de uso geral

$$S = 8 \times 6 = 48 \text{ m}^2$$

- Para os primeiros 37 m²: 8 tomadas
- Para o restante da área: $\dfrac{48 - 37}{37} = 0{,}29 \quad \rightarrow \quad 3$ tomadas
- Total: $8 + 3 = 11$ tomadas.

b) Iluminação

Pintura do ambiente: teto branco, paredes claras e piso escuro.

$$K = \frac{A \times B}{H_{lp} \times (A+B)} = \frac{8 \times 6}{3 \times (8+6)} = 1,14 \approx 1,25$$

H_{lp} = 3 m (luminária diretamente fixada no teto)

F_{dl} = 0,75 (luminária comercial; valor fornecido pelo fabricante)

F_u = 0,56 (Tabela 2.17 – luminária do tipo TMS – 500: 2 × 65 W)

E = 450 lux (valor adotado: Tabela 2.11 – escritório: teclar, ler etc.)

ψ = 4.500 lumens (fluorescente comum – Tabela 2.2)

$$\psi_t = \frac{E \times S}{F_u \times F_{dl}} = \frac{250 \times 48}{0,56 \times 0,75} = 28.571 \text{ lumens}$$

$$N_{lu} = \frac{28.571}{2 \times 3.000} = 4,7 \quad \rightarrow \quad N_{lu} = 6 \text{ luminárias (veja o arranjo das luminárias na planta 2)}$$

c) Distância entre as luminárias

$$8 = 2 \times X + 2 \times X/2 \quad \rightarrow \quad X = 2,6 \text{ m}$$

$$6 = Y + 2 \times Y/2 \quad \rightarrow \quad Y = 3,0 \text{ m}$$

A.6.1.1.12 Escritório

a) Tomadas de uso geral

$$S = 8 \times 7 = 56 \text{ m}^2$$

- Para os primeiros 37 m²: 8 tomadas
- Para o restante da área: $\frac{56-37}{37} = 0,51 \quad \rightarrow \quad$ 3 tomadas
- Total: 8 + 3 = 11 tomadas.

b) Iluminação

Pintura do ambiente: teto branco, paredes claras e piso escuro.

$$K = \frac{A \times B}{H_{lp} \times (A+B)} = \frac{8 \times 7}{3 \times (8+7)} = 1,24 \approx 1,25$$

H_{lp} = 3 m (luminária diretamente fixada no teto)

F_{dl} = 0,75 (luminária comercial; valor fornecido pelo fabricante)

F_u = 0,49 (Tabela 2.17 – luminária do tipo TMS – 500: 2 × 65 W)

E = 400 lux (valor adotado: Tabela 2.11 – escritório: teclar, ler etc.)

ψ = 4.500 lumens (fluorescente comum – Tabela 2.2)

$$\psi_t = \frac{E \times S}{F_u \times F_{dl}} = \frac{400 \times 56}{0,49 \times 0,75} = 60.952 \text{ lumens}$$

$$N_{lu} = \frac{60.952}{2 \times 4.500} = 6,7 \quad \rightarrow \quad N_{lu} = 6 \text{ luminárias (veja o arranjo das luminárias na planta 2)}$$

c) Distância entre as luminárias

$$8 = 2 \times X + 2 \times X/2 \quad \rightarrow \quad X = 2,6 \text{ m}$$

$$7 = Y + 2 \times Y/2 \quad \rightarrow \quad Y = 3,5 \text{ m}$$

A.6.1.1.13 Recepção

a) Tomadas de uso geral

$$S = 8 \times 8,8 = 70,4 \text{ m}^2$$

- Para os primeiros 37 m²: 8 tomadas
- Para o restante da área: $\dfrac{70,4-37}{37} = 0,90 \rightarrow$ 3 tomadas
- Total: $8+3 = 11$ tomadas.

b) Iluminação

Pintura do ambiente: teto branco, paredes claras e piso escuro.

$$K = \dfrac{A \times B}{H_{lp} \times (A+B)} = \dfrac{8 \times 8,8}{3 \times (8+8,8)} = 1,39 \approx 1,50$$

$H_{lp} = 3$ m (luminária diretamente fixada no teto)

$F_{dl} = 0,75$ (luminária comercial; valor fornecido pelo fabricante)

$F_u = 0,53$ (Tabela 2.10 – luminária do tipo TMS – 500: 2×65 W)

$E = 400$ lux (valor adotado)

$\psi = 4.500$ lumens (fluorescente comum – Tabela 2.2)

$$\psi_t = \dfrac{E \times S}{F_u \times F_{dl}} = \dfrac{400 \times 70,4}{0,53 \times 0,75} = 70.842 \text{ lumens}$$

$N_{lu} = \dfrac{70.842}{2 \times 4.500} = 7,8 \rightarrow N_{lu} = 8$ luminárias (veja o arranjo das luminárias na planta 2)

c) Distância entre as luminárias

$$8 = 3 \times X + 2 \times X/2 \rightarrow X = 2,0 \text{ m}$$
$$8,8 = Y + 2 \times Y/2 \rightarrow Y = 4,4 \text{ m}$$

A.6.1.1.14 Sala de manutenção

a) Tomadas de uso geral

$$S = 8 \times 7 = 56 \text{ m}^2$$

- Para os primeiros 37 m²: 8 tomadas
- Para o restante da área: $\dfrac{56-37}{37} = 0,51 \rightarrow$ 3 tomadas
- Total: $8+3 = 11$ tomadas.

b) Tomadas de uso específico

Serão adotadas duas tomadas trifásicas de 6 kW.

c) Iluminação

Pintura do ambiente: teto branco, paredes claras e piso escuro.

$$K = \dfrac{A \times B}{H_{lp} \times (A+B)} = \dfrac{8 \times 7}{3 \times (8+7)} = 1,24 \approx 1,25$$

$H_{lp} = 3$ m (luminária diretamente fixada no teto)

$F_{dl} = 0,75$ (luminária comercial; valor fornecido pelo fabricante)

$F_u = 0,49$ (Tabela 2.10 – luminária do tipo TMS – 500: 2×65 W)

$E = 300$ lux (valor adotado)

$\psi = 4.500$ lumens (fluorescente comum – Tabela 2.2)

$$\psi_t = \dfrac{E \times S}{F_u \times F_{dl}} = \dfrac{300 \times 56}{0,49 \times 0,75} = 45.714 \text{ lumens}$$

$N_{lu} = \dfrac{45.714}{2 \times 4.500} = 5,0$ lumens $\rightarrow N_{lu} = 6$ luminárias (veja o arranjo das luminárias em planta)

d) Distância entre as luminárias

$$8 = 2 \times X + 2 \times X/2 \rightarrow X = 2,6 \text{ m}$$
$$7 = Y + 2 \times Y/2 \rightarrow Y = 3,5 \text{ m}$$

A.6.1.1.15 Sala de climatização

a) Tomadas de uso geral

$$S = 8 \times 6,8 = 54,4 \text{ m}^2$$

Serão adotadas duas tomadas.

b) Tomadas de uso específico

Será adotada uma tomada trifásica de 6 kW.

c) Iluminação

Pintura do ambiente: teto branco, paredes claras e piso escuro.

$$K = \frac{A \times B}{H_{lp} \times (A + B)} = \frac{8 \times 6,8}{3 \times (8 + 6,8)} = 1,22 \approx 1,25$$

$H_{lp} = 3$ m (luminária diretamente fixada no teto)

$F_{dl} = 0,75$ (luminária comercial; valor fornecido pelo fabricante)

$F_u = 0,49$ (Tabela 2.17 – luminária do tipo TMS – 500: 2 × 65 W)

$E = 200$ lux (valor adotado)

$\psi = 4.500$ lumens (fluorescente comum – Tabela 2.2)

$$\psi_t = \frac{E \times S}{F_u \times F_{dl}} = \frac{200 \times 54,4}{0,49 \times 0,75} = 29.605 \text{ lumens}$$

$$N_{lu} = \frac{29.605}{2 \times 4.500} = 3,2 \rightarrow N_{lu} = 4 \text{ luminárias (veja o arranjo das luminárias em planta)}$$

d) Distância entre as luminárias

$$8 = X + 2 \times X/2 \rightarrow X = 4 \text{ m}$$
$$6,8 = Y + 2 \times Y/2 \rightarrow Y = 3,4 \text{ m}$$

A.6.1.2 Iluminação da área industrial

a) Tomadas de uso geral

$$S = 66 \times 42 = 2.772 \text{ m}^2$$

Serão adotadas 12 tomadas unipolares.

b) Tomadas de uso específico

Serão adotadas 10 tomadas trifásicas de 6 kW.

c) Iluminação

- Pintura do ambiente: teto claro, paredes claras e piso escuro.
- Escolha da luminária e lâmpada.
  - Tipo de luminária: Projetor 4 – VM Tabela 2.19;
  - Lâmpada adotada: vapor de mercúrio de 700 W;
  - Fluxo luminoso nominal: 35.000 lumens (valor inicial).
- Tipo de ambiente do interior industrial: sujo (em virtude da poluição de pó de algodão).
- Fator de manutenção de referência.

Exemplo de aplicação

De acordo com a Tabela 2.16, no quadro *Lâmpadas vapor metálico*, foi selecionada a condição da letra "K", cujo valor do fator de manutenção é de FMSI = 0,55, que é produto dos fatores dados pela Equação (2.7).

$$F_{msi} = F_{mfl} \times F_{sla} \times F_{mlu} \times F_{mss} = 0,81 + 1 + 0,52 + 0,83 = 0,55$$

- Cálculo do fator de relação

$$K = \frac{5 \times (A+B)}{A \times B} = \frac{5 \times (66+42)}{66 \times 42} = 0,194$$

- Cálculo das relações das cavidades zonais
  - Cavidade do recinto

$$R_{cr} = K \times H_{lp} = 0,194 \times 6,2 = 1,20$$

$H_{lp} = 7 - 0,80 = 6,2$ (luminárias com corpo de 80 cm e altura do plano de trabalho de 80 cm, de acordo com o Corte B – B' da planta 4)

  - Cavidade do piso

$$R_{cp} = K \times H_{pp} = 0,194 \times 0,80 = 0,15$$

  - Cavidade do teto

$$R_{ct} = K \times H_{tl} = 0,194 \times 0,80 = 0,15$$

- Cálculo da refletância da cavidade do piso (ρ_{cp})

$\rho_{pi} = 10\%$ (piso escuro) → $\rho_{pa} = 50\%$ (paredes claras) → $R_{ct} = 0,15$ → $\rho_{cp} = 10\%$ (Tabela 2.11)

- Cálculo da refletância efetiva da cavidade do teto (ρ_{ct})

$\rho_{pt} = 50\%$ (teto claro) → $\rho_{pa} = 50\%$ (paredes claras) → $R_{ct} = 0,15$ → $\rho_{ct} = 49\%$ (Tabela 2.11)

- Cálculo do fator de utilização

Utilizando-se a Tabela 2.19, temos:

$$\frac{50-10}{0,72-0,67} = \frac{50-49}{0,72-F_{u1}} \quad \rightarrow \quad F_{u1} = 0,72$$

$$\frac{50-10}{0,67-0,63} = \frac{50-49}{0,67-F_{u2}} \quad \rightarrow \quad F_{u2} = 0,67$$

$$\frac{1-2}{0,72-0,67} = \frac{1-1,2}{0,72-F_u} \quad \rightarrow \quad F_u = 0,71$$

Para corrigir o fator de utilização, deve-se utilizar a Tabela 2.20.

$$\frac{50-10}{1,05-1,01} = \frac{50-49}{1,05-F_{c1}} \quad \rightarrow \quad F_{c1} = 1,05$$

$$\frac{50-10}{1,04-1,01} = \frac{50-49}{1,04-F_{c2}} \quad \rightarrow \quad F_{c2} = 1,04$$

$$\frac{1-2}{1,05-1,04} = \frac{1-1,20}{1,05-F_c} \quad \rightarrow \quad F_c = 1,04$$

$$F_{uc} = \frac{0,71}{1,04} = 0,68$$

- Cálculo do fator de manutenção do serviço da luminária

Assumindo a condição de manutenção da fábrica dada na Tabela 2.16, linha "K", encontramos o valor do fator de manutenção no valor igual a 0,55.

- Cálculo do fluxo luminoso

Como a área industrial é constituída de um ambiente único e contém vários setores de produção, cada um com nível de iluminação diferente, conforme a Tabela 2.11, será adotado o valor médio de 300 lux, que é o local onde ficam a fiação, cardação etc., conforme planta 2.

$$\psi_t = \frac{E \times S}{F_{msi} \times F_{uc}} = \frac{400 \times 2.772}{0,55 \times 0,68} = 2.964.705 \text{ lumens}$$

- Cálculo do número de projetores

$$N_{lu} = \frac{2.964.705}{35.000} = 84,7 \rightarrow N_{lu} = 84 \text{ projetores (conforme disposição adotada na planta 2)}$$

d) Distância entre as luminárias

$$66 = 13 \times X + 2 \times X / 2 \rightarrow X = 4,7 \text{ m}$$
$$42 = 5Y + 2 \times Y / 2 \rightarrow Y = 7,0 \text{ m}$$

A.6.1.3 Quadro de carga

Com base na planta 2, pode-se resumir o Quadro de Carga da Tabela A.2.

A.6.2 Cálculo da demanda prevista

A demanda total da indústria é a soma da demanda de iluminação e da área industrial.

A.6.2.1 Demanda dos QDLs

Para este cálculo será tomada como base a Tabela A.2.

A.6.2.1.1 QDL1

$$P_{qdl1} = 10.200 + 9.800 + 9.800 + 30.000 = 59.800 \text{ W}$$

- Primeiros 20.000 W: 100 % .... 20.000 W
- Acima de 20.000 W: 70 % .... 27.860 W

$$P = (59.800 - 20.000) \times 0,70 = 27.860 \text{ W}$$
$$D_{qdl1} = 20.000 + 27.860 = 47.860 \text{ W}$$

Obs.: foi considerada a ausência de harmônicos.

A.6.2.1.2 QDL2

$$P_{qdl2} = 9.800 + 10.600 + 9.800 + 42.000 = 72.200 \text{ W}$$

- Primeiros 20.000 W: 100 % .... 20.000 W
- Acima de 20.000 W: 70 % .... 36.540 W

$$D_{qdl2} = 20.000 + 36.540 = 56.540 \text{ W}$$

Obs.: foi considerada a ausência de harmônicos.

A.6.2.1.3 QDL3

$$P_{qdl3} = 1.200 + 2.720 + 4.060 = 7.980 \text{ W}$$

A.6.2.1.4 QDL4

$$P_{qdl4} = 1.920 + 1.920 + 1.900 = 5.740 \text{ W}$$

A.6.2.1.5 QDL5

$$P_{qdl5} = 4.600 + 5.280 + 4.000 = 13.880 \text{ W}$$

A.6.2.1.6 QDL6

$$P_{qdl6} = 800 + 2.600 + 1.120 + 12.000 = 16.520 \text{ W}$$

Tabela A.2 Quadro da carga de iluminação

QDLs	Circuito	Designação da carga	Polos	Quant.	Potência	Potência monofásica W A	Potência monofásica W B	Potência monofásica W C	Potência trifásica W
QDL1	1	Iluminação	1	7	700	4.900	–	–	–
	2	Iluminação	1	7	700	–	4.900	–	–
	3	Iluminação	1	7	700	–	–	4.900	–
	4	Iluminação	1	7	700	4.900	–	–	–
	5	Iluminação	1	7	700	–	4.900	–	–
	6	Iluminação	1	7	700	–	–	4.900	–
	13	Tomadas	1	4	100	400	–	–	–
	14	Tomadas	3	4	6.000	–	–	–	24.000
	15	Reserva	3	–	6.000	–	–	–	6.000
Subtotal 1						10.200	9.800	9.800	30.000
QDL2	7	Iluminação	1	7	700	4.900	–	–	–
	8	Iluminação	1	7	700	–	4.900	–	–
	9	Iluminação	1	7	700	–	–	4.900	–
	10	Iluminação	1	7	700	4.900	–	–	–
	11	Iluminação	1	7	700	–	4.900	–	–
	12	Iluminação	1	7	700	–	–	4.900	–
	16	Tomadas	3	6	6.000	–	–	–	36.000
	17	Tomadas	1	8	100	–	800	–	–
	18	Reserva	3	–	6.000	–	–	–	6.000
Subtotal 2						9.800	10.600	9.800	42.000
QDL3	19	Tomadas	1	15	100	–	–	1.500	–
	20	Tomadas	1	12	100	1.200	–	–	–
	21	Iluminação	1	68	40	–	2.720	–	–
	22	Iluminação	1	64	40	–	–	2.560	–
Subtotal 3						1.200	2.720	4.060	
QDL4	23	Iluminação	1	48	40	1.920	–	–	–
	24	Iluminação	1	48	40	–	1.920	–	–
	25	máquina de embalag.	1	1	1.900	–	–	1.900	–
Subtotal 4						1.920	1.920	1.900	
QDL5	26	Tomadas	1	12	100	–	1.200	–	–
	27	Iluminação	1	32	40	–	1.280	–	–
	28	Iluminação	1	35	40	1.400	–	–	–
	29	Tomadas	1	18	100	–	1.800	–	–
	30	Iluminação	1	25	40	–	1.000	–	–
	31	Tomadas	1	32	100	3.200	–	–	–
	32	Iluminação	1	10	400	–	–	4.000	–
Subtotal 5						4.600	5.280	4.000	
QDL6	33	Iluminação	1	12	40	–	–	480	–
	34	Iluminação	1	16	40	–	–	640	–
	35	Tomadas	1	26	100	–	2.600	–	–
	36	Iluminação	1	20	40	800	–	–	–
	37	Tomadas	3	2	6.000	–	–	–	12.000
Subtotal 6						800	2.600	1.120	12.000
Total						28.520	32.920	30.680	84.000

A.6.2.2 Demanda total do QDLS

$$D_{qdl} = D_{qdl1} + D_{qdl2} + D_{qdl3} + D_{qdl4} + D_{qdl5} + D_{qdl6}$$

$$D_{qdl} = 47.860 + 56.540 + 7.980 + 5.740 + 13.880 + 16.520$$

$$D_{qdl} = 148.520 \text{ W} = 148,52 \text{ kW}$$

Considerando um fator de potência médio de 0,90, temos:

$$D_{qdla} = \frac{148,52}{0,9} = 165,02 \text{ kVA}$$

$$D_{qdlr} = 165,02 \times \text{sen}(\text{arcos } 0,90) = 71,93 \text{ kVAr}$$

A.6.2.3 Demanda máxima da área industrial

A demanda individual de cada motor é dada pela expressão:

$$D_m = \frac{P_m \times 0,736}{F_p \times \eta} \times F_{um} \text{ (kVA)}$$

D_m = demanda dos motores, em kVA;

P_m = potência nominal do motor, em cv;

F_{um} = fator de utilização (Tabela 1.3);

F_p = fator de potência do motor (Tabela 6.4);

η = rendimento do motor (Tabela 6.4).

- Motores de 3 cv

$$D_m = \frac{3 \times 0,736}{0,73 \times 0,82} \times 0,83 = 3,06 \text{ kVA}$$

- Motores de 5 cv

$$D_m = \frac{5 \times 0,736}{0,83 \times 0,83} \times 0,83 = 4,43 \text{ kVA}$$

- Motores de 7,5 cv

$$D_m = \frac{7,5 \times 0,736}{0,81 \times 0,84} \times 0,83 = 6,73 \text{ kVA}$$

- Motores de 10 cv

$$D_m = \frac{10 \times 0,736}{0,85 \times 0,86} \times 0,83 = 8,35 \text{ kVA}$$

- Motores de 15 cv

$$D_m = \frac{15 \times 0,736}{0,75 \times 0,86} \times 0,83 = 14,20 \text{ kVA}$$

- Motores de 20 cv

$$D_m = \frac{20 \times 0,736}{0,86 \times 0,88} \times 0,85 = 16,53 \text{ kVA}$$

- Motores de 25 cv

$$D_m = \frac{25 \times 0,736}{0,84 \times 0,90} \times 0,85 = 20,68 \text{ kVA}$$

- Motores de 30 cv

$$D_m = \frac{30 \times 0,736}{0,83 \times 0,90} \times 0,85 = 25,12 \text{ kVA}$$

- Motores de 250 cv

$$D_m = \frac{250 \times 0,736}{0,87 \times 0,95} \times 0,87 = 193,68 \text{ kVA}$$

A.6.2.3.1 Demanda dos CCMs

A.6.2.3.1.1 CCM1

a) Batedores

$$D_a = N_m \times D_m \times F_{sm}$$

$$D_a = 2 \times 25{,}12 \times 0{,}80 = 40{,}19 \text{ kVA}$$

N_m = 2 (número de motores: veja planta 1, ao final do apêndice)

D_m = 25,15 kVA

F_{sm} = 0,80 (ver Tabela 1.2)

b) Cardas

$$D_b = 6 \times 6{,}73 \times 0{,}75 = 30{,}28 \text{ kVA}$$

$$D_{ccm1} = 40{,}19 + 30{,}28 = 70{,}47 \text{ kVA}$$

A.6.2.3.1.2 CCM2

a) Cortadeiras

$$D_c = 6 \times 4{,}43 \times 0{,}75 = 19{,}93 \text{ kVA}$$

b) Manteiras

$$D_d = 9 \times 3{,}06 \times 0{,}70 = 19{,}27 \text{ kVA}$$

$$D_{ccm2} = 19{,}93 + 19{,}27 = 39{,}20 \text{ kVA}$$

A.6.2.3.1.3 CCM3

a) Passadores

$$D_f = 7 \times 8{,}35 \times 0{,}75 = 43{,}83 \text{ kVA}$$

b) Encontreiras

$$D_g = 3 \times 4{,}43 \times 0{,}80 = 10{,}63 \text{ kVA}$$

$$D_{ccm3} = 43{,}83 + 10{,}63 = 54{,}46 \text{ kVA}$$

A.6.2.3.1.4 CCM4

a) Climatização

$$D_m = 2 \times 193{,}68 \times 0{,}90 = 348{,}62 \text{ kVA}$$

$$D_{ccm4} = 348{,}62 \text{ kVA}$$

A.6.2.3.1.5 CCM5

a) Maçaroqueiras

$$D_f = 3 \times 6{,}73 \times 0{,}80 = 16{,}15 \text{ kVA}$$

b) Teares

$$D_h = 6 \times 14{,}20 \times 0{,}75 = 63{,}90 \text{ kVA}$$

$$D_{ccm5} = 16{,}15 + 63{,}90 = 80{,}05 \text{ kVA}$$

A.6.2.3.1.6 CCM6

a) Conicaleiras

$$D_i = 8 \times 16{,}53 \times 0{,}75 = 99{,}18 \text{ kVA}$$

$$D_{ccm6} = 99{,}18 \text{ kVA}$$

A.6.2.3.1.7   CCM7

a) Filatórios II

$$D_k = 10 \times 25,12 \times 0,65 = 163,28 \text{ kVA}$$
$$D_{ccm7} = 163,28 \text{ kVA}$$

A.6.2.3.1.8   CCM8

a) Filatórios I

$$D_f = 10 \times 20,68 \times 0,65 = 134,42 \text{ kVA}$$
$$D_{ccm8} = 134,42 \text{ kVA}$$

A.6.2.3.2   Demanda total dos CCMs

$$D_{ccm} = D_{ccm1} + D_{ccm2} + D_{ccm3} + D_{ccm4} + D_{ccm5} + D_{ccm6} + D_{ccm7} + D_{ccm8}$$
$$D_{ccm} = 70,47 + 39,20 + 54,46 + 348,62 + 80,05 + 99,18 + 163,28 + 134,42$$
$$D_{ccm} = 989,68 \text{ kVA}$$

A.6.2.4   Demanda máxima coincidente da indústria

$$D_{ind} = D_{qdl} + D_{ccm} + D_{exp} = 163,95 + 989,68 + 180$$
$$D_{exp} = 180 \text{ kVA (demanda de expansão prevista)}$$
$$D_{ind} = 1.333 \text{ kVA}$$

A.7   Determinação da potência da subestação

$$P_{se} = 2 \times 750 = 1.500 \text{ kVA}$$

A potência máxima sobejante da subestação vale:

$$P = 1.500 - 1.333 = 167 \text{ kVA}$$

A.8   Fator de potência

A.8.1   Cálculo do fator de potência previsto

A.8.1.1   Determinação das potências ativa e reativa por setor de produção

a) CCM1

$$30 \text{ cv} \rightarrow F_{p1} = 0,83$$
$$7,5 \text{ cv} \rightarrow F_{p2} = 0,81$$
$$P_a = 2 \times 30 \times 0,736 + 6 \times 7,5 \times 0,736 = 44,16 + 33,12 = 77,28 \text{ kW}$$
$$P_r = 44,16 \times \text{tg (arcos } 0,83) + 33,12 \times \text{tg (arcos } 0,81) = 53,65 \text{ kVAr}$$

b) CCM2

$$3 \text{ cv} \rightarrow F_{p1} = 0,73$$
$$5 \text{ cv} \rightarrow F_{p2} = 0,83$$
$$P_a = 9 \times 3 \times 0,736 + 6 \times 5 \times 0,736 = 19,87 + 22,08 = 41,95 \text{ kW}$$
$$P_r = 19,87 \times \text{tg (arcos } 0,73) + 22,08 \times \text{tg (arcos } 0,83) = 15,09 \text{ kVAr}$$

c) CCM3

$$5 \text{ cv} \rightarrow F_{p1} = 0,83$$
$$10 \text{ cv} \rightarrow F_{p2} = 0,85$$
$$P_a = 7 \times 10 \times 0,736 + 3 \times 5 \times 0,736 = 51,52 + 11,04 = 62,56 \text{ kW}$$
$$P_r = 51,52 \times \text{tg (arcos } 0,85) + 11,04 \times \text{tg (arcos } 0,83) = 32,62 \text{ kVAr}$$

d) CCM4

$$250 \text{ cv} \rightarrow F_{p1} = 0,87$$
$$P_a = 2 \times 250 \times 0,736 = 368,00 \text{ kW}$$
$$P_r = 368 \times \text{tg (arcos } 0,87) = 208,55 \text{ kVAr}$$

e) CCM5

$$7,5 \text{ cv} \rightarrow F_{p1} = 0,81$$
$$15 \text{ cv} \rightarrow F_{p2} = 0,75$$
$$P_a = 3 \times 7,5 \times 0,736 + 6 \times 15 \times 0,736 = 16,56 + 66,24 = 82,80 \text{ kW}$$
$$P_r = 16,56 \times \text{tg (arcos } 0,81) + 66,24 \times \text{tg (arcos } 0,75) = 70,40 \text{ kVAr}$$

f) CCM6

$$20 \text{ cv} \rightarrow F_{p1} = 0,86$$
$$P_a = 8 \times 20 \times 0,736 = 117,76 \text{ kW}$$
$$P_r = 117,76 \times \text{tg (arcos } 0,86) = 69,87 \text{ kVAr}$$

g) CCM7

$$30 \text{ cv} \rightarrow F_{p1} = 0,83$$
$$P_a = 10 \times 30 \times 0,736 = 220,80 \text{ kW}$$
$$P_r = 220,80 \times \text{tg (arcos } 0,83) = 148,37 \text{ kVAr}$$

h) CCM 8

$$25 \text{ cv} \rightarrow F_{p1} = 0,84$$
$$P_c = 10 \times 25 \times 0,736 = 184,00 \text{ kW}$$
$$P_r = 184,00 \times \text{tg (arcos } 0,84) = 118,85 \text{ kVAr}$$

i) Carga de iluminação

Como todos os reatores são compensados, está-se estimando o fator de potência médio de toda a carga de iluminação e tomadas igual a 0,90.

$$P_a = 148.520 \text{ W} = 148,52 \text{ kW (já calculado na Seção 6.2.2)}$$
$$P_r = 148,52 \times \text{tg (arcos } 0,90)$$
$$P_r = 71,93 \text{ kVAr}$$

j) Fator de potência médio da carga total

$$P_{ta} = \Sigma P_{pa} = 77,28 + 41,95 + 62,56 + 368,00 + 82,80 + 117,76 + 220,80 + 184,00 + 148,52$$
$$P_{ta} = 1.303,67 \text{ kW}$$
$$P_{tr} = \Sigma P_r = 53,65 + 15,09 + 32,62 + 208,55 + 70,40 + 69,87 + 148,37 + 118,85 + 71,93$$
$$P_{tr} = 789,33 \text{ kVAr}$$
$$F_p = \cos \text{ artg} \frac{P_{tr}}{P_{ta}} = \cos \text{ artg} \left(\frac{789,33}{1.303,67} \right)$$
$$F_p = 0,85$$

A.8.2 Cálculo da correção do fator de potência

O fator de potência deve ser elevado para 0,92, devendo-se manter aproximadamente fixo com a operação contínua do banco de capacitores, já que o fator de carga da indústria é muito elevado.

$$P_c = P_{ta} \times (\text{tg}\psi_1 - \text{tg}\psi_2)$$

$$\psi_1 = \arccos 0,85 = 31,78°$$
$$\psi_2 = \arccos 0,92 = 23,0°$$
$$P_c = 1.303,67 \times (\text{tg } 31,78 - \text{tg } 23,0) = 254 \text{ kVAr}$$

A.8.3 Potência nominal do banco de capacitores

$$N_{uc} = \frac{254}{25} = 10,16 \rightarrow N_{uc} = 12 \text{ (serão utilizados 12 capacitores de 25 kVAr)}$$
$$P_{bc} = 2 \times 6 \times 25 = 300 \text{ kVAr (2 bancos de capacitores de 150 kVAr)}$$

A.9 Determinação da seção dos condutores e eletrodutos

Foi considerado que a temperatura ambiente é de 30 °C.

A.9.1 Circuitos terminais de iluminação e tomadas

Todos os condutores são de cobre, isolados em PVC/70 °C e embutidos em eletrodutos. Os eletrodutos aparentes são de ferro galvanizado (série extra), enquanto os eletrodutos embutidos nas paredes são de PVC, classificação B. A queda máxima de tensão admitida é de 2 %.

- Circuitos de 1 a 12: iluminação (circuito em eletroduto aparente)
  - Capacidade de corrente

$$I_c = \frac{P_c}{V \times \cos\psi} = \frac{4.900}{220 \times 0,90} = 24,7 \text{ A}$$

$I_c = 24,7$ A $\rightarrow$ $S_c = 4$ mm² (Tabela 3.6 – para 2 condutores carregados – referência: B1 da Tabela 3.4 – método de instalação 3 – condutores isolados ou cabos unipolares em eletroduto aparente e de seção circular sobre parede ou espaçado dela)

  - Fator de correção para agrupamento

$$N_{cir} = 4 \rightarrow F_a = 0,65 \text{ (Tabela 3.15)}$$

Foi considerado o trecho de eletroduto de subida do QDL1 até a primeira luminária (circuitos 1 – 2 – 3 – 4).

$$I_c = \frac{24,7}{0,65} = 38 \text{ A} \rightarrow S_c = 6 \text{ mm}^2$$

  - Queda da tensão (para a condição mais severa: 53 m)

De forma simplificada e de acordo com a Equação (3.16), temos:

$$S_c = \frac{200 \times \rho \times L_c \times I_c}{V \times \Delta V\%} = \frac{200 \times (1/56) \times 53 \times 24,7}{220 \times 2} = 10,6 \text{ mm}^2$$

  - Condutor adotado: $S_c = 16$ mm²

Ou, ainda, pela Tabela 3.11

$$P_c = 5000 \text{ W} \rightarrow L_c = 60 \text{ m} \rightarrow S_c = 16 \text{ mm}^2$$

  - Eletroduto para cada linha de luminárias

Por meio da Tabela 3.44 obtém-se a seção externa dos condutores, ou seja:

$$S_c = 4 \times 37,4 = 149,6 \text{ mm}^2 \rightarrow \text{(Tabela 3.46 – coluna: > 3 cabos – extra)} \rightarrow \varphi_{el} = 1''$$

  - Eletroduto de subida dos circuitos 1 – 2 – 3 – 4

$$S_{el} = 4 \times 4 \times 37,4 = 598,4 \text{ mm}^2 \rightarrow \text{(Tabela 3.43 – coluna: > cabos – extra)} \rightarrow \varphi_{el} = 2''$$

- Circuito 13: tomadas monofásicas (circuito em eletroduto aparente)

$$P_c = 400 \text{ W} \rightarrow I_c = 1,8 \text{ A} \rightarrow S_c = 2,5 \text{ mm}^2 \text{ (valor mínimo)}$$

- Fator de correção para agrupamento

$$N_{cir} = 2 \rightarrow F_a = 0,8$$
$$I_c = \frac{1,8}{0,80} = 2,25 \text{ mm}^2$$

Exemplo de aplicação

Em função da seção $S_c = 16$ mm² do circuito 14 adiante calculado, que deve ocupar o mesmo eletroduto, a seção do circuito 13 será $S_c = 6$ mm², o que caracteriza um grupo de *cabos semelhantes*. De acordo com a Seção 3.5.1.1.4.3 (a) do Capítulo 3, os condutores do circuito 13 não devem ser contados por compor o número de cabos que conduzem menos que 30 % de sua capacidade de corrente, ou seja: $\frac{1,8}{36} \times 100 = 5$ %.

– Eletroduto

$$S_{el} = 2 \times 18,8 = 37,6 \text{ mm}^2 \quad \rightarrow \quad \varphi_{el} = 1/2" \text{ (utilizado nas derivações)}$$

- Circuito 14: tomadas trifásicas (circuito em eletroduto aparente)
  – Capacidade de corrente

$$I_c = \frac{P_c}{V \times \cos\psi} = 4 \times \frac{6.000}{\sqrt{3} \times 380 \times 0,90} = 4 \times 10,12 = 40,5 \text{ A (cabos de saída do QDL1)}$$

$I_c = 40,5$ A $\rightarrow$ $S_c = 10$ mm² (referência: método de instalação 3 – Tabela 3.4 – coluna B1 para 3 condutores carregados da Tabela 3.6)

– Queda da tensão (para a condição mais severa: 25 m e 3 tomadas)

$$\Delta V_c = \frac{\sqrt{3} \times I_c \times L_c \times (R \times \cos\varphi + X \times \text{sen}\varphi)}{10 \times N_{cp} \times V_{ff}}$$

$$\text{arcos } 0,90 = 25,84°$$

$$\Delta V_c = \frac{\sqrt{3} \times 3 \times 10,12 \times 25 \times (2,2221 \times \cos 25,84 + 0,1207 \times \text{sen} 25,84)}{10 \times 1 \times 380} = 0,71 \%$$

Os valores de R e X são dados na Tabela 3.22.
De forma simplificada, temos:

$$S_c = \frac{173,2 \times \rho \times L_c \times I_c}{V \times \Delta V\%} = \frac{173,2 \times (1/56) \times (50/2) \times 3 \times 10,12}{380 \times 2} = 3,0 \text{ mm}^2 \text{ (veja o circuito na planta 2)}$$

– Condutor de fase adotado: $S_c = 10$ mm²
– Condutor de proteção: $S_p = 10$ mm²
– Eletroduto: circuito 14

$$S_{el} = 4 \times 37,4 + 3 \times 18,8 = 206 \text{ mm}^2 \quad \rightarrow \quad \varphi_{el} = 1"$$

- Circuito 15: reserva
- Circuito 16: tomadas trifásicas
  – Capacidade de corrente

$$I_c = \frac{P_c}{V \times \cos\psi} = 6 \times \frac{6.000}{\sqrt{3} \times 380 \times 0,90} = 6 \times 10,12 = 60,7 \text{ A (cabos de saída do QDL2)}$$

$I_c = 60,6$ A $\rightarrow$ $S_c = 16$ mm² (método de instalação 3 – Tabela 3.4 – coluna B1 para 3 condutores carregados da Tabela 3.6)

– Fator de correção para agrupamento

$$N_{cir} = 2 \quad \rightarrow \quad F_a = 0,80$$

$$\frac{60,7}{0,80} = 75,8 \quad \rightarrow \quad S_c = 25 \text{ mm}^2$$

Queda da tensão (para a condição mais severa: 25 m e 4 tomadas)

$$S_c = \frac{173,2 \times \rho \times L_c \times I_c}{V \times \Delta V\%} = \frac{173,2 \times (1/56) \times (50/2) \times 4 \times 10,1}{380 \times 2} = 4,1 \text{ mm}^2 \text{ (veja o circuito na planta 2)}$$

– Condutor adotado: $S_c = 25$ mm²
– Condutor de proteção: $S_p = 16$ mm²
– Eletroduto: circuito 16

$$S_{el} = 3 \times 56,7 + 1 \times 37,4 + 3 \times 27,3 = 289,4 \text{ mm}^2 \quad \rightarrow \quad \varphi_{el} = 1 1/4"$$

$$S_{el} = 3 \times 56,7 + 1 \times 37,4 = 207,5 \text{ mm}^2 \quad \rightarrow \quad \varphi_{el} = 1"$$

- Circuito 17: tomadas monofásicas

A partir deste ponto a seção dos condutores será determinada de forma expedita, utilizando-se a Tabela 3.11. Observar que a corrente da carga da Tabela 3.11 considera o fator de potência de 0,90. Será omitido doravante o cálculo da seção dos eletrodutos. O leitor deve seguir o mesmo método anterior. O valor de L_c é tomado pela metade do comprimento em planta do circuito que corresponde ao centro de carga. Será aplicado o método de instalação 1 – Tabela 3.4 e método de referência A1.

$$P_c = 800 \text{ W} \rightarrow I_c = 4,0 \text{ A} \rightarrow L_c = 20 \text{ m} \rightarrow S_c = 2,5 \text{ mm}^2 \text{ (valor mínimo)}$$

Como os circuitos 16 e 17 estão no mesmo eletroduto, a seção mínima do circuito 17 vale: $S_c = 10\text{mm}^2$, o que resulta um eletroduto de $\varphi_{el} = 1/2"$. Como também os condutores do circuito 17 conduzem apenas 19 % da capacidade nominal dos condutores, logo não será aplicado nenhum fator de agrupamento.

- Circuito 18: reserva
- Circuito 19: tomadas

$$P_c = 1.500 \text{ W} \rightarrow I_c = 7,5 \text{ A} \rightarrow L_c = 17 \text{ m} \rightarrow S_c = 2,5 \text{ mm}^2 \text{ (valor mínimo)}$$

- Circuito 20: tomadas

$$P_c = 1.200 \text{ W} \rightarrow I_c = 6,0 \text{ A} \rightarrow L_c = 10 \text{ m} \rightarrow S_c = 2,5 \text{ mm}^2 \text{ (valor mínimo)}$$

- Circuito 21: iluminação

$$P_c = 2.720 \text{ W} \rightarrow I_c = 13,7 \text{ A} \rightarrow L_c = 8 \text{ m} \rightarrow S_c = 1,5 \text{ mm}^2$$

$$N_{cir} = 2 \rightarrow F_a = 0,80 \rightarrow I_c = \frac{13,7}{0,80} = 17,1 \text{ A} \rightarrow L_c = 8 \text{ m} \rightarrow S_c = 1,5 \text{ mm}^2$$

De acordo com a Seção A.13.1.3 deste Apêndice, o condutor deve ter seção $S_c = 2,5 \text{ mm}^2$.

- Circuito 22 (iluminação):

$$P_c = 2.560 \text{ W} \rightarrow I_c = 12,9 \text{ A} \rightarrow L_c = 9 \text{ m} \rightarrow S_c = 1,5 \text{ mm}^2$$

- Circuito 23: iluminação

$$P_c = 1.920 \text{ W} \rightarrow I_c = 9,7 \text{ A} \rightarrow S_c = 1,5 \text{ mm}^2$$

- Circuito 24: iluminação

$$P_c = 1.920 \text{ W} \rightarrow I_c = 9,6 \text{ A} \rightarrow S_c = 1,5 \text{ mm}^2$$

- Circuito 25 (máquina de embalagem)

$$P_c = 1.900 \text{ W} \rightarrow I_c = 9,5 \text{ A} \rightarrow S_c = 2,5 \text{ mm}^2 \text{ (valor mínimo)}$$

- Circuito 26: tomadas

$$P_c = 1.200 \text{ W} \rightarrow I_c = 5,4 \text{ A} \rightarrow L_c = 18 \text{ m} \rightarrow S_c = 2,5 \text{ mm}^2 \text{ (valor mínimo)}$$

- Circuito 27: iluminação

$$P_c = 1.280 \text{ W} \rightarrow I_c = 6,4 \text{ A} \rightarrow L_c = 17 \text{ m} \rightarrow S_c = 1,5 \text{ mm}^2$$

- Circuito 28: iluminação

$$P_c = 1.400 \text{ W} \rightarrow I_c = 6,3 \text{ A} \rightarrow L_c = 15 \text{ m} \rightarrow S_c = 1,5 \text{ mm}^2$$

$$N_{cir} = 2 \rightarrow F_a = 0,80 \rightarrow I_c = \frac{6,3}{0,80} = 7,8 \text{ A} \rightarrow L_c = 15 \text{ m} \rightarrow S_c = 1,5 \text{ mm}^2$$

- Circuito 29: tomadas

$$P_c = 1.800 \text{ W} \rightarrow I_c = 9,0 \text{ A} \rightarrow L_c = 15 \text{ m} \rightarrow S_c = 2,5 \text{ mm}^2 \text{ (valor mínimo)}$$

$$N_{cir} = 2 \rightarrow F_a = 0,80 \rightarrow I_c = \frac{9,0}{0,80} = 11,2 \text{ A} \rightarrow L_c = 15 \text{ m} \rightarrow S_c = 2,5 \text{ mm}^2 \text{ (valor mínimo)}$$

- Circuito 30: iluminação

$$P_c = 1.000 \text{ W} \rightarrow I_c = 5,0 \text{ A} \rightarrow L_c = 25 \text{ m} \rightarrow S_c = 1,5 \text{ mm}^2$$

$$N_{cir} = 2 \rightarrow F_a = 0,80 \rightarrow I_c = \frac{5,0}{0,80} = 6,2 \text{ A} \rightarrow L_c = 25 \text{ m} \rightarrow S_c = 1,5 \text{ mm}^2$$

- Circuito 31: tomadas

$$P_c = 3.200 \text{ W} \rightarrow I_c = 16,1 \text{ A} \rightarrow L_c = 35 \text{ m} \rightarrow S_c = 4 \text{ mm}^2$$

$$N_{cir} = 2 \rightarrow F_a = 0,80 \rightarrow I_c = \frac{16,1}{0,80} = 20 \text{ A} \rightarrow L_c = 35 \text{ m} \rightarrow S_c = 6 \text{ mm}^2$$

- Circuito 32: iluminação

$$P_c = 3.200 \text{ W} \rightarrow I_c = 16,6 \text{ A} \rightarrow L_c = 60 \text{ m} \rightarrow S_c = 10 \text{ mm}^2$$

- Circuito 33: iluminação

$$P_c = 480 \text{ W} \rightarrow I_c = 2,4 \text{ A} \rightarrow L_c = 15 \text{ m} \rightarrow S_c = 1,5 \text{ mm}^2$$

$$N_{cir} = 2 \rightarrow F_a = 0,80 \rightarrow I_c = \frac{2,4}{0,80} = 3,0 \text{ A} \rightarrow L_c = 15 \text{ m} \rightarrow S_c = 1,5 \text{ mm}^2$$

- Circuito 34: iluminação

$$P_c = 640 \text{ W} \rightarrow I_c = 3,2 \text{ A} \rightarrow L_c = 10 \text{ m} \rightarrow S_c = 1,5 \text{ mm}^2$$

$$N_{cir} = 2 \rightarrow F_a = 0,80 \rightarrow I_c = \frac{3,2}{0,80} = 4,0 \text{ A} \rightarrow L_c = 10 \text{ m} \rightarrow S_c = 1,5 \text{ mm}^2$$

- Circuito 35: tomadas

$$P_c = 2.600 \text{ W} \rightarrow I_c = 13,1 \text{ A} \rightarrow L_c = 10 \text{ m} \rightarrow S_c = 2,5 \text{ mm}^2 \text{ (valor mínimo)}$$

$$N_{cir} = 2 \rightarrow F_a = 0,80 \rightarrow I_c = \frac{13,1}{0,80} = 16,3 \text{ A} \rightarrow L_c = 10 \text{ m} \rightarrow S_c = 2,5 \text{ mm}^2$$

- Circuito 36: iluminação

$$P_c = 800 \text{ W} \rightarrow I_c = 4,0 \text{ A} \rightarrow L_c = 13 \text{ m} \rightarrow S_c = 1,5 \text{ mm}^2$$

- Circuito 37: tomadas trifásicas

$$P_c = 12.000 \text{ W} \rightarrow I_c = 20,2 \text{ A} \rightarrow L_c = 12 \text{ m} \rightarrow S_c = 2,5 \text{ mm}^2 \text{ (valor mínimo)}$$

$$N_{cir} = 2 \rightarrow F_a = 0,80 \rightarrow I_c = \frac{20,2}{0,80} = 25,0 \text{ A} \rightarrow L_c = 12 \text{ m} \rightarrow S_c = 2,5 \text{ mm}^2$$

De acordo com a Seção A.13.1.6 deste Apêndice, o condutor deve ter seção:

$$S_c = 4 \text{ mm}^2$$

$$S_p = 4 \text{ mm}^2$$

A.9.2 Circuitos terminais dos motores

Condições de todos os circuitos para os condutores de fase, neutro e de proteção: condutor unipolar em PVC/70 °C embutido em eletroduto de PVC e queda de tensão máxima permitida de 2 %. O menor eletroduto utilizado deve ser de 1/2". Os eletrodutos serão de PVC, classificação B. Os eletrodutos serão enterrados sob o piso (método de instalação 61A – método de referência D). Admitir que a resistividade térmica do solo é de 2,5 K.m/W. Como não é permitido instalar condutor nu no interior de eletroduto, o condutor de proteção é da mesma característica do condutor de fase.

Para o cálculo da queda de tensão, usaremos a fórmula simplificada para cabos de seção iguais e inferiores a 25 mm² em que a resistência é de aproximadamente 8 vezes superior à reatância. Para seções superiores, usaremos a fórmula completa.

A.9.2.1 CCM1

A.9.2.1.1 Motor A: 30 cv

a) Condutores de fase

• Capacidade de condução de corrente

$$I_c = 43,3 \text{ A} \rightarrow S_{cf} = 10 \text{ m}^2 \text{ (Tabela 3.4 - método de instalação nº 61A - referência D)}$$

• Limite da queda de tensão

$$S_{cf} = \frac{173,2 \times \rho \times L_c \times I_c}{\Delta V\% \times V_{ff}} = \frac{173,2 \times (1/56) \times 5 \times 43,3}{2 \times 380} = 0,88 \text{ mm}^2$$

– Seção adotada: $S_{cf} = 10 \text{ mm}^2$

b) Condutor de proteção

$$S_{cf} = 10 \text{ mm}^2 \rightarrow S_{cp} = 10 \text{ mm}^2$$

c) Eletroduto de ligação individual dos motores

$$S_{el} = 3 \times S_{ecf} + 1 \times S_{ecp}$$

$$S_{el} = 3 \times 50,2 + 1 \times 50,2 = 200,8 \text{ mm}^2 \text{ (Tabela 3.43 - classificação B: > 3 cabos - 40 \%)} \rightarrow \varphi_{el} = 1"$$

$$S_{ecf} = 50,2 \text{ mm}^2 \text{ (Tabela 3.46)}$$

S_{ecf} – seção externa do condutor fase

S_{ecp} – seção externa do condutor de proteção

$$S_{cp} = 10 \text{ mm}^2$$

A.9.2.1.2 Motor B: 7,5 cv

a) Condutores de fase

Capacidade de condução da corrente

$$I_c = 11,9 \text{ A} \rightarrow S_{cf} = 2,5 \text{ mm}^2 \text{ (valor mínimo permitido)}$$

• Fator de correção de agrupamento

$$N_{cir} = 6 \rightarrow F_a = 0,57$$

$$I_c = \frac{11,9}{0,57} = 20,8 \text{ A} \rightarrow S_{cf} = 2,5 \text{ mm}^2$$

• Limite da queda de tensão
Pelo método simplificado, temos:

$$S_{cf} = \frac{173,2 \times \rho \times L_c \times I_c}{\Delta V\% \times V_{ff}} = \frac{173,2 \times (1/56) \times 30 \times 11,9}{2 \times 380} = 1,45 \text{ mm}^2 \rightarrow S_{cf} = 2,5 \text{ mm}^2$$

Seção adotada: $S_{cf} = 2,5 \text{ mm}^2$

b) Condutor de proteção

$$S_{cf} = 2,5 \text{ mm}^2 \rightarrow S_{cp} = 2,5 \text{ mm}^2$$

c) Eletroduto de ligação individual dos motores

$$S_{el} = 3 \times 28,2 + 1 \times 28,2 = 112,8 \text{ mm}^2 \rightarrow \varphi_{el} = 3/4"$$

$$S_{ecf} = 28,2 \text{ mm}^2 \text{ (Tabela 3.46)}$$

d) Eletrodutos de distribuição

• Trecho 1 – 2

$$S_{el} = 6 \times 3 \times 28,2 + 1 \times 28,2 = 535,8 \text{ mm}^2 \text{ (Tabela 3.46 - classificação B - 3 cabos: > 40 \%)} \rightarrow \varphi_{el} = 1\frac{1}{2}"$$

- Trecho 2 – 3

$$S_{el} = 4 \times 3 \times 28,2 + 1 \times 28,2 = 366,6 \text{ mm}^2 \rightarrow \varphi_{el} = 1\frac{1}{4}"$$

- Trecho 3 – 4

$$S_{el} = 2 \times 3 \times 28,2 + 1 \times 28,2 = 197,4 \text{ mm}^2 \rightarrow \varphi_{el} = 1"$$

A.9.2.2 CCM2

A.9.2.2.1 Motor C: 5 cv

a) Condutores de fase

- Capacidade de condução de corrente

$$I_c = 7,9 \text{ A} \rightarrow S_{cf} = 2,5 \text{ mm}^2 \text{ (valor mínimo permitido)}$$

- Fator de correção de agrupamento

$$N_{cir} = 15 \rightarrow F_a = 0,45$$

$$I_c = \frac{7,9}{0,45} = 17,5 \text{ A} \rightarrow S_{cf} = 2,5 \text{ mm}^2$$

- Limite da queda de tensão

$$S_{cf} = \frac{173,2 \times \rho \times L_c \times I_c}{\Delta V\% \times V_{ff}} = \frac{173,2 \times (1/56) \times 25 \times 7,9}{2 \times 380} = 0,80 \text{ mm}^2$$

Seção adotada: $S_{cf} = 2,5 \text{ mm}^2$

b) Condutor de proteção

$$S_{cf} = 2,5 \text{ mm}^2 \rightarrow S_{cp} = 2,5 \text{ mm}^2$$

c) Eletroduto de ligação individual dos motores

$$S_{el} = 3 \times 28,2 + 1 \times 28,2 = 112,8 \text{ mm}^2 \rightarrow \varphi_{el} = 3/4"$$

A.9.2.2.2 Motor D: 3 cv

a) Condutores de fase

- Capacidade de condução da corrente

$$I_c = 5,5 \text{ A} \rightarrow S_{cf} = 2,5 \text{ mm}^2 \text{ (valor mínimo permitido)}$$

- Fator de correção de agrupamento

$$N_{cir} = 15 \rightarrow F_a = 0,45$$

$$I_c = \frac{5,5}{0,45} = 12,2 \text{ A} \rightarrow S_{cf} = 2,5 \text{ mm}^2$$

- Limite da queda de tensão

$$S_{cf} = \frac{173,2 \times \rho \times L_c \times I_c}{\Delta V\% \times V_{ff}} = \frac{173,2 \times (1/56) \times 26 \times 5,5}{2 \times 380} = 0,58 \text{ mm}^2$$

Seção adotada: $S_{cf} = 2,5 \text{ mm}^2$

b) Condutor de proteção

$$S_{cf} = 2,5 \text{ mm}^2 \rightarrow S_{cp} = 2,5 \text{ mm}^2$$

c) Eletroduto de ligação individual dos motores

$$S_{el} = 3 \times 28,2 + 1 \times 28,2 = 112,8 \text{ mm}^2 \rightarrow \varphi_{el} = 3/4"$$

d) Eletrodutos de distribuição
- Trecho 1 – 2

$$S_{el} = 15 \times 3 \times 28,2 + 1 \times 28,2 = 1.297,2 \text{ mm}^2 \rightarrow \varphi_{el} = 2\tfrac{1}{2}"$$

- Trecho 2 – 3

$$S_{el} = 7 \times 3 \times 28,2 + 2 \times 28,2 = 648 \text{ mm}^2 \rightarrow \varphi_{el} = 2"$$

- Trecho 3 – 4, 2 – 5, 6 – 7 e 8 – 9

$$S_{el} = 2 \times 3 \times 28,2 + 1 \times 28,2 = 197,4 \text{ mm}^2 \rightarrow \varphi_{el} = 1"$$

- Trecho 2 – 6

$$S_{el} = 7 \times 3 \times 28,2 + 1 \times 28,2 = 620,4 \text{ mm}^2 \rightarrow \varphi_{el} = 2"$$

- Trecho 6 – 8

$$S_{el} = 3 \times 3 \times 28,2 + 1 \times 28,2 = 282 \text{ mm}^2 \rightarrow \varphi_{el} = 1\tfrac{1}{4}"$$

A.9.2.3 CCM3

A.9.2.3.1 Motor F: 10 cv

a) **Condutores de fase**

Capacidade de condução de corrente

$$I_c = 15,4 \text{ A} \rightarrow S_{cf} = 2,5 \text{ mm}^2 \text{ (valor mínimo permitido)}$$

- Fator de correção de agrupamento

$$N_{cir} = 7 \rightarrow F_a = 0,54$$

$$I_c = \frac{15,4}{0,54} = 28,5 \text{ A} \rightarrow S_{cf} = 4 \text{ mm}^2$$

- Limite da queda de tensão

$$S_{cf} = \frac{173,2 \times \rho \times L_c \times I_c}{\Delta V\% \times V_{ff}} = \frac{173,2 \times (1/56) \times 20 \times 15,4}{2 \times 380} = 1,2 \text{ mm}^2$$

Seção adotada: $S_{cf} = 4 \text{ mm}^2$

b) **Condutor de proteção**

$$S_{cf} = 4 \text{ mm}^2 \rightarrow S_{cp} = 4 \text{ mm}^2$$

c) **Eletroduto de ligação individual dos motores**

$$S_{el} = 3 \times 36,3 + 1 \times 36,3 = 145,2 \text{ mm}^2 \rightarrow \varphi_{el} = 1"$$

A.9.2.3.2 Motor G: 5 cv

a) **Condutores de fase**

- Capacidade de condução da corrente

$$I_c = 7,9 \text{ A} \rightarrow S_{cf} = 2,5 \text{ mm}^2 \text{ (valor mínimo permitido)}$$

- Fator de correção de agrupamento

$$N_{cir} = 3 \rightarrow F_a = 0,70$$

$$I_c = \frac{7,9}{0,70} = 11,2 \text{ A} \rightarrow S_{cf} = 2,5 \text{ mm}^2$$

- Limite da queda de tensão

$$S_{cf} = \frac{173{,}2 \times \rho \times L_c \times I_c}{\Delta V\% \times V_{ff}} = \frac{173{,}2 \times (1/56) \times 17 \times 7{,}9}{2 \times 380} = 0{,}54 \text{ mm}^2$$

– Seção adotada: $S_{cf} = 2{,}5 \text{ mm}^2$

b) **Condutor de proteção**

$$S_{cf} = 2{,}5 \text{ mm}^2 \quad \rightarrow \quad S_{cp} = 2{,}5 \text{ mm}^2$$

c) **Eletroduto de ligação individual dos motores**

$$S_{el} = 3 \times 28{,}2 + 1 \times 28{,}2 = 112{,}8 \text{ mm}^2 \quad \rightarrow \quad \varphi_{el} = 3/4''$$

d) **Eletrodutos de distribuição**

- Trecho 1 – 2

$$S_{el} = 7 \times 3 \times 36{,}3 + 1 \times 36{,}3 = 798{,}6 \text{ mm}^2 \quad \rightarrow \quad \varphi_{el} = 2''$$

- Trecho 3 – 4

$$S_{el} = 3 \times 3 \times 36{,}3 + 1 \times 36{,}3 = 363 \text{ mm}^2 \quad \rightarrow \quad \varphi_{el} = 1\tfrac{1}{4}''$$

- Trecho 1 – 5

$$S_{el} = 3 \times 3 \times 28{,}2 + 1 \times 28{,}2 = 282 \text{ mm}^2 \quad \rightarrow \quad \varphi_{el} = 1\tfrac{1}{4}''$$

A.9.2.4 CCM4

A.9.2.4.1 Motor M: 250 cv

a) **Condutores de fase**

- Capacidade de condução de corrente

$$I_c = 327{,}4 \text{ A} \quad \rightarrow \quad S_{cf} = 300 \text{ mm}^2 \text{ (método de instalação 61A – referência D)}$$

- Limite da queda de tensão

$$\Delta V_c = \frac{\sqrt{3} \times I_c \times L_c \times (R \times \cos\varphi + X \operatorname{sen}\varphi)}{10 \times N_{cp} \times V_{ff}} \quad (\%)$$

$$\Delta V_c = \frac{\sqrt{3} \times 10 \times 327{,}4 \times (0{,}0781 \times \cos(29{,}54°) + 0{,}1068 \times \operatorname{sen}(29{,}54°))}{10 \times 1 \times 380} = 0{,}18 \%$$

– Seção adotada: $S_{cf} = 300 \text{ mm}^2$

b) **Condutor de proteção**

$$S_{cf} = 300 \text{ mm}^2 \quad \rightarrow \quad S_{cp} = 150 \text{ mm}^2$$

c) **Eletroduto de ligação individual dos motores**

$$S_{el} = 3 \times S_{ecf} + 1 \times S_{ecp}$$

$$S_{ecf} = 683{,}5 \text{ mm}^2 \text{ (Tabela 3.45)}$$

$$S_{ecp} = 359{,}6 \text{ mm}^2 \text{ (Tabela 3.45)}$$

$$S_{el} = 3 \times 683{,}5 + 1 \times 359{,}6 = 2.410{,}1 \text{ mm}^2 \quad \rightarrow \quad \varphi_{el} = 3'' \text{ (aço-carbono extra)}$$

A.9.2.5 CCM5

A.9.2.5.1 Motor E: 7,5 cv

a) **Condutores de fase**

- Capacidade de condução de corrente

$$I_c = 11{,}9 \text{ A} \quad \rightarrow \quad S_{cf} = 2{,}5 \text{ mm}^2 \text{ (valor mínimo permitido)}$$

- Fator de correção de agrupamento

$$N_{cir} = 9 \rightarrow F_a = 0,50$$

$$I_c = \frac{11,9}{0,50} = 23,8 \text{ A} \rightarrow S_{cf} = 2,5 \text{ mm}^2$$

- Limite da queda de tensão

$$S_{cf} = \frac{173,2 \times \rho \times L_c \times I_c}{\Delta V\% \times V_{ff}} = \frac{173,2 \times (1/56) \times 20 \times 11,9}{2 \times 380} = 0,96 \text{ mm}^2$$

– Seção adotada: $S_{cf} = 4 \text{ mm}^2$
Obs.: veja nota da Seção 9.2.5.2.

b) **Condutor de proteção**

$$S_{cf} = 4 \text{ mm}^2 \rightarrow S_{cp} = 4 \text{ mm}^2$$

c) **Eletroduto de ligação individual dos motores**

$$S_{el} = 3 \times 36,3 + 1 \times 36,3 = 145,2 \text{ mm}^2 \rightarrow \varphi_{el} = 1"$$

A.9.2.5.2 Motor H: 15 cv

a) **Condutores de fase**

- Capacidade de condução da corrente

$$I_c = 26,0 \text{ A} \rightarrow S_{cf} = 4 \text{ mm}^2$$

- Fator de correção de agrupamento

$$N_{cir} = 9 \rightarrow F_a = 0,50$$

$$I_c = \frac{26,0}{0,50} = 52,0 \text{ A} \rightarrow S_{cf} = 10 \text{ mm}^2$$

- Limite da queda de tensão

$$S_{cf} = \frac{173,2 \times \rho \times L_c \times I_c}{\Delta V\% \times V_{ff}} = \frac{173,2 \times (1/56) \times 18 \times 26}{2 \times 380} = 1,9 \text{ mm}^2$$

– Seção adotada: $S_{cf} = 10 \text{ mm}^2$

b) **Condutor de proteção**

$$S_{cf} = 10 \text{ mm}^2 \rightarrow S_{cp} = 10 \text{ mm}^2$$

Nota: como não é permitido instalar no mesmo duto condutores com 4 seções de diferença, optou-se por elevar a seção dos condutores dos motores de 7,5 cv de 2,5 mm² para 4 mm², ou seja, 4 – 6 – 10 mm², caracterizando, assim, um agrupamento de *cabos semelhantes*. Poder-se-ia optar por adotar eletrodutos separados para os motores de 7,5 e 15 cv.

c) **Eletroduto de ligação individual dos motores**

$$S_{el} = 3 \times 50,2 + 1 \times 50,2 = 200,8 \text{ mm}^2 \rightarrow \varphi_{el} = 1"$$

d) **Eletrodutos de distribuição**

- Trecho 1 – 2

$$S_{el} = 3 \times 3 \times 36,3 + 6 \times 3 \times 50,2 + 1 \times 36,3 + 1 \times 50,2 = 1.316,8 \text{ mm}^2 \rightarrow \varphi_{el} = 2\frac{1}{2}"$$

- Trecho 2 – 3

$$S_{el} = 3 \times 3 \times 36,3 + 3 \times 3 \times 50,2 + 1 \times 36,3 + 1 \times 50,2 = 865,0 \text{ mm}^2 \rightarrow \varphi_{el} = 2"$$

- Trecho 3 – 4

$$S_c = 3 \times 3 \times 50,2 + 1 \times 50,2 = 502,0 \text{ mm}^2 \rightarrow \varphi_{el} = 1\frac{1}{2}"$$

- Trecho 3 – 5

$$S_{el} = 3 \times 3 \times 36,3 + 1 \times 36,3 = 363 \text{ mm}^2 \quad \rightarrow \quad \varphi_{el} = 1\tfrac{1}{4}"$$

A.9.2.6 CCM6

A.9.2.6.1 Motor I: 20 cv

a) Condutores de fase

- Capacidade de condução de corrente

$$I_c = 28,8 \text{ A} \quad \rightarrow \quad S_{cf} = 4 \text{ mm}^2$$

- Fator de correção de agrupamento

$$N_{cir} = 8 \quad \rightarrow \quad F_a = 0,52$$

$$I_c = \frac{28,8}{0,52} = 55,3 \text{ A} \quad \rightarrow \quad S_{cf} = 16 \text{ mm}^2$$

- Limite da queda de tensão

$$S_{cf} = \frac{173,2 \times \rho \times L_c \times I_c}{\Delta V\% \times V_{ff}} = \frac{173,2 \times (1/56) \times 24 \times 28,8}{2 \times 380} = 2,8 \text{ mm}^2$$

– Seção adotada: $S_{cf} = 16 \text{ mm}^2$

b) Condutor de proteção

$$S_{cf} = 16 \text{ mm}^2 \quad \rightarrow \quad S_{cp} = 16 \text{ mm}^2$$

c) Eletroduto de ligação individual dos motores

$$S_{el} = 3 \times 63,6 + 1 \times 63,6 = 254,4 \text{ mm}^2 \quad \rightarrow \quad \varphi_{el} = 1\tfrac{1}{4}"$$

d) Eletrodutos de distribuição

- Trecho 1 – 2

$$S_{el} = 8 \times 3 \times 63,6 + 1 \times 63,6 = 1.590 \text{ mm}^2 \quad \rightarrow \quad \varphi_{el} = 3"$$

- Trecho 2 – 3

$$S_{el} = 4 \times 3 \times 63,6 + 1 \times 63,6 = 826,8 \text{ mm}^2 \quad \rightarrow \quad \varphi_{el} = 2"$$

A.9.2.7 CCM7

A.9.2.7.1 Motor K: 30 cv

a) Condutores de fase

- Capacidade de condução de corrente

$$I_c = 43,3 \text{ A} \quad \rightarrow \quad S_{cf} = 10 \text{ mm}^2$$

- Fator de correção de agrupamento

$$N_{cir} = 5 \quad \rightarrow \quad F_a = 0,60$$

$$I_c = \frac{43,3}{0,60} = 72,1 \text{ A} \quad \rightarrow \quad S_{cf} = 25 \text{ mm}^2$$

- Limite da queda de tensão

$$S_{cf} = \frac{173,2 \times \rho \times L_c \times I_c}{\Delta V\% \times V_{ff}} = \frac{173,2 \times (1/56) \times 22 \times 43,3}{2 \times 380} = 3,8 \text{ mm}^2$$

– Seção adotada: $S_{cf} = 25 \text{ mm}^2$

b) Condutor de proteção

$$S_{cf} = 25 \text{ mm}^2 \rightarrow S_{cp} = 16 \text{ mm}^2$$

c) Eletroduto de ligação individual dos motores

$$S_{el} = 3 \times 91,6 + 1 \times 63,6 = 338,4 \text{ mm}^2 \rightarrow \varphi_{el} = 1\tfrac{1}{4}"$$

d) Eletrodutos de distribuição
   • Trechos 1 – 2 e 1 – 3

$$S_{el} = 5 \times 3 \times 91,6 + 1 \times 63,6 = 1.437,6 \text{ mm}^2 \rightarrow \varphi_{el} = 3"$$

   • Trechos 2 – 4 e 3 – 5

$$S_{el} = 3 \times 3 \times 91,6 + 1 \times 63,6 = 888 \text{ mm}^2 \rightarrow \varphi_{el} = 2\tfrac{1}{2}"$$

A.9.2.8 CCM8

A.9.2.8.1 Motor J: 25 cv

a) Condutores de fase
   • Capacidade de condução de corrente

$$I_c = 35,5 \text{ A} \rightarrow S_{cf} = 6 \text{ mm}^2$$

   • Fator de correção de agrupamento

$$N_{cir} = 10 \rightarrow F_a = 0,50$$

$$I_c = \frac{35,5}{0,50} = 71,0 \text{ A} \rightarrow S_{cf} = 25 \text{ mm}^2$$

   • Limite da queda de tensão

$$S_{cf} = \frac{173,2 \times \rho \times L_c \times I_c}{\Delta V\% \times V_{ff}} = \frac{173,2 \times (1/56) \times 23 \times 35,5}{2 \times 380} = 3,3 \text{ mm}^2$$

   – Seção adotada: $S_{cf} = 25 \text{ mm}^2$

b) Condutor de proteção

$$S_{cf} = 25 \text{ mm}^2 \rightarrow S_{cp} = 16 \text{ mm}^2$$

c) Eletroduto de ligação individual dos motores

$$S_{el} = 3 \times 91,6 + 1 \times 63,6 = 338,4 \text{ mm}^2 \rightarrow \varphi_{el} = 1\tfrac{1}{4}"$$

d) Eletrodutos de distribuição
   • Trecho 1 – 2

$$S_{el} = 10 \times 3 \times 91,6 + 1 \times 63,6 = 2.811,6 \text{ mm}^2 \rightarrow \varphi_{el} = 3\tfrac{1}{2}" \text{ (eletroduto de aço-carbono – Tabela 3.43)}$$

   • Trecho 2 – 3

$$S_{el} = 6 \times 3 \times 91,6 + 1 \times 63,6 = 1.712,4 \text{ mm}^2 \rightarrow \varphi_{el} = 3"$$

A.9.3 Circuitos de distribuição dos CCMs e QDLs

Condições de todos os circuitos para os condutores de fase, neutro e de proteção: condutor unipolar, isolação em PVC/70 °C embutido em canaleta fechada (método de instalação 61A – referência D da Tabela 3.4) e queda de tensão máxima permitida de 3 %. Os cabos são instalados na canaleta, juntos sem espaçamento entre eles. Cada circuito será instalado no interior da canaleta na formação trifólio, amarrado com abraçadeira plástica e identificado por meio de plaquetas. Para cada circuito será determinada a seção do condutor de proteção para que se possa, no final, indicar a maior seção do condutor de proteção como uma única seção para cada linha de dutos, ou seja: 1) canaleta na direção QGF – CCM8; 2) canaleta na direção QGF – CCM6. O condutor de proteção é nu.

A.9.3.1 Circuito QGF – QDL1

Será instalado na canaleta 1 (veja planta 1)

a) Condutores de fase

• Capacidade de condução de corrente

$$I_{qdl1} = \frac{D_{qdl1}}{\sqrt{3} \times_{Vff}} = \frac{47.860}{\sqrt{3} \times 380 \times 0,90} = 80,7 \text{ A} \rightarrow S_{qdl1} = 25 \text{ mm}^2 \text{ (Tabela 3.6, de acordo com o método de instalação 61A}$$

– Tabela 3.4 – método de referência D)

• Fator de correção de agrupamento para a linha de duto QGF – CCM8

N_{cond} = 3 circuitos × 4 condutores carregados (QDL1 – QDL3 – QDL4) + 2 circuitos × 3 condutores carregados (CCM7 – CCM8) = 12 + 6 = 18 condutores carregados.

Como o CCM7 e o CCM8 deverão ser alimentados cada um por um circuito com 2 condutores por fase, logo o valor N_{cond} = 18 + 6 = 24 condutores carregados. Veja a Seção A.9.3.13 deste Apêndice.

$$N_{cond} = 24 \text{ condutores}$$

$$N_{cir} = \frac{24}{3} = 8 \rightarrow F_a = 0,52$$

$$I_{qdl1} = \frac{80,7}{0,52} = 155,1 \text{ A} \rightarrow S_{qdl4} = 95 \text{ mm}^2 \text{ (Tabela 3.6 – coluna D para 3 condutores carregados)}$$

• Limite da queda de tensão

$$\Delta V_c = \frac{\sqrt{3} \times 32 \times 80,7 \times (0,2352 \times \cos(28,35°) + 0,1090 \times \text{sen}(28,35°))}{10 \times 1 \times 380} = 0,30 \%$$

O fator de potência adotado é de 0,88 cujo ângulo correspondente é de 28,35°.
– Seção adotada: $S_{qdl1} = 95 \text{ mm}^2$

b) Condutor neutro

$$S_{qdl1} = 95 \text{ mm}^2 \rightarrow S_{nqdl1} = 50 \text{ mm}^2$$

c) Condutor de proteção

$$S_{qdl1} = 95 \text{ mm}^2 \rightarrow S_{pqdl1} = 50 \text{ mm}^2$$

A.9.3.2 Circuito QGF – QDL2

Será instalado na canaleta 2 (ver planta 1)

a) Condutores de fase

• Capacidade de condução de corrente

$$I_{qdl2} = \frac{D_{qdl2}}{\sqrt{3} \times_{Vff}} = \frac{56.540}{\sqrt{3} \times 380 \times 0,90} = 95,4 \text{ A} \rightarrow S_{qdl2} = 35 \text{ mm}^2$$

• Fator de correção para agrupamento para a linha de duto QGF – CCM6

N_{cond} = 3 circuitos × 4 condutores carregados (QDL2 – QDL5 – QDL6) + 6 circuitos × 3 condutores carregados (CCM1 – CCM2 – CCM3 – CCM4 – CCM5 – CCM6) = 12 + 18 = 30 condutores carregados.

Como os CCM4 e CCM6 deverão ser alimentados cada um por um circuito, respectivamente, com 4 e 2 condutores por fase. Logo, o valor $N_{cond} = 30 + 12 = 42$ condutores carregados. Ver seções A.9.3.10 e A.9.3.12 deste Apêndice.

$$N_{cir} = \frac{42}{3} = 14 \rightarrow F_a = 0,45$$

$$I_{qdl2} = \frac{95,4}{0,45} = 212 \text{ A} \rightarrow S_{qdl2} = 150 \text{ mm}^2$$

• Limite da queda de tensão

$$\Delta V_c = \frac{\sqrt{3} \times 92 \times 95,4 \times (0,1502 \times \cos(28,35°) + 0,1074 \times \text{sen}(28,35°))}{10 \times 1 \times 380} = 0,73 \%$$

O fator de potência adotado é de 0,88 cujo ângulo correspondente é de 28,35°.
– Seção adotada: $S_{qdl2} = 150 \text{ mm}^2$

b) Condutor neutro

$$S_{qdl2} = 150 \text{ mm}^2 \rightarrow S_{nqdl2} = 70 \text{ mm}^2$$

c) Condutor de proteção

$$S_{qdl2} = 150 \text{ mm}^2 \rightarrow S_{pqdl2} = 70 \text{ mm}^2$$

A.9.3.3 Circuito QGF – QDL3

a) Condutores de fase

- Capacidade de condução de corrente

$$I_{qdl3} = \frac{D_{qdl3}}{\sqrt{3} \times_{Vff}} = \frac{7.980}{\sqrt{3} \times 380 \times 0,90} = 13,4 \text{ A} \rightarrow S_{qdl3} = 2,5 \text{ mm}^2 \text{ (valor mínimo permitido)}$$

- Fator de correção para agrupamento para a linha de duto QGF – CCM8

$$N_{cond} = 24 \text{ condutores}$$

$$N_{cir} = \frac{24}{3} = 8 \rightarrow F_a = 0,52$$

$$I_{qdl3} = \frac{13,4}{0,52} = 25,7 \text{ A} \rightarrow S_{qdl3} = 4 \text{ mm}^2$$

- Limite da queda de tensão

$$S_{qdl3} = \frac{173,2 \times \rho \times L_c \times I_c}{\Delta V\% \times V_{ff}} = \frac{173,2 \times (1/56) \times 48 \times 13,4}{3 \times 380} = 1,74 \text{ mm}^2$$

– Seção adotada: $S_{qdl3} = 4 \text{ mm}^2$

b) Condutor neutro

$$S_{qdl3} = 4 \text{ mm}^2 \rightarrow S_{nqdl3} = 4 \text{ mm}^2$$

c) Condutor de proteção

$$S_{qdl3} = 4 \text{ mm}^2 \rightarrow S_{pqdl3} = 4 \text{ mm}^2$$

A.9.3.4 Circuito QGF – QDL4

a) Condutores de fase

- Capacidade de condução de corrente

$$I_{qdl4} = \frac{D_{qdl4}}{\sqrt{3} \times_{Vff}} = \frac{4.780}{\sqrt{3} \times 380 \times 0,90} = 8,0 \text{ A} \rightarrow S_{qdl4} = 2,5 \text{ mm}^2 \text{ (valor mínimo permitido)}$$

- Fator de correção para agrupamento para a linha de duto QGF – CCM8

$$N_{cond} = 24 \text{ condutores}$$

$$N_{cir} = \frac{24}{3} = 8 \rightarrow F_a = 0,52$$

$$I_{qdl4} = \frac{8,0}{0,52} = 15,3 \text{ A} \rightarrow S_{qdl6} = 2,5 \text{ mm}^2 \text{ (valor mínimo permitido)}$$

Como os condutores de seção de 2,5 mm² conduzem 30 % de sua capacidade nominal de corrente, podem não ser considerados para efeito do fator de agrupamento.

- Limite da queda de tensão

$$S_{qdl4} = \frac{173,2 \times \rho \times L_c \times I_c}{\Delta V\% \times V_{ff}} = \frac{173,2 \times (1/56) \times 29 \times 8,0}{3 \times 380} = 0,62 \text{ mm}^2$$

– Seção adotada: $S_{qdl4} = 2,5 \text{ mm}^2$ (valor mínimo)

b) Condutor neutro

$$S_{qdl4} = 2,5 \text{ mm}^2 \rightarrow S_{nqdl4} = 2,5 \text{ mm}^2$$

c) Condutor de proteção

$$S_{qdl4} = 2,5 \text{ mm}^2 \rightarrow S_{pqdl4} = 2,5 \text{ mm}^2$$

A.9.3.5 Circuito QGF – QDL5

a) Condutores de fase

- Capacidade de condução de corrente

$$I_{qdl5} = \frac{D_{qdl5}}{\sqrt{3} \times V_{ff}} = \frac{13.880}{\sqrt{3} \times 380 \times 0,90} = 23,4 \text{ A} \rightarrow S_{qdl5} = 2,5 \text{ mm}^2$$

- Fator de correção para agrupamento para a linha de duto QGF – CCM6

$$N_{cond} = 42 \text{ condutores}$$

$$N_{cir} = \frac{42}{3} = 14 \rightarrow F_a = 0,45$$

$$I_{qdl5} = \frac{23,4}{0,45} = 52 \text{ A} \rightarrow S_{qdl5} = 10 \text{ mm}^2$$

– Limite da queda de tensão

$$S_{qdl5} = \frac{173,2 \times \rho \times L_c \times I_c}{\Delta V\% \times V_{ff}} = \frac{173,2 \times (1/56) \times 18 \times 23,4}{3 \times 380} = 1,1 \text{ mm}^2$$

– Seção adotada: $S_{qdl5} = 10 \text{ mm}^2$

b) Condutor neutro

$$S_{qdl5} = 10 \text{ mm}^2 \rightarrow S_{nqdl5} = 10 \text{ mm}^2$$

c) Condutor de proteção

$$S_{qdl5} = 10 \text{ mm}^2 \rightarrow S_{pqdl5} = 10 \text{ mm}^2$$

A.9.3.6 Circuito QGF – QDL6

a) Condutores de fase

- Capacidade de condução de corrente

$$I_{qdl6} = \frac{D_{qdl6}}{\sqrt{3} \times V_{ff}} = \frac{16.520}{\sqrt{3} \times 380 \times 0,90} = 27,8 \text{ A} \rightarrow S_{qdl6} = 4 \text{ mm}^2$$

- Fator de correção para agrupamento para a linha de duto QGF – CCM6

$$N_{cond} = 42 \text{ condutores}$$

$$N_{cir} = \frac{42}{3} = 14 \rightarrow F_a = 0,45$$

$$I_{qdl6} = \frac{27,8}{0,45} = 61,7 \text{ A} \rightarrow S_{qdl6} = 16 \text{ mm}^2$$

- Limite da queda de tensão

$$S_{qdl6} = \frac{173,2 \times \rho \times L_c \times I_c}{\Delta V\% \times V_{ff}} = \frac{173,2 \times (1/56) \times 64 \times 27,8}{3 \times 380} = 4,8 \text{ mm}^2$$

– Seção adotada: $S_{qdl6} = 16 \text{ mm}^2$

b) Condutor neutro

$$S_{qdl6} = 16 \text{ mm}^2 \rightarrow S_{nqdl6} = 16 \text{ mm}^2$$

c) Condutor de proteção

$$S_{qdl6} = 16 \text{ mm}^2 \rightarrow S_{pqdl6} = 16 \text{ mm}^2$$

A.9.3.7 Circuito QGF – CCM1

a) **Condutores de fase**

- Capacidade de condução de corrente

$$S_{ccm1} = 2 \times 43,3 + 6 \times 11,9 = 158,0 \text{ A} \rightarrow S_{ccm1} = 95 \text{ mm}^2 \text{ (método de instalação nº 61A – referência D)}$$

- Fator de correção para agrupamento para a linha de duto QGF – CCM6

$$N_{cond} = 42 \text{ ondutores}$$

$$N_{cir} = \frac{42}{3} = 14 \rightarrow F_a = 0,45$$

$$I_{ccm1c} = \frac{158,0}{0,45} = 351,1 \text{ A} \rightarrow S_{ccm1c} = 400 \text{ mm}^2$$

- Limite da queda de tensão

$$\Delta V_c = \frac{\sqrt{3} \times 17 \times 158 \times (0,2352 \times \cos(28,35°) + 0,1090 \times \text{sen}(28,35°))}{10 \times 1 \times 380} = 0,31 \%$$

O fator de potência adotado é de 0,88 cujo ângulo correspondente é de 28,35°.

$$S_{ccm1} = \frac{173,2 \times \rho \times L_c \times I_c}{\Delta V\% \times V_{ff}} = \frac{173,2 \times (1/56) \times 17 \times 158,0}{3 \times 380} = 7,2 \text{ mm}^2$$

– Seção adotada: $S_{ccm1} = 400 \text{ mm}^2$

b) **Condutor neutro**

$$S_{ccm1} = 400 \text{ mm}^2 \rightarrow S_{nccm1} = 240 \text{ mm}^2$$

c) **Condutor de proteção**

$$S_{ccm1} = 400 \text{ mm}^2 \rightarrow S_{pccm1} = 240 \text{ mm}^2$$

A.9.3.8 Circuito QGF – CCM2

a) **Condutores de fase**

- Capacidade de condução de corrente

$$I_{ccm2} = 6 \times 7,9 + 9 \times 5,5 = 96,9 \text{ A} \rightarrow S_{ccm2} = 35 \text{ mm}^2$$

- Fator de correção para agrupamento para a linha de duto QGF – CCM6

$$I_{ccm2c} = \frac{96,6}{0,45} = 214,6 \text{ A} \rightarrow S_{ccm2c} = 150 \text{ mm}^2$$

- Limite da queda de tensão

$$\Delta V_c = \frac{\sqrt{3} \times 47 \times 96,5 \times (0,1502 \times \cos(28,35°) + 0,1074 \times \text{sen}(28,35°))}{10 \times 1 \times 380} = 0,37 \%$$

O fator de potência adotado é de 0,88 cujo ângulo correspondente é de 28,35°.
– Seção adotada: $S_{ccm2} = 150 \text{ mm}^2$

b) **Condutor neutro**

$$S_{ccm2} = 150 \text{ mm}^2 \rightarrow S_{nccm2} = 70 \text{ mm}^2$$

c) **Condutor de proteção**

$$S_{ccm2} = 150 \text{ mm}^2 \rightarrow S_{pccm2} = 70 \text{ mm}^2$$

A.9.3.9 Circuito QGF – CCM3

a) Condutores de fase

- Capacidade de condução de corrente

$$I_{ccm3} = 7 \times 15,4 + 3 \times 7,9 = 131,5 \text{ A} \quad \rightarrow \quad S_{ccm3} = 70 \text{ mm}^2$$

- Fator de correção para agrupamento para a linha de duto QGF – CCM6

$$I_{ccm3c} = \frac{131,5}{0,45} = 292,2 \text{ A} \quad \rightarrow \quad S_{ccm3c} = 240 \text{ mm}^2$$

- Limite da queda de tensão

$$\Delta V_c = \frac{\sqrt{3} \times 61 \times 131,5 \times (0,0958 \times \cos(28,35°) + 0,1070 \times \text{sen}(28,35°))}{10 \times 1 \times 380} = 0,49 \%$$

O fator de potência adotado é de 0,88 cujo ângulo correspondente é de 28,35°.
 – Seção adotada: $S_{ccm3} = 240 \text{ mm}^2$

b) Condutor neutro

$$S_{ccm3} = 240 \text{ mm}^2 \quad \rightarrow \quad S_{nccm3} = 120 \text{ mm}^2$$

c) Condutor de proteção

$$S_{ccm3} = 240 \text{ mm}^2 \quad \rightarrow \quad S_{pccm3} = 120 \text{ mm}^2$$

A.9.3.10 Circuito QGF – CCM4

a) Condutores de fase

- Capacidade de condução de corrente

$$I_{ccm4} = 2 \times 327,4 = 654,8 \text{ A} \quad \rightarrow \quad S_{ccm4} = 2 \times 300 \text{ mm}^2$$

- Fator de correção para agrupamento para a linha de duto QGF – CCM6

$$I_{ccm4c} = \frac{654,8}{0,45} = 1.445,1 \text{ A}$$

$$\frac{I_{ccm4c}}{4} = \frac{1.445,1}{4} = 361,2 \text{ A} \quad \rightarrow \quad S_{ccm4c} = 4 \times 400 \text{ mm}^2$$

- Limite da queda de tensão

$$\Delta V_c = \frac{\sqrt{3} \times 75 \times 654 \times (0,0608 \times \cos(28,35°) + 0,1058 \times \text{sen}(28,35°))}{10 \times 4 \times 380} = 0,58 \%$$

O fator de potência adotado é de 0,88 cujo ângulo correspondente é de 28,35°.
 – Seção adotada: $S_{ccm4} = 4 \times 400 \text{ mm}^2$

b) Condutor neutro

$$S_{ccm4} = 4 \times 400 \text{ mm}^2 \quad \rightarrow \quad S_{nccm4} = 2 \times 400 \text{ mm}^2$$

c) Condutor de proteção

$$S_{ccm4} = 4 \times 400 \text{ mm}^2 \quad \rightarrow \quad S_{pccm4} = 2 \times 400 \text{ mm}^2$$

A.9.3.11 Circuito QGF – CCM5

a) Condutores de fase

- Capacidade de condução de corrente

$$I_{ccm5} = 3 \times 11,9 + 6 \times 26 = 191,7 \text{ A} \quad \rightarrow \quad S_{ccm5} = 120 \text{ mm}^2$$

- Fator de correção para agrupamento para a linha de duto QGF – CCM6

$$I_{ccm5c} = \frac{191,7}{0,45} = 426,0 \text{ A} \rightarrow S_{ccm5c} = 500 \text{ mm}^2$$

- Limite da queda de tensão

$$\Delta V_c = \frac{\sqrt{3} \times 97 \times 191,7 \times (0,0507 \times \cos(28,35°) + 0,1051 \times \text{sen}(28,35°))}{10 \times 1 \times 380} = 0,80 \text{ \%}$$

O fator de potência adotado é de 0,88 cujo ângulo correspondente é de 28,35°.
  – Seção adotada: $S_{ccm5} = 500 \text{ mm}^2$

b) **Condutor neutro**

$$S_{ccm5} = 500 \text{ mm}^2 \rightarrow S_{nccm5} = 185 \text{ mm}^2$$

c) **Condutor de proteção**

$$S_{ccm5} = 500 \text{ mm}^2 \rightarrow S_{pccm5} = 240 \text{ mm}^2$$

A.9.3.12 Circuito QGF – CCM6

a) **Condutores de fase**

- Capacidade de condução de corrente

$$I_{ccm6} = 8 \times 28,8 = 230,4 \text{ A} \rightarrow S_{ccm6} = 150 \text{ mm}^2$$

- Fator de correção para agrupamento para a linha de duto QGF – CCM6

$$I_{ccm6c} = \frac{230,4}{0,45} = 512,0 \text{ A} \rightarrow \frac{512}{2} = 256 \text{ A} \rightarrow S_{ccm6c} = 2 \times 185 \text{ mm}^2$$

- Limite da queda de tensão

$$\Delta V_c = \frac{\sqrt{3} \times 115 \times 230,4 \times (0,1226 \times \cos(28,35°) + 0,1073 \times \text{sen}(28,35°))}{10 \times 2 \times 380} = 0,95 \text{ \%}$$

O fator de potência adotado é de 0,88 cujo ângulo correspondente é de 28,35°.
  – Seção adotada: $S_{ccm6} = 2 \times 185 \text{ mm}^2$

b) **Condutor neutro**

$$S_{ccm6} = 2 \times 185 \text{ mm}^2 \rightarrow S_{nccm6} = 185 \text{ mm}^2$$

c) **Condutor de proteção**

$$S_{ccm6} = 2 \times 185 \text{ mm}^2 \rightarrow S_{pccm6} = 185 \text{ mm}^2$$

A.9.3.13 Circuito QGF – CCM7

a) **Condutores de fase**

- Capacidade de condução de corrente

$$I_{ccm7} = 10 \times 43,3 = 433 \text{ A} \rightarrow S_{ccm7} = 500 \text{ mm}^2$$

- Fator de correção para agrupamento para a linha de duto QGF – CCM8

$$I_{ccm7c} = \frac{433}{0,52} = 832,6 \text{ A}$$

$$\frac{832,6}{2} = 416,3 \text{ A} \rightarrow S_{ccm7c} = 2 \times 500 \text{ mm}^2$$

- Limite da queda de tensão

$$\Delta V_c = \frac{\sqrt{3} \times 57 \times 433 \times (0,0507 \times \cos(28,35°) + 0,1051 \times \text{sen}(28,35°))}{10 \times 2 \times 380} = 0,53 \text{ \%}$$

O fator de potência adotado é de 0,88 cujo ângulo correspondente é de 28,35°.
- Seção adotada: $S_{ccm7} = 2 \times 500 \text{ mm}^2$

b) Condutor neutro

$$S_{ccm7} = 2 \times 500 \text{ mm}^2 \rightarrow S_{nccm7} = 1 \times 500 \text{ mm}^2$$

c) Condutor de proteção

$$S_{ccm7} = 2 \times 500 \text{ mm}^2 \rightarrow S_{pccm7} = 1 \times 500 \text{ mm}^2$$

A.9.3.14 Circuito QGF – CCM8

a) Condutores de fase

- Capacidade de condução de corrente

$$I_{ccm8} = 10 \times 35,5 = 355,0 \text{ A} \rightarrow S_{ccm8} = 400 \text{ mm}^2$$

- Fator de correção para agrupamento para a linha de duto QGF – CCM8

$$I_{ccm8c} = \frac{355}{0,52} = 682 \text{ A}$$

$$\frac{682}{2} = 341,0 \text{ A} \rightarrow S_{ccm8c} = 2 \times 400 \text{ mm}^2$$

- Limite da queda de tensão

$$\Delta V_c = \frac{\sqrt{3} \times 87 \times 355 \times (0,0608 \times \cos(28,35°) + 0,1058 \times \text{sen}(28,35°))}{10 \times 2 \times 380} = 0,73 \%$$

O fator de potência adotado é de 0,88 cujo ângulo correspondente é de 28,35°.

$$S_{ccm8} = \frac{173,2 \times \rho \times L_c \times I_c}{\Delta V\% \times V_{ff}} = \frac{173,2 \times (1/56) \times 87 \times 355,0/2}{3 \times 380} = 41,9 \text{ mm}^2$$

- Seção adotada: $S_{ccm8} = 2 \times 400 \text{ mm}^2$

b) Condutor neutro

$$S_{ccm8} = 2 \times 400 \text{ mm}^2 \rightarrow S_{nccm8} = 400 \text{ mm}^2$$

c) Condutor de proteção

$$S_{ccm8} = 2 \times 400 \text{ mm}^2 \rightarrow S_{pccm8} = 400 \text{ mm}^2$$

A.9.3.15 Seção do condutor de proteção

Em cada linha de duto será instalado um condutor de proteção que atenda à condição de maior seção dentre aquelas determinadas para cada circuito.

a) Canaleta na direção QGF – CCM8

$$S_{cp} = 2 \times 500 \text{ mm}^2 \text{ (condutor nu)}$$

b) Canaleta na direção QGF – CCM6

$$S_{cp} = 2 \times 400 \text{ mm}^2 \text{ (condutor nu)}$$

A.9.3.16 Dimensionamento das canaletas

Os cabos serão arranjados no interior das canaletas, conforme já explanado no item 9.3. As dimensões da canaleta serão determinadas por meio de seu perímetro P_c que os cabos irão ocupar.

a) Canaleta na direção QGF – CCM8

$$P_c = 3 \times S_{95} + 1 \times S_{50N} + 3 \times S_4 + 1 \times S_{4N} + 3 \times S_{2,5} + 1 \times S_{2,5N} + 2 \times 3 \times S_{500} + 1 \times S_{500N} +$$
$$+ 2 \times 3 \times S_{400} + 1 \times S_{400N} + 2 \times S_{500}$$

$$P_c = 3 \times 246 + 151,7 + 3 \times 36,3 + 1 \times 36,3 + 3 \times 28,2 + 1 \times 28,2 + 2 \times 3 \times 1.092,7 + 2 \times 1.092,7 +$$
$$2 \times 3 \times 881,40 + 1 \times 881,40 + 1 \times 1.092,7$$

$$S_{can} = 17.151,80 \text{ mm}^2$$

$$S_{can} = \frac{17.151,80}{0,30} = 57.172 \text{ mm}^2$$

- Dimensões da canaleta: 500 × 500 mm (valor adotado)

$$\rightarrow \quad P_c = 500 \times 500 = 250.000 \text{ mm}^2$$

Nota: os cabos devem ser arranjados no interior da canaleta de forma que os conjuntos em trifólio sejam reunidos em agrupamento de *cabos semelhantes*.

b) Canaleta na direção QGF – CCM6

$$P_c = 3 \times S_{150} + 1 \times S_{70N} + 3 \times S_{10} + 1 \times S_{10N} + 3 \times S_{16} + 1 \times S_{16N} + 3 \times S_{400} + 1 \times S_{240N} + 3 \times S_{150} +$$
$$+ 1 \times S_{70N} + 3 \times S_{240} + 1 \times S_{120N} + 4 \times 3 \times S_{400} + 2 \times S_{400N} + 3 \times S_{500} + 1 \times S_{185} + 2 \times 3 \times S_{185} +$$
$$1 \times S_{185N} + 2 \times S_{400N}$$

$$P_c = 3 \times 359,60 + 188,7 + 3 \times 50,2 + 1 \times 50,2 + 3 \times 63,6 + 1 \times 63,6 + 3 \times 881,4 + 559,9 + 3 \times 359,6 + 188,7 +$$
$$+ 3 \times 559,9 + 1 \times 289,5 + 4 \times 3 \times 881,4 + 2 \times 881,4 + 3 \times 1.092,7 + 1 \times 444,8 + 2 \times 3 \times 444,8 + 1 \times 444,8 + 2 \times 881,4$$

$$S_{can} = 29.102,4 \text{ mm}$$

$$S_{can} = \frac{29.102,4}{0,30} = 97.008 \text{ mm}^2$$

- Dimensões da canaleta: 500 × 500 mm (valor adotado) → $P_c = 500 \times 500 = 250.000$ mm² (veja observação da Seção A.9.3.16 (a) deste Apêndice)

A.9.4 Circuito de alimentação do QGF

Condições dos circuitos para os condutores de fase, neutro e de proteção: condutor unipolar, isolação em XLPE/90 °C, embutido em canaleta fechada e queda de tensão máxima permitida de 2 %. Os condutores são distribuídos nas paredes e fundo da canaleta com um espaçamento igual ao dobro de seu diâmetro. Será adotado, portanto, o método de instalação 61A – método de referência D.

a) Condutores de fase para cada transformador
  - Capacidade de condução da corrente

$$I_{tr1} = I_{tr2} = \frac{750}{\sqrt{3} \times 0,38} = 1.139,5 \text{ A} \quad \rightarrow \quad \frac{1.139,5}{3} = 379,8 \text{ A} \quad \rightarrow \quad S_{tr1} = S_{tr2} = 3 \times 300 \text{ mm}^2$$

  - Fator de correção para agrupamento

Os cabos serão fixados espaçados no interior da canaleta com o dobro de seu diâmetro. Portanto, não haverá necessidade de aplicar nenhum fator de agrupamento.
  - Limite da queda de tensão

$$\Delta V_c = \frac{\sqrt{3} \times 16 \times 1.139,5 \times (0,0958 \times \cos(28,35°) + 0,1070 \times \text{sen}(28,35°))}{10 \times 3 \times 380} = 0,37 \%$$

O fator de potência adotado é de 0,88 cujo ângulo correspondente é de 28,35°.

b) Condutor neutro

$$S_{ntr1} = S_{ntr2} = 2 \times 300 \text{ mm}^2$$

Nota: adotou-se a seção dos condutores neutros com a mesma seção dos condutores de fase para facilidade de manutenção de emergência, quando por ocasião de um defeito em um dos condutores de fase, este possa ser permutado por um condutor neutro.
  - Condutor de proteção

$$S_{tr1} = S_{tr2} = 4 \times 300 \text{ mm}^2 \quad \rightarrow \quad S_{ptr1} = S_{ptr2} = 500 \text{ mm}^2 \text{ (condutor nu)}$$

A.10 Determinação da impedância dos circuitos

Serão consideradas todas as impedâncias envolvidas no sistema, ou seja: [1] impedância equivalente na barra de média tensão da concessionária na qual será conectada rede de distribuição de 1.500 m de comprimento até a fábrica; [2] impedância da rede de distribuição a ser construída pela concessionária (o ponto de conexão será no final dessa rede); [3] a partir da impedância no ponto de conexão serão determinadas todas as impedâncias do sistema interno da fábrica até os terminais dos QDLs e CCMs.

A.10.1 Sistema de alimentação da instalação industrial

A.10.1.1 Cálculo das impedâncias reduzidas do sistema

A concessionária forneceu as impedâncias de seu sistema elétrico na barra de média tensão da subestação 69/13,8 kV. Os valores das impedâncias equivalentes fornecidos pela concessionária estão na base de 100 MVA, como usualmente ocorre:

- $R_{eqp} = 0,0342$ pu (resistência de sequência positiva).
- $X_{eqp} = 0,0866$ pu (reatância de sequência positiva).
- $R_{eqz} = 0,6564$ pu (resistência de sequência zero).
- $X_{eqz} = 0,87555$ pu (reatância de sequência zero).

$$Z_{pc1} = 0,0342 + j0,0866 \ pu$$
$$Z_{spt} = 0,6564 + j0,87555 \ pu$$

A.10.1.2 Cálculo da impedância da rede de distribuição de alimentação da fábrica

Corresponde à impedância do trecho de linha de distribuição aérea entre a subestação da concessionária e a subestação da fábrica. O cabo é de alumínio e a seção é de 1/0 AWG, com comprimento de 1,5 km.

As impedâncias do cabo nu aéreo aqui utilizadas serão calculadas com base em suas resistências e reatâncias constantes das tabelas indicadas e métodos de cálculo do item 4.5 do livro do autor, *Manual de Equipamentos Elétricos* – LTC – 5ª edição, levando-se em conta o arranjo dos cabos nas estruturas, as distâncias entre os cabos, as capacitâncias etc. Esse cálculo pode ser realizado no Excel (um pouco trabalhoso) ou também por *softwares* comerciais, como o ATP e outros.

A resistividade do solo onde será construída a RDA (rede de distribuição aérea) é de 500 Ω.m. Os valores de impedância do cabo da RDA são:

- $R_{pcc} = 0,5351$ Ω/km = 0,5351 mΩ/m (resistência de sequência positiva);
- $X_{pcc} = 0,3377$ Ω/km = 0,3377 mΩ/m (reatância de sequência positiva).

Os cabos da rede de distribuição formam o arranjo dado na Figura A.1.

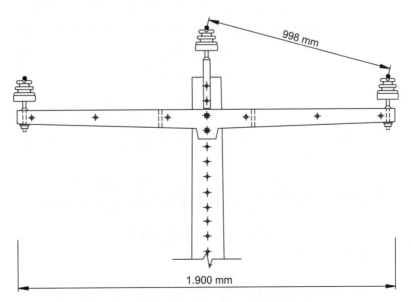

Figura A.1 Estrutura da rede de distribuição.

a) Distância equivalente do arranjo dos cabos na estrutura

$$D_{eq} = \sqrt[3]{D_{ab} \times D_{bc} \times D_{ca}} = \sqrt[3]{998 \times 998 \times 1.900}$$

$$D_{eq} = 1.237 \text{ m}$$

b) Cálculo da impedância de sequência positiva da RDA

$$\vec{Z}_p = R_p + j(X_p + X_d)$$

$$R_{p1} = 0{,}5351 \text{ m}\Omega/\text{m}$$

$$R_p = R_{p1} \times [1 + \alpha \times (T_2 - T_1)]$$

$\alpha = 0{,}00403$ °C (coeficiente de variação da resistência elétrica com a temperatura para o cabo de alumínio)

$T_1 = 50$ °C (temperatura máxima admissível no cabo)

$T_1 = 20$ °C (temperatura de referência para o valor de resistividade do cobre)

$$R_p = 0{,}5351 \times [1 + 0{,}00403 \times (50 - 20)]$$

$$R_p = 0{,}5997 \text{ m}\Omega/\text{m}$$

$$X_p = 0{,}3377 \text{ m}\Omega/\text{m}$$

$$X_d = 0{,}17364 \times \log\left(\frac{D_{eq}}{304{,}8}\right) \text{ (m}\Omega/\text{m)} \text{ (veja literatura já citada anteriormente)}$$

$$X_p = 0{,}17364 \times \log\left(\frac{1.237}{304{,}8}\right) 0{,}10563 \text{ m}\Omega/\text{m} \text{ (veja literatura já citada anteriormente)}$$

Finalmente, temos:

$$\vec{Z}_p = 0{,}5997 + j(0{,}3307 + 0{,}10563) \text{ m}\Omega/\text{m}$$

$$\vec{Z}_p = 0{,}5997 + j0{,}4363 \text{ m}\Omega/\text{m} = 0{,}5997 + j0{,}4363 \text{ }\Omega/\text{km}$$

c) Impedância de sequência zero

De acordo com a Equação (4.4) do livro do autor *Manual de Equipamentos Elétricos – LTC – 5ª edição*,

$$Z_z = R_p + R_e + j(X_p + X_e - 2 \times X_d - X_c)$$

Os valores de R_e, X_e e X_c são:

$$R_e = 0{,}17775 \text{ }\Omega/\text{km} \text{ (veja literatura já citada anteriormente)}$$

$$X_c = 1{,}9770 \text{ }\Omega/\text{km}: 60 \text{ Hz e resistividade do solo de } 500 \text{ }\Omega\cdot\text{km}$$

$$R_p = 0{,}5997 \text{ }\Omega/\text{km}$$

$$X_p = 0{,}3377 \text{ m}\Omega/\text{m}$$

$$X_c = 0{,}2561 \text{ m}\Omega/\text{m}$$

$$X_d = 0{,}17364 \times \log\left(\frac{D_{eq}}{304{,}8}\right) = 0{,}17364 \times \log\left(\frac{1.237}{304{,}8}\right) = 0{,}10563 \text{ }\Omega/\text{km}$$

Dessa forma, temos:

$$\vec{Z}_z = 0{,}5997 + 0{,}17775 + j(0{,}3377 + 1{,}9770 - 2 \times 0{,}10563 - 0{,}2561)$$

$$\vec{Z}_z = 0{,}77745 + j1{,}8473 \text{ }\Omega/\text{km}$$

Logo, a impedância na base de 100 MVA vale:

$$Z_{pc1} = Z_{cc1} \times L_c \times \left(\frac{P_b}{V_b^2}\right)$$

$$R_{pc1} = R_{pcc1} \times L_c \times \left(\frac{P_b}{V_b^2}\right) = 0,5997 \times 1,5 \times \left(\frac{100}{13,80^2}\right) = 0,4723 \ pu$$

$$X_{pc1} = X_{pcc1} \times L_c \times \left(\frac{P_b}{V_b^2}\right) = 0,4363 \times 1,5 \times \left(\frac{100}{13,80^2}\right) = 0,3436 \ pu$$

$$R_{zc1} = R_{zcc1} \times L_c \times \left(\frac{P_b}{V_b^2}\right) = 0,77745 \times 1,5 \times \left(\frac{100}{13,80^2}\right) = 0,6123 \ pu$$

$$X_{zc1} = X_{zcc1} \times L_c \times \left(\frac{P_b}{V_b^2}\right) = 1,8473 \times 1,5 \times \left(\frac{100}{13,80^2}\right) = 1,4550 \ pu$$

$\vec{Z}_p = 0,4723 + j0,3436 \ pu$ (impedância de sequência positivo)

$\vec{Z}_z = 0,6123 + j1,4550 \ \Omega/km$ (impedância de sequência zero)

A.10.1.3 Cálculo da impedância total do sistema de alimentação até o ponto de entrega (SE da fábrica)

$Z_{pc1} = 0,0342 + j0,0866 \ pu$ (impedância equivalente de sequência positiva do sistema da concessionária)

$Z_{spt} = 0,6564 + j0,87555 \ pu$ (impedância equivalente de sequência zero do sistema da concessionária)

$$R_{ppe} = (R_{pe} + jX_{pe}) = (0,0342 + j0,0866) + (0,4723 + j0,3436)$$

$$Z_{zpe} = (R_{pe} + jX_{pe}) = (0,6564 + j0,87555) + (0,6123 + j1,4550)$$

$$Z_{ppe} = 0,5065 + j0,4302 \ pu$$

$$Z_{zpe} = 1,2687 + j2,3305 \ pu$$

A.10.2 Transformadores de potência

A.10.2.1 Impedância de sequência positiva

A impedância em pu do transformador na base de sua potência nominal vale:

$$Z_{pt} = 5,5\% = 0,055 \ pu$$

$$P_{cu} = 8.500 \ W$$

a) Resistência

$$R_{pt} = \frac{P_{cu}}{10 \times P_{nt}} = \frac{8.500}{10 \times 750} = 1,133 = 0,0113 \ pu \text{ (nas bases de 750 kVA)}$$

b) Reatância

$$X_{ut} = \sqrt{0,055^2 - 0,0113^2} = 0,0538 \ pu$$

c) Impedância

$$\vec{Z}_{ut} = 0,0113 + j0,0538 \ pu$$

Mudando para a base de 100.000 kVA, temos:

$$Z_{tr2} = Z_{tr1} \times \frac{P_{b1}}{P_{tr1}} \times \left(\frac{V_{tr1}}{V_{b1}}\right)^2 (pu) \quad \rightarrow \quad V_{b1} = 0,38 \ kV$$

$$R_{tr2} = R_{tr1} \times \frac{P_b}{P_{tr1}} \times \left(\frac{0,38}{0,38}\right)^2 = 0,0113 \times \frac{100.000}{750} \times 1 = 1,5067 \ pu$$

$$X_{ut} = R_n \times \frac{P_b}{P_{tr}} = 0,0538 \times \frac{100.000}{750} = 7,1733 \ pu$$

$$\vec{Z}_{ut} = 1,5067 + j7,1733 \ pu$$

- Cálculo da impedância de contato com a terra

Será considerado o valor indicado pela concessionária, que é 100 Ω.

$$X_{ct} = X_n \times \left(\frac{P_b}{V_b^2}\right) = 100 \times \left(\frac{100}{13,80^2}\right) = 52,51 \ pu$$

A.10.3 Circuitos TR1-QGF ou TR2-QGF

A.10.3.1 Impedância de sequência positiva

a) Resistência

$$R_{uc1} = \left(\frac{R_{u\Omega} \times L_c}{1.000 \times N_{cp}}\right) \times \left(\frac{P_b}{1.000 \times V_b^2}\right)$$

Sendo o termo $\frac{P_b}{1.000 \times V_b^2}$ constante, temos:

$$K = \frac{P_b}{1.000 \times V_b^2} = \frac{100.000}{1.000 \times 0,38^2} = 692,52$$

$$R_{uc1} = \left(\frac{R_{u\Omega} \times L_c}{1.000 \times N_{cp}}\right) \times K = \left(\frac{0,0781 \times 12}{1.000 \times 3}\right) \times 692,52 = 0,21634 \ pu$$

b) Reatância

$$X_{uc1} = \left(\frac{X_{u\Omega} \times L_c}{1.000 \times N_{cp}}\right) \times \left(\frac{P_b}{1.000 \times V_b^2}\right)$$

$$X_{uc1} = \left(\frac{X_{u\Omega} \times L_c}{1.000 \times N_{ncp}}\right) \times K = \left(\frac{0,1068 \times 12}{1.000 \times 3}\right) \times 692,52 = 0,29584 \ pu$$

c) Impedância

$$\vec{Z}_{uc1} = 0,21634 + j0,29584 \ pu$$

A.10.3.2 Impedância de sequência zero

a) Resistência

$$R_{uc01} = \left(\frac{R_{u0\Omega} \times L_c}{1.000 \times N_{cp}}\right) \times K = \left(\frac{1,8781 \times 12}{1.000 \times 3}\right) \times 692,52 = 5,20249 \ pu$$

b) Reatância

$$X_{uc01} = \left(\frac{X_{u0\Omega} \times L_c}{1.000 \times N_{ncp}}\right) \times K = \left(\frac{2,4067 \times 12}{1.000 \times 3}\right) \times 692,52 = 6,66675 \ pu$$

c) Impedância

$$\vec{Z}_{uc01} = 5,20249 + j6,66675 \ pu$$

A.10.4 Impedância paralela dos dois transformadores e seus respectivos circuitos

A.10.4.1 Impedância de sequência positiva

$$\vec{Z}_1 = \vec{Z}_2 = (1,5067 + j7,1733) + (0,21634 + j0,29584)$$

$$\vec{Z}_1 = \vec{Z}_2 = 1,72304 + j7,4691 \ pu$$

$$\vec{Z}_{upt} = \frac{\vec{Z}_1 \times \vec{Z}_2}{\vec{Z}_1 + \vec{Z}_2} = \frac{(\vec{Z}_{ut} + \vec{Z}_{uc1}) \times (\vec{Z}_{ut} + \vec{Z}_{uc1})}{(\vec{Z}_{ut} + \vec{Z}_{uc1}) + (\vec{Z}_{ut} + \vec{Z}_{uc1})}$$

$$\vec{Z}_{upt} = \frac{(1,72304 + j7,4691) \times (1,72304 + j7,4691)}{(1,72304 + j7,4691) + (1,72304 + j7,4691)} = \frac{58,7563\angle 154,01°}{15,3305\angle 77,00°}$$

$$\vec{Z}_{upt} = 3,8326\angle 77,01° \; pu = (0,8615 + j3,7345) \; pu$$

Ou ainda:

$$\vec{Z}_{upt} = \frac{1,72304 + j7,4691}{2} = 0,8615 + j3,7345 \; pu$$

A.10.4.2 Impedância de sequência zero

$$\vec{Z}_{10} = \vec{Z}_{20} = (1,5067 + j7,1733) + (5,20249 + j6,66675) \; pu$$

$$\vec{Z}_{u0pt} = \frac{\vec{Z}_{u0tr} + \vec{Z}_{uc01}}{2} = \frac{6,70719 + j13,84005}{2} = 7,6898\angle 64,14° = (3,3535 + j6,9200) \; pu$$

A.10.5 Impedância nos terminais secundários do transformador

$Z_{ppe} = 0,5065 + j0,4302 \; pu$ (impedância de sequência positiva no ponto de entrega em média tensão)

$Z_{zpe} = 1,2687 + j2,3305 \; pu$ (impedância de sequência zero no ponto de entrega em média tensão)

$$\vec{Z}_{pttr} = (0,5065 + j0,4302) + (0,8615 + j3,7345) = 1,3680 + j4,1647 \; pu$$

$$\vec{Z}_{zttr} = (1,2687 + j2,3305) + (3,3535 + j6,9200) = 4,62405 + j9,2505 \; pu$$

A.10.6 Impedância do barramento do QGF

Serão adotadas barras retangulares de cobre com 1/fase.

A.10.6.1 Impedância de sequência positiva

a) Resistência

$$R_{ub1} = \left(\frac{R_{u\Omega} \times L_c}{1.000 \times N_{nbp}}\right) \times K = \left(\frac{0,0273 \times 7,4}{1.000 \times 1}\right) \times 692,52 = 0,1399 \; pu$$

$$L_{b1} = 7,4 \; m$$

- Dados da barra: $I_{barra} = 1.500 \; A \;\rightarrow\; 80 \times 10 \; mm$ (Tabela 3.38 – valor inicial)

b) Reatância

$$X_{ub1} = \left(\frac{X_{u\Omega} \times L_c}{1.000 \times N_{nbp}}\right) \times K = \left(\frac{0,1530 \times 7,4}{1.000 \times 1}\right) \times 692,52 = 0,7840 \; pu$$

c) Impedância

$$\vec{Z}_{ub1} = 0,1319 + j0,7840 \; pu$$

A.10.6.2 Impedância de sequência zero

Não será considerada, ou seja:

$$\vec{Z}_{u0b1} = 0 + j0$$

A.10.7 Impedância acumulada até os terminais de saída do QGF

A.10.7.1 Impedância de sequência positiva

$$Z_{pqgf} = (1,3680 + j4,1647) + (0,1319 + j0,7840) = 1,4999 + j4,9487 \; pu$$

A.10.7.2 Impedância de sequência zero

$$\vec{Z}_{zqgf} = (4,6240 + j9,2505) + (0 + j0) = 4,6240 + j9,2505 \; pu$$

A Figura A.2 mostra os diagramas de impedância de sequência positiva e zero do sistema até os terminais do QGF.

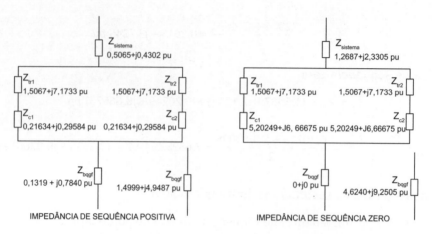

Figura A.2 Diagrama de impedância até o QGBT.

A.10.8 QGF – QDL1

A.10.8.1 Impedância de sequência positiva

a) Resistência

$$K = \left(\frac{P_b}{1.000 \times V_b^2}\right) = \frac{100.000}{1.000 \times 0,38^2} = 962,52 \; \Omega$$

$$R_u = \left(\frac{R_{u\Omega} \times L_c}{1.000 \times N_{ncp}}\right) \times K = \left(\frac{0,2352 \times 32}{1.000 \times 1}\right) \times 692,52 = 5,21218 \; pu$$

b) Reatância

$$X_u = \left(\frac{X_{u\Omega} \times L_c}{1.000 \times N_{ncp}}\right) \times K = \left(\frac{0,1090 \times 32}{1.000 \times 1}\right) \times 692,52 = 2,41551 \; pu$$

c) Impedância

$$\vec{Z}_u = 5,21218 + j2,41551 \; pu$$

A.10.8.1.1 Impedância de sequência positiva acumulada até o QDL1

a) Resistência

$$R_{ut} = 1,4999 + 5,21218 = 6,91541 \; pu$$

b) Reatância

$$X_{ut} = 4,9487 + 2,41551 = 7,36421 \; pu$$

c) Impedância

$$\vec{Z}_{ut} = 6,91541 + j7,36421 \; pu$$

A.10.8.2 Impedância de sequência zero

a) Resistência

$$R_{u0} = \left(\frac{R_{u\Omega} \times L_c}{1.000 \times N_{ncp}}\right) \times K = \left(\frac{2,0352 \times 32}{1.000 \times 1}\right) \times 692,52 = 45,10133 \; pu$$

b) Reatância

$$X_{u0} = \left(\frac{X_{u\Omega} \times L_c}{1.000 \times N_{ncp}}\right) \times K = \left(\frac{2,5325 \times 32}{1.000 \times 1}\right) \times 692,52 = 56,12182 \; pu$$

c) Impedância

$$\vec{Z}_{u0} = 45,10133 + j56,12182 \; pu$$

A.10.8.2.1 Impedância de sequência zero acumulada até o QDL1

a) Resistência

$$R_{u0t} = 4,6240 + 45,10133 = 49,72533 \; pu$$

b) Reatância

$$X_{u0t} = 9,2505 + 56,12182 = 65,37232 \; pu$$

c) Impedância

$$\vec{Z}_{u0t} = 49,72533 + j65,37232 \; pu$$

A.10.9 QGF – QDL2

A.10.9.1 Impedância de sequência positiva

a) Resistência

$$R_u = \left(\frac{R_{u\Omega} \times L_c}{1.000 \times N_{ncp}}\right) \times K = \left(\frac{0,1502 \times 92}{1.000 \times 1}\right) \times 692,52 = 9,56952 \; pu$$

b) Reatância

$$X_u = \left(\frac{X_{u\Omega} \times L_c}{1.000 \times N_{ncp}}\right) \times K = \left(\frac{0,1074 \times 92}{1.000 \times 1}\right) \times 692,52 = 6,84265 \; pu$$

c) Impedância

$$\vec{Z}_u = 9,56952 + j6,84265 \; pu$$

A.10.9.1.1 Impedância de sequência positiva acumulada até o QDL2

a) Resistência

$$R_{ut} = 1,4999 + 9,56952 = 11,06942 \; pu$$

b) Reatância

$$X_{ut} = 4,9487 + 6,84265 = 11,79135 \; pu$$

c) Impedância

$$\vec{Z}_{ut} = 11,06942 + j11,79135 \; pu$$

A.10.9.2 Impedância de sequência zero

a) Resistência

$$R_{u0} = \left(\frac{R_{u\Omega} \times L_c}{1.000 \times N_{ncp}}\right) \times K = \left(\frac{1,9502 \times 92}{1.000 \times 1}\right) \times 692,52 = 124,25083 \; pu$$

b) Reatância

$$X_{u0} = \left(\frac{X_{u\Omega} \times L_c}{1.000 \times N_{ncp}}\right) \times K = \left(\frac{2,4843 \times 92}{1.000 \times 1}\right) \times 692,52 = 158,27932 \; pu$$

c) Impedância

$$\vec{Z}_{u0} = 124,25083 + j158,27932 \; pu$$

A.10.9.2.1 Impedância de sequência zero acumulada até o QDL2
a) Resistência

$$R_{u0t} = 4,6240 + 124,25083 = 128,87483 \; pu$$

b) Reatância

$$X_{u0t} = 9,2505 + 158,27932 = 167,52982 \; pu$$

c) Impedância

$$\vec{Z}_{u0t} = 128,87483 + j167,52982 \; pu$$

A.10.10 QGF – QDL3

A.10.10.1 *Impedância de sequência positiva*
a) Resistência

$$R_u = \left(\frac{R_{u\Omega} \times L_c}{1.000 \times N_{ncp}}\right) \times K = \left(\frac{5,5518 \times 48}{1.000 \times 1}\right) \times 692,52 = 184,54716 \; pu$$

b) Reatância

$$X_u = \left(\frac{X_{u\Omega} \times L_c}{1.000 \times N_{ncp}}\right) \times K = \left(\frac{0,1279 \times 48}{1.000 \times 1}\right) \times 692,52 = 4,25152 \; pu$$

c) Impedância

$$\vec{Z}_u = 184,54716 + 4,25152 \; pu$$

A.10.10.1.1 Impedância de sequência positiva acumulada até o QDL3
a) Resistência

$$R_{ut} = 1,4999 + 184,54716 = 186,04706 \; pu$$

b) Reatância

$$X_{ut} = 4,9487 + 4,25152 = 9,20022 \; pu$$

c) Impedância

$$\vec{Z}_{ut} = 186,04706 + j9,20022 \; pu$$

A.10.10.2 *Impedância de sequência zero*
a) Resistência

$$R_{u0} = \left(\frac{R_{u\Omega} \times L_c}{1.000 \times N_{ncp}}\right) \times K = \left(\frac{7,3552 \times 48}{1.000 \times 1}\right) \times 692,52 = 244,49391 \; pu$$

b) Reatância

$$X_{u0} = \left(\frac{X_{u\Omega} \times L_c}{1.000 \times N_{ncp}}\right) \times K = \left(\frac{2,8349 \times 48}{1.000 \times 1}\right) \times 692,52 = 94,23480 \; pu$$

c) Impedância

$$\vec{Z}_{u0} = 244,49391 + j94,23480 \; pu$$

A.10.10.2.1 Impedância de sequência zero acumulada até o QDL3

a) Resistência
$$R_{u0t} = 4,6240 + 244,49391 = 249,11790 \text{ pu}$$

b) Reatância
$$X_{u0t} = 9,2505 + 94,23480 = 103,48530 \text{ pu}$$

c) Impedância
$$\vec{Z}_{u0t} = 249,11790 + j103,48530 \text{ pu}$$

A.10.11 QGF – QDL4

A.10.11.1 Impedância de sequência positiva

a) Resistência
$$R_u = \left(\frac{R_{u\Omega} \times L_c}{1.000 \times N_{ncp}}\right) \times K = \left(\frac{8,8882 \times 29}{1.000 \times 1}\right) \times 692,52 = 178,50243 \text{ pu}$$

b) Reatância
$$X_u = \left(\frac{X_{u\Omega} \times L_c}{1.000 \times N_{ncp}}\right) \times K = \left(\frac{0,1345 \times 29}{1.000 \times 1}\right) \times 692,52 = 2,70117 \text{ pu}$$

c) Impedância
$$\vec{Z}_u = 178,50243 + j2,70117 \text{ pu}$$

A.10.11.1.1 Impedância de sequência positiva acumulada até o QDL4

a) Resistência
$$R_{ut} = 1,4999 + 178,50243 = 180,00233 \text{ pu}$$

b) Reatância
$$X_{ut} = 4,9487 + 2,70117 = 7,64987 \text{ pu}$$

c) Impedância
$$\vec{Z}_{ut} = 180,00233 + j7,64987 \text{ pu}$$

A.10.11.2 Impedância de sequência zero

a) Resistência
$$R_{u0} = \left(\frac{R_{u\Omega} \times L_c}{1.000 \times N_{ncp}}\right) \times K = \left(\frac{10,6882 \times 29}{1.000 \times 1}\right) \times 692,52 = 214,65198 \text{ pu}$$

b) Reatância
$$X_{u0} = \left(\frac{X_{u\Omega} \times L_c}{1.000 \times N_{ncp}}\right) \times K = \left(\frac{2,8755 \times 29}{1.000 \times 1}\right) \times 692,52 = 57,74890 \text{ pu}$$

c) Impedância
$$\vec{Z}_{u0} = 214,65198 + j57,74890 \text{ pu}$$

A.10.11.2.1 Impedância de sequência zero acumulada até o QDL4

a) Resistência
$$R_{u0t} = 4,6240 + 214,65198 = 219,277598 \text{ pu}$$

b) Reatância

$$X_{u0t} = 9,2505 + 57,74890 = j66,99940 \ pu$$

c) Impedância

$$\vec{Z}_{u0t} = 219,277598 + j66,99940 \ pu$$

A.10.12 QGF – QDL5

A.10.12.1 Impedância de sequência positiva

a) Resistência

$$R_u = \left(\frac{R_{u\Omega} \times L_c}{1.000 \times N_{ncp}}\right) \times K = \left(\frac{2,2221 \times 18}{1.000 \times 1}\right) \times 692,52 = 27,69928 \ pu$$

b) Reatância

$$X_u = \left(\frac{X_{u\Omega} \times L_c}{1.000 \times N_{ncp}}\right) \times K = \left(\frac{0,1207 \times 18}{1.000 \times 1}\right) \times 692,52 = 1,50457 \ pu$$

c) Impedância

$$\vec{Z}_u = 27,69928 + j1,50457 \ pu$$

A.10.12.1.1 Impedância de sequência positiva acumulada até o QDL5

a) Resistência

$$R_{ut} = 1,4999 + 27,69928 = 29,19918 \ pu$$

b) Reatância

$$X_{ut} = 4,9487 + 1,50457 = 6,45327 \ pu$$

c) Impedância

$$\vec{Z}_{ut} = 29,19918 + j6,45327 \ pu$$

A.10.12.2 Impedância de sequência zero

a) Resistência

$$R_{u0} = \left(\frac{R_{u\Omega} \times L_c}{1.000 \times N_{ncp}}\right) \times K = \left(\frac{4,0222 \times 18}{1.000 \times 1}\right) \times 692,52 = 50,13817 \ pu$$

b) Reatância

$$X_{u0} = \left(\frac{X_{u\Omega} \times L_c}{1.000 \times N_{ncp}}\right) \times K = \left(\frac{2,7639 \times 18}{1.000 \times 1}\right) \times 692,52 = 34,45301 \ pu$$

c) Impedância

$$\vec{Z}_{u0} = 50,13817 + j34,45301 \ pu$$

A.10.12.2.1 Impedância de sequência zero acumulada até o QDL5

a) Resistência

$$R_{u0t} = 4,6240 + 50,13817 = 54,76217 \ pu$$

b) Reatância

$$X_{u0t} = 9,2505 + 34,45301 = 44,37806 \ pu$$

c) Impedância

$$\vec{Z}_{u0t} = 54,76217 + j44,37806 \ pu$$

A.10.13 QGF – QDL6

A.10.13.1 Impedância de sequência positiva

a) Resistência

$$R_u = \left(\frac{R_{u\Omega} \times L_c}{1.000 \times N_{ncp}}\right) \times K = \left(\frac{1,3899 \times 64}{1.000 \times 1}\right) \times 692,52 = 61,60215 \; pu$$

b) Reatância

$$X_u = \left(\frac{X_{u\Omega} \times L_c}{1.000 \times N_{ncp}}\right) \times K = \left(\frac{0,1173 \times 64}{1.000 \times 1}\right) \times 692,52 = 5,19889 \; pu$$

c) Impedância

$$\vec{Z}_u = 61,60215 + j5,19889 \; pu$$

A.10.13.1.1 Impedância de sequência positiva acumulada até o QDL6

a) Resistência

$$R_{ut} = 1,4999 + 61,60215 = 63,10205 \; pu$$

b) Reatância

$$X_{ut} = 4,9487 + 5,19889 = 10,14759 \; pu$$

c) Impedância

$$\vec{Z}_{ut} = 63,10205 + 10,14759 \; pu$$

A.10.13.2 Impedância de sequência zero

a) Resistência

$$R_{u0} = \left(\frac{R_{u\Omega} \times L_c}{1.000 \times N_{ncp}}\right) \times K = \left(\frac{3,1890 \times 64}{1.000 \times 1}\right) \times 692,52 = 141,34056 \; pu$$

b) Reatância

$$X_{u0} = \left(\frac{X_{u\Omega} \times L_c}{1.000 \times N_{ncp}}\right) \times K = \left(\frac{2,7173 \times 64}{1.000 \times 1}\right) \times 692,52 = 120,43421 \; pu$$

c) Impedância

$$\vec{Z}_{u0} = 141,34056 + 120,43421 \; pu$$

A.10.13.2.1 Impedância de sequência zero acumulada até o QDL6

a) Resistência

$$R_{u0t} = 4,6240 + 141,34056 = 145,96456 \; pu$$

b) Reatância

$$X_{u0t} = 9,2505 + 120,43421 = 129,68471 \; pu$$

c) Impedância

$$\vec{Z}_{u0t} = 145,96456 + 129,68471 \; pu$$

A.10.14 QGF – CCM1

A.10.14.1 Impedância de sequência positiva

a) Resistência

$$R_u = \left(\frac{R_{u\Omega} \times L_c}{1.000 \times N_{ncp}}\right) \times K = \left(\frac{0,0608 \times 17}{1.000 \times 1}\right) \times 692,52 = 0,71579 \; pu$$

b) Reatância

$$X_u = \left(\frac{X_{u\Omega} \times L_c}{1.000 \times N_{ncp}}\right) \times K = \left(\frac{0,1058 \times 17}{1.000 \times 1}\right) \times 692,52 = 1,24557\ pu$$

c) Impedância

$$\vec{Z}_u = 0,71579 + j1,24557\ pu$$

A.10.14.1.1 Impedância de sequência positiva acumulada até o CCM1

a) Resistência

$$R_{ut} = 1,4999 + 0,71579 = 2,21569\ pu$$

b) Reatância

$$X_{ut} = 4,9487 + 1,24557 = 6,19427\ pu$$

c) Impedância

$$\vec{Z}_{ut} = 2,21569 + j6,19427\ pu$$

A.10.14.2 Impedância de sequência zero

a) Resistência

$$R_{u0} = \left(\frac{R_{u\Omega} \times L_c}{1.000 \times N_{ncp}}\right) \times K = \left(\frac{1,8608 \times 17}{1.000 \times 1}\right) \times 692,52 = 21,90690\ pu$$

b) Reatância

$$X_{u0} = \left(\frac{X_{u\Omega} \times L_c}{1.000 \times N_{ncp}}\right) \times K = \left(\frac{2,3757 \times 17}{1.000 \times 1}\right) \times 692,52 = 27,96874\ pu$$

c) Impedância

$$\vec{Z}_{u0} = 21,90690 + j27,96874\ pu$$

A.10.14.2.1 Impedância de sequência zero acumulada até o CCM1

a) Resistência

$$R_{u0t} = 4,6240 + 21,90690 = 26,5309\ pu$$

b) Reatância

$$X_{u0t} = 9,2505 + 27,96874 = 31,21924\ pu$$

c) Impedância

$$\vec{Z}_{u0t} = 26,53090 + j31,21924\ pu$$

A.10.15 QGF – CCM2

A.10.15.1 Impedância de sequência positiva

a) Resistência

$$R_u = \left(\frac{R_{u\Omega} \times L_c}{1.000 \times N_{ncp}}\right) \times K = \left(\frac{0,1502 \times 47}{1.000 \times 1}\right) \times 692,52 = 4,88878\ pu$$

b) Reatância

$$X_u = \left(\frac{X_{u\Omega} \times L_c}{1.000 \times N_{ncp}}\right) \times K = \left(\frac{0,1074 \times 47}{1.000 \times 1}\right) \times 692,52 = 3,49570\ pu$$

c) Impedância

$$\vec{Z}_u = 4,88878 + j3,49570\ pu$$

A.10.15.1.1 Impedância de sequência positiva acumulada até o CCM2

a) Resistência
$$R_{ut} = 1,4999 + 4,88878 = 6,38868 \; pu$$

b) Reatância
$$X_{ut} = 4,9487 + 3,49570 = 8,4444 \; pu$$

c) Impedância
$$\vec{Z}_{ut} = 6,38868 + j8,44440 \; pu$$

A.10.15.2 Impedância de sequência zero

a) Resistência
$$R_{u0} = \left(\frac{R_{u\Omega} \times L_c}{1.000 \times N_{ncp}}\right) \times K = \left(\frac{1,9502 \times 47}{1.000 \times 1}\right) \times 692,52 = 63,47597 \; pu$$

b) Reatância
$$X_{u0} = \left(\frac{X_{u\Omega} \times L_c}{1.000 \times N_{ncp}}\right) \times K = \left(\frac{2,4843 \times 47}{1.000 \times 1}\right) \times 692,52 = 80,86009 \; pu$$

c) Impedância
$$\vec{Z}_{u0} = 63,47597 + j80,86009 \; pu$$

A.10.15.2.1 Impedância de sequência zero acumulada até o CCM2

a) Resistência
$$R_{u0t} = 4,6240 + 63,47597 = 68,10002 \; pu$$

b) Reatância
$$X_{u0t} = 9,2505 + 80,86009 = 90,11059 \; pu$$

c) Impedância
$$\vec{Z}_{u0t} = 68,10002 + j90,11059 \; pu$$

A.10.16 QGF – CCM3

A.10.16.1 Impedância de sequência positiva

a) Resistência
$$R_u = \left(\frac{R_{u\Omega} \times L_c}{1.000 \times N_{ncp}}\right) \times K = \left(\frac{0,0958 \times 61}{1.000 \times 1}\right) \times 692,52 = 4,04695 \; pu$$

b) Reatância
$$X_u = \left(\frac{X_{u\Omega} \times L_c}{1.000 \times N_{ncp}}\right) \times K = \left(\frac{0,1070 \times 61}{1.000 \times 1}\right) \times 692,52 = 4,52008 \; pu$$

c) Impedância
$$Z_u = 4,04695 + j4,52008 \; pu$$

A.10.16.1.1 Impedância de sequência positiva acumulada até o CCM3

a) Resistência
$$R_{ut} = 1,4999 + 4,04695 = 5,54685 \; pu$$

b) Reatância

$$X_{ut} = 4,9487 + 4,52008 = 9,46879 \; pu$$

c) Impedância

$$\vec{Z}_{ut} = 5,54685 + j9,46879 \; pu$$

A.10.16.2 Impedância de sequência zero

a) Resistência

$$R_{u0} = \left(\frac{R_{u\Omega} \times L_c}{1.000 \times N_{ncp}}\right) \times K = \left(\frac{1,8958 \times 61}{1.000 \times 1}\right) \times 692,52 = 80,08564 \; pu$$

b) Reatância

$$X_{u0} = \left(\frac{X_{u\Omega} \times L_c}{1.000 \times N_{ncp}}\right) \times K = \left(\frac{2,4312 \times 61}{1.000 \times 1}\right) \times 692,52 = 102,70293 \; pu$$

c) Impedância

$$\vec{Z}_{u0} = 80,08564 + j102,70293 \; pu$$

A.10.16.2.1 Impedância de sequência zero acumulada até o CCM3

a) Resistência

$$R_{u0t} = 4,6240 + 80,08564 = 84,70946 \; pu$$

b) Reatância

$$X_{u0t} = 9,2505 + j102,70293 = 111,95343 \; pu$$

c) Impedância

$$\vec{Z}_{u0t} = 84,70946 + j111,95343 \; pu$$

A.10.17 QGF - CCM4

A.10.17.1 Impedância de sequência positiva

a) Resistência

$$R_u = \left(\frac{R_{u\Omega} \times L_c}{1.000 \times N_{ncp}}\right) \times K = \left(\frac{0,0608 \times 75}{1.000 \times 4}\right) \times 692,52 = 0,78947 \; pu$$

b) Reatância

$$X_u = \left(\frac{X_{u\Omega} \times L_c}{1.000 \times N_{ncp}}\right) \times K = \left(\frac{0,1058 \times 75}{1.000 \times 4}\right) \times 692,52 = 1,37379 \; pu$$

c) Impedância

$$\vec{Z}_u = 0,78947 + j1,37379 \; pu$$

A.10.17.1.1 Impedância de sequência positiva acumulada até o CCM4

a) Resistência

$$R_{ut} = 1,4999 + 0,78947 = 2,28937 \; pu$$

b) Reatância

$$X_{ut} = 4,9487 + 1,37379 = 6,32249 \; pu$$

c) Impedância

$$\vec{Z}_{ut} = 2,28937 + j6,32249 \; pu$$

A.10.17.2 Impedância de sequência zero

a) Resistência

$$R_{u0} = \left(\frac{R_{u\Omega} \times L_c}{1.000 \times N_{ncp}}\right) \times K = \left(\frac{1,8608 \times 75}{1.000 \times 4}\right) \times 692,52 = 24,16202 \; pu$$

b) Reatância

$$X_{u0} = \left(\frac{X_{u\Omega} \times L_c}{1.000 \times N_{ncp}}\right) \times K = \left(\frac{2,3757 \times 75}{1.000 \times 4}\right) \times 692,52 = 30,84787 \; pu$$

c) Impedância

$$\vec{Z}_{u0} = 24,16202 + j30,84787 \; pu$$

A.10.17.2.1 Impedância de sequência zero acumulada até o CCM4

a) Resistência

$$R_{u0t} = 4,6240 + 24,16202 = 28,78625 \; pu$$

b) Reatância

$$X_{u0t} = 9,2505 + 30,84787 = 40,09837 \; pu$$

c) Impedância

$$\vec{Z}_{u0t} = 28,78645 + j40,09837 \; pu$$

A.10.18 QGF – CCM5

A.10.18.1 Impedância de sequência positiva

a) Resistência

$$R_u = \left(\frac{R_{u\Omega} \times L_c}{1.000 \times N_{ncp}}\right) \times K = \left(\frac{0,0507 \times 97}{1.000 \times 1}\right) \times 692,52 = 3,40574 \; pu$$

b) Reatância

$$X_u = \left(\frac{X_{u\Omega} \times L_c}{1.000 \times N_{ncp}}\right) \times K = \left(\frac{0,1051 \times 97}{1.000 \times 1}\right) \times 692,52 = 7,06003 \; pu$$

c) Impedância

$$\vec{Z}_u = 3,40574 + j7,06003 \; pu$$

A.10.18.1.1 Impedância de sequência positiva acumulada até o CCM5

a) Resistência

$$R_{ut} = 1,4999 + 3,40574 = 4,90564 \; pu$$

b) Reatância

$$X_{ut} = 4,9487 + 7,06003 = 12,00940 \; pu$$

c) Impedância

$$\vec{Z}_{ut} = 4,90564 + j12,00940 \; pu$$

A.10.18.2 Impedância de sequência zero

a) Resistência

$$R_{u0} = \left(\frac{R_{u\Omega} \times L_c}{1.000 \times N_{ncp}}\right) \times K = \left(\frac{1,8550 \times 97}{1.000 \times 1}\right) \times 692,52 = 124,60859 \; pu$$

b) Reatância

$$X_{u0} = \left(\frac{X_{u\Omega} \times L_c}{1.000 \times N_{ncp}}\right) \times K = \left(\frac{2,3491 \times 97}{1.000 \times 1}\right) \times 692,52 = 157,79948 \; pu$$

c) Impedância

$$\vec{Z}_{u0} = 124,60859 + j157,79948 \; pu$$

A.10.18.2.1 Impedância de sequência zero acumulada até o CCM5

a) Resistência

$$R_{u0t} = 4,6240 + 124,60859 = 129,23264 \; pu$$

b) Reatância

$$X_{u0t} = 9,2505 + 157,79948 = 167,04998 \; pu$$

c) Impedância

$$\vec{Z}_{u0t} = 129,23264 + j167,04998 \; pu$$

A.10.19 QGF – CCM6

A.10.19.1 Impedância de sequência positiva

a) Resistência

$$R_u = \left(\frac{R_{u\Omega} \times L_c}{1.000 \times N_{ncp}}\right) \times K = \left(\frac{0,1226 \times 115}{1.000 \times 2}\right) \times 692,52 = 4,88192 \; pu$$

b) Reatância

$$X_u = \left(\frac{X_{u\Omega} \times L_c}{1.000 \times N_{ncp}}\right) \times K = \left(\frac{0,1073 \times 115}{1.000 \times 2}\right) \times 692,52 = 4,27268 \; pu$$

c) Impedância

$$\vec{Z}_u = 4,88192 + j4,27268 \; pu$$

A.10.19.1.1 Impedância de sequência positiva acumulada até o CCM6

a) Resistência

$$R_{ut} = 1,4999 + 4,88192 = 6,38182 \; pu$$

b) Reatância

$$X_{ut} = 4,9487 + 4,27268 = 9,22138 \; pu$$

c) Impedância

$$\vec{Z}_{ut} = 6,38182 + j9,22138 \; pu$$

A.10.19.2 Impedância de sequência zero

a) Resistência

$$R_{u0} = \left(\frac{R_{u\Omega} \times L_c}{1.000 \times N_{ncp}}\right) \times K = \left(\frac{1,9226 \times 115}{1.000 \times 2}\right) \times 692,52 = 76,55774 \; pu$$

b) Reatância

$$X_{u0} = \left(\frac{X_{u\Omega} \times L_c}{1.000 \times N_{ncp}}\right) \times K = \left(\frac{2,4594 \times 115}{1.000 \times 2}\right) \times 692,52 = 97,93306 \; pu$$

c) Impedância

$$\vec{Z}_{u0} = 76,55774 + j97,93306 \; pu$$

A.10.19.2.1 Impedância de sequência zero acumulada até o CCM6

a) Resistência

$$R_{u0t} = 4,6240 + 76,55774 = 81,18174 \; pu$$

b) Reatância

$$X_{u0t} = 9,2505 + 97,93306 = 107,18356 \; pu$$

c) Impedância

$$\vec{Z}_{u0t} = 81,18174 + j107,18356 \; pu$$

A.10.20 QGF – CCM7

A.10.20.1 Impedância de sequência positiva

a) Resistência

$$R_u = \left(\frac{R_{u\Omega} \times L_c}{1.000 \times N_{ncp}}\right) \times K = \left(\frac{0,0507 \times 65}{1.000 \times 2}\right) \times 692,52 = 1,14110 \; pu$$

b) Reatância

$$X_u = \left(\frac{X_{u\Omega} \times L_c}{1.000 \times N_{ncp}}\right) \times K = \left(\frac{0,1051 \times 65}{1.000 \times 2}\right) \times 692,52 = 2,36548 \; pu$$

c) Impedância

$$\vec{Z}_u = 1,14110 + j2,36548 \; pu$$

A.10.20.1.1 Impedância de sequência positiva acumulada até o CCM7

a) Resistência

$$R_{ut} = 1,4999 + 1,14110 = 2,64100 \; pu$$

b) Reatância

$$X_{ut} = 4,9487 + 2,36548 = 7,31418 \; pu$$

c) Impedância

$$\vec{Z}_{ut} = 2,64100 + j7,31418 \; pu$$

A.10.20.2 Impedância de sequência zero

a) Resistência

$$R_{u0} = \left(\frac{R_{u\Omega} \times L_c}{1.000 \times N_{ncp}}\right) \times K = \left(\frac{1,8550 \times 65}{1.000 \times 2}\right) \times 692,52 = 41,75030 \; pu$$

b) Reatância

$$X_{u0} = \left(\frac{X_{u\Omega} \times L_c}{1.000 \times N_{ncp}}\right) \times K = \left(\frac{2,3491 \times 65}{1.000 \times 2}\right) \times 692,52 = 52,87096 \; pu$$

c) Impedância

$$\vec{Z}_{u0} = 41,75030 + j52,87096 \; pu$$

A.10.20.2.1 Impedância de sequência zero acumulada até o CCM7

a) Resistência

$$R_{u0t} = 4,6240 + 41,75030 = 46,37403 \; pu$$

b) Reatância

$$X_{u0t} = 9,2505 + 52,87096 = 62,12146 \; pu$$

c) Impedância

$$\vec{Z}_{u0t} = 46,37403 + j62,12146 \; pu$$

A.10.21 QGF – CCM8

A.10.21.1 Impedância de sequência positiva

a) Resistência

$$R_u = \left(\frac{R_{u\Omega} \times L_c}{1.000 \times N_{ncp}}\right) \times K = \left(\frac{0,0608 \times 87}{1.000 \times 2}\right) \times 692,52 = 1,83158 \; pu$$

b) Reatância

$$X_u = \left(\frac{X_{u\Omega} \times L_c}{1.000 \times N_{ncp}}\right) \times K = \left(\frac{0,1058 \times 87}{1.000 \times 2}\right) \times 692,52 = 3,18718 \; pu$$

c) Impedância

$$\vec{Z}_u = 1,83158 + j3,18718 \; pu$$

A.10.21.1.1 Impedância de sequência positiva acumulada até o CCM8

a) Resistência

$$R_{ut} = 1,4999 + 1,83158 = 3,31570 \; pu$$

b) Reatância

$$X_{ut} = 4,9487 + 3,18718 = 8,13588 \; pu$$

c) Impedância

$$\vec{Z}_{ut} = 3,31570 + j8,13588 \; pu$$

A.10.21.2 Impedância de sequência zero

a) Resistência

$$R_{u0} = \left(\frac{R_{u\Omega} \times L_c}{1.000 \times N_{ncp}}\right) \times K = \left(\frac{1,8608 \times 87}{1.000 \times 2}\right) \times 692,52 = 56,05589 \; pu$$

b) Reatância

$$X_{u0} = \left(\frac{X_{u\Omega} \times L_c}{1.000 \times N_{ncp}}\right) \times K = \left(\frac{2,3757 \times 87}{1.000 \times 2}\right) \times 692,50 = 71,56706 \; pu$$

c) Impedância

$$\vec{Z}_{u0} = 56,05589 + j71,56706 \; pu$$

A.10.21.2.1 Impedância de sequência zero acumulada até o CCM8

a) Resistência

$$R_{u0t} = 4,6240 + 56,05589 = 60,67989 \; pu$$

b) Reatância

$$X_{u0t} = 9,2505 + 71,56499 = 80,81549 \ pu$$

c) Impedância

$$Z_{uot} = 60,67989 + j80,81549 \ pu$$

A.11 Cálculo das correntes de curto-circuito

A.11.1 Ponto de conexão (entrega de energia)

O ponto de entrega de energia é no final do ramal de distribuição da concessionária, compreendendo as impedâncias fornecidas pela concessionária acrescidas das impedâncias da rede de distribuição de 1.500 m a ser construída pela concessionária.

a) Curto-circuito trifásico simétrico, valor eficaz

$$I_{c3f} = \frac{I_b}{Z_{ppc}} = \frac{1}{0,5065 + j0,4302} \times \frac{100.000}{\sqrt{3} \times 13,80} = \frac{1}{0,6645 \angle 40,34°} \times \frac{100.000}{\sqrt{3} \times 13,80} = 6.296 \angle -40,34° \ A$$

b) Corrente de curto-circuito fase e terra máxima

$$I_{ccmá} = \frac{3 \times I_b}{Z_{zpc}} = \frac{3}{2 \times (0,5065 + j0,4302) + (1,2687 + j2,3305)} \times \frac{100.000}{\sqrt{3} \times 13,80}$$

$$I_{ccmá} = \frac{3}{2,2817 + j3,1909} \times \frac{100.000}{\sqrt{3} \times 13,80} = \frac{3}{3,9227 \angle 54,43°} \times \frac{100.000}{\sqrt{3} \times 13,80} = 3.199 \angle -54,43° \ A$$

c) Corrente de curto-circuito fase e terra mínima

• Cálculo da impedância de contato com a terra
Será considerado o valor indicado pela concessionária que é 100 Ω

$$Z_c = Z_\Omega \times \left(\frac{P_b}{V_b^2}\right) = 100 \times \left(\frac{100}{13,80^2}\right) = 52,51 \ pu$$

• Cálculo da corrente de curto-circuito fase-terra mínimo

$$I_{ccmá} = \frac{3}{(2,2817 + j3,1909) + 3 \times (52,51 + j0)} \times \frac{100.000}{\sqrt{3} \times 13,80} = \frac{3}{159,84355 \angle 1,14°} \times \frac{100.000}{\sqrt{3} \times 13,80} = 78 \angle 1,14°$$

A.11.2 Barramento do QGF

a) Curto-circuito trifásico simétrico, valor eficaz

$$I_{c3f} = \frac{I_b}{Z_{ppc}} = \frac{1}{1,4999 + j4,9487} \times \frac{100.000}{\sqrt{3} \times 0,38} = \frac{1}{5,1710 \angle 73,13°} \times \frac{100.000}{\sqrt{3} \times 0,38} = 29.381 \angle 73,13° \ A$$

b) Corrente trifásica, de valor de crista

$$\frac{X}{R} = \frac{4,49487}{1,4999} = 2,9 \quad \rightarrow \quad F_a = 1,29$$

$$I_{cas} = \sqrt{2} \times F_a \times I_{cs} = \sqrt{2} \times 1,29 \times 29.381 = 53.600 \ A$$

c) Corrente bifásica simétrica, valor eficaz

$$I_{cb} = 0,866 \times I_{cs} = 0,866 \times 22.115 = 19.151 \ A$$

d) Corrente de curto-circuito fase e terra máxima

$$I_{ftmá} = \frac{3 \times I_b}{(\vec{Z}_{sp} + \vec{Z}_{sn}) + \vec{Z}_{sz}} = \frac{3 \times I_b}{(2 \times \vec{Z}_{ut}) + (\vec{Z}_{u0t} + \vec{Z}_{zc})}$$

$Z_{sp} = Z_{sn} = Z_{ut}$ (impedâncias de sequência positiva e negativa dos cabos, barramentos e transformadores)
Z_{u0t} – impedância de sequência zero do transformador. Podem ser consideradas iguais as impedâncias de sequência positiva, negativa e zero dos transformadores. As impedâncias de sequência positiva e negativa do transformador já estão incluídas em Z_{ut}, seja, em Z_{sp} e Z_{sn}, conforme calculado no item 10.7.
Z_{sc} – impedância de sequência zero dos cabos.

$$I_{ftmá} = \frac{3}{2 \times (1,4999 + j4,9487) + \left[(3,3535 + j6,9200) + (4,6240 + j9,2505)\right]} \times \frac{100.000}{\sqrt{3} \times 0,38}$$

$$I_{ftmá} = \frac{3}{10,9773 + j26,0679} \times \frac{100.000}{\sqrt{3} \times 0,38} = \frac{3}{28,28492 \angle 67,16°} \times \frac{100.000}{\sqrt{3} \times 0,38} = 16.114 \angle -67,16° \text{ A}$$

Esse valor servirá de base ao cálculo das tensões de passo e de toque.

A.11.3 Barramento do QDL1

a) Curto-circuito trifásico simétrico, valor eficaz $\vec{Z}_{ut} = 6,91541 + j7,36421$ pu

$$I_{c3f} = \frac{I_b}{Z_{ppc}} = \frac{1}{6,91541 + j7,36421} \times \frac{100.000}{\sqrt{3} \times 0,38} = \frac{1}{10,1022 \angle 46,80°} \times \frac{100.000}{\sqrt{3} \times 0,38} = 15.039 \angle -46,80° \text{ A}$$

b) Corrente trifásica, de valor de crista

$$\frac{X}{R} = \frac{7,36421}{6,91541} = 1,06 \rightarrow F_a = 1,04$$

$$I_{cas} = \sqrt{2} \times F_a \times I_{cs} = \sqrt{2} \times 1,04 \times 18.423 = 27.096 \text{ A}$$

c) Corrente bifásica simétrica, valor eficaz

$$I_{cb} = 0,866 \times I_{cs} = 0,866 \times 15.039 = 13.023 \text{ A}$$

d) Corrente de curto-circuito fase e terra máxima

$$I_{ftmá} = \frac{3 \times I_b}{\left(\vec{Z}_{sp} + \vec{Z}_{sn}\right) + \vec{Z}_{sz}} = \frac{3 \times I_b}{\left(2 \times \vec{Z}_{ut}\right) + \left(\vec{Z}_{u0t} + \vec{Z}_{zc}\right)}$$

$$I_{ftmá} = \frac{3}{\left[2 \times (6,91541 + j7,36421)\right] + \left[(3,3535 + j6,9200) + (49,7253 + j65,37232)\right]} \times \frac{100.000}{\sqrt{3} \times 0,38}$$

$$I_{ftmæ} = \frac{3}{(66,60962 + j87,02074)} \times \frac{100.000}{\sqrt{3} \times 0,38} = \frac{3}{105,98687 \angle 55,19°} \times \frac{100.000}{\sqrt{3} \times 0,38} = 4.300 \angle -55,19°$$

A.11.4 Barramento do QDL2

a) Curto-circuito trifásico simétrico, valor eficaz

$$I_{c3f} = \frac{I_b}{Z_{ppc}} = \frac{1}{11,06942 + j11,79135} \times \frac{100.000}{\sqrt{3} \times 0,38} = \frac{1}{16,17306 \angle 46,80°} \times \frac{100.000}{\sqrt{3} \times 0,38} = 9.394 \angle -46,80° \text{ A}$$

b) Corrente trifásica, de valor de crista

$$\frac{X}{R} = \frac{11,79135}{11,06942} = 1,06 \rightarrow F_a = 1,04$$

$$I_{cas} = \sqrt{2} \times F_a \times I_{cs} = \sqrt{2} \times 1,04 \times 9.349 = 13.750 \text{ A}$$

c) Corrente bifásica simétrica, valor eficaz

$$I_{cb} = 0,866 \times I_{cs} = 0,866 \times 9.349 = 8.096 \text{ A}$$

d) Corrente de curto-circuito fase e terra máxima

$$I_{ftmá} = \frac{3}{2\times(11,06942+j11,79135)+\left[(3,3535+j6,9200)+(128,87483+167,82982)\right]} \times \frac{100.000}{\sqrt{3}\times 0,38}$$

$$I_{ftmá} = \frac{3}{154,36633+j198,33252} \times \frac{100.000}{\sqrt{3}\times 0,38} = \frac{3}{251,32810\angle 52,10°} \times \frac{100.000}{\sqrt{3}\times 0,38} = 1.857\angle -52,10°\ A$$

A.11.5 Barramento do QDL3

a) Curto-circuito trifásico simétrico, valor eficaz

$$I_{c3f} = \frac{I_b}{Z_{ppc}} = \frac{1}{186,04706+j9,20022} \times \frac{100.000}{\sqrt{3}\times 0,38} = \frac{1}{186,27440\angle 2,83°} \times \frac{100.000}{\sqrt{3}\times 0,38} = 815\angle -2,83°\ A$$

b) Corrente trifásica, de valor de crista

$$\frac{X}{R} = \frac{9,20022}{186,04702} = 0,05 \quad \rightarrow \quad F_a = 1,0$$

$$I_{cas} = \sqrt{2}\times F_a \times I_{cs} = \sqrt{2}\times 1,0 \times 815 = 1.152\ A$$

c) Corrente bifásica simétrica, valor eficaz

$$I_{cb} = 0,866 \times I_{cs} = 0,866 \times 815 = 705\ A$$

d) Corrente de curto-circuito fase e terra máxima

$$I_{ftmá} = \frac{3}{2\times(186,04706+j9,20022)+(3,3535+j6,92)+(249,13791+j103,48530)} \times \frac{100.000}{\sqrt{3}\times 0,38}$$

$$I_{ftmá} = \frac{3}{624,58553+j128,80574} \times \frac{100.000}{\sqrt{3}\times 0,38} = \frac{3}{637,72878\angle 11,65°} \times \frac{100.000}{\sqrt{3}\times 0,38} = 714\angle -11,65°\ A$$

A.11.6 Barramento do QDL4

a) Curto-circuito trifásico simétrico, valor eficaz

$$I_{c3f} = \frac{1}{(180,00233+j7,64987)} \times \frac{100.000}{\sqrt{3}\times 0,38} = \frac{1}{180,16478\angle 2,43°} \times \frac{100.000}{\sqrt{3}\times 0,38} = 843\angle 2,43°$$

b) Corrente trifásica, de valor de crista

$$\frac{X}{R} = \frac{7,64987}{179,43992} = 0,04 \quad \rightarrow \quad F_a = 1,0$$

$$I_{cas} = \sqrt{2}\times F_a \times I_{cs} = \sqrt{2}\times 1,0 \times 843 = 1.192\ A$$

c) Corrente bifásica simétrica, valor eficaz

$$I_{cb} = 0,866 \times I_{cs} = 0,866 \times 843 = 730\ A$$

d) Corrente de curto-circuito fase e terra máxima

$$I_{ftmá} = \frac{1}{2\times(180,00233+j7,64987)+(3,3535+j6,9200)+(219,27518+66,99911)} \times \frac{100.000}{\sqrt{3}\times 0,38}$$

$$I_{ftmá} = \frac{3}{582,63334+j89,21885} \times \frac{100.000}{\sqrt{3}\times 0,38} = \frac{3}{589,42481\angle 8,70°} \times \frac{100.000}{\sqrt{3}\times 0,38} = 773\angle -8,70°\ A$$

A.11.7 Barramento do QDL5

a) Curto-circuito trifásico simétrico, valor eficaz

$$I_{c3f} = \frac{I_b}{Z_{ppc}} = \frac{1}{29,19918 + j6,45327} \times \frac{100.000}{\sqrt{3} \times 0,38} = \frac{1}{29,90792 \angle 12,46°} \times \frac{100.000}{\sqrt{3} \times 0,38} = 5.080 \angle -12,46° \text{ A}$$

b) Corrente trifásica, de valor de crista

$$\frac{X}{R} = \frac{6,45327}{29,19918} = 0,22 \quad \rightarrow \quad F_a = 1,0$$

$$I_{cas} = \sqrt{2} \times F_a \times I_{cs} = \sqrt{2} \times 1,0 \times 5.080 = 7.184 \text{ A}$$

c) Corrente bifásica simétrica, valor eficaz

$$I_{cb} = 0,866 \times I_{cs} = 0,866 \times 5.080 = 4.399 \text{ A}$$

d) Corrente de curto-circuito fase e terra máxima

$$I_{ftmá} = \frac{3}{2 \times (29,19918 + j6,45327) + (3,3535 + j6,92) + (54,76217 + j44,37806)} \times \frac{100.000}{\sqrt{3} \times 0,38}$$

$$I_{ftmá} = \frac{3}{116,51403 + j64,2046} \times \frac{100.000}{\sqrt{3} \times 0,38} = \frac{3}{133,03289 \angle 28,85°} \times \frac{100.000}{\sqrt{3} \times 0,38} = 3.426 \angle -28,85° \text{ A}$$

A.11.8 Barramento do QDL6

a) Curto-circuito trifásico simétrico, valor eficaz

$$I_{c3f} = \frac{I_b}{Z_{ppc}} = \frac{1}{63,10205 + j10,14759} \times \frac{100.000}{\sqrt{3} \times 0,38} = \frac{1}{63,91277 \angle 9,13°} \times \frac{100.000}{\sqrt{3} \times 0,38} = 2.377 \angle -9,13° \text{ A}$$

b) Corrente trifásica, de valor de crista

$$\frac{X}{R} = \frac{10,14759}{63,10205} = 0,16 \quad \rightarrow \quad F_a = 1,0$$

$$I_{cas} = \sqrt{2} \times F_a \times I_{cs} = \sqrt{2} \times 1,0 \times 2.377 = 3,361 \text{ A}$$

c) Corrente bifásica simétrica, valor eficaz

$$I_{cb} = 0,866 \times I_{cs} = 0,866 \times 2.377 = 2.058 \text{ A}$$

d) Corrente de curto-circuito fase e terra máxima

$$I_{ftmá} = \frac{1}{2 \times (63,10205 + j10,14858) + (3,3535 + 6,9200) + (145,96456 + j129,68471)} \times \frac{100.000}{\sqrt{3} \times 0,38}$$

$$I_{ftmá} = \frac{3}{275,52216 + j156,90071} \times \frac{100.000}{\sqrt{3} \times 0,38} = \frac{3}{317,06512 \angle 29,66°} \times \frac{100.000}{\sqrt{3} \times 0,38} = 1.437 \angle -29,66° \text{ A}$$

A.11.9 Barramento do CCM1

a) Curto-circuito trifásico simétrico, valor eficaz

$$I_{c3f} = \frac{I_b}{Z_{ppc}} = \frac{1}{2,21569 + j6,19427} \times \frac{100.000}{\sqrt{3} \times 0,38} = \frac{1}{6,57862 \angle 70,31°} \times \frac{100.000}{\sqrt{3} \times 0,38} = 23.095 \angle -70,31° \text{ A}$$

b) Corrente trifásica, de valor de crista

$$\frac{X}{R} = \frac{6,19427}{1,65258} = 3,74 \quad \rightarrow \quad F_a = 1,37$$

$$I_{cas} = \sqrt{2} \times F_a \times I_{cs} = \sqrt{2} \times 1,37 \times 23.095 = 44.745 \text{ A}$$

c) Corrente bifásica simétrica, valor eficaz

$$I_{cb} = 0,866 \times I_{cs} = 0,866 \times 25.687 = 22.224 \text{ A}$$

d) Corrente de curto-circuito fase e terra máxima

$$I_{ftmá} = \frac{3}{2 \times (2,21569 + j6,19427) + (3,3535 + j6,9200) + (26,53090 + j31,21924)} \times \frac{100.000}{\sqrt{3} \times 0,38}$$

$$I_{ftmá} = \frac{3}{(34,31578 + j50,52778)} \times \frac{100.000}{\sqrt{3} \times 0,38} = \frac{3}{61,07887 \angle 55,81°} \times \frac{100.000}{\sqrt{3} \times 0,38} = 7.462 \angle -55,81° \text{ A}$$

A.11.10 Barramento do CCM2

a) Curto-circuito trifásico simétrico, valor eficaz

$$I_{c3f} = \frac{I_b}{Z_{ppc}} = \frac{1}{6,3868 + j8,4444} \times \frac{100.000}{\sqrt{3} \times 0,38} = \frac{1}{10,58768 \angle 52,89°} \times \frac{100.000}{\sqrt{3} \times 0,38} = 14.350 \angle -55,89° \text{ A}$$

b) Corrente trifásica, de valor de crista

$$\frac{X}{R} = \frac{8,44440}{6,3868} = 1,32 \rightarrow F_a = 1,08$$

$$I_{cas} = \sqrt{2} \times F_a \times I_{cs} = \sqrt{2} \times 1,08 \times 14.350 = 27.089 \text{ A}$$

c) Corrente bifásica simétrica, valor eficaz

$$I_{cb} = 0,866 \times I_{cs} = 0,866 \times 13.943 = 12.074 \text{ A}$$

d) Corrente de curto-circuito fase e terra máxima

$$I_{ftmá} = \frac{3}{2 \times (6,3868 + j8,4444) + (3,3535 + j6,9200) + (68,10002 + j90,11059)} \times \frac{100.000}{\sqrt{3} \times 0,38}$$

$$I_{ftmá} = \frac{3}{84,22712 + j113,91939} \times \frac{100.000}{\sqrt{3} \times 0,38} = \frac{3}{141,67514 \angle 53,52°} \times \frac{100.000}{\sqrt{3} \times 0,38} = 3.217 \angle -53,52° \text{ A}$$

A.11.11 Barramento do CCM3

a) Curto-circuito trifásico simétrico, valor eficaz

$$I_{c3f} = \frac{I_b}{Z_{ppc}} = \frac{1}{5,54685 + j9,46879} \times \frac{100.000}{\sqrt{3} \times 0,38} = \frac{1}{10,97385 \angle 59,63°} \times \frac{100.000}{\sqrt{3} \times 0,38} = 13.845 \angle -59,63° \text{ A}$$

b) Corrente trifásica, de valor de crista

$$\frac{X}{R} = \frac{9,46879}{5,54685} = 1,70 \rightarrow F_a = 1,17$$

$$I_{cas} = \sqrt{2} \times F_a \times I_{cs} = \sqrt{2} \times 1,17 \times 13,943 = 23.070 \text{ A}$$

c) Corrente bifásica simétrica, valor eficaz

$$I_{cb} = 0,866 \times I_{cs} = 0,866 \times 15.441 = 13.371 \text{ A}$$

d) Corrente de curto-circuito fase e terra máxima

$$I_{ftmá} = \frac{3 \times I_b}{Z_{zpc}} = \frac{3}{2 \times (5,54685 + j9,46879) + (84,70946 + j111,95343)} \times \frac{100.000}{\sqrt{3} \times 0,38}$$

$$I_{ftmá} = \frac{3}{95,80316 + j130,89101} \times \frac{100.000}{\sqrt{3} \times 0,38} = \frac{3}{162,20573 \angle 53,79°} \times \frac{100.000}{\sqrt{3} \times 0,38} = 2.810 \angle -53,79° \text{ A}$$

A.11.12 Barramento do CCM4

a) Curto-circuito trifásico simétrico, valor eficaz

$$I_{c3f} = \frac{1}{2,28937 + j6,3249} \times \frac{100.000}{\sqrt{3} \times 0,38} = \frac{1}{6,72643 \angle 70,10°} \times \frac{100.000}{\sqrt{3} \times 0,38} = 22.587 \angle -70,10° \text{ A}$$

b) Corrente trifásica, de valor de crista

$$\frac{X}{R} = \frac{6,3249}{2,28937} = 2,76 \rightarrow F_a = 1,27$$

$$I_{cas} = \sqrt{2} \times F_a \times I_{cs} = \sqrt{2} \times 1,27 \times 22.587 = 40.900 \text{ A}$$

c) Corrente bifásica simétrica, valor eficaz

$$I_{cb} = 0,866 \times I_{cs} = 0,866 \times 22.587 = 19.560 \text{ A}$$

d) Corrente de curto-circuito fase e terra máxima

$$I_{ftmá} = \frac{3 \times I_b}{Z_{zpc}} = \frac{3}{2 \times (2,28937 + j6,3249) + (3,3535 + j6,9200) + (28,78645 + j40,09837)} \times \frac{100.000}{\sqrt{3} \times 0,38}$$

$$I_{cc} = \frac{3}{36,72069 + j59,66817} \times \frac{100.000}{\sqrt{3} \times 0,38} = \frac{3}{70,06211 \angle 58,39°} \times \frac{100.000}{\sqrt{3} \times 0,38} = 6.505 \angle -58,39° \text{ A}$$

Esse valor servirá de base ao cálculo das tensões de passo e de toque.

A.11.13 Barramento do CCM5

a) Curto-circuito trifásico simétrico, valor eficaz

$$I_{c3f} = \frac{1}{4,90564 + j12,00940} \times \frac{100.000}{\sqrt{3} \times 0,38} = \frac{1}{12,97233 \angle 67,78°} \times \frac{100.000}{\sqrt{3} \times 0,38} = 12.365 \angle -69,30° \text{ A}$$

b) Corrente trifásica, de valor de crista $\vec{Z}_{ut} = 4,90564 + j12,00940 \text{ pu}$

$$\frac{X}{R} = \frac{12,0094}{4,90564} = 2,44 \rightarrow F_a = 1,25$$

$$I_{cas} = \sqrt{2} \times F_a \times I_{cs} = \sqrt{2} \times 1,25 \times 12.365 = 1,85843 \text{ A}$$

c) Corrente de curto-circuito fase e terra máxima $\vec{Z}_{ut} = 4,90564 + j12,00940 \text{ pu}$

$$I_{cc} = \frac{3}{2 \times (4,90564 + j12,0094) + (3,3535 + j6,92000) + (129,23264 + j167,04998)} \times \frac{100.000}{\sqrt{3} \times 0,38}$$

$$I_{cc} = \frac{3}{142,39742 + j197,98878} \times \frac{100.000}{\sqrt{3} \times 0,38} = \frac{3}{243,8782 \angle 54,27°} \times \frac{100.000}{\sqrt{3} \times 0,38} = 1.868 \angle -54,27° \text{ A}$$

Esse valor servirá de base ao cálculo das tensões de passo e de toque.

d) Corrente bifásica simétrica, valor eficaz

$$I_{cb} = 0,866 \times I_{cs} = 0,866 \times 12.365 = 10.700 \text{ A}$$

A.11.14 Barramento do CCM6

a) Curto-circuito trifásico simétrico, valor eficaz

$$I_{c3f} = \frac{I_b}{Z_{ppc}} = \frac{1}{6,38182 + j9,22138} \times \frac{100.000}{\sqrt{3} \times 0,38} = \frac{1}{11,21434 \angle 55,31°} \times \frac{100.000}{\sqrt{3} \times 0,38} = 13.548 \angle -55,31° \text{ A}$$

b) Corrente trifásica, de valor de crista

$$\frac{X}{R} = \frac{9,22138}{6,38182} = 1,44 \quad \rightarrow \quad F_a = 1,12$$

$$I_{cas} = \sqrt{2} \times F_a \times I_{cs} = \sqrt{2} \times 1,12 \times 13.548 = 21.458 \text{ A}$$

c) Corrente de curto-circuito fase e terra máxima

$$I_{ftmá} = \frac{3}{2 \times (6,38182 + j9,22138) + (3,3535 + 6,9200) + (81,18174 + j107,18356)} \times \frac{100.000}{\sqrt{3} \times 0,38}$$

$$I_{cc} = \frac{3}{97,29883 + j132,54632} \times \frac{100.000}{\sqrt{3} \times 0,38} = \frac{3}{164,42502 \angle 53,71°} \times \frac{100.000}{\sqrt{3} \times 0,38} = 2.772 \angle -53,71° \text{ A}$$

Esse valor servirá de base ao cálculo das tensões de passo e de toque.

d) Corrente bifásica simétrica, valor eficaz

$$I_{cb} = 0,866 \times I_{cs} = 0,866 \times 13.548 = 11.732 \text{ A}$$

A.11.15 Barramento do CCM7

a) Curto-circuito trifásico simétrico, valor eficaz

$$I_{c3f} = \frac{1}{2,64100 + j7,31418} \times \frac{100.000}{\sqrt{3} \times 0,38} = \frac{1}{7,77630 \angle 70,14°} \times \frac{100.000}{\sqrt{3} \times 0,38} = 19.538 \angle -73,14° \text{ A}$$

b) Corrente trifásica, de valor de crista

$$\frac{X}{R} = \frac{7,31418}{2,07789} = 3,52 \quad \rightarrow \quad F_a = 1,34$$

$$I_{cas} = \sqrt{2} \times F_a \times I_{cs} = \sqrt{2} \times 1,32 \times 19.538 = 36.472 \text{ A}$$

c) Corrente de curto-circuito fase e terra máxima

$$I_{cc} = \frac{3}{2 \times (2,64100 + j7,31418) + (3,3535 + 6,9200) + (46,37403 + j62,12146)} \times \frac{100.000}{\sqrt{3} \times 0,38}$$

$$I_{cc} = \frac{3}{55,00953 + j83,66982} \times \frac{100.000}{\sqrt{3} \times 0,38} = \frac{3}{100,13335 \angle 56,67°} \times \frac{100.000}{\sqrt{3} \times 0,38} = 4.551,95 \angle -56,67° \text{ A}$$

d) Corrente bifásica simétrica, valor eficaz

$$I_{cb} = 0,866 \times I_{cs} = 0,866 \times 19.538 = 16.919 \text{ A}$$

A.11.16 Barramento do CCM8

a) Curto-circuito trifásico simétrico, valor eficaz

$$I_{ftmá} = \frac{I_b}{Z_{ppc}} = \frac{1}{3,31470 + j8,13588} \times \frac{100.000}{\sqrt{3} \times 0,38} = \frac{1}{8,78520 \angle 67,83°} \times \frac{100.000}{\sqrt{3} \times 0,38} = 17.294 \angle -67,83° \text{ A}$$

b) Corrente trifásica, de valor de crista

$$\frac{X}{R} = \frac{8,13588}{3,3147} = 2,45 \quad \rightarrow \quad F_a = 1,25$$

$$I_{cas} = \sqrt{2} \times F_a \times I_{cs} = \sqrt{2} \times 1,25 \times 17.294 = 30.571 \text{ A}$$

c) Corrente de curto-circuito fase e terra máxima

$$I_{cc} = \frac{3 \times I_b}{Z_{zpc}} = \frac{3}{2 \times (3,31470 + j8,13588) + (3,3535 + j6,9200) + (60,67989 + j80,81549)} \times \frac{100.000}{\sqrt{3} \times 0,38}$$

$$I_{cc} = \frac{3}{70,66279 + j104,00725} \times \frac{100.000}{\sqrt{3} \times 0,38} = \frac{3}{125,4707 \angle 55,80°} \times \frac{100.000}{\sqrt{3} \times 0,38} = 3.632 \angle -55,80° \text{ A}$$

d) Corrente bifásica simétrica, valor eficaz

$$I_{cb} = 0,866 \times I_{cs} = 0,866 \times 17.294 = 14.976 \text{ A}$$

A.12 Condição de partida dos motores

Fica estabelecido que a queda de tensão, durante a partida de um motor qualquer, não poderá ultrapassar a 4 % na barra do seu respectivo CCM. Todos os motores, em princípio, devem partir sob tensão plena e em carga nominal. O tempo de partida para todos os motores é de 3 s.

A.12.1 Motor de 250 cv

Será analisado o motor de 250 cv (o de maior potência) ligado ao CCM4.

$$P_{nm} = \frac{250 \times 0,736}{0,95 \times 0,87} = 222,6 \text{ kVA}$$

Logo a corrente nominal será:

$$I_{nm} = \frac{222,6}{\sqrt{3} \times 0,38} = 338 \text{ A}$$

A.12.1.1 Impedância de sequência positiva do motor

a) Resistência

$$R_{um} \approx 0 \text{ (valor muito pequeno quando comparado à reatância)}$$

b) Reatância

$$X_{um} = \frac{I_{nm}}{I_p} = \frac{1}{6,8} = 0,147 \ pu \text{ (na base de 250 cv)}$$

$$X_{um1} = X_{um} \times \frac{P_b}{P_{nm}} \times \left(\frac{V_{nm}}{V_b}\right)^2$$

Passando o valor de X_{unm} para a base de 100.000 kVA, temos:

$$X_{unm} = 0,147 \times \frac{100.000}{222,6} = 66,03774 \ pu$$

c) Impedância

$$\vec{Z}_{um} = 0 + j0,49528 \ pu$$

d) Corrente de partida

$$I_p = \frac{1}{\vec{Z}_{us} + \vec{Z}_{ut} + \vec{Z}_{ucb} + \vec{Z}_{umb}} = \frac{1}{\vec{Z}_{tm}} = \frac{1}{\vec{Z}_{ccm4}}$$

$$I_p = \frac{1}{2,28937 + j6,32249 + j66,03774} = \frac{1}{2,28937 + j72,36023} = 0,0138 \angle -88° \ pu$$

$$I_p = 0,01336 \times I_b = 0,0138 \times \frac{100.000}{\sqrt{3} \times 0,38} = 2.096 \text{ A}$$

A.12.1.2 Queda de tensão nos terminais do CCM4 na partida direta

$$\Delta \vec{V}_{um} = \vec{Z}_{ccm4} \times I_p = (2{,}28937 + j6{,}32149) \times 0{,}0138 = 6{,}7232\angle 70{,}0° \times 0{,}0138 = 0{,}0927\ pu = 9{,}27\ \%$$

$$\Delta \vec{V}_{um} = 9{,}27\ \% > 4\ \% \text{ (condição não satisfeita)}$$

A.12.1.3 Queda de tensão nos terminais do CCM4 na partida por meio de chave compensadora

a) Ajuste do tape da chave: 80 %

$$\Delta \vec{V}_{um} = (1{,}72627 + j5{,}80746) \times 0{,}64 \times 0{,}01391 = 0{,}054\ pu = 5{,}4\ \%$$

$$\Delta \vec{V}_{um} = 5{,}4\ \% > 4\ \% \text{ (condição não satisfeita)}$$

b) Ajuste do tape da chave: 65 %

$$\Delta \vec{V}_{um} = (1{,}72627 + j5{,}80746) \times 0{,}42 \times 0{,}01391 = 0{,}035\ pu = 3{,}5\ \%$$

$\Delta \vec{V}_{um} = 3{,}5\% < 4\ \%$ (condição satisfeita do ponto de vista de queda de tensão, mas o conjugado de partida do motor será insuficiente para vencer a inércia do conjugado de carga. Lembrar que o conjugado-motor é diretamente proporcional ao quadrado da relação entre a tensão aplicada nos terminais do motor e a tensão nominal do motor).

A.12.1.4 Queda de tensão nos terminais do CCM4 na partida por meio de chave estrela-triângulo

$$\Delta \vec{V}_{um} = (1{,}72627 + j5{,}80746) \times 0{,}33 \times 0{,}01391 = 0{,}028\ pu = 2{,}8\ \%$$

$$\Delta \vec{V}_{um} = 2{,}8\ \% < 4\ \% \text{ (condição satisfeita)}$$

A aplicação da chave estrela-triângulo é opção alternativa para partida sem carga no eixo.

A.12.1.5 Conjugado de partida durante o acionamento por meio de chave estrela-triângulo

$$C_{up} = C_{ump} \times \left(\frac{1 - \Delta V_{um}}{\sqrt{3}}\right)^2 = C_{ump} \times \left(\frac{1 - 0{,}028}{\sqrt{3}}\right)^2 = 0{,}314 \times C_{ump}$$

$$C_{up} = 31{,}4\ \%\ C_{ump}$$

A.12.1.6 Queda de tensão nos terminais do CCM4 na partida por meio de chave de partida estática

Como premissa original o motor deverá partir com a carga no eixo. Nesse caso, iremos ajustar a chave para iniciar a partida com 80 % da tensão nominal.

$$I_{nm} = 343\ A$$

$$R_{cn} = \frac{I_{pm}}{I_{nm}} = 6{,}8 \text{ (relação entre a corrente de partida e corrente nominal)}$$

$V_{pm} = 80\ \%$ (tensão percentual de partida inicialmente adotada)

$I_{nch} = 360\ A$ (corrente nominal da chave: Capítulo 9)

Para manter a queda de tensão em 4 % da tensão nominal, a corrente de partida deve ficar limitada a:

$$V_{pm} = \frac{4}{9{,}27} = 0{,}43 = 43\ \% \text{ da tensão nominal}$$

Logo o ajuste da corrente de limitação da chave terá o seguinte valor:

$$I_{\lim} = \frac{R_{cn} \times V_{pm} \times I_{nm}}{I_{nch}} = \frac{6{,}8 \times 0{,}43 \times 343}{360} = 2{,}8 \times I_{nch}$$

(ou seja: o ajuste será de 2,8 vezes a corrente nominal da chave estática)

Como a carga está diretamente acoplada ao motor, o conjugado de partida do motor será insuficiente para vencer a inércia da carga durante a partida. Nesse caso, deverá ser utilizada uma chave inversora.

A.12.2 Motor de 30 cv

Será analisado o motor de 30 cv ligado ao CCM7 por apresentar a segunda condição mais desfavorável na partida.

$$P_{nm} = \frac{30 \times 0,736}{0,90 \times 0,83} = 29,5 \text{ kVA}$$

A.12.2.1 Impedância de sequência positiva do motor

a) Resistência

$$R_{un} \approx 0 \text{ (valor muito pequeno quando comparado à reatância)}$$

b) Reatância

$$X_{um} = \frac{I_{nm}}{I_p} = \frac{1}{6,8} = 0,147 \text{ pu (na base de 30 cv)}$$

$$X_{um1} = X_{um} \times \frac{P_b}{P_{nm}} \times \left(\frac{V_{nm}}{V_b}\right)^2$$

$$X_{unm} = 0,147 \times \frac{100.000}{29,5} \times \left(\frac{0,38}{0,38}\right)^2 = 498,3 \text{ pu}$$

c) Impedância

$$\vec{Z}_{um} = 0 + j3,73729 \text{ pu}$$

d) Corrente de partida

$$I_p = \frac{1}{\vec{Z}_{us} + \vec{Z}_{ut} + \vec{Z}_{ucb} + \vec{Z}_{umb}} = \frac{1}{\vec{Z}_{tm}} = \frac{1}{\vec{Z}_{ccm7}}$$

$$I_p = \frac{1}{2,64100 + j7,31418 + j498,3} = \frac{1}{505,6210 \angle 89,70°} = 0,00197 \text{ pu}$$

$$I_p = 0,00197 \times I_b = 0,00197 \times \frac{100.000}{\sqrt{3} \times 0,38} = 299,3 \text{ A}$$

A.12.2.2 Queda de tensão nos terminais do CCM7 na partida direta

$$\Delta \vec{V}_{um} = \vec{Z}_{ccm7} \times I_p = (2,64100 + j7,31418) \times I_p$$

$$\Delta \vec{V}_{um} = 7,77638 \angle 70,14° \times 0,00197 = 0,015 \text{ pu}$$

$$\Delta \vec{V}_{um} = 1,5\% < 4\% \text{ (condição satisfeita)}$$

A.12.3 Motor de 20 cv

Será analisado o motor de 20 cv ligado ao CCM6 por estar mais distante do QGF.

$$P_{nm} = \frac{20 \times 0,736}{0,88 \times 0,86} = 19,4 \text{ kVA}$$

A.12.3.1 Impedância de sequência positiva do motor

a) Resistência

$$R_{um} \approx 0 \text{ (valor muito pequeno quando comparado à reatância)}$$

b) Reatância

$$X_{um} = \frac{I_{nm}}{I_p} = \frac{1}{6,8} = 0,147 \text{ pu (na base de 20 cv)}$$

$$X_{um1} = X_{um} \times \frac{P_b}{P_{nm}} \times \left(\frac{V_{nm}}{V_b}\right)^2$$

$$X_{unm} = 0,147 \times \frac{100.000}{19,4} \times \left(\frac{0,38}{0,38}\right)^2 = 757,73 \text{ pu}$$

c) Impedância

$$\vec{Z}_{um} = 0 + j757,73\ pu$$

d) Corrente de partida

$$I_p = \frac{1}{\vec{Z}_{us} + \vec{Z}_{ut} + \vec{Z}_{ucb} + \vec{Z}_{umb}} = \frac{1}{\vec{Z}_{tm}} = \frac{1}{\vec{Z}_{ccm6}}$$

$$I_p = \frac{1}{2,64100 + j7,31418 + j757,73} = \frac{1}{765,0487\angle 89,80°} = 0,00131$$

$$I_p = 0,00131 \times I_b = 0,00131 \times \frac{100.000}{\sqrt{3}\times 0,38} = 199,03\ A$$

A.12.3.2 Queda de tensão nos terminais do CCM6 na partida direta

$$\Delta\vec{V}_{um} = \vec{Z}_{ccm6} \times I_p = (2,64100 + j7,31418)\times 0,00131 = 0,0101\ pu$$

$$\Delta\vec{V}_{um} = 1,0\ \% < 4\ \%\ \text{(condição satisfeita)}$$

Com base nos cálculos anteriores, pode-se afirmar:

- somente o motor de 250 cv deve partir por meio de chave de compensação se não for acionado com carga no eixo (chave *soft-starter*);
- todos os demais motores devem partir a plena tensão, por meio de chave contatora.

A.13 Proteção e coordenação do sistema

Foi considerado que a temperatura no interior dos cubículos (QGF – CCMs e QDLs) é de 40 °C.

A.13.1 Circuitos terminais

A.13.1.1 QDL1

a) Circuitos: de 1 a 6

$$S = 16\ mm^2 \quad \rightarrow \quad I_{nc} = 68\ A$$

$$I_c = \frac{P}{V \times F_p} = \frac{4.900}{220 \times 0,90} = 24,7\ A \quad \rightarrow \quad I_{nd} = 32\ A\ \text{(monopolar)}$$

I_{nd} – corrente nominal do disjuntor

- Condição de proteção

$$I_a \geq I_c \quad \rightarrow \quad 32\ A > 24,7\ A\ \text{(satisfaz)}$$

$$I_a \leq I_{nc} \quad \rightarrow \quad 32\ A < 68\ A\ \text{(satisfaz)}$$

- Capacidade de ruptura

$$I_{cs} = 16,5\ kA \quad \rightarrow \quad I_{rd} = 20\ kA\ \text{(satisfaz)}$$

b) Circuitos: 13

$$S = 2,5\ mm^2 \quad \rightarrow \quad I_{nc} = 21\ A$$

$$I_c = \frac{P}{V \times F_p} = \frac{400}{220 \times 0,90} = 2,0\ A \quad \rightarrow \quad I_{nd} = 16\ A\ \text{(monopolar)}$$

- Condição de proteção

$$I_a \geq I_c \quad \rightarrow \quad 16\ A > 2\ A\ \text{(satisfaz)}$$

$$I_a \leq I_{nc} \quad \rightarrow \quad 16\ A < 21\ A\ \text{(satisfaz)}$$

- Capacidade de ruptura

$$I_{cs} = 16,5\,kA \rightarrow I_{rd} = 20\,kA\ (satisfaz)$$

c) Circuitos: 14

$$S = 10\ mm^2 \rightarrow I_{nc} = 50\ A$$

$$I_c = \frac{P}{\sqrt{3} \times V \times F_p} = 4 \times \frac{6.000}{\sqrt{3} \times 380 \times 0,90} = 40,5\ A \rightarrow I_{nd} = 50\ A$$

- Condição de proteção

$$I_a \geq I_c \rightarrow 50\ A > 40,5\ A\ (satisfaz)$$
$$I_a \leq I_{nc} \rightarrow 50\ A = 50\ A\ (satisfaz)$$

- Capacidade de ruptura

$$I_{cs} = 16,5\,kA \rightarrow I_{rd} = 70\,kA\ (satisfaz)$$

A.13.1.2 QDL2

a) Circuitos: 7 a 12

$$S = 16\ mm^2 \rightarrow I_{nc} = 68\ A$$

$$I_c = \frac{P}{V \times F_p} = \frac{4.900}{220 \times 0,90} = 24,7\,A \rightarrow I_{nd} = 32\ A\ (monopolar)$$

- Condição de proteção

$$I_a \geq I_c \rightarrow 32\ A > 24,7\ A\ (satisfaz)$$
$$I_a \leq I_{nc} \rightarrow 32\ A < 68\ A\ (satisfaz)$$

- Capacidade de ruptura

$$I_{cs} = 9,8\,kA \rightarrow I_{rd} = 20\ kA\ (satisfaz)$$

b) Circuitos: 16

$$S = 25\ mm^2 \rightarrow I_{nc} = 89\ A$$

$$I_c = \frac{P}{\sqrt{3} \times V \times F_p} = \frac{36.000}{\sqrt{3} \times 380 \times 0,90} = 60,7\ A \rightarrow I_{nd} = 63\ A$$

- Condição de proteção

$$I_a \geq I_c \rightarrow 63\ A > 60,7\ A\ (satisfaz)$$
$$I_a \leq I_{nc} \rightarrow 63\ A < 89\ A$$

- Capacidade de ruptura

$$I_{cs} = 9,8\,kA \rightarrow I_{rd} = 70\,kA\ (satisfaz)$$

c) Circuito: 17

$$S = 10\ mm^2 \rightarrow I_{nc} = 50\ A\ (veja\ a\ Seção\ A.9.1\ deste\ Apêndice - circuito\ 17)$$

$$I_c = \frac{P}{V \times F_p} = \frac{800}{220 \times 0,90} = 4\ A \rightarrow I_{nd} = 16\ A\ (monopolar)$$

- Condição de proteção

$$I_a \geq I_c \rightarrow 16\ A > 4\ A\ (satisfaz)$$
$$I_a \leq I_{nc} \rightarrow 16\ A < 50\ A\ (satisfaz)$$

- Capacidade de ruptura

$$I_{cs} = 9,8\,kA \quad \to \quad I_{rd} = 15\,kA \text{ (satisfaz)}$$

Obs.: deixa-se para o leitor determinar doravante a capacidade de ruptura dos disjuntores monopolares e tripolares utilizando o mesmo procedimento.

A.13.1.3 QDL3

a) Circuito: 19

$$S = 2,5\,mm^2 \quad \to \quad I_{nc} = 21\,A$$

$$I_c = \frac{P}{V \times F_p} = \frac{1.500}{220 \times 0,90} = 7,5\,A \quad \to \quad I_{nd} = 16\,A \text{ (monopolar)}$$

- Condição de proteção

$$I_a \geq I_c \quad \to \quad 16\,A > 7,5\,A \text{ (satisfaz)}$$
$$I_a \leq I_{nc} \quad \to \quad 16\,A < 21\,A \text{ (satisfaz)}$$

b) Circuito: 20

$$S = 2,5\,mm^2 \quad \to \quad I_{nc} = 21\,A$$

$$I_c = \frac{P}{V \times F_p} = \frac{1.200}{220 \times 0,90} = 6\,A \quad \to \quad I_{nd} = 10\,A \text{ (monopolar)}$$

- Condição de proteção

$$I_a \geq I_c \quad \to \quad 16\,A > 6\,A \text{ (satisfaz)}$$
$$I_a \leq I_{nc} \quad \to \quad 16\,A < 21\,A \text{ (satisfaz)}$$

c) Circuito: 21

$$S = 1,5\,mm^2 \quad \to \quad I_{nc} = 15,5\,A$$

$$I_c = \frac{P}{V \times F_p} = \frac{2.720}{220 \times 0,90} = 13,7\,A \quad \to \quad I_{nd} = 16\,A \text{ (monopolar)}$$

- Condição de proteção

$$I_a \geq I_c \quad \to \quad 16\,A > 13,7\,A \text{ (satisfaz)}$$
$$I_a \leq I_{nc} \quad \to \quad 16\,A < 15,5\,A \text{ (satisfaz)}$$

Deve-se alterar a seção do condutor para $S_c = 2,5\,mm^2 \quad \to \quad I_{nc} = 21\,A$ (satisfaz)

d) Circuito: 22

$$S = 2,5\,mm^2 \quad \to \quad I_{nc} = 21\,A$$

$$I_c = \frac{P}{V \times F_p} = \frac{2.560}{220 \times 0,90} = 12,9\,A \quad \to \quad I_{nd} = 16\,A \text{ (monopolar)}$$

- Condição de proteção

$$I_a \geq I_c \quad \to \quad 16\,A > 12,9\,A \text{ (satisfaz)}$$
$$I_a \leq I_{nc} \quad \to \quad 16\,A < 21\,A \text{ (satisfaz)}$$

A.13.1.4 QDL4

a) Circuito: 23 e 24

$$S = 1,5\,mm^2 \quad \to \quad I_{nc} = 15,5\,A$$

$$I_c = \frac{P}{V \times F_p} = \frac{1.440}{220 \times 0,90} = 7,2\,A \quad \to \quad I_{nd} = 10\,A \text{ (monopolar)}$$

- Condição de proteção

$$I_a \geq I_c \rightarrow 10\text{ A} > 7{,}2\text{ A (satisfaz)}$$
$$I_a \leq I_{nc} \rightarrow 10\text{ A} < 15{,}5\text{ A (satisfaz)}$$

b) **Circuito da máquina de embalagem**

$$S = 2{,}5\text{ mm}^2 \rightarrow I_{nc} = 21\text{ A (valor mínimo)}$$

$$I_c = \frac{P}{V \times F_p} = \frac{1.900}{220 \times 0{,}90} = 9{,}5\text{ A} \rightarrow I_{nd} = 16\text{ A (monopolar)}$$

- Condição de proteção

$$I_a \geq I_c \rightarrow 16\text{ A} > 9{,}5\text{ A (satisfaz)}$$
$$I_a \leq I_{nc} \rightarrow 16\text{ A} < 21\text{ A (satisfaz)}$$

A.13.1.5 QDL5

a) Circuito: 26

$$S = 2{,}5\text{ mm}^2 \rightarrow I_{nc} = 21\text{ A}$$

$$I_c = \frac{P}{V \times F_p} = \frac{1.200}{220 \times 0{,}90} = 6{,}0\text{ A} \rightarrow I_{nd} = 16\text{ A (monopolar)}$$

- Condição de proteção

$$I_a \geq I_c \rightarrow 16\text{ A} > 6{,}0\text{ A (satisfaz)}$$
$$I_a \leq I_{nc} \rightarrow 16\text{ A} < 21\text{ A (satisfaz)}$$

b) Circuito: 27

$$S = 1{,}5\text{ mm}^2 \rightarrow I_{nc} = 15{,}5\text{ A}$$

$$I_c = \frac{P}{V \times F_p} = \frac{1.280}{220 \times 0{,}90} = 6{,}4\text{ A} \rightarrow I_{nd} = 10\text{ A (monopolar)}$$

- Condição de proteção

$$I_a \geq I_c \rightarrow 10\text{ A} > 6{,}4\text{ A (satisfaz)}$$
$$I_a \leq I_{nc} \rightarrow 10\text{ A} < 15{,}5\text{ A (satisfaz)}$$

c) Circuito: 28

$$S = 1{,}5\text{ mm}^2 \rightarrow I_{nc} = 15{,}5\text{ A}$$

$$I_c = \frac{P}{V \times F_p} = \frac{1.400}{220 \times 0{,}90} = 7{,}0\text{ A} \rightarrow I_{nd} = 10\text{ A (monopolar)}$$

- Condição de proteção

$$I_a \geq I_c \rightarrow 10\text{ A} > 7{,}0\text{ A (satisfaz)}$$
$$I_a \leq I_{nc} \rightarrow 10\text{ A} < 15{,}5\text{ A (satisfaz)}$$

d) Circuito: 29

$$S = 2{,}5\text{ mm}^2 \rightarrow I_{nc} = 21\text{ A}$$

$$I_c = \frac{P}{V \times F_p} = \frac{1.800}{220 \times 0{,}90} = 9{,}0\text{ A} \rightarrow I_{nd} = 16\text{ A (monopolar)}$$

- Condição de proteção

$$I_a \geq I_c \rightarrow 16\text{ A} > 9\text{ A (satisfaz)}$$
$$I_a \leq I_{nc} \rightarrow 16\text{ A} < 21\text{ A (satisfaz)}$$

e) Circuito: 30

$$S = 1{,}5 \text{ mm}^2 \quad \rightarrow \quad I_{nc} = 15{,}5 \text{ A}$$

$$I_c = \frac{P}{V \times F_p} = \frac{1.000}{220 \times 0{,}90} = 5{,}0 \text{ A} \quad \rightarrow \quad I_{nd} = 10 \text{ A (monopolar)}$$

- Condição de proteção

$$I_a \geq I_c \quad \rightarrow \quad 10 \text{ A} > 5 \text{ A (satisfaz)}$$

$$I_a \leq I_{nc} \quad \rightarrow \quad 10 \text{ A} < 15{,}5 \text{ A (satisfaz)}$$

f) Circuito: 31

$$S = 6 \text{ mm}^2 \quad \rightarrow \quad I_{nc} = 36 \text{ A}$$

$$I_c = \frac{P}{V \times F_p} = \frac{3.200}{220 \times 0{,}90} = 16{,}1 \text{ A} \quad I_{nd} = 20 \text{ A (monopolar)}$$

- Condição de proteção

$$I_a \geq I_c \quad \rightarrow \quad 20 \text{ A} > 16{,}1 \text{ A (satisfaz)}$$

$$I_a \leq I_{nc} \quad \rightarrow \quad 20 \text{ A} < 36 \text{ A (satisfaz)}$$

g) Circuito: 32

$$S = 10 \text{ mm}^2 \quad \rightarrow \quad I_{nc} = 50 \text{ A}$$

$$I_c = \frac{P}{V \times F_p} = \frac{4.000}{220 \times 0{,}90} = 20{,}2 \text{ A} \quad \rightarrow \quad I_{nd} = 32 \text{ A (monopolar)}$$

- Condição de proteção

$$I_a \geq I_c \quad \rightarrow \quad 32 \text{ A} > 20{,}2 \text{ A (satisfaz)}$$

$$I_a \leq I_{nc} \quad \rightarrow \quad 32 \text{ A} < 50 \text{ A (satisfaz)}$$

A.13.1.6 QDL6

a) Circuito: 33

$$S = 1{,}5 \text{ mm}^2 \quad \rightarrow \quad I_{nc} = 15{,}5 \text{ A}$$

$$I_c = \frac{P}{V \times F_p} = \frac{480}{220 \times 0{,}90} = 2{,}4 \text{ A} \quad \rightarrow \quad I_{nd} = 10 \text{ A (monopolar)}$$

- Condição de proteção

$$I_a \geq I_c \quad \rightarrow \quad 10 \text{ A} > 2{,}4 \text{ A (satisfaz)}$$

$$I_a \leq I_{nc} \quad \rightarrow \quad 10 \text{ A} < 15{,}5 \text{ A (satisfaz)}$$

b) Circuito: 34

$$S = 1{,}5 \text{ mm}^2 \quad \rightarrow \quad I_{nc} = 15{,}5 \text{ A}$$

$$I_c = \frac{P}{V \times F_p} = \frac{640}{220 \times 0{,}90} = 3{,}2 \text{ A} \quad \rightarrow \quad I_{nd} = 10 \text{ A (monopolar)}$$

- Condição de proteção

$$I_a \geq I_c \quad \rightarrow \quad 10 \text{ A} > 3{,}2 \text{ A (satisfaz)}$$

$$I_a \leq I_{nc} \quad \rightarrow \quad 10 \text{ A} < 15{,}5 \text{ A (satisfaz)}$$

c) Circuito: 35

$$S = 2,5 \text{ mm}^2 \rightarrow I_{nc} = 21 \text{ A}$$

$$I_c = \frac{P}{V \times F_p} = \frac{2.600}{220 \times 0,90} = 13,1 \text{ A} \rightarrow I_{nd} = 16 \text{ A (monopolar)}$$

- Condição de proteção

$$I_a \geq I_c \rightarrow 16 \text{ A} > 13,1 \text{ A (satisfaz)}$$

$$I_a \leq I_{nc} \rightarrow 16 \text{ A} < 21 \text{ A (satisfaz)}$$

d) Circuito: 36

$$S = 1,5 \text{ mm}^2 \rightarrow I_{nc} = 15,5 \text{ A}$$

$$I_c = \frac{P}{V \times F_p} = \frac{800}{220 \times 0,90} = 4 \text{ A} \rightarrow I_{nd} = 10 \text{ A (monopolar)}$$

- Condição de proteção

$$I_a \geq I_c \rightarrow 10 \text{ A} > 4 \text{ A (satisfaz)}$$

$$I_a \leq I_{nc} \rightarrow 10 \text{ A} < 15,5 \text{ A (satisfaz)}$$

e) Circuito: 37

$$S = 4 \text{ mm}^2 \rightarrow I_{nc} = 28 \text{ A}$$

$$I_c = \frac{P}{\sqrt{3} \times V \times F_p} = \frac{12.000}{\sqrt{3} \times 380 \times 0,90} = 20,2 \text{ A} \rightarrow I_{nd} = 25 \text{ A (monopolar)}$$

- Condição de proteção

$$I_a \geq I_c \rightarrow 20 \text{ A} > 20,2 \text{ A (satisfaz)}$$

$$I_a \leq I_{nc} \rightarrow 21 \text{ A} = 28 \text{ A (satisfaz)}$$

A.13.1.7 CCM1

Foi considerado que o tempo de partida de todos os motores é de $T_m = 3$ s.

Foi considerado que a corrente de partida do motor corresponderia à corrente nominal de partida (motor ligado a uma barra infinita). Assim, não se levou em conta a queda de tensão na partida do motor para reduzir o trabalho de cálculo. Esse procedimento para a forma aqui empregada é perfeitamente válido e está a favor da segurança.

a) Motor de 30 cv

$$I_{pm} = I_{nm} \times R_{cpm} \rightarrow I_{pm} = 43,3 \times 6,8 = 294,4 \text{ A}$$

$$I_{nm} = 43,3 \text{ A}$$

$$R_{cpm} = 6,8$$

$$I_{nf} \leq I_{pm} \times K$$

$$K = 0,4$$

$$I_{nf} \leq 294,4 \times 0,4 \leq 117,7 \text{ A} \rightarrow I_{nf} = 100 \text{ A}$$

- Condição de partida: fusível

$$I_{pm} = 294,4 \text{ A} \rightarrow T_{af} = 9 \text{ s } (9 \text{ a } 120 \text{ s}) \rightarrow T_{pm} < T_{af} \text{ (satisfaz)}$$

- Proteção do contator
  - Tipo: 3TF 46 – (Tabela 9.13)

$$I_{mf} = 100 \text{ A} \rightarrow I_{nf} = I_{mf} \text{ (satisfaz)}$$

- Relé térmico
  - Tipo: 3UA58-00-2F – (Tabela 10.2)

$$I_{mf} = 100 \text{ A} \rightarrow I_{nf} = I_{mf} \text{ (satisfaz)}$$

  - Faixa de ajuste: (32 – 50) A

$$I_{nm} = 43,3 \text{ A} \rightarrow I_{ar} = 44 \text{ A}$$

  - Condição de partida: relé

$$N = \frac{I_{pm}}{I_a} = \frac{294,4}{44} = 6,69 \rightarrow T_{ar} = 5,5 \text{ s} \rightarrow T_{pm} < T_{ar} \text{ (satisfaz)}$$

- Proteção do condutor contra curtos-circuitos

$$I_{cs} = 25,6 \text{ kA} \rightarrow I_{nf} = 100 \text{ A} \rightarrow T_{af} << 0,01 \text{ s (Figura 10.23)}$$

$$I_{cs} = 25,6 \text{ kA} \rightarrow I_{nf} = 100 \text{ A} \rightarrow I_{corte} = 10 \text{ kA (Figura 10.29)}$$

Com base na Equação (3.19), pode-se determinar o valor do tempo de suportabilidade da isolação do condutor perante as correntes de curto-circuito.

$$S_c = \frac{\sqrt{T_{sc}} \times I_{corte}}{0,34 \times \sqrt{\log\left(\frac{234+160}{234+70}\right)}} = \frac{\sqrt{T_{sc}} \times I_{corte}}{0,1147} \rightarrow T_{sc} = \frac{0,0131 \times S_c^2}{I_{corte}^2} \text{ (condutores de isolação PVC)}$$

$$S_c = \frac{\sqrt{T_{sc}} \times I_{corte}}{0,34 \times \sqrt{\log\left(\frac{234+270}{234+90}\right)}} = \frac{\sqrt{T_{sc}} \times I_{corte}}{0,1489} \rightarrow T_{sc} = \frac{0,02217 \times S_c^2}{I_{corte}^2} \text{ (condutor de isolação de XLPE/EPR)}$$

$$Sc = 10 \text{ mm}^2$$
$$I_{corte} = 10 \text{ kA}$$

$$T_{sc} = \frac{0,01302 \times S_c^2}{I_{corte}^2} = \frac{0,01302 \times 10^2}{10^2} = 0,013 \text{ s} \cong 60 \text{ ciclos}$$

$$T_{af} < T_{sc} \text{ (satisfaz)}$$

b) Motor de 7,5 cv

$$I_{pm} = I_{nm} \times R_{cpm} \rightarrow I_{pm} = 11,9 \times 7 = 83,3 \text{ A}$$
$$I_{nm} = 11,9 \text{ A}$$
$$R_{cpm} = 7$$
$$I_{nf} \leq I_{pm} \times K$$
$$K = 0,4$$
$$I_{nf} \leq 83,3 \times 0,4 \leq 33,3 \text{ A} \rightarrow I_{nf} = 25 \text{ A}$$

- Condição de partida: fusível

$$I_{pm} = 83,3 \text{ A} \rightarrow T_{af} = 1 \text{ s } (1,0 \text{ a } 20 \text{ s}) \rightarrow T_{pm} > T_{af} \text{ (não satisfaz)}$$

Como o fusível pode atuar durante a partida do motor deve-se redimensionar a sua corrente nominal, ou seja:

$$I_{nf} = 32 \text{ A} \rightarrow T_{af} = 4 \text{ s } (4 \text{ a } 120 \text{ s}) \rightarrow T_{pm} < T_{af} \text{ (satisfaz)}$$

- Proteção do contator
  - Tipo: 3TF 41-10 (Tabela 9.13)

$$I_{mf} = 16 \text{ A} \rightarrow I_{nf} > I_{mf} \text{ (não satisfaz)}$$

O contator deve ser alterado para o tipo: 3TF 44-11

$$I_{mf} = 63 \text{ A} \rightarrow I_{nf} < I_{mf} \text{ (satisfaz)}$$

- Relé térmico
  - Tipo: 3UA 55-00-2A (Tabela 10.2)

$$I_{mf} = 32 \text{ A} \rightarrow I_{nf} = I_{mf} \text{ (satisfaz)}$$

  - Faixa de ajuste: (10 – 16) A

$$I_{nm} = 11,9 \text{ A} \rightarrow I_{ar} = 12 \text{ A}$$

  - Condição de partida: relé

$$N = \frac{I_{pm}}{I_a} = \frac{83,3}{12} = 6,9 \rightarrow T_{ar} = 5 \text{ s} \rightarrow T_{pm} < T_{ar} \text{ (satisfaz)}$$

- Proteção do condutor contra curtos-circuitos

$$I_{cs} = 25,6 \text{ kA} \rightarrow I_{nf} = 32 \text{ A} \rightarrow T_{af} << 0,01 \text{ s (Figura 10.24)}$$
$$I_{cs} = 25,6 \text{ kA} \rightarrow I_{nf} = 32 \text{ A} \rightarrow I_{corte} = 4 \text{ kA (Figura 10.29)}$$

$$T_{sc} = \frac{0,01302 \times S_c^2}{I_{corte}^2} = \frac{0,01302 \times 2,5^2}{2^2} = 0,02 \text{ s}$$

$$T_{af} < T_{sc} \text{ (satisfaz: ver Figura 10.24)}$$

A.13.1.8 CCM2

a) Motor de 3 cv

$$I_{pm} = I_{nm} \times R_{cpm} \rightarrow I_{pm} = 5,5 \times 6,6 = 36,3 \text{ A}$$
$$I_{nm} = 5,5 \text{ A}$$
$$R_{cpm} = 6,6$$
$$I_{nf} \leq I_{pm} \times K$$
$$K = 0,5$$
$$I_{nf} \leq 36,3 \times 0,5 \leq 18,1 \text{ A} \rightarrow I_{nf} = 16 \text{ A}$$

- Condição de partida: fusível

$$I_{pm} = 36,3 \text{ A} \rightarrow T_{af} = 4 \text{ s (4 a 140 s)} \rightarrow T_{pm} < T_{af} \text{ (satisfaz)}$$

- Proteção do contator
  - Tipo: 3TF 43-10 (Tabela 9.13)

$$I_{mf} = 25 \text{ A} \rightarrow I_{nf} < I_{mf} \text{ (satisfaz)}$$

- Relé térmico
  - Tipo: 3UA 55-00-1J

$$I_{mf} = 25 \text{ A} \rightarrow I_{nf} < I_{mf} \text{ (satisfaz)}$$

  - Faixa de ajuste: (6,3 – 10) A

$$I_{nm} = 5,5 \text{ A} \rightarrow I_{ar} = 6 \text{ A}$$

  - Condição de partida: relé

$$N = \frac{I_{pm}}{I_a} = \frac{36,3}{6} = 6,0 \rightarrow T_{ar} = 6 \text{ s} \rightarrow T_{pm} < T_{ar} \text{ (satisfaz)}$$

Exemplo de aplicação

- Proteção do condutor contra curtos-circuitos

$$I_{cs} = 15,4 \text{ kA} \rightarrow I_{nf} = 16 \text{ A} \rightarrow T_{af} << 0,01 \text{ s (Figura 10.23)}$$

$$I_{cs} = 15,4 \text{ kA} \rightarrow I_{nf} = 16 \text{ A} \rightarrow I_{corte} = 1,05 \text{ kA (Figura 10.29)}$$

$$T_{sc} = \frac{0,01302 \times S_c^2}{I_{corte}^2} = \frac{0,01302 \times 2,5^2}{2^2} = 0,020 \text{ s}$$

$$T_{af} < T_{sc} \text{ (satisfaz)}$$

b) Motor de 5 cv

$$I_{pm} = I_{nm} \times R_{cpm} \rightarrow I_{pm} = 7,9 \times 7 = 55,3 \text{ A}$$

$$I_{nm} = 7,9 \text{ A}$$

$$R_{cpm} = 7$$

$$I_{nf} \leq I_{pm} \times K$$

$$K = 0,4$$

$$I_{nf} \leq 55,3 \times 0,4 \leq 22,1 \text{ A} \rightarrow I_{nf} = 20 \text{ A}$$

- Condição de partida: fusível

$$I_{pm} = 55,3 \text{ A} \rightarrow T_{af} = 15 \text{ s (15 a 40) s} \rightarrow T_{pm} < T_{af} \text{ (satisfaz)}$$

- Proteção do contator
  - Tipo: 3TF 40-10 (Tabela 9.13)

$$I_{mf} = 16 \text{ A} \rightarrow I_{nf} > I_{mf} \text{ (não satisfaz)}$$

O contator deve ser alterado para o tipo 3TF 43-10 $\rightarrow I_{mf} = 25 \text{ A} \rightarrow I_{nf} < I_{mf}$ (satisfaz)

- Relé térmico
  - Tipo: 3UA 55-00-1J (Tabela 10.2)

$$I_{mf} = 25 \text{ A} \rightarrow I_{nf} < I_{mf} \text{ (satisfaz)}$$

- Ajuste do relé térmico
- Faixa de ajuste: (6,3 – 10) A

$$I_{nm} = 7,9 \text{ A} \rightarrow I_{ar} = 8 \text{ A}$$

- Condição de partida: relé

$$N = \frac{I_{pm}}{I_a} = \frac{55,3}{8} = 6,9 \rightarrow T_{ar} = 5 \text{ s} \rightarrow T_{pm} < T_{ar} \text{ (satisfaz)s}$$

- Proteção do condutor contra curtos-circuitos

$$I_{cs} = 15,4 \text{ kA} \rightarrow I_{nf} = 20 \text{ A} \rightarrow T_{af} << 0,01 \text{ s (Figura 10.22)}$$

$$I_{cs} = 15,4 \text{ kA} \rightarrow I_{nf} = 20 \text{ A} \rightarrow I_{corte} = 2,7 \text{ kA (Figura 10.29)}$$

$$T_{sc} = \frac{0,01302 \times S_c^2}{I_{corte}^2} = \frac{0,01302 \times 2,5^2}{2,7^2} = 0,011 \text{ s}$$

$$T_{af} < T_{sc} \text{ (satisfaz)}$$

A.13.1.9 CCM3

a) Motor de 10 cv

$$I_{pm} = I_{nm} \times R_{cpm} \rightarrow I_{pm} = 15,4 \times 6,6 = 101,6 \text{ A}$$

$$I_{nm} = 15,4 \text{ A}$$

$$R_{cpm} = 6,6$$

$$I_{nf} \le I_{pm} \times K$$
$$K = 0,4$$
$$I_{l_{nf}} \le 101,6 \times 0,4 \le 40,6 \text{ A} \rightarrow I_{nf} = 32 \text{ A}$$

- Condição de partida: fusível

$$I_{pm} = 101,6 \text{ A} \rightarrow T_{af} = 3,5 \text{ s } (3,5 \text{ a } 100 \text{ s}) \rightarrow T_{pm} < T_{af} \text{ (satisfaz)}$$

- Proteção do contator
  – Tipo: 3TF 42-10 (Tabela 9.13)

$$I_{mf} = 25 \text{ A} \rightarrow I_{nf} > I_{mf} \text{ (não satisfaz)}$$

Alterar o contator para o tipo 3TF 44-11 (Tabela 9.13)

$$I_{mf} = 63 \text{A} \rightarrow I_{nf} < I_{mf} \text{ (satisfaz)}$$

- Relé térmico
  – Tipo: 3UA 55-00-2B (Tabela 10.2)

$$I_{mf} = 50 \text{ A} \rightarrow I_{nf} < I_{mf} \text{ (satisfaz)}$$

  – Faixa de ajuste: (12,5 – 20) A

$$I_{nm} = 15,4 \text{ A} \rightarrow I_{ar} = 16 \text{ A}$$

  – Condição de partida: relé

$$N = \frac{I_{pm}}{I_a} = \frac{101,6}{16} = 6,3 \rightarrow T_{ar} = 6 \text{ s} \rightarrow I_{pm} < T_{ar} \text{ (satisfaz)}$$

- Proteção do condutor contra curtos-circuitos

$$I_{cs} = 14,8 \text{ kA} \rightarrow I_{nf} = 32 \text{ A} \rightarrow T_{af} << 0,01 \text{ s (Figura 10.24)}$$
$$I_{cs} = 14,8 \text{ kA} \rightarrow I_{nf} = 32 \text{ A} \rightarrow I_{corte} = 3,5 \text{ kA (Figura 10.29)}$$
$$T_{sc} = \frac{0,01302 \times S_c^2}{I_{corte}^2} = \frac{0,01302 \times 4^2}{3,5^2} = 0,017 \text{ s}$$
$$T_{af} < T_{sc} \text{ (satisfaz)}$$

b) Motor de 5 cv

$$I_{pm} = I_{nm} \times R_{cpm} \rightarrow I_{pm} = 7,9 \times 7 = 55,3 \text{ A}$$
$$I_{nm} = 7,9 \text{ A}$$
$$R_{cpm} = 7$$
$$I_{nf} \le I_{pm} \times K$$
$$K = 0,4$$
$$I_{nf} \le 55,3 \times 0,4 \le 22,1 \text{ A} \rightarrow I_{nf} = 20 \text{ A}$$

- Condição de partida: fusível

$$I_{pm} = 55,3 \text{ A} \rightarrow T_{af} = 4 \text{ s } (4 \text{ a } 200) \text{ s} \rightarrow T_{pm} < T_{af} \text{ (satisfaz)}$$

- Proteção do contator
  – Tipo: 3TF 43-10 (Tabela 9.13)

$$I_{mf} = 25 \text{ A} \rightarrow I_{nf} < I_{mf} \text{ (satisfaz)}$$

- Relé térmico
  – Tipo: 3UA 55-00-1J (Tabela 10.2)

$$I_{mf} = 25 \text{ A} \rightarrow I_{nf} < I_{mf} \text{ (satisfaz)}$$

- Faixa de ajuste: (6,3 – 10) A

$$I_{nm} = 7,9 \text{ A} \rightarrow I_{ar} = 8 \text{ A}$$

- Condição de partida: relé

$$N = \frac{I_{pm}}{I_a} = \frac{55,3}{8} = 6,9 \rightarrow T_{ar} = 5 \text{ s} \rightarrow I_{pm} < T_{ar} \text{ (satisfaz)}$$

- Proteção do condutor contra curtos-circuitos

$$I_{cs} = 14,8 \text{ kA} \rightarrow I_{nf} = 20 \text{ A} \rightarrow T_{af} << 0,01 \text{ s (Figura 10.24)}$$

$$I_{cs} = 14,8 \text{ kA} \rightarrow I_{nf} = 20 \text{ A} \rightarrow I_{corte} = 2,8 \text{ kA (Figura 10.29)}$$

$$T_{sc} = \frac{0,01302 \times S_c^2}{I_{corte}^2} = \frac{0,01302 \times 2,5^2}{2,8^2} = 0,010 \text{ s}$$

$$T_{af} < T_{sc} \text{ (satisfaz)}$$

A.13.1.10 CCM4

O motor será acionado por meio de chave partida estática.

a) **Motor de 250 cv**

$$I_{pm} = 2.107 \text{ A (corrente de partida do motor)}$$

$$I_{nf} \leq 0,40 \times 2.107 \leq 842,8 \text{ A}$$

$$I_{nf} = 630 \text{ A}$$

- Tipo do fusível: partida rápida

Deve-se utilizar um fusível de característica rápida, tipo NH, para garantir a proteção dos componentes semicondutores da chave. O fusível deve garantir a partida do motor.

- Chave de partida adotada: chave de partida estática (*soft-starter*)
  – Tipo: SSW0-0365 – WEG (Tabela 9.15)

- Relé térmico eletrônico incorporado à chave

Deve-se ajustar a proteção de sobrecarga de acordo com o catálogo do fabricante da chave *soft-starter*.

A.13.1.11 CCM5

a) **Motor de 15 cv**

$$I_{pm} = I_{nm} \times R_{cpm} \rightarrow I_{pm} = 26 \times 7,8 = 202,8 \text{ A}$$

$$I_{nm} = 26 \text{ A}$$

$$R_{cpm} = 7,8$$

$$I_{nf} \leq I_{pm} \times K$$

$$K = 0,4$$

$$I_{I_{nf}} \leq 202,8 \times 0,4 \leq 81,1 \text{ A} \rightarrow I_{nf} = 80 \text{ A}$$

- Condição de partida: fusível

$$I_{pm} = 202,8 \text{ A} \rightarrow T_{af} = 40 \text{ s (40 a 500 s)} \rightarrow T_{pm} < T_{af} \text{ (satisfaz)}$$

- Proteção do contator
  – Tipo: 3TF 43-10 (Tabela 9.13)

$$I_{mf} = 25 \text{ A} \rightarrow I_{nf} > I_{mf} \text{ (não satisfaz)}$$

Alterar o contator para o tipo 3TF 44-11 e também a corrente nominal do fusível para $I_{nf} = 63$ A, ou seja:

$$I_{mf} = 63 \text{ A} \rightarrow I_{nf} = I_{mf} \text{(satisfaz)}$$

$$I_{pm} = 202,8 \text{ A} \rightarrow T_{af} = 4 \text{ s (4 a 40 s)}$$

$$T_{pm} < T_{af} \text{ (satisfaz)}$$

- Relé térmico
  - Tipo: 3UA 55-00-2D – (Tabela 10.2)

$$I_{mf} = 63 \text{ A} \rightarrow I_{nf} = I_{mf} \text{ (satisfaz)}$$

- Faixa de ajuste: (20 – 32) A

$$I_{nm} = 26 \text{ A} \rightarrow I_{ar} = 27 \text{ A}$$

- Condição de partida: relé

$$N = \frac{I_{pm}}{I_a} = \frac{202,8}{27} = 7,5 \rightarrow T_{ar} = 5 \text{ s} \rightarrow I_{pm} < T_{ar} \text{ (satisfaz)}$$

- Proteção do condutor contra curtos-circuitos

$$I_{cs} = 12,3 \text{ kA} \rightarrow I_{nf} = 63 \text{ A} \rightarrow T_{af} << 0,01 \text{ s (Figura 10.23)}$$

$$I_{cs} = 12,3 \text{ kA} \rightarrow I_{nf} = 63 \text{ A} \rightarrow I_{corte} = 6 \text{ kA (Figura 10.29)}$$

$$T_{sc} = \frac{0,01302 \times S_c^2}{I_{corte}^2} = \frac{0,01302 \times 10^2}{6^2} = 0,036 \text{ s}$$

$$T_{af} < T_{sc} \text{ (satisfaz)}$$

b) **Motor de 7,5 cv**

$$I_{pm} = I_{nm} \times R_{cpm} \rightarrow I_{pm} = 11,9 \times 7 = 83,3 \text{ A}$$

$$I_{nm} = 11,9 \text{ A}$$

$$R_{cpm} = 7$$

$$I_{nf} \leq I_{pm} \times K$$

$$K = 0,4$$

$$I_{nf} \leq 83,3 \times 0,4 \leq 33,3 \text{ A} \rightarrow I_{nf} = 25 \text{ A}$$

- Condição de partida: fusível

$$I_{pm} = 83,3 \text{ A} \rightarrow T_{af} = 1 \text{ s (1 a 20) s} \rightarrow T_{pm} > T_{af} \text{ (não satisfaz)}$$

Deve-se elevar o valor da corrente nominal do fusível para 32 A

$$I_{pm} = 83,3 \text{ A} \rightarrow T_{af} = 3,5 \text{ s (3,5 a 120) s} \rightarrow T_{pm} < T_{af} \text{ (satisfaz)}$$

- Proteção do contator
  - Tipo: 3TF 41-10 (Tabela 9.13)

$$I_{mf} = 16 \text{ A} \rightarrow I_{nf} > I_{mf} \text{ (não satisfaz)}$$

Alterar o contator para o tipo 3TF 44-11

$$I_{mf} = 63 \text{ A} \rightarrow I_{nf} < I_{mf} \text{ (satisfaz)}$$

- Relé térmico
  - Tipo: 3UA 55-00-2A (Tabela 10.2)

$$I_{mf} = 32 \text{ A} \rightarrow I_{nf} = I_{mf} \text{ (satisfaz)}$$

- Faixa de ajuste: (10 – 16) A

$$I_{nm} = 11,9 \text{ A} \rightarrow I_{ar} = 12 \text{ A}$$

– Condição de partida: relé

$$N = \frac{I_{pm}}{I_a} = \frac{83,3}{12} = 6,9 \rightarrow T_{ar} = 5\text{ s} \rightarrow I_{pm} < T_{ar} \text{ (satisfaz)}$$

- Proteção do condutor contra curtos-circuitos

$$I_{cs} = 12,3\text{ kA} \rightarrow I_{nf} = 32\text{ A} \rightarrow T_{af} << 0,01\text{ s (Figura 10.24)}$$
$$I_{cs} = 12,3\text{ kA} \rightarrow I_{nf} = 32\text{ A} \rightarrow I_{corte} = 3,5\text{ kA (Figura 10.29)}$$

$$T_{sc} = \frac{0,01302 \times S_c^2}{I_{corte}^2} = \frac{0,01302 \times 4^2}{3,5^2} = 0,017\text{ s}$$

$$T_{af} < T_{sc} \text{ (satisfaz)}$$

A.13.1.12 CCM6

a) Motor de 20 cv

$$I_{pm} = I_{nm} \times R_{cpm} \rightarrow I_{pm} = 28,8 \times 6,8 = 195,8\text{ A}$$
$$I_{nm} = 28,8\text{ A}$$
$$R_{cpm} = 6,8$$
$$I_{nf} \leq I_{pm} \times K$$
$$K = 0,4$$
$$I_{I_{nf}} \leq 195,8 \times 0,4 \leq 78,3\text{ A} \rightarrow I_{nf} = 63\text{ A}$$

- Condição de partida: fusível

$$I_{pm} = 195,8\text{ A} \rightarrow T_{af} = 5\text{ s (5 a 40 s)} \rightarrow T_{pm} < T_{af} \text{ (satisfaz)}$$

- Proteção do contator
  – Tipo: 3TF 44-11 (Tabela 9.13)

$$I_{mf} = 63\text{ A} \rightarrow I_{nf} = I_{mf} \text{ (satisfaz)}$$

- Relé térmico
Tipo: 3UA 58-00-2D (Tabela 10.2)

$$I_{mf} = 63\text{ A} \rightarrow I_{nf} = I_{mf} \text{ (satisfaz)}$$

– Faixa de ajuste: (20 – 32) A

$$I_{nm} = 28,8\text{ A} \rightarrow I_{ar} = 30\text{ A}$$

– Condição de partida: relé

$$N = \frac{I_{pm}}{I_a} = \frac{195,8}{30} = 6,5 \rightarrow T_{ar} = 5,5\text{ s} \rightarrow I_{pm} < T_{ar} \text{ (satisfaz)}$$

- Proteção do condutor contra curtos-circuitos

$$I_{cs} = 14,5\text{ kA} \rightarrow I_{nf} = 63\text{ A} \rightarrow T_{af} << 0,01\text{ s (Figura 10.23)}$$
$$I_{cs} = 14,5\text{ kA} \rightarrow I_{nf} = 63\text{ A} \rightarrow I_{corte} = 6\text{ kA (Figura 10.29)}$$

$$T_{sc} = \frac{0,01302 \times S_c^2}{I_{corte}^2} = \frac{0,01302 \times 16^2}{6^2} = 0,092\text{ s}$$

$$T_{af} < T_{sc} \text{ (satisfaz)}$$

A.13.1.13 CCM7

a) Motor de 30 cv

$$I_{pm} = I_{nm} \times R_{cpm} \rightarrow I_{pm} = 43,3 \times 6,8 = 294,4\text{ A}$$
$$I_{nm} = 43,3\text{ A}$$

$$R_{cpm} = 6,8$$
$$I_{nf} \leq I_{pm} \times K$$
$$K = 0,4$$
$$I_{I_{nf}} \leq 294,4 \times 0,4 \leq 117,7 \text{ A} \rightarrow I_{nf} = 100 \text{ A}$$

- Condição de partida: fusível

$$I_{pm} = 294,4 \text{ A} \rightarrow T_{af} = 10 \text{ s (10 a 160 s)} \rightarrow T_{pm} < T_{af} \text{ (satisfaz)}$$

- Proteção do contator
  – Tipo: 3TF 46-22 (Tabela 9.13)

$$I_{mf} = 100 \text{ A} \rightarrow I_{nf} = I_{mf} \text{ (satisfaz)}$$

- Proteção do relé térmico
  – Tipo: 3UA 58-00-2F (Tabela 10.2)

$$I_{mf} = 100 \text{ A} \rightarrow I_{nf} = I_{mf} \text{ (satisfaz)}$$

  – Faixa de ajuste: (32 – 50) A

$$I_{nm} = 43,3 \text{ A} \rightarrow I_{ar} = 44 \text{ A}$$

  – Condição de partida: relé

$$N = \frac{I_{pm}}{I_a} = \frac{294,4}{44} = 6,6 \rightarrow T_{ar} = 5,5 \text{ s} \rightarrow I_{pm} < T_{ar} \text{ (satisfaz)}$$

- Proteção do condutor contra curtos-circuitos

$$I_{cs} = 21,3 \text{ kA} \rightarrow I_{nf} = 100 \text{ A} \rightarrow T_{af} << 0,01 \text{ s (Figura 10.23)}$$
$$I_{cs} = 21,3 \text{ kA} \rightarrow I_{nf} = 100 \text{ A} \rightarrow I_{corte} = 9 \text{ kA (Figura 10.29)}$$
$$T_{sc} = \frac{0,01302 \times S_c^2}{I_{corte}^2} = \frac{0,01302 \times 25^2}{9^2} = 0,100 \text{ s}$$
$$T_{af} < T_{sc} \text{ (satisfaz)}$$

A.13.1.14 CCM8

a) Motor de 25 cv

$$I_{pm} = I_{nm} \times R_{cpm} \rightarrow I_{pm} = 35,5 \times 6,7 = 237,8 \text{ A}$$
$$I_{nm} = 35,5 \text{ A}$$
$$R_{cpm} = 6,7$$
$$I_{nf} \leq I_{pm} \times K$$
$$K = 0,4$$
$$I_{nf} \leq 237,8 \times 0,4 \leq 95,1 \text{ A} \rightarrow I_{nf} = 80 \text{ A}$$

- Condição de partida: fusível

$$I_{pm} = 237,8 \text{ A} \rightarrow T_{af} = 13 \text{ s (13 a 160 s)} \rightarrow T_{pm} < T_{af} \text{ (satisfaz)}$$

- Proteção do contator
  – Tipo: 3TF 45-11 (Tabela 9.13)

$$I_{mf} = 63 \text{ A} \rightarrow I_{nf} > I_{mf} \text{ (não satisfaz)}$$

Alterar o contator para o tipo 3TF 46-22 (Tabela 9.13)

$$I_{mf} = 100 \text{ A} \rightarrow I_{nf} < I_{mf} \text{ (satisfaz)}$$

A redução da corrente nominal do fusível para $I_{nf} = 63$ A não é possível em função da partida do motor

- Relé térmico
  - Tipo: 3UA 55-00-2F (Tabela 10.2)

$$I_{mf} = 100 \text{ A} \quad \rightarrow \quad I_{nf} < I_{mf} \text{ (satisfaz)}$$

  - Faixa de ajuste: (32 – 50) A

$$I_{nm} = 35,5 \text{ A} \quad \rightarrow \quad I_{ar} = 36 \text{ A}$$

  - Condição de partida: relé

$$N = \frac{I_{pm}}{I_a} = \frac{237,8}{36} = 6,6 \quad \rightarrow \quad T_{ar} = 5,5 \text{ s} \quad \rightarrow \quad I_{pm} < T_{ar} \text{ (satisfaz)}$$

- Proteção do condutor contra curtos-circuitos

$$I_{cs} = 18,7 \text{ kA} \quad \rightarrow \quad I_{nf} = 80 \text{ A} \quad \rightarrow \quad T_{af} << 0,01 \text{ s (Figura 10.24)}$$

$$I_{cs} = 18,7 \text{ kA} \quad \rightarrow \quad I_{nf} = 80 \text{ A} \quad \rightarrow \quad I_{corte} = 9 \text{ kA (Figura 10.29)}$$

$$T_{sc} = \frac{0,01302 \times S_c^2}{I_{corte}^2} = \frac{0,01302 \times 25^2}{9^2} = 0,100 \text{ s}$$

$$T_{af} < T_{sc} \text{ (satisfaz)}$$

A.13.2 Circuitos de distribuição

A.13.2.1 QGF – QDL1

- Disjuntor compensado

$$S = 95 \text{ mm}^2 \quad \rightarrow \quad I_{nc} = 179 \text{ A (Tabela 3.6)}$$

$$I_{ad} = \frac{P_c}{\sqrt{3} \times V \times F_p} = \frac{47.860}{\sqrt{3} \times 380 \times 0,90} = 80,7 \text{ A} \quad \rightarrow \quad I_{nd} = 100 \text{ A}$$

  - Tipo: DBT3 (Tabela 10.3)
  - Faixa de ajuste: (70 – 100) A
  - Ajuste: $I_a = 85$ A
  - Capacidade de ruptura: $I_{rd} = 40$ kA

- Condição de proteção

$$I_a \geq I_c \quad \rightarrow \quad 85 \text{ A} > 80,7 \text{ A (satisfaz)}$$

$$I_a \leq I_{nc} \quad \rightarrow \quad 85 \text{ A} < 179 \text{ A (satisfaz)}$$

- Capacidade de ruptura do disjuntor

$$I_{cs} = 33,5 \text{ kA} \quad \rightarrow \quad I_{cs} < I_{rd} \text{ (satisfaz)}$$

- Proteção do condutor contra curtos-circuitos

$$I_{cs} = 33,5 \text{ kA} \quad \rightarrow \quad N = \frac{I_{cs}}{I_a} = \frac{33.528}{85} = 394 \quad \rightarrow \quad T_{ad} < 0,013 \text{ s (Figura 10.15)}$$

$$S_c = 95 \text{ mm}^2 \quad \rightarrow \quad I_{cs} = 33,5 \text{ kA} \quad \rightarrow \quad T_{sc} = 8 \text{ ciclos } (0,133 \text{ s – Figura 3.28}) \rightarrow T_{ad} < T_{sc} \text{ (satisfaz)}$$

A.13.2.2 QGF – QDL2

- Disjuntor compensado

$$S = 150 \text{ mm}^2 \quad \rightarrow \quad I_{nc} = 230 \text{ A (Tabela 3.6)}$$

$$I_{ad} = \frac{P_c}{\sqrt{3} \times V \times F_p} = \frac{56.540}{\sqrt{3} \times 380 \times 0,90} = 95,4 \text{ A} \quad \rightarrow \quad I_{nd} = 160 \text{ A}$$

- Tipo: DBT3 (Tabela 10.3)
- Faixa de ajuste: (112 – 160) A
- Ajuste: $I_a = 100$ A
- Capacidade de ruptura: $I_{rd} = 40$ kA

• Condição de proteção

$$I_a \geq I_c \rightarrow 100 \text{ A} > 95,4 \text{ A (satisfaz)}$$

$$I_a \leq I_{nc} \rightarrow 100 \text{ A} < 230 \text{ A (satisfaz)}$$

• Capacidade de ruptura do disjuntor

$$I_{cs} = 32,1 \text{ kA} \rightarrow I_{cs} < I_{rd} \text{ (satisfaz)}$$

• Proteção do condutor contra curtos-circuitos

$$I_{cs} = 33,5 \text{ kA} \rightarrow N = \frac{I_{cs}}{I_a} = \frac{33.528}{100} = 335 \rightarrow T_{ad} = 0,013 \text{ s (Figura 10.15)}$$

$$S_c = 150 \text{ mm}^2 \rightarrow I_{cs} = 33,5 \text{ kA} \rightarrow T_{sc} = 30 \text{ ciclos } (0,5 \text{ s} - \text{Figura 3.28}) \rightarrow T_{ad} < T_{sc} \text{ (satisfaz)}$$

A.13.2.3 QGF – QDL3

• Disjuntor compensado

$$S = 4 \text{ mm}^2 \rightarrow I_{nc} = 31 \text{ A (Tabela 3.6)}$$

$$A\, I_{ad} = \frac{P_c}{\sqrt{3} \times V \times F_p} = \frac{7.980}{\sqrt{3} \times 380 \times 0,90} = 13,4 \text{ A} \rightarrow I_{nd} = 25 \text{ A}$$

- Tipo: DBT1 (Tabela 10.6)
- Ajuste: $I_a = I_{nd} = 25$ A

• Condição de proteção

$$I_a \geq I_c \rightarrow 25 \text{ A} > 13,4 \text{ A (satisfaz)}$$

$$I_a \leq I_{nc} \rightarrow 25 \text{ A} < 31 \text{ A (satisfaz)}$$

• Capacidade de ruptura do disjuntor

$$I_{cs} = 33,5 \text{ kA} \rightarrow I_{rd} = 70 \text{ kA (Tabela 10.63)} \rightarrow I_{rd} > I_{cs} \text{ (satisfaz)}$$

• Proteção do condutor contra curtos-circuitos

$$I_{cs} = 33,5 \text{ kA} \rightarrow N = \frac{I_{cs}}{I_a} = \frac{33.528}{25} = 1.341 \rightarrow T_{ad} = 0,013 \text{ s (Figura 10.15)}$$

$$S_c = 4 \text{ mm}^2 \rightarrow I_{cs} = 33,5 \text{ kA} \rightarrow T_{sc} \ll 1 \text{ ciclo } (0,0016 \text{ s} - \text{Figura 3.29}) \rightarrow T_{ad} > T_{sc} \text{ (nã o satisfaz)}$$

Será necessário pré-ligar ao disjuntor um fusível de 25 A, ou seja:

$$S_c = 4 \text{ mm}^2 \rightarrow I_{cs} = 33,5 \text{ kA} \rightarrow T_{af} \ll 0,001 \text{ s (Figura 3.23)}$$

Como não foi possível definir o tempo de atuação do fusível e o tempo de suportabilidade do cabo isolado iremos utilizar as propriedades de limitação da corrente de curto-circuito dos fusíveis. Utilizando o gráfico de limitação da corrente dos fusíveis NH expresso na Figura 10.29, temos:

$$S_c = 4 \text{ mm}^2 \rightarrow I_{cs} = 33,5 \text{ kA} \rightarrow I_{\lim} = 4.500 \text{ A}$$

$$T_{sc} = \frac{0,01302 \times S_c^2}{I_{corte}^2} = \frac{0,01302 \times 4^2}{4,5^2} = 0,0102 \text{ s}$$

Ainda é incerto a suportabilidade do cabo à corrente de curto-circuito de 4.500 A em decorrência do tempo de atuação do fusível. A solução é substituir o condutor por outro de maior seção que possa suportar a corrente de curto-circuito. Admitiremos o condutor de 25 mm².

$$T_{sc} = \frac{0,01302 \times S_c^2}{I_{corte}^2} = \frac{0,01302 \times 25^2}{4,5^2} = 0,40 \text{ s} \rightarrow T_{af} << 0,001 \text{ s (condição satisfeita)}$$

A.13.2.4 QGF – QDL4

- Disjuntor compensado

$$S = 2,5 \text{ mm}^2 \rightarrow I_{nc} = 24 \text{ A}$$

$$I_{ad} = \frac{P_c}{V \times F_p} = \frac{4.780}{\sqrt{3} \times 380 \times 0,90} = 8 \text{ A} \rightarrow I_{nd} = 16 \text{ A}$$

- Tipo: DBT1 (Tabela 10.3)
- Ajuste: $I_a = I_{nd} = 16$ A

- Condição de proteção

$$I_a \geq I_c \rightarrow 16 \text{ A} > 8 \text{ A (satisfaz)}$$
$$I_a \leq I_{nc} \rightarrow 16 \text{ A} < 24 \text{ A (satisfaz)}$$

- Capacidade de ruptura do disjuntor

$$I_{cs} = 33,5 \text{ kA} \rightarrow I_{rd} = 70 \text{ kA (Tabela 10.3)} \rightarrow I_{rd} > I_{cs} \text{ (satisfaz)}$$

- Proteção do condutor contra curtos-circuitos

$$I_{cs} = 33,5 \text{ kA} \rightarrow N = \frac{I_{cs}}{I_a} = \frac{33.528}{25} = 1.340 \rightarrow T_{ad} = 0,013 \text{ s (Figura 10.15)}$$

$$S_c = 150 \text{ mm}^2 \rightarrow I_{cs} = 33,5 \text{ kA} \rightarrow T_{sc} = 16 \text{ ciclos } (0,266 \text{ s – Figura 3.28}) \rightarrow T_{ad} < T_{sc} \text{ (satisfaz)}$$

A.13.2.5 QGF – QDL5

- Disjuntor compensado

$$S = 10 \text{ mm}^2 \rightarrow I_{nc} = 52 \text{ A}$$

$$I_{ad} = \frac{P_c}{\sqrt{3} \times V \times F_p} = \frac{13.880}{\sqrt{3} \times 380 \times 0,90} = 23,4 \text{ A} \rightarrow I_{nd} = 25 \text{ A}$$

- Tipo: DBT1 (Tabela 10.3)
- Ajuste: $I_a = 25$ A
- Capacidade de ruptura: 6 kA (Tabela 10.6)

- Condição de proteção

$$I_a \geq I_c \rightarrow 25 \text{ A} > 23,4 \text{ A (satisfaz)}$$
$$I_a \leq I_{nc} \rightarrow 25 \text{ A} < 52 \text{ A (satisfaz)}$$

- Capacidade de ruptura do disjuntor

$$I_{cs} = 33,5 \text{ kA} \rightarrow I_{rd} = 70 \text{ kA} \rightarrow I_{rd} > I_{sc} \text{ (satisfaz)}$$

- Proteção do condutor contra curtos-circuitos

$$T_{sc} = \frac{0,01302 \times S_c^2}{I_{cs}^2} = \frac{0,01302 \times 10^2}{4,5^2} = 0,064 \text{ s}$$

$$S_c = 10 \text{ mm}^2 \rightarrow I_{cs} = 33,5 \text{ kA} \rightarrow T_{sc} << 1 \text{ ciclo } (0,0016 \text{ s – Figura 3.29}) \rightarrow T_{ad} > T_{sc} \text{ (não satisfaz)}$$

Devemos proceder da mesma forma como foi realizada no item **3.23 QGF – QDL3**, isto é, elevar a seção do condutor.

A.13.2.6 QGF – QDL6

- Disjuntor compensado

$$S = 16 \text{ mm}^2 \rightarrow I_{nc} = 67 \text{ A}$$

$$I_{ad} = \frac{P_c}{\sqrt{3} \times V \times F_{cd} \times F_p} = \frac{16.520}{\sqrt{3} \times 380 \times 0,90} = 27,8 \text{ A} \rightarrow I_{nd} = 32 \text{ A}$$

– Tipo: DBT1 (Tabela 10.3)
– Ajuste: $I_a = 32$ A
– Capacidade de ruptura: 70 kA

- Condição de proteção

$$I_a \geq I_c \rightarrow 32 \text{ A} > 27,8 \text{ A (satisfaz)}$$

$$I_a \leq I_{nc} \rightarrow 32 \text{ A} < 67 \text{ A (satisfaz)}$$

- Capacidade de ruptura do disjuntor

$$I_{cs} = 33,5 \text{ kA} \rightarrow I_{rd} = 70 \text{ kA} \rightarrow I_{cs} < I_{rd} \text{ (satisfaz)}$$

- Proteção do condutor contra curtos-circuitos

$$I_{cs} = 33,5 \text{ kA} \rightarrow N = \frac{I_{cs}}{I_a} = \frac{33.528}{30} = 1.117 \rightarrow T_{ad} < 0,013 \text{ s (Figura 10.15)}$$

$$T_{sc} = \frac{0,01302 \times S_c^2}{I_{cs}^2} = \frac{0,01302 \times 16^2}{33,5^2} = 0,0099 \text{ s} \rightarrow T_{ad} >> T_{sc} \text{ (não satisfaz)}$$

$$S_c = 16 \text{ mm}^2 \rightarrow I_{cs} = 33,5 \text{ kA} \rightarrow T_{sc} << 1 \text{ ciclo } (0,0016 \text{ s} - \text{Figura 3.29}) \rightarrow T_{ad} > T_{sc} \text{ (não satisfaz)}$$

Devemos proceder da mesma forma como foi realizada no item **3.23 QGF – QDL3**, isto é, elevar a seção do condutor.

A.13.2.7 QGF – CCM1

- Corrente nominal do fusível

$$I_{nf} \leq I_{pnm} \times K + \Sigma I_{nm}$$

$$I_{nf} \leq 43,3 \times 6,8 \times 0,4 + 6 \times 11,9 + 43,3 \leq 232,4 \text{ A} \rightarrow I_{nf} = 200 \text{ A}$$

- Chave seccionadora

$$I_{nch} \geq 1,15 \times I_c \geq 1,15 \times (2 \times 43,3 + 6 \times 11,9) \geq 1,15 \times 158 \geq 181,7 \text{ A}$$

– Tipo: S32 – 400/3 → $I_{nch} = 190$ A/380 V (Tabela 9.14)

$$I_{mf} = 400 \text{ A} \rightarrow I_{nf} < I_{mf} \text{ (satisfaz)}$$

- Proteção do condutor contra curtos-circuitos

$$I_{cs} = 33,5 \text{ kA} \rightarrow I_{nf} = 200 \text{ A} \rightarrow T_{af} << 0,01 \text{ s} \rightarrow I_{corte} = 13 \text{ kA}$$

$$T_{sc} = \frac{0,01302 \times S_c^2}{I_{corte}^2} = \frac{0,01302 \times 400^2}{13^2} = 12,3 \text{ s} \rightarrow T_{af} < T_{sc} \text{ (satisfaz)}$$

A.13.2.8 QGF – CCM2

- Corrente nominal do fusível

$$I_{nf} \leq I_{pnm} \times K + \Sigma I_{nm}$$

$$I_{nf} \leq 7,9 \times 7 \times 0,4 + 5 \times 7,9 + 9 \times 5,5 \leq 111,12 \text{ A} \rightarrow I_{nf} = 100 \text{ A}$$

- Chave seccionadora

$$I_{nch} \geq 1,15 \times I_c \geq 1,15 \times (6 \times 7,9 + 9 \times 5,5) \geq 1,15 \times 96,9 \geq 111,4 \text{ A}$$

- Tipo: S32 – 250/3 → $I_{nch} = 160$ A

$$I_{mf} = 250 \text{ A} \quad \rightarrow \quad I_{nf} < I_{mf} \text{ (satisfaz)}$$

- Proteção do condutor contra curtos-circuitos

$$I_{cs} = 33,5 \text{ kA} \quad \rightarrow \quad I_{nf} = 100 \text{ A} \quad \rightarrow \quad T_{af} << 0,010 \text{ s} \quad \rightarrow \quad I_{corte} = 11 \text{ kA}$$

$$T_{sc} = \frac{0,01302 \times S_c^2}{I_{corte}^2} = \frac{0,01302 \times 150^2}{11^2} = 2,4 \text{ s} \quad \rightarrow \quad T_{af} < T_{sc} \text{ (satisfaz)}$$

A.13.2.9 QGF – CCM3

- Corrente nominal do fusível

$$I_{nf} \leq I_{pnm} \times K + \Sigma I_{nm}$$

$$I_{nf} \leq 15,4 \times 6,6 \times 0,4 + 6 \times 15,4 + 3 \times 7,9 \leq 156,7 \text{ A} \quad \rightarrow \quad I_{nf} = 125 \text{ A}$$

- Chave seccionadora

$$I_{nch} \geq 1,15 \times I_c \geq 1,15 \times (7 \times 15,4 + 3 \times 7,9) \geq 1,15 \times 131,5 \geq 151,2 \text{ A}$$

- Tipo: S32 – 400/3 → $I_{nch} = 190$ A/380 V

$$I_{mf} = 400 \text{ A} \quad \rightarrow \quad I_{nf} < I_{mf} \text{ (satisfaz)}$$

- Proteção do condutor contra curtos-circuitos

$$I_{cs} = 33,5 \text{ kA} \quad \rightarrow \quad I_{nf} = 125 \text{ A} \quad \rightarrow \quad T_{af} << 0,010 \text{ s} \quad \rightarrow \quad I_{corte} = 12 \text{ kA}$$

$$T_{sc} = \frac{0,01302 \times S_c^2}{I_{corte}^2} = \frac{0,01302 \times 240^2}{12^2} = 5,2 \text{ s} \quad \rightarrow \quad T_{af} < T_{sc} \text{ (satisfaz)}$$

A.13.2.10 QGF – CCM4

- Corrente nominal do fusível

$$I_{nf} \leq I_{pnm} \times K + \Sigma I_{nm}$$

$$I_{nf} \leq 327,4 \times 6,8 \times 0,3 + 327,4 \leq 995,2 \text{ A} \quad \rightarrow \quad I_{nf} = 800 \text{ A}$$

- Chave seccionadora

$$I_{nch} \geq 1,15 \times I_c \geq 1,15 \times 2 \times 327,4 \geq 1,15 \times 654,8 \geq 753,0 \text{ A}$$

- Tipo: S32 – 1.250/3 → $I_{nch} = 870$ A/380 V

$$I_{mf} = 1.250 \text{ A} \quad \rightarrow \quad I_{nf} < I_{mf} \text{ (satisfaz)}$$

- Proteção do condutor contra curtos-circuitos

$$I_{cs} = 33,5 \text{ kA} \quad \rightarrow \quad I_{nf} = 800 \text{ A} \quad \rightarrow \quad T_{af} < 0,01 \text{ s} \quad \rightarrow \quad \text{não há limitação de corrente}$$

$$T_{sc} = \frac{0,01302 \times S_c^2}{I_{cs}^2} = \frac{0,01302 \times (4 \times 400)^2}{33,5^2} = 29,7 \text{ s} \quad \rightarrow \quad T_{af} < T_{sc} \text{ (satisfaz)}$$

A.13.2.11 QGF – CCM5

- Corrente nominal do fusível

$$I_{nf} \leq I_{pnm} \times K + \Sigma I_{nm}$$

$$I_{nf} \leq 26 \times 7,8 \times 0,4 + 5 \times 26 + 3 \times 11,9 \leq 246,8 \text{ A} \quad \rightarrow \quad I_{nf} = 200 \text{ A}$$

- Chave seccionadora

$$I_{nch} \geq 1{,}15 \times I_c \geq 1{,}15 \times (6 \times 26 + 3 \times 11{,}9) \geq 1{,}15 \times 191{,}7 \geq 220{,}4 \text{ A}$$

– Tipo: S32 – 630/3 → $I_{nch} = 382 \text{ A}/380 \text{ V}$

$$I_{mf} = 630 \text{ A} \quad \rightarrow \quad I_{nf} < I_{mf} \text{ (satisfaz)}$$

- Proteção do condutor contra curtos-circuitos

$$I_{cs} = 33{,}5 \text{ kA} \rightarrow I_{nf} = 200 \text{ A} \rightarrow T_{af} << 0{,}010 \text{ s} \rightarrow I_{corte} = 13 \text{ kA}$$

$$T_{sc} = \frac{0{,}01302 \times S_c^2}{I_{cortes}^2} = \frac{0{,}01302 \times 500^2}{13^2} = 19{,}2 \text{ s} \quad \rightarrow \quad T_{af} < T_{sc} \text{ (satisfaz)}$$

A.13.2.12 QGF – CCM6

- Corrente nominal do fusível

$$I_{nf} \leq I_{pnm} \times K + \Sigma I_{nm}$$

$$I_{nf} \leq 28{,}8 \times 6{,}8 \times 0{,}4 + 7 \times 28{,}8 \leq 279{,}9 \text{ A} \quad \rightarrow \quad I_{nf} = 250 \text{ A}$$

- Chave seccionadora

$$I_{nch} \geq 1{,}15 \times I_c \geq 1{,}15 \times 8 \times 28{,}8 \geq 1{,}15 \times 230{,}4 \geq 264{,}9 \text{ A}$$

– Tipo: S32-630/3 → $I_{nch} = 382 \text{ A}/380 \text{ V}$

$$I_{mf} = 630 \text{ A} \quad \rightarrow \quad I_{nf} < I_{mf} \text{ (satisfaz)}$$

- Proteção do condutor contra curtos-circuitos

$$I_{cs} = 33{,}5 \text{ kA} \rightarrow I_{nf} = 250 \text{ A} \rightarrow T_{af} << 0{,}010 \text{ s} \rightarrow I_{corte} = 25 \text{ kA}$$

$$T_{sc} = \frac{0{,}01302 \times S_c^2}{I_{cs}^2} = \frac{0{,}01302 \times (2 \times 185)^2}{25^2} = 2{,}85 \text{ s} \quad \rightarrow \quad T_{af} < T_{sc} \text{ (satisfaz)}$$

A.13.2.13 QGF – CCM7

- Corrente nominal do fusível

$$I_{nf} \leq I_{pnm} \times K + \Sigma I_{nm}$$

$$I_{nf} \leq 43{,}3 \times 6{,}8 \times 0{,}4 + 9 \times 43{,}3 \leq 507{,}4 \text{ A} \quad \rightarrow \quad I_{nf} = 500 \text{ A}$$

- Chave seccionadora

$$I_{nch} \geq 1{,}15 \times I_c \geq 1{,}15 \times 10 \times 43{,}3 \geq 1{,}15 \times 433 \geq 497{,}9 \text{ A}$$

– Tipo: S32 –1250/3 → $I_{nch} = 870 \text{ A}/380 \text{ V}$

$$I_{mf} = 1.000 \text{ A} \quad \rightarrow \quad I_{nf} < I_{mf} \text{ (satisfaz)}$$

- Proteção do condutor contra curtos-circuitos

$$I_{cs} = 33{,}5 \text{ kA} \rightarrow I_{nf} = 500 \text{ A} \rightarrow T_{af} << 0{,}010 \text{ s} \rightarrow \text{não há limitação de corrente}$$

$$T_{sc} = \frac{0{,}01302 \times S_c^2}{I_{cs}^2} = \frac{0{,}01302 \times (2 \times 500)^2}{33{,}5^2} = 11{,}6 \text{ s} \quad \rightarrow \quad T_{af} < T_{sc} \text{ (satisfaz)}$$

A.13.2.14 QGF – CCM8

- Corrente nominal do fusível

$$I_{nf} \leq I_{pnm} \times K + \Sigma I_{nm}$$

$$I_{nf} \leq 35{,}5 \times 6{,}7 \times 0{,}4 + 9 \times 35{,}5 \leq 414{,}6 \text{ A} \quad \rightarrow \quad I_{nf} = 400 \text{ A}$$

- Chave seccionadora

$$I_{nch} \geq 1{,}15 \times I_c \geq 1{,}15 \times 10 \times 35{,}5 \geq 1{,}15 \times 355 \geq 408{,}2 \text{ A}$$

– Tipo: S32 – 1000/3 → I_{nch} = 447 A/380 V

$$I_{mf} = 1.000 \text{ A} \rightarrow I_{nf} < I_{mf} \text{ (satisfaz)}$$

- Proteção do condutor contra curtos-circuitos

$$I_{cs} = 33{,}5 \text{ kA} \rightarrow {}_{nf}= 400 \text{ A} \rightarrow T_{af} << 0{,}010 \text{ s} \rightarrow \text{não há limitação de corrente}$$

$$T_{sc} = \frac{0{,}01302 \times S_c^2}{I_{cs}^2} = \frac{0{,}01302 \times (2 \times 400)^2}{33{,}5^2} = 7{,}4 \text{ s} \rightarrow T_{af} < T_{sc} \text{ (satisfaz)}$$

A.13.2.15 TR – QGF (circuito de cada transformador)

$$S_c = 3 \times 300 \text{ mm}^2 \rightarrow I_{nc} = 3 \times 396 \text{ A} = 1.188 \text{ A}$$

$$I_c = \frac{P_{ntr}}{\sqrt{3} \times V} = \frac{750}{\sqrt{3} \times 0{,}38} = 1.139 \text{ A} \rightarrow I_{nd} = 1.250 \text{ A (Tabela 10.6)}$$

- Tipo: 3WN6 – Siemens (curva na Figura 10.17)
- Relé térmico: 500 – 1.250 A
- Relé magnético: 5.000 – 10.000 A
- Classe de temperatura da unidade magnética: 80 ms
- Capacidade de ruptura: 65 kA/380 V
- Ajuste do relé térmico: I_a = 1.200 A
- Condição de proteção

$$I_a \geq I_c \rightarrow 1.200 \text{ A} > 1.139 \text{ A (satisfaz)}$$

$$I_a \leq I_{nc} \rightarrow 1.200 \text{ A} \cong 1.180 \text{ A (satisfaz)}$$

- Capacidade de ruptura

$$I_{cs} = 33{,}5 \text{ kA} \rightarrow I_{cs} < I_{rd} \text{ (satisfaz)}$$

A.13.2.16 Banco de capacitores

- Corrente nominal do fusível por célula

$$I_{nf} \leq 1{,}65 \times I_{nca}$$

$$I_{nca} = \frac{25}{\sqrt{3} \times 0{,}38} = 38 \text{ A}$$

$$I_{nf} \leq 1{,}65 \times 38 \leq 63 \text{ A}$$

$$I_{nf} = 63 \text{ A}$$

- Corrente nominal da chave seccionadora por célula

$$I_{nch} \geq 1{,}35 \times I_{nca}$$

$$I_{nch} \geq 1{,}35 \times 38 = 51{,}3 \text{ A}$$

– Tipo: 5TH0 1125 → I_{nch} = 60 A/380 V (Tabela 9.51)

$$I_{mf} = 63 \text{ A} \rightarrow I_{nf} = I_{mf} \text{ (satisfaz)}$$

A.13.3 Proteção de média tensão

a) Potência nominal dos transformadores vale

$$P_{tr} = 750 + 750 = 1.500 \text{ kVA}$$

b) Corrente nominal primária do transformador de força

$$I_{tr} = I_{ma} = \frac{1.500}{\sqrt{3} \times 13,80} = 62,7 \text{ A}$$

c) Determinação das características do transformador de corrente
   • RTC do transformador de corrente

   $I_{ct} = 6.298$ A (corrente de curto-circuito trifásica no ponto de conexão da subestação)

   $$I_{tc} \geq \frac{I_{ct}}{20} = \frac{6.298}{20} \geq 315 \text{ A}$$

   $$\text{RTC} = 400/600 - 5 \text{ A}$$

As demais características dos TCs devem ser fornecidas pelo fabricante dos equipamentos.
A concessionária forneceu os dados de ajuste do relé referente ao alimentador que será conectado à subestação da indústria, de acordo com a Tabela A.3.

Tabela A.3 Dados da proteção do relé da SE da Concessionária

Proteção do alimentador 01I2 da SE Concessionária – SEL351-6D4E642X2					
Proteção de sobrecorrente de fase (50/51)			Proteção de sobrecorrente de neutro (50/51N)		
Item	Tipo	Ajuste	Item	Tipo	Ajuste
1	Pick-up	580 A	1	Pick-up	90 A
2	Curva	1,5	2	Curva	1,8
3	Tipo de curva	Extremamente inversa	3	Tipo de curva	Extremamente inversa
4	Instantâneo (1)	7.000 A	4	Instantâneo	3.300 A
5	Temp. do Inst.(1)	0,10 s	5	Temp. do Inst.	0,30 s
6	Instantâneo (2)	–	–	–	–
7	Temp. do Inst. (2)	–	–	–	–

De acordo com o projeto da indústria, o relé está localizado aproximadamente a uma distância de 1,0 m dos transformadores de corrente (o relé está incorporado ao disjuntor, de acordo com o projeto da subestação) e é alimentado por um circuito em cabo 2 × 1,5 mm². As principais características técnicas dessa ligação são:

- impedância de um cabo de 1,5 mm²: $Z_{cabo} = 14,81$ Ω/km (Tabela 3.22);
- impedância do relé: $Z_{relé} = 0,014$ Ω;
- corrente nominal do relé: $I_{nr} = 5$ A;
- distância entre o relé e os TCs: $L = 1$ m;
- transformador de corrente para proteção: 400/600-5 A;
- relação de transformação: 400-5 A = 80;
- fator de sobrecorrente do TC: 20.

Foi selecionado um 25 VA 10P20 cuja impedância por norma vale 2 Ω. De acordo com o Capítulo 5 do livro do autor *Manual de Equipamentos Elétricos* – LTC – 6ª edição, podemos determinar o valor máximo da impedância no secundário do transformador de corrente. Sabe-se que a impedância do sistema até o ponto de entrega de energia vale: $0,5351 + j0,3377$ pu.

$$V_s = F_s \times Z_c \times I_s = 20 \times 1 \times 5 = 100 \text{ V (tensão nos terminais do TC)}$$

$$I_{stc} = \frac{I_{cs}}{\text{RTC}} = \frac{6.298}{80} = 78,7 \text{ A (corrente de curto-circuito no secundário do TC)}$$

$$Z_{mc} < \frac{V_s}{I_{stc} \times \left(\frac{X_c}{R_c}+1\right)} < \frac{100}{78,7 \times \left(\frac{0,3377}{0,5351}+1\right)} < 0,779 \text{ Ω (impedância máxima da carga no secundário do TC)}$$

$$Z_c = Z_{cabo} \times L_c + Z_{relé} = \frac{14,81}{1.000} \times 1 + 0,014 = 0,02881 \ \Omega \quad \rightarrow \quad 0,02881 < 0,779 \ \Omega \text{ (condição satisfeita)}$$

As características técnicas do relé Pextron 7104 estão contidas no item 10.3.2.5.

d) Cálculo da corrente de magnetização do transformador de força

A corrente de magnetização do transformador de 750 kVA pode ser considerada igual $I_{mg} = 8 \times I_{tr}$ com o tempo de duração da ordem de 100 ms. No presente caso, será considerada a manobra simultânea dos dois transformadores de 750 kVA.

$$I_{mg} = 8 \times I_{tr} = 8 \times \frac{2 \times 750}{\sqrt{3} \times 13,8} = 502 \text{ A}$$

$$T_{magt} = 100 \text{ ms} = 0,10 \text{ s}$$

e) Suportabilidade térmica do transformador – Conceito curva ANSI

$$I_{su} = \frac{1}{Z_{pu}} = \frac{1}{0,055} = 18,18 \times I_{nt}$$

$$I_{su} < 25 \times I_{nt} \quad \rightarrow \quad I_{su} = 25 \times I_{nt}$$

- Constante K

$$K = I^2 \times T$$

- Cálculo do tempo

$$K = I^2 \times T = \left(\frac{100}{8}\right)^2 \times 2 = 156,2 \times 2 = 661,1 \text{ a 2 s [ver Figura 10.64(b)]}$$

Pelo gráfico o valor $I_{su} = 21 \times I_{ntr}$

I_{ntr} = corrente nominal do transformador

O tempo de suportabilidade do transformador para $12 \times M_{ntr}$ no ponto a 50 % vale:

$$T_{su} = \frac{K}{I_{su}} = \frac{K}{\left(I_{su}/2\right)^2} = \frac{661,1}{\left(21/2\right)^2} = 5,9 \text{ s} \quad \text{(tempo de suportabilidade do transformador)}$$

f) Proteção temporizada de fase – 51 (I >)

- Determinação do tempo de atuação da unidade sobrecorrente de fase do relé da concessionária (51)

Inicialmente, será determinado o tempo de atuação do relé de proteção do alimentador da concessionária para defeitos trifásicos no ponto de conexão. Para isso, a concessionária forneceu os valores de ajuste do referido relé dados na Tabela A.4, onde é indicado que o relé está ajustado na curva extremamente inversa.

$$T_{ei} = \frac{80}{\left(\frac{I_{ma}}{I_{ac}}\right)^2 - 1} \times T_{ms} = \frac{80}{\left(\frac{6.296}{580}\right)^2 - 1} \times 1,5 = 1,02 \text{ s}$$

Na Tabela A.4, determinam-se os pontos da curva de atuação do relé da concessionária transformados em gráfico na Figura A.3.

- Determinação da corrente de ajuste da unidade de sobrecorrente de fase do relé da subestação da indústria (51)

$$K = 1,2 \text{ (valor da sobrecarga admitida para o transformador)}$$

$$I_n = 5 \text{ A (corrente nominal do relé)}$$

$$\Delta T = 0,60 \text{ s (intervalo de coordenação adotado)}$$

$T_{ni} = T_{ei} - \Delta T = 1,02 - 0,60 = 0,42$ s (tempo máximo de atuação do relé da indústria para defeito no primário da subestação, de forma a coordenar com o relé da concessionária e não ser sensível à corrente de magnetização dos transformadores: ver justificativa adiante)

Tabela A.4 Determinação dos pontos da curva do relé de fase da indústria

\multicolumn{7}{c}{Curva muito inversa – Relé de fase}
Ponto	K1	TMS	Imáx	Iac	Imáx/Iac-1	Tempo (s)
–	A	B	C	D	E	AxB/E
1	13,5	1,57	150	93,6	0,6	35,17
2	13,5	1,57	200	93,6	1,1	18,65
3	13,5	1,57	250	93,6	1,7	12,68
4	13,5	1,57	300	93,6	2,2	9,61
5	13,5	1,57	350	93,6	2,7	7,74
6	13,5	1,57	400	93,6	3,3	6,47
7	13,5	1,57	450	93,6	3,8	5,57
8	13,5	1,57	500	93,6	4,3	4,88
9	13,5	1,57	550	93,6	4,9	4,35
10	13,5	1,57	600	93,6	5,4	3,92
11	13,5	1,57	650	93,6	5,9	3,57
12	13,5	1,57	700	93,6	6,5	3,27
13	13,5	1,57	750	93,6	7,0	3,02
14	13,5	1,57	800	93,6	7,5	2,81
15	13,5	1,57	850	93,6	8,1	2,62
16	13,5	1,57	900	93,6	8,6	2,46
17	13,5	1,57	950	93,6	9,1	2,32
18	13,5	1,57	1.000	93,6	9,7	2,19

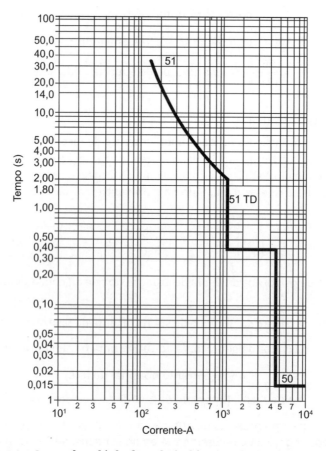

Figura A.3 Curva do relé de fase da indústria relativa à Tabela A.4.

A corrente de ajuste no relé vale:

$$I_{af} = \frac{K \times I_{ma}}{RTC} = \frac{1,5 \times 62,7}{80} = 1,17 \text{ A}$$

- Determinação da corrente de acionamento do relé da indústria

$$I_{ac} = RTC \times I_{af} = 80 \times 1,17 = 93,6 \text{ A}$$

$$I_{ac} > I_{ma} \text{ (condição satisfeita)}$$

- Determinação da curva de operação do relé da indústria

Será utilizado o relé de sobrecorrente digital Pextron URP 1439T, curva muito inversa. Será adotado o tempo de atuação do relé no valor de 0,42 s que permite uma coordenação suficientemente segura com o relé da concessionária, conforme analisamos anteriormente.

$$T_{mi} = \frac{13,5}{\left(\frac{I_{ma}}{I_{ac}}\right)-1} \times T_{ms} \rightarrow T_{ms} = \frac{T_{mi} \times \left[\left(\frac{I_{ma}}{I_{ac}}\right)-1\right]}{13,5} = \frac{0,42 \times \left[\left(\frac{6.296}{93,6}\right)-1\right]}{13,5} = 1,96$$

O gráfico da Figura A.3 mostra a curva de atuação do relé 51 da indústria para defeitos na média tensão da subestação com base na Tabela A.4.

Finalmente, temos:

- corrente de acionamento: 93,6 A;
- ajuste da corrente da unidade temporizada de fase: 1,17 A;
- faixa de ajuste da corrente do relé: (0,04 a 16) A × RTC;
- tempo de atuação da unidade temporizada de fase: 0,42 s;
- curva de operação do relé: TMS = 1,57.

- Verificação da atuação do relé durante a partida do maior motor de 250 cv

A partida do motor será compensada por meio de chave de partida estática cujo valor da corrente da partida no primário vale 57,7 A, inferior à corrente de acionamento do relé, ou seja:

$$I_{ps} = 2,8 \times 360 = 1.008 \text{ A (veja o cálculo da corrente de partida do motor no item 12.1.6)}$$

$$I_{pp} = 1.008 \times \frac{380}{13.800} = 27,7 \text{ A} < 93,6 \text{ A (condição satisfeita)}$$

- Verificação da atuação do relé pela corrente de magnetização do transformador

$$I_{mg} = 502 \text{ A}$$

Logo: $I_{ac} < I_{mg}$

Como a corrente de magnetização é superior à corrente de acionamento, logo o relé seria sensibilizado. Porém, como a corrente de magnetização tem duração de 0,10 s, inferior a 0,42 s, que é o tempo de atuação do relé, não deverá ocorrer o acionamento da proteção, já que o intervalo entre os tempos mencionados é de 0,42 s.

g) **Proteção de tempo definido de fase – 51TD (I >>)**

- Determinação da corrente de ajuste da unidade tempo definido de fase do relé da indústria

Será habilitada a função 50 de tempo definido (TD) para uma corrente 2 vezes superior à corrente de energização do transformador, garantindo, assim, que o relé não atuará durante a energização desse equipamento, ou seja:

$$I_{mg} = 2 \times I_{mg} = 2 \times 502 = 1.004 \text{ A}$$

O valor do ajuste da corrente de TD do relé será:

$$I_{tdf} = \frac{I_{mg}}{RTC} = \frac{1.004}{80} = 12,5 \text{ A} \rightarrow I_{tdf} = 15 \text{ A (corrente de ajuste da unidade TD com finalidade de garantir que o relé não atuará para a corrente de magnetização dos transformadores)}$$

A corrente de acionamento vale:

$$I_{ac} = RTC \times I_{if} = 80 \times 15 = 1.200 \text{ A} > 1.004 \text{ A (condição satisfeita)}$$

Devemos também garantir que a corrente de curto-circuito trifásica no secundário do transformador faça atuar a unidade tempo definido (TD) assumindo a proteção de *backup* do disjuntor geral de baixa-tensão. Para isso, admitimos como garantia que o relé seja ajustado para uma corrente 20 % inferior à corrente de curto-circuito trifásica assimétrica no secundário do transformador.

$$I_{cse} = 53.600 \times \frac{380}{13.800} = 1.475 > I_{ac} \text{ (condição satisfeita) A}$$

A unidade TD será ajustada em 150 ms, de forma seletiva com o disjuntor de baixa-tensão.
Finalmente, temos:

- corrente de acionamento: 1.120 A;
- faixa de ajuste da corrente da unidade de tempo definido de fase: (0,04 a 100) A × RTC;
- ajuste da corrente da unidade de tempo definido de fase: 12 A;
- faixa de ajuste de tempo da unidade de tempo definido de fase: (0,10 a 240) s;
- ajuste do tempo da unidade de tempo definido de fase: 0,40 s (valor assumido);

Obs.: a critério do projetista a unidade 51 TD pode ser bloqueada e todas as suas funções serem atribuídas à unidade instantânea de fase.

h) **Proteção instantânea de fase – 51 (I >>)**

$$I_{if} < \frac{I_{ca}}{RTC} \times F < \frac{6.298}{80} \times 0,8 < 62,98 \text{ A} \rightarrow I_{if} = 60 \text{ A (corrente de ajuste da unidade 51 de fase)}$$

$$I_{ac} = RTC \times I_{if} = 80 \times 60 = 4.800 \text{A} < 6.280 \text{ A (condição satisfeita)}$$

i) **Proteção temporizada de neutro – 51N (I >)**

• Determinação do tempo de atuação da unidade temporizada de neutro do relé da concessionária

Inicialmente, será determinado o tempo de atuação do relé de proteção do alimentador da concessionária para defeitos fase e terra no ponto de conexão. Para isso, a concessionária forneceu os valores de ajuste do referido relé dados na Tabela A.3, onde é indicado que o relé está ajustado na curva extremamente inversa, a corrente de acionamento é de 90 A e a curva selecionada é de 1,8. Já o valor da corrente de curto-circuito fase e terra mínimo no ponto de conexão da indústria vale 3.199 A.

$$T_{ei} = \frac{80}{\left(\frac{I_{ma}}{I_{ac}}\right)^2 - 1} \times T_{ms} = \frac{80}{\left(\frac{3.199}{90}\right)^2 - 1} \times 1,8 = 0,11 \text{ s}$$

A Figura A.5 mostra a curva de atuação do relé de neutro da concessionária.

• Determinação da corrente de ajuste da unidade temporizada de sobrecorrente de neutro do relé da subestação da indústria

A corrente de ajuste no relé vale:

$$I_{af} = \frac{K \times I_{ma}}{RTC} = \frac{0,3 \times 62,7}{80} = 0,23 \text{ A}$$

Como a corrente de acionamento é muito baixa, iremos determinar a corrente de ajuste da unidade de sobrecorrente de neutro tomando o valor da corrente mínima de operação do relé digital que vale 10 % da corrente primária do transformador de corrente. Valores muito baixos da corrente no secundário do transformador de corrente propiciam erros muito acima do valor nominal de 10 %.

$$I_{min} = 0,10 \times 400 = 40 \text{ A}$$

Logo, a corrente mínima de acionamento é de $I_{min} = I_{ac} = 40$ A. Nos terminais do relé essa corrente vale:

$$I_{af} = \frac{40}{80} = 0,50 \text{ A}$$

- Seleção da curva de atuação do relé temporizado de neutro da indústria (51N)

O tempo de atuação do relé de neutro para a curva extremamente inversa vale:

$$\Delta T = 0,30 \text{ (intervalo de tempo de coordenação)}$$

$$T_{ni} = T_{ei} - \Delta T = 23,7 - 0,30 = 23,4 \text{ s}$$

Por ser um tempo muito elevado, utilizaremos o valor de 0,30 s para a seleção da curva temporizada de neutro para defeitos fase e terra máximo. Será utilizada curva muito inversa do relé temporizado de neutro.

$$T_{mi} = \frac{13,5}{\left(\frac{I_{ma}}{I_{ac}}\right)-1} \times T_{ms} \rightarrow T_{ms} = \frac{T_{mi} \times \left[\left(\frac{I_{ma}}{I_{ac}}\right)-1\right]}{13,5} = \frac{0,30 \times \left[\left(\frac{3.199}{40}\right)-1\right]}{13,5} = 1,75 \text{ (curva do relé)}$$

Finalmente, temos:

– corrente de acionamento: 40 A;
– faixa de ajuste da corrente da unidade temporizada de neutro: (0,04 a 50) A × RTC;
– ajuste da corrente da unidade temporizada de neutro: 0,50 A;
– tempo de atuação da unidade temporizada de neutro: 0,30 s;
– curva de operação temporizada do relé de neutro: 1,75.

j) **Proteção de tempo definido de neutro – 50N (I >>)**

- Verificação da atuação do relé da subestação da concessionária

Como a corrente de atuação do relé da subestação da concessionária é de 3.300 A e a corrente de curto-circuito fase e terra máximo no barramento primário da subestação da indústria é de 3.199 A, então o relé não atuará.

- Determinação da corrente de ajuste da unidade tempo definido de neutro do relé da subestação da indústria

Para garantir a atuação do relé 50N adotaremos F = 0,70.

$$I_{ftmi} = 3.199 \text{ A (corrente de curto-circuito fase e terra, valor máximo)}$$

$$I_{in} \leq \frac{I_{ftmi}}{RTC} \times F \leq \frac{3.199}{80} \times 0,4 \leq 16 \text{ A} \qquad I_{in} = 15$$

$$I_{ac} = I_{in} \times RTC = 80 \times 15 = 1.200 \text{ A}$$

$$I_{ac} < I_{ftmi} \text{ (condição atendida)}$$

Finalmente, temos:

– corrente de acionamento: 1.200 A;
– faixa de ajuste da corrente da unidade de tempo definido de neutro: (0,04 a 100) A × RTC;
– corrente de ajuste da unidade instantânea de neutro: 15 A;
– faixa de ajuste do tempo da unidade de tempo definido de neutro: (0,10 a 240) A × RTC;
– tempo de atuação da unidade instantânea de neutro: 0,40 s (valor definido para este projeto).

Obs.: a critério do projetista a unidade 51 TD de neutro pode ser bloqueada e todas as suas funções serem atribuídas à unidade instantânea de neutro. Ajustaremos essa função (ver gráfico da Figura A.4 traçado de acordo com a Tabela A.5).

- Determinação da corrente de ajuste da unidade instantânea de neutro do relé da subestação da indústria

Para garantir a atuação do relé 50N adotaremos F = 0,80.

$$I_{ftmi} = 3.199 \text{ A (corrente de curto-circuito fase e terra, valor máximo)}$$

$$I_{in} \leq \frac{I_{ftmá}}{RTC} \times F \leq \frac{3.199}{80} \times 0,8 \leq 40 \text{ A} \rightarrow I_{in} = 35 \text{ A}$$

$$I_{ac} = I_{in} \times RTC = 80 \times 35 = 2.800 \text{ A}$$

$$I_{ac} < I_{ftmi} \text{ (condição atendida)}$$

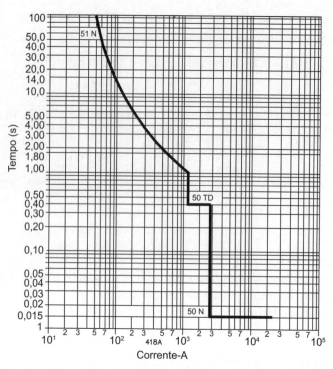

Figura A.4 Curva de atuação do relé de neutro da indústria.

Tabela A.5 Determinação dos pontos da curva do relé de neutro da indústria

Curva muito inversa – Relé de fase							
Ponto	K1	TMS	Imáx	Iac	Imáx/Iac-1	Tempo (s)
Curva muito inversa – Relé de neutro							
Ponto	K1	TMS	Imáx	Iac	Imáx/Iac-1	Tempo (s)
–	A	B	C	D	E	AxB/E
1	13,5	1,75	50	40	0,3	94,50
2	13,5	1,75	60	40	0,5	47,25
3	13,5	1,75	70	40	0,8	31,50
4	13,5	1,75	80	40	1,0	23,63
5	13,5	1,75	90	40	1,3	18,90
6	13,5	1,75	100	40	1,5	15,75
7	13,5	1,75	200	40	4,0	5,91
8	13,5	1,75	300	40	6,5	3,63
9	13,5	1,75	400	40	9,0	2,63
10	13,5	1,75	500	40	11,5	2,05
11	13,5	1,75	600	40	14,0	1,69
12	13,5	1,75	700	40	16,5	1,43
13	13,5	1,75	800	40	19,0	1,24
14	13,5	1,75	900	40	21,5	1,10
15	13,5	1,75	1000	40	24,0	0,98

Finalmente, temos:

- corrente de acionamento: 2.800 A;
- faixa de ajuste da corrente da unidade tempo definido de neutro: (0,04 a 100) A × RTC;
- corrente de ajuste da unidade instantânea de neutro: 35 A;
- faixa de ajuste do tempo da unidade tempo definido de neutro: (0,10 a 240) A × RTC;
- tempo de atuação da unidade instantânea de neutro: 0,015 s (valor mínimo).

Exemplo de aplicação

A Tabela A.4 fornece o resumo dos valores de ajuste do relé da subestação da indústria, enquanto a Tabela A.5 resume os parâmetros do mesmo relé.

A.13.4 Coordenação

A.13.4.1 Coordenação entre os relés primários da SE da indústria e da SE da concessionária

Deixamos para o leitor traçar as curvas de coordenação entre as SEs da concessionária e da indústria a partir das curvas definidas anteriormente.

A.13.4.2 Coordenação entre os QDLs e CCMs e o QGF

No caso dos CCMs e QGF, está praticamente assegurada a coordenação pela diferença de valores das correntes nominais ou de ajuste das proteções. No caso de alguns circuitos dos QDLs, em função das baixas correntes envolvidas, a coordenação poderá não ocorrer.

A.13.4.3 Coordenação entre o QGF e o relé primário

Observe essa coordenação analisando a curva da Figura A3.

A.14 Cálculo da malha de terra

A.14.1 Medição da resistividade do solo

Foi considerada a realização em campo das medições de resistividade do solo que resultou na Tabela A.6.

Tabela A.6 Valores de ajuste do relé da subestação da indústria

Proteção da SE Indústria					
Proteção de sobrecorrente de fase (50/51)			Proteção de sobrecorrente de neutro (50/51N)		
Item	Tipo	Ajuste	Item	Tipo	Ajuste
1	Pick-up	75,2	1	Pick-up	40
2	Curva	1,83	2	Curva	0,3
3	Tipo de curva	Muito inversa	3	Tipo de curva	Extremamente inversa
4	Instantâneo (1)	1.007	4	Instantâneo	160
5	Temp. do Inst.(1)	0,10 s	5	Temp. do Inst.	0,10 s
6	Instantâneo (2)	–	–	–	–
7	Temp. do Inst. (2)	–	–	–	–

Não há desvio de nenhum valor de resistividade superior a 50 % com relação à média, para a distância considerada, por exemplo, para distância entre eletrodutos de 4 m.

$$\left|\frac{38-28}{28}\right| \times 100 = 35{,}7\ \% < 50\ \%$$

a) **Resistividade aparente do solo**

Traçar a curva das resistividades médias, conforme a Tabela A.7.

- Resistividade média do solo (ρ_m), em Ω.m

Da Figura A.5, temos:

$$\rho_1 = 35\ \Omega.m$$
$$\rho_2 = 20\ \Omega.m$$
$$\frac{\rho_2}{\rho_1} = \frac{20}{35} = 0{,}57$$

Tabela A.7 Resistividade medida do solo

Posição dos eletrodos	Resistividade média					
Distância em m	Pontos medidos					Valor médio ρ_m
	A	B	C	D	E	
2	34	37	34	38	30	35
4	38	34	25	23	19	28
8	27	27	26	20	25	25
16	21	17	15	20	23	20

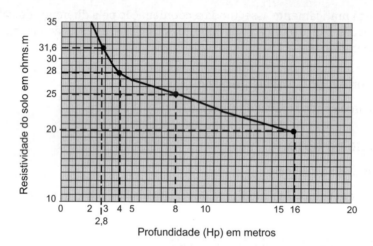

Figura A.5 Curva profundidade × resistividade do solo.

Com a relação $\rho_2 / \rho_1 = 0,57$ e interpolando esse valor na Tabela 11.3, obtemos o fator de multiplicação K = 0,9026. Dessa forma, podemos ter:

$$\rho_m = K \times \rho_1 = 0,9026 \times 35 = 31,6 \; \Omega.m$$

- Profundidade da camada de solo correspondente à resistividade média (ρ_m)

De acordo com a Equação (11.7), temos:

$$R = \sqrt{\frac{S}{\pi}} = \sqrt{\frac{140}{\pi}} = 6,6 \; m$$

$$S = 14 \times 10 = 140 \; m$$

$$R / H_p = \frac{6,6}{2,8} = 2,3$$

O valor dado de H_p é obtido a partir da curva da Figura A.5, em função de $\rho_m = 31,6 \; \Omega.m$, ou seja:

$$\rho_m = 31,6 \; \Omega.m \quad \rightarrow \quad H_p = 2,8 \; m$$

- Resistividade aparente

Com o valor de $R/H_p = 2,3$ m e de $\rho_2/\rho_1 = 0,57$, obtém-se no gráfico da Tabela 11.4, por meio de interpolação, o valor de K:

$$\frac{0,20 - 0,50}{0,86 - 0,90} = \frac{0,20 - 0,40}{0,86 - X} \quad \rightarrow \quad X = 0,88$$

$$\frac{0,20 - 0,50}{0,68 - 0,80} = \frac{0,20 - 0,40}{0,68 - Y} \quad \rightarrow \quad Y = 0,76$$

$$\frac{2 - 5}{0,88 - 0,76} = \frac{2 - 2,3}{0,88 - K} \quad \rightarrow \quad K = 0,86$$

$$\rho_a = K \times \rho_1 = 0,86 \times 35 = 30 \; \Omega.m$$

b) Determinação da seção mínima do condutor

Para a alternativa de se utilizar o condutor de aço cobreado, a seção mínima do condutor da malha de aterramento pode ser determinada pela Equação (11.9).

$$S_c = \frac{\sqrt{T_f} \times I_{cft}}{2 \times 10^3 \times \beta} \times K \, (\text{mm}^2)$$

$$I_{fma} = 25.202 \text{ A}$$

$$T_f = 30 \text{ Hz}$$

$$\beta = 0{,}91$$

$$K = 1{,}3 - \text{coeficiente de segurança}$$

$$S_c = \frac{\sqrt{30} \times 25.202}{2 \times 10^3 \times 0{,}91} \times 1{,}30 = 98{,}59 \text{ mm}^2 \quad \rightarrow \quad S_c = 117{,}40 \text{ mm}^2 \quad \rightarrow \quad \text{Formação: } 7 \times 5 \text{ (Tabela 11.60)}$$

Para a alternativa de se utilizar o cabo de cobre nu, pode-se empregar a Tabela 11.5.

$$S_c = 0{,}002533 \times I_{ft}$$

Para $T_f = 0{,}5$ s, pode-se obter diretamente da Tabela 11.5 o valor da seção em mm²/A considerando que a conexão entre os eletrodos de terra seja feita em solda exotérmica e a corrente de curto-circuito fase e terra seja de $I_{fma} = 25.202$ A. Esta condição é obtida quando qualquer parte viva do sistema secundário na subestação ou em suas proximidades entra em contato direto com qualquer condutor de aterramento. Este é o caso de maior circulação de corrente diretamente pelos cabos da malha de terra.

$$S_c = 0{,}002533 \times 25.202 = 63{,}8 \text{ mm}^2$$

$$S_c = 70 \text{ mm}^2 \text{ (seção adotada)}$$

Iremos selecionar a alternativa calculada com condutor de cobre.

c) Determinação do número de condutores principal e de junção

Como primeira tentativa, será considerado arbitrariamente um espaçamento entre os condutores principais de 1,4 m e de 1,0 m para os condutores de junção, ou seja:

$$D_j = 1{,}0 \text{ m } (10 \% \text{ de } L_m - \text{valor considerado inicialmente})$$

$$D_p = 1{,}4 \text{ m } (6{,}5 \% \text{ de } C_m - \text{valor considerado inicialmente})$$

- Condutores principais

Da Equação (11.11), temos:

$$N_{cp} = \frac{C_m}{D_p} + 1 = \frac{14}{1{,}4} + 1 = 11 \text{ condutores}$$

- Condutores de junção

Da Equação (11.12), temos

$$N_{cj} = \frac{L_m}{D_c} + 1 = \frac{10}{1{,}0} + 1 = 11 \text{ condutores}$$

d) Comprimento dos condutores da malha de terra

Da Equação (11.13), temos:

$$L_{cm} = 1{,}05 \times [(C_m \times N_{cj}) + (L_m \times N_{cp})]$$

$$L_{cm} = 1{,}05 \times [(14 \times 11) + (10 \times 11)] = 277{,}2 \text{ m}$$

e) **Coeficientes de ajuste**

- Coeficiente K_m para os condutores principais

Da Equação (11.14), temos:

$$K_m = \frac{1}{2\times\pi}\times\left[\ln\left(\frac{D^2}{16\times\pi\times H\times D_{ca}}+\frac{(D+2\times H)^2}{8\times D\times D_{ca}}-\frac{H}{4\times D_{ca}}\right)+\frac{(2\times N)^{2/N}}{\sqrt{1+H}}\times\ln\frac{8}{\pi\times(2\times N-1)}\right]$$

$$K_m = \frac{1}{2\times\pi}\times\left[\ln\left(\frac{1,4^2}{16\times\pi\times 0,5\times 0,00975}+\frac{(1,4+2\times 0,5)^2}{8\times 1,4\times 0,00975}-\frac{0,5}{4\times 0,00975}\right)+\frac{(2\times 11)^{2/11}}{\sqrt{1+0,5}}\times\ln\frac{8}{\pi\times(2\times 11-1)}\right]$$

$$K_{mp} = \frac{1}{2\times\pi}\times\ln[7,9985+52,747-12,8205]+1,4322\times(-2,1417)\times = \frac{1}{2\times\pi}\times(3,8696-3,0673)=0,1277$$

$H = 0,5$ m (profundidade considerada da malha de terra)

$S_c = 70$ mm^2 → $D_{ca} = 9,75$ mm $= 0,00975$ mm (Tabela 3.44)

- Coeficiente K_m para os condutores de junção

Da Equação (11.14), temos:

$$K_{mj} = \frac{1}{2\times\pi}\times\left[\ln\left(\frac{1,0^2}{16\times\pi\times 0,5\times 0,00975}+\frac{(1,0+2\times 0,5)^2}{8\times 1,0\times 0,00975}-\frac{0,5}{4\times 0,00975}\right)+\frac{(2\times 11)^{2/11}}{\sqrt{1+0,5}}\times\ln\frac{8}{\pi\times(2\times 11-1)}\right]$$

$$K_{mp} = \frac{1}{2\times\pi}\times\ln[4,0809+51,2820+(-12,8205)]\times = \frac{1}{2\times\pi}\times(3,7505+1,4323\times(-2,1098)=0,1159$$

f) **Coeficiente de ajuste K_s**

- Coeficiente K_s para os condutores principais

Da Equação (11.15), temos:

$$K_{sp} = \frac{1}{\pi}\times\left[\frac{1}{2\times H}+\frac{1}{D+H}+\frac{1}{D}\times(1-0,5^{(N-2)})\right]=\frac{1}{\pi}\times\left[\frac{1}{2\times 0,5}+\frac{1}{1,4+0,5}+\frac{1}{1,4}\times(1-0,5^{(11-2)})\right]$$

$$K_{sp} = \frac{1}{\pi}\times[1,0+0,5263+0,4081]=0,6157$$

- Coeficiente K_s para os condutores de junção

Da Equação (11.15), temos:

$$K_{sj} = \frac{1}{\pi}\times\left[\frac{1}{2\times H}+\frac{1}{D+H}+\frac{1}{D}\times(1-0,5^{(N-2)})\right]=\frac{1}{\pi}\times\left[\frac{1}{2\times 0,5}+\frac{1}{1+0,5}+\frac{1}{1}\times(1-0,5^{(11-2)})\right]$$

$$K_{sj} = \frac{1}{\pi}\times[1,0+0,6666+1\times 0,9980]=0,8481$$

g) **Coeficiente de ajuste K_i**

- Coeficiente K_i para os condutores principais

Da Equação (11.16), temos:

$$K_{ip} = 0,65+0,172\times N_{cp} = 0,65+0,172\times 11 = 2,542$$

- Coeficiente K_j para condutores de junção

$$K_{ij} = 0,65+0,172\times N_{cj} = 0,65+0,172\times 11 = 2,542$$

h) **Comprimento mínimo do condutor da malha**

Será utilizada a corrente de curto-circuito fase e terra que não envolva diretamente nenhum condutor de aterramento, ou seja: $I_{ftmi} = 7.657$ A.

Da Equação (11.18), temos:

$$L_c = \frac{K_m \times K_i \times \rho_a \times I_{cft} \times \sqrt{T_f}}{116 + 0{,}174 \times \rho_s}$$

$$L_c = \frac{0{,}1277 \times 2{,}542 \times 30 \times 7.657 \times \sqrt{0{,}5}}{0{,}116 + 0{,}174 \times 3.000} = 94{,}9 \text{ m}$$

$\rho_s = 3.000\ \Omega.\text{m}$ (camada superficial de brita de 15 cm)

Adotar o maior produto $K_m \times K_i$ para uma direção considerada, ou seja: $K_{mp} \times K_{ip}$.

$$L_{cm} > L_c \text{ (condição satisfeita)}$$

i) **Tensão máxima de passo**

Da Equação (11.21), temos:

$$E_{pa} = \frac{116 + 0{,}7 \times \rho_s}{\sqrt{T_f}} \rightarrow \frac{116 + 0{,}7 \times 3.000}{\sqrt{0{,}5}} = 3.133 \text{ V}$$

j) **Tensão de passo existente na periferia da malha**

Da Equação (11.22), temos:

$$E_{per} = \frac{K_s \times K_i \times \rho_1 \times I_{cft}}{L_{cm}} \rightarrow E_{per} = \frac{0{,}8481 \times 2{,}542 \times 35 \times 7.657}{277{,}2} = 2.084 \text{ V}$$

$$E_{pa} > E_{per} \text{ (condição satisfeita)}$$

Adotar o maior produto $K_s \times K_i$ para uma direção considerada, ou seja: $K_{sj} \times K_{ij}$.

k) **Tensão máxima de toque**

Da Equação (11.24), temos

$$E_{tm} = \frac{116 + 0{,}174 \times \rho_s}{\sqrt{T_f}} \rightarrow E_{tm} = \frac{116 + 0{,}174 \times 3.000}{\sqrt{0{,}5}} = 902{,}2 \text{ V}$$

l) **Tensão de toque existente**

Da Equação (11.25), temos:

$$E_{te} = \frac{K_m \times K_i \times \rho_1 \times I_{cftm}}{L_{cm}} \rightarrow E_{te} = \frac{0{,}1277 \times 2{,}542 \times 35 \times 7.657}{277{,}2} = 313{,}8 \text{ V}$$

$$E_{tm} > E_{te} \text{ (condição satisfeita)}$$

m) **Corrente máxima de choque**

Da Equação (11.27), temos:

$$I_{ch} = \frac{116}{\sqrt{T_f}} \text{ (mA)} \rightarrow I_{ch} = \frac{116}{\sqrt{0{,}5}} = 164 \text{ mA}$$

n) **Corrente de choque existente em virtude da tensão do passo, sem brita na periferia**

Da Equação (11.30), temos:

$$I_{pmsb} = \frac{1.000 \times E_{per}}{1.000 + 6 \times \rho_1} \rightarrow I_{pmsb} = \frac{1.000 \times 2.733}{1.000 + 6 \times 35} = 2.258 \text{ mA}$$

$I_{pmsb} > I_{ch}$ (condição não satisfeita, logo há necessidade de utilizar uma camada de brita na superfície da malha de aterramento)

o) **Corrente de choque existente na periferia da malha em virtude da tensão de passo, com a camada de brita**

Da Equação (11.30), temos:

$$I_{pmcb} = \frac{1.000 \times E_{per}}{1.000 + 6 \times (\rho_l \times \rho_s)} \text{ (mA)} \quad \rightarrow \quad I_{pmcb} = \frac{1.000 \times 2.733}{1.000 + 6 \times (35 + 3.000)} = 142 \text{ mA}$$

$$I_{pmcb} < I_{ch} \text{ (condição satisfeita)}$$

p) **Corrente de choque resultante da tensão de toque existente, sem brita**

$$I_{tmsb} = \frac{1.000 \times E_{tm}}{1.000 + 1,5 \times \rho_l} \quad \rightarrow \quad I_{tmsb} = \frac{1.000 \times 454,6}{1.000 + 1,5 \times 35} = 432 \text{ mA}$$

$I_{tmsb} > I_{ch}$ (condição não satisfeita, logo há necessidade de utilizar uma camada de brita na superfície da malha de aterramento)

Com a utilização de brita, pode-se aplicar a Equação (11.34):

$$I_{tmcb} = \frac{1.000 \times E_{te}}{1.000 + 6 \times (\rho_l \times \rho_s)} \quad \rightarrow \quad I_{tmcb} = \frac{1.000 \times 454,6}{1.000 + 1,5 \times (35 + 3.000)} = 82 \text{ mA}$$

$$I_{tmcb} > I_{ch} \text{ (condição satisfeita)}$$

q) **Corrente mínima de acionamento do relé de terra**

Da Equação (11.36), temos:

$$I_a = \frac{(R_{ch} + 1,5 \times \rho_s) \times 9 \times L_{cm}}{1.000 \times K_m \times K_i \times \rho_l} \quad \rightarrow \quad I_a = \frac{(1.000 + 1,5 \times 3.000) \times 9 \times 277,2}{1.000 \times 0,185 \times 2,542 \times 35} = 833 \text{ A}$$

$R_{ch} = 1.000 \, \Omega$ (resistência considerada do corpo humano)

r) **Resistência da malha de terra**

Da Equação (11.39), temos:

$$R_{mc} = \frac{\rho_a}{4 \times R} + \frac{\rho_a}{L_{cm}} \quad \rightarrow \quad R_{mc} = \frac{30}{4 \times 6,6} + \frac{30}{277,2} = 1,24 \, \Omega$$

O valor da resistência de terra satisfaz plenamente ao máximo estabelecido pela norma, que é de 10 Ω para subestações de 15 kV.

s) **Resistência de um aterramento de eletrodo vertical**

Da Equação (11.40), temos:

$$R_{le} = \frac{\rho_a}{2 \times \pi \times L_h} \times \ln\left(\frac{400 \times L_h}{2,54 \times D_h}\right) \quad \rightarrow \quad R_{le} = \frac{30}{2 \times \pi \times 3} \times \ln\left(\frac{400 \times 3}{2,54 \times 3/4}\right) = 10 \, \Omega$$

$$D_h = 3/4"$$

$$L_h = 3 \text{ m}$$

t) **Coeficiente de redução da resistência de um eletrodo vertical**

Da Equação (11.41), temos:

$$K_h = \frac{1 + A \times B}{N_h} \quad \rightarrow \quad K_h = \frac{1 + 0,0543 \times 5,8917}{9} = 0,146$$

$N_h = 9$ hastes de terra (valor adotado arbitrariamente e visto em planta)

$A = 0,0543$ (Tabela 11.7 para 9 hastes de terra)

$B = 5,8917$ (Tabela 11.8)

u) **Resistência de aterramento do conjunto de eletrodos verticais**

Da Equação (11.42), temos:

$$R_{ne} = K_h \times R_{le} = 0,146 \times 10 = 1,46 \, \Omega$$

Exemplo de aplicação

v) Resistência mútua dos cabos e eletrodos verticais

Da Equação (11.43), temos:

$$R_{mu} = \frac{\rho_m}{\pi \times L_{cm}} \times \left[\ln\left(\frac{2 \times L_{cm}}{L_{th}} + K_1 \times \frac{L_{cm}}{\sqrt{S}} - K_2 + 1\right) \right]$$

$$K = \frac{C_m}{L_m} = \frac{14}{10} = 1,4$$

$$L_{th} = N_h \times L_{lh} = 9 \times 3 = 27 \text{ m}$$

$$K_1 = 1,14125 - 0,0425 \times K = 1,14125 - 0,0425 \times 1,4 = 1,081$$

$$K_2 = 5,49 - 0,1443 \times K = 5,49 - 0,1443 \times 1,4 = 5,287$$

$$R_{mu} = \frac{31,6}{\pi \times 277,2} \times \left[\ln\left(\frac{2 \times 277,2}{9 \times 3} + \frac{1,081 \times 277,2}{\sqrt{140}} - 5,287 + 1\right) \right]$$

$$R_{mu} = 0,135 \, \Omega$$

x) Resistência total da malha

Da Equação (11.48), temos:

$$R_{tm} = \frac{R_{mc} \times R_{ne} - R_{mu}^2}{R_{mc} + R_{ne} - 2 \times R_{mu}} \quad \rightarrow \quad R_{tm} = \frac{1,24 \times 1,46 - 0,135^2}{1,24 + 1,46 - 2 \times 0,135} = 0,73 \, \Omega < 10 \, \Omega$$

Observar que a resistência da malha de aterramento foi reduzida de 1,24 Ω para 0,73 Ω por influência das hastes de aterramento.

A.15 Dimensões da subestação

A.15.1 Cubículos de medição

$$C_1 = 1.600 \text{ mm}$$

$$L_2 = 2.422 \text{ mm (adotou-se a dimensão do cubículo do transformador)}$$

A.15.2 Cubículos do disjuntor

$$C_2 = D_d + 1.000 = 700 + 1.000 = 1.700 \text{ mm}$$

$$D_d = 700 \text{ mm}$$

$$L_2 = 2.422 \text{ mm}$$

A.15.3 Cubículos de transformação

$$L_3 = D_t + 1.000 = 2.540 + 1.000 = 3.540 \text{ mm}$$

$$D_t = 2.540 \text{ mm}$$

$$L_2 = D_t + 1.000 = 1.422 + 1.000 = 2.422 \text{ mm}$$

$$D_t = 1.422 \text{ mm (Tabela 12.4)}$$

Logo, as dimensões finais ocupadas pelos equipamentos são:

$$L = 1.600 + 150 + 1.700 + 150 + 3.540 + 150 + 3.540 + 150 = 10.980 \text{ mm (veja planta 5)}$$

Como a dimensão da subestação é de 14.400, será reservado um cubículo para ampliação com a seguinte dimensão:

$$L_r = 14.400 - 10.980 = 3.420 \text{ mm (veja planta 5)}$$

Em função da largura de 9.500 mm já considerada foram definidas as dimensões internas da subestação de conformidade com a planta 5.

A.15.4 Altura mínima da subestação

$$H_{se} = H_t + H_{ac} + H_c + H_i + H_{ab}$$

$$H_{se} = 2.085 + 300 + 600 + 250 + 1.500 = 4.735 \text{ mm} = 4,7 \text{ m}$$

O valor final de H_{se} = 5,1 m, que corresponde à altura existente do prédio.

A.15.5 Dimensões da janela de ventilação

$$A_v = \frac{2 \times 750 \times 0,30}{100} = 4,5 \text{ m}$$

$$A_v = 1,5 \times 3 \text{ m (valor mínimo)}$$

A.16 Dimensionamento dos aparelhos de medição

A.16.1 Medição de energia

Os transformadores de medida (TCs e TPs) serão fornecidos pela concessionária local, de acordo com as suas normas e especificações particulares.

A.16.2 Medição de corrente indicativa

A.16.2.1 Transformadores de corrente (TCs)

- QDL1

$$I_{qdl1} = 80,7 \text{ A} \quad \rightarrow \quad I_{tc} = 100 - 5 \text{ A}$$

- QDL2

$$I_{qdl2} = 95,4 \text{ A} \quad \rightarrow \quad I_{tc} = 100 - 5 \text{ A}$$

- QDL3

$$I_{qdl3} = 13,4 \text{ A} \quad \rightarrow \quad I_{tc} = 15 - 5 \text{ A}$$

- QDL4

$$I_{qdl4} = 8 \text{ A} \quad \rightarrow \quad I_{tc} = 10 - 5 \text{ A}$$

- QDL5

$$I_{qdl5} = 23,4 \text{ A} \quad \rightarrow \quad I_{tc} = 25 - 5 \text{ A}$$

- QDL6

$$I_{qdl6} = 27,8 \text{ A} \quad \rightarrow \quad I_{tc} = 30 - 5 \text{ A}$$

- CCM1

$$I_{ccm1} = 158 \text{ A} \quad \rightarrow \quad I_{tc} = 200 - 5 \text{ A}$$

- CCM2

$$I_{ccm2} = 96,9 \text{ A} \quad \rightarrow \quad I_{tc} = 150 - 5 \text{ A}$$

- CCM3

$$I_{ccm3} = 131,5 \text{ A} \quad \rightarrow \quad I_{tc} = 150 - 5 \text{ A}$$

- CCM4

$$I_{ccm4} = 654,8 \text{ A} \quad \rightarrow \quad I_{tc} = 800 - 5 \text{ A}$$

- CCM5

$$I_{ccm5} = 191,7 \text{ A} \quad \rightarrow \quad I_{tc} = 250 - 5 \text{ A}$$

- CCM6
$$I_{ccm6} = 230,4 \text{ A} \rightarrow I_{tc} = 300-5 \text{ A}$$
- CCM7
$$I_{ccm7} = 433 \text{ A} \rightarrow I_{tc} = 600-5 \text{ A}$$
- CCM8
$$I_{ccm8} = 355 \text{ A} \rightarrow I_{tc} = 400-5 \text{ A}$$
- Capacitores
$$I_{nc} = 38 \text{ A} \rightarrow I_{tc} = 38 \times 6 = 228 \text{ A} \rightarrow I_{tc} = 300-5 \text{ A}$$
- Transformador (secundário)
$$I_{nt} = 1.139 \text{ A} \rightarrow I_{tc} = 1.500-5 \text{ A}$$

A.16.2.2 Amperímetros

Todos os amperímetros têm um valor de fundo de escala 50 % superior ao valor do limite da faixa de medição.

- QDL1
$$I_{qdl1} = 80,7 \text{ A} \rightarrow I_{amp} = 1,5 \times I_{qdl1} = 1,5 \times 80,7 = 121,0 \text{ A}$$
$$I_{esc} = 0-125 \text{ A}$$
- QDL2
$$I_{qdl2} = 95,4 \text{ A} \rightarrow I_{amp} = 1,5 \times I_{qdl2} = 1,5 \times 95,4 = 143,1 \text{ A}$$
$$I_{esc} = 0-150 \text{ A}$$
- QDL3
$$I_{qdl3} = 13,4 \text{ A} \rightarrow I_{amp} = 1,5 \times I_{qdl3} = 1,5 \times 13,4 = 20,1 \text{ A}$$
$$I_{esc} = 0-20 \text{ A}$$
- QDL4
$$I_{qdl4} = 8 \text{ A} \rightarrow I_{amp} = 1,5 \times I_{qdl4} = 1,5 \times 8 = 12,0 \text{ A}$$
$$I_{esc} = 0-15 \text{ A}$$
- QDL5
$$I_{qdl5} = 23,4 \text{ A} \rightarrow I_{amp} = 1,5 \times I_{qdl5} = 1,5 \times 23,4 = 35,1 \text{ A}$$
$$I_{esc} = 0-40 \text{ A}$$
- QDL6
$$I_{qdl6} = 27,8 \text{ A} \rightarrow I_{amp} = 1,5 \times I_{qdl6} = 1,5 \times 27,8 = 41,7 \text{ A}$$
$$I_{esc} = 0-50 \text{ A}$$
- CCM1
$$I_{ccm1} = 158 \text{ A} \rightarrow I_{amp} = 1,5 \times I_{ccm1} = 1,5 \times 158 = 237 \text{ A}$$
$$I_{esc} = 0-400 \text{ A}$$

- CCM2

$$I_{ccm2} = 96,9 \text{ A} \quad \rightarrow \quad I_{amp} = 1,5 \times I_{ccm2} = 1,5 \times 96,9 = 145 \text{ A}$$

$$I_{esc} = 0 - 200 \text{ A}$$

- CCM3

$$I_{ccm3} = 131,5 \text{ A} \quad \rightarrow \quad I_{amp} = 1,5 \times I_{ccm3} = 1,5 \times 131,5 = 197 \text{ A}$$

$$I_{esc} = 0 - 200 \text{ A}$$

- CCM4

$$I_{ccm4} = 654,8 \text{ A} \quad \rightarrow \quad I_{amp} = 1,5 \times I_{ccm4} = 1,5 \times 654,8 = 982 \text{ A}$$

$$I_{esc} = 0 - 1.000 \text{ A}$$

- CCM5

$$I_{ccm5} = 191,7 \text{ A} \quad \rightarrow \quad I_{amp} = 1,5 \times I_{ccm5} = 1,5 \times 191,7 = 287 \text{ A}$$

$$I_{esc} = 0 - 400 \text{ A}$$

- CCM6

$$I_{ccm6} = 230,4 \text{ A} \quad \rightarrow \quad I_{amp} = 1,5 \times I_{ccm6} = 1,5 \times 230,4 = 345 \text{ A}$$

$$I_{esc} = 0 - 600 \text{ A}$$

- CCM7

$$I_{ccm7} = 433 \text{ A} \quad \rightarrow \quad I_{amp} = 1,5 \times I_{ccm7} = 1,5 \times 433 = 649 \text{ A}$$

$$I_{esc} = 0 - 800 \text{ A}$$

- CCM8

$$I_{ccm8} = 355 \text{ A} \quad \rightarrow \quad I_{amp} = 1,5 \times I_{ccm8} = 1,5 \times 355 = 532 \text{ A}$$

$$I_{esc} = 0 - 600 \text{ A}$$

- Capacitadores

$$I_{nc} \quad \rightarrow \quad I_{amp} = 1,5 \times 75,9 + 5 \times 75,9 = 493,3 \text{ A}$$

$$I_{esc} = 0 - 600 \text{ A}$$

- Transformador (secundário)

A corrente de fundo de escala será de 30 % superior à corrente nominal do transformador.

$$I_{nt} = 1.139 \text{ A} \quad \rightarrow \quad I_{amp} = 1,30 \times 1.139 = 1.480 \text{ A}$$

$$I_{esc} = 0 - 1.500 \text{ A}$$

A.17 Relação de material

A seguir, relacionaremos os materiais utilizados no projeto. A Tabela A.8 é uma das formas empregadas para Relação de Material. Lembro, sempre que for emitida determinada Especificação Técnica X de um equipamento que conste desta relação, não esquecer de citar, no final da descrição aqui exposta, a frase: **de acordo com a Especificação Técnica X**. Isso é para evitar conflitos entre a Relação de Material e a Especificação Técnica. O que deve prevalecer são as informações da Especificação Técnica.

Tabela A.8 Relação de Material da Obra

			Relação de material		
Item	Ud	Num.	Especificação	Preço Unitário	Preço Total
			1 – ENTRADA DE ENERGIA		
1	um	3	Para-raios do tipo distribuição a resistor não linear, com desligador automático, tensão nominal de 12 kV, corrente de descarga nominal de 5.000 A, máxima tensão disruptiva a impulso atmosférico de 54 kV, máxima tensão residual de descarga de 39 kV.		
2	uma	3	Chave seccionadora unipolar, corrente nominal de 100 A/15 kV, TSI de 95 kV, tensão máxima de operação de 15,5 kV e capacidade assimétrica de interrupção de 10 kA.		
3	uma	3	Mufla terminal primária unipolar, uso externo, tipo composto elastomérico, para cabo unipolar de 25 mm², isolação em PVC, terminal externo para 100 A, tensão nominal de 15 kV, corrente nominal de 100 A, tensão máxima de operação de 15,5 kV, TSI de 95 kV, fornecida com kit completo.		
4	m	70	Cabo de cobre unipolar, isolação em PVC para 8,7/15 kV, seção de 25 mm².		
5	uma	3	Cruzeta de concreto armado de 1,90 m, tipo N (ABNT).		
6	um	6	Eletroduto de ferro galvanizado de 100 mm (3 1/2").		
7	um	2	Suporte metálico para fixação do eletroduto de ferro galvanizado.		
			2 – CUBÍCULO DE MEDIÇÃO		
8	um	1	Suporte metálico para fixação dos transformadores para medição: corrente e potencial.		
9	uma	3	Mufla terminal primária unipolar, uso interno, tipo composto elastomérico, para cabo unipolar de 25 mm², isolação em PVC, terminal externo para 100 A, tensão nominal de 15 kV, TSI de 95 kV, fornecida com kit completo.		
10	um	1	Suporte metálico para fixação das muflas.		
11	uma	1	Tela metálica de 13 mm de abertura, de 2.550 × 2.950 mm, conforme desenho.		
12	um	9	Isolador suporte para uso interno, 15 kV.		
			3 – CUBÍCULO DE PROTEÇÃO		
13	uma	1	Chave seccionadora tripolar, comando simultâneo, uso interno, acionamento manual, através de alavanca de manobra, operação sem carga, corrente nominal de 200 A, classe de tensão de 15 kV, corrente de curta duração para efeito térmico de 10 kA e para efeito dinâmico de 20 kA, nível de isolamento de 15,5 kV e TSI de 95 kV.		
14	um	3	Relé digital, entrada de 5 A contendo no mínimo as seguintes funções 50/51 e 50/51N, 27/49, fornecido e fixado no disjuntor de média tensão.		
15	um	9	Suporte metálico para fixação de chaves seccionadoras tripolares.		
16	um	9	Isolador suporte para uso interno, 15 kV.		
17	uma	3	Bucha de passagem de 15 kV/100 A, uso interno-interno.		
18	uma	1	Disjuntor tripolar a vácuo, comando manual, acionamento frontal, montagem fixa sobre carrinho, construção aberta, tensão nominal de 15 kV, corrente nominal de 400 A, máxima tensão disruptiva a impulso atmosférico 125 kV, capacidade de interrupção simétrica de 350 MVA, relé de sobrecorrente 50/51 e 50/51N diretamente conectado a 3 TCs 800-5, ambos incorporados ao disjuntor abertura por meio de molas pré-carregadas.		
19	uma	1	Chapa de passagem de 1.500 × 500 mm para fixação de bucha de passagem.		
20	uma	1	Tela metálica de 13 mm de abertura com dimensões de 1.270 × 2.950 mm, conforme desenho.		

(continua)

Tabela A.8 Relação de Material da Obra (*continuação*)

Item	Ud	Num.	Especificação	Preço Unitário	Total
			**4 – CUBÍCULO DE TRANSFORMAÇÃO**		
21	uma	2	Chave seccionadora tripolar, comando simultâneo, uso interno, acionamento manual, através de alavanca de manobra, operação sem carga, corrente nominal de 200 A, classe de tensão de 15 kV, corrente de curta duração para efeito térmico de 10 kA e para efeito dinâmico de 20 kA, nível de isolamento de 15,5 kV e TSI de 95 kV.		
22	um	2	Transformador trifásico de 750 kVA, tensão nominal primária de 13.800/13.200/12.600 V, tensão nominal secundária 380/220 V dispondo de ligação dos enrolamentos triângulo primário e estrela secundário, impedância nominal percentual de 5,5 %, frequência de 60 Hz e TSI de 95 kV.		
23	um	6	Isolador suporte, uso interno, para 15 kV.		
24	m	68	Vergalhão de cobre nu de 35 mm² (barramento total de SE).		
25	uma	2	Tela metálica de 13 mm de abertura com dimensões de 4.490 × 1.800 mm, conforme desenho.		
			**5 – ATERRAMENTO DA SUBESTAÇÃO**		
26	m	277	Cabo de cobre nu de 70 mm²		
27	uma	9	Haste de terra de aço cobreado de 3/4" × 3.000 mm		
			**6 – QUADRO GERAL DE FORÇA – QGF**		
28	um	1	Quadro metálico em chapa de aço de 2,75 mm (12 USSG) tratada com desengraxante alcalino e pintada em pó, à base de epóxi, com espessura de 70 µ.m e dimensão de 4.500 × 2.000 mm com 750 mm de profundidade, aberturas para ventilação inferior e superior, nas partes frontal e lateral, porta com fechadura universal, provido de barramento de cobre de 4" × 1/4".		
29	um	54	Conjunto fusível *diazed* de 4 A.		
30	uma	1	Chave seccionadora tripolar, comando simultâneo, abertura em carga, tensão nominal de 500 V, corrente nominal de 100 A/380 V, acionamento frontal.		
31	uma	1	Chave seccionadora tripolar, comando simultâneo, abertura em carga, tensão nominal de 500 V, corrente nominal de 139 A/380 V, acionamento frontal.		
32	uma	2	Chave seccionadora tripolar, comando simultâneo, abertura em carga, tensão nominal de 500 V, corrente nominal de 190 A/380 V, acionamento frontal.		
33	uma	2	Chave seccionadora tripolar, comando simultâneo, abertura em carga, tensão nominal de 500 V, corrente nominal de 382 A/380 V, acionamento frontal.		
34	uma	1	Chave seccionadora tripolar, comando simultâneo, abertura em carga, tensão nominal de 500 V, corrente nominal de 447 A/380 V, acionamento frontal.		
35	uma	2	Chave seccionadora tripolar, comando simultâneo, abertura em carga, tensão nominal de 500 V, corrente nominal de 870 A/380 V, acionamento frontal.		
36	um	3	Fusível tipo NH, corrente nominal de 10 A, capacidade de ruptura de 100 kA, 500 V, tamanho 00, tipo retardado.		
37	um	3	Fusível tipo NH, corrente nominal de 16 A, capacidade de ruptura de 100 kA, 500 V, tamanho 00, tipo retardado.		
38	um	3	Fusível tipo NH, corrente nominal de 32 A, capacidade de ruptura de 100 kA, 500 V, tamanho 00, tipo retardado.		

(*continua*)

Tabela A.8 Relação de Material da Obra (*continuação*)

\multicolumn{6}{c	}{Relação de material}
Item	Ud	Num.	Especificação	Preço Unitário	Total
39	um	3	Fusível tipo NH, corrente nominal de 100 A, capacidade de ruptura de 100 kA, 500 V, tamanho 00, tipo retardado.		
40	um	6	Fusível tipo NH, corrente nominal de 125 A, capacidade de ruptura de 100 kA, 500 V, tamanho 00, tipo retardado.		
41	um	6	Fusível tipo NH, corrente nominal de 200 A, capacidade de ruptura de 100 kA, 500 V, tamanho 1, tipo retardado.		
42	um	6	Fusível tipo NH, corrente nominal de 250 A, capacidade de ruptura de 100 kA, 500 V, tamanho 1, tipo retardado.		
43	um	3	Fusível tipo NH, corrente nominal de 400 A, capacidade de ruptura de 100 kA, 500 V, tamanho 1, tipo retardado.		
44	um	3	Fusível tipo NH, corrente nominal de 500 A, capacidade de ruptura de 100 kA, 500 V, tamanho 2, tipo retardado.		
45	um	3	Fusível tipo NH, corrente nominal de 800 A, capacidade de ruptura de 100 kA, 500 V, tamanho 3, tipo retardado.		
46	uma	15	Base para fusível NH, tamanho 1/125 A.		
47	uma	3	Base para fusível NH, tamanho 1/250 A.		
48	uma	6	Base para fusível NH, tamanho 3/630 A.		
49	uma	3	Base para fusível NH, tamanho 4/1.250 A.		
50	uma	51	Armação de sinalização, com lâmpada vermelha de 1,5 W/220 V.		
51	um	3	Transformador de corrente de 10-5 A – 600 V, tipo barra, 2,5 VA 1,2.		
52	um	3	Transformador de corrente de 15-5 A – 600 V, tipo barra, 2,5 VA 1,2.		
53	um	3	Transformador de corrente de 25-5 A – 600 V, tipo barra, 2,5 VA 1,2.		
54	um	3	Transformador de corrente de 30-5 A – 600 V, tipo barra, 2,5 VA 1,2.		
55	um	6	Transformador de corrente de 100-5 A – 600 V, tipo barra, 2,5 VA 0,6.		
56	um	6	Transformador de corrente de 150-5 A – 600 V, tipo barra, 2,5 VA 0,6.		
57	um	3	Transformador de corrente de 250-5 A – 600 V, tipo barra, 0,6 VA 0,6.		
58	um	3	Transformador de corrente de 300-5 A – 600 V, tipo barra, 5 VA 0,6.		
59	um	3	Transformador de corrente de 400-5 A – 600 V, tipo barra, 5 VA 0,6.		
60	um	3	Transformador de corrente de 500-5 A – 600 V, tipo barra, 5 VA 0,6.		
61	um	3	Transformador de corrente de 600-5 A – 600 V, tipo barra, 5 VA 0,6.		
62	um	3	Transformador de corrente de 800-5 A – 600 V, tipo barra, 5 VA 0,6.		
63	um	6	Transformador de corrente de 1.500-5 A – 600 V, tipo barra, 5 VA 0,6.		
64	um	1	Amperímetro de ferro móvel de 96 × 96 mm, escala 0-15 A/60 Hz, classe 1,5.		
65	um	1	Amperímetro de ferro móvel de 96 × 96 mm, escala 0-20 A/60 Hz, classe 1,5.		
66	um	1	Amperímetro de ferro móvel de 96 × 96 mm, escala 0-40 A/60 Hz, classe 1,5.		
67	um	1	Amperímetro de ferro móvel de 96 × 96 mm, escala 0-50 A/60 Hz, classe 1,5.		
68	um	1	Amperímetro de ferro móvel de 96 × 96 mm, escala 0-125 A/60 Hz, classe 1,5.		
69	um	1	Amperímetro de ferro móvel de 96 × 96 mm, escala 0-150 A/60 Hz, classe 1,5.		
70	um	2	Amperímetro de ferro móvel de 96 × 96 mm, escala 0-250 A/60 Hz, classe 1,5.		
71	um	1	Amperímetro de ferro móvel de 96 × 96 mm, escala 0-400 A/60 Hz, classe 1,5.		
72	um	1	Amperímetro de ferro móvel de 96 × 96 mm, escala 0-500 A/60 Hz, classe 1,5.		
73	um	1	Amperímetro de ferro móvel de 96 × 96 mm, escala 0-600 A/60 Hz, classe 1,5.		
74	um	1	Amperímetro de ferro móvel de 96 × 96 mm, escala 0-800 A/60 Hz, classe 1,5.		

(*continua*)

Tabela A.8 Relação de Material da Obra (*continuação*)

			Relação de material		
Item	Ud	Num.	Especificação	Preço Unitário	Total
75	um	1	Amperímetro de ferro móvel de 96 × 96 mm, escala 0-1.000 A/60 Hz, classe 1,5.		
76	um	2	Amperímetro de ferro móvel de 96 × 96 mm, escala 0-1.500 A/60 Hz, classe 1,5.		
77	uma	1	Chave rotativa comutadora para voltímetro.		
78	uma	17	Chave rotativa comutadora para amperímetro.		
79	um	1	Voltímetro de ferro móvel, dimensões de 144 × 144 mm, fundo de escala de 1.500 V, frequência de 60 Hz, classe 1,5.		
80	um	1	Disjuntor termagnético de 25 A/600 V, capacidade de ruptura de 10 kA, faixa de ajuste térmico (10 – 16)A, ajuste magnético fixo.		
81	um	2	Disjuntor termagnético de 25 A/600 V, capacidade de ruptura de 6 kA, faixa de ajuste térmico (18 – 25)A, ajuste magnético fixo.		
82	um	1	Disjuntor termagnético de 52 A/600 V, capacidade de ruptura de 35 kA, faixa de ajuste térmico (28 – 40)A, ajuste magnético fixo.		
83	um	1	Disjuntor termagnético de 100 A/600 V, capacidade de ruptura de 65 kA, faixa de ajuste térmico (80 – 100)A, ajuste magnético fixo.		
84	um	1	Disjuntor termagnético de 160 A/600 V, capacidade de ruptura de 65 kA, faixa de ajuste térmico (100 – 125)A, ajuste magnético fixo.		
85	um	1	Disjuntor tripolar de 1.200 A/600 V, provido de unidade térmica fixa de 1.200 A e unidade magnética de (5.000-10.000) A, tropicalizado, capacidade de ruptura simétrica de 65 kA.		
			7 – CENTRO DE CONTROLE DE MOTORES – CCM1		
86	um	1	Quadro metálico em chapa de aço de 2,75 mm (12 USSG) tratada com desengraxante alcalino e pintada tinta em pó, à base de epóxi, epóxi com espessura de 70 μ.m e dimensão de 1.500 × 800 mm com 500 mm de profundidade, aberturas para ventilação inferior e superior, nas partes frontal e lateral, porta com fechadura universal, provido de barramento de cobre de 3/4" × 1/16", grau de proteção IP 54.		
87	um	1	Amperímetro de ferro móvel, dimensões de 144 × 144 mm, fundo de escala de 400 A, frequência de 60 Hz, classe 1,5.		
88	um	1	Voltímetro de ferro móvel, dimensões de 144 × 144 mm, escala de 0-500 V/60 Hz, classe 1,5.		
89	uma	1	Chave rotativa comutadora para voltímetro.		
90	uma	1	Chave rotativa comutadora para amperímetro.		
91	um	27	Conjunto fusível *diazed* de 4 A.		
92	uma	1	Chave seccionadora tripolar, comando simultâneo, abertura em carga, tensão nominal de 500 V, corrente nominal de 190 A/380 V, acionamento frontal.		
93	um	18	Fusível tipo NH, corrente nominal de 32 A, capacidade de ruptura de 100 kA, 500 V, tamanho 00, tipo retardado.		
94	um	6	Fusível tipo NH, corrente nominal de 100 A, capacidade de ruptura de 100 kA, 500 V, tamanho 00, tipo retardado.		
95	uma	24	Base para fusível NH, tamanho 00/125 A.		
96	uma	24	Armação de sinalização, com lâmpada vermelha de 1,5 W/220 V.		
97	um	3	Transformador de corrente de 200-5 A – 600 V, tipo barra, 2,5 VA 0,6.		
98	um	6	Contator magnético tripolar para motor de 7,5 cv/380 V, categoria AC3, com bobina de 220 V/60 Hz, contatos 2NA e 2NF.		

(*continua*)

Tabela A.8 Relação de Material da Obra (*continuação*)

Item	Ud	Num.	Especificação	Preço Unitário	Total
99	um	2	Contator magnético tripolar para motor de 30 cv/380 V, categoria AC3, com bobina de 220 V/60 Hz, contatos 2NA e 2NF		
100	um	6	Relé bimetálico de sobrecarga, faixa de ajuste (10 – 16) A		
101	um	2	Relé bimetálico de sobrecarga, faixa de ajuste (32 – 50) A		
			8 – CENTRO DE CONTROLE DE MOTORES – CCM2		
102	um	1	Quadro metálico em chapa de aço de 2,75 mm (12 USSG) tratada com desengraxante alcalino e pintada tinta em pó, à base de epóxi, epóxi com espessura de 70 µ.m e dimensão de 1.500 × 800 mm com 500 mm de profundidade, aberturas para ventilação inferior e superior, nas partes frontal e lateral, porta com fechadura universal, provido de barramento de cobre de 3/4"× 1/16", grau de proteção IP 54.		
103	um	1	Voltímetro de ferro móvel, dimensões de 144 × 144 mm, escala de 0-500 V/60 Hz.		
104	um	1	Amperímetro de ferro móvel, dimensões de 144 × 144 mm, fundo de escala de 200 A, frequência de 60 Hz, classe 1,5		
105	uma	1	Chave rotativa comutadora para voltímetro.		
106	uma	1	Chave rotativa comutadora para amperímetro.		
107	um	48	Conjunto fusível *diazed* de 4 A.		
108	uma	1	Chave seccionadora tripolar, comando simultâneo, abertura em carga, tensão nominal de 500 V, corrente nominal de 139 A/380 V acionamento frontal, tipo S32-25-/3 – Siemens.		
109	um	27	Fusível tipo NH, corrente nominal de 16 A, capacidade de ruptura de 100 kA, 500 V, tamanho 00, tipo retardado.		
110	um	18	Fusível tipo NH, corrente nominal de 20 A, capacidade de ruptura de 100 kA, 500 V, tamanho 00, tipo retardado.		
111	uma	45	Base para fusível NH, tamanho 00/125 A.		
112	uma	45	Armação de sinalização, com lâmpada vermelha de 1,5 W/220 V.		
113	um	3	Transformador de corrente de 150-5 A – 600 V, tipo barra, 1,2C2,5.		
114	um	15	Contator magnético tripolar para motor de 5 cv/380 V, categoria AC3, com bobina de 220 V/60 Hz, contatos 2NA e 2NF.		
115	um	15	Relé bimetálico de sobrecarga, faixa de ajuste (6,3 – 10) A.		
			9 – CENTRO DE CONTROLE DE MOTORES – CCM3		
116	um	1	Quadro metálico em chapa de aço de 2,75 mm (12 USSG) tratada com desengraxante alcalino e pintada tinta em pó, à base de epóxi, epóxi com espessura de 70 µ.m e dimensão de 1.500 × 800 mm com 500 mm de profundidade, aberturas para ventilação inferior e superior, nas partes frontal e lateral, porta com fechadura universal, provido de barramento de cobre de 3/4"× 1/16", grau de proteção IP 54.		
117	um	1	Voltímetro de ferro móvel, dimensões de 144 × 144 mm, escala de 0-500 V/60 Hz, classe 1,5.		
118	um	1	Amperímetro de ferro móvel, dimensões de 144 × 144 mm, fundo de escala de 200 A, frequência de 60 Hz, classe 1,5.		
119	uma	1	Chave rotativa comutadora para voltímetro.		
120	uma	10	Chave rotativa comutadora para amperímetro.		
121	um	33	Conjunto fusível *diazed* de 4 A.		
122	uma	1	Chave seccionadora tripolar, comando simultâneo, abertura em carga, tensão nominal de 500 V, corrente nominal de 190 A/380 V.		

(*continua*)

Tabela A.8 Relação de Material da Obra (*continuação*)

Item	Ud	Num.	Especificação	Preço Unitário	Preço Total
123	um	9	Fusível tipo NH, corrente nominal de 20 A, capacidade de ruptura de 100 kA, 500 V, tamanho 00, tipo retardado.		
124	um	21	Fusível tipo NH, corrente nominal de 32 A, capacidade de ruptura de 100 kA, 500 V, tamanho 00, tipo retardado.		
125	uma	30	Base para fusível NH, tamanho 00/125 A.		
126	uma	30	Armação de sinalização, com lâmpada vermelha de 1,5 W/220 V.		
127	um	3	Transformador de corrente de 150-5 A – 600 V, tipo barra, 2,5 VA 0,6.		
128	um	3	Contator magnético tripolar para motor de 5 cv/380 V, categoria AC3, com bobina de 220 V/60 Hz, contatos 2NA e 2NF.		
129	um	3	Contator magnético tripolar para motor de 10 cv/380 V, categoria AC3, com bobina de 220 V/60 Hz, contatos 2NA.		
130	um	3	Relé bimetálico de sobrecarga, faixa de ajuste (6,3 – 10) A.		
131	um	7	Relé bimetálico de sobrecarga, faixa de ajuste (12,5 – 20) A.		
			10 – CENTRO DE CONTROLE DE MOTORES – CCM4		
132	um	1	Quadro metálico em chapa de aço de 2,75 mm (12 USSG) tratada com desengraxante alcalino e pintada tinta em pó, à base de epóxi, epóxi com espessura de 70 μ.m e dimensão de 1.500 × 800 mm com 500 mm de profundidade, aberturas para ventilação inferior e superior, nas partes frontal e lateral, porta com fechadura universal, provido de barramento de cobre de 3/4"× 1/16", grau de proteção IP 54.		
133	um	1	Voltímetro de ferro móvel, dimensões de 144 × 144 mm, escala de 0-500 V/60 Hz.		
134	um	1	Amperímetro de ferro móvel, dimensões de 144 × 144 mm, fundo de escala de 1.000 A, frequência de 60 Hz, classe 1,5.		
135	uma	1	Chave rotativa comutadora para voltímetro.		
136	uma	1	Chave rotativa comutadora para amperímetro.		
137	um	9	Conjunto fusível *diazed* de 4 A.		
138	uma	1	Chave seccionadora tripolar, comando simultâneo, abertura em carga, tensão nominal de 500 V, corrente nominal de 870 A/380 V, acionamento frontal.		
139	um	6	Fusível tipo NH, corrente nominal de 800 A, capacidade de ruptura de 100 kA, 500 V, tamanho 3, tipo retardado.		
140	uma	6	Base para fusível NH, tamanho 3/630 A.		
141	uma	6	Armação de sinalização, com lâmpada vermelha de 1,5 W/220 V.		
142	um	3	Transformador de corrente de 800-5 A – 600 V, tipo barra, 5 VA 0,6.		
143	uma	2	Chave de partida estática para motor de 250 cv/380 V.		
			11 – CENTRO DE CONTROLE DE MOTORES – CCM5		
144	um	1	Quadro metálico em chapa de aço de 2,75 mm (12 USSG) tratada com desengraxante alcalino e pintada tinta em pó, à base de epóxi, epóxi com espessura de 70 μ.m e dimensão de 1.500 × 800 mm com 500 mm de profundidade, aberturas para ventilação inferior e superior, nas partes frontal e lateral, porta com fechadura universal, provido de barramento de cobre de 3/4"× 1/16", grau de proteção IP 54.		
145	um	1	Voltímetro de ferro móvel, dimensões de 144 × 144 mm, escala de 0-500 V/60 Hz, classe 1,5.		
146	um	1	Amperímetro de ferro móvel, dimensões de 144 × 144 mm, fundo de escala de 400 A, frequência de 60 Hz, classe 1,5.		

(*continua*)

Tabela A.8 Relação de Material da Obra (*continuação*)

			Relação de material		
Item	Ud	Num.	Especificação	Preço Unitário	Total
147	uma	1	Chave rotativa comutadora para voltímetro.		
148	uma	1	Chave rotativa comutadora para amperímetro.		
149	um	30	Conjunto fusível *diazed* de 4 A.		
	uma	1	Chave seccionadora tripolar, comando simultâneo, abertura em carga, tensão nominal de 500 V, corrente nominal de 382 A/380 V, acionamento frontal.		
150	um	9	Fusível tipo NH, corrente nominal de 25 A, capacidade de ruptura de 100 kA, 500 V, tamanho 00, tipo retardado.		
151	um	18	Fusível tipo NH, corrente nominal de 63 A, capacidade de ruptura de 100 kA, 500 V, tamanho 00, tipo retardado.		
152	uma	27	Base para fusível NH, tamanho 00/125 A.		
153	uma	27	Armação de sinalização, com lâmpada vermelha de 1,5 W/220 V.		
154	um	3	Transformador de corrente de 250-5 A – 600 V, tipo barra, 0,6C2,5.		
155	um	3	Contator magnético tripolar para motor de 7,5 cv/380 V, categoria AC3, com bobina de 220 V/60 Hz, contatos 2NA e 2NF, tipo 3TF41-10 – Siemens.		
156	um	6	Contator magnético tripolar para motor de 15 cv/380 V, categoria AC3, com bobina de 220 V/60 Hz, contatos 2NA e 2NF, tipo 3TF44-11 – Siemens.		
157	um	3	Relé bimetálico de sobrecarga, faixa de ajuste (10 – 16) A.		
158	um	6	Relé bimetálico de sobrecarga, faixa de ajuste (20 – 32) A.		
			12 – CENTRO DE CONTROLE DE MOTORES – CCM6		
159	um	1	Quadro metálico em chapa de aço de 2,75 mm (12 USSG) tratada com desengraxante alcalino e pintada tinta em pó, à base de epóxi, epóxi com espessura de 70 µ.m e dimensão de 1.500 × 800 mm com 500 mm de profundidade, aberturas para ventilação inferior e superior, nas partes frontal e lateral, porta com fechadura universal, provido de barramento de cobre de 3/4"× 1/16", grau de proteção IP 54.		
160	um	1	Voltímetro de ferro móvel, dimensões de 144 × 144 mm, escala de 0-500 V/60 Hz.		
161	um	1	Amperímetro de ferro móvel, dimensões de 144 × 144 mm, fundo de escala de 600 A, frequência de 60 Hz, classe 1,5.		
162	uma	1	Chave rotativa comutadora para voltímetro.		
163	uma	1	Chave rotativa comutadora para amperímetro.		
164	um	27	Conjunto fusível *diazed* de 4 A.		
165	uma	1	Chave seccionadora tripolar, comando simultâneo, abertura em carga, tensão nominal de 500 V, corrente nominal de 382 A/380 V, acionamento frontal.		
166	um	24	Fusível tipo NH, corrente nominal de 63 A, capacidade de ruptura de 100 kA, 500 V, tamanho 00, tipo retardado.		
167	uma	24	Base para fusível NH, tamanho 00/125 A.		
168	uma	24	Armação de sinalização, com lâmpada vermelha de 1,5 W/220 V.		
169	um	3	Transformador de corrente de 300-5 A – 600 V, tipo barra, 5 VA 0,6.		
170	um	8	Contator magnético tripolar para motor de 20 cv/380 V, categoria AC3, com bobina de 220 V/60 Hz, contatos 2NA e 2NF, tipo 3TF44-11 – Siemens.		
171	um	8	Relé bimetálico de sobrecarga, faixa de ajuste (20 – 32) A.		

(*continua*)

Tabela A.8 Relação de Material da Obra (*continuação*)

			Relação de material		
Item	Ud	Num.	Especificação	Preço Unitário	Total
			13 – CENTRO DE CONTROLE DE MOTORES – CCM7		
172	um	1	Quadro metálico em chapa de aço de 2,75 mm (12 USSG) tratada com desengraxante alcalino e pintada tinta em pó, à base de epóxi, epóxi com espessura de 70 µ.m e dimensão de 1.500 × 800 mm com 500 mm de profundidade, aberturas para ventilação inferior e superior, nas partes frontal e lateral, porta com fechadura universal, provido de barramento de cobre de 3/4"× 1/16", grau de proteção IP 54.		
173	um	1	Voltímetro de ferro móvel, dimensões de 144 × 144 mm, escala de 0-500 V/60 Hz.		
174	um	1	Amperímetro de ferro móvel, dimensões de 144 × 144 mm, fundo de escala de 800 A, frequência de 60 Hz, classe 1,5.		
175	uma	1	Chave rotativa comutadora para voltímetro.		
176	uma	1	Chave rotativa comutadora para amperímetro.		
177	um	33	Conjunto fusível *diazed* de 4 A.		
178	uma	1	Chave seccionadora tripolar, comando simultâneo, abertura em carga, tensão nominal de 500 V, corrente nominal de 870 A/380 V, acionamento frontal.		
179	um	30	Fusível tipo NH, corrente nominal de 100 A, capacidade de ruptura de 100 kA, 500 V, tamanho 00, tipo retardado.		
180	uma	30	Base para fusível NH, tamanho 00/125 A.		
181	uma	30	Armação de sinalização, com lâmpada vermelha de 1,5 W/220 V.		
182	um	10	Contator magnético tripolar para motor de 30 cv/380 V, categoria AC3, com bobina de 220 V/60 Hz, contatos 2NA e 2NF.		
183	um	10	Relé bimetálico de sobrecarga, faixa de ajuste (32 – 50) A.		
			14 – CENTRO DE CONTROLE DE MOTORES – CCM8		
184	um	1	Quadro metálico em chapa de aço de 2,75 mm (12 USSG) tratada com desengraxante alcalino e pintada tinta em pó, à base de epóxi, epóxi com espessura de 70 µ.m e dimensão de 1.500 × 800 mm com 500 mm de profundidade, aberturas para ventilação inferior e superior, nas partes frontal e lateral, porta com fechadura universal, provido de barramento de cobre de 3/4"× 1/16", grau de proteção IP 54.		
185	um	1	Voltímetro de ferro móvel, dimensões de 144 × 144 mm, escala de 0-500 V/60 Hz.		
186	uma	1	Amperímetro de ferro móvel, dimensões de 144 × 144 mm, fundo de escala de 600 A, frequência de 60 Hz, classe 1,5.		
187	uma	1	Chave seccionadora tripolar, comando simultâneo, abertura em carga, tensão nominal de 500 V, corrente nominal de 447 A/380 V, acionamento frontal.		
188	uma	1	Chave rotativa comutadora para voltímetro.		
189	uma	1	Chave rotativa comutadora para amperímetro.		
190	um	30	Fusível tipo NH, corrente nominal de 80 A, capacidade de ruptura de 100 kA, 500 V, tamanho 00, tipo retardado.		
191	uma	30	Base para fusível NH, tamanho 00/125 A.		
192	uma	30	Armação de sinalização, com lâmpada vermelha de 1,5 W/220 V.		
193	um	10	Contator magnético tripolar para motor de 25 cv/380 V, categoria AC3, com bobina de 220 V/60 Hz, contatos 2NA e 2NF, tipo 3TF45-11 – Siemens.		
194	um	10	Relé bimetálico de sobrecarga, faixa de ajuste (32 – 50) A.		
195	um	3	Transformador de corrente de 400-5 A – 600 V, tipo barra, 5 VA 0,6.		

(*continua*)

Tabela A.8 Relação de Material da Obra (*continuação*)

Item	Ud	Num.	Especificação	Preço Unitário	Total
	15 – QUADRO DE DISTRIBUIÇÃO DE LUZ (QDL1 – QDL2 – QDL3 – QDL5 – QDL6)
196	um	1	Quadro metálico em chapa de aço de 2 mm de espessura (14 USSG) tratada com desengraxante alcalino e pintado com tinta em pó à base de epóxi, com espessura de 70 µ.m e dimensão de 400 × 300 mm com 150 mm de profundidade, com espaço disponível para 10 disjuntores monopolares.		
197	um	1	Disjuntor tripolar termomag. de 30 A/660 V, interrupção de 4 kA, não tropicalizado, do tipo caixa moldada.		
198	um	1	Disjuntor tripolar termomag. de 35 A/660 V, interrupção de 4 kA, não tropicalizado, do tipo caixa moldada.		
199	um	1	Disjuntor tripolar termomag. de 60 A/660 V, interrupção de 4 kA, não tropicalizado, do tipo caixa moldada.		
200	um	2	Disjuntor tripolar termomag. de 100 A/660 V, interrupção de 4 kA, não tropicalizado, do tipo caixa moldada.		
201	um	7	Disjuntor monopolar termomag. de 10 A/660 V, interrupção de 3,5 kA.		
202	um	6	Disjuntor monopolar termomag. de 15 A/660 V, interrupção de 3,5 kA.		
203	um	3	Disjuntor monopolar termomagnético de 20 A/660 V, interrupção de 3,5 kA.		
204	um	1	Disjuntor monopolar termomag. de 25 A/660 V, interrupção de 3,5 kA.		
205	um	2	Disjuntor monopolar termomag. de 30 A/660 V, interrupção de 3,5 kA.		
206	um	2	Disjuntor monopolar termomag. de 35 A/660 V, interrupção de 3,5 kA.		
207	um	12	Disjuntor monopolar termomag. de 40 A/660 V, interrupção de 3,5 kA.		
	16 – QUADRO DE DISTRIBUIÇÃO DE LUZ (QDL1 – QDL2 – QDL3 – QDL5 – QDL6)
208	m	4.500	Fio de cobre isolado – 750 V em PVC/70 °C, seção de 1,5 mm^2.		
209	m	2.200	Fio de cobre isolado – 750 V em PVC/70 °C, seção de 2,5 mm^2.		
210	m	720	Fio de cobre isolado – 750 V em PVC/70 °C, seção de 6 mm^2.		
211	m	610	Fio de cobre isolado – 750 V em PVC/70 °C, seção de 10 mm^2.		
212	m	2.890	Cabo cobre isolado – 750 V em PVC/70 °C, seção de 16 mm^2.		
213	m	686	Cabo cobre unipolar, 06/1 kV em PVC/70 °C, seção de 2,5 mm^2.		
214	m	455	Cabo cobre unipolar, 06/1 kV em PVC/70 °C, seção de 4 mm^2.		
215	m	350	Cabo cobre unipolar, 06/1 kV em PVC/70 °C, seção de 10 mm^2.		
216	m	326	Cabo cobre unipolar, 06/1 kV em PVC/70 °C, seção de 16 mm^2.		
217	m	490	Cabo cobre unipolar, 06/1 kV em PVC/70 °C, seção de 25 mm^2.		
218	m	247	Cabo cobre unipolar, 06/1 kV em PVC/70 °C, seção de 35 mm^2.		
219	m	340	Cabo cobre unipolar, 06/1 kV em PVC/70 °C, seção de 50 mm^2.		
220	m	270	Cabo cobre unipolar, 06/1 kV em PVC/70 °C, seção de 70 mm^2.		
221	m	810	Cabo cobre unipolar, 06/1 kV em PVC/70 °C, seção de 95 mm^2.		
222	m	210	Cabo cobre unipolar, 06/1 kV em PVC/70 °C, seção de 120 mm^2.		
223	m	250	Cabo cobre unipolar, 06/1 kV em PVC/70 °C, seção de 150 mm^2.		
224	m	530	Cabo cobre unipolar, 06/1 kV em PVC/70 °C, seção de 185 mm^2.		
225	m	420	Cabo cobre unipolar, 06/1 kV em PVC/70 °C, seção de 240 mm^2.		
226	m	750	Cabo cobre unipolar, 06/1 kV em PVC/70 °C, seção de 400 mm^2.		
227	m	660	Cabo cobre unipolar, 06/1 kV em PVC/70 °C, seção de 500 mm^2.		
228	m	265	Cabo de cobre nu, seção de 400 mm^2.		
229	m	135	Cabo de cobre nu, seção de 500 mm^2.		

(*continua*)

Tabela A.8 Relação de Material da Obra (*continuação*)

Item	Ud	Num.	Especificação	Preço Unitário	Total
			Relação de material		
			17 – CAPACITORES		
230	um	2	Banco de capacitor trifásico de 150 kvar, tensão nominal de 380 V/60 Hz.		
			18 – ILUMINAÇÃO E ELETRODUTOS		
231	uma	2	Lâmpada incandescente de 40 W/220 V.		
232	uma	84	Lâmpada a vapor de mercúrio de 700 W/220 V.		
233	um	2	Globo esférico de 6".		
234	uma	56	Luminária para 2 lâmpadas fluor. de 40 W, tipo TMS-426 – Philips.		
235	uma	57	Luminária para 4 lâmpadas fluor. de 40 W, tipo TMS-427 – Philips.		
236	um	84	Projetor industrial de alumínio para 1 lâmpada vapor de mercúrio, tipo T-38 – Peterco.		
237	um	2	Interruptor tripolar de 10 A/220 V.		
238	um	14	Interruptor simples de 10 A/220 V.		
239	uma	119	Tomada simples de 10 A/220 V.		
240	uma	10	Tomada tripolar de 4 pinos de 20 A/380 V.		
241	um	170	Reator duplo de alto fator de potência para lâmpada fluorescente de 40 W/220 V.		
242	vara	82	Eletroduto de PVC de 1/2".		
243	vara	28	Eletroduto de PVC de 3/4".		
244	vara	13	Eletroduto de PVC de 1".		
245	vara	12	Eletroduto de PVC de 1 1/4".		
246	vara	10	Eletroduto de PVC de 1 1/2".		
247	vara	5	Eletroduto de PVC de 2 1/2".		
248	m	66	Eletroduto de ferro galvanizado de 3/4".		
249	m	60	Eletroduto de ferro galvanizado de 1".		
250	m	38	Eletroduto de ferro galvanizado de 3".		
251	m	70	Eletroduto flexível de 3/4".		
252	m	53	Eletroduto flexível de 1".		
253	m	32	Eletroduto flexível de 11/4".		
254	rolo	60	Fita isolante de 20 mm de largura, em rolo de 15 m.		
255	uma	66	Caixa ferro esmaltada octogonal – fundo móvel de 50 × 100 mm.		
256	uma	96	Caixa ferro esmaltada octogonal – fundo móvel de 100 × 100 mm.		
257	uma	29	Caixa de alumínio fundido retangular de 200 × 300 mm.		
258	par	180	Bucha e arruela de alumínio para eletroduto de 3/4".		
259	par	40	Bucha e arruela de alumínio para eletroduto de 1".		
260	par	25	Bucha e arruela de alumínio para eletroduto de 1 1/2".		
261	um	72	Condulete em liga de alumínio tipo I de 1".		
262	um	8	Condulete em liga de alumínio tipo T de 1".		
263	um	4	Condulete em liga de alumínio tipo L de 1".		
264	um	12	Condulete em liga de alumínio tipo I de 3/4".		

Referências bibliográficas

1. ASSOCIAÇÃO BRASILEIRA DE NORMAS TÉCNICAS. NBR 5410: Instalações elétricas de baixa tensão. Rio de Janeiro: ABNT, 2005 (atualizada em 2008).
2. ASSOCIAÇÃO BRASILEIRA DE NORMAS TÉCNICAS. NBR 14039: Instalações elétricas de média tensão de 1 a 36,2 kV. Rio de Janeiro: ABNT, 2003.
3. ASSOCIAÇÃO BRASILEIRA DE NORMAS TÉCNICAS. NBR 6856: Transformador de corrente com isolação sólida para tensão máxima igual ou inferior a 52 kV – Especificação e ensaios. Rio de Janeiro: ABNT, 2021.
4. ASSOCIAÇÃO BRASILEIRA DE NORMAS TÉCNICAS. NBR IEC 60529: Graus de proteção providos por invólucros. Rio de Janeiro: ABNT, 2017.
5. ASSOCIAÇÃO BRASILEIRA DE NORMAS TÉCNICAS. NBR 5456: Eletricidade geral – Terminologia. Rio de Janeiro: ABNT, 2010.
6. ASSOCIAÇÃO BRASILEIRA DE NORMAS TÉCNICAS. NBR 6820: Transformador de potencial indutivo. Rio de Janeiro: ABNT, 1992.
7. ASSOCIAÇÃO BRASILEIRA DE NORMAS TÉCNICAS. NBR 7286: Cabos de potência com isolação extrudada de borracha etilenopropileno (EPR) para tensões de 1 a 35 kV – Requisitos de desempenho. Rio de Janeiro: ABNT, 2022.
8. ASSOCIAÇÃO BRASILEIRA DE NORMAS TÉCNICAS. NBR 6323: Galvanização por imersão a quente de produtos de aço e ferro fundido – Especificação. Rio de Janeiro: ABNT, 2016.
9. ASSOCIAÇÃO BRASILEIRA DE NORMAS TÉCNICAS. NBR 5470: Para-raios de resistor não linear a carboneto de silício (SiC) para sistemas de potência – Terminologia. Rio de Janeiro: ABNT, 2015.
10. ASSOCIAÇÃO BRASILEIRA DE NORMAS TÉCNICAS. NBR 5419 – Partes 1/2/3/4: Proteção contra descargas atmosféricas. Rio de Janeiro: ABNT, 2015.
11. BESSONOV, L. Eletricidade aplicada para engenheiros. Porto: Lopes da Silva, 1976.
12. BOVERI, B. Manual de instalações elétricas. Ordem dos Engenheiros de Portugal, 1978.
13. CENTRAIS ELÉTRICAS DE SÃO PAULO (CESP). ABC dos capacitores. Tradução CESP. McGraw-Edison [19--?].
14. CONDEX CABOS ELÉTRICOS. Disponível em: https://www.condexcabos.com.br/. Acesso em: 6 out. 2022.
15. D'AJUZ, A. Equipamentos elétricos: especificação. Rio de Janeiro: Furnas, 1985.
16. D'AJUZ, A. Transitórios elétricos e coordenação de isolamento. Aplicação em sistemas de potência. Rio de Janeiro: Furnas, 1987.
17. GENERAL ELECTRIC. Disponível em: https://www.ge.com/br/. Acesso em: 6 out. 2022.
18. INDUCON DO BRASIL CAPACITORES S.A. Manual Inducon – capacitores de potência.
19. MAMEDE FILHO, J. Manual de equipamentos elétricos. 5. ed. Rio de Janeiro: LTC, 2019.
20. PARANHOS, H.; MAGALHÃES S. C.; BURGO, J. A. Correção de fator de potência na indústria [19--?].
21. PAVEL, C. O. Influência da operação de fornos elétricos a arco sobre sistema de energéticos [19--?].
22. PRYSMIAN GROUP. Disponível em: https://br.prysmiangroup.com/. Acesso em: 6 out. 2022.
23. RCM CABOS ELÉTRICOS. Disponível em: https://www.rcmcaboseletricos.com.br/. Acesso em: 6 out. 2022.
24. SIEMENS AG. Disponível em: https://www.siemens.com/global/en.html. Acesso em: 6 out 2022.
25. STASI, L. Fornos elétricos. São Paulo: Hemus, 1981.
26. WEG S.A. Disponível em: https://www.weg.net/institutional/BR/pt/solutions/digital-solutions/solutions. Acesso em: 6 out. 2022.
27. WESTINGHOUSE ELECTRIC CORPORATION. Electric Utility Engineering Reference Book. Distribution Systems. Pennsylvania: East Pittsburgh, 1959.
28. WESTINGHOUSE ELECTRIC CORPORATION. Applied protective relaying, 1982.

Índice alfabético

A

Aberturas de ventilação, 578
ABNT NBR ISO/CIE 8995-1:2013 – Iluminação de ambientes de trabalho, 2
Absorção, 51
Acessibilidade, 1
Acessórios, 401
 - e detalhes construtivos de um SPDA, 640
Acionamento em rampa de tensão, 297
Aço
 - cobreado, 520
 - galvanizado, 520
Ações de eficiência energética, 684
Agrupamento
 - de cabos, 133
 - de circuitos, 113
Ajuste
 - de corrente dos relés, 475
 - do tempo de partida em rampa, 298
 - dos relés de sobrecarga, 431
Alças para fixação, 171
Altitude, 10
Altura da subestação, 576
Amperímetro de ferro móvel, 407
Análise
 - da quantidade de perda, 595
 - das correntes de curto-circuito, 208
 - das formas de onda das correntes de curto-circuito, 209
 - de componentes de risco, 587, 599
 - econômica, 678
Ângulo(s)
 - de inclinação dos módulos fotovoltaicos, 659
 - mínimos de corte, 56
Aparelho de ar-condicionado tipo central, 706
Aplicação(ões)
 - das correntes de curto-circuito, 237
 - dos capacitores-derivação, 174
Aprimoramento dos processos produtivos, 715
Aquecimento
 - adiabático, 253
 - de água, 709
 - - medidas de implementação de médio e longo prazos, 710
 - - medidas de implementação imediata, 709
Ar comprimido, 710
Área de exposição equivalente da estrutura, 589
Armadura, 171
Arranjo fotovoltaico, 658
Atenuação de ruídos, 783
Aterramento, 128, 677
 - de tanques e tubulações metálicas para uso de produtos inflamáveis, 626
 - do sistema, tipo de, 381
 - dos equipamentos, 520
Aumento progressivo de carga, 770
Ausência de fase, 254
Automação dos processos, 715
Autoprodutor, 718
Autotransformador de serviço auxiliar, 667
Avaliação
 - da probabilidade de danos, 592
 - da substituição de motores do tipo standard
 - - com a mesma potência nominal por motores de alto rendimento, 700
 - - em subcarga, 695
 - de aquisição de motores standard ou de motores de alto rendimento, 700
 - de desperdício de energia elétrica, 693
 - do projeto pelo método tabular, 55
 - horária, 164
 - - do fator de potência, 164, 167
 - mensal, 164

B

Bagaço da cana-de-açúcar, 723
Baixo fator de potência, causas do, 163
Banco
 - de baterias, 87
 - de capacitores
 - - automáticos, 197
 - - fixos, 194

Bandeira(s) tarifária(s), 30
- amarela, 30
- verde, 30
- vermelha, 30
Bandejas, 148
Barramentos, 134
- de fabricação específica, 134
- pré-fabricados, 137
- - ou dutos de barra, 134, 136
- primários, 581
- redondos maciços de cobre, 135
- retangulares de cobre, 135
- tubulares de cobre, 136
Baterias
- alcalinas, 87
- chumbo-ácidas, 87
- chumbo-cálcio, 87
Biomassa, 723
Bobina estatórica protegida por um termistor, 255
Bombas, 249, 298
Bombeamento de água, 704
Bottoming cycle, 778
Bucha de passagem, 386
- para uso interno-externo, 386
- para uso interno-interno, 386
Build, operate and transfer (BOT), 778
Build, operate, own and transfer (BOOT), 779

C

Cabo(s)
- condutores, 89
- de baixa tensão, 401
- de energia
- - isolado para 15 kV, 376
- - solar, principais características dos, 671
- flexíveis, 349
- redondos com encordoamento compacto, 402
- solar, 667
Caixa, 171
- de junção solar, 667
Cálculo
- da impedância
- - do transformador, 307
- - reduzida no ponto de entrega de energia, 307
- da malha de terra, 34
- da queda de tensão nos terminais do gerador, 732
- da refletância efetiva
- - da capacidade do piso, 76
- - da cavidade do teto, 76
- da seção econômica de um condutor, 688
- das energias mensais ativa e reativa, 183
- das relações das cavidades zonais, 76
- de malha de terra, 529
- de sistemas de aterramento com eletrodos verticais, 545
- do coeficiente de correção do fator de utilização, 77
- do fator
- - de demanda, 22

- - de depreciação do serviço da iluminação, 77
- - de potência horário, 183
- - de relação, 75
- - de utilização, 76
- do fluxo luminoso, 68, 77
- do número
- - de luminárias, 67, 69
- - de projetores, 77
- do padrão de flutuação de tensão, 351
- econômico, 682
Calor
- devido às perdas do gerador, 785
- irradiado pelo motor, 785
Câmara de combustão ou combustor, 725
Caminhamento dos circuitos de distribuição e dos circuitos terminais, 4
Canaletas no solo, 146, 147
Capacidade, 170
- de interrupção, 409, 437
- de ruptura, 394, 437
- nominal de interrupção de curto-circuito, 435
Capacitores, 169
- características construtivas dos, 171
- características elétricas dos, 173
Captores
- de haste, 619
- não naturais, 617
- naturais, 617
Característica corrente × tempo, 299
Carga(s)
- a ser acionada, 336
- admissível, 382
- características das, 3
- com potência constante, 273
- de conjugado
- - constante, 273, 277
- - hiperbólico, 277
- - linear, 277
- - parabólico, 277
- em locais usados como
- - escritório e comércio, 17
- - habitação, 17
- nominal, 380, 385
- operadas
- - com núcleo magnético saturado, 206
- - por arcos voltaicos, 206
- - por fontes chaveadas, 206
Carregamento, 401
- dos transformadores, 712
Carvão mineral, 722
Casca da amêndoa do caju, 723
Categoria, 263
Cavidade
- do piso, 70
- do recinto ou do ambiente, 70
- do teto, 70
CCM (Centro de Controle de Motores), 94
Célula(s)

- de filmes finos, 650
- de silício
  - - monocristalino, 650
  - - policristalino, 650
- fotovoltaica, 650

Centrais de climatização, 706
Centros de controle dos motores, 681
Chaminé dos gases exaustos, 762
Chave(s)
- compensadora, 417
- de partida estática, 416
- estrela-triângulo, 413
- fusível indicadora unipolar, 375
- inversora de frequência, 420
- seccionadora, 667
  - - interruptora, 452
  - - primária, 387
  - - tripolar de baixa tensão, 410

Ciclo
- aberto, 762
- combinado, 762
- de Brayton, 726
- de Joule, 726
- de operação diário, semanal, mensal e anual, 181
- Otto, 723

Circuito(s)
- bifásicos simétricos, 105
- de água gelada, 705
- de baixa-tensão, 100
- de condensação, 705
- de distribuição, 8
  - - de ar, 705
- de iluminação e tomadas da indústria, 21
- de média tensão, 129
- de partida e estabilização, 47
- monofásicos, 104
- para iluminação e tomadas, 104
- terminais, 7
  - - para ligação
    - - - de capacitores, 112
    - - - de motores, 111
- trifásicos, 108

Circulação deficiente do meio refrigerante, 469
Classe(s)
- de exatidão, 380, 385
- de isolamento, 252

Climatização, 705
Coeficiente(s)
- de ajuste, 533
- de correção do fator de utilização, 71, 77
- de redução da resistência, 546
  - - de um eletrodo vertical, 536
- K_i, 534
- K_m, 533
- K_s, 533

Cogeração, 773
Combustível, 718
- líquido, 746

Compensação
- com banco de capacitores série, 362
- com reator série, 359

Componentes
- de uma usina termelétrica a combustível líquido, 745
- harmônicos, 330

Comportamento
- do fusível perante a corrente de partida do motor, 450
- dos condutores em regime transitório, 460

Composição química do solo, 526
Compressor de ar, 725
Comprimento
- do condutor, 533
- mínimo do condutor da malha, 534

Comunicação de dados, 303
Concepção do projeto, 3
Condições de fornecimento de energia elétrica, 2
Condutor(es), 34
- de aterramento, 520
- de fase, 104
- de junção, 533
- de proteção, 104, 520
- elétricos, 686
- em paralelo, 117
- neutros, 104
  - - 1 proteção (PEN), 104
- principais, 532
- secundários, 104

Conectores aparafusados, 520
Conexão(ões), 520
- Dahlander, 324
- de usinas termelétricas, 770
- dos relés, 474
- exotérmica, 520

Confiabilidade, 1
Configuração (layout) de uma usina termelétrica, 745
Conjugado, 275
- base, 262
- constante, 324
- de aceleração, 262
- de carga, 276
  - - constante, 276
  - - hiperbólico, 277
  - - linear, 276, 277
  - - parabólico, 276, 277
- de partida, 262, 309
- do motor, 275
  - - Categoria D, 275
  - - Categoria H, 275
  - - Categoria HY, 275
  - - Categoria N, 275
  - - Categoria NY, 275
- máximo, 262
- mecânico, 262
- médio
  - - de carga, 277

- - do motor, 276
- mínimo, 262
- nominal, 262
- variável, 325

Constituição dos circuitos terminais e de distribuição, 9
Construção do elemento térmico, tipo de, 403
Consumo
  - de água, 701
  - de gás, 766
Conta de energia, 168
Contato das pessoas com potencial de terra, 11
Contator, 451
  - magnético tripolar, 411
Continuidade, 1
Contribuição
  - da carga na queda de tensão durante a partida de motores elétricos de indução, 320
  - dos motores de indução nas correntes de falta, 234
Controlador de fator de potência (CFP), 204
Controle(s)
  - automático da demanda, 15
  - de demanda, 715
  - de velocidade de motores de indução, 324
  - escalar, 328
  - individuais das unidades de geração, 773
  - para alterar o nível de iluminação, 48
  - vetorial, 329
Coordenação, 423, 461
Coordenograma, 477
Corpo
  - de porcelana, 373
  - negro, 60
Correção
  - da flutuação de tensão, 359
  - do fator de potência, 193, 693
    - - para cargas lineares, 193
    - - para cargas não lineares, 206
Corrente(s), 216
  - alternada de curto-circuito simétrica, 211
  - assimétrica de curto-circuito, 209
    - - trifásico, 222
  - bifásica de curto-circuito, 222
  - de carga, 170
    - - desequilibradas, 457
    - - equilibradas, 456
  - de choque em virtude da tensão de toque existente
    - - com brita, 535
    - - sem brita, 535
  - de choque existente
    - - em face da tensão de passo, sem brita na periferia da malha, 535
    - - na periferia da malha em face da tensão de passo, com a camada de brita, 535
  - de curta duração, 383
  - de curto-circuito, 34, 217, 394
    - - em função do valor da tensão, 213
    - - fase-terra, 529
      - - - máxima, 222
      - - - mínima, 223
    - - tomada do lado
      - - - primário da subestação, 530
      - - - secundário da subestação para uma impedância
        - - - - considerada, 530
        - - - - desprezível, 530
  - de descarga nominal, 373
  - de interrupção, 393
  - de partida, 308
  - de sobrecarga, 394
  - dinâmica, 383
    - - de curto-circuito, 394
    - - nominal, 380
  - eficaz
    - - de curto-circuito simétrica permanente, 211
    - - inicial de curto-circuito simétrica, 211
  - fase-terra de curto-circuito, 222
  - harmônicas sobre os motores de indução, 330
  - impulsivas nas malhas de terra, 552
  - limitada de partida, 300
  - máxima de choque de curta duração, 534
  - mínima de acionamento do relé de terra, 535
  - nominal, 250, 329, 392, 408, 434
    - - da chave, 297
    - - primária, 380
    - - secundária, 380
  - parcialmente assimétrica, 209
  - simétrica de curto-circuito, 209
    - - trifásico, 222
  - térmica, 383
    - - de curto-circuito, 394
    - - nominal de curta duração, 380
  - totalmente assimétrica, 209
Coulomb, 169
Critério(s)
  - básicos para a divisão de circuitos, 100
  - da capacidade
    - - de condução de corrente, 104
    - - de corrente de curto-circuito, 122
  - do limite da queda de tensão, 118
  - do ofuscamento, 70, 77
  - para a seleção da proteção contra as correntes de curto-circuito, 449
  - para dimensionamento da seção mínima do(s) condutor(es)
    - - de equipotencialização, 128
    - - de fase, 100
    - - de proteção, 126
    - - neutro, 125
Cuba refratária, 348
Cuidados com a substituição dos motores, 695
Curto-circuito(s)
  - bifásico, 216, 217
    - - com terra, 217
  - características de proteção contra, 437
  - com contato simultâneo, 217
  - distante dos terminais do gerador, 210

- fase-terra, 217
- nas instalações elétricas, 208
- nos terminais dos geradores, 209
- tipos de, 216
- trifásico, 216

Curva(s)
- características de temporização, 472
- corrente × velocidade angular, 291
- da potência capacitiva, 189
- de carga
  - - aparente, 189
  - - ativa, 188
  - - reativa, 188
- de distribuição luminosa, 53
- de potência ativa de uma prensa, 694
- de temporização
  - - extremamente inversa, 472
  - - inversa longa, 473
  - - muito inversa, 473
  - - normalmente inversa, 472
- de tensão entre fases e neutro, 188
- do fator de potência, 189
- média corrente × tempo de aceleração, 291, 292

Custos
- de implantação e operação, 746
- e financiamento em um projeto de cogeração, 778
- operacionais, 755

D

Dados
- da carga, 732
- do gerador, 732
- do motor elétrico, 732
- para a elaboração de projeto, 2

Decréscimo do fluxo luminoso das lâmpadas, 63
Defeitos permanentes, 770
Definição
- da quantidade de energia a ser gerada, 649
- dos sistemas, 5

Demanda(s)
- ativas e reativas para o ciclo de carga considerado, 181
- de potência, 16
  - - da iluminação, 22
- do quadro geral de força (demanda máxima), 22
- dos aparelhos, 18
- dos motores, 23
- dos quadros de distribuição, 18, 22

Densidade relativa (MB-104) dos derivados líquidos de petróleo, 720

Desaceleração
- do motor, 299
- em rampa de tensão, 298

Descarga(s) atmosférica(s), 11
- na estrutura, 599
- na linha de fornecimento de energia e de comunicação conectada à estrutura, 599
- nas proximidades da linha de fornecimento de energia e de comunicação conectada à estrutura, 600
- próxima à estrutura, 599

Desempenho operacional dos motores, 330
Desequilíbrio
- de corrente, 254
- de tensão, 711

Desligador automático, 373
Deslocamento angular, 399
Desperdício de água e energia, 701
Determinação
- da área de exposição equivalente da estrutura, 589
- da flutuação de tensão (flicker), 349
- da potência nominal, 729, 755
- da seção
  - - dos condutores, 674
    - - - de circuitos trifásicos na presença de correntes harmônicas, 117
  - - econômica de um condutor, 118
- das correntes de curto-circuito, 34, 217
- da(s) demanda(s)
  - - ativas e reativas para o ciclo de carga considerado, 181
  - - de potência, 16
- do consumo de gás, 766
- do fator
  - - de manutenção de um sistema de iluminação, 64
  - - de potência estimado, 181
  - - de utilização, 71
- do número de eventos perigosos para a estrutura decorrentes de uma descarga atmosférica, 590
- dos coeficientes de ajuste, 533
- dos condutores, 34
- dos dispositivos de proteção e comando, 34
- dos valores de partida dos motores, 34
- e correção do fator de potência, 34

DFIG – Doublyfed Induction Generators, 209
Diagrama
- de comando, 303
- de impedância, 360
- unifilar, 34
  - - simplificado, 220

Diâmetro das polias, 707
Dielétrico, 171
Dificuldades de avaliação de desperdícios, 694
Difusão, 52
Dimensionamento
- da quantidade de ar refrigerante, 785
- da seção dos condutores, 686
- de condutores elétricos, 89
- de dutos, 138
- de geradores fotovoltaicos, 649
- de usinas termelétricas, 728
- do gerador diferentemente para regime intermitente e para regime contínuo, 732

- do número de módulos fotovoltaicos em uma série fotovoltaica, 663
- do tanque de combustível, 787
- dos dispositivos de proteção, 425
- dos resistores de pré-carga, 198
- físico das subestações, 575

Dimerização de um projeto de iluminação, 48
Dióxido de enxofre, 781
Direção do fluxo luminoso, 51
- características quanto à, 51
- direta, 51
- geral-difusa, 51
- indireta, 51
- semi-indireta, 51
- semidireta, 51

Disjuntor(es)
- abertos, 402
- de ação termomagnética em série com fusíveis, 465
- de baixa tensão, 402, 434
- de corrente contínua, 667
- de curva(s)
  - - B, 436
  - - C, 436
  - - D, 436
- de média tensão, 667
- de potência de média tensão, 388
- do forno, 349
- eletrônicos, 403, 435, 438
- em caixa moldada, 402
- em série com disjuntor, 465
- limitadores de corrente, 403
- sem compensação térmica, 403
- somente magnético-motor + contator + relé térmico, 438
- somente magnéticos, 403, 435
- somente térmicos, 403, 435
- termomagnético-motor + contator, 438
- termomagnéticos, 403, 435
  - - limitadores, 435
- tropicalizados, 403

Disjuntor-motor, 438
Disparador(es)
- magnético, 405
- térmico
  - - compensado, 404
  - - simples, 404
- termomagnéticos
  - - compensados, 405
  - - não compensados, 405

Dispositivo(s)
- de controle, 46
- de disparo capacitivo, 560
- de proteção
  - - à corrente diferencial-residual, 427
  - - contra surtos, 429
  - - e comando, 34
    - - - dos circuitos com inversores, 335

Distribuição
- da iluminância, 59
- das luminárias, 67, 77
- de carga em transformadores em serviço, 582
- dos projetores, 77
- uniforme do iluminamento, 59

Distúrbios no funcionamento das lâmpadas
- fluorescentes, 687
- vapor de mercúrio, 687
- vapor de sódio – alta pressão, 687

Divisão
- da carga em blocos, 3
- da estrutura em zonas, 600
- da linha de alimentação da estrutura em seções, 600

DPS de corrente contínua, 667

E

Economia de energia elétrica, 301
Eficiência
- energética, 680
- luminosa, 38

Elementos
- de projeto, 1
- de proteção de um disjuntor, 404
- de uma malha de terra, 520

Eletrocentro, 667
Eletrodos, 348
- de terra, 520

Eletrodutos, 140, 141
Elevação de temperatura, 252
Elevadores
- de carga, 249
- e escadas rolantes, 710

Emissão
- de gases da combustão, 782
- de poluentes, 781
- de ruídos, 783

Emitância, 40
Energia(s)
- armazenada, 170
- mensais ativa e reativa, 183

Entrada de serviço, 557
Equipotencialização, 128
- funcional, 129
- principal, 128
- suplementar, 129

Escolha
- das luminárias e lâmpadas, 71, 75
- dos aparelhos de iluminação, 62

Espaços em construção, 149
Especificação sumária
- de chave fusível, 375
- de TC, 383
- de terminais primários, 376
- de um condutor, 377
- de um para-raios, 373

Esquema(s)
- de ligação dos transformadores de corrente, 383
- trifilar de um banco de capacitores automáticos, 198

Índice alfabético

- unifilar básico, 35
Estator, 242
Estimação do conjugado de carga, 278
Estimativa da área ocupada pelo projeto, 659
Estruturas protegidas por elementos
   - não naturais, 619
   - naturais, 617
Estudos para a aplicação específica de capacitores, 190
Eventos de baixa e alta frequências, 552
Exatidão e segurança, 423
Expectativa de vida útil, 252

F

Faixa
   - de curto-circuito, 464, 465
   - de sobrecarga, 464, 465
Fator(es)
   - de assimetria, 214
   - de carga, 14
   - de correção de corrente, 112, 133
   - de demanda, 13, 22
   - de depreciação do serviço da
     - - iluminação, 77
     - - luminária, 64
   - de fluxo luminoso do reator, 48
   - de influência na resistividade do solo, 525
   - de manutenção
     - - da luminária, 63
     - - de iluminação, 62
     - - de referência, 65
     - - de superfícies de sala, 64
     - - de um sistema de iluminação, 64
     - - do fluxo luminoso da lâmpada, 62
   - de perda, 15
   - de potência, 34, 161, 251, 303
     - - estimado, 181
     - - horário, 183
   - de projeto, 13
   - de relação, 75
     - - das cavidades, 71
   - de serviço, 251
   - de severidade, 351
   - de simultaneidade, 15
   - de sobrevivência da lâmpada, 63
   - de utilização, 15, 71, 76
     - - de luminárias Philips, 66
     - - para o iluminamento das calçadas, 85
     - - para o iluminamento do acesso interno, 84
   - para correção do fator de potência, 195
   - térmico nominal, 380
Fator-limite de exatidão, 382
Faturamento da energia reativa excedente, 164
Final de rampa ascendente, 301
Fios, 89
   - e cabos com encordoamento simples, 401
Flexibilidade, 1
Flutuação de tensão (*flicker*), 349
Fluxo luminoso, 38, 68, 77

Fonte, 47
   - de corrente de curto-circuito, 208
Formação das curvas de carga, 23
Formas construtivas, 267
   - normalizadas, 267
Formulação
   - de um projeto elétrico, 13
   - matemática das correntes de curto-circuito, 211
Fornos
   - a arco, 344
     - - direto, 346
     - - indireto, 345
     - - submerso, 345
   - a resistência, 339
     - - de aquecimento
        - - - direto, 339
        - - - indireto, 339
   - de indução, 343
     - - a canal, 343
     - - de cadinho, 344
     - - para aquecimento de tarugos, 344
   - elétricos, 339
     - - e estufas, 711
Frequência, 380
   - nominal, 173, 251, 372
Funcionamento
   - com ausência de uma fase, 469
   - com correntes desequilibradas, 469
Funções ANSI, 474
Fusível(is), 444
   - de baixa tensão, 408
   - em série com disjuntor de ação termomagnética, 464
   - em série com fusível, 463
   - limitadores de corrente, 389

G

Gás
   - de processos industriais, 723
   - natural, 722
Geração
   - distribuída, 647
   - localizada, 768
Gerador, 762
   - auxiliar, 88
Gerenciamento do consumo de energia elétrica, 714
Graus de proteção, 11, 257

H

Horário
   - de ponta de carga, 28
   - fora de ponta de carga, 28

I

Identificação de vazamentos no sistema de suprimento e de distribuição, 701
IGBTs (*Insulated Gate Bipolar Transistor*), 420

Ignitores, 50
Iluminação, 16, 684
  - de emergência, 86
  - de exteriores, 82
  - de interiores, 57
  - industrial, 37
Iluminamento
  - no plano horizontal, 78
  - no plano vertical, 78
  - pelo valor médio, 84
  - por ponto, 82
  - vertical, 77
Iluminância(s), 37
  - do entorno imediato, 59, 61
  - recomendadas na área de tarefas, 59
Impedância(s), 216
  - da malha de terra, 222
  - de aterramento, 222
  - de contato, 222
  - do barramento do QGF, 221, 308
  - do circuito que conecta
    - - o CCM aos terminais do motor, 221
    - - o CCM1 aos terminais do motor, 308
    - - o QGF ao CCM, 221
    - - o QGF ao CCM1, 308
    - - o transformador ao QGF, 221
  - do motor, 308
  - do sistema, 218
    - - entre os terminais secundários do transformador e o QGF, 307
    - - primário, 218
    - - secundário, 218
  - do transformador, 307
    - - da subestação, 220
  - equivalente do sistema, 219
  - por unidade, 216
  - reduzida
    - - do sistema, 218, 219
    - - no ponto de entrega de energia, 307
Impulso da corrente de curto-circuito, 211, 222
Índice de reprodução de cor, 62
Indústria formada por diversos galpões, 4
Inércia das massas, 273
Influência(s)
  - de partida(s)
    - - de um motor elétrico sobre o consumo e a demanda de energia, 285
    - - frequentes sobre a temperatura de operação do motor, 288
  - eletromagnéticas, eletrostáticas ou ionizantes, 11
  - sobre a demanda, 285
  - sobre o consumo, 285
  - sobre os capacitores, 334
Instalação(ões)
  - com capacidade superior a 300 kVA, 471
  - de capacitores-derivação, 194
  - de compensador(es)
    - - estático, 369

  - - série, 361
  - - síncrono, 363
  - de grupos motor-gerador, 784
  - de motores síncronos superexcitados, 193
  - de reator série, 359
    - - e compensador síncrono na barra, 366
  - de um agrupamento de motores, 112
  - elétrica, 713
  - em operação, 186
  - em projeto, 180
Intensidade
  - do fluxo luminoso, 79
  - luminosa, 39
Interruptor automático, 247
Inversor(es), 47
  - de frequência, 326
  - solares, 661, 667
    - - *off grid*, 661
    - - *on grid*, 661
Invólucro, 667
Isoladores, 171

L

Lâmpada(s)
  - a vapor
    - - de mercúrio, 43
    - - de sódio, 43
      - - - a alta pressão, 44
      - - - a baixa pressão, 43
    - - metálico, 44
  - de descarga, 41
  - de Led, 40
  - de luz mista, 41
  - elétricas, 40
  - fluorescentes, 42, 65
    - - compactas, 65
    - - de catodo
      - - - frio, 43
      - - - quente preaquecido, 42
      - - - sem preaquecimento, 43
  - fluxo luminoso inicial, características das, 45, 46
  - halógenas de tungstênio, 41
Legislação do fator de potência, 163
Leitos, 148
Levantamento
  - de carga do projeto, 25, 180, 182
  - e medições, 681
Liberação
  - da capacidade de carga de circuitos terminais e de distribuição, 191
  - de potência instalada em transformação, 190
Ligação(ões)
  - à terra, 584
  - com contator em paralelo, 301
  - dos capacitores, 170
    - - em bancos, 207
  - dupla
    - - estrela-paralelo, 264

- - tensão, 263
- em estrela, 263, 469
    - - paralela, 207
    - - série, 207
- em partida sequencial de vários motores, 301
- em série, 207
- em triângulo, 263, 470
    - - paralela, 207
    - - série, 207
- em tripla tensão nominal, 264
- em uma única tensão, 263
- equipotenciais, 624
- estrela-série, 264
- normal, 301
- para a condição de frenagem
    - - lenta, 270
    - - média, 270
    - - rápida, 270
- para partida simultânea de vários motores, 301
- paralela, 207
- tipos de, 263, 301
- triângulo-paralelo, 264
- triângulo-série, 264

Limitação
- da seção do condutor para determinada corrente de curto-circuito, 122
- do comprimento do circuito em função da corrente de curto-circuito fase e terra, 124

Limite(s)
- da tensão
    - - de passo para um indivíduo no interior de uma malha de terra, 519
    - - de toque para um indivíduo em contato com elemento condutivo, 518
- de queda de tensão, 119
- de temperatura de operação, 400
- de velocidade, 330
- do comprimento do circuito do motor, 335

Linhas elétricas
- enterradas, 150
- tipos de, 101, 130

Líquido
- de impregnação, 172
- isolante, 399

Localização
- da subestação, 4
- das fontes das correntes de curto-circuito, 209
- do quadro de distribuição geral, 4
- dos bancos de capacitores, 174
- dos quadros de distribuição, 3

Louver, 52
Luminância, 38
Luminária(s), 50, 53
- aplicação, 52
- características fotométricas de, 53
- comerciais, 52
- de superfície
    - - anodizada, 56
    - - esmaltada, 56
    - - pelicular, 57
- e projetor de Led, 52
- externa, 52
- industriais, 52
- para jardins, 52
- para logradouros públicos, 52
- tubulares, fluorescentes ou Leds, 57

Luz, 37
- azulada, 62
- branca, 62
- fria, 62
- neutra (branca), 62
- quente, 62
- vermelha, 62

M

Malha
- de cálculo para projeto de iluminação, 59
- de terra, 34, 529

Manta acústica, 784

Manutenção
- do sistema de iluminação, 686
- industrial, 715

Máquina(s)
- de solda
    - - a transformador, 179
    - - com transformador retificador, 179
- primária, tipos de, 723

Material(is)
- e equipamentos, 371
- elétricos, 371
    - - elementos necessários para especificar, 371
- particulado, 783

Máxima tensão de operação contínua, 373
Maximum power point tracker (MPPT), 659
Medição da resistência de terra de um sistema de aterramento, 549

Medida(s)
- de carga diária, 165
- de combate ao desperdício, 694
- de implementação
    - - de curto prazo, 684, 705
    - - de longo prazo, 706
    - - de médio prazo, 706
- para conservação de energia, 686

Medidores de energia, 386
Meios ambientes, 10
Melhoria do nível de tensão, 193
Memorial descritivo, 35

Método(s)
- analítico, 185, 187
- da esfera rolante, 635
- da queda de tensão a baixas frequências (método inglês), 350
- da UIE, 356
- das cavidades zonais, 70
- das malhas, 632

- das potências medidas, 187
- de cálculo de sistemas de iluminação, 67
- de Faraday, 632
- de proteção contra descargas atmosféricas, 627
- de Schlumberger, 524
- de Wenner, 522
- do ângulo de proteção, 627
- do ciclo de carga operacional, 181
- dos consumos e demandas médios mensais, 186
- dos lumens, 67
- eletrogeométrico, 635
- Guth (UGR), 54
- ponto por ponto, 77, 79

Metodologia de cálculo, 219
Minicaptores de haste, 620
Modificação
- da rotina operacional, 193
- do fluxo luminoso características quanto à, 51

Módulo fotovoltaico, 650
- características elétricas dos, 651

Mola da compressão, 373
Momento de inércia
- da carga, 273
- do motor, 273

Monóxido de carbono, 782
Motivos de fugas de corrente, 714
Motofreio trifásico, 267
Motor(es)
- a ciclo diesel, 723, 777
- a gás natural, 723, 777, 783
- a óleo diesel, 781
- à prova
- - de explosão, 257
- - de intempéries, 257
- aberto, 256, 257
- acionados
- - diretamente da rede, 178
- - por meio de chave
- - - compensadora, 178
- - - estrela-triângulo, 178
- - - *softstarter*, 179
- - por meio de inversores de frequência, 179
- assíncronos trifásicos com rotor em gaiola, 248
- com ventilação
- - forçada, 256
- - - com filtro, 257
- - - sem filtro, 257
- - independente, 257
- compostos, 242
- de alto rendimento, 271
- de categoria N e H, 276
- de corrente
- - alternada, 242
- - contínua, 242
- de indução, 242
- elétricos, 19, 177, 242, 693
- - características gerais dos, 242
- em derivação, 242
- excitado para a condição de fator de potência unitário, 194
- fechados, 257
- monofásicos de indução, 247
- série, 242
- síncronos, 245
- sobre-excitado, 194
- subexcitado, 193
- tipo universal, 248
- totalmente fechado, 256
- - com trocador ar-água, 256
- - com trocador de calor ar-ar, 256
- - com ventilação externa, 256
- trifásicos, 242

N

Nível(is)
- de flutuação de tensão, 352
- de iluminamento de áreas externas, 83

Norma(s)
- ANSI, 474
- recomendadas, 2

Número
- de condutores
- - de descida, 628
- - principais e de junção, 532
- de eventos perigosos para a estrutura
- - adjacente decorrentes de descargas atmosféricas, 590
- - decorrentes de uma descarga atmosférica, 590
- de luminárias, 67, 69
- de núcleos para medição e proteção, 380
- de projetores, 77

O

Ofuscamento, 53
- desconfortável, 53
- inabilitador, 53
- no campo de trabalho de um operador de máquina, 54
- refletido ou reflexão veladora, 53

Óleo
- combustível, 720
- - do tipo "ATE", 720
- - do tipo "BTE", 720
- de mamona, 723
- diesel, 718
- - do tipo B, 719
- - do tipo D, 719
- - em motor características relevantes de utilização do, 719
- - marítimo, 719
- - padrão, 719

Olhais para levantamento, 171
Operação
- com velocidade
- - inferior à nominal, 327

Índice alfabético

- - superior à nominal, 328
- em paralelo com a rede externa, 772

Orientações para proteção do indivíduo durante as tempestades, 586
Origem dos raios, 585
Óxido
- de carbono, 782
- de enxofre, 782
- de nitrogênio, 782

P

Padrão
- de flutuação de tensão, 351
- NOCT (*Nominal Operating Cell Temperature*), 651
- STC (*Standard Testing Condition*), 651

Painel(éis)
- de comando, 349
- para instalações elétricas, 422

Para-raios de distribuição a resistor não linear, 372
Paralelismo de transformadores, 581
Partes componentes de uma subestação de consumidor, 557
Partida(s)
- com chave(s)
- - compensadora, 294
- - estáticas (*soft-starters*), 296
- de motores elétricos
- - de indução, 272
- - de média tensão, 336
- direta, 293
- do motor, 333
- por meio
- - da chave estrela-triângulo, 293
- - de reator, 305

Perda(s)
- de uma unidade de geração, 770
- de vida humana, 595
- econômicas, 598
- elétricas, 397
- - em um motor, 251
- inaceitáveis em
- - patrimônio cultural, 598
- - serviço ao público, 597
- ôhmicas, 251

Perfilados, 147
Placa de identificação, 171, 267
Planejamento, 34
Planta(s)
- baixa de arquitetura do prédio, 1
- baixa do arranjo das máquinas (*layout*), 1
- de detalhes, 1
- de situação, 1

Poder calorífico, 722
- inferior, 767
- superior, 766

Polaridade, 381, 385
Ponto(s)
- de entrega, 557
- de fluidez, 722
- de fulgor, 722
- de ligação, 557
- de tomadas, 16

Porta de acesso principal, 578
Posto
- de medição, 576
- - primária, 559
- de proteção, 576
- - primária, 559
- de transformação, 560, 577

Potência(s), 216
- básica, 730
- capacitivas manobradas, 205
- constante, 324
- contínua, 730
- de curto-circuito simétrica, 211
- de emergência, 730
- desejada do forno, 340
- intermitente, 730
- nominal, 173, 248, 329, 380, 395, 729, 730, 755
- - do transformador, 22
- térmica, 385

Potencial(is)
- da região externa à malha, 535
- de economia dos motores, 695

Prateleiras, 148
Precauções de segurança durante as medições de resistência de aterramento, 552
Presença
- de água, 10
- de corpos sólidos, 10
- de substâncias corrosivas ou poluentes, 10

Pressostato do óleo lubrificante, 779
Procedimentos de conexão da carga, 772
Processo de construção, 172
Produção
- de água
- - gelada e/ou ar frio, 773
- - quente, 773
- de ar quente, 773
- de dióxido de carbono, 774
- de energia elétrica,
- - gás quente e água quente, 776
- - e ar quente para processo, 776
- - e vapor
- - - industrial, 776
- - - para refrigeração e água quente, 776
- de vapor, 773

Produtor independente
- autônomo, 718
- de energia, 718

Projeto luminotécnico, 34
Projetores industriais, 52
Proteção, 423
- básica, 92
- contra
- - as correntes

- - - de curto-circuito, 425
- - - de sobrecarga, 424
- - as sobrecorrentes, 424
- - descargas atmosféricas, 585
- - faltas na extremidade do circuito, 437
- - riscos de incêndio e explosão, 12
- - rotor bloqueado, 437
- - sobrecarga(s)
- - - características de, 435
- - - de condutores em paralelo, 456
- - - e curtos-circuitos de condutores em paralelo, 457
- - sobrecorrente em
- - - séries fotovoltaicas, 671
- - - subarranjos fotovoltaicos, 671
- - tensão de toque e passo, 518
- da isolação dos condutores, 437
- - dos circuitos terminais e de distribuição, 450
- de acordo com a natureza dos circuitos, 424
- de circuito(s)
- - com dois ou mais condutores paralelos por fase, 455
- - de distribuição de cargas mistas (motores e aparelhos), 450
- - terminais
- - - de capacitores ou banco, 450
- - - de motores, 449
- de motores elétricos, 467
- de ofuscamento, 55
- de sistemas
- - de baixa-tensão, 423
- - primários, 470
- de sobrecorrente, 479
- de sobretensão, 479
- de subestações de energia elétrica, 637
- de subtensão, 480
- de usinas termelétricas, 779
- do gerador, 779
- do motor, 300, 779
- do ponto de conexão com a rede pública de energia, 780
- dos circuitos de distribuição de motores, 450
- dos dispositivos de comando e manobra, 451
- sensor de terra, 478
- supletiva, 92
- térmica dos transformadores, 476
- visual, 56

Proximidades do SPDA com outras estruturas, 625
Pulso de tensão, 299
- de partida, 299

Q

Quadro(s)
- de distribuição (QDs), 9
- de luz, 681
- geral de força, 682

Qualidade
- do ar comprimido, 710
- do produto acabado, 715

Quantidade de módulos fotovoltaicos, 659
Quantificação das perdas de água e energia elétrica em função dos vazamentos, 702
Queda de tensão
- em sistema
- - monofásico, 119
- - trifásico, 119
- na partida
- - de um único motor, 306
- - dos motores elétricos de indução, 305
- - simultânea de dois ou mais motores, 314
- nos terminais
- - do gerador, 732
- - do motor, 308
- - primários do transformador, 308
- percentual, 397
- primária percentual, 351

R

Radiações solares, 10
Radial com recurso, 5
Raios, 11
Ramal
- de entrada, 558
- - aéreo, 558
- - subterrâneo, 558
- de ligação, 557

Rastreador solar de ponto de máxima potência, 659
Reatância, 219
- do eixo direto, 210
- síncrona, 210
- subtransitória, 210
- transitória, 210

Reatores, 46
- eletromagnéticos, 46
- - a baixo fator de potência, 47
- - com alto fator de potência, 47
- eletrônicos, 47
- - dimerizáveis, 48
- Philips, características dos, 49

Recomendações gerais sobre projeto de circuitos terminais e de distribuição, 8
Recuperação energética na frenagem reostática, 336
Rede de distribuição, 710
Redução
- da corrente de partida, 299
- da energia consumida no mês, 707
- da tensão de alimentação, 468
- das perdas, 191

Refletância, 40
- efetiva da
- - capacidade do piso, 76
- - cavidade do
- - - piso, 71
- - - teto, 71, 76

Reflexão, 51
Refração, 51
Refrigeração, 708
- medidas de implementação
- - de curto prazo, 709
- - de longo prazo, 709
- - imediata, 708
Regime de funcionamento, 334
- caracterização do tipo de, 261
- com cargas constantes distintas, 261
- com variação não periódica de carga e velocidade, 260
- contínuo, 258
- - com frenagem elétrica, 260
- - com mudança periódica na relação carga/velocidade de rotação, 260
- - e periódico com carga intermitente, 259
- de tempo limitado, 258
- de um motor elétrico, 257
- intermitente
- - com frenagem elétrica, 258
- - periódico, 258
- - - com partidas, 258
Regulação, 398
Relação(ões)
- das cavidades zonais, 71, 76
- nominal, 380
Relé(s)
- bimetálico de sobrecarga para contatores, 413
- de Buchholz, 401
- de sobrecarga, 430
- de sobrecorrente estático, 471
- digitais, 387
- - características gerais dos, 478
- - de proteção multifunção, 468
- falta de fase, 467
- fluidodinâmico, 471
- primário de ação direta, 471
- secundários de sobrecorrente digitais, 471
- taquimétrico, 779
- térmico, 451
Rendimento, 398
Reprogramação da operação das cargas, 15
Requisitos
- de exatidão para os transformadores de corrente para proteção
- - classe PR, 382
- - classe P, 382
- para a instalação dos condutores, 335
Resistência, 219
- à radiação ultravioleta, 671
- da malha de terra, 536, 629
- de aterramento
- - de um eletrodo vertical, 536, 546
- - do conjunto de eletrodos verticais, 537
- de terra de cada haste do conjunto de eletrodos, 546
- de um sistema de aterramento, 521
- elétrica do corpo humano, 11

- equivalente, 546
- mútua dos cabos e eletrodos verticais, 537
- total da malha, 537
Resistividade
- aparente do solo, 526, 529
- do solo, 522
- térmica do solo, 113, 133
Resistor(es)
- de descarga, 172
- não lineares, 373
Riscos toleráveis, 600
Roteiro para elaboração de um projeto elétrico industrial, 34
Rotor, 244
- bloqueado, 300, 469
- bobinado, 244
- em gaiola, 245
Ruídos, 783
- da combustão, 784
- devidos à variação da carga, 784
- dos ventiladores e ventoinhas, 784
- mecânicos, 784

S

Sala de referência, 56
SCRs (*Silicon Controlled Rectifier*), 420
Seção
- do cabo solar, 671
- do condutor, 629, 674
- - de circuitos trifásicos na presença de correntes harmônicas, 117
- econômica de um condutor, 118, 688
- mínima do condutor, 530
Seccionador
- com abertura sem carga, 410
- sob carga ou interruptor, 410
Segurança nas instalações elétricas, 714
Seleção
- da potência nominal do novo motor de alto rendimento, 696
- do terreno, 649
Seletividade, 423, 461
- amperimétrica, 461
- cronométrica, 462
- lógica, 466
Sensibilidade, 423
Sensor do nível do meio refrigerante, 779
Sequência
- de cálculo, 219
- de fase, 301
Série fotovoltaica, 657
Serviço
- contínuo, 431
- de curta duração ou intermitente, 433
Silício amorfo hidrogenado, 650
Simbologia, 35
- gráfica para projetos de instalações elétricas, 36

Sistema(s)
  - autônomo de emergência, 87
  - de aterramento, 91, 381, 518
    - - com eletrodos verticais, 545
  - de base, 213
  - de cogeração, 773
    - - tipos de, 778
  - de condutores vivos, 90
  - de corrente contínua, 560
  - de distribuição, 90
  - de iluminação externa, 52
  - de partida de motores, 293
  - de proteção contra descargas atmosféricas, 616, 677
  - elétrico de conexão, 336
  - IT, 98
  - milesimal, 213
  - monofásico
    - - a dois condutores, 90
    - - a três condutores, 90
  - percentual ou por cento, 213
  - por unidade, 215
  - primário
    - - de distribuição interna, 6
    - - de suprimento, 5
  - radial
    - - com recurso, 6
    - - simples, 5, 6
  - secundário de distribuição, 7
  - tarifário brasileiro, 27
  - TN-C, 96
  - TN-C-S, 97
  - TN-S, 92
  - trifásico
    - - a cinco condutores, 91
    - - a quatro condutores, 91
    - - a três condutores, 90
  - TT, 97
Sobrecarga(s)
  - contínua, 468
  - de curta e de longa duração, 253
  - intermitente, 468
Sobretensão(ões)
  - de manobra, 324
  - no isolamento, 334
  - temporária, 373
Solicitação
  - eletrodinâmicas das correntes de curto-circuito, 237
  - térmica das correntes de curto-circuito, 239
Sondas térmicas e termistores, 468
Starters, 50
Subestação(ões)
  - abrigadas, 637
  - aérea em plano elevado, 566
  - alimentada por ramal de entrada
    - - aéreo, 563
    - - subterrâneo, 561
  - com capacidade instalada igual ou inferior a 300 kVA, 470
  - com entrada
    - - aérea, 557
    - - subterrânea, 557
  - com transformador
    - - com flanges
      - - - laterais, 563
      - - - superior e lateral, 565
    - - enclausurado em posto metálico em tela aramada, 565
  - de alvenaria, 575
  - de construção
    - - abrigada, 575
    - - ao tempo, 575
  - de consumidor, 556
    - - características básicas de uma, 557
  - de instalação
    - - exterior, 566
    - - interior, 559
    - - no nível do solo, 571
  - em alvenaria, 559
  - em torre integrada com a medição, 568
  - exteriores, 637
  - modular metálica, 563
  - tipos de, 558
Subsistema(s)
  - de aterramento, 617
    - - não naturais, 617, 622
    - - naturais, 617, 619
  - de captação, 616
    - - de condutores em malha, 620
    - - não natural, 619
  - de captores naturais, 617
  - de descida, 617
    - - não naturais, 617, 620
    - - naturais, 617, 618
Superfícies internas das luminárias, 56
Suportes horizontais, 148

T

Tamanho da malha, 61, 69
Tanque ou carcaça, 400
Tarifa(s)
  - de ultrapassagem, 28
  - horárias, 28
  - horo-sazonal
    - - azul, 28
    - - verde, 28
  - média, 30
Temperatura, 526
  - ambiente, 10, 113, 133, 671
    - - elevada, 469
  - da cor, 60
  - do motor devido ao ciclo de operação, 289
Tempo
  - de aceleração de um motor, 281
  - de rotor bloqueado, 291
Tensão, 216
  - de alimentação elevada, 468

Índice alfabético

- de contato ou de toque, 518
- de fornecimento de energia, 27
- de passo, 518, 534
  - - existente na periferia da malha, 534
- de toque existente, 534
- máxima, 380
  - - de toque, 534
- nominal, 173, 250, 329, 372, 393, 396, 409, 434
  - - de curto-circuito, 396
  - - de motores de potência elevada, 323
  - - primária, 385
  - - secundária, 385
- nos terminais da chave de partida do motor, 308
- residual, 373
- suportável de impulso atmosférico, 380, 385

Teor de enxofre, 722
Terminal(is)
- de conexão de cargas específicas, 177
- dos motores, 681
- primário ou terminação, 375

Termistores, 255
- tipo NTC, 255
- tipo PTC, 255

Termofixos, 402
Termômetro simples, 401
Termoplásticos, 402
Termorresistores, 254
Termostato(s), 254
- do líquido refrigerante, 779

Tomada de gás, 762
Topping cycle, 778
Torres de iluminação, 81
Traçado da(s) curva(s)
- de cargas, 183
- de demanda ativa e reativa, 181
- de resistividade média do solo, 527

Transferência de carga
- com desconexão de fonte, 770
- em rampa, 771
- ultrarrápida, 771

Transformador(es), 348
- de corrente, 378
  - - características gerais dos, 380
  - - de alta reatância de dispersão, 381
  - - de baixa reatância de dispersão, 381
  - - do tipo
    - - - barra, 378
    - - - bucha, 378
    - - - enrolado, 378
    - - - janela, 378
    - - - núcleo dividido, 378
  - - para serviço
    - - - de medição, 381
    - - - de proteção, 381
      - - - - classe P, 381
      - - - - classe PR, 381
      - - - - classe PX, 382
      - - - - classe PXR, 382

- de potência, 395, 396
- de potencial, 384
- e demais equipamentos enclausurados em posto metálico em chapa de aço, 565
- elevador, 667

Trocador de calor ar-água, 256
Túneis de serviços de utilidades, 150
Turbina
- a gás natural, 724, 762, 775, 783
- a vapor, 727
- propriamente dita, 725

Turnkey, 778

U

Umidade, 526
União Internacional de Eletrotermia (UIE), 356
Unidade(s)
- de disparo com ajuste externo, 435
- de disparo sem ajuste ou regulação, 435
- de geração para emergência, 583

Usinas
- de autoprodução, 730
- de ciclo
  - - aberto, 762
  - - combinado, 762
- de cogeração, 718, 743
- de emergência, 718, 743
- de geração
  - - características das, 717
  - - industrial, 717
- termelétricas
  - - a motor com combustível líquido, 729
  - - com turbinas a gás natural, 762

Utilização
- de atenuadores de ruído, 784
- de porta acústica, 784

V

Valor(es)
- da tensão em rampa, 297
- de partida dos motores, 34
- econômico da seção do condutor, 688
- por unidade, 213, 215
- Presente Líquido, 683

Variação
- da frequência da rede, 469
- de velocidade sobre os motores de indução, 331

Velocidade do ventilador, 707
Ventilação, 256
- industrial, 707

Ventiladores, 298
Vibrações, 10
Vida
- média, 63
- mediana, 63
- útil, 63

Viscosidade, 722

Voltímetro, 406
Volume
　- de ar necessário
　　- - à combustão, 786
　　- - ao processo, 786
　- de ar para dissipar a quantidade de calor
　　- - do gerador, 785
　　- - do motor, 785
　- de proteção
　　- - de um captor vertical, 635, 636
　　- - formado por cabos suspensos, 629
　　- - formado por hastes, 628